Kasper/Mayrhofer

●

Personalmanagement – Führung – Organisation

Personalmanagement
Führung
Organisation

herausgegeben von

Helmut Kasper
Wolfgang Mayrhofer

4. Auflage

Bibliografische Information Der Deutschen Bibliothek

Die Deutsche Bibliothek verzeichnet diese Publikation in der Deutschen Nationalbibliografie; detaillierte bibliografische Daten sind im Internet über http://dnb.ddb.de abrufbar.

ISBN 978-3-7143-0002-4

Es wird darauf verwiesen, dass alle Angaben in diesem Fachbuch trotz sorgfältiger Bearbeitung ohne Gewähr erfolgen und eine Haftung der Autoren oder des Verlages ausgeschlossen ist.

© LINDE VERLAG WIEN Ges.m.b.H., Wien 2009
1210 Wien, Scheydgasse 24, Tel.: 01/24 630
www.lindeverlag.at

Druck: Hans Jentzsch u Co. Ges.m.b.H.
1210 Wien, Scheydgasse 31
4N

Vorwort der 1. Auflage

Der vorliegende Band ist Teil der dreibändigen Reihe „PERSONAL – FÜHRUNG – OR-
GANISATION". Diese Serie hat zum Ziel, in den zentralen betriebs- und sozialwissen-
schaftlichen Bereich „Menschen in Organisationen" einzuführen. „PERSONAL – FÜH-
RUNG – ORGANISATION", die Reihenfolge ist beliebig und kann jederzeit verändert
werden, etikettiert die Spannweite der wissenschaftlichen und praktischen Auseinandersetzung im Berufsleben: In der derzeit vorherrschenden Gesellschaftsformation sind wir
in Organisationen „eingebettet" (wir werden organisiert), haben immer mit Menschen (=
Personal) zu tun und leben in der offensichtlich unaufhebbaren Kategorie der „Führung",
d. h. wir sind integriert in Über- und Unterordnungen.

Die Entstehungsgeschichte dieses ursprünglich in erster Linie für die universitäre Einführung in die Allgemeine Betriebswirtschaftslehre (ABWL) konzipierten Kompendiums
ist schnell geschildert. Das Grundstudium der Betriebswirtschaftslehre konzentrierte sich
im deutschen Sprachraum bis Mitte der achtziger Jahre zunächst auf eher „blutleere" Aspekte wirtschaftlichen Lebens wie rechtliche Gegebenheiten, Beschaffungs-, Produk-
tions- und Absatzaspekte, Zahlen und Geschichte. Die Auseinandersetzung mit den genannten vitalen Aspekten menschlichen Lebens in Organisationen überantwortete die Allgemeine Betriebswirtschaftslehre weitgehend den so genannten speziellen Betriebswirt-
schaftslehren wie Management, Personalwirtschaft oder Organisation und damit den höheren Semestern.

Zweifellos gab und gibt es eine Reihe von ganz ausgezeichneten deutschsprachigen
Werken[1], die den jeweiligen Fachbereich hervorragend abdecken. Die Fachliteratur setzt
jedoch häufig Vorwissen voraus, das Studienanfänger und -anfängerinnen naturgemäß
nicht haben. Zur inhaltlichen „Dichte" kommt als weitere Erschwernis die Fachsprache
hinzu. Zudem müssen die vorgegebenen Stoffinhalte im Lehrbetrieb mit einer relativ geringen Stundenanzahl erarbeitet werden. Aus diesem Grund entschlossen sich die Herausgeber und Autoren, eine eigene zielgruppenadäquate Basisliteratur zu produzieren, die
interessierte Laien – ob an der WU oder nicht – verstehen können.

Der erste Schritt war die Planung der Module, wobei allen Beteiligten („mehr oder
weniger") die Aufarbeitung eigener fachlicher Schwerpunkte in diesem umfassenden Bereich zugestanden wurde. Das Motto: „So einfach wie möglich, so kompliziert wie nötig".
Vorweg wurde vereinbart, nicht auf „Vollständigkeit" und Integration der gesamten vorhandenen Literatur („state of the art") Bedacht zu nehmen, sondern sich auf einen sinnvoll
erscheinenden breiten Ausschnitt zu konzentrieren. Ziel war keine Lernunterlage mit möglichst vielen Literaturhinweisen und somit keine Referenzgrundlage für weiterführende
Studien, sondern eine auf hohe Les- und Erlernbarkeit bedachte Publikation. Die Serie

---

[1] Für den Bereich des Managements z. B. Hofmann 1992, Hofmann/v. Rosenstiel 1988, Neuberger
1990, Staehle 1991, Steinmann/Schreyögg 1991, Wunderer/ Grunwald 1980;
für den Bereich Personal z. B. Berthel 1992, Drumm 1989, v. Eckardstein/ Schnellinger 1978, Oechsler
1988, Scholz 1989, Weber 1975;
für den Bereich von Verhalten in Organisationen z. B. Gebert/v. Rosenstiel 1981, v. Rosenstiel 1992,
v. Rosenstiel/Molt/Rüttinger 1986, Schanz 1978;
für den Bereich Organisation z. B. Frese 1984, Grochla 1982, Kieser/Kubicek 1978, 1983, Schertler
1991.

sollte stärker die Verstehensebene ansprechen (beispielsweise durch Fallstudien, durch Anekdoten, durch historische Belege), denn die so genannte Wissensebene.

Alle Autoren wussten in der Schreibphase „immer alles" über alle anderen, was – bei aller Geschlossenheit der einzelnen Beiträge – zu vielen nützlichen Querverweisen und erfreulicherweise wenigen Überschneidungen führte. Ein erster Entwurf dieser vorliegenden Reihe kam zunächst in den verschiedenen Lehrveranstaltungen des Wintersemesters 1991/92 zum Einsatz. Der Feinschliff erfolgte mit Hilfe von konstruktiver Kritik der Studierenden. Diese hatten in Form einer schriftlichen und anonymen Befragung zu den Texten am Ende der Lehrveranstaltung die Chance, ihre Ideen einzubringen und nützten sie auch kräftig, wie die hohe Rückmeldungsquote dokumentierte.

Mit diesem in seiner Art wohl einmaligen Procedere wissen wir uns stimmig mit dem gesteckten Ziel, Studierenden und interessierten Laien den Einstieg in das Fach Betriebswirtschaft schmackhaft zu machen und sie zum weiteren Studium zu motivieren.

Wien, im Sommer 1992 Helmut Kasper und Wolfgang Mayrhofer

Vorwort der 2. Auflage

Das Grundkonzept der erstmals 1993 veröffentlichten dreibändigen Reihe Personal – Führung – Organisation hat sich bewährt. Gemessen an der Resonanz der Zielgruppen wurde diese stark an Verständlichkeit und Nachvollziehbarkeit ausgerichtete Einführung sehr positiv aufgenommen.

Auf der Basis unserer mehrjährigen Erfahrungen mit dieser Literatur als Grundlage für Lehrveranstaltungen in diesem Bereich erachten wir nur kleine Änderungen für notwendig. Der Schwerpunkt liegt dabei auf Straffungen und sparsamen Ergänzungen in dem Maße, dass nunmehr die Inhalte in einem Band Platz finden, ohne dass die Lesbarkeit der einzelnen Beiträge darunter leidet und die Gesamtübersicht verbessert werden konnte.

Wir bedanken uns bei den mitwirkenden Autorinnen und Autoren und würden uns freuen, wenn diese Publikation auch außeruniversitär wieder auf so großes Interesse stoßen würde.

Wien und Dresden, im Juli 1996 Helmut Kasper und Wolfgang Mayrhofer

Vorwort der 3. Auflage

Das bereits zum Standardwerk gewachsene Buch „PFO" liegt nun in neuester Fassung vor, alle Beiträge wurden aktualisiert. Erfreulich auch, dass wir weitere Autorinnen und Autoren aus dem Bereich Management, Human Resource Management und Organizational Behavior gewinnen konnten, die an der Wirtschaftsuniversität Wien lehren.

Wir bedanken uns bei allen Mitwirkenden! Viele notwendige Korrekturen entdeckten die wachsamen Augen von Christine Reinprecht, Gisela Ullrich-Rosner, Elisabeth Mayrhofer, Mag. Doris Schestak und Mag. Susanne Schaffler – vielen Dank! Die professionellen Redigierungsarbeiten und Endkorrekturen nahmen Mag. Gabriele Ehmoser, Ursula Loisch und Barbara Müller vor, wofür wir uns ebenfalls bedanken. Unsere besondere Anerkennung gilt Martha Schöberl, die in mühevoller Arbeit Grafiken und Tabellen verein-heitlichte. Insbesondere zu danken ist Mag. Gerhard Furtmüller, der bei Manuskriptein-forderung, Sammlung, Begutachtung, Planung, Koordination und Herstellung des Werkes als hervorragender Organisator und „Treiber" agierte.

Bleibt zu hoffen, dass diese Publikation bei Studierenden und Führungskräften auf mindestens ebenso hohe Resonanz stößt wie die vorhergehenden Auflagen.

Wien, im September 2002   Helmut Kasper und Wolfgang Mayrhofer

Vorwort der 4. Auflage

Das Standard-Lehrbuch „Personalmanagement – Führung – Organisation" liegt nun grundlegend überarbeitet und mit neuen Themen ergänzt in neuester Fassung vor. Beson-ders erfreulich ist, dass sich weitere Autorinnen und Autoren der Wirtschaftsuniversität Wien aus dem Bereich Management, Human Resource Management und Organizational Behavior beteiligt haben.

Wir bedanken uns sehr bei allen Mitwirkenden, zuallererst bei den Autorinnen und Autoren. Vielen Dank auch den Verantwortlichen des Linde-Verlags, insbesondere Herrn Dr. Oskar Mennel, der das Buch-Projekt von Anfang an und damit seit mehr als 16 Jahren unterstützt und Herrn Mag. Roman Kriszt für die intensive Lektoratsarbeit in der Schluss-phase. Besonderen Dank gebührt wiederum – wie in den Auflagen zuvor – Herrn Dr. Ger-hard Furtmüller, der als Organisator erfolgreich wirkte und wesentlich für das pünktliche Erscheinen verantwortlich ist. Herzlichen Dank Frau Martha Schöberl für die Gestaltung der Grafiken und Abbildungen.

Wie bei allen Auflagen zuvor hoffen wir, dass diese Publikation bei Studierenden, Führungskräften und Praktikern die notwendige theoretische Grundlage für eine – per-sönlich und/oder in den Augen anderer – erfolgreiche berufliche Tätigkeit bietet.

Wien, im September 2009   Helmut Kasper und Wolfgang Mayrhofer

Inhaltsübersicht

Zur Herstellung von Wirklichkeiten in Wirtschaft und ihren Organisationen

Helmut Kasper/Wolfgang Mayrhofer

1. Eindeutig berechenbar!?

Was zählt in Wirtschaft und ihren Organisationen, sind eindeutige Zahlen und Fakten, richtig? Falsch! Oder zumindest: nicht so ganz richtig. Auf den ersten Blick gilt die Betriebswirtschaftslehre als das Paradefeld für „zählen, messen, wägen" … Buchhaltung und Kostenrechnung kategorisieren das organisationale Universum in Konten unterschiedlichster Art: Gewinne und Verluste, Erträge und Überschüsse, EBITS und EGTs, ROIs und DCFs, EVAs und ROCEs[1] – geheimnisvolle Kürzel, alles festgehalten in – objektiven? – Zahlen und ablesbar in immer komplizierter werdenden ineinander verschachtelten Spreadsheets unterschiedlichster Programme. Zahlen um Zahlen, die, wenn schon nicht Einfachheit, dann aber doch wenigstens Berechenbarkeit, wenn schon nicht schon Klarheit, dann doch wenigstens Eindeutigkeit suggerieren. Dieses glasklare numerische Bild dominiert weite Bereiche der Unternehmenswelt: Finanzierung und Investition, Kostenrechnung und Controlling, Besteuerung und Unternehmensbewertung.

Spätestens hier allerdings sollte bei der Leserin und beim Leser leiser Widerspruch laut werden. Dies vermuten wir wenigstens bei Studierenden der Betriebswirtschaftslehre, bei Expertinnen und Experten, bei Führungskräften und allen Organisationsmitgliedern. Gerade wirtschaftliche Krisen lassen die Frage auftauchen: Wo bleibt denn die Berechenbarkeit und Eindeutigkeit? Wurde nicht in den undurchschaubaren Finanzprodukten, in den abenteuerlichen Bewertungen von Unternehmen, in den überraschend astronomisch berechneten, aber nie realisierten Synergieeffekten und Einsparungspotenzialen von Fusionen (z.B. DaimlerChrysler) mehr als deutlich, dass sich auch die Welt der Wirtschaft und Organisationen nicht aus den Zahlen und Fakten „objektiv" ergibt, sondern dass es umgekehrt sein könnte: Die Zahlen und Fakten richten sich danach, wie sie gedreht, gewendet und interpretiert werden (können), an welchen Interessen, Überlegungen und Plänen sie sich ausrichten (sollen) und wie sie am besten in das passen, was zentrale Entscheider – seltener noch: Entscheiderinnen – sich wünschen. Daher gibt es keine objektiven Zahlen und Fakten. Es kommt vielmehr darauf an, wessen Zahlen und Fakten es sind und wie sie subjektiv konstruiert und interpretiert werden.

Hinter diesen Beobachtungen steht auch noch Grundsätzlicheres: Wie entstehen die Annahmen, die sogenannten Wirklichkeiten, auf deren Basis Organisationen und die in ihnen Tätigen operieren? Dazu ein paar Überlegungen, die diese Frage ansprechen.

---

[1] Dieses und mehr Einschlägiges ist auf Wikipedia bisweilen gut erklärt.

2. Wirklichkeiten

2.1 Materielle, „objektive" Realität – immer subjektiv interpretiert

In der Natur und deshalb auch in den Naturwissenschaften ist der harte Prüfstein die „Realität". Aber auch bei der Beobachtung der Realität kommt es immer darauf an, aus welcher Perspektive und mit welchem Interesse man diese wahrnimmt. Ein Beispiel: Wenn es regnet, so heißt es im Allgemeinen, das Wetter ist schlecht. In der Perspektive des auf Wasserkraft setzenden Teils der Energiewirtschaft und damit in der Interpretation ihrer Führungskräfte und MitarbeiterInnen gibt es aber kein schlechtes Wetter, sondern schönes und gutes Wetter. Wenn es regnet, dann ist dies für Speicher- und Flusskraftwerke von Vorteil. Das heißt, es gibt keine von der Beobachtung unabhängige Wirklichkeit. Die objektive Realität ist nicht erfahrbar, Realität wird subjektiv interpretiert. Menschen, die nicht nur instinktiv handeln, können gar nicht anders, als die Welt, in der sie leben, zu „reflektieren", im Denken zu spiegeln, zu interpretieren und daraus die Wirklichkeit zu formen.

2.2 „Harte Fakten" bei sozialen Prozessen: ein kleiner Teil des Bildes – beobachterabhängig und konstruiert

Bei sozialen Strukturen und Prozessen – beispielsweise bei Führung, Motivation, Konflikten, Kommunikationen, Teamarbeit bei der Gestaltung von Organisationen – ist der harte Prüfstein, das materielle Objekt, deren unabhängige Existenz vorausgesetzt werden muss, lediglich ein kleiner Teil des Bildes. Das gilt auch für die Sozialwissenschaften. Zwar gibt es auch hier „harte Fakten": z.B. gibt es Arbeitsverträge, die Führungskräfte und Untergebene definieren; Unternehmen, die Organisationsmitglieder ins Ausland entsenden oder aus Mitgliedern durch Kündigung Arbeitssuchende machen. Was aber in einem sozialen System als wahr oder falsch angesehen wird, was Gültigkeit hat oder nicht, steht nicht von vornherein (also objektiv) fest. Es ist immer etwas Ausgehandeltes, etwas Vereinbartes, etwas Konstruiertes. Solche Prozesse laufen in allen sozialen Systemen – in Unternehmen, aber auch in Familien, in Partnerschaften und in ganzen Gesellschaften – ab. Diese Aushandlungsprozesse hängen davon ab, wie eine Situation bewertet und interpretiert wird. Sie sind massiv beeinflusst durch die Perspektive derjenigen, die das beobachten. Solche Prozesse sind geprägt durch Widersprüche, durch Macht, durch Über- und Unterordnung, z.B. Verhältnis von Eltern zu Kindern, oder Lehrerinnen zu Schülern bzw. Vorgesetzten zu Untergebenen.

2.3 Soziale Phänomene – individuell und intersubjektiv konstruiert

In sozialen Systemen gibt es darüber hinaus auch Bereiche, wo überhaupt keine „materielle Objektivität" („harte Fakten"), sondern ausschließlich Wirklichkeitskonstruktionen die Prozesse und Strukturen bedingen. Mit diesen Wirklichkeitskonstruktionen sind Phänomene wie Motive, hierarchische Beziehungsmuster auf Basis von Autoritäten, informelle Führung oder gelebte Verhaltensnormen etc. gemeint. Phänomene wie diese können nicht direkt über Beobachtung erschlossen werden, sondern sie werden vielmehr – subjektiv und intersubjektiv von Individuen und auch von Gruppen konstruiert. Wenn z.B. Macht nicht durch äußere Zeichen sichtbar wird (etwa durch Symbole wie Gesslers Hut in Schillers Wilhelm Tell oder durch Uniformen beim Militär), wird Macht individuell und/oder gemeinsam mit anderen konstruiert, validiert, verworfen oder angenommen.

Ein weiteres Beispiel sind Führungskräfte, die durch Zuschreibungen von Aufsichtsrätinnen, Kolleginnen, Netzwerken und Medien zu Heldinnen hochgejubelt werden, obwohl diese Zuschreibungen durch keinerlei „objektive" Fakten gedeckt sind. Es eilt ihnen vielleicht der Ruf (= Zuschreibung! Konstruktion!) einer Saniererin, erfolgreichen Mergerstrategin und Gewinnmaximiererin voraus. Weil es sich dabei aber um subjektive Konstruktionen handelt, können solche Zuschreibungen wieder widerrufen werden: Leicht tritt das dann ein, wenn jahrelang hochgejubelte Top-Manager mit ihren Strategien scheitern, es kann aber auch dann passieren, wenn bisherige Freunde und Kollegen, Seilschaften und Netzwerke sowie Medien etc. ihnen ihre weitere Zustimmung versagen.[2]

Statt des harten Prüfsteines entscheidet bei sozialen Phänomenen damit die persönliche Sichtweise der Beobachterinnen auf Basis ihres „letzten" moralisch-philosophischen Wertbezuges und in der intersubjektiven Vereinbarung mit anderen Beobachtern, was Sinn macht oder was Blödsinn ist oder was für die Situation nützlich oder schädlich ist. Dass diese „Spielregeln" der Organisationen „harte" und „weiche Fakten" wie etwa gesetzliche Regelungen (hartes Faktum), gesellschaftlich- und organisationskulturelle Normen und Werten oder auch marktliche Bedingungen („weiche Fakten"), z.B. welche Unternehmen bringen was zu welchem Preis auf den Markt, gleichermaßen betreffen, versteht sich von selbst.

---

2   Die Beliebigkeit der unterschiedlichen genderspezifischen Schreibweise ist von den Herausgebern beabsichtigt.

3. Gestaltete Welt

Management heißt Gestaltung – ja, aber nicht oder allenfalls zu einem kleinen Teil im klassischen Sinne des Machertums, sondern vielmehr im Sinne der Gestaltung von Wirklichkeit durch Herbeireden, -handeln, -entscheiden. In diesem Sinne erzeugt Management die Wirklichkeit, die es nachher als die ihre behandelt. Zur Sicherheit: Nicht nur Management generell, sondern auch die als „hart", „eindeutig", „quantitativ" bezeichneten Spielarten der Betriebswirtschaftslehre – wie eingangs genannt – tun das – über ihre Vorannahmen, ihre Quantifizierungen etc.[3]

Mit einem solchen Schwenk tritt die Gestaltung der Welt im Sinne der Konstruktion von Wirklichkeit in den Vordergrund. Wirklich wird, was einflussreiche Akteurinnen und Akteure – individuelle wie einzelne Personen aus z.B. Wirtschaft, Politik, Religion, Wissenschaft oder Kunst oder kollektive wie z.B. Vorstand oder ein Mitglied des Aufsichtsrats – als wirklich sehen. Es bedarf „kritischer Beobachterinnen und Beobachter", die nicht alles im Sinne der objektiven Wirklichkeit zu beschreiben und interpretieren versuchen, sondern zur Kenntnis nehmen, dass es nicht eine Wirklichkeit gibt, sondern deren viele. Diese Wirklichkeiten werden von Einzelnen oder Gruppen definiert und sind dann für diese handlungsleitend. Oft geschieht es, dass sogar andere Wirklichkeiten, wie sie zum Beispiel „der Markt" bietet, nicht wahrgenommen werden können oder bewusst ausgeblendet bleiben. Das Prinzip Hoffnung besteht in der Stärke der kritischen Reflexion und in der Kommunikation unter der Voraussetzung der Akzeptanz von konstruierten Wirklichkeiten. Die Chance, diese Wirklichkeiten mitzugestalten, zu korrigieren, zu ändern besteht in der Einsicht, dass es keine von uns unabhängige Realität auch in Bezug auf „harte" Daten, Zahlen und Fakten gibt und dies daher verhandelbar ist.

---

[3] Und dass sich in der Volkswirtschaftslehre spät, aber doch die Einsicht durchsetzt, dass es Gefühle, soziale Strukturen und Irrationalitäten gibt und dass diese jetzt in der ‚behavioural economics' berücksichtigt werden, dass die nichts Schmutziges, sondern etwas ganz und gar Boden- und Realitätsnahes und in diesem Zusammenhang damit auch Brauchbares sind, erfüllt (u.a.) die ‚weichen' Vertreter der Betriebswirtschafts- und Managementlehre mit einer gewissen gelassenen Genugtuung.

4. Dichtere Zonen der Wirklichkeit und Gestaltung

Herbeireden von Wirklichkeiten und Arenen der Gestaltung führt regelmäßig zu Verdichtungen des Kommunizierens auf verschiedene Bereiche: das, was „aktuell", „wichtig" oder auch „dringend" ist. Im Zusammenhang mit Personal, Führung und Organisation sehen wir folgende Zonen relevanter Verdichtungen.

● **Globalisierung**

Das Entstehen großer, zusammenhängender Wirtschaftsräume durch die Europäische Union (EU) oder das North American Free Trade Agreement (NAFTA) ist ein sichtbares Zeichen für eine zunehmend nationale Grenzen überschreitende Geschäftätigkeit. In den meisten Branchen beschränken sich die Beschaffungs- und Absatzmärkte nicht länger auf einzelne Länder oder Ländergruppen. Das hat verschiedenste Auswirkungen auf individuelles und organisationales Verhalten. Beispiele dafür sind etwa die grenzüberschreitende Mobilität von Personen im Zuge ihrer beruflichen Karriere, die Verlagerung von Produktionsstätten in sog. Billiglohnländer trotz der damit verbundenen Transporterfordernisse oder das Entstehen von „global players", d.h. großen weltumspannenden Unternehmen in teilweise sehr unterschiedlichen Branchen, die oft sehr viel stärker als die Politik das wirtschaftliche – und teilweise wohl auch das politische – Geschehen beeinflussen.

● **Deregulierung**

Die derzeit vorherrschenden marktwirtschaftlich-kapitalistischen Wirtschaftssysteme betonen die Bedeutung des Marktes, die möglichst wenig durch außermarktliche Faktoren eingeschränkt werden soll. Mittelfristig sollen diese mit Etiketten wie neoklassisch oder wirtschaftsliberal bezeichneten Wirtschaftssysteme helfen, die allgemeine Wohlfahrt zu steigern, auch wenn es – wie Befürworter durchaus einräumen – kurzfristig zu erheblichen sozialen Kosten kommen kann. Entsprechend gibt es derzeit auch in *traditionell* durchaus stärker regulierten Ländern und Wirtschaftsräumen, insbesondere in Europa in den deutschsprachigen Ländern, massive Anstrengungen in Richtung Deregulierung oder Liberalisierung. Dem Abbau oder gar der Beseitigung von Hemmnissen oder Hürden für den freien Markt hat sich auch die EU verschrieben, die innerhalb der Union die bekannten zentralen Freiheiten proklamiert hat. Diese laufen auch auf die Ausdünnung von Schutzgesetzen für unselbstständig Erwerbstätige, die Freigabe der Ladenöffnungszeiten u.a.m. hinaus. Die Konsequenzen für das Arbeitsleben liegen auf der Hand, Beispiele dafür sind etwa veränderte Möglichkeiten des Abschließens von Arbeitsverträgen bzw. neue Formen von Verträgen, Aufweichungen von Schutzbestimmungen am Arbeitsmarkt, verschärfter Wettbewerb zwischen verschiedenen Anbietern ähnlicher Dienstleistungen oder die erleichterte Gründung von Unternehmen.

● **Neue Organisationsformen**

Seit mehr als einem Jahrzehnt gewinnt die Diskussion um neue Organisationsformen an Bedeutung. Unter Bezeichnungen wie atomisierte Organisation, Business Reengineering, flexible Firma, fraktales Unternehmen, individualisiertes Unternehmen, Netzwerkorganisation, post-bürokratische, post-moderne oder virtuelle Organisation werden völlig neue Entwicklungen jenseits der *klassischen*, hierarchischen Organisation diskutiert. Bei aller

Unterschiedlichkeit dieser Ansätze gibt es eine Reihe von Gemeinsamkeiten: zentralisierte, bürokratische und hierarchische Strukturen werden ersetzt durch flexible, dezentrale und projektorientierte Formen, in den informationale Netzwerke und Kultur wichtiger werden als formalisierte Regeln und Strukturen. Auch hier lassen sich vielschichtige Konsequenzen für das Handeln in und von Organisationen absehen. Neue Formen der Zusammenarbeit in Teams, veränderte Fragestellungen im Rahmen von Führungsüberlegungen, grundsätzlich andere Aufgabenstellungen bei der Anreizgestaltung und Motivation von Organisationsmitgliedern, etwa im Rahmen virtueller oder netzwerkartiger Organisationsformen, sind hier zu nennen. Hand in Hand ändern sich damit auch die Anforderungen an Führungskräfte: Es ändern sich ihre Aufgaben, Abläufe und Handlungsebenen. Häufig genannt wird in diesem Zusammenhang Wissensmanagement. Ein damit verbundenes Kernanliegen ist, dass wieder Raum für Wesentliches und Zeit zum Nachdenken geschaffen wird. Anders gesagt: Komplexes Wissen soll zwar aus wachsender Komplexität entwickelt werden, dann aber auf wesentliche Prioritäten und operative Handlungsanleitungen heruntergebrochen werden können.

● **Virtualisierung**

Eng mit den genannten technischen Entwicklungen verbunden ist die Dimension der Virtualisierung. Das Auseinanderklaffen zwischen der physischen und der virtuellen Ebene machen Slogans wie „mobiles Büro", „anytime, anywhere" o.Ä. deutlich. Die Erbringung bestimmter Arbeitsleistungen ist nicht länger an bestimmte Orte gebunden, E-Mails lassen sich *von überall her* beantworten, Telefonkonferenzen dank immer kleiner und leistungsfähiger werdender Handys von den meisten Orten der Welt aus führen.

In der Hosentasche bzw. Handtasche steckt eine „zweite Wirklichkeit", die in Form des PDA, des Personal Digital Assistant, oder des Blackberry eine dauernde Verbindung zur Arbeitswelt darstellt. Die Grenzen zwischen Arbeit und Freizeit verschwimmen. Viele kennen keinen Dienstschluss mehr. „Unlimited Worktime" nannte es der Flottenchef einer Airline. Viele sitzen nun nach dem Abendessen noch am PC. Der Einsatz nach Feierabend entwickelt sich von der Ausnahme zum Normalfall. Viele verreisen niemals ohne ihren Laptop und checken selbst bei kurzen Ausflügen ihre Mails. Auch der Urlaub gilt weltweit nicht mehr als arbeitsfreie Zone. Wegen der Virtualisierung ist eine neue „Laviermaxime" zwischen On- und Off-Zeit gefragt. Kurzum: Jeder muss seinen eigenen Weg finden, mit dieser „Entgrenzung" von Arbeit und Freizeit umzugehen. Manche setzen sich strenge Arbeitszeitgrenzen, um in der Freizeit tatsächlich abschalten zu können. Andere entlasten sich, indem sie in der Freizeit bewusst Arbeit zulassen.

Virtualisierung hat aber auch noch weitere Dimensionen. Durch neue Kommunikationsmedien und -möglichkeiten kommt auch ein neues Element in interpersonale Beziehungen. Chatrooms oder Videokonferenzen bieten die Möglichkeit, mit geografisch weit verstreuten Personen relativ unmittelbar in Kontakt zu treten. Virtualisierung geht allerdings stets einher mit dem Verlust anderer Dimensionen des menschlichen Erfahrungsraums. Wer Personen *nur* am Bildschirm sieht, sieht sie eben *nur* und spürt sie nicht, kann feinere, oft unwillkürliche Ausdrucksformen in ihrer Gesamtheit nicht wahrnehmen etc. Wer nicht mehr an ein Gebäude oder einen Raum *gebunden* ist, dem *fehlen* bestimmte, über weite Strecken der menschlichen Entwicklungsgeschichte selbstverständliche und notwendige Erfahrungen des Absteckens und Verteidigens eines konkreten räumlichen

Reviers, die wiederum zu einer bestimmten Art der Identifikation führen. Das bleibt nicht folgenlos auf das Kommunikationsverhalten und Konfliktlösungen. Durch Management „by E-Mail" mag zwar zeitliche Autonomie und ein gewisses Maß an Bequemlichkeiten gewonnen werden, der Einsatz elektronischer Post als Führungsinstrument mag zwar den Koordinationsaufwand senken, als Mittel zur Konfliktlösung scheint das E-Mail schon deswegen nicht ideal, weil es keine versöhnlichen Zwischentöne zulässt und Konfliktzonen unter Umständen erst generiert. Kurzum: Das Intranet und die E-Mails werden zunehmend mehr zu starken differenzierten Konflikten führen. Ein Mail an mehrere via Intranet abgeschickt führt zu unterschiedlichen Konstrukten von Wirklichkeiten bei den vielen Adressaten. Die Kontexte der Adressaten sind unterschiedlich und führen zu differenzierten Wirklichkeitsinterpretationen und Konstruktionen. Dadurch werden auch die Konflikte komplexer. Dies gilt übrigens auch bei anderen „klassischen" Einwegkommunikationen, nur wird durch den einfachen und intensiven Gebrauch der E-Mail dies extremisiert. Auch Videokonferenzen, die reisekostensparend, zeitlos und *spontan* durchgeführt werden können, bringen gleichzeitig Nachteile mit sich: die Teammitglieder bleiben distanziert, und eine spontane emotional herzliche Atmosphäre und auch eine lernende Organisation wird kaum möglich.

- **Technologische Entwicklungen**

Vor allem die Entwicklungen im Bereich der Mikroprozessoren, aber auch der Biotechnologie haben Auswirkungen auf die berufliche Welt. Die unausweichliche Präsenz von *Computern* als dem Kürzel für alle Arten von Maschinen mit ständig zunehmender Rechnungsleistung und Kapazität zur Verarbeitung großer Datenmengen und ihre wachsende Vernetzung gehört zu den großen Veränderungstreibern. Neue Arten von Fertigungsprozessen, die Steuerung komplizierter logistischer Vorgänge wie die Optimierung zeitgerechter Materialanlieferungen für die individualisierte Fertigung von Massengütern, die Verwaltung personenbezogener Daten in weltumspannenden Unternehmen oder die Steuerung von Finanztransaktionen in unterschiedlichen Kontinenten sind nur einige, unmittelbar ins Auge springende Beispiele für konkrete Auswirkungen in der Arbeitswelt. Hinzu kommen andere Aspekte wie Dimensionen der Personalauswahl durch neue Möglichkeiten des Gen-Screenings oder Überwachungsmöglichkeiten von Außendienst-Mitarbeitern durch eine „real-time"-Verwaltung von Positionsdaten aus einem global operierenden Satellitensystem wie GPS („Global Positioning System"). Wichtig, wenngleich weniger auf der Hand liegend, sind die Simulatoren mit der „wirklichen Wirklichkeit" nachgestellten virtuellen Realitäten, mit denen die Benutzer passende Verhaltensweisen bei der Bedienung komplizierter Anlagen wie Raffinerien problem- und folgenlos erlernen und üben können.

- **Personal als zentraler Wettbewerbsfaktor**

In vielen Branchen gleichen sich die Produkte bzw. Dienstleistungen und die Methoden und Techniken ihrer Erzeugung immer mehr. Wenn jedoch ähnliche Rohstoffe, ähnliche Maschinen, ähnliche Fertigungs- bzw. Erstellungsprozesse etc. Verwendung finden, dann bleibt als zentrale Möglichkeit zur Differenzierung und zur Erlangung von relativen Vorteilen am relevanten Markt ein einziger Faktor übrig: das Personal. Häufig wird Personal als der zentrale Wettbewerbsfaktor und als wertvollste Ressource bezeichnet. Dahinter steht die wichtige Einsicht, dass die im Wirtschaftsleben handelnden Personen sehr oft die zentrale Schnittstelle zwischen Anbietern und Nachfragern darstellen, also etwa als Verkäufer, Anbieter von Dienstleistungen agieren und die zur Güter- bzw. Dienstleistungserstellung erforderlichen Ressourcen auf je spezifische Weise einsetzen. Wie sie das tun, macht einen Unterschied – vielleicht den entscheidenden Unterschied. Dass das nicht heißt, dass Personal pfleglich behandelt wird, machen Krisensituationen oder auch ein Überangebot von Arbeitskräften auf relevanten Teilen des Arbeitsmarkts deutlich.

- **Neues Management: Herausforderung für Führungskräfte**

Noch mehr als bisher wird der/die zukünftig erfolgreiche Führungskraft zu entscheiden haben, was nimmt man auf, was selektiert man aus der enormen Komplexität. Aus dem Zuviel an unstrukturierten Daten und Themen gilt es, rasch und kompetent zu entscheiden (manches Mal auch ohne Hintergrundwissen), was auszuwählen und zu strukturieren ist. Diesen Spannungszustand – im Extremfall zu wissen, dass man nichts weiß und trotzdem zu entscheiden – und diesen Widerspruch zu ertragen wird für erfolgreiche Führung unerlässlich. Menschen in Führungsfunktionen haben besondere Anerkennungsbedürfnisse, wollen von loyalen Beraterinnen und Beratern, von Mitarbeiterinnen und Mitarbeitern, ein (positives) Feedback vor allem in der Face-to-Face-Kommunikation bekommen. Nun geht die Face-to-Face-Kommunikation in Zeiten vermehrter E-Mails und virtuellen Teams immer mehr verloren. Mit diesem Verlust fertig zu werden, ist eine Bedingung erfolgreichen Managens in der Zukunft. Künftige Führungskräfte müssen vorab eine sehr hohe Bereitschaft zu Veränderungen aufbringen und diese auch aushalten.

5. Aufbau des Buchs

Die Beiträge dieses Buches geben jeweils eine Einführung in den behandelten Sachverhalt. Sie tun dies vor dem Hintergrund, dass Personalmanagement und Führung in Organisationen zentral für die Auseinandersetzung mit den genannten Bildern der Wirklichkeit sind.

- **Theorien der Führung**

Welche Kriterien beeinflussen den Führungserfolg? Gibt es einen Führungsstil, der immer und überall zum Erfolg führt? Diese und andere Fragen beantwortet Johannes Steyrer, indem er die „Führungserfolgsmodelle" klassifiziert und nach eingehender Diskussion gegeneinander abwägt. Den Abschluss bildet die Vorstellung des Modells „Führung in offenen und geschlossenen Gesellschaften" und die Zuordnung der „Führungserfolgsmodelle" entlang des Kontinuums zwischen offener und geschlossener Organisation.

- **Motivation und Arbeitsverhalten**

Kann jemand überhaupt motiviert werden? Ist Motivation etwas Ähnliches oder gar das Gleiche wie Überzeugung, Überredung, Manipulation? Ausgehend von diesen Gedanken klärt Wolfgang Mayrhofer Begriffe wie Motivation, Motiv und motivieren und beleuchtet die Bedeutung der Motivation für die betriebliche Praxis. Als Basis verwendet Wolfgang Mayrhofer ein Grundmodell der Motivation, das er auf Motivationstheorien anwendet, um es abschließend zu einem integrierten Motivationsmodell zusammenzufassen.

- **Konfliktgestaltung und Kommunikation**

Konflikte konstruktiv zu gestalten ist heute die Herausforderung, denn: wo Konflikte sind, ist Emotion, ist Energie, ist Weiterentwicklung – oder auch Untergang. Wo Konflikte fehlen, ist Harmonie und Kooperation – oder auch Langeweile und Erstarrung. Hier werden daher die Grundlagen für eine konstruktive Konfliktgestaltung dargelegt. Ausgehend von der Erkenntnis, dass wir von Beginn an aktiv an der Konfliktentstehung beteiligt sind, zeigen Monika Heinrich und Angelika Schmidt, wie man Konflikte analysieren kann, wie sie eskalieren können und welche Strategien es dabei gibt. Aufgrund der Komplexität des Konfliktgeschehens gibt es keine Rezepte, jedoch eine Fülle an Ansatzpunkten, aus denen geschöpft werden kann, um eigene Ziele auch bei divergierenden Interessen in Kooperation mit anderen realisieren zu können.

- **Teams in Organisationen**

Teams sind aus der heutigen Organisationswelt nicht mehr wegzudenken. Was sie allerdings ausmacht, welche Erfolgsfaktoren es für sie gibt und welche wenig beachteten paradoxen Effekte und Gefahren mit Teamarbeit verbunden sind, ist weniger bekannt. Wolfgang Mayrhofer, Thomas M. Schneidhofer und Johannes Steyrer behandeln diese Phänomene und zeigen auf, dass es für diese Aspekte eine Reihe von Vorschlägen aus Forschung und Praxis gibt.

- **Strukturen und klassische Organisationsformen**

Vor dem Hintergrund der großen Bedeutung, die Organisationen heute in der Gesellschaft spielen, präsentiert Michael Meyer die Charakteristika moderner Organisationen, die Bilder, die wir uns von ihnen machen, sowie die wichtigsten Parameter des Organisierens: Wie sind Organisationen klassisch aufgebaut, und welche Vor- und Nachteile haben diese Formen? Das Spektrum reicht von der funktionalen über die divisionalen bis hin zu projektorientierten Organisationsformen, von Pionierunternehmen bis zu großen Konzernen. Schließlich geht es auch um die Frage, ob sich ein Zusammenhang zwischen Organisationsform und Erfolg finden lässt.

- **Strategiemodelle und moderne Organisationsformen**

„Structure follows Strategy" ist einer der bedeutendsten Grundsätze der modernen Organisationstheorie. In ihrem Beitrag „Strategiemodelle und moderne Organisationsformen" legen Helmut Kasper und Jürgen Mühlbacher dar, welche Wechselwirkungen zwischen der Unternehmensstrategie und der Wahl einer passenden Organisationsstruktur bestehen. Nur bei einem Fit beider können gesetzte Ziele auch möglichst effizient und (friktions-)konfliktfrei erreicht werden. Letztlich zeigen sie auch auf, dass Wettbewerb und Konkurrenz nicht die einzigen Triebfedern organisationaler Entwicklung sind, sondern auch Kooperation und Koevolution einen wichtigen Stellenwert im modernen, global vernetzen Wirtschaftsleben einnehmen.

- **Organisationskultur und lernende Organisation**

Organisationales Lernen erfolgt durch die Änderung von Organisationsstrukturen und -prozessen, von strategischen Zielsetzungen, aber auch von Normen, Werten und Erweiterung bzw. Vertiefung von individuellem und organisationalem Wissen. Eine lernfreudige Organisationskultur ist dabei Voraussetzung, um ein veränderungsbereites Unternehmen zu schaffen. Lernende Organisationskulturen haben sich stets den ändernden Anforderungen der Unternehmensumwelten nicht nur anzupassen, sondern sollen auch in der Lage sein, diese aktiv mitzugestalten. Ziel dieses Beitrags von Helmut Kasper, Ursula Christine Loisch, Jürgen Mühlbacher und Barbara Müller ist es, einen Überblick über Organisationskultur und lernende Organisationen entsprechend dem neuesten Stand der Forschung zu geben.

- **Beschaffung und Auswahl von Mitarbeiterinnen und Mitarbeitern**

Bei der Rekrutierung von Personal steht die Organisation vor der Aufgabe, die richtigen Personen in der ausreichenden Anzahl mit den gewünschten Qualifikationen für bestimmte Aufgaben und Einsatzorte zu finden und sie zur Bewerbung zu motivieren. Gleichzeitig sollen Selbstselektionsprozesse in Gang gesetzt werden, um weniger geeignete Personen von der Bewerbung abzuhalten. Aus diesem Bewerbungspool sollen dann kostengünstig und rasch die richtigen MitarbeiterInnen ausgewählt und eingestellt werden, d. h. also eine möglichst hohe Trefferquote zu erzielen. Helene Mayerhofer zeigt in einer schrittweisen Darstellung des Rekrutierungsprozesses, wie dies möglich ist.

- **Personalentwicklung**

Personalentwicklung ist eng verbunden mit strategiegeleiteter Unternehmensentwicklung. Das Verständnis und die vorrangig gesetzten Aktivitäten, die unter dem Begriff Personalentwicklung subsumiert werden, unterliegen ebenso der Veränderung wie die Rolle von Personalmanagement in Unternehmen insgesamt. Helene Mayerhofer und Gabriela Michelitsch-Riedl verfolgen ein umfassendes Verständnis von PE, das sich zeitlich betrachtet auf Aktivitäten des HR vom Eintritt bis zum Ausscheiden von Beschäftigten bezieht. Die Einführung neuer MitarbeiterInnen (fachliche und soziale Integration) in die Organisation, Kompetenzentwicklung und Weiterbildung (welche Kompetenzen und durch welche Methoden der PE vermittelbar), die Gestaltung von Laufbahnen und Karriereoptionen ebenso wie Möglichkeiten zur Gestaltung des Austritts (Outplacement, Personalabbau) von Organisationsmitgliedern werden erläutert.

- **Personalbeurteilung**

Personalbeurteilung ist die formalisierte Bewertung von Organisationsmitgliedern anhand vorgegebener Leistungskriterien. Die so generierten Daten können einerseits zur Planung und Kontrolle von Personalentscheidungen verwendet werden, andererseits als Grundlage für Förder- und Entwicklungsmaßnahmen dienen, wobei zu beachten ist, dass zwischen diesen beiden Zielbündeln ein Spannungsfeld besteht. Neben diesen manifesten Funktionen kann Personalbeurteilung auch eine Reihe latenter Funktionen erfüllen, wie bspw. Herrschaftssicherung oder Aufbau von Legitimationsfassaden.

Wolfgang Elšik setzt sich in seinem Beitrag damit auseinander. Er weist auch auf die Einbettung der Personalbeurteilung in den größeren Organisationszusammenhang hin, indem er die strategischen, internationalen und mikropolitischen Aspekte der Personalbeurteilung behandelt.

- **Materielle Anreize**

Die Gestaltung von materiellen Anreizen ist eine zentrale Stellgröße im Personalmanagement. Ausgehend von Überlegungen zur Lohngerechtigkeit geben Wolfgang Elšik und Andreas Nachbagauer einen Überblick über die wesentlichen Gestaltungsparameter der Geldentlohnung: die Grundlohnbestimmung und die Lohnformdifferenzierung. Neben der Geldentlohnung und der Gestaltung von Entlohnungssystemen werden auch weitere Formen der materiellen Entlohnung wie Führungskräftevergütung, betriebliche Sozialleistungen und Mitarbeiterbeteiligung angesprochen sowie die ökonomischen und mikropolitischen Aspekte diskutiert. In internationaler Hinsicht rücken insbesondere zwei Aspekte in den Vordergrund. Zum einen geht es um die Kompensationspraktiken für alle Beschäftigten in den verschiedenen Standorten des multinationalen Unternehmens im Sinne eines globalen Vergütungssystems, zum anderen um spezifische Fragen der materiellen Anreize von Auslandsentsandten (Expatriates).

- **Gender- und Diversitätsmanagement**

Gender- und Diversitätsmanagement gehört mittlerweile zur „good practice" in Organisationen. Edeltraud Hanappi-Egger und Regine Bendl zeigen nicht nur Gründe dafür auf, sondern geben auch eine Übersicht über verschiedene Arten von Diversität, die rechtlichen Rahmenbedingungen und die Entwicklung von Diversitätswissen und -kompetenzen. Dabei wird insbesondere gezeigt, wie Stereotypisierung und strukturelle Rahmenbedingungen zu Diskriminierung führen können. Aus betriebswirtschaftlicher Sicht geht es aber vor allem darum, versteckte Ausschließungsmechanismen zu identifizieren und zu beseitigen. In diesem Sinne widmet sich der Beitrag auch der Frage, welcher Management- und Führungskompetenzen im Bereich Gender und Diversität es bedarf, um eine inklusive Organisationskultur zu gewährleisten.

● **Flexibilisierung**

Beobachtbare Flexibilisierungstendenzen im Erwerbsleben nehmen ganz unterschiedliche Ausprägungen an und erstrecken sich schon lange nicht mehr nur auf eine Verkürzung der Arbeitszeit, sondern erfassen auch die Anpassungsfähigkeit der Arbeitskräfte hinsichtlich der Qualifikationen und der Inhalte der Tätigkeiten. Von Seiten der Organisation ist es mittlerweile fast unverzichtbar, durch Flexibilisierungsmaßnahmen im Ausmaß und der Ausformung der Beschäftigungsverhältnisse sich (neue) Spielräume zu eröffnen. Angelika Schmidt analysiert nach einem Überblick die wesentlichen von Flexibilisierung betroffenen Komponenten von Arbeit, d.h. die zeitliche, räumliche und technische Dimension. Sie spricht weiterhin auch Gründe für Flexibilisierung sowie die Konsequenzen der Flexibilisierung für die Organisation und ihre Mitglieder an. Dabei stellt sie wesentlich auf einen sich verändernden psychologischen Vertrag zwischen Organisation und Beschäftigten ab.

Führung

Theorie der Führung

Johannes Steyrer

Inhalt

1. Der Begriff der Führung und seine ideologische Verklärung

Eine Suchabfrage bei Google zu „Leadership" ergibt rund 173.000.000 Einträge, das deutsche Begriffspendant „Führung" immerhin 26.900.000. Das ist auch nicht verwunderlich, da beispielsweise in der Europäischen Union rund 20 % der Arbeitnehmer eine Management- bzw. Führungsrolle wahrnehmen.[1] Führung ist somit ein Thema mit breiter Relevanz. Aber was bezeichnet der Begriff „Führung" überhaupt?

Unter Führung wird im Allgemeinen ein *sozialer Beeinflussungsprozess* verstanden, bei dem eine Person (der Führende) versucht, andere Personen (die Geführten) zur *Erfüllung gemeinsamer Aufgaben und Erreichung gemeinsamer Ziele* zu veranlassen. Dementsprechend lauten einige Definitionen in der einschlägigen Literatur:

- „Führung in Organisationen: Zielorientierte soziale Einflussnahme zur Erfüllung gemeinsamer Aufgaben in/mit einer strukturierten Arbeitssituation."[2]
- „Führung heißt, andere durch eigenes, sozial akzeptiertes Verhalten so zu beeinflussen, dass dies bei den Beeinflussten mittelbar oder unmittelbar ein intendiertes Verhalten bewirkt."[3]
- „Führung ist ein Prozess der Beeinflussung anderer, um Verständnis und Akzeptanz dahingehend zu erzeugen, was und wie es getan werden muss, sowie ein Prozess, der individuelle und kollektive Anstrengungen zur Erreichung gemeinsamer Ziele erleichtert."[4]

Jedes Führungskonzept unterstellt somit implizit, dass es in Organisationen Führende und Geführte gibt, die in einer hierarchischen Über- und Unterordnung zueinander stehen, wobei die Geführten sozial beeinflusst werden müssen/sollen, damit es insgesamt zu einer adäquaten Zielerreichung kommt. Mit dieser Sichtweise ist ein bestimmtes Alltagsverständnis verknüpft, wie Vorgesetzte, Kollegen und Mitarbeiter am Arbeitsplatz zusammenzuarbeiten haben. Die Unterscheidung in Führende und Geführte erscheint dabei ganz normal und wird nicht weiter hinterfragt. Und doch liegt diesem Alltagsverständnis vielfach eine ebenfalls kaum hinterfragte „ideologische Begründung" von Führung zugrunde, die meist auf einem oder mehreren der folgenden Argumentationsansätze basiert:[5]

- „Führung gibt es, weil Menschen geführt werden wollen." Mit dieser Sichtweise ist die Vorstellung verbunden, dass die meisten Menschen (Masse der Geführten) unmündig seien und als Kompensation nach einer starken Hand in Form eines Führenden suchten.
- „Führung gibt es, weil Menschen geführt werden müssen." Der Einzelne, so die implizite Idee, habe nur einen beschränkten Einblick in die Zusammenhänge und könne ohne Führung nicht wirksam mit anderen kooperieren.
- „Hierarchie ist ein universelles soziales Prinzip." Entsprechend dieser Annahme sind soziale Rangordnungen eine gesetzesartige Konstante des sozialen Lebens.

---

[1] Parent-Thirion et al. 2006, S. 67
[2] Wunderer/Grunwald 1980, S. 62
[3] Weibler 2001, S. 29
[4] Yukl 2006, S. 8
[5] Neuberger 2002, S. 58ff.

- „Entwicklung wird von Eliten vorangetrieben; sie sollen das Sagen haben." Es wird eine prinzipielle Ungleichheit in den Leistungsmöglichkeiten und Fähigkeiten von Menschen postuliert und solcherart der Führungsanspruch der „Begabteren" legitimiert.
- Schließlich lautet eine fünfte Sichtweise: „Führung ist funktional." Hier wird im Gegensatz zur vorherigen elitär-personalistischen Argumentation das Effizienzargument vorgebracht. Führung erscheint dabei als notwendige Steuerungsvariable zur Handhabung von Arbeitsbeziehungen.

Der Ideologieverdacht bei all diesen Argumenten stützt sich darauf, dass sie Führung nicht erklären, sondern sie als quasi naturgesetzliches Faktum bzw. eine soziale Notwendigkeit darstellen, womit „eine umfassende Rechtfertigung einer bestehenden oder angestrebten/ künftigen Wirklichkeit angeboten wird."[6] Ideologien beschreiben also nicht, was ist, sondern rechtfertigen, warum es so ist (bzw. sein muss oder sein soll).

Diese axiomatische Sichtweise von Führung ist nicht neu. Schon Platon schreibt in seinem Werk Politeia: „Niemand, weder Mann noch Weib, soll jemals ohne Führer sein. Auch soll niemandes Seele sich daran gewöhnen, etwas ernsthaft oder auch nur im Scherz auf eigene Hand allein zu tun. Vielmehr soll jeder, im Kriege und auch mitten im Frieden, auf seinen Führer blicken und ihm gläubig folgen. Und auch in den geringsten Dingen soll er unter der Leitung des Führers stehen. (…) Kurz, er soll seine Seele durch lange Gewöhnung so in Zucht nehmen, dass sie nicht einmal auf den Gedanken kommt, unabhängiger zu handeln, und dass sie dazu völlig unfähig wird."[7] Auch bei Freud, dem Begründer der Psychoanalyse, findet sich diese ideologische Verklärung der Führung: „Es ist ein Stück der angeborenen und nicht zu beseitigenden Ungleichheit der Menschen, dass sie in Führer und in Abhängige zerfallen. Die letzteren sind die übergroße Mehrheit, sie bedürfen einer Autorität, welche für sie Entscheidungen fällt, denen sie sich meist bedingungslos unterwerfen. Hier wäre anzuknüpfen, man müsste mehr Sorge als bisher aufwenden, um eine Oberschicht selbstständig denkender, der Einschüchterung unzugänglicher, nach Wahrheit ringender Menschen zu erziehen, denen die Lenkung der unselbstständigen Massen zufallen würde."[8]

Vor diesem Hintergrund verwundert es nicht, dass im Berufsleben und in der einschlägigen Praxisliteratur „die prinzipielle Angemessenheit, Richtigkeit oder normative Wünschbarkeit derjenigen Wirklichkeitskonstruktion, die ‚Personalführung' produziert"[9], unhinterfragt akzeptiert wird; ebenso in den Kapiteln zu Erfolgsmodellen der Führung. Die kritische Perspektive zum Thema Führung soll dennoch nicht außer Acht gelassen werden und wird im weiteren Verlauf des Beitrags auch noch mehrmals aufgegriffen.

---

[6] Neuberger 2002, S. 58
[7] Platon 1963, S. 74; zit. n. Gebert/Boerner 1995, S. 275
[8] Freud 1974, S. 284
[9] Türk 1990, S. 55

2. Rollen und Aktivitäten von Führungskräften

Worin bestehen die Aktivitäten einer Führungskraft bzw. eines Managers eigentlich (beide Begriffe werden zunächst synonym verwendet)? Ein früher Studienautor kam im Rahmen teilnehmender Beobachtung diesbezüglich zu folgendem Schluss: „Frage einen Manager, was er tut, so wird er dir mit großer Wahrscheinlichkeit sagen, dass er plant, organisiert, koordiniert und kontrolliert. Dann beobachte, was er wirklich tut. Sei nicht überrascht, wenn du das, was du siehst, in keinen Bezug zu diesen vier Wörtern bringen kannst."[10]

Welche Beobachtungen ließen sich konkret machen? Im Folgenden ein paar Kernmerkmale der Tätigkeit von Führungskräften/Managern:[11] Es gibt kein definiertes Tagespensum und kaum längere fokussierte Aktivitäten. Stattdessen sind unentwegt Anfragen zu beantworten, Informationen zu geben, Aufträge zu erteilen, Probleme zu lösen und Entscheidungen zu treffen. Die Arbeitszeit ist stark zerstückelt. Einzelaktivitäten sind kurz und werden immer wieder unterbrochen. So konnte festgestellt werden, dass die „Hälfte der Aktivitäten weniger als neun Minuten" dauern und nur ein Zehntel der Tätigkeiten „mehr als eine Stunde."[12] Es wird eher auf Anforderungen reagiert als eigenständig agiert, und eine sorgfältige Planung bzw. eingehende Auseinandersetzung mit Zeithorizonten, die über das unmittelbar Drängende hinausgehen, findet nur selten statt. Weiters zeigt sich, dass mittlere Manager zwischen 27 % bis 82 % ihrer Zeit mit mündlicher Kommunikation verbringen. Bei Top-Managern liegt dieser Prozentsatz zwischen 65 % und 75 %.[13] Daraus ist nicht nur ersichtlich, dass Führung/Management eine sehr kommunikationsintensive Tätigkeit ist, sondern auch, dass der Schwerpunkt auf mündlicher Kommunikation liegt.

Diese Betonung mündlicher Kommunikation wurde auch durch neue Medien und Kommunikationstechnologien kaum gemindert. Trotz der heutigen Möglichkeiten, beinahe jederzeit und überall erreichbar zu sein, Kontakte zu halten und Reaktions- und Abstimmungszeiten zu minimieren, haben die direkten Face-to-face-Kontakte eher zu- als abgenommen. Dieses Phänomen wird als *Telekommunikationsparadoxon* bezeichnet:[14] Die Anzahl potenzieller Ansprechpartner steigt auf Grund der technischen Möglichkeiten um ein Vielfaches, sodass das Aktivitätsniveau und die Fragmentierung des Arbeitsalltags, Reiseaktivitäten und persönliche Gespräche im Vergleich zu früher sogar zunehmen.

Warum ist das so? Wichtige Hintergrundinformationen werden nach wie vor beinahe ausschließlich in direkten, persönlichen Beziehungen weitergegeben, in denen auch das nötige Vertrauen aufgebaut werden kann. Dazu kommt: wer als Manager erfolgreich aufsteigen möchte, sollte einer US-Studie zufolge seine Kommunikationsbemühungen nicht auf die eigenen Mitarbeiter fokussieren, sondern eher auf die Netzwerkpflege mit Kollegen, Vorgesetzten, Kunden, Lieferanten etc.[15] Auch die Entscheidungsfindung bei Führungskräften läuft selten entlang eines umfangreichen Optimierungsalgorithmus ab, sondern geht aus zahlreichen kleinen Vor- und Teilentscheidungen (Informations-, Alterna-

---

[10]   Mintzberg 1973, S. 49
[11]   Neuberger 2002, S. 456ff.
[12]   Mintzberg 1973, S. 33; Schreyögg/Hübel 1992
[13]   Yukl 2006, S. 25
[14]   Picot/Reichwald/Wigand 2003, S. 118
[15]   Luthans 1988

tivensuche, Bewertungen etc.) hervor.[16] Ein Prozess, der insgesamt mehr durch „Konfusion, Funktionsstörungen und Emotionalität als durch Rationalität" gekennzeichnet ist.[17]

Die Tätigkeiten von Führungskräften weisen also einige charakteristische Merkmale auf. Doch worin bestehen sie konkret? Einen Anhaltspunkt gibt hier das sogenannte *„Leader Observation System"* („LOS"), das die Tätigkeiten von Führungskräften kategorisiert.[18] Die folgende Tabelle stellt diese Beobachtungskategorien kurz zusammengefasst dar.

1. Planung/Koordination • Setzen von Zielen • Festlegen von Terminen für Mitarbeiter, Zeitpläne • Zuweisen von Aufgaben und Erteilen von routinemäßigen Instruktionen	**7. Überwachung/Kontrolle der Leistung** • Inspektion der Arbeit • Rundgänge und Überprüfung von Abläufen, Reisen
2. Personalbeschaffung • Beschreibung der Arbeitsaufgaben für neu zu schaffende Posten • Auswahlentscheidung	**8. Motivation von formellen Belohnungen** • Zuerkennung von formellen Belohnungen • Mitteilung der Wertschätzung, Belobigungen • Anhören von Vorschlägen
3. Aus- /Weiterbildung • Einführung von Mitarbeitern, Planung von Ausbildungsseminaren usw. • Klären von Rollen, Pflichten, Stellenbeschreibungen	**9. Disziplinarische Maßnahmen/Bestrafung** • Geltendmachung von Regeln und Grundsätzen • Degradierung, Entlassung, Kurzarbeit anordnen
4. Entscheidung/Problemlösung • Definieren von Problemen • Wahl zwischen zwei oder mehreren Alternativen oder Strategien	**10. Interaktion mit anderen** • Public Relations • Kunden
5. Schreibarbeit • Bearbeitung von Post • Lesen von Berichten, Posteinlauf	**11. Konfliktbewältigung** • Bewältigung von interpersonellen Konflikten zwischen Untergebenen und anderen • Anrufung einer 3. Person als Unterhändler
6. Austausch von Routineinformationen • Beantwortung routinemäßiger Verfahrensfragen • Entgegennahme und Weitergabe von Informationen	**12. Gesellschaftliche/politische Aktivitäten** • Ungezwungenes „Scherzen" • Gespräche über Gerüchte, Gerede, Gemunkel

Tabelle 1:   Tätigkeitsprofil einer Führungskraft nach dem LOS

Eine weitere Variante der Systematisierung von Manageraktivitäten bezieht sich nicht auf konkrete Tätigkeiten, sondern stellt die verschiedenen Rollen in den Vordergrund, die eine Führungskraft wahrnehmen muss, wobei drei zentrale Bereiche unterschieden werden.[19]

---

[16]   Bronner 2004, S. 230
[17]   Yukl 2006, S. 26
[18]   Luthans/Rosenkrantz 1995, Sp. 1011f.
[19]   Schirmer 2004, Sp. 813ff., nach Mintzberg 1973

Bereich	Interpersonelle Rollen	Informations- rollen	Entscheidungs- rollen
Rollen	• Repräsentant • Leader • Koordinator	• Informationssammler • Informationsverteiler • Sprecher	• Entrepreneur • Krisenmanager • Ressourcenzuteiler • Verhandlungsführer

Abb. 1: Die zehn klassischen Management-Rollen nach Mintzberg

1. Die *interpersonellen Rollen* beinhalten alle internen und externen Beziehungsaktivitäten einer Führungskraft. Als *Repräsentant* übernimmt die Führungskraft die meist symbolische Darstellung und Vertretung der Unternehmung nach innen und außen, etwa bei festlichen Anlässen oder Treffen mit besonders wichtigen Personen. Inhaltlich bedeutsamer ist die Funktion als *Leader*. Hier steht die Aktivierung und Motivierung der Mitarbeiter, ihre Auswahl und Beurteilung und die Abstimmung individueller oder Abteilungsinteressen mit den Organisationszielen im Mittelpunkt. Als *Koordinator* sind Manager mit dem Aufbau und der Pflege formeller und informeller Kontakte beschäftigt, die einen (potenziellen) Zugang zu Informationen, Geschäfts- oder Kooperationsmöglichkeiten u.Ä. darstellen.
2. Die *Informationsrollen* thematisieren die vielschichtigen Funktionen im Zusammenhang mit der Aufnahme und Weitergabe von relevanten Nachrichten. Die Rolle *Informationssammler* beinhaltet das kontinuierliche Suchen und Aufnehmen von Informationen über wichtige Entwicklungen innerhalb und außerhalb der Organisation. Als *Informationsverteiler* tritt der Manager in Erscheinung, wenn er diese Informationen über ausgewählte Kanäle zu bestimmten Zeitpunkten innerhalb der Organisation weitergibt. Als *Sprecher* präsentieren Manager Informationen über Pläne, Maßnahmen oder erzielte Ergebnisse einem breiteren Publikum außerhalb der Organisation (z.B. Präsentation der Jahresbilanz).
3. Das Treffen von Entscheidungen als zentrale Managementrolle spiegelt sich in den *Entscheidungsrollen* wider. Als *Entrepreneur* forciert der Manager Innovationen und organisationalen Wandel, etwa durch das Lancieren neuer Projekte. Die Rolle des *Krisenmanagers* ist bei akuten Störungen in der Organisation gefordert, etwa bei eskalierenden Konflikten oder Fehlern mit gravierenden Konsequenzen. Als *Ressourcenzuteiler* bestimmt der Manager über die Aufteilung von Budget, Personal, Ausstattung, Information etc. innerhalb der Organisation. Schließlich tritt die Führungskraft als *Verhandlungsführer* auf, wenn es (innerhalb oder außerhalb der Organisation) um das Erzielen von Konsens in strittigen Angelegenheiten mit unterschiedlichen Interessen und Bedürfnissen geht.

Am Eingang dieses Kapitels wurden Führung und Management als Synonyme präsentiert. Inwieweit ist dies zulässig? Auch hierzu gibt es einschlägige Forschung. In der Literatur betont der Begriff Führung zumeist den personalen und interaktionalen Akzent („Menschenführung"), während der Begriff Management den strukturellen und institutionellen

Aspekt in den Vordergrund rückt („Unternehmensführung"). Manager steuern über Regeln, Institutionen und Systeme; sie gestalten Prozesse bzw. organisationale Strukturen. Konkrete Tätigkeitsbeispiele wären das Aufstellen von Plänen, die Durchführung von Projekten inklusive Budgetierung, die Verteilung und der optimale Einsatz von Ressourcen, die Zerlegung von langfristigen Zielen in operative kurzfristige Ziele, die Entwicklung von Standards und Prozeduren, die Kosteneinschätzung von Produkten und Dienstleistungen. Im Unterschied dazu konzentriert sich Führung gemäß den eingangs genannten Definitionen darauf, Menschen und Gruppen im Rahmen eines sozialen Prozesses zu beeinflussen.[20]

Eine besonders deutliche Unterscheidung zwischen Führung und Management klingt im folgenden klassischen Zitat von Bennis und Nanus durch: „Managers are people who do things right and leaders are people who do the right thing."[21] Hier spiegelt sich aber auch eine idealisierende Sicht von *Leadership* wider. Management wird auf das korrekte Ausführen von Prozeduren zur effizienten Outputschaffung reduziert. Führung gibt hingegen auf strategischer und grundlegender Ebene den richtigen Weg vor. Hinter dieser Unterscheidung steckt letztlich eine tiefer liegende Dualität zwischen Rationalität und Emotion, Verwaltung und Innovation, Kontrolle und Vision. Das betriebswirtschaftlich bzw. verwaltungstechnisch orientierte Tagesgeschäft einer Organisation („harte" Elemente: Planung, Finanzierung, Kontrolle usw.) werden dem Management als Hauptaufgabe zugeordnet, während die interpersonale, emotional-sinnstiftende Einflussnahme („weiche" Elemente) dem *Leader* einer Organisation zuerkannt wird. Durch die Vermittlung von Visionen sollen den Geführten Sinngehalte vermittelt werden, die integrierende, motivierende und identifikatorische Funktionen erfüllen. Auf diese Weise werden *Leader* auch zu „managers of meaning"[22] und zu personifizierten Repräsentanten des Wertesystems einer Organisation hochstilisiert.

Manche Autoren gehen noch einen Schritt weiter und postulieren, dass die Idealtypen von Managern und *Leadern* zwei grundlegend verschiedene Persönlichkeitstypen mit verschiedenen Lebenserfahrungen darstellen. „Manager nehmen ihr Leben als eine stetige Progression positiver Erfahrungen wahr, aus denen – bezogen auf ihre Herkunft, ihre Schulzeit und ihre Arbeit – Sicherheit resultiert (sogenannte ‚once-born' Individuen; Anm. d. Verf.). Führer sind ‚twice-born' Individuen, welche bedeutende Ereignisse zu ertragen hatten, was zu einer Art Abgesondertheit, vielleicht auch Entfremdung gegenüber der Umwelt führt. Als Resultat wenden sie sich nach innen, um erneut mit einer ‚kreierten' anstatt einer ‚mitbekommenen' Identität zu entstehen. Diese Art von Abgesondertheit mag eine notwendige Bedingung für die Fähigkeit zu führen sein"[23] Aus dieser inneren Konfliktsituation schöpfe die „*twice-born*"-Persönlichkeit ihre kompensatorischen Energien, die *Leadership* letztlich ausmacht. Die folgende Tabelle stellt die in der einschlägigen Literatur genannten Unterschiede zwischen *Leadern* und Managern in Schlagworten dar.[24]

---

[20]   Neuberger 2002, S. 48
[21]   Bennis/Nanus 2005, S. 20
[22]   Bryman 1996, S. 280
[23]   Zaleznik 1990, S. 9
[24]   vgl. Kotter 1989; Steyrer 1991; Tichy/Devanna 1995; Kouzes/Posner 2003

	Manager	**Leader**
Fokus der Arbeit	auf Strukturen, Techniken, Prozesse, Systeme gerichtet	auf Menschen, Gruppen, soziale Gebilde gerichtet
	machen Dinge richtig	machen die richtigen Dinge
Verhältnis zu Zielen	Ziele entstehen aus objektiven Notwendigkeiten (unpersönliche Bindung)	Ziele entstehen aus subjektiven Bedürfnissen (persönliche Bindung)
	Ziele sind eingebunden in die Tradition der Organisation	Ziele verändern die Sicht- und Denkweisen der Organisation
	verwalten, erhalten, imitieren	innovieren, entwickeln, kreieren
	kurzfristige Perspektive	langfristige Perspektive
	fragen wie und wann	fragen was und warum
Beziehung zu Mitarbeitern	rational, kontrolliert	begeistert und begeistern
	motivieren über Belohnung/Bestrafung	motivieren über Ideen, Visionen
	verlassen sich auf Kontrolle	setzen auf Vertrauen
Selbstbild	primär auf Pflichterfüllung und Aufgabenvollzug fokussiert	primär auf Gestaltung und Veränderung fokussiert
	„Once-born-Persönlichkeit"	„Twice-born-Persönlichkeit"

Tabelle 2: Zusammenfassende Darstellung der Manager-/Leaderdivergenz

In der Praxis ist diese Trennlinie wohl weniger scharf zu ziehen. In der Regel nehmen Vorgesetzte sowohl Management- als auch Führungsfunktionen wahr. Nur in seltenen Fällen findet sich insbesondere auf Top-Ebene eine personenbezogene Arbeitsteilung zwischen einer Fokussierung auf „hard issues" (Management) versus „soft issues" (Leadership).

3. Machtgrundlagen von Führung

Aus einer österreichischen Tageszeitung: „In den USA versuchte ein Unbekannter, einen Kranken per Telefon zu ermorden. Er verordnete eine Todespillendosis. Ein Mann rief in einem Krankenhaus in Santa Monica (Kalifornien) an, stellte sich bei der Stationsschwester als behandelnder Arzt vor und gab ihr nach kurzer Erörterung des Krankheitsbildes den Auftrag, einem an AIDS leidenden Patienten eine hohe Dosis von Medikamenten zu verabreichen. Das Befinden des 49-jährigen Patienten verschlechterte sich rapide, er fiel in tiefe Bewusstlosigkeit, wurde aber gerettet. Die Polizei ermittelt nun wegen Mordversuches gegen Unbekannte. In Kalifornien war es bisher üblich, dass Ärzte manchmal per Telefon medikamentöse Behandlungen änderten. Das ist ab sofort verboten."[25]

Dass es sich dabei nicht nur um einen vernachlässigbaren Einzelfall handelt, zeigt ein bereits Jahre zuvor durchgeführtes Experiment. Krankenschwestern erhielten per Telefon durch einen Arzt die Anweisung, einem Patienten eine bestimmte Medikamentendosis zu verabreichen. Die Aufforderung des Arztes widersprach dabei mehreren Krankenhausregeln. Die verschriebene Menge betrug das Doppelte der täglich zulässigen Höchstmenge (das wurde der Schwester bewusst, als sie das Medikament holte). Es war verboten, medizinische Anordnungen per Telefon zu geben. Das Medikament stand nicht auf der Medikamentenliste des Krankenhauses und wurde von jemandem verschrieben, den die Schwestern nicht kannten. Trotzdem kamen 95 % der Schwestern der Aufforderung nach.[26]

Wie kommt es zu dieser hohen Gehorsamsbereitschaft? Im Folgenden wird genauer darauf eingegangen, doch letztlich beruhen alle Erklärungen auf dem Begriff der Macht. Unter Macht wird die Möglichkeit einer Person verstanden, „den eigenen Willen dem Verhalten anderer aufzuzwingen."[27] Macht ist somit auch die „potenzielle Fähigkeit, Verhalten zu beeinflussen, den Gang der Dinge zu verändern, Widerstände zu überwinden und Menschen dazu zu bringen, etwas zu tun, was sie sonst nicht tun würden."[28]

3.1 Machtbasen

Wie kommt es überhaupt dazu, dass eine Person Macht über eine andere Person besitzt? Eine wichtige Grundlage für Machtasymmetrien besteht darin, dass – im Kontext der Führung – der Führende für den Geführten relevante Ressourcen kontrolliert. Die Kontrolle und der richtige Einsatz dieser Ressourcen versetzen den Führenden (in der Folge F genannt) in die Lage, auf den Geführten (in der Folge G genannt) Macht auszuüben. Die einschlägige Literatur unterscheidet die folgenden sechs Ressourcen: Belohnung, Bestrafung, Vorbildwirkung, Sachkenntnis, Information und Legitimation.[29]

„*Macht durch Belohnung*" (reward power): Der Führende (F) kann den Geführten (G) in Situationen versetzen, die G als positiv empfindet. F kann beispielsweise eine Gehaltserhöhung gewähren, eine Beförderung aussprechen oder er kann durch soziale Zuwendung G gegenüber sein Wohlwollen ausdrücken. Ebenso kann F Situationen aufheben, die von

---

[25] Kleine Zeitung (24. Sept. 1986)
[26] Hofling et al. 1966; zit. n. Schurz 1990, S. 42
[27] Weber 1972, S. 542
[28] Pfeffer 1992, S. 36
[29] French/Raven 1959

G als unangenehm empfunden werden. Er kann z.B. eine Versetzung veranlassen, sodass G eine kürzere Anfahrtszeit zum Arbeitsplatz hat usw.

„Macht durch Bestrafung" (coercive power): Umgekehrt kann F den Geführten G in Situationen versetzen, die von diesem als negativ empfunden werden. Er kann z.B. Entlassungen aussprechen, Degradierungen veranlassen, Versetzungen durchführen oder G unangenehme Aufgaben zuweisen. Schließlich kann sich F gegenüber G emotional zurückweisend verhalten.

Die Stärke dieser ersten beiden Machtgrundlagen hängt von zwei Faktoren ab: 1) dem durch G empfundenen Ausmaß der Belohnung bzw. Bestrafung; 2) der durch G angenommenen Wahrscheinlichkeit, dass diese tatsächlich eintreten wird.

Macht durch Vorbildwirkung (referent power): Die Macht von F beruht hier auf dessen Rolle als Bezugsperson für G. Sie basiert auf der Identifikation mit einer Person, die über begehrte Ressourcen verfügt oder bestimmte, als sympathisch und erstrebenswert erlebte Persönlichkeitszüge aufweist. Daraus entwickelt sich in weiterer Folge das Bedürfnis, dieser Person im Hinblick auf Einstellungen, Werte und Verhaltensweisen nachzueifern und durch sie akzeptiert zu werden.

Macht durch Sachkenntnis (expert power): Grundlagen der Macht durch Sachkenntnis sind das Wissen oder die Fähigkeiten von F im Vergleich zu G. Vergleichsmaßstäbe für G können z.B. der Wissensstand von G selbst sein oder von G herangezogene externe Standards. Entscheidend für die Wirkung dieser Machtgrundlage ist dabei das durch G angenommene Expertentum von F, unabhängig von F's tatsächlichen Kenntnissen.

Macht durch Information (informational power): Informationsmacht beruht auf von F kontrollierten Informationen, die G benötigt, um seine Aufgaben erledigen zu können, sozial eingebunden zu sein oder bestimmte Entwicklungen antizipieren zu können. Oft geht diese Machtbasis mit hierarchischer Höherstellung einher (übergeordnete Positionen bedeuten meist einen besseren Zugang zu Informationen). Das muss allerdings nicht immer in dieser Klarheit der Fall sein; so wird beispielsweise Chefsekretärinnen nachgesagt, dass sie oft als „Gatekeeper" für Informationen fungieren.

Macht durch Legitimation (legitimate power): Macht durch Legitimation stützt sich darauf, dass es F auf Grund sozialer Normen in Organisationen zusteht, von G Gehorsam einzufordern. F darf kraft dieser Normen erwarten, dass G seinen Anweisungen nachkommt, bzw. empfindet G es von sich aus als Pflicht, diesen Erwartungen zu entsprechen. Hierarchische Über- und Unterordnungsverhältnisse in einer Organisation werden als legitime Struktur anerkannt, demnach als selbstverständlich empfunden und bedürfen weder für F noch für G einer gesonderten Rechtfertigung.

Welche dieser Machtbasen sind die wirksamsten (und unter welchen Bedingungen)? Empirische Untersuchungen hinsichtlich der Leistungs- und Zufriedenheitswirkung der genannten Machtbasen haben u. a. folgende Befunde erbracht:[30]

- Macht durch Bestrafung erzeugt bestenfalls kurzfristig Gehorsam; sie basiert auf Angst, Frustration und Entfremdung. Sobald die Grundlagen dieser Machtbasis verloren gehen, bricht die Folgebereitschaft zusammen.

---

[30] Luthans 1985, S. 456f.

- Macht durch Belohnung basiert auf einem klassischen Tauschgeschäft nach dem Schema: Leistung gegen Belohnung *(„Kalkulation")*. Auf Dauer kann dies dazu führen, dass die Leistung nur noch der Belohnung wegen erbracht wird. Eine innere Verpflichtung gegenüber dem Ziel wird hingegen nicht aufgebaut.[31]
- Legitime Macht in Verbindung mit Expertenmacht gilt als jene Machtbasis, die am ehesten langfristig hohe Zufriedenheit und Leistung garantiert, weil eine Übereinstimmung hinsichtlich der Werte zwischen dem Führenden und den Geführten erzeugt wird *(„Internalisierung")*.
- Macht durch Vorbildwirkung ist am stärksten emotional wirksam und kann Vertrauen und Loyalität bis hin zur Verehrung nach sich ziehen *(„Identifikation")*. Damit sind die Konsequenzen dieser Machtgrundlage schlecht prognostizierbar.

Aus Tabelle 3 gehen die Machtgrundlagen und ihre unterschiedliche Wirkung auf die Folgebereitschaft[32] von Geführten hervor.

Machtgrundlage	Prozess	Ursachen der Folgebereitschaft
Bestrafung	Angst, Zwang	Vermeidung von unangenehmen Konsequenzen
Belohnung	Kalkulation	Streben nach angenehmen Konsequenzen
Vorbildwirkung/ Sachkenntnis	Identifikation	Nachahmung und Beziehungspflege mit dem Beeinflussenden
Legitimität	Internalisierung	Übereinstimmung mit den Werten des Beeinflussenden

Tabelle 3: Machtgrundlagen und Folgebereitschaft

Insbesondere im Kontext moderner bürokratischer Organisationen besonders wirksam und gleichzeitig unhinterfragt sind dabei Legitimations- und Expertenmacht. Wie stark die durch Legitimation und Expertentum erzeugte Folgebereitschaft ist, hat u.a. Milgram eindrucksvoll in einem Experiment aufgezeigt.[33] Dabei ging es nicht um Führungskräfte, sondern um Autoritäten (Wissenschaftler), denen voraussetzungslos ein bestimmtes Ausmaß an Macht auf Grund von Expertentum und Legitimation zugesprochen wurde.

3.2 Gehorsam gegenüber Autoritäten

Milgram suchte über Zeitungsannoncen freiwillige Teilnehmer für eine Untersuchung über Lernen und Gedächtnis. Das Experiment wurde als Untersuchung über die Auswirkungen von Bestrafung auf das Lernverhalten von Individuen präsentiert. Rekrutierten Versuchspersonen wurde scheinbar zufällig die Rolle des „Lehrers" zugewiesen. Ein Mitarbeiter des Versuchsleiters – als weitere Versuchsperson ausgegeben – übernahm die Rol-

---

[31] Frey/Osterloh 2000
[32] Informationsmacht kann hier als eine Sonderform der Expertenmacht gesehen werden.
[33] Milgram 1974

le des „Schülers". Der Schüler hatte Wortpaare auswendig zu lernen. Die Aufgabe des Lehrers bestand darin, das erste Wort eines dieser Paare laut vorzulesen und zu überprüfen, ob der Schüler sich richtig erinnerte, und wenn ihm dies nicht gelang (er war dazu instruiert worden, von Zeit zu Zeit bewusst Fehler zu machen), ihn mit einer Folge von Stromstößen mit ansteigender Spannung (bis 450 Volt) zu bestrafen. Das experimentelle Szenario sollte die Versuchsperson davon überzeugen, dass die Stromstöße echt waren (was in Wahrheit nicht zutraf).

Verschiedene Bezeichnungen vermittelten den Versuchsteilnehmern eine Vorstellung von der Spannungshöhe. Diese reichte von „leichter Schock" (bis 60 Volt) über „mittlerer Schock" (bis 120 Volt) bis zu „Gefahr, höchster Schock" (bis 420 Volt). Die beiden letzten Schockebenen waren mit „XXX" (450 Volt) bezeichnet. Ein weiteres Anliegen des Experiments war es, die Auswirkungen unterschiedlicher situativer Variablen zu überprüfen, wie z.B. die Wirkung der räumlichen Distanz zwischen Lehrer und Schüler, bzw. inwieweit die Reaktionen des Schülers für den Lehrer wahrnehmbar waren. Dazu wurden vier unterschiedliche Bedingungen hergestellt:[34]

- In der ersten Bedingung befanden sich Lehrer und Schüler in getrennten Räumen, und der Lehrer konnte die Reaktion des Schülers auf die Stromstöße nur durch sein Klopfen an die Wand hören.
- In einer zweiten Bedingung konnte der Lehrer den Schüler laut schreien hören, aber nicht sehen.
- In der dritten Bedingung konnte er die Reaktionen des Schülers sowohl hören als auch sehen.
- In der vierten Bedingung musste der Lehrer die Hand des Schülers auf eine Metallplatte drücken, um den Stromstoß zu erteilen.

Bei den Bedingungen zwei bis vier hörten die Teilnehmer, denen die Rolle des Lehrers zugewiesen worden war, zunächst nur leichtes Stöhnen (von 25–105 Volt), bei 120 Volt begann der Schüler zu rufen, dass die Stromstöße sehr schmerzhaft seien. Bei weiterer Steigerung fing der Schüler an zu schreien, und bat darum, herausgelassen zu werden, er könne die Schmerzen nicht mehr ertragen. Von einem bestimmten Punkt an weigerte er sich, weitere Antworten zu geben. Die „Lehrer"-Versuchsperson musste jedoch auf Anordnung der Autorität (Versuchsleiter) weitermachen, weil „keine Antwort eine falsche Antwort ist".

Zu seiner eigenen Überraschung stellte Milgram fest, dass unter der ersten Bedingung 65 % seiner Versuchsteilnehmer bis zu Stromstößen der höchsten Stärke gingen. In den Bedingungen zwei bis vier waren es weniger: 62,5 %, 40 %, 30 % (siehe Abbildung 2). Je nach Setting gingen also knapp ein Drittel bis knapp zwei Drittel der Versuchsteilnehmer bis zum maximalen Gehorsam. Die Expertenmacht und legitime Macht der Versuchsleiter genügten also oftmals, um sowohl das eigene Gewissen als auch die Eindrücke der leidenden Opfer in den Hintergrund treten zu lassen.

---

[34] Milgram 1974, S. 48ff.

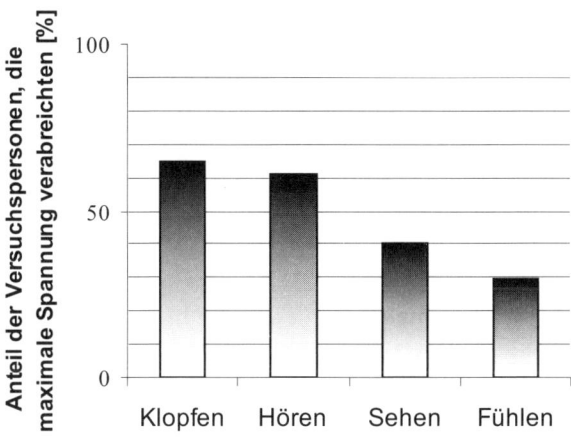

Abb. 2: Gehorsam in Abhängigkeit von Wahrnehmungsintensität

Dieses erschreckende Resultat wirft zunächst die Frage auf, ob die Versuchsteilnehmer von Natur aus böse waren und im Rahmen ihrer Teilnahme sadistische Strebungen auslebten. Vieles spricht allerdings gegen diese Erklärung. Zum einen zeigte das Verhalten der Teilnehmer beim Experiment, dass sie von starken Konflikten geplagt wurden: Sie waren extrem angespannt und nervös, sie schwitzten, bissen sich auf die Lippen und ballten die Fäuste. Zudem zeigte eine Kontrollbedingung, in der die Teilnehmer das verabreichte Schockniveau selbst wählen konnten, dass hier nur zwei von 40 Personen über schwache 50 Volt hinausgingen.

Das Milgram-Experiment wurde in verschiedenen Variationen mehr als ein dutzend Mal repliziert. 40 % der Folgestudien erbrachten eine geringere Gehorsamsbereitschaft, 39 % eine vergleichbar hohe und 11 % sogar eine noch höhere. Eine Abnahme der Gehorsamsbereitschaft im Laufe der Zeit konnte nicht festgestellt werden, ebenso wenig wie Unterschiede zwischen Frauen und Männern.[35]

Milgram selbst gibt u.a. folgende Erklärungen für dieses Gehorsamsverhalten:[36]

- Menschen haben allgemein die Erfahrung gemacht, dass sie von Autoritäten für ihren Gehorsam belohnt werden und dass Autoritäten vertrauenswürdig sind und legitim agieren.
- Die Versuchsteilnehmer steigerten sich sukzessive in immer destruktiveres Handeln hinein (zu Beginn wurden als „Strafe" für Fehler des Schülers nur leichte Elektroschocks verabreicht), sodass es zu einer Art Eskalation kam: Je weiter die Versuchsteilnehmer in ihrem Handeln fortschritten, desto schwieriger wurde es für sie, abzubrechen und somit die Verwerflichkeit ihres bisherigen Verhaltens einzugestehen.

---

[35] Blass 2000, S. 50ff.
[36] Milgram 1974, S. 158ff.

- Die Verantwortung für das eigene Handeln wird auf die legitimierten Experten abgeschoben, während man sich selber nur als unmündigen Befehlsempfänger sieht. Nicht umsonst rechtfertigen z.B. angeklagte Kriegsverbrecher ihre Taten oftmals mit der Aussage „Ich habe nur meine Anweisungen befolgt."

Trotz aller soeben aufgezeigten Gefahren von Gehorsam und Autoritätsgläubigkeit darf nicht vergessen werden, dass der Erfolg jedes hierarchischen Systems an die widerspruchslose Ausführung der jeweiligen Funktionen geknüpft ist. Andernfalls könnte arbeitsteiliges Handeln, wie es aus unserer modernen Gesellschaft nicht mehr wegzudenken ist, kaum realisiert werden. Der Soziologe Talcott Parsons bringt dies folgendermaßen zum Ausdruck: „Macht ist das Medium, mit dessen Hilfe allgemeine Autorität in wirksames kollektives Handeln umgesetzt wird. Machtausübung zwingt die betreffenden Gruppenmitglieder dazu, den für die Erfüllung der Gruppenziele notwendigen Rollenverpflichtungen nachzukommen."[37] Macht und Gehorsam sind also notwendig, um in arbeitsteilig organisierten Gesellschaften bestimmte zielgerichtete Prozesse überhaupt erst gestalten zu können. Ob dabei „gute" oder „üble" Ziele angestrebt werden, bleibt für das Funktionieren dieses Gehorsamsprozesses grundsätzlich unerheblich und hängt vereinfacht gesagt von der „Vorgabe von oben" ab.

Hier kommt allerdings ein weiteres Regulativ zum Tragen: Legitimationsmacht kann ihren enormen Einfluss nur in Bereichen entfalten, in denen die Anordnungen des Vorgesetzten als inhaltlich gerechtfertigt empfunden werden. Bei Anordnungen, die außerhalb dieses Bereiches liegen, ist die Bereitschaft zu blindem Gehorsam deutlich geringer. So hätte der Versuchsleiter im Experiment von Milgram wohl deutlich weniger Gehorsam erzielt, wenn er den „Lehrer" angewiesen hätte, die Stromstöße nicht im Rahmen eines wissenschaftlichen Experiments für falsch gemerkte Worte zu verteilen, sondern etwa einen ungeliebten Verwandten des Versuchsleiters damit zur Rückzahlung von Schulden zu bewegen.

Sowohl der große Einfluss von Legitimationsmacht als auch ihre Beschränktheit auf institutionell anerkannte Pflichten werden beispielsweise in der Aussage einer Krankenschwester deutlich, die während des Zweiten Weltkriegs hilflose Patienten in der Heil- und Pflegeanstalt Meseritz-Obrawalde mittels Gift getötet hat: „Wenn mir vorgehalten wird, ob ich auf einen entsprechenden Befehl hin einen Diebstahl ausgeführt hätte, so sage ich hierzu, dass ich dies nicht getan hätte. Die Verabreichung von Medikamenten und sei es auch zum Zwecke der Tötung von Geisteskranken gewesen, sah ich allerdings als eine mir obliegende Dienstpflicht an, die ich nicht verweigern durfte."[38]

Zusammenfassend lässt sich somit feststellen, dass Legitimations- und Expertenmacht auf einen bestimmten Wirkungsbereich begrenzt sind (was bei anderen Machtbasen, etwa durch Vorbildwirkung, nicht in dieser Schärfe der Fall sein muss), dass aber andererseits der Führende im Rahmen dieses institutionalisierten Wirkungsbereichs äußerst weitreichende Einflussmöglichkeiten hat. Selbst eher abwegige Handlungen wie das Verabreichen von starken Stromschlägen auf Grund eines falsch memorierten Wortes werden von den Geführten (oftmals entgegen eigenen Überzeugungen) durchgeführt, ebenso die Tö-

---

[37] Parsons 1964, S. 39
[38] Huemer 1990, S. 27

tung anstatt Behandlung von Patienten. Und wie das Beispiel am Anfang dieses Kapitels gezeigt hat, werden auch eigenes Wissen und sogar festgelegte Vorschriften durch entsprechend überzeugendes Auftreten eines (schein)legitimierten Machtinhabers bereitwillig außer Kraft gesetzt. Gerade bei Anweisungen, die aus ethischer Sicht fragwürdig sind, empfiehlt es sich somit, diesen quasi automatisierten Gehorsam bewusst zu reflektieren bzw. die Verantwortung für das eigene Handeln nicht vorschnell auf Befehlsketten oder übergeordnete Autoritäten und ihre unhinterfragten Denk- und Handlungsmuster abzuschieben, egal ob man sich nun gerade in der Führungsrolle oder der Untergebenenfunktion befindet.

Umfang und Stärke des Einflusses von Führenden auf Geführte beruhen im uns vertrauten Kontext großteils auf gesellschaftlichen und organisationalen Einflussfaktoren. Das bedeutet aber nicht, dass die Person bzw. das Verhalten des Führenden keine Rolle für die Wahrnehmung des Führungsprozesses seitens der Unterstellten und die erfolgreiche Aufgabenbewältigung spielt. Neben den beschriebenen Machtmechanismen, die den Gehorsam im Sinne des Führenden kraft seiner Funktion bewirken, wurden in der Forschung auch personenbezogene Merkmale von Führung behandelt. Sie sind der Fokus der so genannten Erfolgsmodelle der Führung, die in den folgenden Kapiteln genauer betrachtet werden.

4. Erfolgsmodelle der Führung

Zur Frage, wie der Beeinflussungsprozess durch Führung möglichst erfolgreich gestaltet werden kann, wurden zahlreiche *Führungserfolgsmodelle* entwickelt.[39] Die Vielfalt an diesen Modellen hat allerdings zu einem „babylonischen Gewirr" an Konzepten, Trainings und Ergebnissen geführt, die einander teilweise widersprechen und eine sinnvolle Orientierung erschweren. Hinzu kommt eine forcierte Verwissenschaftlichung des Themas, teilweise ohne praktische Anschlussfähigkeit.

Wie lassen sich diese vielen verschiedenen Konzepte zu wirksamer Führung systematisieren? In einem ersten Schritt lassen sich *universelle* und *situative* Theorien unterscheiden. Universelle Theorien gehen davon aus, dass es unabhängig von der Situation einen stets gültigen „besten Weg" zu führen gibt. Ob als Geschäftsführerin, U-Boot-Kommandant, Teamleiterin einer Forschungseinheit oder Anführer einer Pfadfindergruppe, in guten wie in schlechten Zeiten und für alle Arten von Untergebenen, es entscheiden immer die gleichen Faktoren über Führungserfolg oder -misserfolg.

Im Gegensatz dazu unterstellen situative Führungstheorien, dass effektive Führung davon abhängt, wie gut die Person des Führenden, sein Verhalten und die jeweilige Situation aufeinander abgestimmt sind und zueinander passen. Demnach ist es beispielsweise nicht gleichgültig, ob die Aufgabe gut oder schlecht strukturiert ist, ob es also z.B. um die Entwicklung eines neuen Produkts oder um die Ausführung repetitiver, bereits eingeübter Arbeiten geht. Ein anderes situatives Kriterium wäre die Fähigkeit und/oder Motivation der Geführten: können bzw. wollen sie ihre Aufgabe von sich aus erfüllen oder brauchen sie detaillierte Anweisungen und/oder Druck und Kontrolle seitens des Führenden?

Neben der Einteilung in universelle und situative Erfolgsmodelle lässt sich eine weitere Unterscheidungsdimension formulieren: *Eigenschafts-* versus *Verhaltenstheorien*. Eigenschaftstheorien der Führung gehen davon aus, dass es relativ stabile Persönlichkeitsmuster gibt, die den Führungserfolg beeinflussen. Im Zentrum ihrer Analysen steht die Frage: wer wird auf Grund welcher Eigenschaften eine Führungskraft, und wie wirken sich diese Eigenschaften auf den Führungserfolg aus? Verhaltenstheorien der Führung legen ihren Schwerpunkt hingegen auf das beobachtbare Verhalten von Führenden. Hier geht es nicht darum, wer eine Führungskraft *ist*, sondern was eine Führungskraft *tut*, und welche Verhaltensweisen („Führungsstil") welche Konsequenzen in Hinblick auf den Führungserfolg nach sich ziehen.

Eine Kombination dieser zwei Dimensionen ergeben die in Abbildung 3 gezeigten Modellvarianten, die im Folgenden jeweils näher erläutert und dargestellt werden.

---

[39] Jago 1995, Sp. 621

	Eigenschaftstheorien	Verhaltenstheorien
Universelle Theorien	Universelle Eigenschaftstheorien *(Kap. 5)*	Universelle Verhaltens-theorien *(Kap. 6)*
Situative Theorien	Situative Eigenschafts-theorien *(Kap. 8)*	Situative Verhaltens-theorien *(Kap. 7)*

Abb. 3: Erfolgsmodelle der Führung

5. Universelle Eigenschaftstheorien der Führung

Angenommen, Sie bekommen Fotos von CEOs von Unternehmen aus den Fortune 500 vorgelegt und schätzen anhand dieser Fotos deren Eigenschaften wie Führungsqualitäten (z.B. „How good would this person be at leading a company?"), Machtorientierung oder Beliebtheit ein. Würde Ihr Urteil mit dem tatsächlichen Unternehmenserfolg zusammen-hängen? Einer Studie zufolge: ja.[40] Je mehr Machtorientierung und Führungsqualität den CEOs auf den Fotos durch die Betrachter zugeschrieben wurde, umso erfolgreicher waren deren Unternehmen (Korrelation für Machtorientierung .36, für Führungsqualität .30). Die Ergebnisse sind umso bemerkenswerter, als das Erscheinungsbild der Vorsitzenden auf den Fotos ziemlich uniform war. Ungeachtet der möglichen Kausalitätsrichtungen (in-wieweit beeinflusst das Gesicht den Erfolg bzw. umgekehrt?) deutet dies darauf hin, dass bestimmte (wenn hier auch nur auf Basis des optischen Eindrucks zugeschriebene) Eigenschaften maßgeblich über den Erfolg einer Führungskraft bestimmen.

Gibt es tatsächlich Eigenschaften, die jemanden zu einer (erfolgreichen) Führungsperson machen? Die *universellen Eigenschaftstheorien* versuchen, auf diese Frage eine Antwort zu geben. Sie stellen das älteste, einfachste und wohl auch am leichtesten nachvollziehbare Führungskonzept dar, welches einer vielerorts anzutreffenden Alltagsvorstellung bzw. -ideologie entspricht: „Es gibt geborene Führungspersönlichkeiten, die in allen Situationen erfolgreich führen." In der Führungsforschung wird dieser Ansatz nach dem Zitat eines Historikers des viktorianischen Zeitalters namens Thomas Carlyle: „(…) the history of the world was the biography of great men"[41] auch mit dem Schlagwort „*Great-Man-Theory*" belegt; dahinter steckt die Vorstellung, dass großartige Persönlichkeiten durch ihre Führungsfähig-keiten das Geschick der (geführten) Welt maßgeblich beeinflussen.

Vier Forschungsrichtungen lassen sich hier unterscheiden: 1. Inhaber von Führungs-positionen wurden daraufhin untersucht, ob sie sich von anderen Menschen (den Geführ-ten) unterscheiden („*Emergent Leaders*") bzw. ob sich 2. bestimmte Persönlichkeits-merkmale finden lassen, die ausschlaggebend für den Führungserfolg sind („*Effective Leaders*"). Weiters wurde 3. erhoben, ob es spezifische Motive gibt, die Individuen dazu veranlassen, eine Führungsrolle einnehmen zu wollen und wie diese Motive mit Füh-rungserfolg korrelieren. Schließlich geht ein Forschungsansatz den umgekehrten Weg, indem er bei den Geführten ansetzt und 4. die Frage klärt, ob es bestimmte Merkmale gibt, die Geführte mit einer „idealen" Führungskraft verbinden.

5.1 „Emergent" und „Effective" Leaders

Lange Zeit wurde die Führungsforschung von zwei groß angelegten älteren Sammelre-feraten beeinflusst, die den bis in die Mitte des vorigen Jahrhunderts ermittelten umfas-senden Erkenntnisstand aufarbeiteten. Bezüglich einer eindeutigen Identifikation von Ei-genschaften, die mit herausragender Führung einhergehen, kamen die Studien allerdings zu einer eher skeptischen Einschätzung: „Die Ergebnisse legen nahe, dass Führung keine Angelegenheit eines passiven Status oder bloß der Besitz einer Kombination einiger Ei-

---

[40] Rule/Ambady 2008
[41] Carlyle 1907, S. 18

genschaften ist."[42] Diese Einschätzung brachte es mit sich, dass in der Scientific Community lange Zeit hindurch „Eigenschaftserklärungen der Führung eine geringe Wertschätzung bei Führungstheoretikern erfuhren."[43]

Was waren die Inhalte dieser beiden Sammelreferate, die die Forschung so maßgeblich beeinflusst haben? Im ersten Sammelreferat ging es um Unterschiede zwischen Führenden und Nicht-Führenden. Mögliche Führungseigenschaften wurden in sechs Gruppen zusammengefasst: 1. Physische Charakteristika (Alter, Erscheinungsbild, Größe, Gewicht), 2. Soziale Herkunft (Ausbildung, sozio-ökonomischer Status), 3. Fähigkeiten (Intelligenz, Urteilskraft, Wissen, Ausdrucksfähigkeit), 4. Persönlichkeit (Anpassungsfähigkeit, Dominanz, Unabhängigkeit, Originalität, Selbstvertrauen), 5. Aufgabenbezogene Charakteristika (Leistungsstreben, Verantwortungsbewusstsein, Initiative, Ausdauer, Aufgabenorientierung), 6. Soziale Fähigkeiten und Fertigkeiten (Kooperationsbereitschaft, Popularität, interpersonelle Fertigkeiten).

Insgesamt zeigte sich, dass die Zusammenhänge zwischen einzelnen Persönlichkeitsmerkmalen und der Erlangung einer Führungsposition eher schwach sind und dass das Einnehmen einer Führungsrolle in hohem Ausmaß von den Umständen abhängt. Halbwegs konsistente Unterschiede zeigten sich nur für wenige Merkmale: „Die Durchschnittsperson, die eine Führungsposition einnimmt, übertrifft das Durchschnittsmitglied ihrer Gruppe in folgender Hinsicht: 1. Intelligenz, 2. Schulerfolge, 3. Verlässlichkeit bei der Wahrnehmung von Verantwortung, 4. Aktivität und soziale Beteiligung und 5. sozioökonomischer Status."[44]

Das zweite Sammelreferat befasste sich mit der Relevanz von Eigenschaften für den Führungserfolg (gemessen u.a. an Akzeptanz bei der Gruppe, Zielerreichungsgrad und Zufriedenheit mit der Führung) und berücksichtigte insgesamt 163 Studien. Als die am häufigsten bestätigten Erfolgseigenschaften wurden angeführt: „(…) ein starkes Verantwortungsbewusstsein sowie ein ausgeprägtes Bedürfnis nach Aufgabenerfüllung; Energie und Ausdauer im Hinblick auf die Zielerreichung; Kreativität und Originalität bei der Problemlösung; Selbstvertrauen und ein Gefühl persönlicher Identität; die Bereitschaft, Konsequenzen von Entscheidungen zu akzeptieren; die Bereitschaft, interpersonalen Stress zu ertragen; Frustrationstoleranz; die Fähigkeit, das Verhalten anderer zu beeinflussen und soziale Interaktion handzuhaben."[45] Als Einzelmerkmale betrachtet komme diesen Faktoren zwar ein geringer Erklärungswert für den Führungserfolg zu, ginge man jedoch von der Annahme eines Eigenschaftsbündels aus, so sei man insgesamt doch in der Lage, zwischen effektiven und ineffektiven Führungskräften zu unterscheiden.

Im Anschluss an diese zwei Arbeiten erschienen zahlreiche weitere Sammelreferate, die teilweise zu inkonsistenten Darstellungen führten. In Tabelle 4 werden die Ergebnisse der wichtigsten bisherigen Überblicksarbeiten zusammengefasst und die genannten Eigenschaften nach der Häufigkeit ihrer[46] Nennung sortiert. Eigenschaften, die nur einmal

---

[42] Stogdill 1948, S. 66
[43] Zaccaro/Foti/Kenny 1991, S. 308
[44] Stogdill 1972, S. 62
[45] Stogdill 1974, S. 81
[46] Mann 1959; Bass 1990; Kirkpatrick/Locke 1991; Yukl/Van Fleet 1992; House/Aditya 1997; Daft 1999; Northouse 2004; Yukl 2006

genannt wurden, sind nicht berücksichtigt (z.B. Originalität/Kreativität, Aggressivität, Konservativismus, Maskulinität, Entschlossenheit, pro-soziale Beeinflussungsmotivation, Kontrollüberzeugung).

Ebenso zeigt die Tabelle die Ergebnisse einer neueren Metaanalyse zum Zusammenhang zwischen Eigenschaften und Führung (Emergent/Effective Leader in einem Wert kombiniert).[47] Metaanalysen fassen mehrere quantitative Studien zu einem wissenschaftlichen Forschungsgebiet zusammen. Ziel ist eine Effektgrößeneinschätzung, die möglichst alle bisherigen Arbeiten heranzieht und dafür eigene statistische Methoden verwendet.

	Sammel-referate	Meta-analyse		
	Anzahl Nennungen	Anzahl Studien	Anzahl Probanden	Korrelation mit Führung
Selbstvertrauen	7	15	7 451	.19
Integrität/Verlässlichkeit	7	16	5 020	.30
Soziale Anpassungs-fähigkeit (Soziabilität)	6	19	5 827	.37
Energieniveau, Leistungs-bereitschaft und Ambitio-niertheit	6	16	4 625	.35
Dominanz/Beeinflussungs-motivation	4	31	7 692	.37
Emotionale Reife	3	siehe emotionale Stabilität in Tabelle 5		
Stresstoleranz	2	keine Angaben		

Tabelle 4: Zusammenhang zwischen Persönlichkeitseigenschaften und Führung

Diese vergleichende Zusammenstellung unter Einbeziehung der jüngsten Metaanalyse macht deutlich, dass Führung aus einer Kombination aus sozialer Anpassungsfähigkeit, Dominanz, Ambitioniertheit, Integrität und Selbstvertrauen hervorgeht bzw. damit auch Erfolgsvoraussetzungen verknüpft sind. Allerdings könnte man diesen Befund als trivial bzw. nahezu tautologisch diskreditieren. Schließlich sind Ambitioniertheit, Durchschlagskraft bzw. Anpassungsfähigkeit genuine Merkmale von Führung überhaupt; wie sonst sollte man andere Menschen zur Zielerreichung animieren. Zieht man zudem die in der Tabelle nicht angeführten Persönlichkeitsfaktoren hinzu, so gelangt man zu einem eher inkonsistenten Gesamtbild. Dies hängt allerdings teilweise damit zusammen, dass ein Großteil dieser Forschung auf keinem theoretisch gesicherten Persönlichkeitsmodell basiert.

---

[47] Judge/Bono/Ilies/Gerhardt 2002; siehe auch Hogan/Holland 2003

Das hat sich mittlerweile geändert. Insbesondere seit den 1990er Jahren hat sich in der Persönlichkeitsforschung das sogenannte *„Big-Five-Modell"* durchgesetzt, das aus umfassenden Analysen von zur Persönlichkeitsbeschreibung verwendeten Adjektiven sowie aus zahlreichen Faktorenanalysen verschiedener Persönlichkeitstests und -skalen gewonnen wurde.[48] Derzeit wird davon ausgegangen, dass anhand der folgenden fünf Faktoren empirisch gut abgesichert zwischen verschiedenen Persönlichkeitstypen unterschieden werden kann:[49]

Emotionale Stabilität (Neurotizismus): Diese Dimension bezieht sich hauptsächlich auf den Umgang mit unangenehmen Ereignissen und negativen Emotionen. Emotional stabile Menschen (niedrige Neurotizismus-Werte) beschreiben sich als ruhig, ausgeglichen, sorgenfrei und gelassen. Emotional labile Menschen mit hohen Neurotizismus-Werten sind hingegen leicht aus dem seelischen Gleichgewicht zu bringen. Sie geben an, auf unangenehme Situationen häufig erschüttert, betroffen, verlegen, unsicher, ängstlich oder traurig zu reagieren.

Extraversion: Extrovertierte Menschen sind tendenziell gesellig, aktiv, energisch, heiter und optimistisch. Sie fühlen sich unter Menschen wohl und mögen ein stimulierendes und ereignisreiches Umfeld. Introvertierte Menschen sind hingegen eher zurückhaltend und einzelgängerisch, ohne deshalb verschüchterte Außenseiter oder unglücklich bzw. pessimistisch zu sein; sie sind schlicht gern alleine und haben ihre Ruhe.

Offenheit für Erfahrungen: Diese Dimension erfasst das das Interesse an und das Erleben von neuen Erfahrungen, Erlebnissen und Eindrücken. Personen mit ausgeprägter Offenheit beschreiben sich als wissbegierig, phantasievoll, experimentierfreudig und unkonventionell. Sie mögen Abwechslung und Neues. Personen mit geringer Ausprägung dieser Dimension sind hingegen weniger aufgeschlossen und enthusiastisch, sondern ziehen Bekanntes und Bewährtes vor.

Verträglichkeit: Zentrale Merkmale von verträglichen Menschen sind Altruismus, Harmoniebedürfnis, Hilfsbereitschaft und Vertrauen. Ihr Umgang mit anderen ist von Verständnis, Wohlwollen und Einfühlungsvermögen gekennzeichnet. Personen mit geringen Verträglichkeitswerten beschreiben sich hingegen als konfrontationsfreudiger, egozentrischer und misstrauischer. Sie verhalten sich eher kompetitiv als kooperativ.

Gewissenhaftigkeit: Diese Dimension bezieht sich auf die Planung und Selbstdisziplin bei der Organisation und Durchführung von Aufgaben. Gewissenhafte Menschen beschreiben sich als fleißig, diszipliniert, ehrgeizig, zuverlässig, pünktlich, ordentlich und penibel. Wenig gewissenhafte Menschen hingegen verfolgen ihre Ziele mit geringerem Engagement und weniger Ausdauer; sie beschreiben sich als eher nachlässig, gleichgültig und unbeständig.

Einige dieser Persönlichkeitsfaktoren zeigten sowohl für *Emergent* als auch für *Effective* Leadership eine relativ hohe prognostische Validität. Tabelle 5 fasst die Ergebnisse einer Metaanalyse über alle bisher ermittelten Forschungsresultate zum Zusammenhang zwischen den *Big Five*[50] und Führung zusammen.

---

[48] McCrae/Costa 1985; Goldberg 1990
[49] Friedman/Schustack 2004, S. 346ff.; Borkenau/Ostendorf 1993, S. 27f.
[50] Judge/Bono/Ilies/Gerhardt 2002

	Anzahl der Studien	Stichproben-größe	Korre-lation gesamt	Korre-lation Emergent Leader	Korrelation Effective Leader
Emotionale Stabilität	48	8 025	.24	.24	.22
Extraversion	60	11 705	.31	.33	.24
Offenheit	42	9 801	.24	.24	.24
Soziale Verträglich-keit	42	9 801	.08	.05	.21
Gewissenhaftigkeit	35	7 510	.28	.33	.16
Multiple Korrelation aller fünf Persön-lichkeitsdimensionen			.48	.53	.39

Tabelle 5: Zusammenhang zwischen Big Five und Führung

Durch die Verwendung einer konsistenten und gut abgesicherten Persönlichkeitstheorie zeigen sich somit auch im Zusammenhang mit Führung recht deutliche Ergebnisse. Für die meisten Dimensionen sind die Korrelationen recht hoch, ebenso wie die „Gesamtkor-relation" eines nur aus den fünf Persönlichkeitsfacetten bestehenden Erklärungsmodells, insbesondere für das Erlangen einer Führungsposition.

Extraversion, Offenheit und emotionale Stabilität (der Gegenpol zu Neurotizismus) begünstigen demnach sowohl das Erreichen einer Führungsposition (Emergent Leader) als auch den Führungserfolg (Effective Leader). Verträglichkeit spielt zwar für den Füh-rungserfolg eine Rolle, hingegen kaum für das Erlangen einer Führungsposition. Dass ein-fühlsame, hilfsbereite und kooperative Menschen im Rennen um eine Führungsposition gegenüber kompetitiven „Ellbogentechnikern" keinen Vorteil haben, überrascht nicht sonderlich. Im Umgang mit den Mitarbeitern zahlen sich diese Attribute hingegen aus; ein Ergebnis, das im Einklang mit Studien aus dem Bereich der Führungsstilforschung steht (siehe Tabelle 7). Umgekehrt verhält es sich bei Gewissenhaftigkeit. Dieses Persön-lichkeitsmerkmal trägt deutlicher zur Erlangung einer Führungsposition bei als zum Erfolg in dieser Position. Erfolgreiche Führung hängt anscheinend nicht so sehr davon ab, Auf-gaben möglichst genau und sorgfältig bis zur Perfektion zu erledigen. Ein ähnliches Re-sultat zeigt sich auch in einem mehr auf den Führungskontext zugeschnittenen Persön-lichkeitsmodell, das sich mit Schlüsselmotiven und ihrem Zusammenhang mit dem An-streben einer Führungsfunktion sowie dem Führungserfolg befasst.

5.2 Schlüsselmotive von Führungskräften

Wichtige Arbeiten über motivationale Merkmale, die im Berufsleben von Bedeutung sind, gehen auf McClelland und seine Mitarbeiter zurück. McClelland[51] differenziert zwischen drei Schlüsselmotiven: *Leistungsstreben* (need for achievement), *Machtstreben* (need for

---

51 McClelland 1971; McClelland 1985; McClelland/Koestner/Weinberger 1989

power) und *Soziales Streben* (need for affiliation). Diese Merkmale lassen sich folgendermaßen definieren:

- *Leistungsstreben:* Besser sein als die Konkurrenten; Erreichen eines Zieles; Lösen von Aufgaben; Entwickeln einer Methode, um eine Arbeit besser zu erledigen.
- *Machtstreben:* Beeinflussung anderer, um deren Einstellungen und Verhalten zu ändern; Menschen und Dinge kontrollieren; eine Autoritätsposition gegenüber anderen einnehmen.
- *Soziales Streben:* Von anderen Leuten gemocht werden; als Teil einer Gruppe akzeptiert sein; harmonische Beziehungen unterhalten und Konflikte vermeiden.

Diese drei Motive haben McClelland zufolge einen starken Einfluss auf das Verhalten einer Person. Das Leistungsstreben treibt eine Person zu kontinuierlichen Verbesserungen bei der Aufgabenerfüllung an. Das Machtstreben ist für die individuelle Überzeugungsfähigkeit, für Wettbewerbs- und Konkurrenzorientierung bedeutsam. Schließlich ist das Soziale Streben für die Zusammenarbeit in Gruppen wichtig.

McClelland hat insbesondere hoch Leistungsmotivierte untersucht und kam zu folgender Charakterisierung:[52] Personen mit einem ausgeprägten Leistungsstreben gehen gut kalkulierte Risiken ein und bevorzugen mittelschwere Aufgaben, die aber einen gewissen Neuigkeitsgehalt aufweisen und persönliche Initiative und Kreativität verlangen. Sie konzentrieren sich lieber auf die Arbeit/Aufgabe selbst und weniger auf die Mitarbeiter, vertragen keine Arbeitsunterbrechung und bevorzugen Arbeitssituationen, in denen sie selbstständig und eigenverantwortlich arbeiten und entscheiden können. Sie benötigen unmittelbares Feed-back, häufige eigene und fremde Beurteilung der Arbeitsergebnisse und beziehen hohe Befriedigung aus der Arbeit selbst. Geld ist für sie nur als Indikator für die Leistung von Bedeutung.

Gemäß einschlägigen Untersuchungen steigen Personen mit einem ausgeprägten Leistungsstreben zu Beginn ihrer Karriere rascher auf und erreichen insgesamt ein höheres Karriereplateau als weniger leistungsmotivierte Personen.[53] Weiters zeigte sich, dass diese Personen nach der Übernahme einer Führungsposition dazu tendieren, Arbeits- und Entscheidungsprozesse in ihren Händen zu konzentrieren bzw. zu zentralisieren, was eine gewisse Delegationsunfähigkeit bzw. -unwilligkeit vermuten lässt.[54]

In Bezug auf das Machtstreben unterscheidet McClelland zwischen *personalisiertem* (personalized) und *sozialisiertem* (socialized) Machtstreben.[55] Während es bei Ersterem um das persönliche Ausüben von Macht zur Durchsetzung von Eigeninteressen und dem Erhöhen des persönlichen Status geht, ist das Letztere darauf gerichtet, Macht zur Erreichung gemeinsam gesetzter Ziele einzusetzen.

In diversen empirischen Untersuchungen wurde deutlich, dass erfolgreich Führende in Großorganisationen und in der Politik vor allem ein ausgeprägtes sozialisiertes Machtstreben, ein etwas weniger stark ausgeprägtes Leistungsstreben sowie ein schwach ausgeprägtes Soziales Streben aufweisen. Dazu kommt ein hohes Ausmaß an *Selbstüberwa-*

52 McClelland 1985, S. 223ff.
53 Jacobs/McClelland 1994
54 Miller/Dröge 1986
55 McClelland 1970

chung: das eigene Verhalten wird kontrolliert und an die sozialen Erfordernisse der jeweiligen Situation angepasst. Das Zusammenspiel all dieser Faktoren wird auch als „*Leadership Motive Pattern*" bezeichnet.[56]

Bei einer Langzeitstudie zur Karriereentwicklung von Wirtschaftsakademikern in Österreich (Vienna Career Panel Project) wurden sowohl emotionale Stabilität und Gewissenhaftigkeit aus den Big Five als auch Flexibilität (im beruflichen Kontext mit Offenheit vergleichbar), Kontaktfähigkeit (ähnelt Extraversion) Führungsmotivation, Leistungsmotivation und Selbstüberwachung auf ihren Zusammenhang mit Einkommen und der Anzahl unterstellter Mitarbeiter untersucht. Neben dem sehr deutlichen Geschlechtereffekt (Männer schnitten bei beiden Erfolgsvariablen deutlich günstiger ab) zeigte sich bezüglich der Persönlichkeitsfaktoren folgendes Bild: Führungsmotivation hatte den deutlichsten Zusammenhang mit den Erfolgsmaßen (bei den Frauen konnten bezüglich der Anzahl unterstellter Mitarbeiter überhaupt nur die extrem führungsmotivierten zu den Männern aufschließen). Für das Einkommen war das Leistungsstreben die nächstrelevante Variable, für den hierarchischen Aufstieg bei den Männern die Flexibilität und bei den Frauen die Kontaktfähigkeit.[57]

Auch hier zeigte sich, ähnlich wie bei den Studien von McClelland, dass das Streben nach Einfluss für das Erreichen hierarchischer Top-Positionen wichtiger ist als das Leistungsstreben. Fachliche Spitzenleistungen, wie sie häufig mit einem hohen Leistungsstreben einhergehen, werden zwar monetär durchaus honoriert. Bei Führungskräften, insbesondere in größeren Organisationen, kommt es allerdings weniger auf die eigene fachliche Leistung an als auf die Fähigkeit und den Willen, andere zur Erreichung der Organisationsziele zu bewegen. Das Streben danach, eine Aufgabe eigenständig möglichst perfekt und ohne Einflüsse von außen zu bewältigen, ist hier eher hinderlich. Sich allein mit Fleiß und exzellenten Leistungsmaßstäben an die Spitze arbeiten zu wollen, ist somit zumindest den Forschungsergebnissen zufolge eine nur mäßig erfolgversprechende Strategie.

5.3 Idealerwartungen gegenüber Führung in unterschiedlichen Kulturen

Der vierte Forschungsansatz der universellen Eigenschaftstheorien geht davon aus, dass es sich bei Führung eher um ein Wahrnehmungsphänomen handelt, und dass letztlich die Geführten definieren, ob und in welchem Ausmaß „gute" Führung vorliegt, bzw. ob eine bestimmte Person als erfolgreiche Führungskraft eingeschätzt wird.[58] Geführte haben demnach sogenannte prototypische (im Sinne von gestalthaften) Vorstellungen darüber, welche Attribute zu einer Führungspersönlichkeit gehören bzw. nicht gehören. Führungsideale beschreiben dabei jene Führungsattribute, die mit herausragender Führung assoziiert werden.

Die nachfolgenden Ergebnisse stammen aus dem „Global Leadership and Organizational Effectiveness Program" (GLOBE). Dabei handelt es sich um ein internationales Forschungsprojekt, bei dem über 170 Wissenschaftler aus über 60 Ländern, allen Kontinenten und den wichtigsten Kulturkreisen dieser Welt mitwirkten. Ziel der GLOBE-Studie war

---

[56] McClelland/Boyatzis 1982; House/Spangler/Woycke 1991
[57] Strunk/Steyrer 2005
[58] Lord/Maher 1991

es, den Zusammenhang zwischen Landeskultur und Führung in Organisationen aufzuzeigen. Die Stichprobe setzte sich bei der quantitativen Befragung aus Managern mittlerer Hierarchieebenen zusammen. Weltweit wurden Daten von 17 000 Personen aus mehr als 800 Unternehmen erhoben. Im Folgenden werden die Ergebnisse zu den Studien über weltweit gültige Führungsideale dargestellt.[59]

Zur Ermittlung der Führungsideale sollten die Befragten anhand einer siebenstufigen Skala angeben, inwieweit sie aus ihrer Erfahrung heraus bestimmte Eigenschaften und in weiterer Folge auch Verhaltensweisen mit einer herausragenden Führungspersönlichkeit verbinden. Diese Liste wurde unter Verwendung von Erkenntnissen zahlreicher Führungstheorien, Gruppendiskussionen, Einzelinterviews und eigenen, landesspezifischen Ergänzungen erstellt und stand nach einer international durchgeführten Voruntersuchung zur Verfügung.

Diese weltweiten Führungsideale sind in Tabelle 6 wiedergegeben. In der Spalte „Verhaltensbeispiele" werden jeweils Verhaltensweisen exemplarisch angeführt, welche die Attribute näher beschreiben und dem deutschsprachigen Erhebungsinstrument entnommen wurden. Je wichtiger die jeweilige Führungsdimension im weltweiten Schnitt eingeschätzt wurde, desto weiter oben rangiert sie in der Tabelle.

Führungs-dimensionen	Attribute	Verhaltensbeispiele
Integrität	vertrauenswürdig, ehrlich, gerecht	Hat Vertrauen verdient, man kann ihm/ihr glauben und seinem/ihrem Wort trauen. Spricht und handelt aufrichtig.
Inspiration	positiv, ermutigend, dynamisch, spornt an, schafft Vertrauen, motivierend	Mobilisiert und aktiviert eine Gefolgschaft. Spornt andere dazu an, sich über ihre normale Pflicht hinaus anzustrengen und persönliche Opfer zu bringen. Macht Mut, gibt Zuversicht und Hoffnung durch Bestätigung und Ratschläge.
Leistungsorientierung	orientiert an exzellenter Leistung	Bemüht sich um hervorragende Leistung bei sich selbst und bei anderen.
Vision	vorausschauend, plant im Voraus	Antizipiert zukünftige Ereignisse. Antizipiert und trifft Vorkehrungen im Voraus.
Teamintegration	informiert, kommunikativ, Koordinator, Teambildner	Ist gebildet, gut unterrichtet bzw. weiß Bescheid. Kommuniziert gerne und häufig mit anderen. Kann Gruppenmitglieder zur Zusammenarbeit bewegen.

---

[59] House et al. 2004

Entschlossenheit	entscheidungs-freudig	Trifft Entscheidungen entschlossen und schnell.
Administrative Kompetenz	Administra-tionstalent	Kann die Arbeit einer großen Anzahl von Personen planen, organisieren, koordinieren und kontrollieren.
Diplomatie	Gewinn/Gewinn-Problemlöser, effektiver Verhandlungsführer	Kann Lösungen ausfindig machen, die Individuen mit verschiedenen und widersprechenden Interessen befriedigen. Kann wirksam verhandeln, kann Geschäfte mit anderen zu günstigen Bedingungen abschließen.

Tabelle 6: Weltweit gültige Führungsideale[60]

Es zeigt sich also, dass weltweit ein integrer, inspirierender, leistungsorientierter und kommunikativer Persönlichkeitstypus, der imstande ist, Teams zusammenzuhalten, zu organisieren, sowie entschlossen und diplomatisch im Sinne von konfliktlösend aufzutreten, mit „herausragender" Führung assoziiert wird. Als besonders bemerkenswert erscheint dabei der Umstand, dass das Merkmal „Integrität" weltweit an vorderster Stelle steht. Als Gegenpol zu den Führungsidealen wurden folgende Attribute weltweit negativ mit Führung assoziiert: Einzelgänger, asozial, nicht-kooperativ, leicht erregbar, unklar, egozentrisch, diktatorisch, unnachgiebig.[61]

Ebenfalls untersucht wurde, inwieweit die Erwünschtheit bestimmter Merkmale von der Kultur abhängt. Die größten Bewertungsunterschiede zwischen den Kulturen waren bei folgenden Merkmalen festzustellen: autonom, unabhängig, individualistisch, dominierend, elitär, klassenbewusst, sensibel, zurückhaltend und förmlich. Dieses Ergebnis geht mit Erkenntnissen der kulturvergleichenden Managementforschung konform.[62] Kulturen, die eher *individualistisch* geprägt sind (z.B. die USA) schätzen autonomes, individualistisches Handeln mehr als Kulturen, die eher *kollektivistisch* orientiert sind (z.B. Japan), wo auch ein zurückhaltendes, förmliches Verhalten im Sinne des Einhaltens von Etiketten besonders positiv bewertet wird. Weiters sind Kulturen mit einer hohen *Power Distance* (Akzeptanz von Machtunterschieden) wie beispielsweise die Länder Südamerikas toleranter gegenüber dominanten, elitären Verhaltensweisen als Kulturen, wo das Gegenteil der Fall ist (z.B. Österreich).

5.4 Bewertung der universellen Eigenschaftstheorien

Die in der Literatur vorgebrachte Kritik gegenüber universellen Eigenschaftstheorien kreist im Allgemeinen um folgende Inhalte:[63]

---

[60] Dorfman/Hanges/Brodbeck 2004, S. 677
[61] Dorfman/Hanges/Brodbeck 2004, S. 678
[62] Hofstede/Hofstede 2006
[63] Northouse 2004, S. 22ff.; Neuberger 2002, S. 237ff.

- Das komplexe Beziehungsgefüge zwischen Situation, Geführten und Führungskraft wird auf eine Variable reduziert.
- Die Liste an ermittelten Eigenschaften ist nicht enden wollend, und bei einer entsprechend großen Anzahl von Studien ist es nicht überraschend, dass man auch bei zufälligen Beziehungen zwischen Eigenschaft und Erfolg hin und wieder auf positive Zusammenhänge stößt.
- Als Kriterium für Führungserfolg wurde vielfach der Karriereverlauf bzw. der hierarchische Aufstieg herangezogen. Darin drückt sich die Wertschätzung derjenigen aus, die Beförderungen aussprechen. Somit wird hier einseitig ein bestimmter Erfolgstyp selektiert und oftmals eher Auswahl- als Führungsphänomene untersucht.
- Manche Führungseigenschaften bilden sich im Verlauf der Führungspraxis erst heraus. Werden daher Führende mit Nicht-Führenden verglichen, kommt es teilweise zur Ermittlung von Eigenschaften, die sich eben erst aus der Vorgesetztenrolle ergeben.
- Bedeutende Führungskräfte weisen gänzlich unterschiedliche Persönlichkeitsprofile auf. Generelle Eigenschaften eines „erfolgreichen Führenden" sind daher nicht ableitbar.

Die Eigenschaftstheorie der Führung stand lange Zeit in Misskredit. In den vergangenen Jahren lässt sich allerdings in der Forschung eine gewisse Re-Personalisierung feststellen. Inkonsistente Ergebnisse und ausufernde Befundlagen in der Vergangenheit sind teilweise darauf zurückzuführen, dass von keinem theoretisch fundierten Persönlichkeitsmodell ausgegangen wurde. Neuere Forschungsergebnisse weisen jedoch darauf hin, dass es sowohl persönlichkeitsbezogene Unterschiede zwischen (potenziell und tatsächlich) Führenden und Nicht-Führenden als auch Unterschiede in den Erfolgsresultaten von Führung gibt. Die GLOBE-Studien zeigen wiederum, dass es einen Kern von Persönlichkeitsmerkmalen zu geben scheint, die weltweit mit herausragender Führung verbunden werden. Diese Attribute decken sich weitestgehend mit jenen Merkmalen, die sich auch bei Studien zum Thema Führungserfolg und Führungseigenschaften ermitteln ließen.

6. Universelle Verhaltenstheorien der Führung

Die zentrale Frage dieser Erfolgsmodelle von Führung lautet: „Gibt es einen optimalen Führungsstil, der immer und überall zum Erfolg führt?" Unter Führungsstil wird dabei ein „zeitlich überdauerndes und in Bezug auf bestimmte Situationen konsistentes Führungsverhalten von Vorgesetzten gegenüber Mitarbeitern"[64] verstanden.

6.1 Die Iowa-Studien

Die Diskussion über Führungsstile hat ihre Wurzeln in Laborexperimenten, die in den späten 1930er Jahren von Lewin an der Universität von Iowa mit verschiedenen Arbeitsgruppen durchgeführt wurden.[65] Die Forscher wollten dabei die Auswirkungen unterschiedlicher Führungsverhaltensweisen auf aggressives und feindseliges Verhalten von Jugendlichen im Rahmen kleinerer Projekte untersuchen. Die Jugendlichen wurden dabei nach einem Rotationsverfahren unterschiedlich agierenden Gruppenleitern ausgesetzt, die entweder *demokratisch, autoritär* oder *laissez-faire* führten.[66]

- *Demokratische* Führungskräfte versuchten Aufgaben und Ziele in der Gruppe zu diskutieren, Mitentscheidungen zu ermöglichen und ihre Führungsentscheidungen zu begründen und offenzulegen.
- *Autoritäre* Führungskräfte bestimmten und steuerten die Aufgabe und Ziele der Individuen und der Gruppe im Alleingang. Sie verteilten die Tätigkeiten nach eigenen Vorstellungen, wobei die Beurteilungskriterien nicht offengelegt wurden.
- *Laissez-faire*-Führungskräfte gaben Gruppenmitgliedern volle Freiheit bei der Ausführung der Tätigkeiten, vermieden Beurteilungen und brachten von sich aus keine Vorschläge ein.

Der Führungsstil des Leiters hatte bei diesen Untersuchungen einen deutlichen Einfluss auf Leistung und Zufriedenheit der Gruppe. In *autoritär* geführten Gruppen zeigten die Mitglieder gegenüber dem Gruppenleiter ein unterwürfiges, gehorsames Verhalten, doch innerhalb der Gruppe kam es zu hohen Spannungen und zum Ausbruch von Feindseligkeiten. Die Arbeitsintensität war zwar relativ hoch, bei Abwesenheit des Leiters wurde die Arbeit allerdings unterbrochen. In *demokratisch* geführten Gruppen bildete sich hingegen eine entspannte, freundschaftliche Atmosphäre. Das Team war kohäsiver, und die Mitglieder entwickelten stärkeres Interesse an der Arbeit; es wurde auch gearbeitet, wenn der Leiter nicht anwesend war. Die Produkte der Gruppe waren origineller. Die mit dem *Laissez-faire*-Leiter arbeitende Gruppe zeigte sowohl im Hinblick auf Aufgabeninteresse als auch bezüglich Gruppenkohäsion und Zufriedenheit die schlechtesten Resultate.

Die entscheidende Neuerung bei dieser frühen Forschungsarbeit: erstmals wurde eine klare Trennung zwischen der Persönlichkeit des Führenden (Eigenschaften) und seinem Verhalten (Führungsstil) vorgenommen, was dann richtungweisend für die weitere Führungsforschung wurde. Die daraus abgeleitete Folgerung lautete: Sowohl demokratische

---

64 Wunderer/Grunwald 1980, S. 221
65 Lewin/Lippitt/White 1939
66 White/Lippit 1960; zit. n. Staehle 1999, S. 339f.

als auch aufgabenorientierte (aber nicht unbedingt autoritäre) Führung beeinflussen Produktivität, Zufriedenheit und Gruppenkohäsion tendenziell positiv. Irgendeine Führungsaktivität ist in der Regel besser als gar keine (Laissez-faire-Führungsstil).

6.2 Die Ohio-State-Studien

Aufbauend auf den Iowa-Studien versuchte in weiterer Folge ein interdisziplinäres Forscherteam an der Ohio State University, ein Instrument zur Kategorisierung von Führungsverhalten zu entwickeln.[67] Dieses Instrument bestand aus einem Fragebogen, der in weiterer Folge LBDQ (= „Leader Behavior Description Questionnaire") genannt wurde.[68] Der Fragebogen beinhaltete u.a. folgende Items:[69] „Er kritisiert seine unterstellten Mitarbeiter auch in Gegenwart anderer"; „Er zeigt Anerkennung, wenn einer von uns gute Arbeit leistet"; „Er ändert Arbeitsgebiete und Aufgaben seiner unterstellten Mitarbeiter, ohne es mit ihnen vorher besprochen zu haben"; „Hat man persönliche Probleme, so hilft er einem".

Ziel der Studie war es, unabhängige Dimensionen von Führungsverhalten zu identifizieren. Über 1000 verschiedene Verhaltensbeschreibungen wurden schrittweise auf immer weniger Dimensionen zusammengefasst. Schließlich identifizierten die Forscher zwei voneinander unabhängige Faktoren, mit denen der Großteil der von Mitarbeitern beschriebenen Führungsverhaltensweisen erfasst werden konnte: 1. *Initiating Structure* (Aufgabenorientierung) und 2. *Consideration* (Mitarbeiterorientierung).

Aufgabenorientierung umfasst dabei u.a. folgende Verhaltensweisen: Die Führungskraft tadelt mangelhafte Arbeit; regt langsam arbeitende Mitarbeiter an, sich mehr anzustrengen; legt besonderen Wert auf die Arbeitsmenge; herrscht mit eiserner Hand; achtet darauf, dass die Mitarbeiter ihre Arbeitskraft voll einsetzen; stachelt ihre Mitarbeiter durch Druck und Manipulation zu größeren Anstrengungen an; verlangt von leistungsschwachen Mitarbeitern, dass sie mehr aus sich herausholen.[70]

Mitarbeiterorientierung umfasst u.a. folgende Verhaltensweisen: Die Führungskraft achtet auf das Wohlergehen ihrer Mitarbeiter; sie bemüht sich um ein gutes Verhältnis zu ihren Unterstellten; sie behandelt alle ihre Unterstellten als Gleichberechtigte; sie unterstützt ihre Mitarbeiter bei dem, was sie tun oder tun müssen; sie macht es ihren Mitarbeitern leicht, unbefangen und frei mit ihr zu reden; sie setzt sich für ihre Leute ein.[71]

Ein zentrales Ergebnis der Ohio-Studien: Aufgaben- und Mitarbeiterorientierung schließen einander nicht aus, sondern sind voneinander unabhängig. Eine Führungskraft kann demnach sowohl eine hohe mitarbeiterorientierte Rücksichtnahme als auch eine hohe aufgabenorientierte Planungsinitiative an den Tag legen. Eine Zweiteilung der beiden Dimensionen in hohe und niedrige Ausprägung resultierte im so genannten „Ohio-State-Leadership-Quadranten".

---

67 Stogdill/Coons 1951
68 Fleishman 1972
69 Fittkau/Fittkau-Garthe 1971
70 Wunderer 2003, S. 2006
71 Wunderer 2003, S. 206

	hoch	
Hohe Mitarbeiter- und niedrige Aufgaben- orientierung		Hohe Mitarbeiter- und hohe Aufgaben- orientierung
Niedrige Mitarbeiter- und niedrige Aufgabenorientierung		Hohe Aufgaben- und niedrige Mitarbeiter- orientierung

niedrig

niedrig   **Aufgabenorientierung**   hoch

Abb. 4: Ohio-State-Leadership-Quadrant

Die Auswirkung dieser Führungsdimensionen auf den Führungserfolg illustriert eine klassische Studie zum Zusammenhang zwischen Führungsverhalten und Gruppenverhalten sowie Interaktionseffekten zwischen Mitarbeiter- und Aufgabenorientierung bei Vorarbeitern in der industriellen Fertigung (Chrysler Corporation). Abhängige Variablen waren die *Beschwerdehäufigkeit* und die *Mitarbeiterfluktuation*.[72] Die folgenden beiden Abbildungen zeigen die Zusammenhänge zwischen Mitarbeiter- bzw. Aufgabenorientierung und der Beschwerdehäufigkeit (die als Indikator für die Zufriedenheit der Mitarbeiter mit dem Vorgesetzten angesehen werden kann).

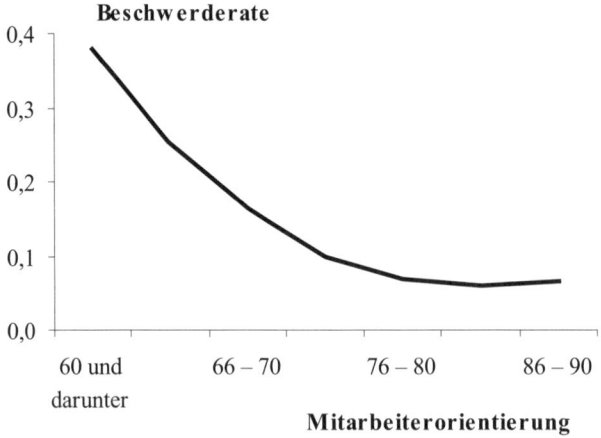

Abb. 5: Mitarbeiterorientierung und Beschwerderate[73]

72 Fleishman/Harris 1962
73 Fleishman/Harris 1962, S. 45ff.

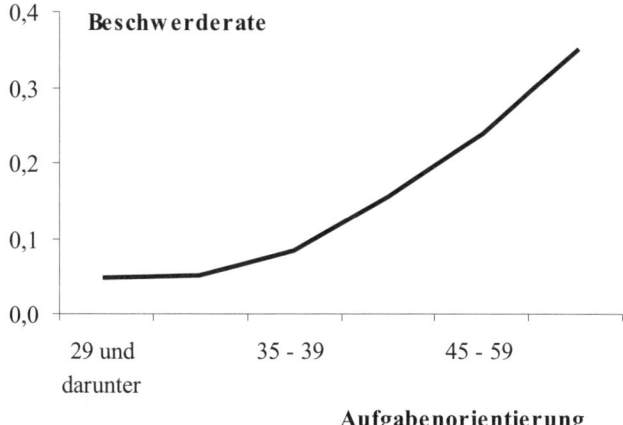

Abb. 6: Aufgabenorientierung und Beschwerderate

Sowohl für die Beschwerderate als auch für die hier nicht gezeigte Mitarbeiterfluktuation zeigte sich ein Zusammenhang mit dem Führungsverhalten: Je höher die Mitarbeiterorientierung, desto geringer Beschwerde- und Fluktuationsrate. Je höher die Aufgabenorientierung, desto höher Beschwerde- und Fluktuationsrate.

Bemerkenswert war allerdings die Wechselwirkung zwischen diesen beiden Führungsdimensionen. Bei einer Kategorisierung von Aufgaben- und Mitarbeiterorientierung in drei Ausprägungen (niedrig, mittel, hoch) zeigten sich die in Abbildung 7 dargestellten Ergebnisse.

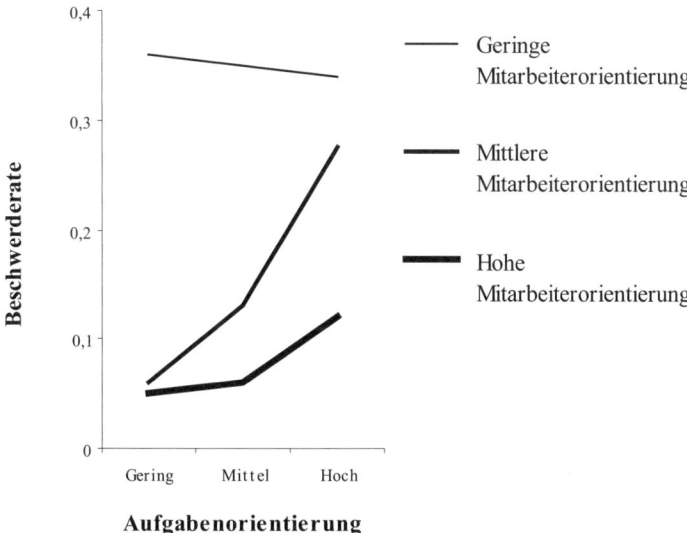

Abb. 7: Wechselwirkung zwischen Führungsstilen und Beschwerderate

Geringe Mitarbeiterorientierung resultierte also immer in der höchsten Beschwerderate, unabhängig vom Ausmaß der Aufgabenorientierung. Gleichzeitig konnten Vorgesetzte den Einfluss steigender Aufgabenorientierung auf die Beschwerderate durch hohe Mitarbeiterorientierung teilweise kompensieren; bei mittlerer Mitarbeiterorientierung war dieser Kompensationseffekt allerdings nur mehr schwach. Nur bei geringer Mitarbeiterorientierung führte steigende Aufgabenorientierung sogar zu einer Abschwächung der Beschwerdetendenz. Im Einklang mit den Iowa-Studien erwies sich somit Führungverhalten, das sowohl Mitarbeiter- als auch Aufgabenorientierung vernachlässigt („Laissez-faire") als die unbefriedigendste Führungsvariante. Für die Fluktuationsrate waren die Zusammenhänge sehr ähnlich, sodass auf diese Variable hier nicht mehr näher eingegangen wird.

Trotz mehrerer Folgestudien blieben diese Ergebnisse zur Erfolgswirksamkeit unterschiedlicher Führungsstile ein Einzelbefund, und lange Zeit ergab die einschlägige Forschung kein klares Bild. „Obwohl oder weil inzwischen hunderte von Untersuchungen über die Wirkung von Führungsstilen auf ökonomische (v.a. Leistung) und soziale Effizienz (v.a. Mitarbeiterzufriedenheit) durchgeführt wurden, konnten die Aussagen dieser Pionierstudien nicht eindeutig bestätigt werden."[74] Die bis dato größte Metaanalyse kommt allerdings insgesamt zu einem recht klaren Befund:[75]

	Anzahl Studien	Stichprobengröße	Korrelation	Anzahl Studien	Stichprobengröße	Korrelation
		Mitarbeiterorientierung			Aufgabenorientierung	
Arbeitszufriedenheit der MA	76	11374	.40	72	10317	.19
Zufriedenheit der MA mit Führungskraft	49	7871	.68	49	8070	.27
Mitarbeitermotivation	11	1067	.36	12	1041	.26
Job Performance der Führungskraft	25	2330	.18	22	2085	.19
Gruppenleistung	27	2009	.23	27	2079	.23
Führungseffektivität	20	1605	.39	20	1060	.28

Tabelle 7: Aufgaben- bzw. Mitarbeiterorientierung und Führungserfolgsindikatoren

Sowohl Mitarbeiter- als auch Aufgabenorientierung hängen demzufolge deutlich mit Indikatoren des Führungserfolgs zusammen; Mitarbeiterorientierung meist noch mehr als Aufgabenorientierung. Letzteres ist insofern bemerkenswert, als lange Zeit die Annahme vor-

---

[74] Wunderer 2003, S. 207
[75] Judge/Piccolo/Ilies 2004

herrschte, Mitarbeiterorientierung steigere eher Zufriedenheit und Motivation, während Aufgabenorientierung die Arbeitsleistung fördere.[76] Die Ergebnisse der Metaanalyse widersprechen dieser Annahme teilweise: Mitarbeiterorientierung korreliert ebenso mit Arbeitsleistungsvariablen wie Aufgabenorientierung. Was sich allerdings erkennen lässt: Mitarbeiterorientierung korreliert deutlich stärker mit Zufriedenheit und Motivation der Mitarbeiter als mit leistungsbezogenem Output. Kurz zusammengefasst besagt die Metaanalyse somit, dass beide in den Ohio-State-Studien identifizierten Führungsdimensionen, Mitarbeiter- und Aufgabenorientierung, sowohl mit Zufriedenheits- und Motivations- als auch mit Leistungsindikatoren positiv korrelieren, wobei der Zusammenhang für Mitarbeiterorientierung und Zufriedenheits- und Motivationsindikatoren besonders deutlich ist.

Warum ließen sich diese Ergebnisse über Jahrzehnte nicht klar ermitteln? Der Hauptgrund liegt wohl im methodischen Zugang begründet. Die früheren Sammelreferate waren meistens qualitativer Natur, d. h. die vorliegenden Ergebnisse wurden zusammengetragen und abschließend gesamthaft einer heuristischen Bewertung unterzogen. Die modernere Methode der Metaanalyse beruht hingegen auf einer algorithmischen Schätzung von Effektgrößen auf Grundlage der statistischen Resultate zahlreicher Einzelstudien, was zu neuen Ergebnissen und Einblicken verhilft. Kritisch anzumerken ist hier allerdings, dass beinahe ausschließlich Studien publiziert werden, in denen sich signifikante positive Zusammenhänge zeigen. Inhaltlich zumindest ebenso relevante Studien, in denen sich trotz korrekter Methodik keine oder negative Zusammenhänge zeigen, werden oft nicht veröffentlicht. Dieser schwer zu kontrollierende *publication bias* führt zu überhöhten Korrelationsschätzungen.[77]

Bewertung: Die Ohio-State-Studien waren mehr oder weniger der Ausgangspunkt der modernen, verhaltenswissenschaftlich fundierten Auseinandersetzung mit dem Thema Führung. Die zwei extrahierten Führungsdimensionen wurden richtungsweisend für zahlreiche Konzepte, die in diesem Beitrag noch vorgestellt werden. Bezüglich der Operationalisierung und Messung dieser beiden Dimensionen sind jedoch gewisse Vorbehalte anzubringen, auf die bei der Bewertung des Konzepts der transformationalen/transaktionalen Führung in Kapitel 6.4 etwas Genauer eingegangen wird.

6.3 Das Grid-Modell

Die zwei Führungsdimensionen der Ohio-Schule dienten in weiterer Folge als Grundlage für eine Vielzahl von praxisorientierten Führungskonzepten, deren bekanntestes das Verhaltensgitter (daher „Grid-Modell") nach Blake/Mouton bzw. Blake/McCanse ist.[78] Dabei wird auf der Horizontal- und Vertikalachse eines rechtwinkeligen Koordinatensystems eine neunstufige Skala aufgetragen, die verschiedene Grade der Sachorientierung/Aufgabenorientierung (Horizontale) und verschiedene Grade der Menschenorientierung/Mitarbeiterorientierung (Vertikale) repräsentiert. Abbildung 8 zeigt eine Wiedergabe des Originalmodells.

---

[76] Bass 1990, S. 473ff.; Schriesheim/Cogliser/Neider 1995
[77] Shi/Copas 2002, S. 221
[78] Blake/Mouton 1986; Blake/McCanse 1995; McQueen 2005

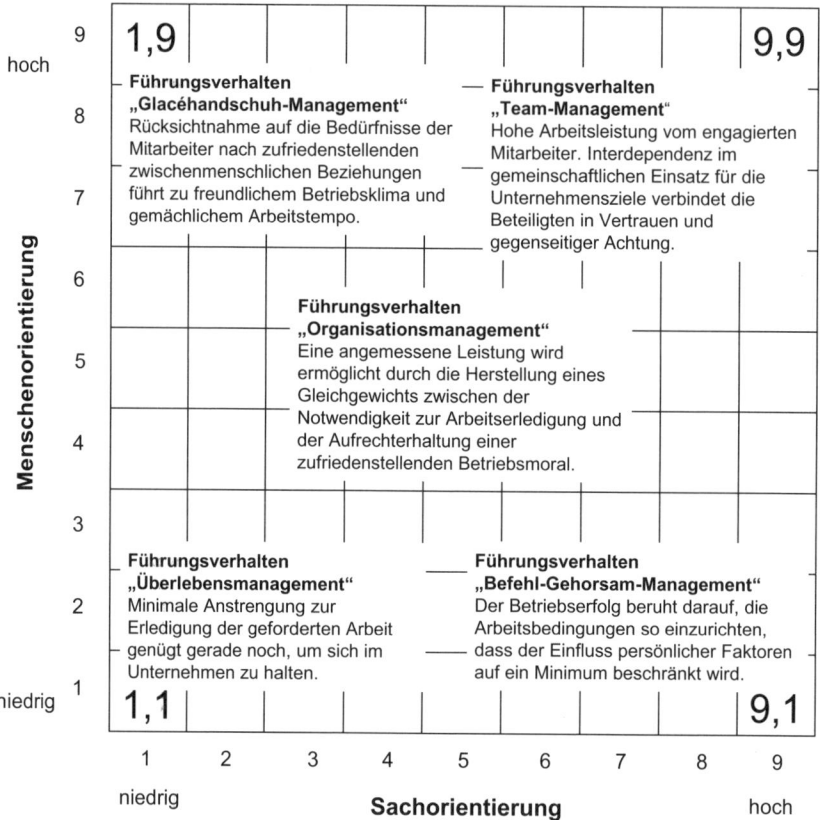

Abb. 8: Grid-Modell[79]

Insgesamt ergeben sich daraus 81 unterschiedliche Führungsstile. Das Konzept beschränkt sich jedoch auf die nähere Charakterisierung von fünf Führungsstilen:

- Der 9,1-Führungsstil *(Befehl-Gehorsam-Management)* repräsentiert einen rein sachbezogenen und/oder autoritären Führungsstil. Die Führungskraft achtet ausschließlich auf die Leistungskomponente und kümmert sich nicht um das Wohlergehen oder persönliche Befindlichkeiten der Mitarbeiter.

- Beim 1,9-Führungsstil *(Glacéhandschuh-Management)* ist die Akzentsetzung umgekehrt. Hier konzentriert sich der Vorgesetzte auf die Pflege der zwischenmenschlichen Beziehungen, auch wenn dies auf Kosten der Ergebniserzielung geht. Den Mitarbeitern begegnet er mit hoher Rücksichtnahme, was mit der Metapher der Glacéhandschuhe zum Ausdruck gebracht werden soll.

---

79 Blake/McCanse 1995, S. 51

- Der 1,1-Führungsstil *(Überlebensmanagement)* beschränkt sich in beiden Dimensionen auf ein Minimum. Die Untergebenen werden sich selbst überlassen. Die Führungskraft tut nicht mehr als unbedingt erforderlich ist, um sich in der Organisation halten zu können. Man könnte somit in Anlehnung an die Iowa-Studien auch von einem Laissez-faire-Stil sprechen.
- Beim 5,5-Führungsstil *(Organisationsmanagement)* wird ein Mittelweg beschritten. Beide Dimensionen spiegeln sich ausgewogen im Führungsverhalten des Vorgesetzten wider, jedoch nur in mäßig starker Ausprägung.
- Der 9,9-Führungsstil *(Team-Management)* repräsentiert schließlich jenen Fall, bei dem die Führungskraft sowohl ein sehr stark sachorientiertes als auch ein sehr stark mitarbeiterorientiertes Führungsverhalten zeigt.

Hinzu kommen zwei weitere idealtypische Führungsstile, die aus einzelnen Hauptgitterstilen kombiniert werden.[80] Der erste ist die sogenannte *patriarchalische Orientierung*. Sie verbindet die Stile „Befehl-Gehorsam-Management" (9,1) und „Glacéhandschuh-Management" (1,9) additiv („9+9-Stil"). Dieses Führungsverhalten steht für eine Beziehung, in der Belohnung und Anerkennung seitens des Vorgesetzten gegen Loyalität und Gehorsam des Mitarbeiters getauscht werden. Entsprechend folgt auf fehlenden Gehorsam die Bestrafung. Der zweite Führungsstil wird als *opportunistische Orientierung* bezeichnet. Hier wird je nach Gegenüber und Situation immer derjenige Führungsstil gewählt, der unter dem Aspekt des Eigennutzens am passendsten erscheint. Die Charakterisierung dieser sieben Stile reicht nach Ansicht der Autoren aus, um das mögliche Spektrum aller Führungsverhaltensweisen in den wesentlichen Merkmalen zu erfassen.

Bewertung: Das Grid-Konzept weist einen dezidiert normativen Charakter auf: Sowohl im Rahmen der theoretischen Ableitung als auch in dem am Konzept aufbauenden Führungstraining wird das 9,9-Führungsverhalten als der beste Führungsstil gepriesen, der in jedweder Führungssituation zum Erfolg führt. Trotz der offensichtlichen Verbindung des Verhaltensgitters mit den empirischen Befunden der Ohio-Gruppe ist der wissenschaftliche Wert des Ansatzes zweifelhaft. Vor allem die Operationalisierung der beiden Dimensionen, für die keine Anhaltspunkte zur Messung angegeben werden, ist zu kritisieren.[81] Der Vorteil des Verhaltensgitters liegt eher in seiner Anwendbarkeit in der Führungskräfteentwicklung. Es ist leicht nachzuvollziehen und regt zu einer bewussten Auseinandersetzung mit dem eigenen Führungsverhalten an.

6.4 Transaktionale und transformationale Führung

Ein weiteres Begriffspaar einer universellen Verhaltenstheorie differenziert zwischen der sogenannten *transaktionalen* und der *transformationalen* Führung.[82] Transaktionale Führung liegt dann vor, „(…) wenn eine Person mit einer anderen Person in Kontakt zum Zwecke des Austausches wertvoller Güter tritt. Dieser Austausch kann ökonomischer, politischer oder psychologischer Natur sein (…)."[83] Sie motiviert somit durch ein Tausch-

---

[80] Blake/McCanse 1995, S. 52f.
[81] Neuberger 2002, S. 513f.
[82] Bass 1985; Bass 1998
[83] Burns 1978, S. 19

geschäft: Belohnung für Leistungserbringung. Dem liegt die Annahme zugrunde, dass Mitarbeiter ihr Handeln nach rational kalkulierenden Überlegungen ausrichten: mit welcher Wahrscheinlichkeit ihre Handlungen zur Erreichung von eigenen Zielen beitragen und in welchem Ausmaß diese Zielerreichung belohnt wird.

Im Gegensatz dazu bedeutet transformationale Führung, dass „eine oder mehrere Personen einander derart verpflichtet sind, sodass Führende und Geführte sich gegenseitig zu höheren Ebenen der Motivation und Moralität heben."[84] Ihre spezifische Wirkung setzt also jenseits von Belohnung und Bestrafung an, nämlich bei der Veränderung des Bedürfnis- und Anspruchsniveaus der Geführten. Geführte werden dazu motiviert, sich für höhere Ziele einzusetzen, die über ihre Eigeninteressen hinausgehen; im Dienste einer Idee, einer Gruppe, einer Organisation, einer Nation o.Ä. Beispiele für solche Ziele sind Martin Luther Kings „I have a dream" oder Gandhis Vision eines Indien, in dem Christen, Hindus und Moslems friedlich und unabhängig von Großbritannien miteinander leben können. Transformationale Führung beinhaltet somit auch die Fähigkeit, eine realistische, glaubwürdige und attraktive Zukunftsvision für die Organisation oder Gesellschaft zu entwickeln, die aus der Gegenwart erwächst und in eine bessere Zukunft führt.

Ähnlich wie bei den Ohio-State-Forschern wurde ein Fragebogen entwickelt („Multifactor Leadership Questionnaire", MLQ), der zwischen insgesamt sieben Führungsdimensionen unterscheidet. Transformationale Führung wird dabei durch die folgenden vier Faktoren repräsentiert: *Charisma, Inspirierende Motivation, Intellektuelle Stimulierung* und *Individuelle Wertschätzung*. Transaktionale Führung umfasst die zwei Faktoren *Bedingte Verstärkung* und *Management by Exception*.[85] Der siebente und letzte Faktor steht für eine eigene Kategorie der Nicht-Führung bzw. *Laissez-faire-Führung*. Die vier Dimensionen transformationaler Führung lassen sich folgendermaßen charakterisieren:

- *Charisma* (auch „idealisierte Einflussnahme" genannt) steht für den Grad an Vertrauen und Respekt, den der Führende genießt sowie das Ausmaß, in dem er einer Berufung zu folgen scheint (Beispielitems aus dem Fragebogen: „handelt in einer Weise, die bei mir Respekt erzeugt"; „macht klar, wie wichtig es ist, sich 100%ig für eine Sache einzusetzen").
- *Inspirierende Motivation* bezieht sich auf das Kommunizieren anspornender Zukunftsvisionen sowie auf die Emotionalisierung und Aktivierung der Mitarbeiter („spricht mit Begeisterung über das, was erreicht werden soll").
- *Intellektuelle Stimulierung* repräsentiert ein Führungsverhalten, das zum Aufbrechen eingefahrener Denkmuster anregt und innovatives Verhalten fördert („bringt mich dazu, Probleme aus verschiedenen Blickwinkeln zu betrachten").
- *Individuelle Wertschätzung* bezeichnet das persönliche Eingehen auf die Geführten als Individuen und das Bereitstellen von Hilfestellungen und Anleitungen im Arbeitsprozess („berücksichtigt meine Individualität und behandelt mich nicht nur als einen Mitarbeiter unter vielen").

---

[84] Burns 1978, S. 20
[85] Bass 1998

Transaktionale Führung lässt sich anhand des MLQ wie folgt beschreiben:

- *Bedingte Verstärkung* thematisiert die Vorgabe von Kriterien für Belohnung und Bestrafung sowie das „Aushandeln" der gegenseitigen Leistungen („spricht klar aus, was man erwarten kann, wenn die gesteckten Ziele erreicht worden sind").
- *Management by Exception* (MBE) gibt an, inwieweit der Führende nur bei außerplanmäßigen Abweichungen in Erscheinung tritt (*MBE-aktiv:* „kümmert sich in erster Linie um Fehler und Beschwerden") bzw. ob ausschließlich die Aufrechterhaltung des Status quo im Auge behalten wird (*MBE-passiv:* „ist fest davon überzeugt, dass man ohne Not nichts ändern sollte").

Der siebente Faktor des MLQ repräsentiert ein *Laissez-faire-Verhalten*. Hier geht es darum, inwieweit sich der Vorgesetzte nicht um Resultate kümmert, keine Anweisungen erteilt oder von sich aus keinen Kontakt zu seinen Mitarbeitern sucht („klärt wichtige Fragen nicht").

Dem Konzept zufolge bilden diese sieben Dimensionen ein „Effektivitäts-Kontinuum" der Führung mit Charisma als effektivster und Laissez-faire als ineffektivster Führungsform. Weiters wird die Prämisse formuliert, dass transformationale Führung gegenüber der transaktionalen Führung überlegen ist.

Tabelle 8 fasst die Ergebnisse einer Metaanalyse zusammen, die insgesamt 49 Studien mit insgesamt mehreren tausend Probanden[86] berücksichtigte. Hierbei wurden drei Arten von Führungsergebnissen unterschieden: subjektive Erfolgsindikatoren (Mitarbeiter beschreibt das Führungsverhalten und schätzt gleichzeitig die Effektivität der Führungskraft ein), objektive Erfolgsindikatoren (verschiedene messbare Zielverwirklichungsgrade) und die subjektiv eingeschätzte Zufriedenheit mit der Führungskraft.

Führungsstile	Subjektive Effektivität	Objektive Effektivität	Zufriedenheit
Charisma	.76	a)	.73
Inspirierende Motivation	.74	.20	.75
Intellektuelle Stimulierung	.71	.21	.73
Individuelle Wertschätzung	.75	.20	.81
Bedingte Verstärkung	.70	.16	.76
MBE	-.32	a)	-.31
Laissez-faire	-37	-.12	-.53

---

[86] Dumdum/Lowe/Avolio 2002

Führungsstile	Subjektive Effektivität	Objektive Effektivität	Zufriedenheit
Transformationale Führung (gesamt)	.61	.11	.40
Transaktionale Führung (gesamt)	.32	-.05	.21

Tabelle 8: Zusammenhang zwischen transformationaler/transaktionaler Führung und Erfolgsindikatoren

a) nicht analysiert wegen fehlender Werte

Zunächst fällt auf, dass die Zusammenhänge mit den subjektiven Führungsergebnissen viel stärker sind als mit den objektiven. Das hat vor allem methodische Gründe, u.a. weil die Führungskraft und die subjektiven Führungsergebnisse durch dieselbe Quelle (Mitarbeiter) bewertet werden, was zu überhöhten Korrelationswerten führt (dieses Phänomen wird als „Single Source Bias" bezeichnet).[87] Ungeachtet dieser Tatsache zeigt sich, dass die transformationale Führung gegenüber der transaktionalen Führung überlegen zu sein scheint.

Vergleicht man allerdings die Effektstärken zwischen transformationaler/transaktionaler und aufgaben- und mitarbeiterorientierter Führung (siehe Tabellen 7 und 8), dann wird offenkundig, dass sich für beide Führungskonzepte ungefähr gleich starke Zusammenhänge mit Führungserfolg ergeben und weder Aufgaben-/Mitarbeiterorientierung noch transformationale/transaktionale Führung insgesamt einen höheren Erklärungswert bezüglich erwünschter Führungsergebnisse für sich beanspruchen kann. Allerdings wird in der Literatur transformationale Führung vielfach als effektiver dargestellt als mitarbeiter- und/oder aufgabenorientierte Führung. Daraus lässt sich die Frage ableiten, wie das Verhältnis dieser zwei klassischen Führungskonzepte zueinander beschrieben werden kann.[88]

6.5 Zum Verhältnis zwischen transformationaler/transaktionaler und mitarbeiter-/aufgabenorientierter Führung

Bei Betrachtung der beiden Konzepte lassen sich in manchen Bereichen Übereinstimmungen feststellen. Insbesondere zwischen mitarbeiterorientierter Führung und individueller Wertschätzung sowie zwischen transaktionaler und aufgabenorientierter Führung sind Überschneidungen zu finden. Tabelle 9 bietet einen Ansatz zur Herausarbeitung von Gemeinsamkeiten und Unterschieden.

---

[87] Podsakoff et al. 2003
[88] Bass 1985

Mitarbeiter-orientierung	Transformationale Führung			Transaktionale Führung	Aufgaben-orientierung
	Individuelle Wertschätzung	Intellektuelle Stimulierung	Inspiration/ Charisma		
Das Wohlergehen der Mitarbeiter fördern	Mitarbeiter individuell beachten	Eingefahrene Denkmuster aufbrechen	Über fesselnde Visionen, Strategien motivieren	Ziele klar und operational definieren bzw. vereinbaren	Betonung von Leistung und Arbeitseinsatz
Aufbau einer guten Beziehung	Mitarbeiter fördern und entwickeln	Neue Einsichten vermitteln	Relevanz von Zielen und deren Bedeutung erhöhen	Erfolgserwartung steigern	Tadel bei mangelhafter, langsamer Arbeit
Faire, gleichberechtigte Behandlung aller	Hilfestellung geben	Kreatives Denken ermöglichen	Als Identifikationsobjekt fungieren	Zusammenhang zwischen Zielerreichung und	Aktivierung zu höchster Leistung
Unterstützung bei Aufgabenerfüllung	Verträglichkeit von Mitarbeiter- und Arbeitszielen analysieren		Als exzeptionell bzw. exemplarisch erscheinen	Belohnung verdeutlichen	Bedachtnahme auf volle Einsatzbereitschaft
Freie, offene Kommunikation				Zielerreichung durch monetäre Anreize belohnen	Durchsetzungsbereitschaft
Einsatzbereitschaft für die Mitarbeiter					

Tabelle 9: Vergleichende Gegenüberstellung der dualen Führungskonzepte

Wie lassen sich also die Gemeinsamkeiten und Unterschiede dieser zwei klassischen Führungsdualitäten beschreiben?

1. *Aufgabenorientierung* arbeitet eher mit sozialem Druck und dem Einsatz von Sanktionsmacht, um einseitig vorgegebene Ziele zu erreichen. Differenziertere Aspekte der Anreizgestaltung werden dabei nicht berücksichtigt. *Transaktionale Führung* beruht hingegen auf einem beiderseitigen Zielvereinbarungsprozess. Der Führende gibt (u.U. in einem Aushandlungsprozess mit dem Geführten) gleichsam die Vertragsbedingungen vor, zu denen Arbeitsleistung mit verschiedenen Formen der Belohnung abgegolten wird.
2. *Mitarbeiterorientierung* konzentriert sich auf den Aufbau einer angenehmen, vertrauensvollen und offenen Beziehung zwischen Führungskraft und Mitarbeiter(n). *Individuelle Wertschätzung* geht diesbezüglich einen Schritt weiter und betont zudem den Entwicklungsauftrag eines Vorgesetzten. Respektvoller und einfühlsamer Umgang mit den Mitarbeitern wird um angemessenes Fordern und Fördern ergänzt.
3. Keine direkte Überschneidung gibt es zwischen *Aufgabenorientierung* und *Inspiration*. In beiden Fällen geht es jedoch um die erfolgreiche Aufgabenbewältigung. Der Unterschied: Aufgabenorientierung betont die kurzfristige, unmittelbare Zielorientierung und Steigerung der Leistungsbereitschaft. Inspiration bündelt hingegen durch Visionen die zielbezogenen Energien längerfristig und mittelbar, indem sie innengeleitetes Engagement (Identifikation und Internalisierung) aufbaut. Mitarbeiter sollen sich für Ziele einsetzen, die über ihre Eigeninteressen hinausgehen.
4. *Charisma* als attributive Zuschreibung „außerordentlicher" und bewundernswerter Führungs- und Vorbildqualitäten sowie *Intellektuelle Stimulierung* werden von der klassischen Dualität nicht thematisiert.

Bewertung: Zunächst sind sowohl bezüglich der Ohio-State-Studien (bzw. des daraus abgeleiteten Grid-Modells) als auch des Konzepts der transformationalen/transaktionalen Führung methodologische Zweifel anzubringen. Beide Führungskonzepte gehen von bestimmten Grundannahmen aus, was die Messung von Führungsstilen angeht:[89] 1. Die Mitarbeiter beschreiben das reale, objektiv existierende Verhalten ihrer Führungskraft. 2. Jede Führungskraft hat ein typisches, sie charakterisierendes Verhaltensmuster. 3. Der verwendete Fragebogen ist in der Lage, die spezifische Eigenart des Führungsverhaltens abzubilden.

Diese Grundannahmen halten einer kritischen Betrachtung nicht uneingeschränkt stand. So wird beispielsweise in der Regel ein und dieselbe Führungskraft von verschiedenen Mitarbeitern unterschiedlich bewertet. Aus diesen divergenten Bewertungen wird dann ein statistisches Mittelmaß errechnet, das den „tatsächlichen" Führungsstil der betreffenden Person charakterisieren soll. Insbesondere bei großen Bewertungsunterschieden ist die Zuverlässigkeit dieses Mittelwerts als Maß für den „wirklichen" Führungsstil anzuzweifeln.

Welche Faktoren spielen für diese unterschiedliche Bewertung einer Führungskraft eine Rolle? Zum einen gibt es relativ deutliche Belege dafür, dass sich Führungskräfte gegenüber verschiedenen Mitarbeitern unterschiedlich verhalten (siehe dazu die Ausführungen zur Leader-Member-Exchange-Theory in Kapitel 6.7). Weiters ist davon auszugehen, dass ein und dasselbe Verhalten eines Vorgesetzten von mehreren Mitarbeitern unterschiedlich beurteilt und bewertet wird. Schließlich sind die Einschätzungen des Vorgesetztenverhaltens seitens der Mitarbeiter wie alle menschlichen Urteile nicht objektiv, sondern subjektiv gefärbt und von kognitiven Prozessen in der sozialen Wahrnehmung beeinflusst.[90]

Hier muss allerdings angemerkt werden, dass diese Kritik gegenüber einem Großteil quantitativer Fragebogenerhebungen vorgebracht werden kann, in denen es um die Beschreibungen von erlebten Inhalten geht. Will man quantitative Aussagen über größere Untersuchungsfelder machen, so ist man nun einmal bis zu einem gewissen Grad darauf angewiesen, derartige Instrumente einzusetzen. Dennoch sind die solcherart ermittelten Befunde entsprechend zu relativieren und mit Vorsicht zu interpretieren.

In der Forschung hat das Konzept der transformationalen/transaktionalen Führung seit den 1990er Jahren mehr oder weniger die Führungsdimensionen Mitarbeiter- und Aufgabenorientierung abgelöst. Im Lichte neuerer Erkenntnisse ist dieser Entwicklung mit Skepsis zu begegnen. Beide Führungsdualitäten sind weder widersprüchlich noch inkompatibel, sondern ergänzen einander. Aufgaben- (Sachebene) und Mitarbeiterorientierung (Beziehungsebene) sind grundlegende Aspekte jeder zielgerichteten zwischenmenschlichen Interaktion. Transformationale und transaktionale Führung thematisieren hingegen unterschiedliche Formen der Bindung an die Ziele der Organisation zwischen Identifikation (man fühlt sich als stolzer Teil eines größeren Ganzen) und Kalkulation (Zielerreichung wird materiell honoriert).

---

89   Neuberger 2002, S. 420f.
90   Steyrer 1995, S. 187ff.

6.6 Charismatisches Führungsverhalten

Das Konzept der charismatischen Führung geht auf den deutschen Soziologen Max Weber zurück. Dieser definiert Charisma als eine „außeralltäglich (….) geltende Qualität einer Persönlichkeit, um deretwillen sie als mit übernatürlichen oder übermenschlichen oder mindestens spezifisch außeralltäglichen, nicht jedem andern zugänglichen Kräften oder Eigenschaften (begabt) oder als gottgesandt oder als vorbildlich und deshalb als *„Führer"* gewertet wird."[91] Konstitutives Element dieser Begriffsbestimmung ist demnach das *Exzeptionelle* (Außergewöhnliche) und das *Exemplarische* (Vorbildliche) im Erscheinungsbild einer Führungskraft.[92]

Charisma ist nach allgemeinem Verständnis ein Persönlichkeitsattribut. Dennoch stehen im Rahmen der Führungsforschung die damit einhergehenden Verhaltensweisen im Zentrum der Betrachtung, was auch die Wirkung charismatischer Führung eher einer Analyse zugänglich macht, weshalb die charismatische Führung hier bei den Verhaltenstheorien behandelt wird.

Welche Verhaltensweisen und Merkmale machen charismatische Führung aus? Die einschlägige Literatur nennt hier vornehmlich die Folgenden:[93]

1. *Verhaltensweisen zur Krisen- bzw. Zukunftsbewältigung:*
- Die Führungskraft vertritt enthusiastisch eine Vision, die den Status quo fundamental in Frage stellt. Die Vision wird dabei nicht nur in Worten ausgedrückt, sondern demonstrativ vorgelebt.
- Sie zeigt die Bereitschaft, für die Realisierung dieser Vision persönlichen Status, Geld oder ihre Organisationsmitgliedschaft zu riskieren.
- Sie weist bisher erfolglose oder nur mäßig erfolgreiche Lösungswege dezidiert zurück und legt unkonventionelle, gegen die herrschenden Wertvorstellungen verstoßende Lösungsstrategien bzw. Verhaltensweisen an den Tag.

2. *Kommunikationsverhalten:*
- Die Führungskraft fungiert als Sprachrohr der Gemeinschaft und übermittelt Botschaften auf einfallsreiche und emotional ansprechende Weise.
- Sie kann sich gut darstellen und ein positives Eigenimage schaffen (z.B. in Bezug auf ihre Kompetenz, Glaubwürdigkeit, Vertrauenswürdigkeit).
- Sie setzt zur Durchsetzung ihrer Ziele und Übermittlung von Botschaften symbolische, dramatisierende Aktionen ein (z.B. Demonstration der eigenen Opferbereitschaft).

3. *Umgang mit Mitarbeitern:*
- Die Führungskraft kommuniziert hohe Erwartungen an die Geführten (z.B. in Bezug auf Entschlossenheit, Einsatzbereitschaft, Selbstaufopferung, Leistung), gleichzeitig aber auch ein hohes Maß an Vertrauen in die Geführten.
- Sie bemüht sich sichtbar um die Entwicklung der Mitarbeiter (z.B. Entwicklung von Kompetenzen, Formulierung von Erwartungs-Ermutigungen) und hat Vertrauen in diese, selbst wenn das Risiko groß ist.

---

[91] Weber 1972, S. 140
[92] Steyrer 1995, S. 29
[93] Conger/Kanungo 1987; Shamir/House/Arthur 1993; House/Shamir 1995

- Sie zeigt ein hohes Ausmaß an sozialer Sensibilität, Verständnis und Einfühlungsvermögen gegenüber den Geführten und ihren Bedürfnissen und Werten.

4. *Eigenschaftsbezogene Merkmale:*
- Die Führungskraft strahlt Selbstvertrauen und Kompetenz aus, zeigt einen ausgeprägten Führungsanspruch und tritt als Reformer bzw. Revolutionär auf.
- Sie kann Situationen gut einschätzen und hat ein Gespür für Gelegenheiten bzw. potenzielle Hindernisse bei der Umsetzung ihrer Strategien.
- Sie zeichnet sich durch moralische Integrität (z.B. Fairness, Redlichkeit, Verantwortlichkeit, Übereinstimmung von Worten und Taten) aus.

Worauf basiert der Einfluss einer charismatischen Führungskraft? Mit einer rein auf Austausch fokussierten Theorie (Arbeitsleistung gegen Bezahlung, Loyalität gegen Sicherheit, vorbildliches Verhalten gegen Vergünstigungen etc.) lässt sich die Wirkung charismatischer Führung nicht erklären. Dementsprechend basiert das Konzept charismatischer Führung auf der Annahme, dass Individuen nicht nur materiell orientiert sind, sondern vielmehr einen Sinn in ihrer Tätigkeit suchen.[94] Menschen denken nicht nur pragmatisch und zielorientiert, sondern streben auch danach, sich in ihrer Arbeit selbst auszudrücken und zu verwirklichen. Sie möchten ihre Selbstachtung erhalten bzw. erhöhen. Sie suchen die Sicherheit, Ziele und Aufgaben tatsächlich bewältigen zu können und wollen zuversichtlich in die Zukunft blicken. All diese Elemente tragen gemäß der Grundannahme charismatischer Führung zumindest ebenso zu Einstellungen, Motivation und Verhalten der Geführten bei wie eine rationale Kalkulation von Aufwand und Ertrag.

Genau hier setzt die Beeinflussung durch charismatische Führung an. Die Formulierung einer mitreißenden Vision suggeriert eine bessere Zukunft für die Organisation und weckt so die Zuversicht der Geführten. Das Artikulieren hoher Leistungserwartungen bei gleichzeitig signalisiertem Vertrauen und Unterstützung fördert Selbstwert und Entwicklung der Geführten. Der Führende vermittelt in Worten und Taten neue Werte und zeigt so einen Weg der Selbstverwirklichung im Dienst einer „höheren Sache" vor. Dabei erbringt der Führende auch persönliche Opfer und stellt durch unkonventionelles Verhalten seine Entschlossenheit und seine Bereitschaft zur Durchsetzung der Vision unter Beweis.

Dieser Prozess zieht bei den Geführten folgende motivationale Effekte nach sich:
- Die Identifikation mit den Zielen der Führungsperson und den gemeinsamen Interessen wird stärker. Das führt dazu, dass (auch) die Geführten bereit sind, die Ziele der Organisation über ihre individuellen Bedürfnisse zu stellen und persönliche Opfer zu erbringen.
- Es kommt zu einer Internalisierung von Visionen und Werten im Rahmen des Einflussprozesses. Diese kann so weit gehen, dass die Geführten bereit sind, gänzlich neue Werte anzunehmen.
- Der Arbeit wird mehr Bedeutung zugesprochen, sodass der Wert der Anstrengung und des Zieles zunehmen und die Geführten ihre Arbeitsrolle verstärkt zu einem integralen Bestandteil ihres Selbstkonzepts machen.

---

[94] Shamir/House/Arthur 1993

Eine zusammenfassende Darstellung der wichtigsten Merkmale und Prozesse in charismatischen Führungsbeziehungen zeigt die folgende Abbildung:

Führungsverhalten

Führungsperson
- entwickelt Plan und Vision
- entwickelt hohe Leistungserwartungen
- zeigt starkes Selbstvertrauen
- zeigt Vertrauen in die Fähigkeiten der Geführten
- modelliert die notwendigen Werte, Einstellungen und Verhaltensweisen

↓

Wirkung auf das Selbstkonzept der Geführten
- Identifikation mit den Zielen der Führungsperson und den gemeinsamen Interessen
- Steigerung des Selbstwertes

↓

Motivationale Wirkung
- Erhöhte Erwartung, dass Bemühungen zu hoher Leistung führen wird
- Wert der Anstrengung und des Zieles nimmt für die Person zu

↓

Mitarbeiterverhalten
- Erhöhung der Leistung
- Zunehmendes Commitment gegenüber Organisation, Führungsperson und Arbeitsziel (Vision)

Abb. 9: Zusammenfassendes Modell charismatischer Führung[95]

Mittlerweile liegen zahlreiche empirische Labor- und Feldstudien zur Erfolgswirksamkeit charismatischer Führung vor (gemessen an z.B. Innovation, Zufriedenheit, Produktivität, Zielerreichung). Diese belegen recht deutlich die Überlegenheit charismatischer Führung gegenüber nicht-charismatischer Führung.[96]

---

[95] Weinert 2004, S. 509
[96] Hunt/Conger 1999; De Groot/Kiker/Cross 2000

Die Wirkung charismatischer Führung hängt jedoch auch von der Situation ab. Es zeigt sich, dass charismatisches Führungsverhalten dann am wahrscheinlichsten in Erscheinung tritt respektive die größten Erfolge erzielt, wenn eine Krise auftritt oder größere Veränderungen erforderlich sind bzw. die Geführten mit dem Status quo unzufrieden sind.[97] Demzufolge könnte ein Führender allerdings auch ohne die Existenz einer „echten" Krise bewusst Unzufriedenheit und Krisenstimmung aufbauen und sich somit gleichsam eine Bühne für die Darstellung seiner Fähigkeit schaffen, mit Problemen auf eher unkonventionelle Art und Weise fertig zu werden.[98]

Bewertung: Das Konzept der charismatischen Führung hebt ähnlich wie die transformationale Führung den emotionalisierenden und sinnstiftenden Aspekt von Führung hervor, der über die „klassische" Mitarbeiterorientierung hinausgeht. Die empirische Befundlage deutet ihrerseits darauf hin, dass dieser Aspekt keineswegs rein esoterisch ist, sondern sich auch auf quantifizierbare Leistungsindikatoren auswirkt.[99]

Gleichzeitig wohnen diesem Konzept gewisse Idealisierungstendenzen inne; im Zusammenhang mit charismatischer Führung wird meist nur das Aufbauende, Gute, Konstruktive, Innovative präsentiert. Charismatische Führung muss aber keineswegs immer nur positive Auswirkungen haben, sondern kann durchaus fehl am Platze sein bzw. negative Konsequenzen zeitigen. Insgesamt geht die Kritik in fünf Stoßrichtungen:[100]

1. Es kommt im Rahmen dieser Konzepte zu einer „Romantisierung" von Führung, d.h. die Einflussmöglichkeiten von Führung auf den Erfolg bzw. Misserfolg von Organisationen werden überbewertet.

2. Mit charismatischer Führung können enorme dysfunktionale soziale Konsequenzen verbunden sein. Bei den Geführten etwa Identitätsverlust, geringe Selbstständigkeit sowie Projektionen eigener Ängste und Aggressionen auf andere. Seitens des Führenden können Narzissmus, übersteigertes Dominanzstreben, starker Egoismus, Ausnutzung anderer, autoritäres Verhalten und die Verbreitung höchst fragwürdiger Ideologien auftreten.[101]

3. Die Hinwendung zur charismatischen Führung ist in einem gewissen Sinne vergangenheitsorientiert und widerspricht teilweise aktuellen Trends der Organisationsführung wie etwa Verflachung von Hierarchien, internes Unternehmertum, Förderung von Kreativität und Eigenständigkeit der Mitarbeiter, Zunahme von Selbstmanagement und Selbstmotivation etc. So stellt sich beispielsweise die Frage, ob Mitarbeiter, die sich von Anweisungen und Kontrolle bereits weitgehend emanzipiert haben, überhaupt eine charismatische Führerbeziehung eingehen möchten.[102]

4. Charismatische Führung kann sich negativ auf die Organisationskultur und Vielfalt auswirken. Die starke Anziehungskraft des Führenden kann zu einer „Gleichschaltung" und Einheitskultur führen, sodass Sub- und Nischenkulturen verdrängt werden und solcherart Innovationspotenziale für die Organisation verloren gehen.

---

[97] Roberts/Bradley 1988
[98] Shamir/Howell 1999
[99] DeGroot/Kiker/Cross 2000; Steyrer/Schiffinger/Lang 2008
[100] Steyrer 1999, S. 185ff.
[101] Wunderer 1993; Steyrer 1995, S. 272ff.
[102] Weibler 1997

5. Es besteht die Gefahr, dass es zu unrealistischen Visionen seitens des Führenden kommt, die mehr seine eigenen Vorstellungen und Bedürfnisse reflektieren als die realen Verhältnisse auf den Märkten.[103]

Abschließend kann somit festgestellt werden, dass das Charisma-Konzept wesentliche Dimensionen rund um die emotionalisierende und sinnstiftende Wirkung von Führung anspricht, die insbesondere während radikaler Veränderungsphasen in Organisationen von Bedeutung zu sein scheinen. Mit dieser Emotionalisierung und Sinnstiftung sind allerdings auch potenzielle Gefahren für Organisation und Mitarbeiter verbunden, die mitbedacht werden müssen, insbesondere wenn die Sehnsucht nach „starker Führung" aufkommen sollte (mehr dazu in Kapitel 9).

6.7 Die Leader-Member-Exchange-Theory

Die bisher behandelten universellen Führungstheorien implizieren, dass sich ein Vorgesetzter gegenüber verschiedenen Mitarbeitern immer gleich verhält. Die *Leader-Member-Exchange-Theory* (kurz LMX-Theorie genannt) postuliert hingegen, dass eine Führungskraft keineswegs gegenüber allen Mitarbeitern einen stabilen „Durchschnitts-Führungsstil" praktiziert.[104] Vielmehr baut jede Führungskraft der LMX-Theorie zufolge eine individuelle Beziehung zu jedem Mitarbeiter auf („vertikale Dyade").[105] Da aber diesem Modell zufolge nicht externe situative Faktoren das Führungsverhalten bestimmen, sondern primär kognitive Kategorisierungsprozesse seitens des Führenden, wird es hier noch den universellen Verhaltenstheorien zugerechnet.

Konkret geht die LMX-Theorie davon aus, dass Führungskräfte dazu neigen, zu einer kleinen Gruppe von Geführten besonders enge und intensive Beziehungen aufzubauen (die sogenannte *In-Group*). Diese Mitarbeiter werden mit wichtigen Aufgaben betraut und mit besonderer Verantwortung und Autonomie ausgestattet. Der Vorgesetzte bringt ihnen ein hohes Maß an Vertrauen entgegen, sie erhalten überdurchschnittlich viel Aufmerksamkeit und spezielle Vorrechte eingeräumt. Die anderen Mitarbeiter gehören hingegen zur *Out-Group*. Der Vorgesetzte verbringt kaum Zeit mit diesen Mitarbeitern und sie erhalten nur wenig soziale Wertschätzung. Die Interaktionsbeziehung beschränkt sich auf formale Aspekte und ist sachlich und distanziert.

Empirische Studien zeigen, dass der Vorgesetzte bereits im Anfangsstadium einer Vorgesetzten-/Mitarbeiterbeziehung die ihm anvertrauten Mitarbeiter einer dieser beiden Kategorien zuordnet. Die Kriterien für die Zuordnung sind noch nicht eindeutig erforscht; allerdings weisen einige Indizien darauf hin, dass sich Mitglieder der In-Group durch ein ähnliches Einstellungs- und Persönlichkeitsprofil wie der Vorgesetzte auszeichnen und dass dieser sie als fachlich kompetenter wahrnimmt als die Mitglieder der Out-Group.[106] Bezüglich der Auswirkungen der Zuordnung zu In- oder Out-Group deuten die Befunde wenig überraschend auf positive Konsequenzen für die Mitglieder der In-Group hin, etwa

---

[103] Sistenich 1993
[104] Liden/Graen 1980
[105] Duchon/Green/Taber 1986
[106] Bauer/Green 1996; Wayne/Shore/Liden 1997; Erdogan/Liden 2002

bessere Leistungsbeurteilungen seitens des Vorgesetzten, niedrigere Kündigungsneigung und höhere Gesamtzufriedenheit.[107]

Bewertung: Die Forschungsarbeiten zur LMX-Theorie dokumentieren recht einhellig, dass Vorgesetzte tatsächlich eine solche simplifizierende Kategorisierung vornehmen und keinen einheitlichen Führungsstil gegenüber allen Mitarbeitern zeigen, sondern je nach deren Zugehörigkeit zur In- oder Out-Group unterschiedliches Führungsverhalten an den Tag legen. Die LMX-Theorie und die dazugehörigen empirischen Studien erschüttern somit mehr oder weniger eine der Basisannahmen der Führungsstilforschung, wonach die Ermittlung eines „durchschnittlichen" Wertes zur Messung des Führungsstils einer Person zielführend sei. Stattdessen seien gerade die Abweichungen von diesem Mittelwert (im Sinne zweier unterschiedlicher Mittelwerte für In-Group und Out-Group) relevant für die Analyse des Führungsverhaltens. Die LMX-Theorie gibt damit wertvolle Impulse und Anregungen, generalisierende Aussagen über Führungsverhalten zu überwinden und sich mit der internen Dynamik der Führer-Mitarbeiter-Beziehung differenzierter auseinanderzusetzen.

---

[107] Gerstner/Day 1997

7. Situative Verhaltenstheorien der Führung

Im Unterschied zu den universellen Verhaltenstheorien unterstellen die *situativen Verhaltenstheorien*, dass sich angemessenes Führungsverhalten nach der Situation richten muss und es daher kein allgemein ideales Führungsverhalten gibt. Dementsprechend beschäftigen sie sich mit der Frage, unter welchen situativen Voraussetzungen welches Führungsverhalten angebracht ist und zum Erfolg führt. Im Folgenden sollen drei derartige Modelle exemplarisch dargestellt werden: die *Situative Reifegrad-Theorie*, die *Weg-Ziel-Theorie* der Führung und das *Normative Entscheidungsmodell*.

7.1 Die Situative Reifegrad-Theorie

Die *Situative Reifegrad-Theorie* macht die Wahl des richtigen Führungsstils vom Entwicklungsniveau des Mitarbeiters abhängig.[108] Der Führungsstil wird dabei entlang der bereits bekannten Dimensionen Aufgaben- und Mitarbeiterorientierung variiert. Aufgabenorientiertes Führungsverhalten umfasst hier die Vorgabe von Zielen, Strukturen, Regeln und Zeitrahmen sowie die anschließende Kontrolle der Arbeitsergebnisse. Mitarbeiterorientiertes Führungsverhalten bezieht sich auf das Ausmaß der sozio-emotionalen Unterstützung, auf die Förderung der Mitarbeiter, Berücksichtigung der Mitarbeitermotivation und Anerkennung der Leistung.

Als Kriterium für das richtige Ausmaß an Aufgaben- und Mitarbeiterorientierung umfasst das Konzept eine dritte Dimension: den Reifegrad des Mitarbeiters. Dieser Reifegrad besteht aus der *Fähigkeit* (ability, „Arbeitsreife") und der *Bereitschaft* (willingness, „psychologische Reife") des Mitarbeiters zur Aufgabenerfüllung. Die Fähigkeit bzw. Arbeitsreife hängt ab von Ausbildungsstand, Wissen und Arbeitserfahrungen des Mitarbeiters. Die Bereitschaft bzw. psychologische Reife wird als intrinsischer Leistungswille konzipiert.[109] Ebenso wie die Führungsdimensionen Aufgaben- und Mitarbeiterorientierung sind auch diese beiden Faktoren, die den Gesamtreifegrad eines Mitarbeiters bestimmen, grundsätzlich voneinander unabhängig.

Wenn man diese beiden Reifedimensionen jeweils in Form einer dichotomen Ausprägung (stark versus schwach ausgeprägt) zueinander in Beziehung setzt, lassen sich folgende Entwicklungsstufen unterscheiden:

- Mitarbeiter, die eine Aufgabe weder übernehmen wollen noch können (R 1: geringe psychologische Reife und niedrige Arbeitsreife).
- Mitarbeiter, die eine Aufgabe gerne übernehmen würden, aber (noch) nicht können (R 2: hohe psychologische Reife und niedrige Arbeitsreife).
- Mitarbeiter, die ihre Aufgabe bewältigen können, aber nicht wollen (R 3: hohe Arbeitsreife und niedrige psychologische Reife).
- Mitarbeiter, die ihre Aufgabe übernehmen wollen und können (R 4: hohe psychologische Reife und hohe Arbeitsreife).

---

[108] Hersey/Blanchard 1977; Hersey/Blanchard 1993
[109] Hersey/Blanchard 1993, S. 184

Die Theorie unterscheidet nun in Abhängigkeit von diesen vier Reifegraden vier jeweils angemessene Führungsstile.

Telling bei niedrigem Reifegrad (R 1: mangelnde Fähigkeit und Bereitschaft): Die mangelnde Bereitschaft wird als Folge der Unsicherheit des Mitarbeiters gesehen, ob er der Aufgabe gewachsen ist. Somit geht es in diesem Stadium darum, den Mitarbeiter inhaltsorientiert an die Aufgabe heranzuführen. Dementsprechend sollte der Vorgesetzte sich darauf konzentrieren, genaue Anweisungen und Erläuterungen zu geben, die Leistung zu kontrollieren und gegebenenfalls korrigierend einzugreifen (hohe Aufgabenorientierung und niedrige Mitarbeiterorientierung).

Selling bei niedrigem bis mittlerem Reifegrad (R 2: mangelnde Fähigkeit, aber höhere Bereitschaft): Die Fähigkeiten des Mitarbeiters erreichen in diesem Stadium noch nicht das gewünschte Niveau, weshalb der Vorgesetzte weiterhin in hohem Ausmaß direktiv und aufgabenorientiert führen sollte. Gleichzeitig sollte der Vorgesetzte darauf achten, die Bereitschaft und Motivation des Mitarbeiters zu steigern, um etwa Frustration und Ablehnung der Aufgabe zu vermeiden. Dies wird durch gesteigerte Mitarbeiterorientierung erreicht: Gewährung sozio-emotionaler Unterstützung, genauere Erläuterungen über die Hintergründe von Entscheidungen, positives Feedback bei erfolgreicher Aufgabenbewältigung etc. (weiterhin hohe Aufgabenorientierung bei steigender Mitarbeiterorientierung).

Participating bei mittlerem bis hohem Reifegrad (mangelnde Bereitschaft bei gegebener Fähigkeit): Ein Mangel an Bereitschaft trotz vorhandener Fähigkeiten kann hier beispielsweise auftreten, weil ein Mitarbeiter aus verschiedenen Gründen (Arbeitsumfang, mangelnder Entscheidungsspielraum o.Ä.) Motivationsdefizite aufweist. Der Vorgesetzte sollte in dieser Situation daher den Beziehungsaspekt in den Vordergrund rücken und so versuchen, z.B. durch persönliche Anerkennung und Wertschätzung wieder mehr Freude an der Tätigkeit zu erwecken.

Delegating bei hohem Reifegrad (hohe Fähigkeit und hohe Bereitschaft): In diesem Stadium kann der Vorgesetzte die Aufgaben an den Mitarbeiter delegieren und ihn die Aufgaben weitgehend autonom ausführen lassen, ohne dass ein intensives Feedback und häufige Interaktionen notwendig wären (sowohl Mitarbeiter- als auch Aufgabenorientierung können reduziert werden).

Mit steigendem Reifegrad soll somit der Theorie zufolge die Aufgabenorientierung kontinuierlich reduziert werden, während die Mitarbeiterorientierung anfangs gesteigert werden soll und erst bei gesicherter psychologischer Reife und hoher Arbeitsreife wieder zurückgenommen werden kann. Führungsstil und Reifegrad stehen dabei in einem dynamischen Wechselverhältnis. Die korrekte Wahl des Führungsstils bewirkt eine allmähliche Steigerung des Reifegrades, die ihrerseits im Zeitverlauf jeweils einen anderen Führungsstil nahelegt. Dieser kontinuierliche Anpassungsprozess kann anhand einer Kurve veranschaulicht werden, wie sie aus Abbildung 10 hervorgeht. Das Modell proklamiert also Stilflexibilität als zentralen Erfolgsfaktor für Führungsverhalten, im Unterschied zum ebenfalls auf Aufgaben- und Mitarbeiterorientierung basierenden Grid-Modell, wo sich der „ideale" Führungsstil immer durch hohe Aufgaben- und Mitarbeiterorientierung auszeichnet.

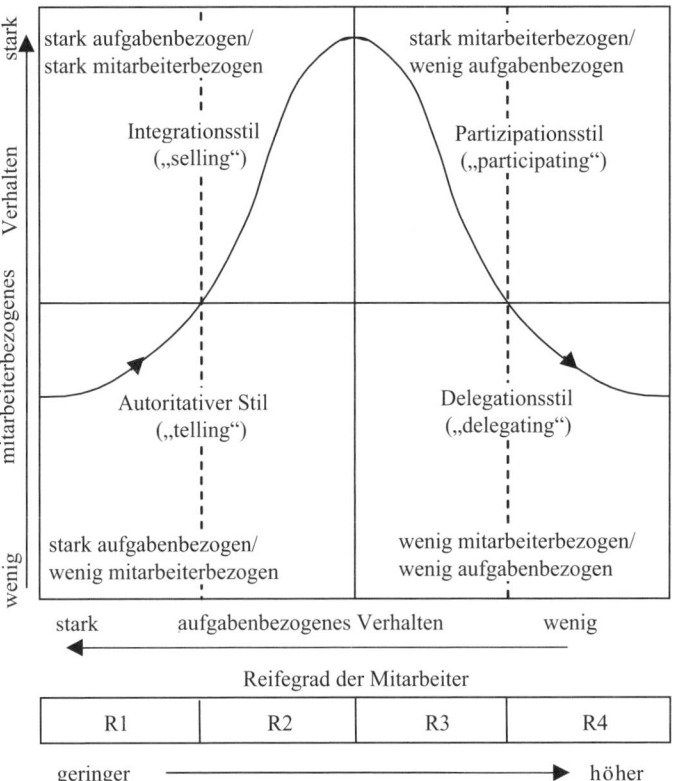

Abb. 10: Situative Reifegrad-Theorie[110]

Bewertung: Das Reifegrad-Modell mit seinen leicht nachvollziehbaren Annahmen deckt sich weitestgehend mit den Alltagserfahrungen und hat insbesondere in der Praxis der Führungskräfteentwicklung hohe Relevanz erlangt. Das Modell wurde in einer Reihe von bedeutenden Unternehmen (IBM, Mobil, Xerox usw.) als Trainingskonzept eingesetzt. Um das situationsadäquate Verhalten richtig einsetzen zu können, trainieren Führungskräfte ihre Fähigkeiten zur Diagnose der Situation und ihre Flexibilität im Verhalten. Als positiv ist weiters der Aspekt der Mitarbeiterentwicklung hin zu inhaltlicher Kompetenz und Eigenmotivation hervorzuheben.

Mit der proklamierten Stilflexibilität bietet das Konzept aber auch die ideale Legitimationsbasis für jedes Führungsverhalten eines Vorgesetzten. So kann grundsätzlich jeder Führungsstil vom „Befehl-Gehorsam-Management" bis hin zum „Laissez faire" mit einer (angeblichen) Anpassung an das Entwicklungsniveau der Mitarbeiter gerechtfertigt werden. Hinzu kommt, dass der gewünschte Reifeprozess vom Mitarbeiter eine uneingeschränkte Anpassung an die Ziele der Organisation verlangt. Etwaige Konflikte zwischen

---

[110] Hersey/Blanchard 1993, S. 186

Organisationszielen und Mitarbeiterzielen werden völlig ausgeblendet. Auch die empirische Untermauerung der Reifegrad-Theorie ist bisher nicht überzeugend gelungen, im Unterschied etwa zur Annahme des GRID-Modells, dass sowohl hohe Mitarbeiter- als auch hohe Aufgabenorientierung den Führungserfolg erhöhen.[111] Ungeachtet seiner hohen Plausibilität und Popularität sollten die Aussagen dieses Konzepts somit keineswegs ohne Vorbehalte angenommen werden.

7.2 Die Weg-Ziel-Theorie der Führung

Der *Weg-Ziel-Ansatz* verknüpft die Führungsdimensionen der Ohio-Studien (Aufgaben- und Mitarbeiterorientierung) mit der Erwartungs-Valenz-Theorie der Motivation. Die Grundannahme der Erwartungs-Valenz-Theorie besteht ja darin, dass Mitarbeiter ihr Verhalten danach ausrichten, mit welcher subjektiven Wahrscheinlichkeit sie ein bestimmtes Ziel erreichen können (Erwartung) und welchen Wert sie diesem Ziel beimessen (Valenz).

Die Hauptaufgabe der Führungskraft wird darin gesehen, die Ziele der Geführten mit den Organisationszielen in Einklang zu bringen (Steigerung der Valenz) und sie bei der Realisierung dieser Ziele zu unterstützen (Steigerung der Erwartung). Der Begriff Weg-Ziel-Ansatz wird damit begründet, dass effektive Führungskräfte hier als Wegbereiter fungieren, die es durch den Abbau von Hindernissen den Geführten im Führungsprozess ermöglichen, die Distanz zwischen dem gegenwärtigen Ist-Zustand und dem künftigen Ziel-Zustand abzubauen.[112]

Die Theorie unterscheidet dabei vier Führungsstile, die je nach Situation diesem Anspruch am besten gerecht werden:

1. *Unterstützende Führung*: Die Führungskraft schafft eine angenehme Arbeitsatmosphäre und nimmt Rücksicht auf die Bedürfnisse der Mitarbeiter.
2. *Direktive Führung*: Die Führungskraft gibt genaue Arbeitsanweisungen, koordiniert die Arbeitsverteilung, formuliert Erwartungen und überwacht die Einhaltung von Regeln.
3. *Partizipative Führung*: Die Führungskraft sucht nach gemeinsamen Formen der Beratung und Entscheidungsfindung.
4. *Leistungsorientierte Führung*: Die Führungskraft setzt anspruchsvolle Ziele, legt Wert auf ein hohes Leistungsniveau und versucht, Standards ständig zu verbessern.

Welcher dieser Führungsstile die besten Ergebnisse zeigt, hängt dabei von zwei Gruppen von Situationsvariablen ab (siehe Abbildung 11). Einerseits spielt der *Organisationskontext* eine Rolle (z.B. Arbeitsaufgabe, Arbeitsgruppe, Hierarchie, Organisationsstruktur). Zum anderen müssen die *Mitarbeitercharakteristika* berücksichtigt werden, wie Stärke des Wachstumsbedürfnisses, Autonomiestreben, Kompetenzniveau, „Locus of Control" (Überzeugung, dass der Gang des eigenen Lebens hauptsächlich von einem selbst [interne Kontrollüberzeugung] oder aber von äußeren Einflüssen abhängt [externe Kontrollüberzeugung]).

---

[111] Yukl/Van Fleet 1992; Yukl 2006, S. 224f.
[112] House 1971; House 1996

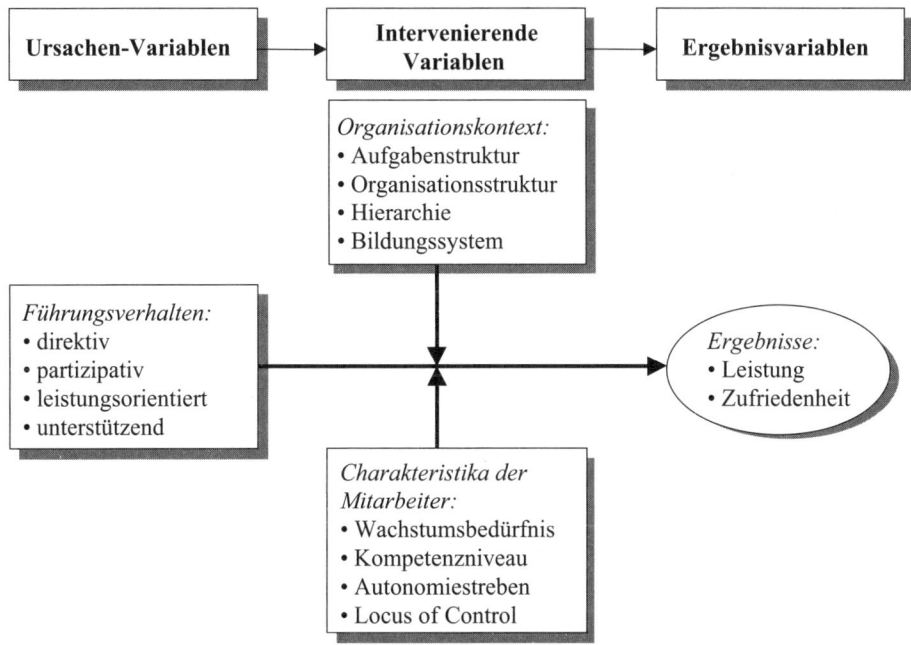

Abb. 11: Weg-Ziel-Theorie

Die Charakteristika der Organisation entscheiden darüber, welches Führungsverhalten adäquat ist, um die Leistung der Geführten zu maximieren. Die persönlichen Eigenschaften der Mitarbeiter haben wiederum einen Einfluss darauf, wie das Führungsverhalten des Vorgesetzten durch die Mitarbeiter interpretiert wird. Empirische Untersuchungen haben z.B. gezeigt, dass die Vorgabe klarer Weg-Ziel-Bedingungen nicht in jeder Situation sinnvoll ist. Bei Routinetätigkeiten etwa (einfache Aufgabenstruktur), wo bereits klare Weg-Ziel-Verhältnisse vorliegen, wird eine weitere Weg-Klärung durch den Vorgesetzten als unnötiger Eingriff empfunden, der zu sinkender Arbeitszufriedenheit führt. Mitarbeitermerkmale wie etwa hohes Kompetenzniveau oder starkes Autonomiestreben verstärken diesen Effekt noch. Das Führungsverhalten ist somit dann ineffektiv, wenn es die Charakteristika des Organisationskontextes nur dupliziert bzw. nicht zu den Eigenschaften der Mitarbeiter passt.

Inwieweit ist die Weg-Ziel-Theorie empirisch untermauert? Die folgenden Aussagen lassen sich auf Basis einschlägiger Studien als recht gut abgesichert betrachten:[113]

● Direktive Führung ist am besten geeignet bei autoritätsorientierten Mitarbeitern (wenig Autonomiestreben, externe Kontrollüberzeugung) und unklaren Arbeitsaufgaben bzw. Regeln und Verfahren innerhalb der Organisation. Klare Vorgaben und Anweisungen durch den Vorgesetzten reduzieren hier die Unsicherheit.
● Bei klar vorgegebenen und bekannten Routineaufgaben mit wenig Entscheidungsspielraum sind direktive Arbeitsvorgaben hingegen kontraproduktiv. Hier bringt un-

---

[113] Robbins 2001, S. 381

terstützende Führung mit Verständnis für die belastende Arbeitssituation vorteilhaftere Ergebnisse.

- Partizipatives Führungsverhalten ist dort angebracht, wo unklare, eventuell sogar widersprüchliche Arbeitsaufgaben und Anforderungen vorliegen, umso mehr wenn die Mitarbeiter ein hohes Autonomiestreben und eine starke interne Kontrollüberzeugung aufweisen.

- Bei wenig strukturierten und unklaren Arbeitsaufgaben ist auch leistungsorientierte Führung gut geeignet. Durch die Fokussierung auf Leistungsziele zeigt die Führungskraft den Mitarbeitern, dass sie ihnen die Zielerreichung zutraut und erhöht damit die Erwartung der Mitarbeiter, das Ziel durch ihre Anstrengungen zu erreichen.

Bewertung: Die Weg-Ziel-Theorie bietet Führungsstilempfehlungen in Abhängigkeit von Organisations- und Mitarbeitercharakteristika und ist empirisch recht gut fundiert.[114] Im Mittelpunkt der Theorie steht allerdings das Verhalten der Führungskraft. Der wechselseitige interaktive Beeinflussungsprozess zwischen Vorgesetztem und Mitarbeiter bleibt unberücksichtigt. Schließlich kann die Führungskraft als Diagnostiker mit der Beurteilung oft „verborgener" oder schwer messbarer Merkmale überfordert sein. Ebenso kann sie damit überfordert sein, ihr Verhalten flexibel an unterschiedliche Kontexte anzupassen.[115]

7.3 Das „Normative Entscheidungsmodell"

Ausgehend von der Annahme, dass es keinen Führungsstil gibt, der in allen Situationen zum Erfolg führt, entwickelten Vroom und Yetton ein Modell, das unter Berücksichtigung bestimmter Situationskriterien einen von fünf Führungsstilen empfiehlt. Das sogenannte *Normative Entscheidungsmodell*[116] stellt den Entscheidungsspielraum der Führungskraft in den Mittelpunkt und geht von zwei Prämissen aus: 1. Ein Vorgesetzter kann zwischen mehreren Verhaltensweisen gegenüber seinen Mitarbeitern wählen. 2. Die Verhaltensweisen unterscheiden sich durch das Ausmaß an Partizipation, das der Vorgesetzte seinen Mitarbeitern beim Treffen von Entscheidungen gewährt.

Die fünf Führungsstile im normativen Entscheidungsmodell reichen dabei von *autoritär* bis zur *Gruppenentscheidung*:

- Autoritäre Entscheidung (A I): Sie lösen (als Führungskraft) das Problem selbst oder treffen selbst die Entscheidung.

- Autoritäre Entscheidung nach Einholung von Informationen (A II): Sie holen die notwendigen Informationen von Ihren Mitarbeitern ein und entscheiden dann selbst über die Lösung.

- Beratende Entscheidung (B I): Sie diskutieren das Problem mit einzelnen Mitarbeitern, ohne jedoch die ganze Gruppe zu konsultieren. Dann treffen Sie die Entscheidung selbst.

- Beratende Entscheidung (B II): Sie diskutieren das Problem mit den Mitarbeitern als Gruppe und holen deren gemeinsame Ideen und Vorschläge ein. Dann treffen Sie die Entscheidung selbst.

---

[114] Wofford/Liska 1993; Robbins 2001, S. 381
[115] Northouse 2004, S. 132
[116] Vroom/Yetton 1973

● Gruppenentscheidung (G II): Sie diskutieren das Problem mit den Mitarbeitern als Gruppe, wobei Sie mehr oder weniger die Rolle des Moderators übernehmen. Sie versuchen nicht, die Gruppe zur Annahme „Ihrer" Lösung zu beeinflussen, sondern sind bereit, jede Lösung zu akzeptieren.

Für die Wahl des richtigen Führungsverhaltens müssen die Vorgesetzten zuvor die Situation diagnostizieren. Entscheidend sind dabei vor allem zwei Kriterien: *Qualität der Entscheidung* und *Akzeptanz der Entscheidung* durch die Mitarbeiter. *Qualität der Entscheidung* bezieht sich auf „objektive" Qualitätsunterschiede zwischen den Entscheidungsalternativen (hat die Entscheidung gravierende Auswirkungen oder ist es eher eine Geschmacksfrage?). Bei der *Akzeptanz der Entscheidung* geht es primär um die Frage, inwieweit die Mitarbeiter von den Konsequenzen der Entscheidung betroffen sind bzw. ob mit Widerständen zu rechnen ist.

Im Zuge der Situationsdiagnose werden die folgenden Fragen schrittweise erörtert:
A. Qualität wichtig? Spielt die Qualität der Lösung eine wichtige Rolle?
B. Genügend Informationen vorhanden? Hat der Vorgesetzte selbst alle Informationen für eine richtige Entscheidung?
C. Problem strukturiert? Ist bekannt, welche Informationen fehlen, wie das Problem zu lösen ist und wo die fehlenden Informationen gefunden werden können?
D. Akzeptanz wichtig? Müssen die Untergebenen die Entscheidung akzeptieren, weil sie sie ausführen müssen (oder wird sie von anderen ausgeführt)?
E. Akzeptanz bei Alleinentscheidung? Wenn der Vorgesetzte die Entscheidung allein trifft, wird sie dann von seinen Unterstellten akzeptiert?
F. Organisationsziele akzeptiert? Verfolgen die Mitarbeiter ihre eigenen Interessen oder akzeptieren sie die Ziele der Organisation?
G. Konflikt wahrscheinlich? Wird die bevorzugte Lösung vermutlich zu Konflikten unter den Mitarbeitern führen?

Durch eine Kombination der Antworten auf diese Fragen ergeben sich insgesamt 128 verschiedene Entscheidungskonstellationen, die jedoch von den Autoren auf 14 praktisch bedeutsame Ausgangsbedingungen reduziert werden. Eine Zuordnung der fünf vorher genannten Führungsstile zu den 14 Situationen erfolgt über sieben Entscheidungsregeln, die sich folgendermaßen zusammenfassen lassen:

1. Informationsregel: Wenn die Qualität der Entscheidung wichtig ist und der Vorgesetzte nicht über genug Informationen oder Sachkenntnis zur Problemlösung verfügt, scheidet Führungsmethode A I aus.
2. Vertrauensregel: Wenn die Qualität der Entscheidung wichtig ist und den Mitarbeitern die Lösung nicht zugetraut werden kann, scheidet Führungsmethode G II aus.
3. Strukturregel: Wenn die Qualität der Entscheidung wichtig ist, der Führende nicht über genug Informationen oder Sachkenntnis verfügt und das Problem unstrukturiert ist, scheiden die Führungsmethoden A I, A II, und B I aus.
4. Akzeptanzregel: Wenn die Akzeptanz der Entscheidung durch die Mitarbeiter für eine effektive Verwirklichung von Bedeutung ist und darüber hinaus zweifelhaft ist, ob eine autoritäre Führungsentscheidung akzeptiert wird, scheiden die Methoden A I und A II aus.

5. Konfliktregel: Wenn die Akzeptanz der Entscheidung wichtig ist, eine autoritäre Entscheidung voraussichtlich nicht akzeptiert wird und ein Konflikt zwischen den Mitarbeitern über bevorzugte Lösungen entstehen könnte, scheiden die Führungsmethoden A I, A II und B I aus.
6. Fairness-Regel: Wenn die Qualität der Entscheidung unwichtig, die Akzeptanz der Entscheidung aber wichtig ist und eine autoritäre Entscheidung voraussichtlich nicht akzeptiert wird, scheiden die Führungsmethoden A I, A II, B I, B II aus.
7. Priorität der Akzeptanz-Regel: Wenn die Akzeptanz der Entscheidung wichtig ist, eine autoritäre Entscheidung voraussichtlich nicht akzeptiert wird und den Mitarbeitern vertraut werden kann, scheiden die Führungsmethoden A I, A II, B I, B II aus.

Zur leichteren Entscheidungsfindung wurde ein Entscheidungsbaum konstruiert, der bei der Beantwortung der Fragen von A bis G eine exakte Zuordnung zu einem der 14 Problemtypen erlaubt. Eine Führungskraft beginnt also die Situation zu diagnostizieren, indem sie bei der Frage A beginnt, diese entweder mit „Ja" oder „Nein" beantwortet, dann weiter zur Frage B geht, usw. Am Ende des Entscheidungsbaumes stehen entweder eine oder mehrere empfohlene Führungsstile (siehe Abbildung 12), wobei bei mehreren Möglichkeiten je nach Situation jene Option gewählt werden soll, die am wenigsten Zeit in Anspruch nimmt und/oder am ehesten die Teamentwicklung fördert.

Wird es zwischen den Mitarbeitern vermutlich zu Konflikten kommen, welche Lösungen zu bevorzugen ist?

Teilen die Mitarbeiter die Organisationsziele, die durch die Lösung dieses Problems erreicht werden sollen?

Wenn ich die Entscheidung selbst treffe, würde sie dann von den Mitarbeitern akzeptiert werden?

Ist die Akzeptierung der Entscheidung durch die Mitarbeiter für die effektive Ausführung wichtig?

Habe ich genügend Informationen, um eine qualitativ hochwertige Entscheidung allein zu treffen?

Gibt es ein Qualitätserfordernis? Ist vermutlich eine Lösung besser als eine andere?

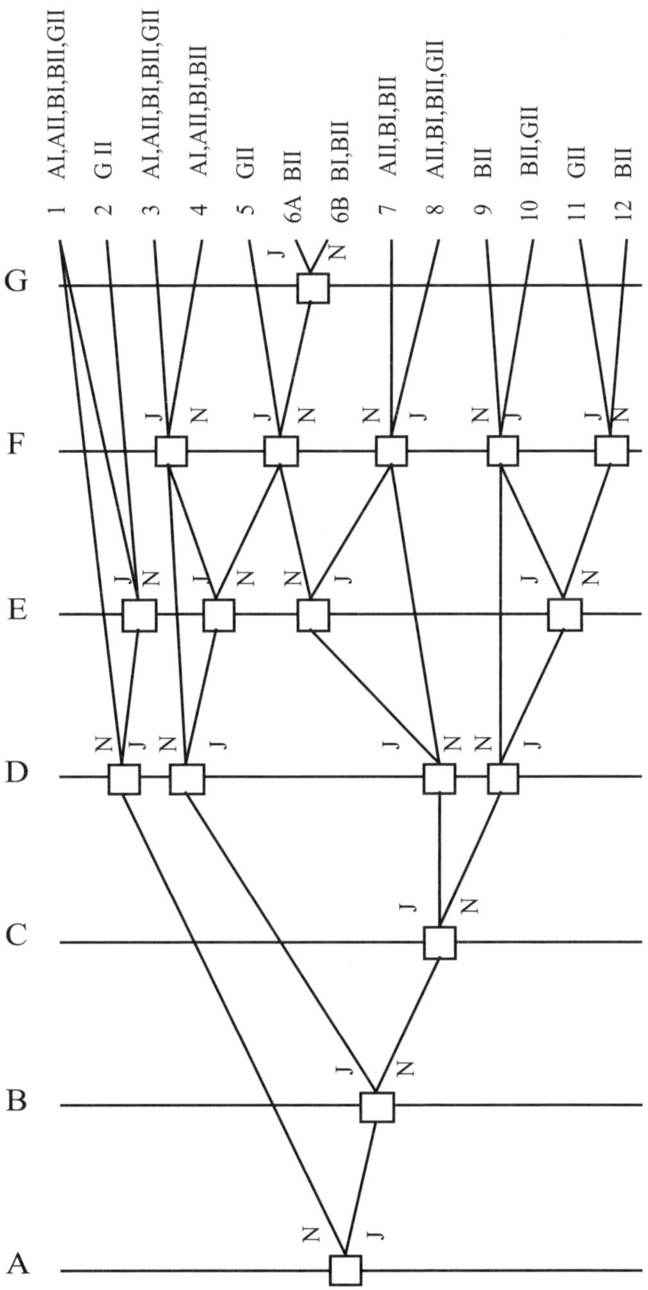

Abb. 12: Entscheidungsbaum zum Auffinden der richtigen Führungsmethode

Das nachfolgende Fallbeispiel soll den Ablauf eines derartigen Entscheidungsprozesses illustrieren:

Der Krawattenerlass

„Handlungsrahmen: Forschungsgruppe

Ihre Position: Gruppenleiter

Das Unternehmen, für das Sie seit Jahren arbeiten, ist verkauft worden, und die neue Muttergesellschaft hat Ihren Vorgesetzten ausgetauscht. Der Abteilungsleiter, den man Ihnen vorgesetzt hat, ist ein Mann mit wenig Führungserfahrung, vor dem Sie kaum Respekt haben. Er hat Ihnen in Ihrer Eigenschaft als Gruppenleiter eines kleinen Forschungsteams eine Anweisung zukommen lassen, wonach das Arbeitsverhalten insgesamt zu ändern sei, vor allem im Bereich Kleidung und Umgangsformen im Büro. Überlange Haare und fehlende Krawatten sind einige jener Dinge, die er nicht mehr sehen will. Sie haben mit Ihrem Vorgesetzten gesprochen und sich dabei für die bisherigen Gepflogenheiten stark gemacht. Auch haben Sie ihm mitgeteilt, dass diese Art von Veränderungen, die er anstrebt, sehr wahrscheinlich ein hohes Maß an Ablehnung, eine abfallende Arbeitsmoral und eventuell sogar die Kündigung von einigen der besten Nachwuchskräfte nach sich ziehen könnte. Ihr Vorgesetzter gesteht zu, dass Ihre Gruppe exzellente Leistungsstandards erreicht und diese Veränderungen wahrscheinlich nicht zu Leistungserhöhungen führen würden. Dennoch macht er keine Anstalten, seine Position zu korrigieren. Er fügt hinzu, dass es ihm nicht so sehr darauf ankäme, welche Regeln im Detail vereinbart würden, solange dies nur zu einem professionelleren Auftreten führe. Ferner hat er Ihnen eine Einmonatsfrist gesetzt, entsprechende Resultate zu erzielen. Für den Fall, dass Sie die notwendigen Änderungen nicht herbeiführen können, beabsichtigt er ein detailliertes System von Regeln und Vorschriften zu erlassen, an das sich alle Mitarbeiter Ihrer Gruppe zu halten hätten. Sie stehen vor dem Problem, welche Regelung geeignet wäre, das Verhalten Ihrer Mitarbeiter in Übereinstimmung mit der generellen Anweisung zu bringen.

Fast alle Ihrer Mitarbeiter sind unter 30 und haben Universitätsabschlüsse als Mathematiker, Ingenieure und Physiker. Diese Gemeinsamkeiten in Alter und Ausbildung sowie der Erfolg der Gruppe haben ein Team geformt, das gemeinsam durch „dick und dünn" geht und sich stark an Gruppennormen orientiert. Diese Normen stehen in krassem Gegensatz zu den Bekleidungs- und Verhaltensideen, die angestrebt werden. Sie selbst glauben z.B., dass Ihre Mitarbeiter überzeugt sind, dass die Länge der Haare einer Person oder ihre Koteletten oder ob sie eine Krawatte trägt, einzig Fragen des individuellen Geschmacks seien."

Diese Fallstudie lässt sich anhand des Entscheidungsbaums folgendermaßen aufarbeiten: 1. Die Qualität der Lösung spielt hier keine wichtige Rolle. Es handelt sich eher um eine Geschmacksfrage. Bei einer Gruppe mit intensivem Kundenkontakt, wo ein zu legeres Auftreten die Kunden verunsichern würde, läge hingegen aus Sicht des Modells ein Qualitätsproblem vor. 2. Die Akzeptanz der Entscheidung durch die Mitarbeiter ist wichtig, da es sich um das persönliche Erscheinungsbild handelt und sie in hohem Ausmaß von den Konsequenzen der Entscheidung betroffen sind, weshalb es mit „ja" weitergeht. 3. Schließlich würde die Gruppe eine autoritäre Entscheidung wohl nicht akzeptieren (nein), sodass wir beim Problemtyp 2 angelangt sind, der eine Gruppenentscheidung (G II) nahelegt (1. nein, 2. ja, 3. nein).

Bewertung: Wie schon der Name des Modells besagt, ist es normativ, d.h. es legt fest, wie zu verfahren ist, wenn man bestimmte Ziele am schnellsten und effizient erreichen will. Die Erfolgskriterien werden dabei nicht näher definiert.

Die meisten dazu vorliegenden Untersuchungen sind im Hinblick auf die Erfolgsrelevanz vielversprechend. Allerdings wurde hier durch retrospektive Befragung von Führungskräften, die an einem entsprechenden Training teilnahmen, zu ermitteln versucht, ob eine modellkonforme Entscheidung zu einem erfolgreichen Entscheidungsprozess beigetragen hat.[117] Diese Art der Erfolgsmessung unterliegt der Gefahr einer idealisierenden Verzerrung: einerseits wird der Entscheidungsprozess im Nachhinein durch die „Normative Entscheidungsbrille" betrachtet, andererseits würde ein negatives Urteil über die modellkonforme Entscheidung den eigenen Lernerfolg bzw. die investierte Trainingszeit in Frage stellen.

Zudem ist kritisch anzumerken, dass sich das Modell auf Empfehlungen für Entscheidungsverfahren beschränkt. Weitere relevante Aspekte (z.B. Koordination, Durchsetzung, Kontrolle usw.) werden nicht berücksichtigt. Schließlich ist für die Praxis zu bedenken, dass sich ein Vorgesetzter u.U. über den angemessenen Führungsstil bzw. die angemessene Entscheidungsform im Klaren ist, diese aber (etwa aus firmenpolitischen Gründen) nicht umsetzen kann.[118]

7.4 Partizipation und Führungserfolg

Das soeben erläuterte normative Entscheidungsmodell nach Vroom/Yetton unterscheidet die Führungs- bzw. Entscheidungsstile nach dem Partizipationsgrad der Mitarbeiter. Als Partizipation bezeichnet man die „Teilnahme bzw. Teilhabe an Entscheidungen".[119] Rund um diesen recht klar definierten Partizipationsbegriff gibt es insbesondere aus der Führungspraxis zahlreiche weitere Konzepte, die nicht einfach mit partizipativer Führung gleichzusetzen sind, insbesondere im Hinblick auf einschlägige Forschungsergebnisse.

Eines dieser Konzepte ist die *konsultative Führung*, die in der Praxis häufig vorkommt und auch im normativen Entscheidungsmodell (B I und B II) thematisiert wird. Hier werden die Mitarbeiter im Rahmen der Entscheidungsfindung zu Rate gezogen. Typisch ist diese Führungsform vor allem bei der Entscheidungsvorbereitung sowie bei Problemen in der Umsetzungsphase. Schließlich ist konsultative Führung typisch für die Führung durch den nächsthöheren Vorgesetzten sowie für die Zusammenarbeit zwischen Linie und Stab.[120]

Ein weiteres Konzept dieser Art ist *kooperative Führung*. Sie verknüpft die starke Einbeziehung der Geführten in Entscheidungsprozesse mit einer ausgeprägten Beziehungsgestaltung im Sinne von Mitarbeiterorientierung bzw. individueller Wertschätzung. Diese

---

[117] Field/House 1990; Böhnisch 1991; Reber/Jago/Auer-Rizzi/Szabo 2000
[118] Neuberger 2002, S. 508
[119] Wagner 2004, S. 117
[120] Wunderer 2003, S. 214ff.

Führungspraxis trägt sowohl geänderten Werthaltungen Rechnung (Mitbestimmung, Eigenverantwortung der Mitarbeiter) als auch dem Umstand, dass das Bewältigen komplexer Aufgaben im Team ständiges Lernen und Weiterentwickeln erforderlich macht und durch ein kooperatives Miteinander besser zu bewerkstelligen ist.

Schließlich haben sich in den letzten Jahren verstärkt *delegative Führungsmodelle* durchgesetzt (z.B. Profit-Center- oder Cost-Center-Konzepte). Dabei geht es um die Übertragung von Aufgaben, Kompetenzen und Verantwortung vom Vorgesetzten auf die Mitarbeiter, die somit bei Entscheidungen und Arbeitsausführung weitgehend autonom und auf sich gestellt sind. Die für den kooperativen Führungsstil charakteristische Gemeinsamkeit der Entscheidungsfindung zwischen Vorgesetzem und Mitarbeitern und teilweise auch Zusammenarbeit bei der Umsetzung im Team sind dabei weniger deutlich ausgeprägt. Auch die Beziehungsebene ist hier weniger wichtig als bei der kooperativen Führung. Für einen erfolgreichen Einsatz delegativer Führung muss seitens der Geführten ausreichende Selbstkontrolle und Sachkompetenz vorliegen.

Konsultative, kooperative und delegative Führung unterscheiden sich also inhaltlich teilweise deutlich von partizipativer Führung, die sich nur auf das erhöhte Ausmaß der Einbeziehung der Mitarbeiter in die Entscheidungsprozesse bezieht. Diese Unterscheidung ist insbesondere bei der Betrachtung einschlägiger Forschungsergebnisse wichtig, da hier zumeist nur Partizipation im o.g. engen Sinne behandelt wurde.

Partizipation wird in vielen Studien als Erfolgsfaktor betrachtet. Demnach steigert die Mitarbeiterbeteiligung das Verantwortungsbewusstsein der Beschäftigten gegenüber der Organisation, reduziert Widerstände und verbessert Entscheidungsprozesse. Schließlich erlangte partizipative Führung durch die Forschung zum Thema „High Performance Work Systems" eine neue Bedeutung. Derartige Systeme zeichnen sich u.a. durch sorgfältige Personalauswahl, leistungsabhängige Bezahlung und Mitarbeiterbeteiligung aus.[121] Dabei wird vermutet, dass ein stark dezentralisierter Entscheidungsprozess sich vorteilhaft auf den Erfolg eines Unternehmens auswirkt.

Generell ist die Befundlage zu diesem Thema aber ziemlich widersprüchlich, selbst nach vierzig Jahren Forschung.[122] Bisher liegen eine ältere und eine jüngere Metaanalyse vor. Die ältere Metaanalyse zog als Erfolgsindikatoren Mitarbeiterzufriedenheit und Produktivität (z.B. Zusammenhang zwischen dem Partizipationsgrad bei der Zieldefinition und der Zielerreichung) heran, die sowohl in Laborexperimenten als auch in Feldstudien gemessen wurden.

Der Partizipationsgrad hatte hier sowohl einen Effekt auf die Zufriedenheit als auch auf die Produktivität, wobei der Effekt auf die Zufriedenheit stärker war (korrigierte Korrelation .34) als auf die Produktivität (.15). Diese Effekte wurden allerdings stark von zahlreichen Moderatorvariablen beeinflusst. Beispielsweise zeigte sich, dass ein partizipatives Gesamtklima bzw. die subjektive Wahrnehmung partizipativer Führung für die Zufriedenheit wichtiger ist als die tatsächliche Einbeziehung in konkrete Entscheidungen. Weiters hatte das Ausmaß der Partizipation bei der Zielformulierung nur einen relativ schwachen positiven Einfluss auf die Zielerreichung.[123]

---

[121] Arthur (1994)
[122] Yukl 2006, S. 88
[123] Miller/Monge 1986

In einer neueren Metaanalyse, die eine umfangreiche Palette an unternehmensbezogenen Erfolgsindikatoren zum Partizipationsgrad in Beziehung setzte, konnte praktisch kein Zusammenhang ermittelt werden (korrigierte Korrelation .07).[124] Das ist u.a. damit zu erklären, dass bei der älteren Metaanalyse auch zahlreiche Laborexperimente einbezogen wurden und die analysierten Beziehungen zwischen Führung und Produktivität dort unmittelbarer sind als bei Führung und Unternehmenserfolg: Es ist leichter, durch Führung die Anzahl der durch die Probanden gefertigten Puzzles zu beeinflussen als den durch die Abteilung erwirtschafteten Umsatz. Die Gesamtconclusio lautet somit: Mitarbeiterpartizipation scheint sich vor allem über das Klima und die Kultur einer Organisation positiv auf die Zufriedenheit auszuwirken. Bezüglich leistungsbezogener Indikatoren ist hingegen Skepsis angebracht.

---

[124] Gmür/Schwerdt 2006

8. Situative Eigenschaftstheorien der Führung: die Kontingenztheorie

Sowohl universelle als auch situative Verhaltenstheorien der Führung gehen implizit davon aus, dass Führungskräfte lernfähig sind, dass also durch Training und Ausbildung das Führungsverhalten verändert und verbessert werden kann. Universelle Eigenschaftstheorien postulieren im Gegensatz dazu einen bestimmten Persönlichkeitstypus, der in allen Führungssituationen erfolgreich ist. Eine mögliche Veränderbarkeit des Führungsverhaltens wird unter Berufung auf die Stabilität von Persönlichkeitsmerkmalen ausgeblendet bzw. weitgehend verneint.

Situative Eigenschaftstheorien der Führung gehen in dieser Hinsicht mit den universellen Eigenschaftstheorien konform und verneinen die Möglichkeit der Verhaltensveränderung ebenfalls mehr oder weniger dezidiert. Demnach gilt es nicht, das Verhalten von Führenden zu verändern, sondern die richtige Führungskraft auf die richtige Position zu setzen. Im Unterschied zu universellen Eigenschaftstheorien gehen situative Eigenschaftstheorien jedoch davon aus, dass es keine universell „guten" bzw. „schlechten" Führungskräfte gibt. Vielmehr sind Führungskräfte – je nach ihren Eigenschaften – in manchen Situationen effizient und in anderen ineffizient.

Hier hat vor allem eine Theorie in der Literatur Bedeutung erlangt: die *Kontingenztheorie der Führung*, die auf Fiedler zurückgeht.[125] Er zieht auf Basis seiner Untersuchungen die Schlussfolgerung, „dass es bedeutungslos ist, von einem effektiven oder einem nicht-effektiven Führer zu sprechen; wir können von einem Führer nur sagen, dass er in der einen Situation effektiv ist, aber nicht-effektiv in einer anderen."[126] Deshalb bezeichnet er seinen Ansatz auch als Kontingenzmodell: der Begriff der Kontingenz („Contingency") bringt hier die Bedingtheit bzw. Abhängigkeit des Führungserfolges von bestimmten Situationen oder Ereignissen zum Ausdruck.

Die Theorie basiert auf der Annahme, dass die Persönlichkeit eines Menschen und damit auch sein Führungsstil nicht in wenigen Trainingswochen oder -tagen verändert werden kann. Darüber hinaus wird explizit die Möglichkeit verneint, dass sich Führungskräfte an verschiedene Situationen flexibel anpassen können.[127] Diese Sichtweise hängt mit Fiedlers Begriffsverständnis von Führungsstil zusammen. Er definiert Führungsstil als „die zugrunde liegende Bedürfnisstruktur des Individuums, die sein Verhalten in den verschiedenen Führungssituationen motiviert."[128] Im Gegensatz zum üblichen Sprachgebrauch beschreibt dieser Führungsstilbegriff also ein stabiles Persönlichkeitsmerkmal, das dem konkret situationsbezogenen Führungsverhalten als strukturelle Konstante zu Grunde liegt.

Fiedler versucht den Führungsstil einer Person mittels des sogenannten *LPC-Wertes* zu ermitteln (LPC = „least preferred coworker"). Die Probanden sollen dabei jenen Mitarbeiter beschreiben, mit dem sie in der Vergangenheit oder in der Gegenwart am wenigsten gerne zusammengearbeitet haben bzw. zusammenarbeiten. Die Beschreibung dieses „unbeliebtesten" Mitarbeiters geschieht mit Hilfe einer 18 bipolare Adjektive umfassenden Skala in der Form eines semantischen Differentials (siehe Abbildung 13).

---

[125] Fiedler 1995
[126] Fiedler 1967, S. 261
[127] Fiedler 1967, S. 254
[128] Fiedler 1967, S. 36

angenehm	8	7	6	5	4	3	2	1	unangenehm
freundlich	8	7	6	5	4	3	2	1	unfreundlich
zurückweisend	1	2	3	4	5	6	7	8	entgegenkommend
gespannt	1	2	3	4	5	6	7	8	entspannt
distanziert	1	2	3	4	5	6	7	8	persönlich
kalt	1	2	3	4	5	6	7	8	warm
unterstützend	8	7	6	5	4	3	2	1	feindselig
langweilig	1	2	3	4	5	6	7	8	interessant
streitsüchtig	1	2	3	4	5	6	7	8	ausgleichend
verdrießlich	1	2	3	4	5	6	7	8	heiter
offen	8	7	6	5	4	3	2	1	verschlossen
verleumderisch	1	2	3	4	5	6	7	8	loyal
unzuverlässig	1	2	3	4	5	6	7	8	zuverlässig
rücksichtsvoll	8	7	6	5	4	3	2	1	rücksichtslos
widerlich	1	2	3	4	5	6	7	8	nett
unaufrichtig	1	2	3	4	5	6	7	8	aufrichtig
gefällig	8	7	6	5	4	3	2	1	nicht gefällig
akzeptabel	8	7	6	5	4	3	2	1	nicht akzeptabel

Abb. 13: LPC-Skala nach Fiedler[129]

Das Addieren der Werte für die einzelnen Adjektive ergibt den LPC-Wert des Führenden. Fiedler geht davon aus, dass ein Vorgesetzter, der einen weniger geschätzten Mitarbeiter relativ positiv sieht (also einen hohen LPC-Wert hat) eher *beziehungsmotiviert* ist, während ein Vorgesetzter, der den am wenigsten geschätzten Mitarbeiter eher negativ sieht (niedriger LPC-Wert), stärker *aufgabenmotiviert* ist.[130]

Führende mit hohem LPC-Wert streben der Theorie zufolge danach, durch gute interpersonale Beziehungen Anerkennung und Achtung der Mitarbeiter zu erlangen. Diese Vorgesetzten tendieren in ihrem Verhalten zur Rücksichtnahme und Toleranz gegenüber ihren Untergebenen, daher ist ihr LPC-Wert entsprechend hoch. Vorgesetzte mit niedrigem LPC-Wert sind dagegen eher aufgabenmotiviert. Sie erlangen durch erfolgreiche Aufgabenerfüllung Selbstachtung und Bedürfnisbefriedigung. Die interpersonalen Beziehungen interessieren sie weniger. Daher sind sie gegenüber weniger positiv eingeschätzten Mitarbeitern entsprechend intoleranter, was sich in einem niedrigen LPC-Wert dokumentiert.

Zur Beschreibung der Führungssituation zieht Fiedler folgende drei Aspekte bzw. Variablen heran (jeweils in zwei Ausprägungen), die sich darauf beziehen, ob der Führende genügend Macht und Einfluss gegenüber den Mitarbeitern besitzt: 1. *Positionsmacht*

---

[129] Fiedler/Chemers/Maher 1979, S. 16
[130] Fiedler/Chemers/Mahar 1979, S. 17

(stark/schwach), 2. *Strukturierung der Aufgabe* (hoch/niedrig), 3. *Führer-Mitarbeiter-Beziehung* (gut/schlecht).

Positionsmacht bezieht sich auf die Möglichkeit des Führenden, die Geführten „kraft seines Amtes" zu beeinflussen. Höhere Positionsmacht erleichtert dem Führenden der Theorie zufolge die Beeinflussung, da sie z.B. Möglichkeiten der Belohnung und Bestrafung inkludiert. Zur Beurteilung der Positionsmacht dienen etwa folgende Fragen: „Kann die Führungskraft nach eigenem Ermessen Mitglieder belohnen oder bestrafen?"; „Kann die Führungskraft die Arbeit jedes Mitgliedes beaufsichtigen, bewerten und korrigieren?"

Auch die *Aufgabenstruktur* hat einen maßgeblichen Einfluss darauf, wie gut der Vorgesetzte seine Interessen durchsetzen kann. Fiedler operationalisiert die Aufgabenstruktur anhand von vier Aspekten: 1. Nachweis der sachlichen Richtigkeit der Entscheidung, 2. Zielklarheit, 3. Vielfalt der Lösungswege, 4. Anzahl der richtigen Lösungen. Die Situation ist für den Führenden dabei umso günstiger, je klarer das Ziel den einzelnen Gruppenmitgliedern vorgegeben werden kann, je weniger Wege zur Zielerreichung zur Verfügung stehen, und je geringer die Anzahl der richtigen Lösungsvarianten ist bzw. je einfacher deren Richtigkeit nachweisbar ist.

Während diese ersten beiden Situationsvariablen weitgehend durch strukturelle Faktoren bestimmt sind (Hierarchie und Art der Tätigkeit), ist die Führer-Mitarbeiter-Beziehung stark von der Persönlichkeit des Führenden abhängig. Hier spielen seine Beziehungen zur Gruppe, das ihm entgegengebrachte Vertrauen sowie seine Anerkennung und Unterstützung durch die Gruppenmitglieder eine Rolle. Die Führer-Mitarbeiter-Beziehung ist nach Fiedler insofern die wichtigste Einflussgröße, als Respekt und Vertrauen seitens der Gruppe auch nachteilige Situationsmerkmale wie geringe Positionsmacht oder schlechte Aufgabenstrukturierung ausgleichen können.

Die Dichotomisierung der drei Situationsdimensionen und die Kombination aller drei Variablen ergeben acht Situationstypen, d.h. es wird jeweils zwischen guten und schlechten Führer-Mitarbeiter-Beziehungen, strukturierten und unstrukturierten Aufgaben sowie starker bzw. schwacher Positionsmacht unterschieden. Die abhängige Variable des Modells (Effektivität des Vorgesetzten bzw. Leistung der Gruppe) wird ausschließlich durch Outputgrößen wie z.B. die Produktivität der Gruppe bestimmt. Fiedler klassifizierte insgesamt 63 Studien nach der jeweiligen situativen Günstigkeit und errechnete dann für jede Ausgangssituation eine Mediankorrelation zwischen Effektivität und LPC-Wert des Vorgesetzten (Abbildung 14).

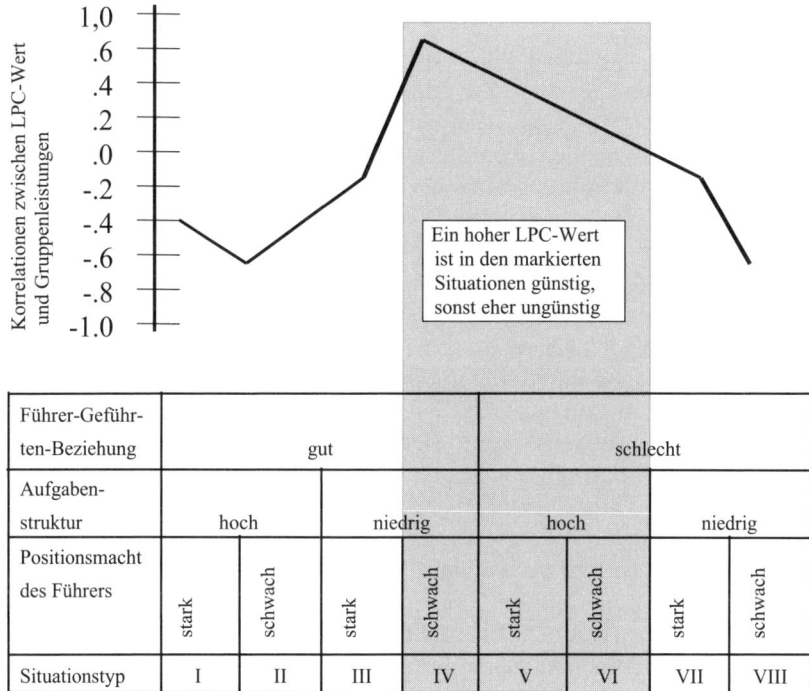

Abb. 14: Zusammenhang zwischen LPC-Wert und Führungserfolg[131]

Aus den Ergebnissen ist ersichtlich, dass aufgabenorientierte Führungskräfte in besonders günstigen Situationen (I, II, III) oder besonders ungünstigen Situationen (VII, VIII) am erfolgreichsten sind. Liegt also z.B. eine gute Führer-Mitarbeiter-Beziehung, eine hohe Strukturierung der Aufgabe und eine große Machtfülle der Führungsposition vor, dann ist eine aufgabenorientierte Führungskraft am besten geeignet. Hier kann sich die Führungskraft voll auf die Aufgabe konzentrieren und die Beziehungsarbeit vernachlässigen, ohne Widerstand seitens der Gruppe befürchten zu müssen. In sehr ungünstigen Situationen hingegen bleibt sozusagen gar kein Raum für Beziehungsorientierung. Hier hat der Vorgesetzte keine andere Wahl, als aufgabenorientiert zu führen.

In Situationen mit mittlerem Günstigkeitsgrad (IV, V, VI) sind wiederum beziehungsorientierte Führungskräfte erfolgreicher. Mittelgünstige Situationen sind dadurch geprägt, dass zwar die Aufgabe strukturiert, der Führende jedoch unbeliebt ist, oder umgekehrt die beliebte Führungskraft eine unstrukturierte Aufgabe zu bewältigen hat. Hier fungiert die Mitarbeiterorientierung als Kompensation für die Unsicherheit bezüglich der Aufgabe bzw. das mangelnde Ansehen der Führungsperson bei der Gruppe. Kurz gesagt ist also dem Modell zufolge in besonders ungünstigen oder aber in besonders günstigen Situationen eine aufgabenorientierte Führungskraft wünschenswert. In Situationen mittlerer

---

[131] Vereinfachte Darstellung nach Fiedler 1967, S. 146

Günstigkeit können dagegen mitarbeiterorientierte Führungskräfte ihre Stärken ausspielen.

Bewertung: Fiedlers Modell wurde von den wichtigsten breit angelegten Überprüfungsstudien weitgehend bestätigt. Zumindest unterstützt ein beachtlicher Teil der neueren empirischen Daten zentrale Aussagen dieser Führungstheorie.[132] Gegenüber dem Konzept werden daher vor allem inhaltliche Kritikpunkte vorgebracht:[133] Die Situationsvariablen beschreiben die Führungssituation nur unvollständig. Persönliche Merkmale der Geführten bleiben beispielsweise völlig außer Acht. Die Dichotomisierung (günstig/ungünstig) der Situationsvariablen gibt die Realität zu stark vereinfacht wieder. Ebenso wird beanstandet, dass die Messung der Führer-Mitarbeiter-Beziehung konzeptionell nicht ausreichend begründet wird. Weiters hat der Führungsstil, der durch den LPC-Wert ermittelt wird, nur eindimensionalen Charakter. Eine Führungskraft kann demnach entweder beziehungs- oder aufgabenorientiert führen, aber nicht beides zugleich. Die Ohio-State-Studien gelangen aber zum Ergebnis, dass eine Führungskraft gleichzeitig auf beiden Dimensionen hohe Werte aufweisen kann (siehe Kapitel Kapital 6.2). Darüber hinaus wird generell bezweifelt, ob der Führungsstil einer Person anhand des LPC-Wertes ermittelt werden kann. Der LPC-Wert scheint mehr eine Einstellungs- als eine Verhaltensvariable abzubilden. Trotz dieser Kritik kommt Fiedler das Verdienst zu, erstmals mehrere situative Variablen in einem empirisch überprüfbaren Führungsmodell berücksichtigt zu haben, das auch mit der Empirie weitgehend in Einklang steht.

Die Darstellung der situativen Eigenschaftstheorien bzw. von Fiedlers Kontingenztheorie beschließt den Abschnitt über Führungserfolgsmodelle. Wie sich gezeigt hat, sind diese Modelle bezüglich ihrer Annahmen, zentralen Variablen und auch Ergebnisse sehr unterschiedlich, wenn auch jeweils zumindest teilweise durchaus empirisch fundiert. Das „optimale" Führungsmodell, das alles kann, gibt es nicht. Jede Führungstheorie hat ihre Stärken, ihren Erklärungswert und ihren Praxisnutzen, aber ebenso ihre Schwächen, ihre blinden Flecken und ihre oft vereinfachenden Grundannahmen.

Das folgende Abschlusskapitel greift das Thema von Vor- und Nachteilen verschiedener Führungsansätze nochmals aus einer gesellschaftspolitischen Perspektive auf und verortet gleichzeitig die wichtigsten in der Forschung identifizierten Ausprägungen von Führung unter diesem Aspekt. Ebenfalls wieder aufgegriffen wird der bereits zu Beginn des Beitrags thematisierte kritische Blick auf das Phänomen Führung.

---

[132] Peters/Hartke/Pohlmann 1985; Schriesheim/Tepper/Tetrault 1994; Ayman/Chemers/Fiedler 1995
[133] Kossbiel 1990

9. Führung in offenen und geschlossenen Organisationen

Ein Fünftel der Österreicher (21 %) kann sich sehr (5 %) oder ziemlich gut (16 %) vorstellen, „einen starken Führer zu haben, der sich nicht um ein Parlament und um Wahlen kümmern muss."[134] Darin artikuliert sich eine Sehnsucht nach starker und autoritärer Führung, nach einer Person, die mit „eiserner Hand" regiert und so bestimmte Probleme, Konflikte und Ungerechtigkeiten aus der Welt schafft. Gleichzeitig bevorzugen allerdings über 88 % der Befragten die Demokratie als Regierungsform. Wie lässt sich dieser Wunsch nach konträren gesellschaftlichen Werten erklären?

Der Abschluss dieses Beitrags nähert sich dieser Frage unter Bezug auf Karl Poppers „Die offene Gesellschaft und ihre Feinde"[135]. Die *offene Gesellschaft* steht in der Tradition des Liberalismus und soll die größtmögliche Freiheit für jedes Individuum ermöglichen. Der offenen Gesellschaft steht insbesondere die totalitäre, am kollektivistischen Denken ausgerichtete *geschlossene Gesellschaft* gegenüber, die Popper auch ironisch den „Himmel auf Erden" nennt, weil sie immer wieder als solcher propagiert wird.

In Anlehnung an dieses Gesellschaftskonzept kann auch zwischen einer offenen und geschlossenen Organisation unterschieden werden, die anhand von drei Dimensionen differenzierbar sind.[136]

1. Im Rahmen der *anthropologischen* Dimension geht es um die Frage, welchen Grad an Freiheit und Selbstbestimmtheit der Mensch hat: Steht er seiner Welt als Objekt im Sinne eines passiven Opfers gegenüber, oder als aktives Subjekt, das durch sein Handeln gestalten und weitestgehend frei agieren kann? Im geschlossenen Modell fühlt sich der Mensch als bloßes Vollzugsorgan unveränderlicher Gesetzmäßigkeiten („*Determinismus*"). Im offenen Modell wird hingegen der Freiheitsgedanke betont („*Voluntarismus*") und davon ausgegangen, dass die Realität im Prinzip veränderbar ist. Die deterministische Position schränkt die individuelle Freiheit ein, bietet aber Stabilität, Sicherheit und Vorhersagbarkeit. Die voluntaristische Position betont hingegen die Möglichkeiten zur Initiative und Gestaltung, was wiederum mit Unsicherheit und unvorhersehbarem Wandel erkauft wird.

2. Bei der *sozialen* Dimension geht es um die Frage, ob das Individuum oder das Kollektiv im Vordergrund stehen soll. Wird Meinungsvielfalt zugelassen („*Pluralität*"), oder zugunsten von „*Harmonie*" und „*Homogenität*" zurückgestellt? Ein weiterer zentraler Aspekt betrifft den Umgang mit Unterschieden: soll es für alle Mitglieder möglichst gleiche Chancen und Perspektiven geben, oder werden – legitimiert durch die Annahme der Ungleichheit und Ungleichwertigkeit zwischen den Menschen – Hierarchien und Eliten gefördert? Schließlich geht es um die Bedeutung von Individuum versus Kollektiv. In der geschlossenen Organisation ist das Individuum nicht Zweck per se, sondern letztlich bloß Mittel zur Aufrechterhaltung des Kollektivs. In der offenen Organisation stehen die Interessen des Individuums im Vordergrund. Der einzelne Mensch ist der eigentliche Letztzweck aller Bemühungen.

---

[134] Friesl/Hofer/Wieser 2009
[135] Popper 1989
[136] Gebert/Boerner 1995, S. 21ff.

3. Die *erkenntnistheoretische* Dimension bezieht sich auf die Zuverlässigkeit menschlicher Erkenntnis. Hier geht es um die Frage, ob unser Wissen, Denken und Handeln potenziell irrtumsbehaftet ist und nur von vorläufiger Natur sein kann, was zur Toleranz gegenüber abweichenden Meinungen beiträgt, oder aber als irrtumsfrei und endgültig anzusehen ist, was Stabilität, Orientierung und Sinn vermittelt. Abbildung 15 gibt diese drei Grundannahmen und Wertemuster der geschlossenen und der offenen Organisation wieder.

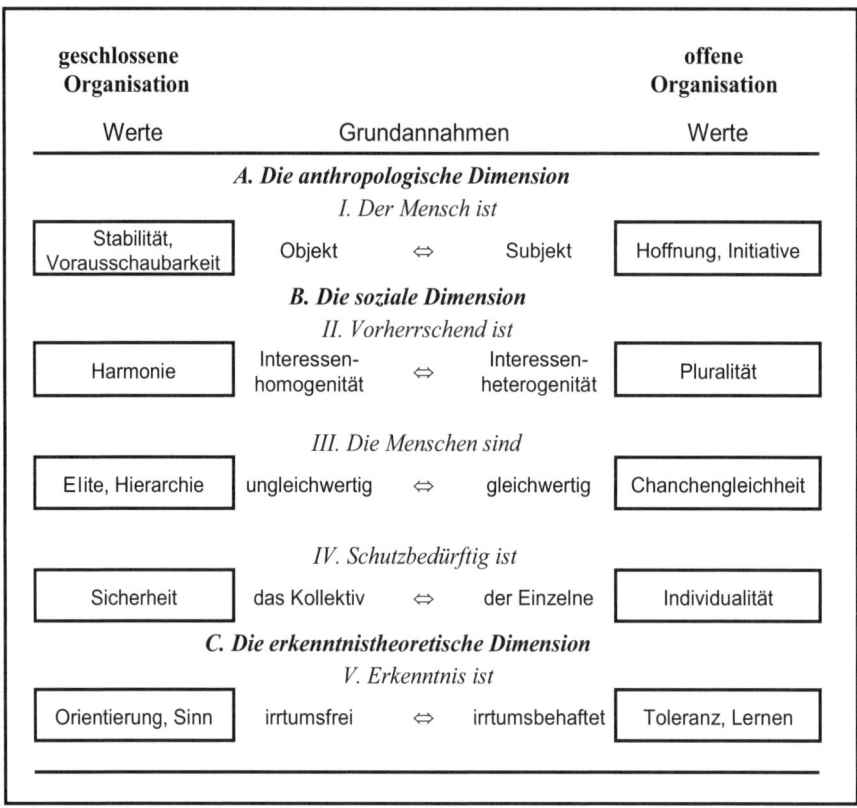

Abb. 15: Grundannahmen und Werte der geschlossenen bzw. offenen Organisation[137]

Die in den vorangegangenen Kapiteln behandelten Erfolgsmodelle bzw. Führungsdimensionen lassen sich bezüglich ihrer Werte und Grundannahmen in dieser Dualität verorten. Der *geschlossenen* Organisation sind folgende Führungsmodelle und -dimensionen zuzuordnen:

- *Universelle Eigenschaftstheorien* bejahen ihrem Grundverständnis nach die Existenz von Eliten. Implizit wird die Ansicht vertreten, dass Menschen ungleichwertig sind und sich im Hinblick auf wünschenswerte Eigenschaften unterscheiden. Durch geeig-

---

[137] Gebert/Boerner/Lahnwehr 2001, S. 206

nete Auswahlverfahren sind die Besten zu bestimmen, denen die Führungsrollen zukommen. Eliten legitimieren damit auch gleichzeitig die Existenz von Hierarchien.

- *Autoritäre, direktive* Führung und *Aufgabenorientierung* im Sinne von „Befehls-Gehorsam-Management" stehen für Stabilität und Vorhersehbarkeit. Einer gibt den Ton an, sagt was, wo, wie und wann zu tun ist, die anderen führen aus. Dialogische Formen der Auseinandersetzung über Ziele und Inhalte finden kaum statt. Menschen sind somit eher Objekte als Subjekte, die (für das Gemeinwohl?) den Willen weniger zu realisieren haben.

- *Charisma, inspirierende Motivation* vermitteln Sinn und Orientierung, womit gleichzeitig Irrtumsfreiheit suggeriert wird. Der Führende fungiert als Wegweiser, er wird zum „Guru", der mittels seiner Visionen einen eindeutigen Brennpunkt schafft. Geführte werden mehr oder weniger zu akklamierenden „Jüngern" oder „Schülern" degradiert. Vorteile sind Stabilität, Vorhersehbarkeit und das Aufgehen in einer Bewegung, die Harmonie, Sicherheit und Zuverlässigkeit sowie Sinn vermittelt. Nachteile sind Rigidität, Erstarrung und Gleichschaltung, Dogmatik und Ideologiehörigkeit.

Der offenen Organisation sind folgende Führungsmodelle und -dimensionen zuzuordnen:

- *Mitarbeiterorientierung, individuelle Wertschätzung* und *unterstützende* Führung sind ihrem Grundverständnis nach der Toleranz und dem Lernen sowie der Chancengleichheit verpflichtet. Die Förderung der Entwicklungspotenziale aller Mitarbeiter steht dabei im Vordergrund, und es wird unterstellt, dass Menschen prinzipiell gleichwertig sind. Leistungsunterschiede werden toleriert bzw. im Kontext ihres Entstehens gesehen (etwa durch unterschiedlich günstige Lernerfahrungen).

- *Partizipative, kooperative* und *delegative* Formen der Führung fußen ihrem Grundverständnis nach auf der Pluralitätsannahme. Interessensheterogenität wird weitgehend anerkannt und die Einbeziehung möglichst vieler im Entscheidungs- und Willensbildungsprozess gefördert. Sowohl Vorgesetzte als auch Mitarbeiter werden als kompetente Wissensquellen respektiert, mit dem Ziel, eine Vielfalt an unterschiedlichen Denk- und Handlungsmustern zu garantieren.

- *Bedingte Verstärkung* und *leistungsorientierte* Führung betonen vor allem Eigenverantwortung und Initiative. Der Mensch als autonomes Subjekt wird für seine Leistungsbeiträge entsprechend belohnt und gefördert. Die Führungskraft versteht sich als Partner und Mentor. Die Geführten sollen ein hohes Ausmaß an Situationskontrolle und Gestaltungsfreiheit empfinden und die Chance haben, ihren Weg bei der Aufgabenbewältigung eigenständig zu wählen.

Die Verknüpfung der Dualität der offenen und geschlossenen Organisation mit den jeweils zuzurechnenden Führungsstilen macht somit deutlich, dass es die ideale Führung nicht gibt, sondern mit jeder Organisations- und Führungsform gewisse Vor- und Nachteile verbunden sind, die in der folgenden Tabelle noch einmal kurz zusammengefasst werden.

Geschlossene Organisation Führung: autoritär, charismatisch, elitär, direktiv-aufgabenorientiert		Offene Organisation Führung: partizipativ, leistungsorientiert, entwicklungsfördernd-mitarbeiterorientiert	
+	–	+	–
Stabilität, Vorhersehbarkeit, Aufgehen in einer Bewegung	Rigidität, Erstarrung, Gleichschaltung	Hoffnung, Initiative, Flexibilität, Aufklärung, Bildung	Instabilität, Chaos, Konturenlosigkeit, Anspruchsinflation
Harmonie, Bestätigung, Vertrauen	Stillstand, Infantilisierung, Manipulierbarkeit	Pluralität, Entwicklungspoten-zial, schöpferische Spannung	Streit/abnehmendes Konsenspotenzial, Transaktionskosten, Misstrauen
Differenzierung, Anerkennung von Eliten	Diskriminierung	Chancengleichheit, Gleichbehandlung	Nivellierung
Äußere Sicherheit, Zuverlässigkeit	Zwang, Einengung	Individualität, Autonomie	Egoismus, Unkoordiniertheit, Einsamkeit, Anarchie
Eindeutigkeit, Gewissheit, Sinn	Dogmatik, Ideologie	Kritische Rationalität, Toleranz, Lernfähigkeit	Beliebigkeit, Orientierungslosig-keit

Tabelle 10: Vorteile und Nachteile der geschlossenen bzw. offenen Organisation[138]

Je spürbarer die Nachteile einer der beiden Formen werden, umso verlockender erscheint die andere Form. So ist im Sinne von Karl Popper der größte Feind der offenen Gesellschaft die Attraktivität der geschlossenen Gesellschaft, weil sie – nicht zu Unrecht – mehr Sinn, Harmonie, Orientierung, Stabilität und Zuverlässigkeit verspricht. Allerdings stehen diese Vorteile in einem gefährlichen Naheverhältnis zu Dogmatik, Ideologiehörigkeit, Still-stand und Infantilisierung. Schließlich birgt das Aufgehen in einem Kollektiv ein bedenk-liches Potenzial der Entpersönlichung. Diese negativen Folgeerscheinungen werden gerne ausgeblendet, wenn die Sehnsucht aufkommt, sich all der Nachteile offener Organisati-onen und Führungsformen zu entledigen: Instabilität, Egoismus, Nivellierung, Beliebig-keit, lähmende Interessenkonflikte usw.

Das spricht abschließend einen bisher kaum erörterten und auch in den einschlägigen Definitionen ausgeblendeten Aspekt von Führung an: Führung ist nicht nur ein Mittel zur Zielerreichung, sondern drückt auch Werte des sozialen Miteinanders und Werteverhält-

---

[138] Gebert/Boerner/Lanwehr 2001, S. 208

nisse zwischen Führenden und Geführten aus. In gewissem Sinn ist Führung ein Null-summenspiel: je mehr Freiheiten dem/den Führenden bei der Ausübung ihrer Führungs-funktion zugestanden werden, umso weniger Rücksicht wird auf etwaige abweichende Interessen der Geführten genommen. Somit geht es nicht nur um die Frage, welche Füh-rungsform effizienter oder effektiver ist. Selbst wenn mit direktiv-autoritärer Aufgaben-orientierung oder monologisch-verschleierndem Charisma manche Ziele besser erreicht werden können, geht damit die Beschneidung der Freiheit der überwiegenden Mehrheit zugunsten einer noch weiter reichenden Freiheit einer kleinen Führungselite einher.

Abschließend soll an dieser Stelle festgehalten werden, dass die behandelten Konzepte (sowohl die Erfolgsmodelle der Führung als auch offene versus geschlossene Organisa-tion) vereinfachte „Idealtypen" abbilden. Komplexe Zusammenhänge werden mittels ei-niger weniger Variablen und oft bloß dichotomer Kategorisierungen dargestellt. Das er-leichtert zwar die Orientierung und macht strukturierte empirische Forschung erst mög-lich; allerdings muss der Anspruch fallen gelassen werden, damit die Wirklichkeit in all ihren Facetten adäquat abzubilden. Kritisch stellt etwa Müri dazu fest: „Erklärungsmo-delle können helfen, komplexes Verhalten besser zu verstehen. Sie können aber auch die Wahrnehmung der Eigenart der jeweiligen Lage verhindern. Die bisherigen Führungs-theorien haben dazu verleitet, eher in Stereotypen zu denken, statt dass sie geholfen haben, für Führungsprozesse zu sensibilisieren."[139]

Bei jeder Begegnung mit Erkenntnissen zum Thema Führung sollte somit stets mit-bedacht werden, dass jegliche Art von „Führungswissen" vom Erkenntnisanspruch her beschränkt ist. Wahrscheinlich noch wichtiger ist es aber, bei Begegnungen mit Führung aufmerksam im Auge zu behalten, auf welchen Prämissen sie beruht und welche Interessen mit ihr verfolgt werden.

---

[139] Müri 1984, S. 29

Motivation und Arbeitsverhalten

Wolfgang Mayrhofer

Inhalt

Barbara (20 Jahre alt) hat an ihrem neuen Studienort in Berlin schnell eine Wohnung gefunden. Allerdings ist da noch allerhand zu tun. Einiges kann sie selbst oder gemeinsam mit ihren Freundinnen machen. Für anderes aber – einen neuen Boden legen, die Elektrik erneuern – will sie den in Wien lebenden Papa motivieren. Gesagt, getan. Zunächst wird eine Postkarte „an den besten Papa von allen" adressiert und ein Telefonanruf angekündigt. Das Telefonat findet dann ein paar Tage später statt. Barbara weist eloquent darauf hin, dass sie Boden und Leitungen alleine eigentlich nicht verlegen kann, dass die Renovierung doch eine gute Gelegenheit für einen Berlin-Besuch wäre und dass „der beste Papa von allen" doch so ein guter Handwerker wäre, für den das alles doch „ein Lapperl"[1] sei. Als Papa auf seine vielfältigen Verpflichtungen in der Arbeit und die derzeit hohe Belastung hinweist, stellt Barbara die Vorzüge von Köpenick als einem besonders angenehmen Ortsteil von Berlin und die schöne gemeinsame Zeit („Paps, gemeinsam arbeiten ist ur-super[2]!") heraus. Schließlich willigt der Vater ein und ein Termin für ein paar familieninterne Handwerkertage wird fixiert.

1. Einführung und Grundbegriffe

Wer war in dem einführenden Beispiel motiviert: der Papa oder Barbara oder gar beide? Hat Barbara ihren Vater motiviert oder umgekehrt? War das Motivation oder ein besonders raffinierter Trick der Tochter, ihre Ziele zu erreichen? Kann jemand überhaupt motiviert werden? Ist Motivation etwas Ähnliches, gar das Gleiche wie Überzeugung, Überredung, Manipulation?

Ausgehend von diesen Gedanken möchte ich in einem ersten Schritt zunächst einige begriffliche Klärungen vornehmen und die Begriffe Motivation, Motiv und motivieren näher beleuchten sowie die Bedeutsamkeit der Beschäftigung mit Motivation für die betriebliche Praxis aufzeigen (Kapitel 1). Anschließend möchte ich ein allgemeines Modell der Motivation vorstellen und die wichtigsten Dimensionen aufzeigen, die im Rahmen motivationaler Überlegungen von Bedeutung sind (Kapitel 2). In einem dritten Schritt werden unter Bezugnahme auf das Grundmodell von Motivation und Arbeitsleistung verschiedene Überlegungen zur Erklärung menschlichen Verhaltens („Motivationstheorien") vorgestellt und bewertet (Kapitel 3). In einem abschließenden Schritt werden die einzelnen Faktoren zu einem integrierten Modell zusammengefasst (Kapitel 4).

1.1 Motivation, Motive, motivieren

Überlegungen rund um Motivation sollen eine (Teil-)Antwort auf das „Warum" menschlichen Verhaltens liefern. Dabei stehen meist zwei Bereiche im Vordergrund: Erstens die Beibehaltung einer bestehenden oder der Wechsel zu einer neuen Verhaltensrichtung oder -qualität und zweitens die Verstärkung bzw. Intensivierung von Verhalten.

---

[1] Lapperl, das: österreichisch für eine leichte Aufgabe, eine Lappalie; hilfreich für Ähnliches: www.ostarrichi.org

[2] In Österreich vor allem im Osten verbreitet verstärkt „Ur" die Bedeutung des Wortes im unmittelbaren Kontext, also z.B. ur-fad, ur-geil o.Ä.

Das Erleben und die Aktivität von Menschen setzt sich aus vielen Komponenten zusammen: Gefühle, Handlungen, Gedanken, unbewusste Impulse, automatisierte Reaktionen usw. Motivation ist der Teil aus diesem Bündel von Erlebens- und Aktivitätselementen, der sich auf Form, Richtung, Intensität und Dauer des Verhaltens bezieht.[3] Fragt man sich also beispielsweise nach der Motivation von Personen[4] für die Teilnahme an einem Weiterbildungsseminar zu Personalverrechnung, so heißt das eigentlich: Was ist es, das Personen veranlasst, ein Seminar und nicht einen web-basierten Kurs zu absolvieren (Form), Personalverrechnung und nicht Coaching als Inhalt zu wählen (Richtung), sich durch Mitarbeit zu beteiligen und das Seminar nicht einfach vorbeirauschen zu lassen (Intensität) und das alles in drei Tagen und nicht in einem eintägigen Kurs zu machen (Dauer).

Motive lassen sich nicht direkt beobachten oder erfassen. Sie sind angenommene Ursachen zur Erklärung individuellen Verhaltens und damit Abstraktionen aus dem Bündel von Erlebens- und Aktivitätskomponenten von Menschen. Ähnlich wie Eigenschaften werden Motive als relativ überdauernd angesehen und zur Erklärung von wiederkehrendem, über eine konkrete Situation hinausgreifendem Verhalten herangezogen. Während Triebe und Bedürfnisse auf die Beseitigung elementarer Mangelzustände (z.B. Hunger, Schlaf) zielen, thematisieren Motive als umfassendere Begriffe das Anstreben bestimmter Ziele.[5]

Menschen sind grundsätzlich motiviert: Auf Grund ihrer inneren Verfassung sind sie bereit, Verhaltensweisen zu zeigen, die sie im Bezug darauf für sinnvoll halten. Menschen zu motivieren erhält dann eine besondere Qualität, wenn sie – wie in der Arbeitswelt die Regel – Verhalten im Hinblick auf ein vorgegebenes Ziel zeigen sollen, das sie so nicht gezeigt hätten: um 7 Uhr früh mit der Arbeit zu beginnen, diese stets sorgfältig zu verrichten usw. Geforderte Verhaltensweisen passen also nicht immer mit der inneren Situation und der vorhandenen Motivation der Betroffenen zusammen. Am eingangs erwähnten Beispiel verdeutlicht: der Papa war hoch motiviert – allerdings nicht zu dem Verhalten, das Barbara gern gesehen hätte. Durch entsprechende Gestaltung der Umweltbedingungen, durch Anreize, Drohungen, Aufzeigen von Chancen usw. kann versucht werden, die bestehende innere Struktur des Einzelnen zu nutzen und die Entstehung von entsprechendem Verhalten zu begünstigen. Je nach Ausformung und Zielsetzung dieser Maßnahmen kann daraus auch Zwang oder Manipulation werden.

---

[3]   Thomae 1965, zit. n. Neuberger 1977, S. 203
[4]   Große I-Lösungen ablehnend und skeptisch gegenüber Schrägstrichkonventionen o.Ä. zur scheinbaren Vermeidung geschlechtsspezifischer Verbalausgrenzungen bevorzuge ich allen ministerialen Anweisungen zum Trotz neben dem Bemühen um eine alle Personen einschließende Schreibweise den in den Augen mancher Wächterinnen und Wächter schreiberischen Wohlverhaltens möglicherweise noch stärker mängelbehafteten generalklauselartigen Hinweis auf den steten Einschluss beider Geschlechter in den „üblichen" unpersönlichen Aufzählungen etc.
[5]   Neuberger 1977, S. 206

1.2 Intrinsische und extrinsische Motivation

Menschen können ihr Verhalten auf innere oder äußere Gründe zurückführen.[6] Liegen die Verhaltensursachen mehr im Inneren des Menschen selbst, so spricht man von intrinsischer Motivation. Diese umfasst z.B. Spaß an der Tätigkeit, Freude an der Leistung, starke persönliche Werthaltungen oder klare eigene Ziele. Die Kraft für das Verhalten kommt aus der Tätigkeit selbst, aus deren Beitrag zur Herstellung eines persönlich als „befriedigend" gesehenen Zustands. Teilweise wird intrinsische Motivation sogar mit sog. „Flow-Erlebnissen" verbunden. Hier kommen Personen in einen Zustand, in dem man in der jeweiligen Tätigkeit „ganz aufgeht", „high" ist, „Raum und Zeit vergisst" o.Ä.

Bei extrinsischer Motivation kommen die angenommenen Ursachen für ein bestimmtes Verhalten dagegen primär aus der Umwelt der Person. Hier ist es nicht das Verhalten selbst, das motiviert, sondern ein äußerer Umstand, z.B. die Bitte einer anderen Person, die Androhung von Disziplinarverfahren bei Nicht-Einhaltung des universitätsinternen „code of conduct", monetäre Belohnungen für das Einreichen von Verbesserungsvorschlägen oder die Aussicht auf einen Top-3-Platz beim unternehmensinternen Ranking der besten Verkäufer.

In der Regel wird von einer Wechselwirkung zwischen intrinsischer und extrinsischer Motivation ausgegangen. Besonders prominent ist der sog. Verdrängungs- oder Crowding-out-Effekt. Wenn ursprünglich bestimmte Verhaltensweisen freiwillig und auf Basis intrinsischer Motivation gezeigt werden, kann die Einführung von äußerlichen Anreizen die intrinsische Motivation zurückdrängen oder gänzlich zerstören. Das beinhaltet auch weitere unbeabsichtigte Effekte („nicht-intendierte Nebenfolgen"), die etwa bei der Einführung von leistungsorientierter Entlohnung besonders gut zu beobachten sind: zu starke oder gar fast ausschließliche Ausrichtung eigener Aktivitäten auf das, was materiell belohnt wird; Reduzierung von Verhalten wie etwa informeller Hilfeleistung, das zwar für das Funktionieren einer Organisation unerlässlich ist, aber nicht unmittelbar belohnt wird; Veränderung der Organisationskultur hin in Richtung auf „Was bekomme ich, wenn ich das tue?"

1.3 Bedeutung von Motivation in der Arbeitswelt

Ein besseres Verständnis von Arbeitsmotivation ist vor allem aus drei Gründen von besonderer Bedeutung:

- Erstens ist es für das Überleben von Organisationen notwendig, dass Menschen in die Organisation eintreten, ihre Mitgliedschaft zumindest über einen gewissen Zeitraum aufrechterhalten, die ihnen übertragenen Aufgaben in einer ungefähr vorhersagbaren Weise ausführen und darüber hinaus auch kreativ, spontan und innovativ handeln. Ein besseres Verständnis motivationaler Prozesse fördert die Wirksamkeit von Gestaltungsmaßnahmen, die auf diese kritischen Punkte abzielen.
- Zweitens klaffen individuelle Interessenlagen und organisationale Zielsetzungen i.d.R. sowohl hinsichtlich des Inhalts als auch des Prozesses der Zielerreichung weit auseinander. Die wenigsten Menschen haben von sich aus Interesse, zu einer bestimm-

---

[6] vgl. dazu etwa Rheinberg 2008, S. 149ff.

ten Zeit auf eine stark vorstrukturierte Art und Weise mit Personen und Rahmenbe-dingungen, die sie sich nicht selbst haben aussuchen können, Ziele zu verfolgen, die allerhöchstens teilweise die ihren sind. Daher ist es notwendig, die Beschäftigten we-nigstens zu einem Mindestmaß für das Erreichen der Unternehmensziele anzuspor-nen/zu motivieren.[7]

- Drittens wird Führungskräften i.d.R. ‚Motivieren der Mitarbeiterinnen und Mitarbei-ter' als eine Kernkompetenz zugeschrieben. Ein besseres Verständnis dessen, was Führungskräfte hinsichtlich der Motivation anderer erreichen – und vor allem: nicht erreichen – können, ist sowohl für alle Beteiligten von Vorteil, da es realistische Maß-nahmen und halbwegs einschätzbare Effekte begünstigt.

Aus diesen Gründen skizziert das nächste Kapitel ein allgemeines Modell der Motivation und ein Rahmengerüst relevanter Faktoren.

2. Grundmodell der Motivation und Arbeitsleistung

Motivationale Überlegungen beschäftigen sich damit, was menschliches Verhalten auslöst, ausrichtet und aufrechterhält. In der Arbeitswelt kommt ein wesentliches Mo-ment hinzu: Das individuelle Verhalten ist noch stärker von Faktoren außerhalb der Person, also „Umweltfaktoren", beeinflusst. Es ist wesentlich auf das Erbringen von Arbeitsleistung ausgerichtet, die zu (fremd-)bestimmten Zeitpunkten, in (fremd-)be-stimmter Qualität und über (fremd-)bestimmte Zeiträume hinweg zu erbringen ist. Eine Durchsicht der äußerst zahlreichen empirischen und theoretischen Untersu-chungen zu den Einflussfaktoren auf Motivation und den Zusammenhang mit Ar-beitsleistung zeigt, dass v.a. ein Kreislauf mit fünf zentralen Variablen von Bedeutung ist.[8] **Anreize** und **Belohnungen** (bzw. deren Ausbleiben) formen **Einstellungen** und werden von diesen beeinflusst. Einstellungen drücken die Summe der positiven und/oder negativen Wertungen einer Person gegenüber einem „Objekt" – z.B. einem Nachbarn oder dem Neoliberalismus – aus. Sie haben drei Komponenten („ABC der Einstellung"): eine affektive, d.h. mit Gefühlen verbunden; eine verhaltensorientierte („behaviour") und eine kognitive, d.h. auf Gedanken beruhend.

Einstellungen sind in diesem Zusammenhang kein Selbstzweck, sondern sie wirken auf die persönlichen **Ziele**. Diese wiederum beeinflussen die in der Arbeit gezeigte **An-strengung**. Zielbezogene Anstrengungen führen letztlich zu arbeitsbezogener Leistung. Zwischen Leistung und Anreizen/Belohnungen existiert ein „positiver", d.h. verstärken-der Zusammenhang. Abbildung 1 zeigt die bisher genannten Faktoren.

---

[7] vgl. dazu grundsätzlich Comelli/Rosenstiel 2009
[8] vgl. dazu Katzell/Thompson 1990a; Martin 2001

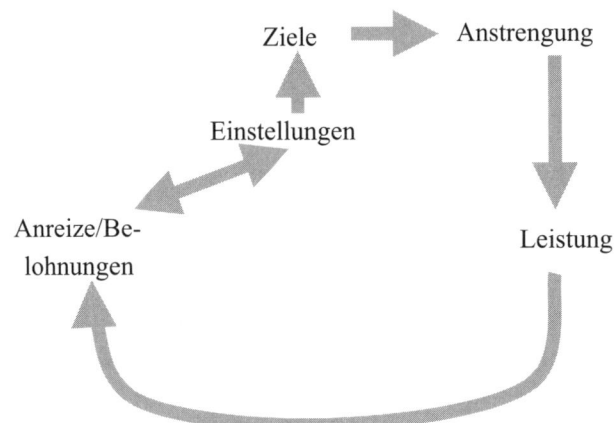

Abb. 1: Grundmodell: „Kernkreislauf" der Motivation

Nun ist klar, dass jede der genannten Kernvariablen auf weitere motivational relevante Faktoren wirkt bzw. von diesen beeinflusst wird und dass „Filter" zwischen den Variablen existieren. Wo etwa blieben sonst Faktoren wie Arbeitsinhalte, Persönlichkeit, Erwartungen o.Ä., die – intuitiv einsichtig – für das Motivationsgeschehen eine Rolle spielen?

In diesem Beitrag werden, ausgehend vom dargestellten Grundmodell, einzelne theoretische Ansätze vorgestellt, die sich auf verschiedene der genannten Variablen beziehen und das Grundmodell erweitern. Diese Erweiterungen werden dann noch ergänzt und abschließend in einem integrativen Modell von Motivation und Leistung zusammengefasst.

3. Motivationstheorien

Das gemeinsame Ziel motivationstheoretischer Ansätze ist es, einen Beitrag zur Klärung der Frage nach dem „Warum" menschlichen Verhaltens zu leisten. Dazu greifen sie in der Regel einzelne der im integrierten Modell vorgestellten Größen („Variablen") heraus und versuchen, die Beziehung zwischen diesen Variablen und anderen, jeweils noch zusätzlich integrierten Größen genauer festzulegen. Die Auswahl der im Folgenden vorgestellten Konzepte folgt zwei Überlegungen: Was ist typisch und bedeutend für einen bestimmten Zugang oder eine bestimmte historische Phase der Organisations- bzw. Motivationsforschung: Was ist gerade im Arbeitskontext wichtig? Jeder Ansatz wird inhaltlich vorgestellt, auf seine Bedeutung für die betriebliche Situation hin untersucht und kritisch beurteilt sowie sein Kernbeitrag hinsichtlich neuerer Ergebnisse aus der Forschung charakterisiert.

3.1 Motivator-Hygiene-Theorie (Zwei-Faktoren-Theorie)

Die Motivator-Hygiene- oder Zwei-Faktoren-Theorie von Frederick H. Herzberg ist sowohl eine Theorie der Arbeitszufriedenheit als auch ein Ansatz der Arbeitsmotivation. Sie steht in der Tradition der humanistischen Psychologie und geht davon aus, dass Menschen in einer grundsätzlichen Dualität stehen: dem Streben nach Wachstum und Selbstverwirklichung und der Vermeidung von Schmerzen und Unlust.

Die Zwei-Faktoren-Theorie fügt zu dem im Grundmodell dargestellten „Kernkreislauf" der Motivation eine wesentliche Variable hinzu: die interne bzw. externe **Arbeitsumwelt** (s. Abbildung 2).

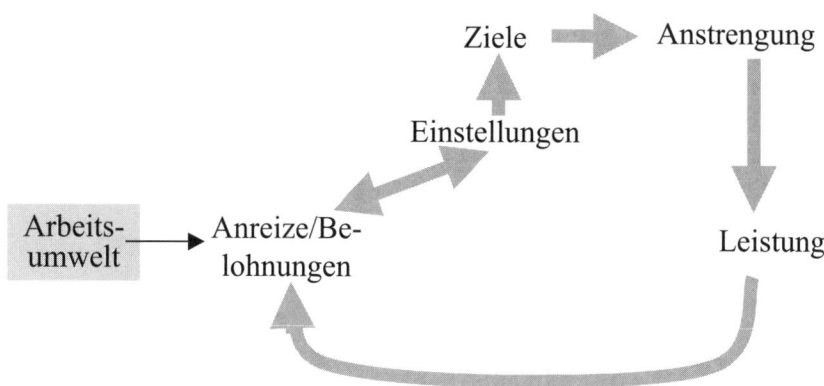

Abb. 2: Erweiterung des Grundmodells der Motivation – Arbeitsumwelt

Die Arbeitsumwelt, z.B. Unternehmenspolitiken oder Arbeitsbedingungen, ist ein wesentlicher Bezugspunkt für individuelle Arbeitsmotivation, da sie u.a. Anreize/Belohnungen bereitstellt.

3.1.1 Darstellung

Die in mehreren Schritten entwickelte Theorie[9] versucht zu erklären, welche Faktoren die Entstehung von Arbeitszufriedenheit beeinflussen. Dabei wird Arbeitszufriedenheit nicht als eindimensionale Größe von „Unzufriedenheit" bis „Zufriedenheit" aufgefasst. Vielmehr postuliert die Zwei-Faktoren-Theorie zwei unabhängige Dimensionen der Arbeitszufriedenheit (vgl. Abbildung 3): „Unzufriedenheit – Nicht-Unzufriedenheit" und „Zufriedenheit – Nicht-Zufriedenheit". Auf jede dieser beiden unabhängigen Dimensionen wirken verschiedene Gruppen von Faktoren. Hygienefaktoren beeinflussen das Entstehen von Unzufriedenheit bzw. Nicht-Unzufriedenheit. Motivatoren sind für Zufriedenheit bzw. Nicht-Zufriedenheit verantwortlich.

---

[9] Herzberg/Mausner/Snyderman 1959; Herzberg 1966; Herzberg 1976

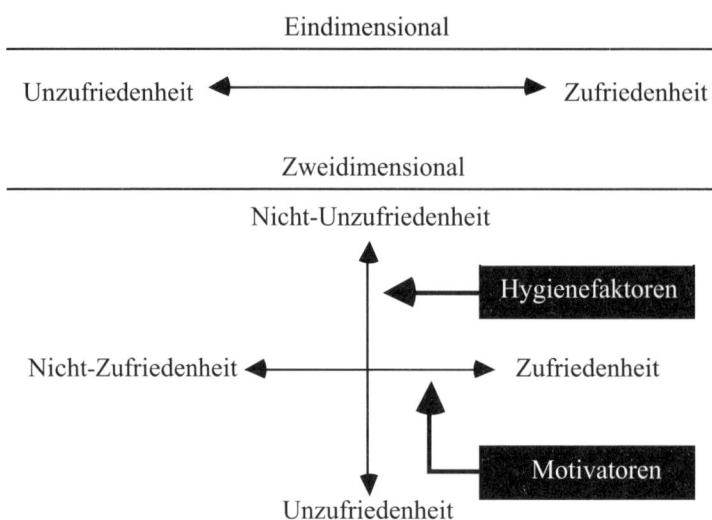

Abb. 3: Dimensionen der Arbeitszufriedenheit und Einflussfaktoren

Die Überlegungen der Zwei-Faktoren-Theorie basieren wesentlich auf einer von Herzberg und seinen Kollegen durchgeführten Untersuchung bei 203 Ingenieuren und Buchhaltern in neun Betrieben im Raum Pittsburgh, USA.[10] Die Befragten wurden mit Hilfe der „Methode der kritischen Ereignisse" (critical incident technique) interviewt. Diese halbstrukturierte Befragungsmethode geht davon aus, dass bei „Spitzenerlebnissen" positiver oder negativer Art die Einflussfaktoren besonders deutlich hervortreten. Die Befragten sollten daher im Kern konkrete Situationen oder Ereignisse beschreiben, in denen sie sich entweder außerordentlich gut oder außerordentlich schlecht im Hinblick auf ihre Arbeitstätigkeit fühlten: „Denken Sie an eine Zeit, zu der Sie bei Ihrer jetzigen Arbeit oder einer anderen Arbeit, die Sie je hatten, außergewöhnlich zufrieden (oder außergewöhnlich unzufrieden) waren. Erzählen Sie mir, was sich ereignet hat!"[11]

Die erhaltenen Antworten wurden danach analysiert, wie häufig bestimmte Arbeitsfaktoren bei der Nennung von positiven oder negativen Erlebnissen auftauchten. Nach den theoretischen Überlegungen müsste ja bei der Beschreibung von befriedigenden Situationen (Dimension Zufriedenheit – Nicht-Zufriedenheit) überwiegend eine Gruppe von Faktoren (die Motivatoren) und in den unbefriedigenden Situationen (Dimension Unzufriedenheit – Nicht-Unzufriedenheit) eine zweite Gruppe von Faktoren (die Hygienefaktoren) genannt werden. Tatsächlich zeigte sich in der Pittsburgh-Studie, dass diese beiden Gruppen unterschieden werden konnten. Als wichtigste Motivatoren und Hygienefaktoren wurden genannt (vgl. Abbildung 4):

---

[10]   Herzberg et al. 1959
[11]   Neuberger 1974, S. 119

Motivatoren	Hygienefaktoren
• Leistungserfolg	• Gehalt
• Anerkennung	• Beziehungen zu Untergebenen, Vorgesetzten und Kollegen
• Aufstieg	
• Arbeit selbst	• Status
• Verantwortung	• „Technische" Aspekte der Führung
• Entfaltungsmöglichkeiten	• Firmenpolitik und -leitung
	• Arbeitsbedingungen
	• Persönliche Arbeitsplatzsicherheit

Abb. 4: Motivatoren und Hygienefaktoren

Die Faktoren, die von den Befragten am häufigsten in Verbindung mit zufrieden stellenden Situationen genannt wurden, beziehen sich in erster Linie auf die Arbeit selbst, auf Erfüllung und Selbstverwirklichung in der Arbeit. Motivatoren sind also im Wesentlichen sog. Content-Variablen, mit der Arbeit unmittelbar verbundene Größen. Sie führen zu Zufriedenheit und positiver Arbeitseinstellung, weil sie dem Bedürfnis des Einzelnen nach Selbstverwirklichung entgegenkommen. Wenn solche Faktoren in der Arbeit existieren, wirken sie aktivierend, d.h. Menschen streben in ihrer Arbeit nach Selbstverwirklichung. Die Abwesenheit von Motivatoren bewirkt Nicht-Zufriedenheit.

Umgekehrt werden mit unbefriedigenden Situationen häufig Faktoren verbunden, die nicht die Arbeit selbst, sondern die Bedingungen der Arbeit betreffen, sie also gleichsam umgeben. Diese als Hygiene-Faktoren bezeichneten Größen sind sogenannte Context-Variablen. Ihr Vorhandensein beugt Unzufriedenheit vor, kann aber noch keine Zufriedenheit und damit eine positive Einstellung zur Arbeit erzeugen. Ähnlich wie in der Medizin bewirkt Hygiene keine Gesundheit, kann aber Krankheit verhindern (helfen).

Die Existenz zweier voneinander getrennter Gruppen von Einflussfaktoren auf Arbeitszufriedenheit bzw. -unzufriedenheit unterstützt die Überlegung von Herzberg, dass es zwei verschiedene Dimensionen von Arbeitszufriedenheit mit den Gegensätzen „Zufriedenheit – Nicht-Zufriedenheit" und „Unzufriedenheit – Nicht-Unzufriedenheit" gibt.

Ein Beispiel soll diese „Zweiteilung der Zufriedenheit" besser verständlich machen. Stellen Sie sich – sofern das nach dem bisherigen Studienverlauf an Ihrer derzeitigen Hochschule überhaupt noch vorstellbar ist – eine Universität vor, die durch beste äußere Bedingungen gekennzeichnet ist. Die Hörsäle haben natürliches Licht, draußen ist der Park sichtbar, in dem die kleinen, überschaubaren und leicht zu erreichenden Gebäude der verschiedenen Institute und Fakultäten liegen. Die Studierendenzahlen sind angemessen, es gibt kein Gedränge bei den Anmeldungen, Wartezeiten für Seminare und Diplomarbeiten sind unbekannt. Die Institute haben großzügige Öffnungszeiten, die Bibliotheken sind gut ausgestattet und leicht zugänglich, die Mensa ist preiswert und gut usw. Allerdings ist es um die inhaltliche Ausbildung nicht zum Besten bestellt. Die Lehrenden sind fachlich und didaktisch schlecht, die verwendeten Lehrbücher meist unverständlich, der Kontakt zur

Praxis sehr eingeschränkt, der Lehrstoff mengenmäßig kaum zu bewältigen. Die Chancen auf einen Arbeitsplatz nach Beendigung des Studiums sind aufgrund des bekannt mäßigen Ausbildungsniveaus schlecht. Wenn eine Studentin dieser Hochschule nach ihrer Zufriedenheit (= Arbeits- bzw. Studienzufriedenheit) gefragt wird, was könnte sie typischerweise antworten? Vielleicht etwas Ähnliches wie: „Na ja, einerseits kann ich nicht klagen, denn das Rundherum ist wirklich gut und angenehm [Hygienefaktoren sind vorhanden => Nicht-Unzufriedenheit]. Aber ich bin nicht zufrieden mit dem Studium selbst, weil ich eigentlich nicht sehr viel lerne [Motivatoren fehlen => Nicht-Zufriedenheit]." Die zwei Dimensionen der Arbeitszufriedenheit in der Motivator-Hygiene-Theorie erlauben statt einer schlecht geeigneten Durchschnittsbildung differenziertere Aussagen über die verschiedenen Aspekte der Arbeitszufriedenheit.

3.1.2 Bedeutung für die Arbeitswelt

Die Zwei-Faktoren-Theorie stellt vor allem die Neustrukturierung von Arbeitsplätzen in Richtung auf eine stärkere Berücksichtigung von Motivatoren. Damit rücken Aktivitäten ins Blickfeld, die u.a. mit dem Ausdruck „orthodoxes Job Enrichment" bezeichnet werden. Sie zielen darauf ab, bei der Gestaltung von Arbeitsplätzen Motivatoren nach folgenden Grundsätzen zur Geltung zu bringen:

- Ermöglichung direkter Rückmeldungen/Feedback hinsichtlich der eigenen Leistung, ohne persönlichen Angriff oder „Abqualifizierung" und normalerweise nicht durch einen Vorgesetzten.
- Verbindung jedes Arbeitsplatzes mit einem „Kunden/Klienten" innerhalb oder außerhalb der Organisation, für den die Arbeit ausgeführt wird; für Verkäufer können das die Kunden, für die Arbeitsvorbereitung die Maschinenbediener, für die Lagerbuchhaltung die Produktionsplaner etc. sein.
- Ermöglichen von Lernprozessen, die psychisches Wachstum (verstanden als Wissenszuwachs, verstärkte Kreativität, Selbstständigkeit und Entfaltung ...) hervorbringen.
- Selbstständige Zeit- und Arbeitsplanung des einzelnen (z.B. Möglichkeit zur individuellen Pausengestaltung).
- Existenz von „Minibudgets", die den Einzelnen stärker kostenverantwortlich machen.
- Direkte Kommunikation zwischen den verschiedenen für eine Aufgabe zuständigen Menschen unabhängig von der Hierarchieebene oder der funktionalen Stellung (z.B. direkter Kontakt eines Vorarbeiters in der Produktion mit einem Abteilungsleiter des Einkaufs).
- Individuelle Verantwortlichkeit für die Resultate, z.B. keine Qualitätskontrolle durch spezielle Abteilung, sondern durch die Maschinenbediener selbst.

Verschiedene in der Praxis durchgeführte Anwendungen der Zwei-Faktoren-Theorie[12] zeigten z.T. erhebliche Verbesserungen in der Zufriedenheit der Betroffenen und deutliche Einsparungen durch reduzierte Abwesenheitszeiten, geringeren Materialverbrauch, verringerte Fluktuation oder geringere Fehlerquoten.

---

[12] vgl. den Überblick bei Miner 1980, S. 96f.

3.1.3 Bewertung

Die Motivator-Hygiene-Theorie hat aus mehreren Gründen in der betrieblichen Praxis weite Verbreitung gefunden. Zum Ersten ist sie sehr einfach und unmittelbar einleuchtend. Zum Zweiten kommt die Zurückstellung von Gehalt, Zulagen, Arbeitsbedingungen etc. zugunsten stärker inhaltlich ausgerichteter Aspekte der Arbeitstätigkeit der Kostenorientierung von Managern entgegen. Schließlich liefern die mit dem Konzept verbundenen ethischen, moralischen und religiösen Anklänge eine Grundlage zur Legitimation des eigenen Handelns und Umgestaltens von Arbeitsplätzen.

Aus wissenschaftlicher Sicht ist der Befund durchaus zwiespältig. Zum einen hat diese Theorie eine Fülle von weiteren Forschungsaktivitäten und Kontroversen ausgelöst und damit einen wichtigen Beitrag zur Verfeinerung der Überlegungen im Bereich der Arbeitszufriedenheit geleistet. Weiters sind die von Herzberg vorgelegten empirischen Belege durchaus eindrucksvoll. Zum anderen gibt es jedoch profunde Kritik an diesem Ansatz. Sie bezieht sich sowohl auf die inhaltlichen Aussagen als auch auf die verwendete Methode.

Zunächst zur inhaltlichen Kritik. Während die Theorie davon ausgeht, dass Motivatoren und Hygienefaktoren jeweils alle möglichen Ausprägungen auf den beiden Arbeitszufriedenheitsdimensionen bestimmen, zeigen die Daten etwas anderes. Sie belegen jeweils nur, dass Motivatoren mit *extremer* Zufriedenheit und Hygienefaktoren mit *extremer* Unzufriedenheit verbunden sind. Die Zwischenbereiche bzw. Übergänge, der neutrale Bereich der beiden Dimensionen werden dadurch nicht erfasst. Weiters wird die inhaltliche Unschärfe der formulierten Aussagen kritisiert und darauf hingewiesen, dass wenigstens fünf verschiedene Deutungen der Theorie möglich sind:[13]

1. Alle Motivatoren zusammen tragen mehr zum Grad der Zufriedenheit bei als zum Grad der Unzufriedenheit und alle Hygienefaktoren zusammen mehr zum Grad der Unzufriedenheit als zum Grad der Zufriedenheit.
2. Alle Motivatoren zusammen tragen mehr zum Grad der Zufriedenheit bei als alle Hygienefaktoren zusammen, alle Hygienefaktoren zusammen tragen mehr zum Grad der Unzufriedenheit bei als alle Motivatoren zusammen.
3. Jeder einzelne Motivator trägt mehr zum Grad der Zufriedenheit als zum Grad der Unzufriedenheit und jeder Hygienefaktor mehr zum Grad der Unzufriedenheit als zum Grad der Zufriedenheit bei.
4. Wie 3., und weiters: Jeder hauptsächliche Motivator trägt mehr zum Grad der Zufriedenheit bei als irgendein Hygienefaktor, jeder hauptsächliche Hygienefaktor mehr zum Grad der Unzufriedenheit als irgendein Motivator.
5. Nur Motivatoren bestimmen den Grad der Zufriedenheit, nur Hygienefaktoren den Grad der Unzufriedenheit.

Die verschiedenen empirischen Untersuchungen bestätigen die „strengeren" Versionen 4 und 5 nicht.

Schließlich wird kritisiert, dass Herzberg mit aggregierten Daten, d.h. Daten der befragten Gruppen, aber nicht mit den von den einzelnen Befragten angegebenen Befunden arbeitet. Wie erinnerlich wurden diese gebeten, jeweils extrem gute und extrem schlechte

---

[13] King 1981

Situationen zu beschreiben. Grundsätzlich bestehen daher vier Antwortmöglichkeiten: beide Male werden Motivatoren erwähnt (M-M), beide Male werden Hygienefaktoren erwähnt (H-H), im guten Fall werden Motivatoren, im schlechten Fall Hygienefaktoren genannt (M-H; das nach der Theorie zu erwartende Ergebnis), in der guten Situation werden Hygienefaktoren, in der schlechten Motivatoren aufgezählt (H-M). Eine Auswertung der Untersuchungsprotokolle auf der Ebene der einzelnen Befragten ergab folgendes Ergebnis: In mehr als der Hälfte der Fälle wurden Kombinationen gewählt, die nicht mit der Theorie übereinstimmten.[14] Die genaue Verteilung zeigt Abbildung 5:

M – H	M – M	H – M	H – H
Passt zur Theorie	Passt nicht zur Theorie		
43,5%	41,2%	4,7%	10,6%

Abb. 5: Kombinationen von Motivatoren und Hygienefaktoren

Auch das methodische Vorgehen gibt Anlass zur Kritik. Die Ergebnisse von Herzberg konnten nur bestätigt werden, wenn die Methode der kritischen Ereignisse verwendet wurde. Andere Methoden führten zu unterschiedlichen, von der Theorie abweichenden Resultaten.

Forschungsblitzlichter

Ein neuerer Forschungsstrang beschäftigt sich zwar nicht direkt mit der Zwei-Faktoren-Theorie, sehr wohl aber mit der Kernvariable dieses Ansatzes: der Arbeitsumwelt und damit verbunden entsprechenden Normen. Durch die Berücksichtigung unterschiedlicher nationaler Kulturen in Studien zur Motivationsforschung konnte die Bedeutung des Kontexts für individuelle Motivation deutlich belegt werden.

● Eine 3-Länderstudie bei Arbeitern in Bulgarien, den Niederlanden und Ungarn (N=1.416) zeigt, dass kulturelle und ökonomische Faktoren, z.B. die jeweils unterschiedliche Bedeutung von Autonomie und Individualismus oder der je spezifische Grad an Arbeitsplatzsicherheit, eine wichtige Rolle bei der Entstehung unterschiedlicher Facetten von Arbeitsmotivation spielen (Roe/Zinovieva/Ten Horn 2000).

● Eine Untersuchung bei Studierenden aus Israel und China, die in einem fremdkulturellen Kontext (Singapur) tätig waren, zeigt, dass die Machtdistanz der Heimatkultur eine wichtige Rolle für das Setzen von Zielen und das erreichte Leistungsniveau ist. Studierende aus Israel, einem Land mit geringer Machtdistanz (Ungleichverteilung von Macht ist gesellschaftlich wenig akzeptiert und erwartet) setzten sich höhere Ziele und erreichten ein höheres Leistungsniveau als Studierende aus China, wo die Machtdistanz deutlich größer ist (Kurman 2001).

Eine Studie bei 143 Studierenden aus 10 Ländern zur Rolle von Machtdistanz für motivationsrelevante Variablen wie Zielcommitment, Selbstwirksamkeitsüberzeugung und Leistungsniveau zeigt wiederum die Bedeutung von Machtdistanz als Umweltfaktor. Die Einbeziehung bei der Zielsetzung hat bei Personen aus Ländern mit geringerer Machtdistanz einen stärkeren Effekt auf Zielcommitment und Leistung (Sue-Chan/Ong 2002).

---

[14] Schwab/Heneman 1970, zit. n. von Rosenstiel 2007, S. 73

3.2 Theorie der Bedürfnishierarchie

Abraham H. Maslow (1908–1970) steht mit seinen Überlegungen zur Theorie der Bedürfnishierarchie[15] in zwei Traditionen. Er ist einerseits einem bedürfnisbezogenen Gleichgewichtsgedanken verpflichtet. Menschen haben verschiedene Bedürfnisse, die in Verbindung mit biologischen, kulturellen und situativen Faktoren ihr Verhalten bestimmen. Werden Bedürfnisse (z.B. Schlaf) nicht befriedigt, wollen Menschen diese durch zielgerichtetes Verhalten befriedigen und so einen Gleichgewichtszustand wiederherstellen (Homöostaseprinzip). Zum Zweiten steht Maslow in der Tradition der humanistischen Psychologie.[16] Dort wird Verhalten, im Speziellen das Verhalten in Organisationen, vor allem im Hinblick auf Selbstverwirklichung und Entfaltung des Menschen in der Arbeitswelt untersucht. Diese Theorie erweitert das vorgestellte Grundmodell der Motivation um den Faktor der **Persönlichkeit**. Einstellungen, Ziele und die Bewertung eines Sachverhalts aus der Arbeitsumwelt als Anreiz oder Belohnung sind abhängig von der Persönlichkeit (s. Abbildung 6).

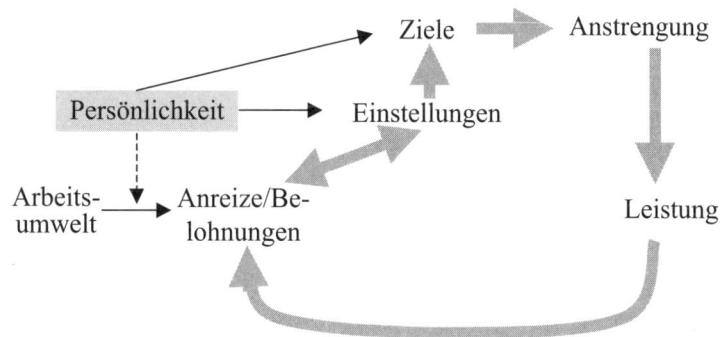

Abb. 6: Erweiterung des Grundmodells der Motivation – Persönlichkeit

3.2.1 Darstellung

Das Konzept von Maslow postuliert mehrere menschliche Basisbedürfnisse. Sie sind biologisch bedingt und allen Menschen eigen. Diese Bedürfnisse beeinflussen Verhalten oft unbewusst, d.h. Menschen sind sich der Bestimmungsgründe ihres Verhaltens oft gar nicht bewusst. Die Bedürfnisse sind in einem hierarchischen Stufenbau angeordnet und erst nach der Befriedigung von Bedürfnissen einer Hierarchiestufe werden die Bedürfnisse der nächsthöheren Ebene relevant. Maslow trennt dabei Defizit- und Wachstumsbedürfnisse.

Defizitbedürfnisse sind vor allem dadurch gekennzeichnet, dass ihre Nichterfüllung Krankheit hervorruft, ihr Erfülltsein Krankheit vermeidet bzw. heilt.[17] Maslow unterscheidet vier Kategorien von Defizitbedürfnissen.

---

[15] Maslow 1954; Maslow 1973
[16] Andere Vertreter dieser Richtung sind etwa Carl Rogers, Erich Fromm oder Gordon Allport.
[17] Maslow 1973, S. 37f.

- Physiologische Bedürfnisse
  Dazu zählen die fundamentalen körperlichen Bedürfnisse wie Hunger, Schlafen, Durst, Atmung etc.
- Sicherheitsbedürfnisse
  Diese Bedürfnisse kreisen um den Schutz vor Gefahr und das Streben nach Sicherheit, nach Vorsorge, nach Angstfreiheit. Sie beziehen sich sowohl auf sehr konkrete Bedrohungen wie wilde Tiere, Krankheiten usw. als auch auf mehr mittelbar wirkende Faktoren (z.B. Gefährdung des Arbeitsplatzes).
- Soziale Bedürfnisse
  Hierunter fallen das gegenseitige Geben und Nehmen in menschlichen Beziehungen, der Wunsch nach Kontakt, Liebe, Zugehörigkeit usw.
- Ich-Bedürfnisse
  Die Ich-Bedürfnisse setzen sich aus zwei Komponenten zusammen. Eine erste, eher von innen her kommende Komponente umfasst das Streben nach Selbstvertrauen, eigener Stärke, Freiheit, Unabhängigkeit etc. Die zweite Komponente bezieht sich stärker auf externe, außerhalb des Einzelnen liegende Quellen wie Anerkennung, Status, Prestige, Achtung usw.

Wachstumsbedürfnisse sind – anders als Defizitbedürfnisse – grundsätzlich nicht vollständig befriedigbar. Sie sind auf Entfaltung angelegt und grundsätzlich grenzenlos. Maslow nennt das Bedürfnis nach Selbstverwirklichung als das vorrangige Wachstumsbedürfnis. Selbstverwirklichung ist definiert als „fortschreitende Verwirklichung der Möglichkeiten, Fähigkeiten und Talente, als Erfüllung einer Mission oder einer Berufung, eines Geschicks, eines Schicksals, eines Auftrags, als bessere Kenntnis und Aufnahme der eigenen inneren Natur, als eine ständige Tendenz zu Einheit, Integration oder Synergie innerhalb der Persönlichkeit[18]". Obwohl sich Maslow in seinem Gesamtwerk weniger auf die Defizit- und stark auf die Wachstumsbedürfnisse konzentriert hat, bleibt der Begriff der Selbstverwirklichung doch relativ unklar.[19]

Defizit- und Wachstumsbedürfnisse sind hierarchisch nach ihrer Bedeutung in der sog. „Maslow'schen Bedürfnispyramide" geordnet (vgl. Abbildung 7). Das jeweils nächsthöhere Motiv wird nur dann aktiviert und damit verhaltensrelevant, wenn das vorgelagerte befriedigt ist; das jeweils aktivierte Motiv ist das stärkste. Menschliches Verhalten zielt darauf ab, die jeweils aktivierten Motive einer Ebene zu befriedigen. Die grundlegendsten Bedürfnisse sind die physiologischen Bedürfnisse, sind diese zumindest zu einem großen Teil befriedigt, werden die Sicherheitsbedürfnisse aktiviert, wenn diese zu einem großen Teil befriedigt sind, werden die sozialen Bedürfnisse relevant usw.

---

[18] Maslow 1973, S. 41
[19] Das liegt nicht notwendigerweise an einer schlechten Konzeptualisierung, sondern kann auch durch das betrachtete Objekt bedingt sein: „Inhärente Vagheit anzuerkennen heißt nicht, vage zu sein. Aristoteles bemerkte, dass es zu den Kennzeichen eines gebildeten Menschen gehört, nicht auf einer größeren Genauigkeit zu bestehen als es der Gegenstand erlaubt, z.B. ebenso genau in der Politik wie in der Mathematik. Bestimmte Wirklichkeiten – und das Leben-Tod-Spektrum ist vielleicht eine davon – können als solche unpräzise sein, oder das über sie erwerbbare Wissen ist unpräzise. Einen solchen Sachverhalt anzuerkennen ist angemessener als eine präzise Definition, die dem Betrachtungsgegenstand Gewalt antut." (Jonas 1974, S. 127; Übersetzung Wolfgang Mayrhofer)

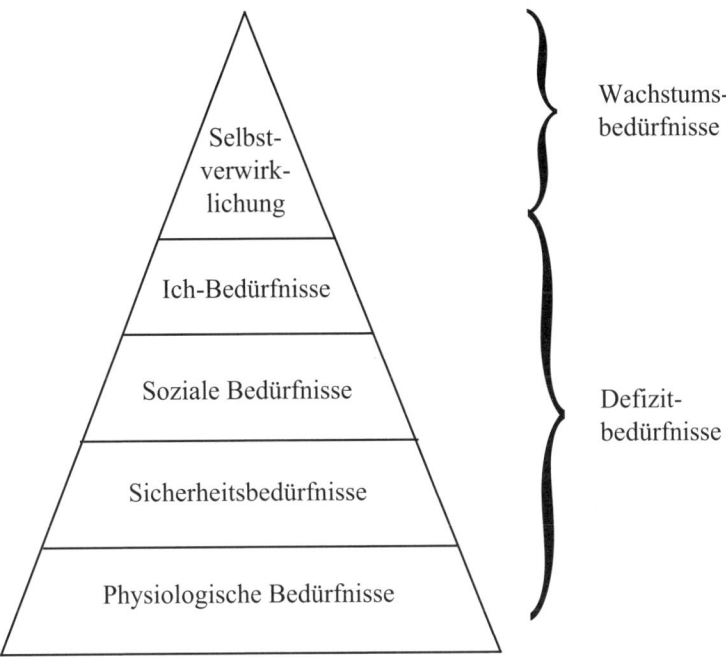

Abb. 7: Hierarchische Bedürfnispyramide nach Maslow

3.2.2 Bedeutung für die Arbeitswelt

Aus dem Konzept von Maslow können einige Schlussfolgerungen für das Verhalten in Organisationen entwickelt werden.

Die Theorie ist eine „Durchschnitts-Theorie" in dem Sinne, dass – mit Ausnahme des Bereiches der Selbstverwirklichung – individuelle Unterschiede keine wesentliche Rolle spielen, sondern eher ganze Gruppen von Menschen betrachtet werden. In Abhängigkeit von vor allem den äußeren Bedingungen können größere Gruppen von Menschen im Hinblick auf die bei ihnen aktivierte Stufe von Bedürfnissen beurteilt und entsprechende Handlungsanweisungen daraus entwickelt werden. Diese Möglichkeit einer eher globaleren Betrachtung macht das Konzept für den Managementbereich besonders geeignet. Maßnahmen der Lohn- und Anreizgestaltung, der Arbeitsgestaltung etc. sind nur zu einem geringen Teil im Stande, auf individuelle Besonderheiten Rücksicht zu nehmen. Sie arbeiten vielmehr mit relativ allgemeinen Annahmen über die Motivation der Mitarbeiterinnen und Mitarbeiter.

Maslow selbst sieht in der Aktivierung immer höherer Bedürfnisse den geeigneten Weg für Unternehmen, ihre Mitglieder an sich zu binden und zu motivieren. Das sich selbst verwirklichende Organisationsmitglied ist in stärkerem Maß fähig und bereit, seine Talente und Fähigkeiten in den Arbeitsprozess einzubringen und damit zu Effizienz und Überleben der Organisation beizutragen.

Mit dem Konzept verbunden ist auch die Annahme, dass durch hierarchischen Aufstieg auch die hierarchisch höherstehenden Bedürfnisse angesprochen werden. Angehörige unterschiedlicher Hierarchieebenen müssen daher im Hinblick auf die Anreizgestaltung unterschiedlich behandelt werden. So ist etwa zu vermuten, dass höhere Bezahlung auf den verschiedenen Hierarchieebenen unterschiedlich wirkt, dass die Gewährung von Statussymbolen wie größeres Büro, größerer Schreibtisch, anderes Arbeitsgewand etc. nur dann motivationale Wirkung hat, wenn die physiologischen, die Sicherheits- und die sozialen Bedürfnisse der Betroffenen bereits befriedigt sind usw.

3.2.3 Bewertung

Das Konzept von Maslow fand und findet in der Managementtheorie und -praxis große Beachtung. Das ist erstaunlich, da Maslow als klinischer Psychologe sicherlich nicht in erster Linie Fragen der Arbeitswelt behandelt und auch seine humanistische Grundposition mit der Ausrichtung auf Selbstverwirklichung im wirtschaftlichen Bereich die Ausnahme und nicht die Regel ist. Mehrere Faktoren unterstützen die Verbreitung des Konzepts:

- Der Ansatz ist relativ einfach darzustellen und zu verstehen. Die Zahl der verwendeten Variablen ist gering, die Beziehung zwischen den Größen einfach. Die verwendeten Kategorien sind gut durchschaubar und knüpfen am Alltagsverständnis von Menschen an.
- Die Konzeption ermöglicht eine gruppenweise Betrachtung und liefert Basisanweisungen für grundlegende Handlungsempfehlungen (z.B.: Wenn die Sicherheitsbedürfnisse einer Gruppe von Organisationsmitgliedern noch nicht befriedigt sind, haben in erster Linie Maßnahmen der Erhöhung der Arbeitsplatzsicherheit oder Ähnliches motivationale Wirkung).
- Die verwendeten Kategorien und Beziehungen sind allgemein genug, um individuellen (Fehl-)Interpretationen genügend Spielraum zu liefern. Damit lassen sich Maßnahmen der organisationalen Gestaltung leicht im Sinne dieses sozial erwünschten Konzepts begründen.

Unter Anlegung wissenschaftlicher Kriterien ist der Befund gemischt. Die relative Unschärfe der Theorie macht es teilweise nur schwer möglich, Aussagen exakt und überprüfbar zu formulieren (z.B. Selbstverwirklichung als grenzenlose Entfaltungsmöglichkeit). Durch die schwierige Operationalisierung[20] und Messung der zentralen Kategorien des Maslow'schen Ansatzes ist die Zahl der empirischen Studien zu dieser Theorie im Verhältnis zu ihrer Popularität relativ gering. Die vorhandenen Studien beschäftigen sich vor allem mit dem Versuch, die Klassifizierung der Bedürfnisse in fünf zentrale Kategorien und das postulierte Zusammenwirken der Variablen („Aktivation der nächsthöheren Bedürfnisebene erst bei gänzlicher bzw. ausreichender Befriedigung der vorangegangenen Ebene") empirisch zu überprüfen.

---

[20] Unter Operationalisierung ist in diesem Zusammenhang der Versuch zu verstehen, eine Variable der Theorie (z.B. „Befriedigung der Sicherheitsmotive") so konkret zu definieren, dass – z.B. im Rahmen einer empirischen Untersuchung – möglichst eindeutig entschieden werden kann, wie diese Variable in der Realität ausgeprägt ist (z.B. ob die Sicherheitsbedürfnisse befriedigt sind oder nicht).

Forschungsblitzlichter

In jüngerer Zeit gab es ein neu erwachtes Interesse an einigen Aspekten dieser Motivationstheorie, vor allem der grundsätzlichen Einteilung in verschiedene Bedürfnisklassen.

- Eine Untersuchung bei Studierenden zeigt, dass die Kategorien der Theorie sich auch empirisch einigermaßen nachweisen lassen, wenn nicht auf die Frage nach der ‚Wichtigkeit' einzelner Motivklassen abgestellt wird, sondern auf Absichten (Wicker/Brown/Hagen/Reed 1993).
- Eine weitere Studie fand Unterstützung für die Existenz der verschiedenen Bedürfnisklassen über 15 Länder hinweg (Ronen 2001).
- Eine Untersuchung bei nigerianischen Produktionsunternehmen zeigte, dass die Bedürfnisse niedriger Ordnung für die Beschäftigten wichtiger waren als höherrangige Wachstumsbedürfnisse (Ajila 1997).

3.3 Equity-Theorie

Motivationstheorien wie etwa die Bedürfnishierarchie von Maslow oder das Motivator-Hygiene-Konzept von Herzberg erklären Motivation und – als Folge davon – Verhalten über die inhaltliche Festlegung von Bedürfnissen, Motiven, Einflussfaktoren. Sie werden daher häufig auch als Inhaltstheorien bezeichnet. Prozesstheorien der Motivation gehen einen anderen Weg. Sie verzichten ganz oder weitgehend auf eine inhaltliche Festlegung bestimmter Variablen und arbeiten mit sehr offenen Kategorien mit ‚Variablencharakter'. Ihr Schwerpunkt liegt dabei auf der Frage, wie Motivation entsteht, wie die relevanten Variablen miteinander verbunden sind, kurz: wie der (Entstehungs-)Prozess der Motivation verläuft. Die Equity-Theorie (auch: Gleichheits-, Fairnesstheorie) ist eine solche Prozesstheorie. Ihr Grundgedanke ist einfach: Personen trachten in sozialen Beziehungen nach fairen Gegenleistungen für ihren Einsatz; ist das nicht der Fall, entsteht ein Ungleichgewicht, das von den Betroffenen mittels unterschiedlicher Handlungen reduziert wird und damit verhaltensauslösend wirkt. Dieses theoretische Konzept erweitert das Grundmodell der Motivation um die Variable der **Gerechtigkeit** (s. Abbildung 8).

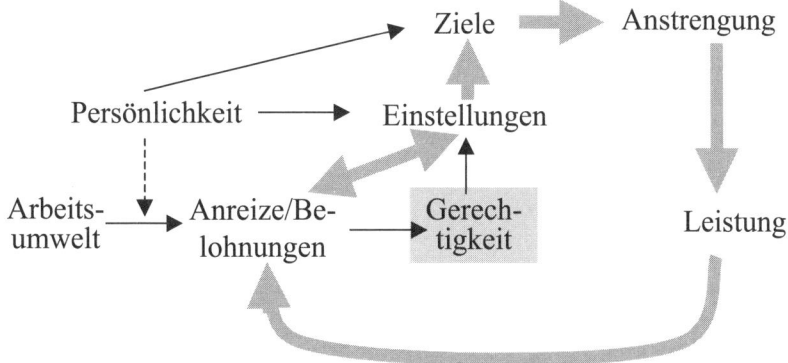

Abb. 8: Erweiterung des Grundmodells der Motivation – Gerechtigkeit

Gerechtigkeitsvorstellungen, d.h. ein subjektiv als „ausgewogen" empfundenes Verhältnis von jeweils in einem sehr umfassenden Sinn verstandenen „Kosten" und „Nutzen" sind insofern bedeutsam, als sie die Wirksamkeit von Anreizen und Belohnungen prägen und die Einstellungen beeinflussen.

3.3.1 Darstellung

J. Stacy Adams[21] stützt sich in seiner Theorie – aufbauend auf Überlegungen zu wirtschaftlichen Tauschbeziehungen und zur Theorie der kognitiven Dissonanz[22] – auf vier Variablen bzw. Prozesse: Inputs, Outputs, Output-Input-Verhältnis und Bezugsgröße (z.B. eine „Vergleichsperson").

Die Inputs von Personen in soziale Beziehungen – beispielsweise Freundschaft, Vorgesetzten-Mitarbeiter-Beziehung – können ganz unterschiedliche Dinge sein, z.B. aufgewendete Zeit, Bildung, Intelligenz, Erfahrung, Alter usw. Gleiches gilt für die andere Seite der Austauschbeziehung, die Outputs, die Personen in der Beziehung erhalten, also z.B. Sympathie, Entlohnung, Statussymbole, oder Arbeitsbedingungen. Zu Input/Output wird nur, was die Einzelnen (nicht notwendigerweise der Tauschpartner) als solche erkennen und für die Beziehung als relevant bewerten.

Outputs und Inputs – genauer: die Summe aus allen Outputs und die Summe aus allen Inputs, da Beziehungen regelmäßig vielfache Inputs/Outputs haben – werden sodann von der einzelnen Person zueinander in Relation gesetzt und mit einer Bezugsgröße verglichen. Die Bewertung von Input und Output erfolgt nach den Maßstäben der Person und nicht etwa nach „objektiven" Kriterien oder dem Bezugssystem einer anderen Person oder Gruppe.

Diese Relation ist für sich genommen noch nicht aussagekräftig, sondern muss mit einer ‚Benchmark‘, einer Bezugsgröße verglichen werden. Dieser Maßstab kann eine konkrete Vergleichsperson (z.B. Kollege), eine Vergleichsgruppe, eigene innere Standards, soziale Normen usw. sein. Ergibt der Vergleich des eigenen Output-Input-Verhältnisses mit dem gewählten Maßstab (z.B. dem Output-Input-Verhältnis einer Kollegin, eingestuft nach den eigenen Wahrnehmungen und nicht nach denen der Kollegin) eine faire Beziehung, entsteht Gleichheit und keine motivationale Wirkung. Stellt die Person jedoch Ungleichheit fest, kommt es zu Ungleichheit und einer Spannung im Individuum. Dabei gibt es unterschiedliche „Schwellen" für Ungleichheit auf Grund von Über- bzw. Unterbelohnung. „Günstige" Ungleichheiten wie z.B. Überbelohnung werden erst später als solche wahrgenommen, da sie etwa als „Glücksfall" ohne weiteres legitimiert werden können. Ungleichheit durch Unterbelohnung hingegen führt viel früher zu Spannungszuständen.

---

[21] Adams 1979
[22] Festinger 1978. Die Dissonanztheorie erklärt menschliches Verhalten aus dem Streben nach einem „stimmigen" kognitiven System. Menschen versuchen so zu denken und zu handeln, dass sich ihre Kognitionen (individuelle Überzeugungen, Einstellungen, Werte, Wissenselemente ...) nicht widersprechen. Solche Widersprüche (Dissonanzen) treten auf, wenn aus einer Kognition psycho-logisch, nicht logisch-kausal das Gegenteil einer anderen, d.h. ein negatives oder widersprüchliches Ergebnis folgt. Beispiel: „Ich rauche." – „Raucher sind öfter krank." Zur Reduktion solcher Widersprüche dienen in erster Linie Veränderungen der Kognitionen (z.B. eigentlich rauche ich nur hin und wieder) und erst in zweiter Linie Verhaltensänderungen (z.B. Aufhören mit dem Rauchen).

An einem fiktiven Beispiel verdeutlicht: Ein Arbeiter verdient nach 20 Dienstjahren 8,70 Euro pro Stunde am Fließband. Seine Kollegin, 19 Jahre alt, erhält für die gleiche Arbeit 8,20 Euro in der Stunde. Der erfahrene Arbeiter sieht in der Beziehung zur Firma Ungleichheit, da er für seine Inputs (Erfahrung, Arbeitsleistung) einen Output (8,70 Euro/Stunde) erhält, den er im Vergleich zu seiner Kollegin (die trotz fehlender Berufserfahrung nur 50 Cent weniger bekommt) für zu gering hält. Seine Rechnung sieht so aus:

$$\frac{\text{mein Output: 8,70 Euro}}{\text{mein Input: Erfahrung, Arbeitsleistung}} < \frac{\text{Output der Kollegin: 8,20 Euro}}{\text{Input der Kollegin: Arbeitsleistung}}$$

Auch die Kollegin empfindet Ungleichheit. Auf Grund der Beschaffenheit des Arbeitsplatzes ist sie der Meinung, dass Erfahrung bei diesem Job keine Rolle spielt und daher auch nicht extra honoriert gehört. Sie ist vielmehr überzeugt, dass sie als Frau benachteiligt wird. Ihre Rechnung:

$$\frac{\text{mein Output: 8,20 Euro}}{\text{mein Input: Arbeitsleistung, Frau}} < \frac{\text{Output des Kollegen: 8,70 Euro}}{\text{Input des Kollegen: Arbeitsleistung, Mann}}$$

An diesem Beispiel zeigen sich zentrale Punkte der Equity-Theorie. Die Bewertung des eigenen und des fremden Austauschverhältnisses wird jeweils von der gleichen Person und nach den eigenen Maßstäben vorgenommen. Die in die Berechnung eingehenden Bezugsgrößen sind nicht fest vorgegeben, sondern unterliegen subjektiven Bewertungsprozessen.

Ungleichheit kann sowohl in subjektiv empfundener Unterbelohnung als auch Überbelohnung bestehen. Würde in obigem Beispiel etwa die angesprochene Kollegin die Dimension „Geschlecht" als nicht relevant und so wie ihr männlicher Kollege Erfahrung in ihre Rechnung mit einbeziehen, so käme es bei gleichem Maßstab zu einer Situation der Ungleichheit auf Grund von Überbelohnung. Folgendes tatsächlich durchgeführte Experiment[23] verdeutlicht das: Studierende wurden für das Korrekturlesen eines Textes gesucht. Mit einer Gruppe wurde 15 Cent, mit der zweiten 30 Cent und mit der dritten 60 Cent pro korrigierter Seite vereinbart. Am Beginn ihrer Aufgabe hatten sie Kontakt mit einem anderen Studierenden (einem Mitarbeiter des Projektleiters), der offensichtlich sein Korrekturlesen gerade beendet hatte und im Vorbeigehen sagte: „Viel Glück. Eine Stunde ist für das zwar nicht viel Zeit, aber für 30 Cent pro Seite musste ich das ja nehmen." Nachfolgende Kontrollmessungen ergaben, dass die Studierenden auf den Kontakt mit einer relevanten Bezugsperson tatsächlich mit Ungleichheitsempfindungen (Überbezahlung: 60 Cent-Gruppe; Unterbezahlung: 15 Cent-Gruppe) bzw. Gleichheit (30 Cent-Gruppe) reagierten.

---

23   Garland 1973, zit. n. Miner 1980, S. 118f.

Unter motivationalen Gesichtspunkten lautet die zentrale Frage nun, wie Personen mit dem Zustand der Ungleichheit umgehen. Grundsätzlich stehen sechs verschiedene Alternativen zur Verfügung.[24]

- Änderung der Inputs
  Inputs können nach oben oder nach unten verschoben werden, bis ein als passend empfundenes Input-Output-Verhältnis erreicht wird. In der Arbeitswelt können Input-Veränderungen z.B. durch Veränderung der Quantität oder der Qualität der geleisteten Arbeit durchgeführt werden.

- Änderung des Outputs
  Auch Outputs lassen sich verändern, indem etwa neue Outputs definiert und so ausgewogene Input-Output-Verhältnisse erzielt werden. Ein von seinen Resultaten her international erfolgloser Sportler kann etwa die Möglichkeiten zum Herumreisen in der Welt als Teil des Outputs definieren und so sein internes Gleichgewicht wieder herstellen.

- Kognitive Verzerrung von Inputs und Outputs
  Inputs und Outputs lassen sich auch durch kognitive Verzerrung verändern. So können etwa der Stellenwert bestimmter Variablen verändert, das Ausmaß an geleisteten Inputs heruntergespielt, die entstehenden Outputs aufgewertet werden etc.

- Beeinflussung der Bezugsgröße
  Die Bewertung des eigenen Input-Output-Verhältnisses hängt wesentlich von der gewählten Bezugsgröße ab. Wird z.B. durch einen selbst die Input-Output-Relation einer Vergleichsperson umbewertet („Eigentlich lernt sie viel mehr als sie sagt – daher sind auch ihre guten Noten kein Wunder"), ergeben sich auch Veränderungen der eigenen Ungleichgewichtszustände („Ich lerne weniger als sie, da ist eine schlechtere Note okay"). Eine weitere Möglichkeit ist die direkte Beeinflussung der Vergleichsquelle. So können etwa Arbeitsgruppen einzelne Mitglieder, die die Gruppennormen und damit die einzelnen Input-Output-Gleichgewichte durch zu geringe oder zu hohe Arbeitsleistung gefährden, durch massiven Gruppendruck bis hin zur physischen Bedrohung zu einem akzeptierten Leistungsniveau bewegen.

- Wechsel der Bezugsgröße
  Die Bezugsgröße kann nicht nur beeinflusst, sondern auch gänzlich gewechselt und damit ein neuer Bezugsrahmen für die Bewertung des eigenen Input-Output-Verhältnisses geschaffen werden. So kann der bereits angesprochene international erfolglose Sportler nicht mehr die internationalen Spitzenleute, sondern nationale Sportkollegen als Vergleich heranziehen.

Ein Beispiel für die Veränderung von Inputs und Outputs auf Grund von Ungleichheit liefert das bereits erwähnte Experiment mit den zum Korrekturlesen angesprochenen Studierenden. Beim Vergleich der qualitativen und quantitativen Ergebnisse ihrer Arbeit ergab sich folgendes Bild (vgl. Abbildung 9):

---

[24] Adams 1979, S. 114ff.

Leistung bei:	Zeitlohn	Stücklohn
Überbezahlung	Quantität: hoch Qualität: mittel	Quantität: gering Qualität: hoch
angemessene Bezahlung	Quantität: mittel Qualität: mittel	Quantität: mittel Qualität: mittel
Unterbezahlung	Quantität: gering Qualität: mittel	Quantität: hoch Qualität: gering

Abb. 9: Veränderung von Inputs unter verschiedenen Bedingungen von (Un-)Gleichheit[25]

Reaktionen auf Ungleichheit bei Stücklohn

Die beiden Ungleichheit empfindenden Gruppen von korrekturlesenden Studierenden haben jeweils unterschiedliche Strategien zur Herstellung eines Gleichgewichts gewählt. Die Gruppe der Überbelohnten hat ja durch die stückbezogene Zahlungsweise (der vereinbarte Betrag wird pro Seite bezahlt) nicht die Möglichkeit, durch höhere quantitative Leistung ihr Ungleichgewicht zu verringern. Ein Mehr an Seiten hätte auch ein Mehr an Verdienst zur Folge, was das Ungleichgewicht nicht verringert, sondern sogar noch vergrößert hätte.

Folgerichtig verändern sie die Quantität nach unten, die Qualität nach oben, d.h. sie verringern ihre eigenen Outputs (erhaltene Summe) und vergrößern die Inputs (Sorgfalt). Sinngemäß umgekehrt agiert die Gruppe der sich unterbelohnt fühlenden Studierenden. Durch verringerte Sorgfalt und eine erhöhte Zahl von korrekturgelesenen Seiten bringen sie ihren Gesamtverdienst auf eine als akzeptabel angesehene Höhe.

Reaktionen auf Ungleichheit bei Zeitlohn

Während bei stückbezogener Entlohnung qualitäts- und mengenbezogene Abweichungen gegenüber einer als angemessen empfundenen Bezahlung festzustellen sind, führt Ungleichgewicht bei Zeitlohn nur zu quantitativen Veränderungen der Leistung: Subjektiv wahrgenommene Überbezahlung wird durch eine gesteigerte, Unterbezahlung durch verringerte mengenbezogene Leistung „kompensiert".

Adams[26] nennt folgende Leitlinien, welche die Wahl zwischen den unterschiedlichen Mechanismen zur Herstellung von Gleichheit beeinflussen:

- Personen versuchen positiv bewertete Ergebnisse (= Outputs) zu maximieren.
- Anstrengende und schwierig zu verändernde Inputs werden nur in geringem Maß gesteigert.
- Realen oder kognitiven Veränderungen von Inputs und Outputs, die für Selbstbild und Selbstachtung einer Person zentral sind, werden Widerstände entgegengesetzt.
- Eigene Inputs und Outputs werden schwerer verändert als die einer „Vergleichsperson".

---

[25] von Rosenstiel 1975, S. 254
[26] Adams 1979, S. 121

- Das Verlassen des Feldes wird nur dann in Erwägung gezogen, wenn die Ungleichheiten beträchtlich und andere Methoden der Reduzierung ungünstig, unmöglich oder erfolglos sind.
- Hat sich über einen gewissen Zeitraum eine „Vergleichsperson" als dauerhafte Bezugsgröße entwickelt, wird der Widerstand gegen einen Wechsel sehr groß sein.

3.3.2 Bedeutung für die Arbeitswelt

In der Arbeitswelt hat das Konzept vor allem zwei Anwendungsgebiete. Erstens erlaubt die gezielte Gestaltung des Input-Output-Verhältnisses Leistungsverbesserungen. Im Experiment mit den korrekturlesenden Studierenden beeinflusst z.B. gezielte Überbezahlung Quantität und Qualität der Arbeit. Dabei sind jedoch neben der experimentellen Laborsituation mehrere Aspekte kritisch zu bemerken. Zunächst ist der zeitliche Horizont in solchen Experimenten sehr eingeschränkt. In dauerhaften sozialen Beziehungen wie etwa Arbeitsverhältnissen könnte eine Tendenz zur Verschiebung des Anspruchsniveaus eintreten. Gefühle der Ungleichheit durch Überbezahlung könnten innerhalb kurzer Zeit einem Gleichgewichtszustand – anstrebenswert, da mit Harmonie verbunden – weichen. Dazu kommt, dass ein solches Vorgehen erhebliche monetäre Kosten mit sich bringt. Darüber hinaus ist eine Rückkehr auf ein ursprüngliches Entgeltniveau kaum vorstellbar.

Zweitens lassen sich Maßnahmen zur Vermeidung von Ungleichheiten ableiten. „Gerechtigkeit" ist ein wichtiges Thema betrieblicher Anreizgestaltung. Die Equity-Theorie weist einerseits auf die Bedeutung von subjektiv empfundener Gerechtigkeit und andererseits auf die individuellen Unterschiede bei der Berechnung eines ausgeglichenen Verhältnisses zwischen Inputs und Outputs hin. So legt sie etwa nahe, für unterschiedliche Gruppen von Organisationsmitgliedern zu überprüfen, inwieweit die organisationsseitig angebotenen Outputs von den Betroffenen tatsächlich als solche wahrgenommen und bewertet werden. Das trägt zu einer zwischen verschiedenen Mitarbeitergruppen differenzierenden Personalarbeit bei.

3.3.3 Bewertung

Die Equity-Theorie bietet der betrieblichen Praxis viele Ansatzpunkte für Konzeption und Gestaltung. Zwar spielen in der Praxis gleichheitstheoretische Überlegungen zumindest implizit eine wesentliche Rolle, etwa bei der Konzeption von Entgeltsystemen. Trotzdem bleibt festzuhalten, dass dieser Ansatz explizit kaum Eingang in den betrieblichen Alltag gefunden hat. Ein Grund dafür könnte darin liegen, dass die verwendeten Variablen relativ abstrakt sind und der Sprung hin zum konkreten Ausfüllen von In- und Outputs mit „handfesten" Sachverhalten ein großer ist.

Aus wissenschaftlicher Sicht ist die Gleichheitstheorie relativ gut abgesichert. Eine Vielzahl von Experimenten bestätigt die von der Equity-Theorie vorhergesagten Verhaltensreaktionen. Allerdings bleiben verschiedene Punkte unklar, z.B. Messprobleme, die Bedeutung individueller Unterschiede etwa bei der Wahl der bevorzugten Methode zur Beseitigung von Ungleichheit, die Verarbeitung „objektiver" Gegebenheiten zu subjektiven Einschätzungen, die Gesetzmäßigkeiten bei der Wahl der Bezugsgröße oder die Art und Weise, wie Personen Faktoren als In- oder als Output klassifizieren, sind nur einige Beispiele dafür.

Forschungsblitzlichter

Die von der Equity-Theorie im Kern angesprochene Variable – Gerechtigkeit/Fairness – steht im Zentrum einer umfangreichen Debatte rund um ‚organisational justice'. Im Wesentlichen geht es dabei um die Frage nach der Bedeutung von wahrgenommener organisationaler Gerechtigkeit für individuelles Verhalten. Fairness wird dabei häufig in verschiedene Untergruppen unterteilt, etwa: Verteilungsgerechtigkeit, die auf Ergebnisse abzielt, also z.B. Entlohnung oder Beförderung; prozedurale Gerechtigkeit, die auf das Verfahren zur Erzielung der Ergebnisse abstellt, also z.B. den Grad der Mitbestimmung; interaktionale Gerechtigkeit, die sich auf das konkrete Verhalten anderer Personen bezieht, etwa Führungskräfte. Eine Reihe empirischer Studien untersucht Auswirkungen organisationaler Gerechtigkeit auf motivational relevante Aspekte.

- Bell et al. (2006) zeigen in einer Untersuchung von 1.989 Bewerberinnen und Bewerbern für die Feuerwehr in einer Stadt im Mittleren Westen der USA die positiven Auswirkungen von subjektiv empfundener Gerechtigkeit auf ihre Motivation im Rahmen des Auswahlverfahrens und ihre Intention zur Annahme und zur Weiterempfehlung des Jobs.
- Eine andere Studie untersucht die Konsequenzen verschiedener Arten von organisationaler Gerechtigkeit für die Identifikation – also Einstellungen im Grundmodell der Motivation – mit der Organisation bei 160 Angehörigen einer finnischen Forschungseinrichtung. Sie weist nach, dass prozedurale und distributive Gerechtigkeit auf organisationale Identifikation, interaktionale Gerechtigkeit bezogen auf den Vorgesetzten jedoch stärker auf Identifikation mit der Arbeitsgruppe wirkt (Olkkonen/Lipponen 2006).
- Eine Untersuchung bei 200 US-amerikanischen Vertriebsmanagern zeigt, dass diese unethisches Verhalten ihrer Verkäuferinnen und Verkäufer dann als weniger schlimm empfinden und weniger bereit sind, Disziplinarmaßnahmen zu ergreifen, wenn Letztere von organisationaler Ungerechtigkeit bei Beförderungsentscheidungen betroffen waren (Deconinck 2003).

3.4 Erwartungs-Valenz-Theorien

Ebenso wie die Equity-Theorie zählen auch die Erwartungs-Valenz-Theorien zu den Prozesstheorien. Sie versuchen, den Teil menschlichen Verhaltens zu erklären, der durch echte und „bewusste" Entscheidung gekennzeichnet ist. Habituelles, d.h. über lange Zeit eingeschliffenes und nicht mehr bewusst reflektiertes Verhalten wie z.B. Grußgesten (an dessen Anfang möglicherweise eine echte Entscheidung stand) und impulsives, reflexartiges Verhalten sind nicht Gegenstand ihrer Überlegungen.

Erwartungs-Valenz-Theorien stehen in der Tradition von älteren Nutzenansätzen, die den Menschen als rational handelndes Wesen sehen, das verschiedene Annahmen über zukünftige Ereignisse hat und sein Wahlverhalten danach ausrichtet (homo-oeconomicus-

Bild). Sie bauen auf dem Bernoulli-Prinzip auf: Der erwartete Nutzen einer Entscheidung ist gleich der Summe der Produkte aus dem Nutzen und der Eintreffenswahrscheinlichkeit von Ereignissen. Aus verschiedenen Alternativen wird diejenige ausgewählt, deren erwarteter Nutzen am höchsten ist. Nutzen ist dabei nicht auf monetäre Aspekte beschränkt, sondern umfassend zu verstehen.

$$\text{Erwarteter Nutzen} = \text{Wahrscheinlichkeit} \times \text{Nutzen}$$

Im Grundmodell der Motivation betont dieses Konzept die Variablen Einstellungen und Ziele und fügt die Vorstellung der **Instrumentalität** und der **Erwartungen** hinzu (s. Abbildung 10).

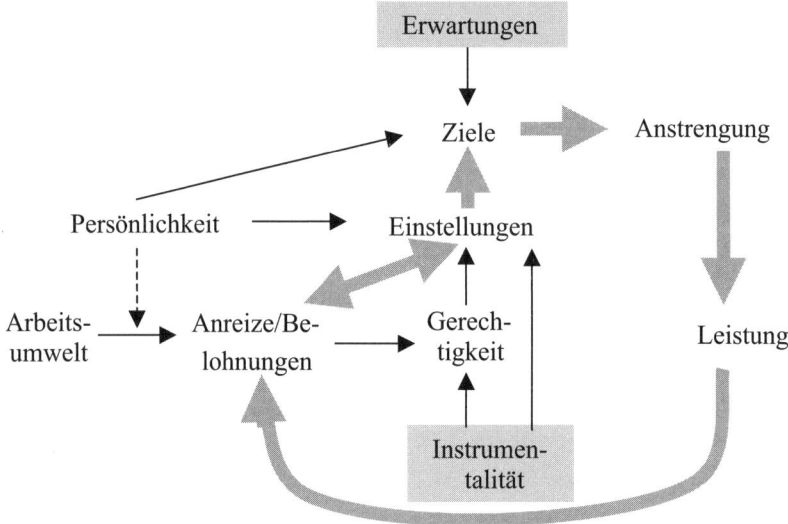

Abb. 10: Erweiterung des Grundmodells der Motivation – Erwartungen und Instrumentalität

Instrumentalität, d.h. die Vermutungen über die Folgewirkungen von Ergebnissen, etwa bestimmten Leistungen, wirkt nicht nur auf die Gerechtigkeit, sondern auch auf die Einstellung einer Person. Erwartungen, d.h. Wahrscheinlichkeitseinschätzungen über die Folgen eigenen Verhaltens, beeinflussen vor allem die Zielsetzungen.

3.4.1 Darstellung

Ausgehend von dieser Grundposition haben sich neben Ansätzen wie etwa der Theorie der Leistungsmotivation[27] vor allem unterschiedliche Formen der VIE-Theorie (V = Valenz, I = Instrumentalität, E = Erwartung) entwickelt. Letztere Theorien versuchen zweierlei zu erklären: (1) die Wahl zwischen verschiedenen Handlungsalternativen und (2) die Wahl des Anstrengungsniveaus bei der Ausführung der gewählten Handlungsalternative. Im Folgenden wird der VIE-Ansatz von Vroom als das Basismodell dargestellt.

---

[27] Atkinson 1981

Vroom[28] arbeitet in seinem Modell mit fünf Größen:

● Valenz 1

Als Valenz wird allgemein die gefühlsmäßige Bewertung eines Ergebnisses, eine positive oder negative Haltung gegenüber diesem Ergebnis bezeichnet. Als eine Art vorweggenommener Befriedigung über ein Ergebnis handelt es sich um eine subjektive gefühlsmäßige Orientierung. Sie wird mit Werten zwischen – 1 und +1 operationalisiert. So hat z.B. das Ereignis „Hochzeit" für die direkt Betroffenen oft eine hohe positive Valenz (Mann und Frau freuen sich, erwarten viel von der gemeinsamen Zeit ...), für andere wiederum z.T. negative Valenz (die Eltern „verlieren" ihr Kind ...). Valenz 1 bezeichnet bei Vroom die gefühlsmäßige Orientierung gegenüber „Mitteln", die zur Erreichung bestimmter „Ziele" geeignet sind. Beispielsweise könnte vom Bräutigam die Verlobung eine hohe Valenz besitzen, da in seinem Kulturkreis die Verlobung normalerweise zum angestrebten Ziel „Heirat" führt.

● Valenz 2

Valenz 2 ist die subjektive und gefühlsmäßige Bewertung von sog. „letzten Zielen", die sich aus der individuellen Persönlichkeit, aus dem Kulturkreis etc. ergeben. So ist die emotionale Haltung zum „letzten Ziel Heirat" in unterschiedlichen Kulturkreisen oder in unterschiedlichen Bevölkerungsgruppen eines Kulturkreises durchaus verschieden.

● Erwartung

Erwartung ist eine subjektive Wahrscheinlichkeitseinschätzung des Zusammenhangs zwischen eigenem Verhalten und Ergebnis. Eine Erwartung von 1 bedeutet die subjektive Gewissheit, dass auf eine Handlung ein entsprechendes Ergebnis folgen wird. Eine Erwartung von 0 entspricht der Gewissheit, dass das Ergebnis nach der Handlung nicht eintreten wird. So wird etwa ein Sprinter der Weltklasse eine Erwartung von 1 haben, die 100 Meter unter 12 Sekunden laufen zu können (Handlung: Sprinter läuft, Ergebnis: unter 12 Sekunden, Erwartung = Handlungs-Ergebnis-Verbindung: 1). Umgekehrt hat der Autor dieser Zeilen für die gleiche Handlungs-Ergebnis-Verbindung eine Erwartung von 0: Ich bin mir sicher, dass trotz einer entsprechenden Handlung meinerseits (= laufen, so schnell ich kann) das Ergebnis (Zeit für 100 Meter: unter 12 Sekunden) nicht eintreten wird.

● Instrumentalität

Instrumentalität bezeichnet den subjektiv geschätzten Zusammenhang zwischen zwei Ergebnissen (und nicht wie bei der Erwartung zwischen einer Handlung und einem Ergebnis). Sie liegt zwischen –1, d.h. das Eintreten eines Ergebnisses verhindert den Eintritt des nächsten, und +1, d.h. das eine Ergebnis garantiert den Eintritt des anderen Ergebnisses. So gibt es unter den Studierenden i.d.R. unterschiedliche Einschätzungen der Instrumentalität von Vorlesungsbesuch (= Ergebnis 1, „Mittel") und Bestehen der Prüfung (= Ergebnis 2, „Ziel"). Im Extremfall könnte eine Studentin meinen, der Besuch der Vorlesung garantiere das Durchkommen (Instrumentalität = 1), da etwa der Professor ausschließlich Dinge fragt, die er nur in der Vorlesung bringt. Ein Kollege wiederum könnte den Besuch der Vorlesung als wenig oder gar nicht verbunden (Instrumentalität gegen 0) oder gar als hinderlich (Instrumentalität zwischen 0 und –1) ansehen, da die Vorlesung chaotisch und unverständlich ist.

---

[28]   Vroom 1964, zit. n. Neuberger 1974, S. 85ff.

● Anstrengung/Kraft/Einsatz

Mit dieser Variable ist die Stärke des resultierenden Antriebs für das Individuum gemeint, eine Handlung auszuführen, also etwas mit sehr viel oder nur mit wenig Kraft auszuführen.

Diese fünf Größen verbindet Vroom in zweifacher Weise, um die Wahl von Handlungsalternativen und die Stärke der gezeigten Verhaltensweisen zu erklären. Der „Valenzteil" seines Ansatzes möchte die Wahl zwischen Handlungsalternativen erklären. Er postuliert, dass die Valenz 1 eines „Mittels" von zwei Faktoren abhängt:

1. Wie eng ist das betrachtete „Mittel" mit einem bestimmten „Ziel" verbunden, d.h. welche Instrumentalität I_{jk} hat das Mittel j für die Erreichung des Ziels k?
2. Welche Valenz 2 hat das angestrebte Ziel k für den Einzelnen?

Valenz und Instrumentalität werden dabei multiplikativ verbunden, d.h. jeder der beiden Faktoren muss größer als null sein, damit Valenz entstehen kann. Da in der Regel ein „Mittel" nicht nur auf ein „Ziel" wirkt, sondern mehrere Ziele beeinflusst, muss die Summe aller Valenz-Instrumentalitäts-Verbindungen herangezogen werden. Der Besuch der Vorlesung ist ja nicht nur förderlich für das Ziel „Durchkommen bei der Prüfung", sondern auch für die Ziele „Kontakt mit anderen Studierenden", „Beruhigung der Eltern" usw. Es ergibt sich dann folgendes Bild:

$$V_j = \sum_{k=1}^{n} V_k \cdot I_{jk}$$

V_j = Valenz 1, d.h. Valenz eines „Mittels"
V_k = Valenz 2, d.h. Valenz eines „letzten Zieles"
I_{jk} = Instrumentalität des Mittels j für das Ziel k
K=1-n = Zahl der „letzten Ziele"

Aus verschiedenen Handlungsalternativen wird diejenige mit der höchsten Valenz ausgewählt.

Über die Intensität, mit der die ausgewählte Handlungsalternative (das „Mittel") mittels einer Handlung zu erreichen versucht wird, gibt der „Kraftteil" des Modells von Vroom Auskunft. Der Grad der Anstrengung ist von zwei Faktoren abhängig:

1. Wie wahrscheinlich ist es, dass meine Handlung zum erwarteten Ergebnis führt, d.h. wie hoch ist die Erwartung (Handlungs-Ergebnis-Wahrscheinlichkeit)?
2. Wie positiv oder negativ beurteile ich das Ergebnis, d.h. welche Valenz 1 besitzt das Ergebnis (s.o. „Valenzteil")?

Erwartung und Valenz sind – aus den bereits beschriebenen Gründen – multiplikativ miteinander verknüpft. Da ein und dieselbe Handlung zu unterschiedlichen Ergebnissen führen kann, muss wiederum eine Summenbetrachtung über verschiedene Ergebnisse angestellt werden. Damit ergibt sich folgender Zusammenhang:

$$K_i = \sum_{j=1}^{n} E_{ij} \cdot V_j$$

K_i = Kraft zur Ausführung einer Handlung i
E_{ij} = Höhe der Erwartung (Wahrscheinlichkeitseinschätzung), dass eine Handlung i zum Ergebnis j führt
V_j = Valenz 1 des Ergebnisses j
j=1-n = Zahl der Ergebnisse

Je höher die Summe der verschiedenen Produkte aus Erwartung und Valenz ist, desto intensiver betreibt der Einzelne bestimmte Handlungen.

3.4.2 Bedeutung für die Arbeitswelt

Aus den Erwartungs-Valenz-Theorien lassen sich verschiedene Empfehlungen im Hinblick auf die praktische Gestaltung betrieblicher Anreizsysteme entwickeln. Im Speziellen sind es drei Überlegungen, die als Eckpfeiler einer theoretisch fundierten Gestaltung gelten.[29]

- Unternehmen müssen wissen, was ihre Mitarbeiter von ihrer Arbeit erwarten (Feststellung der Valenzen, des Wertes der Belohnungen) und welche Wahrscheinlichkeitseinschätzungen sie hinsichtlich des Erreichens dieser Belohnungen im Verhältnis zur eingesetzten Anstrengung haben.
- Damit die Anstrengungen der Mitarbeiter nicht in eine falsche Richtung gehen und nutzlos verpuffen, muss sichergestellt sein, dass sie ihre Arbeitsaufgaben richtig verstanden haben.
- Unternehmen sollen einen engen Zusammenhang zwischen der individuellen Leistung und den verschiedenen Formen von Entgelt (monetär wie etwa Gehalt, nicht-monetär wie z.B. Statuszuwachs) herstellen. Gleichlaufende Gehaltsanpassungen, z.B. auf Grund gestiegener Lebenskosten, sind aus der Sicht der Erwartungs-Valenz-Theorien wenig zielführend. Vielmehr soll das Entgeltsystem „maßgeschneidert" für den Einzelnen sein, extrinsische und intrinsische Belohnungen für bessere Leistungen vorsehen und den Zusammenhang zwischen Leistung und Entlohnung auch öffentlich machen. Geheim gehaltene Gehaltsschemata und Ähnliches sind daher im Sinne der Theorie nicht zweckmäßig.[30]

Die zwei zentralen Forderungen – möglichst große Transparenz des Zusammenhangs zwischen Anstrengung/Leistung und Belohnungen sowie eine maßgeschneiderte Anreizgestaltung – haben in der Praxis unterschiedliche Verbreitung gefunden. Die möglichst umfassende Offenlegung der Gehaltsstrukturen fand und findet in der Praxis wenig Gegenliebe. Kulturelle Besonderheiten, die Gehaltsschemata und Verdienst in die Sphäre des Privaten/Geheimen rücken, Ungereimtheiten in der Gehaltsstruktur oder die Angst, durch ein vollkommen transparentes System Entgeltdiskussionen und Unzufriedenheit zu produzieren, sind einige Gründe dafür. Im Hinblick auf eine starke Individualisierung der Entgeltgestal-

---

[29] Porter/Lawler 1968, zit. n. Miner 1980, S. 158ff.
[30] Implizite Annahme dahinter ist wohl, dass ein nachvollziehbarer Zusammenhang zwischen Leistung und Höhe des Gehalts besteht. Ob das in der Praxis stets der Fall ist oder ob es nicht häufig bei Bekanntwerden der genauen Höhe der Gehälter und des dann offensichtlichen schwachen Zusammenhangs zwischen Leistung und Bezügen kontraproduktive Effekte geben kann, soll hier zumindest als bedenkenswert angeführt werden.

tung gibt es einige erfolgreiche Beispiele aus der Praxis. Im Rahmen sogenannter Cafeteria-Systeme haben die Mitarbeiter die Möglichkeit, aus einem gegebenen Angebot von Entgeltleistungen nach einem bestimmten Schlüssel diejenigen auszuwählen, die im Sinne ihrer individuellen Zielsetzungen für sie am passendsten scheinen. So kann aus unterschiedlichen Bausteinen (Sozialleistungen, Versicherungen, zusätzliche Pensionsansprüche, mehr Freizeit usw.) ein individuelles Entgeltpaket geschnürt werden.[31]

3.4.3 Bewertung

Die Erwartungs-Valenz-Theorien haben trotz der erwähnten Ausnahmen kaum in die Praxis Eingang gefunden. Sie werden offensichtlich seitens der Führungskräfte als wenig hilfreich, zu kompliziert und in ihren Schlussfolgerungen als wenig praxisnah eingestuft. Häufig wird auch betont, dass die Situation in der Praxis zu verwickelt und unklar ist, um mit einem solchen Konzept arbeiten zu können.

Aus theoretischer Sicht handelt es sich bei diesen Ansätzen um relativ hoch entwickelte Konzepte. Sie werden gegenüber einfacher strukturierten Zugängen wie etwa den Modellen von Maslow und Herzberg der Komplexität sozialen Verhaltens eher gerecht. Nichtsdestotrotz bleiben einige Probleme. Die Basisannahme eines rational kalkulierenden, nach maximaler Lust strebenden Individuums bleibt zweifelhaft. Zumindest schränkt diese Annahme den Anwendungs- und Geltungsbereich der Theorien ein, da bestimmte Formen des Verhaltens nicht oder kaum unter Bezug auf rationale Entscheidungen erklärt werden können. Gleichzeitig tragen die Konzepte selbstimmunisierende Züge: Wenn das tatsächlich gezeigte mit dem erwarteten Verhalten nicht übereinstimmt, dann bleibt immer der (theoretische) Rückzug auf eine mittlerweile geänderte Ziel- und Bedürfnisstruktur. Auch gibt es eine Reihe von Schwierigkeiten bei der Messung der verwendeten Variablen.

Forschungsblitzlichter

Ergebnisse aus der Hirnforschung, vor allem in Verbindung mit neuronalen Netzen, unterstützen die Annahme der VIE-Theorien hinsichtlich einer umfangreichen und ständig mitlaufenden ‚Rechenleistung'.

- Lord et al. (2003) zeigen via Simulationen, dass die menschlichen kognitiven Ressourcen – unsere ‚Rechenkapazität im Gehirn' – ausreichen, um die nach den VIE-Theorien erforderlichen kognitiven Prozesse ablaufen zu lassen.
- Auf einer anwendungsorientierten Ebene fokussieren Pritchard et al. (2002) mit Blick auf VIE-Überlegungen vor allem auf Zielsetzung und Feedback und stellen ein Konzept vor, das Motivation und damit verbundene Leistungserbringung erhöht. Das ‚productivity measurement and enhancement system (ProMes)' erzielt positive Leistungseffekte auf der Unternehmensebene über verschiedene Länder- und Kulturgrenzen hinweg.

---

[31] vgl. dazu auch den Beitrag von Elšik/Nachbagauer „Entlohnung" in diesem Band

3.5 Job Characteristics Theory

Die Job Characteristics Theory (JCT)[32] baut sowohl auf dem Modell der Bedürfnishierarchie als auch der Erwartungs-Valenz-Theorien auf. Ihre Basisannahmen sind Folgende:

- Wenn Menschen glauben, dass sie durch Verhalten ein von ihnen positiv bewertetes Ergebnis erreichen können, dann steigt die Wahrscheinlichkeit, dass sie dieses Verhalten zeigen.
- Ergebnisse werden von Menschen dann positiv bewertet, wenn sie der Befriedigung von physiologischen oder psychologischen Bedürfnissen dienen oder zu anderen Ergebnissen führen, die das tun.
- Wenn Arbeitsbedingungen so gestaltet werden können, dass Menschen ihre eigenen Ziele am besten dann erreichen, wenn sie im Sinne organisationaler Zielsetzungen arbeiten, dann werden Menschen hart arbeiten, um diese Ziele zu erreichen.
- Die meisten der hierarchisch niedrigen Bedürfnisse (z.B. physisches Wohlbefinden, Sicherheit) sind in der Arbeitswelt mit wenigen Ausnahmen befriedigt. Für höherrangige Bedürfnisse (z.B. persönliches Wachstum) gilt das nicht.
- Menschen, die die Befriedigung hierarchisch höherer Bedürfnisse anstreben, werden eine solche Befriedigung dann erreichen, wenn sie durch eigene Anstrengungen etwas erreicht haben, was sie als wichtig oder sinnvoll erachten.

Die Job Characteristics Theory fügt dem Grundmodell der Motivation und der bisher vorgenommenen Erweiterungen keine neuen Variablen hinzu, sondern kombiniert die vorhandenen auf eine spezifische Weise.

3.5.1 Darstellung

Ausgehend von den Basisannahmen versucht die JCT das Problem zu lösen, wie Arbeit so gestaltet werden kann, dass sie effektiv ausgeführt und gleichzeitig von Personen als persönlich belohnend und zufriedenstellend betrachtet wird. Die JCT arbeitet mit drei Hauptvariablen: positiv bewertete Ergebnisse, die durch das Vorhandensein kritischer psychischer Zustände entstehen, welche wiederum auf zentralen Tätigkeitsmerkmalen des Arbeitsplatzes basieren. Die Verbindungen zwischen den Hauptvariablen werden durch Moderatorvariablen beeinflusst: vorhandenes Wissen und Fertigkeiten, die Zufriedenheit mit dem Arbeitskontext (z.B. Entlohnung) und das individuelle Bedürfnis nach Wachstum verändern die Stärke des Zusammenhangs zwischen zentralen Tätigkeitsmerkmalen, kritischen psychischen Zuständen und Ergebnissen. Die folgende Abbildung zeigt das Modell der JCT (vgl. Abbildung 11).

---

[32] Hackman/Oldham 1980

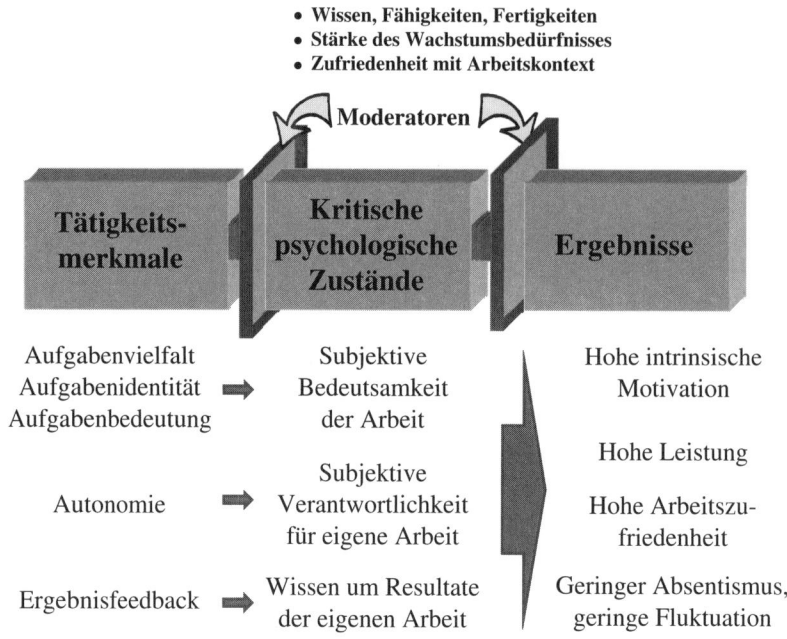

- Wissen, Fähigkeiten, Fertigkeiten
- Stärke des Wachstumsbedürfnisses
- Zufriedenheit mit Arbeitskontext

Moderatoren

| Tätigkeits-merkmale | Kritische psychologische Zustände | Ergebnisse |

Aufgabenvielfalt Aufgabenidentität Aufgabenbedeutung	⇒	Subjektive Bedeutsamkeit der Arbeit	Hohe intrinsische Motivation
Autonomie	⇒	Subjektive Verantwortlichkeit für eigene Arbeit	Hohe Leistung Hohe Arbeitszu-friedenheit
Ergebnisfeedback	⇒	Wissen um Resultate der eigenen Arbeit	Geringer Absentismus, geringe Fluktuation

Abb. 11: Die Job Characteristics Theory

- Kritische psychische Zustände
  Erwünschte Ergebnisse entstehen dann, wenn Personen drei Arten von psychischen Zuständen in ihrer Arbeit erfahren. Erstens müssen Personen ihre Arbeit als innerhalb ihres persönlichen Wertesystems sinnvoll erleben. Zweitens müssen Menschen persönliche Verantwortung für die Arbeitsergebnisse verspüren. Wenn Menschen auf Grund der Arbeitsorganisation für Erfolg oder Misserfolg die Ursache ihrer Tätigkeit stärker in externen Faktoren wie der Maschinenausstattung, dem Vorgesetzten etc. suchen als in ihren eigenen Anstrengungen und Fähigkeiten, dann gibt es keinen Grund, auf gute Resultate stolz oder bei schlechten Resultaten niedergeschlagen zu sein. Drittens müssen Personen die Ergebnisse ihrer Arbeit kennen bzw. erleben. Wenn der Arbeitsprozess so gestaltet ist, dass Personen niemals herausfinden können, ob sie gut oder schlecht gearbeitet haben, so gibt es auch keine Basis für Befriedigung über gute oder Unzufriedenheit mit schlechten Leistungen.

- Tätigkeitsmerkmale
  Die kritischen psychischen Zustände werden durch fünf Tätigkeitsmerkmale beeinflusst. Die ersten drei beziehen sich auf die erfahrene Sinnhaftigkeit der Arbeit. Aufgabenvarietät beschreibt das Ausmaß, in dem Personen unterschiedliche Aktivitäten an einem Arbeitsplatz unter Einbeziehung verschiedenartiger Fähigkeiten und Fertigkeiten ausführen. Aufgabenidentität gibt an, inwieweit an einem Arbeitsplatz ein „identifizierbares Ganzes" erzeugt wird, d.h. die Arbeitsplatzinhaber vom Beginn bis zum Ende am Arbeitsprozess beteiligt sind. Aufgabenbedeutung bezeichnet das Maß,

in dem der Arbeitsplatz eine wesentliche Auswirkung auf das Leben anderer Menschen innerhalb oder außerhalb der Organisation hat. Das vierte Tätigkeitsmerkmal, Autonomie, wirkt auf die verspürte Verantwortung für die Arbeitsergebnisse. Es gibt an, inwieweit der Einzelne am Arbeitsplatz Freiheit, Unabhängigkeit und Entscheidungsmacht über die Ausführung der Arbeit und die Arbeitsabläufe besitzt. Feedback aus der Arbeit, das fünfte Merkmal, bezeichnet das Ausmaß, in dem die arbeitsplatzbezogenen Tätigkeiten zu unmittelbaren und klaren Informationen über das eigene Leistungsverhalten führen.

- Erwünschte Ergebnisse
  Zentrales Ergebnis der durch die fünf Tätigkeitsmerkmale ausgelösten psychischen Zustände ist intrinsische Motivation. Positive und negative Gefühle am Arbeitsplatz sind daher eng mit der gezeigten Leistung verbunden. Gute Leistungen am Arbeitsplatz werden von den Einzelnen als belohnend empfunden, was wiederum zu weiteren Leistungen anspornt. Um negative Gefühle zu vermeiden, bemühen sich Menschen an sinnvoll gestalteten Arbeitsplätzen um positive Ergebnisse. Hackman/Oldham drücken das so aus: „Wenn Menschen und Arbeitsplätze gut zueinander passen, ist es kaum notwendig, sie durch Gewalt, Zwang oder Tricks zu harter Arbeit und guter Leistung zu bewegen. Stattdessen werden sie das von sich aus anstreben, da ein solches Verhalten belohnend und zufriedenstellend wirkt.[33]"

Die Wirkungskette ‚zentrale Tätigkeitsmerkmale ⇨ kritische psychische Zustände ⇨ Ergebnisse' ist nicht für alle Menschen gleich. Manche reagieren auf herausfordernde, mit einem hohen Maß an Gestaltungsmöglichkeiten und Verantwortung versehene Arbeitsplätze positiv. Andere sehen einen derart gestalteten Arbeitsplatz als unzumutbare Mehrbelastung an. Die JCT sieht drei Faktoren (‚Moderatoren') als besonders bedeutsam für diese Unterschiede. Erstens ist ein ausreichendes Maß an Wissen, Fähigkeiten und Fertigkeiten notwendig, um motivierend gestaltete Arbeitsplätze auch ausfüllen zu können. Sind Menschen aufgrund ihrer persönlichen Eigenschaften nicht in der Lage, einen „an sich" als herausfordernd und positiv erkannten Arbeitsplatz auszufüllen (vereinfacht: sie wollen zwar, können aber nicht), so entsteht Frustration und innerer oder faktischer Rückzug vom Arbeitsplatz. Zweitens ist das persönliche Bedürfnis nach persönlichem Wachstum von Bedeutung. Menschen mit hohen Wachstumsbedürfnissen werden eher danach streben, anspruchsvolle Arbeitsplätze auszunutzen als Menschen mit geringeren Wachstumsbedürfnissen. Schließlich spielt die Zufriedenheit mit dem Arbeitskontext, also Faktoren wie Entlohnung, Vorgesetzter oder Arbeitsplatzsicherheit eine Rolle. Mit diesen Aspekten zufriedene Menschen werden stärker auf herausfordernde Arbeitsplätze reagieren als unzufriedene Personen.

Das Motivationspotenzial eines Arbeitsplatzes – nicht: einer konkreten Person – ergibt sich aus dem Zusammenwirken der zentralen fünf Tätigkeitsmerkmale. Es lässt sich wie folgt berechnen:

$$\text{Motivations-}\atop\text{potenzial-}\atop\text{wert} = \frac{\text{Varietät} + \text{Identität} + \text{Bedeutsamkeit}}{3} \times \text{Autonomie} \times \text{Feedback}$$

---

[33] Hackman/Oldham 1980, S. 71

Die Werte für Feedback und Autonomie sowie die Summe aus Varietät, Identität und Bedeutsamkeit müssen jeweils größer als null sein, damit einem Arbeitsplatz überhaupt eine
motivierende Kraft im Sinne der JCT zukommt.

Die Messung der wesentlichen in der JCT enthaltenen Variablen erfolgt mit Hilfe des
Job Diagnostic Survey (JDS). Er erfasst die Tätigkeitsmerkmale, die kritischen psychischen Zustände, die Ergebnisse, die individuelle Stärke des Wachstumsbedürfnisses
und ermöglicht so u.a. die konkrete Berechnung des Motivationspotenzialwerts eines Arbeitsplatzes. Beim JDS handelt es sich um einen schriftlichen Fragebogen, der von den
Stelleninhabern ausgefüllt wird. Die zentralen Variablen der JCT werden mit Hilfe von
Fragen erfasst, die von den Befragten auf einer sieben- bzw. fünfteiligen Ratingskala beantwortet werden sollen.

3.5.2 Bedeutung für die Arbeitswelt

Aus der JCT ergeben sich konkrete Ansatzpunkte für die Veränderung betrieblicher Gegebenheiten hin zu Arbeitsplätzen mit einem höheren Motivationswert. Hervorzuheben sind
drei grundsätzliche Leitlinien. Erstens sollen „natürliche" Arbeitseinheiten geformt werden,
damit die Aufgabenidentität und die Sinnhaftigkeit der Aufgabe erhöht wird. Zweitens sollen Aufgaben zusammengefasst werden. Das steigert die Aufgabenvarietät und -identität.
Drittens sollen die Arbeitsplätze mit zusätzlicher Verantwortung angereichert werden, um
die Autonomie zu erhöhen. Feedbackkanäle sollten eingerichtet werden, insbesondere solche, bei denen die Betroffenen direkt aus ihrer Arbeit Rückmeldungen erhalten.

In der Praxis wurden in verschiedenen Betrieben Arbeitsgestaltungsmaßnahmen in
Anlehnung an die JCT durchgeführt. Auf der Basis einer Untersuchung mit Hilfe des JDS
hat sich eine Schritt-für-Schritt-Vorgehensweise herausgebildet, die als Leitlinie für konkrete Veränderungsmaßnahmen dient.[34]

- Schritt 1: Überprüfen, ob in den Bereichen Motivation und Zufriedenheit problema-
  tische Werte existieren. Wenn gleichzeitig die Arbeitsergebnisse unbefriedigend sind,
  können Maßnahmen der Arbeitsanreicherung entlang der JCT von Nutzen sein.
- Schritt 2: Überprüfen, ob das Motivationspotenzial der einzelnen Arbeitsplätze niedrig ist. Ist das der Fall, sind grundsätzliche Maßnahmen zur Neustrukturierung der
  Arbeit zu überlegen, z.B. durch andere Zusammenfassung von Tätigkeiten an einem
  Arbeitsplatz.
- Schritt 3: Überprüfen der Werte für die fünf zentralen Tätigkeitsmerkmale, um Stärken
  und Schwächen des gegenwärtigen Aufgabenprofils zu erkennen. Auf diese Weise
  können Ansatzpunkte für Veränderungen diagnostiziert werden.
- Schritt 4: Überprüfen, ob die gegenwärtigen Arbeitsplatzinhaber hohe Werte bei den
  individuellen Wachstumsbedürfnissen haben. Ist das der Fall, dann haben Maßnahmen der Arbeitsanreicherung eher Aussicht auf Erfolg als bei Stelleninhabern mit geringen Wachstumsbedürfnissen.
- Schritt 5: Überprüfen, ob die vorhandenen Daten spezielle Hinweise auf Hindernisse
  oder Ansatzpunkte bei geplanten Veränderungen liefern.

---

[34] Hackman 1975, zit. n. Miner 1980, S. 257f.

3.5.3 Bewertung

Aus der Sicht der betrieblichen Praxis handelt es sich um ein Konzept, das unmittelbare Relevanz für alltägliches (Management-)Handeln besitzt und zentrale betriebliche Probleme aufgreift. Die klare Formulierung des Konzepts, der Entwurf von Konzepten zur Diagnose der Ist-Situation und die Entwicklung von grundsätzlichen Richtlinien zur Handlungsanleitung bilden die großen Stärken dieses Ansatzes und erleichtern den praktischen Einsatz. Darüber hinaus enthält die JCT Hinweise auf ein nach verschiedenen Mitarbeitern bzw. Mitarbeitergruppen sowie Arbeitsplätzen differenziertes Vorgehen. Durch die Einbeziehung der Moderatorvariablen gestattet es die JCT, auf die jeweilige Situation abzustellen und zu differenzieren.

Aus wissenschaftlicher Sicht handelt es sich um ein konzeptionell sehr klares und gut operationalisiertes Konzept. Zur JCT gibt es eine Reihe von empirischen Untersuchungen, welche die postulierten Zusammenhänge überprüfen. Die Ergebnisse unterstützen überwiegend die Kernaussagen des Konzepts. Einige Schwierigkeiten bzw. Unklarheiten bleiben jedoch. Die Berechnung des Motivationspotenzials eines Arbeitsplatzes in der vorgestellten Form ist einer einfachen Addition der Kerndimensionen der Tätigkeit unterlegen. Aufgabenidentität als eine wesentliche Tätigkeitsdimension zeigt in den durchgeführten empirischen Studien oft nur einen geringen Zusammenhang mit den erwünschten Ergebnissen. In ähnlicher Weise ist auch Feedback kaum mit den Ergebnissen verbunden. Die Einbeziehung der Moderatorvariablen macht die Theorie deutlich komplizierter, wobei jedoch der genaue Einfluss dieser Größen nicht gänzlich geklärt ist. Zusätzliche relevante Moderatorvariablen auf der Makro-Ebene wie etwa Schichtzugehörigkeit, die für die Reaktion auf herausfordernde Arbeitsplätze von Bedeutung sind,[35] sind bisher nicht im Modell enthalten.

Forschungsblitzlichter

- In einer Studie bei 245 Bankangestellten und 362 Lehrerinnen und Lehrern in den Niederlanden zeigen Houkes et al. (2001), dass der Motivationspotenzialwert eines Arbeitsplatzes positiv mit der intrinsischen Motivation zusammenhängt und dass emotionale Erschöpfung stark von der Arbeitsbelastung und dem Ausmaß an sozialer Unterstützung abhängt.

- Mit besonderem Fokus auf die Arbeitsgestaltung arbeiten Edwards et al. (2000) heraus, dass stark auf motivationale Faktoren abstellende Arbeitsgestaltung positive Effekte für die Zufriedenheit der Beschäftigten haben.

- Morgeson/Campion (2002) beschäftigen sich mit dem häufig zu beobachtenden ‚trade-off‘ zwischen Zufriedenheits- und Effizienzüberlegungen. Sie arbeiten anhand einer Studie in einem Pharmaunternehmen mit Sitz in den USA heraus, dass dieser Abtausch minimiert werden kann, wenn man Aufgaben so zusammenfasst, dass sie einen ‚natürlichen‘ Arbeitsablauf ergeben und den ursprünglichen Kern von Arbeitsplätzen – der oft im Lauf der Zeit von weniger zentralen Aufgaben überlagert wird – wieder stärker betonen.

---

[35] Turner/Lawrence 1965, zit. n. Miner 1980, S. 242

4. Integrativer Rahmen

Katzell/Thompson[36] fügen dem Grundmodell der Motivation neben den bereits oben erwähnten noch drei weitere Variablen hinzu, um zu einem integrierten Modell von Motivation und Leistung zu gelangen: Normen, Commitment und Ressourcen (vgl. Abbildung 12).

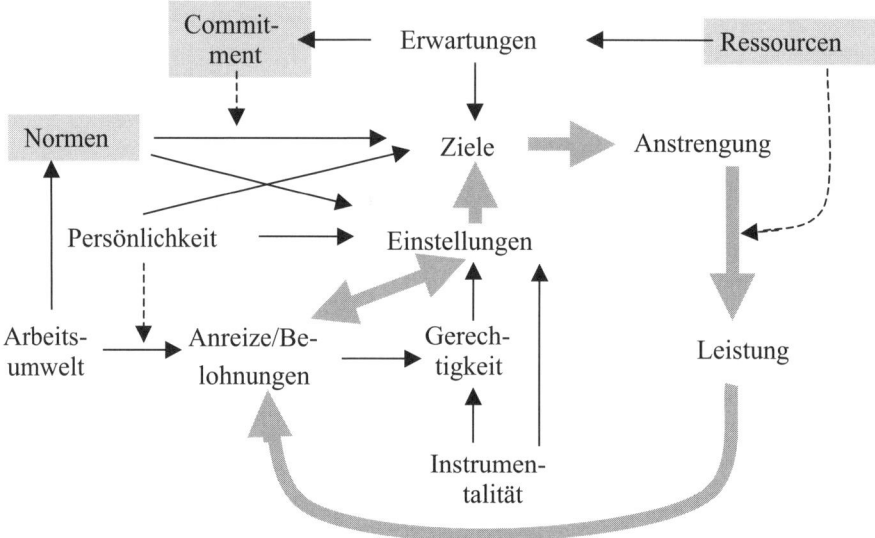

Abb. 12: Integriertes Modell von Motivation und Leistung

Gesellschaftliche, organisationale und gruppenbezogene **Normen** werden u.a. durch die Arbeitsumwelt beeinflusst. Sie formen Einstellungen und Ziele. Wenn beispielsweise in einer Studierendengruppe das Erzielen guter Noten als „uncool" gilt, dann beeinflusst das die Einstellung gegenüber Lernen und Prüfungen. Das vorhandene **Commitment**, d.h. die „Bindung" an die Arbeit, an die Organisation o.Ä. wirkt dabei als „Filter", als sog. moderierende Variable. Zielbezogene Anstrengungen führen letztlich zur arbeitsbezogenen Leistung. Allerdings lediglich in dem Ausmaß, in dem die vorhandenen persönlichen bzw. sachlichen **Ressourcen** – also etwa: Qualifikationen, Fertigkeiten, Arbeitsmaterial, Werkzeuge – vorhanden sind. Verfügbare Ressourcen beeinflussen darüber hinaus die individuellen Erwartungen. Wer etwa ein mathematisches „Naturtalent" ist, wird andere Erwartungen hinsichtlich der eigenen Leistung bei einer Statistikaufgabe haben als ein „ausgewiesener Nicht-Könner".

Der integrative Rahmen erlaubt die Identifikation von Einflussfaktoren, die für die praktische Gestaltung einer motivierenden betrieblichen Situation besonders wichtig sind. Zusammenfassen lässt sich dies in sieben Imperativen der Gestaltung eines die Arbeitsmotivation fördernden Umfelds:[37]

---
[36]   Katzell/Thompson 1990a
[37]   Katzell/Thompson 1990b, S.146ff.

1. Stellen Sie sicher, dass die Motive und Werte der Beschäftigten zu den Aufgaben passen, in denen sie eingesetzt sind!
2. Schaffen Sie Arbeitsaufgaben, die aus Sicht der Beschäftigten attraktiv, interessant und zufriedenstellend sind!
3. Vereinbaren Sie arbeitsbezogene Ziele, die klar, herausfordernd, attraktiv und erreichbar sind!
4. Sorgen Sie für die persönlichen und sachlichen Ressourcen, welche die Beschäftigten zur effektiven Aufgabenerfüllung benötigen!
5. Schaffen Sie ein unterstützendes soziales Netzwerk!
6. Verstärken Sie positive Leistungserfüllung!
7. Bauen Sie all diese Elemente abgestimmt in ein harmonisches sozio-technisches System ein!

Hinter jedem dieser Imperative stehen motivationale Schlüsselvariablen, denen wiederum praktische betriebliche Maßnahmen zugeordnet werden können. Tabelle 1 gibt dazu einen Überblick. In der ersten Spalte findet sich die Kurzform der oben genannten motivationalen Imperative, die zweite Spalte zeigt die Variable(-n) an, auf die sich der Imperativ hauptsächlich bezieht und in der dritten Spalte ist ein Beispiel für eine mögliche Umsetzung in der Praxis angeführt.

Motivationaler Imperativ	Variable	Praktische Maßnahmen (Beispiele)
1. „Fit" zwischen Motiven/Werten und Aufgabe	Persönliche Motive und Werte	Personalauswahl; Probezeit; Sozialisation
2. Attraktive, interessante und zufriedenstellende Aufgaben	Anreize und Belohnungen	Entlohnung; Beförderung; Karriereplanung; Job Enrichment
3. Existenz klarer, herausfordernder, erreichbarer und attraktiver Ziele	Ziele	Management by objectives; Qualitätszirkel; Leistungsbeurteilung
4. Bereitstellung notwendiger Ressourcen und Minimierung von Ressourcenbeschränkungen	Persönliche und sachliche Ressourcen	Aus- und Weiterbildung; Coaching/Mentoring; Problemlösungsgruppen; Bereitstellung von Technologie
5. Schaffung unterstützender interpersoneller und gruppenbezogener Prozesse	Soziale und gruppenbezogene Faktoren	Teamentwicklung; Gruppenzusammensetzung; Sensitivity Training

6. Verstärkung von guter Leistung	Verstärkung	Leistungsorientierte Entlohnung; Leistungsfeedback
7. Harmonische Abstimmung personaler, sozialer und technischer Faktoren	Sozio-technische Systeme	Programme zur Humanisierung der Arbeit; Organisationsentwicklung

Tabelle 1: Motivationale Imperative und beispielhafte praktische Maßnahmen

Der integrative Rahmen zeigt, dass erste „ganzheitliche" motivationale Landkarten existieren, die eine motivationsgerechte Gestaltung der organisationalen Situation erlauben. Sie können sowohl der weiteren Theorieentwicklung als auch der praktischen Arbeit in Organisationen zur Orientierung dienen.

Konfliktgestaltung und Kommunikation

Monika Heinrich und Angelika Schmidt

Inhalt

1. Einleitung, Zielsetzungen und Überblick

In der Wohnung unter Ihnen wohnt eine nette Familie mit zwei kleinen Kindern. Regelmäßig dringt jedoch bis Mitternacht Lärm zu Ihnen empor, begleitet von hörbarer Musik. Da Sie oft früh raus müssen, stört Sie das. Gelegentlich haben Sie schon auf den Boden gestampft, in der Hoffnung, man möge dies unten richtig deuten. Aber nein. Ein direktes Gespräch scheuen Sie. Sie wollen die freundliche Nachbarschaft nicht aufs Spiel setzen. Zwei Jahre vergehen – mal leise, mal laut. Sie leiden. Sie bauen Aggressionen gegenüber der Familie auf. Schließlich fassen Sie sich – nach zwei Jahren (!) – ein Herz und suchen die Nachbarn auf, als es wieder mal laut ist ...[1]

Ein Sachbearbeiter wird bei einer Neuerung, die seinen Arbeitsbereich betrifft, nicht informiert oder zu Rate gezogen. „Meine Meinung ist unwichtig", denkt er sich. Er wehrt sich nun gegen die Einführung dieser Neuerung, denn er möchte von den anderen ernst genommen werden. Er möchte in Beziehung zu ihnen, im Vergleich mit ihnen, nicht als unwichtig und inkompetent angesehen werden.[2]

Im Rahmen einer Studie zum Prozessgeschehen von Mobbing berichtet eine Mobbingbetroffene: „Ein wahnsinniger Stress, weil die Arbeit hat mir an sich nichts ausgemacht, aber man hat gemerkt, es wird alles genau beobachtet, jede Bewegung, jede Aktivität, alles hat man beobachtet, und ich habe nicht genau gewusst, wer da noch dahinter steht und beteiligt ist bei dem Komplott."[3]

Wie diese Fallsequenzen zeigen, sind Auseinandersetzungen und Konflikte allgegenwärtig – und häufig Ausgangspunkt für eine konstruktive Weiterentwicklung. Wir werden uns im vorliegenden Beitrag darauf konzentrieren, wie Konfliktgestaltung aussieht, damit es konstruktiv weitergehen kann und welchen Stellenwert Kommunikation dabei hat. Wo Konflikte sind, ist immer auch Emotion, ist Energie, ist Weiterentwicklung – oder auch Untergang. Wo Konflikte fehlen, ist Harmonie und Kooperation – oder auch Langeweile, Stillstand und Erstarrung. Ein gewisses Maß an Konflikten ist also „gesund" und Organisationen streben mitunter gezielt danach. So werden bspw. Matrixstrukturen auch deshalb etabliert, um bewusst Spannungen in die Organisation zu tragen und von der Kreativität zu profitieren, die aus der grundsätzlich konfliktären Konstellation der Matrix resultiert.[4]

Im folgenden Beitrag wird daher ausgelotet, wo Konflikte beginnen *ungesund* zu werden, also destruktiv und ausweglos für eine oder gar alle beteiligten Parteien sind und wie man solche Entwicklungen handhaben kann. Das setzt ein einheitliches Begriffsverständnis und Basiswissen zu den Erscheinungsformen von Konflikten (Kapitel 2) voraus, erfordert es, darauf einzugehen, worauf in der Analyse einer als konfliktär wahrgenom-

---

[1]   Heinrich, auf Basis einer authentischen Schilderung im Rahmen eines Seminars, Mai 2008. (Der benachbarten Familie war nicht bewusst, dass sie zu hören ist. Ab sofort gab es keine Probleme mehr.)

[2]   Rüttinger/Sauer 2000, S. 23

[3]   Kolodej 2005, S. 189

[4]   vgl. auch Meyer „Strukturen und klassische Organisationsformen" in diesem Band

menen Situation geachtet werden soll (Kapitel 3) und zeigt auf, was im Rahmen einer konstruktiven Konfliktgestaltung (Kapitel 4) konkret unternommen werden kann. Der herausragenden Bedeutung von Kommunikation für Konflikte wird in einem eigenen Kapitel (5) Rechnung getragen. Schlussfolgerungen mit abschließenden Hinweisen zur Deeskalation beschließen die Ausführungen (Kapitel 6). Nachfolgende Abbildung visualisiert den Aufbau.

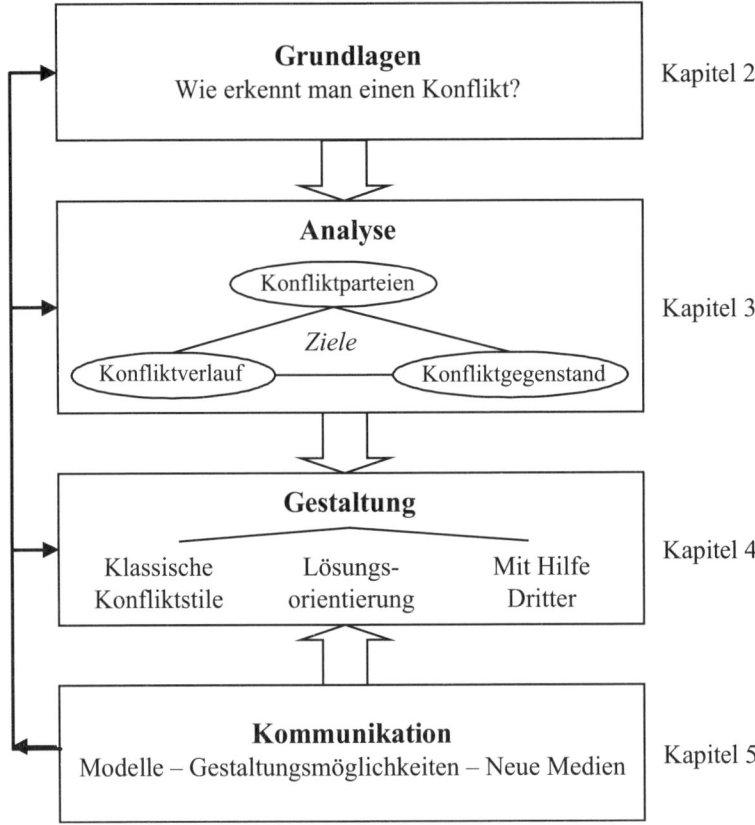

Abb. 1: Überblick

2. Konflikte: Grundlagen

2.1 Sinn und Definition von Konflikten und Konfliktfähigkeit

Es ist unbestritten, dass Konflikte komplexe und widersprüchliche Tatbestände sind.[5]

Schwarz folgert daher, dass „Definitionen […] nicht ausreichen, um die vielen Facetten des Konfliktes zu erfassen."[6] Vielmehr solle der in unserer abendländischen „Entweder-Oder"-Logik schwer zu akzeptierende, widersprüchliche Sinn von Konflikten erfasst werden, der im „Sowohl-Als auch" liegt: Konflikte sorgen sowohl für *Selektion* durch das Sichtbarmachen, Verdeutlichen und damit auch Nutzbarmachen von Unterschieden als auch für *Einheit* und *Stabilität*, indem Bestehendes gerade durch das Infragestellen im Konflikt, wenn es sich bewährt, an Festigkeit gewinnt. Dazu ein Beispiel:

> *In einer Arbeitsgruppe ist es seit langem üblich, gemeinsam pünktlich zu beginnen. Seit einiger Zeit kam es aber immer wieder einmal vor, dass jemand zu spät kam („musste noch dieses tun oder jenes", „ein Anruf kam noch rein", „ihr könnt ja schon ohne mich beginnen" etc.). Als sich nun auch ein neues Mitglied schon das dritte Mal verspätet und man wieder erst mit Verzögerung starten konnte, kommt es zu einer heftigen Auseinandersetzung über Sinn und Unsinn gemeinsamen, pünktlichen Beginnens. Rasch werden gegenseitige Beleidigungen („Zeitdiebe!" – „Erbsenzähler!", „Bürokraten!" etc.) ausgetauscht, bevor die eigentlichen Beweggründe besprochen werden können und man sich schließlich auf ein Beibehalten der bisherigen Norm verständigt.*

Eine Gruppennorm, gegen die erfolglos verstoßen wird, gilt umso stärker und erhöht die Einheit der Gruppe. Eine nutzlose kann ausselektiert und durch eine funktionalere ersetzt werden – eine Weiterentwicklung hat stattgefunden. In einem sozialen System sollten daher beide Prinzipien (Veränderung und Bewahrung, Selektion und Einheit) gut ausbalanciert sein. Nicht Unterschiede an sich sind dabei konfliktträchtig, sondern die Art und Weise, wie wir diese Unterschiede wahrnehmen, bewerten und damit umgehen, ob wir gelernt haben sie zuzulassen und als Bereicherung zu sehen oder nicht. Tatsächlich bringt die Arbeitsteilung unserer Gesellschaften Konkurrenz mit sich, bei gleichzeitiger Erwünschtheit und Erforderlichkeit kooperativer Verhaltensweisen. Das passt nicht immer zusammen und so sind Pannen und Konflikte oft eine logische Folge.

Andere AutorInnen[7] streben deshalb sehr wohl eine Definition von „Konflikt" an, um festlegen zu können, ob ein Konflikt vorliegt und daher Augenmerk auf eine aktive Konfliktgestaltung zu legen ist oder ob es sich nur um eine Panne handelt, die man mit bewährten Methoden (z.B. einer Entschuldigung oder einer knappen Erklärung) eliminiert – sofern sie nicht gehäuft auftreten und dann eventuell Hinweise auf tiefer liegende Konflikte sind. Im Bemühen um eine Definition des Konfliktbegriffs werden im Allgemeinen Konflikte *in* einer Person (z.B. Rollenkonflikte) von Konflikten *zwischen* Personen oder sozialen Systemen (soziale Konflikte) unterschieden. Wir gehen in diesem Beitrag von

---

[5]   siehe z.B. Rüttinger/Sauer 2000, S. 19
[6]   2003, S. 15ff.
[7]   Berkel 1990; Glasl 2002, 2004; Rahim 2001; von Rosenstiel 1987

Letzteren aus. Definitionen dazu betonen, wie nachstehend Glasl, das gegensätzliche Wollen oder Tun und die Bewusstheit der Gegnerschaft:

> Ein „Sozialer Konflikt ist eine Interaktion zwischen Aktoren (Individuen, Gruppen, Organisationen usw.) wobei wenigstens ein Aktor eine Differenz bzw. Unvereinbarkeiten im Wahrnehmen und im Denken bzw. Vorstellen und im Fühlen und im Wollen mit dem anderen Aktor (den anderen Aktoren) in der Art erlebt, dass beim Verwirklichen dessen, was der Aktor denkt, fühlt oder will eine Beeinträchtigung durch einen anderen Aktor (die anderen Aktoren) erfolge."[8]

Es geht bei sozialen Konflikten also darum, dass es zu einer Kommunikation kommt, die aufeinander bezogen ist, und dass etwas Gemeinsames vorhanden ist, um das oder für das die Auseinandersetzung stattfindet. Es genügt dabei, dass ein Aktor oder eine Aktorin subjektiv entsprechend handelt. Die Unvereinbarkeit kann auf verschiedenen Ebenen auftreten – aber es muss ein erkennbares Realisierungshandeln (z.B. verbale Kommunikation) dazukommen. Und die Unvereinbarkeit muss auch im Gefühls- und Willensleben auftreten (da sonst nur ein Widerspruch vorliegt). Die Beteiligung der Gefühlswelt – meist unangenehmerweise – bei Konflikten ist unbestreitbar. Wenigstens ein Aktor oder eine Aktorin erlebt die Unvereinbarkeit zudem so, dass er/sie sie in der Ursache der anderen Partei zuschreibt, egal ob zu Recht oder zu Unrecht. Diese Einbindung der Gefühlswelt tritt gerade bei Beziehungskonflikten (z.B. Partnerschaftskonflikten) auf.

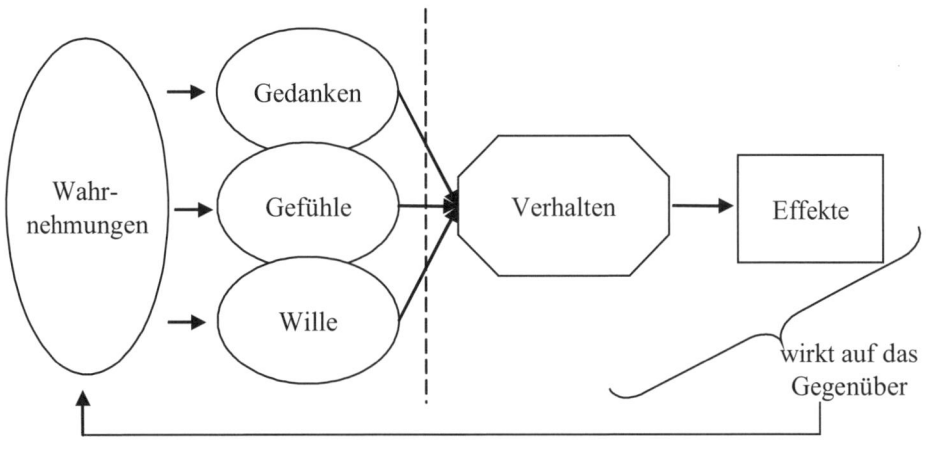

Eskalation

Abb. 2: Wirkung von sozialen Konflikten[9]

Wenn uns zum Beispiel jemand kritisiert, dann löst unsere Wahrnehmung dazu Gefühle aus, Gedanken tauchen auf und wir entwickeln ein bestimmtes Wollen zu dieser Aktion.

---

[8]   Glasl 2004, S. 17
[9]   Glasl 2004, S. 39ff.

Dies alles ist für unser Gegenüber erst in unserem Verhalten sichtbar (wenn wir uns bspw. verteidigen und selbst den anderen oder die andere kritisieren oder wenn wir uns verschließen) und hat wiederum bestimmte, nicht vorhersehbare Effekte, die in ihrer Wirkung in die Eskalation führen können (siehe Abbildung 2 und vgl. Kapitel 3.4).

In Sozialen Konflikten können wir also *entscheiden*, wie wir uns verhalten wollen. Nicht jede Einladung zum Konflikt anzunehmen, ist daher ein wesentlicher Bestandteil von Konfliktfähigkeit als zentraler sozialer Kompetenz. Nach Glasl[10] heißt als Person konfliktfähig zu sein,

- Konfliktphänomene in mir selbst und in meiner Umgebung möglichst früh und deutlich wahrzunehmen (vgl. Kapitel 2.2 Erscheinungsformen von Konflikten);

- zu verstehen, welche Mechanismen zur Intensivierung der Konflikte und zur Verstrickung beitragen (vgl. Kapitel 3.4 Verlauf und Eskalationsdynamik);

- Wege zu kennen und Mittel anwenden zu können, die zur Klärung von Standpunkten und Situationen beitragen (vgl. Kapitel 4 Konstruktive Konfliktgestaltung);

- erkennen und akzeptieren können, wo die Grenzen eigenen Wissens und Könnens liegen und wo ich mich deshalb um Hilfe von außen bemühen sollte (vgl. Kapitel 4.4);

- in der Lage zu sein, vielfältige Methoden anzuwenden, mit denen eigene Anliegen zum Ausdruck gebracht werden können, ohne die Situation wesentlich zu verschlimmern (vgl. Kapitel 5).

Konfliktfähigkeit kann aber nach Ansicht der Verfasserinnen dieses Beitrags auch pointiert einfach als Kompetenz bezeichnet werden, mit Unterschieden (im Denken, Fühlen, Wollen oder Tun in Bezug auf andere) konstruktiv umgehen zu können.

2.2 Erscheinungsformen von Konflikten

Auf die Unterscheidung zwischen Konflikten *in* einer Person, den intrapersonalen Konflikten, und jenen *zwischen* Personen oder sozialen Systemen, den interpersonalen („sozialen") Konflikten wurde bereits hingewiesen. Im Arbeitsleben ist für Erstere speziell an Rollenkonflikte, wie sie z.B. durch Beförderungen entstehen können, zu denken (wenn bspw. jemand vom Kollegen zum Chef wird und nun im Zwiespalt [„Konflikt"] ist, wie er sich nun den ehemaligen KollegInnen gegenüber verhalten soll, wie er seine neue Rolle ausüben soll). Je besser man sich selbst kennt, je gefestigter man ist und je besser man seine intrapersonalen Konflikte ausbalancieren kann, desto stabiler ist auch die Grundlage, in interpersonalen Konflikten kompetent agieren zu können und sich nicht unnötig zu verstricken. „Reifes Verhalten kennt und akzeptiert die eigenen Stärken, aber auch die eigenen Beschränkungen und sieht im Anders-Sein der anderen Chancen und Möglichkeiten zur Weiterentwicklung."[11] Wie aber kann dieses „Anders-Sein", wie können Konflikte überhaupt in Erscheinung treten?

---

[10]   2002, S. 10
[11]   Schwarz 2003, S. 95

2.2.1 Verbale und Nonverbale Konfliktindikatoren

Zentrale Anhaltspunkte für drohende oder bereits bestehende Konflikte ergeben sich aus der Kommunikation: nicht nur verbaler, aktiver Widerstand, offene Anfeindungen oder auch Überanpassung müssen dabei Anzeichen sein, sondern vielsagender sind oft – auch minimale – körpersprachliche Reaktionen, wie bspw. ein abschätziger Blick, wenig oder kein Blickkontakt. Um unseren Befindlichkeiten Ausdruck zu geben oder gezielte Signale zu senden, stehen uns folgende verbale und nonverbale Elemente zur Verfügung:

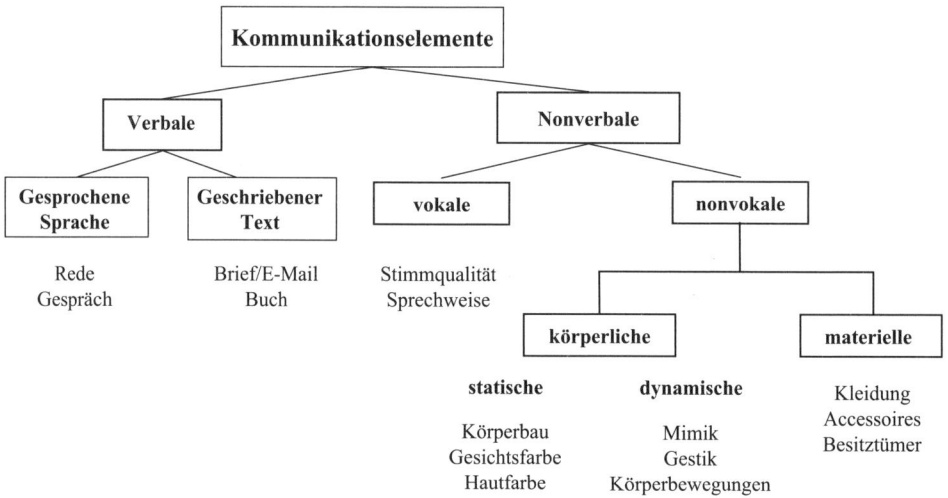

Abb. 3: Verbale und nonverbale Kommunikationselemente im Überblick[12]

Verbale und nonverbale Kommunkationselemente wirken miteinander und ganz im Gegensatz zu jenen Modellen zwischenmenschlicher Kommunikation, bei denen davon ausgegangen wird, dass ein ‚Sender' bestimmt, welche Botschaften beim ‚Empfänger' ankommen, bestehen im konkreten, tatsächlichen Kommunikationsgeschehen zwischen den Aktionen des ‚Senders' und den Reaktionen des ‚Empfängers' keine eindeutigen Ursache-Wirkungs-Beziehungen, sondern mehrdeutige, nicht vorhersehbare Abfolgen.[13] Was Menschen in der zwischenmenschlichen Kommunikation verbindet, sind Phänomene, die beide wahrnehmen können, wie das folgende Beispiel zeigt:

„Ihre Frisur, liebe Frau B, ist heute aber sehr hübsch. Macht Sie um Jahre jünger!" Herr A macht Frau B ein Kompliment – glaubt er. Frau B findet dies in dem Kontext des Gesprächs unpassend, fühlt sich belästigt und bricht das Gespräch ab. Frau B hat die Äußerung von Herrn A offensichtlich anders interpretiert, als er es beabsichtigt hatte.

---

[12]   nach Sauerwein 1994, S. 17
[13]   vgl. v. Foerster 1988

Herr A und Frau B hören sich gegenseitig sprechen, können sich gegenseitig in ihrem Verhalten beobachten. Doch was diese beobachteten Phänomene für sie bedeuten, ist nicht objektiv festgelegt, sondern hängt davon ab, welche Aspekte sie jeweils auswählen und welche Bedeutung sie ihnen zuschreiben.

Menschen verbinden in Abhängigkeit von ihrem Alter, ihrer Ausbildung, ihrem Geschlecht, der Schicht aus der sie kommen, ihrer politischen und religiösen Einstellung etc. mit ein und denselben Begriffen Verschiedenes: „Bleibt man zunächst einmal auf der Ebene der Wörter, so wird man feststellen können, dass Einzelne entsprechend ihrem Herkunftsmilieu und entsprechend der von ihnen durchlaufenen Lernmilieus über einen Wortschatz verfügen, der beträchtliche Unterschiede sowohl im Inhalt als auch im Umfang aufweisen mag."[14] Gesprochene und geschriebene Sprache ist eines der bedeutendsten Mittel zur Verständigung der Menschen untereinander. Über die Sprache werden Weltanschauungen, Weltbilder transportiert und vermittelt, Identitäten gebildet und beeinflusst.[15] Sprache ist somit weit mehr als ein Mittel zur Informationsvermittlung. Sprache reflektiert die gesellschaftlich und historisch entstandene Realität – was zugleich ihren konservativen Charakter ausmacht.[16] Durch Sprache aber wird auch Realität geschaffen. Menschen verbinden bestimmte Vorstellungen mit dem, was sie selbst sagen, hören oder lesen. Oder anders ausgedrückt: Sprache wird vom Bewusstsein beeinflusst, hat aber vice versa auch eine bewusstseinsbildende Wirkung.[17] Abgesehen von diesen Überlegungen kann die geschriebene oder gesprochene Sprache Konflikte anzeigen durch direkte Vorwürfe, böse Beschimpfungen, aggressive Angriffe, verbale Drohungen, polemische Vorhaltungen, Verhärtung der Argumente, aber auch durch Wortkargheit: „Das größte Problem ist der Rückzug ins Schweigen."[18]

Unter nonverbaler Kommunikation werden alltagssprachlich zumeist nur die körperlich-dynamischen Aspekte subsumiert, doch schon Watzlawick et al. bemerken, dass „… ferner daran erinnert werden muss, dass das ,Material' jeglicher Kommunikation keineswegs nur Worte sind, sondern auch alle paralinguistischen Phänomene (wie z.B. Tonfall, Schnelligkeit oder Langsamkeit der Sprache, Pausen, Lachen, Seufzen), Körperhaltung, Ausdrucksbewegungen (Körpersprache) usw. innerhalb eines bestimmten Kontextes umfasst – kurz, Verhalten jeder Art."[19] Wesentlich ist, dass nonverbale Signale erst dadurch wichtig werden, dass sie für Sender und Empfänger eine Bedeutung haben,[20] welche jedoch mit dem jeweiligen Kontext variieren kann. Nonverbale Signale wirken stärker als verbale Aufforderungen, sie sind weniger gut kontrollierbar als verbale Signale und i.d.R. daher authentischer, ehrlicher. Allerdings können sie von – kulturell bedingten – Konventionen überlagert sein.

Die nonverbalen Elemente und Zeichen erfüllen kommunikative, sozial-regulative und expressive Funktionen. Im Idealfall wird dabei die Wahrscheinlichkeit, verstanden zu wer-

---

[14] Badura 1973, S. 118
[15] vgl. Wodak et al. 1987, S. 11
[16] Trömel-Plötz 1989, Sp. 1069
[17] vgl. Kargl 2002, S. 78ff.
[18] Patterson et al. 2006a, S. 57
[19] Watzlawick/Beavin/Jackson 1969/1990, S. 51
[20] Argyle 1996, S. 62

den, erhöht und das Gesprochene verfeinert. Folgende Mechanismen können dabei bei-spielhaft unterschieden werden:[21]

- Verbaler und nonverbaler Ausdruck können sich gegenseitig stützen (*Redundanz*): Beispielsweise könnte jemand fragen „Ist das wahr?" und dazu einen fragenden Ge-sichtsausdruck zeigen.

- Der nonverbale Ausdruck kann den verbalen Ausdruck ersetzen (*Substitution*): Spra-che wird durch Körpersprache ersetzt, wie das „Daumenhalten" für eine/n Prüfungs-kandidaten/-kandidatin.

- Der nonverbale Ausdruck kann durch das verwendete Medium reduziert werden (*Re-duktion*): z.B. bei schriftlichen Texten, wo körpersprachliche Anteile u.U. mitgedacht oder bestenfalls angedeutet werden.

- Und: Verbaler und nonverbaler Ausdruck können sich widersprechen (*Divergenz*): So könnte man z.B. zustimmen: „Ja, es passt schon", und dazu einen skeptischen, ableh-nenden Gesichtsausdruck machen.

Häufig wird der Fehler begangen, nonverbales Verhalten ausschließlich unter dem infor-mativen Aspekt zu betrachten und damit die Frage zu stellen, was das Verhalten über den Sender oder die Senderin aussagt.[22] Der Sinn eines bestimmten Verhaltens ist jedoch nie mit Gewissheit festzustellen, denn es bleibt unklar, ob die wahrgenommene Bedeutung eines nonverbalen Verhaltens mit den jeweiligen inneren Vorgängen und Intentionen übereinstimmt: „Zum Beispiel kann ein Lächeln 1. eine interpersonale Einstellung zum Ausdruck bringen oder 2. ein Gefühl, oder es kann 3. ein Bestandteil der Selbstdarstellung sein, 4. das Reden begleiten oder 5. einem Ritus angehören, z.B. bei Begrüßungen."[23] Die Deutung des beobachteten Verhaltens ist, obwohl sie oft unbewusst erfolgt, ein höchst aktiver Vorgang, „der ebenso viel über den Urteilenden wie den Beurteilten aussagen kann. Gleiches Verhalten kann sehr unterschiedlich interpretiert werden."[24] Und nonverbales Verhalten passiert nicht nur unabsichtlich und beiläufig, sondern oftmals mit der Intention, einen gewünschten Eindruck zu erzielen. Dass dies leicht missglücken kann, ist aus den bisherigen Ausführungen abzuleiten.

Wie sich eine Beziehung entwickelt – ob konstruktiv und friedlich oder destruktiv und feindlich – zeigt sich (neben den in uns selbst ausgelösten Gedanken, Gefühlen und Wollen – vgl. Abbildung 1) an den Kommunikationselementen und entwickelt sich an ihnen wei-ter: auf nonverbaler Ebene können Vermeiden von Blickkontakt, aber auch konfrontativer Blickkontakt, Aggressionsableitungsbewegungen (z.B. Wippen mit dem Fuß, Trommeln mit den Fingern), Kopfschütteln, abwertende Gesten oder eine versteinerte Mimik auf einen drohenden oder bereits manifesten Konflikt hindeuten, auf verbaler Ebene direkte Angriffe ebenso wie ablehnendes Stillschweigen. Die Bedeutung erschließt sich aus dem Kontext, worauf daher im nächsten Abschnitt näher eingegangen wird.

---

[21] Apeltauer 1997, S. 19ff.
[22] Rosemann/Kerres 1986, S. 25ff.
[23] Argyle 1996, S. 353
[24] Neuberger 1988, S. 30

2.2.2 Wahrnehmung und Interpretation von Konfliktindikatoren

Wahrnehmung spielt in unserem Leben und Erleben eine zentrale Rolle. Durch sie machen wir uns ein eigenes Bild von der Welt und gehen stillschweigend davon aus, dass die anderen ein identes Bild haben – der Grundstein für Verständigungsprobleme und Konflikte ist gelegt! Denn Informationen werden durch eigenes Vor-Wissen, eigene Vor-Stellungen und Erwartungen verzerrt. So erinnerten bspw. Versuchspersonen im Rahmen eines Experimentes den mit Absicht getätigten Versprecher „Reden ist Schweigen, Silber ist Gold" später als „Reden ist Silber, Schweigen ist Gold".[25] Das vertraute Vorwissen überlagert die aktuelle Information. Die eigenen Einstellungen und Denkstrukturen lenken die empfangene Information und versehen sie mit Deutungen, geben ihr eine eigene Bedeutung. Dabei spielt auch der Kontext, in den die kommunikative Handlung eingebettet ist, eine Rolle (z.B. Pausengespräch versus Prüfungsgespräch).

Der Prozess der Wahrnehmung ist meist nicht bewusst, vielmehr wird einer Aktivität im Hinblick auf Echtheit erst dann bewusst Aufmerksamkeit geschenkt, wenn Unechtheit, z.B. durch nonverbale Aspekte, signalisiert wird. Bei vorgespielten Emotionen werden bekanntlich andere Gesichtsmuskeln aktiviert als bei echten, was kleine, aber (be-)merkbare Unterschiede bringt. Studien legen die Annahme nahe, dass die wahrnehmende Person bei starker Sympathie der wahrgenommenen Person gegenüber dazu neigt, deren Verhalten als echt anzunehmen.[26] Das impliziert für die Bedeutung eines gezeigten Verhaltens im Rahmen von Interaktion und Kommunikation, dass es nicht nur bedeutsam ist, wie ein Verhalten (oder eine Aussage) gemeint ist, sondern auch und besonders, wie ein wahrgenommenes Verhalten interpretiert wird. Jeder Mensch hat im Laufe seiner Geschichte eine persönliche Wirklichkeit, einen individuellen Interpretationsrahmen konstruiert.

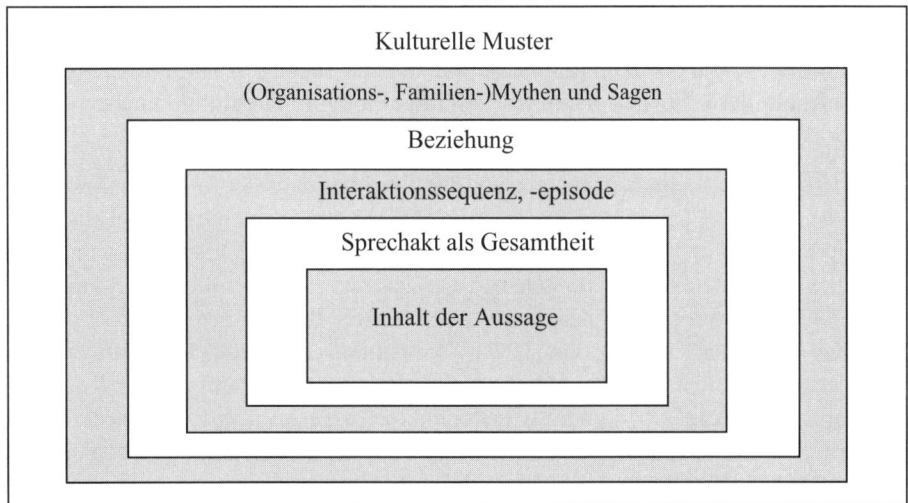

Abb. 4: Interpretationsrahmen menschlichen Handelns am Beispiel von Kommunikation[27]

---

[25] Neumann 1991, S. 180
[26] Rosemann/Kerres 1986, S. 123f.
[27] in Anlehnung an Simon 1995

Die unterste Ebene, der

- *Inhalt der Aussage,* also die Worte und Sätze, wird in der direkten Kommunikation durch den

- *Sprechakt als Gesamtheit,* d.h. durch gleichzeitig ausgesandte, zusätzliche nonverbale Signale kommentiert, die als Hinweise genommen werden, wie der gesprochene Text zu deuten ist. Die Sprechakte sind eingebettet in

- *Interaktionssequenzen und -episoden.* Was vor und nach dem Sprechakt passiert, wirkt als Interpretationskontext auf der nächsthöheren Ebene. Aber auch das, was in der direkten Interaktion geschieht, hat noch keine Bedeutung an sich. Würde man eine isolierte Interaktionssequenz filmen, so könnte ein/e BeobachterIn nur angemessen verstehen, wenn er oder sie auch etwas über die

- *Beziehung* der AkteurInnen weiß, weil diese Vor-Geschichte zwischen den Personen Einfluss auf den Kommunikationsprozess und das Verstehen hat. Menschen denken eben in Geschichten. Schon als Kinder nutzen wir Märchen,

- *Mythen und Sagen,* um uns zurechtzufinden und unser Weltbild zu entwickeln und zu ordnen. Diese Funktion haben Geschichten nicht nur für einzelne Menschen, sondern auch für soziale Systeme wie z.B. Familien, Institutionen und Organisationen.[28] Ein wesentlicher Teil der Aspekte der Kultur einer Firma zeigt sich beispielsweise in den Geschichten, die in ihr und über sie erzählt werden. Die letzte Ebene, die unseren individuellen Interpretationsrahmen mitkonstruiert, ist jene der allgemeinen

- *kulturellen Muster.* Das können Werte sein, die von Land zu Land oder von Firma zu Firma oder auch schon von Abteilung zu Abteilung verschieden sind. Auch diese Werte bestimmen, wie die aktuelle Interaktion zu verstehen ist. Nicht reflektierte Unterschiede auf dieser Ebene spielen eine wichtige Rolle im Konfliktgeschehen.

Dieser Rahmen ist einerseits für jede Person einzigartig, aber gleichzeitig dem der InteraktionspartnerInnen ähnlich, denn aufgrund ähnlicher biologischer Ausstattung oder einer ähnlichen Geschichte haben Menschen ähnliche Bedeutungssysteme und Wirklichkeiten konstruiert. Wenn nun zwei Personen gemeinsam beobachtete Phänomene ähnlich interpretieren, können sie einander verstehen. Da aber keine zwei Menschen exakt dieselben Interpretationsrahmen besitzen, sind Unklarheiten und Mehrdeutigkeiten unvermeidlich und stellen ein großes Konfliktpotenzial dar. Diese unterschiedlichen Interpretationsmuster werden speziell im nonverbalen Bereich wirksam, der dem Bewusstsein und damit der Veränderbar- und Anpassbarkeit im Allgemeinen schwerer zugänglich ist als der verbale Bereich. Scheinbar Vertrautes kann in einer unbekannten Kommunikationsgemeinschaft („Kultur") etwas völlig anderes bedeuten als in der eigenen. Dies zeigt sich besonders an jenen Gesten, die von allen Mitgliedern einer Kommunikationsgemeinschaft problemlos und eindeutig identifiziert werden können (sogenannte *Embleme* oder *konventionalisierte Gesten*), wie in unseren Breiten bspw. das Kopfnicken als Bejahungsgeste, das in anderen Kommunikationsgemeinschaften etwas völlig anderes bedeuten kann oder wo Bejahung

---

[28] vgl. Reinmann-Rothmeier/Vohle 2001

durch eine andere Geste signalisiert wird, die wiederum übersehen werden kann, weil sie in der eigenen Kommunikationsgemeinschaft völlig unbekannt ist.[29]

Diese Ausführungen legen den Schluss nahe, dass sich die eigene Sicht der Dinge in der Regel von der Sicht anderer unterscheiden wird. Unterschiede sollten daher als das Normale, Übereinstimmung als die Ausnahme gesehen werden – und die Fähigkeit, mit Unterschieden konstruktiv umgehen zu können, tatsächlich als eigentlicher Kern der Konfliktfähigkeit.

2.2.3 Heiße oder kalte Konflikte

Die in 2.2.1 angeführten verbalen und nonverbalen Kommunikationselemente finden sich verdichtet in zwei dominanten Äußerungsformen von Konflikten wieder, in heißen oder kalten Konflikten.[30] Bei Konflikten muss es nicht immer turbulent zugehen, sondern es kann auch eine glatte, kalte, scheinbar unversehrte Oberfläche geben.

- *Heiße Konflikte*: Bei heißen Konflikten sind die Parteien übermotiviert, erhitzen sich für ihre Ziele, halten sich für überlegen, suchen die direkte Konfrontation, wollen die andere Seite partout überzeugen, empfinden Regeln und Prozeduren als hinderlich, explodieren im Kontakt zueinander, versuchen, AnhängerInnen zu gewinnen. Aktivität steht im Vordergrund.

- *Kalte Konflikte*: Im Gegensatz dazu sind bei kalten Konflikten die Parteien voneinander enttäuscht, zweifeln mitunter an sich selbst, behindern sich, wo sie nur können, äußern sich sarkastisch und zynisch über die Gegenpartei, empfinden tiefe Aversionen gegeneinander, gehen direktem Kontakt aus dem Weg und beziehen sich auf Regeln und Dienstwege. Passivität herrscht hier vor.

Je asymmetrischer die Beziehung der Parteien ist – also wenn bspw. die Hierarchieunterschiede zwischen ihnen groß sind –, desto geringer ist die Wahrscheinlichkeit eines heißen Konflikts, da die machtlosere Partei eine offene Konfrontation aus Angst vor negativen Konsequenzen der mächtigeren Partei vermeiden wird. Schwarz schreibt dazu sehr treffend: „Überall dort, wo asymmetrische Machtverhältnisse existieren, wird von denjenigen, die sich in der Untertanensituation befinden, alles, was ungerecht ist oder als ungerecht empfunden wird, aufgrund der Machtverhältnisse im Augenblick aber nicht geäußert werden kann, keineswegs vergessen, sondern auf eine Art „Seelenkonto" abgespeichert. [...] daher kommen plötzlich auch Dinge hoch, die mit dem aktuellen Konflikt nichts zu tun haben, außer dass sich die Machtverhältnisse umgekehrt haben." Und er hält weiters fest: „Ich glaube, dass es sich hier um eine allgemeine Gesetzmäßigkeit handelt."[31]

---

[29] Apeltauer 1997, S. 24f.; vgl. Argyle 1996, S. 77ff.

[30] vgl. Glasl 2002

[31] Schwarz 2003, S. 79. In der Transaktionsanalyse sind diese – oft unbewussten Aspekte – als „psychologische Rabattmarken" bekannt. (.) „...manch eine Führungskraft [sammelt] „Überlastet"-Marken und löst sie ein gegen einen Herzinfarkt, ein Magengeschwür oder Bluthochdruck. (...) Eine Frau, die „Missverstanden"-Marken sammelt, gibt ihr Heft vielleicht alle paar Monate zurück gegen einen handfesten Krach mit ihrem Mann." (vgl. Stewart/Joines 2008, S. 313)

Zu erkennen, ob ein Konflikt heiß oder kalt ist, ist von Bedeutung für die Wahl der Interventionsstrategie.[32] Während z.B. in einem heißen Konflikt ein Konfrontationsmeeting sinnvoll sein kann, wo die Parteien ihre Emotionen loswerden können, können im kalten Konflikt in einem ersten Schritt (je nach Eskalationsgrad) Strategien adäquat sein, die es den Parteien ermöglichen, sich selbst wieder zu akzeptieren.

2.3 Zwischenresümee

Konflikte sind widersprüchliche Ereignisse, deren Sinn sowohl im Verändern als auch im Bewahren zu finden ist. Nicht umsonst bedeutet das chinesische Schriftzeichen für Konflikt Krise und Chance! In Konflikten können vorhandene Unterschiede verdeutlicht und für die Weiterentwicklung einer Person selbst, einer Paarbeziehung oder einer Gruppe genutzt werden. Eine wesentliche Komponente von Konflikten und Konfliktfähigkeit kann somit im Zulassen und konstruktiven Bearbeiten von Unterschieden gesehen werden. Konflikte zeigen sich in der Kommunikation und werden in ihr kreiert – wobei Prozesse der Wahrnehmung und Interpretation essenziell sind. Konflikte können heiß oder kalt in Erscheinung treten. Hat man sich solcher Art einen ersten groben Überblick verschafft und ist keine unmittelbare Gefahr in Verzug, die zu sofortiger Aktion drängt, sollte man sich Zeit für eine Analyse der als konfliktär wahrgenommenen Situation nehmen.

---

[32] siehe dazu Glasl 2004, S. 316ff. und auch Kapitel 3.4

3. Konfliktanalyse

Sich im Rahmen einer Analyse einen klaren Überblick über eine als konfliktär wahrgenommene Situation zu verschaffen, ist in mehrerlei Hinsicht empfehlenswert: Zum einen schafft eine Analyse zuallererst Distanz: Eine genauere Untersuchung schafft Abstand und erhöht die Chance, gemäß der eigenen Ziele zu agieren (Kapitel 3.1). Zum anderen bietet das Ergebnis der Konfliktanalyse eine bessere Entscheidungsgrundlage und die Basis für das weitere Vorgehen. Dabei ist der Blick auf die beteiligten Konfliktparteien (Kapitel 3.2) ebenso wesentlich wie der auf den jeweiligen Konfliktgegenstand (Kapitel 3.3). Um die Möglichkeiten für das weitere Vorgehen besser beurteilen zu können, ist eine Bestimmung des Status quo im Hinblick auf die Verlaufs- bzw. Eskalationsdynamik wesentlich (Kapitel 3.4). Diese Analyse passiert sehr oft in der Form, dass sich die betroffene Person mit sich selbst auseinandersetzt oder sich auch mit einer Vertrauensperson aus dem Familien- oder Freundeskreis bespricht. Je nach Komplexitätsgrad bzw. auch Grad der Betroffenheit helfen bei dieser Analyse auch professionelle Dritte, wie Coaches, MediatorInnen, TherapeutInnen, Beratungsstellen.

3.1 Distanz und Analyse

Der Forderung nach Distanz steht einer der Grundgedanken des Klassischen Konditionierens[33] gegenüber, der besagt, dass eine unmittelbare Reaktion auf einen wie auch immer gearteten Reiz folgt. In Konflikten ist diese Unmittelbarkeit oft fatal, da sie unüberlegtes, oft von Emotionen beherrschtes Handeln bedeutet – was nicht selten später, angesichts eskalierender Situationen, bereut wird (siehe das Reaktive Modell in Abbildung 5). Übersehen wird oft, dass zwischen Reiz und Reaktion Raum und damit Zeit vorhanden ist (siehe Pro-aktives Modell in Abbildung 5). In diesem *Entscheidungsfreiraum* finden Ideen, Emotionen, Gedanken, der freie Wille, Wissen, Erfahrungen etc. Platz. „Zwischen Reiz und Reaktion hat der Mensch die Freiheit zu wählen."[34] Pro-aktivität heißt in diesem Kontext, „dass wir als Menschen selbst für unser Leben verantwortlich sind. Unser Verhalten leitet sich von unseren Entscheidungen ab, nicht von gegebenen Bedingungen. ... Wir besitzen die Initiative und Befähigung, Dinge zu gestalten."[35] Sich diesen Raum und diese Zeit nicht zu nehmen, nicht kurz innezuhalten, oder sich diesen Raum nehmen zu lassen, weil man überrumpelt wird, zu einer Entscheidung gedrängt wird o.Ä., heißt, auf all die dort vorhandenen Ressourcen weitgehend zu verzichten.[36]

---

[33] Opp 1972

[34] Covey 1992, S. 68 zitiert einen fundamentalen Grundsatz von Viktor E. Frankl

[35] Covey 1992, S. 68

[36] Die undurchdringlichen Mienen asiatischer VerhandlungspartnerInnen sind so gesehen auch Ausdruck der Bewusstheit dieses Raumes. In westlichen Kulturen sind Nachdenken, Reflexion und Besonnenheit nicht en vogue. Entscheidungsfreude und Entschlusskraft, nicht zu zögern, sind gewünschte Attribute, die jedoch den Raum vor der Reaktion tendenziell klein halten.

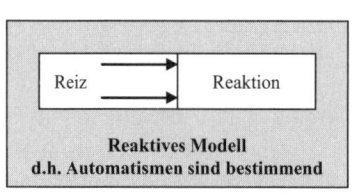
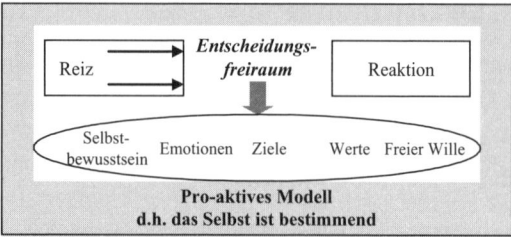

Abb. 5: Reiz-Entscheidungsfreiraum-Reaktionsmodell[37]

Zu analysieren heißt daher auch, sich den Entscheidungsfreiraum zu nehmen: sich nicht überrumpeln zu lassen, sich nicht zu vorschnellem Entscheiden drängen lassen, sondern Zeit zu gewinnen, Distanz zu schaffen, seine Emotionen zu erkennen, sich über seine Ziele klar zu werden!

Ist also keine unmittelbare Gefahr in Verzug, die – unter Inkaufnahme der Einschränkung des Raumes und Verkürzung der Reaktionszeit – zu unverzüglichem und raschem Handeln zwingt, dann sollte eine Analyse der als konfliktär wahrgenommenen Situation erfolgen. Dabei ist es empfehlenswert, auf drei[38] Aspekte besonders zu achten, bevor weitere Maßnahmen zur Konfliktgestaltung ergriffen werden: Auf die Konfliktparteien (um klar zu sehen, mit wem man es zu tun hat), auf den Konfliktgegenstand (um zu erkennen, wie wahrscheinlich eine konstruktive Lösung ist) und auf den Konfliktverlauf (um zu realisieren, ob man professionelle Unterstützung von Dritten benötigt).

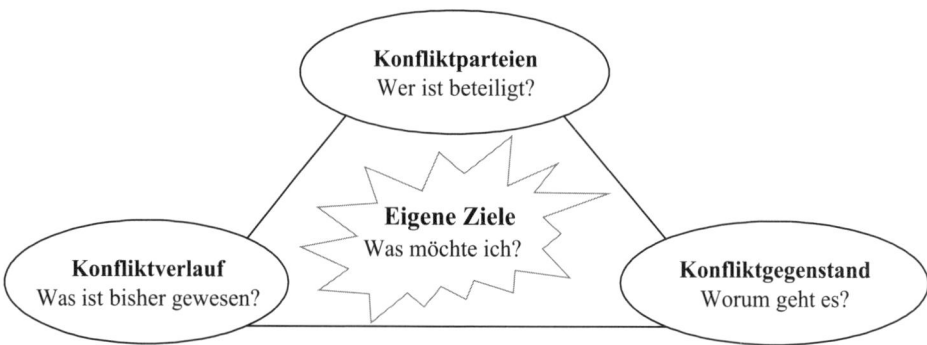

Abb. 6: Systematische Konfliktanalyse

Eine auch noch so exakte und treffsichere Analyse ist ohne die Leitlinie eigener Ziele letztlich jedoch wertlos: „Das beste Mittel, um aus der Masse möglicher Probleme das relevante herauszufischen, sind zwei Fragen: Was will ich? Was will ich nicht? Und da Sie mit einem

---

[37] Abbildung 5 erstellt nach Covey 1998, S. 64ff., und Ballreich/Glasl 2007, S. 152.
[38] siehe z.B. Höher/Höher 2002; Kreyenberg 2004, S. 48ff.; Glasl 2004, S. 105ff.; diese weisen teilweise gesondert auf weitere Aspekte (z.B. Form) hin, heben aber die Bedeutung der eigenen Ziele nicht so hervor. Wir sehen die eigenen Ziele als wesentliche Leitlinien.

anderen Menschen sprechen, sollten Sie sich fragen, was Sie sich für sich selbst, für den anderen und für die Beziehung wünschen."[39] Die eigenen Wünsche und Ziele präsent zu haben, ohne starr an ihnen festzuhalten, sollte daher im Zentrum der Analyse und in weiterer Folge im Zentrum eigenen Handelns stehen.

3.2 Die Konfliktparteien

Die in eine Konfliktkonstellation involvierten Konfliktparteien lassen sich einerseits im Hinblick auf die Stellung der Parteien zueinander darstellen (Kapitel 3.2.1). Ein anderer Blickwinkel auf die Beschreibung bzw. Systematisierung der Konfliktparteien findet sich im Rahmen der Analyse der sogenannten Konfliktarena (Kapitel 3.2.2).

3.2.1 Konfliktparteienanalyse zwischen Vertrauen und inhaltlicher Übereinstimmung

Wer ist beteiligt? Welche Interessen haben die Parteien, welche Emotionen? Welche Ressourcen? Wie stehe ich selbst zu den Parteien? Besonders wichtig ist es, sich selbst in die Analyse mit einzubeziehen. Abbildung 7 zeigt jene Gruppen an KonfliktpartnerInnen an, wie sie nach inhaltlicher Übereinstimmung und nach gegebenem Vertrauen identifiziert werden können und trägt so dazu bei, die Komplexität zu reduzieren.

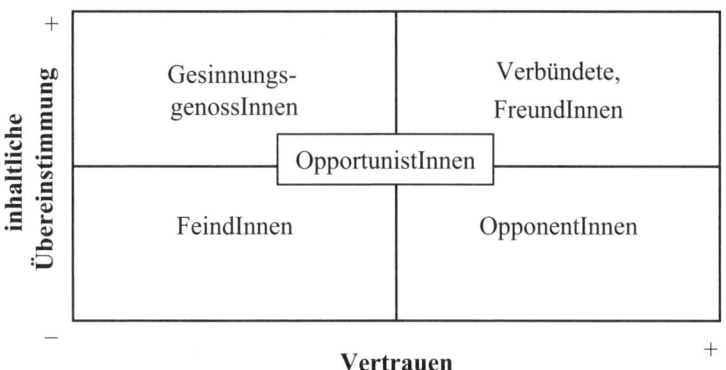

Abb. 7: Konfliktparteien nach inhaltlicher Übereinstimmung und Vertrauen

Die inhaltliche Übereinstimmung bezieht sich auf die Ziele hinsichtlich des Konfliktgegenstands, das Vertrauen auf die Beziehung zwischen den Konfliktparteien und soll als wesentliches Konzept in der Konfliktgestaltung nachstehend umrissen werden.

Vertrauen „kann sich im Verhalten äußern, das gegenüber dem anderen gezeigt wird, zielt jedoch als theoretisches Konstrukt auf die mehr oder minder bewußte, subjektive Vermutung, wie wahrscheinlich es sei, daß der andere einen ausnutzt. Somit entspricht die eigene Haltung des Vertrauens der vermuteten Vertrauenswürdigkeit des Partners."[40] Ver-

---

[39] Patterson et al. 2006a, S. 52
[40] Feger 1979, S. 298

trauen kann also als „riskante Vorleistung"[41] bezeichnet werden, die Personen, aber auch sozialen Systemen gegenüber erbracht werden kann (Systemvertrauen). Diese Sichtweise ist speziell in Konflikten zwischen Systemen von Bedeutung, wo Individuen als VertreterInnen der Systeme agieren: „Das Vertrauen in diese Person wird ersetzt durch [ergänzt um] das Vertrauen in das System, in dem diese Person agiert."[42] Vertrauen bedeutet, eine Leistung in der Hoffnung zu erbringen, später eine Gegenleistung zu erhalten. Diese Reziprozität kann weder erzwungen noch gefordert werden.[43] Folgende exemplarische Bedingungen lassen Vertrauen in eine Zielperson entstehen: Responsivität (Ansprechbarkeit für Ideen und Meinungen, „ein offenes Ohr haben"), Fairness, Verlässlichkeit, Konsistenz des Verhaltens des/der anderen (Vorhersagbarkeit) und Kompetenz. „Deutsch (1973; 1976) hat auch darauf hingewiesen, dass eine Disposition, jemandem zu vertrauen, auch aus so irrationalen Faktoren wie Hoffnungslosigkeit, Naivität, Impulsivität und Gutgläubigkeit erwachsen kann."[44] Ein von Vertrauen gekennzeichnetes Verhalten allein auf dieser Basis zu zeigen, erhöht das Risiko, ausgenutzt zu werden, ebenso wie eine naive kooperative Orientierung.[45] Die Konfliktparteienanalyse bringt insofern Struktur in die Konfliktsituation, da sie Möglichkeiten für Koalitionen zeigt.

Eine zweite Form der Strukturierung von Konfliktparteien bietet der Blick auf die Konfliktarenen.

3.2.2 Parteien in der Konfliktarena

Unter den Versuchen, Arten von Konflikten zu erfassen und zu systematisieren,[46] scheint jener besonders relevant, der die „Konfliktarena"[47] absteckt: In Konflikte können Einzelpersonen oder soziale Systeme – Gruppen, Organisationen, Kollektive oder ganze Kulturen – involviert sein.

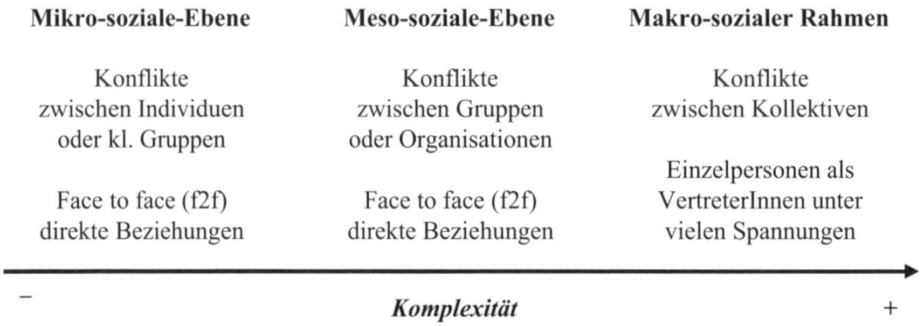

Mikro-soziale-Ebene	Meso-soziale-Ebene	Makro-sozialer Rahmen
Konflikte zwischen Individuen oder kl. Gruppen	Konflikte zwischen Gruppen oder Organisationen	Konflikte zwischen Kollektiven
Face to face (f2f) direkte Beziehungen	Face to face (f2f) direkte Beziehungen	Einzelpersonen als VertreterInnen unter vielen Spannungen

−   *Komplexität*   +

Abb. 8: Konfliktarenen[48]

---

41   Luhmann 1989, S. 23
42   vgl. Offermanns 1990, S. 171ff.; wobei Systemvertrauen Vertrauen in die allgemeine Anerkennung von Regeln ist.
43   vgl. dazu Lindskold 1981, S. 241ff.
44   Lilge 1981, S. 244
45   vgl. Schei/Rognes 2003
46   siehe z.B. Schwarz 2003, S. 89ff.
47   vgl. Glasl 2002, 2004
48   nach: Glasl 2004, S. 67ff.

Die Unterscheidung nach mikro-, meso- und makro-sozialer Ebene ist insofern relevant, als in den letzten beiden Fällen Menschen in Konflikten als RepräsentantInnen eines Systems agieren, d.h. einen Konflikt austragen und handhaben (müssen), den sie subjektiv bzw. individuell vielleicht nicht hätten. Mit steigender Ebene steigt auch die Komplexität, face-to-face-Kommunikation und direkte Beziehungen zwischen den Konfliktbesitzer-Innen werden nach und nach ersetzt durch Mittelspersonen, die, je größer das System, das sie vertreten, umso stärkerem Druck und Spannungen ausgesetzt sind. Kann man Konflikte auf mikro-sozialer Ebene noch in kleinem Rahmen lösen, geht mit der Ausweitung auch die Intimität verloren, Gesichtsverluste drohen und erhöhen den Druck und die Komplexität des Geschehens. Eine Analyse nach Konfliktarenen hilft umgekehrt aber auch, den Konflikt von den Personen wegzubekommen und dadurch entlastend zu wirken. Diese Systematik deutet zudem bereits auf die Entwicklungsdynamik und Ausweitungstendenz von Konflikten hin, wie sie in Kapitel 3.4 erläutert werden.

3.3 Der Konfliktgegenstand

Worum geht es im Konflikt? Hierbei ist Sorgfalt angebracht, denn die eigentlichen tabuisierten (meist Beziehungs-)Konfliktthemen, können hinter vorgeschobenen (meist Sach-)Konfliktthemen versteckt sein (z.B. beklagt man sich anstatt über unfähige, aber unantastbare Führungskräfte lieber über die Kantinenverpflegung). Den Konfliktgegenstand erkannt zu haben und benennen zu können, ist ein wesentlicher Schritt zur Reduktion der Wahrscheinlichkeit, ein falsches Problem zu bearbeiten.[49] Zentral dabei ist, dass Sachkonflikte Menschen, Gruppen und Organisationen weiterbringen können und Lernen ermöglichen, da sie zu konstruktiver Auseinandersetzung anregen – also im Wesentlichen das Wesen von Konflikten als Chance verkörpern. Beziehungskonflikte werden hingegen als hinderlich angesehen, da sie zu Misstrauen und gegenseitigem Blockieren führen, so gesehen eher die dunkle Gefahrenseite von Konflikten sind.[50] Die beiden Dimensionen sind in der Eskalation verbunden.

Konfliktursachen können auf drei Ebenen liegen:[51] Der sozial-strukturellen Ebene (Kap. 3.3.1), also der Eingebundenheit in ein (soziales) System, der sachlichen Ebene (Kap. 3.3.2), also dem Konfliktgegenstand i.e.S., und der emotionalen Ebene (Kap. 3.3.3), also dem Bereich der Gefühle und Empfindungen. Jeder Konflikt hat eine sozial-strukturelle, sachliche und emotionale Dimension. Diese drei Ebenen sind miteinander verflochten und unterscheiden sich doch auch wieder. Deshalb gilt es, sie im Rahmen der Konfliktanalyse zuerst auseinanderzuhalten, dann jedoch wieder zu verbinden. Zur Veranschaulichung vorab ein praktisches Beispiel:

Ziel einer Klausurtagung eines Forschungsbereichs eines Pharmakonzerns ist es, die Arbeitsprozesse zu optimieren und die dabei auftretenden Reibungsverluste zu vermeiden. Die Tagung wurde damit begonnen, den Umgang und die Problemsicht der BereichsmitarbeiterInnen mit der Optimierung der Arbeitsprozesse zu sammeln. Da-

---

[49] Rahim 2002, S. 214
[50] siehe dazu z. B. Rahim 2002, S. 211ff.
[51] in Anlehnung an Schwarz 2003, S. 48ff.; siehe auch Patterson et al. 2006a, S. 49f.

bei wurden folgende zentrale Muster herausgearbeitet: 1) Wir haben keine Zeit für Besprechungen. 2) Bestimmte Themen sind tabu. 3) Der Chef kehrt alles unter den Teppich.[52]

Die erste Begründung für die bisherige Nichtlösung des Problems liegt auf den ersten Blick auf der Sachebene (fehlende Zeit). Beim zweiten Argument werden die (organisations-kulturellen) Normen angesprochen und zu guter Letzt liegt ein Grund für die nicht zu-friedenstellende Situation auf der persönlichen Ebene. Versucht man nun, die Ursachen im Sinne eines *entweder-oder* zu entscheiden, würde das Problem zwischen den Ebenen sachlich-strukturell-persönlich lediglich hin- und hergeschoben, obwohl in solchen Kons-tellationen das Problem zumeist *sowohl* einen sachlichen *als auch* einen kulturell-struk-turellen und persönlichen Aspekt hat. Diese Erkenntnisse sind für die konstruktive Kon-fliktgestaltung selbstredend wesentlich.

3.3.1 Kultureller und organisationaler Kontext

Verhaltensregeln wie z.B. Tabus sind mit kulturellen Hintergründen verbunden. Unter-schiedliche kulturelle Hintergründe bilden einen zentralen Ausgangspunkt für Konflikte. Grundsätzlich ist von Unterschieden in kulturellen Mustern auszugehen, die stark von der Wahrnehmung und Interpretation von Informationen beeinflusst werden bzw. diese wie-derum auch mit beeinflussen. Kulturgrenzen werden in der Alltagssprache sehr oft mit regionalen Grenzen gleichgesetzt. Doch auch zwischen verschiedenen Kommunikations-gemeinschaften *innerhalb* regionaler Grenzen finden sich Kultur- oder Sinngrenzen, wie sie die Neuere Systemtheorie[53] bezeichnet. Dabei wird weniger von „Gemeinschaften", sondern von sozialen Systemen gesprochen, die sich auf der Ebene der Interaktionen, Or-ganisation und gesellschaftlichen Funktionssysteme repräsentieren,[54] und durch die je-weiligen Sinngrenzen auch eine eigene Sprache bzw. Sprachregelung herausbilden (vgl. Kapitel 5.2.4). Eigene Sprachregelungen bzw. -logiken führen zu einer Art des „Miss-verstehens" und können in der Folge auch als Quellen für Konflikte bzw. als Konflikt-treiber auftreten.

Aber auch Strukturen können in zweierlei Hinsicht als Konflikttreiber auftreten: Zuerst einmal bilden Organigramme[55] formale Kommunikationsstrukturen ab. Darüber hinaus stellen die Festschreibungen von Organisationsstrukturen aber potenzielle Konfliktquel-len dar. Denn: „Die formale Organisierung legt einen Rahmen für Konflikte fest: an wel-chen Stellen mit welchen Erwartungen zu rechnen ist, wer an wen Forderungen richten muß, worum überhaupt gestritten werden kann. […] Jede Form interner Strukturierung schafft bestimmte Konfliktzonen und versucht andere zu vermeiden."[56]

Beim Blick auf die Kommunikationsstrukturen und deren Wirkungen kann auf die zen-tralen Arbeiten aus den 1950er Jahren[57] verwiesen werden, die experimentell die Bedeu-

---

[52] Berkel 1990, S. 97f.
[53] basierend auf Luhmann 1984; vgl. Meyer „Strukturen und klassische Organisationsformen" in die-sem Band
[54] siehe dazu auch Kasper et al. 1999, S. 177
[55] vgl. auch Meyer „Strukturen und klassische Organisationsformen"
[56] Titscher 1995, Sp. 1334
[57] Bavelas 1950; Leavitt 1951

tung von Interaktionsstrukturen in Gruppen für die Bewältigung verschiedener Problemstellungen untersuchten. Die dabei festgestellten Strukturen können auch als Kommunikationsnetzwerke verstanden werden, die die regelmäßigen Muster des Personen-Personen-Kontakts abbilden. Kommunikation wird dabei als das Bindeglied zwischen den Mitgliedern einer Organisation gesehen und stellt somit eine Art ‚Knoten' in einer größeren Struktur dar. Ein zentrales Ergebnis in diesem Zusammenhang war, dass sich zur Bewältigung komplexer Problemstellungen (z.B. in Entwicklungsteams) der Einsatz möglichst dezentraler Strukturen angeboten hat, um das gesamte in der Gruppe vorhandene Potenzial ausnützen zu können. Die Vollstruktur, wie sie in einem Team vorherrschend sein sollte, bietet theoretisch die Möglichkeit, dass jedes Gruppenmitglied mit jedem direkt interagieren und Informationen austauschen kann. Dass die Möglichkeit zu ausgiebiger Interaktion den Zusammenhalt (Kohäsion) der Gruppe fördert, ist unumstritten. Gibt es im Gegensatz zur Vollstruktur eine Stelle/Person, über die der Informationsaustausch läuft, wird von zentralen Kommunikationsstrukturen oder -netzen gesprochen (siehe dazu Abbildung 9).

Dezentrale Kommunikationsnetze

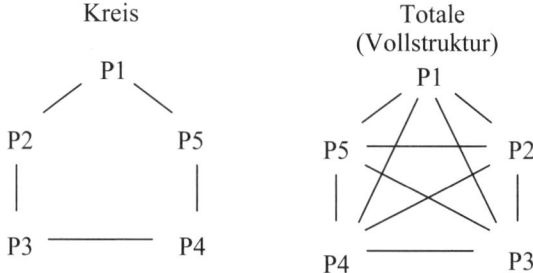

Zentrale Kommunikationsnetze

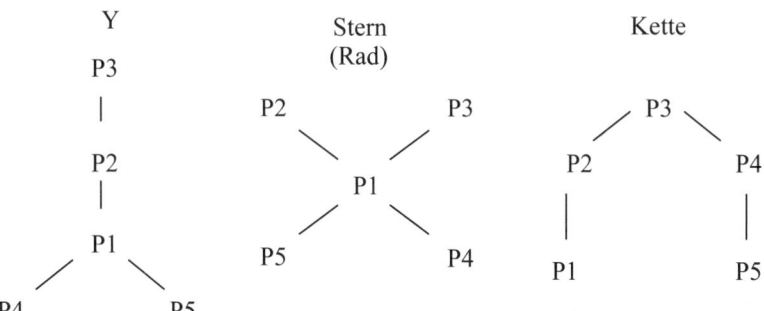

Abb. 9: Kommunikationsstrukturen[58]

---

58   v. Rosenstiel 1987, S. 261ff.

Diese Formen finden sich in Organisationsstrukturen wieder und bilden potenzielle Konfliktherde. Gerade in der Vorgabe formaler Kommunikationsstrukturen kann eine mögliche Konfliktursache gesehen werden. Konfliktkonstellationen können sich aber auch in Rivalitäten zwischen Abteilungen äußern, wie folgendes Beispiel verdeutlicht:

> *Herr Markert, Produktmanager eines größeren Konsumgüterproduzenten ist sauer. Heute ist die nach Regionen und Produkten untergliederte Absatzstatistik fällig – eine zeitraubende und geisttötende Arbeit, deren Ergebnis laut Herrn Markerts Eindruck sowieso niemanden interessiert. Überhaupt ist er der Ansicht, dass in seinem Unternehmen „Sankt Bürokratus" etwas zu sehr verehrt wird, denn für alles gibt es Richtlinien. So hat er sich den Job eines Produktmanagers, der gemeinhin als dynamisch und kreativ dargestellt wird, nicht vorgestellt.*
>
> *Er kommt gerade von einer Besprechung mit Vertretern der Produktionsabteilung, in der es um eine neue Verpackung für ein von ihm betreutes Produkt gegangen ist. Seine Vorschläge wurden dabei alle mit dem Argument „zu teuer" abgelehnt. „Die denken nur an Kosten, was der junge Markt verlangt, geht nicht in deren Buchhalterhirne", denkt sich Herr Markert. Völlig frustriert nach diesem Arbeitstag beschließt Herr Markert, Trost bei seinen Freunden zu suchen.[59]*

Herr Markert ist mit dem Gestaltungsspielraum, der ihm im Rahmen seiner Tätigkeit eröffnet wird, unzufrieden. Er fühlt sich durch bürokratische Regeln eingeengt – eine Ausprägung eines intrapsychischen Konflikts, wobei die Gestaltungs- und Verantwortungsspielräume, die diesen Konflikt mitbegründen, in der Ausgestaltung der jeweiligen Stellen und somit auch der Organisationsstruktur liegen. Diese Ausprägung findet sich oft auch bei StelleninhaberInnen an den Schnittpunkten einer Matrixorganisation. In diesem Beispiel finden sich aber auch Konfliktlinien wieder, die durch die Verankerung in zwei unterschiedlichen organisatorischen Einheiten, Marketing- und Produktionsabteilung, mit jeweils unterschiedlichen Systemlogiken begründet liegen. Kieser[60] stellt dazu fest, dass Mitglieder von Abteilungen dazu neigen, sich mit ihren Abteilungszielen zu identifizieren und z.B. Mitglieder von Produktionsabteilungen vorwiegend an kurzfristigen Kostenzielen orientiert sind, während die Mitglieder von Marketingabteilungen längerfristig denken und sich stärker an den Umsätzen orientieren. Die daraus resultierenden Konfliktkonstellationen illustriert obiges Beispiel.

Arbeitsteilung, Hierarchie oder auch Verfahrensrichtlinien sind grundlegende Konstruktionsprinzipien in Organisationen – und bergen Konfliktpotenziale in sich. Doch worum kann es sich in einem spezifischen Konflikt noch drehen?

3.3.2 Werte, Ziele und Ressourcen als Konfliktpotenziale

Auf sachlicher Ebene lassen sich die Konfliktpotenziale danach systematisieren, was erreicht werden soll, dies kann in einen „Zielkonflikt" (oder gar Wertekonflikt) münden oder darin, mit welchen Mitteln ein Ziel erreicht werden soll („Beurteilungskonflikt") oder wer ein knappes Mittel erhalten soll („Verteilungskonflikt"). Sie sind damit für betriebliche Problemstellungen typisch und für das Handeln von Organisationsmitgliedern relevant.

---

[59] in Anlehnung an Kieser 1983a, S. 381f.
[60] Kieser 1983b, S. 443

Werte und Ziele: Organisationspsychologen[61] definieren einen Wert als eine Auffassung vom Wünschenswerten, die für einzelne oder ein soziales System kennzeichnend ist und Mittel und Ziele des Handelns beeinflusst. Werte können aufgefasst werden als kulturell und sozial dominiertes Ordnungs- und Orientierungskonzept mit wahrnehmungs- und verhaltensprägender Wirkung.[62] Sie umfassen unsere Vorstellungen darüber, was richtig und wichtig bzw. falsch und unwichtig ist. Kulturelle Werte und individuelle Wertorientierungen sind die Grundlage unseres Urteilsvermögens und steuern unser Verhalten auch unmittelbar – ohne dass wir lange nachdenken müssen. Alles was wir wahrnehmen, wird bewusst oder unbewusst an unseren Wertorientierungen gemessen. Dort wo sie in Frage gestellt werden, reagieren Menschen und soziale Systeme extrem sensibel und Konflikte können sich besonders verhärten, weil von den eigenen Werten abzurücken bedeuten würde, von etwas persönlich Wichtigem, Fundamentalem Abstand zu nehmen und sich dadurch selbst in Frage zu stellen (Beispiele: Gerechtigkeit, Sparsamkeit, Toleranz, Zuverlässigkeit, religiöse Werte etc.). Werte sind fest verankert in uns, weshalb im Falle ihrer Veränderung von einem – immer schwierig zu gestaltenden – Wandel 2. Ordnung[63] gesprochen werden kann, der nicht nur die Oberfläche betrifft, sondern in tiefer liegende Strukturen geht. Werte beeinflussen Ziele und gerade auf dieser Ebene liegt ein weiteres Bündel an Konfliktursachen. So besteht ein *Zielkonflikt* dann, wenn zwei oder mehrere Parteien – bei Einigungszwang – unterschiedliche Ziele realisieren wollen, wie folgendes Beispiel zeigt:

Bei der Übernahme eines Unternehmens A durch das Unternehmen B stehen die Umstellung auf ein neues Lager- und Logistiksystem, die Integration der Personalarbeit in das System der Firma B und die Umsetzung von Kostenreduktionsplänen an. Diese Zielsetzungen werden von den einzelnen MitarbeiterInnen nur z.T. getragen. Es zeigt sich u.a. eine konfliktäre Situation, weil die Materialwirtschaft in Zukunft daran gemessen werden soll, dass dort die Lagerbestände reduziert werden und andererseits die Werkstatt das Ziel hat, sofort Ersatzteile zur Hand zu haben.[64]

Im vorliegenden Fall laufen die jeweils anzustrebenden Ziele einander zuwider, denn ein allzeit bereites Lager für Ersatzteile ist nur mit einem bestimmten Mindestbestand zu erreichen.

Wege zum Ziel: Gelang es – vielleicht unter Bewusstmachung eines übergeordneten, gemeinsamen Interesses –, Einigkeit über das Ziel oder die Ziele zu erreichen, liegt eine nächste Konfliktquelle in der Bewertung von möglichen Wegen bzw. Mitteln zur Zielerreichung:

In einem Unternehmen wird überlegt, ob ein Zeiterfassungssystem zur Anwesenheitskontrolle eingeführt werden soll. Für die Produktionsleiterin und den Personalchef ist es klar, dass das gemeinsame Ziel des Unternehmens im Bereich einer Produkti-

---

61 z.B. Gebert/v. Rosenstiel 1996, S. 47; heute wird der Begriff Wert für eine Präferenzordnung eines sozialen Systems (z.B. einer Gesellschaft) verwendet, auf individueller Ebene spricht man von Wertorientierungen.
62 Kmiecak 1976 in Wilpert 1995, S. 501
63 vgl. Watzlawick 1990
64 Kreyenberg 2004, S. 21ff.

onssteigerung liegt. Es hat sich jedoch eine neue Konfliktlinie aufgetan, weil einerseits die Produktionschefin davon überzeugt ist, dass die Einführung des Zeiterfassungssystems die Produktion steigere, während der Personalchef der Ansicht ist, dass dadurch die Produktion sinke, weil die Fehlzeiten durch Krankheiten zunähmen. Er meint, dass eine noch anforderungsgerechtere Qualifizierung mehr zu einer Produktionssteigerung beitragen könnte.[65]

In diesem Fall wird also die Umsetzung des Handlungsplans – Einführung eines Zeiterfassungssystems – unterschiedlich beurteilt. Ein solcher *Beurteilungskonflikt* liegt vor, wenn die Konfliktparteien zwar die gleichen Ziele verfolgen, jedoch versuchen, sie auf unterschiedlichen Wegen bzw. mit unterschiedlichen Methoden zu erreichen, weil sie die Effektivität und Auswirkung dieser Vorgehensweisen verschieden einschätzen.[66] Beurteilungskonflikte gehen seltener auf unterschiedliche Werte als auf eine unterschiedliche Informiertheit der Beteiligten zurück.

Kampf um Ressourcen: Es gibt darüber hinaus auch Konstellationen, in denen die zur Verfügung stehenden Ressourcen knapp sind und sich damit die Frage stellt, wer ein – knappes – Mittel erhält:

Die Organisationschefin und der Marketingleiter schätzen eine mögliche Beförderung auf die Stelle eines Vorstandsmitglieds gleich hoch ein. Sie erwarten von dieser Stelle hoch bewertete Ergebnisse wie Macht, Einfluss, Ansehen und Gehalt.[67]

Da bei Freiwerden einer Vorstandsstelle nur eine/-r von beiden befördert werden kann, wird in diesem Fall von einem *Verteilungskonflikt* gesprochen. Dabei schätzen die Beteiligten den Wert eines Ereignisses (Vorstandsstelle) gleich hoch ein, haben also idente, wenngleich nicht gemeinsame, Ziele. In solchen Konfliktkonstellationen können sich die Parteien nicht über die Verteilung von (persönlichen, finanziellen oder technischen) Ressourcen einigen, es kann eine Nullsummensituation definiert werden (vgl. Kapitel 4.4). Nachstehende Abbildung fasst das Wesen der drei Konflikttypen zusammen:

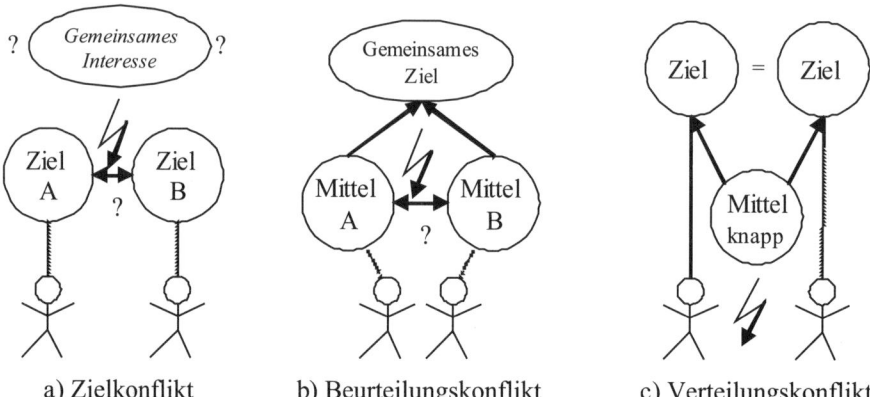

a) Zielkonflikt   b) Beurteilungskonflikt   c) Verteilungskonflikt

Abb. 10: Ziel-, Beurteilungs- und Verteilungskonflikt

---

[65]   in Anlehnung an Rüttinger/Sauer 2000, S. 23
[66]   Kreyenberg 2004, S. 27f.
[67]   in Anlehnung an Rüttinger/Sauer 2000, S. 24

In einem Zielkonflikt a) kann es entlastend und lösungsförderlich sein, ein übergeordnetes, gemeinsames Interesse zu identifizieren bzw. sich vor Augen zu halten (z.B. Vision des Unternehmens), was schwierig sein kann, wenn divergierende Werte vorhanden sind. Ein Beurteilungskonflikt b) fußt bereits auf etwas Gemeinsamem, dem Ziel, und sollte auf dieser Basis auch argumentativ gut zu handhaben sein. Dieser Typus spielt im Arbeitsleben eine große Rolle. Typ c), der Verteilungskonflikt, zeigt, dass es gerade wegen seines gleichen Zieles, das jedoch aufgrund der Ressourcenlage nur von einer Partei realisiert werden kann, zu Konflikten kommen kann.

Die Wahrscheinlichkeit, mit Sachkonflikten konstruktiv umgehen zu können, hängt – obschon gerade im organisationalen Kontext professionelle und sachorientierte Einstellungen im Vordergrund stehen und Sympathien und individuelle Befindlichkeiten eine geringere Rolle spielen sollten – auch von der Art der Beziehung der Parteien ab und beeinflusst diese auch.

3.3.3 Persönliche Beziehungen als Konfliktpotenzial

Liegt der Konfliktgegenstand auf der Beziehungs- und somit auch emotionalen Ebene, geht es zum einen sehr stark um den Umgang mit Wertschätzung (Kapitel 3.3.3.1), wobei gerade in dieser Dimension die Bedeutung der Komplexität von Kommunikationsprozessen verschiedene Ausprägungen annimmt, was in der Folge am Beispiel der Doppelbindungen (Kapitel 3.3.3.2) verdeutlicht wird, bevor noch auf die Wirkung von langanhaltenden Beziehungskonflikten in der Form von Mobbing eingegangen wird (Kapitel 3.3.3.3).

3.3.3.1 Wertschätzung und Toleranz

Die Bedeutung des Konfliktpotenzials von Beziehungen „beruht auf dem Grundbedürfnis des Menschen von anderen akzeptiert und anerkannt zu werden".[68] Auch Schwarz[69] hebt dies hervor, wenn er – auf Interventionen hinweisend – festhält: „In Konfliktinterventionen ist es daher sehr wichtig, eine Atmosphäre größter Toleranz und gegenseitiger Akzeptanz herzustellen." Es geht in dieser Dimension immer um Wertschätzung und Autonomie versus Geringschätzung und Bevormundung.[70] Jeder Konflikt mutiert im Zuge der Eskalation auch zu einem Beziehungskonflikt: Bereits ab Eskalationsstufe 2 (vgl. Abbildung 11), wenn Polemik Einzug hält, wird dem Gegenüber damit Geringschätzung signalisiert, spätestens mit Überschreiten der Schwelle hin zum Schlagabtausch geht es nicht mehr um die Sache, sondern die Beziehung rückt verstärkt in den Mittelpunkt: Wertschätzung und Toleranz gehen immer mehr verloren und es entstehen Feindseligkeiten und Antipathien. Oberste Maxime, wenn das Potenzial für Konflikte aus dem persönlichen Umgang miteinander gering gehalten werden soll, muss daher die Bereitschaft zu Wertschätzung und Toleranz sein. Und diese Grundhaltungen müssen in der zwischenmenschlichen Kommunikation – verbal und nonverbal – zum Ausdruck gebracht werden. Dabei kommt es in manchen Situationen auch zu paradoxen Konstellationen.

---

[68] Rüttinger/Sauer 2000, S. 24
[69] 2003, S. 73
[70] vgl. Rüttinger/Sauer 2000, S. 25 unter Bezugnahme auf Tausch 1960

3.3.3.2 Doppelbindungen

Kommunikation birgt einiges an Potenzial für Missverständnisse und Konflikte in sich, was dazu führen kann, dass auch gute Beziehungen gefährdet sind. Widersprüchliche Situationen, egal ob mit überwiegend freundlichem oder unfreundlichem Charakter, führen zu Spannungen. Erwachsene können solche Widersprüche in der Regel jedoch positiv auflösen. Sie negieren – vereinfacht gesagt – die negativen Elemente und messen den für sie angenehmen mehr Bedeutung bei. Kinder besitzen diese Fähigkeit noch nicht. Sie können scherzhaft-kritische Äußerungen nicht als solche auffassen bzw. auflösen. Lobesworte, die von – divergenter – bedrohlicher Mimik begleitet werden, bleiben für Kinder bedrohlich. Sie nehmen nonverbale Kritik, selbst wenn verbal das Gegenteil gesagt wurde, für wahr. „Klinische Beobachtungen haben ergeben, dass ein gestörtes Familienleben oft durch unklare und widersprüchliche Kommunikation gekennzeichnet ist."[71] Bateson et al. haben für diese doppelbödige Kommunikation den Begriff der Doppelbindung bzw. double-bind geprägt.

Die Wurzel der Doppelbindung liegt in den Paradoxien (z.B. die Paradoxie von Epimenides, dem Kreter, der sagt: ‚Alle Kreter sind Lügner'). Eine Paradoxie ist definiert als „Widerspruch, der sich durch folgerichtige Deduktion aus widerspruchsfreien Prämissen ergibt."[72] Kennzeichen von Doppelbindungen sind:[73]

- zwei oder mehr Personen stehen in einer bindenden, für den psychischen und/oder physischen Lebenszusammenhang wichtigen, komplementären Beziehung zueinander (z.B. Eltern-Kind, Vorgesetzte/r-Untergebene/r ...).

- an diesem Zusammenhang „... wird eine widersprüchliche Handlungsaufforderung gegeben, die befolgt werden muss, aber nicht befolgt werden darf, um befolgt zu werden (paradoxe Handlungsaufforderung)."[74] Es ist also eine Aufforderung, die durch Missachtung befolgt und durch Befolgung missachtet wird.

- Der die inferiore Position in dieser Beziehung einnehmende Untergebene kann weder den Rahmen der Beziehung verlassen noch die Paradoxie dadurch auflösen, dass er über die Absurdität kommuniziert, d.h. sie kommentiert.[75] Diese Person befindet sich in einer Zwickmühle: Sie kann niemals angemessen reagieren.

Die Handlungsaufforderung im Rahmen einer Doppelbindung ist also nicht nur widersprüchlich, sondern paradox. Eine Wahl ist unmöglich, man kann nur falsch reagieren – so wie es z.B. unmöglich ist, auf Befehl spontan zu sein. Mögliche Strategien, die Doppelbindung zu handhaben, sind das Beenden der (Kommunikations-)Beziehung, Rückzug aus der Kommunikation mit anderen, Widersprüche in der Handlungsaufforderung ignorieren oder das Gespräch *über* das Gespräch suchen (Metakommunikation).

Doppelbindungen können in einen kalten Konflikt münden, wobei eine für Organisationen besonders gravierende Form kalter Konflikte auf der Beziehungsebene seit den 1970er Jahren unter dem Begriff Mobbing diskutiert wird.

---

[71] Bugental et al. 1979, S. 256
[72] Watzlawick et al. 1969/1990, S. 171
[73] vgl. Watzlawick et al. 1969/1990, S. 196ff.; Kasper 1985
[74] Kasper 1985, S. 75
[75] Kasper 1985, S. 75

3.3.3.3 Mobbing

Mobbing liegt vor, wenn eine Person über einen längeren Zeitraum (ca. 4–6 Monate) systematisch mindestens ein Mal pro Woche negativen kommunikativen Handlungen (Gewaltakten) ausgesetzt ist.[76] Dabei entsteht ein Machtungleichgewicht (viele gegen eine/-n, Mächtige gegen Machtlose) zuungunsten des/der Gemobbten. Die Schikanen können sich in zerstörerischen, tätlichen Angriffen gegen Leib und Gut der gemobbten Person ebenso äußern wie im Ausüben psychischen Drucks oder sexueller Belästigung. Gerade die Vielfalt an möglichen Mobbinghandlungen macht es manchmal schwierig, Mobbing als solches zu erkennen und zu bekämpfen. Die Folgen von Mobbing sind ebenfalls vielfältig und reichen von psychischen (z.B. Angst, Depressionen) bis zu physischen Manifestationen (z.B. Übelkeit, Kreislaufprobleme) mit negativen Auswirkungen in der Privatsphäre und enormen Schäden in der beruflichen Situation. ArbeitgeberInnen sind neben rational begründbarem Eigeninteresse (Schäden für das Unternehmen abzuwenden) nicht zuletzt aus ihrer Fürsorgepflicht heraus den ArbeitnehmerInnen gegenüber verpflichtet, Mobbing zu unterbinden, d.h. dafür zu sorgen, dass – als erste Maßnahme – die Mobbinghandlungen aufhören. Erst dann kann über weitere Maßnahmen im Rahmen eines Konfliktmanagements nachgedacht werden, wie Mediation, Coaching oder Supervision. Präventive Maßnahmen können auf individueller (z.B. Coaching, Führungskräfteschulungen, Weiterbildung im Konfliktmanagement etc.) und organisationaler Ebene angesiedelt werden (z.B. Organisationsentwicklung, Betriebsvereinbarungen, regelmäßige MitarbeiterInnenbefragungen).

Mobbing stellt eine bereits eskalierte Form eines Konfliktes dar, und auf diesen wichtigen Aspekt der Konfliktentwicklung wird nachstehend eingegangen.

3.4 Der Konfliktverlauf: Zur Eskalationsdynamik von Konflikten

3.4.1 Die Eskalationsstufen

Die Betrachtungen zum Konfliktverlauf können versuchte Lösungen zeigen, alte Ursachen hervorbringen, den Kern des Konflikts entschlüsseln helfen und sie können auch zeigen, wie belastet das „Seelenkonto" möglicherweise schon ist. Es kann erkundet werden, ob der Konflikt kalt oder heiß ist (vgl. Kapitel 2.2.3), auf welcher Ebene (vgl. Kapitel 3.2.2) er primär in Erscheinung tritt und vor allem wie weit er bereits eskaliert ist. Speziell der Grad der Eskalation ist für die Entscheidung zwischen Selbsthilfe und Inanspruchnahme kompetenter Hilfe von außen (Moderation, Mediation, Schiedsgericht) wesentlich, wobei hier die Grundeinstellungen der Parteien zum Konflikt (Nutzen-Kosten) ergänzend heranzuziehen sind. Aber gehen wir einen Schritt zurück zur grundlegenden Wirkung von Konflikten, wie sie in Kapitel 2.1 (Abbildung 2) beschrieben wurde: Wir nehmen etwas wahr. In uns entstehen dazu Gedanken, Motivationen (ein Wollen) und Emotionen und all dies mündet in einem bestimmten Verhalten, das wiederum vom Gegenüber wahrgenommen wird, Gedanken etc. dazu entstehen lässt, was wieder in einem bestimmten Verhalten mündet usw. usf. Die Grundlage zur Eskalation ist gelegt – und wie Watzlawick

---

[76] Kolodej 2005; siehe auch Leymann 1993; Niedl 1995

in seinem Hammer-Beispiel[77] so eindrucksvoll darlegt, geschieht das meiste an Reaktion *in* uns, oft nur minimal angeregt von außen. D. h., während der Dauer ihres Bestehens entwickeln Konflikte i.d.R. eine bestimmte Dynamik. Sie weiten sich aus, ziehen andere hinein und werden dabei nicht nur komplizierter, sondern auch immer komplexer. Mit zunehmender Eskalation sind den eigenen Möglichkeiten des Konfliktmanagements Grenzen gesetzt und es ist Hilfe durch unbeteiligte Dritte erforderlich. Die nachstehende Abbildung gibt einen Überblick über die Eskalationsstufen, auf die im Anschluss näher eingegangen wird, und mögliche Interventionsinstanzen, die dann besonders im Rahmen der konstruktiven Konfliktgestaltung noch im Detail ausgeführt werden (Kapitel 4).[78]

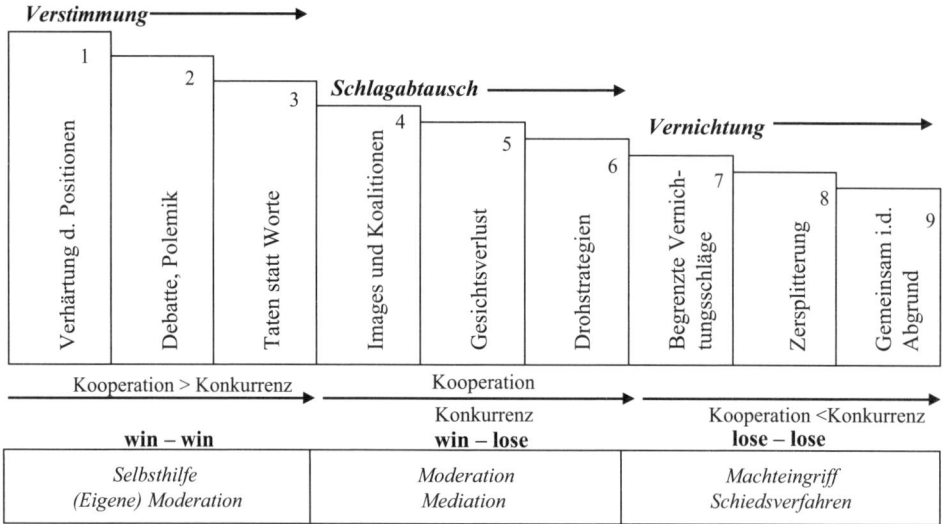

Abb. 11: Überblick über Eskalationsstufen und Interventionsinstanzen

Überwiegen zu Beginn eines Konflikts noch Kooperation und das Bemühen um eine gemeinsame Lösung, wird bereits ab Stufe 3 immer weniger Rücksicht auf die andere Konfliktpartei genommen. Ab Stufe 4 ist i.d.R. zudem die Grenze der Selbsthilfe erreicht und es ist empfehlenswert, Hilfe von außen anzunehmen bzw. zu organisieren.[79] Während die

---

[77] Siehe dazu Watzlawick 1992, S. 37: Ausgelöst durch eine Panne – der Nachbar grüßte (möglicherweise gedankenverloren) am Vortag nicht zurück – steigert sich ein Mann, der sich von eben diesem Nachbarn einen Hammer ausborgen will, derart in eine negative Situation hinein und rüstet sich emotional so enorm auf, dass er schließlich beim Nachbarn anläutet und dem überraschten und verdutzten Mann entgegenschleudert: „Behalten Sie sich Ihren bescheuerten Hammer doch!"

[78] nach Höher/Höher Konfliktmanagement, 2002, S. 72; Glasl 2002, S. 94ff. und Glasl 2004, S. 303ff.

[79] Die Vorteile der Moderation sind darin zu sehen, dass die Parteien dadurch Kompetenz erwerben, Konflikte selbst zu bewältigen. In der Prozessbegleitung sind auch länger fixierte Einstellungen Interventionsobjekt. Die Mediation wird von eigens ausgebildeten MediatorInnen durchgeführt während in der letzten Stufe, dem Machteingriff, die Konfliktparteien durch den Einsatz von Machtmitteln dazu gebracht werden sollen, Dinge zu tun, Eingeständnisse zu machen etc., welche sie (ohne Einsatz von Macht) nicht tun würden (vgl. auch Kapitel 4.4).

einzelnen Stufen fließend ineinander übergehen, ist das Überschreiten der Schwellen dramatisch und auch mit einem Wechsel der Streitqualität verbunden:

- In der Phase der *Verstimmung* dominiert die Sachebene, man ist noch in der win-win-Phase, eine offene Thematisierung von Konflikt, Interessen und Vorstellungen ist möglich, eine für alle akzeptable Lösung wird angestrebt und die Bereitschaft zu Kooperation ist hoch. Man glaubt noch an das Wirken von „Selbstheilungskräften" und vom Ergebnis her können beide bzw. alle Konfliktparteien positiv aus der Konfliktsituation aussteigen.

- Ist die Schwelle zum *Schlagabtausch* überschritten, treten Beziehungen in den Vordergrund – was sich in den Bezeichnungen der einzelnen Stufen ja sehr prägnant ausdrückt: Konkurrenzdenken herrscht vor, Feindbilder etablieren sich. Ein Gewinn für A ist Verlust für B – man sucht Verbündete und weitet die Konfliktarena aus. Wechselseitige Provokationen treten auf, sodass ein positiver Ausstieg oft nur mehr für eine Partei möglich ist.

- Eine weitere Schwelle stellt diejenige zur *Vernichtung* dar. Wird diese überschritten, werden – oftmals gewaltvolle – Handlungen gesetzt. Ein Zurück ist in weite Ferne gerückt. Ohne kompetente Interventionen kommt es mit hoher Wahrscheinlichkeit zu Verlusten für beide Seiten. Der Konflikt beherrscht die Parteien (und nicht umgekehrt), der Gegner oder die Gegnerin wird als Feind bzw. Feindin gesehen und es droht die totale Vernichtung aller Konfliktparteien. Das Motto ist: *Hauptsache die Gegenpartei verliert – koste es was es wolle.*

Die drei jetzt beschriebenen Hauptphasen der Eskalationsniveaus – Verstimmung, Schlagabtausch und Vernichtung – zeichnen sich durch unterschiedliche Ausprägung des Verhältnisses von Kooperation und Konkurrenz zueinander aus. Anhand der Faktoren Klima und Kommunikation lassen sich die Unterschiede dieser drei Eskalationsniveaus veranschaulichen (siehe Abbildung 12).[80]

	Verstimmung (win-win)	Schlagabtausch (win-lose)	Vernichtung (lose-lose)
Klima	vernünftige Gefühle im Hintergrund	Beziehungsthemen vor Sachthemen Gefühlsäußerungen	Rationalität als Angriffsmittel und nicht als Lösungsmittel
Kommunikation	Face-to-face-Interaktionen Verhandlungen Testen v. Lösungen	Aufrechnungen verdeckte Drohungen	hasserfüllte Drohung Abbruch der Kommunikation blinder Kampf

Abb. 12: Eskalationsniveaus, Klima und Kommunikation

---

[80]   nach Höher/Höher 2002, S. 75f.

Diese Zusammenschau verdeutlicht wiederum, dass die Form und Ausprägung des Kommunikationsverhaltens zentrale Indikatoren für die Analyse des Eskalationsniveaus bietet.

Neben Gründen, die in den beteiligten Personen liegen (Temperament, sonstige persönliche Merkmale, die die Konfliktparteien heterogen sein lassen, Fähigkeit und Bereitschaft, mit Unterschieden umzugehen), sind für die Eskalation folgende Konflikttreiber maßgeblich:

- *Streitpunkte/Konfliktgegenstand*: Worum geht es im Konflikt? (siehe auch Kapitel 3.3). Den Konfliktgegenstand erkannt zu haben und benennen zu können, ist ein wesentlicher Schritt zur Reduktion der Wahrscheinlichkeit, ein falsches Problem zu bearbeiten. Gleichzeitig werden die eigenen Streitpunkte ausdifferenziert und immer mehr Aspekte und neue Streitpunkte einbezogen. Im Gegensatz dazu werden die Streitpunkte der Gegenpartei immer reduzierter wahrgenommen.

- *Personen/Konfliktparteien*: Immer mehr Personen werden in den Konflikt gezogen – der Schauplatz wird erweitert (siehe dazu auch Kapitel 3.2). Über die Gegenpartei wird pauschalierend geurteilt. Nicht mehr nur die „Tat" ist schlecht, sondern auch die „Täter".

- *Mittel/Resourcen*: Der Gegenpartei werden jeweils weit schlechtere Absichten unterstellt, als zu beobachten ist. Aufgrund dessen wird aufgerüstet und die Gangart verschärft. Dabei handelt es sich sowohl um materielle Ressourcen als auch um immaterielle, wie gemeinsame Interessen, rechtliche Aspekte, Machtmittel etc.

Diese Treiber bzw. deren Kontrolle können den Konfliktverlauf maßgeblich beeinflussen und somit auch die Entwicklung von kooperativen und konkurrierenden Interessen zwischen den involvierten Konfliktparteien.

3.4.2 Die Bedeutung von (Nicht-)Nullsummensituationen

In der Arbeitswelt sind in Konfliktsituationen kooperative und konkurrierende Interessen miteinander verwoben: Abhängigkeit erfordert Kooperation und bringt bei unterschiedlichen Interessen Konflikte mit sich – gibt es keine Abhängigkeit, dann gibt es keine Notwendigkeit zu Kooperation und folglich auch keinen Konflikt. „Der aus dem Lateinischen stammende Begriff ‚Kooperation' bezeichnet zunächst jede Form von Zusammenarbeit mit dem Ziel der gemeinschaftlichen Erfüllung einer Aufgabe. Um von Kooperation sprechen zu können, bedarf es also zumindest zweier Personen oder Personengruppen. Kooperation ist geplante oder aus der Situation heraus als notwendig oder hilfreich erachtete Interaktion, aber nicht jede Interaktion ist auch Kooperation (z.B. ein Befehl). Weitere begriffsbestimmende Merkmale sind:

1. die Existenz eines gemeinsamen Zieles bzw. Zweckes der Kooperation
2. ein Beziehungsverhältnis der InteraktionspartnerInnen, das
   - einerseits durch die Verfügung über autonome Entscheidungs- und Handlungsspielräume, aber
   - andererseits durch gegenseitige Abhängigkeit bei der Zielerreichung gekennzeichnet ist."[81]

---

[81] Marr 1992, S. 1154f.

Kooperation enthält jedenfalls die Idee der Gleichberechtigung und Partnerschaftlichkeit. Zentral für die Einschätzung der situativen Angemessenheit von Kooperation ist die Diagnose, ob man sich in einer Nullsummen- oder einer Nicht-Nullsummensituation befindet. Während Nullsummensituationen dadurch gekennzeichnet sind, dass es einen Gewinner oder eine Gewinnerin nur geben kann, wenn es einen Verlierer oder eine Verliererin gibt – eine Person also nur auf Kosten der anderen ein von beiden angestrebtes Ziel erreichen kann, nicht aber beide –, so sind Nicht-Nullsummensituationen dadurch gekennzeichnet, dass neben der Gewinnen-Verlieren-Konstellation auch andere prinzipiell möglich sind. Sie verlangt „von den beteiligten Akteuren […] sich von der Illusion des unabhängig existierenden Individuums zu verabschieden. Nicht-Nullsummensituationen sind anders und komplexer. […] Es kann keine, eine oder mehrere Parteien geben, die auf Kosten anderer einen Vorteil erzielen, aber auch nur Verlierer. Im Allgemeinen führt Kooperation der Beteiligten zu Gewinnen aller, während allgemeines Wettbewerbsverhalten […] alle verlieren läßt."[82] Während es in Nullsummensituationen nur durch konkurrenzorientiertes Wettbewerbsverhalten möglich ist, das angestrebte Ziel zu erreichen, ist Kooperation in Nicht-Nullsummensituationen nur dann angebracht, wenn auch die andere Partei kooperiert. Denn die Komplexität von Nicht-Nullsummensituationen ist durch die enge Abhängigkeit der Beteiligten charakterisiert: Im klassischen Gefangenendilemma[83] wird die Logik von Nullsummensituationen anschaulich illustriert: Zwei Gefangene bzw. Angeklagte stehen vor folgender Situation: gesteht einer und der andere hält dicht, kommt der Geständige frei, der andere erhält lebenslänglich. Gestehen beide, erhalten beide 10 Jahre, halten beide dicht, gibt es für beide 5 Jahre. Man sieht: eine individuell richtige und rationale Entscheidung (gestehen) führt durch die Interdependenz zu schlechteren Ergebnissen für alle. Einflussfaktoren sind Vertrauen und die Möglichkeit zur Kommunikation untereinander.

Konflikte können nach und nach intensiver werden und – im schlechtesten Fall, wenn nichts unternommen wird – alle in den Abgrund ziehen. Unsere Wahrnehmung wird im Konfliktverlauf enger („kognitive Kurzsichtigkeit") und wir können uns nicht mehr in andere einfühlen („sozialer Autismus").[84] Es kommt zu affektiver Anreicherung und emotionaler Aufladung, wobei die Fähigkeit zu rationalem Denken und vernünftiger Argumentation stufenweise verloren geht.[85] Die Eskalationsstufen zu kennen ist für die Konfliktdiagnose und -gestaltung wichtig, um einzuschätzen, ob man bereits in einer Zone angelangt ist, wo nur mehr mit fremder Hilfe konstruktiv agiert werden kann. Im Arbeitsleben ist das Wissen um die Dynamik von Konflikten deshalb von besonderer Bedeutung, da die Eskalation eines Konfliktes zu destruktiver Konkurrenz führt, Deeskalation jedoch weitere Kooperation ermöglichen kann. Die Mittel zur Deeskalation sind vielfältig, sind der Eskalationsstufe anzupassen und reichen unter Nutzung dritter Instanzen von Appellen an die Vernunft bis zum radikalen, sofortigen Unterbinden gewalttätiger Handlungen etwa durch Vereinbaren eines Waffenstillstands.

---

[82]   Kehrer 1995, S. 50f.
[83]   siehe dazu z.B. Axelrod 1984
[84]   Glasl 2002, 2004
[85]   Schwarz 2003, S. 39

3.5 Zwischenresümee

Wie die Ausführungen gezeigt haben, ist Potenzial für Konflikte allgegenwärtig. Unbedeutende Kleinigkeiten können das sprichwörtliche Fass zum Überlaufen bringen. In der Regel zeigt sich der Konflikt als – oftmals sachliche – Spitze eines Eisbergs aus Bedürfnissen, Wünschen, Interessen, Werten, Zielen, Gefühlen und Strukturen. Worum es wirklich geht, ist oft nicht leicht zu eruieren. Und je länger ein Konflikt dauert, desto unmöglicher wird es, festzustellen, was die Ursache ist. Zielführender ist es daher meist, die Energien unter Berücksichtigung eigener Zielsetzungen der Erarbeitung einer für die Konfliktparteien passenden Lösung zu widmen, sich im Konfliktgeschehen aktiv zu positionieren und konstruktive Konfliktgestaltung zu betreiben.

4. Konstruktive Konfliktgestaltung

Die in Kapitel 3 vorgeschlagene Analyse der als konfliktär wahrgenommenen Situation ist Basis und erster Schritt in der aktiven, konstruktiven Konfliktgestaltung. Es ist sinnvoll, sich im Rahmen der systematischen Konfliktanalyse einen Überblick über das Geschehen zu verschaffen. Jede Konfliktanalyse bringt Abstand zum Geschehen, ermöglicht ein Bewusstwerden und eine Kontrolle oft hinderlicher Emotionen und ist damit Basis für eine konstruktive Konfliktgestaltung. Was aber kann man im Konfliktfall nach der Analyse konkret tun? Ausgehend von der individuellen Lebenseinstellung (Kapitel 4.1), die uns passive oder aktive Menschen sein lässt, agieren wir – bewusst oder unbewusst – gemäß klassischer Konfliktstile (Kapitel 4.2). Das Handeln entlang dieser Konfliktstile beschäftigt sich in unterschiedlicher Form mit der Ausrichtung an den eigenen Zielvorstellungen und der Beleuchtung der möglichen Wege zur Zielerreichung. Die Konzentration auf lösungsorientierte Konfliktgestaltung wird im Anschluss daran in einem eigenen Abschnitt vorgestellt (Kapitel 4.3), bevor dargelegt wird, wie die Unterstützung Dritter in der Konfliktgestaltung ins Spiel kommen kann (Kapitel 4.4).

4.1 Die Bedeutung der individuellen Lebenseinstellung

Konflikte sollen heute nicht mehr „vermieden" oder „gelöst" werden. Die gewünschte Qualität des Umgangs mit Konflikten lässt sich mit den Begriffen Konfliktmanagement, Konflikthandhabung, Konfliktgestaltung umreißen, was weit mehr als ein semantischer Akzent ist, kommt darin doch etwas Positives, Herausforderndes, Wünschenswertes und Aktives zum Ausdruck.[86] Konflikte könnten daher durchaus „gepflegt" werden.[87] Dabei spielt die individuelle Lebenseinstellung Problemen und Konflikten gegenüber eine wichtige Rolle.

Herzlieb[88] zeigt auf, dass neben der

- *destruktiven* Haltung als Opfer („Die anderen sind immer schuld! Ich bin unschuldig.") oder der

- *passiven* Haltung als jemand, der keine Konflikte sieht („Es ist ja ohnehin alles in Ordnung. Konflikt? Konflikte hab ich nie welche."), nur eine

- *aktive* Rolle, aus der heraus man bewusst agiert („Ja, wir haben eine konfliktäre Situation, aber sie lässt sich klären und bewältigen!"), eine sinnvolle und konstruktive Basis für ein aktives Konfliktmanagement ist.

Diese aktive Rolle zeichnet sich durch die Bereitschaft und Fähigkeit aus, im Bewusstsein der eigenen Ziele, in Konfliktsituationen danach zu agieren, ob sie änderbar sind oder eher nicht. Sind sie es nicht, so liegt eine zweite Option darin, die Situation zu akzeptieren. Dieses Akzeptieren inkludiert die Akzeptanz und Integration der mit der Konfliktsituation verbundenen Gefühle. Wesentlich dabei ist, dass dieses Akzeptieren nicht verwechselt

---

[86] siehe z.B. Glasl 2004; Höher/Höher 2002; Rahim 2001; Kreyenberg 2004
[87] Schwarz 2003, S. 62ff.
[88] 2006, S. 37ff.

wird mit ängstlichem Schweigen, Nachgeben oder Stillhalten, sondern einer starken, bewussten Entscheidung entspringt.[89] Nur so ist dann ein Verbleib ohne Groll in der zwar unveränderten, aber doch anderen Situation möglich:

> *Herr S. hat es seit mittlerweile drei Jahren mit einem sehr autoritären Vorgesetzten zu tun, der nicht nur alles selbst entscheiden und bestimmen möchte, sondern dem man auch kaum etwas recht machen kann. Herr S. wägt nun ab: zwar geht ihm der Stil des Chefs zunehmend auf die Nerven, aber er wird ihn wohl nicht ändern können. Andererseits fasziniert ihn sein Aufgabengebiet sehr und er kann sich einen Wechsel nicht vorstellen. Nach etlichen Gesprächen mit Freunden und seiner Ehefrau kommt er zu dem Entschluss, die Situation, so wie sie ist, anzunehmen und sich noch mehr als bisher auf die inhaltlichen Herausforderungen seiner Arbeit zu konzentrieren und den Chef zu akzeptieren, wie er ist.*

Ist diese Akzeptanz für eine/-n individuell nicht möglich, so steht als dritte Option das Verlassen der Situation offen: Im Beispiel von Herrn S. wäre so an einen Stellenwechsel im Unternehmen oder an eine Kündigung zu denken.

Nur aus einer aktiven, reifen Haltung heraus[90] ist ein nachhaltiges und konstruktives Konfliktmanagement möglich. Wir stellen hierzu die klassischen Konfliktstile vor, einen neueren, lösungsorientierten Zugang und schließlich Möglichkeiten, wie Unterstützung durch Dritte aussehen kann. Wesentlich ist es auch hier, sich der eigenen Zielsetzungen bewusst zu sein.

4.2 Die fünf klassischen Konfliktstile

Es gibt keinen idealen Weg, einen Konflikt zu managen. Jeder Konfliktpartner bzw. jede Konfliktpartnerin hat i.d.R. zwei Grundinteressen: den Konfliktgegenstand und die persönlichen Beziehungen.[91] Und genau in diesem Rahmen bewegen sich auch die fünf klassischen Konfliktstile:

---

[89] Die Kosten von Schweigen und nichts Unternehmen werden unterschätzt, die Kosten eines aktiven Tuns im Konfliktfall in der Regel überschätzt. Vor allem erwartete negative Folgen eines Tuns werden mit einer hohen Eintretenswahrscheinlichkeit belegt (vgl. dazu auch die Milgram-Experimente zur Gehorsamsbereitschaft; Milgram 1990).

[90] Die Transaktionsanalyse spricht dabei vom „Erwachsenen-Ich" (siehe dazu Kapitel 5.3.3).

[91] vgl. Fisher/Ury/Patton 1995, S. 42 (im sog. Harvard-Konzept sprechen sie von „Verhandlungspartnern")

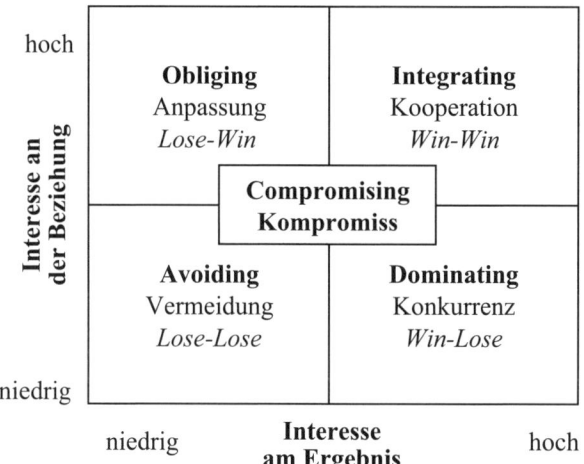

Abb. 13: Individuelle Konfliktstile[92]

Das Konzept geht zurück auf Blake/Mouton, die 1964 erstmals ein Schema präsentierten, das, abgeleitet vom Konfliktverhalten von Managern, sinngemäß diese fünf Stile zeigte und als Dimensionen „concern for people" and „concern for production", also die aus der Führungsforschung bekannte Mitarbeiter- und Aufgabenorientierung, definierte. 1976 wurden die Dimensionen von Thomas als „cooperativeness" (später: „concern for others" – Interesse an der Beziehung) und „assertiveness" (später „concern for self" – Interesse am Ergebnis) reinterpretiert[93] und werden nachstehend in der Reihenfolge ihres entwicklungsgeschichtlichen Erscheinens skizziert[94]:

- *„Avoiding"* (Vermeiden, Flucht, sich zurückziehen): Dieses archaische „Nichts-wie-weg"-Muster ist angemessen, wenn die potenziellen Risiken einer Konfliktaustragung den potenziellen Nutzen weit übersteigen oder auch wenn man – im Moment – nur verlieren kann. Es ist eine lose-lose-Strategie ohne Weiterentwicklung und sie ist unangebracht, wenn eine rasche Entscheidung erforderlich ist oder wenn das Konfliktthema für eine der Parteien sehr wichtig ist. Wird sie zur beherrschenden Strategie, wird deutlich, dass „die durch Flucht ‚gelöste' Konfliktsituation in Wirklichkeit gar nicht gelöst ist, dass sie Depressionen hinterlässt, dass der Konflikt eigentlich nur in schärferer Form wiederkommt und dass das ständige „Flüchten" sehr unbefriedigend ist und keine Weiterentwicklung zulässt"[95].

- *Dominating* (Konkurrenz, Kampf, Vernichtung): Jemanden zu etwas zwingen, drohen, entlassen, einsperren, vernichten, gewinnen sind hier die Verhaltensweisen, zu denen auch Mobbing zählt. Der Vorteil liegt in der Beseitigung des Gegners oder der Gegnerin und man selbst ist gestärkt. Allerdings kann diese win-lose-Strategie auch

---

92 siehe z.B. Berkel 1995, in Regnet 2001, S. 78
93 Rahim 2001, S. 372ff.; vgl. Steyrer „Theorie der Führung" in diesem Band
94 vgl. Kreyenberg 2004, S. 226ff.; Rahim 2002, S. 215ff.; Schwarz 2003, S. 263ff.
95 Schwarz 2003, S. 266

Stillstand bedeuten, denn niemand hat i.d.R. nur unrecht. An totalitären Regimes, die die Opposition wegsperren oder vernichten, kann man dies sehen.

- *Obliging* (Anpassung, Nachgeben, Unterordnung): Den Gegner bzw. die Gegnerin nicht zu vernichten, sondern zu unterwerfen, auch selbst die Möglichkeit des Nachgebens zu haben, stellt entwicklungsgeschichtlich einen großen Schritt dar. Die Strategie ist von Vorteil „to build up social credits" oder auch, wenn die Konfliktpartei bislang die Nachgebende war, wenn das Thema für eine/-n selbst nicht so wichtig ist oder auch im Notfall. Hierarchische Verhältnisse können dadurch stabilisiert werden, das „Ganze" leidet (win-lose) und sich bedingungslos unterzuordnen ist nicht angebracht, wenn tragfähige Vereinbarungen erzielt werden sollen.

- *Compromising* (Kompromiss, Feilschen, Überreden): Kompromisse zielen auf eine Teileinigung ab (was Teilverlust inkludiert) und sind als echte Kompromisse, wenn sie die wesentlichen Teile des Konflikts betreffen, positiv zu bewerten, als faule Kompromisse, wenn sie die eigentlich wesentlichen Teile ausklammern, negativ. Empfehlenswert ist es, einen Kompromiss anzustreben, wenn die Positionen sehr polarisieren, ein Machtgleichgewicht herrscht und in kurzer Zeit ein Fortschritt erzielt werden muss. So kann Compromising eine Vorstufe zum Konsens sein.

- *Integrating* (Kooperation, Konsens): Obschon die Grenzen zum Kompromiss durchaus fließend sein können, wird im Konsens doch eine ganz andere Qualität der Lösung möglich: gab es bisher Entweder-Oder-Lösungen, wird hier ein sowohl-als auch möglich. Dialog, Vertrauen und offener Austausch prägen hier das Bild von Flexibilität und Veränderungsbereitschaft. Empfehlenswert bei strategischen Entscheidungen und hoher emotionaler Beteiligung, nicht günstig bei hohem Zeitdruck oder fehlendem Konsenswillen der KonfliktpartnerInnen, bietet dieser Modus die meisten Entwicklungsmöglichkeiten. Zudem können nur im Konsens Aporien (zwei von zwei grundlegenden, voneinander abhängigen Gegensätzen, Behauptungen, Interessen sind wahr bzw. berechtigt) bewältigt werden.[96]

Ergänzend ist die *Delegation* zu nennen, also die Konfliktregelung durch eine dritte Instanz (vgl. Kapitel 4.4). Die Konfliktstile, wie sie hier vorgestellt wurden, zeigen auch eine menschheitsgeschichtliche Entwicklung: das Konfliktmanagementrepertoire entwickelte sich von der Flucht über Vernichtung, dann Unterordnung, Delegation, Kompromiss bis schließlich hin zu Konsens.[97]

Bei der Entscheidung für ein bestimmtes Vorgehen sind neben dem Interesse am Ergebnis und an der Beziehung auch die jeweiligen Ressourcen mit einzubeziehen: Welche Mittel stehen für eine konstruktive Konfliktgestaltung zur Verfügung?, so lautet hier die zentrale Frage. Welche *Personen* unterstützen mein Anliegen, sind Verbündete, OpponentInnen? Welche *materiellen Ressourcen* gibt es? Welche *immateriellen*, wie gemeinsame Interessen, rechtliche Aspekte, Machtmittel etc.? Zur Auswahl der Mittel sollten

---

[96] Hilfreich dabei wie generell bei erstarrten Positionen sind die Erkenntnisse und Vorgehensweisen des sog. Tetralemma. Dabei geht es im Kern darum, Perspektiven zu erweitern, indem man zwei unvereinbare Positionen nicht nur als entweder das Eine oder das Andere, sondern auch als Beides oder Keines zu sehen versucht (vgl. Varga v. Kibéd/Sparrer 2005, insbes. S. 77ff.).

[97] Schwarz 2003, S. 264

auch etwaige nicht-intendierte Folgen berücksichtigt werden: Den/die KonfliktpartnerIn sofort unter Einsatz von Macht zum Nachgeben zu zwingen, ohne vorher einen gemeinsamen Kern gesucht zu haben, ein gemeinsames – übergeordnetes – Interesse, ist eine Verschwendung und schadet längerfristigen Beziehungen. Dieses Vorgehen, dass die „übergeordneten", „mächtigeren" Eltern sofort die „Machtkarte" ziehen („Solange du bei uns lebst…"), ohne etwaige gemeinsame Interessen mit dem Kind zu suchen, ist allerdings in Familien noch immer verbreitet und bringt auch in Organisationen Nachteile, da sich diese Form der Austragung des Machtaspekts in Konfliktstilen wie dem „Obliging" oder „Dominating" wiederfindet und somit mit einer „Lose"-Konstellation – entweder auf der Beziehungsebene oder auf der Ergebnisebene – verbunden ist.

Konfliktgestaltungen in Form einer Win-Win-Situation für die beteiligten Parteien münden zu lassen, ist mit dem „Integrating"-Stil verbunden, der viele Parallelen mit der lösungsorientierten Konfliktgestaltung aufweist, da bei beiden Ansätzen ein wesentlicher Blick auf die Zielsetzungen der Beteiligten einerseits und die Lösungsmöglichkeiten anderseits gelegt wird.

4.3 Lösungsorientierte Konfliktgestaltung

In den 1970er Jahren entwickelte sich im Rahmen der systemischen Beratung[98] eine Zugangsweise zur *Problem-Lösung*, die als Ergänzung zu den hier vorgestellten Konfliktstilen gesehen werden kann. Sie verändert durch die Unterscheidung von Problem- und Lösungsorientierung den Handlungsspielraum, eröffnet neue Optionen, entlastet durch den Verzicht auf die Suche nach Schuldigen und lenkt so die Energie nach vorne. Je nach Fokus werden Systeme danach unterschieden, ob sie eher problem- oder eher lösungsorientiert agieren:

- *Problemdeterminierte* Systeme repräsentieren eine Organisationsform, bei der das System sich um ein Phänomen herum organisiert, das dabei den Fokus der willkürlich/bewussten und unwillkürlich/unbewussten Aufmerksamkeit stark auf redundante Muster einengt, die immer wieder das „Problem" im Zentrum haben. Dabei werden als *Probleme* jene Ressourcen (!) gesehen, die nicht kontextadäquat sind und/oder für die offiziellen Zielkriterien nicht als effektive Mittel oder Prozesse wirken (auch wenn sie auf andere Kriterien bezogen effektiv wären).

- *Lösungssysteme* sind eine Form der Organisation im Beziehungssystem, die bei allen relevanten Beteiligten eine kontinuierliche Fokussierung von Aufmerksamkeit auf lösungsförderliche Potenziale unterstützen. Dabei stehen *Lösungen* für die Auswahl und Nutzung von Ressourcen, die kontextadäquat und für die offiziellen Zielkriterien effektiv sind, im Mittelpunkt.

In beiden Systemen finden sich Ziele als zentrale Schlüsselelemente. In der Regel kann davon ausgegangen werden, dass sogenannte Probleme oft deshalb stabil bleiben und angemessene Lösungen nicht realisiert werden können, weil die ZieldefiniererInnen widersprüchliche Zielvektoren berücksichtigen wollen und zwar in einer Weise, die nicht realisierbar ist. Oft entstehen Doppelbindungssituationen für die Betroffenen, wobei

---

[98] z.B. von Schlippe/Schweitzer 1997; de Shazer 1999; Varga von Kibed/Sparrer 2005

Schmidt[99] davon ausgeht, dass diese auflösbar sind, wenn es gelingt, Zielhierarchien und Prioritäten festzulegen und konkret überprüfbare Ziele zu definieren:

> *In einer Personalabteilung eines Autokonzerns gab es viele Vorhaben, die nicht um-gesetzt wurden, besonders seit es dort einen neuen Leiter gab. Der Leiter war aus dem kaufmännischen Bereich in diese Abteilung befördert worden, auch mit dem Kommen-tar, dass man den „verspielten und versponnenen Bildungsheinis" endlich mal an-ständige, wirtschaftlich sinnvolle Abläufe beibringen müsse. Eine Befragung externer Berater hat zutage gebracht, dass eine aktive und erfolgreiche Kooperation mit dem neuen Leiter für die bisherigen Teammitglieder eine krasse Abwertung ihrer (aus ihrer Sicht) Leistungen in der Vergangenheit bedeuten könnte, da alle im Umfeld die jetzt gute Kooperation dem neuen, „pfiffigen" Leiter zuschreiben würden.[100]*

Ausgangspunkt für die Nicht-Umsetzung von Vorhaben scheint der Widerstand gegen neue Vorhaben bzw. die mangelnde Kooperation mit dem neuen Vorgesetzten zu sein. Es zeigt sich jedoch, dass sich dahinter unterschiedliche Wertbezüge, die sich in den Zu-schreibungen an die jeweiligen involvierten Konfliktparteien ausdrücken, wiederfinden. Gerade die unterschiedliche Bewertung von „erfolgreicher" Tätigkeit und des Nutzens von Kooperation dabei deuten auf problemstabilisierende Muster und Dynamiken hin. Sehr oft entstehen Konflikte aus dem Zusammenprallen widersprüchlicher Wertsysteme der involvierten Betroffenen. Sie lassen sich eher verstehen und konstruktiv nutzen, wenn man die Regeln, Wertsysteme etc. der relevanten Bezugsgruppen (oft die Familie, peer-groups im Umfeld von Schule, Arbeit, FreundInnen) mitberücksichtigt. So kann es auch bei einer lösungsorientierten Konfliktgestaltung hilfreich sein, zu Beginn die pro-blemzentrierte Seite zu sehen und zu würdigen, also die eine Seite des „Sowohl-Als auch" zu erfassen und dabei relevante Musterelemente im Problemmuster, Problemgewebe[101] zu entdecken. Fragen wie die folgenden können in der Problemorientierung zum Einsatz kommen:

- Wer definiert das Problem? Für wen ist es am meisten ein Problem, für wen am we-nigsten? Gibt es einheitliche oder unterschiedliche Problemsichten?

- Welche Erklärungen für das Problem gibt es?

- Welche Schlussfolgerungen für das Verhalten untereinander werden daraus gezogen?

- Welche Lösungsversuche hat es bisher schon gegeben?

Solche Fragen wurden in dem o.a. Beispiel eingesetzt, mit dem Ergebnis, einen sehr klaren Hinweis auf einen problemstabilisierenden Faktor erhalten zu haben. Gleichzeitig werden aber auch verschiedene Elemente eines Musters sichtbar. Und hier liegt ein Ansatzpunkt für mögliche Interventionen, denn wird nur *ein* Element eines Musters verändert, kann dies das gesamte Muster ändern, da das Muster Ausdruck interdependenter Wechselwir-kungen der Systemelemente ist. Dabei ist zu identifizieren, welche Elementebenen für die Betroffenen überhaupt veränderbar sind.

---

[99] 2000
[100] Schmidt 2001, S. 15
[101] Schmidt 2000

Und hier setzt die Lösungsorientierung an: Es wird danach gestrebt, Beschreibungen für die jeweilige Situation zu finden, die es den involvierten Personen ermöglichen, Lösungsperspektiven zu entwickeln, die sie in die Lage versetzen, den eigenen Beitrag zur Interaktion, für den sie Lösungen wollen, zu erkennen und zu verändern. Beispiele für solche lösungsorientierten, also zukunfts-, verhaltens- und zielorientierten Fragen sind:

- Was soll in Zukunft anders sein?

- Welche Ziele wollen Sie erreichen? Was wird von Ihnen als optimales Ergebnis gesehen?

- Was müsste wer wann in der Zukunft anders tun, damit dieses optimale Ergebnis herauskommt?

- Wer würde sich freuen, wenn Sie dieses optimale Ergebnis erreichen?

- An welchem Verhalten von Ihnen würden Sie oder jemand anderer bemerken, dass Sie Ihr optimales Ergebnis erreicht haben?

Mit dieser Herangehensweise ist es bspw. dem o.a. Autokonzern gelungen, nach der Abklärung der Ziele aller Beteiligten, die sich in dem Ergebnis eines verbesserten Arbeits- und Gruppenklimas zusammenfassen ließen, einen konstruktiven Schritt in Richtung Teamentwicklung zu gehen. Diese lösungsorientierte Vorgangsweise ist nicht zwingend in allen Konfliktkonstellationen erfolgreich. Es ist jedoch eine Konfliktgestaltungsform, die sich für einen konstruktiven, nach vorne gerichteten Umgang anbietet. Auch angesichts der Eskalationsdynamik von Konflikten kann festgehalten werden, dass die lösungsorientierte Vorgehensweise sowohl alleine als auch moderiert und begleitet durch unbeteiligte Dritte eingebracht werden kann.

4.4 Eigene Grenzen erkennen – Unterstützung wahrnehmen

Das Modell der Konflikteskalation (vgl. Kapitel 3.4) ist auch deshalb von besonderem Wert, weil es die Möglichkeit schafft, zu erkennen, wann es ratsam ist, sich professionelle Unterstützung zu organisieren: sei es durch Moderation, Mediation oder durch Machteingriffe und Schiedsverfahren. Der Unterschied der letzten beiden zu Mediation oder Moderation ist essenziell: Während bei Mediation und Moderation die Entscheidungskompetenz eindeutig bei den Konfliktparteien bleibt, diese also inhaltlich entscheiden und dabei nur unterstützt bzw. begleitet werden, trifft bei der Konfliktgestaltung durch Machteingriff oder Schiedsverfahren eine dritte, unabhängige Person die Entscheidung, der sich die Konfliktparteien unterzuordnen haben. Die Konfliktlösung wird also delegiert.

4.4.1 Moderation

Die Moderationsmethode wurde Anfang der 1970er Jahre als planmäßiges Vorgehen entwickelt, mit dem Ziel, den Willens-/Meinungsbildungsprozess einer Gruppe, ohne inhaltlich einzugreifen, zu erleichtern und um ein Instrumentarium zur Umsetzung von gestiegenen Partizipationsforderungen zu haben. Herkömmliche Gesprächsstrukturen und Vorstellungen, dass es bspw. „einen Leiter geben muss, der alleinig bestimmt, wo es lang

geht", reichten nicht länger aus, um Entwicklungsprozesse in Gang zu bringen und umzusetzen. Peu a peu entwickelte sich „die ‚Moderations-Methode‘: eine Mischung aus Pla-
nungs- und Visualisierungstechniken, aus Gruppendynamik und Gesprächsführung, aus
Sozialpsychologie, Soziologie, Betriebs- und Organisationslehre mit einem Verständnis
von sozialen und psychischen Prozessen, die sich an Erkenntnisse und Erfahrungen der
Humanistischen Psychologie anlehnen."[102] Zentrales Ziel in der Moderation ist es, Ziel-
findungs- und Entscheidungsprozesse in Gruppen zu erleichtern. Ein/-e ModeratorIn begleitet auf Basis einer nicht wertenden, offenen Haltung eine Gruppe am Weg zum Ziel
und versucht „die an Ort und Stelle auftretenden Probleme der Interaktion sowie inhaltliche und prozedurale Differenzen mit sofortigen >Selbstheilungseingriffen< zu korrigieren"[103]. Unterschiedliche Meinungen sollen sichtbar gemacht werden, sodass sich die anderen damit auseinandersetzen können bzw. müssen, um Aufgaben und Probleme zu definieren, um transparent Ziele zu generieren oder um gemeinsame Lösungen zu erarbeiten!
Die Vorteile moderierten Vorgehens sind transparente Mitarbeits- und Mitbestimmungs-
möglichkeiten für alle Betroffenen (durch geeignete Problembearbeitungs- und vor allem
Visualisierungstechniken), Förderung des Problembewusstseins und eine hohe Akzeptanz
der erarbeiteten Ergebnisse. Der Ablauf einer Moderation orientiert sich – auch in der Kon-
fliktmoderation – an folgenden Phasen[104]:

- Einstieg (inhaltlich, sozial, emotional): Basis und Rolle der Moderation werden ge-
klärt, ebenso die Ziele und Erwartungen und der zeitlich-räumliche Rahmen.
- Problemorientierung: Themen und Sichtweisen werden gesammelt, geordnet, bewertet.
- Lösungserarbeitung: Ideen zu möglichen Lösungen werden entwickelt und ausgehandelt.
- Handlungsorientierung: Wie werden die Lösungen umgesetzt? Wer macht was bis
wann?
- Abschluss: Prozessreflexion hinsichtlich inhaltlicher, sozialer und emotionaler As-
pekte.

In der konstruktiven Konfliktgestaltung können Elemente der Moderation auch ohne Unterstützung durch Dritte eingesetzt werden (indem bspw. die wesentliche Positionen der
Parteien visualisiert [also für alle sichtbar aufgeschrieben] werden). „Moderationskom-
petenzen bilden die Grundlage für fast alle Methoden und Konfliktanlässe, in denen ein
unbeteiligter Dritter den Konfliktpartnern weiterhelfen soll."[105]

4.4.2 Mediation

Unter Mediation versteht man „alle Verfahren der Konfliktlösung, in denen ein neutraler
Dritter ohne eigentliche Entscheidungsgewalt versucht, sich im Streit befindenden Parteien auf dem Weg zu einer Einigung zu helfen."[106] Mediation ist im deutschen Sprachraum seit den 1980er Jahren als Überbegriff für Drittpartei-Interventionen bekannt und

---

[102] Klebert/Schrader/Straub 1987, Kurzmoderation, S. 9
[103] Glasl 2004, S. 396f.
[104] siehe auch Kreyenberg 2004, S. 266ff.
[105] Kreyenberg 2004, S. 270
[106] Altmann et al. 1999, S. 18

nahm hier seine Anfänge im (außergerichtlichen) Täter-Opfer-Ausgleich. Entstanden ist der Ansatz ab den 1960er Jahren in den USA, wo man vor allem der zeit- und kostenintensiven, unpersönlichen gerichtlichen Regelung von Konflikten im sozialen Nahraum (Scheidungen, Nachbarschaftskonflikte – Konflikte im Gemeinwesen) begegnen wollte. In dezentralen, bürgerInnennahen Strukturen sollten Delikte im sozialen Nahbereich aufgefangen und selber zeitnah, kostengünstig und sozial adäquat geregelt werden – ähnlich der in Stämmen in Afrika und Asien existierenden „Palaver", in denen Konflikte in ihrer ganzen Komplexität und Emotionalität quasi mit kathartischer Wirkung vorgebracht werden können.[107]

Mittlerweile hat sich das Konzept der Mediation sehr stark ausdifferenziert – ausgebildete MediatorInnen vermitteln (etwa ab Eskalationsstufe 5) außergerichtlich zwischen Konfliktparteien mit dem gemeinsamen Ziel einer von allen Beteiligten akzeptierten Regelung des Konflikts: Scheidungs-, Umwelt-, Familien-, Sport-, Wirtschaftsmediation erfordern trotz der suggerierten „Omnikompetenz" des Mediationsbegriffs Spezialisierungen.[108] Mediation gehört daher in die Hände professionell ausgebildeter MediatorInnen, die sich „um einen akzeptablen Kompromiss, der den Interessen aller Rechnung trägt und eine Koexistenz ermöglicht"[109] bemühen. Sie orientieren sich in ihrem Vorgehen i.d.R. an folgendem Ablauf:[110]

Phase 1: Vorbereitung (Orientierung, Zusammenstellung der Parteien, Ziele, Rahmenbedingungen, Vertragsabschluss)
Phase 2: Probleme/Themen erfassen
Phase 3: Konfliktanalyse (persönliche, soziale, strukturelle Bedingungen; individuelle Gewinne durch den Konflikt, Bedürfnisse)
Phase 4: Konfliktbearbeitung (Generieren von Lösungsoptionen, eigene und Anliegen Dritter berücksichtigen, Lösungen bewerten)
Phase 5: Mediationsvereinbarung (Umsetzung der Lösungen, Kontrolle vereinbaren, Einigung vertraglich fixieren)
Phase 6: Evaluation (Beurteilung der Umsetzung der Maßnahmen, Reflexion)

Konflikte können also in Eigenregie bearbeitet und gemanagt werden, oder man sucht Unterstützung durch andere Instanzen. Während sich bei Moderation wie auch im Coaching, in der Supervision und Mediation diese Unterstützung auf den *Prozess* der Konfliktgestaltung bezieht, wird an ein Schiedsgericht oder in der Konfliktregelung durch Machteingriff die *inhaltliche Entscheidung* des Konflikts delegiert und die Parteien unterwerfen sich dem Urteil der übergeordneten Instanz.

4.4.3 Machteingriff und Schiedsverfahren

Die Konfliktlösung durch Machteingriff stellt immer eine Form der Delegation dar. Sie findet sich im Kleinen – wenn etwa Geschwister sich überhaupt nicht über die Nutzung eines Computerspiels einigen können und ein Elternteil ersucht wird, dies zu entscheiden –

---

[107] Metzger 2004 (unter Bezugnahme auf Danzig 1973), S. 38ff.
[108] Glasl 2002, S. 444
[109] Glasl 2004, S. 399
[110] Montada/Kals 2001 in Kolodej 2005, S. 136; Duss-von Werdt 2008, S. 55

ebenso wie im Großen – wenn etwa im Falle eines Streites zwischen Unternehmen und Ex-ArbeitnehmerInnen über noch allfällig ausstehende Zahlungen ein richterlicher Urteilsspruch eine Entscheidung bringt. Das Geschehen ist also schon einigermaßen eskaliert und an der Schwelle zwischen dem Status eines Schlagabtausches und dem der Vernichtung, wobei eine konstruktive Regelung aus eigener Kraft von den Konfliktparteien als ausgeschlossen betrachtet wird.

In diesem Stadium wird z.B. mit Hilfe von Schiedsverfahren, einem richterlichen Entscheid oder anderen legistischen Verfahren oder einem Machteingriff einer Machtinstanz, wie z.B. Vorgesetzte, „Stammesälteste" u.Ä. versucht, die Konfliktparteien zur Annahme verbindlicher Lösungen zu führen. Der große Vorteil einer professionellen Unterstützung durch Dritte ist, dass verfeindete Parteien durch Vermittlung und Entscheidung dieser Instanzen eine Möglichkeit kreieren, den Konflikt zu bewältigen. Der Nachteil ist, dass die Konfliktkompetenz abgegeben wird und die Identifikation mit der Lösung leiden kann – insbesondere wenn die dritte Instanz nicht nur vermittelt (wie bspw. in der Mediation), sondern entscheidet.[111]

4.5 Zwischenresümee

Soziale Konflikte sind Situationen, in denen für mindestens zwei aufeinander angewiesene Parteien mit unterschiedlichen Verhaltenstendenzen ein gewisser Druck besteht, sich zu einigen. Dabei können kleinste Kleinigkeiten in massive Konflikte münden – vor allem wenn zuvor lange stillgehalten wurde. Konflikte entwickeln eine eskalierende Dynamik, wobei die persönliche Ebene zunehmend Konfliktgegenstand wird, die Mittel massiver werden, Empathie abnimmt, Handlungsspielräume kleiner werden und eine Lösung ohne fremde Hilfe unwahrscheinlicher wird.

Die Konfliktgestaltung beginnt daher schon in der Konfliktentstehung und ist unter Berücksichtigung des Interesses an der Beziehung und am Konfliktthema sowie unter Bedachtnahme auf Parteien, Konfliktgeschichte, Verlauf, Form und Konfliktressourcen vorzunehmen. Besonders wichtig dabei sind die jeweils eigenen Ziele! Dabei gilt eine extreme Situationsabhängigkeit: Es gibt weder einen idealen Weg des Konfliktmanagements noch den idealen Konfliktstil. Vielversprechende Methodik vor allem bei schon lange andauernden Konflikten ist eine lösungsorientierte, in die Zukunft gerichtete Herangehensweise.

Als Basis ist es hilfreich, den Raum und damit die Zeit zwischen Reiz und Reaktion *wahr-zu-nehmen*. Dann können aus der Konfliktanalyse Hinweise abgeleitet werden, welche Gestaltungsschritte gesetzt werden sollen. Das kann ein bewusstes Akzeptieren der Situation ebenso sein wie ein Versuch, sie zu verändern oder eine Trennung (z.B. Kündigung, Scheidung) herbeizuführen. Für eine konstruktive Gestaltung einer Konfliktsituation sind viele Mittel und Wege denkbar. Unverzichtbar dabei ist jedoch das Gespräch zwischen den Beteiligten.

---

[111] Schwarz 2003, S. 273ff.; Kreyenberg 2004, S. 235ff.

5. Kommunikation in der Konfliktgestaltung

Wie schon dargelegt, spielt Kommunikation in der Konfliktgenese eine zentrale Rolle – was nicht weiter verwundert, denn spätestens seit Watzlawick wissen wir: Wir können nicht nicht kommunizieren. So ist es nur ein logischer Schritt hin zum „Axiom", dass es ohne Kommunikation keine Konflikte – und keine Konfliktlösung(!) – gibt. Dabei ist es nicht egal, wie etwas gesagt wird: Sprachlicher Ausdruck ist dabei immer begleitet vom Nicht-Sprachlichen und kondensiert im Konfliktgespräch (Kapitel 5.1). Dabei erleichtert uns eine Vielzahl an Kommunikationstheorien und -modellen die Analyse und Gestaltung der erfolgreichen Konfliktkommunikation (Kapitel 5.2). Ob wir uns „Neuer Medien" bedienen oder traditionell Face-to-face kommunizieren, ist schließlich *ein* Betrachtungspunkt, der am Ende des Kapitels beleuchtet wird (Kapitel 5.3).

5.1 Das konstruktive Konfliktgespräch

Das Konfliktgespräch ist ein wesentliches Mittel in der Konfliktgestaltung und es ist fast immer ein heikles Gespräch, in dem viel auf dem Spiel steht, die Meinungen differieren und Emotionen involviert sind.[112] Hier begegnen sich also Konfliktparteien mit ihren Emotionen, hier begegnen sich Themen und hier wird Beziehung gestaltet. Wesentlich ist, neben den eigenen Zielen, also zumindest drei Ebenen zu berücksichtigen: die eigene Person, die Beziehung und die Sache.

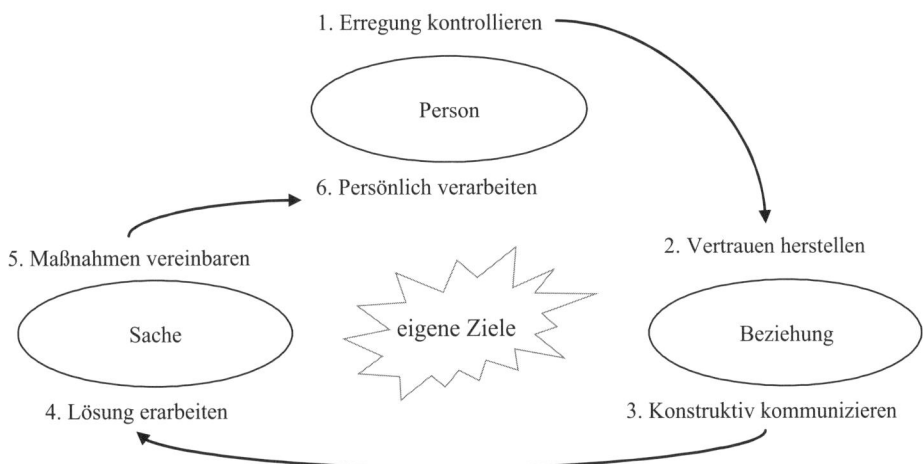

Abb. 14: Das konstruktive Konfliktgespräch[113]

Betrachten wir die Stufen, die ein solches konstruktives Konfliktgespräch durchlaufen soll, findet sich der erste Ausgangspunkt bei der eigenen Person:

1. **Erregung kontrollieren:** Abzukühlen, sich seiner Emotionen bewusst zu sein, ist ein erster Schritt, um in weiterer Folge eigene Bedürfnisse und Anliegen annehmbar for-

---

[112] empfehlenswert: Patterson et al. 2006a
[113] in Anlehnung an Berkel 1999, S. 77ff.

mulieren zu können. Anhaltspunkte dafür ergeben sich aus dem *Modell der gewalt-freien Kommunikation*, das im Wesentlichen auf vier Komponenten, derer man sich bewusst sein soll, besteht: Beobachtung, Gefühl, Bedürfnis, Bitte. „Die Form ist einfach und hat doch starke Transformationskraft."[114] Sie soll Kommunikation in einfühlsamer Weise, ohne Druck auszuüben, in Fluss bringen. Das Beispiel in der folgenden Abbildung 15 bezieht sich auf ein Büro mit drei MitarbeiterInnen, wobei es zwischen zweien seit einiger Zeit Spannungen gibt. Die dritte Person versucht etwas zu bewegen, ohne Druck auszuüben oder einen Rat„schlag" zu geben – denn dies würde mit hoher Wahrscheinlichkeit unmittelbare Abwehrreaktionen provozieren.

Komponente	Worum geht es?	Beispiel
Beobachtung	Beobachten, was in der relevanten Situation geschieht, ohne Bewertung. Dies dem/der anderen mitteilen.	*„Ich beobachte nun schon seit mehreren Tagen, dass ihr kaum miteinander sprecht und euch aus dem Weg geht. ...*
Gefühl	Eigene Gefühle ausdrücken, die wir beim Wahrnehmen der Situation empfinden.	*Das beunruhigt mich und ich habe auch ein wenig Angst, ...*
Bedürfnis	Mitteilen, welches Bedürfnis hinter dem formulierten Gefühl steht.	*... denn wir hatten bislang immer ein sehr feines Arbeitsklima, was ich auch brauche, um gut zu arbeiten. ...*
Bitte	Ausdrücken der konkreten Bitte, die zu meinem Bedürfnis passt und mich „reicher" macht.	*Darum bitte ich euch, einen Weg zu finden, damit das Klima wieder so gut wird wie vorher. "*

Abb. 15: Komponenten und Beispiel zur Gewaltfreien Kommunikation[115]

Diese Beispiele für den Ausdruck des Anliegens einer der involvierten Personen und damit dem Ingangsetzen eines konstruktiven Konfliktgespräches sind eng mit der nächsten Phase verwoben:

2. **Vertrauen herstellen.** „Die ersten Sekunden entscheiden über den Ton einer Auseinandersetzung. Das weiß jeder, der schon einmal in Streit geraten ist."[116] Daraus ergibt sich die Notwendigkeit, Vertrauen und ein gutes Gesprächsklima herzustellen, durch nonverbale Gesten, durch eine etwaige Entschuldigung oder – je nach Situation – auch

---

[114] Rosenberg 2005, S. 22
[115] eigene Darstellung und Beispiel in Anlehnung an Rosenberg 2005, S. 25f.
[116] Patterson et al. 2006a, S. 73

Zugeben eines Fehlers. Damit ist die Basis für die Weiterführung des Gesprächs und somit die nächsten für die Problemlösung zentralen Phasen gegeben:

3. **Konstruktiv kommunizieren** und

4. **Lösung erarbeiten.** Auf Basis einer möglichst ungetrübten Beziehung geht es dann mit konstruktiver Kommunikation in die Erarbeitung einer Lösung. Vor allem das aktive Zuhören[117] ist ein Türöffner und wichtiges Mittel der Wahl, um Konflikte zu analysieren und um herauszufinden, worum es der anderen Konfliktpartei wirklich geht. Den/die andere/-n zu einer aktiven Stellungnahme zu ermuntern, interessiert rückzufragen und so Wertschätzung und Respekt zu vermitteln, ist informativ und wirkt positiv auf die Beziehung. Um das Ergebnis der Konfliktlösung zu sichern, werden in einem nächsten Schritt

5. **Maßnahmen vereinbart.** Auf dieser Basis werden schließlich Maßnahmen zur Umsetzung und zur Evaluation festgelegt. Damit ist der Konflikt auf der sozialen Ebene beendet, doch ist bei den GesprächspartnerInnen die vorhandene Betroffenheit in den überwiegenden Fällen nicht aufgelöst und deshalb wird als abschließende Phase das

6. **Persönliche Verarbeiten** gesehen. Nach dem Gespräch sollte vor dem Hintergrund der eigenen Ziele eine individuelle Verarbeitung und Reflexion stattfinden – hinsichtlich des Prozesses (Beziehung), hinsichtlich des Ergebnisses (Sache) und hinsichtlich der eigenen Emotionen (Person) –, um eine dauerhafte Verarbeitung und Etablierung der Lösung zu ermöglichen.

In dieser Beschreibung des idealtypischen Verlaufs eines konstruktiven Konfliktgesprächs liegt der Hauptschwerpunkt auf den Schnittstellen zwischen diesen Phasen bzw. dem Aufzeigen der Wechselwirkung von Person, Beziehung und Sache. Das Zusammenspiel dieser drei Dimensionen steht auch im Zentrum prominenter Kommunikationsmodelle. Im Laufe dieses Beitrags ist gerade durch die zentrale Bedeutung von Kommunikation als Haupterscheinungs- bzw. Austragungsform von Konflikten der Stellenwert von Kommunikation in der Konfliktgestaltung deutlich geworden. Daher werden zentrale Erklärungsmodelle für Kommunikation im Hinblick auf deren Bedeutung in der Konfliktgestaltung nun ausführlicher erläutert.

5.2 Kommunikationsmodelle in der Konfliktgestaltung

In diesem Beitrag wurden die Arbeiten von Watzlawick et al. bereits punktuell referiert. Dieser Ansatz – wie auch jener von Schulz von Thun – setzt den Sachinhalt einer Kommunikation in Bezug zum Beziehungshintergrund und ergänzt damit die technischen Aspekte der Kommunikation um eine wesentliche Komponente, wie sie in Konfliktgesprächen relevant ist. Die Transaktionsanalyse erklärt, weshalb es in Gesprächen trotz gleicher Berechtigung der PartnerInnen und symmetrischer Kommunikation zu ungünstigen Ungleichgewichten kommen kann, die eine konstruktive Konfliktgestaltung behindern. Das Modell der systemischen Kommunikation schließlich setzt einen Kontrapunkt, indem es von der Person abrückt und auf den Prozess der Kommunikation fokussiert, Konfliktkommunikation letztlich zu „normaler" Kommunikation erklärt.

---

[117] Fuhrmann/Pachlinger 2006, S. 20ff.

5.2.1 Die fünf Axiome und ihre Bedeutung für die Konfliktgestaltung

Die pragmatischen Axiome[118] wurden in der Arbeit von Watzlawick/Beavin/Jackson 1969 als „… provisorische Formulierungen, die weder Anspruch auf Vollständigkeit noch auf Endgültigkeit erheben können"[119] formuliert und gehören heute zum Standardwissen über zwischenmenschliche Kommunikation. Die pragmatischen Axiome stehen für eine Richtung, in der die verhaltensmäßigen Wirkungen der Kommunikation interessieren. Dies wird in der nachfolgenden Zusammenfassung der zentralen fünf Axiome deutlich:

Das 1. Axiom: *„Man kann nicht nicht kommunizieren."*

Ausgehend von der Überlegung, dass man sich nicht nicht verhalten kann, und Kommunikation auch nonverbal erfolgt, Kommunikation also ein Verhalten ist, hat auch Kommunikation in Gegenwart mindestens einer zweiten Person kein Gegenteil. So liegt z.B. auch im Fall, dass zwei oder mehr Personen gemeinsam im Lift fahren, nicht miteinander sprechen, keinen Blickkontakt haben, Kommunikation vor. Der Kommunikationsbegriff ersetzt de facto den Interaktions- und den Verhaltensbegriff.[120] *Jede Aussage ist eine Einsage,* d.h., sie beeinflusst nicht nur die anderen, sondern auch uns selbst. Durch Kommunikation reden wir (auch) zu uns selbst. „Wer mit herrischer Geste befiehlt, zeigt anderen, dass er seiner Sache sicher ist und Gehorsam fordert; er bestätigt aber auch sich selbst, dass er ein Herrscher ist – wie anders könnte er sonst fordern."[121]

Das 2. Axiom: *„Jede Kommunikation hat einen Inhalts- und Beziehungsaspekt, derart, dass letzterer den ersteren bestimmt und daher eine Metakommunikation ist."*

Jede Kommunikation gibt neben der Sachinformation auch – weniger augenfällig – Auskunft darüber, wie der/die SenderIn sie verstanden haben möchte und drückt somit die Beziehung des Senders oder der Senderin zur anderen Person aus. Eine Handlungsaufforderung eines Vorgesetzten kann je nach Tonfall und Wortwahl ein anderes Bild von der zugrunde liegenden Beziehung vermuten lassen: als Ausdruck einer eher partnerschaftlichen Beziehung oder in Verdeutlichung der hierarchischen Unterschiede. Ausdrücklich und bewusst werden Beziehungen äußerst selten definiert. Als Metakommunikation wird in diesem Zusammenhang folgender Prozess bezeichnet: „Wenn wir Kommunikation nicht mehr ausschließlich zur Kommunikation verwenden, sondern um *über* Kommunikation selbst zu kommunizieren (…), so verwenden wir Begriffe, die nicht mehr *Teil* der Kommunikation sind, sondern (im Sinne des griechischen Präfix *meta*) *von* ihr handeln."[122] Der Beziehungsaspekt, der eine Kommunikation über eine Kommunikation darstellt, ist somit Metakommunikation.

Das 3. Axiom: *„Die Natur einer Beziehung ist durch die Interpunktion der Kommunikationsabläufe seitens der Partner bedingt."*

---

[118] Ein Axiom ist ein ohne weiteren Beweis einleuchtender, grundlegender Lehrsatz. „Unter Axiome (oder Postulate, Prämissen) lassen sich solche Aussagen fassen, die als generelle Hypothesen einer Theorie zugrunde liegen und selbst nicht aus anderen Aussagen ableitbar sind" (Friedrichs 1985, S. 63)
[119] Watzlawick et al. 1969/1990, S. 50ff.
[120] Mikl-Horke o.Jg., S. 28ff.
[121] Neuberger 1985, S. 33
[122] Watzlawick et al. 1969/1990, S. 41

Kommunikationen bestehen aus wechselseitigen Äußerungen, Wahrnehmungen und Interpretationen. Durch diese Interpunktionen entsteht im Laufe einer Kommunikationsbeziehung eine Struktur, die glauben lässt, eine Person setze die Initiative, d.h. ein Verhalten wird als Ursache, das andere als Folge interpretiert. Zur Verdeutlichung ist in Abbildung 16 – modifiziert nach Watzlawick et al.[123] – das Beispiel eines unglücklichen Ehepaares dargestellt:

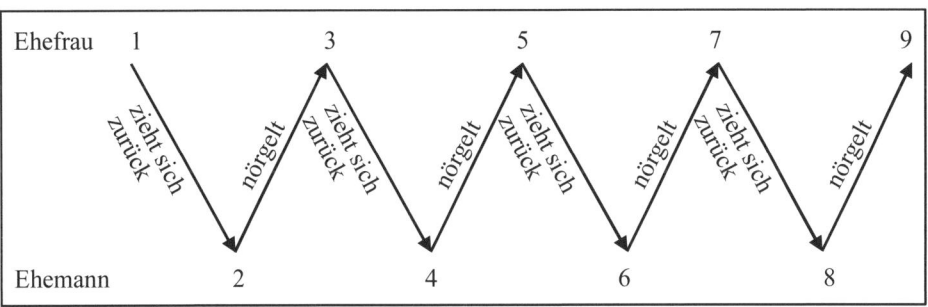

Abb. 16: Die Interpunktion von Ereignissen

Die Ehefrau nimmt nur Triaden wie z.B. 2-3-4 oder 4-5-6 … wahr: Ihr Ehemann nörgelt, deshalb zieht sie sich zurück. Ihr Rückzug ist also lediglich Reaktion auf das Nörgeln, aber nie dessen Ursache. Für den Mann gilt das Gleiche, jedoch sieht er nur Triaden wie z.B. 1-2-3 oder 3-4-5 …: Seine Ehefrau zieht sich zurück, deshalb nörgelt er. Sein Nörgeln ist – aus seiner Perspektive – ebenfalls nur Reaktion. Ein Durchbrechen dieses Musters ist durch Kommunikation über die Kommunikation (Metakommunikation) möglich – wenn die Störung nicht mitgenommen und damit praktisch nur auf eine andere Ebene verlagert wird. In diesem Fall ist das Hinzuziehen einer dritten, neutralen Person sinnvoll.

Das 4. Axiom: *„Menschliche Kommunikation bedient sich digitaler und analoger Modalitäten.“*

Kommuniziert wird über Zeichen. Diese Zeichen können entweder *digital* für Gegenstände stehen (z.B. das Wort ‚Tisch‘), oder sie können das Wesentliche eines Gegenstandes abbilden (z.B. die Zeichnung eines Tisches). *Analoge* Kommunikation, zu der auch die nonverbalen Ausdrucksformen gezählt werden, besitzt eine allgemeinere Gültigkeit als digitale und determiniert darüber hinaus den Beziehungsaspekt. „(…) es ist leicht, etwas mit Worten zu beteuern, aber schwer, eine Unaufrichtigkeit auch analogisch glaubhaft zu kommunizieren.“[124] Im Idealfall harmonieren analoge (nonverbale) und digitale (verbale) Modalitäten.

Das 5. Axiom: *„Zwischenmenschliche Kommunikationsabläufe sind symmetrisch oder komplementär, je nachdem, ob die Beziehung zwischen den Partnern auf Gleichheit oder Unterschiedlichkeit beruht.“*

„Symmetrische Beziehungen zeichnen sich durch Streben nach Gleichheit und Verminderung von Unterschieden zwischen den Partnern aus, während komplementäre In-

---

[123] 1969/1990, S. 59
[124] Watzlawick et al. 1969/1990, S. 64

teraktionen auf sich gegenseitig ergänzenden Unterschiedlichkeiten basieren."[125] Wenn zwei Personen miteinander kommunizieren, dann geben sie sich nicht nur Botschaften über Inhalte, sondern sie machen sich auch Beziehungsangebote. So mag eine/-r der Beteiligten signalisieren, dass er oder sie sich selbst für kompetent, den oder die anderen für inkompetent hält. Wenn die anderen dieses Beziehungsangebot akzeptieren, so ist ihre Beziehung als *komplementär* definiert (z.B. werden auch heute noch oft Vorgesetzten-/MitarbeiterInnen- oder ÄrztInnen-/PatientInnenbeziehungen als hierarchisch begriffen). Das Gegenstück ist die sogenannte *symmetrische* Beziehung. Sie beruht auf Gleichheit. So ist die Beziehung zwischen Kollegen und Kolleginnen auf der gleichen Hierarchieebene im Allgemeinen symmetrisch.

Die fünf Axiome Watzlawicks haben die Bedeutung einer Einbeziehung sozialer Beziehungen in die Kommunikation herausgearbeitet. „Kommunikation wird im pragmatischen Ansatz einzig und allein auf die Verhaltensdimension bezogen und nicht auf die Beweggründe für die vollzogenen Handlungen. Kommunikation ist gleichbedeutend mit Verhalten."[126] Die Frage nach dem *Warum* der Kommunikation und des Verhaltens wird also nicht gestellt, weil die Gründe dafür individuell unterschiedlich und mannigfaltig sind und weil dies auch nicht zentral ist. Der Fokus ist auf die Prozesse gerichtet. Der Ansatz von Watzlawick et al. war impulsgebend sowohl für weitere Forschungsbemühungen in Zusammenhang mit familialen Interaktionsmustern als auch für die systemische Kommunikation (Kapitel 5.2.4). Für die Konfliktgestaltung ist das Wissen um die Wirkung aller fünf Axiome relevant: So ist Kommunikationsverweigerung, wie es bei Mobbing häufig auftritt, sehr wohl eine relevante Kommunikation (auch wenn „nichts" gesagt wird). Das 2. Axiom ist essenziell – werden die zentralen Konfliktarten doch auch danach unterschieden, ob sie Sach- oder Beziehungsebene (schwerpunktmäßig) tangieren. Das 3. Axiom weist uns pointiert auf die oftmalige Unergiebigkeit einer Ursachensuche hin. Wir sehen aus dem 4. Axiom, dass Körpersprache ein wichtiges – analoges – Mittel ist und auch die tatsächlich bildliche Darstellung durch KontrahentInnen von z.B. des Fremdbilds und des Selbstbilds oder der Lösungssituation im Rahmen der Konfliktgestaltung erlangt dadurch seine Berechtigung. Das 5. Axiom schließlich ist eine wesentliche Grundlage in der Konfliktanalyse, beeinflusst die Erscheinungsform von Konflikten (bei Asymmetrie eher kalte Konflikte) und weist uns auf die Notwendigkeit hin, gerade im Konflikt dem Gegenüber in Augenhöhe zu begegnen.

5.2.2 Die vier Seiten einer Nachricht und ihre Bedeutung für die Konfliktgestaltung

Beeinflusst von den Arbeiten Watzlawicks/Beavins/Jacksons entwickelte Schulz v. Thun 1977 die „Vier Seiten einer Nachricht – ein Modellstück der zwischenmenschlichen Kommunikation"[127], wonach jede Nachricht vier Aspekte hat:

---

[125] Watzlawick et al. 1969/1990, S. 69
[126] Theis 1994, S. 67
[127] Modell siehe Schulz v. Thun 1991

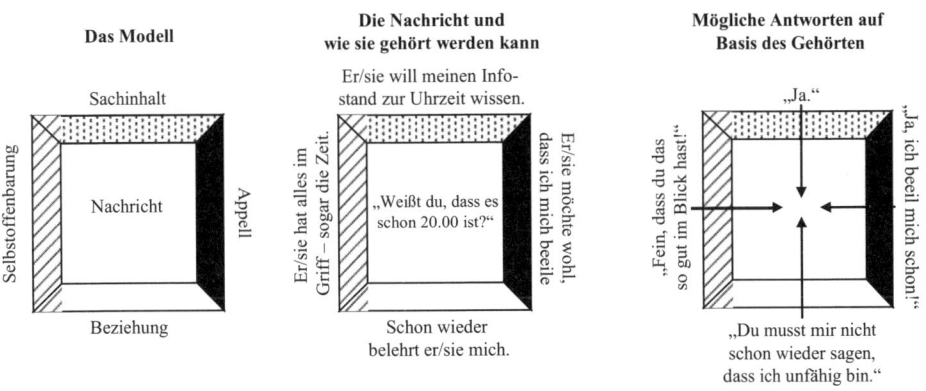

Abb. 17: Vier Seiten einer Nachricht

Jede zwischenmenschliche Kommunikation ist demnach von vier gleichrangigen Seiten her zu betrachten:[128]

- *Sachinhalt*: Welche Informationen möchte ich mitteilen?

- *Beziehungsaspekt*: Wie sehe ich den Empfänger bzw. die Empfängerin und wie die Beziehung zu ihm oder ihr?

- *Selbstoffenbarungsaspekt*: Was teile ich in der Kommunikation von mir selbst mit?

- *Appellaspekt*: Was will ich mit meiner Mitteilung erreichen?

Das Modell hat breiten Eingang in die Praxis der Kommunikation gefunden: Klar gegliedert, gut verständlich und einleuchtend, erlaubt es einen differenzierten Blick auf das Kommunikationsgeschehen. Es eignet sich für die Analyse konkreter Mitteilungen und Kommunikationsereignisse und zur Aufdeckung von Kommunikationsstörungen. Im Gegensatz zum vorherigen pragmatischen Ansatz ist hier auch das *Warum* von Kommunikation ein Thema. Von Kommunikationserfolg kann gesprochen werden, wenn die vier Aspekte kongruent sind und auch als solches aufgefasst werden. Letztlich also dann, wenn der Appell auch in entsprechenden Handlungen Ausdruck findet. Wie in Abbildung 17 verdeutlicht wird, ist wesentlich zu wissen, dass die 4 Seiten auch auf der „Empfangsseite" individuell ausgeprägt sind, verschiedene Aspekte also bevorzugt gehört werden können. Wird eine z.B. primär – wenn auch verklausuliert – ans Appellohr gesendete Information mit dem Appellohr gehört und auch erwartungsgemäß beantwortet, kann die Kommunikation ungestört weiterlaufen. Wird sie jedoch am Beziehungsohr gehört und entsprechend beantwortet, kann das – je nach Kontext und Geschichte – sehr schnell in einen Konflikt münden. Wird es am Sachinhaltsohr empfangen, wäre der Sender/die Senderin mit ihrem versteckten Appell abgeblitzt und müsste lernen, seine/ihre Wünsche und Bedürfnisse klarer zu formulieren. Die Konfliktwahrscheinlichkeit steigt, wenn Kommunikation nur auf dem Beziehungsohr gehört wird. Deeskalierend wirkt tendenziell das Hören und Reagieren am Selbstoffenbarungsohr und Sachohr. Wie eine Aussage verstanden und

---

[128] Schulz v. Thun 1991, S. 13ff.

beantwortet wird, hängt – wie mittlerweile klar sein sollte – essenziell vom Interpretationsrahmen ab.

5.2.3 Die Transaktionsanalyse und ihre Bedeutung für die Konfliktgestaltung

Die Transaktionsanalyse[129] erlaubt – überspitzt formuliert – einen Blick auf die Geschehnisse hinter dem Beziehungsohr. Sie ist in erster Linie eine Theorie der menschlichen Persönlichkeit, die im Wesentlichen drei „Ich-Zustände" unterscheidet: Das

- Eltern-Ich (EL; also jener Zustand, in dem jemand das Verhalten, Denken und Fühlen jener Elternfiguren oder Autoritäten an den Tag legt, die er oder sie als Kind erlebt hat), das

- Kind-Ich (K; hier werden Gedankengänge, Gefühle und Verhaltensweisen, die man als Kind erlebte, gelebt) und das

- Erwachsenen-Ich (ER; dieser Ich-Zustand äußert sich im Verhalten, in Gefühlen und Gedanken, die autonom unter Nutzung der Möglichkeiten, die man als erwachsener Mensch hat, auf das Geschehen hier und jetzt gerichtet sind).[130]

Sie gibt so Einblick, wie Menschen beschaffen sind und welche Entwicklungsmöglichkeiten es gibt. „Die Dinge liegen also so, daß bei einem bestimmten Anlaß jedes einem Sozialaggregat zugehörige Individuum entweder sein Eltern-Ich, sein Erwachsenen-Ich oder sein Kindheits-Ich zum Ausdruck bringt und dass die einzelnen Individuen in der Lage sind, mit jeweils variierendem Schnelligkeitsgrad von dem einen auf einen anderen Ich-Zustand umzuschalten."[131]

Die Transaktionsanalyse (TA) ist aber auch eine Kommunikationstheorie. Dabei gilt als Transaktion die Einheit von Ansprache (Transaktionsstimulus S; z.B. „Hallo! Wie geht's?") und Antwort (Transaktionsreaktion R; z.B.: „Ah! Hallo! Danke, gut!"), die wiederum Stimulus sein kann, der eine Reaktion nach sich zieht, was nach und nach zu einer Kettenreaktion an reibungsloser Kommunikation führt. Und zwar so lange, bis die „komplementären" (parallelen, einfachen) Transaktionen durch „Überkreuz-Transaktionen" gestört werden.

---

[129] Berne 1967
[130] Stewart/Joines 2008, S. 24f.
[131] Berne 1967, S. 30

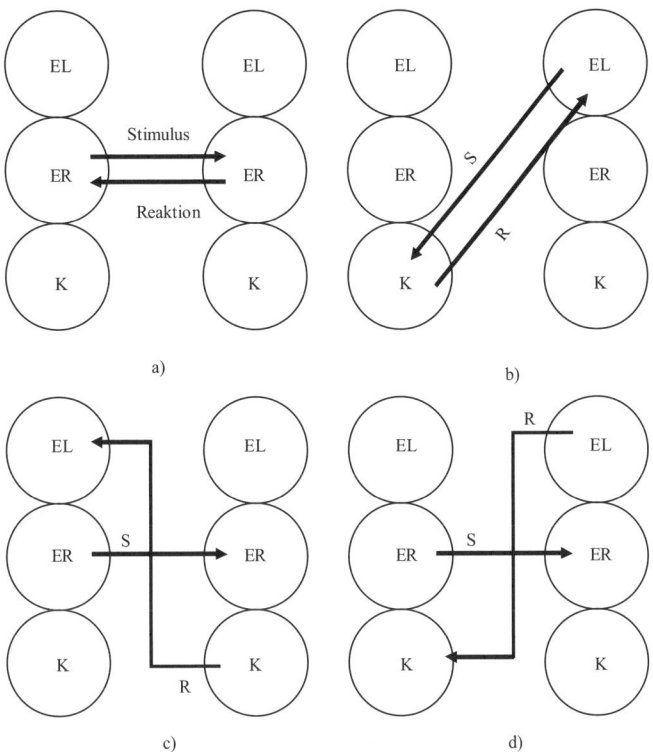

Abb. 18: Komplementär- und Überkreuz-Transaktionen

Grafiken a) und b) zeigen Beispiele für Komplementär-Transaktionen. Überkreuz-Transaktionen veranschaulichen Grafiken c) und d) in Abbildung 18. Zu Letzteren ein Beispiel: S: „Weißt du, wo mein Handy ist?" c) R: „Immer beschuldigst du mich." d) R: „Pass doch selber auf deine Sachen auf. Du bist ja kein Kind mehr." Ein produktiver Ausstieg bzw. ein konfliktfreies Weiterführen der Kommunikation ist möglich, wenn eine der beiden Personen ihren Ich-Zustand Richtung Komplementarität wechselt bzw. die Metakommunikation gesucht wird. Eine komplementäre Antwort wäre a) R: „Ja. Auf dem Küchentisch." Aus welcher Persönlichkeitsinstanz eine Transaktion kommt und an welche sie sich richtet, ist aus dem Kontext und den nonverbalen Indikatoren zu entschlüsseln.[132]

Bei Konflikten können also durch die Aktivität unterschiedlicher Ich-Zustände Ungleichgewichte trotz ansonsten vorhandener Gleichheit entstehen. Befinden sich die AkteurInnen nicht im Erwachsenen-Ich-Zustand, können sie sich auch nicht ihres gesamten, erwachsenen Potenzials bedienen, sondern agieren gemäß elterlicher Normen oder kindhafter Muster – in jedem Fall also nicht autonom und situationsadäquat.

---

[132] Im Kommunikationsgeschehen spielen zudem noch verdeckte Transaktionen eine Rolle, bei denen das Gesagte das eigentlich Gemeinte überlagert, die eigentliche Botschaft unterschwellig kommuniziert wird. Siehe dazu weiterführend Stewart/Joines 2008.

In der Transaktionsanalyse stehen die verschiedenen Zustände, die ein Akteur oder eine Akteurin einnehmen kann bzw. in denen er oder sie sich befindet, im Mittelpunkt. Im nachfolgend dargestellten Kommunikationsverständnis verändert sich der Blickwinkel weg von der Person wieder hin zur Handlungs- und Interaktionsebene.

5.2.4 Kommunikation systemisch

Die gesellschaftlichen Funktionssysteme wie Wirtschaft, Recht oder Bildung geben einen Hinweis auf einen Zusammenhang von Gesellschaftsstruktur und möglichen unterschiedlichen Semantiken oder Codierungen (Logiken), die in diesen Teilsystemen vorherrschen. Dieser Zusammenhang wird von der Vorstellung von organisierten Handlungseinheiten als Inbegriff dieser erwähnten Systeme begleitet: So denkt man u.a. beim wirtschaftlichen Teilsystem an Unternehmen, beim Rechtssystem an Gerichte, beim Erziehungssystem an Schulen, beim Religionssystem an Kirchen. Im Rahmen der Neueren Systemtheorie stehen jedoch weniger die Institutionen an sich im Zentrum, sondern Luhmann stellt bei seiner Betrachtungsweise vor allem die betreffenden Kommunikationen in den Mittelpunkt. So ist das wirtschaftliche wie jedes andere Teilsystem der Gesellschaft ein auf der Grundlage von Kommunikationen arbeitendes System, ein kommunikativer Zusammenhang bestimmter Art, nämlich ein Zusammenhang von Zahlungen (und nicht von den die Zahlungen leistenden Einheiten!). Damit übernimmt das Wirtschaftssystem für die Gesellschaft exklusiv die Funktion der Ressourcensteuerung über Zahlungen. Ähnliche Beispiele lassen sich auch für andere Teilsysteme wie z.B. Wissenschaft, Kunst, Rechtssystem etc. finden. In diesen Teilsystemen finden sich unterschiedliche Formen von Codierungen, die die Logik des jeweiligen Systems repräsentieren: Beispiele für diese Logik sind im Bereich der Wissenschaft Wahrheit/Unwahrheit, im Bereich der Kunst Schönheit/Hässlichkeit oder im Bereich des Rechtssystems Recht/Unrecht.[133] Genau in diesen unterschiedlichen Logiken liegt ein wichtiger Schlüssel zum Verständnis von Kommunikationsinhalten und gleichzeitig liegen darin auch Konfliktpotenziale.

In den meisten Kommunikationsmodellen, wie sie hier auch in Kapitel 5 dargelegt werden, steht die Person, die als Individuum, als Subjekt oder als SenderIn bezeichnet wird und der die Kommunikation zugerechnet wird, im Mittelpunkt. Die systemtheoretische Sichtweise von Kommunikation geht einen Schritt weiter. Unter Kommunikation wird zwar auch das Herstellen einer Verbindung verstanden, jedoch nicht zwischen zwei Subjekten, sondern zwischen drei Unterscheidungen (Selektionen)! Gerade dieses Loslösen vom Menschen als demjenigen, der diese Verbindungen aktiv herstellt, stellt die Innovation dieses Ansatzes und seinen großen Nutzen in der Auseinandersetzung mit Konflikten dar. Im Gegensatz zu psychischen Systemen (also Menschen), die aus dem Prozessieren von Gedanken bestehen, ist der basale Prozess in sozialen Systemen wie bspw. Gruppen oder Organisationen der Kommunikationsprozess. Kommunikation wird hier also als mehrstufiger Prozess bezeichnet, der erst an aktuellen Handlungen beobachtbar wird und anhand folgender drei Selektionsstufen analysiert werden kann:

---

[133] Krause 2005, S. 49ff.

• *Selektion einer Information*: Die Präsentation eines Inhaltes und die auf der Sach- oder Inhaltsebene zu lokalisierende Faktendarstellung setzt Wahrnehmung und damit die Selektion einer Information aus möglichen Informationen voraus.[134] Es muss also geklärt werden, was überhaupt Gegenstand der Kommunikation ist. Information ist dabei als Selektion aus dem Pool von Möglichkeiten, also als eine Selektion aus einem bekannten oder unbekannten Repertoire von Möglichkeiten zu verstehen.[135] Oder anders: im Bewusstsein wird etwas ausgewählt, das im Unterschied zu anderen Themen als bemerkenswert, mitteilungswert und -möglich erscheint. Dem Bewusstsein auffällige Ereignisse der Außenwelt werden zum Anlass genommen, die Wahrnehmung mittels eigener Schemata zu interpretieren, ihnen Bedeutung zu geben. Das Bewusstsein bildet sich Vorstellungen, denkt Gedanken und verknüpft diese mit weiteren Ideen. An der Kommunikation sind zumindest zwei psychische Systeme (Person A und Person B) beteiligt. Die erste Selektion betrifft dann die Entscheidung von A, etwas als Information zu betrachten. *„ Wir können uns vorstellen, dass jemand in seinem Inneren, wie immer das beschaffen sein mag, eine Information ausbrütet, ..., also eine Selektion vornimmt. Nehmen wir mal eine Frau, die eine unbestimmte innere Rastlosigkeit dazu bringt, sich intern zu sagen, ..., ich habe Hunger auf Heringe mit Honig. "*[136]

• *Selektion einer Mitteilung*: Im Anschluss an diese Prozesse muss ein bestimmtes Verhalten gewählt werden, um die Information zu überbringen. Dabei kann die übermittelnde Person A wiederum aus einem Repertoire an Mitteilungsmöglichkeiten wählen: z.B. Mimik, Gestik, mündliche/schriftliche Sprache, Kombinationen dieser Formen. Bleiben wir bei unserem oben eingeführten Beispiel: *„Die Frau will das, was sie innen ausgebrütet hat, ..., mitteilen. Sie muss ... ein Verhalten wählen, mit dem sie die Information mitteilt. Soll sie schreien: Ich will sofort und auf der Stelle einen Hering mit Honig? , ..., oder: ich wäre einem kleinen Imbiss nicht abgeneigt! "*[137] Diese Auswahl ist nicht in einem kausalen Sinne als nächstfolgender Schritt auf die Selektion der Information zu sehen, wonach also die Information die Ursache für die Mitteilung wäre, sondern ist vielmehr als wechselseitige Voraussetzung für die Auswahl der Information, aber auch für die dritte Selektion, das Verstehen, zu sehen.

• *Selektives Verstehen*: In dieser Stufe wird durch den Unterschied zwischen dem Informationswert des Inhalts, den Gründen, aus denen der Inhalt mitgeteilt wurde, und der Art der Mitteilung Verstehen bei Person B produziert, indem diese erneut aus einer Vielzahl an Möglichkeiten des Verstehens eine auswählt.[138] Das, was von Person A doppelt selektiv Person B als Information mitgeteilt wird, kann von dieser wiederum nur selektiv verstanden werden, je nach Unterscheidung von Information und Mitteilung. Diese Auswahl hängt auch von der Erwartungshaltung des Gegenübers ab. Das Verstehen löst bei ihm oder ihr eine Zustandsänderung aus. In unserem Beispiel zeigt sich das wie folgt: *„Der Mann hört seine Frau sagen, was sie sagt. ... Er hat das Problem, dass er sich fragen muß, was sie ihm damit sagen will.... "*[139] Damit ist auch das

---

[134] Titscher 1987, Sp. 1208
[135] Bateson 1981, S. 488
[136] Fuchs 1992, S. 134
[137] Fuchs 1992, S. 135
[138] Luhmann 1986, S. 203
[139] Fuchs 1992, S. 137

Verstehen eine Auswahl. Ob man verstanden wurde und ob die durch das Verstehen ausgelöste Veränderung auch handlungsbestimmend wirkt, zeigt sich in dem der Kommunikation folgenden Verhalten.

Kommunikation kommt also zustande, weil eine Differenz von Mitteilung und Information verstanden wird. Das unterscheidet sich von bloßer Wahrnehmung des Verhaltens. Im Verstehen erfasst die Kommunikation die Differenz von Information und Mitteilung. Kommunikation ist erst dann realisiert, wenn und soweit das Verstehen zustande kommt. Oder anders gesagt: Eine Person oder Instanz (Alter) wählt zuerst aus einem Repertoire an Möglichkeiten etwas als Information und daraus wieder etwas als Mitteilung. Danach führt ein Ego die dritte Selektion durch, nämlich das Verstehen. Erst wenn diese Stufe durchlaufen wird, handelt es sich überhaupt um Kommunikation. Es ist also auch möglich, eine andere Person wahrzunehmen, ohne ihr Verhalten, ihr Gesagtes als Mitteilung aufzufassen. Die dritte Selektion, das Verstehen, bedeutet die Intention einer Mitteilung zu verstehen, was jedoch nicht auch bedeuten muss, den Inhalt einer Mitteilung gleichsinnig mit dem/der SenderIn zu deuten.[140]

Auf jede Kommunikation kann mit Annahme, Ablehnung oder Ignoranz reagiert werden. Diese vierte Selektion gehört jedoch nicht mehr zum Ereignis Kommunikation, sondern ist bereits eine Reaktion auf eine Kommunikation und steht am Beginn einer neuen Kommunikation. So ist nicht nur Information und Mitteilung als soziales Ereignis aufzufassen, sondern auch das Verstehen und „Missverstehen". „Kommunikation führt zur Zuspitzung der Frage, ob die mitgeteilte und verstandene Information angenommen oder abgelehnt wird."[141] Kommunikation kann daher ungeachtet von Meinungsverschiedenheiten, Missverständnissen oder Widersprüchen als gelungen begriffen werden, solange sie nur weiterläuft! Gerade im „Weiterlaufen" liegen Konflikt-, aber auch Innovationspotenzial. Dieses Potenzial liegt auch in der Weiterführung des Dissenses. Dissens heißt in der Regel nicht Abbruch der Kommunikation, sondern beinhaltet eine Aufforderung zur Auseinandersetzung, also eine Aufforderung zur weiteren Kommunikation. Luhmann wendet sich in seinen Erläuterungen des Kommunikationsbegriffes dagegen, dass Kommunikation nur auf Konsens abziele: „Es gibt keinen zwingenden Grund, die Konsenssuche für rationaler zu halten als die Dissenssuche."[142] Konflikte sind vor diesem Hintergrund eine „normale" Kommunikation!

5.3 Zwischenresümee und die Rolle neuer Medien in der Konfliktgestaltung

Auch in Konfliktsituationen konstruktiv, situationsadäquat, zielgerichtet und damit lösungsorientiert kommunizieren zu können, setzt das Wollen dazu ebenso voraus wie eine gute Selbstkenntnis. In jedem Fall ist es hilfreich, sich bewusst zu sein, dass

- im Konfliktgespräch – als wesentlichem Instrument in der Konfliktgestaltung – die eigene Person, die Beziehung zum/ zur KonfliktpartnerIn, die Sache sowie die eigenen Ziele zu beachten sind;

---

[140] Berghaus 1999, S. 40f.
[141] Luhmann 1991, S. 119
[142] Luhmann 1991, S. 14

- es gut ist, die eigenen Gefühle und Bedürfnisse zu kennen und angemessen artikulieren zu können – wie es Rosenberg in seinem Modell der gewaltfreien Kommunikation demonstriert;

- es nicht möglich ist, nicht zu kommunizieren – wie es Watzlawick festgestellt hat;

- aus nicht thematisierten Missverständnissen um die Kommunikationsebene (z.B. Nachrichten auf der Sachebene permanent als Beziehungsinfo deuten – siehe Schulz von Thun) Konflikte entstehen können;

- wir bei uns selbst und in der Haltung anderer gegenüber drei Persönlichkeitszustände, mit unterschiedlichen Stärken und Schwächen, aktivieren können – wie es die Transaktionsanalyse zeigt und

- dass in der systemischen Kommunikation eine ganz neue Perspektive eröffnet wird, in der Kommunikation als gelungen betrachtet werden kann, solange sie nur weiterläuft.

- Sich nicht zu scheuen nachzufragen, wie der oder die andere etwas gemeint hat, und den Antwortenden – aktiv – zuzuhören, sind banale, aber nichtsdestotrotz ebenfalls effektive Tools.

Gerade in den letzten Jahren haben neue Kommunikationsmedien (wie Handys, E-Mails, Chatmöglichkeiten im Internet, ...) neue Kommunikationswege eröffnet und die Bedingungen sozialen Handelns und Erlebens und von Interaktion und Kommunikation wesentlich verändert. Electronic-Mail-Systeme z.B. vereinfachen und beschleunigen das Versenden, Verteilen und Empfangen von Nachrichten. Sie erleichtern die Kommunikation unabhängig von persönlicher Anwesenheit. Unter den Schattenseiten dieses Mediums wie der Gefahr der Überflutung mit Informationen und dem Zurückdrängen persönlicher Kontakte ist ihr geringes Potenzial zur Konfliktbereinigung hervorzuheben.[143] Das Abgehen von Face-to-Face-Kommunikation hat aber auch den Effekt, dass die Sach-Inhalte in den Vordergrund gerückt sind und nicht mehr durch Informationen über Geschlecht, Hautfarbe, Alter, Aussehen oder körperliche Beschaffenheit beeinflusst werden. Gleichzeitig wird damit allerdings auch die Informationsbasis über unsere KommunikationspartnerInnen drastisch eingeschränkt und die Information gewissermaßen de-kontextualisiert, also aus dem Zusammenhang gerissen. „Die durch das Medium forcierte gesellschaftliche Integration räumlich entfernter Bereiche, führt im gleichen Zuge zur Verminderung der Möglichkeiten, kulturelle, soziale und individuelle Spezifika wahrzunehmen. Es kommt zu einem unsichtbaren Verschwinden der Zeichen der Differenz. Dies kann im Rahmen interkultureller Verstehensprozesse zu einer Festschreibung der Stereotype vom anderen führen, da die eigenen Bilder und Phantasmen über die (...) Andersartigkeit des Fremden nicht gebrochen werden können."[144] Da die Informationen der anderen also de-kontextualisiert sind, müssen massive Interpretationsleistungen (zur Re-Kontextualisierung) erbracht werden, was zusätzlichen Raum für Missverständnisse und Konflikte eröffnet. Der Rückgang der Face-to-face-Kontakte bringt aber auch mit sich, dass informelle Informationen verloren gehen und das Wir-Gefühl innerhalb von Gruppen, Abtei-

---

[143] vgl. Busch/Götz 2000, S. 44f.
[144] Clases 1994, S. 5

lungen bzw. der gesamten Organisation in Mitleidenschaft gezogen wird.[145] Um diese hier skizzierten Spannungsfelder und das teilweise überbordende Informationsangebot, das wichtige Infos verschwinden lässt, beherrschen zu können, ist neben der Entwicklung hin zu mehr Virtualisierung und Technisierung der Kommunikation auch eine Gegenentwicklung zu beobachten, die gezielt nach einem bewussten und reduzierteren Einsatz neuer Medien sucht:

> *David Radcliffe ist Manager in der Hogg Robinson Ltd., die über 7.500 Beschäftigte zählt und deren Headquarter in Hampshire, Großbritannien liegt. Das Unternehmen hat in über 20 Staaten Niederlassungen. Damit der Austausch zwischen den einzelnen Standorten erleichtert wird, setzt das Unternehmen auf eine ausgeprägte Kommunikationskultur, die z.B. viele Möglichkeiten eröffnet, bei gemeinsamen Kultur- und Sportevents über die Standorte und über die Positionen hinaus in Austausch treten zu können. Radcliffe setzt auch auf eine sehr offensive Informationskultur, indem er regelmäßig die verschiedenen Standorte besucht und auch seine Eindrücke über einen internen Newsletter verbreitet. Gleichzeitig hat Radcliffe jedoch auch die Regel des „e-mail free Friday" eingeführt: „Each Friday, employees are encouraged to focus on traditional forms of internal communications by picking up the telephone or walking to an office to speak to a colleague, rather than use e-mail. It also prevents over-eager employees from e-mailing last minute requests on Friday afternoon, forcing their colleagues to prepare a response over the weekend."[146]*

Bei Hogg Robinson Ltd. wird durch *zeitliche* Restriktionen bewusst auf persönliche Kommunikation gesetzt, die MitarbeiterInnen werden als PartnerInnen gesehen und es wird versucht, sie auf verschiedenen Wegen in den Kommunikationsfluss einzubinden und adäquat mit Informationen zu versorgen. Darüber hinaus sind in Unternehmen auch *räumliche* Restriktionen im Umgang mit E-Mails zu finden, wo die Beschäftigten angehalten sind, Personen im Nebenzimmer bzw. in unmittelbarer räumlicher Nähe Informationen tunlichst im Face-to-face-Kontakt zu übermitteln. Auch *sachliche* Restriktionen, wie z.B. die Exklusion betrieblicher E-Mailnutzung für die Verbreitung privater Infos sind in manchen Unternehmen eingeführt.

Bei dem mittlerweile umfassenden und teilweise überbordenden Informationsangebot besteht jedenfalls die Gefahr, dass in der Informationsflut die wichtigen Botschaften übersehen werden. Daraus ergibt sich die Notwendigkeit, jedes Medium so einzusetzen, dass seine Stärken voll genützt werden können und die Schwächen umgangen werden, wobei aber gerade im Zusammenhang mit Konflikten Face-to-face-Situationen weitgehend nicht ersetzt werden können. Face-to-face-Kommunikation bleibt trotz oder gerade wegen dieser Entwicklungen ein wesentlicher Faktor bei der Lösung von komplexen Problemstellungen und Konfliktkonstellationen. Damit bleibt der kompetente, kommunikative Umgang mit MitarbeiterInnen, KollegInnen und KundInnen eine besondere Herausforderung.

---

[145] siehe dazu Niggl/Edfelder/Kraupa 2000, S. 100f.; Metz 2001

[146] Slocum/Hellriegel 2007, S 277 (adopted from Cambie, S. (2005): David Redcliffe's Neck. In: Communication World; March/April, 28–31)

6. Schlussfolgerungen zur Konfliktprävention

Konflikte sind ein hochinteressantes Thema, vor allem da sie Krise und Chance gleichzeitig sind – wobei in der Akutsituation allerdings die Chance i.d.R. nicht gesehen werden kann. Konflikte sind eigendynamisch, folgen nicht wirklich verlässlichen Gesetzmäßigkeiten, können plötzlich auftauchen und nach einem massiven Zwischenspiel manchmal auch ebenso plötzlich und unerwartet verschwinden. Ihre Ursachen können irrwitzig vielfältig und für alle Außenstehenden unbedeutend sein, die Lösungen oft naheliegend und von den Involvierten doch nicht zu erkennen.

Konflikte lassen sich längerfristig kaum vermeiden, daher ist fraglich, wo eine Prävention ansetzen soll. Letztlich wäre echte Prävention nur durch einen völligen Verzicht auf eigene Ziele und auch auf eigene Bedürfnisse zu erreichen. Da dies nicht sinnvoll ist, sind ein Ansatzpunkt Individuen, die sich Zivilcourage und Konfliktfähigkeit zu Eigen machen; die als Basis Wissen über Konflikte erwerben und Wissen über sich selbst: über eigene Stärken, Schwächen, eigene Wertorientierung und Kommunikationsmuster; die gelernt haben, autonom aus dem Erwachsenen-Ich zu kommunizieren und ihre Anliegen rechtzeitig, annehmbar und nachvollziehbar zu formulieren und Prozesse zu reflektieren. Ein weiterer Ansatzpunkt sind natürlich soziale Systeme. So können Organisationen mit einer Kultur der Transparenz (z.B. hinsichtlich Gehalt, hinsichtlich Entscheidungen) und Wertschätzung, ergänzt durch handfeste Betriebsvereinbarungen, dazu beitragen, dass sich eine konstruktive Konfliktkultur etablieren kann und bspw. Mobbing verhindert wird. In Organisationen besteht eine Tendenz, Probleme zu personalisieren, also werden noch immer oft Schuldige gesucht, obwohl klar ist, dass in vielen Fällen nur in der Struktur eine Lösung gefunden werden kann.

In diesem Beitrag wurden Grundlagen der Kommunikation mit jenen von Konflikten verknüpft, ein Einblick in die Komplexität des Konfliktgeschehens gegeben und herausgearbeitet, dass es keine Rezepte für die Konfliktgestaltung gibt und auch nicht geben kann. Wir zeigen in diesem Beitrag aber auch auf, aus wie vielen Möglichkeiten im Rahmen einer konstruktiven Konfliktgestaltung geschöpft werden kann, um eigene Ziele auch bei divergierenden Interessen in Kooperation mit anderen realisieren zu können, wenn nicht Automatismen, sondern das Selbst das Sagen hat.

T.E.A.M. – „Together Everyone Achieves More" oder „Toll, Ein Anderer Macht's"? Teams in Organisationen

Wolfgang Mayrhofer, Thomas M. Schneidhofer und Johannes Steyrer

Inhalt

1. Überblick

Teams sind allgegenwärtig in unserer Alltagsrhetorik – Unternehmen wünschen sich Hochleistungsteams mit starkem Teamgeist, Radfans schöne Teamtrikots ihrer Equipe, Sozialarbeiterinnen und Sozialarbeiter produktive Teamsitzungen, Lehrende studieren im Team, Quizmaster (nicht zu) intelligente Kandidatenteams, Feuerwehren rasch einsetzbare Teams, Nationen erfolgreiche Teams im olympischen Wettstreit usw. Der Teambegriff ist auch positiv besetzt. So sind etwa Effizienz, Kreativität und Erfolg die ersten drei Schlagworte, die Theoretiker wie Praktiker mit „Team" oder „Gruppe" assoziieren;[1] der Career Monitor 2009 weist „Teamfähigkeit" als eine der wichtigsten Qualifikationen von (zukünftigen) Führungskräften aus.[2] Oftmals kommt dann noch das Credo vom Menschen als sozialem Wesen dazu, dessen Einbindung in eine Gruppe oder ein Team ein weiteres Argument gegen Einzelarbeit in Organisationen darstellt.[3] Schnell erhebt man konsequenterweise „Teamarbeit" zum heiligen Gral der Arbeitsformen.

Was allerdings meint man mit Teams genau? Welche Faktoren sind für erfolgreiche Teamarbeit wichtig? Und wo liegen Besonderheiten und unerwartete Effekte durch das soziale Miteinander in Teams? Diesen Fragen geht das vorliegende Kapitel nach.

---

[1]   Malik 1999, S. 32
[2]   Schneidhofer und Meyer 2008
[3]   vgl. z.B. Heinrich 2002, S. 292

2. Charakteristika von Gruppen und Teams

2.1 Unterscheidungsmerkmale

Allgemein differenziert man eine Gruppe bzw. ein Team anhand folgender Merkmale:[4]

- *Größe*: Gruppen umfassen mehr als zwei und weniger als zwanzig Personen. Oftmals wird als Obergrenze die Interaktionsmöglichkeit („face to face") genannt, wenngleich man Gruppen auch die Fähigkeit zur Latenz (d.h. die Existenz unabhängig von der Anwesenheit aller Gruppenmitglieder) attestiert.
- *Gemeinsame Zielsetzungen*: Grundsätzlich sind Gruppen funktional, d.h. sie verfolgen einen bestimmten Zweck. Unabhängig von den Strategien der Mitglieder gibt es also etwas, worauf sich alle konzentrieren.
- *Wir-Gefühl*: Diese oft auch als Kohäsion[5] beschriebene Identitätsbezeugung grenzt die Gruppe von dessen Umwelt ab („wir sind nicht die anderen"). Einerseits ermöglicht dies das Freisetzen von Kräften in Bezug auf die Zielerreichung (Einsatz von und für Teammitglieder usw.), andererseits schottet es die Mitglieder von äußeren Einflüssen ab. Das hat Konsequenzen für die Ergebnisse der Teamarbeit, auf die im Kapitel 3.3 eingegangen wird.
- *Rollendifferenzierung*: Innerhalb der Gruppe und aufgrund der internen Gruppenstrukturen in Bezug auf die Aufgabe übernehmen die Mitglieder unterschiedliche Rollen. Eine Rolle ist dabei ein Bündel von Verhaltenserwartungen an eine Position in einem sozialen System.[6] Abgesehen davon, dass sich solche Verhaltenserwartungen unter den Mitgliedern verteilen, ändern sich diese Zuschreibungen im Zeitverlauf permanent.

Eine „Gruppe" ist also ein psychologisches Kollektivphänomen, das man von anderen Ansammlungen von Menschen unterscheiden kann: der soziologisch-institutionalisierten „Gesellschaft", der summativ-unstrukturierten „Menge" sowie der aus einer regressiven Bewusstseinsverfassung heraus handelnden panisch erregten „Masse".[7] Die „Organisation" beginnt dann dort, wo eine direkte Interaktion zwischen den Mitgliedern nicht mehr möglich ist.

Die Begriffe „Team" und „Gruppe" werden oft gleichbedeutend verwendet. Bei einer Differenzierung zwischen „Team" und „Gruppe" wird Ersteres meist als eine Art höher entwickelte Gruppe aufgefasst, die sich durch eine stärkere Ausprägung auf spezifischen Dimensionen von einer „normalen" Gruppe unterscheidet.[8] Demnach hat ein Team z.B.

- höhere oder stärker ausgeprägte Kohäsion,
- größere Kohärenz hinsichtlich der Aufgabenorientierung,

---

[4] in Anlehnung an Mayrhofer 2003, S. 212
[5] Eigentlich versteht man unter Kohäsion verschiedenste Dinge: Gruppenmoral, „Klebrigkeit" der Gruppe, Produktivität und Macht, Engagement und Zugehörigkeitsgefühl, gemeinsames Rollenverständnis und gutes Teamwork (vgl. Schachter et al. 1951, S. 229). Vgl. dazu auch die Ausführungen in den Abschnitten 3.3 und 4.3.
[6] Matiaske und Weller 2003, S. 96
[7] Schindler 1957, S. 314
[8] vgl. dazu beispielsweise Katzenbach und Smith 1993

- stärker geteilte Ziele,
- stärker ausgeglichene Verantwortungsgrade,
- größere Kooperationsbereitschaft,
- mehr miteinander verbrachte Zeit.

Trotzdem bleibt die Unterscheidung letztlich unklar, z.B. auf Grund mangelnder Operationalisierbarkeit der Unterscheidungsmerkmale. Dementsprechend verzichten wir in diesem Kapitel darauf. Wichtiger ist die Tatsache, dass wir nicht von Teams/Gruppen im Allgemeinen, sondern mit Bezug auf Organisationen und dem wirtschaftlichen Kontext sprechen. Anders als etwa in therapeutischen Gruppen geht es immer auch um etwas anderes als die Gruppe selbst, also z.B. Unternehmensziele, Kostenaspekte o.Ä. Das hat eine Reihe von Konsequenzen, etwa die große Bedeutung des jeweiligen Kontextes – also etwa der Organisation, der hierarchischen Bedingungen, der Auftraggeber – für das, was in Gruppen „läuft".

2.2 Zentrale Prozesse

Aus einer funktionalistischen Perspektive – der Grundgedanke: ein System wie etwa ein Team „lebt" nur dann, wenn bestimmte Funktionen ausgefüllt werden – lassen sich drei zentrale Bereiche von „lebenswichtigen" Prozessen identifizieren: Formung, d.h. Entstehung bzw. Übergang, laufende Aktivitäten und interpersonale Prozesse.[9]

Die Formung bezieht sich auf die Phasen in Teams, in denen der Schwerpunkt der Gruppenprozesse auf der Planung bzw. Evaluierung gemeinsamer Aktivitäten zur Zielerreichung liegt. Das ist besonders bei der Neuentstehung von Teams und in Phasen des Übergangs, etwa bei einer neuen Aufgabenstellung, der Fall. Zentrale Aspekte in diesem Bereich sind

- die Missionsfindung (‚Warum gibt es uns überhaupt?') mit der Festlegung der Kernaufgaben, der konkreten Arbeitsumgebung und der verfügbaren Ressourcen,
- die Zielfindung (‚Wo wollen wir hin und wie messen wir, ob wir schon dort sind?') mit der Identifikation und der Priorisierung von Zielen und
- die Strategieformulierung und Planung (‚Wie wollen wir dorthin kommen?') mit der Entwicklung von verschiedenen Handlungsalternativen und Anpassungsmechanismen bei geänderten Bedingungen.

Laufende Aktivitäten sind unmittelbar auf die Zielerreichung gerichtet. Sie umfassen

- die laufende Fortschrittskontrolle hinsichtlich der Zielerreichung, also z.B. Durchführung von Abweichungsanalysen und Weiterleitung der Ergebnisse dieser Analysen an das Team,
- die zielbezogene Kontrolle der notwendigen Sachressourcen und die laufende Überprüfung relevanter Umweltfaktoren, also etwa der Auftraggeber des Teams oder verfügbarere neuer Information,
- die Kontrolle und Unterstützung der Teammitglieder, etwa durch Feedback und Coaching oder wechselseitiges Einspringen in Notfällen, und

---

[9]   Marks et al. 2001

- die Koordination der Aktivitäten durch Abstimmung von Zeitplänen, Aktivitäten und Personen.

Interpersonale Prozesse schließlich sind mit den beiden anderen Phasen verknüpft. Sie beziehen sich auf die verschiedenen, durch die Zusammenarbeit zwischen Personen entstehenden Prozesse und sind für die Ergebnisse der anderen beiden Phasen zentral. Dabei handelt es sich vor allem um

- den Umgang mit Emotionen, also etwa die produktive Kanalisierung von großer Euphorie in Handlungsorientierung, das Auffangen von Enttäuschungen oder die Handhabung von Zorn über geänderte Rahmenbedingungen,

- die Motivation und den Aufbau von Vertrauen und Selbstwirksamkeit, die wichtig sind für eine länger andauernde, von ‚täglichen Zufälligkeiten' unabhängige Leistungsbereitschaft und

- die Konflikthandhabung, als den Umgang und die positive Nutzung der unvermeidlich auftretenden Konflikte.

An einem Beispiel verdeutlicht: Arbeitsteams gibt es nicht von vornherein, sondern sie werden für eine spezielle Aufgabe eingerichtet, nach deren Erfüllung wieder aufgelöst bzw. auf eine andere Aufgabe ausgerichtet. Damit sind Prozesse verbunden, die sich auf Entstehung und Übergang richten wie etwa die Frage nach den jeweiligen Zielen. Im Arbeitsalltag der Teams sind ständig Aktivitäten erforderlich, welche das Streben nach Zielerreichung unterstützen. Dazu zählen etwa die Koordination der Handlungen einzelner Teammitglieder oder laufende Kontrollen der Zwischenergebnisse dahingehend, ob der jeweilige tatsächliche Ist-Zustand mit dem Soll-Zustand laut Plan übereinstimmt. Sowohl bei Entstehung/Übergang als auch während der Aktivitäten gibt es wichtige interpersonelle Prozesse, etwa Konflikte zwischen zwei Teammitgliedern mit unterschiedlichen Ansichten über die Bedeutung von Termingerechtigkeit bei der Aufgabenerfüllung, Umgang mit den Gefühlsausbrüchen frustrierter Teammitglieder bei Fehlschlägen in wichtigen Teilschritten des Projekts oder Maßnahmen zur Steigerung des Einsatzes der Teammitglieder in heißen Phasen des Projekts.

2.3 Wichtige Erscheinungsformen in der Praxis

Aufgrund von Erkenntnissen der Gruppenforschung und angesichts japanischer Produktivitätsvorsprünge, die von Managementbestsellern flankiert wurden (welche Teamarbeit als die einzig tunliche Arbeitsform der Zukunft priesen[10]), fanden Gruppenarbeitskonzepte in Organisationen seit den 1950er Jahren großen Anklang. Chronologisch sind dies:

- Teilautonome Arbeitsgruppen,
- Qualitätszirkel,
- Projektgruppen,
- Top-Management-Teams.

---

[10] vgl. z.B. Katzenbach und Smith 1993

Teilautonome Arbeitsgruppen[11] bestehen aus 8–15 Mitgliedern, die Aufgaben untereinander teilen und die Verantwortung für ein gut definiertes Arbeitssegment tragen. Dafür haben diese Teams ein hohes Ausmaß an Entscheidungsfreiheit (z.b. hinsichtlich Arbeitspraktiken, der Ablaufplanung, der Arbeitsaufteilung innerhalb der Gruppe usw.). Idealerweise ist die Gruppe sehr heterogen zusammengesetzt, damit unterschiedliche Fähigkeiten und Fertigkeiten der Gruppenmitglieder für die Erledigung der Aufgaben genützt werden können. Effektive teilautonome Arbeitsgruppen unterscheiden sich von ineffektiven durch:[12]

● Das Ausmaß der individuellen Anstrengung der Gruppenmitglieder.
● Den Grad der Fertigkeiten und das Wissen innerhalb der Gruppe.
● Die Strategien, die hinsichtlich der Aufgabenerfüllung angewendet werden.

Werden diese drei Punkte berücksichtigt, hat die Implementierung teilautonomer Arbeitsgruppen einen positiven Einfluss auf Rollenklarheit, Arbeitszufriedenheit, Produktivität, Anwesenheitszeit und Arbeitssicherheit.[13]

Qualitätszirkel (QZ) haben dagegen keine so große Autonomie. Zwar bestehen auch sie aus einer kleinen Anzahl an Leuten (6–12), die regelmäßig (ca. 1 x 1 Stunde pro Woche) zusammentreffen. Allerdings besteht der Aufgabenbereich weniger im Erfüllen von Arbeitsaufgaben als in der Ausarbeitung von Empfehlungen für das Management.[14] Dazu sollen QZ die Problemkreise in ihrem Arbeitsbereich identifizieren und analysieren, um Lösungsvorschläge ausarbeiten zu können. Empirische Untersuchungen[15] zeigen, dass QZ zwar positiv mit Arbeitsoutputs wie z.B. Produktivität und geringerer Fehlerquote zusammenhängen, sofern die Vorschläge adaptiert werden, aber nicht mit Einstellungen hinsichtlich der Arbeit wie z.B. Arbeitszufriedenheit oder Fluktuationsbereitschaft. Diese Ergebnisse variieren aber kulturspezifisch und hängen stark von den Fähigkeiten des Managements ab.[16] Dennoch: Ein Großteil aller QZ, vor allem im öffentlichen Sektor, zeigt keine positiven Effekte auf den Unternehmenserfolg.[17]

Projektgruppen zeichnen sich durch ihre aus unterschiedlichen Bereichen stammenden Mitglieder aus. Anders als bei teilautonomen Arbeitsgruppen bezieht sich die Heterogenität nicht nur auf Fähigkeiten und Fertigkeiten, sondern auf die Herkunft aus unterschiedlichen Forschungsdisziplinen (z.B. Chemie, Technik, Metallurgie) oder aus verschiedenen Funktionsbereichen (z.B. Marketing, Controlling, Human Resources). Wichtig ist, dass neben der Nutzung der fachlichen Unterschiedlichkeit der Mitglieder für die direkte Problemlösung die Möglichkeit der externen Kommunikation mit den jeweils in den Disziplinen steckenden Experten geschaffen und gepflegt wird – für die die Gruppenmitglieder als „Übersetzer" fungieren[18] und wodurch Problemlösungswissen von Außen in die Gruppe hineingetragen werden kann. Darüber hinaus sollten Projektgruppen eine klare

---

[11] Für einen Überblick zu den Effekten dieser Arbeitsform vgl. Wall et al. 1986
[12] vgl. Hackman und Morris 1975
[13] vgl. Pearson 1992
[14] vgl. z.B. Lawler und Mohrman 1985
[15] Pereira und Osburn 2007
[16] Smith 2000
[17] Park 1991
[18] vgl. Keller 2001

Verbindung zum Kunden haben und nahe am Markt operieren, damit kürzere Produktentwicklungszeiten sowie bessere Produktqualität geschaffen und die Gefahr höherer Kosten kompensiert werden kann. Der Nachteil dieser Gruppen liegt im erhöhten Stress für die Gruppenmitglieder, der in deren unterschiedlichen Aus- und Weiterbildung, verfolgten Ziele und berufsspezifischen Normen seinen Ursprung hat und deshalb auch zu niedrigerer Gruppenkohäsion führt.

Topmanagement-Teams schließlich bestehen aus Mitgliedern einer bestimmten Provenienz: TopmanagerInnen. Deshalb sind sie auch quantitativ stark erforscht,[19] wenngleich die Vergleichbarkeit der Studien zu wünschen übrig lässt. Zumeist werden sie implementiert, um Visionen zu generieren und Strategien zu entwickeln. Besondere Relevanz wird ihnen bei Unternehmenszusammenschlüssen und -kooperationen eingeräumt. Empirische Ergebnisse zu positiven und negativen Auswirkungen dieser Arbeitsform sind gemischt. Eine Meta-Studie[20] legt nahe, dass die Größe und Heterogenität eines Top-Management-Teams positiv mit der Organisationsgröße zusammenhängt, und dass diese Variablen – wenn auch nur sehr schwach – positiv mit finanziellen Kennzahlen korrelieren, wobei die Unternehmensstrategie und der soziale Kontext des Unternehmens das Ausmaß des Zusammenhangs beeinflussen.[21] Neuere Studien[22] zeigen, dass es insbesondere auf die Zusammensetzung des Teams und die gemeinsame Erfahrung sowie das daraus resultierende Vertrauen ankommt, ob Top-Management-Teams effektiv und effizient arbeiten.

Ergänzt wird diese Liste in jüngerer Vergangenheit durch virtuelle Teams, deren Zusammenarbeit überwiegend durch elektronische Kommunikationsmedien gesteuert wird[23] und somit bei allen Gruppenkonzepten möglich ist. Virtuell in diesem Zusammenhang heißt nicht „scheinbar existent", wie es die Begriffsverwendung in der Informatik oder der Physik vielleicht nahelegen würde, sondern auf anderen Dimensionen agierend:[24]

- *Raum*: Auf ökonomisch sinnvolle Weise werden Mitglieder geografisch getrennt.
- *Zeit*: Durch die räumliche Trennung können zeitliche Differenzen überwunden werden.
- *Struktur*: Vor allem organisationenübergreifend (aber auch innerorganisatorisch) können strukturelle Grenzen überschritten werden (wenngleich hier der Unterschied zu „gewöhnlichen" Projektgruppen sicherlich nicht trennscharf ist).

Nicht zuletzt dadurch geraten kulturell gemischte Teams (die aus Mitgliedern aus unterschiedlichen Ländern und/oder Kulturen bestehen) stärker in den Fokus.[25] Deren Handhabung (als Akteur wie als Leiter) verlangt nämlich neben der Berücksichtigung externer Makrovariablen wie dem allgemeinen nationalen Kontext oder Technologie(-unterschieden)[26] auch interne Mikrovariablen wie die Berücksichtigung interkultureller Sensitivi-

---

[19] Für einen Überblick vgl. Flood et al. 2001
[20] Certo et al. 2006
[21] Carpenter 2002
[22] vgl. z.B. Kor 2006
[23] vgl. Lipnack und Stamps 2000, S. 31; Edwards und Wilson 2004, S. 6
[24] Sulzbacher 2003, S. 79
[25] Shapiro et al. 2007, S. 125ff.
[26] Jelinek und Wilson 2007

tät[27] oder andersartiger Teamdiversität.[28] Insgesamt ergeben sich dadurch auch ganz andere Führungsdynamiken,[29] die man berücksichtigen muss. Tabelle 1 fasst die wesentlichen Merkmale unterschiedlicher Arten von Gruppen zusammen.

	Teilautonome Arbeitsgruppe	Qualitätszirkel	Projekt-gruppe	Topmanage-mentteam	Virtuelle Teams	Kulturell gemischte Teams
Ziele	Motivation (Qualifizierung)	Innovation, Motivation (Qualifizierung)	Innovation (Motivation, Qualifizierung)	Strategieentwicklung	Räumliche Überbrückung	Nutzung von Synergien
Stellung zur Primär-organi-sation	Integriert	Parallel	Parallel	Integriert	Parallel	Integriert
Zeithori-zont	Unbefristet	Befristet	Befristet	Unbefristet	Befristet	Unbefristet
Festle-gung der Aufgaben	Durch die Arbeitsorganisation	Gruppe selbst (von außen)	Von außen	Team selbst	Team selbst	Team selbst
Mitglied-schaft	Per Position	Freiwilligkeit	Entsendung (Freiwilligkeit)	Per Position	Freiwilligkeit	Freiwilligkeit
Eignung für	Permanente Aufgaben in einem Bereich	Befristete Themen der Organisation	Komplexe, neuartige, zeitlich befristete Themen	Permanente Aufgaben der Organisation	Befristete Themen der Organisation	Permanente Aufgaben der Organisation
Größter Vorteil bzw. Chance	Reduktion von externem Kontrollbedarf	Problembearbeitung durch Betroffene	Zur Bearbeitung einmaliger Probleme	Kooperation verschiedener (Berufs-)Gruppen	Flexibilität, Kosten	Höheres Problemlösungspotenzial
Größter Nachteil bzw. Gefahr	Scheinautonomie Verselbstständigung der Gruppe	Demotivation bei Nichtumsetzung der Lösungen	Reintegration bzw. Doppelbelastung	Vertreten von Eigeninteressen, Nichtbeachtung der Prozesse	Wenig Kohäsion, Unpersönlichkeit	Hohes Konfliktpotenzial, schwierige Führung

Tabelle 1: Vergleich von Gruppenkonzepten. Tabelle nach: Eigene Zusammenstellung in Anlehnung an Breisig 1990, S. 80ff. und Heinrich 2002, S. 306

---

[27] vgl. z.B. Kirkman und Shapiro 2007
[28] vgl. z.B. Earley und Gardner 2007
[29] vgl. z.B. Hanges et al. 2007

3. Einflussfaktoren auf den Erfolg

Gruppen und ihre Erfolgsfaktoren – das ist in Praxis und Forschung eine lange Geschichte. Zwei Defizite fallen allerdings auf. Erstens berücksichtigen viele Studien den besonderen Kontext von Arbeitsteams, d.h. die Organisation und ihre Besonderheiten, nicht oder nicht ausreichend. Dazu gehören etwa die Einbindung in eine formale Weisungsstruktur, in der Regel extern vorgegebene Ziele oder die besonderen Mitgliedschaftsbedingungen in diesen Teams, also etwa ‚Mitgliedschaft per Anweisung'. Zweitens wird häufig auf stark subjektive Faktoren wie etwa Vertrauen gesetzt, die nur schwer oder gar nicht unmittelbar beeinflussbar sind. Titscher und Stamm[30] formulieren ein Modell, das diese beiden Besonderheiten explizit berücksichtigt. Auf der Basis einer umfassenden Analyse einschlägiger Studien und eigener praktischer Erfahrungen stellen die Autoren vier Gruppen von zentralen Erfolgsfaktoren vor: die organisationalen Rahmenbedingungen, die Aufgabenstellung, die Charakteristika des Teams als ‚kollektiver Akteur' und die einzelnen Teammitglieder selbst (vgl. Abbildung 1).

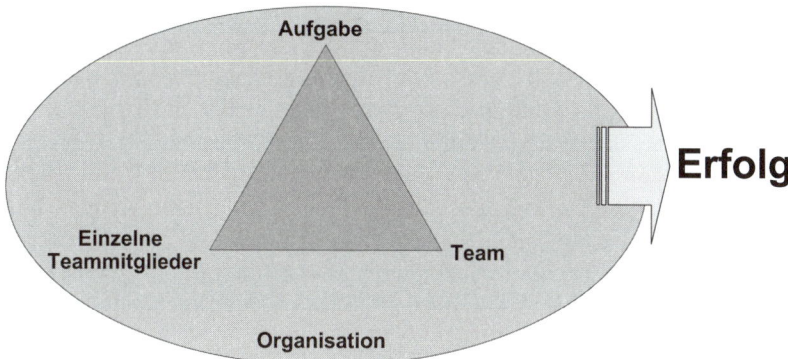

Abb. 1: Erfolgsfaktoren in Teams

Die genannten Erfolgsfaktoren, ergänzt um den Faktor Zeit in Entwicklungsprozessen von Teams, werden nun etwas detaillierter vorgestellt.[31]

3.1 Organisationaler Rahmen

Eine erste Besonderheit von Teams im Arbeitskontext ist der organisationale Rahmen, der in mehrfacher Hinsicht für den Teamerfolg eine Rolle spielt.

Zunächst ist das *Interesse des Auftraggebers* zu nennen. Dabei kann es sich um eine Einzelperson, etwa eine fachlich innerhalb der Organisation zuständige Person, aber auch um einen ‚kollektiven Akteur', also etwa ein für das Projekt verantwortliches und aus mehreren Personen bestehendes Steuerungsgremium handeln. Aufgabe des Auftraggebers ist es vor allem, das Team bei seiner Aufgabenerfüllung zu unterstützen, etwa durch organisationsinternen Rückhalt bei Konflikten mit anderen Teams in der Organisation und die Bereitstellung ausreichender Ressourcen wie Geld oder Zugang zu Informationen.

---

[30] Titscher und Stamm 2006

[31] ausführlicher vgl. Titscher und Stamm 2006

Eng damit verbunden sind drei weitere Schlüsselfaktoren aus dem organisationalen Bereich, die ebenfalls v.a. die Rahmenbedingungen betreffen:

- Ein *angemessener Zeitdruck* wirkt auf Teams tendenziell mobilisierend, wobei die Gesamtdauer des Projekts und die Formulierung von Meilensteinen Ansatzpunkte für Steuerungsmöglichkeiten liefern. Zu viel wirkt sich ebenso wie zu wenig Zeit negativ auf den Teamerfolg aus. Hat ein Team zu viel Zeit zur Verfügung, wird die Arbeit wenig fokussiert sein und das Team sich tendenziell verzetteln. Zu wenig Zeit kann lähmend wirken und hat meist negative Auswirkungen auf die Qualität des Ergebnisses und das Gruppenklima.

- Die *zugewiesenen Ressourcen* umfassen Dinge wie etwa Zeit, Zahl und Art der Teammitglieder, Budget, Prämien, Wissen, Zugriff auf Arbeitsmittel und Infrastruktur, Teamcoaching oder Teamtraining. Sie sind immer im Hinblick auf ihre Angemessenheit zu den Zielen zu sehen. Neben den unmittelbaren fachlichen Wirkungen der jeweiligen Ressourcenausstattung hat dieser Punkt auch eine stark symbolische Komponente. Über die Ressourcenausstattung sendet die Organisation bzw. der Auftraggeber auch entsprechende Signale hinsichtlich des Stellenwerts des Teams und seiner Aufgaben an das Team selbst und an die organisationsinterne und -externe Umwelt.

- Die *Verbindlichkeit des Kontrakts* zwischen Auftraggeber und Team berührt wesentliche zeitliche, sachliche und inhaltliche Aspekte der Teamarbeit. Dazu zählen etwa die Einhaltung von Spielregeln und Abmachungen hinsichtlich Terminen, Aufträgen, Ressourcen oder Teamzusammensetzung. Ebenfalls in diesen Bereich fällt die Besprechung von Abweichungen. Da die Arbeit im Team auf Grund von aktuellen Entwicklungen, Fehlern, Fehleinschätzungen bei der Planung etc. regelmäßig von etwaigen Plänen abweichen wird, kommt der Reflexion des Ergebnisfortschritts und der Teamprozesse ein hoher Stellenwert zu.

Ein letzter zentraler Erfolgsfaktor aus dem organisationalen Rahmen ist die *Akzeptanz* des Teams, seiner Aufgabenstellung und seiner Ergebnisse *durch ‚die Linie‘*, d.h. die ‚normale‘ Organisation. Teams sind häufig – und jedenfalls dann, wenn sie über Abteilungs- und Funktionsgrenzen hinweg agieren – außerhalb der normalen Basisorganisation angesiedelt. Das macht sie zu etwas ‚Besonderem‘, das tendenziell ‚außerhalb‘ steht. Damit steigt aber auch die Gefahr des Abgestoßenwerdens und der Nicht-Akzeptanz. Erst wenn die Basisorganisation hinter dem Projekt und der Aufgabe steht, steigt die Chance der Akzeptanz. Möglichkeiten für eine Akzeptanzerhöhung sind etwa eine ausreichende und rechtzeitige Information über Zielsetzungen des Teams und geplante Verwendung der Ergebnisse, die Möglichkeit der Einflussnahme auf die Teamzusammensetzung durch die Linienabteilungen oder ein regelmäßiger Informationsfluss vom Team zur ‚Außenwelt‘.

3.2 Aufgabenstellung

Die Aufgabenstellung wirkt in zweifacher Weise als Erfolgsfaktor. Zum einen ist der Grad der *Aufgabenattraktivität* erfolgswirksam, da er bei den einzelnen Teammitgliedern und auch beim Team als Ganzem Aufmerksamkeit weckt und Energie bündelt. Zum anderen ist es der *Schwierigkeitsgrad der Aufgabe*, der sich wesentlich auf den Teamerfolg auswirkt. Er ergibt sich aus dem Grad der Komplexität der Aufgabe – also etwa: wie viele unterschiedliche Aufgabenaspekte sind zu berücksichtigen, wie ist die Aufgabe im Verhältnis zur gegebenen Ressourcenausstattung zu beurteilen, wie sehr verändert sich die Aufgabenstellung im Laufe der Arbeit, wie bekannt sind die mit der Aufgabe verbundenen Probleme – und aus der erforderlichen Qualität und Akzeptanz des Teamergebnisses.

3.3 Team

Dem Team als eigene soziale Einheit – nicht: den einzelnen Teammitgliedern (dazu siehe unten 3.5) – sind weitere zentrale Erfolgsfaktoren zugeordnet.

Zunächst sind die *Startphase* und die *Zusammensetzung des Teams* von hoher Bedeutung. Ob überhaupt Zeit für diese wichtige erste Phase verwendet wird, z.B. durch Maßnahmen des Teambuilding, welche teaminternen Standards für die Zusammenarbeit festgelegt und wie verschiedene teamexterne Beziehungen, vor allem zu den Auftraggebern und anderen zentralen Akteuren außerhalb des Teams, gestaltet werden, schafft wesentliche Rahmenbedingungen für die erfolgreiche Arbeit von Teams. Die Teamzusammensetzung hat im Wesentlichen die jeweilige Aufgabe zu berücksichtigen. Neben dem meist unerlässlichen aufgabenbezogenem Know-how und Expertenwissen ist für ein erfolgreiches Team ein Mindestmaß an Entscheidungskapazität erforderlich. Ebenso braucht es in der Regel Personen mit Beziehungskapital, d.h. Teammitglieder, die sowohl teamintern als auch teamextern im Verhältnis zur Organisation, zu Kunden oder zu anderen wichtigen Personen und Gruppen einen ‚guten Draht' haben oder aufbauen können. Daneben ist bei der Teamzusammensetzung aber auch zu beachten, ob und inwieweit es ‚Tabubereiche' oder mikropolitische, d.h. von Macht- und Interessenfragen bestimmte Aspekte für die Teamzusammensetzung gibt, also etwa: Gibt es bei einzelnen potenziellen oder tatsächlichen Teammitgliedern ungelöste Interessenkonflikte, z.B. zwischen der Gesamtaufgabe (‚Suchen Sie nach Möglichkeiten der Personaleinsparung in den Abteilungen X, Y und Z!') und persönlichen Zielsetzungen (‚Erhalt aller Arbeitsplätze in der Abteilung Y')? Haben einzelne Teammitglieder neben ihren fachlichen Aufgaben auch ‚Wachhundrollen', d.h. sollen sie die Wahrung der Interessen von wichtigen Personen oder Gruppen außerhalb des Teams sicherstellen? Wie stehen die einzelnen Teammitglieder in Beziehung miteinander, auch zwischen Männern–Frauen? Wie steht es mit „Gruppen innerhalb der Gruppe", z.B. ein eingespieltes Team und einige Neuankömmlinge?

Die adäquate Gestaltung teaminterner Prozesse bezieht sich auf drei wesentliche Bereiche:

- Die *Arbeitsteilung* richtet sich mehr nach Aufgabenerfordernissen denn nach persönlichen Vorlieben, nutzt die Fähigkeiten der Einzelnen und steht im Einklang mit den für die Zielerreichung erforderlichen Methoden. Sie ist sinnvollerweise tendenziell flexibel und stärkt den Zusammenhalt des Teams.
- Die *Teamführung* orientiert sich an Möglichkeiten und Bedürfnissen des Teams und den Rahmenbedingungen der Organisation. Sie ist in frühen Phasen meist sehr präsent und gibt Orientierung. Später beschränkt sie sich mehr auf Aufgaben, die sich im Teamgefüge als problematisch herausstellen, etwa ‚ungeliebte' Aspekte der Aufgabe oder Bereiche, in denen die versammelte Kompetenz des Teams nicht ausreicht. Je-

denfalls als dauernde Aufgaben zu sehen sind die Regelung der Außenbeziehungen und der Schutz des Teams gegenüber ungewollten Außeneinflüssen.

- Die *Aufrechterhaltung der Teamgrenzen* ist wichtig, um die gemeinsame Arbeit zu ermöglichen und unangemessene Einwirkungen von außen möglichst gering zu halten. Wesentliche Themen sind hier die Selbstbestimmung innerhalb des zulässigen, d.h. im Auftrag des Teams spezifizierten Bereichs, die Entwicklung eigener Arbeitsmethoden und Vorgehensweisen, die auf der Basis eigener Entscheidungen erfolgende interne Verteilung von Erfolgsprämien und eine ‚gemeinsame Außenpolitik‘ gegenüber der Umwelt des Teams, also etwa den Auftraggebern oder Kollegen aus den ‚Herkunftsabteilungen‘ der Teammitglieder.

Ein weiterer zentraler teambezogener Erfolgsfaktor ist der interne Zusammenhalt, also die *Teamkohäsion* (zum Begriff siehe Fußnote 5). Hier geht es darum, dass die Mitglieder sich dem Team zugehörig fühlen und einander auch ohne ‚Außenfeinde‘ unterstützen, dass das Team von außen auch als solches wahrgenommen wird und dass die Mitglieder das Ergebnis gemeinsam vertreten können. Der jeweilige Kohäsionsgrad lässt sich etwa daran ablesen, wie sehr ein Team nach außen hin geschlossen auftritt, eine gemeinsame Sprache spricht oder Einzelne – besonders in kritischen Phasen – nicht aus der gemeinsamen Linie des Teams ‚ausbrechen‘. Obwohl Kohäsion grundsätzlich notwendig ist, positive Aspekte beinhaltet und Motivationspotenzial freisetzen kann, können solche stark „zusammengeschweißten" Gruppen in Organisationen auch problematisch sein. Sichtbar wird das unter anderem bei der Führung von Teams, wenn die Soll-Ist-Analyse einen Handlungsbedarf aufzeigt, gegen den sich die Gruppe aber wehrt und bei diesem „Aufstand" zusätzlich Kraft aus sich selbst erhält. Außerdem steigt der Anpassungsdruck in sozialen Gruppen direkt proportional zur Gruppenkohäsion,[32] was dem *Groupthink* (siehe Kap. 4.3) förderlich ist.

Ein letzter Erfolgsfaktor sind die vom Team jeweils entwickelten *Arbeitsmethoden und -techniken*. Sie müssen zu den gestellten Aufgaben, Ressourcen und Mitgliedern des Teams und auch zur Technologie des Unternehmens passen. Beispielsweise ist es wenig zielführend, in einem auf mündliche Kommunikation und persönliche Treffen abstellenden Kleinunternehmen mit einer ‚high-end‘-IT-Lösung primär auf elektronische Kommunikation zu setzen.

3.4 Teammitglieder

Bezogen auf die einzelnen Teammitglieder sind es drei Faktoren, die für den Erfolg von Teams wichtig sind: individuelle Ressourcen, persönliche Lernmöglichkeiten und Einbindung der Teammitglieder in das organisationale Sozialnetz.

Zunächst ist die *Nutzung der individuellen Ressourcen* zu nennen, die jedes Teammitglied einbringen kann. Hier geht es um ein Wissen darüber, was jede Person überhaupt an unterschiedlichen Ressourcen zur Verfügung hat, also etwa welche Qualifikationen, Fertigkeiten, formale Ausbildungen, Kontakte oder auch wie viel Zeitbudget die Einzelnen einbringen könnten. Erfolgreiche Teams haben hier einen guten Überblick über ihre Möglichkeiten. Wissen um individuelle Ressourcen alleine genügt aber nicht – diese müs-

---

[32] Emerson 1985, S. 198

sen auch genutzt werden. Dabei sind zwei Aspekte wichtig. Auf der einen Seite erfordert eine Nutzung die Bereitschaft der Teammitglieder, ihre Ressourcen auch tatsächlich in das Team einzubringen. Das hängt von Faktoren wie dem eigenen Rollenverständnis, der Attraktivität der Aufgabe oder der Teamkohäsion ab. Auf der anderen Seite müssen das Team und die Teamführung an einer Nutzung der Ressourcen auch interessiert sein und diese zulassen, ermutigen oder ggfs. einfordern. Nicht immer ist das der Fall: wenn etwa einzelne Teammitglieder als ,schwierig' angesehen werden, wenn damit Verpflichtungen aufgebaut werden, die ,man' später nicht einlösen will oder wenn durch teilweise Isolation einzelner Teammitglieder eine Botschaft an das Team oder die Organisation gesendet werden soll (,Leute aus der Abteilung X brauchen wir aber schon gar nicht bei dieser Aufgabe!').

Die *Lernmöglichkeiten* für jedes Teammitglied sind ein weiterer wichtiger Erfolgsfaktor. Inwieweit Teammitglieder sich weiter entwickeln können, stellt eine wichtige Determinante für Engagement und Durchhaltevermögen der Teammitglieder dar.

Schließlich ist auch die *Einbindung der Einzelnen in das organisationale Umfeld* als wichtiger Faktor zu nennen. Sie fördert oder hindert die Arbeit im Team durch die Existenz und die Entwicklung von sozialen Beziehungen – oder eben deren Fehlen – im Team und darüber hinaus in der gesamten Organisation.

3.5 Teamprozesse

Dynamischen Charakter erhalten diese Einflussfaktoren zusätzlich über den Einschluss von Zeit. Dafür hat sich eine Vielzahl von Phasenmodellen entwickelt, die Teamprozesse fokussieren. Eines davon soll hier thematisiert werden. Es beschäftigt sich mit dem Prozess der Entwicklung der Gruppe als Ganzes.

Das empirisch wenig fundierbare, aber wohl bekannteste Modell der Gruppenentwicklung geht auf Bruce W. Tuckman[33]zurück. Demnach durchlaufen Gruppen idealtypisch fünf Phasen. Im Anschluss an das gegenseitige Kennenlernen in der *Forming*-Phase kommt es zu Konflikten (*Storming*-Phase), die eine Gefahr des Zerfalls beinhalten. Schafft es die Gruppe nicht, implizite oder explizite Regeln des Miteinanders zu etablieren (also in die *Norming*-Phase zu kommen), wird die Zusammenarbeit beendet. Wenn es aber gelingt, daraus flexible Rollenbilder zu modellieren, kann sich die Gruppe der Theorie nach ganz der Aufgabe widmen (*Performing*-Phase). Die letzte Phase, *Adjourning*, ist weniger eine Erweiterung des Modells als mehr ein Zusatz,[34] der die Fertigstellung von Aufgaben, die Reduktion von Abhängigkeit und damit die Terminierung von Rollen beinhaltet. Tabelle 2 gibt einen detaillierteren Überblick.

---

[33] Tuckman 1965 und Tuckman und Jensen 1977. Der Artikel ist unter http://www.dennislearning-center.osu.edu/references/GROUP%20DEV%20article.doc (6. Juni 2009) im Original abrufbar.
[34] Smith 2005

Gruppenphase Abschnitt des Gruppenprozesses, in dem die Gruppe sich befindet, sowie deren primäres Handlungsmuster	Gruppenstruktur Muster interpersoneller Beziehungen und die Art, wie Mitglieder einander begegnen und sich behandeln	Aktivität Interaktionsinhalt in Bezug auf die jeweilige Aufgabenstellung
Forming Orientierung, Abtestung und Abhängigkeit	Abtesten der Gruppenmitglieder und Abhängigkeit vom Gruppenleiter	Emotionale Reaktion auf die Aufgabenanforderungen
Storming Widerstand gegen Gruppeneinfluss und Aufgabenanforderungen	Intragruppenkonflikt	Emotionale Ablehnung von Gruppenmitgliedern und Aufgabenstellungen
Norming Offenheit gegenüber anderen Gruppenmitgliedern	Entwicklung von Kohäsion und „Ingroup"-Gefühl; Etablierung neuer Standards und Rollenverteilungen	Offener Austausch von Wahrnehmungen; vertrauliche und persönliche Meinungen werden ausgedrückt
Performing Konstruktives Handeln	Rollen sind flexibel und funktionell, strukturelle Angelegenheiten sind bereinigt; Strukturen unterstützen Leistungserbringung	Interpersonelle Struktur wird zum Treiber von Aufgabenanstrengungen; Gruppenenergie ist auf die Aufgabenerledigung fokussiert; lösungsförderliches Klima
Adjourning Trennung	Befürchtungen hinsichtlich Trennung und Beendigung; emotionale Hinwendung zum Gruppenleiter und den Gruppenteilnehmern	Selbstevaluation

Tabelle 2: Phasen der Gruppenentwicklung (in Anlehnung an Schuman 1965, S. 384)

In der Literatur finden sich unterschiedliche Darstellungen dieses Modells, entweder als Stufenmodell, in der die Phasen sequentiell durchlaufen werden,[35] oder als Kreismodell (oder „Teamuhr"), an dessen Ende wieder ein Anfang steht.[36]

---

[35] vgl. z.B. Bender 2002, S. 73f.
[36] vgl. z.B. Bales 1965 sowie Tscheuschner und Wagner 2008, S. 196

4. Teameffekte durch den Einfluss anderer

Teams in Organisationen haben nicht nur rationale und auf die Aufgabenerfüllung bezogene Aspekte. Durch das soziale Miteinander kommt es auch zu irrationalen Momenten, Dysfunktionalitäten und Gefahren für die Aufgabenerfüllung.

4.1 Konformität und Mehrheitseinfluss in Teams

Wie kommt es zu einer Veränderung im Verhalten von Personen, die durch den realen oder vorgestellten Einfluss anderer Menschen entsteht? Basieren Entscheidungen, die Akteure in Gruppen oder Organisationen treffen, immer darauf, was sie persönlich denken, oder nehmen diese manchmal auch das Verhalten anderer an, um zu entscheiden, was sie tun sollen? Diese und ähnliche Fragen werden im Rahmen der *„Konformitäts-Forschung"* beantwortet, die in der Sozialpsychologie eine lange Tradition hat und in diesem Abschnitt im Mittelpunkt steht.

Gruppenpsychologisch stellt sich z.B. die Frage, inwieweit Menschen auch den Urteilen anderer folgen, wenn diese offensichtlich im Unrecht sind, und zwar insbesondere dann, wenn von einer Mehrheit sogar Fehlurteile abgegeben werden.

In einem klassischen Experiment wurden sieben Teilnehmer gebeten, sich an einer Untersuchung über visuelle Unterscheidungen zu beteiligen. Die Versuchspersonen mussten 18-mal entscheiden, welche von drei Vergleichslinien genauso lang war wie eine Referenzlinie. Die Vergleichslinien waren gut wahrnehmbar kürzer bzw. länger als die Referenzlinie. In einer Kontrollgruppe machten 35 von 37 Personen keinen Wahrnehmungsfehler, sie konnten also die Unterschiede richtig wahrnehmen. Bei den kritischen Durchgängen, wo sich eine einzelne Person sechs eingeweihten Versuchsteilnehmern gegenübersah, die jeweils bewusst und wie im Vorhinein abgesprochen falsche Abschätzungen trafen, wurden in 37 % der Fälle ein Fehlurteil abgegeben (unter den Kontrollbedingungen waren es nur 0,7 %).[37]

Warum verhalten sich Menschen gegenüber Majoritäten konform?

Wenn Individuen in Gegenwart anderer eine Beurteilung abgeben sollen, verfolgen sie im Allgemeinen zwei Ziele:

- Sie möchten sowohl richtig urteilen
- als auch auf andere einen guten Eindruck machen.

Die erste Tendenz wird umschrieben mit dem Begriff des *„informativen Einflusses"*. Dabei geht es um den Einfluss anderer Menschen, der uns zur Konformität führt, „weil wir sie als Informationsquelle betrachten, um unser Verhalten zu leiten; wir verhalten uns konform, weil wir die Interpretation einer zweideutigen Situation, die andere treffen, als korrekter ansehen als unsere und sie uns helfen wird, einen angemessenen Verlauf der Handlung zu wählen".[38] Wir geben also nach, weil wir den Urteilen anderer mehr vertrauen als unseren eigenen.

---

[37] Asch 1956
[38] Aronson et al. 2004, S. 272

Der zweite Grund, warum sich Menschen dem Gruppendruck beugen, liegt darin begründet, dass sie möglichst von anderen anerkannt und von ihnen als sympathisch empfunden werden möchten, was mit dem Begriff des *„normativen Einflusses"* umschrieben wird. Dabei geht es um jenen Einfluss anderer Menschen, der dazu führt, „uns konform zu verhalten, um von ihnen gemocht und akzeptiert zu werden".[39]

Natürlich variiert das relative Gewicht der beiden Mechanismen von Situation zu Situation. In manchen Situationen verhalten sich Menschen stärker konform aufgrund von Informationen, die von anderen ausgehen, in anderen Fällen tun sie das in erster Linie, weil sie bestätigt werden möchten.

Generell kann gesagt werden, dass der informative Einfluss dann besonders hoch ist,
- wenn die Situation mehrdeutig ist,
- wenn es sich um eine Krisensituation handelt und
- wenn anderen ein Expertenstatus zuerkannt wird.

Der normative Einfluss ist hingegen hoch, wenn die Gruppe
- die Größe von drei Personen übersteigt (allerdings ist ab einer Größe von fünf Personen kaum noch eine Zunahme feststellbar),
- wenn die Gruppe als Bezugsgröße wichtig ist,
- wenn die Gruppenkultur kollektivistisch ist (also starker normativer Druck gegenüber Abweichlern besteht),
- wenn bei Personen ein geringes Selbstwertgefühl vorhanden ist.[40]

Bezüglich der Auswirkungen der Majorität auf das Verhalten auf Individuen ist noch zu unterscheiden zwischen der *„Compliance"* und der *„Konversion"*. Bei der Compliance geht es darum, dass Menschen eine Änderung ihres offenen Verhaltens vornehmen, weil sie mit der Meinung anderer Menschen konfrontiert wurden. Sie passen sich damit oberflächlich der Majoritätsmeinung an, ohne wirklich die persönliche Sichtweise zu ändern, und zwar aufgrund von Fügsamkeit. Hingegen entsteht bei der Konversion tatsächlich eine Änderung des persönlichen Verhaltens, sodass es zu einer privaten Akzeptanz der Annahmen und Verhaltensweisen der Gruppe kommt.[41]

Wie sich der normative und informative Einfluss unterschiedlich auf Compliance und Konversion auswirken, wird erst dann deutlich, nachdem wir uns mit dem Einfluss von Minderheiten auf Mehrheiten beschäftigen.

4.2 Innovation und Minderheitseinfluss

Üben auch Minderheiten einen Einfluss auf Mehrheit aus? Minderheiten sind definitionsgemäß zahlenmäßig kleiner und können dadurch nur einen geringeren normativen Einfluss ausüben. Vielfach werden Minderheitsangehörige von der Mehrheit als lästige Querdenker oder gar „Spinner" diskreditiert, was gleichzeitig ihren informativen Einfluss einschränkt. Forschungen belegen, dass Minderheiten nur durch einen ganz spezifischen Verhaltensstil eine Chance haben, Mehrheitsmeinungen zu brechen. Eine Schlüsselrolle

---

[39]   Aronson et al. 2004, S. 281
[40]   Aronson et al. 2004, S. 278f.; S. 292ff.
[41]   Avermaet 2003, S. 458

kommt dabei der *„diachronen"* und der *„synchronen Konsistenz"* zu. Was darunter zu verstehen ist, lässt sich am besten am Beispiel des folgenden Experimentes erklären.

6 Versuchspersonen wurden eingeladen, an einem Versuch zur Farbenwahrnehmung mitzuwirken. Ihnen wurden 36 Dias vorgeführt, die alle ein leuchtendes Blau zeigten, das lediglich in seiner Intensität variierte. Die Aufgabe bestand darin, die Farbe des Dias zu beurteilen. Jeweils zwei der Versuchspersonen waren die Eingeweihten, die die Minderheit repräsentierten. In der „konsistenten" Bedingung antworteten sie in allen Durchgängen mit „grün". In der „inkonsistenten" Bedingung antworteten sie 24-mal mit „grün" und 12-mal mit „blau". In der Kontrollbedingung bestand die Gruppe aus sechs echten Versuchspersonen. Wie aus Abbildung 2 hervorgeht, wurden in der Kontrollbedingung nur in 0,25 % der Fälle „Grün-Antworten" gegeben. Von 22 echten Versuchspersonen gab also nur eine Person zwei „Grün-Antworten". In der Bedingung der inkonsistenten Minderheit wurden ebenfalls nur 1,25 % „Grün-Antworten" gegeben, also nur wenig mehr als in der Kontrollgruppe. In der Bedingung der konsistenten Minderheit wurden jedoch 8,24 % „Grün-Antworten" erreicht.[42]

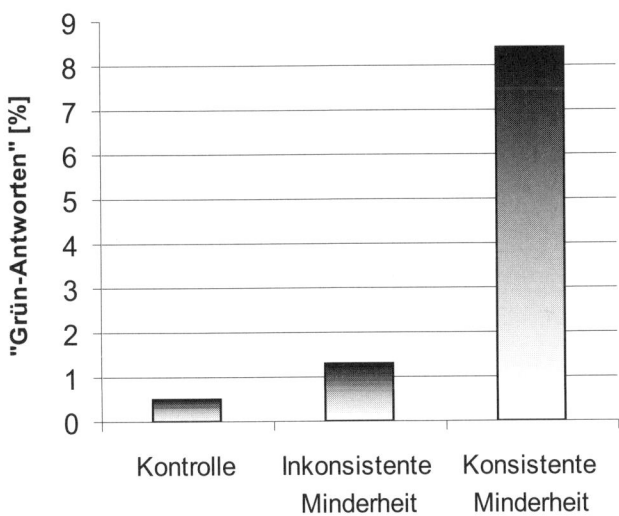

Abb. 2: Einfluss von Minderheiten auf Mehrheiten

Synchrone Konsistenz bezieht dabei sich darauf, dass die Minderheit nicht gespalten ist, sondern mit einer Zunge spricht. Diachrone Konsistenz liegt dann vor, wenn sie diese Geschlossenheit auch langfristig aufrechterhält.

Diese Ergebnisse führten zur sogenannten *„Konversionstheorie"*,[43] die besagt, dass Minderheiten nur dann einen Einfluss ausüben, wenn sie bei der Majorität einen Konflikt auslösen. Die Konsistenz im Verhaltensstil, also das Beharren auf der abweichenden Mei-

---

[42]   Moscovici et al. 1969
[43]   Moscovici 1980

nung, führt dabei zu zwei Resultaten: „Zum einen wird die soziale Stabilität der Situation unterminiert und damit die Grundlage für Wandel geschaffen, zum anderen erweckt der konsistente Verhaltensstil den Eindruck von Sicherheit und Überzeugtheit der Minorität in ihren Standpunkt. Bleiben diese positiven Attributionen aus, kann die Minorität nicht einflussreich sein, weil sie grundsätzlich negativ bewertet wird".

Diese Erkenntnisse sind insbesondere für innovative „Querdenker" in Organisationen relevant, die eigenständige, originelle und unkonventionelle Sichtweisen vertreten. Diese brauchen zunächst einen unvoreingenommenen Blick auf bestehende Märkte, Produkte oder Zielgruppen. Weiters erfordert das den Mut, Branchen- und Organisationsdogmen konsequent in Frage zu stellen und schließlich das Rückgrat, neue Perspektiven langfristig zu vertreten, was eine gehörige Portion Sturheit erforderlich macht.

Im Hinblick auf die unterschiedlichen Auswirkungen kann abschließend festgestellt werden, dass der normative Einfluss vor allem Compliance nach sich zieht, während der informative Einfluss neben der Compliance auch echte Konversion zu erzielen vermag. Majoritäten üben daher primär normativen Druck aus, während Minoritäten einen starken informativen Einfluss ausüben und damit Chancen zu einer echten Konversion eröffnen.

4.3 Groupthink

Im Buch „Victims of Groupthink" werden Entscheidungen amerikanischer Präsidenten und deren Beraterstäbe analysiert, die zu gravierenden Fehlverhaltensweisen führten. Für die gruppenspezifischen Vorgänge, die für diese Fehlschläge verantwortlich waren, wurde der Terminus „Groupthink" eingeführt, der folgendermaßen definiert ist: „….eine Art von Denkmustern, in das Personen verfallen, wenn sie Mitglied einer hochkohäsiven Gruppe sind und das Bestreben der Gruppenmitglieder nach Einmütigkeit deren Motivation zu einer realistischen Alternativenbewertung übertönt. (…) Groupthink bezieht sich auf die durch Gruppendruck ausgelöste Beeinträchtigung von mentaler Effizienz, Realitätsbewertung und moralischen Beurteilungen".[44]

Implizit werden in diesem Modell normative und informative Einflüsse in Gruppen diskutiert und die damit verbundenen sozialen Phänomene in ein ganzheitliches Erklärungsmodell integriert.

Dieses Erklärungsmodell beschreibt im Sinne eines Kausalmodells „Vorbedingungen", die „Groupthink-Symptome" begünstigen, sowie die daraus resultierenden „Entscheidungsdefekte". Danach tritt Groupthink auf, wenn eine mittlere bis hohe „Gruppenkohäsion" vorliegt, die zu einem Wert in sich selbst wird, sodass die Gruppe alles unterlässt, was die Harmonie gefährden könnte. Nicht immer muss eine derartige Kohäsion zu Fehlentscheidungen führen, die Wahrscheinlichkeit dafür wird aber durch spezifische „strukturelle Mängel der Organisation" begünstigt. Das sind folgende Faktoren:

1. Durch eine hohe Isolation der Entscheidungsträger werden Beurteilungen und Einschätzungen anderer vernachlässigt. Potenzielle Experten werden als „Outsider" diskreditiert.

---

[44] Janis 1972, S. 9

2. In der Organisation fehlt es an der Tradition eines *„unparteiischen Führungsstils"*, sodass gleich zu Beginn der Entscheidung die Präferenzen der Machtträger im Zentrum der Diskussion stehen. Eine offene, kritische Überprüfung der Alternativen wird dadurch erschwert.
3. Es existieren kaum prozedurale Normen und Standards, welche der Gruppe ein *„methodisches Vorgehen"* abverlangen, sodass verstärkt die Gruppendynamik zum Durchbruch kommt.
4. Schließlich liegt ein Faktor in der *„Homogenität"* der Gruppenmitglieder in punkto sozialer Hintergrund bzw. Wertvorstellungen begründet, was erneut das Einbringen unterschiedlicher Standpunkte reduziert.

Die ersten drei Faktoren erhöhen damit die Tendenz, als Gruppenmitglied den Eindruck zu erhalten, „dass es eine existierende oder emergente Norm zu Gunsten eines bestimmten Handlungskurses gibt und sie mit diesem konform gehen sollen".[45] Der vierte Faktor bedingt, dass die unkritisch präferierte Alternative auf den geteilten Werthaltungen basiert.

Als eine der wichtigsten kontextuellen Vorbedingungen wird weiters eine bedrohliche Ausgangssituation genannt, wo mit allen in Erwägung gezogenen Alternativen negative Konsequenzen verbunden sind. Das führt zur Erhöhung des Stresslevels, weil es zur kollektiven Wahrnehmung kommt, dass die Entscheidung in jedem Fall ein hohes Risiko in sich birgt, egal was entschieden wird (*„Dilemmasituation"*). Weiters herrscht die Wahrnehmung vor, dass jedwede Entscheidung auf Kritik stoßen wird, was die Selbstwertregulierung negativ beeinflusst, die aufgrund vergangener Misserfolge ohnehin beeinträchtigt ist. All das führt zu einer starren Verteidigung der am wenigsten zurückweisbaren Alternative bzw. der von den Machtträgern präferierten Alternativen.

Folgende Symptome sind damit verbunden:

- Eine *„Überschätzung der Gruppe"* vermittelt das irreführende Vertrauen, dass Befürchtungen und Zweifel an der vertretenen Position unangebracht sind.
- Die *„Engstirnigkeit"* beschreibt die Tendenz zur Abschottung gegenüber von außen kommenden Standpunkten, die tunlichst abgewertet werden.
- Schließlich garantiert der *Uniformitätsdruck* (Pseudoklima der Einstimmigkeit), dass der Konsens nicht durch Widersprüche oder verunsichernde Informationen gestört wird, indem sich beispielsweise *„Mindguards"* etablieren oder Andersdenkende unter Druck gesetzt werden.
- Im Symptom des Schweigens manifestiert sich schließlich die Neigung zur *„Selbstzensur"*, denn Schweigen wird als Zustimmung gewertet, wodurch die kollektive Wahrnehmung der Einmütigkeit genährt wird.

All das führt zu einer geringen Wahrscheinlichkeit einer erfolgreichen Entscheidung und zu den in Abbildung 3 angeführten Problembereichen.

---

[45] Janis 1982, S. 249

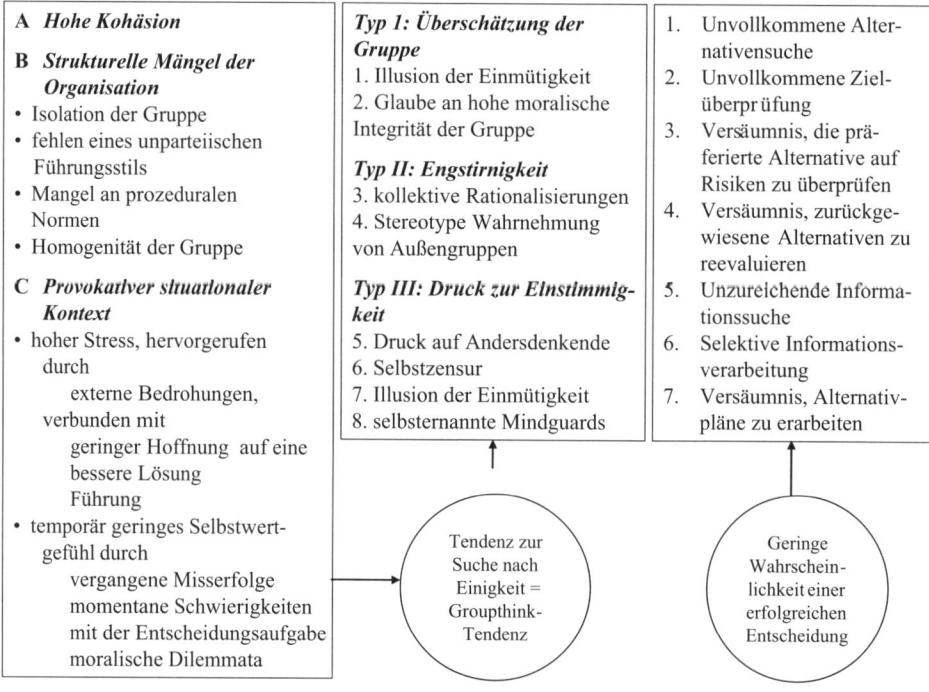

Abb. 3: Groupthink-Modell

In der Literatur finden sich Empfehlungen dazu, wie Groupthink verhindert werden kann.[46] Folgende Punkte werden genannt:

1. Die Gruppe soll möglichst heterogen zusammengesetzt sein, was die Selbstbestätigungstendenzen mindert und produktive Konflikte, wie sie aus widerstreitenden Positionen hervorgehen, fördert.

2. Die Gruppe soll immer wieder in Subgruppen aufgeteilt werden, was verhindert, dass es in der Gesamtgruppe zu einer dominanten Norm kommt, die sich im Verlauf des Prozesses versteinert.

3. Offenes Hinterfragen von Alternativen sollte zur Norm erhoben werden, was das vorzeitige Festlegen auf eine Präferenz reduziert.

4. Externe Experten sollten nach Möglichkeit zur Steigerung der Komplexität einbezogen werden.

5. Es sollten klar die Zuständigkeiten geklärt werden, sodass die einzelnen Expertenrollen für alle transparent sind.

6. Bei wichtigen Entscheidungen sollte gezielt darauf geachtet werden, dass konträre Argumente vorgetragen werden, etwa durch einen „Advocatus Diaboli", der dezidiert gegenteilige Standpunkte einbringt.

---

[46] Janis 1982; Brodbeck und Frey 1999; Wiendieck 2004

7. Die Gruppenführer sollten möglichst unparteiisch agieren und sich anfangs eher zurückhalten.
8. Ihr Führungsstil sollte nicht direktiv, sondern partizipativ sein.
9. Die Gruppe sollte „Teamreflexivität" entwickeln, d.h. den Fokus der Aufmerksamkeit
   nicht nur auf die sachlichen Inhalte der Argumente richten, sondern auch die Gruppendynamik selbst zum Thema machen.

All diese Empfehlungen sind darauf gerichtet, die Tendenz der Versteinerung, Rechtfertigung und Wirklichkeitsverleugnung, wie sie mit Groupthink verbunden sind, also starken normativen und informativen Druck, gar nicht erst aufkommen zu lassen. Insbesondere der *Advocatus Diaboli* fungiert als institutionalisierte Minorität, die blinde Compliance durchbrechen hilft.

Mittlerweile gibt es einen relativ breiten Fundus an Forschungsarbeiten zu diesem Thema. Allerdings konnte das Modell nur teilweise bestätigt werden.[47] Die vorgebrachte Kritik bezieht sich insbesondere auf die Gleichsetzung von Gruppenkohäsion und der daraus
resultierenden Einmütigkeit. Kohäsion würde zwar normierend wirken, aber nicht notwendigerweise Kritik unterdrückend, denn es könne ja auch ein kritischer Diskurs über
Inhalte und Sachverhalte zur Norm erhoben werden. Weiters ließe sich empirisch nicht
nachweisen, dass Groupthink eine Stressreduktion für die Mitglieder nach sich ziehe.
Schließlich sei die kausale Verknüpfung der einzelnen Variablengruppen nicht eindeutig
nachweisbar, was u.a. dazu führte, das Modell zu erweitern bzw. zu ergänzen.

Ein alternatives Modell ersetzt daher sowohl die Kohäsion als auch den Einfluss der
bedrohlichen Situation durch das Phänomen der „*kollektiven Wirksamkeitseinschätzung*"
(„*collective efficacy*").[48] Danach treten Groupthink-Symptome durch eine überhöhte Einschätzung der Fähigkeit zur Bewältigung einer bestimmten Aufgabe auf. Weiters wird
davon ausgegangen, dass bestimmte kontextuelle Faktoren zu dieser Überschätzung beitragen, die vor allem das Resultat von kontinuierlichen Erfolgen in der Vergangenheit sind.
Das resultiere in einer Stimmung, die einen unparteiischen Vorgesetzten verhindere, weil
er in seiner Position gestärkt erscheine, externe Meinungen außer Acht und ein methodisches Vorgehen als wenig notwendig empfinden lasse.

Nachfolgend soll das Phänomen Groupthink an einem historischen Beispiel einer Analyse unterzogen werden.

Groupthink und die US-Entscheidung zum Irakkrieg

George W. Bush wurde im Jänner 2001 als Präsident der USA vereidigt. Am 11. September 2001 kam es zu den Terroranschlägen auf das World Trade Center mitten in
Manhattan. Im März 2003 wurde mit der Operation „Iraqi Freedom" und gezielten Bom-
bardements in Bagdad begonnen. Untersuchungen zeigen, dass diese Entscheidung
wahrscheinlich sehr stark von Groupthink-Symptomen beeinflusst wurde.[49] Warum?

---

[47] Aldag und Fuller 1993
[48] Whyte 1998
[49] Kuntz 2007

Hoch kohäsive Gruppe: Die Entscheidung wurde primär von einem Kriegskabinett getroffen (Bush, Cheney, Rice, Rumsfeld, Powell, Wolfowitz, Armitage), in der man die Norm der Loyalität groß schrieb. Das Entscheidungsgremium hatte nach den Anschlägen von 9/11 sofort begriffen, dass ihre Amtszeit von dieser Terrorattacke stark beeinflusst werden würde. Alle Akteure wiesen in ideologischer Hinsicht einen relativ homogenen Hintergrund auf: Sie waren Mitglieder der republikanischen Partei, die zu den sogenannten ,hawks' gehörten. Auch in sozialer Hinsicht wiesen sie politisch, militärisch und bildungsmäßig einen ähnlichen Background auf. Hinzu kam, dass die Gruppe durch die Anschläge (gemeinsamer Feind) nachhaltig zusammengeschweißt wurde. Wie groß schlussendlich der Zusammenhalt der Gruppe gewesen sein muss, drückt sich u.a. im folgenden Zitat aus: „Als Bush schließlich den Befehl zur US-Invasion im Irak gab, hatte er Tränen in den Augen, was angeblich auch auf andere Mitglieder des Teams zutraf. Powell soll in dieser Situation sogar seine auf die Hand des Präsidenten gelegt haben – als wolle er ihm hiermit versichern, dass er dies nicht allein durchstehen müsse."[50]

Zu den *Isolationstendenzen* heißt es: „Nach den Anschlägen und im Fortgang der Beratungen nach 9/11 überhaupt, verstärkte sich die Tendenz der Gruppe zu einer (Selbst-)Isolation von wichtigen Informationen, wozu die permanente „Top-Secret"-Einstufung sowohl der Sitzungsinhalte als auch der Entscheidungsprozesse an sich höchstwahrscheinlich beigetragen hat. Man wollte nur wenige Mitwisser haben und fürchtete sich vor ,Lecks' innerhalb der Administration."[51]

Führungsstil: Der Führungsstil von Bush wird als direktiv beschrieben. Er soll in den Verhandlungen stets seine Präferenzen deutlich gemacht haben. Angeblich bot er sich immer wieder als „Streitschlichter" an, wenn es Differenzen gab, die die anderen nicht ohne ihn lösen konnten. Bush wird zudem als eine Person charakterisiert, die auch bei (externen) Briefings selbst viel spricht und nur wenig zuhört. [52]

Methodisches Vorgehen: Kurz nach dem Amtsantritt von Bush wurde den Mitarbeitern mitgeteilt, „dass der Präsident kein großer Leser sei und gegen 22 Uhr zu Bett gehe" und Bushs zentrales Charakteristikum darin bestünde, stets „nach einfachen Lösungen" zu streben und Probleme „in knackigen Schlagworten" erfassen zu wollen. Das Pentagon mit seinen internen Planungsabläufen wurde dementsprechend als „Kontroll- und Besserwisser-Regime" diskreditiert.[53] „Insgesamt scheinen sowohl im Vorfeld der Anschläge als auch im Nachgang dieser (…) kaum eindeutige prozessuale Normen für die Beratungen bestanden zu haben"[54]. Zudem soll es zu einer Demontage routinemäßiger Vorgänge innerhalb der Staatsbürokratie gekommen sein.

---

[50] Kuntz 2007, S. 146
[51] Kuntz 2007, S. 146
[52] Kuntz 2007, S. 151
[53] Kuntz 2007, S. 153
[54] Kuntz 2007, S. 155

Dilemmasituation: Der Entscheidungsdruck war enorm, weil die Öffentlichkeit ein eindeutiges Handeln erwartete. Die geplanten Maßnahmen missachteten allerdings völkerrechtliche Grundlagen der internationalen Gemeinschaft und mit großen Kriegsopfern war zu rechnen.

Überschätzung der Gruppe: Der Glaube an die Unverletzlichkeit der Gruppe wurde in weiterer Folge durch die zunächst erfolgreich zu Ende gebrachte Afghanistan-Invasion und den Wahlerfolg verstärkt. Sie entwickelte zunehmend das Gefühl, einer höheren Moral zu folgen, indem man sich einen Kampf zwischen Gut und Böse suggerierte. Durch eigenes militärisches Handeln galt es, die Welt sicherer zu machen.

Mindguards: In Anschluss an die Anschläge sollen v.a. Wolfowitz und Rumsfeld versucht haben, „den Informationsfluss aus und in das Pentagon aktiv zu kontrollieren und somit zu beeinflussen."[55] Bush selbst sollte stets von „Aufpassern" umgeben gewesen sein. Weiters wurden viele Offiziere im Pentagon ausgetauscht, die sich kritisch gegen die Kriegshandlungen ausgesprochen haben. Schließlich baute Bush selbst „während der Entscheidungsprozesse durch Fragen zu Zweifeln, Empfehlungen oder Einstellungen an seine Mitglieder, die alle reihum beantwortet werden sollten, eindeutig Situationen von sozialem Druck auf."[56]

Kollektive Rationalisierung: Man entwickelte kollektiv die Annahme, dass gegen die Al-Qaida mit konventionellen Mitteln Krieg geführt werden könne und dass es machbar sei, den Irak zu demokratisieren. Schließlich ist anzunehmen, dass das Entscheidungsteam selbst davon überzeugt war, dass der Irak Massenvernichtungswaffen besitze.

Selbstzensur: Powell, der Skeptiker in der Gruppe, soll beispielsweise, als die Entscheidung bereits getroffen war, gesagt haben: „Der Präsident habe nur solange zweigleisig fahren können, bis sich die Gleise trennten, und eines habe in den Krieg geführt. Er ist der Präsident…. Er hat die Entscheidung getroffen, und daher ist es meine Pflicht, ihm auf dem anderen Gleis zu folgen".[57] Schlussendlich herrschte vor der endgültigen Entscheidung das Gefühl vor, dass niemand am Tisch eine bessere Idee hatte.

Abschließend ist festzuhalten, dass sich die Gruppe relativ frühzeitig auf einen bestimmten Handlungskurs festlegte und erstaunlicherweise nur zu wenigen Zeitpunkten umsichtige Beratungen abhielt.

---

[55] Kuntz 2007, S. 172 (grammatikalischer Fehler im Original)
[56] Kuntz 2007, S. 171
[57] Kuntz 2007, S. 174

5. Kritik und Ausblick

Gruppen und Teams haben ihren Platz in Organisationen. Begründet wird dies mit verbesserter oder gesteigerter Performance, erhöhter Effektivität oder optimierter Effizienz. Demgegenüber sind die empirischen Befunde gemischt: Es kommt es zu einer „Romantisierung von Teamarbeit", bei der die Überzeugung an die Leistungsfähigkeit von Gruppen und Teams die tatsächliche Produktivität übersteigt. Als Beispiel kann hierfür der Mythos *Brainstorming* dienen, bei dem in einer Gruppe unter Einhaltung bestimmter Regeln das Kreativitätspotenzial mehrerer Leute genützt werden soll, um mittels freier Assoziation Ideen zu generieren. Forschungsbefunde zeigen, dass Gruppen weder mehr noch originellere Beiträge generieren als Einzelpersonen, aber fest davon überzeugt sind, dass sie dies bewerkstelligt hätten.[58]

Zwar erfüllen Gruppen aus einer psychologischen Perspektive vor allem den Zweck, sozio-emotionale Bedürfnisse wie Zugehörigkeitsgefühl, soziale Identität oder Bestätigung zu befriedigen. Forschung, die Kosten-Nutzen-Rechnungen für den Einsatz von Teams anstellt, ist aber weiterhin spärlich,[59] obwohl die finanziellen Aufwendungen zur Implementierung und Aufrechterhaltung von Teams beträchtlich sind.[60]

Eine mögliche Antwort zu der im Titel gestellten Frage könnte also sein:[61] „Teams are great. Cuisinarts[62] are also great. But you wouldn't mow your lawn with one. The great sin of teaming is that people are so high on the idea that they are asking teams to do everything."

---

[58] eine Meta-Studie bietet hier Mullen et al. 1991
[59] Allen und Hecht 2004, S. 453
[60] siehe dazu z.B. Capelli und Neumark 2001 oder Tudor et al. 1996
[61] Robbins und Finley 2000, S. 213
[62] Cuisinart ist ein eine in den USA sehr populäre Marke, die verschiedene Küchengeräte wie z.B. Mixer oder Rührstäbe vertreibt.

Organisation

Strukturen und klassische Organisationsformen

Michael Meyer

Inhalt

1. Organisationsgesellschaft: Die Bedeutung von Organisationen

Unsere Gesellschaft ist eine Gesellschaft der Organisationen: Von der Wiege bis zur Bahre werden wir von ihnen begleitet. Auf die Welt kommen wir (meist) in Krankenhäusern. Kinderkrippen und Kindergärten, Schulen und Universitäten begleiten uns bis zu dem Zeitpunkt, wo wir in Organisationen unser Geld verdienen. Am Ende stehen Pflegeheim und Beerdigungsunternehmen.

Trotz aller Entwicklungen in Richtung Flexibilisierung der Beschäftigungsverhältnisse und neue Selbstständigkeit ist noch immer ein überwiegender Anteil der Europäer und Europäerinnen[1] in Organisationen beschäftigt, und zwar knapp über 90% in Deutschland und noch immer zwischen 80% und 90% in Österreich und in der gesamten Europäischen Union.

	Österreich	Deutschland	EU-25
Erwerbstätige insgesamt in Mio.	4,3	40	210
davon unselbstständig in Organisationen absolut in Mio.	3,5	35	178
in Prozent	80,5	88,8	84,9

Tabelle 1: Anteil der unselbstständig Erwerbstätigen 2007[2]

Insgesamt ist in der EU noch immer ein Großteil der Beschäftigten in traditionellen Anstellungsverhältnissen, der Anteil von Selbstständigen sank in den EU-15 (Euro-Zone) von 1997 bis 2007 sogar leicht von 15,3% auf 14,3%. Gleichzeitig stieg aber der Teilzeitanteil kontinuierlich von 16,7% auf 20,9%.[3] Auch Selbstständigkeit läuft nicht ohne Organisationen. Selbst die Nicht-Erwerbstätigen aller Altersgruppen – in den EU-25 sind das fast 250 Mio. Menschen – bleiben vor Organisationen nicht verschont: Neben den Bildungseinrichtungen sorgen Arbeitsämter, Krankenhäuser und Pflegeheime dafür, dass wir Organisationen in keiner Phase unseres Lebens entgehen können.

Das war nicht immer so. Vorindustrielle Produktionsformen setzten auf Hauswirtschaft. In traditionellen Handwerksbetrieben wurde, wie heute noch in vielen Familienunternehmen, zwischen Produktions- und Privatsphäre kaum unterschieden. Erst die industrielle Produktion gründet auf einer Trennung zwischen Privathaushalt (Familie) und Organisation, der dann nur noch die Arbeitsleistung geschuldet wird. Die industrielle Revolution beruht nicht nur auf technischen Errungenschaften, sondern auch auf erhöhter Flexibilität und Mobilität der Individuen. Erst mit der Entstehung moderner Organisationen macht die Unterscheidung zwischen einem Arbeits- und einem Privatleben Sinn. Selbst wenn sie sich hervorragend als Disziplinierungs- und Herrschaftsinstrumente eignen,[4] haben Organisationen den Menschen auch mehr Freiheit gebracht – ein Aspekt, der vielleicht angesichts des Elends in den Fabriken des 19. Jahrhunderts zynisch anmutet.

---

[1] Wo immer im Text nur die männliche oder nur die weibliche Form aufscheint, ist auch das jeweils andere Geschlecht mitgemeint. Wo es die Lesbarkeit nicht allzusehr beeinträchtigt, werden beide Formen verwendet.

[2] European Commission 2008: 220, 232, 260

[3] vgl. European Commission 2008: 224

[4] Foucault 1975; 1976

Organisationen treten ab der Neuzeit zunehmend als „korporative Akteure"[5] auf: Als juristische Personen und der damit verbundenen eingeschränkten Haftung der Eigentümer entwickelten sich Organisationen zum Motor der Industrialisierung – und erhielten damit eine ungeheure Machtfülle.

Vorläufer moderner Organisationen gab es freilich weit früher. Bereits die allerersten Territorialstaaten bildeten Organisationen, um zu erobern und zu verteidigen, Gebäude zu errichten und Wirtschaftstätigkeit zu entfalten. Die Kirche schuf mit ihren Orden und Klöstern bereits im Mittelalter Organisationen. Private Wirtschaftstätigkeit im großen Stil wurde aber erst durch die Entwicklung von Kapitalgesellschaften in Verbindung mit einem Banksystem möglich, die weitgehend unabhängig vom Vermögen der Teilhaber große Projekte in Angriff nehmen konnten.

---

[5] Coleman 1979; 1986

2. Organisationsbegriffe: Haben und Sein

Der Begriff Organisation hat unterschiedliche Facetten, ist theoretisch und abstrakt, also unserer Beobachtung nicht direkt zugänglich. Organisationen begegnen uns nicht auf der Straße. Wir brauchen Theorien, um sie zu begreifen. „Was ist eine Organisation?" wäre demnach eine ungeeignete Frage. Begriffe sind niemals richtig oder falsch, sondern bestenfalls brauchbar oder unbrauchbar für eine bestimmte Fragestellung. Dennoch würde man annehmen, dass über einen in Wissenschaft, Wirtschaft und Gesellschaft weit verbreiteten Begriff wie Organisation Klarheit herrscht. Dem ist aber nicht so.

2.1 Funktionaler Organisationsbegriff: Organisation haben

In der *Betriebswirtschaftslehre* versteht man unter Organisation traditionell die dauerhafte Strukturierung von Arbeitsabläufen (**Ablauforganisation**), aber auch die Anordnung von Stellen in Unternehmen, die Weisungsbeziehungen und die Zusammenarbeit zwischen diesen Stellen (**Aufbauorganisation**). Beide stehen in der praktisch-normativen Tradition der BWL, die sich in der so genannten *Instrumentalthese* zeigt:[6] So wird das gesamte Unternehmen als Instrument zur Realisierung der Ziele der Eigentümer verstanden, und Organisation ist eine der Funktionen, die dazu innerhalb des Unternehmens geleistet werden muss (neben Investition, Finanzierung, Marketing etc.). Sowohl die optimal zieldienliche Anordnung der Stellen zu Strukturen wie auch jene der Aufgaben zu Prozessen sind damit Instrumente im Zuge der Verfolgung der Unternehmensziele. Aufbauorganisation und Ablauforganisation sind also zwei Aspekte des so genannten **funktionalen** Organisationsbegriffes: Aufbauorganisation als Instrument (instrumenteller Organisationsbegriff), Ablauforganisation als Prozess oder aber auch der Prozess des Organisierens (prozessorientierter Organisationsbegriff).[7]

2.2 Institutioneller Organisationsbegriff: Organisation sein

Davon unterscheidet sich der **institutionelle** Organisationsbegriff, der aus der *Soziologie* kommt. Dieser bezeichnet einen bestimmten Typ sozialer Systeme, die zwischen Interaktionen, Familien, Gruppen und gesellschaftlichen Teilsystemen (Wirtschaft, Politik, Wissenschaft etc.) sowie der Gesellschaft als Ganzes liegen. Multinationale Konzerne und Kirchen, Patentämter und die Pfadfinder, all das sind Organisationen.

Es sind ein paar ganz besondere Merkmale, die Organisationen auszeichnen:

- formale Mitgliedschaft (z.B. über Dienstverträge)
- formal festgelegte Regeln (z.B. in Form von Statuten, Gesellschaftsverträgen, Stellenbeschreibungen)
- konsolidiertes Auftreten nach außen (kollektive Akteurschaft) durch eine Regelung der Vertretungsbefugnis

Formale Mitgliedschaft ist für Personen damit verbunden, ganz bestimmte Rollen übernehmen und sich an **formal festgelegte Regeln** halten zu müssen. Soziale Rollen in Or-

---

6   Schmidt 1969; Thiemeyer 1975; Thiemeyer 1990
7   Bea/Göbel 2006, S. 2ff.

ganisationen bezeichnen ein Bündel an Verhaltensnormen und Erwartungen, die von Organisationsmitgliedern beachtet werden müssen. Organisationen verlangen von ihren Mitgliedern bestimmte Handlungen, zuerst einmal Arbeitsleistung, aber meist noch mehr: räumliche Anwesenheit, Pünktlichkeit und Gefolgsbereitschaft, Sprache und Kleidung und vieles andere. Normen werden als Verhaltensweisen sichtbar, die von Organisationsmitgliedern in einer bestimmten Konstellation regelmäßig wiederholt und im Fall der Abweichung durch eine negative Sanktion bekräftigt werden. Solche Rollen sind in der Organisation an bestimmte Stellen geknüpft, für den Portier gelten andere Normen als für die Marketingleiterin. Auf diese Art wird auch die **kollektive Akteurschaft** über Vertretungsbefugnisse formal geregelt: Ein Fließbandarbeiter wird nie, eine Technikerin aus der Entwicklungsabteilung nur in bestimmten Situationen, der Vorstandsvorsitzende des Automobilunternehmens aber immer als Vertreter seiner Organisation auftreten dürfen. Wenn Letzterer eine Entscheidung bekannt gibt, liest man dann in den Zeitungen, dass die Volkswagen-AG die Porsche-AG kaufen wird – die Entscheidung, wer immer sie getroffen hat, wird der Organisation zugeschrieben.

Organisation als Sammelbegriff für Unternehmen, Vereine, Behörden und andere Institutionen setzt sich zunehmend durch. Unternehmensberater nennen sich immer häufiger Organisationsberater, um auch jene öffentlichen Verwaltungs- und Nonprofit-Organisationen anzusprechen, die sich nicht als „Unternehmen" verstehen. Der Begriff hat nämlich zumindest drei Vorteile:

1. Im Unterschied zu „Unternehmen" beschränkt er sich nicht auf erwerbswirtschaftliche Einheiten, sondern gibt einen Sammelbegriff für Produktions- und Dienstleistungseinrichtungen im privatwirtschaftlichen, öffentlichen und Nonprofit-Sektor.

2. Während „Unternehmen" die wirschaftliche Dimension, „Betrieb" den Standort und „Firma" die Rechtsform und korrekte Bezeichnung in den Vordergrund rückt, betont „Organisation" das soziale System, also die einzelnen Akteure, ihre Beziehungen und Handlungen.

3. Unternehmen als wirschaftliche Einheiten mit juristisch geprägter Grenzziehung umfassen im Unterschied zu Organisationen auch externe Organe, wie beispielsweise Aufsichts- und Verwaltungsräte, ja sogar die Eigentümer in der Hauptversammlung, auch wenn sie nicht oder nur selten auf Entscheidungen Einfluss nehmen, wie dies beispielsweise Kleinaktionäre tun.

Freilich legen unterschiedliche Theorien ganz unterschiedliche Schwerpunkte, was diese Organisationen ausmacht.[8] Weitgehende Einigkeit besteht aber darüber, „dass Organisationen dauerhaft ein Ziel verfolgen und eine formale Struktur aufweisen, mit deren Hilfe die Aktivitäten der Mitglieder auf das verfolgte Ziel ausgerichtet werden."[9]

---

[8] In einem von Alfred Kieser herausgegebenen Sammelband findet sich ein umfassender Überblick über unterschiedliche Organisationstheorien (Kieser 2006; etwas komprimierter auch bei Kieser/Walgenbach 2007, S. 32ff.).

[9] Kieser/Walgenbach 2007, S. 6

3. Bilder von Organisationen

Zum Bedauern der Organisationswissenschaft wird unser alltägliches Denken und Reden über Organisationen kaum von wissenschaftlichen Organisationstheorien, aber umso mehr von Alltagstheorien, von Bildern und Metaphern bestimmt:[10] Organisationen werden als Maschinen oder Organismen, als Bienenstöcke oder Ameisenhaufen, als Biotope oder Gehirne, als Irrenhäuser oder Gefängnisse betrachtet. All diese Metaphern helfen uns, bestimmte Eigenschaften von Organisationen hervorzuheben, sie blenden aber gleichzeitig andere aus.

Das Bild einer **Maschine** etablierte sich in der frühen Organisationstheorie, also bei Taylor, Fayol und Weber: Frederik Winslow Taylor (1856-1915) war der Begründer des Scientific Management (Taylorismus), welches auf folgenden Prinzipien beruht:

- Trennung von Hand- und Kopfarbeit (Planung und Ausführung),
- präzise Anleitung der Arbeitenden,
- extreme Arbeitsteilung,
- monetäre Motivation (Prämien-, Akkord- und Leistungslöhne).

Henri Fayol (1841-1925) war der Begründer der französischen Verwaltungslehre, der erstmals die Funktionen des Management, das sind

- Planung,
- Organisation,
- Leitung,
- Koordination und
- Kontrolle

formulierte und vierzehn Managementprinzipien entwickelte, darunter die Einheit der Auftragserteilung, Disziplin, die Einheit der Leitung, Gemeinschaftsgeist und Arbeitsteilung.

In der Maschinenmetapher steckt auch das Bild der bürokratischen Organisation, wie sie der deutsche Soziologe Max Weber (1864-1920) als idealtypische Umsetzung zweckrationaler, legaler Herrschaft konzipiert hat:

- Amtshierarchie,
- rationale Kompetenz der Vorgesetzten,
- Auswahl der Stelleninhaber nach Fachqualifikation,
- klare Regeln und Gesetze,
- bezahltes Berufsbeamtentum,
- Amtsdisziplin und Kontrolle,
- Aktenmäßigkeit aller Entscheidungen.

Im Maschinenbild sind die Stellen in der Organisation Zahnräder, die gut geschmiert ineinandergreifen, um die vorgegebenen Aufgaben zu erfüllen. Dazu muss auch die pas-

---

[10] Morgan 1989; 1997

sende Organisationsstruktur geschaffen werden, die Stellen sind so anzuordnen, dass sie mit möglichst wenig Reibungsverlust zusammenspielen, der Wirkungsgrad also optimal ist. Organisation ist in diesem Bild gestaltbar, Eigentümer und die von ihnen bezahlten Führungskräfte haben diese Aufgabe bestmöglich zu erfüllen. Diese Metapher prägt das Alltagsdenken nach wie vor zentral: „Es läuft alles wie geschmiert, ein Projekt ist auf Schienen, ein Rad greift ins andere." Unsere Sprache birgt viele dieser mechanistischen Bilder.[11]

Ein zweites Bild, welches in der zweiten Hälfte des 20. Jahrhunderts an Mächtigkeit gewann, ist jenes der Organisation als **Organismus**. Demzufolge leben Organisationen ihr Leben, sie werden geboren, durchlaufen bestimmte typische Phasen und müssen irgendwann auch einmal sterben. Unsere Neigung, soziale Phänomene und vieles andere mehr zu vermenschlichen, fördert dieses Bild. So zum Beispiel versehen wir auch Produkte, Sterne und selbst unser Universum mit einem Lebenszyklus: Geburt, Heranwachsen, Reife, Tod. Dazu gehört auch die Vorstellung, dass Organisationen in einer sich ständig ändernden Umwelt überleben und sich anzupassen haben. Organisationen sind gleichzeitig offene und geschlossene Systeme: Sie brauchen Menschen, finanzielle Mittel und vieles mehr. Sie sind also von ihrer Umwelt abhängig, andererseits funktionieren sie nach eigenen Regeln und halten Grenzen gegenüber der Umwelt aufrecht. Die Evolutionstheorie und die Ökologie reichern diese Metapher mit ihren Annahmen an, und der Sozialdarwinismus („Survival of the fittest") ist nicht fern.

Die Organisation als **Biotop** ist ein weiteres Bild, welches die Selbstorganisation, aber auch das labile Fließgleichgewicht in Organisationen betont. Diese Metapher wurde durch das Vordringen ökologischen Denkens in alle Lebens- und Wissenschaftsbereiche gefördert. Biotope sind einerseits geschlossene Systeme, da sie autonom und selbstgenügsam sind. Andererseits sind sie offen gegenüber ihren Umwelten und dabei besonders störungsanfällig: Gezielte Steuerungseingriffe sind wenig erfolgversprechend, die Schädigung oder gar die Zerstörung des Systems ist allerdings leicht möglich.

Es lassen sich, ohne Anspruch auf Vollständigkeit, noch weitere Bilder aufzählen: Die Organisation als **Gehirn**,[12] bei dem es nicht auf die einzelnen Elemente und deren Qualität, sondern auf die Verbindungen zwischen ihnen ankommt. Ähnlich wie beim menschlichen Gehirn sollten auch bei Organisationen die Teile multifunktional agieren, d.h. bei Ausfall einer Abteilung sollte deren Arbeit durch andere übernommen werden können. Ähnlich wie bei unserem zentralen Nervensystem können die einzelnen Zellen schnell durch neue ersetzt werden. Dadurch können Organisationen höhere Ebenen der Stabilität erreichen.

Ein weiteres Bild ist die Organisation als **politische Arena**, in der die Akteure ihre Interessen durchsetzen wollen, in permanenten Konflikten stehen und gegeneinander um Positionen und Einfluss kämpfen. Macht und Herrschaft sind in diesem Bild zentral sowie die Frage, wie diese entstehen und worauf sie beruhen.[13]

---

[11] Weber 1972, S. 125ff., 825ff.
[12] Beer 1972
[13] Küpper/Ortmann 1988; Neuberger 1995; Pfeffer/Salancik 1978; Pfeffer 1995

4. Zentrale Begriffe in der Organisationstheorie

Wenn wir über Organisationen reden, schreiben oder denken, greifen wir immer auf einige zentrale Begriffe zurück.

4.1 Mitgliedschaft und Strukturen

Formale Strukturen sind ein Charakteristikum von Organisationen. Sie schlagen sich in Stellenbeschreibungen und Anordnungen nieder, es gibt formale Rollen mit entsprechenden Verhaltenserwartungen für jedes einzelne Mitglied. Diese werden sich zwischen einer Armee und einer Werbeagentur, zwischen der Freiwilligen Feuerwehr und einem internationalen IT-Konzern unterscheiden. Gemeinsam ist diesen so unterschiedlichen Organisationen, dass sie formale **Mitgliedschaftsregeln** haben. Bei Armee, Werbeagentur, Feuerwehr und IT-Konzern kann man nicht einfach „mitmachen", man muss beitreten. Die Mitgliedschaft kann auf unterschiedlichen juristischen Normen (Arbeitsvertragsrecht, Vereinsrecht, Militärgesetze, Kirchenrecht) aufbauen.

Die Frage, ob eine Organisationsmitgliedschaft bloß auf außerrechtlichen, also nicht kodifizierten Normen beruhen kann, die unserer Rechtsordnung vielleicht sogar widersprechen (z.B. Mafia), ist gar nicht so einfach zu beantworten, da wir uns hier im Grenzbereich zwischen formalen Organisationen und sozialen Netzwerken befinden.[14] Wichtige Unterschiede zwischen Netzwerk und Organisation sind die explizite Zielorientierung und die Formalisierung der Mitgliedschaftsregeln.

In den meisten Fällen wird ein **Vertrag** zwischen Organisation und Individuum abgeschlossen, in dem Letztere als Organisationsmitglieder verpflichtet werden, Handlungen zu setzen, die dazu beitragen, dass die Organisationsziele erreicht werden. Manchmal – wie z.B. beim Militär – passiert das auf öffentlich-rechtlicher Basis. Freilich sind die vertraglich festgelegten Erwartungen nur ein – meist geringer – Teil all jener Erwartungen, die das Individuum als Organisationsmitglied auf sich nimmt. Eine Vielzahl von Regeln und Normen werden nicht vertraglich fixiert, sind dennoch verhaltenswirksam und werden von Organisationsmitgliedern als Teil der Mitgliedschaftsbedingungen in Kauf genommen, z.B. ein Großteil der unter dem Begriff „Organisationskultur" laufenden Normen. Das wird in der Organisationsforschung unter verschiedenen Schlagwörtern diskutiert: Der über den formalrechtlichen Vertrag hinausgehende psychologische Vertrag,[15] das über den Dienst nach Vorschrift hinausgehende Extrarollenverhalten,[16] das an bürgerschaftliches Verhalten angelehnte „Organizational Citizenship Behaviour".[17]

4.2 Organisation und Umwelt

Organisationen im institutionellen Sinn (vgl. Kapitel 2.2) befinden sich immer in einem bestimmten Kontext, grenzen sich also von Menschen, Gruppen, anderen Organisationen, ganz generell also von ihrer Umwelt ab. Bei Unternehmen unterscheidet man gerne

---

[14] Vgl. zu sozialen Netzwerken bspw. Jansen 2006; auf Netzwerke und Kooperationen zwischen Organisationen wird im Kapitel und dann im Beitrag von Kasper/Mühlbacher eingegangen.
[15] Rousseau 1990; 1995
[16] Matiaske/Weller 2003
[17] Smith et al. 1983; Organ 1988; Morrison 1994

allgemeine „Umwelten" und solche, mit denen das Unternehmen in wirtschaftlichen Austauschbeziehungen steht: **Märkte** (vgl. Abbildung 1). Aus einer betriebswirtschaftlichen Sicht leistet jede Organisation intern bestimmte Funktionen: Sie muss Rohstoffe, Hilfs- und Betriebsmittel (Beschaffung), Personal, Investitionsgüter (z.B. Maschinen, Betriebs- und Geschäftsausstattung) und finanzielle Ressourcen (Kapital) beschaffen und ist diesbezüglich auf die jeweiligen Märkte angewiesen: Beschaffungsmärkte, Personalmärkte, Investitionsgütermärkte, Kapitalmärkte. Die Leistungen und Produkte, die über Querschnittsfunktionen wie Führung, Organisation im funktionalen Sinn (vgl. Kapitel 2.1), Controlling und Rechnungswesen koordiniert werden, werden dann auf Absatzmärkten verkauft.

Organisationen haben es in ihrer Umwelt aber nicht nur mit Märkten zu tun: Da sind einmal einzelne Personen, die als Mitglieder und Mitarbeiterinnen, als Eigentümerinnen oder als Kunden eine Rolle spielen. Organisationen nehmen auch an der **Gesellschaft** und ihren Subsystemen teil, jedenfalls sind sie regelmäßig von Entwicklungen in diesen gesellschaftlichen Teilbereichen wie Recht, Politik, Erziehung, Wissenschaft und Technik betroffen.

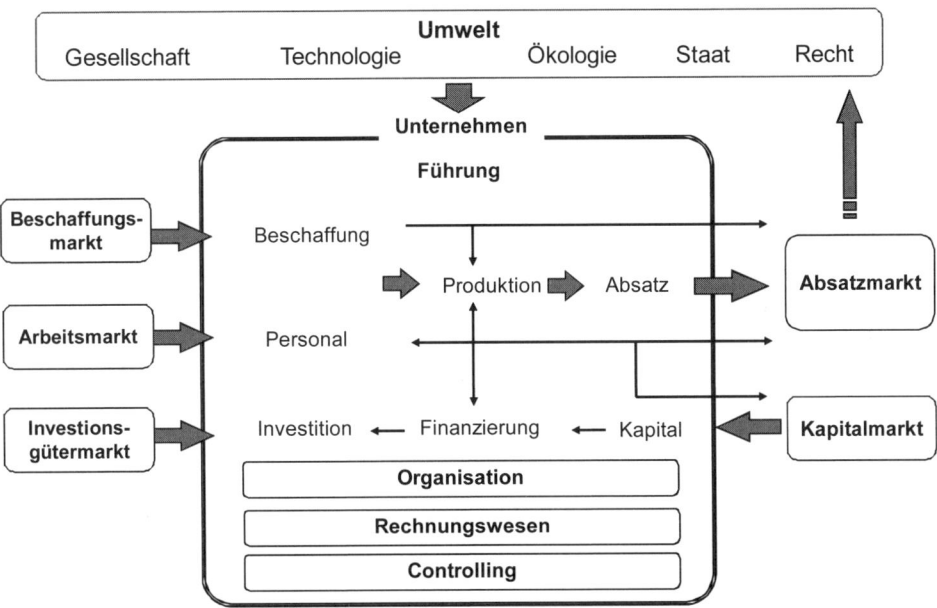

Abb. 1: Organisation, betriebliche Funktionen in Organisationen, Märkte und weitere Umwelt

Kein klares Bild vermittelt die Organisationsforschung darüber, auf welche Weise und wie stark Organisationen durch Umwelt beeinflusst werden. Gehen die einen Theorien von einer hohen Wirksamkeit und einem direkten Durchschlagen von Umweltveränderungen bzw. -eigenheiten auf die Organisationsstruktur aus,[18] wird von anderen Ansätzen

---

[18]   z.B. aus ganz unterschiedlichen Blickwinkeln Lawrence/Lorsch 1967; DiMaggio/Powell 1991; Drori et al. 2006; Pfeffer/Salancik 1978

die Autonomie, Geschlossenheit und Eigendynamik von Organisationen betont[19] (vgl. Kapitel 7.2).

4.3 Ziele und Aufgaben

Zielorientierung von Organisationen bedeutet, dass sie Ziele haben, die ihre Existenz rechtfertigen und andere motivieren, sie zu unterstützen, für sie zu arbeiten und ihre Produkte zu kaufen.[20] Das heißt nicht, dass jede einzelne Entscheidung in Organisationen diesen Zielen folgen muss – ganz im Gegenteil: Sehr oft geht es ziemlich irrational zu.[21] Die Zielbildung in Organisationen ist ein Aushandlungsprozess zwischen mehreren Organisationsmitgliedern bzw. Interessengruppen mit ungleich verteilten Chancen zur Einflussnahme. Richard Cyert und James March beschreiben in ihrer „Behavioral Theory of the Firm" Organisationen als Koalitionen mehrerer unterschiedlich mächtiger und einflussreicher Partner.[22] Die Dauerhaftigkeit ihrer Ziele unterscheidet Organisationen bspw. von Gruppen.

Oberziele jeder Organisation, egal ob gewinnorientiertes Unternehmen, öffentliche Verwaltung oder Nonprofit-Organisation, sind **Bestandserhaltung**, **Effektivität** und **Effizienz**. Unter Effektivität versteht man das Ausmaß der Zielerreichung, unter Effizienz die Wirtschaftlichkeit, also das Verhältnis von Input zu Output. Diese Ziele zeigen sich nun auf verschiedenen Ebenen (vgl. Abbildung 2). Effektivität misst auf jeder Ebene horizontal Soll/Ist-Abweichungen:

- Auf der **strategischen Ebene** stellt sich in Bezug auf Effektivität die Frage, ob die konkret formulierten Organisationsziele (Ist) den eigentlichen Problemen, die eine Organisation lösen will, angemessen sind.

- Auf der **operativen Ebene** werden die Programme, also die Maßnahmenpläne mit den konkret umgesetzten Maßnahmen verglichen.

- Schließlich geht es auf der **finanziellen Ebene** um Finanzpläne: Entsprechen die tatsächlich verbrauchten Ressourcen den Budgets, lautet hier die Frage.

---

[19]   z.B. Weick 1985; 1995; Luhmann 2000
[20]   vgl. z.B. Meyer/Rowan 1977
[21]   vgl. z.B. March/Olsen 1976
[22]   Cyert/March 1963

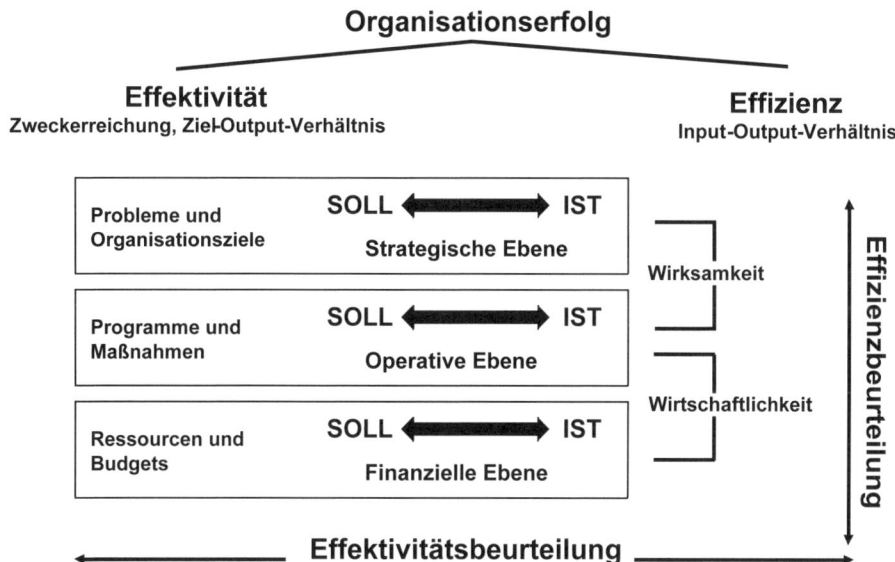

Abb. 2: Effektivität und Effizienz in Organisationen

Effizienz stellt immer Ressourceneinsatz und Ergebnis zueinander in Relation. Auch hier zeigt Abbildung 2 unterschiedliche Varianten:

- Zwischen der operativen und strategischen Ebene zeigt sich Effizienz als **Wirksamkeit**. Welche Wirkung (Outcome) erzielen die Maßnahmen und Programme? Verbessert die PR-Kampagne das Image des Unternehmens?

- Im Vergleich zwischen der finanziellen und der operativen Ebene zeigt sich Effizienz als Wirtschaftlichkeit. Idealerweise werden hier Ressourceninput (z.B. Kosten einer Werbekampagne) und das Ergebnis der Bemühungen, also z.B. die Werbekampagne selbst zueinander in Relation gesetzt. Problematisch ist hier freilich, dass sich viele Maßnahmen bzw. Leistungen nicht so leicht monetär bewerten lassen. Dies geht nur dann, wenn diese Leistungen selbst auf Märkten angeboten und bepreist werden.

Eine weit verbreitete Unterscheidung lautet: Effektivität bedeutet, die richtigen Dinge zu tun. Effizienz, die Dinge richtig zu tun.[23] Effektivität und Effizienz stehen nicht selten in Konflikt und beeinflussen einander. Ein Beispiel: Wenn Sie mit einem besonders energiesparenden modernen Kleinwagen mit verbrauchsoptimaler Drehzahl auf der Autobahn von Salzburg nach München fahren, sind sie höchst effizient unterwegs. Ist ihr Reiseziel aber eigentlich Venedig, mangelt es ihrem Vorhaben an Effektivität. Wenn Sie am Chiemsee wenden und in die andere Richtung zurückfahren, macht dies zudem alle bisherigen Effizienzgewinne zunichte.

Organisation im **instrumentellen** Sinn und als **Prozess** hat dann generell die **Aufgabe**, die Effektivität der Organisation zu sichern. Dies wird wiederum durch eine Reihe von Teilaufgaben erfüllt:[24]

---

[23] vgl. Drucker 1967, S. 1ff.
[24] Bea/Göbel 2006, S. 25

- Etablierung einer Struktur durch die Bildung, Verteilung und Koordination der einzelnen Sachaufgaben,

- die Sicherung der Entwicklungsfähigkeit der Organisation,

- die Motivation, Steuerung und Disziplinierung der Mitarbeiter und Mitarbeiterinnen,

- die Verteilung, Legitimation und Sicherung der Macht,

- die Bestimmung und Regulierung der Grenzen der Unternehmung und

- die Ermöglichung von Selbstorganistion.

Organisation und Struktur leisten damit eine ganz wesentliche Funktion für die Unternehmens- und Personalführung, sie sind einerseits die Rahmenbedingungen dafür, Strategie und Führung entwickeln können, was nicht heißt, dass nicht auch behäbige Strukturen durch Strategien und Führung beeinflussbar sind.

4.4 Handlung und Entscheidung

Organisationen bestehen nicht aus Menschen, sondern aus Entscheidungen. Dies erscheint auf den ersten Blick quer zum Alltagsverständnis, löst aber eine Menge theoretischer Probleme. Nicht jede Art von Handlung, die irgendwie im Dunstkreis von Organisationen, also bspw. in einem Bürogebäude stattfindet, gehört auch zur Organisation. Das ist immer eine Frage der Zurechnung. Ein Beispiel: Wenn drei Mitarbeiter in der Cafeteria des Unternehmens stehen und sich über eine private Feier unterhalten, bei der sie am Wochenende dabei waren, sind das zwar Handlungen, aber keine Entscheidungen der Organisation. Kommt dann allerdings die Chefin dieser drei dazu und schaltet sich in das Gespräch ein, kann deren Handlung zur Entscheidung umdefiniert werden. Es gab vielleicht Konflikte mit ihr, und offenbar ist sie wieder um ein gutes Klima bemüht (Erwartungsdruck). Sie hätte auch – als Alternative – eine formelle Aussprache mit den Mitarbeitern in ihrem Büro anstreben können, offenbar bevorzugt sie aber den inoffiziellen Tratsch in der Cafeteria.

4.5 Stelle und Person

Stellen bezeichnen die kleinsten Einheiten der Aufbauorganisation, die in Organigrammen festgehalten werden. Sie sind wiederum durch folgende Merkmale gekennzeichnet:

1. **Aufgaben** sind zu treffende Entscheidungen oder Routinetätigkeiten, die unabhängig von der Person, die die Stelle innehat, für längere Zeit festgelegt sind.

2. **Kompetenzen** sind die Rechte, die dem Stelleninhaber zukommen (dieser juristisch geprägte Kompetenzbegriff ist nicht zu verwechseln mit Kompetenz im Sinn von Fähigkeiten und Fertigkeiten).

3. **Verantwortung** ist die Verpflichtung, für die getroffenen Entscheidungen anderen Stellen gegenüber Rechenschaft abzulegen.

4. Stellen werden mit **Personen** besetzt, die Aufgaben, Kompetenzen und die Verantwortung einer Stelle sind aber unabhängig von den konkreten Stelleninhabern.

5. Stellen stehen in Organisationen in einem *sozialen* Beziehungsrahmen, sie sind mit anderen Stellen in **Über- oder Unterordnung** und über Berichtspflichten verbunden.

6. Über **Budgets**, also einzelnen Stellen zur Erfüllung ihrer Aufgaben mit *zeitlicher* Befristung zugewiesene finanzielle Ressourcen, werden Stellen entscheidungsfähig und zu Entscheidungen verpflichtet: Budgets dürfen und müssen verbraucht und gerechtfertigt werden.

Stellen können ganz unterschiedlich in die Leitungshierarchie eingebettet sein:[25]

1. **Instanzen** sind Stellen mit fachlichen Leitungsbefugnissen, also mit Entscheidungs- und Weisungsbefugnissen. Sie befinden sich auf unterschiedlichen Ebenen: Top Management (z.B. Unternehmensleitung), Mittelmanagement, untere Leitungsebene.

2. **Ausführungsstellen** sind mit der Wahrnehmung von Aufgaben betraut, die Stelleninhaber handeln i.d.R. auf Anweisung, haben freilich auch Entscheidungsspielräume. Instanzen und Aufführungsstellen werden als **Linienstellen** bezeichnet.

3. **Stabsstellen** unterstützen Instanzen, sie unterscheiden sich von Linienstellen dadurch, dass sie nur indirekt der Erfüllung der Hauptaufgabe dienen.

4. **Dienstleistungsstellen** sind wie Stabsstellen nicht direkt an der Erfüllung der Haupt- bzw. Kernaufgaben der Organisation beteiligt, im Unterschied zu diesen leisten sie aber für mehrere Instanzen (z.B. IT, Facility Management).

---

[25] Bea/Göbel 2006, S. 271ff.

5. Funktion und Form von Organisationsstrukturen

5.1 Funktionen von Organisationsstrukturen

Die Formalstruktur ist der offizielle Bauplan einer Organisation und besteht in der Anordnung der Stellen zueinander. Sie wird über Organigramme grafisch veranschaulicht und gibt Antwort auf folgende Fragen:

● Wer ist wem über- oder untergeordnet?

● Wer ist wofür zuständig und verantwortlich?

● Wer darf worüber mit wem entscheiden?

● Wer ist wem gegenüber wofür verantwortlich und berichtspflichtig?

Organigramme sind das Skelett einer Organisation, sie geben Auskunft über die Formalstruktur und werden oft veröffentlicht, insbesondere bei publizitätspflichtigen Kapitalgesellschaften.

Sowohl die formale, in Organigrammen festgelegte, als auch die informale Struktur reduzieren Komplexität und geben Orientierung: Sie sorgen dafür, dass der Organisation und ihren Mitgliedern nicht alles möglich ist – dass sie wissen, was sie zu tun und zu entscheiden haben. In einem ganz umfassenden Verständnis regelt Struktur drei Dimensionen und beantwortet die dazugehörigen Fragen, sodass die Organisationsmitglieder, aber auch die Umwelt Orientierung erhält: [26]

● **Sachdimension**: Was ist in einer Organisation Thema? Worüber wird in Organisationen entschieden? Was sind die Kriterien für Entscheidungen? Was ist gut oder schlecht, was ein Erfolg oder Misserfolg? Welche Methoden werden verwendet, um Entscheidungen zu unterstützen und ihr Ergebnis zu beurteilen?

● **Sozialdimension**: Wer darf worüber entscheiden? Wer muss/darf mit wem entscheiden, wer ist wem rechenschaftspflichtig und verantwortlich?

● **Zeitdimension**: Wann wird entschieden? Welche Entscheidungen haben Vorrang, welche Nachrang? Was war früher, was wird später sein? Wie wird also die Vergangenheit und Geschichte der Organisation gesehen und wie die Zukunft?

Um Komplexität in diesen drei Dimensionen zu reduzieren, gibt es des Weiteren fünf Bereiche, in denen jede Organisation Festlegungen treffen muss. Auf diese wird in der Folge kurz eingegangen.[27]

5.1.1 Spezialisierung und Arbeitsteilung

Jede Organisationsstruktur beruht auf bestimmten Prinzipien und einem Ausmaß an Arbeitsteilung und Spezialisierung. **Organisational Design** nimmt seinen Ausgang bei den Zielen der Organisation und der daraus abgeleiteten Aufgabe. Für die **Aufbauorganisation** wird die Unternehmensaufgabe als Datum angenommen. Jede derart allgemeine Auf-

---

[26]   Luhmann 1988; Luhmann 1984, S. 114ff.
[27]   vgl. Hickson et al. 1969; Pugh/Hickson 1969

gabe einer Organisation lässt sich im Rahmen der Aufgabenanalyse in Teilaufgaben zerlegen, welche sich wiederum durch fünf Merkmale kennzeichnen lassen, die die Fragen
nach dem Wie, Was, Womit, Wann und Wo beantworten.[28]

Fragen	Merkmale
1. Wie?	Verrichtung, Tätigkeiten
2. Was?	Objekte, Gegenstände
3. Womit?	Hilfsmittel, Werkzeuge
4. Wann?	Zeitpunkt, Termin, Zeitraum
5. Wo?	Ort, Standort

Tabelle 2: Fünf Merkmale von Aufgaben

Jede Aufgabe unterscheidet sich von anderen hinsichtlich ihrer Bedeutung, Häufigkeit,
Kompetenz, Kompliziertheit, Klarheit, Neuartigkeit und ihres Zusammenhanges mit anderen Teilaufgaben. Drei Schritte sind es dann, die die Aufbauorganisation kennzeichnen:[29]

1. **Aufgabenanalyse**: In einem ersten Schritt sind die einzelnen Teilaufgaben zunächst
   entlang der erwähnten Kriterien zu zerlegen, also zu analysieren.

2. **Aufgabensynthese**: Sodann sind die Teilaufgaben wiederum nach bestimmten Kriterien zusammenzusetzen, um Spezialisierungsvorteile zu lukrieren. Diese Anordnung kann nach unterschiedlichen Prinzipien erfolgen:

   a. **Verrichtungsspezialisierung**: Man geht davon aus, dass Personen, die nur ein en-
      ges Spektrum an Tätigkeiten zu verrichten haben, durch Übung zunehmend besser
      in diesen Aufgaben werden. Dieses Prinzip kennzeichnet bereits den Taylorismus
      (vgl. Kapitel 3). Beispiele gibt es zahlreiche: Im Management spezialisieren sich
      die einen auf Controlling, die anderen auf Marketing. In der Autowerkstätte gibt
      es Spengler, Elektrikerinnen und Mechaniker.

   b. **Objektspezialisierung** hingegen bedeutet eine Zusammenfassung von Teilaufga-
      ben, die sich auf ein bestimmtes Produkt, eine bestimmte Dienstleistung oder be-
      stimmte Kunden beziehen, einzelne Stelleninhaber werden dann Spezialisten für
      bestimmte Produkte (z.B. Produktmanager) oder Kundengruppen (z.B. Key Ac-
      count Manager).

   c. **Rangspezialisierung** meint eine Zusammenfassung von Aufgaben auf Hierarchie-
      ebenen entlang der Unterscheidung zwischen Anordnung und Ausführung. Diese
      Spezialisierung bringt klare Leitungsverhältnisse. Inhaber von Stabstellen leisten
      bspw. keine Führungsaufgaben, und Spitzenführungskräfte in Großunternehmen
      treffen meist nur mehr Entscheidungen.

---

[28] Kosiol 1972, S. 72
[29] z.B. Bea/Göbel 2006, S. 256ff.

3. **Aufgabenverteilung**: Die solcherart analysierten und wiederum zusammengefügten Aufgaben werden dann auf die Stellen verteilt bzw. werden die Stellen überhaupt erst entsprechend der Ergebnisse der vorherigen Schritte gebildet. Stellenbeschreibungen umfassen dann die organisatorische Einordnung der Stelle, die Ziele und Hauptaufgaben sowie die Anforderungen an die Stelleninhaber.[30]

Die Form der Spezialisierung ist auch das Unterscheidungsmerkmal zwischen **funktionaler** und **divisionaler** Gliederung (vgl. dann Kapitel 5.2).

Ablauforganisation kann als Arbeits- oder Prozessorganisation verstanden werden:

- **Arbeitsorganisation** ist die traditionelle Sichtweise und akzeptiert die Priorität der Aufbauorganisation. Nach der Verteilung der Aufgaben werden die Arbeitsprozesse analysiert, wieder zusammengefügt und auf die eingerichteten Stellen verteilt.

- Bei der **Prozessorganisation** geht die Analyse der Abläufe der Stellenbildung voran, und die Stellen werden erst dann gebildet, wenn die Prozesse definiert, zerlegt und wieder verbunden sind (vgl. auch Kapitel 5.4 und den Beitrag von Kasper/Mühlbacher in diesem Band).

5.1.2 Koordination und Koppelung

Wenn Arbeit aufgeteilt wird, muss sie auch wieder koordiniert werden. Stellen in Organisationen können auf ganz unterschiedliche Weise zu größeren Einheiten gruppiert werden: Abteilungen, Hauptabteilungen, Ausschüsse (Gremien, Kollegien, Kommissionen), Gruppen. Für die Zusammenfassung von Stellen zu Organisationseinheiten können unterschiedliche Kriterien den Ausschlag geben: die Beschaffenheit der Aufgabe, Eigenschaften der produzierten Produkte und Dienstleistungen oder von Kunden. Darin unterscheiden sich die traditionellen Modelle der Aufbauorganisation (vgl. Kapitel 5.2).

Nicht nur **strukturelle Elemente** wie Stellen, sondern auch **prozessuale Elemente**, also einzelne Entscheidungen, Aufgaben oder Teilaufgaben (z.B. in der Abwicklung einer Kundenbeschwerde) sind unterschiedlich eng miteinander verknüpft. **Koppelung** ist der Begriff dafür, wie **eng** oder **lose** die Beziehungen zwischen Einheiten, also bspw. zwischen zwei Stellen der Organisation oder zwei Prozessschritten sind.[31] Hat eine Ausführungsstelle also wenig Spielraum, wie eine Aufgabe konkret zu erledigen ist, so ist ihre Koppelung an die übergeordnete Instanz eng. Muss im Prozess der Abwicklung einer Kundenbeschwerde zuallererst einmal abgewartet werden, ob die Rechtsabteilung diese Beschwerde für rechtmäßig erachtet, bevor weitere Schritte eingeleitet werden, so handelt es sich ebenfalls um eine enge Koppelung.

Enge Koppelung erleichtert auf den ersten Blick die Steuerbarkeit von Organisationen, macht aber insgesamt fehleranfälliger, weil sich Fehler einer Einheit schnell fortpflanzen, also z.B. der gesamte Prozess der Beschwerdebearbeitung warten muss, wenn die Juristin in Krankenstand ist. Lose Koppelung trägt zu Stabilität der Organisation bei, weil autonome Einheiten auch Fehlentscheidungen treffen können, ohne dass gleich das große Ganze davon betroffen ist – insgesamt also die Fehlertoleranz zunimmt.

---

[30] vgl. dazu auch den Beitrag von Elšik in diesem Band
[31] Weick 1976; Orton/Weick 1990; Staehle 1991

Die **Koordination** zwischen den Einheiten der Aufbau- und Ablauforganisation kann sich verschiedener Instrumente bedienen:[32]

1. **Persönliche Weisung**, mit dem Vorteil der flexiblen und leichten Gestaltbarkeit und dem Nachteil der Überlastung der Instanzen.

2. **Selbstabstimmung**, d.h. direkte Abstimmung zwischen den gekoppelten Einheiten, mit dem Vorteil der Entlastung der hierarchischen Koordination, der Motivationssicherung und der höheren Flexibilität, allerdings mit dem Nachteil eines erhöhten Zeitbedarfes.

3. **Programme**, d.h. über unterschiedliche Verfahrens- und Prozessnormen (z.B. die Normenreihe ISO 9000ff.), mit der Gefahr der Bürokratisierung, der Anwendung der Programme auf die falschen Situationen, einer Überreglementierung und damit verbundenen Demotivation.

4. **Pläne**, also über bestimmte Zielvorgaben, die zwar flexibler sind als auf dem Wenn-Dann-Mechanismus basierende Programme sind,[33] aber wie diese als Instrumente der Vorauskoordination hinsichtlich ihrer Eignung stark davon abhängen, ob künftige Entwicklungen passend erfasst werden – was bei abrupten und krisenhaften Entwicklungen nicht der Fall sein wird.

5. **Organisationsinterne Märkte**, also bspw. über Profit Center oder Verrechnungspreise. Profitcenter sind Teile einer Organisation, für die ein eigener Periodenerfolg ermittelt wird. So kann bspw. die Finanzdienstleistungssparte eines EDV-Produzenten gewinnorientiert wie ein eigenes Unternehmen geführt werden. Die Buchhaltungsabteilung desselben Unternehmens verrechnet den einzelnen Sparten Preise, als ob es sich um eine selbstständige Accounting-Agentur handelte. Märkte in Organisationen bringen die Gefahr des Abteilungsegoismus, des opportunistischen Verhaltens und der Verdrängung nicht direkt belohnten und bepreisten Verhaltens mit. Das wird in der Motivationstheorie unter dem Thema Crowding Out bzw. Korrumpierungseffekt diskutiert: Es wird nur mehr das geleistet, was direkt belohnt wird.[34]

6. **Organisationskultur**[35] koordiniert vor allem durch geteilte Grundannahmen, Werte und Normen. Sie lässt sich schwer von anderen Koordinationsinstrumenten trennen und ist, wenn überhaupt, nur bedingt gestaltbar.

7. **Rollenstandardisierung** schließlich wirkt über die einzelne Organisation hinaus und wird z.B. vom Bildungssystem oder über die von Professionen vermittelten Standards gewährleistet.[36]

---

[32] Kieser/Walgenbach 2007, S. 109ff.
[33] Luhmann 1973
[34] vgl. dazu den Beitrag von Wolfgang Mayrhofer in diesem Band, weiters Frey/Osterloh 2002; Deci et al. 1999
[35] vgl. dazu den Beitrag von Kasper et. al in diesem Band
[36] Evetts 2003; Abbott 2007; Freidson 2001

5.1.3 Konfiguration und Leitungssystem

Bislang wurde entschieden, aufgrund welcher Prinzipien Stellen gebildet und mit welchen Methoden sie koordiniert werden. Wie werden aber diese Stellen in der Organisation angeordnet, in welche Beziehung werden sie zueinander gebracht, welche Prinzipien dominieren hier? Entscheidungen über die Konfiguration und das Leitungssystem führen zum Bauplan des Organigramms. Folgende Alternativen gibt es bei der Gestaltung der Stellenkonfiguration:

- **Liniensysteme** oder **Stab-Liniensysteme** (vgl. Abbildung 3): Gibt es in der Organisation nur Instanzen und ausführende Stellen oder auch Stabsstellen?

- **Einliniensysteme** oder **Mehrliniensysteme** (z.B. Matrixorganisation): Ist eine Stelle nur jeweils einer Instanz unterstellt oder gibt es Mehrfachunterstellungen von Stellen?

- **Sekundärorganisation** (z.B. Projektorganisation): Gibt es organisatorische Einheiten, die auf Zeit für besondere Aufgaben eingerichtet werden?

- **Gliederungstiefe** und **Leitungsspanne**: Bei identer Stellenanzahl hat eine geringere Gliederungstiefe, also eine flachere Hierarchie, eine größere Leitungsspanne (span of control) zur Folge, sprich: der Verantwortungsbereich der einzelnen Instanz wird größer, eine einzelne Instanz hat mehr unterstellte Stellen und damit mehr Führungsaufgaben.

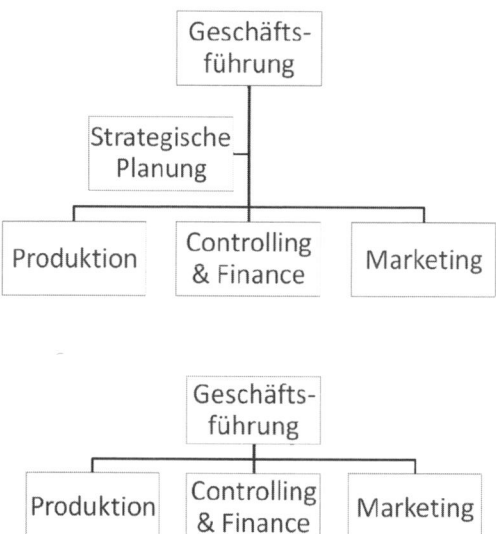

Abb. 3: Stab-Liniensystem mit Stabsabteilung „Strategische Planung" und reines Liniensystem

5.1.4 Entscheidungsdelegation und Kompetenzverteilung

Damit ist die Verteilung der Entscheidungsbefugnisse und Kompetenzen auf die einzelnen Stellen in der Hierarchie gemeint:

- Welche Stelle hat welche Verantwortung, Kompetenzen, Entscheidungs- und Weisungsbefugnisse?

- Welche Stelle ist welcher anderen gegenüber verantwortlich?
- Sind die Entscheidungsbefugnisse eher zentralisiert oder dezentralisiert?
- Wo gibt es partizipative, gemeinschaftliche Befugnisse, wo wird delegiert?

Dieser Bereich zeigt, dass ein bloßes Organigramm, in dem sich die Prinzipien der Arbeitsteilung und Spezialisierung sowie die Konfiguration der Stellen und das Leitungssystem erkennen lässt, wenig über den hierarchischen oder zentralistischen Charakter einer Organisation aussagt, weil erst durch die Entscheidungsdelegation und Kompetenzverteilung entschieden wird, welche Befugnisse an welche Stellen verteilt wird.

5.1.5 Formalisierung

Schließlich geht es auch um die Frage, wie weit Regeln schriftlich fixiert werden. Formalisierung kann sich in drei Bereichen niederschlagen:

- **Strukturformalisierung**, d.h. die Verschriftlichung der Aufbauorganisation in Stellenplänen und Stellenbeschreibungen,
- **Prozessformalisierung**, d.h. die Aufzeichnung der Informations- und Entscheidungsflüsse, was auch als Aktenmäßigkeit bezeichnet wird,
- **Ergebnisformalisierung**, insbesondere Leistungsdokumentation.

Was wir oft als „Bürokratie" beklagen, ist oft diese Formalisierung. Sie macht Organisationen langsam, unflexibel und träge, andererseits hilft sie auch, Wissen zu speichern und aus Fehlern zu lernen, und sorgt auch für Nachvollziehbarkeit und Gerechtigkeit. Für bestimmte Organisationen, z.B. in der öffentlichen Verwaltung, ist dies sehr wichtig.

Innerhalb dieser Dimensionen gibt es eine ganze Reihe von Alternativen, ohne dass jemals ein allgemein gültiges „Optimum" zu finden ist. So wird eine Verwaltungsbehörde, gegen deren Bescheide Berufung bei der nächsthöheren Instanz eingelegt werden kann, hohen Wert auf Formalisierung und damit Nachvollziehbarkeit ihres Urteils legen müssen. Für die Feuerwehr hingegen wäre es wenig sinnvoll, vor jedem Einsatzschritt Aufzeichnungen anzulegen – nach dem Einsatz kann dies aber sinnvoll sein. Für die Schulverwaltung wird mehr Zentralisierung verlangt, weil man damit Kosten einsparen und Gerechtigkeit erhöhen kann, während gleichzeitig die einzelnen Schulen mehr Budget- und Personalautonomie bekommen sollen. Einerseits haben wir es in Spitälern mit hochspezialisierten Ärztinnen zu tun und wissen dies zu schätzen, andererseits beklagen wir zu Recht, dass der generalistische Hausarzt ausstirbt. Jede Variante – geringe oder starke Spezialisierung, totale Zentralisierung oder Dezentralisierung der Entscheidungsbefugnisse – hat Vor- und Nachteile, so dass die Organisationsforschung – wenn sie nach Ratschlägen für die Praxis gefragt wird – meist beim „situativen Ansatz"[37] verharrt: „Es kommt darauf an." Die Kunst des Organisierens liegt somit in der für den Einzelfall passenden Mischung.

5.2 Klassische Organisationsformen

Organisationsstrukturen werden nicht am Reißbrett entworfen, sondern sind Ergebnis einer Entwicklungsgeschichte und einer Vielzahl Entscheidungen. So hat jede Organisation

---

[37] z.B. Kieser 1993; Staehle 1999

eine individuelle Form, und jene Formen, die wir in der Folge darstellen, finden sich in der Praxis selten in Reinform.

5.2.1 Funktionale Organisation

Funktionale Organisation steht am Anfang der Entwicklung von Organisationsmodellen, leitendes Prinzip ist die tayloristische Verrichtungsspezialisierung, auf der zweiten Managementebene werden gleichartige Verrichtungen, i.d.R. die klassischen betriebswirtschaftlichen Funktionen (vgl. Abbildung 1) zusammengefasst.

Merkmale der funktionalen Organisation sind

- das **Verrichtungsprinzip**, also die Ähnlichkeit von Aufgaben und Tätigkeiten als Gliederungskriterium,

- **Einliniensystem**, d.h. jede ausführende Stelle nicht mehr und nicht weniger als einer Instanz unterstellt, es herrscht Einheit der Weisung und Verantwortlichkeit,

- und eine ausgeprägte **Zentralisierung**, weil z.B. nur die übergeordneten Instanzen den Gesamtüberblick haben.

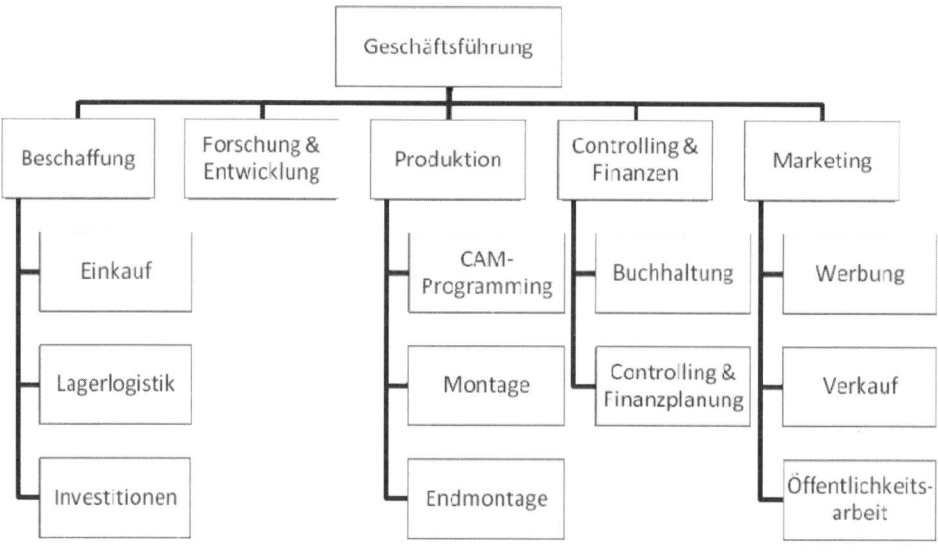

Abb. 4: Funktionale Organisationsform

Die funktionale Organisationsform bestimmte die Unternehmenswelt bis in die 1960er Jahre, als Angebotsorientierung und geringe Diversifizierung vorherrschten. Die **Vorteile** der funktionalen Form:

- **Spezialisierungsvorteile** durch bestmögliche Nutzung fachlicher Fähigkeiten, leichtere Personalbeschaffung, kürzere Einarbeitungszeiten, potenziell hohe Effizienz bei der Aufgabenerfüllung durch Arbeitsteilung;

- **eindeutige Zuständigkeiten** durch die Orientierung der Organisationsform am Leistungserstellungsprozess;

- **leichtere Steuerbarkeit** durch „Teile und Herrsche" aufgrund der Tatsache, dass der Gesamtüberblick exklusiv bei der Unternehmensleitung konzentriert ist, und dass die jeweiligen Abteilungen nur für bestimmte fachliche Aufgaben zuständig sind.

Offensichtlich sind mit diesen Vorteilen aber auch klare Nachteile verbunden:

- **Überlastung der Leitungsinstanzen** aus den schon erwähnten Gründen der ausgeprägten Zentralisierung, d.h. der Kompetenz- und Verantwortungskonzentration,

- **Ressortegoismus**, mangelnde Gesamtsicht und Abteilungsblindheit,

- enge Koppelung zwischen den Stellen verbunden mit Ressortegoismus führt zu **Fehleranfälligkeit, Kooperations- und Kommunikationsbarrieren** und **Inflexibilität**.

Sehr oft wird versucht, Nachteile der funktionalen Organisationsform, insbesondere jenen der Überlastung der Leitungsinstanzen, durch die Einführung von **Stabsstellen** zu überwinden. Stablinien-Systeme können aber auch bei der divisionalen Organisationsform, ja auch bei Mehrliniensystemen eingerichtet werden. Meist sollen diese Stäbe die Linieninstanzen entlasten, sie übernehmen klar abgegrenzte Aufgaben: Öffentlichkeitsarbeit, Rechtsberatung und strategische Planung. Stabsabteilungen und -stellen üben keine direkte formelle Macht auf Linienstellen aus, können aber aufgrund ihrer Zentralität (z.B. „Assistenz der Geschäftsführung") oder aufgrund ihres Expertinnenstatus (z.B. „volkswirtschaftliche Abteilung" einer Bank) durchaus beträchtliche Macht erlangen.

5.2.2 Divisionale Organisation

Geschäftsbereichsorganisation, Spartenorganisation oder Objektorganisation sind andere Bezeichnungen für die divisionale Form. Merkmale der divisionalen Organisation sind:

- **Objektprinzip**, d.h. Gliederung nach mindestens einer der folgenden Kategorien: Produkten, Produktgruppen, Kunden, Kundengruppen, Märkten, Regionen.

- **Dezentralisierung** durch Center-Konzepte, z.B. Profit-Center, Investment-Center, Cost-Center oder Revenue-Center, was bedeutet, dass die Abteilungen bzw. Divisionen über die entsprechenden ökonomischen Größen (z.B. Gewinne, Kosten, Umsätze) gesteuert werden und damit Marktelemente in die Koordination einbezogen werden.

- **Mehrliniensystem** durch Zentralabteilungen, um den Egoismus der Sparten in Grenzen zu halten und einheitliche Standards, z.B. hinsichtlich Controlling und Investitionsentscheidungen, zu schaffen. Damit rückt die divisionale Organisationsform in der Praxis oft in die Nähe einer Matrixorganisation, weil diese Zentralabteilungen eine zweite Gliederungdimension ins Spiel bringen, faktisch dann eine Doppelunterstellung gegenüber Spartenleitung und Zentralabteilung herrscht und damit eine verdeckte Matrixorganisation entsteht.[38]

---

[38]   Bea/Göbel 2006, S. 385f.

Abbildung 5 zeigt eine typische Geschäftsbereichsorganisation in einem Unternehmen der Automobilindustrie. Dem Konzernvorstand angegliedert sind Zentralabteilungen für Forschung und Entwicklung, Finanzen und Controlling sowie Personal und Organisation. Unterhalb der Vorstandsebene ist das Unternehmen nach Produkt- und Dienstleistungen, d.h. objektorientiert gegliedert. Darunter wiederum finden wir in drei Geschäftsbereichen eine funktionale, im Bereich Financial Services wiederum eine objekt-, hier eine marktorientierte Gliederung.

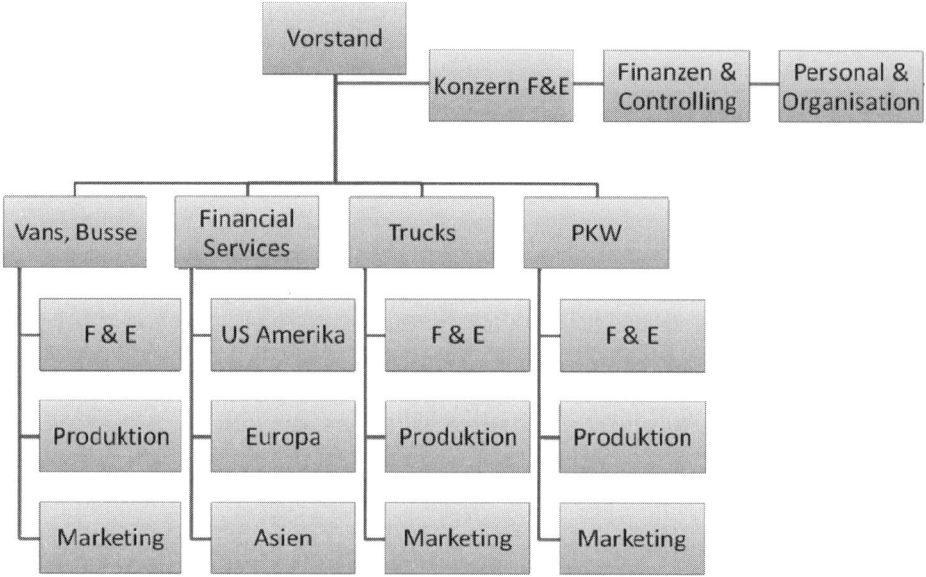

Abb. 5: Divisionale Organisationsform

Bei der divisionalen Organisation handelt sich dabei um jene Form, die als ideale Struktur für diversifizierte Unternehmen gilt. US-amerikanische Konzerne wie der Automobilhersteller General Motors und der Chemiekonzern Du Pont waren Pioniere der Geschäftsbereichsorganisation und entsprachen somit dem Ideal der Harvard-Schule: Der Diversifizierungsstrategie soll eine divisionale Struktur folgen.[39] Auch in Europa hat sich diese Organisationsform über weite Strecken durchgesetzt. Große europäische Konzerne wie Unilever, ABB und Rhône-Poulenc haben diese Formen weitgehend übernommen und in den letzten Jahren als „Network-Multidivisional" – eine Kombination aus divisionaler Form und Netzwerkorganisation[40] – mit vielen kleinen, weitgehend selbstständigen operativen Einheiten weiterentwickelt.[41]

Die Vorteile der divisionalen Organisationsform sind:

● **Marktnähe** entsteht vor allem dann, wenn die Kunden bzw. Kundinnengruppen als Gliederungskriterium dienen.

---

[39] vgl. Chandler Jr. 1962
[40] vgl. den Beitrag von Kasper/Mühlbacher in diesem Band
[41] Whittington/Mayer 2000, S. 187

- **Flexibilität** entsteht durch die Autonomie der Geschäftsbereiche, durch die lose Koppelung der Geschäftsbereiche wird das Gesamtunternehmen auch fehlertoleranter. Darüber hinaus wird dadurch die **Reorganisation** einzelner Bereiche erleichtert.

- Die **Unternehmensführung** wird durch die Delegation von Verantwortung auf die jeweiligen Geschäftsbereiche deutlich **entlastet**, wodurch sich die oberste Leitungsebene auf gesamtunternehmerische, insbesondere strategische Aufgaben konzentrieren kann.

- **Kosten- und Ergebnisverbesserungen** können sich vor allem aufgrund der Center-orientierten Dezentralisierung ergeben, weil dadurch die Kosten- und Renditeorientierung der Bereiche gesteigert wird.

Dem stehen folgende Nachteile gegenüber:

- Der schon erwähnte **Spartenegoismus** ist die dunkle Seite des Autonomiegewinnes und der Center-induzierten Ergebnisverantwortung. Dies wird besonders dann kritisch, wenn einzelne Sparten auf internen oder externen Märkten um bestimmte Ressourcen konkurrieren.

- **Doppelgleisigkeiten** und parallele Funktionen entstehen nicht nur bei den einzelnen Sparten und Geschäftsbereichen, sondern auch zwischen der Zentrale und den Geschäftsbereichen.

- Die Dezentralisierung kann auch einen erhöhten **Koordinationsaufwand** mit sich bringen, um beispielsweise Marketingaktivitäten unterschiedlicher Sparten aufeinander abzustimmen. Insgesamt erfordert die divisionale Organisationsform eine hohe Kooperationsbereitschaft aller Beteiligten.

Divisionale Organisationsformen sind sehr oft mit Holding-Strukturen verbunden (vgl. z.B. die ÖBB im Kapitel 5.3): Unter einer **Holding** versteht man ein Unternehmen, welches Beteiligungen an mehreren rechtlich selbstständigen Unternehmen hält und selbst keine operative Tätigkeit entwickelt und keinen eigenen Marktauftritt hat. Prinzipiell unterscheidet man zwischen einer **Finanz-Holding-Struktur** und einer **Management-Holding-Struktur**. Bei der Finanz-Holding-Struktur werden keine strategischen Führungsaufgaben für die Tochterunternehmen wahrgenommen, diese sind diesbezüglich autonom. Bei der Management-Holding-Struktur nimmt die Holding strategische Führungsaufgaben wahr und erbringt auch weitere Management-Leistungen für die Tochterunternehmen. Dies setzt entsprechende Mehrheitsverhältnisse am Gesellschaftskapital der Töchter voraus.[42]

5.2.3 Matrixorganisation

Wenn in der divisionalen Organisationsform Zentralabteilungen angelegt sind (vgl. Abbildung 5), finden wir dort schon „verdeckte" Mehrfachunterstellungen. Die Matrixorganisation nimmt dann dieses Mehrliniensystem ernst und institutionalisiert Mehrfachunterstellungen, d.h. sie bricht mit der Einheit der Auftragserteilung und der Leitung. Die Matrixorganisation hat folgende Merkmale:

- **Mehrdimensionalität**, d.h. es ist nicht nur ein Gliederungsprinzip, also Verrichtungsorientierung oder irgendeine Form von Objektorientierung, welches die Organisation

---

[42] Bea/Göbel 2006, S. 389ff.

strukturiert, sondern eine Kombination aus i.d.R. zwei Kriterien. Wenn gar drei Kriterien für die Gliederung herangezogen werden (z.B. Funktion, Produkt, Region), spricht man von einer Tensororganisation.[43]

- **Mehrliniensystem**, d.h. ein Stelleninhaber in der Matrix erhält Weisungen von zwei sich kreuzenden Instanzen.

- **Dezentralisierung** – zwar ohne das bei divisionalen Organisationen verbreitete Center-Prinzip, aber aufgrund der weitreichenden Autonomie der Gruppen, die an der Matrix-Schnittstellen arbeiten.

In Matrix-Organisationen können unterschiedliche **Gliederungsprinzipien** miteinander kombiniert werden, wie die folgenden Abbildungen (vgl. Abbildung 6, Abbildung 7 und Abbildung 8) beispielhaft zeigen.

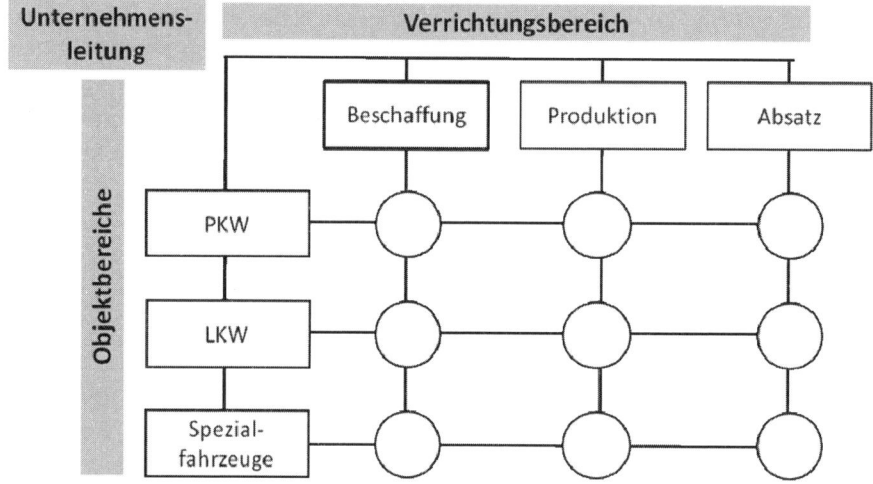

Abb. 6: Verrichtungs-Objektmatrix

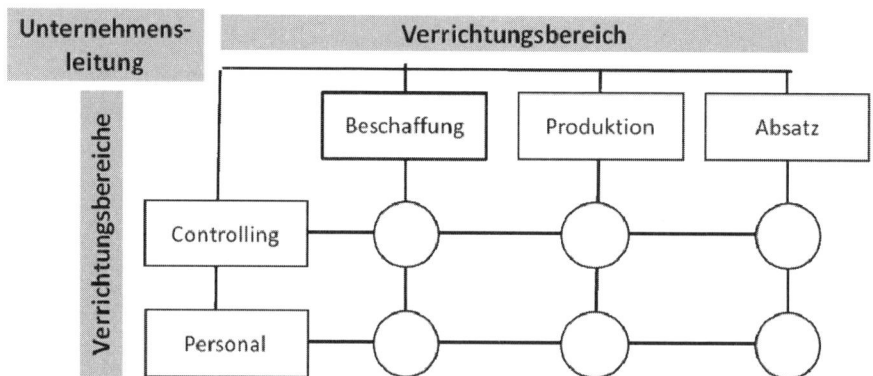

Abb. 7: Verrichtungs-Verrichtungsmatrix

---

[43]   Bea/Göbel 2006, S. 397

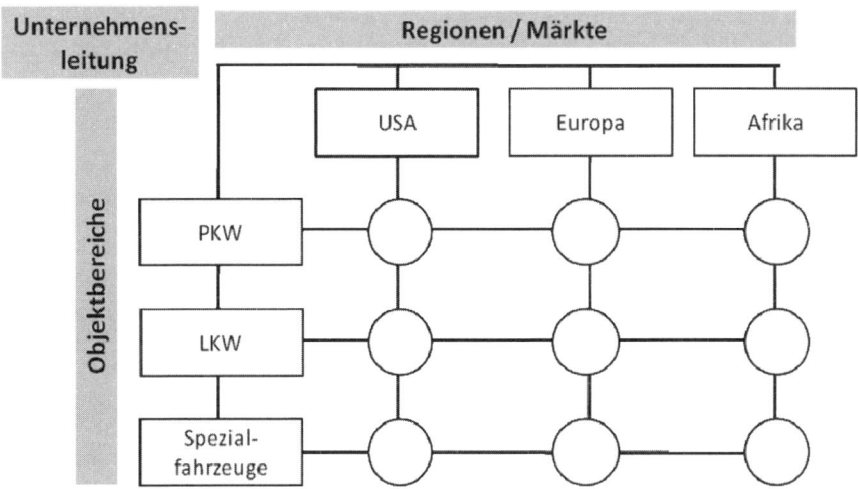

Abb. 8: Objekt-Regionalmatrix

Im Mehrliniensystem der Matrix erhalten die Stellen oder Abteilungen an den Schnittstellen Weisungen von mindestens zwei Instanzen. Augenscheinlich verlagert sich in dieser Organisationsform die Aufmerksamkeit vom Streben nach Stabilität und Eindeutigkeit der Weisungsbeziehungen hin zu Dynamik und Widerspruch: In den Stellen der Matrix sind Konflikte vorprogrammiert, insbesondere dann, wenn die beiden Dimensionen der Matrix gleichberechtigt sind und es keine präzise Kompetenzabgrenzung (i.S.v. Zuständigkeiten) gibt – wobei Befürworter der Matrix-Organisation gerade eine solche Abgrenzung ablehnen, weil sie dem Grundgedanken dieser Form zuwiderläuft.[44]

Die Matrix-Organisation konnte die in sie gesetzten Erwartungen nur teilweise erfüllen.[45] Dennoch hat sie sich in Zusammenhang mit der Projektorganisation, anderen Formen von Sekundärorganisation oder mit „verdeckten" Matrixstrukturen in divisionalen Organisationen weit verbreitet. Dass sich in der Praxis eher „verschmutzte" Formen der Matrixorganisation finden, hat mit den hohen Ansprüchen zu tun, die diese Organisationsform an ihre Mitglieder in Hinblick auf Ambiguitätstoleranz und Konfliktfähigkeit stellen.[46] So steht den großen Stärken der Matrix-Organisation eine lange Liste von Schwächen gegenüber, die nichts anderes als die direkten Kehrseiten dieser Stärken sind. Die **Vorteile** lassen sich nämlich nur dann lukrieren, wenn die Stelleninhaber, die Teams und die Abteilung an den Schnittstellen gewissen Anforderungen entsprechen:

- Durch die Mehrdimensionalität und das Mehrliniensystem werden bewusst Konfliktzonen geschaffen, die zur Entwicklung eines **hohen Problemlösungspotenzials** beitragen.

- Dadurch entsteht auch **Innovationsfähigkeit** und **Kreativität**.

---

[44] Leumann 1979
[45] vgl. z.B. Kolodny 1979
[46] z.B. Sy/Cote 2004

- An den Schnittstellen entwickeln sich starke **Teamkulturen**. Die Aufweichung traditioneller Hierarchien kann der Sachkompetenz zum Durchbruch gegenüber der formalen Autorität verhelfen.

Glückt das Experiment allerdings nicht, drohen folgende Nachteile:

- Die bewusst offene Kompetenzabgrenzung zwischen den Dimensionen führt zu **Konflikten und Machtkämpfen**, die oft auf dem Rücken der Schnittstellen-Abteilungen ausgetragen werden.

- Die Betonung von Teams an Schnittstellen kann allerdings auch die bekannten **Gefahren von Teamarbeit** mit sich bringen: Gruppenkonformität und Gruppendenken, soziales Faulenzen und eine sich gegen die Unternehmensziele entwickelnde Gruppendynamik.[47]

- Eine Matrixorganisation ist **kompliziert** und – wenn die Autonomie der Schnittstellen nicht funktioniert – **kostspielig**. Dies wird durch Reibungsverluste verstärkt.

- **Erfolgs- und Misserfolgszurechnung** sind in einer Matrix schwer möglich, was weiteren Konfliktstoff birgt.

5.2.4 Sekundärorganisation – Projektorganisation

Als sekundär werden Organisationseinheiten bezeichnet, die im Unterschied zur Primärorganisation nicht ständig zusammenarbeiten, sondern sich zu bestimmten Terminen treffen: Gremien, Komitees, Arbeitsgruppen und Ausschüsse, deren Mitglieder jeweils auch Stellen der Primärorganisation innehaben. Der Begriff bleibt aber unscharf und bedeutet nicht, dass solche Organisationseinheiten sekundär im Sinne von weniger wichtig sind, sondern dass die Primärorganisation für die **Routineaufgaben** zuständig ist, während die Einheiten der Sekundärorganisation **Sonderaufgaben** übernehmen.[48] In jedem Fall ist aber mit Abstimmungsproblemen zu rechnen.

Die Grenze zwischen Sekundärorganisation und Matrixorganisation ist fließend: Produkt-, Keyaccount-, Projekt- und SGE(strategische Geschäftseinheiten)-Management[49] sind Formen der Sekundärorganisation, die sich – sollten sie sich von Sonderaufgaben zu Routine entwickeln – in eine Matrixorganisation übergeleitet werden können. Der wesentliche Unterschied ist, dass bei der Sekundärorganisation die Zuständigkeiten zwischen bspw. Projekt und Linie klar abgegrenzt sind, während diese bei der Mehrfachunterstellung in der Matrix bewusst offengehalten werden. Somit sind die Kennzeichen der Sekundärorganisation sehr ähnlich wie die der Matrixorganisation:

- **Mehrdimensionalität**,

- **Mehrliniensystem** mit **klarer Kompetenzabgrenzung**,

- **Dezentralisierung**.

---

47 vgl. auch den Beitrag von Mayrhofer/Schneidhofer/Steyrer in diesem Band; weiters z.B. Janis 1982; Hare 2003
48 Bea/Göbel 2006, S. 400f.
49 vgl. zum Begriff und zur Bildung strategischer Geschäftseinheiten auch den Beitrag von Kasper/Mühlbacher in diesem Band

Die wesentlichen Unterschiede zur Matrix sind jedoch:

- Sekundärorganisationen übernehmen **zeitlich befristete Sonderaufgaben**.

- Die **Kompetenzabgrenzung** beim **Mehrliniensystem** ist klarer als bei der Matrixorganisation.

Am Beispiel des **Projektmanagement** sollen die Optionen bei sekundärorganisatorischen Formen dargestellt werden.[50] **Projekte** sind

- außergewöhnliche, komplexe, für die Organisation neu- und einzigartige, aber möglichst genau abgrenzbare Aufgabenstellungen,

- die mit hoher Unsicherheit und hohem Risiko behaftet und

- zeitlich begrenzt sind

- sowie ein definiertes bzw. zu definierendes Ziel (Aufgabe, Ergebnis) haben sollten

- und meist unter Beteiligung mehrerer Stellen erledigt werden.[51]

Für die Realisierung von Projekten haben sich drei Grundtypen herauskristallisiert: Reine Projektorganisation, Stabs- und Matrixprojektorganisation.

Reine Projektorganisation (Linienprojektorganisation): Für die Realisierung eines Projektes wird eine eigenständige, zeitlich befristete organisatorische Einheit geschaffen (so genannte task forces). Eine Projektleiterin bzw. ein Projektleiter wird formal festgelegt, wie eine Linieninstanz mit entsprechenden Entscheidungsbefugnissen und mit sachlichen (finanziellen, räumlichen etc.) sowie personellen Ressourcen ausgestattet. Die Projektmitglieder werden aus ihren bisherigen Aufgabenbereichen abgezogen und zur Umsetzung des Projektes im Projektteam zusammengefasst. Dabei unterstehen sie der Projektleitung sowohl fachlich als auch disziplinarisch. Die eigenständige Verfügbarkeit finanzieller und personeller Ressourcen (hohe Ressourcenautonomie) impliziert ebenfalls ein hohes Ausmaß an Verselbstständigung gegenüber der Primärorganisation in der Aufgabenerfüllung. Intern kann ein Projekt – je nach Größenordnung – wiederum horizontal/vertikal strukturiert werden.

---

[50] Projektmanagement ist eines von vielen Beispielen für die Nahebeziehung zwischen Management und Militär: Diese Methoden und Techniken wurden in den 1950er und 1960er Jahren im Rahmen der großen Rüstungs- und Raumfahrtsprojekte der USA, v.a. in der NASA und der RAND Corp. entwickelt.

[51] Marr/Steiner 2004; Bea et al. 2008, S. 30ff.

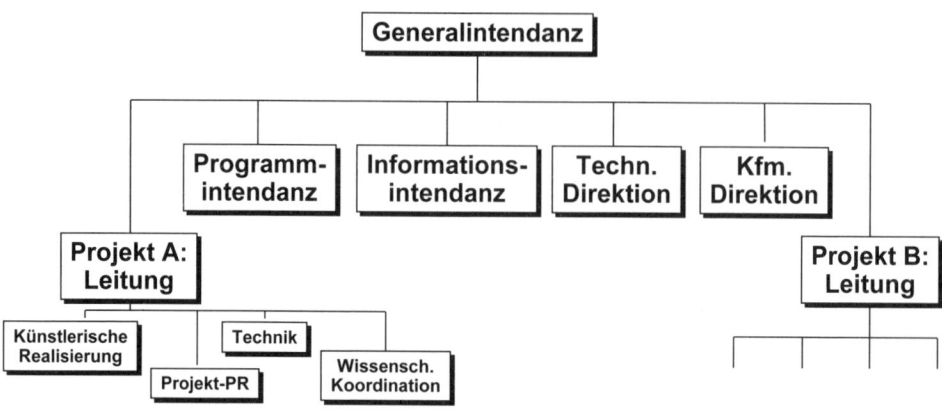

Abb. 9: Reine Projektorganisation[52]

Die Vorteile dieser Organisationsform liegen darin, dass Projektziele aufgrund der Verfügbarkeit der benötigten Ressourcen, der vollen Konzentration auf die Projektziele und der Stabilität im Ablauf mit größerer Wahrscheinlichkeit erreicht werden können. Damit verbunden sind kurze Entscheidungs- und Kommunikationswege und meist eine hohe Identifikation der Mitglieder.

Besonders kritisch sind hier der Projektstart und -abschluss: Beim Start müssen per Projektauftrag Mitarbeiterinnen und Ressourcen aus der Primärorganisation bereitgestellt werden, beim Projektabschluss müssen die Ergebnisse übernommen und die Mitarbeiter reintegriert werden.

Stabsprojektorganisation: Dabei werden einzelne Mitarbeiter mit der Koordination eines Projektes meist auf nebenamtlicher Basis beauftragt.[53] Die Projektkoordination hat in dieser Organisationsform keine eigenständigen Entscheidungsbefugnisse zur Projektumsetzung, auch ist die Ressourcenhoheit begrenzt. Abweichungen der geplanten Projektrealisierung können nicht durch die Projektkoordination sanktioniert werden, denn diese Entscheidungen sind übergeordneten Instanzen vorbehalten.

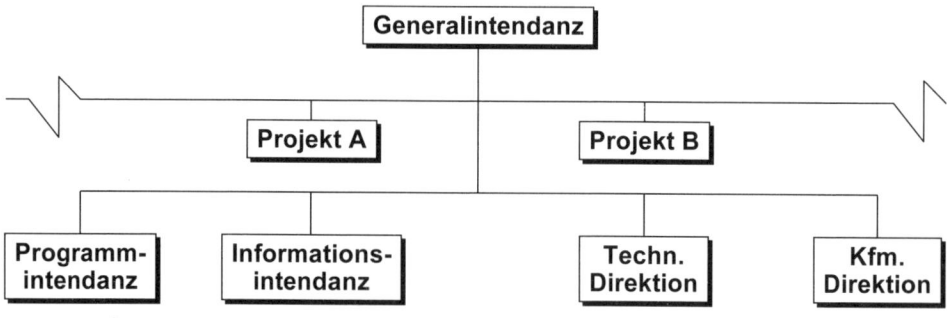

Abb. 10: Stabsprojektorganisation[54]

---

[52] Mayerhofer/Meyer 2007, S. 413
[53] Grün 1992, Sp. 2107
[54] Mayerhofer/Meyer 2007, S. 414

Die Bereitschaft zum Informationsaustausch sowie zur Mitarbeit von Projektmitgliedern neben ihrer angestammten Tätigkeit stellt eine Grundvoraussetzung zur Bewältigung der Projektaufgabe dar. Arbeitsüberlastung, die Bewertung von Projektmitarbeit durch die jeweilige Führungskraft und organisationskulturelle Normen[55] spielen diesbezüglich eine wesentliche Rolle. Zu einer internen Strukturierung des Projektes kommt es aufgrund des eingeschränkten Bearbeitungsrahmens in der Regel nicht.

Matrixprojektorganisation: Die Kompetenzen der funktionalen Instanzen der Primärorganisation werden durch die gleichberechtigten Kompetenzen der Projektleiterinnen durchbrochen. Die Etablierung dieser Schnittstellen zielt auf eine bessere Abstimmung von funktionalen und projektmäßigen Entscheidungen, um Flexibilität und Innovation auch durch die Organisationsstruktur zu unterstützen.

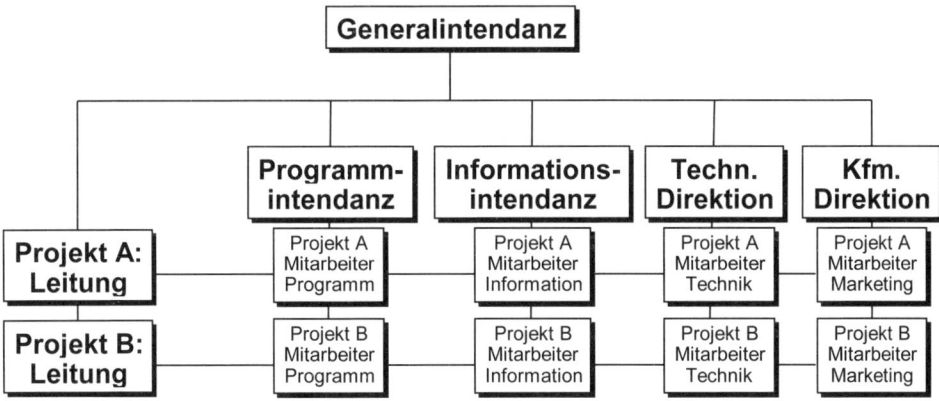

Abb. 11: Matrixprojektorganisation[56]

Mit der Projektgestaltung in Matrixform können Projektaufgaben in den Abteilungen integriert werden, denn ohne die Mitarbeiterinnen aus der funktionalen Gliederung auszuklammern, stehen sie dem Projekt zur Verfügung. Kompetenzen müssen dann zwischen Projektleitung und „Linie" abgegrenzt werden. Vorteile der Matrixprojektorganisation sind:

- die Stärkung von Kooperationsbemühungen,

- der flexible Personaleinsatz,

- der Verbleib von Spezialistinnen in ihren Abteilungen (keine Auslastungs- und Rückgliederungsprobleme),

- Gesamtverantwortung und Entscheidungsbefugnis durch die Projektleitung.

Dem stehen folgende Nachteile gegenüber:

- großer Koordinationsbedarf,

- dadurch bedingte erhöhte Kosten (zweite Leitungsebene),

[55] vgl. den Beitrag von Kasper/Loisch/Mühlbacher/Müller in diesem Band
[56] Mayerhofer/Meyer 2007, S. 415

● Bürokratisierungstendenzen (Berichtspflicht an zwei Vorgesetzte, Abstimmungssitzungen).

Projektgesellschaft: Für manche Aufgabenstellungen ist die Kooperation von mehreren verschiedenen Organisationen notwendig, eine solcherart entstehende **multiinstitutionelle** Projektform ist die Projektgesellschaft, meist zur Realisierung von sehr umfangreichen Vorhaben (z.B. Großereignisse wie Olympische Spiele[57]). Die Gründung einer Projektgesellschaft auf Zeit bedeutet eine rechtliche und organisatorische Ausgliederung von Stellen und/oder Mitarbeitern aus den Primärorganisationen. Diese Form hat als Arbeitsgemeinschaft in der Bauwirtschaft bzw. im Anlagenbau eine lange Tradition.

Die Wahl der besten Form für die Projektorganisation hängt nun wiederum von Projekt- und Umwelteigenschaften ab:

1. Die Stabs-Projektorganisation eignet sich eher für kleinere Projekte, von denen nicht die ganze Organisation, sondern nur einige wenige Abteilungen betroffen sind. Auch für Projekte, bei denen der operative Arbeitsanfall und Ressourcenbedarf gering ist, wo es aber darum geht, von allen Organisationseinheiten zu tragende Kompromisse zu erarbeiten, eignet sich die Stabs-Projektorganisation gut.

2. Die Matrix-Projektorganisation ist jene Form für stark projektorientierte Organisationen, also für Unternehmen, in denen gleichzeitig mehrere Projekte laufen, die allesamt abteilungsübergreifend sind.

3. Reine Projektorganisation bietet sich an, wenn Projekte besonders neuartig, komplex, risikobehaftet und strategisch bedeutsam sind.[58]

Neben Projekten kann die Sekundärorganisation auch auf andere Gliederungsprinzipien zurückgreifen:

● Beim **Produktmanagement**, welches insbesondere in der marketingorientierten Konsumgüterindustrie weit verbreitet ist (z.B. in Konzernen wie Procter & Gamble, Unilever, Johnson & Johnson, Nestlé), wird bei einer grundsätzlich funktionalen Organisationsform eine produktorientierte Koordination aller Aktivitäten sichergestellt. Die Einflussmöglichkeiten des Produktmanagement sind bei reinem Stabs-Produktmanagement am geringsten, bei Matrix-Produktmanagement (vgl. auch Abbildung 6) am größten.

● Beim **Key-Account-Management** (Kundenmanagement) erfolgt diese Koordination kundengruppenbezogen (z.B. nach Groß- und Einzelhandel).

● Auch **strategische Geschäftseinheiten (SGE)** können Ausgangspunkt einer Sekundärorganisation sein. SGE versuchen, Produkt- und Marktmerkmale simultan zu berücksichtigen.

Bei all diesen Formen ist der Übergang zur Matrix-Organisation fließend und immer dann vollzogen, wenn die Sekundärorganisation zur Dauereinrichtung und die Kompetenzabgrenzung zwischen Primär- und Sekundärlinie bewusst unscharf gehalten wird.

---

[57] Grün 1992, Sp. 2109
[58] Bea et al. 2008, S. 68f.

5.3 Ein Beispiel einer Konzernorganisation: Die Österreichischen Bundesbahnen

Am Beispiel der Österreichischen Bundesbahnen sollen hier Organigramme illustriert und die dahinterliegenden Organisationsprinzipien dargestellt werden (Abbildung 12). Die gesamte ÖBB zeigt sich als **Holding-Struktur**, mit der ÖBB-Holding AG als strategische Leitgesellschaft, die die Anteile einer Reihe von operativ tätigen Subgesellschaften besitzt und diesen auch zentrale Dienstleistungen zur Verfügung stellt.

Die **Holding** ist teilweise funktional (der linke und der rechte Ast des Organigramms), teilweise produktorientiert (der mittlere Ast des Organigramms) organisiert.

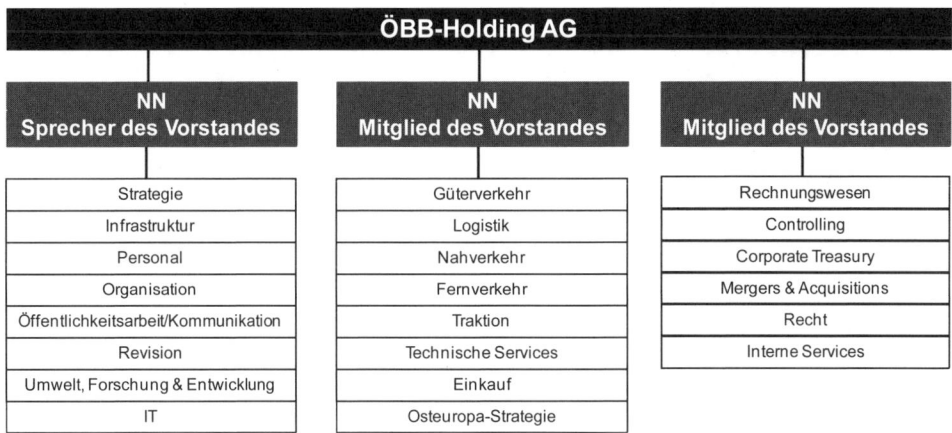

Abb. 12: Organigramm der ÖBB-Holding[59]

Die Tochtergesellschaften selbst sind großteils produkt- und kundenorientiert eingerichtet: Da gibt es die Personenverkehrs AG, die Postbus GmbH, die Infrastrukturbetrieb- und die Infrastrukturbau AG, die Rail Cargo Austria AG und einige andere Subgesellschaften mehr.

In den einzelnen Tochtergesellschaften finden sich wiederum ganz unterschiedliche und durchaus uneinheitliche Gliederungsprinzipien, als Beispiel zeigt Abbildung 13 die Infrastruktur Bau AG: Dieses Organigramm zeigt eine Stab-Linien-Organisation, wobei die Linien nach ganz unterschiedlichen Prinzipien eingerichtet sind:

1. **Funktional** auf Basis der unterschiedlichen Managementfunktionen (vgl. auch Abb. 1) bei Controlling und Finanzen, Investitionsmanagement und Vermögensmanagement.

2. **Produkt- bzw. dienstleistungsorientiert** auf Basis der unterschiedlichen Produkte und Dienstleistungen, die von den jeweiligen Organisationseinheiten angeboten werden, z.B. Telekommunikation, Kraftwerke, Bau- und Instandhaltung, Neu- und Ausbau sowie Engineering.

3. **Kundengruppen- bzw. regional**orientiert, z.B. Unterinntal.

---

[59] http://www.oebb.at/holding/de/Das_Unternehmen/Organisation/index.jsp

4. **Projektorientiert** in der Form von Stabsprojektorganisation, z.B. für die Hauptbahnhöfe Wien und Graz.

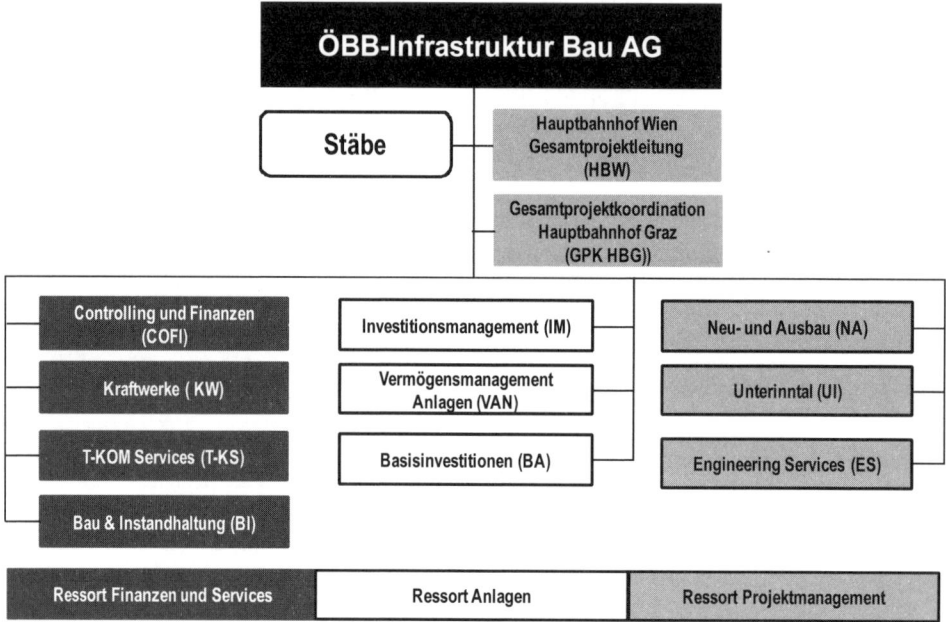

Abb. 13: Organigramm der ÖBB-Infrastruktur Bau AG[60]

Dieses Beispiel soll zeigen, dass sich innerhalb einer einzigen Organisation ganz unterschiedliche Gliederungsprinzipien finden können, dass Strukturen nicht am Reißbrett entstehen, sondern wachsen und sich auch strategischen Anforderungen anpassen. Formale Strukturen sind damit permanenten Veränderungen ausgesetzt, und wenn sich ein Unternehmen für eine Reorganisation entscheidet, ist es in der Regel die Formalstruktur, die davon betroffen ist. Es gibt nur wenig Gegenbeispiele: Die katholische Kirche hat seit hunderten Jahren eine fast unveränderte Formalstruktur und fährt damit nicht schlechter als die meisten jüngeren Organisationen.

5.4 Trends und neue Organisationsformen

Die Landschaft der Organisationsformen ist seit den 1990er Jahren unübersichtlicher geworden. Es sind einige Trends, die seit dieser Zeit an Bedeutung gewonnen haben, obwohl sie vielfach als bloße Moden eingeschätzt wurden:[61]

● Es waren zuerst einmal Kostenargumente, die dem Konzept des **Lean Management** zum Siegeszug verhalfen. In Verbindung mit der Konzentration auf Kernkompe-

---

[60] http://www.oebb.at/bau/de/Das_Unternehmen/Organisation/index.jsp
[61] Kieser 1996

tenzen[62] führte das zu einer Verschlankung der Hierarchien. Dadurch wurden im Verwaltungsbereich ähnliche Rationalisierungsgewinne eingefahren wie dies zuvor mit Lean Production in den Fabrikshallen gelungen war. Damit verbunden gewann der Gedanke der **Prozessorientierung** an Momentum, in den 1990ern ganz besonders im Konzept des Business-Process-Re-Engineering, welches allerdings seine radikale Forderung, Organisationen entlang ihrer Kernprozesse vollkommen neu zu strukturieren, so nicht einlösen konnte.[63]

- Die Unzulänglichkeit der Koordinationsinstrumente Weisung, Planung und Programmierung in einer dynamischeren Umwelt führte dazu, dass Autonomie und Selbstorganisation aufgewertet wurden. Das sollte die Organisationen lernfähiger (**lernende Organisation**) und flexibler machen. Eine neue **Dezentralisierung** wurde ausgerufen, verbunden mit einer Verbreitung von Center-Konzepten und Empowerment, also der Verschiebung von Kompetenzen und Verantwortung auf die unteren Hierarchieebenen.[64]

- Schließlich zeigten die Entwicklungen in vielen Industrien auf, dass Organisationen einen neuen Umgang mit ihren Grenzen finden müssen: **Netzwerke** zwischen Unternehmen, **strategische Allianzen**, neue Formen der Beschäftigung machten deutlich, dass die traditionellen Grenzen von Unternehmen durchlässiger wurden.[65]

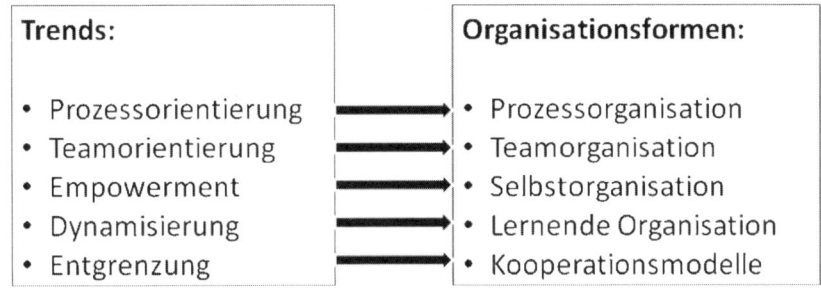

Abb. 14: Trends und neue Formen des Organisierens (Quelle: Bea/Göbel 2006, S. 413)

Diese Trends hatten Konsequenzen für die Gestaltung von Organisationsformen, wenngleich keineswegs alle Organisationen – wie dies das Business-Process-Re-Engineering ambitioniert forderte – „auf der grünen Wiese" neu aufgesetzt wurden.

Prozessorganisation meint keineswegs die Überwindung der Arbeitsteilung, sie bringt lediglich ein neues Gliederungs- und Spezialisierungsprinzip ins Spiel: Kundenorientierte Prozesse sollen Basis der Strukturierung von Unternehmen sein. Damit sollen vor allem Ineffizienzen an den Schnittstellen von Prozessen minimiert werden, dies durch eine so genannten 90°-Wendung der Organisation: Während sich in traditionellen Orga-

---

[62] Hamel/Prahalad 1994
[63] Hammer/Champy 1993
[64] Drumm 1996
[65] vgl. dazu auch den Beitrag von Kasper/Mühlbacher in diesem Band sowie Sydow 1992; Sydow/Windeler 2000

nisationsformen die Prozesse mühsam ihren Weg durch die Struktur bahnen und dabei viele Schnittstellen überwinden müssen, soll die prozessorientierte Organisation quasi begradigt, bereinigt und durchflussoptimiert sein. Prozessbeschleunigung, Kostensenkung, Qualitätsverbesserung, mehr Kundenorientierung und sogar Motivationssteigerung bei den Mitarbeitern durch die Übernahme von Prozessverantwortung sind Vorteile dieser Organisationsform.[66]

Teamorientierung schlägt sich in veränderter Koordination und größerer Autonomie von organisatorischen Einheiten nieder. Teilautonome Arbeitsgruppen, Projektgruppen und am radikalsten Team-Work-Management versuchen, Teams in Organisationen größere Macht und Verantwortung zu geben. Team-Work-Management geht davon aus, dass jede Mitarbeiterin Mitglied eines Teams ist. Dies findet sich schon im Likert-Modell überlappender Gruppen, in dem einzelne Personen gleichzeitig in verschiedenen Gruppen Mitglieder sind und so als Linking-Pins für die Koordination von Gruppen auf unterschiedlichen hierarchischen Ebenen sorgen (vgl. Abbildung 15[67]).

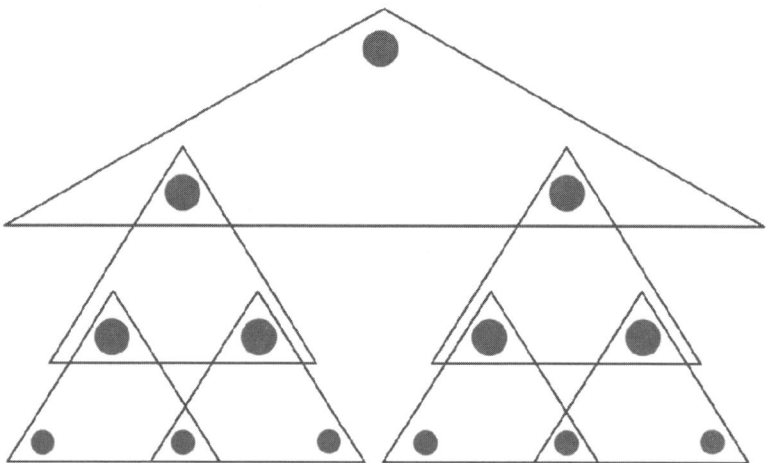

Abb. 15: System überlappender Gruppen von Likert

Selbstorganisation wiederum ist ein schillernder Begriff, der in den 1980ern von der systemtheoretischen Managementlehre geprägt wurde[68] und den Gedanken verdichtet, dass sich in Organisationen Prozesse von selbst zu ordnungshaften Mustern fügen. Demzufolge sollten mehr Kompetenzen auf Mitarbeiter übertragen und die positiven Effekte der Selbstverantwortung genutzt werden.[69]

Organisationales Lernen und die **lernende Organisation** sind auch eine Antwort auf neue Umweltdynamik und die Bedeutung von Wissen für wirtschaftlichen Erfolg.[70] Ers-

---

[66] vgl. dazu auch den Beitrag von Kasper/Mühlbacher in diesem Band sowie Osterloh/Frost 1996
[67] Likert 1961
[68] Probst 1987; Kasper et al. 1998
[69] Bea/Göbel 2006, S. 433
[70] vgl. Senge 1990

tens müssen Unternehmen das individuelle Wissen ihrer Mitglieder besser verfügbar machen und nutzen, weil sie sich nicht mehr darauf verlassen können, Schlüsselkräfte über lange Zeit halten zu können. Dies führt zu verstärkten Anstrengungen im Wissensmanagement.[71] Zweitens müssen sich Organisationen immer schneller wandeln, wozu es eben nicht reicht, dass bloß die Mitarbeiter individuell lernen – auch die Organisation mit ihren Strukturen, Regeln und Normen, Zielen und Programmen muss sich ständig weiterentwickeln.[72] Fallbeispiele zum organisationalen Lernen zeigen immer wieder typische Organisationskulturen mit offener Architektur, Bereitschaft zum Austausch von Informationen und kooperativem Klima, hierarchiefreien Räumen, Kommunikationsmöglichkeiten abseits des Formalen, Kundenbeteiligung etc.[73] Kritisch lässt sich anmerken, dass sich Organisationen damit vor allem unabhängiger von der Expertise Einzelner machen, wodurch nunmehr auch Expertinnen und Wissensarbeiter austauschbar werden.

Lean-Management, Prozessorientierung und Konzentration auf die Kernprozesse führten in vielen Unternehmen, ja in ganzen Industrien zu Auslagerungen großen Ausmaßes (Outsourcing) der Supportprozesse (z.B. Facility Management), aber auch zur Neudefinition von Kernprozessen innerhalb der Wertschöpfungskette (z.B. der Rolle von Zulieferern in der Automobilindustrie).[74] Die Neudefinition von Organisationsgrenzen und die Bedeutung von **Kooperationen** führte zu regionalen Netzwerken, Unternehmensclustern, Franchise-Modellen, von Kooperationsmodellen, z.B.

- vertikal in der Automobilindustrie entlang der Wertschöpfungskette (Lieferanten-Produzenten-Händler) oder

- horizontal durch strategische Allianzen in der Airline-Industrie,

bis hin zu **virtuellen Organisationen**: Der Vernetzung von Modulen aus unterschiedlichen Unternehmen zu einer kundenorientierten Gesamtleistung auf der Basis einer geeigneten IT-Infrastruktur unter Verzicht auf konventionelle Grenzen, Mitgliedschaften und Organisationsformen. Viele dieser neuen Organisationsformen wurden erst durch die rasante Entwicklung der **Informationstechnologie** möglich:[75] Prozessorientierung, Wissensmanagement und Kooperationsmodelle sind undenkbar ohne die IT-Errungenschaften der letzten zwei Dekaden.

---

[71] symptomatisch dazu z.B. Heitger 1996
[72] vgl. dazu auch den Beitrag von Kasper et al. in diesem Band
[73] vgl. z.B. die Fallvignette bei Bea/Göbel 2006, S. 440, und die vielen Beispiele bei Senge 2004
[74] vgl. dazu ausführlicher den Beitrag von Kasper/Mühlbacher in diesem Band
[75] so auch Kieser/Walgenbach 2007, S. 409ff.

6. Organisationstypen

Organisationen unterscheiden sich anhand vieler Merkmale: Eigentum, Größe, Branche und Tätigkeitsbereich, Alter etc. Unter anderem unterscheiden sie sich auch in ihrer Struktur, beispielsweise hinsichtlich der Art und Weise, wie sie Stellen spezialisieren, koordinieren, leiten, delegieren und formalisieren, kurzum, welche Form sie ihrer Struktur geben – dies war Thema des vorigen Kapitels.

Die Organisationstypologien dieses Kapitels gehen über die formale Struktur hinaus und versuchen, Typen von Organisationen auf Grundlage eines weiteren Strukturverständnisses zu beschreiben:

- Der eine Ansatz, Mintzberg's „Fives" geht davon aus, dass jede Organisation aus bestimmten Komponenten besteht und sich die Typen je nach Bedeutung dieser Komponenten unterscheiden.[76]
- Der zweite Ansatz geht von der Annahme aus, dass Organisationen einen Entwicklungsprozess durchlaufen, und dass sie je nach Phase, in der sie sich befinden, unterschiedliche Merkmale aufweisen.[77]

6.1 Mintzberg's „Fives"

Henry Mintzberg geht in seiner sog. Konsistenztheorie davon aus, dass jede Organisation im Wesentlichen aus fünf Komponenten besteht (vgl. Abb. 16):

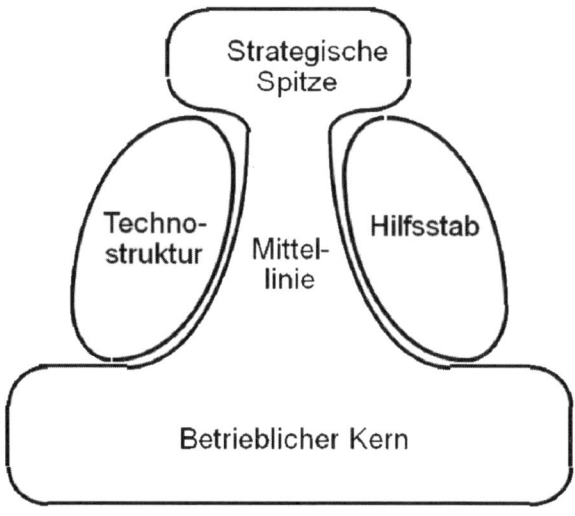

Abb. 16: Das Grundmodell von Mintzberg's „Fives"

(1) Die **strategische Spitze** hat die Verantwortung für die Erfüllung des Auftrages der Organisation und die Gestaltung der Beziehungen zu externen Stakeholdern. Sie um-

---

[76] Mintzberg 1979; 1983
[77] Glasl/Lievegoed 1993

fasst also die obersten Instanzen einer Organisation, die Spitzenführungskräfte mit strategischen Aufgaben (Vorstand, Geschäftsführung) sowie deren unmittelbare Umgebung.

(2) Über die **Mittellinie** erfolgt die Koordination und Information durch eine formale Autoritätskette von Führungskräften, sie umfasst das Mittelmanagement, also jene Instanzen, die die Weisungen an den betrieblichen Kern weiterleiten.

(3) Im **betrieblichen Kern** findet die Fertigung der Produkte und Dienstleistungen statt, er umfasst also jene Mitarbeiterinnen und Mitarbeiter, die direkt an den Kernprozessen der Organisation (Produktion, Dienstleistungserstellung) arbeiten.

(4) Die **Technostruktur** beinhaltet meist Stäbe, die Standards und Normen schaffen, also bspw. Abteilungen oder Stellen für Controlling, Qualitätsmanagement, strategische Planung und Personalmanagement. Hier befindet sich jenes Know-how für die betriebliche Leistungserstellung, welches durch die Trennung von Hand- und Kopfarbeit vom betrieblichen Kern abgespalten wurde.

(5) Der **Hilfsstab** übernimmt unterstützende Dienste außerhalb des eigentlichen betrieblichen Ablaufes: Rechtsabteilung, Personalverrechnung, Poststelle, Gebäudemanagement etc.

Jede dieser fünf Komponenten übt in Organisationen einen bestimmten Druck aus:[78]

(1) Die strategische Spitze in Richtung **Zentralisierung** und Koordination über direkte Weisung und Kontrolle,

(2) die Mittellinie in Richtung **Differenzierung** (im Original: balkanization), um marktnahe Einheiten zu schaffen und diese bloß über standardisierte Outputs zu kontrollieren und zu koordinieren,

(3) der betriebliche Kern in Richtung **Professionalisierung**, um weitgehend autonom von Weisungen und Aufsicht zu bleiben,

(4) die Technostruktur in Richtung **Standardisierung**, um ihre Expertenmacht und Bedeutung in der Organisation zu stärken,

(5) der Hilfsstab in Richtung **Kooperation**, weil er dann den größten Einfluss auf die Gesamtorganisation hat, wenn die Komponenten möglichst autonom sind und in wechselnden Konstellationen miteinander kooperieren.

Konsistenzansatz nennt Mintzberg sein Modell, weil er besonderes Augenmerk auf die Konsistenz der jeweiligen Konstellationen legt, und zwar organisationsintern und im Zusammenspiel mit der Umwelt. Folgende Faktoren spielen dabei eine Rolle:[79] Organisationsalter und -größe, Entwicklungsphase, Technologie, Stabilität und Komplexität der Umwelt, Diversität des Marktes und Bedrohung durch den Wettbewerb.

In Abhängigkeit von der relativen Bedeutung dieser Komponenten unterscheiden sich wiederum fünf Typen von Organisationen:

---

[78] Mintzberg 1983, S. 153f.
[79] Mintzberg 1983, S. 121ff.

(1) die **Einfachstruktur**, in der die strategische Spitze dominiert,

(2) die **Maschinenbürokratie**, in der die Technostruktur die entscheidende Rolle spielt,

(3) die **Profi-Organisation**, in der der betriebliche Kern den meisten Einfluss hat,

(4) die **Spartenorganisation** mit einer dominanten Mittellinie und

(5) die **Adhocratie**, die durch einen starken betrieblichen Kern und einen ebenso starken Hilfsstab geprägt ist.

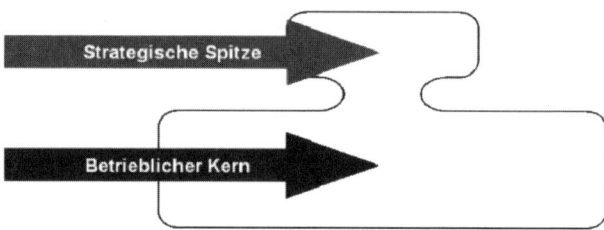

Abb. 17: Einfachstruktur

Bei der **Einfachstruktur** dominiert die strategische Spitze (oberer Pfeil in Abbildung 17), also die Unternehmensleitung.[80] Oft ist es der pionierhafte Unternehmer oder die Unternehmerin, die einsam an der Spitze nicht nur die strategischen, sondern auch die operativen Entscheidungen trifft. Auch der betriebliche Kern ist von Bedeutung (unterer Pfeil). Mittellinie, Technostruktur und Hilfsstab sind hingegen kaum vorhanden (vgl. Abbildung 17), die Hierarchie ist flach, die Karrieremöglichkeiten sind beschränkt. Die Einfachstruktur kann flexibel auf Kundenbedürfnisse reagieren, sie findet sich bspw. bei überschaubaren Klein- und Mittelbetrieben mit starken Eigentümerinnen, auch in Krisen kann die Einfachstruktur vorteilhaft sein.

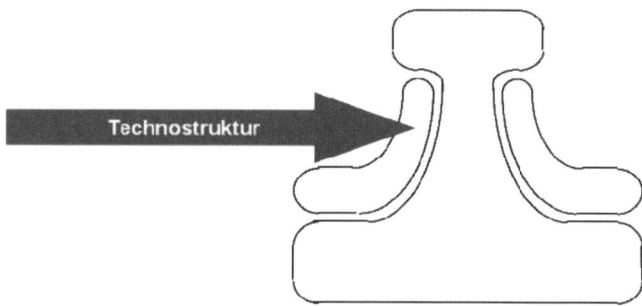

Abb. 18: Maschinenbürokratie

Bei der **Maschinenbürokratie** dominiert die Technostruktur[81] – dort werden die für das reibungslose Funktionieren der Maschine erforderlichen Pläne erstellt. Die Koordination

---

[80] Mintzberg 1983, S. 157ff.
[81] Mintzberg 1983, S. 163ff.

in der Maschinenbürokratie erfolgt über Programmierung, d.h. Standardisierung der Prozesse, die organisatorischen Einheiten sind stark ausdifferenziert. Fachliche Ausbildung ist nicht nur in der Technostruktur erforderlich, Berechenbarkeit auch der Organisationsmitglieder ist in allen Komponenten wichtig und wird durch Formalisierung sichergestellt. Planung und Kontrolle spielen eine wichtige Rolle – auch dies fördert die Macht der Technostruktur. Wie in der funktionalen Organisationsform ist die strategische Spitze oft überfordert. Nicht diversifizierte Großunternehmen sind die Spielwiese der Maschinenbürokratie, also bspw. Banken und Versicherungen, Hotel- und Restaurantketten und die öffentliche Verwaltung. Zwar stößt die Maschinenbürokratie bei dynamischer Umwelt rasch an die Grenzen ihrer Leistungsfähigkeit – sie ist gewohnt, auch die Umwelt zu bestimmen und zu formalisieren –, auf der anderen Seite gibt es viele aktuelle Trends, die mehr Technostruktur, also Planungs- und Controllingstäbe erfordern: Standardisierung und eine Inflation von Audits forcieren als Nebeneffekt die Maschinenbürokratie (z.B. in Universitäten).[82]

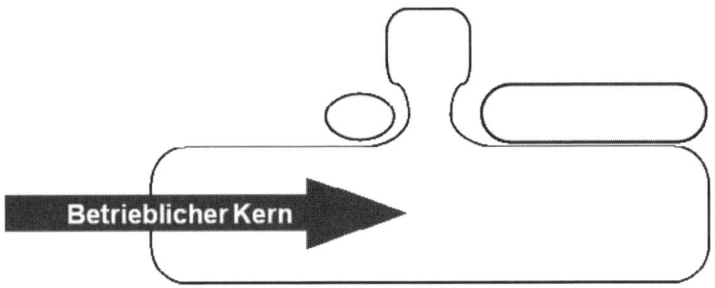

Abb. 19: Profiorganisation

Der betriebliche Kern ist jene Komponente, die die **Profiorganisation ("professional bureaucracy")** dominiert. Die Koordination in Profiorganisationen erfolgt über die Standardisierung von Arbeitsprozessen, vor allem aber über extern erworbene Berufsqualifikationen. Profiorganisationen finden sich überall dort, wo organisationsexterne Institutionen, nämlich Professionen, nicht nur den Zugang zu bestimmten Berufen regeln (z.B. Ärztinnen, Rechtsanwälte, Wirtschaftstreuhänder und die anderen klassischen freien Berufe), sondern auch Qualitätsstandards für Prozesse und Ergebnisse festlegen: Was die geeignete Prostatacarcinom-Therapie ist, bestimmt (noch) nicht der Geschäftsführer des Spitals. In Spitälern und Universitäten, in Anwaltssozietäten und Architekturbüros liegt die Macht beim betrieblichen Kern. Solche Organisationen sind dezentralisiert und durch geringe Planung und Kontrolle geprägt. Die Gliederung ist oft objektorientiert (Abteilungen in Krankenhäusern und Institute an Universitäten), und subtile Prozeduren der Mitbestimmung sorgen dafür, dass die strategische Spitze wenig ohne die Profis entscheiden kann.

---

[82] Brunsson/Jacobsson 2002; Power 1994; 1997

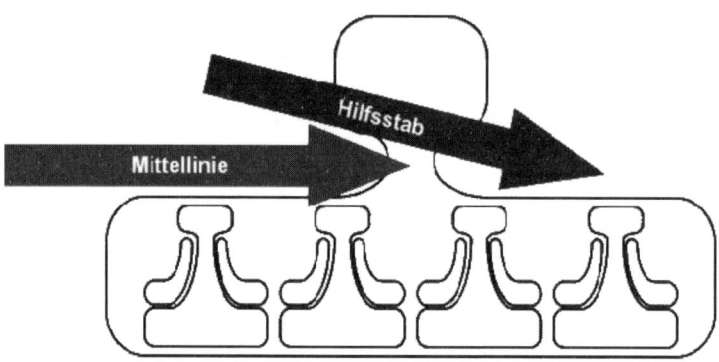

Abb. 20: Spartenstruktur

In der **Spartenstruktur** dominiert die Mittellinie (unterer Pfeil), insbesondere die Leiter und Leiterinnen der einzelnen Sparten und Geschäftsbereiche, aber auch der Hilfsstab (oberer Pfeil, z.b. zentrale Dienstleistungen) trägt zum Zusammenhalt der Organisation bei.[83] Der strategischen Spitze obliegt die Einteilung der Sparten nach Produktgruppen, SGE oder Märkten – dann aber wandert viel Macht zu den Leitungsinstanzen der Sparten, die über eine Standardisierung ihres Outputs koordiniert werden: Wie dies bspw. bei Center-Konzepten üblich ist, müssen die Sparten bestimmte Kennzahlen liefern. Die vertikale Dezentralisierung ist limitiert, weil die Spartenstruktur innerhalb der Sparten auf Zentralisierung setzt. Ein sensibler Faktor ist die Kompetenzverteilung zwischen der Unternehmensleitung und den einzelnen Spartenleitungen. Die Koordination und Leistungskontrolle ist primär auf monetäre Größen ausgerichtet, weswegen sich dieser Typ vor allem auf dem gewinnorientierten Sektor eignet. Im Unterschied zur Maschinenbürokratie passt dieser Typus besser zu dynamischen Märkten, die aber auf etablierten Produkten und Dienstleistungen beruhen.

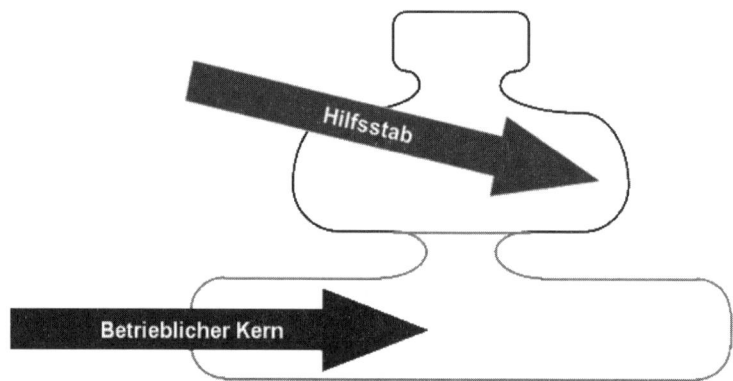

Abb. 21: Adhocratie

---

[83] Mintzberg 1983, S. 215ff.

Der fünfte der Mintzberg-Typen ist der bekannteste und gleichzeitig der unschärfste: Die **Adhocratie**. Dieser Typus ist es nach Mintzberg, der als einziger hoch entwickelte Innovationen zustande bringt.[84] Mintzberg hat dabei Hi-Tech-Startups, Creative-Industry-Betriebe wie z.B. Filmstudios oder Bio-Tech-Firmen vor Augen. Heute fallen einem dazu auch viele IT-Unternehmen mit Internet-Geschäftsfeldern ein. Der dominante Koordinationsmechanismus ist die gegenseitige Abstimmung der weitgehend autonomen Einheiten des betrieblichen Kerns. Die Mittellinie ist aufgrund der Organisationsgröße unterentwickelt, jedenfalls nicht tonangebend. Die Strukturen sind hochorganisch mit geringem Formalisierungsgrad. Es besteht ausgeprägte horizontale Verrichtungsspezialisierung, die auf hohem formalem Ausbildungsniveau der Mitarbeiter beruht. Von allen Konfigurationen zeigt die Adhocratie die geringste Nähe zu klassischen Organisationsformen: Mehrlinien- und Matrixkonfigurationen sind häufig. Der betriebliche Kern (unterer Pfeil), aber vor allem der Hilfsstab, von dessen Leistungen die lose gekoppelten Expertenteams abhängen, sind in einer machtvollen Position. Mintzberg unterscheidet dann zwischen einer operativen und einer administrativen Adhocratie:

- Bei der **operativen** agieren Projektteams quasi als Selbstzweck, der Schwerpunkt liegt auf dem betrieblichen Kern.

- Bei den **administrativen** werden die Projektteams für die Gesamtorganisation instrumentalisiert. Hier spielt dann eben der Hilfsstab eine zentrale Rolle als Ressourcenpool und Koordinator.

Mintzberg's „Fives" ist – wie jede Typologie – eine Vereinfachung. Sie kann an dieser Stelle nur nochmals vereinfacht und verkürzt dargestellt werden. Zugutezuhalten ist ihr jedoch, dass sie nicht nur Elemente der Formalstruktur, sondern auch kulturelle und machtbezogene Aspekte berücksichtigt. Das Schema, das sie vorgibt, ist auch mehr als zwei Dekaden nach ihrer Publikation erstaunlich leistungsfähig und nützlich bei der Analyse aktueller organisationaler Entwicklungen, z.B. der Verbetriebswirtschaftlichung vieler Organisationen des dritten Sektors[85] oder der Reorganisation von Universitäten und Krankenhäusern, die sich derzeit von Profiorganisationen zu Maschinenbürokratien entwickeln. Mit dem Stellenwert der fünf Organisationskomponenten und den dominanten Koordinationsprinzipien, die für jede Konfiguration typisch sind, liefert das Mintzberg-Modell viele Anregungen für empirische Organisationsforschung.

6.2 Entwicklungsphasen von Organisationen

Obwohl die Dynamik von Organisationsformen auch bei Mintzberg's „Fives" eine Rolle spielt,[86] ist sie nicht entscheidend für die Typenbildung. Das ist sie aber im folgenden **Modell organisationaler Entwicklungsphasen**.[87] Dieses Modell geht – allerdings ohne jede empirische Überprüfung – davon aus, dass Organisationen wie Menschen bestimmte Lebensphasen und Lebenskrisen durchlaufen und formuliert folgende Stufen: **Pionier-, Dif-**

---

[84] Mintzberg 1983, S. 253ff.
[85] Meyer 2007; Leitner et al. 2008
[86] Mintzberg 1983, S. 285ff.: Organisationen werden nicht als Maschinenbürokratien oder Spartenorganisationen geboren, am Anfang der Entwicklung stehen eher Einfachstrukturen oder Adhocratien.
[87] Lievegoed 1974; Glasl/Lievegoed 1993; ein sehr ähnliches Erklärungsmodell für die Entwicklung von Organisationsformen lieferte schon Greiner 1972

ferenzierungs-, Integrations- und Assoziationsphase. Die Phasenübergänge sind eine Zeit der Neuorientierung der Organisation, die regelmäßig mit spezifischen krisenhaften Erscheinungen und Brüchen in der Identität des Systems verbunden ist. Lediglich am Übergang von der Integrations- in die Assoziationsphase formuliert dieses Modell keine existentielle Krise.

 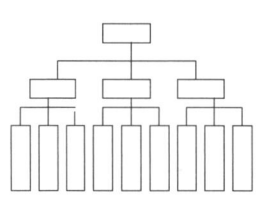 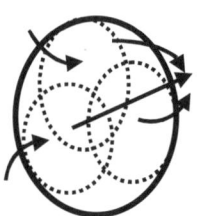 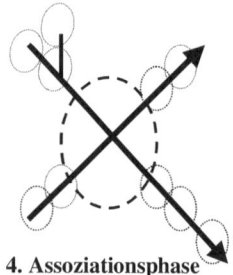

1. Pionierphase	**2. Organisationsphase**	**3. Integrationsphase**	**4. Assoziationsphase**
Improvisation, direkte Kommunikation, patriarchalische Führung	formalisierte Strukturen, Hierarchie, Standardisierung	Teambildung, Orientierung nach Außen, Flexibilisierung	Vertrauen und Kooperation, Selbststeuerung, Prozessverantwortung und Management über die Unternehmensgrenzen hinaus
Gefahren:	**Gefahren:**	**Gefahren:**	**Gefahren:**
Chaos, Willkür, Unselbständigkeit der Mitarbeiter	Erstarrung, Abteilungsdenken, sinkende Motivation	Koordinationsaufwand, Verselbständigungstendenzen	Machtblöcke durch strategische Allianzen, Staat im Staat

Abb. 22: Entwicklungsphasen in Organisationen[88]

Die erste Phase jeder Organisation ist die **Pionierphase**. Zentraler Bezugspunkt des organisationalen Handelns in pionierhaften, jungen Organisationen ist die Idee des Gründers oder des Gründungsteams. In dieser Phase herrschen direkte, personenbezogene Kommunikationsstrukturen vor. Weitere Kennzeichen ist eine familienartige Kultur, Improvisation und enge Bindung an die eigentliche Aufgabe, den flexiblen Dienst am Kunden oder der Kundin. Bei Wachstum oder einer veränderten Organisationsumwelt, auf die die Pionieridee keine Antwort mehr weiß, gerät die Organisation in ihre erste Existenzkrise: Unterorganisation, geringe Verbindlichkeit der Mitglieder gegenüber der Organisation, Machtkämpfe, Überlastung, sinkende Motivation sowie zunehmende Klagen der Kunden treten als typische Symptome auf.

Wird die am Ende der Pionierphase auftretende Krise erfolgreich überwunden, tritt die Organisation meist in die **Differenzierungsphase** (Organisationsphase). Jetzt bemüht sich die Organisation um Transparenz, Systematik, Logik und Steuerbarkeit. Die Organisation soll nach den Prinzipien Mechanisierung, Standardisierung, Spezialisierung und Koordinierung durchkonstruiert werden und wird als steuerbare, beherrschbare und kontrollierbare Maschine gesehen. In der Struktur der Organisation findet funktionelle Abtei-

---

[88] Kasper et al. 2002, S. 49

lungsbildung statt (Verwaltung, Produktion, Verkauf usw.). Abläufe werden weitgehend standardisiert, was durch eine einigermaßen stabile Umwelt und einfache Aufgabenstrukturen begünstigt wird. Das Grundproblem der nunmehr differenzierten Organisation sind die Integration und die Ausrichtung auf Kundenbedürfnisse. Überorganisation, Erstarrung, Abteilungsdenken, langwierige Entscheidungsprozesse über mehrere Instanzen sowie Stab-Linien-Probleme sind für die zweite existentielle Krise charakteristisch.

Wird diese **Bürokratiekrise** überwunden, tritt die Organisation in die **Integrationsphase**. Um aus der Erstarrung zu kommen, die sich in der überreifen Organisationsphase verbreitet hat, müssen die Beziehungen zwischen Stellen, Gruppen (Abteilungen) und größeren Einheiten neu gestaltet werden. Einige Kennzeichen dieser Entwicklungsphase sind Teamstrukturen, Dezentralisierung und strategisch überlegte Marktorientierung. Oft löst eine Spartenorganisation die funktionale Organisation ab.

Die **Assoziationsphase** schließlich ist im Gegensatz zur vorangegangenen nicht von Abgrenzung der Organisation gegenüber der Umwelt gekennzeichnet, sondern vom Aufbau vielfältiger Verbindungen zwischen Umwelten und Organisation.[89] Dauerhafte Kunden- bzw. Lieferantenbeziehungen entlang der gesamten Kette der Leistungserbringungsprozesse sind damit ebenso gemeint wie gemeinsame Forschung und Entwicklung sowie Formen des gemeinsamen Lernens (z.B. im Qualitätsmanagement). Weitere Kennzeichen dieser Phase sind ein grundsätzlich sorgfältiger Umgang mit Ressourcen und ständige Entwicklung.

Integrations- und Assoziationsphase sind wie zwei Seiten einer Medaille:

- In der Integrationsphase geht es um die interne Optimierung der Prozesse, um die Stärkung der Identität durch die Pflege und den Ausbau der Marktposition. Dabei werden die Abteilungen autonomer, die Organisation dezentralisiert.

- In der Assoziationsphase wird die Kooperation mit der Umwelt forciert, Netzwerke und Allianzen werden aufgebaut.

Interne Dezentralisierung und externe Vernetzung haben etwas gemeinsam: Hierarchische Koordination wird zugunsten anderer Koordinationsinstrumente (z.B. Selbstabstimmung, interne Märkte) zurückgenommen.

Verlockend aus der Sicht von Pionierorganisationen ist es, die Organisationsphase zu überspringen und direkt in die Integrationsphase einzutreten. Aus der Perspektive dieses Phasenmodells ist das aber nicht möglich, weil Phasen wie Krisen für die Entwicklung zur integrierten Organisation nötig sind.

Auch dieses Modell und seine Organisationstypen sind einleuchtend und weit verbreitet. Das ist darauf zurückzuführen, dass es so stark „menschelt". Gleichzeitig ist das ein zentraler Kritikpunkt: Die Idee von Geburt, krisenbegleitetem Wachstum und Reife ist uns so vertraut, dass wir ihre Anwendbarkeit auf andere Phänomene selten hinterfragen. Es ist aber empirisch weder belegt, dass genau diese Phasen in dieser Reihenfolge durchlaufen werden, noch, dass die Phasenübergänge jeweils von krisenhaften Erscheinungen begleitet sein müssen. Vollständigkeitshalber müsste das Modell auch noch um eine Sterbephase erweitert werden.[90] Insgesamt überwiegt aber der Nutzen für die Diagnose und Analyse konkreter Organisationen.

---

[89] Glasl/Lievegoed 1993, S. 116f.

[90] Der Tod von Organisationen ist ein in der Organisationsforschung selten behandeltes Thema (Ausnahmen sind bspw. Sutton 1987; Milligan 2003; Hamilton 2007).

7. Ursachen und Folgen von Strukturen

Der Begriff Organisation, andere Begriffe und Konzepte im Zusammenhang mit Organisationsstruktur, unterschiedliche Funktionen und Formen von Organisation und schließlich Organisationstypen – darum ging es bis jetzt. Damit wurden – wissenschaftstheoretisch gesprochen – lediglich begriffliche und deskriptive Fragen beantwortet, was zur Aufbereitung des Feldes notwendig ist. Die wirklich spannenden Fragen für die Organisationsforschung sind aber andere und sollen nun vorgestellt werden:

- Was bestimmt die Struktur von Organisationen?

- Welche Auswirkungen hat die Struktur auf den Erfolg von Organisationen?

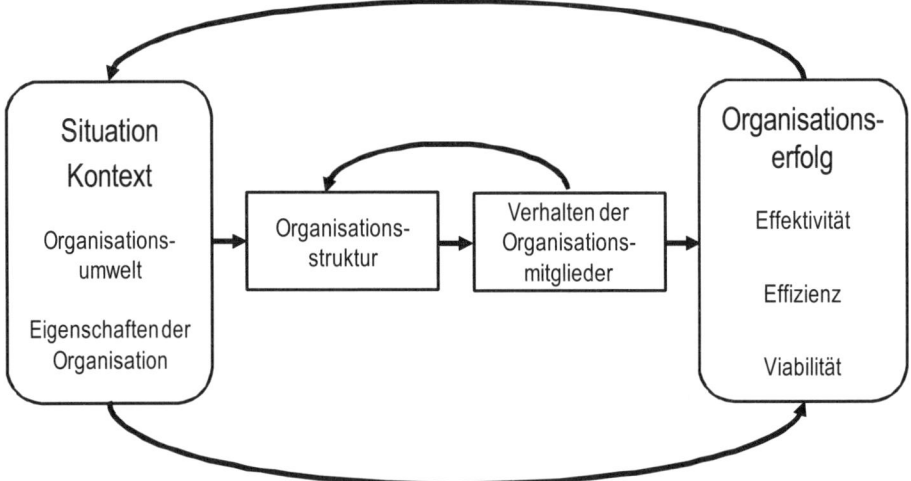

Abb. 23: Zusammenhang Situation-Struktur-Erfolg

Diese Fragestellungen und grundlegenden Vermutungen über Wirkzusammenhänge kennzeichnen bis heute einen Großteil der empirischen Organisationsforschung, die in den 1960er Jahren unter der Bezeichnung Kontingenzansatz oder situativer Ansatz gestartet wurde. Abbildung 23 skizziert die vermuteten Wirkzusammenhänge dieses Forschungsansatzes. Dazu müssen eine Reihe von Vor-Fragen gelöst werden:

(1) Wie lässt sich die Umweltsituation messen?[91]

(2) Wie lassen sich formale Organisationsstrukturen messen?[92]

(3) Wie lässt sich Organisationserfolg, wie lassen sich Effektivität und Effizienz messen?

(4) Wie lässt sich der Einfluss bestimmter Strukturelemente auf den Erfolg isoliert bestimmen?

(5) Und wie das Zusammenspiel zwischen unterschiedlichen Strukturelementen?

---

[91] Kieser/Walgenbach 2007, S. 207ff.
[92] Kieser/Walgenbach 2007, S. 177ff.

7.1 Organisationsinternes Zusammenspiel

Befunde zum **Zusammenhang zwischen den Strukturkomponenten** und Gestaltungselementen von Organisation sind in Abbildung 24 zusammengefasst.[93] Die Zusammenhänge sind wie folgt zu verstehen: Ein Plus kennzeichnet eine positive (je mehr, desto mehr), ein Minus eine negative (je mehr, desto weniger) Beziehung. So bedeutet mehr Spezialisierung prinzipiell mehr Koordinationserfordernis, das hängt aber auch von der Art der Spezialisierung ab. Organisationskultur und interne Märkte reduzieren wiederum den Koordinationsbedarf. Innerhalb der Koordinationsinstrumente hängen persönliche Weisungen negativ mit dem Ausmaß von Delegation zusammen, alle anderen Instrumente erhöhen das Delegationsausmaß. Eine Konzentration auf persönliche Weisungen erhöht die Anzahl der Linieninstanzen sowie die Zahl der Hierarchieebenen und reduziert die Leitungsspanne, was nachvollziehbar ist, weil ja sonst die einzelnen Instanzen rasch überfordert wären. Mehr Programmierung und Planung erhöht zwar die Zahl jener (Stabs-)Stellen, die zur Unterstützung erforderlich sind, diese Koordinationsinstrumente erhöhen aber auch die möglichen Leitungsspannen und tragen zur Formalisierung bei.

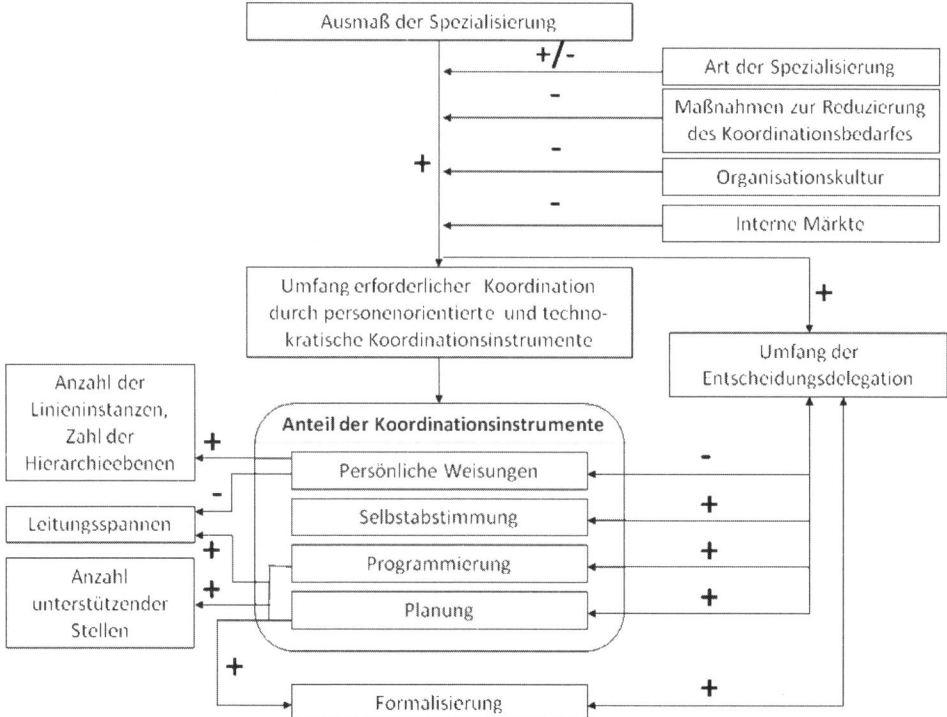

Abb. 24: Zusammenhang zwischen verschiedenen Strukturkomponenten[94]

---

93   Kieser/Walgenbach 2007, S. 200ff.
94   Kieser/Walgenbach 2007, S. 201

Es geht nicht darum, alle Zusammenhänge zwischen diesen Komponenten im Detail zu kennen. Abbildung 24 gibt aber einen Eindruck, was sich an einzelnen Strukturkomponenten ändern sollte, wenn das Management eine bestimmte Intervention setzt oder sich Strukturen auch selbstorganisierend verändern. Ein Beispiel soll die Zusammenhänge aber verdeutlichen:

Wie schon angesprochen, ist das Ausmaß der Spezialisierung in modernen Krankenhäusern besonders hoch. Dabei handelt es sich vor allem um Verrichtungsspezialisierung: Ärztliche, pflegerische und administrative Stellen, unterschiedliche medizinische Abteilungen (Interne, Chirurgie, Unfall, Gynäkologie etc.). Verrichtungsspezialisierung erhöht den Koordinationsbedarf aufgrund hoher wechselseitiger Abhängigkeiten ganz besonders. Interne Märkte sind in Spitälern (noch) undenkbar, die Organisationskultur trägt selten zur Koordination bei. Das Koordinationsproblem wird meist über eine starke Entscheidungsdelegation an die einzelnen medizinischen Abteilungen gelöst. Von großer Bedeutung sind in Krankenhäusern Selbstabstimmung und Programmierung – mit bestimmten Diagnosen sind klar definierte Behandlungen verbunden. Planung und Formalisierung nehmen zu. Je größer die Leitungsspannen in den medizinischen Abteilungen, desto weniger wird die Primarärztin mit persönlichen Weisungen koordinieren können. Für Programmierung und Planung wiederum braucht es mehr unterstützende Stellen. Die Programmierung wiederum (Diagnose-Behandlung) erfordert ein hohes Maß an Formalisierung: Detaillierte Patientenberichte müssen geschrieben werden. Wie in allen Organisationen zeigt sich auch im Krankenhaus ein spezifischer Zusammenhang zwischen den einzelnen Strukturkomponenten und führt zu einem „typischen" Muster.

Abbildung 24 gibt auch ein Bild davon, was in der Organisationsforschung als Konfigurations- oder Konsistenzansatz behandelt wird: Auch wenn die Anzahl der Gestaltungselemente des Organisierens überschaubar ist, ist nicht jede der kombinatorischen Möglichkeiten gleich sinnvoll, um eine interne Passung dieser Elemente zu gewährleisten. Damit ist aber noch nichts über die Passung der jeweiligen Konfiguration mit der Umwelt gesagt.

7.2 Situation, Umwelt und Struktur

Im Brennpunkt der empirischen Organisationsforschung steht noch immer die Frage, wie die Umwelt die Organisationstruktur beeinflusst. Bestimmte Umweltmerkmale schlagen sich somit direkt auf die Organisationsstruktur nieder.[95] So unterscheiden sich verschiedene Umweltsektoren in Hinblick auf den Unsicherheitsgrad: Wie gut sind bestimmte Märkte prognostizierbar? Wie schnell reagieren sie auf Entscheidungen der Organisation? Hier gibt es große Unterschiede z.B. zwischen Hedge-Fonds und Investmentbanken auf der einen Seite und Beerdigungsunternehmen auf der anderen Seite der Skala. Je höher die Unsicherheit, desto geringer ist der Formalisierungsgrad von Organisationen. Je unterschiedlicher die Umwelten der Organisation, wie das bspw. bei den großen österreichischen Banken mit starkem Engagement in Mittel- und Osteuropa der Fall ist, desto differenzierter werden diese Unternehmen sein müssen, womit dann wiederum Integration der unterschiedlichen Teile zur wichtigsten Anforderung wird.

---

[95]   Burns/Stalker 1961; Lawrence/Lorsch 1967; Blau/Schoenherr 1971

Andererseits wird Differenzierung immer auch von der Organisationsgröße abhängen, die Größe aber wiederum von der Umwelt. Die Analogie zur Entstehung der Arten wird dabei oft überstrapaziert. So wird seit Jahrzehnten das Ende der großen Dinosaurier-Organisationen, das Sinken der alten Schlachtschiffe mit suggestiven Bildern beschworen, es gibt sie aber noch immer. Große Organisationen kompensieren ihre Langsamkeit und Unbeweglichkeit mit einer Reihe von Stärken, insbesondere ihrer Gestaltungsmacht und Finanzkraft.[96] Außerdem verschafft ihnen die Größe Puffer, um durch innovative Anpassungsprozesse, z.B. durch Dezentralisierungen zu überleben.[97] Große Unternehmen sind heute ganz anders, nämlich deutlich dezentraler und flexibler organisiert als vor 20 Jahren.

Es ist hier unmöglich, alle Befunde zum Zusammenhang zwischen Situation und Organisationsstruktur wiederzugeben, es folgt also nur ein kurzer und beispielhafter Auszug.[98]

7.2.1 Klassische Einflussfaktoren auf die Struktur

Zu den Einflussfaktoren, die schon in der frühen kontingenztheoretischen Forschung Berücksichtigung fanden,[99] zählen vor allem Folgende:

Größe: Je größer eine Organisation ist, desto „bürokratischer" wird sie, sie braucht mehr Hierarchieebenen, um allzu große Leitungsspannen zu vermeiden, was wiederum zu größerer Spezialisierung der einzelnen Stellen und zu mehr Delegation von Entscheidungsbefugnissen führt. Die Koordination erfolgt eher über Programmierung denn über Selbstabstimmung. Das wiederum führt zu mehr Formalisierung. Größere Organisationen weisen auch einen höheren Spezialisierungsgrad auf.[100] Dieser Tendenz wirken aber große Organisationen durch Dezentralisierungsstrategien (z.B. Spartenbildung, Center-Bildung) in Verbindung mit Holdingstrukturen entgegen.

Technologie: Je höher der Anteil der routinemäßigen Tätigkeiten und je standardisierter die eingesetzten Verfahren sind, desto eher ist Spezialisierung sinnvoll. Stabile Aufgaben, die Massenfertigungstechnologien ermöglichen, erlauben auch technokratischere Koordinations- und Kontrollinstrumente. Formalisierung ist hier im Unterschied zur Einzelfertigung sinnvoll.

Dynamik der Umwelt: Ist die Häufigkeit und das Ausmaß der Veränderungen in relevanten Umwelten hoch, wird es für Organisationen wichtig, eine anpassungsfähige Struktur zu besitzen. Starke Spezialisierung, hierarchische Tiefe, Programmierung, Konzentration von Entscheidungsbefugnissen und Formalisierung führen dagegen eher zu starren Strukturen, die sich nur in stabilen, kontrollierbaren Umwelten bewähren: Solche Organisationen wurden als **mechanistisch** bezeichnet, ihr Gegenteil als **organisch**.[101] In jüngerer Zeit hat sich die Forschung auf die Frage konzentriert, wie es manchen Unternehmen gelingt, in höchst dynamischen und innovativen Umwelten nicht nur zu überleben, sondern langfristig ihre Wettbewerbsvorteile zu erhalten und an der Spitze zu bleiben.

---

[96] Lawler 1997
[97] Bourgeois 1981; Staehle 1991; Nohria/Gulati 1996; Nohria/Gulati 1997
[98] Kieser/Walgenbach 2007, S. 230ff., vermitteln einen sehr guten Überblick
[99] Hickson et al. 1969; Pugh/Hickson 1969; Pugh 1985
[100] z.B. Pugh/Hickson 1969; Blau/Schoenherr 1971; Child 1972a
[101] Burns/Stalker 1961

Dabei kamen sog. „dynamic capabilities" in den Brennpunkt: Organisationen müssen gleichzeitig innovativ bleiben und Routineoperationen effizient abwickeln.[102]

Bedürfnisse der Organisationsmitglieder: Organisationsmitglieder werden nicht nur durch Geld und Statussymbole, sondern auch durch entsprechende Arbeitsbedingungen motiviert. Organisationen, die kreative Mitarbeiter haben, können sich bürokratische Strukturen schlecht leisten, wollen sie nicht diese Mitglieder verlieren.

Angebotsprogramm: Je vielfältiger und unterschiedlicher die Produkte und Leistungen einer Organisation sind, desto eher wird diese Organisation divisionalisieren.[103] Diversifikationsstrategie heißt, dass sich Unternehmen in ganz unterschiedlichen Produkt- und Dienstleistungsbereichen engagieren (Zulieferer kaufen Autohersteller, Autohersteller gründen Banken etc.). Diese Strategie führt sehr oft zu divisionalen Strukturen.

7.2.2 Einfluss von Kulturen auf die Struktur

Der Einfluss der Internationalisierung auf die Organisationsstrukturen wird nach wie vor diskutiert – es gibt noch keinen Konsens. Die Positionen lauten:

(1) **Culture-free thesis**, d.h. Organisationsstrukturen sind das Ergebnis rationaler Planung und kulturunabhängig,[104] was nicht einer gewissen Plausibilität entbehrt, da Stahlwerke bspw. eine bestimmte Art der Aufbau- und Ablauforganisation nahelegen, egal, ob sie in Südafrika oder in Schweden errichtet werden. Auf den zweiten Blick erscheint diese These aber doch zu undifferenziert.

(2) **Culture-bound thesis**, d.h. Strukturen müssen sich an die jeweiligen kulturellen Rahmenbedingungen anpassen. Für diese These sprechen eine Vielzahl von empirischen Studien, die deutliche Strukturunterschiede zwischen Unternehmen in unterschiedlichen Kulturen mit ansonsten weitgehend identen Kontexten identifizierten (z.B. Vergleiche zwischen deutschen, französischen und englischen Unternehmen[105]).

(3) **Standardization thesis**, was bedeutet, dass die Globalisierung langfristig über Legitimitätsaspekte zu einer Angleichung von Organisationsstrukturen und -formen führt.[106]

Welche dieser drei Thesen den Einfluss von Makrokulturen auf die Unternehmensstruktur am besten erklärt, ist noch nicht entschieden. Viel spricht aber für eine Kombination von (2) und (3): Weltweit können es sich heute Unternehmen, NGOs und Regierungsorganisationen nicht mehr leisten, bestimmte Strukturelemente nicht einzurichten – das spricht für die Standardisierung –, wie sie dies allerdings ganz konkret ausformen, wird stark durch den jeweiligen makrokulturellen Kontext beeinflusst.

7.2.3 Weitere Einflussfaktoren auf die Struktur

Darüber hinaus gibt es eine ganze Reihe von Faktoren, die Strukturen beeinflussen. Vielfach handelt es sich um spezifische Kombinationen der Basisfaktoren – manchmal kom-

---

[102] vgl. Tushman/Anderson 1997; Güttel/Konlechner 2009

[103] z.B. Amburgey/Dacin 1994; Dyas/Thanheiser 1976; Whittington/Mayer 2000, S. 156ff.

[104] Hauptvertreter dieses Ansatzes sind Harbison/Myers 1959

[105] Lutz 1976; Walgenbach/Kieser 1995; Whittington et al. 1998; Ruigrok et al. 1999; Whittington et al. 1999; Whittington/Mayer 2000

[106] Drori et al. 2006; Meyer 2006

men aber auch gänzlich andere Einflussfaktoren ins Spiel, die bei Organisationsanalysen jedenfalls Beachtung finden sollten, z.B.:

Eigentum: Zweifelsohne macht es beispielsweise einen Unterschied, ob Organisationen Einzelpersonen gehören, einigen wenigen „wichtigen" Anteilseignern (Shareholdern), ob sie sich im Streubesitz befinden oder ob sie überhaupt keine Eigentümer haben (z.B. Vereine, öffentliche Organisationen). Dies hat Einfluss auf die Macht der angestellten Manager und auf die Koordinations- und Kontrollmechanismen (z.B. Aufsichtsräte, Corporate Governance). Die Tendenzen des „Managerial Capitalism" – des Manager-Kapitalismus – werden in Eigentümer-dominierten Organisationen schwerer Eingang finden als in solche ohne Eigentümer, mit schwachen oder lediglich rendite-interessierten Anteilseignern. So zeigen verschiedene Studien, dass Unternehmen mit starkem, konzentriertem Eigentum im Vergleich mit Unternehmen im Streubesitz höhere Profitabilität aufweisen.[107]

Alter: Es wird einen Unterschied auf die Struktur einer Organisation haben, ob es sich um ein über hundert Jahre altes Traditionsunternehmen oder um ein junges Start-Up handelt – und das ohne Rücksicht auf die Korrelation zwischen Alter und Größe. Viele Organisationstheorien sehen typische Zusammenhänge zwischen Entwicklungsphasen und Strukturen (vgl. Kapitel 6.2): Junge Unternehmen sind pionierhaft, meist durch starke Persönlichkeiten und Gründerteams geprägt, es folgen Formalisierungsphasen mit Erstarrungstendenzen, denen wiederum mit dezentraleren Teamstrukturen und Vertrauen auf Selbstabstimmung statt Programmierung begegnet wird, ohne dass diese Phasen zwangsläufig durchlaufen werden müssen.

Branche: Branchen und Branchenusancen spielen ebenso eine Rolle. Sowohl ein Eisenbahnschienen-Erzeuger als auch eine Finanzbehörde bearbeiten vor allem Routineaufgaben, Massenproduktionstechnologien kommen zum Einsatz, es kommt zu hoher Standardisierung. Vielleicht sind sogar die Formalstrukturen sehr ähnlich, aber sicher nicht die übrigen Regeln und Abläufe, die Normen und Werthaltungen. Branchen spielen für Strukturen also eine große Rolle.

Sektor: Organisationen finden sich in allen gesellschaftlichen Bereichen. Einen wesentlichen Unterschied wird es machen, ob die zu untersuchenden Organisationen dominant im marktwirtschaftlichen Bereich, im öffentlichen oder im Dritten Sektor tätig sind. Hier haben wir es mit je spezifischen Eigentumsstrukturen, Produkt- und Dienstleistungscharakteristika, Umweltdynamiken und wohl auch Bedürfnissen der Organisationsmitglieder zu tun.

Ressourcenabhängigkeit: Wo sich die besonders kritischen Abhängigkeiten einer Organisation befinden, kann ebenfalls einen Unterschied in der Organisationsstruktur machen. Bestehen diese eher von Finanzmärkten, von Rohstoffmärkten, von Absatzmärkten oder vom Arbeitsmarkt? Für Unternehmen, die auf internationale Kapitalmärkte angewiesen sind, wird der Shareholder Value – also der Wert für die Anteilseigner – und der Börsenkurs eine Rolle spielen. Ihr Reporting und Controlling wird sich an den Standard internationaler Finanzmärkte orientieren müssen. Unternehmen, die von öffentlichen Auftraggebern oder von privaten Endverbrauchern abhängig sind, werden andere Koordinationsmechanismen einführen. Hier werden bspw. Qualitätszertifizierungen eine Rolle

---

[107] Thomsen/Pedersen 2000; Sánchez-Ballesta/García-Meca 2007

spielen. Kritische Abhängigkeiten von qualifizierten Arbeitskräften resultieren in anderen Strategien als Abhängigkeiten von Rohstoffen.

Wettbewerbsstrategie: Die Intensität und Prognostizierbarkeit des Wettbewerbes wurde zwar schon unter der Rubrik „Umweltdynamik" erfasst. Dennoch können Organisationen ganz unterschiedliche Strategien im Umgang mit Wettbewerb wählen. Setzen Organisationen beispielsweise eher auf Preis- oder Qualitätswettbewerb? Auf Kostenführerschaft, Qualitätsführerschaft, Nischenstrategien oder auf Diversifizierung? Der Umweltdeterminierung lässt sich hier die „strategic choice" gegenüberstellen.[108]

Welchen Einfluss haben nun die Umwelt und die Situation auf die Organisationsstruktur? Die **Extrempositionen** zum Organisations-Umwelt-Zusammenhang lauten auf der einen Seite, dass sich Organisationen quasi beliebig in ihrer Umwelt bewegen können, weil zwischen Umweltveränderungen und Struktur immer autonome Entscheidungen stehen.[109] Auf der anderen Seite, dass die Umwelt die Möglichkeiten von Organisationen stark beeinflusst.[110] Die Wahrheit wird wohl irgendwo dazwischen liegen und ist schon in angedeutet: Organisationen beeinflussen auch ihre Umwelt, und die Eigenheiten der Umwelt wirken sich auf die Struktur und die Entscheidungen der Organisation aus.

7.3 Struktur und Erfolg

Aber welche Struktur ist am erfolgreichsten? Ist es nicht das, um was es letztlich geht? Viele Fragen zum Zusammenhang zwischen Erfolg und Struktur werden durch die im vorigen Abschnitt präsentierten Forschungsbefunde beantwortet, lautet doch die implizite Grundannahme dabei, dass Situationen und der Kontext jene Strukturen fördern, die zum Überleben in dieser Umwelt beitragen. Viabilität, also Überlebensfähigkeit tritt dann an die Seite der beiden anderen Meta-Ziele Effizienz und Effektivität (vgl. Kapitel 4.3) und gilt möglicherweise für die meisten Organisationen als letztgültige Messlatte (nur wenige Organisationen wollen nicht langfristig überleben, sondern sich nach Zielerreichung auflösen, z.B. Fonds zur Entschädigung von NS-Opfern).[111]

Die situative Organisationsforschung geht davon aus, dass die optimale Struktur einer Organisation von Kontext und der Situation abhängt. Welche Struktur erfolgreich ist, hängt somit von der Situation ab: „Es kommt drauf an". Dennoch, Studien versuchen immer wieder, direkte Zusammenhänge zwischen Struktur und Erfolg zu analysieren – hier einige dieser Ergebnisse mit all der gebotenen Vorsicht in Bezug auf den Geltungsbereich der Ergebnisse:

(1) Bei einem Vergleich **europäischer Großunternehmen** zeigt sich, dass in Frankreich die **multi-divisionalen** Unternehmen die finanziell erfolgreichsten sind, während das in Deutschland und Großbritannien für **Holdings** jeglicher Spielart gilt.[112]

(2) Für **Klein- und Mittelbetriebe** (KMU) wiederum zeigt eine niederländische Studie, dass **dezentralisierte** Organisationsformen in Bezug auf Umsatz, Gewinn und Inno-

---

[108] Child 1972b; Porter 1980, vgl. auch den Beitrag von Kasper/Mühlbacher in diesem Band
[109] z.B. Child 1972b
[110] z.B. Aldrich 1979
[111] Kasper et al. 1999
[112] Whittington/Mayer 2000, S. 183ff.

vationsrate ihren zentralisierten Pendants in den meisten Branchen überlegen sind. KMU mit starker Zentralisierung und starker vertikaler Spezialisierung sind nur in sehr einfachen Umwelten erfolgreich.[113]

(3) Empirische Befunde zeigen auch, dass die in unterschiedlichen konfigurationstheoretischen Ansätzen[114] vorgeschlagene **Passung** zwischen **Situation und Organisationsstruktur** eine Rolle spielt: Organisationen mit misfits, also Fehlpassungen, sei es innerhalb ihrer strukturellen Konfigurationen (vgl. zur Passung von Komponenten z.B. Abbildung 23 und Kapitel 6.1) oder zwischen Struktur und Umwelt, sind finanziell weniger erfolgreich.[115]

(4) Schließlich wurde jüngst die seit den 1960er Jahren verbreitete Annahme[116] widerlegt, dass in **dynamischen Umwelten** die **organischen**, sprich: informalen, dezentralen, netzwerkorientierten und horizontal koordinierten Organisationen erfolgreicher als die **mechanistischen** Organisationen sind. Eine Studie von Internet-Unternehmen zeigt, dass jene Start-Ups mit stärkerer Formalisierung, Spezialisierung und mit mehr Administration bessere Ergebnisse erzielen als ihre Pendants mit organischen Strukturen.[117]

Insgesamt zeigen diese Befunde zum einen, dass die Antwort auf die Frage nach den erfolgreichsten Organisationsstrukturen weiterhin offen bleiben muss. Zum Zweiten, dass empirische Befunde allein wenig erhellend sind, wenn sie nicht in einen größeren theoretischen Argumentationsrahmen eingebettet sind. Und zum Dritten, dass die Anzahl der empirischen Arbeiten, die Organisationsstruktur und Organisationserfolg direkt in Beziehung setzen, nicht ohne Grund selten sind. Zu viele andere organisationsinterne und -externe Einflussfaktoren sind es nämlich, die erfolgsrelevant sein können und den Einfluss der Struktur moderieren.

---

[113] Meijaard et al. 2005
[114] vgl. Kapitel 6.1 über „Mintzberg's Fives" als Beispiel für Konfigurationen, weiter z.B. Miles/Snow 1978; Mintzberg 1983; Meyer et al. 1993
[115] Burton et al. 2002
[116] Burns/Stalker 1961
[117] Sine et al. 2006

8. Zum Abschluss und Ausblick

Thema in diesem Beitrag waren die klassischen Gestaltungsmöglichkeiten des Organisierens. Diese Grundbegriffe und -konzepte zu Organisation, Struktur, Organisationsformen und -typen sowie die Zusammenhänge zwischen Umwelt und Struktur, die in diesem Beitrag vorgestellt wurden, sollen den Lesern und Leserinnen Muster bereitstellen, in die sie konkrete Organisationen einordnen können.

Dieses Wissen kann auch ausreichen, um jene neuen Formen, die hier nur kurz angerissen wurden und die in einem weiteren Beitrag detaillierter besprochen werden, in Bezug auf ihren Innovationsgrad beurteilen zu können.[118] Zumindest die Frage, ob neue Organisationsformen nicht doch nur „des Kaisers neue Kleider" sind, darf gestellt werden. Viele Unternehmen reagieren mit permanenten Restrukturierungen auf jede neue Mode des Organisierens. Die Gestaltungselemente freilich – Spezialisierung, Koordination, Leitungssystem, Delegation und Kompetenzverteilung, Formalisierung – bleiben immer die gleichen. Jede neu ausgerufene Revolution muss sich mit ihnen begnügen. Somit sollte es in der Organisationspraxis nicht verwundern, wenn man nach einem groß angekündigten Change-Projekt feststellen muss, dass der Berg kreißte und eine Maus gebar.

Hier kann auch Theorie nicht helfen. Die Organisationspraxis darf sich weder erwarten, dass Theorien oder aus solchen abgeleitete Hypothesen konkrete Gestaltungsempfehlungen für Organisationen geben können.[119] Und empirische Befunde sind immer bloße statistische Zusammenhänge, die etwas über Mehrheit und Mittelwert aussagen, aber selbst dann, wenn sie Erfolgsfaktoren isolieren wollen, nur geringe Beiträge für den Einzelfall liefern. Sie können freilich dazu dienen, im Sinne eines Evidence-Based Management[120] grobe Fehler zu vermeiden: Management sollte sich ähnlich wie die Medizin auf empirische Grundlagen stützen und vor wichtigen Entscheidungen zuerst einmal die Befundlage sondieren. Wobei die Möglichkeiten und Grenzen der Gestaltbarkeit von Organisationen aus unterschiedlichen theoretischen Perspektiven ganz anders beurteilt werden: Von der totalen Gestaltbarkeit bis hin zur reinen Selbstorganisation.

Theorien über Organisationen können den Blick für bestimmte Phänomene schärfen und Alternativen für die Gestaltung von Organisationen liefern. Das sollten wir nicht geringschätzen. Freilich haben auch Theorien blinde Flecken und unterliegen modischen Schwankungen. Ein Konsens über *eine* Theorie des Organisierens ist auch nach über hundert Jahren der wissenschaftlichen Auseinandersetzung mit Organisationen nicht in Sicht. Das mag für die einen ernüchternd sein, für die anderen ist es beruhigend.

---

[118] vgl. den Beitrag von Kasper/Mühlbacher in diesem Band
[119] Kieser/Walgenbach 2007, S. 484
[120] Pfeffer/Sutton 2006

Strategiemodelle und neue Organisationsformen

Helmut Kasper und Jürgen Mühlbacher

Inhalt

1. Einleitung

Während bei den „klassischen" Organisationsstrukturen – wie bspw. funktionale oder divisionale Struktur – die Zuordnung einzelner Arbeitsplätze oder Abteilungen innerhalb des Organigramms schon allein durch den Fokus auf Aufgaben, Produkte oder Märkte bestimmt wird, erfolgt bei den „neuen" Organisationsformen – wie bspw. Prozess- oder Netzwerkorganisation – die Zuordnung bzw. Differenzierung im Rahmen eines strategischen Entscheidungsfindungsprozesses. Das bereits 1962 von Chandler postulierte Prinzip „Structure follows Strategy" ist deshalb auch das Leitmotiv, unter dem diese Strukturformen erläutert und analysiert werden müssen.[1] Die zunehmende Verknüpfung von Organisationsstrukturen und strategischem Management steht daher auch im Mittelpunkt dieses Kapitels.

Da Strategien sich schneller und einfacher verändern lassen als Strukturen, wird auch oft behauptet, „Strategy follows Structure".[2] Dies würde jedoch bedeuten, dass Veränderungen immer nur im Rahmen des Altbekannten und Vorherrschenden ablaufen dürfen. Unternehmenskrisen und Marktveränderungen verlangen jedoch oftmals nach weitgreifenden Transformationen, wie bspw. den Kauf oder Verkauf mit der anschließend erforderlichen (Des-)Integration von Unternehmen bzw. Unternehmensteilen. Nur weil Organisationsstrukturen ein starkes Beharrungsvermögen aufweisen, sollte keinesfalls übersehen werden, dass diese ebenfalls adaptiert werden müssen, um einen Strategie-Struktur-Fit herzustellen. Dabei stellt sich die Frage, ob die gewählte Unternehmensstrategie mit den vorhandenen Strukturen erreicht werden kann.[3] Ist dies nicht der Fall, sind die Strukturen eben zu verändern. Dieser Grundsatz des Change Managements geht nicht zuletzt auf die Tatsache zurück, dass jede Unternehmensgründung, die mit der Schaffung einer ersten Organisationsstruktur einhergeht, vorab einer strategischen Entscheidung – nämlich jener, sich selbstständig zu machen – bedarf.

Im Laufe der Zeit verfestigen sich die einmal gewählten Strukturen und weisen ein hohes Beharrungsvermögen auf. Werden nun Strategien den sich verändernden Marktbedingungen angepasst, klafft sehr rasch die so genannte „organisatorische Lücke" auf. Diese entsteht, wenn es nicht rasch genug und/oder nicht im erforderlichen Ausmaß gelingt, die Organisationsstrukturen den neuen Anforderungen der Strategie anzupassen. Gelingt es nicht, die organisatorische Lücke zu schließen oder zumindest zu minimieren, ist auch das langfristige Überleben des Unternehmens in Gefahr.[4]

Während die „klassischen" Organisationsstrukturen dazu tendieren, so genannte funktionale bzw. divisionale „Silos" – oder auch „Projektsilos" – entstehen zu lassen, die zur Versteinerung der Strukturen beitragen, wird durch die in Folge aufgezeigten Organisationsformen der Prozessorganisation, der Unternehmensnetzwerke oder der virtuellen Organisation versucht, wieder eine stärkere Dynamik in den Unternehmen zu verankern. Zuvor gilt es jedoch, sich mit den unterschiedlichen Perspektiven des strategischen Managements und dessen zentralen Modellen auseinanderzusetzen, die die Entwicklung hin zu wandlungs- und lernfähigen Organisationen verständlich machen.

---

[1]   vgl. Chandler 1962
[2]   Scholz 2000, S. 150f.
[3]   Vahs 2007, S. 204
[4]   Vahs 2007, S. 204

2. Strategisches Management

Strategisches Management gilt als die Topdisziplin – auch „Königsdisziplin"[5] – im Rahmen der Managementlehre und -praxis. Nicht nur, weil es überwiegend vom Topmanagement – zumeist mit Unterstützung von Strategieberatung – an der Spitze „gemacht" wird, sondern auch vor dem Hintergrund seiner Bedeutungszuschreibung: Alle Unternehmen haben explizite oder zumindest implizite Strategien. Ist Strategie lediglich implizit vorhanden, so nahm bereits Andrews[6] an, dass sie aus dem Handeln der Mitarbeiter rekonstruiert werden kann, denn er unterstellt, dass jedes Handeln zweckgerichtet ist.[7]

Organisationen (Führungskräfte, Aufsichtsräte, Eigentümer etc.) planen für die Zukunft und beabsichtigen, diese Ziele auch zu erreichen. Basis für solche **beabsichtigten Strategieformulierungen** und Strategieentwicklungen sind **präskriptive Strategiemodelle**, die **vor-schreibenden Charakter** haben: Sie geben konkrete Handlungsempfehlungen vor, wie strategische Initiativen zu setzen sind. So beispielhaft das berühmteste Modell der Harvard Business School, auch „Designschule" genannt, das von folgenden Annahmen ausgeht:[8]

- Die Bildung einer Strategie wird als Entscheidungsprozess aufgefasst, in dessen Verlauf richtungsweisende Vorgaben für das Verhalten und die Entwicklung des Unternehmens fixiert werden.

- Strategien sind somit das explizit formulierbare Resultat eines aktiven, zielgerichteten, bewussten und rationalen Denkvorganges.

- Strategien werden als einzelfallspezifisch angesehen. Sie berücksichtigen die Einzigartigkeit der individuellen Umstände, denen sich ein Unternehmen gegenübersieht. Allgemein gültige Leitlinien zum Inhalt von Strategien existieren nicht.

- Die Verantwortung für die Formulierung einer Strategie liegt in den Händen des Topmanagements. Es fällt die entsprechenden Entscheidungen und kontrolliert ihre Umsetzung. Die „Restorganisation" führt die in der Strategie formulierten Vorgaben lediglich aus.

- Der Strategieprozess folgt einer vorgegebenen Sequenz klar definierter Phasen. Erst wenn eine Strategie formuliert ist, kann sie kommuniziert und damit implementiert werden.

Der Prozess präskriptiver Strategieerstellung gilt als abgeschlossen, wenn die Strategie fertig formuliert vorliegt.

Die Kritik an diesem präskriptiven Modell: Ausgeblendet werden unbewusste und irrationale Denkvorgänge sowie Ergebnisse, die durch Kommunikation in Organisationen entstehen. Strategieentwicklung wird ausschließlich als Prozess der Konzeption und nicht als Prozess des Lernens betrachtet. Weiters kritisiert Mintzberg,[9] dass die explizite Formulierung der Strategie die Inflexibilität fördert. Auch die Trennung von **Formulierung**

---

[5] Mintzberg 1999, S. 22
[6] Andrews 1971, S. 36
[7] Müller-Stewens/Lechner 2005, S. 11
[8] in Anlehnung an Müller-Stewens/Lechner 2005, S. 44; Fink 2009, S. 32
[9] Mintzberg 1999, S. 51ff.

und **Implementierung** – die Entkoppelung des Denkens vom Handeln – ist zu kritisieren: Denn oft gehen Handlungen den Entscheidungen zeitlich und inhaltlich voraus, schaffen irreversible Fakten und werden erst im Nachhinein legitimiert.

Trotzdem sind präskriptive Strategiemodelle und Strategiekonzepte auch aktuell vielfach die Grundlage des strategischen Managements. Dies gilt bspw. für die **SWOT-Analyse** (**S**trengths, **W**eaknesses, **O**pportunities und **T**hreats). Diese betrachtet die Stärken und Schwächen der Organisation im Lichte der Chancen und Bedrohungen in ihrer Umwelt. Sie schlägt eine Strategieentwicklung vor, die die Anpassung der internen Fähigkeiten (Stärken und Schwächen) an die externen Möglichkeiten (Chancen und Bedrohungen) verfolgt und dabei eine Harmonisierung anstrebt. Darüber hinaus erhebt der präskriptive Ansatz theoretisch auch den Anspruch, „soziale Verantwortung" zu berücksichtigen und betont die Einflussnahme der Managementwerte durch das Topmanagement. Unter „sozialer Verantwortung" werden die ethischen Grundsätze der Gesellschaft, in denen die Organisation eingebettet ist – wiederum aus der Wahrnehmung des Topmanagements heraus – verstanden.[10]

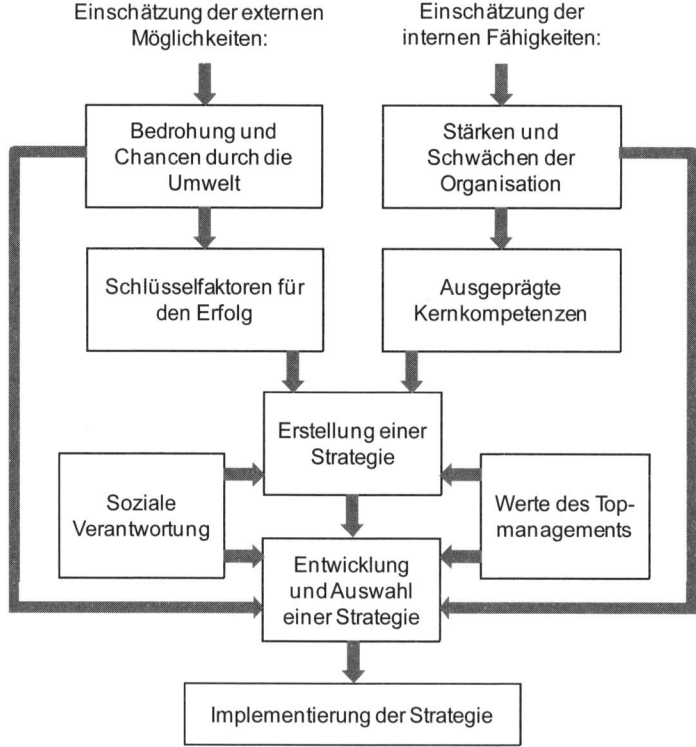

Abb. 1: Grundmodell der Designschule[11]

---

[10] Mintzberg 1999, S. 41
[11] in Anlehnung an Mintzberg 1999, S. 41

Präskriptive Strategiemodelle erklären allerdings nicht, wie Strategien tatsächlich realisiert werden. Dies streben **deskriptive Strategiemodelle** an: Im Unterschied zur beabsichtigten Strategie ist eine **realisierte Strategie** „ein Muster, ein über die Zeit hinweg konsistentes Verhalten",[12] d. h. Muster werden aus der Vergangenheit heraus entwickelt. Im Mittelpunkt deskriptiver Ansätze steht weniger die Frage „Wie sollten Strategieprozesse ablaufen?" als vielmehr „Wie laufen sie tatsächlich ab?"

Auch in vielen deskriptiven Ansätzen (s. u.) werden aus den Beobachtungen Gestaltungsempfehlungen für eine verbesserte Strategiebildung abgeleitet. Dabei wird aber nicht – wie in präskriptiven Modellen – davon ausgegangen, dass Unternehmen das Ergebnis einer zweckrationalen Planung und Gestaltung sind. Vielmehr sind sie das Resultat komplexer Entwicklungsprozesse, innerhalb derer der rationale Konstruktionswille lediglich eine von vielen Einflussgrößen ist.

Daher unterscheidet Mintzberg auch 3 Arten von Strategien:

1. Beabsichtigte Strategien

Sind vom Management beabsichtigt gewollt und werden auch so wie geplant „bewusst" umgesetzt und anschließend vollständig realisiert. Diese Strategien entsprechen den Annahmen präskriptiver Strategiemodelle.

2. Unrealisierte Strategien

Es treten Situationen auf, in denen Strategien zwar beabsichtigt sind, sich jedoch bei ihrer Umsetzung als nicht durchführbar oder nicht mehr zeitgemäß erweisen und in Folge aufgegeben werden. Sie enden als unrealisierte Strategien.

3. Emergente (sich herausbildende) Strategien

Es gibt auch Strategien, die nicht explizit formuliert wurden, sich aus einzelnen vorerst nicht zusammenhängenden Handlungen zu einem impliziten strategischen Muster formen.

Solche emergente strategische Muster können sowohl auf der Basis von Anstrengungen eines CEOs, eines Managementteams, anderen Gruppierungen im Unternehmen oder auch einer großen Anzahl von Personen im Unternehmen – ohne dass sie eben explizit formuliert werden – entstehen. Viele Handlungen verdichten sich über die Zeit zu einer – beabsichtigten, aber zunächst verschleierten oder unbewussten[13] – Ordnung.[14] Hier war eine zu realisierende Strategie nicht vorab ausdrücklich intendiert. Es wurden aber einzelne Maßnahmen gesetzt, die im Laufe der Zeit zu einer Art strategischen Muster zusammenwuchsen.

Wenn allerdings eine strategische Initiative vom Topmanagement oder einer kleinen Gruppe sozusagen geheim intendiert wird und die anderen Organisationsmitglieder daher von dieser Initiative nichts wissen, könnten sie dies für eine emergente Entwicklung halten.[15] Die Zuschreibung, ob eine Strategie als intendiert oder emergent eingestuft wird, ist somit auch davon abhängig, ob der Beobachter informiert oder uninformiert ist. Das ent-

---

[12] Mintzberg 1999, S. 23
[13] Interpretation der Autoren
[14] vgl. dazu Müller-Stewens/Lechner 2005, S. 69f.
[15] in Anlehnung an Fink 2009, S. 40

scheidende Charakteristikum einer emergenten Strategie ist aber nach Fink[16] „die unbeabsichtigte Entfaltung eines strategischen Musters, das nicht aus wohlüberlegten Aktivitäten einzelner Akteure, sondern aus selbstorganisierenden Prozessen erwächst."

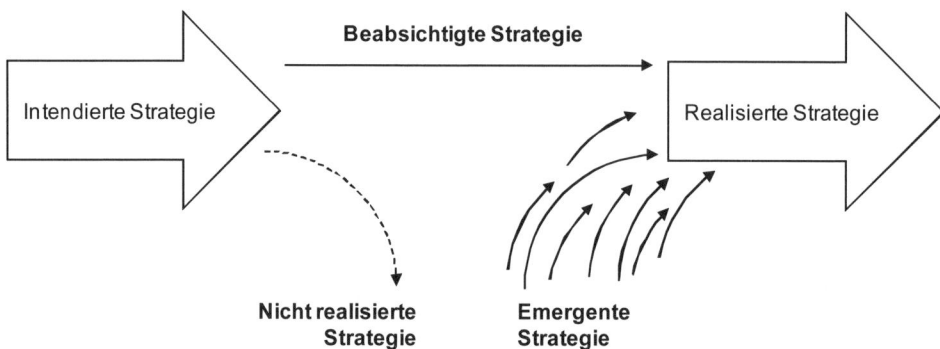

Abb. 2: Intendierte und emergente (sich herausbildende) Strategien[17]

Der Trend, normative Aussagen (= präskriptive Strategien) in den Hintergrund zu rücken und stattdessen eine auf Beschreibung und Erklärung ausgerichtete Wissenschaft zu etablieren, gewinnt erst in den späten 70er Jahren des vergangenen Jahrhunderts an Bedeutung. Dabei entsteht auch die Zweiteilung in **Prozess** und **Inhalt**: Während sich die **Prozessforschung** der Strategieformulierung zuwendet und untersucht, wie sich Strategien in Unternehmen „tatsächlich" bilden, thematisiert die Inhaltsforschung den Zusammenhang zwischen verschiedenen Strategien und ihren Performance-Implikationen. Der bedeutendste Vertreter der Inhaltsforschung ist Porter (siehe Kapitel 3.1).

In den folgenden Jahren differenziert die Strategieforschung ihr Theorienspektrum stark aus. Das Erkenntnisinteresse der Forschung konzentriert sich zuerst auf die Ergründung der Quellen von Wettbewerbsvorteilen. Der Trend geht dann in Richtung Entwicklung einer dynamischen Theorie des strategischen Managements, die ein zeitlich und inhaltlich komplexeres sowie flexibleres strategisches Management zum Ziel hat.[18] Nachstehend werden die wichtigsten Modelle im Zusammenhang mit den Organisationsstrukturen thematisiert.

---

[16] Fink 2009, S. 40
[17] in Anlehnung an Mintzberg 1999, S. 26
[18] Müller-Stewens/Lechner 2005, S. 14

3. Strategiemodelle

In den folgenden Ausführungen werden unterschiedliche Strategiemodelle und Denkansätze vorgestellt, die den Wandel bei der Betrachtung von strategischem Management aufzeigen. Ausgehend vom marktorientierten Positionierungsansatz der „Five Forces" wird der Wandel hin zur internen Perspektive des ressourcenorientierten Ansatzes aufgezeigt, für den das Modell der organisationalen Kernkompetenzen exemplarisch dargestellt wird. Ausgehend von der Kritik an der Ressourcenorientierung erfolgte schließlich die Weiterentwicklung hin zum wissensbasierten Ansatz, der auf die Lernfähigkeit von Unternehmen abzielt und zu denen das strategische Modell des „Competing on the Edge" zählt. Diese Modelle führen zu einer stärkeren Verknüpfung strategischer und organisationaler Problemstellungen, ganz dem Grundtenor dieses Beitrags entsprechend – „Structure follows Strategy".

3.1 Porters „Five Forces"

Das wohl bekannteste Strategiemodell wurde 1980 von Porter vorgestellt.[19] Ausgehend von einer Untersuchung verschiedener Industrieunternehmen wie bspw. Stahlwerke, Erdölraffinerien, Automobilzulieferer oder Lebensmittelerzeuger kam er zur Überzeugung, dass Wettbewerb und Konkurrenz die wichtigsten Einflussfaktoren bei der Auswahl einer Strategie darstellen.[20] Dementsprechend entwickelte er das Modell der „Five Forces", also jener Faktoren, die die Positionierung am Markt am stärksten beeinflussen. (vgl. Abbildung 3) Durch die Analyse dieser fünf Faktoren kann für jedes Unternehmen eine optimale Positionierung am Markt abgeleitet werden, aus der sich quasi „zwangsläufig" die strategische Ausrichtung ergibt. Ziel ist es stets, jene Faktoren zu stärken, die es Konkurrenten erschweren, ebenfalls am Markt zu agieren.[21] Der Kampf um Marktanteile und das Halten einer strategisch günstigen Position am Markt stehen dabei im Mittelpunkt des Interesses.

---

[19]   Porter 1980
[20]   Porter 1998, S. 21
[21]   Porter 1998, S. 22f.

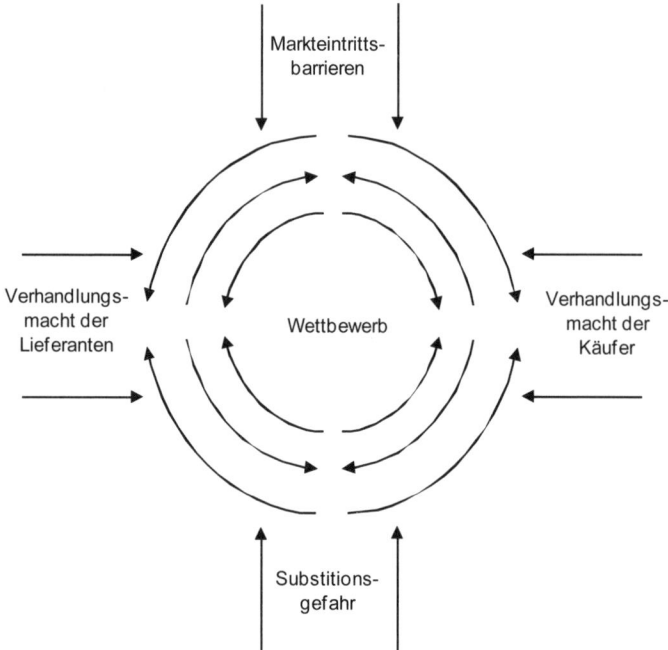

Abb. 3: Porters „Five Forces"[22]

Wie auch aus obenstehender Grafik ersichtlich ist, handelt es sich bei den fünf Wettbewerbskräften um:[23]

1. Markteintrittsbarrieren

2. Verhandlungsmacht der Lieferanten

3. Verhandlungsmacht der Käufer

4. Substitutionsgefahr durch neue Produkte

5. Rivalität am Markt (Wettbewerb)

Diese Faktoren sollen nun im Detail näher erläutert werden.

Einen wesentlichen Einfluss auf die Anzahl der Mitbewerber haben vor allem die Markteintrittsbarrieren. Das Auftreten neuer Konkurrenten kann durch sechs Barrieren erschwert bzw. verhindert werden:[24]

● **Economies of Scale**: Größenabhängige Kostenvorteile ergeben sich bei der Produktion von Waren oder Dienstleistungen durch die Degression der (Fix-)Kosten bei höheren Produktionsmengen, wie dies vor allem bei Konsumgütern oder stark standardisierten Produkten und Dienstleistungen der Fall ist. So verhindert diese Kostenstruktur das langsame Heranwachsen kleinerer Konkurrenzunternehmen.

---

[22] Porter 1998, S. 22
[23] Porter 1998, S. 23ff.
[24] Porter 1998, S. 24f.

- **Produktdifferenzierung**: Je mehr Varianten eines Produktes angeboten werden, die die unterschiedlichen Kundenwünsche berücksichtigen und je höher die Loyalität der Kunden zu einer bestimmten Marke ist, desto schwieriger ist es für neue Anbieter, im Markt Fuß zu fassen.

- **Kapitalbedarf**: Der Bau neuer Industrieanlagen, wie bspw. Stahlwerke oder Erdölraffinerien, ist mit einem enormen Investitionsbedarf verbunden, den die wenigsten Konkurrenten aufbringen können.

- **Zugang zu Distributionskanälen**: Bevor ein neues Produkt am Markt platziert werden kann, müssen entweder eigene Distributionskanäle geschaffen werden oder es findet ein kostenintensiver Verdrängungswettbewerb bei den Zwischenhändlern statt.

- **Größenunabhängige Kostenvorteile**: Auch ein beschränkter Zugang zu Ressourcen, Standortvorteile, langjährige Erfahrung am Markt oder in der Produktion sowie „geistiges Eigentum" (Intellectual Property) – wie z. B. Patente – führen zu einer Verringerung des Wettbewerbs.

- **Staatliche Regulierungen**: Dieser Wettbewerbsfaktor verliert in Zeiten der umfassenden Deregulierungen und Liberalisierungen der Märkte zunehmend an Bedeutung.

Je größer die Verhandlungsmacht der Lieferanten oder Käufer ist, desto stärker wird der Preisdruck bzw. desto stärker steigen die Qualitätsansprüche. Beides führt in Unternehmen zu einer ungünstigen Kostenstruktur, da die Ausgaben bei höherer Qualität steigen und die Einnahmen durch den Preisdruck sinken.[25] Die **Lieferantenmacht** ist umso höher,[26]

- je weniger Lieferanten es für ein bestimmtes Produkt gibt,

- je geringer die Bedeutung des Auftragsvolumens für den Lieferanten ist,

- je zahlreicher die Varianten sind, in denen ein Produkt angeboten wird – Schlagwort: Customization,

- je weniger Substitutionsmöglichkeiten der Kunde hat und

- je stärker der Lieferant nachgelagerte Arbeitsschritte selbst übernimmt.

Dem gegenüber steht die **Käufermacht**, die insbesondere dann hoch ist, wenn[27]

- der Käufer hohe Auftragsvolumen vergibt,

- die Produkte stark standardisiert sind,

- der Kostenanteil des Produkts hinsichtlich des Gesamtwerts des Endprodukts hoch ist (= Kostenoptimierung setzt bei teuren Komponenten zuerst an),

- die Gewinnmargen des Endprodukts sinken (= Preisdruck wird an Lieferanten weitergegeben),

- das Produkt keine große Auswirkung auf den Gesamtnutzen oder die Qualität des Endprodukts hat,

---

[25] Porter 1998, S. 28
[26] Porter 1998, S. 28f.
[27] Porter 1998, S. 29f.

- das Produkt dem Käufer keinen Zusatznutzen bringt und auch nicht etwaige Risiken des Käufers reduziert und

- der Käufer selbst immer mehr vorgelagerte Arbeitsschritte übernimmt.

Neben dem Aufbau von Marktbarrieren ist es nach Porter also ratsam, Lieferanten- und Kundengruppen mit möglichst geringer Verhandlungsmacht als Geschäftspartner auszuwählen.[28] Diese Vorgehensweise soll die Kostenstruktur des eigenen Unternehmens schützen.

Der vierte Faktor bezieht sich auf Substitutionsprodukte. Vor allem kostengünstigere Produkte, die einen ähnlichen Kundennutzen wie das eigene Endprodukt generieren, sollten stets im Auge behalten werden. Stark der **Substitutionsgefahr** unterworfen sind:[29]

- Produkte, die bestimmten Trends und Moden unterworfen sind – wie bspw. in der Bekleidungsindustrie – und

- kostenintensive bzw. hochpreisige Produkte, die auf Grund der hohen Gewinnspannen auch für Konkurrenten von großem Interesse sind.

Letztlich bestimmt auch noch die Rivalität, also die Stärke des Wettbewerbs auf dem Markt, die Positionierung des eigenen Unternehmens. Hierbei beachtet Porter hauptsächlich Marketingmaßnahmen wie z. B. Preiswettbewerb, Produkteinführungen und -adaptionen bzw. Werbemaßnahmen. Die **Intensität der Rivalität** ist umso größer, je zahlreicher die folgenden Einflussfaktoren auftreten:[30]

- hohe Anzahl gleich großer Konkurrenzunternehmen am Markt,

- geringes Marktwachstum,

- geringe Produktdifferenzierung,

- hohe Fixkosten,

- Produktionskapazitäten können nur sprunghaft und mit hohem Investitionsaufwand ausgeweitet werden,

- Vorhandensein hoher Marktaustrittsbarrieren, d.h. der Rückzug aus dem Markt ist mit einem hohen finanziellen Verlust oder einem Imageschaden verbunden, und schließlich

- Führungskräfte, die einen persönlichen Wettbewerb auf Grund unterschiedlicher Überzeugungen austragen.

Anhand dieser Faktoren gilt es nach Porter also, einen Markt zu besetzen und gegen jegliche Konkurrenz zu verteidigen. Schon bei diesem kurzen Überblick zeigt sich, dass diese Denkweise stark von militärischen Strategien geprägt ist. Der starre Fokus auf eine einmal gewählte Position und auf die Kostenstruktur des eigenen Unternehmens lässt Innovationen oder die Erschließung neuer Märkte kaum zu. Diese beiden Kritikpunkte führten schließlich auch zu einer neuen Betrachtungsweise, wie das folgende Kapitel zeigt.

---

[28] Porter 1998, S. 31
[29] Porter 1998, S. 32
[30] Porter 1998, S. 33

3.2 Positionierung versus Ressourcenorientierung

Porters Annahmen gehen von einem extern – am Markt – induzierten Optimierungsproblem aus. Wenn es gelingt, die Umfeldbedingungen der „Five Forces" mit der Unternehmensstrategie in Einklang zu bringen, entstehen – fast automatisch – Wettbewerbsvorteile (Outside Perspective). Diese Einstellung wird vom ressourcenorientierten Ansatz kritisch hinterfragt, der besagt, dass die unternehmensintern vorhandenen Ressourcen – also Wissen, Fähigkeiten und Erfahrung der Mitarbeiter, verwendete Produktionstechnologien, Patente etc. – die eigentliche Grundlage für strategische Wettbewerbsvorteile sind.

Im Gegensatz zu Porters Positionierung eines Unternehmens und der Verteidigung dieser Position am Markt stellt die Erhöhung der unternehmerischen Flexibilität durch Innovationen die wichtigste Zielsetzung des Konzepts der Ressourcenorientierung dar. Diese Perspektive schärft vor allem den Blick für unternehmensinterne Prozesse (Inside Perspective). Denn oftmals stellt eine zu hohe Außenorientierung – wie bspw. der Versuch, die Erfolge anderer Unternehmen zu imitieren – sogar eine Gefahr für die eigene Organisation dar, weil diese Erfolge unter gänzlich anderen kulturellen, rechtlichen, wirtschaftlichen und organisationalen Bedingungen generiert wurden und nicht einfach nachgeahmt werden können.[31]

Deshalb verbindet das Konzept der Ressourcenorientierung sowohl den „Outside-in"-Ansatz, der eine Anpassung der Organisation an die Bedingungen der Umwelt fordert als auch den „Inside-out"-Ansatz, nach dem das Ressourcenportfolio eines Unternehmens seine strategische Positionierung am Markt bestimmt. Während die erste Perspektive im Rahmen des strategischen Managements hohe Beachtung findet, führte der zweite Fokus bisher eher ein Schattendasein in der Literatur.[32]

Teece, Pisano und Shuen gehen mit ihrer Definition der „Dynamic Capability" sogar noch einen Schritt weiter. Dabei stellen sie fest, dass der Zeitaspekt bei der ressourcenorientierten Betrachtung zu kurz kommt. Unter Dynamic Capability verstehen sie daher die Fähigkeit eines Unternehmens, alle erforderlichen Kompetenzen ständig so zu adaptieren, dass sie sowohl den externen Anforderungen als auch der internen „Pfadabhängigkeit" entsprechen.[33]

Mit „**Pfadabhängigkeit**" ist die Tatsache gemeint, dass strategische Entscheidungen stets auf vorangegangenen historischen Entscheidungen aufbauen. So schränken bspw. Investitionsentscheidungen der Vergangenheit den Korridor möglicher weiterer Investitionen ein, da sie nicht so einfach von heute auf morgen rückgängig gemacht werden können bzw. dies erhebliche Kosten für das Unternehmen bedeuten würde. Dementsprechend ist die vorhandene Ist-Situation der Ressourcen in Unternehmen immer bedeutsamer als die scheinbar freie Positionierung am Markt nach Porter.[34]

Die bedeutendste Gefahr eines ressourcenorientierten, strategischen Managements liegt daher in der hohen Vergangenheitsorientierung. Es besteht nicht nur die Gefahr, dass die vorhandenen Ressourcen im Zeitverlauf obsolet werden,[35] sondern Partialinteressen –

---

[31] Vedder 1992, S. 65
[32] Lewis 2003, S. 731
[33] Teece et al. 1997, S. 516
[34] Teece et al. 1997, S. 522
[35] Levitt/March 1988, S. 319ff.

die in Organisationen zur Ausbildung von so genannten „Schrebergärten", „Fürstentümern" oder funktionalen bzw. divisionalen „Silos" führen – können zu Fehlentscheidungen bei der Weiterentwicklung der vorhandenen Ressourcen beitragen.[36]

3.3 Organisationale Kernkompetenzen nach Prahalad und Hamel

Einen bedeutenden Schritt, die Ressourcen und Kompetenzen einer Organisation in den Mittelpunkt der strategischen Betrachtung zu stellen, unternehmen Prahalad und Hamel. Ihrer Ansicht nach liegen die „Wurzeln" jeder Organisation in den technologischen und in den managementspezifischen Kompetenzen eines Unternehmens. Den „Stamm und die Äste" stellen die zusammengesetzten Kernkompetenzen und die strategischen Geschäftsfelder dar, und an den Enden repräsentieren innovative und kundennutzenorientierte Produkte die „Blüten oder Blätter".[37] Den organisationalen Kernkompetenzen kommt dabei eine stabilitäts- und innovationsfördernde Funktion zu, da sie die drei folgenden Merkmale aufweisen:[38]

1. Kernkompetenzen erhöhen die Anzahl der Handlungs- und Entwicklungsoptionen.

2. Kernkompetenzen sind schwer imitierbar, da sie individuelle Fähigkeiten und Produktionswissen bzw. -technologien zu einer spezifischen Unternehmenskultur vereinheitlichen.

3. Kernkompetenzen tragen signifikant zum wahrgenommenen Kundennutzen bei.

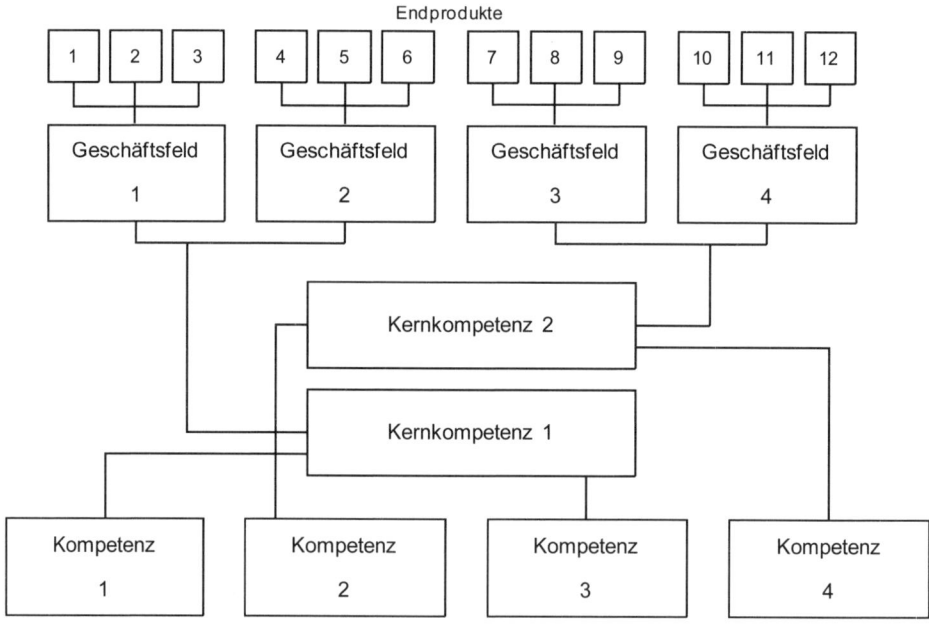

Abb. 4: Kompetenzen als Wurzeln der Wettbewerbsfähigkeit[39]

---

36 Kochanski/Ruse 1996, S. 20
37 Prahalad/Hamel 1990, S. 82
38 Prahalad/Hamel 1990, S. 83f.
39 Prahalad/Hamel 1990, S. 81

Wie Abbildung 4 zeigt, basieren die Kernkompetenzen eines Unternehmens auf dem Zusammenspiel unterschiedlicher Einzelkompetenzen. So müssen bspw. für Tablet PCs Notebook- und Touchscreentechnologien zusammengefügt werden. Geschäftsfelder in diesem Bereich könnten dann bspw. die Märkte für Convertibles, Slates oder UMPCs sein. Die einzelnen Produktmodelle stellen schließlich die unterschiedlichen Endprodukte für den Kunden dar.

Obwohl der Begriff der Kernkompetenzen 1990 schon bekannt war, gelten Prahalad und Hamel als Begründer dieses Managementansatzes. Zuvor wurden ähnliche Konzepte bereits als organisationale oder firmenspezifische Kompetenzen, „Distinctive Competences" oder „Invisible Assets" in der strategischen Managementliteratur eingeführt. Bei diesen frühen Ansätzen liegt der Fokus aber hauptsächlich auf den technischen Kernkompetenzen der Unternehmen.[40] Prahalad und Hamel beziehen sich darüber hinaus erstmals explizit auf die Managementkompetenzen, wie sie vor allem das strategische Management darstellt.[41] Organisationale Kernkompetenzen werden dabei als Basis für die Auswahl und Entwicklung strategischer Geschäftsfelder gesehen.

Ähnlich wie bei der divisionalen Organisation[42] macht die Segmentierung von strategischen Geschäftsfeldern oder strategischen Geschäftseinheiten jedoch nur dann Sinn, wenn die einzelnen Organisationseinheiten überschneidungsfrei gegeneinander abgrenzbar sind. Um dies festzustellen, lassen sich drei wesentliche Kriterien definieren:[43]

1. Das strategische Geschäftsfeld verfügt über intern einheitliche und zu anderen Geschäftsfeldern abgrenzbare Merkmale, wie z.B. Kundenbedürfnisse, Marktverhältnisse oder Kostenstrukturen.

2. Die Kundenbedürfnisse können in der Sparte durch eine Markt-Produkt-Kombination gezielt mittels Marketingmaßnahmen angesprochen und längerfristig befriedigt werden.

3. Für jedes strategische Geschäftsfeld lässt sich unabhängig von den Strategien anderer eine eigene Strategie planen und durchführen.

Aufbauend auf diesen Vorbedingungen greift Leonard-Barton auf einen breiteren Erklärungsansatz zurück. Sie definiert Kernkompetenz als eine vierdimensionale Wissensbasis des Unternehmens, bestehend aus:[44]

1. dem Wissen, den Fähigkeiten und den Fertigkeiten der Mitarbeiter,

2. den technischen (Produktions-)Systemen,

3. den Wissensflüssen im Rahmen der Management- und Reportingsysteme sowie

4. den Werten und Normen der Unternehmenskultur.

---

[40] Leonard-Barton 1992, S. 111f.
[41] Prahald/Hamel 1990, S. 80
[42] siehe dazu auch den Beitrag „Strukturen und klassische Organisationsformen" in diesem Buch
[43] Schertler 1998, S. 189
[44] Leonard-Barton 1992, S. 113

Negative Konsequenzen der Fokussierung auf organisationale Kernkompetenzen können für Unternehmen sein:[45]

- An erster Stelle steht – wie bereits in Kapitel 3.2 erwähnt – die ausgeprägte Vergangenheitsorientierung. Verlässt man sich lediglich auf die Artefakte der bereits vorhandenen technischen Prozesse und Managementsysteme, blendet man die Gegenwart und Zukunft – und somit auch die mit diesen Perspektiven verbundenen Chancen und Gefahren – weitgehend aus.

- Als zweiten Punkt gilt es zu beachten, dass eine dominante Unternehmenskultur meist eine selbstselektiv-versteinernde Wirkung ausübt. Neue Ideen und Ansätze haben dann kaum eine Chance, integriert zu werden.

- Drittens und letztens sollte der Einfluss, den Mitarbeiter auf den Organisationsentwicklungsprozess ausüben, nicht unterschätzt werden. Zugeschriebener Status und mikropolitische Machtausübung spielen bei der Suche nach Unterstützung für einen Veränderungsprozess durch die Belegschaft eine wesentliche Rolle und entscheiden oftmals über Erfolg oder Misserfolg von Projekten.

Diese Kritikpunkte führten schließlich zu einer stärkeren Fokussierung auf die Ressource Wissen in Unternehmen. Der in Folge dargestellte wissensbasierte Ansatz setzt vorrangig auf die Lernfähigkeit von Organisationen, um deren langfristiges Überleben zu garantieren.

3.4 Der wissensbasierte Ansatz

Einen wichtigen Ausgangspunkt für den Perspektivenwechsel hin zum wissensbasierten Ansatz, der die Ressource Wissen in den Mittelpunkt rückt, stellt die **„Absorptive Capacity"** dar. Unter dieser ist die zukunftsorientierte Lernfähigkeit eines Unternehmens zu verstehen, die eine kontinuierliche Anpassung an Veränderungen der Umwelt erlaubt.[46] So sind Organisationen und ihre Strukturen an sich als stabil und stark veränderungsresistent anzusehen, die Mitarbeiter und Prozesse stellen jedoch das dynamische Element dar, das ein langfristiges Überleben garantieren soll.

Diese Erkenntnis wendet sich von der klassischen Stabilitäts- und Steuerungsvorstellung von Organisationen ab und fokussiert auf die Interaktion zwischen der Lernfähigkeit und -bereitschaft der Mitglieder einer Organisation und die Herausforderungen einer sich dynamisch verändernden Umwelt. Die beiden Kernelemente des kontinuierlichen Lernens und somit auch der Absorptive Capacity stellen das Adaptabilitätslernen und das Identitätslernen dar. **Adaptabilitätslernen** umfasst dabei folgende, sowohl für Individuen als auch für Organisationen wichtige Charakteristika:[47]

- Flexibilität,

- Neugierde bzw. Forschergeist,

- Offenheit gegenüber neuen und ungewöhnlichen Ideen,

---

[45] Leonard-Barton 1992, S. 120
[46] Cohen/Levinthal 1990
[47] Briscoe/Hall 1999, S. 49

- Kommunikationsgeschick bei der Erkundung und Vermittlung neuer Herausforderungen und

- Stressresistenz.

Identitätslernen wiederum bezieht sich auf den individuellen und organisationalen Umgang mit:[48]

- realistischen Selbsteinschätzungen,

- Akzeptanz und konstruktiver Kritik,

- wertrationalem – also auf relativ stabilen Werten basierendem – Handeln,

- Persönlichkeitsentwicklungsmaßnahmen,

- Lob und Anerkennung,

- Heterogenität der Workforce und

- dem Willen, die Selbsteinschätzung zu hinterfragen und zu verändern.

Adaptabilität steht also für die individuelle Anpassung einer Person an die Anforderungen einer Organisation und ihrer Umwelt, während Identitätslernen die Wertebene – wofür stehe ich und „meine" Organisation – umfasst. Diese Erläuterungen unterstreichen die Forderung nach einer Aufwertung des praxisbezogenen Erfahrungslernens für die Etablierung einer lernfreundlichen und identitätsstiftenden Unternehmenskultur.[49] Dabei ist jedoch stets zu beachten, dass Adaptabilität ohne Identität nur zu reaktiver Anpassung an die Umwelt bzw. unreflektiertem Aktionismus und Identität ohne Adaptabilität zur Versteinerung der Unternehmenskultur sowie langfristiger Handlungsunfähigkeit führen.[50]

Das Adaptabilitäts- und Identitätslernen fördert die Offenheit, Heterogenität und somit auch direkt die Lernfähigkeit eines Unternehmens und stellt daher einen komparativen Wettbewerbsvorteil dar. Der Fokus liegt dabei auf den **Wissensportfolios** eines Unternehmens, die sich aus individuellem und organisationalem Wissen sowie dem Komplexitätsgrad der Aufgabenstellung zusammensetzen.[51] Diese drei Faktoren spielen auch bei der Strukturierung einer Prozessorganisation eine wesentliche Rolle (vgl. Kapitel 4).

Die vorhandenen und strategisch bedeutsamen Wissensportfolios eines Unternehmens können letztlich auf zwei Effekte der Ressource Wissen zurückgeführt werden, die in ihrer Kombination darüber entscheiden, ob ein Wettbewerbsvorteil vorliegt oder ob die Leistung besser am Markt zugekauft bzw. ausgelagert wird. Dabei handelt es sich um:[52]

1. den Wissens-Substitutionseffekt und

2. den Flexibilitätseffekt.

Der Wissens-Substitutionseffekt zielt vor allem auf die Frage ab, ob die Nutzung eines bestimmten Wissens (a) überhaupt eine wertschöpfende Aktivität darstellt und (b) deren Koordination im Rahmen eines Unternehmens – zumindest mittelfristig – die Erwirt-

---

[48] Briscoe/Hall 1999, S. 49
[49] siehe auch den Beitrag „Organisationskultur und lernende Organisation" in diesem Band
[50] Briscoe/Hall 1999, S. 50f.
[51] Krogh/Roos 1995, S. 66
[52] Conner/Prahalad 1996, S. 484ff.

schaftung eines Gewinns ermöglicht. Beim Flexibilitätseffekt stellt sich hingegen die Frage nach den Kosten bzw. der Übertragbarkeit von Wissen. Handelt es sich um external leicht verfügbare Faktoren, dann werden diese am besten über den Markt zugekauft. Handelt es sich hingegen um implizites Wissen, wie dies bspw. großteils beim Managementwissen der Fall ist,[53] so ist eine langfristige und sichere Nutzung nur im Rahmen des eigenen Unternehmens gewährleistet.[54]

Gelingt es Organisationen also, nicht nur Wissen zu horten, sondern dieses über einen längeren Zeitraum weiterzuentwickeln und an die sich verändernden Bedürfnisse des Marktes bzw. der Kunden anzupassen, kann man von einer nachhaltig positiven Entwicklung des Unternehmens ausgehen. Bei dieser Betrachtungsweise rücken die Frage der Steuerbarkeit und der Zeitfaktor zunehmend in den Mittelpunkt. Nicht zuletzt ist es daher auch das Ziel des nächsten und zugleich letzten Strategiemodells, das im folgenden Kapitel vorgestellt wird, die Komplexität und die Dynamik des Wandels in die Unternehmensstrategie mit einzubeziehen.

3.5 „Competing on the Edge" nach Brown und Eisenhardt

Ausgehend von Firmenfallstudien im IT-Sektor stellen Brown und Eisenhardt fest, dass sich das strategische Umfeld in den letzten Jahren drastisch verändert hat. Die Funktion des Managements ist in diesen komplexen und dynamischen Märkten vor allem durch folgende Merkmale beschreibbar: unvorhersehbare und unkontrollierbare Ereignisse, die das Management durch unfokussierten Aktionismus, d.h. proaktives, aber zugleich meist ineffizientes aber kontinuierliches Handeln, in den Griff zu bekommen versucht.[55]

Im Gegensatz zu Porter oder Prahalad und Hamel sehen Brown und Eisenhardt strategisches Management nicht als eine stabile analytische Funktion, bei der es gilt, die passende strategische Positionierung oder die optimale Kombination von organisationalen Ressourcen auszuwählen, sondern als die kontinuierliche (Weiter-)Entwicklung kompetitiver Wettbewerbsvorteile.[56] Ausgehend von einer hohen Komplexität und Dynamik der unternehmerischen Umwelt steht die „Continual Reinvention", also die kontinuierliche Weiterentwicklung der Organisation, im Vordergrund.[57] Die theoretischen Grundlagen dieser Variante der Chaostheorie finden sich daher:[58]

● im Komplexitätsmanagement,

● in den Evolutionstheorien und

● im Zeitmanagement.

Das Ziel dieses Ansatzes ist letztlich der Aufbau einer lernenden Organisation. Dafür stehen dem Management fünf Bausteine zur Verfügung, die mit den o.a. theoretischen Grundlagen korrespondieren.

---

[53] Baecker 1998, S. 6ff.
[54] Conner/Prahalad 1996, S. 486
[55] Brown/Eisenhardt 1998, S. 7ff.
[56] Brown/Eisenhardt 1998, S. 18
[57] Brown/Eisenhardt 1998, S. 8
[58] Brown/Eisenhardt 1998, S. 4

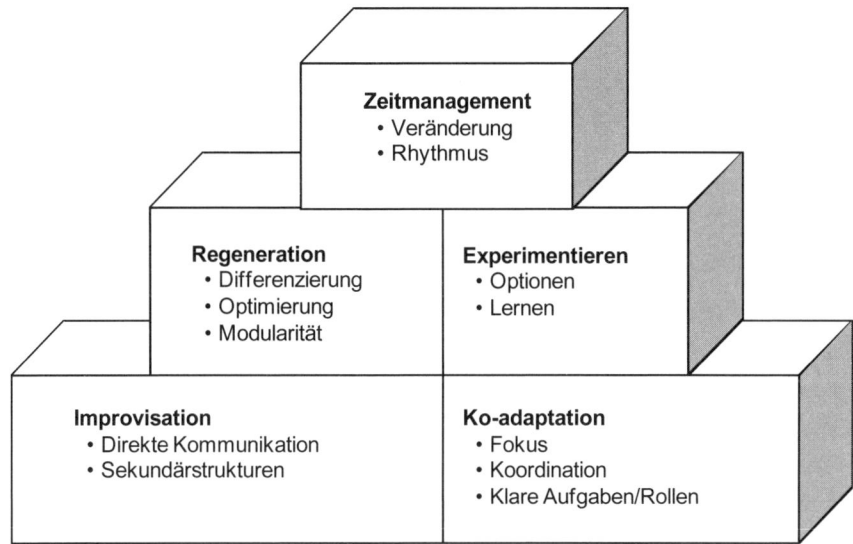

Abb. 5: Bausteine des „Competing on the Edge"-Modells[59]

Während die Improvisation mittels Rückgriff auf direkte, funktionsübergreifende Kommunikation und Sekundär(Projekt-)strukturen Innovationen fördern soll, zielt die Ko-adaptation auf die fokussierte Koordination der unterschiedlichen Umweltanforderungen durch klare Aufgaben- und Rollenabgrenzung ab.

Entsprechend den Grundsätzen der Pfadabhängigkeit (vgl. Kapitel 3.2.) gilt es, auf historischen Entscheidungen, die sich bis in die Gegenwart auswirken mittels Differenzierung, Optimierung und Modularität aufzubauen (= Regeneration) und durch Lernen und Optionenwahl ein zukunftsorientiertes Szenario des strategischen Managements abzuleiten (= Experimentieren).

Schließlich benötigt man noch ein ausgefeiltes Zeitmanagement, das nicht nur die unternehmensinterne Abstimmung, sondern auch den temporären Abgleich der Handlungen mit Lieferanten, Kunden und sogar Konkurrenten ermöglicht. Als Beispiel hierfür wird die Entwicklung des technologischen Fortschritts im IT-Bereich angeführt. Hierbei geht es nicht nur um die Entwicklung immer schnellerer und leistungsfähigerer Computer, sondern um die Abstimmung mit Anbietern von Betriebs- und Anwendungssoftware und Lieferanten von passender Hardware, um den Kundennutzen voll auszuschöpfen und bedarfsinduzierend auf die Käufer einzuwirken. Dadurch wird Zeitmanagement zu einem strategischen Instrument. Wer den Takt bzw. Rhythmus der Veränderung beeinflussen kann, baut sich einen neuen strategischen Wettbewerbsvorteil auf, der bisher allzu oft vernachlässigt wurde.[60]

Hinsichtlich dieser neuen Aufgaben ist es nach Aussagen der beiden Autorinnen erforderlich, eine flexiblere Definition von Strategie zu übernehmen. Dabei geht es vor allem

---

[59] in Anlehnung an Brown/Eisenhardt 1998, S. 23
[60] Brown/Eisenhardt 1998, S. 163ff.

um die organisationale Kompetenz des kontinuierlichen Wandels. Die zentrale Herausforderung liegt im Management der ständigen Veränderung einer Organisation mit Hilfe einer **semikohärenten Strategie** – also einer eher vage gehaltenen Zielvorgabe –, um die erzielten Wettbewerbsvorteile möglichst langfristig erhalten zu können. Eine solche Strategie weicht jedoch wesentlich von der klassischen Definition ab, denn sie ist:[61]

- unvorhersehbar, da die ständige Anpassung an eine komplexe und dynamische Umwelt nicht planbar ist,
- unkontrollierbar, da die flexiblen Einheiten autonom agieren,
- ineffizient, da Innovation und nicht Optimierung das Ziel darstellt,
- proaktiv, weil die Themenführerschaft beansprucht wird,
- kontinuierlich, ohne ein vorgebenes Endziel und
- diversifiziert, da sie sich aus einer Vielzahl unterschiedlicher Handlungsweisen zusammensetzt.

Somit stellt eine semikohärente Strategie im altbekannten Sinn eher eine typische Unternehmensvision dar, die alle Kräfte fokussiert, aber kein operationalisierbares Ziel vorgibt.[62] Dies bedeutet aber auch, dass unternehmerische und strategische Kompetenzen an das operative Management abgegeben werden müssen. Während die neue Kernkompetenz des mittleren Managements in der Steuerung eines komplexen Netzwerks liegt, soll sich das Topmanagement auf die Rollen des Kommunikators der semikohärenten Strategie – also der Vision – und des Motivators konzentrieren, um den kontinuierlichen Wandel in Gang zu halten.[63]

Ziel ist dabei nicht nur, die interne Kooperation voranzutreiben, sondern vor allem die Koevolution der eigenen Organisation gemeinsam mit Partnerunternehmen zu forcieren – also die symbiotische Weiterentwicklung und Anpassung an die Umwelt, die jedoch auch kompetitive Züge im Sinne des „Survival of the Fittest" trägt.[64] Ein Aspekt, der sich insbesondere in Kapitel 5.1. über Netzwerkorganisationen wiederfindet.

Kritisch anzumerken bleibt, dass dieses Modell vor allem auf Fallstudien aus dem Bereich der Computerindustrie basiert. Einige Merkmale sind wenig trennscharf und auch nur schwer auf traditionellere Branchen zu übertragen. Dass Koevolution und Zeitmanagement durchaus zu wichtigen Treibern im aktuellen Wirtschaftsleben gehören, ist unbestritten. Unklar ist zur Zeit jedoch noch, welche konkrete Rolle bzw. Funktion beide im strategischen Wettbewerb der Zukunft spielen werden.

3.6 Strategisches Management und Organizational Design

Die Argumentation, dass ein strategisches, zukunftsorientiertes Ressourcen- und Wissensmanagement einen komparativen Wettbewerbsvorteil darstellt, findet man oftmals in der Literatur. So geht man aktuell davon aus, dass die Kernkompetenzen von Unternehmen

---

[61] Brown/Eisenhardt 1998, S. 7ff.
[62] Schertler 1996, S. 21f.
[63] Brown/Eisenhardt 1998, S. 221ff.
[64] Eisenhardt/Galunic 2000, S. 92

nicht mehr in der Verwaltung und zielorientierten Umwandlung physischer Ressourcen liegen, sondern im koordinierten Einsatz unterschiedlicher Wissensstände bzw. mentaler Modelle, die zur Lösung eines spezifischen Problems beitragen.[65] „Wissen ist einerseits der Rahmen, der die Informationsverarbeitungsfähigkeiten von Organisationen ausmacht. Wissen, im Sinne von Kernkompetenzen, ist zum anderen aber auch das Produkt."[66] Darauf aufbauend ist festzustellen, dass strategische Wettbewerbsvorteile fast ausschließlich auf die Humanressourcen eines Unternehmens zurückzuführen sind, da andere Vorteile (insbesondere Produktinnovation, Technologie, Marktbearbeitung etc.) schnell von der Konkurrenz imitiert werden können.[67]

Auf Seiten der Verfechter dieser neuen Sichtweise wird vor allem das Argument vorgebracht, dass die wichtigste zukünftige Aufgabe des Managements darin liegt, die Kompetenzen und Ressourcen eines Unternehmens mit der Strategie zu verknüpfen, um dadurch einen langfristigen Wettbewerbsvorteil zu erzielen.[68] Um diese Ansicht zu stützen, wird auf eine Übersicht der drei bereits vorgestellten Strategiemodelle zurückgegriffen (siehe Tabelle 1).

	Porter's "Five Forces" (1980s)	Prahalad & Hamel's Kernkompetenzen (1990s)	Brown & Eisenhardt's "Competing on the Edge Model" (2000s)
Perspektive	Relativ stabiler Markt und Wettbewerb	Organisationale Kompetenzen	Komplexe und dynamische Märkte mit raschem Wandel
Ziel	Positionierung des Unternehmens am Markt	Entwicklung eines langfristigen Wettbewerbsvorteils	Wettbewerbsvorteile sind einem kontinuierlichen Wandel unterworfen
Änderungstreiber	Marktstrukturen	Technologischer Wandel	Change Management
Strategie	Strategische Positionierung wählen – Unternehmen anpassen – Positionierung halten	Entwicklung organisationaler Kompetenzen auf Grundlage einer strategischen Vision	Anpassung an die Umwelt mittels Change Management und Zeitmanagement
Erfolgskriterium	Marktpositionierung und Profit	Langfristige technologische Dominanz	Kontinuierliche Weiterentwicklung des Unternehmens

Tabelle 1: Wandel der Strategiemodelle[69]

---

[65]   Pawlowsky 1998, S. 13
[66]   Pawlowsky 1998, S. 13
[67]   Riekhof 2002, S. VI
[68]   Hodgetts et al. 1999, S. 20
[69]   Hodgetts et al. 1999, S. 13

Ausgehend von der Analyse des Wettbewerbsumfeldes, also der Untersuchung von Eintrittsbarrieren, Lieferanten, Käufern, Konkurrenten und Substitutionsmöglichkeiten nach Porter, findet mit Prahalad und Hamel eine ressourcenorientierte Fokussierung auf die organisationalen Kernkompetenzen im Unternehmen statt. Die Ansprüche an ein Unternehmen sind aber noch weiter gestiegen. Kosten-, aber auch Zeitwettbewerb, höhere Kundenorientierung, Mobilität und Flexibilität sind aktuelle Trends, die eine ständige Anpassung an veränderte Marktverhältnisse erfordern.[70]

Bezüglich des Übergangs von Prahalads und Hamels Ansatz zum Konzept von Brown und Eisenhardt – und somit hin zur kontinuierlichen Weiterentwicklung von Organisationen – stellt Drucker fest, dass erst ein Fit zwischen der Unternehmensumwelt, der Strategie und den Kernkompetenzen den langfristigen Erfolg eines Unternehmens sicherstellt. Aus dieser Kombination soll ein Geschäftsmodell abgeleitet und auch in vorgegebenen Intervallen auf seine Praxisrelevanz getestet werden. Wird diese Ausrichtung nicht regelmäßig reflektiert und neu hinterfragt, läuft das Unternehmen Gefahr, aufgrund von sozialen, markt- bzw. kundeninduzierten oder technologischen Veränderungen zu scheitern.[71]

Für Unternehmen bedeutet dies, dass neben der Ressourcenausstattung auch die Steuerbarkeit komplexer Umwelten und die zeitliche Dynamik beachtet werden müssen und daher der Aufbau neuer, effizienterer Organisationsstrukturen unerlässlich wird. Vor allem die Prozessorganisation, die Implementierung von Netzwerkstrukturen und die virtuellen Organisationsformen zielen darauf ab, die strategische Marktorientierung in den Organisationen zu stärken.[72] Diese drei Organisationsformen werden daher in Folge genauer vorgestellt.

---

[70] Hodgetts et al. 1999, S. 12
[71] Drucker 1994, S. 100f.
[72] Brown/Eisenhardt 1998, S. 11ff.

4. Prozessorganisation: Business Reengineering

Die Prozessorganisation geht im Wesentlichen auf die beiden amerikanischen Autoren Hammer und Champy zurück, die den Begriff des Business Reengineering geprägt haben. Zielsetzung der Prozessorientierung ist ein „fundamentales Überdenken und radikales Redesign von Unternehmen oder wesentlichen Unternehmensprozessen".[73] Bei der prozessorientierten Organisation handelt es sich um eine jüngere Variante der divisionalen Spartenstruktur, die v. a. in qualitätsorientierten Organisationen zunehmend Eingang findet. Dem gemäß zeichnet sie sich durch eine hohe Orientierung am Kundennutzen in Form definierter Qualitätskriterien und eine auf diese ausgerichtete Flexibilität aus. Am Anfang der Prozessgestaltung steht die Identifikation der Kernprozesse, die aus der Unternehmensstrategie abgeleitet werden und den nachhaltigen Wettbewerbsvorteil des Unternehmens ausmachen. Vom strategischen Kundennutzen ausgehend werden die Prozesse rückwärts bis zur Materialanlieferung gestaltet. Die kundenbezogene Koordinationsverantwortung obliegt einem so genannten „Process-Owner". Der gesamte Leistungserstellungsprozess besteht seinerseits aus internen Kunden-Lieferantenbeziehungen mit jeweils definierten Qualitätsmerkmalen. Die Prozesssteuerung erfolgt in der Praxis durch den intensiven Einsatz moderner Informationstechnologien sowie einfacher Modelle der Selbststeuerung. In den meisten mittleren Unternehmen lassen sich ca. drei bis neun Kerngeschäftsprozesse definieren und Verantwortungsbereiche – ähnlich den Profit-Centers – strukturell abbilden. Ausgangslage dafür ist der 90°-Shift, durch den das Interesse an der Aufbauorganisation schwand und sich stattdessen auf die Ablauforganisation (Prozesse) konzentrierte.

4.1 Der 90°-Shift – Von der Funktions- zur Prozessorientierung

Bisher wurde der Blick immer auf den Aufbau der Organisation nach Funktionen, Produktgruppen, Regionen oder Projekten gerichtet. Solange die Größe einer Organisation überschaubar bleibt, stellt dies auch kein Problem dar. Mit dem Wachstum der Organisationen entstehen jedoch zunehmend organisationale „Silos", die zur Versteinerung des Unternehmens beitragen. Am Anfang der Auseinandersetzung mit der Prozessorganisation beginnt man daher, einzelne Abläufe in der Organisation als Einheit zu betrachten, und verfolgt diese quer durch das Organigramm der Aufbauorganisation. Nicht zuletzt um den Überblick zu wahren, zeigt sich bald, dass es unumgänglich wird, von der vertikal-hierarchischen Betrachtung der Organisation abzuweichen und quasi durch eine 90°-Drehung des Organigramms zu einer horizontalen Perspektive zu gelangen.[74] Dieser Vorgang soll durch folgende Abbildung verdeutlicht werden.

---

[73] Hammer/Champy 1996, S. 48
[74] Osterloh/Frost 2000, S. 28ff.

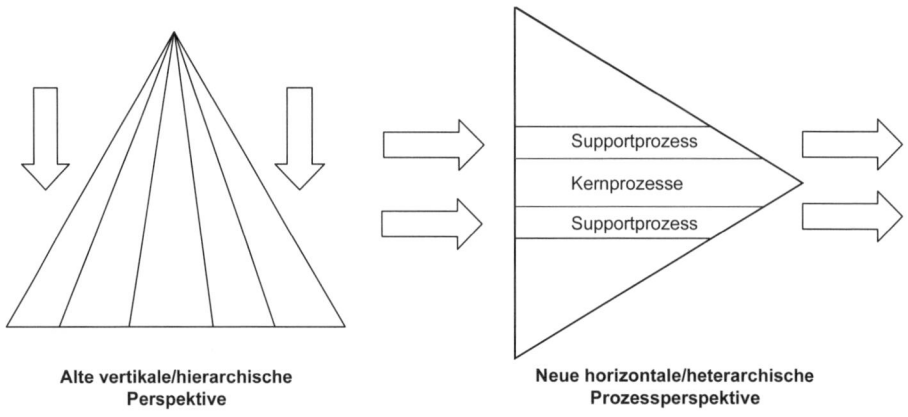

Abb. 6: Der 90°-Shift

Durch diesen Perspektivenwechsel wurde die Dominanz der Aufbau- über die Ablauf-organisation aufgehoben. Es wurde der Weg frei, Wertschöpfungsketten und -prozesse innerhalb des Unternehmens zu definieren und gezielt zu restrukturieren. Dabei steht vor allem die Reduktion organisationaler Schnittstellen im Mittelpunkt des Interesses, die im folgenden Abschnitt behandelt wird.

4.2 Die Reduktion von Schnittstellen in Organisationen

Neben dem 90°-Shift ist die Minimierung der Anzahl von Schnittstellen ein wesentliches Erfolgskriterium für Prozessorganisationen. Dazu werden auf der Ausführungsebene zu-sammenhängende Tätigkeiten zu Prozessen zusammengefasst. So entstehen kleine, über-schaubare Einheiten mit einem abgeschlossenen Aufgabengebiet, das von einer relativ geringen Zahl von Mitarbeitern betreut werden kann. Die einzelnen Prozesse sollten so-wohl technisch als auch betriebswirtschaftlich weitgehend autonom sein und – ähnlich wie Sparten, jedoch zumeist in kleinerem Maßstab – ein „Fenster zum Kunden" darstellen. Dadurch wird eine höhere Marktnähe erreicht und zugleich die individuelle Kundenbe-treuung verbessert (= „One Face to the Customer").[75] Als zentrale Merkmale gelten das Vorherrschen der Selbstorganisation innerhalb eines Prozesses und die Koordination mit-tels Anweisungen, Preisen oder Zielvereinbarungen zwischen den Prozessen. So wird über die Reduktion der Schnittstellen mit anderen Prozessen die Flexibilität des gesamten Un-ternehmens erhöht.[76]

Schnittstellen werden in diesem Zusammenhang als problematisch angesehen, weil ein ständiges „Weiterreichen" einer Aufgabe innerhalb des Unternehmens eine große Pro-blematik darstellt. Schnittstellen brechen ganzheitliche Aufgabenzusammenhänge auf, wirken so demotivierend und stellen auch mögliche Fehlerquellen im Arbeitsprozess dar. Jede Schnittstelle ist daher:[77]

---

[75] Frost/Osterloh 2004, S. 205
[76] Osterloh/Frost 2000, S. 140
[77] Frost/Osterloh 2004, S. 202

- eine Liegestelle, da zeitliche Abstimmungsprobleme bei der Übergabe entstehen können,

- eine Irrtumsquelle, da Informationen ständig weitergegeben werden müssen,

- eine Quelle der organisatorischen Unverantwortlichkeit, weil Fehler nicht direkt zugerechnet werden können und

- eine Barriere für die Übertragung von Wissen im Unternehmen.

In hierarchisch gegliederten Organisationen erfolgt die Koordination von Schnittstellen über die Vorgesetzten, was schnell zu deren Überforderung führen kann (= Kamineffekt). Darüber hinaus soll mit der Schnittstellenreduktion auch eine zu starke Innenorientierung im Unternehmen reduziert werden. Lokale „Fürstentümer" werden dabei durch kundenorientierte Prozessteams ersetzt.[78]

4.3 Organisationale Restrukturierung

Nach der Identifizierung der Prozesse und der Reduktion der Schnittstellen müssen die Mitarbeiter den entsprechenden Prozess-Teams zugeordnet und auch die Struktur umgestellt werden. „Case-Worker" sind im Grunde genommen nichts anderes als Sachbearbeiter, die einen bestimmten Prozess von Anfang bis Ende begleiten. Durch die vollständige Betreuung eines Vorgangs von einer einzigen Person können Abstimmungsprobleme und Konflikte weitgehend vermieden werden. Durch den Wegfall von Fremdkontrollen und die Förderung von Selbstverantwortung, Selbstkontrolle und Autonomie kann ein enormer Motivationsschub erzielt werden. Die Gesamtheit aller „Case-Worker" eines Moduls bildet ein Prozess-Team. Dieses Team wird von einem übergeordneten „Process-Owner" – also jemanden, der für das Ergebnis dieses Prozesses verantwortlich ist – geleitet, der an die Stelle eines klassischen Linienvorgesetzten tritt und die Koordination innerhalb und zwischen den einzelnen Modulen übernimmt. Damit kommt es zu einer Verflachung der Hierarchie und im Idealfall zur Selbstorganisation der Module und Teams.[79] Grenzt man nun die Prozesse voneinander ab und ordnet die Mitarbeiter den einzelnen Prozessen zu, so entsteht eine typische **Prozessorganisation**:

- bestehend aus einigen Kern- und Supportprozessen,

- die von Prozess-Teams ausgeführt werden,

- die wiederum von einem Process-Owner angeleitet werden und

- die durch zentrale, funktionale Abteilungen unterstützt werden.

---

[78] Frost/Osterloh 2004, S. 203
[79] Frost/Osterloh 2004, S. 208ff.

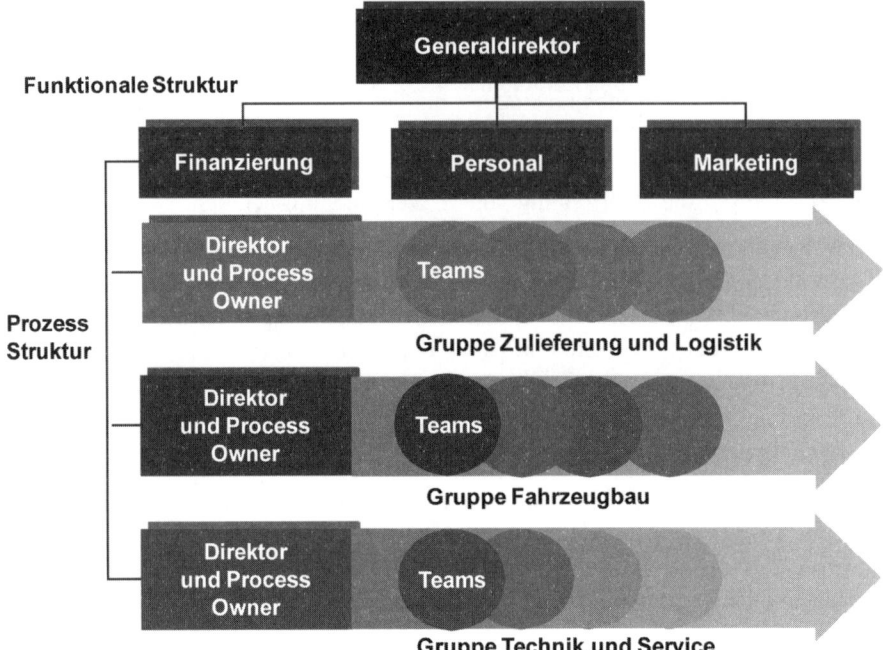

Abb. 7: Prozessorganisation[80]

Zusätzlich zu den oben angeführten Merkmalen kann eine solche Prozessorganisation im Idealfall noch um folgende Aspekte ergänzt werden:[81]

- keine Schnittstellen zwischen den Prozessen,
- Selbstorganisation innerhalb der Prozess-Teams.

4.4 Die Definition von Kern- und Supportprozessen

Die mittels der zuvor geschilderten Schritte (Kapitel 4.1 bis 4.3) gefundenen und neu strukturierten Prozesse müssen nun auch noch nach ihrer strategischen Bedeutung für das Unternehmen gewichtet werden. Der erste Schritt für die Definition von Prozessen ist dabei die Trennung in Kernprozesse und Supportprozesse. Bei Kernprozessen handelt es sich um schwer imitierbare, unternehmensspezifische Fähigkeiten, die einen wahrnehmbaren Kundennutzen stiften und für die ein angemessener Marktpreis erzielt werden kann. Supportprozesse stellen demgegenüber lediglich unterstützende Maßnahmen dar, die keine strategische Bedeutung aufweisen.[82] So können also bspw. die Produktentwicklung und Produktion meist den Kernprozessen zugerechnet werden, während das Rechnungswesen oder die Logistik nur Hilfsleistungen erbringen und somit als Supportprozesse betrachtet werden.

---

80   Daft 2001, S. 113
81   Osterloh/Frost 2000, S. 143
82   Frost/Osterloh 2004, S. 204f.

Kernprozesse bestehen aus einer Kombination von Aktivitäten, Material- und Kommunikationsflüssen sowie Entscheidungen, die zusammengefasst einen Wettbewerbsvorteil des Unternehmens darstellen. Sie sind konsequent auf strategische Ressourcen und bedeutende Umweltfaktoren ausgerichtet und stellen somit die Kernkompetenzen eines Unternehmens dar. Deshalb sollte ihre Zahl auch überschaubar bleiben und sich auf drei bis neun beschränken. Kriterien zur Definition solcher unternehmensspezifischen Kernprozesse sind:[83]

- Wahrnehmbarer Kundennutzen: Die Prozesse müssen den Kunden einen wahrnehmbaren Nutzen stiften, für den diese zu zahlen bereit sind.

- Unternehmensspezifität: Die Prozesse müssen durch eine unternehmensspezifische Nutzung von Ressourcen einmalig sein.

- Nicht-Imitierbarkeit: Die Eigenheiten der Prozesse dürfen nicht leicht zu imitieren sein.

- Nicht-Substituierbarkeit: Die Prozesse dürfen nicht durch andere Problemlösungen ersetzbar sein.

Erst durch die Erfüllung dieser Kriterien ist sichergestellt, dass Kernprozesse nur Wertschöpfungsprozesse umfassen, die zur strategischen Wertkette eines Unternehmens zusammengefasst werden können. Durch die Möglichkeit eines strategischen Wertkettenmanagements veränderte sich auch eine bisher zentrale Annahme, so dass es nicht mehr heißt „Structure follows Strategy", sondern „Structure follows Process follows Strategy".[84] In diesem Sinn genügt es also nicht mehr, die Unternehmensstruktur der Strategie anzupassen, sondern die Struktur wird über den intermittierenden Faktor der Prozesse gesteuert – wobei die Wahl der Kernprozesse durch die gewählte Wertkettenarchitektur und den Fokus der Unternehmensstrategie bestimmt wird. Die Chance, aber zugleich auch große Gefahr für die Praxis liegt hierbei in der Auswahl und dem regelmäßigen Hinterfragen der „richtigen" Kernprozesse. Sonst ist es für die Konkurrenz relativ einfach, mittels eines neuen Geschäftsmodells die Kunden eines Unternehmens abzuwerben, wie es sich bspw. deutlich auf dem Musikmarkt zeigt.

Die Wertkettenarchitektur muss dabei als strategische Entscheidung verstanden werden, die einer Dekonstruktion der Wertschöpfungskette – also aller Prozesse, die Kundennutzen generieren und daher auch zu Marktpreisen gehandelt werden – gleichkommt. In Anlehnung an Heuskel[85] zeigt Schertler unterschiedliche Wertkettenarchitekturen auf.[86]

---

[83]   Osterloh/Frost 2000, S. 34 (Hervorhebungen im Original)
[84]   Osterloh/Frost 2000, S. 37
[85]   Heuskel 1999
[86]   Schertler 2004, S. 271

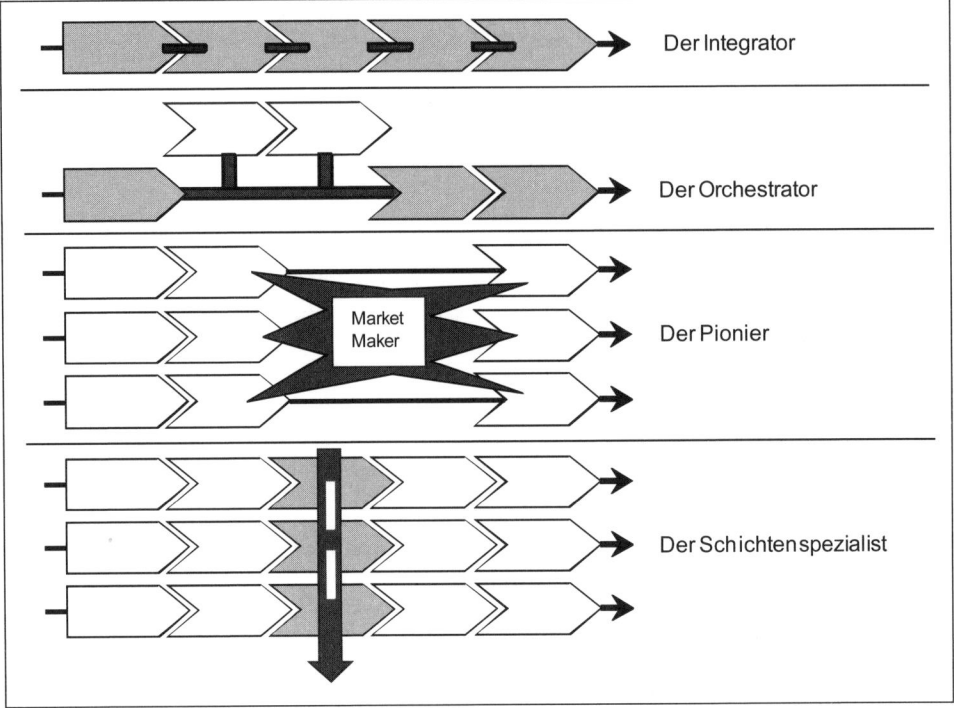

Abb. 8: Möglichkeiten der Wertkettenarchitektur

Um einen strategischen Wettbewerbsvorteil zu erzielen, können Unternehmen entsprechend der Marktentwicklung, der Kostensituation und/oder vorhandener bzw. zu entwickelnder Kernkompetenzen vier unterschiedliche **Wertkettenarchitekturen** aufweisen:

1. Der **Integrator** betreibt sowohl Vorwärts- als auch Rückwärtsintegration, d.h. es werden vor- und nachgelagerte Stufen des Produktionsprozesses in das Unternehmen integriert. Dies ist bspw. der Fall, wenn ein Stahlwerk auch Aktivitäten im Bereich der Erzgewinnung (= Rückwärtsintegration) und des Maschinenbaus (= Vorwärtsintegration) übernimmt.

2. Der **Orchestrator** lagert Teile einer bereits vorhandenen Wertschöpfungskette aus und fokussiert wieder zunehmend auf seine eigentliche Kernkompetenz. Beispiele dafür finden sich in der Automobilindustrie mit ihren Netzwerken von Zulieferern oder beim Outsourcing der Logistik.

3. Beim **Pionier** handelt es sich um ein innovatives Unternehmen, das einen neuen Kundennutzen erzeugt, indem es bisher getrennt angebotene Produkte und/oder Dienstleistungen verknüpft und so als „Market Maker" agiert. Pioniere schaffen auf diese Weise neue Märkte, die zuvor noch nicht vorhanden waren. Ein typisches Beispiel hierfür sind Internetplattformen, die Beratung, Erfahrungen von Kunden, Preisvergleiche und Maklerfunktionen zugleich übernehmen und so eine Serviceinnovation für die Käufer darstellen.

4. Der **Schichtenspezialist** fokussiert schließlich auf eine spezielle Produktionstechnik oder Dienstleistung, die in vielen Unternehmen als reine Supportprozesse anfallen, und bietet diese zu niedrigeren Preisen (= Kostendegressionseffekte) oder mit einer höheren Qualität (= Spezialisierung) den Kunden an. Hierunter fallen bspw. Logistikunternehmen, Personalverrechnungs- oder Buchhaltungsbüros oder auch Reinigungsfirmen.

Sind die strategischen Entscheidungen hinsichtlich der Wertkettenarchitektur und der Fokussierung auf die entsprechenden Kernkompetenzen des Unternehmens gefallen, gilt es, die Supportprozesse auf ein Minimum zu reduzieren oder auszulagern, um die Wertschöpfung im Unternehmen zu maximieren. Dadurch werden Schnittstellenprobleme, Fehler und nicht wertschöpfende Koordinationsaufgaben des Managements vermieden.[87] Werden jedoch die falschen oder zu viele Supportprozesse ausgelagert, dann kommt es in der Praxis durchaus wieder zur Rücknahme dieser Entscheidung, dem so genannten Insourcing. Dieser Optimierungsansatz führt zur Frage, welche Supportprozesse im Unternehmen gehalten werden sollen und welche ausgelagert werden können. Eine Antwort darauf findet sich in der so genannten Make- or-Buy-Matrix.

Unternehmensspezifische Kernkompetenz	Differenzierung zu Konkurrenten	
	Niedrig	**Hoch**
Hoch	Supportprozess (make or buy)	Kernprozess (make)
Niedrig	Outsourcing (buy)	Supportprozess (make or buy)

Abb. 9: Make-or-Buy-Matrix[88]

Aus der Abbildung 9 folgt, dass von Kernprozessen nur gesprochen werden kann, wenn die unternehmensspezifische Kompetenz und die Differenzierung zur Konkurrenz hoch ist. Demgegenüber sollten Prozesse mit niedriger Kernkompetenz und niedrigem Differenzierungsgrad ausgelagert werden. Kombinieren einzelne Prozesse eine unternehmerische Stärke mit einer geringen Differenzierungsmöglichkeit oder umgekehrt eine unternehmerische Schwäche mit einem hohen Grad an Differenzierung, dann muss die Entscheidung, ob dieser Supportprozess im Unternehmen beibehalten oder ausgegliedert wird (Make-or-Buy), auf strategischer Ebene erfolgen. Da Supportprozesse auch leichter einem Benchmarking unterzogen werden können als Kernprozesse, weil Letztere unternehmensindividuell sind und Erstere leicht am Markt zugekauft werden können, kann der Vergleich der internen Kosten mit Marktpreisen die strategische Entscheidungsfindung unterstützen.[89]

---

[87] Frost/Osterloh 2004, S. 206ff.
[88] Osterloh/Frost 2000, S. 215
[89] Frost/Osterloh 2004, S. 205

4.5 Standardisierung und Triage

Eine weitere Differenzierungsmöglichkeit der Prozesse ergibt sich aus dem möglichen Standardisierungsgrad. Das **Triage-Prinzip**[90] zielt auf die Optimierung und Beschleunigung von Geschäftsprozessen ab und ermöglicht eine Einteilung der Fälle nach:[91]

- der funktionalen Segmentierung,
- der Segmentierung nach Kundengruppen und
- der Segmentierung nach Komplexität.

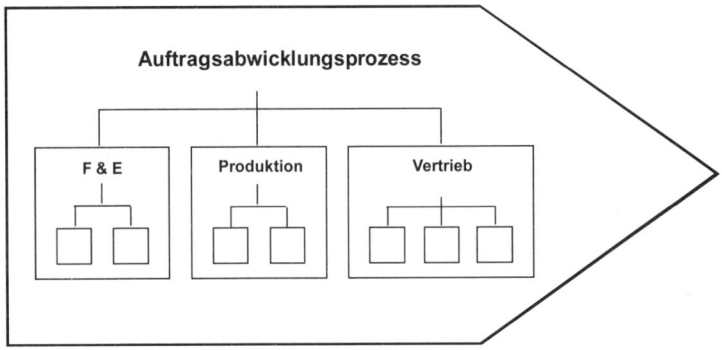

Abb. 10: Funktionale Segmentierung[92]

Die **funktionale Segmentierung** verfolgt einen eher traditionellen Ansatz, indem sie herkömmliche funktionale Strukturen in Prozessabläufe zu pressen versucht. Damit findet die eigentliche Prozessidee nur zu einem geringen Teil Verwirklichung. Die kundenorientierte Prozessbearbeitung soll erreicht werden, indem einfach eine prozessverantwortliche Person ernannt wird. Diese Vorgehensweise entspricht weitgehend einer hybriden Organisationsform, auf die hier nicht näher eingegangen werden soll.

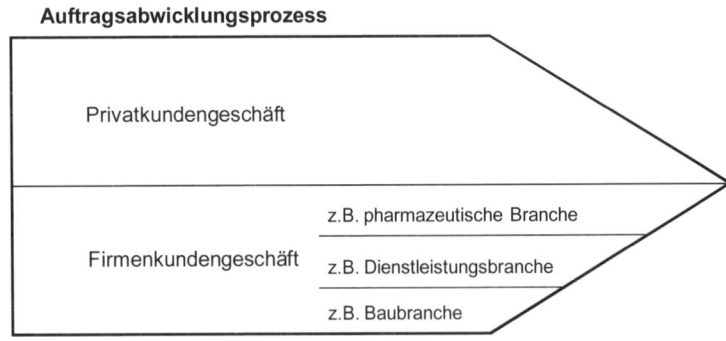

Abb. 11: Segmentierung nach Kundengruppen[93]

---

[90] Das Wort kommt aus dem Französischen und bedeutet Auswahl, Sichtung oder Selektion.
[91] Osterloh/Frost 2000, S. 50ff.
[92] Osterloh/Frost 2000, S. 50

Obwohl die **Segmentierung nach Kundengruppen** – hier nach Privat- und Firmenkunden und Letztere wieder nach deren Branche unterteilt, um die unterschiedlichen Kundenbedürfnisse besser erfüllen zu können – ebenfalls Anleihen bei der traditionellen Organisationstheorie nimmt, indem sie Prozesse nach Kundengruppen, also divisional nach Sparten einteilt, entspricht dieser Ansatz schon eher der Prozessorientierung. Diese Segmentierungsstrategie ist dem Key-Account-Management im Marketing ähnlich. Auch hier betreut ein Kundenmanager wenige wichtige („Schlüssel"-)Kunden, von der Bestellung bis zur etwaigen Reklamation. Der wesentliche Vorteil dieses Prinzips liegt in der höheren Kundenbindung, da eine direkte Beziehung zwischen Kunden und „Process-Owner" aufgebaut werden kann. Der wesentliche Nachteil liegt in der Entstehung von Doppelgleisigkeiten, wie sie sich in der divisionalen Struktur bereits zeigen.[94] Dies widerspricht jedoch teilweise den Zielsetzungen der Prozessorganisation, warum auch von dieser Segmentierungsstrategie abgeraten wird.

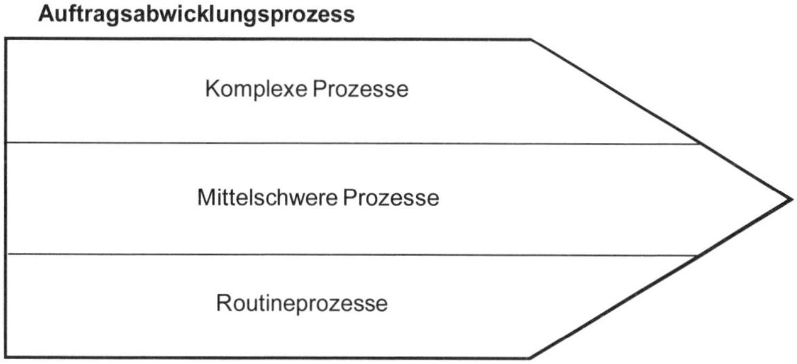

Auftragsabwicklungsprozess

Komplexe Prozesse

Mittelschwere Prozesse

Routineprozesse

Abb. 12: Segmentierung nach Komplexität[95]

Die **Segmentierung der Prozesse nach Komplexität** ermöglicht die Einteilung in Routineprozesse, mittelschwere und komplexe Prozesse. So können Routinearbeiten auch relativ unerfahrenen Mitarbeitern übertragen werden (wodurch diese bereits recht früh zu „Process-Ownern" werden), während mittelschwere Prozesse von erfahreneren Mitarbeitern betreut werden oder komplexe Prozesse sogar von Prozess-Teams. Diese Ausnutzung der Anforderungsdifferenzierung ermöglicht gleichzeitig den vermehrten Einsatz gering qualifizierter – und damit billigerer – Mitarbeiter. Eine übermäßige Ausreizung dieser Möglichkeit kann jedoch den erwähnten Motivationseffekt wieder senken bzw. die Anpassungsfähigkeit des Unternehmens an Veränderungen der Umwelt erheblich beeinträchtigen.[96]

---

[93]   Osterloh/Frost 2000, S. 62
[94]   siehe dazu auch den Beitrag „Strukturen und klassische Organisationsformen" in diesem Band
[95]   Osterloh/Frost 2000, S. 51
[96]   Frost/Osterloh 2004, S. 212

4.6 Zusammenfassung

Insgesamt gesehen erschöpft sich der Business-Reengineering-Ansatz also nicht im Perspektivenwechsel hin zur Prozessorganisation, sondern setzt sich aus folgenden drei Ideen zusammen:[97]

- Der Prozess-Idee, durch die eine Umverteilung von Aufgaben und Verantwortung an „Case-Worker" und Prozess-Teams erfolgt.

- Der Triage-Idee, durch die es im Rahmen der Prozesssteuerungen zu weiteren Segmentierungen der Kernprozesse nach Funktionalität, Kundengruppen oder Komplexität kommt.

- Die informationelle Vernetzung, die im Sinne der „Enabling Technologies", also moderner IT- und Kommunikationssysteme, alle zuvor definierten Abläufe weitgehend unterstützen, standardisieren und automatisieren soll und ohne die es die modernen Organisationsformen, die vor allem auf zeitnahem Informationsaustausch und intelligenten Lösungen basieren, nicht gäbe.

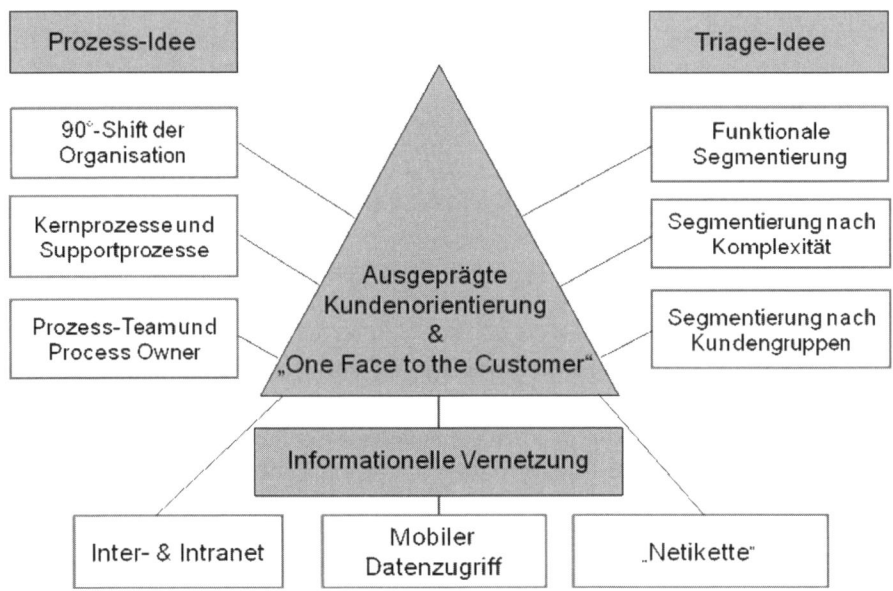

Abb. 13: Die drei Ideen des Business Reengineering[98]

Durch die Verknüpfung dieser drei Ideen können Unternehmen folgende **Vorteile** erzielen:[99]

- hohe Flexibilität und Kundenorientierung und daher in der Regel auch größere Preisspielräume,

---

[97] Frost/Osterloh 2004, S. 203f.
[98] in Anlehnung an Osterloh/Frost 2000, S. 27
[99] Daft 2001, S. 111

- Optimierung der Wertschöpfung im Unternehmen,
- Verringerung des Umlaufvermögens durch Reduktion der Lagerbestände bzw. der Zwischenlager,
- klare – auch für einzelne Mitarbeiter nachvollziehbare – organisationale Zielsetzungen,
- Verbesserung der Koordination durch Reduktion der organisationalen Schnittstellen,
- Abbau traditioneller, hierarchischer Steuerungs- und Kontrollstrukturen,
- Stärkung der Teamarbeit im Unternehmen,
- Empowerment: Mitarbeiter erhalten mehr Entscheidungsbefugnisse,[100]
- Ermöglichung verflachter, heterarischer Strukturen und der Selbstorganisation und
- Verbesserung der Motivation, da die Leistungen eigenständig erbracht und kundenspezifisch auf die Prozess-Teams zugerechnet werden können.

Diese Vorteile werden jedoch auch mit einigen **Gefahren** erkauft:[101]

- Steigerung der Produktionskosten durch die Verringerung von Skalenökonomien und Synergieeffekten,
- erhöhte Kapitalbindung des Anlagevermögens durch Überkapazitäten,
- hoher Koordinationsaufwand, der sich v. a. in der Prozessgestaltung, der laufenden Steuerung sowie der kontinuierlichen Verbesserung der Abläufe niederschlägt,
- die Definition von Kernprozessen ist oftmals schwierig und zeitraubend,
- umfassende und kostenintensive Veränderungen der Organisation sind erforderlich,
- das Management stellt sich gegen die Umsetzung, da es Macht- und Autoritätsverlust befürchtet,
- hohe Kosten für Training der Mitarbeiter und Teambildungsmaßnahmen,
- mögliche Aushöhlung des Unternehmens und Verlust von Kernkompetenzen,
- geringere Anpassungsmöglichkeiten an Veränderungen der Umwelt durch Abbau von Personal und Auslagerung von Supportprozessen.

Ziel des Ganzen ist vor allem eine Abkehr von hierarchischen Strukturen und eine Hinwendung zur kundenorientierten Bearbeitung des Marktes. Der Wechsel der Perspektive von einer vertikalen zu einer horizontalen Sichtweise der Prozesse stellt dabei lediglich eine – wenn auch die wesentlichste – Neuerung dieses Konzepts dar. Kritisch bleibt dabei immer die unternehmensspezifische Auswahl der Kernprozesse, die gut durchdacht und auch mit quantitativen und qualitativen Daten unterlegt sein sollte. Sonst sind lediglich kostenintensive Restrukturierungen und deren spätere Rücknahme, wechselnde Out- und Insourcingstrategien sowie Image- und Vertrauensverlust bei Kunden und Mitarbeitern zu befürchten, wenn man bspw. bei den Routineprozessen im Bankensektor bis zum „No Face to the Customer" im Zahlungsverkehr rationalisiert und automatisiert.

---

[100] Osterloh/Frost 2000, S. 33
[101] Daft 2001, S. 111.

5. Unternehmensnetzwerke und virtuelle Organisationen

Je komplexer und dynamischer die Umwelt eines Unternehmens wird, desto schwieriger wird es, die Anforderungen des Marktes in ein bestimmtes Korsett – hier als Organisationsstruktur zu verstehen – zu pressen. Mit der Integration von Lieferanten, Kunden oder sogar Mitbewerbern in die vorhandene oder gewünschte Wertkettenarchitektur beginnen sich die Unternehmensgrenzen aufzulösen. Reichen zunächst noch vertragliche Regelungen oder Kapitalverflechtungen aus, erfolgt bei zunehmender Integration auch der Austausch von Mitarbeitern im Sinne einer unternehmensübergreifenden Job Rotation oder die direkte Vernetzung der Management- und/oder Produktionssysteme mittels moderner Informationstechnologien, die eine einheitliche Ressourcen- und Wissensbasis für die Mitgliedsunternehmen schaffen. Zwar bleibt die neue Perspektive des 90°-Shifts erhalten, hinzu gesellen sich aber Fragestellungen, die die Kooperation rechtlich autonomer Unternehmen betreffen.

5.1 Netzwerkorganisation

Die Netzwerkorganisation ist eine Weiterführung des Kernprozessgedankens über Organisationsgrenzen hinweg. So wie entlang der Kernprozesse eines Unternehmens interne Kunden-Lieferanten-Beziehungen definiert werden, geschieht dies in Netzwerkstrukturen idealerweise entlang der gesamten Wertschöpfungskette von der Generierung der Produktionsfaktoren bis zur Entsorgung. Die rechtlichen Ausformungen dieser Unternehmenskooperationen reichen von mittelfristigen Lieferverträgen bis hin zu gegenseitiger Kapitalverflechtung. Dazwischen finden sich General- und Subunternehmerschaften, Lizenz- und Franchisingverträge sowie Joint Ventures.[102]

Bei der Netzwerkorganisation handelt es sich also nicht um die Organisationsform eines einzelnen Unternehmens, sondern um eine Struktur, die eine „Kooperation in und/oder zwischen relativ autonomen, gleichwohl in ein Netz von Beziehungen eingebundenen Organisationen bzw. Unternehmungen (oder Organisationseinheiten)"[103] ermöglicht. Die Komplexität von Unternehmensnetzwerken, oft auch strategische Allianzen oder Kooperationen genannt, resultiert vor allem aus der Zahl der Kooperationspartner und der Intensität der Austauschbeziehungen. Netzwerke enden somit nicht mehr an der Haustür der eigenen Organisation, sondern beziehen Zulieferer, Kunden, Anbieter komplementärer Leistungen oder sogar die eigene Konkurrenz mit ein, um auf die Komplexität und Dynamik des Marktes mit entsprechender Flexibilität reagieren zu können. Die Koordination und Kontrolle innerhalb des Netzwerks erfolgt dabei in den meisten Fällen auf vertraglicher Basis oder mittels Kapitalverflechtung. Somit wird ein zentrales Management innerhalb dieser Organisationsform meist durch rechtlich durchsetzbare Ansprüche ersetzt.[104]

Während die ersten Unternehmensnetzwerke vor allem durch den Zusammenschluss kleiner Handwerker in Norditalien entstanden, die sich so durch die Berücksichtigung individueller Kundenwünsche bei gleichzeitig hoher Qualität und angemessenen Kosten ei-

---

[102] Sydow 1995, S. 104
[103] Sydow 2006, S. 1
[104] Sydow 2006, S. 3

nen Wettbewerbsvorteil gegenüber großen (vor allem Textil- und Möbel-)Handelsketten verschafften, hat sich dieses Modell heute überall dort durchgesetzt, wo extreme Flexibilität und starke Kundennähe zu gewährleisten sind.[105] So wird bspw. die Diversifizierung in multinationalen Konzernen zunehmend wieder aufgehoben und einzelne Divisionen werden wieder in eigenständige Unternehmen umgewandelt, da sich zeigt, dass die Kostenvorteile die steigende Inflexibilität solch monolithischer Unternehmen nicht mehr aufwiegen. Nach der großen Merger-Euphorie ist nun bereits wieder zunehmend von De-Mergern die Rede, wie bspw. die Auflösung des DaimlerChrysler-Konzerns zeigt. Aber auch die Konzentration auf die Prozessorganisation und die damit verbundene Definition von Kernkompetenzen sowie Outsourcing-Maßnahmen oder das Beschäftigungsmodell der „unselbstständig Selbstständigen" setzen den Siegeszug dieser Organisationsform (die im Grunde genommen gar keine Organisationsstruktur im traditionellen Sinn darstellt) fort.

Als strategische Netzwerke bezeichnet man solche, die auf die Erschließung wettbewerbsrelevanter Potenziale gerichtet sind, überregional agieren und von einigen wenigen Leitunternehmen strategisch geführt werden.[106] In der mitteleuropäischen Wirtschaftspolitik wird den Unternehmens-„Clustern" eine große Bedeutung für die regionale Prosperität zugeschrieben. Darunter versteht man branchenbezogene Unternehmensnetze wie beispielsweise in der deutschen, slowakischen oder österreichischen Automobilzulieferindustrie, den Optikcluster Berlin-Brandenburg oder im salzburgisch-steirischen Tourismus („Sportwelt Amadee").

Entsprechend dieser hohen Heterogenität an Gründen, die zur **Bildung eines Netzwerkes** führen können, muss auch zwischen verschiedenen Kategorisierungsansätzen differenziert werden. So können Netzwerke unterschieden werden nach[107]

- der rechtlichen Form der Zusammenarbeit,
- der gemeinsamen Zielsetzung und
- der Richtung der Integration.

Für die **rechtliche Form** der Zusammenarbeit kommen grundsätzlich fünf Möglichkeiten einer Kooperation in Betracht:[108]

1. mündliche, informelle Absprachen,
2. juristische Verträge (z. B. Liefer-, Kauf- oder Kooperationsverträge),
3. einseitige Kapitalbeteiligungen,
4. wechselseitige Kapitalbeteiligungen,
5. gemeinsam gegründete Tochterunternehmen (Joint Ventures).

Da die Entstehung der meisten Netzwerke auf einen oder mehrere dominante(n) Partner zurückzuführen ist, bestimmen diese bereits im Vorfeld die Form der Zusammenarbeit. Für die Partnerunternehmen stellt sich dann nur noch die Frage, ob die gemeinsame Zielsetzung für sie von Interesse ist. Das oberste Ziel jeder Kooperation liegt diesbezüglich

---

[105] Schreyögg 1999, S. 384
[106] Das Kriterium der strategischen Führung ist jedoch auch in regionalen Netzwerken zu beobachten und gilt sogar als deren Erfolgsfaktor.
[107] Piber 2000, S. 48ff.
[108] Piber 2000, S. 58

entweder in der Einsparung von Transaktionskosten (Such-, Verhandlungs- und Qualitätskosten hinsichtlich bestimmter Ressourcen) oder im Erringen komparativer Wettbewerbsvorteile. So gelten als häufigste **Zielsetzung** für die Teilnahme an Netzwerken:[109]

- gestiegene Qualitätsansprüche der Kunden bei zunehmenden Flexibilitätserfordernissen (z. B. kürzere Produktlebenszyklen),
- Transaktionskostenvorteile gegenüber rein hierarchischen oder marktlichen Austauschformen[110] (Kosten der bürokratischen Koordination bzw. Kosten der Informationsaufbringung, Verhandlung etc.),
- der Zugang zu knappen Ressourcen (Rohstoffe, Humanressourcen, Kapital),
- der Zugang zu Märkten,
- der Technologie-, Wissens- und Know-how-Transfer,
- Burden Sharing (also die Streuung von Risiko und Investitionskosten bspw. bei der Entwicklung neuer Produkte),
- die Entwicklung und Durchsetzung gemeinsamer Produkt- und/oder Qualitätsstandards,
- das Erzielen von Synergieeffekten durch Konzentration auf Kernkompetenzen bei komplementären strategischen Zielsetzungen.

Letztlich können Netzwerke generell auch noch nach der **Richtung** ihrer Integration in

- vertikale,
- horizontale und
- diagonale

Unternehmenszusammenschlüsse unterteilt werden.[111] Während bei vertikalen Kooperationen ausschließlich vor- und/oder nachgelagerte Unternehmen eines gemeinsamen Geschäftsfeldes zusammengefasst werden (also Zulieferer, Abnehmer und sonstige Dienstleister wie z. B. Transport- und Logistikunternehmen oder Werbeagenturen), besteht ein horizontales Netzwerk aus dem Zusammenschluss von Mitbewerbern, die auf diese Weise ihre Marktposition stärken und Risiken minimieren. Diagonale Netzwerke – als dritte und letzte Möglichkeit – setzen auf die Kooperation branchenfremder Unternehmen, um bspw. neue Technologien zu entwickeln oder gemeinsame Ressourcen besser zu nutzen.

Trotz dieser scheinbaren Nutzenorientierung führen Kooperationen nicht automatisch zum Erfolg für alle Beteiligten. Da solche Kooperationen durchaus einen erheblichen Kostenfaktor darstellen können und die Austauschbeziehungen zumeist nicht auf direkt messbaren Kriterien beruhen, bedürfen Netzwerkorganisationen eines **„vertrauensbewussten Managements"**.[112] Neben betriebswirtschaftlichen Kriterien sind daher auch folgende Faktoren für das Gelingen von entscheidender Bedeutung:[113]

- Vertrauen als zentrales Steuerungsmedium bezeichnet die gegenseitige Erwartbarkeit von Entscheidungen und bestimmt wesentlich die Stabilität von Kooperationen.

---

[109] Piber 2000, S. 53ff.
[110] Sydow 1995, S. 271
[111] Piber 2000, S. 48ff.
[112] Sydow 1995, S. 193
[113] dazu auch Pawlowsky et al. 1998, S. 241

- Kultureller Fit: Je besser die unterschiedlichen Kulturen von und in Organisationen zueinander passen, desto eher werden sie effektiv und effizient kooperieren. Stabile Netzwerkorganisationen brauchen eine gemeinsame Identität bei gleichzeitiger Aufrechterhaltung der eigenen – wie auch schon die Differenzierung des Adaptabilitäts- und Identitätslernens in Kapitel 3.4 zeigt.

- Strategische Kompatibilität: Entscheidend ist, ob die strategischen Interessen der Partner in Bezug auf die Kooperationsinhalte hinreichend aufeinander abgestimmt werden können.

- Operative und prozessuale Passung: In der Ablaufplanung geht es um die rechtzeitige und explizite Festlegung von Regeln, um die Frequenz der unmittelbaren Interaktionen und um die zeitliche Gestaltung der gesamten Informations-, Kommunikations- und Kontrollprozesse zwischen den Partnerunternehmen. Hier stellt sich die Aufgabe, die unterschiedlichen Geschwindigkeiten in jenen Teilbereichen zu synchronisieren, die der Kooperation unterliegen.

Aus organisationstheoretischer Sicht stellen Netzwerkorganisationen insofern eine Besonderheit dar, als durch deren heterarchische Struktur traditionelle Steuerungsmöglichkeiten (z. B. hierarchische Positionsmacht) verloren gehen und das Fehlen eines zentralen Steuerungsorgans, wie es das Management darstellt, durch andere Formen der Beeinflussung ersetzt wird (wie z. B. „Mutual Adjustment", das sind Vereinbarungen über einige wenige Leitwerte, dezentrale Informations- und Planungsprozesse, gemeinsame Lernorganisationen oder Total-Quality-Management-Strukturen etc.). Somit handelt es sich bei Netzwerken nicht um „orientierungslose" Organisationen, sondern um gemeinsam ausgehandelte Rechts- und Informationsstrukturen. Durch die wechselseitigen Abhängigkeiten entschwindet gewissermaßen das Steuerungszentrum und damit die Fiktion einer Instanz, die die Geschicke des Netzwerks lenken könnte.

5.2 Virtuelle Organisation

Den vorläufigen Schlusspunkt der bislang durch die Netzwerkorganisation herbeigeführten Auflösung traditioneller Organisationsstrukturen stellen die virtuellen Organisationen dar. Dabei handelt es sich um eine Art Netzwerkorganisation ohne offizielle Regelungen, die nur durch informelle Aspekte und die Verfolgung von eigennützigen Zielen entsteht und sich ebenso schnell wieder formlos auflösen lässt. Daft definiert virtuelle Organisationen als eine sich kontinuierlich entwickelnde Gruppe von rechtlich und finanziell unabhängigen Unternehmen, die sich zusammenschließen, um spezifische Marktchancen zu nutzen bzw. strategische Vorteile gegenüber anderen Mitbewerbern zu erzielen und die sich nach Erreichen ihrer Ziele wieder auflösen.[114] So gesehen stellen virtuelle Organisationen „Projektteams" bestehend aus einer Gruppe von Organisationen dar.

Unterstützt wird diese Organisationsform vor allem durch neue Informations- und Kommunikationstechnologien (= Enabling Technologies). Diese erlauben der virtuellen Organisation den Aufbau und die Verwaltung gemeinsamer Datenbanken und Programme der geteilten Prozesssteuerung.[115] So werden bspw. bei Dell Kundenanfragen vom Händler direkt an den Produzenten und von dort wiederum zu dessen Zulieferbetrieben wei-

---

[114] Daft 2001, S. 491
[115] Sieber 1999, S. 180f.

tergeleitet und es kann „Just in Time" mit der Produktion einer individuell (per Internet) zusammengestellten Computerkonfiguration begonnen werden. Diese hohe Reaktionsgeschwindigkeit und Flexibilität stellt nicht nur einen wesentlichen Wettbewerbsvorteil dar, sondern erlaubt auch eine beträchtliche Kostensenkung z. B. im Bereich der Lagerung von Halb- und Fertigprodukten.

Je nach Art der Nutzung dieser Informations- und Kommunikationstechnologien zum Aufbau einer gemeinsamen organisationalen Wissensbasis kann zwischen vier verschiedenen Formen der Kooperation unterschieden werden:[116]

1. Elektronischer Datenaustausch: Der Informationsaustausch betrifft lediglich leicht standardisierbare Größen wie z. B. Artikelnummern, Bestellmengen und Zahlungen.

2. Nutzung gemeinsamer Datenbestände: Hier werden Logistikleistungen wie Lagerhaltung oder Auslieferungsplanung gemeinsam organisiert und optimiert.

3. Prozessintegration: Die Verknüpfung reicht bereits bis in die Produktionsplanung und Prozesssteuerung der einzelnen Mitgliedsorganisationen hinein.

4. Dialog: Auch „weiche" Faktoren wie bspw. das Führen von Verhandlungen oder gemeinsame Entwicklungs- und Lernprojekte werden telematisch unterstützt.

Während also Netzwerkorganisationen vor allem Vorteile durch die Integration von Beschaffungs- und Absatzmärkten anstreben, setzt die virtuelle Organisation darüber hinaus auf den Abbau hierarchischer Bürokratie und auf eine „Verwaltungsvereinfachung", indem der Kommunikationsaustausch zwischen den beteiligten Unternehmen forciert wird. Wie sich virtuelle Organisationen aus herkömmlichen Unternehmen heraus entwickeln, beschreiben Arnold et al. idealtypisch in ihrem „Modell der 5 Entwicklungsstufen zum virtuellen Unternehmen":[117]

Entwicklungsstufe	Erläuterung
0	Ein vertikal integriertes Unternehmen reduziert die Zahl seiner Geschäftseinheiten (Abteilungen, Profit Centers) durch Konzentration in geografischen Regionen.
1	Das Unternehmen strukturiert sich selbst virtuell, indem es bestimmte Kompetenzen an diese Regionen abtritt (z. B. Produktion an einem einzigen Standort; ebenso Marketing/ Vertrieb) und so interne „Competence Center" schafft.
2	Durch Outsourcing und die Bildung von Profit Centers entsteht eine Netzwerkorganisation.
3	Lieferanten und Kunden werden in das Netzwerk integriert. Es entsteht eine virtuelle Organisation.
4	Das ursprüngliche Unternehmen konzentriert sich ab nun auf die Koordinationsfunktion und tritt in Folge als „Informationsbroker" auf.

Tabelle 2: Modell der 5 Entwicklungsstufen zum virtuellen Unternehmen nach Arnold et al.

---

[116] Sieber 1999, S. 183
[117] Arnold et al. 1995, S. 16

Die Gefahr, die bei Erreichen der Entwicklungsstufe 4 besteht, liegt darin, dass das Unternehmen sich all seiner Kernaktivitäten entledigt und nur noch eine ausgehöhlte Form übrig bleibt.[118] Dadurch tritt aber oftmals auch ein Umdenken ein. So sehen die meisten großen Automarken oder Getränkehersteller heute nicht mehr die Produktion als ihre eigentliche Kernkompetenz an, sondern das Design und das Marketing. Die virtuelle Organisation ist in so einem Fall als „Sozietät von Kompetenzen" zu verstehen, bei der die einzelnen, rechtlich und wirtschaftlich unabhängigen Partnerunternehmen auf eine funktionale Spezialisierung und Differenzierung setzen.[119] Ähnlich einer funktionalen Struktur konzentrieren sich hier ganze Unternehmen und nicht mehr einzelne Abteilungen auf spezifische technologische oder marktorientierte Aufgaben.

Virtuelle Organisationen ermöglichen den teilnehmenden Organisationen eine Fokussierung auf ihre Kernkompetenzen bei gleichzeitiger Angebotsausweitung, indem sie mehrere Stufen der Wertkette virtuell miteinander verknüpfen. Moderne IT- und Kommunikationsstrukturen unterstützen die Zusammenarbeit, da einheitliche Informations- und Datenstandards – ähnlich wie bei der Prozessorganisation – die Schnittstellen minimieren und den Kommunikations- und Wissensfluss fördern. Ein gutes Beispiel hierfür stellt das österreichische Unternehmen AT&S dar, das die Kernkompetenzen von neun Partnerunternehmen derart verknüpft, dass diese ihren Kunden Komplettlösungen „aus einer Hand" anbieten, obwohl die einzelnen Unternehmen sich auf Teilbereiche wie bspw. Grundlagenforschung, Materialentwicklung, Design, Fertigungstechnologie, Produkttests sowie Integration und Evaluierung von Kundenanforderungen spezialisiert haben. Die folgende Abbildung 14 zeigt, welchen Beitrag die einzelnen Unternehmen im Rahmen der gemeinsamen Wertschöpfungskette leisten, auch ohne dafür eine eigene Organisation zu schaffen. Die Rolle des Koordinators dieses virtuellen Unternehmensnetzwerks wird von AT&S übernommen.

Fallbeispiel „virtuelle Organisation": Das Projekt Hermes

AT&S ist Europas größter Leiterplattenhersteller und zählt weltweit zu den technologisch führenden Betrieben der Industrie. Leiterplatten sind jene zumeist grünen Platten in elektronischen Geräten, auf die in weiterer Folge Bauteile wie z.B. Chips und Widerstände montiert werden und dienen der Verbindung der einzelnen Bauteile miteinander.

Elektronische Geräte, insbesondere Mobiltelefone werden immer kleiner und bieten eine größere Anzahl von Anwendungen mit immer höherer Qualität an. Vor zehn Jahren konnte ein Handy lediglich telefonieren; heute sind die Geräte halb so groß, können auch fotografieren, filmen, bieten Internet-Zugang, GPS und viele weitere Anwendungen bei kontinuierlich steigender Qualität der Applikationen. Dies bedeutet, dass auch die elektronischen Bauteile immer kleiner, leistungsfähiger und komplexer werden sowie enger aneinanderrücken, sodass oft kaum noch freier Platz auf der Leiterplatte verfügbar ist. Viele Bauteile stoßen in Hinblick auf Miniaturisierung an die Grenzen des technologisch Möglichen. Aus diesem Grund steigt die Nachfrage der Mobiltelefonhersteller nach eingebetteten, d. h. ins Innere der Leiterplatte eingebauten, Komponenten (= Embedding Technology).

Bei der Embedding Technology werden elektronische Bauelemente in das Innere der Leiterplatte eingebaut und direkt mit den Kupferlagen verbunden. Mit der Änderung der

---

[118] Sieber 1999, S. 186
[119] Vahs 2007, S. 546

Verbindungstechnik wird zusätzlicher Platz für Bauelemente auf der Oberfläche geschaffen. Man hat also nicht mehr zwei Lagen (Ober- und Unterseite der Leiterplatte) zur Montage von Bauelementen zur Verfügung, sondern drei oder mehr. Darüber hinaus kann die Energieeffizienz und die Lebensdauer der Verbindungstechnik und der Bauelemente signifikant gesteigert sowie die Sicherheit der Bauteile und Endgeräte erhöht werden.

Beim internationalen und von der EU geförderten Projekt Hermes (**H**igh density integration by **E**mbedded chips for **R**educed sized **M**odules and **E**lectronic **S**ystems) ist AT&S Initiator und Konsortiumsführer. Der österreichische Konzern arbeitet dabei mit neun namhaften internationalen Partnern u.a. aus der Industrie, der Automobilbranche und dem Bereich Luftfahrt zusammen.

Ziele des Hermes-Projektes sind:

● Industrialisierung der Embedding Technology,

● Schaffen von Industrie-Standards für diese Technologie,

● Generieren einer Marktnachfrage nach eingebetteten Bauteilen und

● Formieren eines europäischen Gegengewichts zu Aktivitäten in Fernost.

Das Wissen um Basismaterialien, die in der Leiterplattenproduktion eingesetzt werden, bringt Circuitfoil ein. Da es im Bereich der Produktionsmaschinen ebenfalls zu Anpassungen kommen muss, wurden Atotech und Siemens A&D an Bord geholt. Im Bereich der Grundlagenforschung arbeitet man mit dem IZM und dem IMec zusammen. Die zu integrierenden Halbleiter müssen ebenfalls neu strukturiert werden, wobei hierbei Infineon als Lieferant einen wertvollen Beitrag leistet. Bis dato wurden Computerchips hinsichtlich Funktionstüchtigkeit immer erst nach dem Bestücken auf die Leiterplatte getestet. Nun, wo sie in das Innere einzubetten sind, müssen sie vorab getestet werden. Derartige Maschinen existieren derzeit nicht, sodass Rood als Partner in diesem Bereich von grundlegender Bedeutung ist. Außerordentlich wichtig ist schließlich auch die Einbindung von Original Equipment Manufacturers. Sie sind es schließlich, die die neue Technologie verwenden und im Rahmen ihrer Produkte dem Kunden anbieten müssen.

Kern-kompetenz	Projektpartner									
	AT&S	IZM	IMec	Circuit-foil	Infineon	Atotech	Siemens A&D	Rood	Thales	Bosch
Koordination	✓									
Grundlagen-forschung		✓	✓							
Material-entwicklung				✓						
Design			✓		✓				✓	
Fertigungs-technologie						✓	✓			
Produkttests								✓		
Integration und Evaluierung von Kundenan-forderungen					✓				✓	✓

Abb. 14: Kernkompetenzen der Hermes-Projektpartner

Die jeweiligen Kernkompetenzen stellen die wesentlichen technologischen und betriebswirtschaftlichen Wettbewerbsvorteile der Projektpartner dar. Diese werden derart verknüpft, dass eine neue Wertkette entsteht, die den Anforderungen der neuen Embedding Technology entspricht, die sich erst als neuer industrieller Standard bewähren muss. Dabei werden nicht nur die Stärken der beteiligten Organisationen vereint, sondern es kommt auch zu einer Streuung des Risikos. Die virtuelle Organisation des Projektes kann mittels folgender Abbildung verdeutlicht werden:

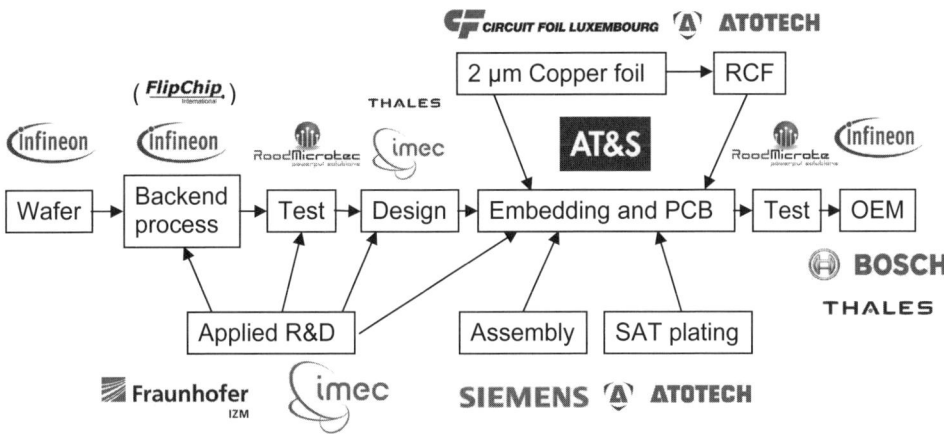

Abb. 15: Virtuelle Organisation – Hermes-Projekt

Im Rahmen der virtuellen Organisation wird kein eigenständiges Unternehmen gegründet. Die Aktivitäten werden lediglich mit Hilfe von Projektmanagementtechniken und moderner Informations- und Telekommunikationstechnologie (= Enabling Technologies) koordiniert. Alle Partnerunternehmen leisten dabei einen optimalen Beitrag im Rahmen der neu entstandenen Wertschöpfungskette. Darüber hinaus erfolgt in diesem Projekt die Evaluierung des Outputs durch die Integration zweier zukünftiger Kunden. Diese Zusammenarbeit ermöglicht somit auch eine leichtere Durchsetzung des gemeinsamen Standards am Markt.

Andere Beispiele für eine virtuelle Organisation stellen die japanischen Keiretsus (wie z. B. Mitsubishi, Yamaha) oder koreanischen Chaebols (z. B. Samsung, Hyundai) dar. Dabei handelt es sich um Kooperationen zwischen Zulieferern, Abnehmern und Mitbewerbern, die in einer Art „Familienstruktur" zusammenarbeiten. Da gerade in den asiatischen Ländern – aus der Lehre des Konfuzius[120] heraus – persönliche Beziehungen höher bewertet werden als rechtliche Abhängigkeitsverhältnisse, entsteht so ein informelles, kommunikatives Netzwerk, das selbst die letzten offiziellen Strukturen ersetzt. Dieses Konzept wird heute von amerikanischen Führungskräften bereits als Erfolgsmodell der Zukunft bezeichnet.[121] Als europäisches Erfolgsmodell kann – trotz ständig wiederkehrender Krisen in dieser Branche – das Unternehmen Airbus Industries genannt werden, deren Mitgliedsunternehmen aufgrund einer politischen Willensentscheidung und der Vernetzung zum weltweit erfolgreichen Anbieter innovativer Zivilflugzeuge wurden.

---

[120] Gu 1999
[121] Daft 2001, S. 491

6. Ausblick

Ausgehend von den relativ starren, „klassischen" Strukturformen der funktionalen oder divisionalen Organisation bzw. der Matrixorganisationen zeigen sich aufgrund der ständig steigenden Komplexität und Dynamik der Märkte erste Auflösungstendenzen hinsichtlich der Strukturlehre von Organisationen. Dies ist jedoch kein Zufall. Zunehmend organisiert sich die globale Wirtschaft über globale Prozesse und (virtuelle) Unternehmensnetzwerke. So handelt es sich bei den internationalen Finanzmärkten heute nicht um Organisationsstrukturen im eigentlichen Sinn, sondern um nationale, regionale oder auch globale EDV-unterstützte Netzwerke, die eine Vielzahl von Institutionen miteinander verbinden. Dadurch steigt auch die Gefahr, dass einzelne, kleinere Effekte sich „aufschaukeln" und auf andere Bereiche übergreifen.

Reservierungssysteme im Tourismus oder Handelssysteme für börsenotierte Waren, Wertpapiere oder Währungen stellen weitere typische Beispiele dar. Diese Computernetzwerke koordinieren die Aufgaben der einzelnen Mitgliedsorganisationen effizienter als so manches lokale Management. Dabei bieten sie jedoch lediglich eine operative, selbstregulierte und nicht eigens gemanagte informationale Vernetzung, auf die einzelne Unternehmen und soziale Einheiten zurückgreifen können. Trotzdem erfolgt eine strategische Koordination zwischen einander völlig unbekannten Personen. Diese virtuellen Marktplätze vereinigen täglich zahllose atomisierte Einzelhandlungen zu einem Gemeinwesen, wobei nicht einmal die Einzelinteressen übereinstimmen müssen, solange es zumindest eine gemeinsame Absicht des Handelns gibt. Dabei bestehen diese Organisationen nur aus einer rudimentären Struktur folgender Elemente:[122]

- Regeln der Mitgliedschaft und Nutzung,
- eine gemeinsame Datenbasis inklusive passender IT- und Kommunikationsstruktur,
- Sanktionen gegen missbräuchliche Nutzung sowie
- einer Überwachungs- bzw. Kontrollstelle.

Je stärker Informationen andere Produkte und Dienstleistungen als Ware verdrängen, desto deutlicher zeichnet sich dieser Trend ab. Schon heute lässt sich das Internet weder in seinen Inhalten, seinen Strukturen oder seinem „Wachstum" von außen steuern. Nur unter Berücksichtigung der Autonomie dieses Systems lassen sich hier Interventionen erzielen. Diese Entwicklung wird sich auf strategischer wie auch organisatorischer Ebene fortsetzen, solange:[123]

- der Zeit-, Qualitäts- und Kostendruck die Anforderungen an Effektivität und Effizienz in Unternehmen erhöht,
- die zunehmende Wettbewerbsintensität und immer kürzere Produktionslebenszyklen den Flexibilitäts- und Innovationsbedarf steigern,
- demografische Entwicklungen und der Wertewandel zu einer wachsenden Bedeutung des Humankapitals führen und
- je stärker die globalen Wirtschaftsverflechtungen ausgeprägt sind.

---

[122] Groth 1999, S. 409
[123] Vahs 2007, S. 539

Somit geht es also um einen Umdenkprozess im Management. So lange die Wettbewerbs-
orientierung nur darauf fokussiert, den Abstand zur Konkurrenz zu vergrößern, leidet auch
die Maximierung des eigenen Wohlstands darunter. Eine Lösung hierfür stellt die selektive
Kooperation dar: Durch sie können Unternehmen Kooperationsvorteile in jenen Bereichen nutzen, die für sie nur Supportfunktionen haben, und so zusätzliche Ressourcen für
die Stärkung ihrer Konkurrenzfähigkeit im Bereich der Kernkompetenzen bereitstellen.[124]

---

[124] Schrader 1990, S. 154

Organisationskultur und lernende Organisation

Helmut Kasper, Ursula Loisch, Jürgen Mühlbacher und Barbara Müller

Inhalt

1. Ausgangssituation und Problemstellung

Anfang der 1980er Jahre – als die kritischen Einwände gegen situative Ansätze der Organisationslehre ausdiskutiert schienen – **wurden alternative Konzepte zur Gestalt- und Steuerbarkeit von Organisationen** entwickelt. Als Antrieb fungierten dabei die Beratungspraxis sowie die Management- und Organisationsforschung. Besonders attraktiv wurden die Organisationskulturkonzepte. Organisationskultur (= Unternehmenskultur) wurde als Schlagwort und wird auch heute noch zur Beschreibung und Erklärung des organisatorischen Geschehens herangezogen. Eine neue Blüte erleben die Organisationskulturkonzepte nach dem Boom der 1980er Jahre jetzt wieder durch die rasante Zunahme von Unternehmenskooperationen, Mergers und Acquisitions sowie Joint Ventures internationaler bzw. globaler Art.[1] Weltweite Beachtung fand dabei das Konzept Organisationskultur durch populärwissenschaftliche Publikationen.[2]

In Europa hat die Beschäftigung mit Organisationskultur Tradition,[3] wie folgender historischer Rückblick zeigt: Schon in den 1920er und 1930er Jahren wurde in Europa das Konzept der „Betriebsgemeinschaften" entwickelt, das in weiten Strecken Parallelen zur heutigen Organisationskultur ausweist. Das Konzept der **Betriebsgemeinschaft** ging davon aus, „daß Menschen einheitlich verbunden, das Leben des Betriebes leisten und daß der Mensch auf diese Weise aus dem Betriebsmechanismus einen Organismus macht."[4] Die Forderung nach einer Betriebsgemeinschaft war keine idealistische oder weltfremde, sondern eine Möglichkeit für die Gemeinschaft, eine Entwicklung nachzuholen, die sie aufgrund der Arbeitsteilung verloren hatte.[5] Denn die notwendige Arbeitsteilung innerhalb der Organisation führe gleichzeitig dazu, dass die Gemeinschaft geschwächt wird, da nicht alle Mitarbeiter an einer unteilbaren Aufgabe teilhaben könnten.[6] Dem Unternehmen wurde innerhalb dieses Konzepts zur Aufgabe gestellt, eine Betriebsgemeinschaft zu etablieren. Ziel einer Betriebsgemeinschaft war es, eine produktive Stimmung im Betrieb sowie ein steigendes Zusammengehörigkeitsgefühl im Unternehmen zu erzeugen. Eine ähnliche Zielvorstellung gab es auch in den 1980er Jahren, allerdings unter dem Titel „Funktionen von Organisationskultur".[7]

Zurück zum Konzept der Betriebsgemeinschaft, das sich mit dem Entstehen der Schwerindustrie im deutschsprachigen Raum zum Konzept der **Werksgemeinschaft**[8] entwickelte. Die Werksgemeinschaft wurde als Organisationsform definiert, die eine überbetriebliche Interessenvertretung überflüssig machte und großteils auf ausdrückliche Initiative des Unternehmertums wie zum Beispiel bei Ford, Siemens und bei Krupp entstand. Der Werksgemeinschaft wurde unterstellt, dass sie die Unternehmer unterstützt und sich weniger für die eigenen Mitarbeiter engagiert, als gegen die Gewerkschaftsbewegung an-

---

[1]   vgl. Holzmüller/Kasper/Wilke 2005
[2]   vgl. Peters/Waterman 1982; Pascale/Athos 1982; Ouchi 1981 und Deal/Kennedy 1982
[3]   vgl. Krell 1994, S. 9f.
[4]   vgl. Nicklisch 1932, S. 296. Hier ist es den AutorInnen wichtig darauf hinzuweisen, dass die Lehre Nicklischs kritisch betrachtet werden muss, war der Autor doch selbst NSDAP-Mitglied. Die Wiedererfindung der deutschen Betriebswirtschaftslehre nach dem 2. Weltkrieg kann somit auch als Antithese zu den Lehren Nicklischs betrachtet werden.
[5]   vgl. Nicklisch 1922, S. 56
[6]   vgl. Nicklisch 1932, S. 294
[7]   vgl. Krell 1994, S. 60; siehe dazu auch Abschnitt 2.6 dieses Kapitels.
[8]   vgl. Krell 1994, S. 85ff.

tritt.[9] In der Folge verbreiteten die Anhänger der Werksgemeinschaftsbewegung in ihrem Kampf gegen die freien Gewerkschaften rassistisches, nationales Gedankengut. In den Medien der Bewegung wurde offen gegen freie Gewerkschaften und fremde Staaten gehetzt, nationalsozialistische Tendenzen werden ersichtlich.[10] Von den Vertretern der Werksgemeinschaft wurde ein starker Führer, eine neue Zeit, ein großdeutsches Reich gefordert – Forderungen, die sich im Laufe der kommenden Jahre bedauerlicherweise erfüllen sollten. Das Gesetz zur Ordnung der nationalen Arbeit sowie weitere Regelungen des nationalsozialistischen Arbeitsrechts wurden durchgesetzt, die Idee der Werksgemeinschaft vom nationalsozialistischen Regime aufgegriffen.[11]

Nach Ende des Zweiten Weltkrieges (1945) wurde unter dem Schlagwort **Betriebliche Partnerschaft** versucht, die durch das NS-Regime in Misskredit geratene Idee der Vergemeinschaftung zu sanieren. „Teile ohne das Ganze sind nicht möglich. Die betriebliche Partnerschaft wollte somit die Interessen der verschiedenen Mitarbeiter eines Betriebes untereinander und dann im Verhältnis zum Betrieb klären und ordnen, also aus bisher oft zu findenden gegensätzlichen Bestrebungen und Mißtrauensverhältnissen die Gemeinschaft aller formen."[12] Als Werte derartiger Betriebe mit partnerschaftlicher Verfassung wurden

1. Vertrauen,
2. vertrauensvolle Zusammenarbeit,
3. gegenseitige Achtung,
4. soziale Gerechtigkeit,
5. Freundschaft,
6. soziale Liebe,
7. Kameradschaftlichkeit,
8. Solidarität,
9. gesellschaftliche Verantwortung und
10. ökologisch orientierte Unternehmensführung genannt.[13]

Dass derartige partnerschaftliche Grundwerte und Leitbilder nicht alleine per Niederschrift durchgesetzt werden konnten, ist klar. Vielmehr wurde betont, dass die Werte zur Regelung der partnerschaftlichen Zusammenarbeit permanent geübt und vergegenwärtigt werden müssten.[14] Durch Dauerbeschäftigung – Teilzeitkräfte wurden als Partner ausgeschlossen, da sie nicht durchgehend „für das Unternehmen" tätig waren –, materielle und immaterielle Beteiligungen in Form von Erfolgsbeteiligungen und Einbeziehung der Mitarbeiter in die Entscheidungsprozesse, Miteigentümerschaft, umfassende Informationen und menschengerechte Arbeitsplatzgestaltung wurde das Prinzip der betrieblichen Partnerschaft zu implementieren versucht.[15]

So viel zum historischen Rückblick, bevor sich der folgende Abschnitt wieder der Organisationskultur widmet.

---

[9]   vgl. Krell 1994, S. 85ff.
[10] vgl. Breisig 1990, S. 49
[11] vgl. Krell 1994, S. 118ff.
[12] vgl. Fischer 1955, S. 7
[13] vgl. Fischer 1955, S. 19ff.; Lezius 1984, S. 4
[14] vgl. Krell 1994, S. 180f.
[15] vgl. Krell 1994, S. 186ff.

2. Organisationen als Kulturen

Bei der Auseinandersetzung mit Konzepten der Organisationskultur zeigt sich sehr deutlich: Innerhalb der Organisationsforschung existieren zwei unterschiedliche, ja konträre, Paradigmen: Das „social fact" (= funktionalistische) Paradigma und das „social constructionist" (= interpretative) Paradigma.

Nun, was ist ein Paradigma? Unter **Paradigma**[16] ist erstens ein ganzes Arsenal von Meinungen, Werten und Methoden zu subsumieren,[17] das von einer wissenschaftlichen Gemeinschaft geteilt wird. Das Paradigma bestimmt die Spielregeln in der Gruppe, indem es festlegt, was erlaubte und erstrebenswerte Forschungsinhalte sind, aber auch welche Vorgehensweisen und Methoden verwendet werden sollen. Ein Paradigma verfügt über **vier Dimensionen**:[18]

1. über ein organisierendes Grundkonzept,
2. über Vorgehensweisen und Methoden,
3. über Wahrheitskriterien und
4. über inhaltliche Theorien bzw. Modelle, Musterbeispiele.

Zweitens kann bereits eine inhaltliche Theorie (Musterbeispiel, Exemplar, Modell) als Paradigma angesehen werden. Das heißt, das gerade beschriebene Paradigma wird auf eine einzige der vier Dimensionen reduziert – auf die zuletzt genannte. Diese reduzierte Paradigma-Definition hat sich in der Betriebswirtschaftslehre durchgesetzt. Fast schon jeder Theorie-Ansatz wird zum Paradigma hochstilisiert.[19]

Wie gesagt, gibt es in der Organisationsforschung zwei konträre Paradigmen, das funktionalistische und das interpretative. Keines der beiden Paradigmen hat sich eindeutig durchgesetzt. Es ist dem interpretativen Paradigma nicht gelungen, das historisch frühere funktionalistische Paradigma komplett abzulösen. Und so bleiben beide Stränge nebeneinander bestehen. Daraus ergibt sich für diesen Beitrag auch die Notwendigkeit, an unterschiedlichen Textstellen immer wieder auf die zwei kontroversiellen Auffassungen zurückzukommen.

2.1 Organisationskultur: zwei kontroverse Ansätze

Bevor im Detail diese zwei verschiedenen Ansätze beschrieben werden, soll auf den wichtigsten Unterschied zwischen dem **(1) „social fact"-Paradigma** und dem **(2) „social constructionist"-Paradigma** hingewiesen werden: Beim social fact-Paradigma ist die Kultur eine von mehreren Variablen in einem Erklärungsmodell („Kultur haben"). Man spricht hier von funktionalistischen Kulturansätzen und von einer objektivistischen Organisationsforschung. Beim social constructionist-Paradigma wird Kultur als ein ganzes Sinnsystem aufgefasst (Kultur sein). Es handelt sich hier um interpretative Kulturansätze und um subjektivistische Organisationsforschung.

---

[16] ausführlicher: Kasper 1990, S. 60ff.
[17] vgl. Kuhn 1976, S. 193ff.
[18] vgl. Kuhn 1976, S. 193ff.; Moser 1977, S. 14
[19] Kasper 1990, S. 60f.

2.1.1 Funktionalistischer Organisationskulturansatz

Organisationen werden hier in der Regel als offene Systeme begriffen, die Kultur produzieren. **Organisationen *haben* eine Kultur**. Die produzierte Kultur ist dabei als ein Konglomerat von spezifischen, unverwechselbaren Verhaltensdispositionen und -mustern der Organisationsmitglieder zu verstehen. Diese finden ihren sichtbaren Ausdruck in einem „cultural network", das als Inbegriff der unternehmensspezifischen Symbole gilt. Solche Symbole sind z.B. die spezifische Sprache, der Jargon der Unternehmung, typische Verhaltensweisen im Umgang der Mitarbeiter untereinander, der konkrete Vollzug hierarchischer Formalstrukturen, das Verhalten gegenüber den Kunden und Lieferanten u.Ä. „Im einzelnen bestehen die Funktionen spezifischer organisationskultureller Symbole und Symbolstrukturen nach Meinung funktionalistisch-systemorientierter Organisationskulturforscher

1. in ihrem Beitrag zur Reduktion des organisationalen Koordinationsbedarfs,
2. in der motivationsfördernden Eigenschaft des bei den Organisationsmitgliedern hervorgerufenen Identitätsgefühls,
3. in den strategischen Potenzialen der den Umwelterfordernissen entsprechenden kulturgeprägten Verhaltensmuster
4. und nicht zuletzt auch in ihrem Beitrag zur Sinnschaffung für die Organisationsmitglieder."[20]

Führungskräften kommt bei dieser Sichtweise die Aufgabe zu, neben formalen und informalen Steuerungs- und Kontrollfunktionen auch unternehmenskulturelle Symbole, wie z.B. organisationale Geschichten, Legenden, Riten, Rituale, Anekdoten und Zeremonien zur zielorientierten Verhaltenssteuerung der Mitarbeiter einzusetzen. Kultur wird in dieser Sichtweise als ein objektivistisches, deskriptives Konstrukt neben anderen, wie etwa Struktur oder Technologie begriffen.

Ein Beispiel für den funktionalistischen Organisationskulturbegriff ist das 7-S-Modell, das Peters und Waterman aufgegriffen haben. Mit „In Search of Excellence"[21] schrieben die beiden Management- und Organisationsberater Peters und Waterman einen Bestseller, der das Organisationskultur-Kultbuch wurde. Es galt zugleich als ein Best-„Seeler" für Manager, denn der bewusst offensiv-optimistische Text über Konzerne und deren erfolgreiche Kulturen wurde vom amerikanischen Topmanagement dankbar aufgenommen und in mancher Organisation auch zur Pflichtlektüre für alle Führungskräfte hochstilisiert. Peters/Waterman waren zwar die erfolgreichsten Autoren, nicht jedoch die Ersten und auch nicht die Urheber der so genannten „weichen" Elemente, die den Erfolg der Unternehmen ausmachen sollen. Sie knüpften an das von Pascale/Athos in Zusammenarbeit mit der Beratungsfirma McKinsey entwickelte **„7-S-Modell"** an:[22] Demnach wird rationale Führung mit emotionaler Einflussnahme kombiniert, wobei das 7-S-Konzept den Systematisierungsrahmen leistet, der eine Benennung derjenigen Variablen ermöglicht, die den Erfolg einer betriebswirtschaftlichen Organisation beeinflussen. Kern der Systematisierung des

---

[20] Ochsenbauer/Klofat 1987, S. 88
[21] vgl. Peters/Waterman 1984
[22] vgl. Peters/Waterman 1984, S. 32

7-S-Modells ist die Überlegung, dass „weiche" und „harte" Variablen der Führung unterschieden werden müssen. „Harte" Elemente bilden dabei die formale Organisationsstruktur (structure), die Managementsysteme (systems) und die Unternehmensstrategien (strategy). „Weiche" Elemente sind in den Begriffen (Führungs-)Personal (staff), Fähigkeiten (skills), Stil (style) und übergeordnete Ziele (superordinate goals) zusammengefasst. Mit „Style" ist der kulturelle Stil der gesamten Unternehmung, also die Unternehmenskultur, gemeint und nicht etwa der individuelle Führungsstil eines Vorgesetzten. Der Unternehmenskultur wird erfolgsentscheidende Bedeutung zuerkannt. Die „Superordinate Goals" nehmen im 7-S-Modell (Abbildung 1) insofern eine zentrale Position ein, als sie das „Molekular" im Innersten zusammenhalten.

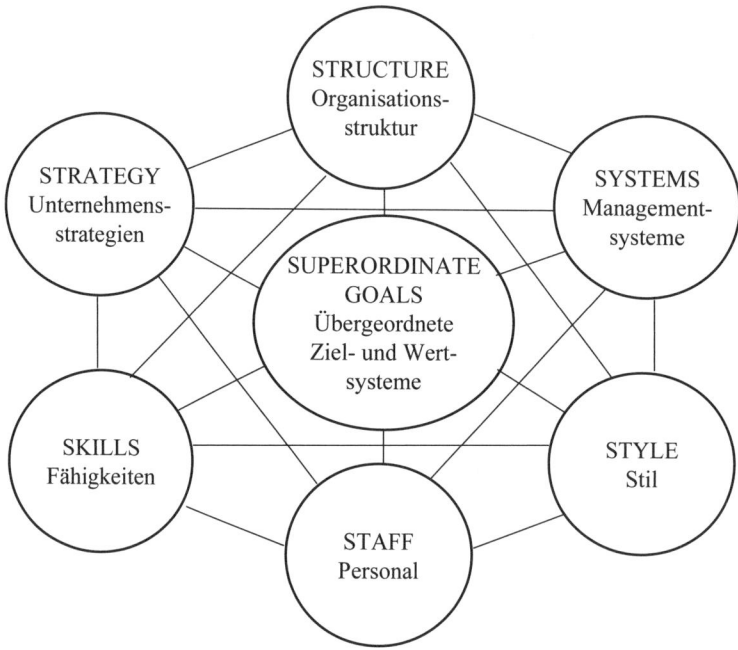

Abb. 1: 7-S-Modell[23]

Das 7-S-Modell weist vor allem auf die Notwendigkeit hin, erstens alle „S" zur Erreichung der Unternehmungsziele optimal zu nutzen und zweitens, alle „S" aufeinander abzustimmen („Fit"). Mit den weichen „S" werden Problembereiche thematisiert, die in der traditionellen amerikanischen Managementliteratur bis dahin meist vernachlässigt wurden. Allerdings gehören die Erkenntnisse, dass den Menschen in Organisationen (staff) mit ihren Fähigkeiten (skills) und auch in der Art ihrer Behandlung (style) größere Aufmerksamkeit geschenkt werden sollte, spätestens seit den Hawthorne-Experimenten zum Allgemeinwissen von Management-Praktikern.[24] Mit der Idee des Stils einer Unternehmung ist nach

23 Pascale/Athos 1982, S. 245
24 vgl. Staehle 1999, S. 33ff.

Meinung der Urheber des 7-S-Konzeptes eine zusätzliche Dimension der Führung eröffnet: Führung als Vermittlung von Bedeutungen bzw. Werten oder auch „Sinn" im Wege symbolhaften Handelns. Damit wird der Führungsbegriff erweitert: sichtbares Handeln von Führungskräften hat Vorbildwirkung und setzt Zeichen.

2.1.2 Interpretativer Organisationskulturansatz

Die interpretativen Ansätze innerhalb der symbolorientierten Organisationsforschung gewinnen ihren eigenständigen Charakter vor allem dadurch, dass sie Symbole bzw. symbolisches Handeln von Individuen als zentrales Mittel der **Sinnschaffung** begreifen. Hier geht es nicht um die funktionalen Merkmale der Symbole im Hinblick auf ein übergeordnetes, reales System „Organisation", sondern um ein Verständnis der Prozesse, die zu einer gemeinsamen Interpretation von Situationen und zur Schaffung einer gemeinsamen sozialen Realität führen. Der Weg führt weg vom Objektivismus hin zum Subjektivismus. Organisationen werden als symbolisch-ideelle Phänomene gesehen, als eine „Realität", die in den Kognitionen der Organisationsmitglieder anzusiedeln ist. Der Symbolbegriff ändert sich: Objekte der materiellen Welt werden nicht von selbst zum Symbol, sondern erst durch die subjektive Interpretation des Sinns dieser Objekte. Die Kultur im Sinne eines kognitiven Systems geteilter Interpretationen der objektiven Realität wird zum Erkenntnis leitenden Grundbegriff der Organisationsforschung.[25] Organisationen gelten als ein Beziehungsgeflecht von symbolischen Kommunikations- und Interaktionsprozessen, die in ihren Bedeutungsinhalten und konkreten Erscheinungsformen nicht von vornherein und zweifelsfrei etwa aus Organisationszielen, Organisationsstrukturen oder gar Stellenbeschreibungen abgelesen werden können.

Die interpretative Organisationskulturforschung zielt auf eine **Entschlüsselung von Symbolstrukturen** ab. Die konkreten Ausformungen und Erscheinungsweisen sozialer Systeme werden nicht als notwendige Ergebnisse bestimmter Faktorenkonstellationen in der objektiven Realität erklärt. Vielmehr beruhen sie auf subjektiv geprägten Wahrnehmungen und Interpretationen dieser objektiven Realität. Individuen als soziale Wesen schaffen die soziale Realität durch spezifische, im Wege von Sozialisationsprozessen oder auch durch Einsicht in soziale Notwendigkeiten geformte Wahrnehmungsmuster und darauf aufbauende Handlungen. Im Rahmen der interpretativen Ansätze wird Kultur als ein individualistisches, ideelles Konstrukt begriffen, das konkret nicht fassbar und nicht beobachtbar ist. **Organisation** *ist* **Kultur**.[26] Organisationskultur gilt als Deutungsschema für die Funktionsweise eines Sozialsystems, das in den Köpfen der Organisationsmitglieder existiert und als **Ergebnis gemeinsam konstruierter Wirklichkeit** erscheint. Die Organisationsmitglieder bilden sich innere Modelle, sogenannte kognitive Schemata der organisatorischen Realität. Diese entstehen in Interaktionen der Mitglieder untereinander. Kultur ist dann jener Teil der selektiven Ansichten der Wirklichkeit, der von einer Mehrheit geteilt und als grundlegend für die Zusammenarbeit erachtet wird (= Kultur als kollektiv geteilte Wahrnehmungen und Interpretationen). Was für Organisationen Wirklichkeit ist, kann daher nicht vom Management einseitig vorgegeben werden, sondern stellt das Ergebnis von Deutungs-, Interpreta-

---

[25] vgl. Ochsenbauer/Klofat 1987, S. 89f.
[26] vgl. Wollnik 1988, S. 59

tions-, Gestaltungs- und Aushandlungsprozessen dar. Diese laufen jedoch nicht in einem Machtvakuum ab, sondern die Deutungen von mächtigen bzw. in der Hierarchie hoch stehenden Mitarbeitern haben eher eine Chance, Realität zu werden, als die von Rangniederen.[27] Organisationen sind somit aus dieser Sicht kein objektives Faktum, sondern eine soziale Konstruktion der Wirklichkeit. „Organisationskultur ist das Muster der Grundannahmen, die eine bestimmte Gruppe erfunden, entdeckt oder entwickelt hat, indem sie gelernt hat, ihre Probleme externer Anpassung und interner Integration zu bewältigen und die sich soweit bewährt haben, dass sie als gültig betrachtet werden und deshalb neuen Mitgliedern als die richtige Haltung gelehrt werden sollen, mit der sie im Hinblick auf die genannten Probleme wahrnehmen, denken und fühlen sollen."[28]

Inhaltlich bestimmt Organisationskultur, was in einem Unternehmen welchen Stellenwert hat, was als positiv oder negativ zu gelten hat, wie über die eigene Vergangenheit und die Umwelt gedacht und was voneinander gehalten wird. Die Kultur eines Unternehmens kann somit als jener Teil der selektiven Ansichten von Wirklichkeit gesehen werden, der von der überwiegenden Mehrheit geteilt und als grundlegend für die Zusammenarbeit und für die erfolgreiche Weiterexistenz des Ganzen erachtet wird.

Organisationskultur im interpretativen Paradigma beschränkt sich nicht auf bestimmte organisationale Variablen. Sie umfasst sämtliche Prozesse, mittels derer die Organisationsmitglieder ihre Erfahrungen interpretieren, wie sich diese Interpretationen manifestieren, und wie sie sich in einer Rückkoppelung wiederum auf das organisationale Handeln auswirken.[29]

2.2 Zum Innenverhältnis: Subkulturen

Subkulturen in Unternehmen entstehen dann, wenn eine Gruppe von Mitgliedern regelmäßig miteinander interagiert und kommuniziert, wenn sie sich selbst als spezifische Gruppe identifiziert. Subkulturen können sich überschneiden. Je mehr Subkulturen es gibt, desto diversifizierter, desto weniger homogen und damit auch unübersichtlicher wird die Organisationskultur. Homogenität ist vermutlich am ehesten gegeben, wenn sich das Unternehmen in der Gründungsphase befindet, wenn es klein bleibt und wenn innerhalb des Unternehmens sehr ähnliche, stark institutionalisierte Tätigkeiten ausgeübt werden.[30] Je größer aber ein Unternehmen ist, je länger es schon besteht und je differenzierter die Aufgabenstellung bzw. je größer das Ausmaß der Arbeitsteilung ist, desto wahrscheinlicher sind Subkulturbildungen. Je komplexer also das Zusammenleben ist, desto mehr werden Mitglieder bemüht sein, durch Herausbilden von Subkulturen diese Komplexität zu reduzieren.

In einem **Unternehmen können in fünf Bereichen Subkulturen entstehen**: auf der Führungsebene, in den unterschiedlichen Funktionalbereichen (z.B. Produktion, Absatz) oder Sparten der Organisation, auf horizontal gleichen Hierarchieniveaus (z.B. alle Universitätsassistenten) sowie in einer bestimmten Abteilung, in einem bestimmten Büro. Eine fünfte Möglichkeit besteht darin, dass sich Organisationsmitglieder – unabhängig

---

[27] Zum Be-Deutungsdruck siehe Kasper 1987; Neuberger 1985; Neuberger/Kompa 1987
[28] Schein 1984a, S. 3
[29] vgl. Schultz 1995, S. 11
[30] vgl. Van Maanen/Barley 1985, S. 36ff.

zu welcher Abteilung/Hierarchie sie gehören – in ihrer Freizeit regelmäßig z.B. zum Kartenspielen oder Segeln treffen.[31]

Beziehungen zwischen Subsystemen und den Gesamtsystemen können sich in vier verschiedene Richtungen entwickeln. Sie können:[32]

1. harmonisch (Werte und Normen von Subsystemen und Gesamtsystem stimmen überein),
2. unterstützend (Subsysteme unterstützen Werte des Gesamtsystems, entwickeln darüber hinaus auch eigene Werte, die der Gesamtkultur nicht entsprechen),
3. verstärkend (Werte des Gesamtsystems werden in Subsystemen in erhöhter Form vertreten und gefördert) und
4. konträr verlaufen (Subkulturen stehen im offenen oder unterschwelligen Widerspruch zur Gesamtkultur und bilden im Laufe der Zeit eine „Gegenkultur").

Nun sollen drei verschiedene Perspektiven vorgestellt werden, die aus empirischen Arbeiten heraus entstanden sind und die es ermöglichen, einige Dimensionen des Miteinander und Gegeneinander kultureller Positionen abzubilden:[33]

1. Integrationsperspektive,
2. Differenzierungsperspektive und
3. Fragmentierungsperspektive differenziert.

(1) Die **Integrationsperspektive** wird als eine Oase der Harmonie und Homogenität bezeichnet, da in diesem Strang Kultur als etwas definiert wird, dass von allen Organisationsmitgliedern geteilt wird und/oder einzigartig für eine bestimmte Gruppe ist.[34] Beispielsweise wird nach einer gemeinsamen Sprache, geteilten Werten oder auch nach einem organisationalen, ausgehandelten Set an passenden Verhaltensweisen gesucht.[35] Dabei kann der Fokus auf die expliziten Werte des Top Managements gelegt werden, auf die formalen und informalen Geschäftspraktiken, auf Rituale, Geschichten, aber auch auf Denkweisen oder ein gemeinsames Verständnis. Drei Merkmale charakterisieren sämtliche Forschungsarbeiten der integration perspective:[36]

1. Globale Konsistenz kultureller Manifestationen (Beständigkeit),
2. Konsens unter den Mitgliedern einer Organisationskultur sowie üblicherweise
3. Fokus auf das Management als Schöpfer von Organisationskultur.

Genau diese Annahmen sind es die, die Kritik an diesem Ansatz begründen. Organisationskultur wird als klar und eindeutig angenommen, Ambiguität wird ausgeschlossen. Organisationskulturschilderungen anerkennen nur die kulturellen Manifestationen, die konsistent zueinander sind, und nur diese Interpretationen und Werte, die geteilt werden.[37]

---

[31] vgl. Louis 1985, S. 78ff.
[32] vgl. Martin/Siehl 1983, S. 51
[33] vgl. Meyerson/Martin 1987, S. 623 ff.; Martin 2002, S. 94ff.
[34] vgl. Martin 2002, S. 95f.
[35] vgl. Meyerson/Martin 1987, S. 624ff.
[36] vgl. Meyerson/Martin 1987, S. 624ff.
[37] vgl. Martin 2002, S. 94

(2) Die **Differenzierungsperspektive** wird mit Abspaltungstendenzen und Konflikt-potenzial gleichgesetzt. Forschungsarbeiten fokussieren sich hier auf kulturelle Manifes-tationen, die widersprüchliche Interpretationen zur Folge haben.[38] Beispielsweise unter-suchte Barley (1986), welche Auswirkungen die Einführung der Computertomographie (CT) in Spitälern auf die Belegschaft hat. Während die Subkultur der Radiologen diese Einführung als Untergrabung ihrer Kompetenz und dementsprechend ihrer Reputation wahrnahm, konnten sich die Techniker durch ihre Fähigkeit, das Gerät handhaben zu kön-nen, etablieren.[39] Ausgehend von der Existenz von Subkulturen werden hier drei mögliche Ausprägungen unterschieden. Subkulturen können einerseits im Sinne einer Gegenkultur im krassen Gegensatz zu Organisationskultur stehen,[40] andererseits können sie „90 Grad" zur dominierenden Organisationskultur stehen, indem sie funktionale, nationale, aber auch ethnische Zugehörigkeiten reflektieren. Alternativ dazu kann eine Subkultur die vorhan-dene Organisationskultur auch aufwerten. In diesem Fall werden die Werte des Topma-nagements von den Mitgliedern einer bestimmten Abteilung unterstützt.[41]

Während die integration perspective von einer einzigen, dominanten Organisations-kultur ausgeht, wird in der differentiation perspective Organisationskultur als Zusammen-setzung einer Kollektion von Werten definiert, die sich widersprechen können. Offizielle Werte sind unter Anwendung dieser Betrachtungsweise inkonsistent zu den gelebten Wer-ten, Rituale und Geschichten können Widersprüche zwischen formalen und informalen Normen aufzeigen und selbst eine gemeinsame Sprache wird ausgeschlossen.

Folgende Merkmale charakterisieren Forschungsarbeiten der differentiation perspec-tive:[42]

1. Organisationskultur wird von internen und externen Einflüssen bestimmt,
2. Existenz von Subkulturen sowie
3. Existenz mehrerer Quellen der Organisationskulturschöpfung.

Organisationskulturschilderungen konzentrieren sich mehr auf Unstimmigkeiten und Un-terschiede als auf Konsens. [43]

Die Kritik an dieser Perspektive bezieht sich auf die Betrachtungsweise der Organi-sation. Durch den starken Fokus auf Subkulturen (Schwerpunkt der Betrachtung: Abtei-lungen) geht der Blick auf die gesamte Organisation verloren. Eine gemeinsame, integra-tive Vision oder eine gemeinsame Sprache wird von den Vertretern dieser Perspektive nicht länger erkannt.[44] Wie die Organisationsmitglieder etwaige Unterschiede zwischen Organisationskultur und jeweiliger Subkultur wahrnehmen, wird in der Analyse ebenfalls vermisst, da davon ausgegangen wird, dass Ambiguität gemanagt werden kann.[45]

---

38 vgl. Martin 2002, S. 101ff.
39 vgl. Barley 1986, S. 93
40 vgl. Martin/Siehl 1983, S. 52ff.
41 vgl. Meyerson/Martin 1987, S. 630ff.
42 vgl. Meyerson/Martin 1987, S. 630ff. Siehe dazu die Arbeiten von Barley 1986 und Van Maanen 1991
43 vgl. Martin 2002, S. 94
44 vgl. Barley 1986, S. 78ff.; Rousseau 1990, S. 448ff.
45 vgl. Meyerson/Martin 1987, S. 636f.

(3) Die **Fragmentierungsperspektive** wird mit Vielheit und Fluss gleichgesetzt, wobei Aussagen dazu schwierig sind. Der Fokus auf Ambiguität und die Tatsache, dass eben diese Ambiguität nicht klar konzeptualisiert werden kann, verursachen diese Schwierigkeiten.[46] Die fragmentation perspective geht im Studium der Beziehungen zwischen kulturellen Manifestationen über die Beständigkeit der integration perspective und die klaren Unbeständigkeiten der differentiation perspective hinaus. Während Ambiguität als abnorm und problematisch, als mit Sinn und Klarheit zu füllender Hohlraum betrachtet werden kann, nimmt die fragmentation perspective die Ambiguität als normalen, herausragenden und unausweichlichen Teil organisationalen Funktionierens wahr.[47]

Genau diese alternative Betrachtungsweise von Ambiguität führte zur Etablierung dieses Stranges als drittem Paradigma. Wird Organisationskultur durch die Linse der fragmentation perspective betrachtet, gibt es keine gemeinsamen Werte mehr – mit Ausnahme der Ambiguität. Zu den Merkmalen von Forschungsarbeiten der fragmentation perspective zählen daher:[48]

1. Kulturelle Manifestationen sind durch einen Mangel an Klarheit aufgrund von Ignoranz oder Komplexität gekennzeichnet,
2. Konsens, Meinungsunterschiede und Konfusion existieren parallel – das Ziehen von Grenzen zwischen Organisationskultur und Subkultur ist nicht möglich sowie
3. viele verschiedene Quellen der Organisationskultur.

Organisationskulturschilderungen können aus dieser Perspektive heraus weder als harmonisch noch als konfliktreich charakterisiert werden.[49]

Abschließend bleibt anzumerken, dass diese hier vorgestellten drei verschiedenen Perspektiven – integration, differentiation und fragmentation – eines gemeinsam haben: Allein schon durch die Bildung von Kategorien wird die jeweilige Sichtweise verengt. Komplexität in der Betrachtung von Mitgliedern, Ideen und Handlungen wird reduziert und abgegrenzt, die Erforschung von kulturellem Kontext anhand der drei Perspektiven lohnt sich jedoch allemal – weitet sie doch das Auge für Vielfalt und vertieft das Verständnis. Voraussetzung dafür ist jedoch die umfassende Betrachtung und Darstellung der Perspektiven.

2.3 Charakteristika von Organisationskulturen

Die anschließende detaillierte Beschreibung der Charakteristika von Organisationskulturen orientiert sich an der von Trice und Beyer (1993) verwendeten Diktion. Diese beiden Autoren, deren Arbeiten als managementorientiert bezeichnet werden, betonen die Bedeutung von Symbolen innerhalb der Organisationskulturforschung.[50] Organisationskulturen sind durch folgende Eigenschaften gekennzeichnet: Sie sind

1. kollektiv
2. historisch

---

[46] vgl. Martin 2002, S. 104ff.
[47] vgl. Martin 2002, S. 104ff.
[48] vgl. Meyerson/Martin 1987, S. 636f.
[49] vgl. Martin 2002, S. 94
[50] vgl. Martin/Frost/O'Neill 2008, S. 735

3. emotional
4. symbolisch
5. dynamisch
6. unscharf

(1) Kollektiv

Kulturelle Phänomene sind kollektiv, es wird davon ausgegangen, dass Kulturen nicht von Einzelnen gegründet werden, die alleine agieren. Organisationskultur ist somit das Produkt kollektiven, gesellschaftlichen und individuellen Handelns. Kulturelle Phänomene werden von den Mitgliedern einer Gruppe geteilt.[51]

(2) Historisch

Kulturelle Phänomene sind mit der Geschichte und Tradition verbunden, sie können von ihr weder getrennt werden noch entstehen sie binnen kurzer Zeit. Tradierung der Kultur bedeutet, dass nur aus der Geschichte heraus die die Organisationskultur kennzeichnenden Dinge und Ereignisse verstanden werden. Die Ursprünge für kulturrelevante verhaltensdeterminierende Größen liegen in der Vergangenheit. In einem langfristigen Zeitablauf hat sich das auslösende Ereignis und das von ihr bestimmte und letztlich geprägte Reaktionsschema voneinander gelöst, so dass sich ein autonomes Orientierungsschema gebildet hat.[52]

Um eine Organisationskultur zu entwickeln, verbringen Menschen Zeit in der Organisation. Sie agieren und lernen im Umgang mit neuen Erfahrungen gemeinsam, wie damit umzugehen ist. Aus der Historie des Unternehmens stammende kulturelle Aspekte bleiben selbst nach Jahren und unter einem anderen Management noch bestehen. Die einmal in die Kultur aufgenommenen Standards werden zu einer Basis, die in ihrer Tendenz eine längerfristige Gültigkeit aufweisen.[53] Es lässt sich daher zusammenfassen: Organisationskultur kann als soziales Erbe einer Unternehmung, als die Summe der von Generation zu Generation weitergegebenen Überzeugungen, Verhaltensweisen und -regeln angesehen werden.

(3) Emotional

Organisationskultur hilft dem Management, Unsicherheiten und Ängste zu überwinden. Kulturelle Phänomene sind somit ganzheitlich, intersubjektiv und mehr emotional als streng rational und analytisch. Die Mitglieder einer Organisationskultur zweifeln daher kaum Grundwerte und Einstellungen an. Das kann so weit führen, dass Organisationskultur derart selbstverständlich gesehen und gelebt wird, dass sie geradezu in „Fleisch und Blut" übergegangen ist.

(4) Symbolisch

Kulturelle Phänomene haben häufig ideellen Charakter, sie beschäftigen sich mit Einstellungen, Wissen und dem kulturellen Verständnis der Organisationsmitglieder. Dazu kommt, dass Organisationskultur nicht direkt erfassbar ist. Man kann sie nicht im natur-

---

[51] vgl. Trice/Beyer 1993, S. 5
[52] vgl. Matenaar 1983, S. 31f.
[53] vgl. Matenaar 1983, S. 31f.

wissenschaftlichen Sinne sezieren, sondern muss sie über Symbole interpretieren, d.h. auf indirektem Wege erfahren.

(5) Dynamisch

Trotzdem Organisationskultur Kontinuität gewährleistet, ist sie nicht statisch, sondern dynamisch: Kulturen verändern sich kontinuierlich.[54] Obwohl Organisationskultur immer historisch gewachsen ist, werden ständig neue Anforderungen an ihre Anpassungsfähigkeit und Dynamik gestellt. Nur wenn eine Organisationskultur zur Lösung von Problemen geeignet ist, haben kulturelle Inhalte und Formen langfristig Lebenschancen.

Menschliche Kommunikation innerhalb der Organisation, mittels derer Organisationskultur weitergegeben wird, ist niemals perfekt. Daher ist das, was unter Organisationskultur in der Organisation verstanden und gelernt wird, stets von den Mitgliedern abhängig.[55] Die Organisationsmitglieder haben ein individuell unterschiedliches Verständnis von Organisationskultur. Dynamik und Wandel der Organisationskultur sind die Folge.

(6) Unscharf

Die Bilder und die Beschreibungen von Organisationskultur sind recht unscharf. Will man Organisationskultur dennoch beschreiben, so kann sie als Oktopus beschrieben werden, dessen Tentakel in großen Teilen alleine arbeiten, jedoch lose miteinander und mit dem Kern verbunden sind, die sich überallhin strecken und als Einheit arbeiten.[56] Je komplexer und komplizierter die Umstände sind, mit denen sich eine Gruppe konfrontiert sieht, desto eher wird sich in der eigenen Organisationskultur diese Verschwommenheit widerspiegeln. Kulturelle Phänomene, voll von verschiedenen Bedeutungen, doppeldeutigen Zeremonien, Geschichten und Metaphern sorgen unter anderem für diese Unschärfe.[57]

Diese Merkmalsvielfalt demonstriert auch, dass Organisationskultur ein komplexes, schwer fassbares Phänomen ist. Organisationskultur kann man aber nicht nur anhand der soeben beschriebenen Merkmale, sondern auch anhand der verschiedenen Ebenen zuordnen, wie sie der viel beachtete Ansatz von Schein betrachtet.

2.4 Ebenen der Organisationskultur

Schein unterscheidet verschiedene Ebenen einer Kultur und klärt ihre Beziehung zueinander. „Um eine Kultur verstehen zu können, muss man sich nach dieser (der Kulturanthropologie entliehenen) Vorstellung, ausgehend von den Oberflächenphänomenen, sukzessive die kulturelle Kernsubstanz in einem Interpretationsprozess erschließen."[58] Schein unterscheidet drei Ebenen der Analyse (Abbildung 2):[59]

1. Ebene: Artefakte und Äußerungsformen
2. Ebene: Werte, Normen und Standards
3. Ebene: Grundlegende Annahmen

---

[54] vgl. Trice/Beyer 1993, S. 7
[55] vgl. Trice/Beyer 1993, S. 7
[56] vgl. Geertz 1966, S. 66
[57] vgl. Loisch 2007, in Anlehnung an Trice/Beyer 1993, S. 5 ff.; Alvesson 2002, S. 6
[58] Schreyögg 1999, S. 439
[59] vgl. Schreyögg 1999, S. 439f.

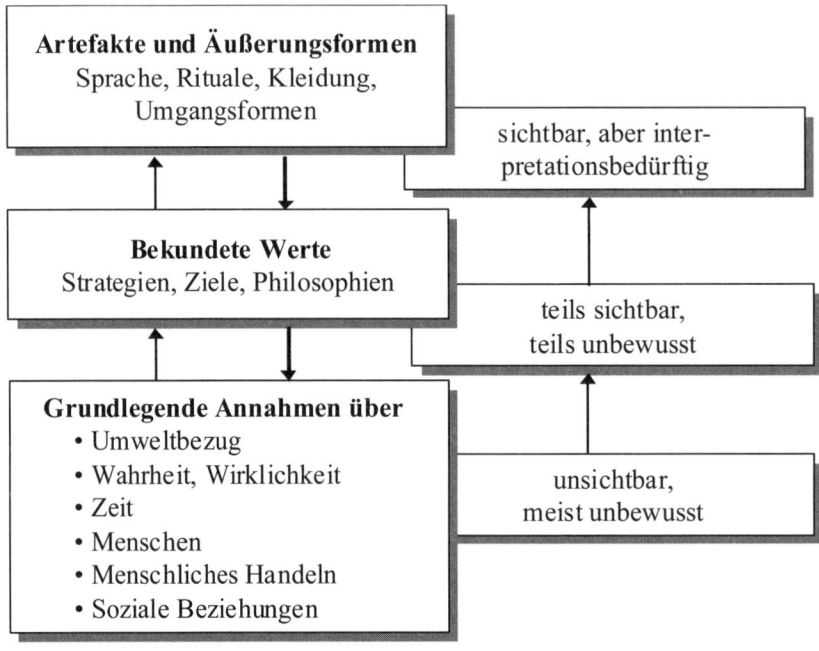

Abb. 2: Kulturebenen und ihr Zusammenhang[60]

Auf die „selbstverständlichen" und damit nicht bewusst reflektierten Basisannahmen bauen die bewusstseinsfähigen Werte, Normen und Standards auf. Darauf wiederum basiert die Ebene der sichtbaren, aber oft schwer zu deutenden Artefakte und Äußerungsformen, das Symbolsystem. Zur Erklärung des Aufbaus erweist es sich daher als zweckmäßig, bei den Basisannahmen mit der Darstellung zu beginnen,[61] also beim inneren Kern und nicht bei der Oberfläche.

2.4.1 Basisannahmen

Die zugrunde liegenden Annahmen (Basisannahmen) werden auch als **Orientierungs- und Vorstellungsmuster** bezeichnet. Sie repräsentieren all das, was von den Mitgliedern der Organisation für wahr gehalten wird. Sie beeinflussen das Denken und Verhalten, wobei sie einen beträchtlichen Beitrag für die Sicherheit der Menschen leisten. Die Organisationsmitglieder brauchen nicht alles Verhalten der Organisation selbstständig interpretieren, sondern erhalten eine Hilfestellung in Form dieser Muster.[62] Grundlegende Annahmen können in Organisationen über die Zeit, die Wahrheit, die Menschen oder auch menschliches Handeln existieren.

---

[60] vgl. Schreyögg 1999, S. 440; Schein 1985, S. 14
[61] Wir folgen hier Schreyögg ebenda im Gegensatz zur Darstellungsform in Schein 1985
[62] vgl. Hatch 1997, S 210ff.; Kasper/Mühlbacher 2002, S. 106ff.

Basisannahmen werden von den Mitgliedern der Organisation für wahr gehalten und sind in den Unternehmenseinheiten fest verankert. Der Anteil an Zustimmung zu diesen Annahmen resultiert aus dem wiederkehrenden Erfolg, den sie im alltäglichen organisationalen Leben bringen.[63]

Organisationskultur ist praktisch ein Set von Grundannahmen, die für Mitglieder einer Organisation definieren, womit sie sich beschäftigen sollen, wofür sie Zeit aufwenden und welchen Vorgängen sie Beachtung schenken sollen. Organisationskultur bestimmt, welche Denkmuster vorherrschen, welche Emotionen als Reaktionen für organisationale Handlungen passend sind und welches Verhalten bzw. welche Aktionen in diversen Situationen zu setzen sind.[64]

Grundlegende Annahmen werden weder angezweifelt noch angefochten. Daher können sie sehr schwer verändert werden. Erst in intensiver Auseinandersetzung, durch Wiederbeleben, Nachprüfen, möglicherweise erst durch Änderungen oder Aufbrechen stabiler Muster in den kognitiven Strukturen werden die Grundannahmen von den Organisationsmitgliedern adaptiert, um Neues zu erproben.[65] Das dafür nötige Zulassen von Angst ist schwer zu ertragen, zumal ein gewisses Maß an Dissens und Unterschiedlichkeit entsteht.[66] Der Wunsch nach Kongruenz zwischen organisationalen Handlungen und vorherrschenden Grundannahmen ist in Menschen und Organisation gleichermaßen verankert, selbst dann noch, wenn Verzerrungen, Dementis, aber auch Lügen benutzt werden, um diese Handlungen zu rechtfertigen.[67] Gerade in diesem Prozess einer notwendig gewordenen Veränderung ist die Macht von Organisationskultur besonders deutlich zu spüren.

Aus den Ausführungen wird klar, dass es sich bei den Basisannahmen um „selbstverständliche Orientierungspunkte" organisatorischen Handelns handelt, die dann ganz automatisch, ohne darüber nachzudenken, ja meist ohne sie zu kennen, befolgt werden (siehe auch Abbildung 2).

Gemäß Schein gibt es Basisannahmen über:

1. die Umwelt
2. über die Zeit
3. über die menschliche Natur und die menschlichen Beziehungen

1. Die Grundannahmen über die Umwelt

Sie legen fest, wie man in einer Organisation die Umwelt wahrnimmt, interpretiert bzw. konstruiert: als herausfordernd, aber bezwingbar oder als übermächtig und bedrohlich etc.

Wer bestimmt in der Organisation die Wirklichkeit (= „Wahrheit"): Sind es die Fakten oder sind es die Autoritäten, auf die man vertraut? Sind es die sachlichen Daten, die immer auf den Tisch gelegt werden oder wird auch reflektiert, wessen Daten es sind? Fungieren Kommissionen als „Wahrheitsinstanz"? Wie wird in der Organisation entschieden, ob et-

---

[63] vgl. Schein 2004, S. 3
[64] vgl. Schein 2004, S. 32
[65] vgl. Schein 2004, S. 31f.
[66] vgl. Loisch 2007, S. 41
[67] vgl. Schein 2004, S. 31f.

was moralisch oder unmoralisch ist? Betrachten wir hier beispielsweise eine Maturakommission. Zusammengesetzt aus einem Vorsitzenden, dem Klassenvorstand und jenen Lehrern, die die von ihnen unterrichteten und vom Kandidaten gewählten Gegenstände mündlich prüfen, nehmen sie die Beurteilung der Maturanten vor. Die Kommission verfügt über „Sein und Nicht-Sein" der Maturanten. Demnach tritt die Kommission aufgrund der ihr zugeschriebenen Funktion als „Wahrheitsinstanz" auf und entscheidet über passende und nicht passende Leistung.

2. Die Grundannahmen über die Zeit

Die Annahme über die Zeit ist ebenfalls ein Kulturmerkmal. Etwa, welchen Zeitrhythmus eine Organisation entwickelt; einen chronologischen, zyklischen oder erratischen. In der generellen Annahme über die Zeit in Organisationen liegt die Basis für den Umgang mit Zeit, Zeitplänen, der Norm der Pünktlichkeit, der Arbeitsgeschwindigkeit, „Deadlines" oder Sitzungsagenden. Die sozial konstruierte Zeit weicht vom naturwissenschaftlichen Konzept insoweit ab, als der Umgang mit Zeit nicht mehr linear erfolgen muss. Zeit wird zum mehrschichtigen Faktor, der vor allem durch folgende Dimensionen beschrieben werden kann:[68]

Monochrone versus polychrone Zeit

Während die monochrone Zeit von herkömmlichen, linearen Abläufen bestimmt wird, versteht man unter polychroner Zeit den gleichzeitigen Ablauf mehrerer Handlungen, also das, was in der EDV landläufig unter „Multitasking" bekannt ist.

Die polychrone Zeitperspektive ist im romanischen Kulturkreis und in Lateinamerika stärker verbreitet als im mittel- und nordeuropäischen sowie im nordamerikanischen Raum. Auf der individuellen Ebene können polychrone Arbeitsabläufe – somit also abwechslungsreichere Arbeit – zu höherer Zufriedenheit und höherem Commitment bei den MitarbeiterInnen führen, natürlich aber auch zu mehr Stress und einem Burn-Out.[69]

Temporaler Fokus

Der temporale Fokus bestimmt die „Verankerung" einer Organisationskultur in der Vergangenheit, Gegenwart oder Zukunft. Dementsprechend können Kulturen als traditionalistisch, zeitlos oder zukunftsorientiert betrachtet werden. Generell gilt, dass Nordamerika und Westeuropa auf Grund ihrer christlich-puritanischen Gesellschaftskultur eher zukunftsorientiert sind und unter Berücksichtigung des zukünftigen Lebens nach dem Tod den hedonistischen Genuss des Augenblicks hinten anstellen, während Asien, Afrika und Lateinamerika eher als vergangenheitsorientiert gelten.[70]

---

[68] vgl. Bluedorn 2000, S. 119ff.
[69] vgl. Bluedorn 2000, S. 122
[70] vgl. Zellmer-Bruhn/Gibson/Aldag 2001, S. 32f.

Temporale Tiefe

Im Gegensatz zum temporalen Fokus, der die „Richtung" der zeitlichen Orientierung angibt, stellt die Tiefe den gewählten Zeithorizont dar. So können Kulturen eine lang- oder kurzfristige Perspektive aufweisen, die jedoch nichts über den temporalen Fokus aussagt.

3. Die Grundannahmen über die menschliche Natur und die menschlichen Beziehungen

Annahmen über die allgemeinen menschlichen Wesenszüge bilden ebenfalls die Basis einer Organisationskultur. Die zumeist impliziten Menschenbilder, d.h. die Annahmen über die „Natur" des Menschen werden kaum offen ausgesprochen – sie zeigen sich vielmehr im konkreten Umgang –, sind aber massiv handlungsleitend in Organisationen. Ausgehend von der These, dass sich Organisationsmitglieder ihre Umwelten selbst schaffen, kann auch abgeleitet werden, dass die Beziehungen von Menschen in Organisationen ebenfalls lediglich Konstrukte darstellen. Einige der bekanntesten Menschenbilder werden hier nun vorgestellt.

Bevor auf die von Schein entwickelte Typologie von Menschenbildern eingegangen wird, sollen die zwei idealtypischen Menschenbilder von McGregor dargestellt werden, wie sie McGregor explizit zwischen der „Theorie X" und „Theorie Y" unterscheidet.[71]

Für die **Theorie X** gilt als Basisannahme, dass die Menschen von Grund auf faul und verantwortungsscheu sind und der Arbeit, wann immer es möglich ist, aus dem Weg gehen. Daher müssen Manager die einzelnen Handlungsschritte einer Aufgabe detailliert vorgeben, energisch anleiten und führen sowie streng kontrollieren. Nur so kann eine effiziente Arbeitsausführung gewährleistet werden.

Theorie Y geht hingegen von der Annahme aus, dass Menschen durchaus ehrgeizig sind und sich zur Erreichung sinnvoller Zielsetzungen bereitwillig strenge Selbstdisziplin und Selbstkontrolle auferlegen. Solche Mitarbeiter können durch gemeinsame Zielfindungsprozesse, Mitbestimmung und möglichst große Handlungs- und Entscheidungsspielräume motiviert werden.

In beiden Fällen – unabhängig ob nun Theorie X oder Y verfolgt wird – lassen sich in der Praxis jedoch langfristige Tendenzen aufzeigen, die die ursprüngliche Annahme jeweils rechtfertigen. Menschen, die gemäß Theorie X geführt werden, zeigen wenig Freude an ihrer Arbeit und reduzieren ihren Arbeitseinsatz, wohingegen die Anwendung der Theorie Y zu hoher Identifikation mit der Arbeitsaufgabe und somit auch höherer Arbeitsleistung führt.[72] Daraus kann abgeleitet werden, dass der Glaube an diese Menschenbilder und in der Folge der Einsatz entsprechender Führungsinstrumente eine „sich selbst erfüllende Prophezeiung" darstellt. Die Menschen reagieren auf die Gestaltung ihres Arbeitsumfeldes so, wie es die Regeln der jeweiligen Annahme bereits vorwegnehmen. Tendenziell kommt es also nur zu einer Art „Konditionierung" der Mitarbeiter auf bestimmte Stimuli von außen. Anschaulich wird dies in der folgenden Abbildung 3 zusammengefasst:

---

[71] vgl. McGregor 1960
[72] vgl. Schreyögg 1999, S. 223ff.

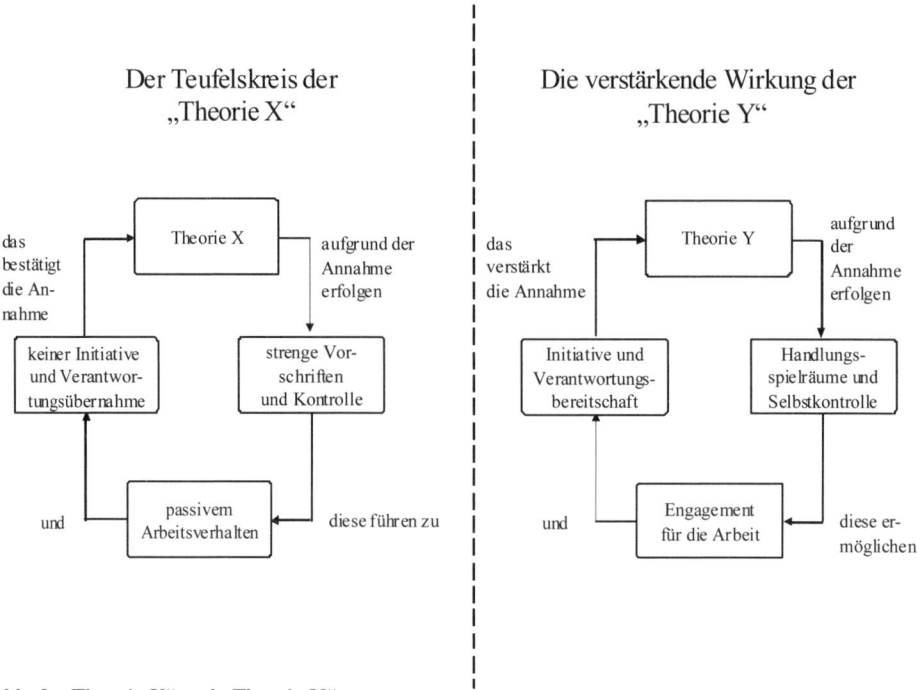

Abb. 3: „Theorie X" und „Theorie Y"

Einen etwas differenzierteren Ansatz entwickelte Schein, dessen Typologie weite Verbreitung gefunden hat. Ausgehend von der historischen Entwicklung der Managementtheorie verdichtete er vier unterschiedliche Menschenbilder:[73]

1. Die **rational-economic person**, die in erster Linie passiv ist und nur monetär motiviert werden kann. Das Management hat solche Mitarbeiter, die weitgehend der Theorie X und damit auch den ursprünglichen Ansätzen der Managementforschung entsprechen, anzuleiten und zu kontrollieren.
2. Die **social person** ist gruppenorientiert und lässt sich vor allem durch Teamwork motivieren. Die soziale Interaktion gilt ihr als Ersatz für sinnentleerte Arbeitsabläufe. Dieses Menschenbild spiegelt die Annahmen der Human-Relations-Bewegung wider und verweist die Funktionen des Managements auf die sozialen Aspekte wie z.B. Gruppenarbeit zu fördern, Anerkennung auszusprechen, Feedback zu geben, Integration zu fördern oder auch Identität zu stiften.
3. Die **self-actualizing person** ist autonomieorientiert und bevorzugt Selbst-Motivation und Selbst-Kontrolle. Die Erreichung organisationaler Ziele dient ihr gleichzeitig als Möglichkeit der Selbstverwirklichung. Damit entspricht dieser Typus der Theorie Y. Das Management sollte diesen Mitarbeitern große Handlungs- und Entscheidungsfreiheiten gewähren. Durch Mitbestimmung, Delegation und individuelle Förderung erfolgt der Übergang von extrinsischer zu intrinsischer Motivation.

---

[73] vgl. Schein zitiert in Staehle 1999, S. 194f.

4. Die **complex person**, die rasch und flexibel auf unterschiedliche Entwicklungen der Umwelt reagiert, ist hochgradig wandlungsfähig und äußerst lernfähig. Auch ihre Motive passt sie immer der jeweiligen Umwelt an. Dieses Menschenbild, das auch den situativen Managementansätzen gleichgesetzt werden kann, verlangt vom Management schnelle und präzise Diagnosen sowie eine hohe Flexibilität des Verhaltens. Der Grundsatz lautet: „Es gibt keinen allgemein gültigen Führungsstil und keine allgemein gültige Organisationsform."

Diese Typologie von Schein gibt den Stand der Managementforschung um 1980 wieder. In der Weiterführung dieses Modells muss aber auch noch der systemtheoretisch-konstruktivistischen Wende Rechnung getragen werden. Hier gilt es in einem grundsätzlich nicht beherrschbaren Feld eine kalkulierbare Wirkung zu erzielen.[74] Während historisch frühere Ansätze Organisationen wie Maschinen betrachten, die nur korrekt zusammengesetzt und gewartet werden, sieht man Organisationen nun als nicht-triviale, soziale Systeme an. Dementsprechend wird auch ein **systemisch-konstruktivistisches Menschenbild** entwickelt. Dieses lautet:[75]

Der einzelne Mensch ist autonom. Sein Verhalten ist im Prinzip unberechenbar und von außen nicht steuerbar. Er handelt

1. nach seinen inneren Wertmaßstäben,
2. nach seiner persönlichen Wirklichkeitskonstruktion,
3. nach seinem Weltbild,
4. entsprechend seinen eigenen Motiven und Zielen.

Zusammenfassend: Die beschriebenen Menschenbilder regeln aber nicht nur den zwischenmenschlichen Umgang in Organisationen, sondern sie wirken sich auch auf die Gestaltung unserer Umwelt aus. So werden bspw. Manager, die der Theorie X anhängen, Organisationen eher als stabile Maschinen betrachten und dementsprechend restriktive Regel- und Kontrollsysteme installieren, während das systemisch-konstruktivistische Weltbild autonomer Menschen Manager dazu veranlasst wird, die Komplexität und Autonomie der Organisation zu fördern, um so Freiräume und flexible Anpassung zu ermöglichen. Die Autonomie sozialer Systeme und der Effekt einer „sich selbst erfüllenden Prophezeiung" führen dann lediglich zu einer Anpassung an die „Spielregeln" der vom Management geschaffenen Umwelt.

So viel zu den Basisannahmen nach Schein. Im Folgenden geht es um die zweite Ebene nach seiner Typologie, um Werte und Normen.

2.4.2 Werte und Normen

Werte sind teils sichtbar und teils unbewusst, teils bekundet und teils latent. Werte bilden die Basis für Richtig und Falsch in der Organisation, weswegen sie auch als moralischer Code bezeichnet werden. Sie geben Auskunft darüber, worüber sich die Organisations-

---

[74] vgl. Kasper 1990, S. 389
[75] vgl. Kasper 1990, S. 390ff.

mitglieder Gedanken machen, wie zum Beispiel Tradition, Loyalität, Freiheit.[76] Werte bauen auf den Grundannahmen der Organisation auf, sie sind bewusstseinsfähig, das heißt, die Mitglieder der Organisation haben grundsätzlich die Möglichkeit, über sie zu reflektieren.[77]

Die Definitionen des Begriffes Wert sind umfangreich, weswegen im Folgenden die drei grundlegenden Kategorien, in die Definitionen des Wertbegriffs eingeteilt werden, dargestellt werden:[78]

1. Wert als Gut
2. Wert als Maßstab
3. Wert als Ziel

Wird Wert als Gut betrachtet, so wird einem Objekt ein Wert zugerechnet („Das ist mir eine Sache wert!"), während bei Betrachtung von Werten als Maßstab eine subjektive Position eingenommen wird.[79] Werte werden als kulturell und sozial determinierte, dynamische Ordnungskonzepte, als Ordnungsleitlinie definiert, die den Input einer Person (= Wahrnehmung) selektiv organisieren und akzentuieren, regulieren und demnach aktives Planen und Ausrichten des Verhaltens ermöglichen.

Schwierigkeiten mit dem Begriff Wert ergeben sich aus der Abgrenzung zum verwandten Begriff **Werthaltung**. Während Werte gesellschaftlich vermittelte Konstrukte auf relativ hohem Abstraktionsniveau sind, wird dann von Werthaltungen gesprochen, wenn es sich um die Haltung einer bestimmten Person zu einem in der Gesellschaft verankerten Wert handelt.[80] Trotz dieser definitorischen Trennung findet eine gegenseitige Beeinflussung von Werten und Werthaltungen statt, da die Organisationsmitglieder gegenüber den Werten der Organisation Werthaltungen bilden, die entweder in Einklang oder in Opposition zu den Organisationswerten stehen. Bei einer Werthaltung handelt es sich daher um eine Haltung einer Person in Beziehung zu einem bestimmten, dieser Person implizit oder explizit bekannten Wert, während ein Wert an der Schnittstelle von Gesellschaft und Individuum liegt.[81]

Zusammenfassend sind die **Kriterien**, die einen Wert definieren, aufgelistet:[82]
1. Werte sind gesellschaftlich vermittelt.
2. Werte haben Orientierungscharakter.
3. Werte haben Einfluss auf die menschliche Wahrnehmung und das Verhalten.
4. Werte sind zeitlich relativ stabil.

Die Organisationsmitglieder lernen nach Eintritt in die Organisation, welche Werte und Überzeugungen – ursprünglich von den Gründern oder Heroen verkündet, ähnlich Propheten – in einem Unsicherheit reduzierenden Sinn funktionieren.[83] Je erfolgreicher in

---

76   vgl. Hatch 1997, S. 214
77   vgl. Kasper/Mühlbacher 2002, S. 108
78   vgl. Scholl-Schaaf 1975, S. 49
79   vgl. Klein 1991, S. 20ff.
80   vgl. Klein 1991, S. 24
81   vgl. Klein 1991, S. 24ff.
82   vgl. Klein 1991, S. 24ff.
83   vgl. Schein 1999, S. 186

der Folge diese erlernten Werte und Vorstellungen arbeiten, desto eher unterlaufen sie einem Transformationsprozess hin zu einem Verständnis als Grundannahmen. Die abgeleiteten Werte werden dabei in ihrer Funktion als Normen und moralische Ausrichtung für die Organisationsmitglieder explizit ausgesprochen, wobei sie entweder als Leitfaden für die Bewältigung von Schlüsselerlebnissen oder zur Einführung von neuen Mitarbeitern eingesetzt werden.[84] Dennoch existieren laut Argyris gelegentlich Situationen, in denen die tatsächlich gelebten den nach außen kommunizierten Werten widersprechen, die theories-in-use mit den espoused theories (= offizielle Werte und Richtlinien) in Widerspruch stehen.[85]

Die Bedeutung der Mächtigkeit von Normen und Werten (der latenten Orientierungsmuster) hat zu einem Boom von formulierten und offiziell niedergeschriebenen Führungsgrundsätzen, Leitbildern und Managementphilosophien geführt, die jedoch häufig nichts mehr mit der gelebten Organisationskultur zu tun haben, sondern vielmehr Idealvorstellung sind, die vom Management mit externen Beratern – oft abgehoben von der „Basis" – entwickelt werden. Es wird daher zu einer sorgfältigen Analyse von Werten und Grundannahmen geraten, mittels dieser kann herausgefunden werden, ob es sich bei den Werten um solche handelt, die auf den zugrunde liegenden Annahmen aufbauen oder aber ob es sich dabei um bloße Wunschvorstellungen für die Zukunft handelt."[86]

Mit dem Wertebegriff verwandt sind Normen. Werte können als Bedingung für die Entstehung von Normen herangezogen werden. Werden Werte als relativ generelle Erwartungsäußerungen verstanden, so sind Normen um einiges spezifischer. Demnach sind Normen spezielle Regeln, die Menschen vorgeben, wie sie sich in bestimmten Situationen zu verhalten haben.[87] Um in Organisationen „wünschenswertes" Verhalten zu zeigen, müssen Normen gelernt und verinnerlicht werden und sind somit eng mit dem Begriff der Sozialisation verknüpft. Das soziale Verhalten der Organisationsmitglieder wird durch Normen normiert.[88] Werden Werte öffentlich bekannt gemacht, so sind und wirken Normen oftmals informell und zumeist unbewusst auf die Organisationsmitglieder. Trotz dieses informellen Charakters von Normen werden sie zu einer mächtigen Form sozialer Kontrolle in Unternehmen.[89]

So viel zu den Werten und Normen. Nun zur dritten Ebene gemäß Schein, zu den Artefakten und Äußerungsformen:

2.4.3 Artefakte und Äußerungsformen: Symbole

Werte, Normen und Standards finden ihre sichtbaren, aber oft schwer zu deutenden Ausformungen in Symbolen. Diese haben die Aufgabe, den schwer fassbaren, wenig bewussten Komplex von Annahmen, Interpretationsmustern, Normen und Wertvorstellungen lebendig zu erhalten, weiter auszubauen und an neue Mitglieder weiterzugeben. Die Sym-

---

[84] vgl. Schein 2004, S. 28ff.
[85] vgl. Argyris 1976, S. 367
[86] vgl. Schein 2004, S. 30
[87] vgl. Rehberg 2001, S. 74
[88] vgl. Popitz 2006, S. 88
[89] vgl. Keyton 2005, S. 23f.

bole und Zeichen stellen den sichtbaren und daher am einfachsten zugänglichen Teil der Unternehmenskultur dar. Häufig wird freilich übersehen, dass diese Symbolik auch nur im Zusammenhang mit den zugrunde liegenden Wertvorstellungen verstehbar ist.

Im Folgenden wird dargelegt, wie (in welcher Form, mit welchen Praktiken bzw. Verhaltensmustern) sich Teile von Organisationskulturen (Normen, Werte, Einstellungen etc.) in Symbolen ausdrücken bzw. vermitteln lassen.[90]

Was sind nun solche kulturelle Symbole? Symbole können als **Zeichen mit Bedeutungsinhalten** begriffen werden, die komplexe Kommunikationsinhalte vermitteln. Es ist ferner davon auszugehen, dass Symbole multivokal (= mehrsinnig) sind und daher – um für die soziale Praxis handhabbar zu sein – in der Handlungswelt mit geläufigen, relativ spezifischen Be-Deutungen versehen werden müssen.[91] Symbole müssen also immer „zurecht" definiert werden. Symbole werden im Alltagshandeln aber nicht nur aktiv (durch Definitionsprozesse „von oben"), sondern auch passiv (als „Deutungsdruck") verarbeitet. Sinngrößen wie Symbole entfalten darüber hinaus aber auch „Eigenwirkung": Sie strahlen – unterschwellig, verdeckt, versickernd etc. – auch von sich aus Bedeutungen aus.

Die **Medien der symbolischen Vermittlung** von Werten, Normen etc. kann man mit Neuberger in drei Arten einteilen,[92] die um die Dimension der Zeit ergänzt werden.[93]

Sprachliche Medien	Mythen, Anekdoten, Slogans, Mottos, Leitsätze, Geschichten, Parabeln, Legenden, Sagen, Märchen, Grundsätze, Jargons, Lieder, Hymnen, Sprachregelungen
Interaktionale Medien	Riten, Rituale, Zeremonien, Tabus, Feiern, Festessen, Jubiläen, Konferenzen, Tagungen, Vorstandsbesuche, Beförderungen, Degradierungen, Entlassungen, Pensionierungen, Sponsionen, Promotionen
Objektivierte Medien	Statussymbole, Architektur und Design, Abzeichen, Embleme, Geschenke, Fahnen, Preise, Urkunden, Incentive-Reisen, Idole, Totems, Fetische, Kleidung, äußere Erscheinung, Broschüren, Werkszeitungen
Sozial konstruierte Zeit	Zeitpläne, Abgabetermine (Deadlines), Zeitfenster für verschiedene Aufgaben, Pünktlichkeitsmessungen (Stechuhr)

Tabelle 1: Medien der symbolischen Vermittlung

---

[90] vgl. auch Trice/Beyer 1984, S. 654
[91] vgl. Lipp 1979, S. 454ff.
[92] vgl. Neuberger 1985, S. 31ff.
[93] vgl. Bluedorn 2000, S. 118ff.; Zellmer-Bruhn/Gibson/Aldag 2001, S. 26ff.

Diese Aufzählung vermittelt einen ersten Eindruck über die Fülle dessen, was alles in die Kulturperspektive einbezogen wird. Eine erstaunliche Menge, wenn man bedenkt, dass bisher nur Teile davon von anderen Forschungsperspektiven tangiert wurden. Die in der Literatur bisher am häufigsten behandelten Medien der symbolischen Vermittlung werden im Folgenden dargestellt und illustriert.

2.4.3.1 Symbolvermittlung durch Sprache

Mythen

Organisationsmythen dienen dazu, gegenwärtige und künftige Verhaltensweisen und Handlungen zu bewahren, zu leiten und im Nachhinein samt ihren Konsequenzen zu legitimieren. Mythen halten das Wertsystem einer Organisation aufrecht, indem sie es verschleiern. Organisationsmythen werden (bewusst und/oder unbewusst) dazu benutzt, Unsicherheiten und Komplexität innerhalb der Organisation und der Außenwelt zu reduzieren, um sinnvolles Handeln zu ermöglichen. Zum Vergleich: Während die Wissenschaft Ungewissheit durch Klärung zu vermindern sucht, schützen Mythen vor Wahrnehmung dieser Ungewissheit.[94] Mythen haben die **Funktion von Wahrnehmungsfiltern**, die alternative Sichtweisen ausblenden: Wird z.B. der Mythos gepflegt, dass es in einer Organisation immer rational zugehe, dann wird die persönliche Erfahrung von Irrationalität (Willkür, Planlosigkeit) nicht als Systemdefizit gesehen, sondern als vermeidbares Versagen einer Person. Hervorzuheben ist überdies die Steuerungswirkung von Mythen. Sie erfolgt nicht über Führung oder „Sachzwänge", sondern „über Herzen und Köpfe": Eine bestimmte Sicht der Wirklichkeit wird durch den Mythos für „normal" erklärt, ein „Anders-Sein" ist nicht einmal mehr denkbar.[95] Exemplarisch werden im Folgenden einige Organisationsmythen angeführt. Auffallend ist, dass sich viele Organisationsmythen um den Chef, den Gründer oder den obersten Manager drehen. Mythen, die sich um den Chef ranken, hängen eng mit Bemühungen zusammen, die Einzigartigkeit der Führungsfunktion zu unterstreichen.[96] Dieser sogenannte „Ein-Mann-Mythos" verdankt seine Existenz im Wesentlichen der besonderen grafischen Sprache, die für Organisationsbeschreibungen entwickelt wurde. Diese „Spezialsprache" mit ihren Kästchen und Linien hat uns mit der Zeit davon überzeugt, dass die Wirklichkeit tatsächlich so aussieht, wie sie in einem Organigramm abgebildet wird. Ein Beispiel für den **„Ein-Mann-Mythos"**:[97] Der jetzige Daimler-Chef Dieter Zetsche galt in den USA als der typische Anpacker „made in Germany". Wenn Dieter Zetsche mit den Montagearbeitern Bratwürste grillt und brüllend lachend durch die Montagehallen schreitet und ihnen ein „Hello, I am Dieter" zuruft, dann verzeihen sie ihm auch die Entlassung von mehr als 40.000 Kollegen. Das Anpacken auf allen Ebenen macht Dieter Zetsche zur unumstrittenen Führungskraft.

Abgesehen von „Ein-Mann-Mythen" gibt es auch solche, die eine Organisation als Ganzes betreffen und die – obwohl nicht wahrheitsfähig – das Geschehen in einer Orga-

---

[94]   vgl. Westerlund/Sjörstrand 1981, S. 18
[95]   vgl. Neuberger/Kompa 1986, S. 60
[96]   vgl. Westerlund/Sjörstrand 1981, S. 139f.
[97]   vgl. Peters/Waterman 1982, zitiert in Neuberger 1985, S. 33

nisation erklären und steuern helfen. Westerlund und Sjöstrand haben mehr als 40 solcher „Selbstverständlichkeiten" als Mythen „enttarnt". Beispielhaft folgende:[98]

(1) Organisationen verfolgen ein Gesamtziel, aus dem sich einzelne Ziele für jede Position ableiten lassen. Ein Mythos, denn dem steht die These gegenüber, dass das konkrete Ziel vage definiert, widersprüchlich oder instabil ist.

(2) Wirtschaftliche Organisationen handeln rational. Ein Mythos, denn dabei wird übersehen, dass „Rationalität" häufig nur die nachträgliche Rechtfertigung eines Prozesses ist, der auf eine ganz andere Weise zustande gekommen ist.

(3) Organisationen sind nur dann erfolgreich, wenn sie nach außen Übereinstimmung um jeden Preis dokumentieren. Diesen Mythos entlarvte eine italienische Forschergruppe rund um die Familientherapeutin Selvini Palazzoli am Beispiel eines Institutes: in diesem Institut lebt man nach dem Mythos, wonach alle Unstimmigkeiten und Konflikte nach außen hin geleugnet werden müssen, um Erfolge zu erzielen. Die Ansicht, dass man sich über die wichtigsten Aspekte der gemeinsamen Arbeit vollkommen einig zu sein hat, lähmte aber tatsächlich dieses Institut. Über diesen Mythos unumwunden zu sprechen, hält Selvini Palazzoli für nutzlos, denn er würde wohl sofort geleugnet und sein Vorhandensein massiv bestritten werden.[99]

Anekdoten

Anekdoten sind Erzählungen über Taten oder Aussprüche zumeist hochrangiger Manager, die für die Selbstdarstellung einer Unternehmung als wichtig erachtet werden. Ein hoher Stellenwert wird den Anekdoten bei der betrieblichen Sozialisation neuer Organisationsmitglieder beigemessen, da sie Werte der Organisation(sleitung) u.a. „verkleidet" vermitteln. Im Unterschied zu Mythen fehlt es Anekdoten nicht an einem gewissen **Unterhaltungswert**. Ein Beispiel soll dies wiederum veranschaulichen:

In der Deutschen Bank wird als typisches Merkmal für ihre Unvergleichlichkeit und einsame Spitzenstellung (die Anekdote) weitererzählt, wie der ehemalige Vorstandsvorsitzende Abs seinen Namen zu buchstabieren pflegte: „A wie Abs, B wie Abs, S wie Abs".

Slogans

Zentrale Aspekte des Selbstverständnisses einer Organisation werden oft in Form treffender **Schlagwörter** ausgedrückt. Mit Hilfe solcher Slogans (Mottos, Leitsätze) sollen diese Werte plakativ hervorgehoben und ins Bewusstsein der Mitarbeiter „gehämmert" werden. Die öffentliche Bekanntmachung sorgt dafür, dass auch das breite Publikum als Kontrollorgan für das Einlösen der Behauptungen genutzt werden kann.[100]

Einige Beispiele sind:
- Coca Cola: „The Coke-side of Life"
- Toyota: „Nichts ist unmöglich – Toyota"
- Nokia: „Connecting People"
- Volksbank: „V wie Flügel"

---

[98] vgl. Westerlund Sjöstrand 1980, zitiert in Neuberger/Kompa 1986, S. 60
[99] vgl. Selvini Palazzoli 1984, S. 99ff.
[100] vgl. Neuberger/Kompa 1986, S. 62

- Orange: „Zusammen sind wir mehr!"
- UNIQA: „UNIQA – die Versicherung einer neuen Generation"
- Wiener Städtische: „Ihre Sorgen möchten wir haben!"

Zwei Besonderheiten gilt es bei Slogans herauszustreichen: Erstens besteht die Gefahr, statt Leitsätze nur **Worthüllen (Euphemismen) bzw. Beschönigungen** zu produzieren. Verräterisch sind gewisse Sprachregelungen. Eine beliebte Sprachregelung ist die Bezeichnung „Mitarbeiter" statt „Unterstellte", oder dass bei „Holiday Inn" das Wort „Problem" verboten ist. Dort heißt es „Chance". Die verschleiernde, bewusstseinslenkende, verharmlosende, beruhigende Wirkung solcher Umschreibungen weist darauf hin, dass es nicht (nur) um sachlich-rationale denotative (= begriffliche) Wortbedeutungen geht, sondern dass dem emotionalen Gehalt eines Begriffes große Beachtung geschenkt wird.[101]

Zweitens bergen Slogans – wahrscheinlich dann, wenn sie vor Plattheit nur so strotzen – die Gefahr in sich, durch **„Gegen-Slogans"** ins Lächerliche gezogen zu werden. Dazu einige Beispiele:[102]

In einem deutschen Großunternehmen der Chemiebranche wurde z.B. der Slogan „... (Firmenname) denkt weiter" innerhalb von Stunden von Organisationsangehörigen in „... schläft weiter" umgewandelt.

Eine bayrische Bank arbeitete jahrzehntelang mit dem Wahlspruch „Eine Bank, die Ihr Vertrauen verdient". Die interne Version dazu lautete: „Eine Bank, die an Ihrem Vertrauen verdient."

Auf die Bedeutung von Humor als wichtigem kulturellem Element wurde in der wissenschaftlichen Literatur übrigens nur sehr selten eingegangen.[103] Sehr wahrscheinlich sagen diese „Gegen-Slogans" über die tatsächlich gelebte Kultur viel mehr aus, als dies die offiziell propagierten Slogans tun können. Es ist wohl anzunehmen, dass solche „Gegenkultur"-Slogans besonders dann häufig auftreten, wenn die propagierten Slogans ganz offenbar den direkten Erfahrungen der jeweiligen Organisationsmitglieder widersprechen und diese Slogans folgerichtig als Humbug eingestuft werden,[104] wie z.B.: „Wir müssen sparen, wo es geht, koste es, was es wolle."

Dies ist vor allem darauf zurückzuführen, dass **Humor** den Sinn, den wir Handlungen oder Dingen beimessen, verfremdet. „Sinn bekommt alles erst in dem Augenblick, da der Mensch ihn hineinlegt, und absurd wird alles erst, wenn der Mensch den Sinn, den er hineingelegt hat, wieder herausnimmt."[105] Hierzu ein Beispiel: „Beweint jemand den Tod seiner Frau, so ist das eben so wenig ein Gag, als wenn sich jemand einen Gin-Fizz mixt. Wenn jedoch Chaplin in einem seiner Filme die Nachricht erhält, dass seine Frau gestorben ist, sich umdreht und scheinbar vom Weinen geschüttelt wird, sich kurz darauf wieder den Zusehern zuwendet und man sieht, dass er nicht weint, sondern sich einen Gin-Fizz mixt, dann ist das ein Gag. Der Gag ruft das Erlebnis der Absurdität hervor, indem er eine Wirklichkeit verfremdet (als absurd offenbart), in der der Mensch auf irgendeine Weise

---

[101] vgl. Neuberger/Kompa 1986, S. 62
[102] Rüttinger 1986, S. 123
[103] vgl. Neuberger 1985, S. 39
[104] vgl. Rüttinger 1986, S. 123
[105] Havel 1991, S. 187

gesellschaftlich (‚objektiv‘) sich selbst entfremdet ist, ohne sich dessen voll bewusst zu sein.“[106]

Geschichten

Geschichten, Erzählungen und Storys sind ausgeschmückte Berichte über unternehmensspezifische Geschehnisse, die sich in der Vergangenheit zugetragen haben und denen für die Unternehmung besondere Bedeutung zukommt. Sie stellen Verbindungspunkte zwischen der Firmengeschichte und den aktuellen Anliegen der Unternehmung her.[107]

Für die Mitarbeiter bieten unternehmensspezifische Geschichten **Orientierung** an. Sie verdeutlichen traditionelle Wege der Problemlösung und zeigen den angesprochenen Mitarbeitern auf, welche Handlungsweisen von ihnen in bestimmten Situationen erwartet werden. Sie dienen der Vereinheitlichung des komplexen und konfliktreichen organisatorischen Prozesses und erzeugen eine bestimmte Darstellung der Wirklichkeit. Zumeist handeln sie von Führungspersönlichkeiten, da diese einen wichtigen Einfluss auf die Organisationsmitglieder haben. Außerdem benutzen Organisationsmitglieder Geschichten, um Ambivalenzen, die sie gegenüber Autoritäten verspüren, auszudrücken.[108]

So kann an dieser Stelle das Beispiel des missglückten ersten Launchens der Mercedes A-Klasse angeführt werden. Nach anfänglicher Skepsis der Mercedes-Käuferschaft gelang es den Werbern, mit einer massiven Kampagne positive Stimmung für das Auto zu generieren. 100.000 Vorbestellungen waren die Folge. 3 Tage nach Verkaufsstart geriet die bis dahin perfekt laufende Auslieferung außer Kontrolle: Das Foto des beim Elchtest umgestürzten Mercedes ging um die Welt! Ergebnis der zahlreichen Krisensitzungen war eine Rundum-Verbesserung des Fahrzeuges. Trotz sofortiger Umrüstungen des Mercedes kündigte Konzernchef Jürgen Schrempp schließlich einen Auslieferungsstopp des Autos an: „Wir wollen kein Fahrzeug ausliefern, von dem wir heute wissen, dass wir es noch besser bauen können.“ Als mehrere Monate später die nun perfekte A-Klasse auf den Markt kam, war das Image von Mercedes stärker als zuvor, gemäß dem Leitspruch: „Stark ist, wer keine Fehler macht. Stärker, wer aus seinen Fehlern lernt.“

Der Sinn einer solchen Geschichte ist es, das Bewusstsein des Hörers für die darin enthaltene Botschaft („Sicherheit über alles“, genaue und penible Erfüllung der überantworteten Aufgaben) zu schärfen bzw. ihn letztendlich „auf Linie“ zu bringen. Auch aus diesem Grunde werden Geschichten sehr gerne neuen Mitarbeitern erzählt, damit sie wissen, welche Normen gelten.

So viel zur Symbolvermittlung durch Sprache. Es folgt nun die Symbolvermittlung durch Interaktion.

2.4.3.2 Symbolvermittlung durch Interaktion

Riten

Riten sind standardisierte Verhaltensabläufe, in denen existentielle Fragen einer Gemeinschaft durch kollektiv reglementiertes Handeln bearbeitet oder bewältigt werden. Riten be-

---

[106] Havel 1991, S. 198
[107] vgl. Heinen 1987, S. 113
[108] vgl. Feldmann 1990, S. 809

stätigen die Existenzgrundlage einer Organisation oder dienen (etwa durch „Krisenriten") ihrer Erneuerung. Riten finden meist zu einer bestimmten Zeit, an einem bestimmten Ort und mit einer bestimmten Rollenbesetzung statt.[109] Riten haben immer zwei Funktionen: Sie lösen Probleme für die Gemeinschaft und für den Einzelnen. Riten (und auch Zeremonien) könnte man auch als soziale Dramen mit genau definierten Rollen umschreiben.

Die Problemfelder, in denen häufig Riten vorkommen, sind vor allem:[110]

1. Sicherheit: Wie können wir die Zukunft meistern? Auf wen können wir bauen?
2. Motivation: Was gibt uns die Kraft zur Lösung unserer Probleme?
3. Ordnung: Welche Normen gelten? Wie lässt sich Kooperation sichern?
4. Identität: Wie unterscheiden wir uns von den anderen?
5. Sinn: Was ist unsere Mission, unsere Aufgabe?
6. Solidarität: Gehören wir zusammen?
7. Wertschätzung: Können wir stolz auf uns sein?
8. Krankheit: Wie wird es mit uns weitergehen? Wie überwinden wir Rückschläge, Bedrohungen, Konflikte?

Kurzum: Organisationsriten stellen Prozeduren zur Verfügung, mit deren Hilfe heikle oder bedrohliche Themen bearbeitet werden können, für die es keine unstrittige sachliche Lösung geben kann, weil gegenläufige Interessen befriedigt oder existenzielle Ängste bewältigt werden müssen.[111]

Rituale

Formalisierte Riten – d.h., die Form wurde wichtiger als der Inhalt – werden als Rituale bezeichnet. Rituale sind demnach stilisierte, sich wiederholende soziale Aktivitäten, die durch die Benutzung von Symbolen soziale Beziehungen ausdrücken und sie auch definieren. Rituale betonen Status- und/oder Machtsymbole. Sie bestätigen und stabilisieren Strukturen und Mythen; dabei regeln und kontrollieren sie emotionale und soziale Kräfte. Auch Rituale haben im Organisationsalltag eine Doppelfunktion: Sie können eine Organisationskultur stärken („positiver Fall") oder – durch Vernebelung – schwächen („negativer Fall").

Im „positiven Fall" sind Rituale szenische Dramatisierungen von Wertvorstellungen mit grundlegender Bedeutung. Die Beispiele reichen von Anerkennungsritualen (z.B. Siegesfeiern) bis zu sogenannten Initiationsritualen: das sind Rituale, die beim Eintritt in eine Gemeinschaft ablaufen.[112] Diese verdeutlichen einem neuen Mitglied, was zählt. Bisherige Kenntnisse und Einstellungen neuer Organisationsmitglieder werden herabgesetzt und als unzulänglich hingestellt. Damit wird ihnen klar gemacht, dass sie in ihrem jetzigen Zustand für die Organisation unbrauchbar sind. Die neuen Mitarbeiter werden z.B. vor Situationen gestellt, die viele ihrer Annahmen über sich, die frühere Firma und ihre Arbeit erschüttern. Sie bekommen leichte und triviale Aufgaben, die ihnen signalisieren, dass man sie noch nicht für fähig hält, wichtige Aufgaben zu übernehmen. Von ihnen gelieferte

---

[109] vgl. Sackmann 1983, S. 402
[110] vgl. Neuberger 1985, S. 42f.
[111] vgl. Neuberger/Kompa 1986, S. 64
[112] vgl. Rüttinger 1986, S. 135

Berichte, die niemand liest, und verlängerte innerbetriebliche Trainingsprogramme sind häufige Rituale, die solche Effekte erzielen.[113]

Auch strategische Planung kann unter diesem Aspekt gesehen werden.[114] Als Ritual stellt es den Versuch dar, von einer bedrohlichen Zukunft nicht überrascht zu werden, sie vielmehr klar vorherzusehen und sogar eigenmächtig zu gestalten. Strategische Planung ermöglicht es, Fachleuten (Experten, Beratern) die Funktion von „Zauberern" zuzuschreiben, die Organisationskrankheiten heilen können, oder „Sündenböcken", die für Entscheidungen herhalten müssen, die man selbst nicht auf sich nehmen möchte.

Im „**negativen Fall**" ist der Zusammenhang zwischen Ritualen und Wertvorstellungen verloren gegangen. Rituale werden dann zu überholten, eigentlich lächerlichen Leerformeln, mit denen versucht wird, die Zeit totzuschlagen und sich vor Entscheidungen zu drücken. Ein Beispiel dafür sind Lohn- und Gehaltsverhandlungen zwischen den österreichischen Sozialpartnern: Überhöhte Forderungen, beiderseitiges „Aufheizen" der Anhänger, gegenseitige Verbalattacken in den Medien, von vornherein reservierte Verhandlungstermine (wobei alle Beteiligten eine Einigung bei den ersten Verhandlungsrunden offensichtlich gänzlich ausschließen), tage- und nächtelange Verhandlungen, spektakuläres Abbrechen und Streikdrohungen, Einigung möglichst erst in den Morgenstunden (eine Einigung am Tag verbietet die Dramaturgie), wobei das Ergebnis vor den wartenden Medienvertretern von beiden Seiten „als gerade noch tragbarer Kompromiss" dargestellt wird.[115]

Zeremonien

Mehrere Riten in Verbindung mit einem einzigen Anlass oder Ereignis nennt man Zeremonie.[116] Zeremonien dienen dazu, emotionale Erregung in Form von Gefühlen freizulassen. Sie sind eine Art Konvention. Sie drücken Bräuche und Gewohnheiten der Kultur aus und werden zu bestimmten Gelegenheiten eingesetzt. Gängige Zeremonien sind Gründungs-, Weihnachts- und Geburtstagsfeiern sowie Betriebsausflüge und Partys. Sie machen das Leben in Organisationen erträglicher, vereinnahmen jedoch die Mitglieder der Organisation. Solche Gemeinschaftsveranstaltungen dienen nicht nur den jeweils offen proklamierten Zwecken, wie etwa der Gemeinschaftspflege oder dem Dank an bewährte Mitarbeiter, sondern auch als „Ventil" für die zeitweilige Lockerung strenger Verhaltensnormen, den Austausch sonst tabuisierter Informationen oder das Knüpfen informeller Kontakte.

Tabus

Unter Tabus versteht man **Verbote (oder Meidungsgebote)**, die sich in Eingeborenenkulturen etwa auf Orte, Speisen oder Menschen (z.B. Kranke, stillende Frauen) beziehen.[117] Auch in Organisationen gibt es ungeschriebene Tabus. In Gegenwart bestimmter Personen dürfen z.B. gewisse Themen nicht angesprochen oder bestimmte Ausdrücke

---

[113] vgl. Rosenstiel/Molt/Rüttinger 1979, S. 78f.
[114] vgl. Neuberger/Kompa 1986, S. 64
[115] vgl. auch das deutsche Beispiel bei Rüttinger 1986, S. 136
[116] vgl. Trice/Beyer 1984, S. 655f.
[117] vgl. Neuberger 1985, S. 52

nicht gebraucht werden. Dies kann dazu führen, dass – exemplarisch – Kritik an Vorgesetzten (wenn überhaupt) nur in kunstvoller Verkleidung vorgetragen werden kann. Als wichtigste Tabus in Organisationen können genannt werden:[118]

- nicht auffallen (durch Kleidung, Sprache, Konsum, Auto etc.); man kann von einem „Prinzip maximaler Mittelmäßigkeit" sprechen
- keinen Wirbel machen, die gegebene Ordnung nicht stören
- nicht den Anschein erwecken, dass man seinen Job nicht ernst nimmt
- nicht den Eindruck von Faulheit aufkommen lassen
- nicht über die Firma, Vorstand etc. witzeln.

Nach der Symbolvermittlung durch Sprache und Interaktion folgt nun die Symbolvermittlung durch Objekte.

2.4.3.3 Symbolvermittlung durch Objekte

Statussymbole

Statussymbole sind objektive Gegebenheiten, die verhaltensregulierend wirken. Sie zeichnen aus, grenzen ab, motivieren, ersparen Ringkämpfe, signalisieren Positionen und Befugnisse. Beispiele für solche Statussymbole sind: Titel, Möbel, Autos, zugeordnetes Personal, protokollarische Ansprüche etc. Der Besitz oder die Zuschreibung solcher Statussymbole hebt den Einzelnen über seine Vergleichsgruppe hinaus.

Wichtig für die Kennzeichnung von Statussymbolen ist, dass ihre **Vergabe von der Unternehmung kontrolliert** wird, ihr Erwerb also an definierte Voraussetzungen geknüpft ist. Darüber hinaus werden sie durch Verknappung begehrenswert gemacht.[119] Ein Beispiel für ein Statussymbol ist das Arbeitszimmer: Es wird auf verschiedene Merkmalsdimensionen statusgemäß eingestuft, u.a. auf die vertikale und horizontale Entfernung von der Vorstandsetage, Größe, Ausstattung (z.B. mit oder ohne echter Ledergarnitur), Fensterzahl, Abschirmbarkeit etc. Diese Merkmalsdimensionen sind allesamt Indikatoren der Wertschätzung, die der Inhaber genießt. Als weitere Statussymbole gelten der eigene Parkplatz, Titel, Vorrechte, Kleidung, Reihenfolge der Nennung bei Protokollen etc.

Architektur und Design

Auch in der Architektur, im Design und in der Arbeitsgestaltung drückt sich Organisationskultur aus. Es ist hier nicht nur an die berühmt-berüchtigten „Versicherungspaläste" zu denken,[120] an luxuriöse und Ehrfurcht gebietende Vorstandsetagen, sondern auch an weit Alltäglicheres, wie z.B. an die Einrichtung eines Großraumbüros. Hier wird ein **bestimmtes Verständnis von menschlicher Arbeit wiedergegeben** (z.B. zerstückelbar, kontrollbedürftig, kooperativ, eigenverantwortlich, hierarchisch). Ein Konferenzraum kann mit starren Sitzordnungen ausgestattet sein (am Kopfende eines rechteckigen, unbeweglichen Tisches residiert der Patriarch) oder mit kleinen beweglichen Tischchen, die

---

[118] vgl. Cleverley 1973, S. 124ff.
[119] vgl. Neuberger 1985, S. 53
[120] vgl. Neuberger 1985, S. 56

sich zu beliebigen Konstellationen zusammenstellen lassen und Bewegung in „Sitzungen" bringen.[121] Analog dazu kann auch die Symbolvermittlung durch Architektur an der Universität interpretiert werden: Hörsäle mit fixierten und nicht verstellbaren Bankreihen, vorne das „autoritätserhöhende" Podium für den Vortragenden oder Seminarräume mit beweglichen Tischen und Stühlen, die vielfältige Möglichkeiten der Sitzordnungen offen lassen. Die Gestaltung kann (besser: könnte) flexibel vorgenommen werden.

Nach der Symbolvermittlung durch Sprache, Interaktion und Objekte soll nun abschließend auf die Symbolvermittlung durch den Umgang mit der Zeit eingegangen werden.

2.4.3.4 Symbolvermittlung durch den Umgang mit Zeit

Zeit als Kulturmaßstab lässt sich in den verschiedensten Handlungen, Normen und Erwartungen beobachten: Zeitpläne, Abgabetermine, Zeitfenster für verschiedene Aufgaben, Pünktlichkeit, Arbeitsgeschwindigkeit, Zeitbewusstsein und -autonomie des Einzelnen, Synchronisierung der Zeit mit Kollegen, Zeitpuffer und Pausenregelungen, aber auch die zeitliche Zerlegung von Prozessen zeigen den Umgang mit Zeit innerhalb einer Organisation deutlich auf.[122]

Auch **temporale Normen** wie die Einhaltung von Pausen, die Grenzziehung zwischen Arbeitszeit und Freizeit, Überstundenregelungen und Ähnliches bestimmen die Kultur. So werden in Japan vom Großteil der Belegschaft eines Unternehmens nur rund 8 der 15 Urlaubstage genützt. „Karoshi", der Tod durch Überarbeitung, muss bereits als gesellschaftliches Phänomen so ernst genommen werden, dass das japanische Ministerium für Arbeit derzeit zur vollen Nutzung des Urlaubs aufruft, wohingegen in vielen Orten die Long-Hours-Culture Einzug gefunden hat.[123]

Darüber hinaus haben jedoch auch (professionelle) Subkulturen (Notarzt versus Mediziner in der Krebsforschung), industrielle „Taktgeschwindigkeiten" (Anlagenbau versus e-Business) und gesellschaftliche Zeitvorstellungen einen großen Einfluss. Gerade Letztere zeigen sich im Zeitmangel der verschiedenen Nationalitäten. So haben Inder über einen Arbeitstag verteilt noch einen Zeitüberschuss, während die Zeitbilanz der Schweden gerade ausgeglichen ist und Japaner oder US-Amerikaner bereits unter Zeitmangel leiden.[124]

Wechselwirkungen zwischen sozial konstruierter Zeit und der Organisationskultur zeigen sich vor allem bei folgenden Gelegenheiten:[125]

1. bei der Abstimmung individueller Bedürfnisse und organisationaler Zeitgestaltung (=Arbeitszeit): Liegt hier keine Übereinstimmung vor, kann es zu einer Verschlechterung der Arbeitsergebnisse, sinkender Mitarbeiterzufriedenheit und -loyalität, hoher Abwesenheit und hoher Fluktuation kommen.
2. beim Prozess der Entscheidungsfindung: Wann müssen Entscheidungen unter Druck getroffen werden und wann nimmt man sich „Auszeiten" zur reflexiven Bewertung der Vergangenheit oder der prospektiven Entwicklung neuer Strategien?

---

[121] vgl. Derschka/Gottschall 1984
[122] vgl. Schriber/Gutek, zitiert in Zellmer-Bruhn/Gibson/Aldag 2001, S. 27
[123] vgl. Zellmer-Bruhn/Gibson/Aldag 2001, S. 30 f.; Lewis 2001, S. 21f.
[124] vgl. Zellmer-Bruhn/Gibson/Aldag 2001, S. 33ff.
[125] vgl. Zellmer-Bruhn/Gibson/Aldag 2001, S. 37ff.

3. beim Innovationsprozess: Kreativität und Lernfähigkeit leiden unter Zeitdruck. Setzt das Unternehmen auf Innovation, dann muss es auch entsprechende temporale Freiräume gewährleisten.

Generell hat sich die Dimension der Zeit jedoch als nur sehr schwer veränderbar erwiesen, weshalb sie meist nur zur Beschreibung einer Organisationskultur herangezogen wird.[126]

2.5 Kulturdiagnose: Von Symbolen zu einem Bild der Organisationskultur

Aus den bisherigen Ausführungen geht hervor, dass offizielle Symbole wie Hymnen, Slogans, Broschüren, Leitbilder etc. nur einen Teil des Fundus an Kultursymbolen darstellen. Nicht selten widersprechen einzelne offizielle Werte (z.B. „Teamarbeit ist uns wichtig") den tatsächlich gelebten Mustern (z.B. „Jeder versucht, persönlichen Vorteil zu erlangen"). Die Organisationskulturdiagnose versucht, das Zusammenwirken offizieller aber auch inoffizieller, teilweise unterschiedlicher oder gar widersprüchlicher Muster zu ergründen. Wie lassen sich Organisationskulturen also erforschen? Entsprechend der zuvor beschriebenen Paradigmata gibt es zur Verfolgung zwei grundsätzlich verschiedene Erhebungsmethoden: die funktionalistische und die interpretative.

Die **funktionalistische Sichtweise** stellt **quantitative Erhebungsmethoden** in den Mittelpunkt bzw. beschränkt sich auf den Einsatz in der Praxis entwickelter und erprobter Erhebungsinstrumente zur Diagnose der Organisationskultur. Die Annahme der „Mess- und Vergleichbarkeit" von Kulturen steht dabei im Vordergrund.[127]

Als eine quantitative Erhebungsmethode wird exemplarisch das Modell von Denison vorgestellt. Die folgende Abbildung 4 zeigt jene vier Hauptdimensionen bzw. bekundeten Werte.

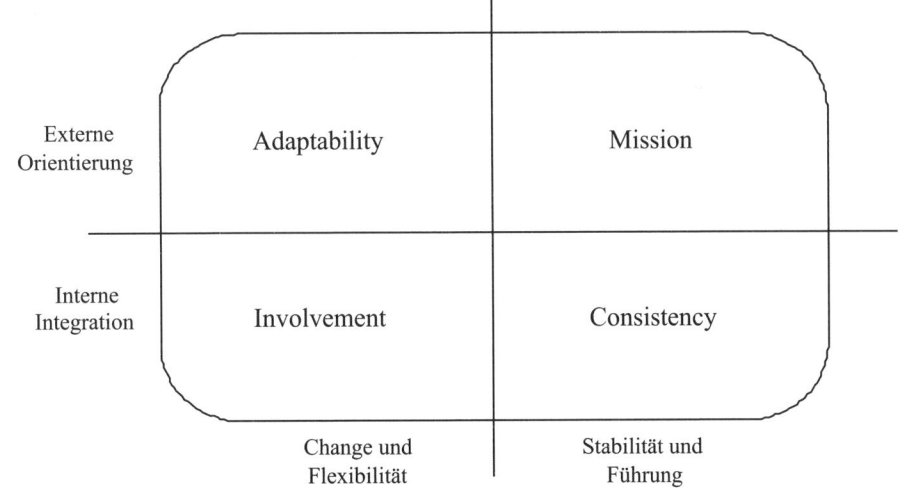

Abb. 4: Model of Cultural Traits[128]

---

[126] vgl. Bluedorn 2000, S. 127
[127] siehe dazu die Erhebungsinstrumente von Harrison 1984 und Denison 1997
[128] vgl. Loisch 2007, S. 102

Im Folgenden werden die dargestellten bekundeten Werte definiert und näher beschrieben:

Adaptability : Adaptive Organisationen agieren nahe an den Kunden und orientieren sich an deren Bedürfnissen.

Dabei versuchen sie, die Kunden zu verstehen und über schnelle Reaktionen deren Wünsche und Anregungen zu antizipieren. Die Kunden zufriedenzustellen, ist ein unternehmensweites Anliegen. Dabei wird auf Seiten der Organisationen darauf geachtet, durch permanente Verbesserung für die Kunden Wert zu generieren.

Die Organisationen agieren demzufolge mit Risiko, lernen von gemachten Fehlern und haben sowohl die Fähigkeit als auch die Erfahrung, Änderungen herbeizuführen.

Sich ändernden Bedürfnissen wird adaptiv begegnet. Die Geschäftsumwelt wird analysiert, auf aktuelle Trends wird schnell reagiert und somit die Zukunft vorweggenommen.

Die Organisationen empfangen, übersetzen und interpretieren Signale aus der Umwelt in Möglichkeiten, Innovationen zu fördern, Wissen zu erlangen und Fähigkeiten zu entwickeln.[129]

Mission: Erfolgreiche Organisationen zeichnen sich durch eine(n) klare(n) und eindeutige(n) Unternehmenszweck und -richtung aus, die sowohl die Organisationsziele als auch die Strategie bestimmt.

Klare strategische Vorhaben tragen dabei den Unternehmenszweck durch die Organisationen und vermitteln so den Mitgliedern, wie jeder Einzelne zum Erreichen der Ziele beitragen kann.

Die damit verbundene Vision gibt den Mitarbeitern eine Information darüber, wie die Organisation in der Zukunft aussehen soll. Die Vision verkörpert die Grundwerte der Organisation, sie vereinigt die Gefühle und Gedanken der Organisationsmitglieder, während sie Richtlinien und Hilfestellung anbietet.

Die Vision ist keine Idee des Managements. Sie symbolisiert eine Kraft im Herzen der angestellten Mitarbeiter, eine Kraft von eindrucksvoller Mächtigkeit.

Obschon die Vision von einer Idee inspiriert ist, ist sie nach geglückter Weitergabe an die Mitarbeiter nicht länger abstrakt. Sie wird verinnerlicht und gelebt.

Änderungen der zugrunde liegenden Mission erfordern entsprechende Änderungen der Strategie und Struktur der Organisationen, ebenso wie Verhaltensadaptionen. Gerade in diesem Zusammenhang wird die bedeutende Rolle der Vision offensichtlich, die in derartig

---

[129] vgl. Denison 2001, S. 354ff.; Fey/Denison 2003, S. 688

wechselhaften Zeiten bei den Mitarbeitern für die notwendige Kraft und Energie sorgt.[130]

Consistency: Effektive Organisationen zeichnen sich durch Konsistenz und Integration aus.

Das Verhalten der Organisationsmitglieder ist in einem Set von Unternehmenswerten verwurzelt, die eine gemeinsame Identität schaffen und Erwartungen definieren.

Das Management und die Mitarbeiter haben die Fähigkeit erlernt, Einvernehmen selbst bei unterschiedlichen Standpunkten herzustellen.

Selbst bei kritischen Themen oder Aspekten organisationalen Lebens wird versucht, Einigkeit zu erzielen. Erreicht wird das unter anderem durch die Verankerung eines gemeinsamen Grundverständnisses und der Fähigkeit, unterschiedliche Interessen abzugleichen.

Hoch konsistente Organisationen zeichnen sich durch eine stabile Organisationskultur aus, die die Mitglieder maßgeblich beeinflusst. Die Konsistenz stellt dabei eine wichtige Quelle interner Stabilität und Integration dar, deren Basis eine gemeinsame Denkhaltung und ein hohes Maß an Konformität ist.

Abteilungsgrenzen repräsentieren für die organisationsweite Zusammenarbeit kein Hindernis, sämtliche Aktivitäten sind koordiniert.[131]

Involvement: Effektive Organisationen befähigen (empowern) ihre Mitarbeiter, wobei versucht wird, eine Organisationsstruktur zu etablieren, die Teamarbeit ermöglicht.

Empowerment bedeutet in diesem Fall, dass die Mitglieder die Autorität besitzen, eigenständig und aktiv an ihren Projekten zu arbeiten. In weiterer Folge fördert diese Praxis ein Gefühl der Miteigentümerschaft und Verantwortung gegenüber dem Unternehmen.

Durch die Team-Orientierung wird bewusst Wert auf ein kooperatives Arbeiten an unternehmensweiten Zielen gelegt.

Durch kontinuierliche Potenzialentwicklung wird eine starke Bindung der Organisationsmitglieder zu ihrer Arbeit erreicht. Die Mitglieder arbeiten für „ihre" Organisation und verhalten sich dementsprechend.

Ein weiterer Grund, auf eine aktive Potenzialentwicklung zu setzen, liegt im Bestreben der Organisation, Mitarbeiter zu beschäftigen, die den Markterfordernissen (geforderte Kompetenzen, Qualifikation, Ausbildung) entsprechen und somit wettbewerbsfähig zu bleiben.

Auf allen Ebenen der Organisation haben die Mitarbeiter das Gefühl, Entscheidungen aktiv mitbeeinflussen zu können und durch ihre Ar-

---

[130] vgl. Denison 2001, S. 354ff.; Fey/Denison 2003, S. 688
[131] vgl. Denison 2001, S. 354ff.; Fey/Denison 2003, S. 688

beit Anteil am Erfolg der Unternehmung zu haben beziehungsweise durch ihre Arbeit zu den Organisationszielen beizutragen.[132]

Soweit die funktionalistische Sichtweise. Im Vergleich dazu geht man bei der **interpretativen Sichtweise** davon aus, dass man Organisationskultur nicht empirisch-analytisch sezieren kann. Man muss sie entschlüsseln. Diese **interpretativen Methoden** der Kulturanalyse schlagen einen alternativen Weg ein und versuchen, Kultur aus der Perspektive der Mitarbeiter zu erkunden. Diesem Ziel sind die jeweiligen Vorgangsweisen anzupassen, die daher offen begleitend, flexibel, probierend, lernend relativierend und zyklisch sein müssen.

Wesentliche Elemente zur Erfassung von Kultur sind Symbole, die der Mensch entwickelt und gebraucht,[133] um die von ihm wahrgenommenen Faktoren in abstrakter Form zu speichern und bei Bedarf als handlungsbestimmende Größe weiterzugeben. Diese nur dem Menschen gegebene Fähigkeit ermöglicht es ihm, Dinge und Ereignisse mit Sinn zu belegen und zu Reaktionen unabhängig von einem – sie auslösenden – Stimulus werden zu lassen. Durch Symbolisierung verknüpft der Mensch einen Sinnbereich mit einem Sachbereich.

Die Beobachtung der Symbole bildet im Rahmen eines **Kulturdiagnoseprozesses** nur das Rohmaterial zur Bildung von Hypothesen über die dahinter liegenden Normen und Werte einer Organisation. Ziel dieses Diagnoseprozesses ist es, zu einem einigermaßen „stimmigen Bild" über das Normengefüge und die Werthaltungen einer Organisation zu gelangen, Widersprüche und Inkonsistenzen zu erkennen und auf ihre Funktionen für die Aufrechterhaltung des Systems zu hinterfragen. Wie erwänt, ist Kultur aber nicht direkt fassbar und schon gar nicht objektiv messbar. Folgerichtig ist Kulturdiagnose auch ein subjektiver Interpretationsprozess, der von den jeweilig Beobachtenden stark beeinflusst wird; denn jeder Beobachter kann nur sehen, was er zu sehen gelernt hat. Wie kann man sich einen solchen Interpretationsprozess nun konkret vorstellen? Ein anschauliches Bild vermittelt das **„Eisbergmodell"**:

Abb. 5: Eisbergmodell

---

[132] vgl. Denison 2001, S. 354ff.; Fey/Denison 2003, S. 688
[133] vgl. Matenaar 1983, S. 28

Der Großteil der Organisationskultur – wie z.B. Basisannahmen, Werte und Normen – liegt „unter Wasser". Direkt zugänglich sind nur die beschriebenen Symbole. Von ihnen kann auf die Normen und Werte geschlossen werden, um damit Organisationskultur diagnostizieren zu können.

2.6 Funktionen und Konsequenzen von Organisationskultur

Entsprechend den unterschiedlichen Auffassungen von Organisationskultur werden ihr verschiedene Wirkungen und Funktionen zugeschrieben. Im weitesten Sinne des Wortes ist „Kultur" zunächst als etwas zu verstehen, das eine Verbindung zwischen Menschen darstellt. Man kann Kultur im Allgemeinen als Kitt, als Klebstoff einer Gesellschaft ansehen. Der Unternehmenskultur kommt (im dynamischen Sinn betrachtet) die Funktion zu, einen gemeinsamen Nenner, eine Verständigungsbasis zu finden. Eine ausgewachsene Organisationskultur hat primär eine stabilisierende Funktion, indem sie die Struktur, die charakteristischen Denk- und Verhaltensmuster sowie die Richtung einer Organisation verstärkt und dadurch konserviert.

Organisationskultur ist mit anderen Worten eine Perspektive, die Wahrnehmungen filtert, Erwartungen beeinflusst, gemeinsame Interpretationen und Verständigung ermöglicht. Dies reduziert Komplexität und Unsicherheit für die Organisationsmitglieder, da vergangene, gegenwärtige und zukünftige Verhaltensweisen und Handlungen sowohl gelenkt als auch im Nachhinein gerechtfertigt werden. Sackmann (1983) zufolge gibt Organisationskultur durch Standards und Richtlinien an die Organisationsmitglieder vor, wie die Funktionen eines effektiven sozialen Systems erfüllt werden können:[134]

1. Sicherstellung ausreichend notwendiger Ressourcen,
2. Setzen und Realisation von Organisationszielen,
3. Koordination der Organisation und
4. Schaffen, Bewahren und Übertragung der Organisationskultur.

Neben dem Zurverfügungstellen notwendiger Ressourcen und dem Setzen von Organisationszielen hat Organisationskultur demnach auch eine Koordinierungsfunktion. „Die Koordination dient der wechselseitigen Abstimmung von interdependent arbeitenden Mitarbeitern, Abteilungen etc. in arbeitsteiligen Organisationen."[135] Damit wirkt Organisationskultur Differenzierungstendenzen entgegen und überwindet Ziel- und Interessenkonflikte. Das Schaffen, Bewahren und Übertragen von Organisationskultur kann unter der Integrationsfunktion von Organisationskultur subsumiert werden. Diese Funktion verbindet die Mitglieder der Organisation untereinander mit der Organisation selbst. Ein „Wir-Gefühl", das abteilungsübergreifend wirkt und die gemeinsame Zielerreichung ermöglicht, soll gefördert werden.[136]

Es wird ersichtlich, dass der Organisationskultur hier primär eine koordinierende sowie stabilisierende Funktionsweise zukommt. Sie reduziert Komplexität und Unsicherheit für die Organisationsmitglieder, da vergangene, gegenwärtige und zukünftige Verhaltens-

---

[134] vgl. Sackmann 1983, S. 396
[135] vgl. Sackmann 1990, S. 157
[136] vgl. Sackmann 1990, S. 157

weisen und Handlungen sowohl gelenkt als auch im Nachhinein gerechtfertigt werden.[137] Welche sechs wichtigen **Konsequenzen** sich daraus ergeben, wird im Folgenden dargestellt:[138]

1. Management gemeinsamer Unsicherheiten

Selbst in Zeiten, in denen Wandel sehr hoch eingeschätzt und geachtet wird, wird eine Gleichförmigkeit betreffend zentrale kulturelle Erwartungen und Werte gewünscht.[139] Diesem Wunsch nach Stabilität werden Organisationen mittels Management gemeinsamer Unsicherheiten gerecht in Form von Unternehmensleitbildern (möglicherweise in Form von Visionen) oder Symbolen (Slogans und Rituale).

2. Erschaffen sozialer Ordnung

Wiederkehrende Verhaltensmuster werden von den Organisationsmitgliedern als richtig eingestuft und als Vorlage für das eigene Verhalten herangezogen. Das Resultat dieser Überlegungen führt zu spezifischen Annahmen und Erwartungshaltungen darüber, wie sich die Mitglieder einer Kultur verhalten sollen.[140]

3. Erschaffen von Kontinuität

Sozialisation vermittelt wie in der Organisation gedacht und gehandelt werden soll. Allgemein formuliert, bedeutet Sozialisation, dass sich eine Person in Auseinandersetzung mit ihrer sozialen Umwelt Fähigkeiten, Fertigkeiten, Motive, Einstellungen und soziale Normen aneignet. Ein häufig genanntes Ziel von Sozialisation ist die Anpassung an und die Verinnerlichung gesellschaftliche(r) Normen.[141]

Die **betriebliche Sozialisation** wird im Unterschied dazu als Prozess der Aneignung der in einem Unternehmen verbindlichen Werte, Normen, Einstellungen, Deutungs- und Verhaltensmuster verstanden. Damit wird klar, dass es sich hier um die Einbindung des Individuums in eine spezifische Organisationskultur handelt. Unter betrieblicher Sozialisation wird überwiegend die Sozialisation im Betrieb verstanden, aber auch die Sozialisation für den Betrieb, die nur zu gewissen Teilen als bewusst gesteuerter Prozess wahrgenommen wird.[142] Organisationen vermitteln die Inhalte der Sozialisation entweder durch Anweisungen, Vorschriften, Regeln (offen) oder durch Rituale und Geschichten (versteckt wird hier Sozialisation betrieben). Neu eingetretene Mitglieder lernen, wie sie sich zu verhalten haben, um der sozialen Ordnung der Organisation zu entsprechen. Passen sich die Mitglieder nicht an, sei es aus mangelnder erhaltener Information durch Kollegen oder durch bewusste Abwehr, gerät die Gesellschaftsordnung des Betriebes ins Wanken.[143] Damit einher geht die Gefährdung von kultureller Kontinuität, der Grad an Unsicherheit nimmt zu. Generell gilt, dass die Bereitschaft, die Kultur der Organisation zu über-

---

[137] vgl. Kasper 1987, S. 28f.
[138] vgl. Trice/Beyer 2002, S. 8ff.; Kasper/Mühlbacher 2002, S. 102ff.
[139] vgl. Trice/Beyer 1993, S. 9
[140] vgl. Trice/Beyer 1993, S. 9
[141] vgl. Kasper 1992, S. 2056
[142] vgl. Kasper 1992, S. 2057
[143] vgl. Trice/Beyer 1993, S. 10

nehmen, von Mitglied zu Mitglied unterschiedlich stark ausgeprägt ist. Der Bogen spannt sich dabei von bloßer Zustimmung bis zu Identifikation und Internalisierung. Mitglieder, die der Organisationskultur nicht entsprechen, ziehen die Konsequenzen, die von innerer Kündigung bis zu tatsächlicher Kündigung reichen können.[144] Während Mitarbeiter, die also die existierende Organisationskultur ablehnen, kündigen oder gekündigt werden, stimmen langjährige Mitarbeiter mit den kulturellen Werten der Organisation entweder überein oder haben sie hingenommen.

Im Gegensatz zu den Forderungen der totalen Kulturübernahme neu eintretender Mitarbeiter in den 1980er Jahren wird seit den 1990er Jahren die Einflussnahme durch Mitarbeiter betont. Die aktive Rolle der Organisationsmitglieder bei der Gestaltung der Organisationskultur wird betont: Die Organisationsmitglieder bringen ihre durch Erfahrungen und Interessen geprägte Realität ein, die unter Umständen auch gegen die Interessen der Organisation gerichtet sein kann.[145]

4. Erschaffen von Identität

Die Mitglieder einer Organisationskultur sind einander nicht nur aufgrund der gemeinsamen Geschichte verbunden, sondern auch aufgrund ihrer sozialen Beziehungen. Die **gemeinsame Identität** entsteht über die Interaktion mit anderen und der Interpretation darüber. Im Rahmen dieses Prozesses entwickeln die Mitglieder ein Zugehörigkeitsgefühl zu einer Gruppe (sie werden Teil dieser Gruppe) und teilen deren besondere Werte und Praktiken.[146] Die Identität der Organisationsmitglieder kann zudem durch das gegenseitige Angleichen von Werten gefördert werden.

5. Förderung von Ethnozentrismus

Organisationskultur hat neben den positiven Funktionen, die ihr aufgrund ihrer stabilisierenden oder auch Angst reduzierenden Wirkung zugeschrieben werden, auch problematische Konsequenzen. Als Beispiele dafür kann das Wegfallen kritischer Reflexion, das Ausblenden von unterschiedlichen Perspektiven oder auch eine Art von Abteilungsdenken genannt werden. Mitglieder einer Gruppe, die bestimmte Ideen befürworten, neigen oftmals dazu, Ideen anderer zu misstrauen, sie zu fürchten und abzulehnen. Je heftiger und emotionaler derartige Ideen diskutiert werden, desto eher werden ihre Befürworter auf intolerante und aggressive Weise reagieren, sollten diese angezweifelt werden.[147]

6. Generieren dualer Konsequenzen

Organisationskultur ist selten nur mit einer einzigen Konsequenz verbunden. So können kulturelle Aktivitäten zu latenten oder manifesten Konsequenzen führen. Latente Konsequenzen sind jene, die sich der Beobachtung verschließen, manifeste sind offensichtlich. Diese Dualität der Konsequenzen bedeutet, dass Organisationskultur parallel auf mehreren Ebenen „passiert". Eine weitere Dualität ist das Vorhandensein **funktionaler und dysfunktionaler Aspekte von Organisationskultur**. Unter funktionalen Konsequenzen ist

---

[144] vgl. Kasper 1992, S. 2061
[145] vgl. Kasper/Mühlbacher 2002, S. 104
[146] vgl. Trice/Beyer 1993, S. 10
[147] vgl. Trice/Beyer 1993, S. 11

dabei all das zu verstehen, was förderlich und hilfreich für das Bestehen der sozialen Ordnung ist. Dysfunktionale Konsequenzen, die sich u.a. in Überidentifikation mit der Organisation, aber auch in eigenwilligen Interpretationen von Informationen zeigen, schaden
hingegen der sozialen Ordnung.[148]

Zusammenfassend: Für Schein gibt es im Grunde genommen nur eine einzig wichtige
Funktion von Organisationskultur, nämlich die Ängste von Führungskräften und Mitarbeitern zu verringern. Die primitive Urangst der Menschen besteht darin, in einer Gruppe
ohne Sprache, ohne kognitives System und ohne Regeln, wie man mit den anderen zu-
rechtkommt, leben zu müssen.[149] Eine wesentliche Funktion der Organisationskultur besteht demnach darin, „mit der eigenen Angst und der Angst der anderen umgehen zu lernen,
indem **Abwehrmechanismen zur Schaffung von Sicherheit und Abbau von Angst** geschaffen werden. Angst und ihre Abwehr werden deshalb weitgehend tabuisiert, um den
Fortbestand der jeweiligen Organisationskultur bzw. der gesamt-gesellschaftlichen Kultur zu sichern, indem es die wesentlichen Fragen erst gar nicht aufkommen lässt. Denn
das Problem der Angst liegt nicht darin, dass es sie gibt, sondern in unserer Weigerung,
das, was es gibt, anzuerkennen und zu erleben.“[150] Kulturelle Phänomene präsentieren –
so betrachtet – die „tiefen und grundlegenden Wurzeln der Sicherheit“.[151] Diese scheinbare
Sicherheit erkaufen sich starke Unternehmenskulturen jedoch mit zunehmender Inflexibilität und Intoleranz, was mit Hilfe der negativen Effekte bereits aufgezeigt wurde.

---

[148] vgl. Trice/Beyer 1993, S. 12
[149] vgl. Schein 1984b, S. 36f.
[150] Allabauer 1986, S. 1f.
[151] Schein 1984b, S. 36

3. Lernende Organisationen

Ein wichtiger Ausgangspunkt für die Beschäftigung mit Wissensmanagement in Organisationen liegt in der Differenz zwischen Markt- und Buchwert börseorientierter Unternehmen.[152] Da die Analyse des Finanzkapitals allein nicht in der Lage ist, Rückschlüsse über diese Differenz zu ziehen, wurden Hilfskonstrukte wie das Humankapital oder das Wissenskapital herangezogen, um diesen „unsichtbaren Wert" einer Organisation zu erklären.[153] Dahinter steht die Überlegung, dass auch das Wissen, die Erfahrungen und Fertigkeiten der Mitarbeiter sowie deren „Verankerung" in der Struktur, der Kultur und den Prozessen einer Organisation einen erheblichen Wert darstellen.

Organisationale Lernkonzepte haben sich aus individuellen Lerntheorien schon in den 1970er Jahren entwickelt.[154] Ansätze zum organisationalen Lernen erfuhren in den 1990er Jahren einen Boom und die „lernende Organisation" wurde in dieser Zeit zum Allheilmittel mystifiziert.[155] Ob der Begriff nun „modern" ist oder nicht, Ziel von Wissensmanagement ist die Gewährleistung des langfristigen Überlebens eines Unternehmens. Dabei stehen der Aufbau und Erhalt komparativer Wettbewerbsvorteile durch organisationales Lernen und kontinuierliche Weiterentwicklung der Organisationsstruktur und -kultur im Mittelpunkt des Interesses.[156]

Unter Wissensmanagement wird dabei die Summe aller organisationalen Strategien zur Schaffung einer intelligenten Organisation zusammengefasst. Dabei wird auf das Wissen und die Fähigkeiten des Personals, die Lernfähigkeit der Mitarbeiter, der organisatorischen Einheiten wie Business Units und Gruppen und der gesamten Organisation sowie die Schaffung, Nutzung und Entwicklung von organisationalem Wissen fokussiert. Durch die Speicherung dieser unterschiedlichen Wissensarten in Dokumentationen, Datenbanken, Archiven, Strukturen, Prozessen, Normen und Werten wird das Wissen personenunabhängig, langfristig stabil und beliebig replizier- und imitierbar.[157]

Der Begriff des organisationalen Lernens umfasst daher „... die Veränderung der organisationalen Wissensbasis, die Schaffung kollektiver Bezugsrahmen sowie die Erhöhung der organisationalen Problemlösungs- und Handlungskompetenz."[158] Organisationales Lernen manifestiert sich in den Veränderungsprozessen, während das Wissensmanagement den infrastrukturellen Rahmen darstellt und damit über Infrastruktur wie Datenbanken und anderen technischen Lösungen wichtige Voraussetzung für organisationales Lernen wird.

Die Aufgaben des Wissensmanagements sind daher:[159]

- die Schaffung einer lernfreudigen Organisationskultur, die Wissen als strategische Ressource betrachtet und

---

[152] vgl. Brooking 1997, S. 364
[153] vgl. Reinhardt 1998, S. 147ff.
[154] vgl. Argyris/Schön 1978; March/Olsen 1975
[155] vgl. Senge 1990
[156] vgl. Drucker 1969; De Geus 1988; Stata 1990; Kim 1993; Davenport/Prusak 1998
[157] vgl. Krebsbach-Gnath 1996, S. 33
[158] Probst/Raub/Romhardt 1997, S. 44
[159] vgl. Probst/Raub/Romhardt 1997, S. 96

- die Definition, welches Wissen für die Organisation wichtig ist und die strategische Weiterentwicklung dieses Wissens mittels laufender Evaluation des vorhandenen Wissens und konkreter Zielvorgaben für die Zukunft.

Abhängig von der bestehenden Kultur, Struktur und strategischen Ausrichtung, vom Unternehmensumfeld und dem für das Unternehmen strategisch wichtigen Wissen, kann der Prozess des Wissensmanagements bzw. der Entwicklung einer lernenden Organisation nach unterschiedlichen Prioritäten gestaltet werden und liefert für das Management unterschiedliche Ansatzpunkte.

Dementsprechend sind die folgenden Kapitel aufgebaut: Nach einer Einleitung zum organisationalen Lernen (3.1) stellt sich die Frage, welchem Wissen für Unternehmen eine besondere Bedeutung zukommt und in welchem Zusammenhang Wissen, Organisationsstruktur und Lernen stehen (3.2). Daraus ergibt sich, dass der Umgang mit Wissen in Unternehmen im Wesentlichen durch 3 Prozess-Stufen (3.3) gekennzeichnet ist: Neben der Frage, wie neues Wissen generiert werden kann (3.3.1), geht es auch darum, wie das Wissen gespeichert (3.3.2) und im Unternehmen verteilt (3.3.3) wird. Entsprechend spielen auch unterschiedliche Ansätze und Tools für das Management, wie Wissensgenerierung, -speicherung und -verteilung gefördert werden kann, eine Rolle (3.4). In einem Unternehmen ist der Aufbau von Management-Informations-Systemen (3.4.1) für explizites, technologisches Wissen unerlässlich, in anderen wiederum ist es von Vorteil, wenn die Entwicklung von sozialen Netzwerken (3.4.2) und damit der Aufbau einer kooperativen Lernkultur zur Weitergabe von Management- und Marketingwissen gefördert wird.

3.1 Organisationales Lernen

Im Gegensatz zum individuellen Lernen, bei dem die Entwicklung des Individuums im Vordergrund steht, erfolgt organisationales Lernen durch die Änderung von Organisationsstrukturen, Arbeits- und Entscheidungsprozessen sowie von Normen und Werten (= organisationskulturelle Muster) oder strategischen Zielsetzungen.[160] Lernen führt dabei zur besseren Anpassung an die Unternehmensumwelt sowie zu deren Gestaltung.

Argyris und Schön[161] gelten als Pioniere in Bezug auf organisationales Lernen. Sie unterscheiden zwischen „einfachem Lernen", dem sogenannten (1) single-loop-learning, dem weiterführenden (2) double-loop-learning und dem reflexiven (3) deutero-learning.

1. **Single-loop-learning** stellt die einfachste Form des Lernens dar und geht lediglich von individuellen Fehlerkorrekturen aus. Ein Beispiel: Neuen Mitarbeitern werden, ähnlich wie in Schulen, Wissen und Aufgaben vermittelt, die einfach nur reproduziert werden sollen. Abweichungen von der Regel werden so lange korrigiert, bis „fehlerfrei" gearbeitet wird.

2. Von **double-loop-learning** kann hingegen erst dann gesprochen werden, wenn über die Fehlerkorrektur hinaus neue Arbeitsweisen weiterentwickelt werden. So liegt diese Form des Lernens dann vor, wenn Mitarbeiter aus ihrer Ausbildung oder Erfahrung

---

[160] vgl. Willke 2004, S. 59f.
[161] vgl. Argyris/Schön 1978 (basierend auf einer von Bateson [1942] entwickelten Systematik, vgl. dazu Bateson 1983, S. 219ff.)

heraus neue Arbeitsprozesse einführen oder vorherrschende Arbeitsroutinen optimieren.

3. Das **deutero-learning** zielt auf grundsätzliche Infragestellung bisheriger Muster ab. Dabei wird nach Innovationen bei Produkten, Dienstleistungen, Normen, Werten oder Strategien gesucht. Diese stellen den eigentlichen Grundstein für die weitere Entwicklung des Unternehmens dar und sind die Basis, eine lernende Organisation zu schaffen, die flexibel und dynamisch ist, um selbstständig zu lernen.

Zusammenfassend zielt organisationales Lernen auf die Entwicklung einer lernenden Organisation ab, die sich den stets ändernden Anforderungen der Unternehmensumwelt selbstständig, ohne Beeinflussung von außen anpassen und diese gestalten kann. So stehen in Folge stets die Fehlerkorrektur, die Optimierung organisationaler Prozesse, aber vor allem die Steigerung der selbstorganisierten Innovations- und Problemlösungsfähigkeit eines Unternehmens im Vordergrund. Um diese Aufgaben zu erfüllen, bedarf es einer differenzierteren Betrachtung: Zunächst soll es um die Frage gehen, welche Arten von Wissen unterschieden werden können.

3.2 Arten von Wissen

Um Wissen in Unternehmen besser nutzen – also an Organisationsstrukturen, -prozesse und die Organisationskultur anpassen – zu können, ist es wichtig zu unterscheiden, welche Art von Wissen für das Unternehmen relevant ist. Aber auch die Betrachtungsebene spielt eine Rolle. So kann unterschieden werden, ob es sich um individuelles oder organisationales Wissen handelt. Eine Möglichkeit, um Wissensarten zu definieren, ist die Unterscheidung zwischen implizitem und explizitem Wissen.

3.2.1 Individuelles und organisationales Wissen – Unterscheidung nach Wissensträgern

Je nachdem, auf welcher Ebene Wissen angesiedelt ist, wird zwischen individuellem und organisationalem Wissen differenziert. Individuelles Wissen ist auf einzelne Unternehmensmitglieder beschränkt, während organisationales Wissen von vielen Personen in einer Organisation geteilt wird. Basierend auf dem Erfahrungsschatz einzelner Personen steht das individuelle Wissen zunächst nur diesen Personen selbst zur Verfügung. Es wird dann kollektiviert/vergemeinschaftet, wenn es in anderen – meist anonymen Person zur Verfügung stehenden – organisationalen Wissensbasen gespeichert werden kann.[162]

3.2.2 Implizites und explizites Wissen – Unterscheidung nach der Wissensform

Die Unterscheidung von implizitem und explizitem Wissen stammt ursprünglich von Polanyi[163] und wurde in der Diskussion um Wissensmanagement vor allem von Nonaka und Takeuchi[164] aufgegriffen. Explizites Wissen besteht aus leicht übertrag- und dokumen-

---

[162] vgl. Prange 2002, S. 27
[163] Polanyi 1958, zitiert in Willke 2004, S. 35
[164] Nonaka/Takeuchi 1997

tierbaren Informationen, die sprachlich oder mündlich weitergegeben werden. Schulwissen fällt typischerweise in diese Kategorie.[165] Um implizites Wissen handelt es sich dann, wenn „wir mehr wissen, als wir zu sagen wissen."[166] Es bezieht sich damit auf handwerkliches Geschick und physische Fertigkeiten wie Präzisionsschweißen oder Töpfern, aber auch auf Alltagserfahrungen, persönliche Werte, (Aber-)Glauben oder dem individuellen Lifestyle.[167] Diese Art Wissen bzw. Erfahrungen kann man sich nicht einfach durch Vorträge oder Literaturstudium aneignen, sondern durch soziales Lernen, mittels Beobachtung – vorwiegend durch Imitation von Vorbildern – erwerben. Soziales Lernen erfolgt langfristig und selbstverständlich, sodass die Übernahme neuer Handlungsmuster meist gar nicht bewusst, sondern vielmehr unreflektiert geschieht.

3.2.3 Die Kombination von Wissensträgern und Wissensformen

Die moderne Neurobiologie geht sogar davon aus, dass implizites Wissen mittels neuronaler Vernetzung direkt in unserem Gehirn entsteht und als grundlegendes Denkmuster gar nicht expliziert werden kann. Es ist zwar möglich, durch soziales Lernen Verhaltensweisen zu sozialisieren, damit diese auch von anderen genutzt werden können – eine einfache Übertragung von einer Person zur anderen 1:1 ist definitiv nicht möglich. Wie diese Muster übernommen werden, hängt von der individuellen, neuronalen Vernetzung ab, die wir selbst gar nicht bewusst steuern können. Während Polanyi davon ausgeht, dass implizites Wissen nicht explizierbar ist, sehen andere Autoren sehr wohl eine Möglichkeit der Umwandlung.

Werden die beiden Dimensionen der Wissensträger und Wissensformen miteinander verknüpft, so ergeben sich unterschiedliche Wissensarten (Abbildung 6):[168]

(1) „**Embrained**" (explizit – individuell): In diesem Fall handelt es sich um rein kognitives Wissen, das bei einzelnen Personen abgespeichert und leicht artikulierbar ist. Ein typisches Beispiel hierfür sind Kundenkontaktdaten der Außendienstmitarbeiter, die bspw. erwünschte Anlässe, Dauer und Rhythmus der Kundenbesuche bestimmen.

(2) „**Encoded**" (explizit – organisational): Explizites Wissen, das von mehreren Wissensträgern wie bspw. Arbeitsteams, genutzt wird, liegt zumeist in Form von dokumentierten, technischen oder bürokratischen Arbeitsanweisungen vor. Dabei werden „Codes", wie Kategorisierungen von Kunden oder Prozessen verwendet, die einerseits ein schnelles Verständnis untereinander ermöglichen und andererseits auch Dritte ausgrenzen, die dieses Wissen noch nicht erworben haben. Häufig ist es jedoch in kollektiv zugänglichen Datenbanken oder anderen Dokumentationen gespeichert, was den Transfer erleichtert.

(3) „**Embodied**" (implizit – individuell): Bei diesem aktionsorientierten Wissen spielen die physischen Fähigkeiten der Personen eine zentrale Rolle. Produktions- und Handlungsabläufe, wie man sie im Handwerk oder bei künstlerischen Tätigkeiten erlernt und die danach nicht mehr überdenkt, sondern lediglich ausführt, sind repräsentativ für diese Wissensart.

---

[165] vgl. Schreyögg/Geiger 2004, S. 47
[166] Polanyi 1985, S. 14
[167] vgl. Nonaka/Takeuchi 1997, S. 72f. und Prange 2002, S. 27
[168] vgl. Lam 2000, S. 492f.

(4) „**Embedded**" (implizit – organisational): Wissen kann auch in Normen und Werten der Organisationskultur oder wechselseitigen Beziehungsmustern gespeichert sein. Arbeitet eine Gruppe auf ein gemeinsames Ziel hin, werden bereits während der ersten Zeit der Zusammenarbeit konkrete Rollenverteilungen festgelegt, die den meisten Mitarbeitern erst bewusst werden, wenn von dieser Norm abgewichen wird.

	individuell	kollektiv
explizit	(1) Embrained	(2) Encoded
implizit	(3) Embodied	(4) Embedded

Abb. 6: Wissensarten[169]

Aus den unterschiedlichen Charakteristika der Wissensarten können verschiedene Formen von Organisationsstrukturen abgeleitet werden (Abbildung 7). Ausgehend von diesem Zusammenhang ergeben sich daraus dann auch unterschiedliche Arten des Lernens.

3.2.4 Der Zusammenhang von Wissensarten und Organisationsstrukturen

		Wissensträger (Autonomie und Kontrolle)	
		Individuum	Organisation
Standardisierung des Wissens und der Arbeit	hoch	(1) Profiorganisation	(2) Maschinen- bürokratie
	niedrig	(3) Adhocratie	(4) Hypertext

Abb. 7: Organisationsstrukturen und typische Arten des Lernens[170]

---

[169] vgl. Lam 2000, S. 491
[170] vgl. Lam 2000, S. 494

(1) Die **Profiorganisation** zeichnet sich durch ihre einzelnen Experten aus. Ihre Kompetenz erlangen Unternehmen mit dieser Organisationsstruktur über das individuelle Wissen ihrer gut ausgebildeten und hoch spezialisierten Organisationsmitglieder. Für die Koordination ist es aufgrund der hohen Abhängigkeit von einzelnen Personen daher besonders wichtig, dass das Expertenwissen mit Aus- und Weiterbildungsprogrammen standardisiert wird, um den geforderten Qualitätsstandard aufrechtzuerhalten. Eine möglichst genaue Kategorisierung von Aufgaben ist typisch. Die Wissensstruktur ist demnach individualistisch, funktional segmentiert und hierarchisch organisiert. Das Lernen in derartigen Organisationsformen ist eng auf das erforderliche Expertenwissen beschränkt. Ein typisches Beispiel stellen Krankenhäuser dar. Ärzte müssen ihre Qualifikation mittels eines Studiums nachweisen, sich dabei auf eines oder wenige Fachgebiete beschränken und unterwerfen sich einer hierarchischen Ordnung, die meistens auf dem Senioritätsprinzip beruht.

(2) Die **Maschinenbürokratie** setzt hingegen auf dokumentiertes technologisches oder rechtliches Wissen. Als Kernprinzip gilt Standardisierung und Kontrolle. Im Gegensatz zur Profiorganisation mit der Standardisierung und Spezialisierung der Ausbildung erreicht diese Organisationsform Effizienz und Stabilität durch die Standardisierung von Arbeitsabläufen, einer strikten Arbeitsteilung und deren strenge Kontrolle. Als zentraler Wissensträger in Maschinenbürokratien fungiert das Topmanagement. Das Management ist für die Formulierung der festgeschriebenen Regeln, Abläufe und Leistungsstandards zuständig, indem es individuelles Wissen in Regeln und Prozesse übersetzt. Dadurch entstehen programmierbare Arbeitsabläufe, wie man sie in industriellen Produktionsstätten findet. Von der stark arbeitsteiligen Produktion am Fließband bis zur automatisierten Fertigung werden alle notwendigen Arbeitsschritte in ihre Bestandteile zerlegt und auf unterschiedliche „Produktionsfaktoren" – Menschen oder Maschinen – aufgeteilt.

(3) Die **Adhocratie** ist eine Organisationsstruktur mit geringer Standardisierung, weder bei der Ausbildung noch bei den Arbeitsprozessen. Ihre Stärke liegt in der Schaffung von neuem Wissen und Innovation durch Experimente. Die Koordination funktioniert im direkten Gespräch zwischen den Mitarbeitern. Damit kann die vorherrschende Art des Lernens als individualistisch, aber kooperativ beschrieben werden. Die Wissensträger sind zwar einzelne Personen, die aber in Projektteams arbeiten. Ein typisches Beispiel für Adhocratien sind die Forschungs- und Entwicklungslabors großer Unternehmen.

(4) **Hypertextorganisation:** Wenn das Wissen in Normen, Werten, Routinen und Beziehungen einer gemeinsamen Kultur eingebettet ist, handelt es sich um die sogenannte Hypertextorganisation. Dabei wird in Unternehmen die klassisch-hierarchische Bürokratie parallel mit einer flexiblen Projektorganisation geführt, die beide durch einen gemeinsamen Wissensspeicher verbunden sind. Der Bürokratie, die Aufgaben in einer stabilen Umwelt schnell und kostengünstig erfüllen kann, obliegt die Ausführung des Routinegeschäfts. Da sie jedoch individuelle Initiative und Flexibilität behindert, werden umfassende, komplexe Aufgaben in der Projektstruktur ausgeführt. Das soll den Team-Gedanken fördern und vereinigt die verschiedenen Talente, Fähigkeiten, Fertigkeiten und Erfahrungen der Teammitglieder für die Dauer eines temporär befristeten Projekts auf einer intensiven, aber dennoch flexiblen Basis.[171] Ergänzt wird diese Struktur noch um den or-

---

[171] vgl. Nonaka/Takeuchi 1995, S. 166ff.

ganisationalen Wissensspeicher, der das erworbene Wissen sichern soll. So wurde in Anlehnung an das Internet eine Struktur gewählt, die die gleichzeitige Existenz verschiedener Organisationsformen ermöglicht. Die Hypertext-Organisation sieht sowohl die Bürokratie als auch die Projektorganisation als komplementäre Einheiten an. Das wesentlichste Merkmal stellt hierbei die Fähigkeit dar, frei zwischen den drei Ebenen zu wechseln. Bei diesen Schichten handelt es sich um das Business-System, die Projektteams und die organisationale Wissensbasis.[172]

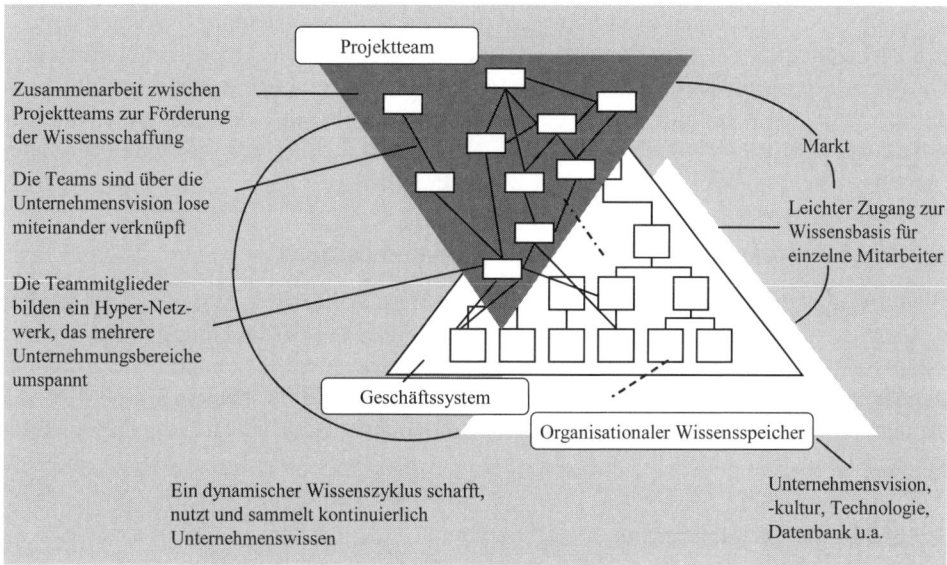

Abb. 8: Hypertext-Organisation[173]

Das **Geschäftssystem** dient als zentrale Ebene der Durchführung von Routinearbeiten. Es stellt die bürokratische Grundstruktur dar und gleicht meist einer hierarchischen Pyramide.

Die **Projektteams** erfüllen komplexe Aufgaben und erweitern somit das Wissen der Organisation. Im Idealfall besteht diese Ebene aus mehreren parallel laufenden Projekten und ermöglicht so auch einen internen Erfahrungsaustausch.

Der **organisationale Wissensspeicher** sichert die Erfahrungen der Mitarbeiter in Form von Projektberichten oder Datenbanken und erlaubt so den ständigen Rückgriff auf bereits vorhandenes Wissen sowie den Zugriff aus anderen Unternehmensbereichen. Im Gegensatz zu den beiden anderen Ebenen ist der Wissensspeicher nicht physisch fassbar, sondern in die Strategie und Vision des Unternehmens, in seine Organisationskultur und in die verwendete Technologie eingebettet.

Durch die Koexistenz dieser unterschiedlichen Ebenen ist es den Mitarbeitern jederzeit möglich, je nach den Erfordernissen der Organisation, zwischen den beiden physisch exis-

---

172 vgl. Nonaka/Takeuchi 1995, S. 171ff.
173 vgl. Nonaka/Takeuchi 1995, S. 169

tenten Strukturen – Bürokratie und Projektorganisation – frei zu wechseln und so die Flexibilität des Unternehmens zu erhöhen. Dabei werden die Mitarbeiter der Projektteams bei Bedarf aus der Bürokratie heraus rekrutiert, lösen gemeinsam die Aufgabe, speichern das neu gewonnene Wissen daraufhin in Berichten oder Datenbanken und kehren dann wieder in ihre ursprüngliche Funktion zurück. Probleme, wie sie sich bei der Reintegration nach einer herausfordernden Projektarbeit zurück zur Routinetätigkeit ergeben können, werden von den Autoren allerdings nicht berücksichtigt.[174]

Zusammenfassend ist Wissen im Zusammenspiel von (1) Wissensformen, (2) Wissensträgern, (3) Organisationsstruktur und (4) der organisationskulturell bevorzugten Art des Lernens zu sehen. Vor allem dann, wenn Ressourcen wie Arbeit und Kapital stark von Wissen bestimmt sind, hängt der ökonomische Erfolg eines Unternehmens direkt von der erfolgreichen Abstimmung dieser vier Faktoren ab.[175] Jenseits dieser Betrachtungen gilt es aber selbstverständlich auch, auf den Inhalt und den Prozess des organisationalen Lernens zu achten, wie das folgende Kapitel zeigt.

3.3 Die 3 Prozess-Stufen des organisationalen Lernens

Während die **Generierung** von Wissen eine wichtige Rolle spielt, darf nicht unterschätzt werden, dass sowohl die **Speicherung** zum Erhalt des Wissens im Unternehmen und der **Transfer** dieses Wissens auf unterschiedliche Unternehmensebenen zentrale Aufgaben des Managements darstellen. Im Folgenden werden diese Stufen beleuchtet und im Zusammenhang mit theoretischen Konzepten, die sich hauptsächlich auf eine dieser Stufen konzentrieren, betrachtet.

3.3.1 Die Wissensgenerierung

Das bekannteste Modell zur Generierung von Wissen stammt von Nonaka und Takeuchi.[176] Ausgehend von der Annahme, dass implizites Wissen in explizites umgewandelt werden kann, postulieren Nonaka und Takeuchi vier verschiedene Formen der Wissensumwandlung: (1) vom impliziten zum impliziten Wissen – die Sozialisation, (2) vom impliziten zum expliziten Wissen – die Externalisierung, (3) vom expliziten zum expliziten Wissen – die Kombination und (4) vom expliziten zum impliziten Wissen – die Internalisierung.[177]

Die unterschiedlichen Wissensinhalte, die in den einzelnen Phasen entstehen, wirken in der **Wissensspirale** zusammen. Abbildung 9 zeigt die vier Stufen dieses Modells und deren Zusammenhang mit den unterschiedlichen Ebenen Individuum, Gruppe und Organisation: Organisationsmitgliedern (i = Individuum), bestimmten Gruppen innerhalb der Organisation (g = Gruppe) und der Organisation selbst (o = Organisation). Bei der Wissensspirale geht es vor allem darum aufzuzeigen, wie in den einzelnen Phasen Wissen zwischen Wissensträgern transferiert und inhaltlich[178] transformiert wird.

---

[174] vgl. dazu auch Meyer „Strukturen und klassische Organisationsformen" in diesem Band
[175] vgl. Sydow/van Well 2006, S. 145
[176] vgl. Nonaka/Takeuchi 1995
[177] vgl. Nonaka/Takeuchi 1997, S. 74
[178] vgl. Nonaka/Konno 1998, S. 42f.

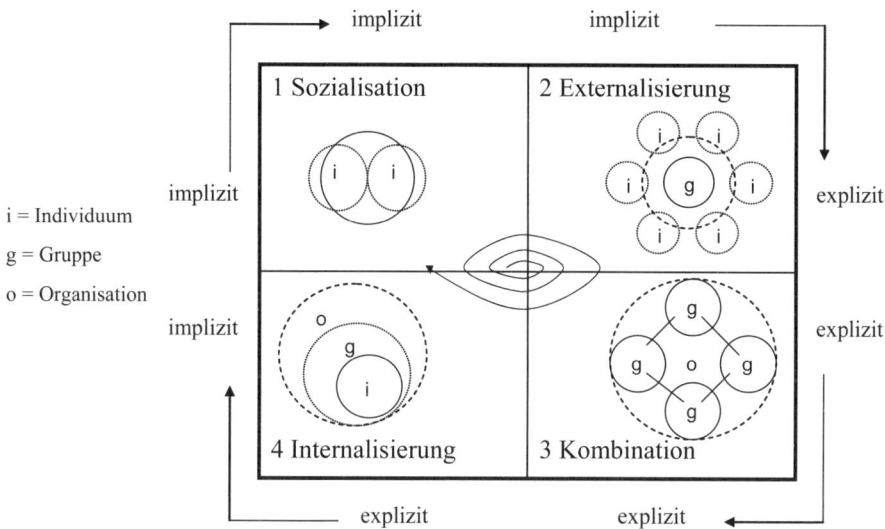

Abb. 9: Wissensumwandlung in der Wissensspirale[179]

(1) In der **Sozialisationsphase** entsteht durch Erfahrungsaustausch implizites Wissen wie bspw. gemeinsame Denkmuster, Werthaltungen, aber auch physische Fertigkeiten. Nach dem Modell kann ein Mensch auch ohne Sprache unmittelbar implizites Wissen von anderen erwerben. Als Beispiel führen Nonaka und Takeuchi Lehrlinge an, die zusammen mit ihrem Meister arbeiten und dessen handwerkliches Wissen durch Beobachtung, Nachahmung und Praxis erlernen. Wichtiges Kriterium für die Phase der Sozialisation ist die individuelle Erfahrung. Ohne diese sei es äußerst schwer, sich in die Denkweise eines anderen hineinzuversetzen. Der bloße Informationstransfer ergibt nur wenig Sinn, da sich diese Art des Wissens – z.B. Handlungsabfolgen, Beobachtungs- und Erfahrungswissen – nicht einfach artikulieren lässt. In dieser Phase spielen vor allem die einzelnen Organisationsmitglieder (i) eine wichtige Rolle.

(2) Auf die Stufe der Sozialisation folgt die **Externalisierung,** die durch Dialog oder kollektive Reflexion ausgelöst wird. Das implizite Wissen nimmt in dieser Prozessstufe die Form von Handlungsroutinen, Gleichnissen, sprachlichen Metaphern oder stereotypen Zuschreibungen bzw. verallgemeinernden Annahmen an. Hinsichtlich der Schaffung von Wissen enthält die Externalisierung den Schlüssel, weil in dieser Phase aus implizitem Wissen neue explizite Konzepte gebildet werden. Individuelles Wissen (i) wird in der Gruppe (g) externalisiert.

(3) Nach der Externalisierung von Wissen geht es in der Phase der **Kombination** darum, verschiedene Bereiche von explizitem Wissen (g) miteinander zu verbinden und damit auf organisationale Ebene (o) zu bringen. Dieser Austausch läuft über bestimmte Medien wie Dokumente, Besprechungen, Telefon oder E-Mail. Neues Wissen kann in dieser Phase durch die Neuzusammenstellung von vorhandenen Informationen durch die Kombination

---

[179] vgl. Nonaka/Konno 1998, S. 43

von explizitem Wissen geschaffen werden. In Unternehmen erfolgt dies u.a. bei der strategischen Planung oder bei der Neugestaltung von Prozessen.[180]

(4) In der Phase der **Internalisierung** geht es um die Eingliederung des expliziten Wissens in das implizite Wissen. Wenn Erfahrung durch Sozialisation, Externalisierung und Kombination in Form von gemeinsamen Denkmustern oder technischem Know-how internalisiert wird, wird sie zu einem wertvollen Wissenskapital und damit zu einem strategischen Wettbewerbsvorteil.[181] Um den Übergang von explizitem zu implizitem Wissen zu fördern, kann dieses in Dokumenten, Handbüchern oder beispielsweise mündlichen Geschichten festgehalten werden. Die Internalisierungsphase generiert somit handlungsrelevantes und handlungssteuerndes Wissen, das im Regelfall nicht mehr diskutiert oder überprüft werden muss.

Das idealtypische Modell geht von der Annahme aus, dass die Wissensumwandlung und damit die Generierung von organisationalem Wissen nur über diese vier Stufen funktioniert. Diese Annahme ist kritisch zu hinterfragen. Im Gegensatz zu dieser idealtypischen Darstellung bei Nonaka und Takeuchi konnte etwa Baumard in einer empirischen Studie folgende **3 dominante Strategien im Umgang mit Wissen in Unternehmen** nachweisen, die dem Modell der Wissensspirale widersprechen:[182]

1. generelle Vermeidung von Wissensaustausch,
2. konfliktäre Verwendung von Wissen als Machtressource und
3. als seltenste Variante ein auf gegenseitigem Vertrauen und Kooperation beruhendes, funktionierendes Wissensmanagement.

Zudem ist die Dokumentierbarkeit von Wissen nicht immer und in jedem Fall möglich bzw. notwendig. Ein wesentliches Kennzeichen von wissensintensiven Unternehmen – wie der Profiorganisation[183] ist, das sie in hohem Maße auf individuelles Wissen von Experten angewiesen sind. Gleichzeitig müssen diese Unternehmen versuchen, sowohl die Generierung als auch die Speicherung von Expertenwissen von den Personen loszulösen, um damit ihre Abhängigkeit von einzelnen Individuen zu verringern.[184] Eine Möglichkeit dieser Loslösung besteht in der Speicherung von Wissen in organisationalen Speichermedien bzw. einem organisationalen Gedächtnis.

3.3.2 Die Wissensspeicherung

Das organisationale Gedächtnis kann sowohl auf individuelle als auch auf organisationale Wissensspeicher – also entweder im Gedächtnis einzelner oder aller Mitarbeiter oder in den Organisationsstrukturen und -prozessen bzw. der Unternehmenskultur – zurückgreifen.[185] Organisationen sammeln ebenso wie Personen Informationen aus ihrer Umwelt, vergleichen sie mit bereits vorhandenen Wissen und ändern – wenn notwendig – ihre Handlungsmuster.

---

[180] vgl. Nonaka/Takeuchi 1997, S. 75ff.
[181] Nonaka/Takeuchi 1997, S. 82
[182] vgl. Baumard 1999, S. 214ff.
[183] siehe Kapitel 3.2.2
[184] vgl. Sydow/van Well 2006, S. 145
[185] vgl. Probst/Raub/Romhardt 2006, S. 22

Organisationales Wissen kann daher in der Sprache, geteilten Werten, Symbolen, Geschichten und Anekdoten gespeichert sein, oder auch in Arbeitsroutinen, Hierarchien, Datenbanken und Archiven.[186] Als Wissensspeicher bezieht sich das organisationale Gedächtnis also nicht nur auf technische Hilfsmittel wie den Computer, sondern es ist auch stark von den einzelnen Organisationsmitgliedern und der jeweils vorherrschenden Organisationskultur mit den entsprechenden Normen und Werten geprägt.

In der Literatur werden daher unterschiedliche Speichermöglichkeiten differenziert:[187]
1. in den Köpfen der Mitarbeiter,
2. in Datenbanken und Archiven,
3. in Beziehungsnetzwerken, bspw. durch Arbeitsteilung oder unterschiedliche Rollen,
4. in Arbeitsprozessen, die konkrete Abläufe festlegen, und schließlich
5. in den Produkten bzw. Dienstleistungen selbst (= intelligente Produkte).

Zusammenfassend übernimmt für Organisationen das Zusammenspiel von standardisierten Arbeitsabläufen, der verwendeten Technologie sowie Normen und Werten die Funktion eines Wissensspeichers. Aber auch die einzelnen Organisationsmitglieder spielen dabei eine wichtige Rolle.

3.3.3 Der Wissenstransfer

Allgemein kann der Prozess des Wissenstransfers anhand von drei Phasen beschrieben werden:[188]

(1) Initiierungsphase

Voraussetzung für den Wissensfluss ist das Ziel bzw. der Wille, Wissen zu transferieren. Dabei ist besonders die Rolle der Unternehmensleitung als Vorbild und bei der Einführung von Wissensmanagement bzw. Lernprozessen zu beachten: Sie bestimmt Art und Umfang des zum Transfer vorgesehenen Wissens und stellt Überlegungen an, welche Möglichkeiten für diesen Transfer bestehen und sinnvoll sind. Zudem ist es wichtig, die richtigen und passenden internen Stellen für den Wissenstransfer zu identifizieren, zu benennen und einzubeziehen.

(2) Phase des Wissensflusses

Durch Interaktion und Kommunikation fließt das Wissen zwischen den am Transfer Beteiligten. Wie das erforderliche Wissen transferiert wird, ist abhängig von der Art des Wissens. Individuelles Wissen kann bspw. in persönlichen Gesprächen und Meetings, über soziale Netzwerke oder Projektgruppen verteilt werden, organisationales Wissen findet sich hingegen in Firmendokumenten, Arbeitsabläufen oder dem Inter- bzw. Intranet.

(3) Integrationsphase

Nach dem Transfer ist die Einordnung des transferierten Wissens in die bestehenden Wissensspeicher erforderlich (siehe auch Kapitel 3.3.2.).

---

[186] vgl. Walsh/Ungson 1991, S. 63ff.
[187] vgl. Cross/Baird 2000, S. 70ff.
[188] vgl. Von Krogh/Köhne 1998, S. 239ff.

3.4 Infrastruktur des organisationalen Lernens

Hinsichtlich der Frage, über welche Tools der Wissenstransfer, aber auch die Entwicklung und Speicherung von Wissen innerhalb und zwischen Organisationen funktioniert, kann differenziert werden, welche Art von Wissen für die Unternehmen relevant ist. Dementsprechend werden zwei Ansätze unterschieden:

(1) Das „**kognitive Netzwerk-Modell**" basiert vorrangig auf der Nutzung von computerunterstützten Informations- und Kommunikationstechnologien. Dieses Konzept ist vor allem dann erfolgreich, wenn es darum geht, möglichst eindeutige Informationen zwischen Organisationsmitgliedern mit gleichem oder zumindest ähnlichem Hintergrund auszutauschen. Das ausgetauschte Wissen muss leicht explizierbar sein und kann durch Management-Informations-Systeme – wie Reportingsysteme, die regelmäßige Auskunft über bestimmte Unternehmenskennzahlen geben oder durch Groupware-Systeme, die die Kommunikation in Teams fördern – unterstützt werden.

(2) Das „**Community-Networking-Modell**" basiert im Gegensatz dazu auf der Teilnahme in sozialen Netzwerken, um auch implizites Wissen über Sozialisierung auszutauschen und neues Wissen zu generieren. Die Organisationsmitglieder nutzen ihre Beziehungen zu anderen Personen, um von ihnen zu lernen. Soziale Netzwerke sind effektiver, um Wissen mit hohem implizitem Anteil zwischen Personen, die unterschiedliche Hintergründe mitbringen und unterschiedliche Erfahrungswerte einbringen können, auszutauschen.[189] Tabelle 2 fasst die beiden Modelle zusammen.

Kognitives Netzwerk-Modell	Community-Networking-Modell
Wissen für Innovationen entspricht den objektivierten Konzepten und Fakten, die sich im Unternehmen befinden.	Wissen für Innovationen ist sozial konstruiertes Wissen, das auf Erfahrungen der einzelnen Organisationsmitglieder aufbaut.
Wissen kann kodifiziert und über entsprechende Kanäle transferiert werden.	Ein großer Teil des Wissens ist implizit und wird durch aktiven Austausch innerhalb von Beziehungsnetzwerken erzeugt.
Der kritische Erfolgsfaktor ist die Technologie.	Der kritische Erfolgsfaktor ist Vertrauen und Zusammenarbeit.

Tabelle 2: Modelle des Wissenstranfers[190]

Welcher der hier angeführten Ansätze passender ist, hängt von der Branche und von der Art des primär verwendeten Wissens ab. Es ist daher die Frage zu stellen, wie welches Wissen transferiert wird. Während sich das kognitive Netzwerk-Modell bspw. besser für technische Informationen eignet, ist der Community-Networking-Ansatz vor allem dann nützlich, wenn es zum Beispiel darum geht, innovative Prozesse im Consulting in Gang zu bringen. Als Tools, die die jeweiligen Ansätze unterstützen, können einerseits com-

---

[189] vgl. Swan/Newell/Scarbrough/Hislop 1999, S. 262ff.
[190] vgl. Swan/Newell/Scarbrough/Hislop 1999, S. 273

putergestützte Management-Informations-Systeme und andererseits die Förderung von sozialen Netzwerken in Form von Communities of Practice genannt werden.

3.4.1 Computergestützte Management-Informations-Systeme (MIS)

Computergestützte Management-Informations-Systeme sind wichtig, wenn es darum geht, explizites Wissen – bspw. technische Daten oder Finanz- und Kundeninformationen – im Unternehmen zu generieren, auszuwerten und zu verteilen. Kein Unternehmen kann auf Datenbanken, Inter- und Intranet, E-Mail und andere computergestützte Systeme zur Speicherung und Verteilung von firmenrelevanten Informationen verzichten. Damit diese Daten und Informationen aber zur Grundlage von Entscheidungen und zur Basis von Wissensentwicklung werden, spielt vor allem die Aktualität und rasche Verfügbarkeit eine wesentliche Rolle.[191] Darüber hinaus sind Zugriffsrechte, inhaltliche Verantwortung, Suchprozesse und -optionen zu definieren sowie die ständige Wartung, wie regelmäßige Updates, löschen redundanter oder nicht mehr aktueller Informationen etc. sicherzustellen.[192]

Wird zentral vom Topmanagement entschieden, welches Wissen in welchem Umfang im Unternehmen verteilt wird, handelt es sich um eine **push-Strategie**. Das Wissen wird über klar definierte Kanäle im Unternehmen verteilt bzw. gepusht. Eine wichtige Rolle nimmt dabei die Auswahl der passenden Kommunikationskanäle ein – also der Tools, über die das Wissen an die Mitarbeiter verteilt werden soll. Da es sich bei der push-Strategie um einen hierarchischen top-down-Ansatz handelt, wird in diesem Zusammenhang meist ein Einwegkommunikationssystem von der Unternehmensspitze zu den Mitarbeitern mittels Firmenzeitungen, Rundschreiben oder Mailinglisten aufgebaut.[193]

Im Gegensatz dazu setzt die **pull-Strategie** auf die Bereitstellung entsprechender Infrastrukturen, die es den Mitarbeitern ermöglichen, Wissen dann abzurufen, wenn sie es benötigen.[194] Neben dem Einsatz von Datenbanken, der sich auf explizites, dokumentiertes Wissen beschränkt, kann ein pull-Effekt vor allem mit der Schaffung von Projektteams bzw. sozialen Netzwerken wie Communities of Practice (CoP) erzielt werden. Deren Aufgabe sollte es dann nicht nur sein, bestehendes Wissen im Unternehmen zu speichern und zu verteilen, sondern vor allem, neues Wissen zu schaffen.

3.4.2 Communities of Practice (CoP)

Als wichtigste Form sozialer Netzwerke können Communities of Practice (CoP) genannt werden. CoP's sind soziale Netzwerke von Mitarbeitern oder in manchen Fällen auch externen Experten, Kunden und Lieferanten. Gemeinsam versuchen sie unterschiedliche Wissensstände und Erfahrungen zu nutzen, um neues Wissen zu generieren oder bestehendes Wissen weiterzuentwickeln.[195]

---

[191] vgl. Burstein/Holsapple 2008, S. 221
[192] vgl. Waldron 2008, S. 101ff.
[193] vgl. Probst/Raub/Romhardt 1997, S. 237
[194] vgl. Probst/Deussen/Eppler/Raub 2000, S. 104f.
[195] vgl. Sydow/van Well 2006, S. 157

Vor der „Entdeckung" der CoP's für die Betriebswirtschaftslehre fanden sich die ersten Netzwerke vor allem bei gemeinnützgen Vereinen, Selbsthilfegruppen, Open-Source-Programmierern oder in den Communities der Fun- und Extremsportarten, die konkrete Problemstellungen gemeinsam mit Gleichgesinnten lösen wollten. Communities bestehen also aus Gruppen, die sich durch ein gemeinsames Verständnis und Problembewusstsein identifizieren und ein großes Interesse daran haben, ihr Wissen und ihre Erfahrung im Rahmen individueller Kommunikations- und Interaktionsprozesse zu erweitern.[196] Solche Communities haben demnach die Aufgabe, Wissensaustausch informal zu organisieren und das in einer Organisation verfügbare Expertenwissen zu verteilen. Sie nutzen meist auch computergestützte Groupware – wie bspw. Mailinglisten oder eigene Inter- bzw. Intranetportale –, um den Transfer über räumliche und zeitliche Grenzen hinweg zu erleichtern.[197]

Netzwerke in Unternehmen können durch die Unterschiedlichkeit ihrer Mitglieder vor allem die Generierung von neuem Wissen, aber auch dessen Transfer über soziale sowie hierarchische Grenzen oder zwischen einzelnen Abteilungen fördern. Sie können aber auch – als Norm der jeweiligen Unternehmenskultur – zu wichtigen Wissensspeichern werden. Über sie entstehen viele Anknüpfungspunkte, indem über persönliche Beziehungen bestehendes Wissen verteilt und neues Wissen generiert wird. Netzwerke helfen, ein gemeinsames Verständnis und eine gemeinsame Organisationskultur zu schaffen.[198] Sie vereinfachen in Unternehmen den Zugang zu Wissen, zu Ressourcen, aber auch zu Märkten und Technologien – da sie bestehende Beziehungsnetzwerke innerhalb des Unternehmens, aber auch zu Kunden, Lieferanten und evtl. sogar zu Konkurrenten nutzen.[199]

Abhängig davon, aus welchen Personen ein soziales Netzwerk besteht, können als Formen von CoP's „hierarchische" und „egalitäre bzw. gleichgestellte" unterschieden werden. In einer hierarchischen Struktur finden sich klare Über- und Unterordnungsprinzipien, bei denen sich Mitarbeiter ihren Vorgesetzten oder Fachexperten unterordnen müssen, während in einem egalitären CoP die Unterschiede sowohl hinsichtlich des Wissens und der Erfahrung als auch hinsichtlich der hierarchischen Stellung im Unternehmen keine Rolle spielen und alle Mitglieder der Community gleichgestellt sind. Gleichzeitig können CoP's auch hinsichtlich ihrer zentralen Aufgaben differenziert werden: Es geht dabei um die Frage:

- ob CoP's vorrangig innovativ sein und neues Wissen generieren sollen,
- oder ob es eher darum geht, Wissen zu transferieren.

Zusammenfassend ist daher festzustellen, dass die obigen Ausführungen zeigen, dass diese Prozesse maßgeblich durch die Normen, Werte und Beziehungsmuster der Organisationskultur des jeweiligen Unternehmens bestimmt werden. Je nachdem, wie hierarchisch oder egalitär das Unternehmen geführt wird, wie wichtig Statusunterschiede sind oder wie stark Zusammenarbeit auch über Abteilungsgrenzen hinaus gefördert wird, wirkt sich dies

---

[196] vgl. Wenger/McDermott/Snyder 2002, S. 4
[197] vgl. Schreyögg/Koch 2007, S. 383
[198] vgl. Inkpen 1998, S. 75
[199] vgl. Inkpen/Tsang 2005, S. 146

auf den Wissenstransfer aus. Nicht zuletzt deshalb werden lernende Organisationen zumeist als kooperative, lernfreudige und vertrauensintensive Organisationskulturen geschildert.

3.5 Zusammenfassung

Die wichtigste Zielsetzung des Wissensmanagements ist also die Erhöhung der unternehmerischen Innovationskraft. Dabei handelt es sich aber nicht mehr nur um eine reine „Outside-in"-Perspektive, die die Frage verfolgt, wie Unternehmen mit Innovationen aus der Umwelt umgehen. Vielmehr geht es um die Analyse und strategische Weiterentwicklung des vorhandenen Wissens. „Untersucht man das Verhältnis von Innovation und Wissen, kommt man schnell zum Schluß, daß es nicht um ein Neues geht, das von außen in Systeme hereingeholt werden müßte oder könnte, sondern daß aus Gehabtem, Gewußtem, Gekonntem und Vermutetem durch Rekombination und Weiterentwicklung Neues in der Unternehmung generiert und dann in die Welt hinaus entlassen wird."[200] Mehrmals stellt der Versuch, aus den „Success Stories" anderer Unternehmen zu lernen, sogar eine Gefahr für die eigene Organisation dar, weil diese Erfolge unter gänzlich anderen kulturellen, rechtlichen, wirtschaftlichen und organisationalen Bedingungen generiert wurden und nicht einfach nachgeahmt werden können.[201] In diesem Sinn gilt es, das bereits im Unternehmen vorhandene Wissen zu identifizieren und ständig weiterzuentwickeln, um sich den Anforderungen eines komplexen und dynamischen Umfelds stellen zu können – kurz: es geht um die Entwicklung einer lernenden Organisation.

---

[200] Heideloff/Baitsch 1998, S. 68
[201] vgl. Vedder 1992, S. 65

Personal

Beschaffung und Auswahl von Mitarbeiterinnen und Mitarbeitern

Helene Mayerhofer

Inhalt

1. Vom Suchen und Finden: Der Rekrutierungsprozess

„Nur wer Top Talente und Führungskompetenzen sichert, kann dauerhaft Wettbewerbsvorteile erzielen und so auch den finanziellen Erfolg des Unternehmens sichern."[1] Solche oder ähnlich formulierte Statements zur **Bedeutung des Personals** für die Realisierung des Unternehmenserfolges finden sich in vielen praxisorientierten Publikationen. Auch in der Wissenschaft hat spätestens seit der Verbreitung des Ressourcenorientierten Ansatzes[2] in der Betriebswirtschaft das Personalmanagement eine entsprechend strategische Rolle zugeschrieben bekommen. Der „War for Talent"[3], also das Streben, die besten Arbeitskräfte für das eigene Unternehmen zu begeistern, ist somit ein wichtiges Aufgabenfeld des Rekrutierungsprozesses: Wie kann sich das Unternehmen attraktiv präsentieren, wie können die gesuchten Zielgruppen am besten angesprochen werden, wie werden die Vorgehensweisen des Unternehmens von den „Talenten" wahrgenommen? Im Rahmen der Rekrutierung sucht nicht nur das Unternehmen geeignete potenzielle MitarbeiterInnen aus, sondern auch die BewerberInnen entscheiden sich für eine in ihren Augen attraktive Organisation. Rekrutierung ist daher ein von zwei Seiten zu betrachtender Prozess des Suchens und Findens.

1.1 Aufgaben im Rekrutierungsprozess

Bei der Rekrutierung von Personal steht die Organisation vor der Herausforderung, die richtigen Personen in der ausreichenden Anzahl mit den gewünschten Qualifikationen für bestimmte Aufgaben und Einsatzorte zu finden und sie zur Bewerbung zu motivieren. Gleichzeitig sollen Selbstselektionsprozesse in Gang gesetzt werden, um weniger geeignete Personen von der Bewerbung abzuhalten.[4] Aus diesem Bewerbungspool sollen dann kostengünstig und rasch die richtigen MitarbeiterInnen ausgewählt und eingestellt werden.

Der **Personalbedarf** eines Unternehmens bestimmt sich aus der Differenz von gegenwärtigem und zukünftigem Personal-Sollbestand, der zur Erreichung der betrieblichen Ziele erforderlich ist, und dem vorhandenen Ist-Personalbestand im Unternehmen. Der Personalbedarf ist nach folgenden Kriterien zu differenzieren:[5]

- Quantität: Summe des vorhandenen bzw. erforderlichen Arbeitsvolumens.

- Qualität: Summe der für die Arbeitsplätze existierenden Anforderungsprofile und der vorhandenen Qualifikationsprofile der MitarbeiterInnen.

- Fristigkeit: Zeitraum, für den der Personalbedarf prognostiziert wird.

- Geografische Dimension: Verfügbarkeit und Mobilität von MitarbeiterInnen in unterschiedlichen Regionen bzw. Ländern (internationaler Personalbedarf).[6]

---

[1] Bednarczuk/Wendenburg 2008, S. 199
[2] vgl. Pfeffer/Salancik 1978
[3] Michaels/Handfield-Jones/Axelrod 2001
[4] Kirbach/Montel/Oenning/Wottawa 2004
[5] Berthel/Becker 2007, S. 232
[6] vgl. auch Berthel/Becker 2007, S. 174

Der **Personalbedarf** entsteht entweder aufgrund von Pensionierungen, Kündigungen, Versetzungen etc. (= Ersatzbedarf) oder durch Expansion, vermehrten Arbeitsanfall, veränderte Qualifikationsanforderungen zur Leistungserbringung etc. (= Neubedarf).[7]

In einem ersten Schritt wird der Personalbedarf – nach den gerade genannten Kriterien – bestimmt und in Form eines Anforderungsprofils für eine vakante Stelle konkretisiert. Dann ist zu klären, ob der Personalbedarf aus den eigenen Personalressourcen (= interne Beschaffung) oder aus bestimmten Segmenten des Arbeitsmarktes (= externe Beschaffung) gedeckt werden kann. Somit kann entschieden werden, ob potenzielle BewerberInnen innerhalb der Organisation oder am externen Arbeitsmarkt angesprochen werden sollen. Dies ist Aufgabe der **Personalbeschaffung**. Sie hat zu überlegen, wie die potenziellen Arbeitskräfte am besten über die vakante Stelle informiert und zu einer Bewerbung motiviert werden können. Das Unternehmen kann dabei entweder direkt als Anbieter der vakanten Stelle auftreten oder anonymisiert bzw. über Vermittlung Dritter (Personalberatungen, Arbeitsamt).

An den Prozess der Personalbeschaffung schließt sich der **Personalauswahlprozess** an, der als Auswahlentscheidung der Organisation und der Arbeitskraft verstanden werden kann. Dies geschieht mit Hilfe der weiter unten näher erläuterten Auswahlverfahren. Ebenso, und das wird häufig vernachlässigt, müssen am Ende eines Personalauswahlprozesses auch Absagen an nicht ausgewählte BewerberInnen kommuniziert werden.[8]

Der Rekrutierungsprozess umfasst die Aufgabenbereiche Personalbeschaffung und Personalauswahl und endet mit dem Eintritt der neuen MitarbeiterInnen in das Unternehmen. Damit setzt die Phase der **Personaleinführung** ein, die bereits der Personalentwicklung zugeordnet werden kann.[9]

Für eine möglichst erfolgreiche Besetzung von vakanten Stellen im Unternehmen sind im Recruitingprozess daher eine Reihe von Aktivitäten zu setzen. Einen praktischen Überblick bietet folgende Zusammenstellung der erforderlichen Vorarbeiten:

- Erstellung einer Stellenbeschreibung für den Aufgabenbereich der zu besetzenden Stelle (z.B. mittels Tätigkeitsaufzeichnungen)

- Erstellung von Soll-Qualifikationsprofilen (Art der formalen Bildungsabschlüsse, Art und Umfang von Berufserfahrung, zentrale Aspekte der Motivation, Schlüsselqualifikationen etc.)

- Ableitung von konkreten Anforderungsprofilen für die gesuchten Personen (mit Operationalisierung der gewünschten Kompetenzen, wie z. B. Teamfähigkeit und Herausstreichen der zentralen Anforderungen)

- Auswahl von Informationskanälen/Personalwerbekanälen entsprechend der potenziellen Zielgruppe

---

[7] vgl. Berthel 2000, S. 163

[8] Dies ist ein in der Literatur relativ vernachlässigter Themenbereich, obwohl die reibungslose Abwicklung von Bewerbungsverfahren – auch jenen, die mit einer Absage an die BewerberInnen enden – wichtig für die Wahrnehmung als attraktive/r ArbeitgeberIn ist (vgl. dazu Kapitel Employer Branding).

[9] vgl. Mayerhofer/Michelitsch-Riedl „Personalentwicklung" in diesem Band

- Erarbeitung von aufwandsschonenden Selektions- und Bewertungskriterien für schriftliche Bewerbungen (z.b. Ranking nach einfach zu bewertenden Kriterien wie Zeugnisnoten)

- Festlegung eines systematisierten Auswahlverfahrens (Ablauf, Instrumente und Beteiligte bei der Personalauswahl)

- Festlegung verschiedener Instrumente der Personalauswahl – meist in kombinierter Form (z.b. Auswahlinterview und Arbeitsquote)

- Erstellung eines Ablaufplans des gewählten Auswahlverfahrens – zeitlich und inhaltlich

- Vereinbarung von Zuständigkeiten und Mitsprachemöglichkeiten bei Stellenbesetzungen (z.b. Betriebsratsmitsprache, vgl. ArbVG).

Die Vorbereitung der fachlichen und sozialen Integration der ausgewählten Personen (= Personaleinführung) kann bereits dem Aufgabenfeld Personalentwicklung zugerechnet werden.

1.2 „Fit" zwischen Organisation und BewerberIn

Das Interesse des Unternehmens richtet sich auf das Suchen und Finden der „richtigen" Arbeitskraft, die BewerberInnen haben das Ziel, den „richtigen" Arbeitsplatz zu finden. Dieses „richtig" bezieht sich auf den Grad der Übereinstimmung, den „Fit". Dieser Fit kann auf unterschiedliche Dimensionen bezogen sein, immer aber handelt es sich beim Recruiting um den Versuch, eine möglichst gute Passung zwischen den Merkmalen der Organisation und den Spezifika der BewerberInnen herzustellen.[10] Das wahrgenommene Personen-Organisation-Fit ist ein zentrales Konzept im Recruiting, wobei in zusammenfassenden Analysen[11] festgestellt wurde, dass viele unterschiedliche, erfolgreiche Typen von wahrgenommenen Fit-Konstellationen vorliegen und dass diese auch jeweils spezifische Aspekte des Erfolgs von Personalauswahlprozessen ansprechen.[12]

Schuler (2000) schlägt zur Analyse der Übereinstimmung zwischen *Person und Tätigkeit* drei Ebenen vor:[13]

- Qualifikationen (Fähigkeiten, Fertigkeiten, Kenntnisse) der BewerberInnen und Anforderungen der Stelle.

- Interessen und Bedürfnisse der BewerberInnen und das Befriedigungspotenzial der Tätigkeit.

- Entwicklungspotenzial der Person und erwartete Veränderungen der Tätigkeit.

Dieses Fit-Konzept entspricht dem Person-Job-Fit und ist recht eng an die Tätigkeit selbst gebunden (Befriedigungspotenzial aus der Tätigkeit), zusätzlich integriert es Verände-

---

[10] siehe dazu auch Edwards 2008; Ployhart 2006.
[11] Quantitative Metaanalyse: diese Methode der empirischen Forschung verknüpft bisherige Einzelstudien und versucht somit den bisherigen Stand der Forschung zusammenzufassen (vgl. zum Nutzen für Recruiting Schmitt 2007, S. 6ff.).
[12] vgl. Ployhart 2006, S. 871
[13] vgl. Schuler 2000, S. 12f.

rungen von Seiten der Organisation und auch Entwicklungspotenzial von Seiten der BewerberInnen.

Eine weitere Fit-Dimension bezieht sich auf die Gesamtorganisation, auf die Übereinstimmung von Werthaltungen und Organisationskultur. Diese wird von Cable/DeRue (2002) in die drei Typen von wahrgenommenen subjektiven Fits integriert:

- Person-Organisation-Fit (P-O-Fit): Übereinstimmung zwischen den Werten der BewerberInnen und der Organisationskultur.

- Person-Job-Fit (P-J-Fit): Übereinstimmung zwischen den Kompetenzen einer Person und den Anforderungen der Stelle.

- Needs-Supplies-Fit (N-S-Fit): Übereinstimmung von Bedürfnissen der BewerberInnen und den Belohnungen (rewards), die die Stelle bietet.[14]

Organisationskultur ist als Ausdruck von Werten und Normen zu verstehen, die sich in der Unternehmensvision, im Führungsstil, in der Art der Kommunikation ebenso wiederspiegeln wie in manifesten Elementen (z.B. der Gestaltung von Einzel- oder Großraumbüros).[15] Im Rahmen der Rekrutierung soll ein möglichst hohes Fit zwischen den Werthaltungen der BewerberInnen und den in der Organisation vertretenen Werthaltungen erreicht werden. Der Needs-Supplies-Fit hingegen ist stark durch Arbeits- und Karrieremöglichkeiten beeinflusst. Zusammenfassend ist festzustellen, dass ein guter P-O-Fit positive Auswirkungen auf die Arbeitszufriedenheit, das Commitment, das Arbeitsklima, die Leistung und die Verweildauer hat.[16]

Vor diesem Hintergrund ist es sehr gut nachvollziehbar, dass eine Organisation nicht unbedingt „die beste Person", sondern die „passendste Person" für eine Position sucht. Diese Passung bezieht sich nicht nur auf die aktuell erforderlichen Anforderungen, sondern umfasst auch die zukünftig zu erwartende Veränderung der Position. Die Einbeziehung von sich verändernden Anforderungen ist gerade angesichts des raschen Wandels von Anforderungen besonders wichtig. Die Bestimmung dieser zu erwartenden Veränderungen ist im Zusammenhang mit der strategischen Gesamtausrichtung der Organisation zu sehen und kann z.B. mittels Trendfortschreibung, Szenariotechnik oder der Delphi-Methode erfolgen.

Manchmal ist es aber nicht möglich, ein Fit von BewerberInnen und vakanten Stellen zu erreichen, was verschiedene Ursachen haben kann – wie falsche Informationen oder mangelnde BewerberInnenlage. Ist ein Fit etwa auf der Person-Job-Ebene nicht gegeben, gibt es grundsätzlich zwei Möglichkeiten, damit umzugehen:

- Personalentwicklungsmaßnahmen:[17] hier können Unterschiede zwischen den aktuellen bzw. zukünftigen Anforderungen einer Stelle und den Qualifikationen mittelfristig mit verschiedenen Methoden des Lernens, z.B. direkt am Arbeitsplatz, durch Schulungen etc., angeglichen werden.

---

[14] vgl. Cable/DeRue 2002, S. 875
[15] vgl. den Beitrag von Kasper et al. „Organisationskultur und lernende Organisation" in diesem Band
[16] vgl. Van Vianen 2000, S. 113; Stevens/Ash 2001, S. 501
[17] vgl. den Beitrag von Mayerhofer/Michelitsch-Riedl „Personalentwicklung" in diesem Band

- Arbeitsrestrukturierungsmaßnahmen:[18] die Arbeitsaufgaben einer Stelle werden entsprechend den vorhandenen bzw. zu entwickelnden Qualifikationen angepasst, z.B. durch Vereinfachung oder aber auch Anreicherung von Handlungsoptionen.

Werden bei geringer Übereinstimmung von Anforderungen und Qualifikationen keine Maßnahmen ergriffen, ist langfristig mit den negativen Konsequenzen einer ständigen Über- bzw. Unterforderung von MitarbeiterInnen zu rechnen. Negative Aspekte können sich in einer aufkeimenden Unzufriedenheit, in Demotivation, in einer unter den Möglichkeiten bleibenden Leistung und oftmals auch in psychischen Problemen der betroffenen Arbeitskräfte äußern.[19]

Damit die Passung von Merkmalen der Organisation und der BewerberInnen möglichst gut von beiden Seiten eingeschätzt werden kann, sind eine offene Kommunikationssituation und realistische Informationen erforderlich. Dies ist aber nicht leicht zu bewerkstelligen, denn es besteht ein Interessenkonflikt zwischen BewerberIn und Organisation: im Rekrutierungsprozess bemühen sich beide Seiten so attraktiv wie möglich zu erscheinen, den eigenen Eindruck auf den jeweils anderen positiv zu beeinflussen. In der Psychologie spricht man von Eindruckssteuerung (oder „Impression Management"), wenn Personen ständig – oft unbewusst – bemüht sind, den Eindruck, den sie auf andere Menschen machen, zu kontrollieren und zu steuern.[20] Ziel dieser Steuerungsbemühungen ist das Bestreben, dem anderen ein bestimmtes Bild von sich zu präsentieren, um dadurch eine erwünschte Reaktion bei diesem anderen zu bewirken. Die UnternehmensvertreterInnen versuchen die Vorteile und somit selektiv die positiven Seiten des Arbeitsplatzes und der Unternehmung herauszustreichen und manche problematischen Aspekte (z.B. Arbeitsbedingungen, zeitlicher Umfang an Arbeitsbelastung) zu beschönigen. Die BewerberInnen wiederum überbetonen (vom Unternehmen vermutlich gewünschte) Stärken und verschleiern mögliche Mankos (z.B. Lücken im Lebenslauf, gering ausgeprägte Qualifikationen).[21] Eine Reihe von Studien beschäftigt sich mit eingesetzten Taktiken bzw. Strategien und Wirkungen im Personalauswahlprozess.[22] „Self promotion" (z.B. Betonung des eigenen Status, direktes Ansprechen von Stärken und Erfolgen) ist die von extrovertierten BewerberInnen am häufigsten eingesetzte Impression-Management-Strategie in Bewerbungsinterviews, die dazu führt, dass Recruiter den Fehler machen, das Person-Job-Fit eher als gegeben wahrzunehmen.[23]

Eine für beide Seiten längerfristig zufriedenstellende Stellenbesetzung scheint aber nur dann zu gelingen, wenn die jeweiligen Erwartungen erfüllt oder zumindest nicht zu stark enttäuscht werden. Die möglichst fundierte Konkretisierung der Anforderungen von Seiten des Unternehmens ist ein erster Schritt dazu. Im nächsten Kapitel steht daher die Perspektive der Unternehmen bei der Konkretisierung ihrer Erwartungen im Mittelpunkt. Welcher Personalbedarf ist konkret vorhanden?

---

[18] vgl. den Beitrag von Mühlbacher/Müller/Kasper „Strategisches Prozessmanagement in Organisationen" in diesem Band
[19] vgl. von Eckardstein/Lueger/Niedl/Schuster 1995, S. 214ff.
[20] Schlencker 1980
[21] Literatur und Hinweise zum optimalen Verhalten in Bewerbungssituationen verstärken aus Sicht des Unternehmens das Problem der gezielten Eindruckssteuerung durch die BewerberInnen.
[22] z.B. McFarland et. al. 2003; Higgins/Judge 2004; Rudman 1998
[23] Kristof-Brown/Barrick/Franke 2002, S. 27

2. Was sucht das Unternehmen? Konkretisierung des Personalbedarfs

2.1 Personalpolitische Ausrichtungen und Beschäftigungsstrategien

Damit eine Organisation ihre Wettbewerbsziele bestmöglich umsetzen kann, erfordert dies die Entwicklung und wechselseitige Abstimmung von Unternehmensstrategie und Personalstrategien.[24] Für unsere Fragestellung der Personalrekrutierung ist wichtig, welche Art von personalpolitischer Ausrichtung bzw. Beschäftigungsstrategie zu welcher Beschäftigungsform von MitarbeiterInnen im Unternehmen führt.

Die klassischen drei Grundtypen möglicher Beschäftigungsstrategien (*„Human Resource Flow Patterns"*)[25] in Organisationen sind:

- *Life-Long-Employment:* MitarbeiterInnen steigen in einer frühen Phase der Berufstätigkeit in eine Organisation ein und bleiben langfristig beschäftigt.

- *Up-or-Out-System*: MitarbeiterInnen steigen im unteren hierarchischen Level einer Organisation ein und arbeiten sich entlang vorgegebener Positionsabfolgen bis zur Spitze vor (oder scheiden bei Misserfolg aus) und erhalten dann langfristige Beschäftigungssicherheit („tenured").

- *In-and-Out-System*: Arbeitskräfte werden je nach Bedarf der Organisation angeworben und auch wieder entlassen, wenn ökonomische Bedingungen, mangelnde Leistung etc. dies erfordern.

In den letzten Jahrzehnten ist eine Verschiebung weg von langfristiger Bindung von MitarbeiterInnen an die Organisation hin zu einer stärken Flexibilisierung im Beschäftigungssystem zu konstatieren.[26] In der Unternehmenspraxis findet sich häufig ein *Mix der Grundtypen*, welcher je nach Beschäftigtengruppen (z.B. Top-/mittleres/unteres Managementteam, nach Profession, nach Abteilungen, nach Bedeutung für die Leistungserbringung – sog. Schlüsselkräfte) variiert.

Der Einsatz unterschiedlicher Beschäftigungsstrategien kann durch externe Faktoren wie die Wirtschaftslage, die Situation am Arbeitsmarkt, arbeitsrechtliche Rahmenbedingungen und gesellschaftliche Werte oder intern durch die Unternehmensstrategie beeinflusst sein. Lepak und Snell (1999, 2002) sehen den strategischen Wert (strategic value) und die Einzigartigkeit (Uniqueness) von Personalressourcen (human capital) als zentrale Prinzipien zur Differenzierung von Beschäftigungsstrategien, welche sie als „Employment modes" bezeichnen. Die strategische Bedeutung von Human Capital bezieht sich auf das Potenzial, Effektivität und Effizienz des Unternehmens zu verbessern, Marktchancen wahrzunehmen und potenzielle Gefahren zu neutralisieren. Die Uniqueness bezieht sich auf das Ausmaß, „which it is rare, specialized and, in the extreme, firm-specific … it is not readily available in the labor market, and is not easily duplicated by other firms, provides a potential source of competitive advantage."[27] Kombiniert man diese zwei Dimensionen, ergeben sich vier Ausrichtungen (vgl. Abbildung 1).

---

[24] Grundverständnis einer iterativen Personalstrategie, vgl. Wright/McManhan 1992
[25] Beer et al. 1984, S. 99f.
[26] siehe dazu auch den Beitrag von Schmidt „Flexibilisierung – Herausforderungen und Chancen für Organisationen und deren Mitglieder" in diesem Band
[27] Lepak/Snell 2002, S. 519

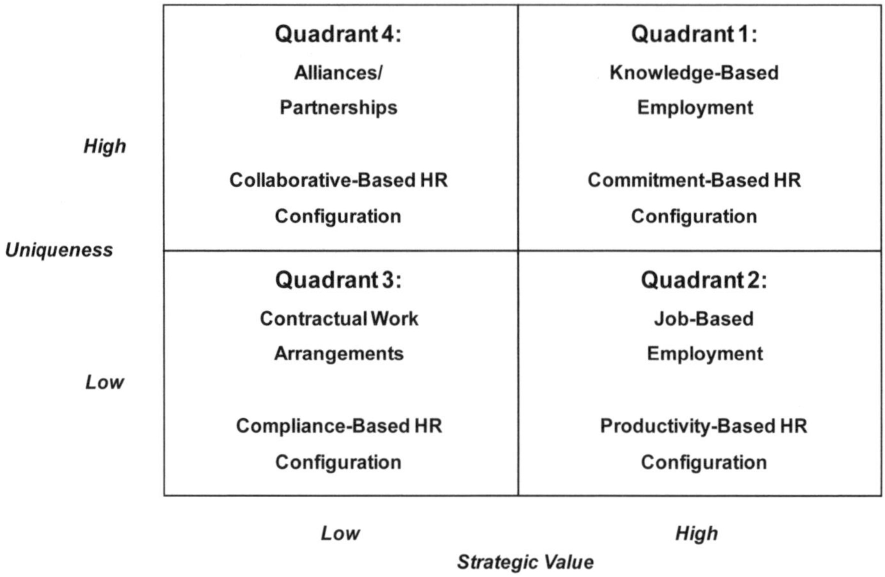

	Quadrant 4: Alliances/ Partnerships Collaborative-Based HR Configuration	Quadrant 1: Knowledge-Based Employment Commitment-Based HR Configuration
High **Uniqueness** **Low**		
	Quadrant 3: Contractual Work Arrangements Compliance-Based HR Configuration	Quadrant 2: Job-Based Employment Productivity-Based HR Configuration

Low   *High*

Strategic Value

Abb. 1: Charakteristika des Humankapitals und Modalitäten der Beschäftigung
Quelle: Lepak/Snell 2002, S. 520

- *Knowledge-Based Employment:* eine langfristige, auf Entwicklung und Bindung setzende Beschäftigungsstrategie ist für Positionen erforderlich, deren Ausführung firmenspezifisch ausgeprägte und für den Erfolg strategisch wichtige Qualifikationen erfordern. So könnten Schlüsselpersonen in der Produktentwicklung (z.B. in der Pharmaindustrie) als zentrale Wissens- und KompetenzträgerInnen gelten (Quadrant 1).

- *Job-Based Employment:* ist dann sinnvoll, wenn die strategische Bedeutung der Qualifikation dieser Positionen hoch, aber die Anforderungen standardisiert (also firmenunspezifisch) durch den Arbeitsmarkt abgedeckt werden können (z.B. Anwälte, Personalfachleute). Diese Beschäftigungsform ist auf eine kontinuierliche Besetzung der Positionen mit bestgeeigneten Fachkräften gerichtet (Quadrant 2).

- *Contractual Work Arrangement:* eine befristete Besetzung von Stellen, welche am kurzfristigen Bedarf orientiert ist, ist dann möglich, wenn die Qualifikationen wenig strategische Bedeutung haben und auch firmenunspezifisch sind (z.B. Verwaltungspositionen, Technischer Support, Programmierung, Zeitarbeitskräfte; Quadrant 3).

- *Alliances/Partnerships:* Fachkräfte mit spezifischen Kompetenzen werden benötigt, wobei diese aber nicht von strategischer Bedeutung für das Unternehmen sind (z.B. PersonalberaterInnen, PsychologInnen, Management TrainerInnen). Daher können diese Ressourcen über Beratungsleistungen zugekauft oder gemeinsam mit anderen Organisationen genutzt werden (Quadrant 4).

Diese Differenzierung der Beschäftigungsstrategien und damit verbundener Konfigurationen von Personalmaßnahmen „HRM Architecture" wurde in empirischen Erhebungen bestätigt.[28] Die Fokussierung auf die strategische Bedeutung von Qualifikationen für den Wettbewerb und die Ausprägung nach firmenspezifisch und standardisiert gibt einen wichtigen Anhaltspunkt für mögliche Differenzierungen von Beschäftigtensegmenten und gleichzeitig für eine zielgruppenspezifische Gestaltung des Rekrutierungsprozesses.

Die Art der gesuchten Qualifikationen und deren Verfügbarkeit am Arbeitsmarkt stellt die Weichen dafür, welche der beiden Aktivitäten der Rekrutierung – Personalbeschaffung oder Personalauswahl – den jeweils größeren Stellenwert aufweist. In Zeiten eines knappen Arbeitsmarktangebotes treten Personalmarketing, Personalbeschaffungs- und Personalentwicklungsmaßnahmen in den Vordergrund, während in Zeiten eines Arbeitsmarktüberangebotes Maßnahmen der Personalauswahl im Mittelpunkt stehen. Allerdings handelt es sich nicht um „den" Arbeitsmarkt, vielmehr erfolgt eine Differenzierung entlang einzelner Berufs- bzw. Qualifikationssegmente. Das einzelne Unternehmen entscheidet aufgrund der strategischen Ausrichtung, wie die gewünschten Arbeitsanforderungen am besten abgedeckt werden und unter welchen Bedingungen Engagement und Motivation der Beschäftigten gesichert werden können. Neben den traditionellen, langfristig orientierten Dienstvertrag im Vollzeitausmaß treten vermehrt flexiblere Formen.[29] In diesem Zusammenhang ist auf die Effekte „deregulierter Arbeitsmärkte" und der Verletzung psychologischer Verträge mit entsprechenden Konsequenzen für die Bindung an und die Identifikation mit dem Unternehmen hinzuweisen.[30]

2.2 Formen von Arbeitsverhältnissen

Die personalpolitische Ausrichtung in Übereinstimmung mit der Unternehmensstrategie stellt den Rahmen für die Personalaktivitäten dar. Auch die Frage, durch welche Beschäftigungsformen der Personalbedarf gedeckt wird, ist daraus abzuleiten. Neben den auf Langfristigkeit und Vollzeitbeschäftigung (ca. 40 Stunden/Woche) ausgerichteten Arbeitsverträgen wurden vielfältige Formen von Vertragsverhältnissen entwickelt – mit dem Zweck, den unterschiedlichen Bedürfnissen von Unternehmen und MitarbeiterInnen Rechnung zu tragen.

Die traditionell verbreitetsten Arbeitsvertragsformen neben der Vollzeitbeschäftigung sind die „Teilzeit" und die sogenannte „geringfügige Beschäftigung". Die zeitliche Befristung von Arbeitsverträgen und der Einsatz von „Leiharbeitskräften" (auch Personalleasing) für die kurz- und oftmals mittelfristige Deckung des Personalbedarfs ist ebenso deutlich gestiegen. Auch das für die Betroffenen aufgrund der Kosten und Risikoabwälzung oftmals wenig vorteilhafte Konstrukt der „Abhängig Selbstständigen" hat verstärkt zugenommen. Beispiel dafür wäre die LKW-Fahrerin, die rechtlich eine selbstständige Firma führt.[31] Auch „Freelancer" in der Medien- und Computerbranche können in den oberen

---

28 vgl. Lepak/Snell 2002, S. 526
29 vgl. Klimecki/Gmür 2005, S. 158f.
30 siehe dazu auch den Beitrag von Schmidt „Flexibilisierung – Herausforderungen und Chancen für Organisationen und deren Mitglieder" in diesem Band
31 „Aufgrund des hohen Maßes an Subjektivierung, einer schwachen Regulierung von Arbeit sowie aufgrund des Potenzials zur Auflösung industriegesellschaftlich etablierter, raum-zeitlicher Grenzen von Erwerbsarbeit kann Alleinselbstständigkeit in den Kultur- und Medienberufen als Musterbeispiel entgrenzter Erwerbsarbeit gelten." (Henninger/ Papouschek 2006, S. 191)

Qualifizierungslevels als „Arbeitskraftunternehmer" gesehen werden. Sie fallen aus dem Schema eines durch die TarifpartnerInnen bzw. Interessenvertretungen weitgehend regulierten Arbeitsmarkts heraus, eine betriebliche Nutzung der subjektiven Potenziale steht im Vordergrund.[32]

Für eine Flexibilisierung der Beschäftigungsformen in zeitlicher Hinsicht dient auch der Abschluss von Jahresarbeitszeitverträgen, welche insbesondere für die Deckung saisonal schwankenden Personalbedarfs geeignet sind. Arbeitssollwerte werden zwischen ArbeitgeberIn und ArbeitnehmerIn zu Beginn eines jeden Arbeitsjahres festgelegt. Das Jahreseinkommen wird in zwölf gleichen Monatsraten ausbezahlt, die Arbeitskraft verpflichtet sich aber, die individuelle Arbeitszeit innerhalb bestimmter Grenzen an den Bedarf des Unternehmens anzupassen.[33] Eine besondere Form von Urlaub sind „Sabbaticals". Dieses Modell sieht eine längere Phase der Nichterwerbstätigkeit bei bestehendem Arbeitsvertrag vor. Arbeitskräfte arbeiten Vollzeit, erhalten aber eine geringere laufende Entlohnung und brauchen im Ausgleich dazu bestimmte Zeiträume nicht zu arbeiten (etwa 4 Jahre lang Vollzeit, 1 Jahr ohne Arbeitszeit, Gehalt mit 80% auf 5 Jahre verteilt ausbezahlt).

„International Assignments" sind der Überbegriff für Vertragsverhältnisse, die zur Deckung internationalen Personalbedarfs (z.B. Geschäftsführung in einer internationalen Tochtergesellschaft) herangezogen werden. Möglichkeiten, diese Flexibilisierung in geografischer Hinsicht zu leisten, sind vielfältig, besonders verbreitet sind: Expatriierung, wobei sogenannte Expatriates für 3–5 Jahre ins Ausland entsandt werden; Inpatriierung, hierbei werden MitarbeiterInnen von ausländischen Tochtergesellschaften (Inpatriates) in der Unternehmenszentrale eingesetzt. Aufgrund der verbesserten Kommunikations- und Transporttechnologien entwickelte sich eine Reihe alternativer Formen internationaler Arbeit, so steigt auch der Einsatz von kurzfristigen Entsendungen, Flexpatriates und Geschäftsreisen.[34]

2.3 Konkretisierung von Anforderungsprofilen

Bevor eine Entscheidung über das Wo und Wie der Personalbeschaffung getroffen werden kann, muss im Rahmen eines systematischen Vorgehens festgelegt werden, welche Kompetenzen eine Person für eine bestimmte Stelle aufweisen muss. Dies erfolgt durch die Erstellung eines Anforderungsprofils.

Ausgangspunkt für die Entwicklung eines Wunsch-Anforderungsprofils ist die jeweilige zu besetzende Stelle. Die Stellenbeschreibung (auch Arbeitsplatzbeschreibung genannt) stellt die Informationsgrundlage für die Personalauswahl dar und umfasst Aussagen zu den Aufgaben, Zielen und Pflichten, zur organisatorischen Eingliederung, zur Art der Zusammenarbeit mit anderen Stellen und den mit der Position verbundenen Entscheidungskompetenzen und Verantwortungsbereichen.[35] Auf Basis von Stellenbeschreibungen und deren Reflexion in Bezug auf strategische Bedeutung und mögliche Verän-

---

[32]   vgl. Henninger/Papouschek 2006, S. 190ff.
[33]   Berthel/Becker 2007, S. 434f.
[34]   vgl. Harris/Brewster/Erten-Buch 2006; Mayerhofer et al. 2004; Scullion/Collings, 2006, S. 159–177
[35]   vgl. z. B. Hentze 2001, S. 227ff.; Snell/Lepak 2002

derungen werden in einem ersten Schritt die Anforderungen an den/die StelleninhaberIn präzisiert. Das heißt, es werden einzelne Anforderungsdimensionen festgelegt, die eine Stelle mit sich bringt (z.B. räumliches Vorstellungsvermögen, Konfliktfähigkeit) und hinsichtlich der Bedeutung für die erfolgreiche Ausübung der Aufgaben bewertet und zu einem Anforderungsprofil verdichtet. Die Bewertung der einzelnen Dimensionen erfolgt meist in quantifizierter Form, beispielsweise auf einer Skala von 1 = weniger wichtig bis 5 = äußerst wichtig.

Ein Anforderungsprofil umfasst die Qualifikationen, das Wissen und die Fähigkeiten, die erforderlich sind, um die aktuellen und zukünftig zu erwartenden Aufgaben einer Stelle zu bewältigen. Ein Auszug aus der Anforderungsanalyse des Berufes „Konstrukteur/in" (Dimension „Konfliktfähigkeit") und die Ableitung des Anforderungsprofils findet sich in Abbildung 2 und 3.

Dimension 5: Konfliktfähigkeit
bleibt auch in Problemsituationen ruhig und sachlich und sucht konstruktive Lösungen vs.
reagiert schnell emotional und unsachlich, unfähig Konflikte/Probleme zu lösen

positives Verhalten:
- Er/Sie bleibt trotz des Zeitdrucks ruhig und sachlich.
- Er/Sie bleibt freundlich gegenüber dem Kunden, sucht immer sachliche Lösung.
- Er/Sie versucht, das Problem mit KollegInnen und KundInnen zu lösen.

negatives Verhalten:
- Er/Sie wird nervös und macht Fehler, kann dem Druck nicht standhalten.

Abb. 2: Auszug aus der Anforderungsanalyse für den Beruf Konstrukteur/in
Quelle: in Anlehnung an Kanning/Pöttker/Klinge 2008, S. 70

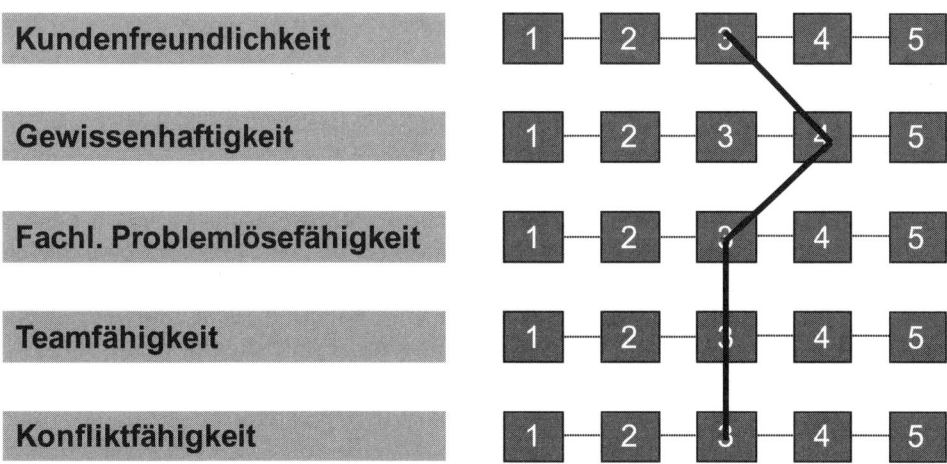

Abb. 3: Anforderungsprofil für den Beruf Konstrukteur/in
Quelle: Kanning/Pöttker/Klinge 2008, S. 70

Im Anforderungsprofil ist festzulegen, welche Mindestausprägungen jede Dimension aufweisen muss, damit die BewerberInnen noch den an sie gestellten Anforderungen entsprechen. Diese Mindestausprägungen werden auch „Cut-Off"-Werte genannt. Das Anforderungsprofil dient einerseits als Grundlage für die Beschreibung der vakanten Stelle z.B. in einem Inserat, andererseits dient es zur Bewertung der BewerberInnen im Personalauswahlprozess.

3. Wo sucht das Unternehmen? Interne versus externe Personalbeschaffung

Ist der Personalbedarf auf Grundlage der aktuellen und zukünftigen Anforderungen in Form eines Anforderungsprofils systematisch aufgelistet, gilt es die Entscheidung zu treffen, ob das Personal innerhalb des Unternehmens oder am externen Arbeitsmarkt beschafft wird.

- Innerbetriebliches Beschaffungspotenzial: dabei werden geeignete Kräfte innerhalb der bereits im Unternehmen beschäftigten Personen gesucht (= interne Personalbeschaffung). Der Personalbedarf innerhalb eines Unternehmens kann einerseits ohne Personalbewegung,[36] also durch Mehrarbeit, Restrukturierung von Arbeitsplätzen (z.B. die Zuständigkeit der Führungskraft wird durch die Zusammenlegung von Abteilungen erweitert), Urlaubsstopp etc. gedeckt werden. Ist dies nicht möglich, kann andererseits durch Versetzung von Personen auf vakante Arbeitsplätze der Bedarf gedeckt werden, ruft aber seinerseits wieder einen Nachfolgebedarf hervor. Dies führt zu sogenannten „Versetzungsketten" und stellt eine Personalbedarfsdeckung mit Personalbewegung dar.

- Externes Beschaffungspotenzial: Zielgruppe der Personalbeschaffung sind unternehmensexterne Personen, die Erfahrungen bereits in anderen Unternehmen haben oder die neu auf den Arbeitsmarkt drängen. Für Organisationen, deren Aktivitäten international orientiert sind, erweitert sich das Beschaffungspotenzial auf unterschiedliche Regionen bzw. Nationalstaaten.[37]

Anhand welcher Kriterien kann hier eine Entscheidung getroffen werden? In der Literatur werden im Wesentlichen Auswirkungen auf den Bestand und die Entwicklung von Qualifikationen, Kosten und Geschwindigkeit der Stellenbesetzung sowie motivationale Effekte auf bereits im Unternehmen Beschäftigte zur Entscheidungsfindung herangezogen.[38]

Art der erforderlichen Qualifikationen: Sind die Kenntnis des Unternehmens, firmenspezifische Qualifikationen – im Vergleich zu standardisierten, d.h. einfach zukaufbaren Qualifikationen – von Bedeutung für die erfolgreiche Übernahme einer Stelle, müssen diese bei einer Besetzung mit externen KandidatInnen erst aufgebaut werden. Externe Besetzung verhindert dagegen Betriebsblindheit und bringt neue Impulse, neues Know-how und gegebenenfalls Informationen über Konkurrenzunternehmen.

---

[36] D.h. ohne Veränderung der Anzahl der Beschäftigten.
[37] vgl. Berthel 2000, S. 163 ff.
[38] vgl. Breisig 2005, S. 152ff; vgl. Klimecki/Gmür 2005, S. 163ff.

Kosten und Geschwindigkeit der Stellenbesetzung: Die Kosten der Beschaffung und Einarbeitung können bei der internen Beschaffung von geeigneten KandidatInnen in der Regel als geringer eingeschätzt werden, da Qualifikationen und Potenziale vergleichsweise gut eingeschätzt werden können und auch ungeschriebene Regeln und Werte in der Organisation sind Internen bekannt und (vermutlich) auch akzeptiert. Muss eine Stelle unerwartet schnell nachbesetzt werden, kann dies oftmals intern rascher erfolgen, zieht allerdings eine ganze Reihe an Weiterbesetzungen anderer Stellen nach sich.

Motivationspotenzial: Werden vakante Stellen durch organisationsinterne MitarbeiterInnen besetzt, eröffnet dies Aufstiegschancen, erhöht die Bindung an das Unternehmen und setzt damit auch Anreize, knappe Aufstiegspositionen durch engagiertes Verhalten zu erreichen. Gleichzeitig kann Leistungsbereitschaft auch durch externe Konkurrenz gefördert werden und ein Beförderungsautomatismus verhindert werden. Auch die Etablierung und intensive Nutzung von Seilschaften zwecks Aufstiegs kann durch externe BewerberInnen reduziert werden.

Eine detaillierte Darstellung konkreter Vor- und Nachteile zwischen interner und externer Personalbeschaffung findet sich auch in der gängigen Übersicht von Klimecki/ Gmür 2005 (Auszugsweise in Abbildung 4).

Interne Personalbeschaffung	Externe Personalbeschaffung
Vorteile in Bezug auf Qualifikation	
– Betriebsspezifische Qualifikationen vorhanden – Unabhängigkeit von externem Angebot erforderlicher Qualifikationen – Einstiegsmöglichkeiten für Nachwuchsführungskräfte werden frei – Qualifikationen der internen BewerberInnen sind gut einschätzbar – Niedrigere Fluktuation, wenn interner Aufstieg möglich	– Neuartige, bisher nicht im Unternehmen verfügbare Qualifikationspotenziale – Neue Impulse durch neue MitarbeiterInnen – Chance zur Informationsgewinnung über KonkurrentInnen oder mögliche KooperationspartnerInnen – Anreiz zur Weiterqualifizierung für Beschäftigte, um mit Qualifikationen Externer mithalten zu können
Ökonomische Vorteile	
– Geringe Informations- und Beschaffungskosten – Geringere Zeitverluste durch schnellere Stellenbesetzungsmöglichkeit – Geringe Verhandlungs-, Einarbeitungs- und Fluktuationskosten – Erhaltung des betrieblichen Entgeltniveaus, da sich der/die interne BewerberIn am gegebenen Lohnniveau orientiert	– größere Auswahlmöglichkeiten – höhere Leistungsbereitschaft der Beschäftigten, da subjektiv eingeschätzte Arbeitsplatzsicherheit geringer ist – Personalentwicklungsaufwand wird als externe Vorleistung „miteingestellt" – Es wird kein weiterer Personalbedarf geschaffen

Vorteile in Bezug auf Motivation	
– Motivationspotenziale sind bereits bekannt – Eröffnung von Aufstiegschancen – Stärkere Bindung an das Unternehmen – Anreize durch offene Konkurrenz um „knappe" Aufstiegschancen	– Verhinderung von Beförderungs-automatismus und Seilschaftenbildun-gen – Dispositionsspielraum in der Altersstruktur mit lebensalterspezifi-schen Motivationen – Erhöhung der Leistungsbereitschaft durch externe Konkurrenz

Abb. 4: Interne und externe Personalbeschaffung im Vergleich
Quelle: in Anlehnung an Klimecki/Gmür 2005, S. 163

Die Besetzung von Führungspositionen erfolgt empirisch betrachtet häufig aus dem internen Beschaffungspotenzial – entsprechend der Strategie des „Knowledge Based Employment" werden diese Kräfte langfristig entwickelt und an das Unternehmen gebunden. In Österreich werden Führungspositionen mehrheitlich (56%) intern besetzt (Großbritannien rund 37%, in Dänemark rund ein Drittel und in den Niederlanden rund 27%).[39]

Unabhängig davon, ob nun eine vakante Stelle intern oder extern besetzt werden soll, muss sie potenziellen InteressentInnen zugänglich gemacht und diese müssen zur Bewerbung motiviert werden. Das sind die Aufgaben der Personalbeschaffung.

4. Wie wird gesucht? Methoden der Personalbeschaffung

Entscheidet sich ein Unternehmen für die Bedarfsdeckung mittels Personalbewegung, muss geklärt werden, wer für die Personalbeschaffung zuständig ist (Personalabteilung/Fachabteilung), an wen die Aufgabe gegebenenfalls delegiert wird (z.B. Arbeitsamt, Personalberatung) und welche Informationskanäle (z.B. Stelleninserat in der Zeitung, Jobbörse im Internet) gewählt werden. Welches Vorgehen als am zielführendsten einzustufen ist, hängt von Arbeitsmarktdaten[40] ebenso wie von internen Faktoren ab, jedenfalls sind zu beachten:

● Die Situation am Arbeitsmarkt bzw. in dem spezifischen Segment der zu besetzenden Stelle: Wie knapp ist das Arbeitskräfteangebot? Wo werden entsprechende Qualifikationen „produziert"?

● Die Bedeutung und die Art der zu besetzenden Positionen: Handelt es sich um Stellen, die zur Erbringung der Kernprozesse des Unternehmens erforderlich sind? Sind SpezialistInnen gefordert?

● Die Transparenz über die zu besetzenden Stellen: Handelt es sich um den Aufbau neuer Einheiten, die vor den Augen der Konkurrenz möglichst lange geschützt werden sollen? Handelt es sich um Parallelbesetzungen, die noch gar nicht bekannt gemacht

---

[39] Erten-Buch/Mayrhofer/Seebacher/Strunk 2006, S. 55
[40] vgl. Breisig 2005, S. 101

werden sollen? Wie weit kann und will das Unternehmen die eigene Identität offenbaren (anonymisierte Stellenanzeige)?

● Die regionale Differenzierung: Z.B. wird für eine ausländische Niederlassung gesucht? (geografische Nähe/Distanz des Arbeitsplatzes, Mobilität der Zielgruppen).

Die Qualität/Güte von Instrumenten zur Personalbeschaffung bestimmt sich dadurch, wie treffsicher das Medium die gewünschte Zielgruppe, also geeignete KandidatInnen erreicht und diese zur Bewerbung motiviert. Denn das Ziel ist es ja nicht, quantitativ möglichst viele Bewerberinnen und Bewerber anzusprechen, sondern insbesondere jene mit dem passenden Qualifikationsprofil und den entsprechenden Werthaltungen. Die **Grundquote**[41] beschreibt den Anteil der tatsächlich für eine Stelle geeigneten an der Gesamtzahl der Bewerbungen. Z.B. eine häufig realistische Grundquote von 20% ergibt sich bei einem Anteil von 100 tatsächlich geeigneten KandidatInnen bei einer Anzahl von 500 Bewerbungen.

$$\text{Grundquote} = \frac{\text{Anzahl der geeigneten BewerberInnen}}{\text{Anzahl der BewerberInnen}}$$

Es ist also durchaus erwünscht, mit Hilfe einer realistischen Beschreibung der vakanten Position (die auch problematische Aspekte umfassen kann) und des gewählten Informationskanals eine Selbstselektion unter den potenziellen BewerberInnen auszulösen. Gleichzeitig ist die an sich gewünschte Selbstselektion dann ein Problem für die Organisation, wenn sich prinzipiell geeignete BewerberInnen herausselektieren (= Adverse Selection), entweder durch fehlenden Zugang zu einem bestimmten Medium oder durch eine „falsche" Interpretation der dargebotenen Informationen.[42]

Das eigene Unternehmen am Arbeitsmarkt als attraktiven Arbeitgeber bekannt zu machen ist Ziel des „Employer Branding" bzw. des Personalmarketings. Diese Aktivitäten bereiten die Basis für die Personalbeschaffung. Für die konkrete Bekanntmachung und Personalsuche kommen sowohl bei interner wie externer Personalbeschaffung ähnliche Instrumente zum Einsatz. In der Folge wird nun in einem ersten Schritt auf Aktivitäten der ArbeitgeberInnen für die Markenbildung eingegangen und anschließend werden jene Beschaffungsmethoden dargestellt, die empirisch die größte Einsatzhäufigkeit aufweisen.

4.1 Employer Branding

In den 70er Jahren wurde unter dem Begriff „Personalmarketing" ein Konzept für eine kundenorientierte Ausrichtung der Personalmanagementaktivitäten entwickelt, mit dem Ziel, das eigene Unternehmen für Beschäftigte sowie potenzielle Arbeitskräfte des externen Arbeitsmarktes attraktiv zu machen. Kerninhalt von Personalmarketing ist „die Beziehungspflege, d.h. der Aufbau, Unterhalt, Ausbau und die Wiederherstellung von Beziehungen zu aktuellen, ehemaligen und zukünftigen"[43] MitarbeiterInnen und ist somit

---

[41] Kirbach/Montel/Oenning/Wottawa 2004, S. 32ff.
[42] vgl. Köhler/Jüde 2000, S. 153; Haunschild 2000, S. 316f.
[43] Bröckermann/Pepels 2002, S. 8

ein Instrument der Personalwerbung.[44] Das Konzept des „Employer Branding" stellt die gezielte Markenbildung als Arbeitgeberin in Abgrenzung gegenüber anderen Organisationen und zum Wettbewerbsvorteil auf stark umkämpften Segmenten des Arbeitsmarktes heraus.[45] Die Zielsetzung, das Unternehmen für Arbeitskräfte attraktiv zu machen, verfolgen beide, wenn auch einmal Aktivitäten stärker auf die Beziehungspflege (Personalmarketing) und einmal mehr auf die Herausbildung einer bekannten Marke gerichtet sind. Die Begrifflichkeiten werden daher in der Praxis auch synonym verwendet.

Das Image einer Organisation hat Auswirkungen auf die Personalbeschaffung. So zeigten Thurban und Cable (2003), dass die positive Reputation einer Organisation zu quantitativ mehr BewerberInnen führt.[46] Nachteilig dabei ist, dass sich neben den bestgeeigneten auch wenig geeignete KandidatInnen durch ein gutes Image zur Bewerbung motiviert fühlen und somit höhere Kosten entstehen. Reputation wird als ein Signal für Stelleneigenschaften gesehen und auch als Quelle für Stolz, ein Mitglied dieser Organisation zu sein, dafür würden viele sogar eine Gehaltseinbuße in Kauf nehmen. „Employer brand image offers a way for organizations to differentiate themselves among applicants, even when they cannot compete in terms of location or wages."[47]

Aktivitäten des Personalmarketing bestehen sowohl in der Schaffung und Optimierung als auch in der Kommunikation von Attraktivitätspotenzialen.[48] Zur Erreichung der Zielsetzung kommen folgende Gestaltungsmöglichkeiten in Frage:[49]

- Bedürfnisse und Vorlieben der relevanten Zielgruppe ansprechen,

- klar und möglichst konkret formulieren,

- verständliche und glaubhafte Informationen bereitstellen,

- Aufmerksamkeit und Interesse erregen.

Aktivitäten des Employer Branding richten sich auf spezifische Zielgruppen und können sich deutlich unterscheiden in den Medien, die etwa für eine gezielte Ansprache verwendet werden oder den Elementen, die für eine Differenzierung gegenüber anderen ArbeitgeberInnen verwendet werden. So bilden sich Generationsunterschiede etwa zwischen Gen X (Geburtsjahrgänge ab 1965) und Gen Y (Geburtsjahrgänge ab 1980) in der Mediennutzung, wie auch in deutlich verschiedenen Erwartungen an Berufstätigkeit ab. Gen Y ist geprägt durch Internet, Informationsüberfluss und „overzealous parents", die Suche von anspruchsvollen Positionen mit Flexibilitätsspielräumen und oftmals mit besserer Work-Life-Balance.[50]

---

[44] vgl. v. Eckardstein/Schnellinger 1975, S. 5; vgl. Wunderer/Dick, 2001, S. 114
[45] Schuhmacher/Geschwill 2009
[46] Reputation wurde durch die Platzierung in Rankings wichtiger Wirtschaftsmedien operationalisiert.
[47] Ployhart 2006, S. 873
[48] vgl. Olesch 2000, S. 285
[49] vgl. Haltmayer/Lueger 2002, S. 421
[50] vgl. Guthridge/Komm/Lawson 2008, S. 51

4.2 Instrumente des Informationstransfers zwischen Unternehmen und potenziellen BewerberInnen

Eine Organisation kann im Wesentlichen über zwei verschiedene Methoden potenzielle KandidatInnen aktiv für zu besetzende Stellen ansprechen:

● Direkt-Ansprache: mittels Stellenausschreibung in unterschiedlichen Medien, im Rahmen von Aktivitäten des Hochschulrecruiting und über soziale Netzwerke werden BewerberInnen direkt angesprochen.

● Vermittlung Dritter: Personalberatungen, Arbeitsvermittlung, Zeitarbeitsunternehmen werden vom Unternehmen eingeschalten, um den Personalbedarf zu decken.

4.2.1 Direkte Ansprache der BewerberInnen durch das Unternehmen

Eine Organisation kann auf der Suche nach potenziellen BewerberInnen direkt mit eigenen MitarbeiterInnen wie auch mit Personen vom externen Arbeitsmarkt Kontakt aufnehmen.

Für eine *interne* Ansprache von BewerberInnen kommen folgende Möglichkeiten in Betracht:

● Interne Stellenausschreibung (z.B. Intranet, Inserate in Firmenzeitungen und Newslettern)

● Direkte Kontaktaufnahme mit Personen, die ev. das Arbeitspensum erhöhen könnten (z.B. Teilzeitbeschäftigte, PraktikantInnen)

● Direkte Ansprache geeigneter MitarbeiterInnen im Rahmen von Karrieregesprächen

● Rückkehrangebote für MitarbeiterInnen, die zwischenzeitlich das Unternehmen verlassen haben (z.B. Frauen/Männer nach Karenz, Wehr- und Zivildienstleistende)

Die Ansprache an BewerberInnen vom *externen* Arbeitsmarkt erfolgt über Stellenanzeigen, durch die Kontaktaufnahme etwa über Hochschulmessen, über soziale Netzwerke oder durch staatliche und private Arbeitsvermittlungseinrichtungen. In der Folge wird auf die verschiedenen Möglichkeiten zur Ansprache potenzieller KandidatInnen des externen Arbeitsmarktes fokussiert.

4.2.1.1 Stellenanzeigen

Das Schalten von Stellenanzeigen in Tageszeitungen, Fachzeitschriften, in elektronischer Form auf der Homepage oder in Jobbörsen zählt zu den am häufigsten eingesetzten Personalbeschaffungsmethoden. Die Entscheidung darüber, in welchem Medium das Inserat geschaltet werden soll, muss zielgruppenadäquat getroffen werden. Überregionale Tages- und Wochenzeitungen wie die „Die Zeit", „Die Süddeutsche" (D) oder „ Der Standard", „Die Presse" (Ö) sprechen in der Regel höherqualifizierte und meist auch mobilere Zielgruppen an als Einschaltungen in regionalen Zeitungen. Fachzeitschriften eignen sich aufgrund des Zielpublikums insbesondere für die Suche nach einschlägigen Fachkräften mit Spezialkenntnissen.[51] Inserate in Hochschulmagazinen wenden sich direkt an Student-

---

[51] Nikolai 2006, S. 51

Innen bestimmter Fachrichtungen und eignen sich für die Suche nach AbsolventInnen und ErsteinsteigerInnen am Arbeitsmarkt. Neben den Printmedien gibt es vielfältige Möglichkeiten, Inserate „zu posten". Das kann die eigene Unternehmenshomepage[52] sein (oftmals unter dem Link „Karriere" zu finden) oder aber auch Stellenaushänge im Kassenbereich „am Schwarzen Brett", wenn es sich um Unternehmen mit hoher Kundenfrequenz handelt (z.B. im Lebensmitteleinzelhandel).[53]

Von der Art der Stellenanzeige kann zwischen offenen Stellenanzeigen, Chiffre-Anzeigen und Inseraten durch Personalberatungen unterschieden werden:

- *Offene Anzeigen* enthüllen die Identität des suchenden Unternehmens. Das hat einerseits eine positive Wirkung für die potenziellen BewerberInnen, da ein gezieltes Vorgehen ermöglicht wird, und gleichzeitig ruft es in der Regel positive Assoziationen zum Unternehmen hervor, wenn Personal gesucht wird. Nachteilig kann es wirken, wenn die Anzeige aufgrund des hohen Renommees des Unternehmens viele Bewerbungen anlockt, die aber möglicherweise qualitativ nicht entsprechen.

- *Chiffre-Anzeigen* hingegen lassen die suchende Organisation nicht erkennen und werden dann gewählt, wenn etwa die zu besetzende Stelle noch gar nicht vakant ist oder wenn größere Veränderungen oder Umstrukturierungen im Unternehmen nicht bekannt gemacht werden sollen. Nachteilig wirkt sich dabei aus, dass qualifizierte Bewerbungen oftmals nicht auf anonymisierte Anzeigen erfolgen, da man nicht weiß, wem man durch die Bewerbung die Absicht offenbart, dass man an einem Stellenwechsel interessiert ist. Die Möglichkeit des Sperrvermerks soll vermeiden, dass die Unterlagen etwa an das eigene Unternehmen weitergegeben werden.

- Die Nachteile der Chiffre-Anzeige können durch ein Schalten von Stellenausschreibungen über eine *Personalberatung* verhindert werden (siehe dazu Kapitel Personalberatungen).

4.2.1.2 Kontaktaufnahme über Bildungseinrichtungen

Akademische Nachwuchskräfte werden von Unternehmen zunehmend über direkte Ansprache in den Bildungsinstitutionen (z.B. im Rahmen von Hochschulmessen) rekrutiert.[54] Insbesondere die Möglichkeit, potenziell interessante BewerberInnen intensiver und somit im Arbeitsverhalten konkreter einschätzen zu können (z.B. über Diplomarbeitsbetreuungen oder Projektseminare), relativ geringe Kosten und Streuverluste durch die eingegrenzte Zielgruppe führen zu stärkeren Aktivitäten in diesem Bereich.[55] Von Seiten der Bildungseinrichtungen gewinnen aufgrund des zunehmenden Wettbewerbes um Studierende der Aufbau und die Zusammenarbeit mit Unternehmen an Attraktivität. Beispiele dafür sind die Veranstaltung von Firmenmessen oder auch der Aufbau eigener Einrichtungen an der Schnittstelle zwischen Universität und Arbeitsmarkt (beispielsweise „Zentrum für Berufsplanung" an der Wirtschaftsuniversität Wien).[56]

---

[52]   siehe dazu Kapitel E-Recruiting
[53]   vgl. Haltmayer/Lueger 2002, S. 415
[54]   Manchmal auch als Hochschul- bzw. „College Recruiting" bezeichnet (z.B. Nicolai 2006, S. 47).
[55]   vgl. Klimecki/Gmür 2005, S. 168
[56]   vgl. Moser/Zempel 2001, S. 76

4.2.1.3 Kontaktaufnahme über soziale Netzwerke

Die Verbreitung und Etablierung internetgestützter sozialer Foren (z.B. Facebook, Xing) ermöglichen den einfachen und raschen Austausch von Informationen. Facebook wurde als Kontaktmöglichkeit für CollegestudentInnen entwickelt und ist nun als Kommunikationsforum etabliert, „it has become a standard in the businessworld […] recruiters regularly surf its online pages and read about potential candidates, and many profiles there tend to be more professional than on that Wild West of online profile sites, MySpace."[57]. Alternativen dazu im deutschsprachigen Raum sind LinkedIn und Xing, die die Möglichkeit geben, sich zu präsentieren und ein spezifisches Image aufzubauen. Suchenden Organisationen bietet sich die Möglichkeit, potenzielle KandidatInnen zu finden und mehr über diese zu erfahren.[58] „About 75 % of employer admit to using Google to do background research on candidates".[59] Mit der zunehmenden Verwendung internetgestützter Kommunikationsforen (z.B. Xing) wird diese Form der Personalbeschaffung noch an Bedeutung gewinnen.[60]

Die klassische Form ist die Nutzung des sozialen Netzwerkes der Belegschaftsmitglieder, entsprechend qualifizierte Personen in ihrer sozialen Umgebung anzusprechen („Mundpropaganda"). Die Empfehlung durch vertrauenswürdige Personen innerhalb eines sozialen Netzwerkes ist eine sehr gebräuchliche und kostengünstige Form, um geeignete Zielgruppen anzusprechen. Darüber hinaus ist die Personalwerbung über soziale Netzwerke auch eine qualitativ hochwertige Form der Personalbeschaffung im Sinne einer hohen Grundquote, da insbesondere MitarbeiterInnen des Unternehmens zum einen über sehr gute Kenntnisse des Unternehmens und der zu besetzenden Stelle verfügen – aber auch Informationen über jene Person besitzen, die sie auf eine Stelle aufmerksam machen.

4.2.2 Vermittlung von Arbeit

Personalbeschaffung über Vermittlung Dritter umfasst die Möglichkeit, Arbeitsämter oder Personalberatungen in die Beschaffungsaktivitäten einzuschalten oder Personal zu leasen.

4.2.2.1 Vermittlung durch Arbeitsämter

Arbeitsämter sind staatlich organisierte Vermittlungsstellen zwischen Arbeitsangebot und Nachfrage nach Arbeitsplätzen, die viele Jahre eine Monopolstellung in diesem Aufgabenbereich innehatten.[61] In Deutschland ist dies die Bundesanstalt für Arbeit, in Österreich das Arbeitsmarktservice, mit den jeweils auf Bundes-bzw. Landesebene differenzierten

---

[57] Millard 2008, S. 15
[58] Eine große Österreichische Tageszeitung titelte in der Karrierebeilage „Wer sind Sie im Internet? Personalisten googeln Bewerber: Der Ruf im Web wird zum Karrierefaktor", Kurier, 26. Juli 2008, S. 1.
[59] Millard 2008, S. 15
[60] Millard 2008; Kirbach/Montel/Oenning/Wottawa 2004; vgl. Beitrag von Heinrich/Schmidt „Kommunikation" in diesem Band
[61] Abschaffung des Vermittlungsmonopols der Bundesanstalt für Arbeit (D) im Jahr 1994 (Knoblauch 2002, S. 61).

Servicestellen. Sie stellen ihre Leistungen für Arbeitssuchende und Unternehmen unentgeltlich zur Verfügung, wobei der Hauptanteil der vermittelten Stellen auf einem mittleren und unteren Qualifikationslevel erfolgt. Fachvermittlungsstellen und die Zentralstelle für Arbeitsvermittlung (ZAV) in Frankfurt sowie das Akademikerservice in Österreich vermitteln hochqualifizierte Fach- und Führungskräfte. Das Serviceangebot für Unternehmen im Bereich Personalauswahl und Weiterbildung wurde im Zuge der aktiven Arbeitsmarktpolitik deutlich erweitert.

4.2.2.2 Vermittlung durch Personalberatungen

Erwerbswirtschaftliche Unternehmen, die im Bereich der Beratung von Personalagenden tätig werden, unterstützen Betriebe auch bei der Suche und Auswahl von Personal. Sie unterstützen Organisationen bei der Erstellung der Anforderungsprofile und Reflexion der gesuchten Zielgruppen, führen die Suche nach geeigneten BewerberInnen durch (gestalten Anzeigentexte, platzieren Inserate) oder sprechen potenzielle InteressentInnen direkt an. Sie übernehmen die Vorauswahl der BewerberInnen aufgrund der Analyse von Unterlagen, Tests und Gesprächen, die Endauswahl erfolgt durch die suchende Organisation. Die Leistung kann auch die Beratung bei der Gestaltung des Arbeitsvertrages umfassen.

Die Haupteinsatzgebiete für Personalberatungen sind die Vermittlung von Arbeitskräften auf einem mittel- bis hochqualifizierten Qualifikationslevel und die Besetzung von Führungspositionen. Die Direktansprache von SpezialistInnen und Führungskräften – „Head hunting" (executive search), also die Abwerbung hochrangiger Arbeitskräfte von anderen Unternehmen – ist ein wichtiges Geschäftsfeld von Personalberatungen.[62] Die Kosten für die Aktivitäten von Personalberatungen orientieren sich an der Höhe des Bruttojahresgehalts der vermittelten Arbeitskräfte und sind zwischen 25% und 30% dieses Gehalts angesiedelt.[63]

4.2.2.3 Vermittlung durch Zeitarbeitsunternehmen bzw. Personalleasing

Beschäftigte von Personalleasing-Unternehmen („Zeitarbeitsfirmen") zu leasen ist eine Möglichkeit, um den Personalbedarf auf flexibler Basis und meist auch kurzfristig zu decken. Dabei ist die Personalleasingfirma (= Verleiher) ein selbstständiges Unternehmen, das MitarbeiterInnen (= Leiharbeitnehmer) beschäftigt, die von einem anderen Unternehmen (= Entleiher) für einen bestimmten oder unbestimmten Zeitraum eingesetzt werden. Die Personalleasingfirma geht mit den Leiharbeitskräften den Dienstvertrag ein, hat das volle Weisungsrecht, schuldet der Arbeitskraft auch den Nettolohn und führt Steuern und Sozialabgaben an den Staat ab. Zwischen den beiden Unternehmen wird ein sog. Arbeitnehmerüberlassungsvertrag abgeschlossen, das leasende Unternehmen bezahlt eine Leihgebühr, die sich aus den Lohnkosten und dem Zuschlag/Gewinn des Leasingunternehmens zusammensetzt und erhält im Gegenzug das Recht, der Leiharbeitskraft Arbeitsanweisungen zu erteilen.[64]

---

[62] Milkovich/Boudreau 1997, S. 204
[63] Mehrmann 1999, S. 48; Meifert 2008, S. 271
[64] vgl. Berthel/Becker 2007, S. 252

Die Vorteile von Personalleasing liegen in der hohen zeitlichen Flexibilität. Häufig entsteht Bedarf aufgrund plötzlich auftretender Vakanzen durch Krankheit/Kündigung oder auch zur befristet erforderlichen Aufstockung des Personals (z.B. Urlaubsvertretung; Fachkräfte zur Abwicklung von Projekten). Darüber hinaus kann das eigene Arbeitskräftepotenzial durch externe SpezialistInnen ergänzt werden und das Unternehmen braucht keine eigenen Personalreserven zu halten.[65]

Zusammenfassend ist festzustellen, dass je nach untersuchtem Arbeitskräftesegment Schwerpunkte in der Verwendung der Instrumente der Personalbeschaffung feststellbar sind. In Österreich zeigte sich im Zeitraum 2003/2004 folgende Verteilung:[66]

Die **Stellenausschreibung** ist in der Gruppe der technischen und kaufmännischen Angestellten mit Universitätsabschluss (und Fachhochschulabschluss) am stärksten vertreten, so werden rund 58% der offenen Posten über Inserate besetzt. Verwaltungsangestellte werden zu rund 48% und FacharbeiterInnen in der Produktion zu rund 40% durch Stellenausschreibungen gefunden. Bei Führungskräften sind dies deutlich weniger, nämlich rund 18%. Die Unterstützung durch eine **Personalberatung** wird vor allem bei höher qualifizierten Positionen gesucht, so wurden rund ein Viertel der Führungskräftepositionen und rund 9% der Positionen der Gruppe der technischen und kaufmännischen Angestellten mit Universitätsabschluss mit ihrer Hilfe besetzt. In den anderen Segmenten spielen Personalberatungen keine relevante Rolle. **Persönliche Empfehlungen** (Mundpropaganda) sind insbesondere für Fachkräfte im Produktionsbereich wichtig (rund ein Viertel der Positionen). **Jobbörsen** im **Internet** von gewerblichen Anbietern spielten 2003/04 eine vergleichsweise geringe Rolle (rund 5% jeweils auf dem Universitätslevel und bei kaufmännischen Fachkräften). Bewerbungen über die **Homepage** von Unternehmen erfolgten zu rund 15% aller besetzten Stellen. Rund 6% der Stellen für Angestellte mit Universitätsabschluss werden über Direktansprache in der Bildungseinrichtung besetzt.

5. Wie wählt das Unternehmen die/den Richtige/n? Methoden der Personalauswahl

Aktivitäten des Employer Branding, Personalmarketing und die Nutzung unterschiedlicher Medien legen die Grundlage dafür, dass vakante Stellen in einem Unternehmen erfolgreich kommuniziert werden können und sich potenzielle Arbeitskräfte zu einer Bewerbung entschließen. Aus diesem Pool an Bewerbungen gilt es jene, die dem Anforderungsprofil einer Stelle am ehesten zu entsprechen scheinen, herauszufiltern. Zu diesem Zweck werden unterschiedliche Methoden zur Diagnose und Einschätzung von Qualifikationen und zukünftigem Arbeitsverhalten herangezogen. Diesen Prozess der Selektion nennt man Personalauswahl.

Wird eine systematische Zusammenstellung der Soll-Qualifikationen für eine vakante Stelle zu einem Anforderungsprofil verdichtet, z.B. in Form verhaltensorientierter Skalen, können daraus die Beurteilungsdimensionen für potenzielle BewerberInnen abgeleitet werden. Das ermöglicht eine individuelle Bewertung und gewährleistet gleichzeitig die Vergleichbarkeit der BewerberInnen. In der Praxis werden aber oftmals keine Anforde-

---

[65] vgl. Berthel/Becker 2007, S. 253
[66] vgl. Erten-Buch et al. 2006, S. 54–58

rungsprofile erstellt und wenig systematische Aufzeichnungen der Bewerberqualifikationen geführt. Betrachtet man die Probleme und die Kosten, die mit der Fehlbesetzung einer Stelle verbunden sind, ist diese Vorgangsweise in vielen Organisationen kaum verständlich. „Wozu professionelles Recruiting – jeder hat doch Menschenkenntnis!"[67] Darauf kann nur geantwortet werden, dass, je systematischer die Vorgangsweise ist, desto höher die Vergleichbarkeit der BewerberInnen und somit die Erfolgswahrscheinlichkeit von Personalauswahlentscheidungen einzuschätzen ist. Denn Fehlerquellen in der eigenen Wahrnehmung und der Rückgriff auf Stereotypisierungen (z.B. Frau mit Kindern ist weniger geeignet als Mann mit Kindern)[68] erschweren es, die objektiv am besten geeigneten BewerberInnen zu entdecken. Die Qualifikationsprofile dienen dann zusammen mit den sonstigen im Zuge des Auswahlprozesses gewonnenen Informationen über die KandidatInnen als Grundlage für die Auswahlentscheidung.

Damit Personalauswahlverfahren eine Trennung zwischen geeigneten und nicht geeigneten BewerberInnen liefern können, müssen Gütekriterien erfüllt sein: Validität, Reliabilität und Objektivität.[69]

- Die Validität (Gültigkeit) eines Verfahrens bezeichnet den materiellen Aspekt der Genauigkeit einer Messung. Diese ist dann gegeben, wenn das, was erhoben wird, auch intendiertes Ziel des Verfahrens ist; geprüft wird durch die Validität, ob ein Schluss vom Messergebnis auf die Ausprägung der Zielvariablen zulässig ist. Als Beispiele: Misst ein bestimmtes Auswahlverfahren auch den zukünftigen Berufserfolg? Misst der Intelligenztest nur Intelligenz oder auch andere Faktoren (wie z.B. Umgang mit Prüfungsstress, Belastbarkeit)?

- Reliabilität (Zuverlässigkeit) bezieht sich auf die formale Genauigkeit, mit der ein Verfahren Merkmalsdimensionen erfasst – unabhängig davon, ob es sich um die „richtigen" Variablen handelt. Es gibt unterschiedliche Methoden, wie Reliabilität eines Verfahrens gemessen werden kann: Es kann die interne Konsistenz von Merkmalen (Konsistenzanalyse) erfasst werden, d.h. je stärker die einzelnen Items korrelieren, desto höher ist die Reliabilität. Wird die Stabilität der Messwerte erfasst, kann dies durch Retest oder Paralleltest erfolgen, d.h. eine Messung gilt dann als reliabel, wenn Wiederholungen unter gleichen Bedingungen auch ähnliche Ergebnisse liefern. Im Zuge der Personalauswahl ist die Wiederholbarkeit aufgrund von Lerneffekten, der Kenntnis von Übungen beschränkt und daher ist insbesondere auf die interne Konsistenz von Merkmalsausprägungen abzustellen.

- Objektivität ist zu differenzieren nach Objektivität in der Datengewinnung, Auswertung und Interpretation. Objektiv ist ein Verfahren dann, wenn das Ergebnis nicht durch die durchführende oder auswertende Person beeinflusst ist, wenn z.B. verschiedene InterviewerInnen zum gleichen Ergebnis kommen (= intersubjektive Überprüfbarkeit).

Die **prognostische Validität** wird zum Vergleich unterschiedlicher Personalauswahlverfahren herangezogen (vgl. Abbildung 5). Verfahren mit höherer Validität sind Probezeit,

---

[67] Kirbach/Montel/Oenning/Wottawa 2004, S. 19
[68] siehe dazu auch den Beitrag von Elšik „Personalbeurteilung" in diesem Band
[69] vgl. Schuler 2004, S. 43ff.; Becker M. 2005, S. 57

strukturiertes Interview, Assessment Center und Leistungstest. Die Vorhersagekraft von Verfahren kann für unterschiedliche Zielgruppen verschieden sein. Z.B. haben Schulnoten bei SchulabgängerInnen eine höhere prognostische Validität für den Erfolg als bei Personen, die schon länger im Berufsleben stehen. **Inkrementelle Validität** bezeichnet den Validitätszuwachs durch Hinzunahme eines zweiten Prädikators, in diesem Fall eines zweiten Personalauswahlverfahrens.

Personalauswahlverfahren mit	
geringerer prognostischer Validität	**höherer prognostischer Validität**
Bewerbungsunterlagen (0,14)	Intelligenztest (0,27–0,61)
Unstrukturiertes Interview (0,14)	Strukturiertes Interview (0,40)
Schulnoten (0,15)	Probezeit (0,44)
Persönlichkeitstests (0,15)	Leistungstest (0,45)
Arbeitszeugnisse und Referenzen (0,26)	Assessment Center (0,45)

Abb. 5: Einteilung der Auswahlverfahren nach ihrer prognostischen Validität
Quelle: vgl. Schuler 2000, S. 165ff.

Durch die Kombination verschiedener Verfahren kann eine deutlich höhere Validität erreicht werden. Schmitt/Hunter (2000) haben in einer Metaanalyse für die Kombination aus Intelligenztest und strukturiertem Interview einen Validitätswert von R = 0.65 errechnet, die Kombination Arbeitsprobe und Intelligenztest erreichen R = 0.60.

Den Anteil der „richtigen" BewerberInnen, also der „Guten unter den Akzeptierten", bezeichnet man auch als „**Trefferquote**".[70] Die Höhe dieser Quote hängt aus Sicht der Organisation von folgenden Faktoren ab:

- Dem gewählten Auswahlverfahren und dessen Validitätswert.

- Der Grundquote, die angibt, wie hoch der Anteil an geeigneten BewerberInnen ist (siehe Kapitel Personalbeschaffung).

- Der Selektionsquote, die den Prozentsatz der tatsächlich ausgewählten BewerberInnen angibt.

Die Trefferquote kann durch eine professionelle Gestaltung des Recruitingprozesses deutlich gesteigert werden. Wie ist das möglich? Geht man von einer durchaus im realistischen Bereich liegenden Grundquote (20%) und Selektionsquote (10%) aus, erreicht man mit einer Kombination von Auswahlverfahren mit hohem Validitätswert (0.60) eine Trefferquote von 60%.[71] D. h. also, dass unter den ausgewählten BewerberInnen knapp mehr als jede zweite Person auch tatsächlich eine gute Wahl für den vakanten Arbeitsplatz ist.

---

[70] Kirbach/Montel/Oenning/Wottawa 2004, S. 32

[71] Die Trefferquoten basieren auf den Taylor-Russel-Tafeln, diese dienen in der psychologischen Diagnostik dazu, die Erfolgsrate eines Selektionsinstrumentes in Abhängigkeit von der Validität, der Selektionsrate und der Basisrate zu bestimmen. Die Taylor-Russel-Tafeln geben den Anteil der Geeigneten unter den Ausgewählten für gegebene Grund- und Selektionsraten sowie Testvaliditäten an.

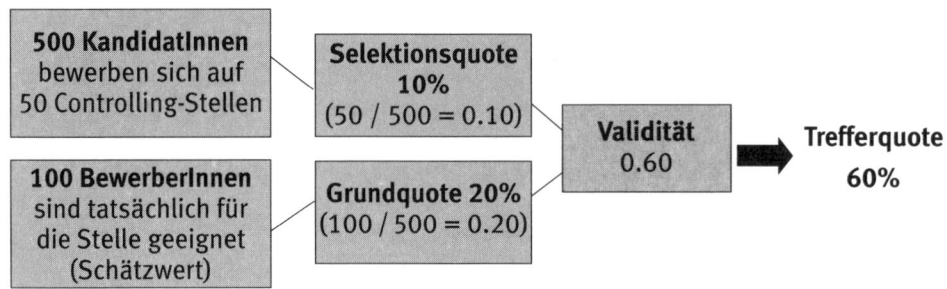

Abb. 6: Trefferquote bei durchschnittlichen Grund- und Selektionsquoten[72]

Verändert nun die Organisation den Recruitingprozess und setzt sowohl stärker auf eine Erhöhung der BewerberInnenanzahl (damit sinkt die Selektionsquote 5%) und steigert durch ein zielgruppenspezifisches und anforderungsbezogenes Personalmarketing die Grundquote auf 50%, kann bei gleichbleibender Validität der Auswahlverfahren die Trefferquote deutlich erhöht werden (vgl. Abbildung 7).

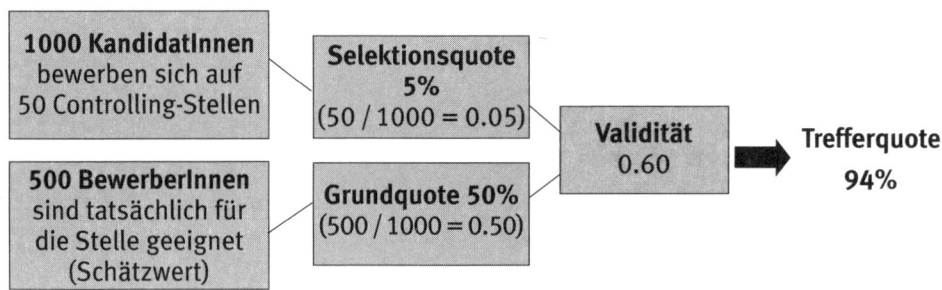

Abb. 7: Steigerung der Trefferquote durch verringerte Selektionsquote und erhöhte Grundquote[73]

Bei der Gestaltung des Auswahlprozesses ist auch immer darauf zu achten, dass eine für die BewerberInnen akzeptable soziale Situation gewährleistet ist. Denn für BewerberInnen sind Personalauswahlverfahren häufig mit Leistungsdruck und subjektiver Belastung verbunden. Generell zeigt sich, dass KandidatInnen Auswahlprozesse, die sie als konsistent und auf die Stelle bezogen wahrnehmen, besser einstufen.[74] Fairness der Verfahren, realistische Informationen, Offenlegung einzelner Verfahrensschritte, die Form der Rückmeldung über die Gründe für die Entscheidung sind Vorschläge, die unter dem Begriff „soziale Validität" zusammengefasst werden.[75]

In der Folge werden die in der Praxis am häufigsten verwendeten Methoden der Personalauswahl erläutert. Es handelt sich dabei um die Analyse von Bewerbungsunterlagen, das Auswahlinterview, Tests und Assessment Center. Anschließend wird auf neuere Ent-

---

[72] In Anlehnung an Kirbach/Montel/Oenning/Wottawa 2004, S. 32
[73] In Anlehnung an Kirbach/Montel/Oenning/Wottawa 2004, S. 36
[74] vgl. Polyhart 2006, S. 874
[75] vgl. Haltmayer/Lueger 2002, S. 443; „face validity" Polyhart 2006, S. 874

wicklungen im Bereich E-Recruiting und Entwicklung einer Industrienorm zur Personalauswahl eingegangen.[76]

5.1 Bewerbungsunterlagen

Bewerbungsunterlagen sind Grundlage de facto aller Personalauswahlentscheidungen, denn sie ermöglichen eine erste Vorselektion anhand der Selbstdarstellung, von Ausbildung und beruflicher Erfahrung. Damit Bewerbungsunterlagen eine gehaltvolle Grundlage zur Entscheidung bieten, ist aber auch hier erforderlich, ausgehend vom Anforderungsprofil einer Stelle, konkret festzulegen, welche Kriterien zur Bewertung herangezogen werden, welche davon in welchem Ausmaß erfüllt sein müssen (Festlegung von Cut-Off-Kriterien) und dass diese durchgehend für alle Bewerbungsmappen gelten. Dies erfolgt z.b. anhand eines Protokollbogens. Die klassische Bewerbungsmappe besteht üblicherweise aus vier Komponenten:[77]

- der Bewerbungsmappe und dem Lichtbild,
- einem Anschreiben (gibt Auskunft über die Motivation zur Bewerbung),
- dem Lebenslauf (Eckpfeiler der Ausbildung und Lebenssituation) sowie
- Schul- und Arbeitszeugnissen (schulische Abschlüsse und frühere berufliche Erfahrungen).

Die Mappe und das Lichtbild sind rein visuelle Informationen, die vor allem einen ästhetischen Eindruck vermitteln, doch gerade dadurch wird – bewusst oder auch unbewusst – auf Eigenschaften von BewerberInnen rückgeschlossen. Eine qualitativ nicht so hochwertige oder eher nachlässig zusammengestellte Mappe wird in der Praxis häufig mit einem mangelnden Interesse an einer Stelle verknüpft. Es zeigt sich außerdem, dass attraktivere BewerberInnen positiver in Bezug auf die Eignung eingeschätzt werden.[78] Um diese Fehlerquellen zu vermeiden, entfernen manche Organisationen Mappe und Fotos vor der Weitergabe zu den EntscheidungsträgerInnen. Für bestimmte Berufe können diese Unterlagen auch als eine Art Arbeitsprobe interpretiert werden (z.B. GrafikerInnen, FotografInnen), dann sollte aber auch festgelegt sein, welche Kriterien beurteilt werden.

Im *Anschreiben* wird die Motivation für eine Stelle formuliert, gleichzeitig erlaubt es eine Bewertung des Umgangs mit Sprache (Fehler, Ausdruck, Fremdwörter etc.). Da Urheberschaft und Wahrheitsgehalt nicht eingeschätzt werden können, muss hier auf die Verknüpfung von Fakten aus den anderen Bestandteilen der Bewerbung[79] zurückgegriffen werden. Manche Unternehmen nehmen Anschreiben aufgrund dieser Probleme insgesamt aus der Bewertung heraus.

---

[76] vgl. Oechsler 2000, S. 244ff.; Schneider 1995, S. 84 ff.; Schuler 2006, S. 101–229; Schuler/Hell/Trapmann/Schaar/Boramir 2007, S. 66

[77] vgl. Kanning 2008, S. 94ff.

[78] In einem Experiment wurden identische Bewerbungsunterlagen – die sich lediglich hinsichtlich des Fotos unterschieden – zur Bewertung der Eignung vorgelegt. Dabei zeigte sich, dass attraktive BewerberInnen auch positiver eingeschätzt wurden (vgl. Marlowe/Schneider/Nelson 1996 zit. in Kanning 2008, S. 95).

[79] z.B. auch Recherche im Internet

Der *Lebenslauf* gibt Auskunft über Eckpfeiler des beruflichen wie privaten Werdegangs und ist einer der zentralen Komponenten der Bewerbungsunterlagen. Indikatoren wie „Lücken" im Lebenslauf, Dauer der Berufserfahrung, Familienstand etc. werden in Beziehung zur Eignung der BewerberInnen gesetzt. Die Bewertung einzelner Elemente des Lebenslaufs kann einerseits sehr unterschiedlich erfolgen (Besuch einer Eliteschule: BewerberIn ist besonders begabt versus Eltern zahlen für den Abschluss), andererseits geben einzelne Elemente nur sehr bedingt Auskunft über die Eignung für eine bestimmte Position. Bei der Bewertung des Lebenslaufes besteht die Gefahr von systematischen Verzerrungen (Ähnlichkeitsfehler, Überstrahlungseffekte).[80] Daher sollte der Lebenslauf auf Übereinstimmungen zwischen Berufserfahrung und Arbeitszeugnissen, Auslandsaufenthalten und Sprachkenntnissen etc., aber auch Widersprüche hin analysiert werden. Insbesondere sollten Personen, die mit der Bewertung der Unterlagen beauftragt sind, auch die eigenen Grundannahmen (z.B. mehr Berufserfahrung = besser geeignet; hohes Lebensalter = wenig flexibel)[81] und Deutungsmuster im Vorfeld reflektieren.

Schulzeugnisse dokumentieren die erreichten Leistungen im Bildungssystem. Die Noten hängen aber nur teilweise direkt vom Leistungsverhalten der SchülerInnen ab, denn je nach Schule und Lehrperson variieren Leistungsnormen. Dennoch ist die Aussagekraft von Schulnoten für BerufseinsteigerInnen von Relevanz bei der Auswahlentscheidung, mit zunehmender Berufserfahrung sinkt deren Bedeutung.

Arbeitszeugnisse dokumentieren die bisherigen beruflichen Leistungen der BewerberInnen. ArbeitgeberInnen sind verpflichtet, Arbeitszeugnisse auszustellen und darin eine Beschreibung der Tätigkeit mit ihren Aufgaben und Verantwortungen sowie eine Beurteilung des Leistungsverhaltens bei der Ausübung der Tätigkeit vorzunehmen. Gleichzeitig dürfen Arbeitszeugnisse aus arbeitsrechtlichen Gründen keine negativen Aussagen enthalten. Die Aussagen zur Leistung sind daher vorsichtig zu interpretieren. Eine anhaltende Debatte – auch zwischen den Personalverantwortlichen – herrscht darüber, ob es nun eine „Geheimsprache" beim Verfassen und Interpretieren von Arbeitszeugnissen gibt oder nicht.[82]

Da im Zuge der Bewertung von Bewerbungsunterlagen ohnehin ein einheitlicher Protokollbogen erstellt werden sollte, verzichten manche Unternehmen auf eine Bewerbungsmappe und verwenden unternehmensspezifische Personalfragebögen bzw. Bewerbungsformulare.

5.2 Auswahlinterview

Das Auswahlinterview (Vorstellungsgespräch, Einstellungsinterview) ist Standard in der Personalauswahl. Das Interview-Panel (Interview mit mehreren InterviewerInnen) ist die am häufigsten eingesetzte Methode zur Führungskräfteauswahl in europäischen Ländern (rund 88% in Dänemark, 78% in den Niederlanden und Großbritannien, 62,5% in Öster-

---

[80] siehe dazu den Beitrag von Elšik „Leistungsbeurteilung" in diesem Band
[81] Auch dazu liegen interessante Experimente vor. In einem Bewerbungszyklus wurden die Altersangaben aus den Lebensläufen genommen, was nach Einschätzung der EntscheidungsträgerInnen zu deutlich unterschiedlichen Auswahlergebnissen geführt hat (Beisheim 2008).
[82] Ausführlich zu dieser Problematik: Huesmann 2008.

reich), wobei in Österreich auch das Einzelinterview (Interview mit einer InterviewerIn) vergleichsweise stark vertreten ist (knapp 56%).[83]

Im persönlichen Gespräch werden die Vorstellungen der Bewerberinnen und Bewerber über die zukünftigen Aufgaben und ihre bisherigen Erfahrungen erhoben und in Beziehung zu den Anforderungen des Arbeitsplatzes gesetzt. Dabei kann auch eine grobe Einschätzung der Motivation für die Tätigkeit und der vorhandenen Schlüsselqualifikationen (verbale Ausdrucksfähigkeit, Auftreten) gewonnen werden. Grundsätzlich kann zwischen *nichtstandardisierter* Gesprächsführung (Themen und Fragen ergeben sich frei im Gespräch), *halbstandardisierter* Vorgangsweise (Fragenkatalog vorhanden, Zusatzfragen möglich) und *standardisierter* Form (alle Fragen sind im Wortlaut und in der Reihenfolge vorgegeben) unterschieden werden. Je stärker vorformuliert und je systematischer die Fragen auf das Anforderungsprofil bezogen sind, desto geringer ist die Anfälligkeit für Fehlinterpretationen und Wahrnehmungsverzerrungen und umso besser ist die Vergleichbarkeit der KandidatInnen. Damit gehen tendenziell auch bessere Ergebnisse in Bezug auf die Gültigkeit und Zuverlässigkeit der Einstellungsentscheidung einher (prognostische Validität des standardisierten Interviews liegt bei 0.40).

Die Grobstruktur für einen Gesprächsverlauf besteht aus Kontaktphase, Interviewphase, Motivationsphase und Diskussionsphase.[84]

➤ In der **Kontaktphase** (ca. 5 bis 10 Minuten) wird eine entspannte Atmosphäre hergestellt, unter anderem mit „Anwärmfragen" (z.B. Wie war die Anreise?).

➤ In der **Interviewphase** wird das Ziel verfolgt, möglichst viele Informationen von den BewerberInnen einzuholen; entsprechend lang sollte diese Sequenz dauern (ca. 20 bis 60 Minuten) und die Redezeit verteilt sein (InterviewerIn fragt! BewerberIn antwortet! Viele InterviewerInnen machen den Fehler, selbst einen Großteil der Redezeit zu beanspruchen.) Die Inhalte der Fragen sollten dabei an konkreten realen und/oder fiktiven Situationen orientiert sein, damit tatsächliches und/oder potenzielles Verhalten der BewerberInnen sichtbar wird.[85] Durch situative Fragen sind der Zusammenhang und die wechselseitige Einflussnahme von Verhalten und Situation einschätzbar (z.B. In welchen Tätigkeiten waren Sie besonders erfolgreich und worauf führen Sie diesen Erfolg zurück?).

➤ Kommt die interviewende Person zur Einschätzung, dass ihr Gegenüber grundsätzlich geeignet scheint, folgt die **Motivationsphase**. Dabei geht es um die Darstellung des Tätigkeitsbereiches bzw. Arbeitsplatzes, der Leitideen und Zielsetzungen der Organisation und ihrer Leistungen für die Mitglieder. InterviewerInnen neigen manchmal auch dazu, die Inhalte der Motivations- vor die Interviewphase zu legen, was insofern problematisch sein kann, da sich die BewerberInnen dann in ihrer Selbstdarstellung den vorher dargelegten Wünschen entsprechend präsentieren können.

➤ In der **Diskussionsphase** stehen offene Fragen und die Klärung von Unklarheiten im Mittelpunkt. Den Abschluss des Gesprächs bilden Informationen zur weiteren Vorgangsweise.

---

[83] Erten-Buch et al. 2006, S. 58f.
[84] Zimmer/Brake 1993, S. 69ff.; Bohlen 2002, S. 105ff.
[85] Lueger 1996, S. 367

Das Auswahlinterview bietet sowohl dem Unternehmen als auch den BewerberInnen die Möglichkeit, eine große Bandbreite an Informationen und Einschätzungen einzuholen: über die Art des zukünftigen Einsatzbereiches/Arbeitsplatzes und die diesbezüglichen Vorstellungen der KandidatInnen, über gebotene Entwicklungsmöglichkeiten und vorhandene Entwicklungsabsichten. InterviewerInnen bzw. UnternehmensvertreterInnen sollten eine angemessene ‚realistische Tätigkeitsvorschau' bieten; insbesondere beim Kampf um besonders gute BewerberInnen werden diese geschönt und sind eine der Hauptgründe für relativ frühe Kündigungen. Speziell die Einschätzungen zur Passung, zum Fit von Organisation und Person in Bezug auf Ziele der Organisation („Mission"), Organisationskultur, persönliche Motivation für die Tätigkeit und Arbeitshaltung etc. sind neben den fachlichen Aspekten von zentraler Bedeutung. Die Kommunikationssituation des Auswahlinterviews ist aber von einem Interessengegensatz beeinflusst: Organisation und Bewerbende möchten sich jeweils so gut wie möglich darstellen; dies führt dazu, dass relevante Informationen – über Vor- und Nachteile der Stelle beziehungsweise Stärken und Schwächen der Person – bewusst oder unbewusst – verschleiert oder ungenau dargestellt werden.[86]

5.3 Tests

„Die klassische Methode, psychologische Konstrukte zu messen ist der Test [...] sie können als standardisierte, routinemäßig anwendbare Verfahren zur Messung individueller Verhaltensmerkmale aufgefasst werden."[87] Tests und wissenschaftliche Fragebögen sind psychologisch-diagnostische Messinstrumente, die dazu dienen, Personenmerkmale wie etwa Intelligenz, Führungsqualifikationen oder Leistungsmotivation systematisch zu erfassen, durch Zahlenwerte auszudrücken und damit zu quantifizieren und so die Personalauswahlentscheidung zu fundieren. Der Einsatz und die Verbreitung von Testverfahren unterscheiden sich stark von Land zu Land. In Österreich werden rund 11% der Führungskräfte auf Basis von psychometrischen Tests ausgewählt, in Dänemark über 54%, in den Niederlanden fast 49% und in Großbritannien 47%.[88] Vergleichsweise gering ist der Einsatz auch in Deutschland mit 7%.[89] Die Einsatzhäufigkeit von Personalauswahlverfahren ist immer auch von der Akzeptanz der BewerberInnen abhängig, die für die angesprochenen Testverfahren im Vergleich zu anderen Auswahlinstrumenten geringer ausfällt.[90]

In der Folge wird auf drei grundlegende Differenzierungen von Testverfahren eingegangen, Persönlichkeitstests, Leistungstests und Intelligenztests.

Persönlichkeitstests: versuchen Grundtendenzen der Persönlichkeit zu erfassen, die unabhängig von spezifischen situativen Einflüssen vorliegen. Psychometrische Tests versuchen psychische Merkmale quantitativ zu erfassen und basieren auf der Beantwortung von Fragebögen, die bestimmte Teilaspekte von Persönlichkeitsmerkmalen abbilden. Pro-

---

86 Kompa 1989, S. 8ff.
87 Schuler/Höft 2006, S. 104
88 Erten-Buch et al. 2006, S. 59
89 Klimecki/Gmür 2005, S. 240. Möglicherweise ergibt sich eine Verschiebung durch die Entwicklung der DIN 33430.
90 Schuler/Frier/Kaufmann 1993, S. 53

jektive Tests[91] entstammen der klinischen Psychologie und versuchen die Gesamtpersönlichkeit der Person zu erfassen, die Übertragbarkeit für den Einsatz von Unternehmenssituationen ist zweifelhaft.

Welche Faktoren die nicht-kognitive Persönlichkeitsstruktur eines Menschen überhaupt hinreichend abbilden, ist auch in der Wissenschaft stark umstritten. Ein verbreitetes persönlichkeitstheoretisches Modell ist das 5-Faktoren-Modell (auch „Big5-Modell"[92] genannt), welches eine Kategorisierung in fünf Hauptpersönlichkeitsfaktoren vornimmt. Das Big5-Modell liegt dem Testinstrument NEO-IFF zugrunde, dessen Skalen wie folgt beschrieben sind:[93]

- **Neurotizismus**: Menschen mit hohen Werten in Neurotizismus tendieren dazu nervös, ängstlich, deprimiert, verlegen, besorgt, unsicher zu sein. Sie können eigene Bedürfnisse oftmals weniger kontrollieren und reagieren unangemessen auf Stresssituationen.

- **Extraversion**: Personen mit hohen Werten sind gesellig, gesprächig, dominant, aktiv, personenorientiert und optimistisch, mögen An- und Aufregungen.

- **Offenheit für Erfahrungen**: Probanden haben eine hohe Wertschätzung für neue Erfahrungen, sind wissbegierig, kreativ und einfallsreich, phantasievoll und unabhängig im Beurteilen von Sachverhalten, sind interessiert an kulturellen und gesellschaftlichen Ereignissen.

- **Verträglichkeit**: Altruismus, Mitfühlen und Verständnis für andere. Toleranz, zwischenmenschliches Vertrauen, Kooperativität und Harmonie sind für Menschen mit hohen Werten in Verträglichkeit wichtig.

- **Gewissenhaftigkeit**: Menschen mit hohen Werten auf der Skala Gewissenhaftigkeit sind verlässlich, systematisch im Vorgehen, haben Disziplin und Ehrgeiz.

Laut einer von Barrick/Mount/Judge (2001) durchgeführten Metaanalyse zeigt die Persönlichkeitsvariable Gewissenhaftigkeit die stabilsten Befunde: diese weist über alle Kriteriums- und Berufsgruppen hinweg die höchste Validität auf (zwischen 0.23 und 0.31).[94] Auch die Dimension Neutrotizismus zeigt eine verallgemeinerbare, aber deutlich geringere prognostische Validität über die verschiedenen Bereiche auf (zwischen 0.05 und 0.22)[95]. Die Persönlichkeitsvariablen Extraversion, Offenheit und Verträglichkeit weisen unterschiedliche Werte für bestimmte Leistungskriterien bzw. Berufsgruppen auf (z.B. die Dimension Verträglichkeit mit 0.34 prognostischer Validität für Teamarbeit). Der NEO-IFF erlaubt zwar eine umfassende, aber dennoch relativ unkonkrete Beschreibung von Personen. Für die zusätzliche Absicherung von Personalauswahlentscheidungen

---

[91] z.B. TAT (Thematischer Apperzeptionstest, von Murray 1943) zur Messung der nicht bewussten Motive nach McClelland) siehe auch Schuler/Höft 2006, 125f.

[92] vgl. Schuler/Höft 2006, S. 117f.; Weinert 2004, S. 149ff.

[93] Borkenau/Ostendorf 1993, zit. in Hossiep et al. 2000, S. 120

[94] Metaanalyse 2. Ordnung, Barrick/Mount/Judge 2001, S. 17

[95] Barrick/Mount/Judge 2001, S. 15. Ausführlich zu kriteriumsabhängigen Validitäten siehe auch Schuler/Höft 2006, S. 121ff.

wird eine Kombination z.B. mit dem 16-Persönlichkeits-Faktoren-Test (16-PF) angeraten.[96]

Leistungstests stellen auf allgemeine Voraussetzungen für eine Tätigkeit ab oder auf die Erfassung stellenspezifischer Qualifikationsmerkmale. Besonders gut können relativ einfache, gut beschreibbare und abgrenzbare Fähigkeiten abgetestet werden, z.B. sensorische oder motorische Fähigkeiten, Rechtschreib- oder Rechenkenntnisse. Um die Aussagekraft zu verbreitern, werden verschiedene abgrenzbare Fähigkeiten in „Testbatterien" abgetestet. Bekannt sind der Aufmerksamkeits-Belastungstest (d2) und der Allgemeine Büro-Arbeitstest (ABAT).[97]

Intelligenztests dienen dazu, die intellektuelle Leistungsfähigkeit, d.h. die kognitiven Fähigkeiten eines Menschen in Vergleich zu der jeweiligen Altersgruppe, anhand von verschiedenen Dimensionen zu bewerten. Die Qualität und die Geschwindigkeit bei der Lösung von neuartigen, nicht routinebestimmten Aufgaben stehen im Mittelpunkt der unterschiedlichen Ansätze. Intelligenzdimensionen sind beispielsweise logisches Denken, sprachliche Abstraktionsfähigkeit, Merkfähigkeit, räumliches Vorstellungsvermögen und Kombinationsfähigkeit. Aufgaben, deren Lösung eine dieser Dimensionen besonders erfordern, sind unter Zeitdruck zu lösen. Verschiedene Testverfahren kommen zum Einsatz, z.B. das „Berliner Intelligenzstrukturmodell" (BIS-Test), „Intelligenz-Struktur-Test" (I-S-T 2000) und der „Hamburg-Wechsler-Intelligenztest für Erwachsene" (HAWIE).[98] Die Entstehung und Bedeutung von Intelligenz und der Zusammenhang von intellektueller Leistungsfähigkeit und der Berufserfolg sind Gegenstand von Kontroversen. Einerseits spiegelt sich darin auch die „Anlage/Umwelt"-Debatte von Intelligenz (Wie viel ist angeboren, was beruht auf Sozialisationserfahrungen und Umwelteinflüssen?) wider. Andererseits sind kognitive Fähigkeitstest sehr gute Prädikatoren für Berufserfolg,[99] doch zeigen sich gleichzeitig systematische Verzerrungen – z.B. schlechte Ergebnisse von US-Amerikanern afro- und lateinamerikanischer Herkunft –, die in ihren Auswirkungen reflektiert werden müssen. Als zentrale Kritikpunkte sind zu nennen

- „das zugrundeliegende Konzept des Intelligenzbegriffes (Was ist eigentlich Intelligenz?) ist nicht ausreichend geklärt

- konvergentes Denken (Suche nach einer einzigen richtigen Lösung) und nicht das im Arbeitsalltag häufig wichtigere divergente Denken (Entwicklung mehrerer Lösungen für ein Problem) wird betont

- viele Tests orientieren sich an gehobenen Mittelklassenormen der Bevölkerung und sind damit schicht- und kulturspezifisch

- diverse Befunde besagen, dass kein Zusammenhang zwischen der Fähigkeit, Probleme zu lösen, und den Ergebnissen von Intelligenztests besteht."[100]:

---

[96] Hossiep/Paschen/Mühlhaus 2000, S. 123
[97] vgl. Nicolai 2006, S. 88
[98] Bröckermann, 2003, S. 120; Nikolai 2006, S. 88; Schuler/Höft 2006, 105ff.
[99] Metaanalysen zeigen vergleichsweise hohe Werte um 0.5 (Schuler/Höft 2006, S. 110).
[100] Haltmayer/Lueger 2002, S. 433

Sowohl die Entwicklung von Tests wie auch die Auswahl und Durchführung von Tests im Personalauswahlverfahren sind fachlich anspruchsvolle Aufgaben und sollten von entsprechenden ExpertInnen ausgeführt werden. Da Testverfahren in die Intimsphäre von BewerberInnen eingreifen können, ist arbeitsrechtlich festgelegt, dass diese Testverfahren zustimmen und auch über Inhalt und Zweck aufgeklärt werden müssen.[101]

5.4 Assessment Center

Das Assessment Center (AC) besteht aus einer Kombination von Gruppen- und Einzelübungen.[102] Die zu absolvierenden Übungen orientieren sich an betrieblichen Aufgaben. Das gezeigte Verhalten der TeilnehmerInnen wird von BeobachterInnen eingeschätzt und in der Folge mit dem gewünschten Anforderungsprofil der zu besetzenden Stelle verglichen. Das AC eignet sich für die Einschätzung aktueller Kompetenzen und für die Prognose künftiger beruflicher Entwicklung. Daher werden AC sowohl im Rahmen der Personalauswahl als auch der Personalentwicklung eingesetzt:

- Auswahl-AC: Selektion von internen und externen Bewerberinnen und Bewerbern.
- Entwicklungs-AC (auch Förder-AC): Potenzialermittlung zur Feststellung des Weiterbildungsbedarfs allgemein oder in Hinblick auf zukünftige (Sonder-)Aufgaben von Beschäftigten.

Im Rahmen der Personalauswahl werden Assessment Center in rund der Hälfte der Unternehmen für die Auswahl von Trainees eingesetzt.[103] Weiters werden AC für die Besetzung von Führungspositionen verwendet (in Österreich rund 26% der Führungskräfte). Dies entspricht im Wesentlichen auch der Faktenlage in Großbritannien (26,4%), in Dänemark kommen ACs auch für die Auswahl von Führungskräften nur in sehr geringem Ausmaß zum Einsatz (knapp 6%), in den Niederlanden hingegen sehr häufig mit über 65%.[104]

Kennzeichen von Assessment Centers sind:[105]

- Mehrere Kandidatinnen und Kandidaten werden gleichzeitig beobachtet: meist ca. vier bis zwölf Personen, ca. ein bis zwei Tage lang (früher: drei bis fünf Tage!).
- Sie haben Übungen zu absolvieren, die reale Anforderungen des Arbeitsplatzes abbilden (z.B. Rollenspiel, Postkorb-Übung, führerlose Gruppendiskussion).
- Die Beobachtung und Bewertung erfolgt durch mehrere geschulte BeobachterInnen (Assessoren-Gremium).
- Beobachtung und Bewertung sind zeitlich und inhaltlich getrennt.
- Die KandidatInnen werden von mehreren Assessoren anhand von Verhaltensbeschreibungen beurteilt, die aus dem Anforderungsprofil abgeleitet sind.

---

[101] vgl. Berthel/Becker 2007, S. 225
[102] Die amerikanische Industrie griff in den 50er Jahren erstmals den Gedanken der kombinierten Gruppenübung aus dem militärischen Bereich auf, seit den 70er Jahren kommt das Assessment Center (AC) in europäischen Industrieunternehmen zum Einsatz (vgl. Sages 2001).
[103] Schuler/Hell/Trapmann/Schaar/Boramir 2007, S. 64
[104] Erten-Buch et al. 2006, S. 58–62
[105] Kompa 1999; Obermann 2000

Der Einsatz von verschiedenen Methoden erlaubt es, unterschiedliche Verhaltensanforderungen situationsspezifisch zu beobachten. Im Durchschnitt besteht ein AC aus fünf verschiedenen Übungen, um zehn Kompetenzen zu erfassen. Die wichtigsten dabei sind: „interpersonal skills/social sensitivity, communication, motivation, persuasion/influence, organization/planning, and problem solving".[106] Als „klassische" Übungen haben sich der „Postkorb"[107] (vor allem zur Erhebung von Selbstmanagementfähigkeit, Informationsverarbeitung und Entscheidungsfreude), die **führerlose Gruppendiskussion**[108] (z.B. Leistungs-/Führungsverhalten, Zielstrebigkeit/Durchsetzungsfähigkeit, Kommunikationsverhalten), **Rollenspiele** (je nach Aufgabe z.B. Umgang mit sozial schwierigen Situationen, Motivation, Überzeugungskraft, Führungsverhalten) und **Präsentationen** (Selbstpräsentation zu den eigenen Stärken und Schwächen o.Ä.) herausgebildet.

Die Zusammenstellung der Übungen richtet sich nach der zu besetzenden Position, wobei das gewünschte Anforderungsprofil in beobachtbare Verhaltensskalen umgesetzt werden muss. Der Erfolg von ACs ist maßgeblich von der Auswahl und Schulung der BeobachterInnen (=Assessoren) abhängig. Es sollte sich sowohl aus Fach- als auch aus Führungskräften zusammensetzen, meist werden externe BeraterInnen mit einbezogen. Wahrnehmungsverzerrungen als Fehlerquellen von Auswahlprozessen sind auch im AC-Verfahren nicht auszuschließen, speziell der Idealbildeffekt und Zuschreibungen von Eigenschaften und deren Bewertung (z.B. kann eine laute, klare Darstellung von Argumenten bei einem männlichen Teilnehmer als Durchsetzungsfähigkeit, bei einer weiblichen Teilnehmerin als Aggression interpretiert werden) sind hier zu nennen. Die AC-Situation ist gerade bei Gruppenübungen nicht standardisiert, da ja offen ist, in welche soziale Situation (etwa bei Gruppendiskussionen) die Bewerberin/der Bewerber kommt: in einem Kreis vorwiegend introvertierter KandidatInnen wirkt sie/er extrovertiert und umgekehrt. Zu reflektieren ist auch, inwieweit die vorhandene – und oftmals durch Übungen verschärfte – Konkurrenzsituation im AC jene TeilnehmerInnen benachteiligt, die eher kooperativ orientiert sind und in Konkurrenzsituationen zu Hemmungen neigen.

Die Anwendung des ACs ist mit hohem zeitlichen und finanziellen Aufwand verbunden. Dieser betrifft die Entwicklung von auf die Organisation zugeschnittenen Übungen, die Konkretisierung von Verhaltensbeschreibungen, die Schulung der Assessoren und den Zeitbedarf bei der Durchführung. Meist werden ACs in eigenen Fachabteilungen und/oder durch externe ExpertInnen entwickelt. Empirische Erhebungen zeigen, dass die in der Praxis durchgeführten ACs leider den erforderlichen Standards nur unzureichend entsprechen (Standardübungen, wenige Dimensionen, geringe Anzahl von Übungen), was dazu führt, dass „Assessment Center zur Spielwiese der Laiendiagnostik geworden sind […] errechnen in einer neuen Metaanalyse eine durchschnittliche Validität von nur $\rho = .26$."[109]

Den TeilnehmerInnen von ACs bietet das Verfahren die Möglichkeit, Fähigkeiten im konkreten Handlungszusammenhang darzustellen. Durch die Rückmeldegespräche am

---

[106] Auf Basis von Meta-Analysen, Ployhart 2006, S. 880.
[107] Die einzelnen TeilnehmerInnen haben die Aufgabe, schriftliche Vermerke, eingegangene Post etc. zu bearbeiten und entsprechende Entscheidungen zu treffen.
[108] Alle Teilnehmenden erhalten eine kurze schriftliche Aufgabenstellung, z.B. die Verteilung von Ressourcen, in der Folge soll in der Gesamtgruppe eine Entscheidung getroffen werden.
[109] Schuler 2006, S. 185

Ende eines ACs erhalten auch jene Personen, die nicht ausgewählt werden, eine differenzierte Einschätzung ihrer Stärken und Schwächen. Allerdings besteht aus der Sicht der BewerberInnen die Gefahr, dass weniger Erfolgreiche als „VersagerInnen" abgestempelt werden. Schon im Vorfeld (Vorgespräch) und im Feedback ist die Funktion des Instruments Assessment Center herauszustellen – nämlich einen möglichst objektiven Abgleich zwischen konkreten Anforderungen eines Tätigkeitsbereiches und den Qualifikationsausprägungen der jeweiligen TeilnehmerInnen zu ermöglichen. Speziell bei internen ACs, etwa zur Besetzung von Führungspositionen aus dem internen Beschaffungspotenzial, hat das Verfahren strenge Vertraulichkeit sicherzustellen.

Eine Weiterentwicklung stellt das *dynamische Assessment Center* dar, das einem mehrtägigen Unternehmensplanspiel gleicht. Einzelübungen des ACs wie Selbstpräsentationen und Gruppendiskussionen sind dann im Planspiel integriert. Eine durchgängige Beobachtung von Handlungsstrategien, aber auch von Handlungsflexibilität der BewerberInnen ist dadurch besser möglich als durch aneinandergereihte Einzelübungen.[110]

5.5 Aktuelle Entwicklungen im Recruiting

5.5.1 E-Recruiting

Die Nutzung elektronischer Medien für die Personalbeschaffung und Personalauswahl hat in den letzten Jahren deutlich an Bedeutung gewonnen. Auf eine anfängliche Euphorie bezüglich der Verwendung elektronischer Medien zur Personalarbeit folgte eine Phase der Ernüchterung, die mit dem Zusammenbruch der „dot-com"-Gesellschaften einherging, aber auch durch negative Erfahrungen im Personalrecruiting bedingt war (z.B. kaum zu administrierende Massen an Bewerbungen aufgrund unreifer Vorselektionsmethoden). Mittlerweile hat sich auch an den technischen Voraussetzungen einiges geändert und die Möglichkeiten reichen von der reinen Veröffentlichung von Stellenanzeigen auf der Homepage des Unternehmens bis hin zur Abwicklung eines gesamten Recruitingprozesses über das Internet:[111]

- Entwicklung von internetbasierten Personalwerbemaßnahmen, die potenzielle BewerberInnen informieren und motivieren (etwa über Wettbewerbe), aber auch Selbstselektionsentscheidungen (d.h. Personen, deren Profil nicht entspricht, sollen sich auch nicht bewerben) auslösen.

- Annahme von Bewerbungen über Internet.

- Durchführung einer automatisierten Vorauswahl, die auf Hardfacts basiert.

- Gewinnung zusätzlicher Erkenntnisse, etwa durch Screeningeinheiten (etwa Arbeitsproben oder Tests), die elektronisch durchgeführt werden.

Nur BewerberInnen, die den Zyklus bis dahin erfolgreich durchlaufen haben, werden in die Endrunde des Personalauswahlprozesses einbezogen, die z.B. in strukturierten Interviews erfolgen kann.

---

[110] Nikolai 2006, S. 98
[111] Kirbach/Montel/Oenning/Wottawa 2004, S. 26f.

Gewinnung von BewerberInnen:

Möglichkeiten zum Personalmarketing bestehen im Angebot zu Wettbewerben und Beratungsleistungen, z.B. freie Tests bezüglich allgemeiner beruflicher Orientierung, Stärken, Schwächen und Rückmeldung an die Durchführenden.

Die Veröffentlichung von Stellenanzeigen auf den **unternehmenseigenen Internetseiten** und die Verwendung von **Online-Jobbörsen** professioneller Anbieter sind mittlerweile gebräuchliche Wege, um Zielgruppen anzusprechen, die der Generation Y mit mittlerer bis höherer Qualifikation zuzurechnen sind. Die Serviceleistungen der Jobbörsen-Anbieter bestehen in der Gestaltung, Pflege und Wartung von Datenbanken mit einerseits aktuellen Angeboten an Stellen und andererseits interessierten Arbeitssuchenden.

Bewerbungsabwicklung und Vorauswahl:

Die automatisierte *Vorauswahl nach Fakten* bietet sich an, wenn auf Basis von konkreten ausgeschriebenen Positionen relevante Fakten abgefragt werden und klare Entscheidungsregeln vorliegen (siehe dazu Abbildung 8). Hier kann auch die Verständigung der BewerberInnen mit ausführlicher Begründung sowie mit Verweisen z.B. auf andere Stellenangebote integriert sein.

„Halb geschützte"Testverfahren sind im Internet zu bearbeiten: die Bewerberin bzw. der Bewerber kann Aufgaben ohne Kontrolle der jeweiligen Identität und der Umgebungsbedingungen lösen.

Das *Screening* aufgrund dieser Testergebnisse kann automatisiert erfolgen oder unter Einbeziehung etwa der Hardfacts durch die Recruiter. Eine Rückmeldung an die BewerberInnen ist ebenso möglich.

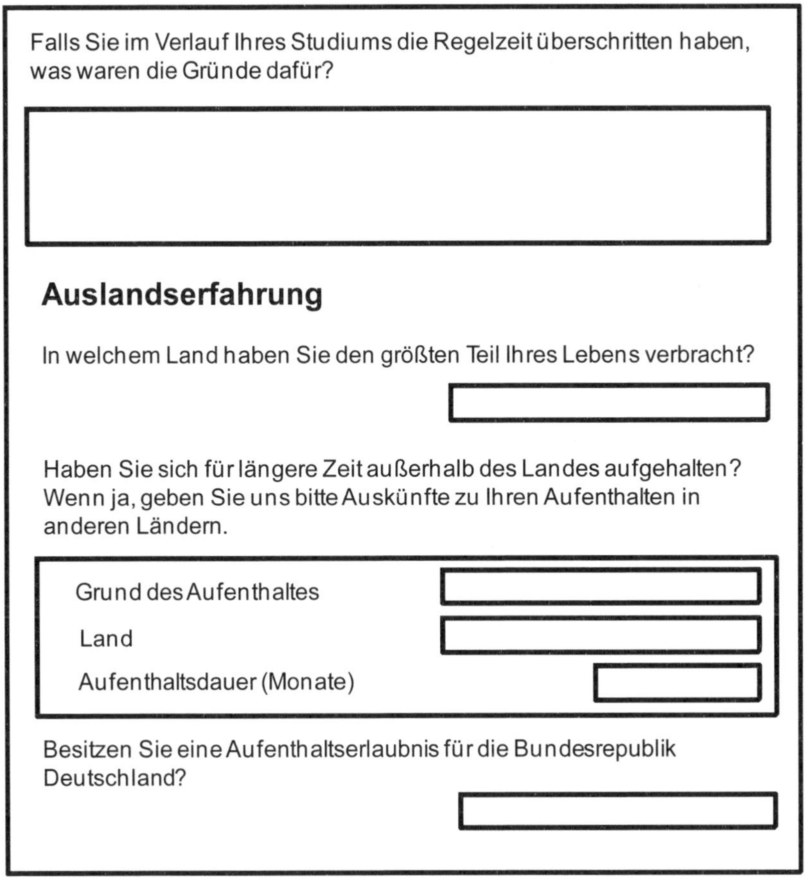

Falls Sie im Verlauf Ihres Studiums die Regelzeit überschritten haben, was waren die Gründe dafür?

Auslandserfahrung

In welchem Land haben Sie den größten Teil Ihres Lebens verbracht?

Haben Sie sich für längere Zeit außerhalb des Landes aufgehalten? Wenn ja, geben Sie uns bitte Auskünfte zu Ihren Aufenthalten in anderen Ländern.

Grund des Aufenthaltes

Land

Aufenthaltsdauer (Monate)

Besitzen Sie eine Aufenthaltserlaubnis für die Bundesrepublik Deutschland?

Abb. 8: Automatisierte Vorauswahl nach Fakten (Auszug des Screenshot Hardfacts)
Quelle: in Anlehnung an Kirbach/Montel/Oenning/Wottawa 2004, Internetmaterialien o.S.

Spätestens nach dem Screening treten BewerberInnen und Unternehmen in persönlichen Kontakt, um weitere Informationen für die Endauswahl zu generieren. Dies kann z.B. durch „geschützte Testung" erfolgen (d.h. unter kontrollierten Bedingungen), im Rahmen eines Assessment Centers oder eines strukturierten Interviews. Die E-Beiträge in dieser Phase bestehen dann in einer Systematisierung von Daten.

Neben den konkreten Anwendungen des E-Recruitings bietet das Internet noch weitere Optionen. Für BewerberInnen und für Unternehmen besteht die Möglichkeit, sich ein relativ gutes Bild des jeweiligen Gegenübers zu machen. Die Verfügbarkeit individuell aufbereiteter Informationen auf Unternehmenshomepages, in Suchmaschinen (google, 123 people etc.) und Diskussionsforen erleichtert z.B. die Entscheidung darüber, ob man sich bei einem bestimmten Unternehmen bewerben will. Rankings wie „The best place to work for", „Die besten 100 Arbeitgeber Österreichs" (Trend) und entsprechende Internetplattformen können solche Informationen bieten. Die Positionierung von Unternehmen in solchen Rankings dürfte eine wichtige Rolle für die Attraktivität als ArbeitgeberIn spielen.

Auf Seiten des Unternehmens ergeben sich Probleme, wenn falsche oder unklare Informationen den Internetauftritt[112] begleiten, oder wenn negative Bewertungen im Internet rasche Verbreitung finden (z.B. auf www-jobvent.com, wo ArbeitnehmerInnen auch ihre negativen Erfahrungen publizieren).[113] Eine auf mangelnden Fit beruhende Selbstselektion von BewerberInnen ist durchaus erwünscht, nicht aber eine solche, die aus Fehlinformationen entstammt. Die Gestaltung und Beeinflussbarkeit von Internetdaten ist somit für Individuen wie Organisationen von großer Bedeutung.

Unabhängig davon welcher Medien sich die Organisation zur Personalbeschaffung und welcher Instrumente zur Personalauswahl bedient, ist es erfolgsentscheidend, ein klares Bild über die Zielgruppe und deren Übereinstimmung in Qualifikation und Werthaltungen mit der Organisation zu entwickeln und entsprechend auszuwählen. Kreativität ist dabei ein wichtiges Element. Ein Beispiel für ein interessantes Vorgehen, um „passende MitarbeiterInnen" zur Bewerbung zu motivieren und gleichzeitig starke Selektionswirkungen zu erreichen, lieferte Google.com. Google.com benützte ein „billboard puzzle", platzierte ein mathematisches Problem auf großen Plakaten entlang der Haupteinfahrtroute ins Silicon Valley, mit der Aufforderung, wer diese Aufgabe lösen könne, solle sich mit dem Ergebnis auf einer Internetseite einklinken. Damit war offensichtlich der Anreiz bei vielen im Stau stehenden dot.com-Beschäftigten gegeben, sich diese Aufgabe zu überlegen. Erst für jene, die sich mit der Lösung meldeten, wurde Google.com als der Auftraggeber dieser Aktion „identifiziert" und sie wurden – faktisch in Anschluss an eine qualifikationsorientierte Vorselektion – zu einem Bewerbungsinterview eingeladen.[114]

5.5.2 DIN 33430 – Prozessnorm zur Eignungsdiagnostik

Im Jahr 2002 wurde die Deutsche Industrienorm – DIN 33430 – zur Personalauswahl vom Normungsausschuss verabschiedet. Die DIN 33430:2002-06 „Anforderungen an Verfahren und deren Einsatz bei berufsbezogenen Eignungsbeurteilungen" legt Grundlagen zur Vorgangsweise in Personalauswahlverfahren bezüglich eignungsdiagnostischer Prozesse fest.[115] Das DIN-Institut ist ein gemeinnütziger Verein (1917 als „Normalienausschuss der deutschen Industrie" gegründet) mit dem Ziel, Normen zu entwickeln, die gesamtgesellschaftliche Interessen (Gemeinnutzen geht vor Individualnutzen) unterstützen. Eine Norm ist laut der DIN EN 45020 ein „Dokument, das mit Konsens erstellt und von einer anerkannten Institution angenommen wurde und das für die allgemeine und wiederkehrende Anwendung Regeln, Leitlinien oder Merkmale für Tätigkeiten oder deren Ergebnisse festlegt."[116] Die Einhaltung von spezifischen Normen wird durch Zertifizierungen (Beglaubigungsvorgang) vorgenommen, d.h. es wird von unabhängiger Seite[117] bestätigt,

---

[112] vgl. Trost 2008, S. 34ff.
[113] vgl. Böcker 2008, S. 26
[114] Google.Milesstones 2006; Shipman 2006, S. 11
[115] Ursprünglich war das Normungsziel „Anforderungen an psychologische Verfahren" zu standardisieren, also eine Produktnorm für psychologische Testverfahren (Winterfeld 2002, in Hadamus 2007, S. 20).
[116] DIN-Institut 1998, S. 13
[117] Kann aber auch von der betroffenen Organisation in Form einer Konformitätserklärung erbracht werden (DIN-Institut 1998).

dass Konformität besteht zwischen den Prozessen in der Organisation und jenen durch die Norm vorgegebenen. Inhaltlich umfasst die DIN 33430 eine Zusammenstellung von Vorschlägen zur Gestaltung einer guten Praxis von Personalauswahlprozessen, die in den Hauptaspekten auch den Aussagen in diesem Beitrag entsprechen. So beinhaltet Kapitel 7 der DIN 33430 eine Spezifizierung, wie ein Zusammenhang von eingesetzten Verfahren und Anforderungen gewährleistet werden kann – es wird die Durchführung einer Arbeits- und Anforderungsanalyse empfohlen und auch beschrieben, wie diese aussehen soll.[118]

Inwieweit die Zertifizierung Qualitätsfortschritte in der Praxis der Personalauswahl hervorbringt, wird noch zu klären sein.[119] Es besteht prinzipiell Freiwilligkeit bei der Einhaltung von DIN-Normen, unter bestimmten Bedingungen können sie aber eine Verbindlichkeit erlangen, wie beispielsweise im Bereich der betrieblichen Mitbestimmung in Deutschland. Nach § 95 Betriebsverfassungsgesetz (BetrVG, Deutschland) kann der Betriebsrat bei mehr als 500 MitarbeiterInnen die Aufstellung von Richtlinien für die Auswahl von MitarbeiterInnen verlangen und die DIN 33430 könnte als eine solche Richtlinie gelten.[120]

6. Welche rechtlichen Grundlagen sind bei der Suche und Auswahl von Personal zu beachten?

Innerhalb der Europäischen Union und über nationale Bestimmungen in nationales Recht der Mitgliedsstaaten übergeleitet, besteht ein Verbot der unmittelbaren und mittelbaren Diskriminierung von Personen aufgrund des Geschlechtes, des ethnischen Hintergrundes, der Religion oder Weltanschauung, einer Behinderung, des Alters und der sexuellen Identität.

Für Personalfragen ist dies insofern relevant, da Verstöße gegen das Verbot der mittelbaren Diskriminierung auch zu erheblichen finanziellen Nachforderungen führen können, etwa wenn Teilzeitkräfte im Verhältnis zu gering entlohnt und damit auch in der betrieblichen Altersversorgung benachteiligt werden.[121]

Im Personalmanagement sind die verschiedenen Aufgabenfelder von der Personalbeschaffung und -auswahl, Weiterbildung, Leistungsbeurteilung bis hin zur Entgeltfindung von diesen gesetzlichen Regelungen betroffen. Der Rekrutierungsprozess ist betroffen, da ein/e ArbeitnehmerIn nicht bei der Begründung des Arbeitsverhältnisses auf Grund des Geschlechts benachteiligt werden darf, insofern wird in die Vertragsfreiheit des/der Unternehmensvertreters/Innen eingegriffen. Eine Ungleichbehandlung aufgrund des Geschlechts ist nur zulässig, wenn dieses eine unverzichtbare Voraussetzung für eine Tätigkeit ist (Mannequin oder Dressman). Gesetzlich verankert ist auch das Gebot zur *geschlechtsneutralen Stellenausschreibung*.[122]

---

[118] Die Norm ist in Kanning 2004 abgedruckt.
[119] Siehe dazu auch das Diskussionsforum in der Zeitschrift für Personalpsychologie 4/2008.
[120] vgl. Hadamus 2007, S. 25
[121] Schiek 2008, S. 41
[122] Oechsler/Klarmann 2008, S. 28f.

Für eine diskriminierungsfreie Gestaltung des Rekrutierungsprozesses ist Folgendes zu beachten:[123]

● Erstellung eines konkreten Anforderungsprofils (abgeleitet aus einer Arbeitsanalyse),

● Verwendung geschlechtsneutraler Bezeichnungen für vakante Stellen in Inseraten,

● Platzierung von Stellenanzeigen in Medien, deren Zielgruppen nicht stark geschlechtsspezifisch differenziert sind,

● Ausschluss der Verwertung nicht tätigkeitsspezifischer biografischer Daten (z.B. des Familienstandes),

● Schulung der InterviewerInnen und BeobachterInnen bezüglich möglicher Wahrnehmungsverzerrungen,

● klare Dokumentation der Entscheidungskriterien.

Mit der Beachtung eines systematischen Vorgehens und der Vermeidung unmittelbarer und mittelbarer Diskriminierung verschafft sich die Organisation einen deutlich vergrößerten Pool an BewerberInnen.

Im Zuge der Personalauswahl wird versucht, so viele Informationen von BewerberInnen zu erhalten wie möglich. Damit werden oft auch Fragen gestellt, die stark in die Persönlichkeitssphäre von BewerberInnen eindringen können. Es besteht also ein Interessenkonflikt zwischen dem Informationsstreben des Unternehmens und den BewerberInnen, die bestimmte Informationen nicht preisgeben möchten (etwa weil sie denken, diese würden vom Unternehmen negativ bewertet). Welche Informationen darf nun das Unternehmen einholen, ohne das Persönlichkeitsrecht der BewerberInnen zu verletzen? Es können hier folgende Fälle unterschieden werden:[124]

1. BewerberInnen haben die Pflicht, Umstände, welche die Durchführung einer vorgesehenen Aufgabe verhindern, von sich aus zu offenbaren (z.B. Wettbewerbsverbot; schwere Behinderteneigenschaft, die dazu führt, dass eine Tätigkeit nicht ausgeführt werden kann).

2. Auf zulässige Fragen muss wahrheitsgemäß geantwortet werden, ansonsten kann der/die ArbeitgeberIn den Arbeitsvertrag im Nachhinein anfechten. Dazu gehören der berufliche Werdegang einschließlich Zivildienst/Wehrdienst; Vorstrafen, aber nur dann, wenn beruflich relevant: etwa Eigentumsdelikt bei KassierInnen; Verkehrsdelikte bei FahrerInnen.

3. Unzulässige Fragen können die BewerberInnen verweigern oder falsch beantworten, ohne rechtliche negative Konsequenzen befürchten zu müssen. Das sind Fragen, die direkt den Privatbereich betreffen wie Heiratsabsichten, Vermögensverhältnisse und das Vorliegen einer Schwangerschaft. Ausnahmen bilden lediglich Fälle, wo Vermögensverhältnisse oder Schwangerschaft beruflich relevant sind. Dazu gehört die Frage nach den Vermögensverhältnissen, wenn es sich um eine Bewerbung für eine leitende

---

[123] Zur Gewinnung und Auswahl aus gleichstellungspolitischer Sicht vgl. Kay 2008, 179ff.
[124] Berthel/Becker 2007, S. 276f.

Position oder für eine einschlägige Position (z.B. als BankkassierIn) handelt. Nach dem Vorliegen einer Schwangerschaft darf nur dann gefragt werden, wenn die Schwangerschaft dazu führte, dass die Arbeit nicht oder nur unvollkommen ausgeführt werden könnte (z.B. RöntgenassistentIn).

Grundsätzlich gilt: Fragen des Unternehmens müssen einen unmittelbaren Bezug zur Stelle und somit zum Anforderungsprofil haben, dann ist ein Vordringen in die Individualsphäre der BewerberInnen gerechtfertigt.[125] Bestimmte diagnostische Verfahren der Personalauswahl sind in Deutschland nicht erlaubt, das gilt z.T. für projektive Tests und Persönlichkeitsfragebögen. Das Unternehmen hat seinerseits die Pflicht, BewerberInnen über negative problematische Umstände zu informieren, die für die Annahme der Stelle wichtig sind, wie dies etwa bei Gesundheitsschädlichkeit der Arbeit der Fall wäre.[126]

7. Abschließende Bemerkungen

Damit ein Unternehmen im globalen Wettbewerb erfolgreich bestehen kann, ist die Sicherung des Personalbestandes in qualitativer wie quantitativer Hinsicht notwendig und eine der zentralen Aufgaben des betrieblichen Personalmanagements. Ausgehend von der strategischen Ausrichtung des Unternehmens ist eine Beschäftigungsstrategie zu entwickeln, welche auf der Bedeutung und Ausprägung von Qualifikationen beruht. Auf dieser Grundlage können Anforderungen an potenzielle BewerberInnen konkretisiert und es kann entschieden werden, ob es vorteilhafter ist, am internen oder am externen Arbeitsmarkt zu suchen und welche Methoden der Personalbeschaffung für die spezifische Zielgruppe am besten geeignet sind. Hat das Unternehmen eine angemessene Anzahl von Personen für eine vakante Stelle interessieren können, gilt es wiederum auf Basis der Anforderungen mit einem Mix an diagnostischen Instrumenten zur möglichst treffsicheren Auswahl der am besten geeigneten – nicht unbedingt der besten – BewerberInnen zu gelangen. Bestehende Deutungsmuster und Vorannahmen über den optimalen Lebenslauf und das Bild der bestgeeignetsten Frau bzw. des bestgeeignetsten Mannes sind dabei zu reflektieren, sollen doch die den Anforderungen der Stelle am besten entsprechenden Personen ausgewählt werden.

---

[125]   vgl. Egger 1982; Däubler 1998, S. 91
[126]   vgl. Tomandl 1999, S. 13f.

Personalentwicklung

Helene Mayerhofer / Gabriela Michelitsch-Riedl

Inhalt

1. Grundlagen

1.1 Gründe für Personalentwicklung

Dynamik und Komplexität im globalen Markt kennzeichnen die aktuellen Wettbewerbsbedingungen. Unternehmen versuchen die neuen Anforderungen, entstanden durch die globale Finanzkrise, die Internationalisierung der Märkte, Konkurrenzdruck, umfassenden Technikeinsatz, kürzere Produktlebenszyklen und dergleichen mehr, mit neuen Managementkonzepten zu bewältigen. Diese zielen im Wesentlichen auf eine Veränderung von strategischen Ausrichtungen, Organisationsstrukturen, Leistungsprozessen und der Rolle des Personals; die Organisation soll letztlich flexibel und rasch auf Veränderungen reagieren, innovativ und kreativ bei steigendem Kostendruck ihre Leistungen erstellen.

Der Ansatzpunkt Personal wird – zumindest in der offiziellen Rhetorik von Unternehmen – häufig als zentrale Wettbewerbsgröße gesehen. Zum einen, da das Personal meist ein wesentlicher Kostenfaktor ist, den es zu senken gilt, zum anderen, da es zentral Menschen sind, welche den Unternehmenserfolg beeinflussen und deren Ressourcen es zu erhalten, zu fördern und bestmöglich im Sinne der Organisation zu nutzen gilt.

Im Zuge dieser Dynamiken hat sich auch das Selbstbild der ArbeitnehmerInnen verändert. Sie sind tendenziell umfassender ausgebildet, weniger geneigt, sich unhinterfragt hierarchischen Vorgaben zu unterwerfen, sind geografisch wie in Bezug auf Organisationswechsel mobiler (Abkehr von lebenslangen Anstellungen) und wollen neben der Existenzsicherung ein sinnstiftendes Arbeitsumfeld. Gleichzeitig zeigen sich Veränderungen in der Beziehung zwischen ArbeitnehmerInnen und Arbeitgebern, so nehmen zeitlich befristete Verträge zu, ebenso wie geringfügige und finanziell prekäre Beschäftigungsverhältnisse. Der Begriff „Generation Praktikum" bezeichnet jene ArbeitnehmerInnen, die zwar oftmals hochqualifiziert, dennoch keine einem Normalarbeitsverhältnis entsprechende Anstellung, mit einer finanziell hinreichenden Entlohnung finden können.[1] Der demografische Wandel führt dazu, dass ältere ArbeitnehmerInnen, arbeitende Mütter und zunehmend auch Beschäftigte mit kulturell unterschiedlichem Hintergrund in den Organisationen zu finden sind.[2]

Diese Entwicklungen zeigen Konsequenzen einerseits in veränderten Anforderungen an Beschäftigte aus Sicht der Organisation, die flexible und den jeweiligen Qualifizierungsbedürfnissen entsprechend aktiv handelnde MitarbeiterInnen sucht, die eigenverantwortlich die Rolle von „Unternehmern im Unternehmen" übernehmen.[3] Eine solche Rolle ist höchst anspruchsvoll:[4] Mitgestaltung verlangt arbeitnehmerseitig den Willen, im Sinne der Organisation zu handeln (Motivation) und das Können (Qualifikation). Ebenso muss das Unternehmen reale Möglichkeiten schaffen, damit MitarbeiterInnen in der gewünschten Weise eigenverantwortlich agieren können (z.B. größerer Handlungsspielraum, umfassendere Aufgabenzuschnitte) (situative Ermöglichung). Damit ArbeitnehmerInnen eigenverantwortlich handeln, bedarf es eines entsprechenden Führungsstils und

---

[1] siehe dazu auch den Beitrag von Schmidt in diesem Band
[2] vgl. Fouad 2007, S. 544
[3] vgl. von Eckardstein et al. 1988, S. 51
[4] vgl. von Rosenstiel 2003, S. 55f.

einer Unternehmenskultur, die dies auch fördert (soziales Dürfen). Eine zumindest teilweise Interessenüberschneidung von Unternehmen und MitarbeiterIn ist dafür notwendig. Das Interesse auf Seiten der ArbeitnehmerInnen begründet sich durch die Erfordernis, das eigene Kompetenzprofil am Arbeitsmarkt – und nicht nur in der eigenen Organisation – verwertbar zu machen und somit durch kontinuierliche Qualifikationsbemühungen die Employability[5] zu steigern bzw. zumindest aufrechtzuerhalten.[6]

Personalentwicklung soll die Voraussetzungen dazu schaffen. Ihr zentrales Ziel ist es, auf das Handeln von Menschen in Organisationen einzuwirken. Mit diesem personalen Ansatz wird die Veränderung der „menschlichen Produktionsmittel" in Organisationen angestrebt.

1.2 Verständnis von Personalentwicklung

Personalentwicklung ist eng verbunden mit strategiegeleiteter Unternehmensentwicklung. „Beide bedingen sich wechselseitig mit dem Ziel einer integrierten Personal- und Unternehmensentwicklung, die langfristig und vorausschauend Zukunftsvorsorge für die Organisation und Nutzen für die sie tragenden Stakeholder (Aktionäre, Kunden, Mitarbeiter u.a.) gestaltet."[7]

Das Verständnis und die vorrangig gesetzten Aktivitäten, die unter dem Begriff Personalentwicklung subsumiert werden, unterliegen ebenso der Veränderung wie die Rolle von Personalmanagement in Unternehmen insgesamt. In Abbildung 1 werden unterschiedliche Schwerpunktsetzungen zu Phasen zusammengefasst und zeitlich geordnet. Diese Phasen zeigen Ausprägungen von Personalentwicklung auf und geben die jeweiligen Schwerpunktsetzungen an, wobei festzuhalten ist, dass erstens diese Abfolge nicht eine qualitativ ansteigende ist, d.h. auch keine Wertung im Sinne einer Veränderung hin zum Besseren darstellt. Zweitens zeigt sich in der Praxis, dass unterschiedliche Ausrichtungen der Personalentwicklung gleichzeitig vorkommen, d.h. manche Unternehmen betreiben PE als Lückenfüller, während andere Unternehmen PE zur Förderung der Internationalisierung verwenden.

Phase 1 Ab ca. 1950	Steuerung des Sozialsystems *PE als Administrator*	De facto keine PE Neue Führungsstilkonzepte Psychologische Eignungstests „Entertainment without Development"
Phase 2 Ab ca. 1965	Instandhaltungs- und Reparaturbetrieb *PE als Lückenfüller*	Anpassungsqualifizierung (zukünftiger) Führungskräfte Motivationsprogramme

---

[5] Employability ist die Fähigkeit einer Person, „fachliche, soziale und methodische Kompetenzen unter sich wandelnden Rahmenbedingungen zielgerichtet und eigenverantwortlich anzupassen und einzusetzen, um eine Beschäftigung zu erlangen oder zu erhalten" (Rump/Eilers 2006, S. 21).

[6] u.a. Becker 2006, S. 43

[7] Sattelberger 1999, S. 269

Phase 3 Ab ca. 1975	Anerkannte Service-funktion durch strukturierte Personalentwicklung *PE als Dienstleister*	Maßgeschneiderte Serviceangebote für Abteilungen PE-Programme für PotenzialträgerInnen Schwerpunkt Führungskräfteplanung und -auswahl
Phase 4 Ab ca. 1985	Strategische Personalentwicklung *PE als strategischer Mitspieler*	Personalbestandsanalysen und strategische Einbindung Human-Ressourcen als Engpassfaktor Internationalisierung Begleitung von UE-Prozessen
Phase 5 Ab ca. 1995	Integrierte PE und UE *PE als Initiator für soziale und kulturelle Innovation*	Strategie folgt Personal und Personal folgt Strategie Qualifikationsmanagement/Wissenskapital einer Organisation als Erfolgsfaktor Breitbandqualifizierung und Bindung der Stammbelegschaft Individualisierte Karrierestrukturen und -wege
Phase 6 Ab ca. 2000	Diversität in der PE *PE als Förderer von Internationalisierung und High Potentials*	Zielgruppenspezifische Förderung Kompetenzmodelle und Kompetenzmanagement Internationalisierung großer Belegschaftsgruppen Berücksichtigung der Diversität des Personals: Alter, Generationen-unterschiede, Migration, Work-Life-Balance …
Phase 7 Ab ca. 2008/09	PE in der Krise – Krisenbewältigung durch PE? *PE als Kostenfaktor und zur Bindung von Talenten*	Reaktion auf globale Finanz- und Wirtschaftskrise: – Einsparungen insbesondere im Weiterbildungsbereich – Intensiver Aufbau von Kompetenzen Identifizierung und Bindung von qualifizierten Fach- und Führungskräften mit Entwicklungspotenzial (Talent Management)

Abb. 1: Phasen der PE[8]

---

[8]   vgl. Sattelberger 1999, S. 270; Becker 2006, S. 47ff.; Erten-Buch/Mayrhofer/Seebacher/Strunk 2006; Krämer 2007, S. 78f.; Mayerhofer/Hartmann 2009; Thom 2006, 10f.

Die Begriffsverwendung von Personalentwicklung[9] hat sich deutlich verschoben: In einem frühen Begriffsverständnis – etwa in den Phasen 1 und 2 – wurden Berufsausbildung, Fort- und Weiterbildung und *Personalentwicklung* als Teilbereiche von Bildungspolitik[10] subsumiert. Dabei wurde Personalentwicklung von Fort- und Weiterbildung aufgrund des Merkmals ‚Fortbildung durch und in Zusammenhang mit Laufbahnplanung' speziell für Führungskräfte abgegrenzt, d.h. abgestellt auf explizite Maßnahmen und mit dem Fokus auf Hochqualifizierte.

Erst ab der Phase 3 kann von Personalentwicklung in einem weiteren Verständnis gesprochen werden. Conradi, der 1983 die bis dahin vorliegende Literatur zusammenfasst und ein Konzept der PE vorstellt, versteht **PE als Summe von Maßnahmen, die „systematisch, positions- und laufbahnorientiert eine Verbesserung der Qualifikationen der Mitarbeiter[Innen] zum Gegenstand haben mit der Zwecksetzung, die Zielverwirklichung der Mitarbeiter[Innen] und des Unternehmens zu fördern."**[11] PE steht als Überbegriff für Maßnahmen der Betreuung und Entwicklung von Organisationsmitgliedern vom Eintritt bis zum Austritt aus der Organisation und zumindest mit keiner expliziten Einschränkung der Zielgruppe.

PE in der Phase 4 und 5 stellt vor allem auf die Bedeutung eines strategischen Managements von Qualifikationen ab. Dies umfasst eine strategische Einbindung von Personalfragen in die Strategieentwicklung sowohl in der Rolle als aktiver Gestalter der Unternehmensstrategie als auch zu deren Umsetzung durch Personalmaßnahmen; eine Stärkung des Selbstorganisationsprinzips und der Eigenverantwortung von Stammbelegschaftsgruppen und der Entwicklung kollektiven Wissens durch die Organisation. Phase 5 ist weiters durch stark individualisierte Karrierestrukturen gekennzeichnet, denn diese tragen der Entwicklung Rechnung, dass die Eigenverantwortung für berufliches Fortkommen und die Sicherung der eigenen Fähigkeiten und Kompetenzen steigt.[12] „Nicht die Arbeitskraft vieler, sondern das Wissen weniger wird Produktivität erzeugen. Alles andere ist romantische Illusion. Für den Einzelnen bedeutet das: Das wichtigste Kapital der Zukunft ist der eigene Kopf."[13]

In der Phase 6 zeichnet sich wieder eine stärkere Fokussierung auf High Potentials ab, die angeworben und ans Unternehmen gebunden werden sollen. Bei dieser Zielgruppe wird dabei auch auf breit verstandene Förderung gesetzt.[14] Themenbereiche wie Work-Life-Balance und der Wunsch nach Autonomie- und Flexibilitätsspielräumen ge-

---

9   Eine umfängliche Zusammenstellung verschiedener Definitionen von PE findet sich in Neuberger 1994, S. 4f.
10 Verstanden als Summe von personalpolitischen Aktivitäten, die in „irgendeiner Weise eine Vergrößerung bzw. eine Veränderung der Fähigkeiten der Mitarbeiter zum Ziel haben" (von Eckardstein/Schnellinger 1973, S. 230).
11 Conradi 1983, S. 3
12 vgl. Mayerhofer 1999, S. 515ff.; Sattelberger 1999, S. 269 f.; Mayrhofer 2004
13 Sprenger 2000, S. 21
14 Ergebnissen von Studien in deutschen Großunternehmen 2002 und 2003 zeigten, dass 75% der PE-Aktivitäten dem Bereich der Förderung zuzurechnen sind, 20% der Bildung, im Übrigen nur 5% der Unternehmensentwicklung (Becker 2006, S. 47 und 52). Der Umgang mit Diversität bzw. der Umgang von Führungskräften mit solchen Unterschieden ist dabei von zentralem Interesse (Becker 2006, S. 48).

winnen für viele Beschäftigte an Bedeutung.[15] Anforderungen aus der starken internationalen Ausrichtung vieler Unternehmen führen zu entsprechenden Konzeptionen in der Gestaltung von PE sowohl in Bezug auf die **Orte** der Qualifizierung (z.B. Auslandsentsendungen in unterschiedlichen Formen), auf die **Inhalte** (z.B. Diversität, Umgang mit unterschiedlichen Kulturen) und eine stärkere Abstimmung und **Integration** der Teilbereiche der Personalentwicklung (z.B. Auslandseinsätze als Baustein der innerbetrieblichen Laufbahn). Mit der globalen Finanzkrise ausgehend von den USA Mitte 2008 und 2009 und dem Wirtschaftsabschwung in Europa, werden zwei grundsätzliche Tendenzen im Umgang mit PE sichtbar, insbesondere auf Weiterbildung bezogen. In einer empirischen Erhebung zur Ausrichtung von Personalmaßnahmen zeigte sich, dass gleichzeitig zwei Alternativen in der Praxis vorzufinden sind (Phase 7): einerseits werden im Weiterbildungsbereich Ausgaben reduziert und eine kurzfristig orientierte Sichtweise der Kostensenkung praktiziert.[16] Andererseits wird von einem Teil der Unternehmen gezielt die Zeit der geringen Beschäftigungsdichte genützt, um wichtige Qualifizierungsmaßnahmen zu betreiben und so auch das Personal zu halten und zukünftig erforderliche Kompetenzen aufzubauen.

Die Verwendung des Begriffs Personalentwicklung erfreut sich großer Popularität in der betrieblichen Praxis: Unter PE werden oftmals ganz unterschiedliche Aktivitäten subsumiert und Zielsetzungen verfolgt. Die praktische Ausgestaltung von PE im Unternehmen ist mit Schwerpunktsetzungen von Phase 1 bis 7 zu finden. Jedoch sind, auch bei den vorliegenden Unterschieden der Praxis von PE, grundsätzliche Übereinstimmungen in den Prinzipien feststellbar (siehe Abbildung 2).

Prinzipien der Personalentwicklung

- Menschen sind grundsätzlich lernfähig und -willig.
- Eine gleichzeitige, partielle Erreichung von MitarbeiterInnen- und Organisationszielen wird angestrebt und als realisierbar eingeschätzt. In der Regel stehen allerdings die Zielsetzungen des Unternehmens im Vordergrund (Verwertungsabsicht).
- (Einzel-)Personen und deren Arbeitshandeln und/oder Qualifikationen sind prinzipiell veränderbar.
- PE bezieht sich nicht nur auf einzelne Personen und deren Qualifikationen, sondern auf das gesamte Personal einer Organisation.
- Nicht nur die aktuelle Arbeits-Leistung ist von Bedeutung, sondern auch das potenzielle Arbeitsvermögen (was geleistet werden könnte).
- Die Veränderung erfolgt systematisch (nicht zufällig), gezielt und absichtlich.
- Das Management bzw. die Personalabteilung konzipiert und setzt Maßnahmen um.
- Die Selbst-Entwicklung von Arbeitsvermögen im organisationalen Zusammenhang ist zu berücksichtigen. Handlungskompetenzen verändern sich auch ungeplant durch die Sozialisation in und durch die Organisation.

---

[15] vgl. Thom 2006, S. 10f.
[16] Mayerhofer/Hartmann 2009

- PE ist eine ökonomisch sinnvolle Investition der Organisation, da diese über eine gesteigerte Arbeitsleistung wieder dem Unternehmen zugute kommt.

- PE ist mit Diversität konfrontiert, diese soll gezielt im Sinne der Organisation genützt werden.

- PE muss Optionen eröffnen/Möglichkeiten aufzeigen, und damit Arbeitskräfte an die Organisation zu binden, auch wenn nur begrenzte (Karriere-)perspektiven im Unternehmen bestehen.

- PE ist konfrontiert mit Menschen, die unterschiedlichen Generationen angehören, die ihren eigenen „Marktwert", ihre persönliche Entwicklung und ihre Work-Life-Balance im Auge behalten (müssen). Daher ist die Möglichkeit zur Entwicklung von Kompetenzen, die inner- und außerhalb der arbeitgebenden Organisation verwertbar sind, erforderlich. Ebenso ist die flexible Gestaltung von Arbeitsplätzen, Laufbahnmöglichkeiten entsprechend den individuellen Zielen wichtig.

Abb. 2: Prinzipien der PE[17]

Die gleichrangige Erreichung individueller wie betrieblicher Ziele durch die PE, wie dies z.B. Conradi 1983 noch festschrieb, wird zunehmend relativiert. Personalarbeit in Organisationen ist verstärkt dem ökonomischen Prinzip verpflichtet und die Verwertungsabsicht des Unternehmens nimmt einen zentralen Stellenwert ein.[18] Gleichzeitig sind Unternehmen mit anspruchsvollen Beschäftigtengruppen konfrontiert, die die eigene Weiterentwicklung und die Verwertung der Qualifikationen auf dem Arbeitsmarkt (sowohl im Unternehmen, aber auch extern) ins Zentrum ihrer Überlegungen stellen. Für Beschäftigte, die international für eine Organisation tätig werden sollen, ist es gerade das Potenzial an Entwicklungsmöglichkeiten und die Möglichkeit zum Erwerb marktfähiger Kompetenzen, die ausschlaggebend für die Entscheidung ins Ausland zu gehen sind.[19] In der betrieblichen Praxis dürfte die Einschätzung, Personalentwicklung wäre nur ein anderes Wort für Weiterbildung und werde nur für Führungskräfte gemacht, differenzierter gesehen werden. Wenngleich Zeiten ökonomischer Krisen regelmäßig eine Reduktion von Weiterbildungsmaßnahmen bzw. eine stärkere Fokussierung auf bestimmte Beschäftigtengruppen hervorrufen. Nach wie vor kann die gezielte und systematische Organisation von Weiterbildung als eine der Kernaktivitäten von Personalentwicklung betrachtet werden.

1.3 Träger der Personalentwicklung

Im Rahmen der Personalrekrutierung werden Arbeitskräfte am Arbeitsmarkt zur Bewerbung motiviert und durch Personalauswahlverfahren selektiert.[20] Treten die Beschäftigten in das Unternehmen ein, übernimmt der Bereich Personalentwicklung Aktivitäten zu de-

---

[17] vgl. Becker 2006; Conradi 1983; Neuberger 1994; Sattelberger 1999; Sonntag 2006; von Rosenstiel 2006
[18] vgl. Becker 2006; Neuberger 1994; Sattelberger 1999
[19] PriceWaterhouseCoopers 2005, S. 10
[20] siehe den Beitrag von Mayerhofer in diesem Band

ren Einführung, Weiterbildung und Laufbahnplanung bis hin zum Personalabbau. Je nach Verteilung der Personalaufgaben in einer Organisation[21] liegt die Verantwortung, Konzeption und Durchführung von Personalentwicklung bei unterschiedlichen Trägern der Personalarbeit, nämlich:

- Gesamtunternehmensleitung,

- Leitung von Personal-Fachabteilungen (z.B. Personalentwicklung, Aus- und Weiterbildung) und

- Linienvorgesetzte.

Die Verteilung der Kompetenzen zwischen Unternehmensleitung, Zentralabteilungen und Linienvorgesetzten ist in den letzten Jahren Gegenstand intensiver Diskussionen. Die strategische Ausrichtung einer Organisation erfolgt durch das Topmanagement-Team. Welche Rolle spielen dabei Personalfachleute? Im europäischen Vergleich wird grob die Hälfte der Personalisten[22] von Anfang an in die strategische Arbeit einbezogen. Zu einem deutlich geringeren Anteil werden Personalfachleute gar nicht einbezogen: Rund 20% deutscher Unternehmen (13% in Österreich) entwickeln ihre Strategien ohne die Mitarbeit von Personalfachleuten.[23]

Auf der operativen Ebene der Personalaufgaben scheinen Managementkonzepte, die die Herausbildung dezentraler Organisationsformen propagieren, auch die Umsetzung der Personalaktivitäten zu beeinflussen: Vergleicht man die Verantwortungsverteilung über verschiedene Personalbereiche hinweg in einzelnen europäischen Ländern, zeigt sich, dass die direkte Führungskraft (=Linienmanagement) vorrangig bzw. in Absprache mit der Personalabteilung entscheidet.[24] In Österreich liegt die Hauptverantwortung für Personalentwicklung in 61,3% der Unternehmen bei den direkten Vorgesetzten, ähnlich ist dies auch bei Personalbeschaffung (61,5%), etwas geringer bei Entgelt und Zusatzleistungen (59,5%) und Personalbestandsänderung (58%). Nur der Bereich Arbeitgeber/Arbeitnehmer-Beziehung wird überwiegend von der Personalabteilung bearbeitet (67%).[25]

Eine potenzielle Gefahr der dezentralen Wahrnehmung von Personalaufgaben liegt in der verstärkten *Ab*koppelung und möglicherweise starken Unterschieden im Verständnis und der Wahrnehmung von Personalentwicklungsaufgaben von einzelnen „*Ab*teilungen". Als Vorteil kann sich aber erweisen, dass sich die direkten Vorgesetzten durch die Verlagerung von Personalverantwortung in die Linie wieder stärker in die Pflicht genommen fühlen und den Betroffenen als direkte AnsprechpartnerInnen zur Verfügung stehen.

Wichtig ist auch der Hinweis darauf, dass Teile der Personalentwicklung (Qualifizierungsmaßnahmen, Personalabbau) der Mitbestimmung durch den Betriebsrat (je nach

---

[21] vgl. Metz 1995

[22] 2003/2004 wurden in Österreich 57%, in Dänemark 52% und in Großbritannien sowie Deutschland rund 50% von Anfang an in die Strategieentwicklung einbezogen (Erten-Buch et al. 2006, S. 43).

[23] Erten-Buch et al. 2006, S. 43

[24] 2003/2004 erfolgt dies in Dänemark zu 64,5%, in den Niederlanden zu 60,3% und in Österreich zu 54,8%. Nur in Großbritannien entschied vorrangig die Personalabteilung allein bzw. in Absprache mit der Linie (63,8%) (CRANET 2006, S. 45).

[25] CRANET 2006, S. 45

Größe dem Konzern- bzw. Gesamtbetriebsrat) bzw. bei öffentlich-rechtlichen Körperschaften der Personalvertretung unterliegen. Über rechtliche Verpflichtungen hinaus erscheint der Bereich der Personalentwicklung geeignet, gemeinsame Vorstellungen zwischen Management und Betriebsrat zu entwickeln.[26]

2. Vom Eintritt bis zum Austritt – Bereiche der PE

Die Systematisierung des Verständnisses und der Aufgabenbereiche von PE kann anhand unterschiedlicher Dimensionen erfolgen. Mit Blick auf die **Interessen** können Aktivitäten der PE vorrangig im Interesse der Organisation und/oder der Person ausgerichtet sein. Der mit PE angestrebte **Veränderungsprozess** kann mittels expliziter Maßnahmen oder implizit im Rahmen der Arbeitstätigkeit unterstützt werden. Als **Analyseeinheit** kann das Individuum oder das Aggregat Personal herangezogen werden.[27] Die expliziten Maßnahmen der Personalentwicklung beziehen sich auf personelle Ressourcen einer Organisation. Wählt man als Bezugspunkt die/den MitarbeiterIn bzw. das Aggregat Personal, sind die Aktivitäten der PE während der gesamten Zugehörigkeitsdauer der Beschäftigten zum Unternehmen zu setzen. Chronologisch betrachtet also vom Eintritt ins Unternehmen bis zum Ausstieg. Damit können als zentrale Aufgabenbereiche der PE die Personaleinführung, betriebliche Weiterbildung, Karriere- und Laufbahngestaltung und Personalabbau bestimmt werden. In diesem Beitrag wird dieser Logik gefolgt und die Aufgabenfelder der PE werden während der Zugehörigkeit der Arbeitskraft in zeitlicher Abfolge ausführlich vorgestellt und kritisch diskutiert.

2.1 Personaleinführung

Mit oft beträchtlichem finanziellen Aufwand werden vakante Stellen im Unternehmen beworben und unter Anwendung differenzierter Personalauswahlverfahren besetzt. Aber erst mit der Zuweisung auf eine vakante Stelle und „mit Abschluss der Einarbeitung und der Probezeit" ist die Personalbeschaffung abgeschlossen und die neue Kraft voll einsatzfähig.[28] Kommt eine Mitarbeiterin bzw. ein Mitarbeiter neu in die Organisation, stellen sich im Wesentlichen zwei Herausforderungen an die Personaleinführung:[29]

- Fachliche Integration: Die neu eingetretene Person soll in ihrem Aufgabenfeld möglichst rasch eine gute Kenntnis der zu erledigenden Aufgaben haben und somit voll einsatzfähig sein (Einführung/Einarbeitung).

---

[26] siehe dazu von Eckardstein 1997a, 1997b; Pawlowsky/Bäumer, 1996 S. 55–60
[27] von Rosenstiel 2006, S. 109
[28] Jung 2006, S. 182
[29] Die Begriffe werden unterschiedlich verwendet: Der Begriff der Einführung neuer MitarbeiterInnen bezieht sich gleichermaßen auf fachliche Einarbeitung und soziale Eingliederung (vgl. Huber 1992, Sp.764). Jung (2006) unterscheidet zwischen Einführung und Einarbeitung, wobei sich beide Begriffe auf die sachlich informative Ebene beziehen (S. 183). In diesem Beitrag wird der Variante der Miteinbeziehung der sozio-emotionalen Aspekte der Vorzug gegeben (vgl. auch Bartscher 2004; er differenziert zwischen Einarbeitung und Integration und unterscheidet damit zwischen sachlich-informativen und sozial-emotionalen Aspekten [Sp. 1463f.]).

● Soziale Integration: Diese zielt auf die Eingliederung in die Abteilung bzw. in die Arbeitsgruppe und auf möglichst reibungsfreie soziale Beziehungen.

Steht der Gedanke der Personal-Selektion in der betrieblichen Praxis im Vordergrund – wird davon ausgegangen, dass, wenn nur die „richtige Person" ausgewählt wurde, es wohl wie „von selbst" gehen wird, dass diese auch die gewünschte Arbeitsleistung erbringt und sich gegenüber dem Unternehmen loyal verhält. Dem ist nicht so. Die Erbringung von Arbeitsleistung im Sinne der Organisation ist keine Selbstverständlichkeit und die Bindung an das Unternehmen muss erst hergestellt und stets aufs Neue gestärkt werden. Eine gelingende Personaleinführung liegt daher im Interesse jedes Unternehmens, unabhängig davon, ob in der Personalarbeit vorrangig auf Selektion oder Entwicklung der Beschäftigten gesetzt wird.

In der Folge werden Argumente für ein Engagement in der Personaleinführung dargelegt, Phasen des Einführungsprozesses dargestellt und konkrete Maßnahmen zur Gestaltung von Einführungsmaßnahmen diskutiert.

2.1.1 Gründe für Personaleinführung

„Oft gewinnt der [die] Neue den Eindruck, dass Aufmerksamkeit und Interesse, die ihm [ihr] als Bewerber[in] entgegengebracht wurde, in dem Augenblick verlöschen, in dem er seine [sie ihre] Arbeit beginnt."[30]

Aus der Perspektive der neuen MitarbeiterInnen betrachtet, zählt der Arbeitsantritt in einer neuen Organisation zu den „most stressful life experiences"[31] eines Menschen, vergleichbar etwa mit einer Ehescheidung. Diese Zeit ist durch starke Verunsicherung und auch Stress gekennzeichnet. Da die/der neue[32] ArbeitnehmerIn motiviert und engagiert am Unternehmensgeschehen teilnehmen soll, ist es erforderlich, diese Verunsicherung möglichst gering zu halten. Personaleinführungsmaßnahmen zielen darauf, diese schwierige Zeit zu erleichtern und dadurch den Verbleib der neuen Arbeitskraft im Unternehmen zu sichern und die Produktivität zu stärken.

Eine gezielte Personaleinführung ist aber auch aus Sicht des Unternehmens von zentraler Bedeutung, denn rechtliche und ökonomische Argumente sprechen dafür:

Kosten der Einstellung und Fluktuation

Einstellungskosten werden z.B. durch Stellenanzeigen, Personalberatungshonorare, Tests, Bewerbungsgespräche und Einarbeitungszeit verursacht. Sie belaufen sich auf 50–200% eines Jahresgehaltes je nach Qualifikationsstufe.[33] Daher strebt man von Seiten des Unternehmens nach einer raschen Leistungserbringung und einer längerfristigen Bindung

---

[30] Kieser et al.1990, S. 1f.
[31] Skeates 1991, S. 11
[32] Hier wird insbesondere auf Neueintritte in eine Organisation Bezug genommen. Die Notwendigkeit einer Einführung, wenn auch mit etwas unterschiedlicher Schwerpunktsetzung ergibt sich bspw. auch für Personen, die eine (fachlich und/oder hierarchisch) neue Stelle innerhalb der Organisation antreten, ebenso wenn zwischen internationalen Niederlassungen gewechselt wird.
[33] vgl. Kieser et al. 1990, S. 1f.; Meifert 2008, S. 270f.

von bewährten MitarbeiterInnen an die Unternehmung (wegen Kostenamortisation). Mit einem raschen Wechsel fallen Kosten der Wiederbesetzung einer Stelle an z.b. durch erneute Ausschreibung, Vakanz und damit erforderlichen Überstunden der verbleibenden MitarbeiterInnen. Die Wahrscheinlichkeit, dass neue MitarbeiterInnen die Organisation wieder verlassen, ist innerhalb der ersten 6–12 Monate am höchsten.[34] Diese Entscheidung wird häufig bereits am ersten Arbeitstag in Erwägung gezogen oder sogar getroffen.

„Passung" und Einsetzbarkeit

Das Arbeitsrecht sieht vor, dass während der Probezeit ein Arbeitsvertrag ohne Angabe von Gründen durch beide Vertragsparteien aufgelöst werden kann. Die Dauer der Probezeit ist in Österreich mit einem Monat lt. § 19 Abs. 2 Angestelltengesetz (3 Monate bei Lehrlingen) begrenzt, das deutsche Arbeitsrecht trifft keine zeitliche Befristung.[35] Jedenfalls ist es besonders wichtig, diesen Zeitraum zu nützen, um ein gesichertes Bild über Arbeitsverhalten und Potenzial der neuen MitarbeiterIn zu bekommen. Neue Arbeitsorganisationsformen und Kooperationsfelder in der Unternehmenspraxis (z.B. internationale Arbeitsaufgaben, Gruppenarbeit, Dezentralisierung) stellen erhöhte und veränderte Anforderungen an MitarbeiterInnen. Im Zuge der Personaleinführung kann ein eventueller Qualifikationsbedarf rasch festgestellt und entsprechend reagiert werden, bevor Kosten durch Inkompetenz anfallen oder schwere Fehler auftreten.

Die Distanz zum Unternehmensgeschehen macht neue MitarbeiterInnen außerdem zu wertvollen BeobachterInnen und neutralen BeraterInnen. Sie können organisatorische Abläufe reflektieren und „Selbstverständlichkeiten" hinterfragen. Damit lassen sich blinde Flecken etwa in organisatorischen Abläufen aufdecken, was die Grundlage zur Umgestaltung von ineffizienten Routine-Aktivitäten sein könnte.[36]

2.1.2 Phasen des Einführungsprozesses

Die Grundlagen für das Gelingen der fachlichen und sozialen Einführung werden bereits vor dem Eintritt gelegt, nämlich in der Darstellung des Unternehmens und der Vermittlung von Informationen über die zukünftige Arbeitstätigkeit in der Personalrekrutierung. Zur Beschreibung des Einführungsprozesses aus Sicht der betroffenen Person werden in der Literatur verschiedene Phasenmodelle herangezogen. Meist wird zwischen folgenden Phasen unterschieden:[37]

1. Voreintrittsphase: Zeitraum vor dem Eintritt
   Antizipatorische Sozialisation (z.B. bisherige Arbeitserfahrungen)
   Entscheidung für die Stelle

---

[34] Z.B. liegen im österreichischen Pflegedienst die Gesamtaustritte in den ersten beiden Jahren bei 56%, in der Gruppe mit 3–5 Jahren Zugehörigkeit verlassen nur mehr 16% den Pflegedienst (vgl. Rippel 1991, zit. in Schütz 1995, S. 286); Jung 2006, S. 183.

[35] Die Dauer der Probezeit kann in Deutschland zwar grundsätzlich frei vereinbart werden, doch wird sie von der Rechtsprechung unter Berücksichtigung des Inhaltes der Arbeitstätigkeit begrenzt; so ist für einfache Tätigkeiten von 3–4 Monaten, für komplexe Aufgabenbereiche bis zu 6 Monate auszugehen. Eine gesetzliche Festlegung besteht bei Berufsausbildungsverhältnissen: Die Probezeit beträgt mindestens ein Monat bis max. vier Monate (§ 20 Berufsausbildungsgesetz [BBiG]).

[36] Mayerhofer 1996, S. 96; vgl. Kailer 2008, S. 4

[37] Eine Zusammenstellung bietet Rehn 1990.

2. Eintrittsphase: Eintritt des neuen Mitarbeiters/der neuen Mitarbeiterin
   Konfrontation der Erwartungen von Organisation und Person
   Beginn des Orientierungszeitraumes

3. Integrationsphase/Metamorphosephase: Bewältigung der fachlichen und sozialen Integration

Der Einführungsprozess als solcher beginnt mit der Voreintrittsphase, welche dem Aufgabengebiet der Personalauswahl zuzurechnen ist, erst die Eintrittsphase ist Gegenstand der Personalentwicklung. Im Folgenden wird das Phasenmodell von Kieser et al. (1990) vorgestellt, welches im deutschsprachigen Raum entwickelt und teilweise empirisch überprüft wurde. Es berücksichtigt neben der fachlichen Integration auch die individuell-psychologische Seite des/der Neueintretenden. Daher wird im Rahmen der individuellen Betrachtung auch die Voreintrittsphase hier an dieser Stelle behandelt, obwohl die Konsequenzen, die sich daraus ergeben, dem Aufgabengebiet der Personalauswahl zuzurechnen sind.

Phasen des Einführungsprozesses einer Mitarbeiterin/eines Mitarbeiters	
Phase 1:	Antizipatorische Sozialisation und Entscheidung für eine Stelle
Phase 2:	Eintritt in die Organisation: Konfrontation – Erwartungen und Realität treffen aufeinander
Phase 3:	Fachliche und soziale Integration – Einarbeitung und Eingliederung
Phase 4:	Vollmitgliedschaft in der Organisation

Abb. 3: Phasen des Einführungsprozesses nach Kieser et al. (1990)

Phase 1: Antizipatorische Sozialisation und Entscheidung für eine Stelle

In der Voreintrittsphase – im Zuge der Personalwerbung und des Auswahlverfahrens[38] – kommen Organisation und neue MitarbeiterInnen erstmals in Kontakt. BewerberInnen werden zu Vorstellungsgesprächen eingeladen; Entscheidungen über die Besetzung im Unternehmen und durch den/die BewerberIn getroffen und einander mitgeteilt sowie Vereinbarungen über die zukünftige Tätigkeit (Arbeitsaufgaben, Anforderungen, Gehalt, Antrittstermin) getroffen.

Aus Sicht der BewerberInnen ist die Voreintrittsphase einerseits durch Vorerfahrungen (antizipatorische Sozialisation[39]) geprägt. Diese prägen Werthaltungen (z.B. welchen Stellenwert Ausbildung und Bildung allgemein besitzen, welche Bedeutung die Ausübung eines Berufes im Leben hat, „Ich arbeite um zu leben" oder „Ich lebe um zu arbeiten") und Erwartungen bezüglich neuer Arbeitsaufgaben und erfolgreicher Verhaltensstrategien.

Andererseits hat in der Voreintrittsphase die positive/negative Entscheidung über ein Stellenangebot zu erfolgen. Zur Entscheidungsfindung ist der/die BewerberIn auf mög-

---

[38] vgl. Mayerhofer „Beschaffung und Auswahl von Mitarbeiterinnen und Mitarbeitern" in diesem Band

[39] Unter antizipatorischer Sozialisation versteht man jene vor dem Antritt der neuen Stelle gemachten Erfahrungen, welche die inneren Werte und Einstellungen eines Menschen prägen. Diese Erfahrungen werden im Rahmen der Primärsozialisation im Elternhaus, der Sekundärsozialisation in der Schule, über Medien, FreundInnen etc. sowie der beruflichen Sozialisation im Rahmen der Arbeitstätigkeit gemacht (vgl. Windolf 1983).

lichst realistische Informationen über den zukünftigen Arbeitsplatz und die zu erfüllenden Aufgaben, Aufstiegs- und Weiterbildungsmöglichkeiten etc. im Zuge des Personalauswahlprozesses durch das Unternehmen angewiesen (z.B. beim Bewerbungsgespräch). Auf Basis verschiedener Informationen, Gerüchte und Erwartungen an das Unternehmen werden – wenn vorhanden alternative – Stellenangebote geprüft, Vor- und Nachteile abgewogen und unter Unsicherheit entschieden.

Phase 2: Eintritt in die Organisation: Konfrontation – Erwartungen und Realität treffen aufeinander

Der erste Tag bzw. die erste Zeit innerhalb einer neuen Organisation/Arbeitsgruppe ist geprägt durch große Unsicherheit sowie liebsamer und unliebsamer Überraschungen, verbunden mit emotionaler Belastung. Solche Überraschungen entstehen durch

- wenig realistische Informationen bei der Rekrutierung,
- bewusste und unbewusste Erwartungen an die eigene Person,
- unerwartete Arbeitsbedingungen und die eigenen emotionalen Reaktionen darauf und
- Kulturschock.

Zur Erklärung der Reaktionen von Menschen auf unerfüllte Erwartungen kann die **Theorie der kognitiven Dissonanz**[40] herangezogen werden. Laut Annahmen dieser Theorie streben Menschen danach, so zu denken und sich so zu verhalten, dass Widersprüche in ihren inneren Überzeugungen, Werthaltungen und Wissenselementen (Kognitionen) reduziert werden. Dabei werden Argumente bei der Entscheidungsfindung bewertet, um zu einer wohl überlegten und rationalen Entscheidung zu kommen. Tritt dann eine Erwartungsenttäuschung ein, setzt ein Umbewertungsprozess von Vor- und Nachteilen der gewählten Alternative ein.

Treten viele Überraschungen auf, erleidet die neue Mitarbeiterin bzw. der neue Mitarbeiter einen Praxis- oder Realitätsschock. Dies gilt aber nicht nur für BerufsanfängerInnen, auch Berufserfahrene sind davon betroffen, nämlich dann, wenn der neue Arbeitsplatz stark vom alten abweicht. Massive Enttäuschungen in der Konfrontationsphase können zum Austritt aus der Organisation oder zur schrittweisen Distanzierung vom Betriebsgeschehen führen. Empirisch zeigten sich beispielsweise bei HochschulabsolventInnen die häufigsten Enttäuschungen in Bezug auf eine geringe Beteiligung an wichtigen Entscheidungen durch den Vorgesetzten, fehlende Firmenprogramme zur Karriereförderung und Mangel an Sinnhaftigkeit in der Tätigkeit aufgrund geringer Verantwortung.[41]

Phase 3: Fachliche und soziale Integration – Einarbeitung und Eingliederung

Diese Phase umfasst den Zeitraum der Entwicklung individueller Strategien zur Bewältigung der Einführungsprobleme: Vom Neuling sind entsprechende Strategien für eine zufriedenstellende Erfüllung der Arbeitsaufgaben und zum Umgang mit KollegInnen und KonkurrentInnen zu entwickeln, um damit am neuen Arbeitsplatz zu reüssieren.

---

[40] Festinger 1978
[41] vgl. Kieser et al. 1990, S. 88

Dabei gilt es die konkrete Aufgabenstellung zu entschlüsseln, Ergebnisse zu produzieren und die Normen und Werte der Organisation zu verstehen, um sich ausreichend der Gruppenkultur anpassen und effektiv handeln zu können. Die Entschlüsselung der Aufgabe bezieht sich sowohl auf die fachlichen Inhalte als auch auf den Verantwortungsbereich (Kompetenzen abstecken!) und ist umso schwieriger, je größer der individuelle Handlungsspielraum ist bzw. je weniger formale Strukturen Orientierung geben.

Phase 4: Vollmitgliedschaft in der Organisation

Der Neuling wird zum Vollmitglied der Organisation, wenn ein „psychologischer Vertrag"[42] zwischen dem Neuling und dessen neuem Betätigungsfeld entstanden ist. Hauptbestandteil dieses Vertrages ist die innere Bindung der MitarbeiterInnen, die Identifikation mit der und die Einsatzbereitschaft für die Organisation. Die neue Arbeitskraft begreift nun das Unternehmen als „meine Firma". Ebenso betrachtet die Führungskraft ihrerseits die neue Arbeitskraft als „meine Mitarbeiterin/meinen Mitarbeiter". Die Identifikation bildet die Grundlage einer wert- und zielorientierten Selbststeuerung der MitarbeiterInnen. Die Basis der Selbststeuerung sind Identifikationsobjekte in Form von Personen und/oder Sachen: z.B. die erfahrene Kollegin als Vorbild, das Unternehmensziel, das sozial anerkannte Werte verkörpert.[43] Mit dem Entstehen der inneren Bindung als Identifikation mit den Zielen der Organisation wird engagiertes Verhalten der MitarbeiterInnen für die Organisation erreicht und gleichzeitig das Problem der Kontrolle und der damit verbundenen Kosten reduziert.

Abschließend ist festzuhalten, dass die fachliche und soziale Integration umso besser gelingt,

- je realistischer die Informationen über den zukünftigen Arbeitsplatz und Entwicklungschancen waren;

- je freiwilliger die Entscheidung für eine Stelle erfolgte (z.B. Wahlmöglichkeit zwischen mehreren Angeboten);

- je mehr fachbezogenes Wissen und Kenntnisse aus der bisherigen Ausbildung und Arbeitstätigkeit vorhanden sind und diese mit den neuen Anforderungen übereinstimmen;

- je ähnlicher sich Normen, Werte und Verhaltensweisen sind, die sich in der Organisationskultur manifestieren.[44]

Kritisch am Modell von Kieser et al. (1990) bleibt anzumerken, dass das Phasenmodell wenig Anhaltspunkte zur konkreten Ausgestaltung von Einführungsmaßnahmen bietet. Die Phasen sind nicht in einer starren Abfolge zu sehen, sondern insbesondere 2 und 3 stehen in einem wechselseitigen Zusammenhang. Das zeitliche Ausmaß der Phasen bzw. der Zeitraum zum Erreichen der Vollmitgliedschaft wird – auch durchschnittlich – nicht festgelegt.

---

[42]   vgl. Rousseau 1995
[43]   vgl. Wunderer/Mittmann 1995, S. 22ff.
[44]   vgl. Kieser et al. 1990, S. 7f.; vgl. auch von Rosenstiel/Nerdinger/Spieß 1998; vgl. Kasper/Loisch/Mühlbacher „Organisationskultur und lernende Organisation" in diesem Band

Zu den wesentlichen Einflussfaktoren auf die Zeitdauer zur Erreichung der Vollmitgliedschaft zählen:[45]

- auf die **MitarbeiterInnen** bezogen: Berufserfahrung, Erfahrung im konkreten Arbeitsbereich, Übereinstimmung von Qualifikationsprofil und Aufgabenanforderungen, soziale Kompetenz bezüglich der Eingliederung in die Arbeitsgruppe;

- auf die **Aufgabe** bezogen: einfacher/komplexer Aufgabeninhalt, Ausmaß an Entscheidungs- und Kontrollspielraum der Tätigkeit, Ausmaß der Kooperationsintensität;

- auf die **Organisation** bezogen: Größe, Struktur und Ausprägungen der Organisationskultur.

2.1.3 Maßnahmen der Personaleinführung

Welche Einführungsmaßnahmen sind auf Basis der bisher gewonnenen Kenntnisse von einem Unternehmen zu setzen? Gleich vorweg: Ein für alle Organisationen gleichermaßen effizientes und damit einheitliches Einführungskonzept gibt es nicht. Vielmehr ist jede Konzeption der Personaleinführung organisationsspezifisch in Abstimmung mit anderen personalwirtschaftlichen Aufgabenfeldern zu entwickeln und das jeweilige Ausmaß an Formalisierung der Maßnahmen zu bestimmen. Laut einer Erhebung von Lee Hecht Harrison 2006 setzen knapp 60% der befragten Unternehmen Einarbeitungsrichtlinien wie z.B. Checklisten ein, gleichzeitig wird versucht, den Freiraum der Beteiligten nicht zu sehr einzuschränken.[46] Folgende zentrale Elemente zur Gestaltung der Personaleinführung sind unabdingbar: eine realistische Informationspolitik durch das Unternehmen im Recruitingprozess, die Unterstützung durch Bezugspersonen und die Durchführung von Einführungsprogrammen.[47]

I. Realistische und extensive Informationspolitik

Realistische Informationen über den zukünftigen Arbeitsplatz und dessen Vor- und Nachteile zu geben sollte zwar eine Selbstverständlichkeit sein, doch erfolgt in der Voreintrittssphase sowohl von Seiten der Organisation als auch der BewerberInnen eine mehr oder weniger beabsichtigte Informationsverzerrung zum Positiven hin.[48] Daraus bilden sich Erwartungen; sind diese sehr hoch, besteht die Gefahr einer massiven Enttäuschung. Grundannahme ist, dass insbesondere die Konfrontationsphase deutlich durch eine – zumindest weniger geschönte – Informationspolitik erleichtert werden kann.[49] Eine Studie von HochschulabsolventInnen in Deutschland[50] zeigte, dass nahezu alle BewerberInnen beim Einstieg über Hardfacts informiert werden (z.B. Inhalt der Tätigkeit, Produktpalette, Arbeits-

---

[45]   vgl. Huber 1992, Sp. 764
[46]   170 PersonalleiterInnen und Referenten wurden durch das Beratungsunternehmen befragt.
[47]   z.B. Berthel/Becker 2007; Kailer 2000; Kieser et al. 1990; Neuberger 1994; Nicolai 2006; Rehn 1990
[48]   vgl. den Beitrag von Mayerhofer in diesem Band
[49]   vgl. Neuberger 1994, S. 126. Allerdings ist eine Negativauslese der BewerberInnen zu erwarten, wenn überwiegend negative Aspekte der Arbeitsstelle angesprochen werden.
[50]   vgl. von Rosenstiel/Nerdinger/Spieß 1998

zeitregelungen und Sozialleistungen). Die Bewertung der Information als realistisch (=zutreffend) wurde rückblickend allerdings insbesondere im Bereich „Inhalt der Tätigkeit" als weniger zutreffend eingeschätzt als etwa Informationen zu Arbeitsplatzsicherheit oder Betriebsklima.[51]

Besonders die Zeit vor dem Eintritt, in der die neuen MitarbeiterInnen ihre Entscheidung für das Unternehmen getroffen haben, kann genützt werden, um auch umfänglichere Informationsinputs über die Organisation, Produkte, Aufgabenbereiche, Organisationsabläufe zu vermitteln und so die Orientierungsphase und teilweise die fachliche Integration der Neuen zu verkürzen. So kann Informationsmaterial in schriftlicher oder elektronischer Form zur Verfügung gestellt oder es können Treffen mit der zukünftigen Arbeitsgruppe arrangiert werden.

II. Unterstützung durch Bezugspersonen

Die individuelle Unterstützung der neu eintretenden Person durch Bezugspersonen zählt in diesem Zeitabschnitt zu den wichtigsten Elementen einer erfolgreichen Einführungspraxis. Insbesondere sind hier die direkten Vorgesetzten und die Arbeitsgruppe gefordert. In der Praxis weit verbreitet sind auch Mentoren- und Patensysteme sowie Coaching. Das Coaching wird aber, da es nicht nur für den Einstieg Verwendung findet, sondern auch im Bereich der Karriereberatung und beim Austritt, als gesondertes Instrument im abschließenden Kapitel Personalabbau angesprochen.

1. Vorgesetzte

Das Vorgesetztenverhalten und die Mitarbeitermotivation für die neue Stelle sind für eine gegenseitige Annäherung der Erwartungen ausschlaggebend. In der Voreintrittsphase haben Führungskraft und zukünftige MitarbeiterInnen in der Regel bereits erste Kontakte geknüpft. Als Aufgabe stellt sich hier besonders die **Informationsvermittlung**. In der Eintrittsphase hat der Vorgesetzte die **Aufgabenstellung** so zu wählen, dass optimalerweise weder eine Über- noch eine Unterforderung auftritt, da beides negative Symptome wie Stressbelastung, Unzulänglichkeitsempfindungen etc. hervorrufen kann und längerfristig zu einem Absinken des Leistungsniveaus führt.[52] Eine laufende **Beurteilung** der Leistungen und kontinuierliche **Rückmeldungen** zur Leistungserfüllung durch den/die Vorgesetzte/n sind in der Einarbeitungsphase von besonderer Bedeutung: Aus Sicht der Organisation, um rasch zu klären, ob es sich um eine geglückte Personalentscheidung handelt und aus Sicht des Mitarbeiters/der Mitarbeiterin, um Sicherheit in der Aufgabenerfüllung zu gewinnen. Will man die neuen MitarbeiterInnen auch als Quelle kreativer Ideen und zur Reflexion der Abläufe nützen, ist eine offene und symmetrische Kommunikationsbeziehung erforderlich.[53] Diese zu gestalten ist auch Aufgabe des/der Vorgesetzten.

---

[51] Maier 1998, S. 106f.
[52] vgl. Becker 2005, S. 311
[53] vgl. Heinrich/Schmidt „Konfliktgestaltung und Kommunikation" in diesem Band

2. KollegInnen – die Arbeitsgruppe, das Team

Ein Team verfügt über wichtige Informationen und Belohnungen und kann Bedürfnisse nach sozialer Anerkennung und Kontakten befriedigen.[54] Je stärker die Gruppenkohäsion (Zusammenhalt) ausgeprägt ist und je abgeschlossener das Team nach außen agiert, desto bedeutender ist es, bereits bei der Personalauswahl mit der zukünftigen Arbeitsgruppe in Kontakt zu treten. Die Führungskraft kann bspw. einen ersten, direkten Kontakt ermöglichen und/oder einflussreiche Mitglieder der Arbeitsgruppe in den Auswahlprozess miteinbeziehen. Damit wird einerseits Konflikten aufgrund von völliger Antipathie[55] vorgebeugt und andererseits der erste Grundstein für die erfolgreiche Bindung von zukünftigen MitarbeiterInnen und KollegInnen gelegt. Mit einem Neueintritt verändern sich Machtpositionen und Rollen in einer Gruppe. Ebenso werden Leistungsnormen der Mitglieder und die Loyalität zur Organisation neu thematisiert und gegebenenfalls verändert. Die Annäherung findet in einem wechselseitigen Prozess der Anpassung des Neulings an die Gruppe (Assimilation) und der Gruppe an den Neuling (Akkomodation) statt.[56]

3. Mentoring/Patensystem

Mentor-Mentée-Beziehungen, auch Mentor-Protegé-Beziehungen genannt, können informell-spontan zwischen Organisationsmitgliedern entstehen oder formal etabliert werden. Beim Mentoring wird der neuen Mitarbeiterin/dem neuen Mitarbeiter formell eine erfahrene Person zur Seite gestellt, deren Aufgabe es ist, den Einführungsprozess zu begleiten. Handelt es sich um eine hierarchisch höherstehende Person, wird dies Mentorsystem genannt, bei hierarchisch Gleichgestellten Patensystem oder Peer-Mentoring.

Mentoring hat im Wesentlichen drei **Funktionen**:[57]

1. Vorbildfunktion bzw. Rollenmodell: Einstellungen, Werthaltungen und Verhaltensweisen des Mentors/der Mentorin werden geschätzt und teilweise übernommen.

2. Psychosoziale Unterstützungsfunktion: Akzeptanz und Wertschätzung, Beratung in Problemsituationen und freundschaftlicher Umgang.

3. Karrierefunktion: Herausfordernde Aufgaben und Sichtbarmachung von Leistungen, Einführung in die organisationale Mikropolitik, Unterstützung bei Beförderung und Versetzung und Gewährung von Schutz gegenüber Dritten.

Empirische Befunde[58] zeigen, dass protegierte Personen im Vergleich zu nicht protegierten Personen weniger Rollenstress und weniger Rollenkonflikte erleben, die Karriereerwartung und die Zufriedenheit mit ihrer Laufbahn größer ist und sie schneller aufsteigen. Widersprüchliche Ergebnisse zeigen sich bei Arbeitszufriedenheit und Einkommenshöhe. Darüber hinaus sind aus betrieblicher Perspektive eine geringere Kündigungsbereitschaft und ein höheres organisationsbezogenes Commitment bedeutsam. Informell gebildete

---

[54] vgl. Kieser et al. 1990, S. 24f.
[55] Dies kann bis zur Kündigung führen oder aber Mobbing auslösen.
[56] vgl. Rehn 1990, S. 30f.
[57] vgl. Blickle 2000, S. 169
[58] vgl. Blickle 2000, S. 173ff.

Mentor-Mentée-Beziehungen wirken stärker als formal zugewiesene: Erstere haben insbesondere bei Karrierefunktionen (Aufstiegsgeschwindigkeit und Einkommenshöhe) stärkere positive Effekte. Ursachen dafür könnten in der geringeren Zeitdauer von formellen Beziehungen (rund sechs Monate zu zwei bis fünf Jahren) und einer geringeren Passung zwischen den beteiligten Personen liegen. Personalentwicklungsmaßnahmen zur Förderung von informellen Mentor-Protegé-Beziehungen unterstützen die Erreichung der positiven Effekte.

Dysfunktionale Konsequenzen von Mentoring-Systemen ergeben sich für das Unternehmen insbesondere durch starke informelle Beziehungen und bei Unklarheiten in der Aufgabenteilung zwischen direktem Vorgesetzten und MentorIn bzw. Patin und Paten.

Meist bleiben Mentorenbeziehungen lange über die Einführungsphase hinaus bestehen und nehmen stark freundschaftliche Züge an. Insbesondere bei gemischtgeschlechtlichen Mentorenbeziehungen können Rollenprobleme (z.B. Vater-Tochter/Mutter-Sohn-Problematik) oder Gerüchte (z.B. unterstellte Liebschaften) negative Auswirkungen auf die Mentées wie auf die MentorInnen haben. Weiters kann aufgrund starker informeller Beziehungen und damit einhergehender mikropolitischer Aktivitäten das Vertrauen der Organisationsmitglieder auf „leistungsgerechte" Entscheidungen verringert werden: So könnte z.B. für die Schnelligkeit der Beförderung die Mächtigkeit/Position des Mentors wichtiger als die Leistung der beförderten Person sein.

III. Einführungsprogramme

Einführungsprogramme sind die Summe von formalisierten Maßnahmen, die die fachliche und soziale Integration für die Gruppe der NeueinsteigerInnen in einem Unternehmen unterstützen sollen.

Als Elemente von Einführungsprogrammen lassen sich anführen:

- Einführungsveranstaltungen im größeren Rahmen, z.B. für alle NeueinsteigerInnen einer nationalen Niederlassung mit Kongresscharakter: „Wir über uns!"

- Schriftliches Informationsmaterial, welches meist auch werbewirksam aufgemacht wird und etwa in lexikalischer Form „Alles was Sie wissen müssen von A–Z" die Klärung von typisch auftretenden Fragen leisten soll.

- Checklisten für Vorgesetzte, MentorInnen etc., vorbereitet von den zentralen Servicestellen.

- Geschäftsreisen zu verschiedenen Niederlassungen, Besichtigungstouren, Einstandsfeiern.

- Qualifizierungsmaßnahmen, z.B. eingebunden in Traineeprogramme; zum Kennenlernen der neuen Aufgabe, Formen von Zusammenarbeit etc.

Empirische Befunde deuten darauf hin, dass „sozial vermittelte Informationen und Beziehungen wichtiger sind als kognitiv akzentuierte Medien und Veranstaltungen".[59] Ins-

---

[59] Neuberger 1994, S. 139

gesamt ist festzuhalten, dass Unternehmen nur in geringem Ausmaß die Konsequenzen von Einführungsmaßnahmen evaluieren. So geben drei Viertel von 170 befragten PersonalleiterInnen an, den Erfolg nicht zu messen, denn es gebe keine entsprechenden Kenngrößen bzw. seien die Aufgaben zu unterschiedlich. 17% versuchen durch die Heranziehung von Kundenumsatz sowie Anzahl und Qualität der Kundenkontakte Einschätzungen zu gewinnen.[60]

Traineeprogramme sind in der Wirtschaft stark verbreitet und somit von praktischer Relevanz.[61] Unternehmen verfolgen damit insbesondere eine langfristige Sicherung der „besten Führungsnachwuchskräfte". Diese sind nur durch ein positives Firmenimage und eine gute Wettbewerbsposition des Unternehmens auf dem internen und externen Arbeitsmarkt zu gewinnen. Traineeprogramme werden zur Einführung und Ausbildung von Universitäts- und FachhochschulabsolventInnen angeboten. Sie bieten die Möglichkeit, mehrere vorher festgelegte Bereiche in verschiedenen Funktionen eines Unternehmens zu durchlaufen und dauern von einigen Monaten bis zu zwei Jahren. Dieser systematische Arbeitsplatzwechsel (job rotation) ist meist an zusätzliche Bildungsmaßnahmen gekoppelt und verursacht den Unternehmen nicht unbeträchtliche Kosten. Aus Sicht von Trainees sind solche Programme vorteilhaft, da die eigenen Interessenschwerpunkte anhand praktischer Tätigkeiten erprobt werden können und eine umfängliche Ausbildung eine gute Position am Arbeitsmarkt – auch über das Traineeunternehmen hinaus – bietet. Traineeprogramme gehen damit in ihren Zielsetzungen über reine Personaleinführungsaufgaben hinaus.

Dem Bereich Einführung, an der Schnittstelle zwischen Personalauswahl und Personalentwicklung, wird in Theorie wie Praxis deutlich weniger Aufmerksamkeit geschenkt als anderen Aufgaben der Personalarbeit. So geben von 170 befragten PersonalistInnen 61% an, dass in den jeweiligen Unternehmen Optimierungsbedarf hinsichtlich einer strukturierten Einarbeitung besteht, mit dem Ziel, die Zeit vom Eintritt bis zum produktiven Einsatz des neuen Mitarbeiters bzw. der neuen Mitarbeiterin zu minimieren und eine fundierte Entscheidung für oder gegen eine Übernahme nach der Probezeit treffen zu können.[62] Maßnahmen der Personaleinführung sollen aber systematisch geplant, mit anderen personalwirtschaftlichen Feldern wie Auswahl, Qualifizierung und Karriereplanung abgestimmt, professionell durchgeführt und die Wirkungen evaluiert werden. Und letztlich wird vor einem allzu ‚technischen' Blick auf die Einführung neuer MitarbeiterInnen und die Simplifizierung dieses doch komplexen Themenbereichs gewarnt.

2.2 Betriebliche Weiterbildung

Das Ausbildungsniveau und laufende Weiterbildungsaktivitäten sind für einen Wirtschaftsstandort von zentraler Bedeutung. In einem globalen Wettbewerbsumfeld, das durch rasanten technischen Fortschritt und gute Kommunikations- und Transportwege gekennzeichnet ist, wird das Qualifikationsniveau von Arbeitskräften für eine Volkswirtschaft, aber auch für jedes Unternehmen, erfolgskritisch. Lebensbegleitendes/lebens-

---

[60] Lee Hecht Harrison 2006, S. 2
[61] vgl. Becker 2005, S. 317
[62] LeeHechtHarrison 2006, S. 1

langes Lernen von Seiten der Politik und der Unternehmen zu forcieren, entwickelt sich zunehmend vom Schlagwort zur realen Herausforderung, nicht zuletzt aufgrund demografischer Entwicklungen, die zu einem deutlich höheren Anteil älterer Beschäftigter führen. In diesem Kapitel wird die Veränderung des nutzbaren Qualifikationsreservoirs durch betriebliche Weiterbildung näher betrachtet. Gegenstand der betrieblichen Weiterbildung ist *individuelles* Lernen von Einzelpersonen und/oder Gruppen von Beschäftigten und nicht organisationales Lernen. Mit individuellem Lernen wird zwar organisationales Lernen unterstützt und ermöglicht, jedoch sind zur Verbreiterung der organisationalen Wissensbestände Systeme zur Generierung, Speicherung, Transfer und Anwendung von Wissen in einer Organisation erforderlich.[63] Erst damit wird „individuelles Verhalten und Handeln zu replizierbarem Wissen der Organisation".[64]

Berufliche Weiterbildung bzw. Fortbildung (synonyme Begriffsverwendung) umschreibt alle Aktivitäten zur Erhaltung und Vertiefung von Fertigkeiten und Kenntnissen nach dem Abschluss einer ersten Bildungsphase (z.B. Lehrberuf).[65] *Betriebliche* Weiterbildung umfasst jenen Teil der beruflichen Weiterbildung, der vom Unternehmen durchgeführt und/oder veranlasst wird.[66] Die Prozesse des impliziten Lernens werden in diesem Beitrag nicht aufgegriffen, diese erfolgen z.B. durch die Mitarbeit in Projekten, Jobrotation oder im Rahmen von Auslandseinsätzen.[67] Der Begriff Management Development bezieht sich auf Maßnahmen für die Zielgruppe der Führungskräfte. Weiterbildung ist die **Kernaktivität von Personalentwicklung** in der Praxis: So verfügen in Europa nahezu alle Unternehmen über Weiterbildungsaktivitäten. Bei der Analyse zeigt sich, dass die Ausgestaltung von Training-and-Development-Aktivitäten stärker von Unternehmensstrategie und Unternehmensgröße als von länderspezifischen Merkmalen beeinflusst wird.[68]

In der Folge werden unternehmerische und mitarbeiterbezogene **Zielsetzungen, AdressatInnen, Inhalte** und **Maßnahmen** zur Vermittlung von Weiterbildung diskutiert.

2.2.1 Ziele von Weiterbildung

2.2.1.1 Organisatorische Ziele

„*Die entstehenden Ausgaben [durch Weiterbildung] sind nicht soziale Geschenke an die Belegschaft, sondern sinnvolle Investitionen.*"[69]

Ökonomisch betrachtet stellt betriebliche Weiterbildung eine Investition dar, die immer darauf abzielt, durch besser qualifiziertes und motiviertes Personal zukünftige Einnahmen

---

[63]   vgl. Güldenberg 1999, S. 545ff.

[64]   Probst/Büchel 1994, S. 18

[65]   Pawlowsky/Bäumer 1996, S. 8

[66]   vgl. Pawlowsky/Bäumer 1996, S. 8ff.

[67]   Staudt/Kriegesmann (1999) vertreten die provokante These, dass betriebliche Weiterbildung nur einen Mythos darstelle, denn nur Lernen in der Arbeitstätigkeit, im sozialen Umfeld sei effektiv. Dieser These widersprechen aber Ergebnisse der Erfolgsforschung (siehe auch von Rosenstiel 2009, S. 967).

[68]   Ländervergleich von Deutschland (West), Frankreich, Großbritannien, Irland und Niederlande (vgl. Weber/Kabst/Gramley 1998, S. 7, 14).

[69]   Witte 1962, zit. in Pawlowsky/Bäumer 1996, S. 32

auszulösen und/oder zukünftige Ausgaben zu reduzieren. Rund 90% der österreichischen Unternehmen bezeichnen Weiterbildung als ihre zentrale personalwirtschaftliche Aktivität hinsichtlich der Bedeutung für das Unternehmen als auch des zeitlichen Engagements, wobei es sich vorrangig um individuelle Qualifizierungsmaßnahmen handelt (z.B. Entsendung von MitarbeiterInnen zu überbetrieblichen Seminaren und Kursen, der Besuch von Fachmessen).[70] In Deutschland gaben Unternehmen im Jahr 2005 knapp 2,3%, in Österreich 2,6% der jährlichen Lohn- und Gehaltssumme für Aus- und Weiterbildungsmaßnahmen aus. Das ist deutlich weniger als in Großbritannien (3,5%), Dänemark (3,1%) oder den Niederlanden (3,1%). Australien liegt mit 4,5 %, die USA mit 4,3% und Griechenland mit 4% an der Spitze der Weiterbildungsausgaben.[71] Betrachtet man betriebliche Weiterbildung als Investition, so müssen – bei allen Messschwierigkeiten – qualitative und quantitative Ergebnisse dokumentiert werden. In empirischen Untersuchungen zeigt sich, dass durch die Steigerung von Weiterbildungsaktivitäten ein Produktionszuwachs erzielt werden kann: Zwick (2002) zeigt für Deutschland, dass ein höherer Anteil an Beschäftigten in Trainings mit einem positiven Effekt auf die Produktivität verbunden ist – den Schätzungen zufolge ist eine Erhöhung um einen Prozentpunkt des Anteils der MitarbeiterInnen mit einer rund 0,4% höheren Produktivität verbunden. Britische Daten zeigten ebenso einen statistisch signifikanten positiven Effekt von Weiterbildung auf die durchschnittliche Produktivität von Branchen sowie auf Gehälter und Löhne.[72] Für Österreich untersuchten Böheim/Schneeweis (2007) den Zusammenhang zwischen Firmenproduktivität und der Stundenanzahl von Weiterbildung der MitarbeiterInnen und der Kosten, die für Weiterbildung aufgewendet wurden. Sie finden positive kurz- und mittelfristige (zwei Jahre) Korrelationen von Weiterbildungsaktivitäten und Firmenproduktivität: „Firmen, die Ausgaben für Weiterbildung verdoppeln, sind um rund 4% produktiver."[73] Gmür/Schwerdt (2005) zeigen ebenso, dass HRM-Aktivitäten – insbesondere Weiterbildungs-, Personalauswahlaufwand und variable Vergütung – einen Beitrag zum Unternehmenserfolg leisten.[74] Die Zusammenhänge sind komplex, Mayrhofer/Reichel (2008, S. 140) zeigen die Komplexität der Thematik für die Führungskräfteentwicklung auf: „Management Development – wirkt, aber keine/r weiß so genau, warum, wie und mit welcher Zeitverzögerung MD sich in Erfolgsmaßen auf der Organisationsebene niederschlägt."

Mit der ökonomischen Zielsetzung sind **weitere Funktionen** von Weiterbildung unmittelbar verbunden:[75]

– Anpassungsleistung: Erforderliche Qualifikationen, qualitativer und quantitativer Natur, werden zeitgerecht zur Verfügung gestellt.

---

[70] vgl. Kailer/Steinringer 2000, S. 15
[71] vgl. Kabst/Giardini 2009, S. 32
[72] Dearden/Reed/van Reenen 2006
[73] Böheim/Schneeweis 2007, S. 2, 41, wobei ein positiver Zusammenhang besteht, aber es kann nicht angegeben werden, ob Weiterbildung die Produktivität erhöht oder ob produktivere Firmen mehr in Weiterbildung investieren.
[74] vgl. Gmür/Schwerdt 2005
[75] vgl. Mentzel 2005, S. 10f.; Nicolai 2006, S. 232; Pawlowsky/Bäumer 1996, 31ff.

– Motivations- und Identifikationsfunktion: Weiterbildung erhöht die Leistungsbereitschaft indirekt über Anreize wie bessere Aufstiegschancen, höhere Entgeltansprüche (bspw. bei Qualifikationsprämien) und dergleichen mehr.

– Flexibilitätspotenzialerhöhung: Diese entsteht durch den Aufbau von Qualifikationsreserven und/oder arbeitsplatzübergreifenden Qualifikationen.

– Akquisitions- und Imagewirkungen am Arbeitsmarkt: (Umfassende) Weiterbildungsmöglichkeiten haben positive Auswirkungen auf potenzielle LeistungsträgerInnen. Diese Wirkung ist insbesondere bei Arbeitsmarktsegmenten mit knappem Angebot wichtig.

– Strategische Gestaltungs- und Entwicklungsfunktion: Weiterbildung ist ein aktiver und zukunftsgerichteter Beitrag zur Organisationsentwicklung.

In der betrieblichen Weiterbildung ist die Bereitstellung aktuell erforderlicher Qualifikationen zentrale Aufgabe, dies wird auch als Anpassungsqualifizierung bezeichnet. Gleichzeitig kommt der Steigerung der Flexibilität der Beschäftigten im Sinne von breiter fachlicher Einsetzbarkeit und zukünftig erforderlicher Kompetenzen besondere Bedeutung zu.[76] Die Mitarbeitermotivation und Persönlichkeitsförderung gehört ebenso zu den Zielsetzungen betrieblicher Weiterbildung.[77] In der praktischen Umsetzung haben in Österreich und Deutschland der/die Linienvorgesetzte den größten Einfluss bei der Ermittlung des Weiterbildungsbedarfs, d.h. also auch die Entscheidung darüber, wem von den MitarbeiterInnen wie häufig welche Weiterbildungsmaßnahmen zugänglich gemacht werden. Einzelne MitarbeiterInnen haben in Österreich und Deutschland relativ geringen Einfluss auf ihre eigene Weiterbildung.[78]

2.2.1.2 Individuelle Ziele

Lebensbegleitendes Lernen sichert nicht nur dem Unternehmen zeitgemäß qualifizierte Beschäftigte, es fördert die Employability des Individuums.[79] Aus der Perspektive von MitarbeiterInnen ist Möglichkeit zur betrieblichen Weiterbildung von großer Bedeutung, denn zum einen unterstützt sie das berufliche Fortkommen innerhalb der Organisation. Zum anderen erhöht die Teilnahme an Qualifizierungsmaßnahmen insgesamt den Wert und die Chancen der eigenen Arbeitskraft auf dem externen Arbeitsmarkt.

---

[76] Dies gilt oftmals nicht für Großunternehmen, denn diese bieten mitunter umfangreiche, langfristige unternehmensinterne Bildungsaktivitäten an, die bis zum Aufbau von eigenen Universitätslehrgängen reichen (z.B. Lufthansa, Deutsche Bank).

[77] Dies entspricht auch anderen empirischen Erhebungen (z.B. von Weber 1985; Maisberger 1996; Kailer/Steinringer 2000, S. 22), in welchen die Verbesserung von Qualifikationen von rund 80% bis 90% der befragten Unternehmen als sehr wichtige bis eher wichtige Zielsetzung genannt wird, weiters Nachwuchssicherung (44%), Motivation (39%) und Flexibilisierung (30%).

[78] vgl. Erten-Buch et al. 2006, S. 77. In Österreich und Deutschland haben Linienvorgesetzte in über 73% bzw. 69%, der einzelne Mitarbeiter/in aber nur in 7,3% bzw. 4,9% der Unternehmen Einfluss auf die Bedarfsermittlung. In knapp 20% der Fälle übt die Personalabteilung Einfluss auf die Bedarfsermittlung aus. Im Gegensatz dazu üben 40% der dänischen MitarbeiterInnen selbst, knapp 52% der Linienvorgesetzten und in 7% der Fälle die Personalabteilung Einfluss auf Weiterbildung aus.

[79] vgl. Gnahs 2007, S. 15ff.

Die **Weiterbildungsbereitschaft** von ArbeitnehmerInnen wird wesentlich beeinflusst durch:

- Vorerfahrungen bezüglich Arbeitstätigkeit und Ausbildung.[80] Sind diese Lern-Erfahrungen positiver Natur, steigt die Bereitschaft und auch das Zutrauen in die eigene Person, neue Herausforderungen zu bewältigen. „Je mehr Gelegenheit ein Mensch hatte, seine Kompetenzen zu entwickeln, desto eher werden sich auch Möglichkeiten eröffnen, seine Kompetenzen weiterzuentwickeln."[81]

- Erfahrungen bezüglich des Nutzens von Bildungsanstrengungen: z.B. die Erlangung einer qualifizierten Arbeitstätigkeit, Verlängerung von Arbeitsverträgen, Aufstieg, finanzielle Steigerung.

- Betriebliche Rahmenbedingungen:[82]
  - Zeitdruck, Lohnform, Arbeitszeitregelung
  - Psychologische und physiologische Belastungen am Arbeitsplatz
  - Soziales Klima in der Arbeitsgruppe, wie etwa Führungsstil und Feedback
  - Möglichkeit zur Zertifizierung[83] der Qualifikation

Die Motive eines Individuums zur Teilnahme an betrieblicher Weiterbildung sind von der aktuellen Lebens- und Arbeitssituation beeinflusst, die verbessert werden soll. In der Regel steht bei Beschäftigten auf der mittleren und höheren Hierarchieebene der Wunsch nach *qualifizierterer Tätigkeit/Aufstieg* im Vordergrund, in der unteren Hierarchieebene die Absicherung des Erreichten (*Arbeitsplatzsicherung*) und *finanzielle Verbesserung*.[84]

MitarbeiterInnen haben – zumindest vor dem Hintergrund der Notwendigkeit der eigenen Existenzsicherung – Interesse daran, ihre Qualifikationen zu erweitern, um am Arbeitsmarkt konkurrenzfähig zu bleiben. Die Einschätzung: „Das Bedürfnis nach lebenslangem Lernen und größerer Flexibilität besteht bei allen Mitarbeitern"[85] ist aber nicht durchgängig für alle Beschäftigten(-gruppen) haltbar.

2.2.2 Zielgruppen

Nicht alle MitarbeiterInnen haben die gleichen Zugangsbedingungen und Teilnahmemöglichkeiten zu Weiterbildungsmaßnahmen innerhalb eines Unternehmens: Empirisch zeigt sich eine starke Ungleichverteilung zwischen den Beschäftigtengruppen in den betrieblichen Aktivitäten der Weiterbildung. **Segmentierungen** sind entlang der

---

[80] Wobei sich die Arbeitserfahrungen stärker als die Schulerfahrungen manifestieren (Baethge/Baethge-Kinsky 2004, S. 109)
[81] Frei et al. 1993, S. 19
[82] vgl. Baitsch/Frei 1980, S. 51 f.; Kailer/Stockinger 2007
[83] Zertifizierung meint die formelle Anerkennung von Weiterbildungsmaßnahmen, auch über das Unternehmen hinaus.
[84] Die Einschätzung erfolgte nach den verschiedenen Mitarbeiterebenen, befragt wurden Betriebsräte aus Unternehmen mit mehr als 100 Beschäftigten (vgl. ÖIBF 1991, S. 221, ähnliche Ergebnisse finden sich auch bei Bardeleben et al. 1990).
[85] Mentzel 2005, S. 24

- hierarchischen Ebene sowie Stamm- und Randbelegschaft[86] und

- sozialen Zugehörigkeit (z.B. Geschlecht, Nationalität, Alter) festzustellen.

Betrachtet man beispielsweise die Anzahl der Trainingstage nach Positionen im Unternehmen, so zeigt sich eine klare Differenzierung – Führungskräfte werden knapp 6 Tage und Fachkräfte in Technik und Management rund 5 Tage weitergebildet. ArbeiterInnen werden in Österreich nur knapp 3 Tage weitergebildet, ähnlich die Zahlen für Deutschland: ArbeiterInnen 2,4 Tage, Verwaltungsangestellte 2,9 Tage, technische und kaufmännische Angestellte 3,9 Tage und Führungskräfte lediglich 4,4 Tage. Damit liegen Deutschland und Österreich deutlich unter dem Schnitt anderer europäischer Länder.[87]

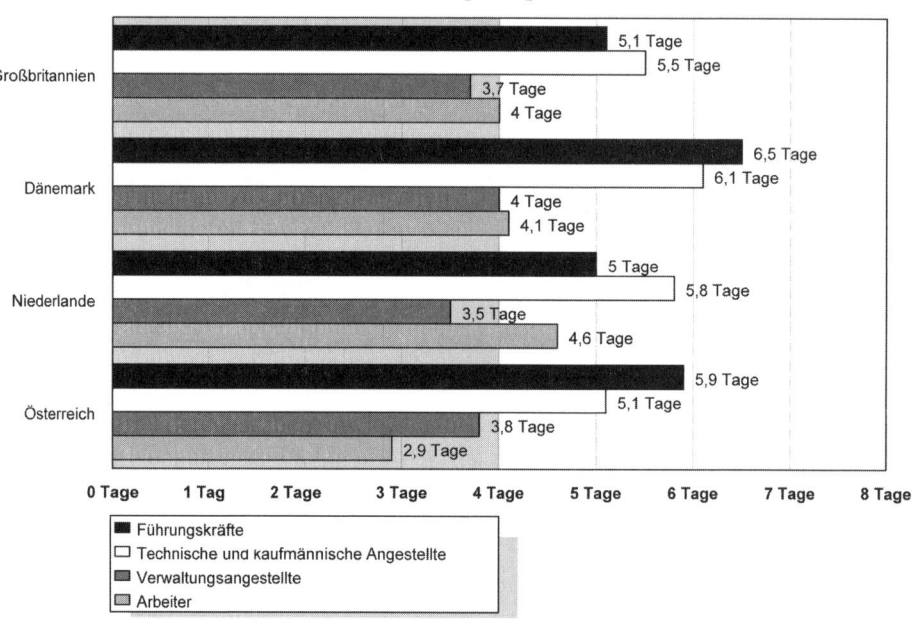

Abb. 4: Anzahl der Weiterbildungstage nach Position
Quelle: CRANET 2006, S. 79

Zu erwarten ist, dass in Zukunft eine noch stärkere Beschränkung von Weiterbildung auf jene Belegschaftsgruppen vorgenommen wird, die aus Sicht der Organisation über Kernkompetenzen verfügen. Weniger oder im Sinne der Organisation falsch Qualifizierte sowie Personen mit Lernschwierigkeiten werden damit auch weiterhin weniger Chancen auf betriebliche Weiterbildungsmaßnahmen haben.

---

[86] Arbeitsplätze sind innerbetrieblich unterschiedlich segmentiert. Eine klassische Differenzierung ist jene nach Stamm- und Randbelegschaft, z.B. hinsichtlich Beschäftigungssicherheit, Qualifizierungs- und Aufstiegschancen, Autonomie. Die Stammbelegschaft ist zu charakterisieren durch stabile, längerfristige Beschäftigungsverhältnisse, betriebsspezifische Qualifikationen; Randbelegschaft ist leicht ersetzbar und dient als Flexibilitätspotenzial.

[87] Erten-Buch et al. 2006, S. 82

2.2.3 Inhalte von Weiterbildung

Im Zusammenhang mit betrieblicher Weiterbildung ist häufig von Schlüsselqualifikationen, von Handlungskompetenz, von sozialen Fähigkeiten und dergleichen mehr die Rede. Die inhaltliche Festlegung von verschiedenen Kategorien von Qualifikationen bzw. Kompetenzen ist durch eine große Vielfalt und eine entsprechende Unschärfe gekennzeichnet. Daher soll im ersten Schritt ein kleiner Ausschnitt von jenen Grundbegriffen und inhaltlichen Kategorisierungen gegeben werden, die in der Diskussion häufig Verwendung finden. Anschließend stehen empirische Ergebnisse zu Weiterbildungsinhalten in der betrieblichen Praxis im Mittelpunkt.

2.2.3.1 Kategorisierung von Kompetenzen

Qualifikationen stellen nach Conradi (1983) „Fähigkeiten, Kenntnisse und Fertigkeiten" einer Person dar:[88]

- **Fähigkeiten** umfassen die angeborene Ausstattung mit geistigen, motorischen und körperlichen Grundstrukturen, welche zum Teil veränderbar und aktivierbar sind und zu einer komplexen Vielfalt von Handlungen befähigen;

- **Kenntnisse** sind erworbene und im Gedächtnis gespeicherte Informationen über Sachverhalte und Begrifflichkeiten (kognitives Wissen);

- **Fertigkeiten** bezeichnen gezielt koordinierte Handlungen, die sich auf eine Situation oder ein Objekt richten und durch Übung entstehen. Fertigkeiten laufen häufig automatisiert ab, können aber durchaus auch bewusst zugänglich sein.[89]

Qualifikationen werden von Mertens (1974) erstmals in **Fach- und Schlüsselqualifikationen** gegliedert. Fachqualifikationen sind eng mit der beruflichen Aufgabenbewältigung verbunden. Schlüsselqualifikationen hingegen sind „Kenntnisse, Fähigkeiten und Fertigkeiten, welche nicht unmittelbaren und begrenzten Bezug zu bestimmten, disparaten praktischen Tätigkeiten erbringen, sondern vielmehr die Eignung für eine große Zahl von Positionen und Funktionen als alternative Optionen zum gleichen Zeitpunkt, und die Eignung für die Bewältigung einer Sequenz von meist unvorhersehbaren Änderungen und Anforderungen im Laufe des Lebens."[90] Vier Arten von Schlüsselqualifikationen können differenziert werden: (1) *Basisqualifikationen*: intellektuelle und formal-abstrakte Operationen (z.B. logisches, kreatives Denken), (2) *Horizontalqualifikationen*: Informiertheit über Information (Wissen über das Wesen, Gewinnung, Verstehen und Verarbeiten von Information), (3) *Breitenelemente*: spezielle Kenntnisse, die in vielen Ausbildungsnormen bzw. Berufen enthalten sind und damit bereits zur Allgemeinbildung gerechnet werden können (z.B. Textverarbeitung), (4) *Vintage-Faktoren*: Qualifikationen, die in der beruflichen Tätigkeit benötigt und aktuell im Bildungssystem vermittelt werden und daher starke Unterschiede zwischen den Generationen aufweisen (z.B. Generation Y – Umgang mit Internet).[91]

---

[88] Conradi 1983, S. 8
[89] Staehle 1994, S. 165
[90] Mertens 1974, S. 40
[91] vgl. Schöpf 2009, S. 20ff.

Eine gebräuchliche inhaltliche Kategorisierung, die der Differenzierung in **Fach-** und Schlüsselqualifikationen folgt, unterteilt Letztere in **Methoden- und Sozialkompetenzen**:[92]

- *Fachkompetenzen* sind „Breiten- und Tiefenwissen und ihr Anwendungs-Know-how, die für die fachliche Bewältigung der Berufsaufgaben benötigt werden";

- *Methodenkompetenzen* umfassen die „Fähigkeiten zu analysieren, Konzepte zu entwickeln, zu entscheiden und zu steuern, was gleichbedeutend ist mit einer gedanklichen Antizipation derjenigen Arbeitsschritte, die für eine Tätigkeit erforderlich sind";

- *Sozialkompetenzen* befähigen zur „Tätigkeit in Gruppen unterschiedlicher sozialer Strukturen (hinsichtlich Alter, sozialer Herkunft, Hierarchieebene): Sie ermöglichen es, erfolgreich zur Problemerkennung und Lösung, sowie zur Handhabung von sach- und personenbezogenen Konflikten beizutragen."

Die Verwendung des Begriffes Kompetenz soll stärker den aktiven Beitrag des Individuums und deren dynamische Komponente hervorheben.[93] „Kompetenzen charakterisieren die Fähigkeiten von Menschen, sich in offenen und unüberschaubaren, komplexen und dynamischen Situationen selbstorganisiert zurechtzufinden. [...] Kompetenzen lassen sich damit als **Selbstorganisationsdispositionen** beschreiben."[94] Eine Differenzierung von Kompetenzklassen für Führungskräfte könnte folgende sein:[95]

- Selbstdispositive Kompetenzen zielen auf die Erhöhung der Selbstorganisationsfähigkeit (Zeitmanagement, Stresstoleranz, Flexibilität, unternehmerisches Denken, Innovationsfähigkeit, Work-Life-Balance, Emotionskompetenz, Umgang mit Verantwortung).

- Fachlich-methodische Kompetenzen zielen auf die Lösung von Sachfragen im Unternehmen (z.B. analytisch, reflexives, visionäres Denken, Entscheidungsverhalten, Projekt- und Prozessmanagement).

- Sozial-kommunikative Kompetenzen beziehen sich auf das gesamte Verhaltensspektrum in Interaktionen (z.B. Kommunikation, Moderation, Verhandlungsgeschick, Kooperation und Teamfähigkeit, Lobbying, interkulturelle Kompetenz).

- Führungskompetenzen umfassen hierarchische Interventionsmöglichkeiten (z.B. klassische Führungsmethoden, symbolisches Management, Motivation, Teamworkmanagement, Personalentwicklung und -auswahl).

- Personale Kompetenzen bezeichnen Persönlichkeitscharakteristika, die zeitlich stabile Zuschreibungen bzw. Eigenschaften darstellen (Ehrgeiz, Selbstsicherheit, Integrität, Lernbereitschaft, Durchsetzungsvermögen, Geduld).

---

[92] Berthel/Becker 2007, S. 310
[93] z.B. Gnahs 2007; Heyse 1997; Beisheim 1997
[94] Heyse/Erpenbeck 2004, S. XIII, Hervorhebung im Original; siehe auch Erpenbeck/v. Rosenstiel 2003
[95] vgl. Mühlbacher 2007, S. 129ff.

Betrachtet man die unterschiedlichen Differenzierungen, zeigen sich Überschneidungen in den Zuordnungen und in der Begriffsverwendung. In der Praxis wie in der Wissenschaft werden viele Begriffe für die Benennung der erforderlichen Eigenschaften und Verhaltensweisen zur Bewältigung von Arbeitsaufgaben teilweise auch synonym verwendet, je nachdem, aus welcher Fachdisziplin die Proponenten stammen, oder was gerade en vogue in der Diskussion ist.[96] In diesem Beitrag wird versucht, jeweils inhaltlich zu konkretisieren.

2.2.3.2 Weiterbildungsinhalte in der betrieblichen Praxis

Je nach inhaltlicher Ausgestaltung der betrieblichen Weiterbildung kann grob zwischen Aufstiegs- und Anpassungsqualifizierung unterschieden werden. Die Aufstiegsqualifizierung zielt auf eine längerfristige Nachwuchssicherung, bereitet auf hierarchisch höhere Positionen vor und geht über das aktuell benötigte Fachwissen und Verhaltensrepertoire hinaus. Diese Art von betrieblicher Weiterbildung will ArbeitnehmerInnen stärker motivieren und auch auf potenzielle BewerberInnen vom externen Arbeitsmarkt attraktiv wirken. Die Anpassungsqualifizierung ist dagegen eher kurzfristig orientiert und zielt auf den Erwerb von aktuell benötigten Qualifikationen. Der starke Wettbewerbsdruck sowie die prekäre Kostensituation haben zu einer Zuspitzung von konkret verwertbaren und erforderlichen Weiterbildungsangeboten für die breite Masse der Beschäftigten beigetragen. Das „On-Demand-Prinzip" – qualifiziert wird, wenn die Kompetenz benötigt wird – dürfte sich zukünftig insbesondere auch im Bereich der Führungskräfteweiterbildung durchsetzen.[97]

Mit dieser Vorgangsweise in der betrieblichen Weiterbildung ist es aber kaum möglich, strategische Entwicklung von Personalressourcen zu betreiben. Dazu ist die Erstellung von Konzepten notwendig, die langfristig an geschäftspolitischen, technisch-organisatorischen und personalpolitischen Entwicklungen und Veränderungen orientiert sind und entsprechend vorausschauende Konkretisierungen von Anforderungen enthalten.[98] Schritte in diese Richtung werden mit der Entwicklung von **Kompetenzmodellen** gemacht, welche die gewünschten persönlichen, methodischen und sozialen Kompetenzen und deren Ausprägungen umfassen. Fachliche Kompetenzen werden aufgrund der meist sehr heterogenen Anforderungen nicht in das Kompetenzmodell aufgenommen. Fokussiert wird im Kompetenzmodell auf überfachliche Kompetenzen, die aus Sicht der Unternehmensleitung aktuell und zukünftig wichtig sind, damit sie in der Folge durch Weiterbildung bei MitarbeiterInnen und Führungskräften aufgebaut werden können.[99] Grundsätzlich können Kompetenzmodelle in einem Unternehmen mit Hilfe von Eigenschaftsausprägungen oder von Anforderungen aus Arbeitsaufgaben beschrieben werden und umfassen die gebündelten Erwartungen an die Kompetenzen von MitarbeiterInnen.[100] Somit

---

[96] z.B. Berthel/Becker 2007; Erpenbeck 2008; Krämer 2007, 43; Schorp/Heuer 2008; Simoleit et al. 1991

[97] Erten-Buch et al. 2006, S. 158

[98] Pawlowsky/Bäumer 1996, S. 82f.

[99] Erpenbeck/von Rosenstiel 2007; Schorp/Heuer 2008, S. 426

[100] Kompetenzmodelle bilden den Rahmen, in dem auch Anforderungsprofile zur Bewertung in der Personalauswahl integriert sind. In der betrieblichen Praxis dürften die Begriffe Anforderungsprofile und Kompetenzprofile synonym verwendet werden.

stellen Kompetenzmodelle klar definierte Bündel an Qualifikationen dar, an denen sich Weiterbildung und Entwicklungsmaßnahmen orientieren können.[101] In einer Erhebung zur Führungskräfteentwicklung in Europa zeigt sich, dass solche Kompetenzprofile in Unternehmen entwickelt werden und wurden, wenn auch die Wahrnehmung bezüglich der Existenz zwischen Personalfachleuten und anderen Fachabteilungen unterschiedlich ausfällt. Im Jahr 2004 bejahen 74% der befragten 100 österreichischen PersonalmanagerInnen und 44% der LinienmanagerInnen klar definierte Kompetenzmodelle im Unternehmen. Gesamteuropäisch sind es rund 29% der Personalfachleute.[102]

2.2.4 Maßnahmen der betrieblichen Weiterbildung

Menschen lernen permanent durch die Arbeitstätigkeit, in Zusammenarbeit mit KollegInnen und Vorgesetzten, ohne dass dies von ihnen selbst beabsichtigt oder durch betriebliche Weiterbildung gezielt unterstützt würde. Ohne dieses „learning by doing" könnte der betriebliche Alltag mit seinen Qualifizierungsanforderungen kaum bewältigt werden. Betriebliche Weiterbildung zielt, im Gegensatz zu diesem impliziten Lernen, auf die Nutzbarmachung von vorhandenen und die explizite Vermittlung von neuen Qualifikationen ab.

In der betrieblichen Praxis kommen eine Reihe von Instrumenten und Maßnahmen zum Einsatz. Betrachten wir jene, die in sehr großem Ausmaß für die Führungskräfteentwicklung innerhalb Europas eingesetzt werden, ergibt sich folgende Verteilung:

- Interne Weiterbildung (19%), externe Weiterbildung (18%), Betreuung und Coaching (16%), akademische Ausbildungsprogramme (14%), Interner Arbeitsplatzwechsel (13%), externe Jobrotation (10%) und E-Learning (10%). [103]

Zur zukünftigen Entwicklung befragt meinten österreichische und Schweizer Personalfachleute im Jahr 2007, dass insbesondere der Anteil an innerbetrieblicher Weiterbildung und externe Seminare noch stärker wachsen. In Deutschland gewinnt auch Coaching weiter an Bedeutung für Führungskräfte.[104]

Organisatorisch kann unterschieden werden zwischen Maßnahmen, die vom Unternehmen selbst angeboten und jenen, die von externen Anbietern zugekauft werden. Durchgeführt werden können diese Maßnahmen entweder

- direkt am Arbeitsplatz (on the job),

- außerhalb des Arbeitsplatzes (off the job) und

- unter Anwendung von Informationstechnologie (Telelearning/E-Learning) erfolgen.

Dabei ist zu beachten, dass jede Art der Vermittlung ihre spezifischen Vor- und Nachteile hat und nur im Zusammenspiel von den zu vermittelnden **Inhalten**, den **organisationalen**

---

[101] vgl. Erpenbeck/v. Rosenstiel 2007; Mühlbacher 2007, S. 101ff.
[102] 100 Unternehmen in Österreich, Erten-Buch et al. 2006, S. 116
[103] 800 europäische Unternehmen in den Ländern Spanien, Frankreich, Großbritannien, Dänemark, Norwegen, Deutschland, Rumänien, Österreich, vgl. Erten-Buch et al. 2006, S. 112
[104] Hernsteiner, 6/2007

Rahmenbedingungen und den beteiligten **Personen** festgelegt werden kann, welche die jeweils geeignetste Methode darstellt.[105]

In der Folge werden verschiedene Methoden, die im Rahmen der verschiedenen Maßnahmen schwerpunktmäßig zum Einsatz kommen, mit ihren Vor- und Nachteilen dargestellt.

2.2.4.1 Maßnahmen on the job

Maßnahmen der Qualifizierung on the job finden direkt im Arbeitsvollzug, am Arbeitsplatz statt. Zielsetzung ist es, Qualifikationen, die für die Arbeitsdurchführung erforderlich sind, direkt vor Ort zu vermitteln. Der Qualifikationsbedarf kann unmittelbar in der Lernsituation festgestellt und ausgeglichen werden. Vor allem für MitarbeiterInnen, die weniger lerngewohnt sind oder bei denen negative Lernerfahrungen überwiegen, wird so der Einstieg zum Lernen erleichtert, da in der gewohnten Umgebung an bekannte Aufgaben angeknüpft wird. Allerdings ist die Durchführung von On-the-Job-Maßnahmen durch inhaltliche, zeitliche und/oder produktionstechnische Restriktionen begrenzt. Folgende Methoden kommen zum Einsatz:

Arbeitsunterweisung/planmäßige Unterweisung

InstruktorInnen unterweisen MitarbeiterInnen in systematischer Form bei neuen Aufgaben. Lernen erfolgt durch beobachten, nachmachen und Rückmeldungen der InstruktorInnen. Letztere können spezielle TrainerInnen, aber auch Vorgesetzte sein. Nach einigen Übungsdurchgängen arbeiten dann die Unterwiesenen selbstständig und kontaktieren die InstruktorInnen nur mehr bei auftretenden Fragen. Diese Methode setzt unmittelbar in der Aufgabendurchführung an und ist wenig voraussetzungsvoll in Bezug auf positive Lernerfahrungen.

Job rotation

MitarbeiterInnen wechseln planmäßig zwischen Arbeitsplätzen innerhalb des Unternehmens, also z.B. auch in ausländische Niederlassungen. Die Arbeitsbereiche sind vorher festgelegt. Es werden verschiedene Funktionen, wie bspw. die Begleitung eines/einer AußendienstmitarbeiterIn oder die Mitarbeit bei der Zusammenstellung des Tätigkeitsberichtes der Marketingabteilung übernommen. Dieser Wechsel fördert das Kennenlernen unterschiedlicher Aufgabenbereiche, Tätigkeiten und Zusammenhänge zwischen Abteilungen und Arbeitsplätzen und interkulturellen Unterschieden bei grenzüberschreitender Rotation.

Projektarbeit

Die Flexibilisierung in der Aufbau- und Ablaufstruktur von Organisationen führt verstärkt zum Einsatz von Projektorganisationsformen. (Sonder-)Aufgaben werden an einzelne oder an eine Gruppe von MitarbeiterInnen zur Bearbeitung übertragen. Erfolgt die Zusammenarbeit in interkulturellen Projektteams, können neben Faktenwissen auch das Verstehen anderer Kulturen und der Umgang mit kultureller Diversität als Qualifizierungsziele verfolgt werden.[106]

---

[105] siehe dazu Kapitel Evaluierung von Maßnahmen
[106] Dowling/Festing/Engle 2008, S. 151

Selbstgesteuertes Lernen am Arbeitsplatz

Beim selbstgesteuerten Lernen werden Arbeitsplätze mit Kommunikationsmedien und Selbstlernmaterialien (z.B. schriftliche/elektronische Unterlagen, Intranet und Internet basierte Computerlernprogramme) ausgestattet und Zeitkontingente für Weiterbildung festgelegt. Fallweise erfolgt die Kontrolle der Lernfortschritte durch technisches Feedback (über den Computer) oder direktes Feedback (z.B. durch Vorgesetzte). So kann nach individuellem Tempo und Zeitpräferenzen gelernt werden. Inhaltlich bleibt diese Form zwar oftmals noch auf individuelles Lernen von Fachinhalten beschränkt, doch zunehmend erfolgt die Vernetzung mit anderen Lernenden (z.B. per Intra- oder Internet).

2.2.4.2 Maßnahmen off the job

Die Herauslösung von Lernenden aus dem sozialen wie sachlichen Zusammenhang mit der Arbeitstätigkeit ist in verschiedenen Fällen sinnvoll. Beispielsweise dann, wenn eine Fachinformation gleichzeitig einem großen Adressatenkreis zugänglich gemacht oder neues Verhalten in verschiedenen Führungssituationen geübt werden soll. Im Rahmen von Off-the-Job-Maßnahmen erfolgt häufig die Koppelung verschiedener Methoden.

Vortrag

Im Vortrag werden in konzentrierter Form Fakten und Argumente – im Optimalfall gut nachvollziehbar aufbereitet – den ZuhörerInnen nähergebracht. Besonders bei großer Anzahl von TeilnehmerInnen und/oder umfangreichen und komplexen Inhalten hat diese Methode Vorteile. Die Nutzung von modernen Technologien ermöglicht die Distribution von Informationen über große Distanzen und Teilnehmerkreise hinweg.

Fallstudien

Eine Fallstudie beschreibt einen Praxisfall, welcher unter Beurteilung der vorgelegten Fakten und Daten eingeschätzt und Lösungen erarbeitet werden sollen. Durch die Verwendung eines Falles wird kognitiv Gelerntes konkret angewendet und somit vertieft. Weiters ist die große Praxisnähe (bei einer sorgsamen Fallkonstruktion) und die Aktivierung der TeilnehmerInnen von Vorteil.

Gruppenarbeit/Teamworkshops

Aus dem Kreis der TeilnehmerInnen werden Kleingruppen gebildet, die gemeinsam ein bestimmtes Thema, eine Fragestellung zu bearbeiten haben. Die Lösung wird in der Gesamtgruppe, dem sog. Plenum präsentiert und diskutiert. Neben der fachlichen Komponente werden auch Zusammenarbeit in der Gruppe und selbstständige Problemlösung bei einer hohen Aktivierung der TeilnehmerInnen geübt. Für Großgruppen hat sich als Variante der **Open-Space**-Ansatz herausgebildet. Themenbereiche werden parallel in mehreren Untergruppen bearbeitet und nach bestimmten Regeln erfolgen Wechsel in der Zusammensetzung der Gruppe und der Themen. Problemlösungen werden so schrittweise erarbeitet und somit gezielt Lernprozesse der Teilnehmenden angestoßen.

Team-Action-Learning/Outdoor Training

Bei dieser Form der Gruppenarbeit steht die enge Verbindung von realen Problemen und persönlicher Entwicklung durch Aktivität, also eine Integration von Handlungs-, Feedback- und Lernprozessen im Vordergrund. Die Zusammenführung und die Zusammenarbeit von Mitgliedern unterschiedlicher Abteilungen bzw. Bereiche zielt auf die Bearbeitung realer Probleme, Findung gemeinsamer Vorstellungen und Schaffung von Kooperationsachsen auch über die Trainingseinheit hinaus. Eine Bearbeitung von Fragen außerhalb des Arbeitsfeldes, in der freien Natur, wird auch als Outdoor Training bezeichnet.

Rollenspiele

Der Einsatz eines Rollenspiels zielt auf das Ausprobieren und Üben von verschiedenen Handlungssituationen. Häufige Anwendungsfelder sind das Üben eines Mitarbeiter- oder Verkaufsgesprächs. Beim Rollenspiel übernehmen einige GruppenteilnehmerInnen verschiedene Rollen, die mittels Rollenanweisungen präzisiert sind. Nach einer Vorbereitungsphase wird die Situation durchgespielt. In der Analyse- und Rückmeldephase bringen die SpielerInnen selbst, ebenso wie die BeobachterInnen (Rest der Gruppe) ihre Einschätzungen zum Geschehen (z.B. Verhaltensweisen, Handlungsstrategien) ein, und bearbeiten anschließend Alternativen. Mit dieser Methode lassen sich in einer geschützten Situation soziale und kommunikative Fähigkeiten üben, Handlungsalternativen erproben und Wirkungen von Verhaltensweisen aufzeigen.

2.2.4.3 Maßnahmen durch Technologieeinsatz: CBT/WBT

Neue Technologien haben im Bereich der betrieblichen Aus- und Weiterbildung unter dem Begriff E-Learning sehr stark an Bedeutung gewonnen.[107] Grundsätzlich kann unterschieden werden zwischen: **Computer Based Training, CBT** (Computerbasierte Multimedia-Selbstlernsysteme) erfolgt über Ausbildungsprogramme, die individuell unabhängig durchgeführt werden können (unterschiedliche Begriffe werden dafür verwendet: Computer Assisted Instruction [CAI], Content Learning Objects [CLO]; CBT hat sich für den Lernort Computer durchgesetzt).[108] Dem/r Lernenden ist es möglich, weitgehend selbstständig zu lernen. Das Programm bietet Rückmeldungen über Lernfortschritte durch automatisierte Kontrolle von Antworten, Auswertungen zu Fehlerhäufigkeiten, an Schwächen angepasste Übungsbeispiele, ermöglicht die Zusammenstellung von unternehmensinternem und externem Wissen zu bestimmten Themenblöcken etc. Beim **Web Based Training, WBT** (Netzwerkbasierte Unterrichtsumgebungen) ist es dem/r Lernenden möglich, mit den Lehrenden und/oder mit Peers via Inter- bzw. Intranet in Austausch zu treten. Dies kann zeitlich synchron (zeitgleich) oder asynchron erfolgen. Kombiniert mit Konferenzschaltungen können z.B. Unterrichtseinheiten an verschiedene Standorte übertragen werden und die Studierenden via Diskussionsforum mit den Vortragenden diskutieren, Produktschulungen mittels einheitlicher Trainingsmaterialien in internationalen Niederlassungen durchführen; Daimler-Chrysler[109] z.B. bereitete mittels interaktiver Videokonferenz 4000 Mechaniker weltweit in nur wenigen Tagen auf den neuen Wagentyp der E-Klasse vor.

---

[107] Möglichkeiten des Einsatzes und der Gestaltung technikgestützten Trainings (E-Learning) zeigt Clark 2008.
[108] Heidack 2004, S. 642f.
[109] vgl. Richter 1999, S. 9f.

Der Computer ersetzt auch in der betrieblichen Weiterbildung nicht nur Papier durch CDs, den/die persönliche/n TrainerIn und das Seminarhotel durch virtuelle Lernwelten, sondern fördert durch den Umgang mit der Technologie selbst wiederum diese zentrale Qualifikation – sozusagen als Nebenprodukt. Eine empirische Vergleichsstudie von herkömmlichen Trainingsmaßnahmen und von Computer Based Training ergab, sowohl was die Leistungsergebnisse als auch die Befindlichkeit der Lernenden betraf, vergleichbar gute Ergebnisse. Wobei die Motivation und die Einschätzung der eigenen Leistung in der ersten Phase der Arbeit mit CBT geringer als bei herkömmlichen Methoden war. Eine entsprechende Hinführung und personelle Begleitung (z.B. im Sinne von TutorInnen) wird als zentral erachtet.[110] Eine Vergleichsstudie zwischen finnischen und britischen Studierenden zeigte, dass die Vorerfahrungen mit e-learning wenig Einfluss auf die Effektivität dieses Lernzuganges haben, aber die Kombination mit Meetings und die zeitliche Gestaltung der Interaktionen.[111]

Diese und andere Kombinationen von Lernzugängen werden auch mit dem Begriff „Blended Learning" beschrieben.[112] Der Blended-Learning-Ansatz verfolgt das Ziel, mit einem aufeinander abgestimmten Set von Trainingsmaßnahmen den bestmöglichen Lernerfolg zu unterstützen. Mögliche Kombinationen sind z.B. Web-Learning-Module und Online-Self-Assessments (= Self-Paced-Learning) mit On-the-Job-Training (live Face-to-Face und formal) und mit Aufgaben zur virtuellen Zusammenarbeit in Online Communities.

Das Haupteinsatzgebiet liegt nach wie vor im Bereich der Fremdsprachen und Markt- und Produktinformationen, zunehmend werden Tools zu Management- und Führungskompetenzen eingesetzt, um einen stärker individuell angelegten Entwicklungsprozess zu unterstützen.[113]

2.2.5 Evaluation von Trainings- und Weiterbildungsmaßnahmen

An dieser Stelle soll der Frage nachgegangen werden, wie es um den Transfer des Gelernten in den Arbeitsalltag und insgesamt um den Erfolg unterschiedlicher Trainingsmaßnahmen beschaffen ist. Ausgangspunkt dieser Überlegungen sind die im Kapitel Ziele des Unternehmens angesprochenen Aspekte der ökonomischen Wirkungen von Weiterbildung. Hier soll nun ein breiteres Verständnis der Wirkung von Weiterbildung entlang der Kriterien von Kirkpatrick (1967/1994) zu Grunde gelegt und Ergebnisse zur Evaluierungsforschung präsentiert werden.

Zur Bestimmung des Erfolgs von Trainingsmaßnahmen werden unterschiedlichste Aufstellungen verwendet. Eine der am häufigsten eingesetzten Klassifikationen ist jene auf dem Modell von Kirkpatrick beruhende. Die Kirkpatrick-Kriterien – Reaction, Learning, Behaviour, Result – wurden vielfach diskutiert und differenziert, etwa durch Ro-

---

[110] Verglichen wurden EDV-Access-Anwendung und Fremdsprache: Englisch, insgesamt 91 MitarbeiterInnen in Automobilunternehmen; vgl. Remdisch/Heimbeck/Kolvenbach 2000, S. 2203ff.
[111] Haverila/Barkhi 2009
[112] Rossett/Douglis/Frazee 2003
[113] Klimecki/Gmür 2005, S. 222

senstiel (2009), der Verhalten während der Maßnahme und am Arbeitsplatz unterscheidet.[114] Kriterien zur Evaluierung von Auswirkungen von Interventionen sind demnach:

- subjektive Werthaltungen (reactions): subjektive Bewertungen und Einstellungen gegenüber der Maßnahme (z.B. die unmittelbare Bewertung mittels Feedbackbögen im Anschluss an Veranstaltungen).

- Wissen (learning): Aufnahme, Verarbeitung und Bewältigung der Lerninhalte (z.B. durch Aufgabenstellungen oder Prüfungen, die zu absolvieren sind).

- Verhalten (behaviour): Verhalten während der Maßnahme (z.B. verändertes Verhalten gezeigt beim Rollenspiel) und Verhalten am Arbeitsplatz (z.B. die Umsetzung der Lerninhalte im Arbeitshandeln zeigen sich auch in der Beurteilung durch Vorgesetzte).

- Resultate (results): organisationale Ziele wie z.B. Qualität und Quantität der Arbeitsleistung, Kosten und Fehlerreduktion; Zahl und Qualität von Verbesserungsvorschlägen.

Die Evaluierung auf den einzelnen Ebenen erfolgt mit Hilfe unterschiedlicher Methoden und zu unterschiedlichen Zeitpunkten. Die Ebenen können als relativ unabhängig voneinander gesehen werden, da etwa eine subjektiv sehr positive Bewertung einer Maßnahme nicht gleichzeitig eine Prognose über die Umsetzbarkeit im Arbeitshandeln zulässt. Je länger der zeitliche Abstand zwischen Maßnahme und Evaluation ist, desto stärker müssen zusätzliche Faktoren reflektiert werden, die unabhängig von der Maßnahme das Bewertungsergebnis beeinflussen.[115] Empirisch zeigt sich, dass nach wie vor vorrangig auf der Ebene der reactions evaluiert wird – das tun 93% aller Unternehmen in Deutschland, deutlich weniger überprüfen Verhaltensveränderungen (72%).[116]

Daher ist ein wichtiges Kriterium zur Auswahl von Maßnahmen der **Transfer** des Gelernten, also die Übertragbarkeit und Anwendung des Gelernten in der betrieblichen Praxis zu nennen. In der Forschung zum Transfer zeigte sich, dass je näher die Lernsituation

- sachlich (behandelte Inhalte),

- zeitlich (kontinuierlich und aktuell verwendbar) und

- sozial (beteiligte Personen)

an die Aufgabenerfüllung innerhalb der Organisation geknüpft ist, desto eher gelingt die Umsetzung des Gelernten in die Arbeitstätigkeit.[117] Das heißt, es sind Weiterbildungsmaßnahmen vorzuziehen, die näher am Arbeitsplatz angesiedelt sind; jedoch mit der Einschränkung, dass Inhalte, Rahmenbedingungen und Beteiligte dies gestatten.

---

[114] vgl. von Rosenstiel 2009, S. 966
[115] Zara 2008, S. 412ff.
[116] 55% der deutschen Unternehmen evaluieren im Jahre 2005 Organisationsergebnisse, 38% direkt Lerneffekte; vgl. Kabst/Giardini 2009, S. 38.
[117] vgl. Neuberger 1994, S. 186f.

Die Rolle des/der Vorgesetzten, insbesondere der Faktor, ob eine Trainingsteilnahme von der Führungskraft veranlasst wurde, hat positiven Einfluss auf den Lerntransfer.[118] Eine großangelegte Metaanalyse[119] von Trainingsmaßnahmen durch Arthur et al (2003) zielte auf die Erfassung des Zusammenhangs zwischen der Gestaltung von Trainings und deren Erfolg. Als Gestaltungsmerkmale wurden unterschieden: Trainierte Fähigkeiten/ Aufgaben (kognitiv, interpersonal und sensumotorisch) und zwischen Passung von Trainingsmethode und der trainierten Fähigkeit. Im Durchschnitt weisen alle analysierten Verfahren eine mittlere Effektstärke auf allen vier Evaluationsebenen auf – zwischen d=0.6 und d=0.63 sowohl auf Reaktion, Lernen, Verhalten und Ergebnisse. Differenziert man nun den Effekt entlang der einzelnen trainierten Fähigkeiten, zeigt sich, dass der größte Erfolg auf der Lern- und Verhaltensebene bei sensumotorischen Aufgaben eintritt, jedoch mit relativ geringen Auswirkungen auf der Ergebnisebene. Bei interpersonalen Fähigkeiten ist der Effekt auf der Lernebene (d=.68) und insbesondere auf der Ergebnisebene (d=.88) sehr stark.[120]

2.3 Laufbahn- und Karrieregestaltung

Gegenstand dieses Abschnitts ist die organisationale Laufbahn- und Karrieregestaltung. Jede Organisation entwickelt ihren eigenen strukturellen Rahmen, innerhalb dessen Stellenbesetzungen vorgenommen und Karrieren verfolgt werden. Betriebliches Karrieremanagement, verstanden als Teil der Personalentwicklung, versucht den zukünftigen Bedarf eines Unternehmens an qualifiziertem Personal mit den individuellen Karrierevorstellungen in Einklang zu bringen.

Einführend werden nun Zielsetzungen, Aufgabenstellungen und Träger des betrieblichen Karrieremanagements erläutert, und dann die beiden zentralen Begriffe „Laufbahn" und „Karriere" eingegrenzt. Ausgehend von diesen Grundlegungen betrachten wir, wie Organisationen Laufbahnen gestalten, welche Merkmale sie aufweisen und welche Arten von Laufbahnmodellen in der betrieblichen Praxis vorfindbar sind. Gleichermaßen interessiert die Frage, wie ArbeitnehmerInnen pro-aktiv ihre Karrieren gestalten können (individuelles Karrieremanagement). Dabei sollen empirische Ergebnisse unterschiedliche Aspekte der personenbezogenen Karriereforschung illustrieren. Abschließend wird der Blick auf die Anforderungen an ein integratives Karrieremanagement, das gleichermaßen organisationale und individuelle Interessen berücksichtigt, gelenkt.

2.3.1 Betriebliches Karrieremanagement

Betriebliches Karrieremanagement (BKM) ist ein systematischer und kontinuierlicher Prozess der Planung, Realisierung und Kontrolle von organisationalen Laufbahnen und individuellen Karrieren. BKM beinhaltet also einerseits die Gestaltung von organisato-

---

[118] vgl. Kauffeld et al. 2008, S. 65f.

[119] 162 Primärstudien, die zwischen 1960 und 2000 publiziert wurden (Arthur/Bennett/Edens/Bell 2003).

[120] Eine übersichtliche Zusammenstellung weiterer Analysen findet sich bei Holling/Liepmann 2007, S. 376ff.

rischen Laufbahnen und andererseits auf individuelle Karriereentwicklung gerichtete unternehmerische Überlegungen und Maßnahmen. Das Ziel ist, eine an der Unternehmensstrategie orientierte Personalstruktur sicherzustellen.[121] Überlegungen des einzelnen Mitarbeiters/der einzelnen Mitarbeiterin zur eigenen Karriereentwicklung bezeichnet man als **individuelles Karrieremanagement**.[122]

BKM zielt im Wesentlichen auf eine **vorausschauende Planung der Besetzung vakanter oder neuer Positionen und Aufgabenfelder**; Ad-hoc-Besetzungen sollen vermieden werden. Neben der Kontinuität der Personalbereitstellung erhofft man sich mit transparenten Karriereentscheidungen und gezielten Karriereförderungen insbesondere motivierte, qualifizierungsbereite, loyale und engagierte MitarbeiterInnen, die ihren Fähigkeiten entsprechend eingesetzt werden können.[123]

Das BKM umfasst verschiedene Aufgabenfelder:

- Festlegung der Ausprägungen des betrieblichen **Laufbahnsystems**. Hier wird vorab definiert, welche Positionsfolgen MitarbeiterInnen formal durchlaufen können bzw. für eine bestimmte Karriere zu durchlaufen haben.

- Festlegung der **Arbeitsplatzanforderungen** und Eignungsprofilen.[124]

- Feststellung der **Bedarfssituation**: Wie viele und welche Stellen müssen zukünftig besetzt werden? (Personalbedarfsplanung)

- **Einstellungsplanung** bei externem Personalbedarf (und nachfolgend externe Rekrutierung) bzw. **Nachfolgeplanung** bei internem Personalbedarf (Auswahl aus bereits bestehendem internen Personalpool).[125]

- Gemeinsame **Festlegung eines individuellen Karriereplans und Entwicklungsplans** (zum Beispiel im Rahmen eines Karrieregesprächs). Der individuelle Karriereplan legt in Umrissen fest, welche Positionen bzw. Stellen der/die einzelne MitarbeiterIn innerhalb eines bestimmten Zeitraumes durchlaufen soll. Der individuelle Entwicklungsplan formuliert Förderziele und Fördermaßnahmen (wie Traineeprogramme, Seminare, Coachings), die u.a. zur Realisierung der Karrierevereinbarungen beitragen sollen.

- Organisation von **internen und externen Karriereberatungen** zur Unterstützung der MitarbeiterInnen bei der Entwicklung und Umsetzung individueller Karrierevorstellungen und -pläne.[126]

---

[121] vgl. Holtbrügge 2007, S. 129f.

[122] Gerpott 1988, S. 91; vgl. auch Burchard 2000, S. 26f.

[123] vgl. Mentzel 2005, S. 141; Berthel/Becker 2007, S. 376

[124] Zur Personalbedarfs- und -bestandsplanung als Aufgabe der Personalentwicklung vgl. dazu und nachfolgend Berthel/Becker 2007, S. 325ff.; zum Abgleich von Anforderungs- und Eignungsprofilen vgl. Holtbrügge 2007, S. 125ff.

[125] vgl. Meier/Schindler, die Laufbahn- und Nachfolgeplanungen als systematische Konzepte der Personalentwicklung on-the-job bezeichnen (Meier/Schindler 2005, Sp. 1053), vgl. auch Berthel 2007, S. 135

[126] vgl. dazu Scholz 1994, S. 891f.; Krämer 2007, S. 127ff.

Die Auflistung der einzelnen Aufgaben lässt die Komplexität und Schwierigkeit eines BKM erkennen. Letztlich ist jede geplante Stellenbesetzung mit Unsicherheiten behaftet, für verschiedene MitarbeiterInnen (bzw. -gruppen) sind unterschiedliche Karriereverläufe zu planen und immer wieder müssen für einzelne MitarbeiterInnen mehrere Entwicklungsalternativen überlegt und entsprechende Karrieremaßnahmen umgesetzt werden.[127] Kommen noch häufige Organisationsveränderungen hinzu, wie das bei vielen Unternehmen heute der Fall ist, wird verständlich, warum professionelles Karrieremanagement in Form systematischer Personalentwicklung eher auf große Unternehmen und hier überwiegend auf (potenzielle) Führungs- und Fachkräfte beschränkt bleibt.[128]

Strukturell kann das BKM entweder in der Linie oder bei einer Stabstelle angesiedelt sein. Wird eine zentrale Personalentwicklungsabteilung mit dem BKM beauftragt, bedeutet dies bis zu einem gewissen Grad eine Entmachtung von Linienvorgesetzten, die sich bei Karrierevereinbarungen mit ihren MitarbeiterInnen an den unternehmerischen Vorgaben zu orientieren haben. Andererseits schafft ein solcher Rahmen auch mehr Planungssicherheit und Unterstützung von ProfessionistInnen für die Beteiligten.

2.3.2 Zum Begriff Karriere und Laufbahn

Wir alle haben bestimmte Bilder zum Begriff Karriere und Laufbahn. Viele verstehen unter Karriere den hierarchischen Aufstieg (sog. Kaminkarriere[129]) und unter Laufbahn den Karriereweg durch eine Organisation. Dieses Alltagsverständnis korrespondiert zum Teil mit dem wissenschaftlichen Verständnis von Karriere und Laufbahn, zum Teil weicht es davon ab.

So umfasst der englischsprachige Begriff „career" je nach Kontext sowohl die individuelle Berufsentwicklung (career) als auch die Berufslaufbahn (career line). Der Duden versteht unter **Karriere** eine „[erfolgreiche] Laufbahn".[130] In Teilen der Karriereforschung wird dem Alltagsverständnis von Karriere gefolgt, das sich – wie gesagt – eng am hierarchischen Aufstieg orientiert. Eine erfolgreiche Karriere wird hier mit dem (raschen) Erreichen einer hohen Position innerhalb einer Organisation gleichgesetzt.[131] Andere kritisieren diese eingeschränkte Sichtweise.[132] Sie anerkennen die begrenzte Souveränität bei der Gestaltung von individuellen Karrieren und die Abhängigkeit von strukturellen Bedingungen.[133] Konsequenterweise wird der Karrierebegriff bei diesen AutorInnen über den hierarchischen Aufstieg hinaus erweitert und zwischen einem positionsorientierten und einem verhaltensorientierten Karrierekonzept unterschieden.[134] Eine wei-

---

[127] vgl. Berthel/Becker 2007, S. 299f.
[128] vgl. Scholz 1994, S. 894
[129] vgl. Meier 2001, S. 33; Walger 2004, Sp. 990
[130] Der Begriff leitet sich aus dem französischen „carrière" (Rennbahn, Laufbahn) ab. Das Stammwort ist das gall.-lat. „carrus" (Wagen, Karre) (vgl. Duden 1963, Band 7, S. 313).
[131] So definiert Webste's New Encyclopedic Dictionary „career" als „to go at top speed especially in a headlong manner" (Webster's New Encyclopedic Dictionary 1996, S. 147).
[132] vgl. für viele Berthel 1992, Sp. 1204; Krämer 2007, S. 127ff.; Holtbrügge 2007, S. 129.
[133] vgl. für viele Schanz 1993, S. 400; Auer 2000, S. 29f.
[134] vgl. Gerpott 1988, S. 89ff.

tere Systematisierung findet man hinsichtlich der zeitlichen Dimension, nämlich temporäre und dauerhafte Karrieren.[135]

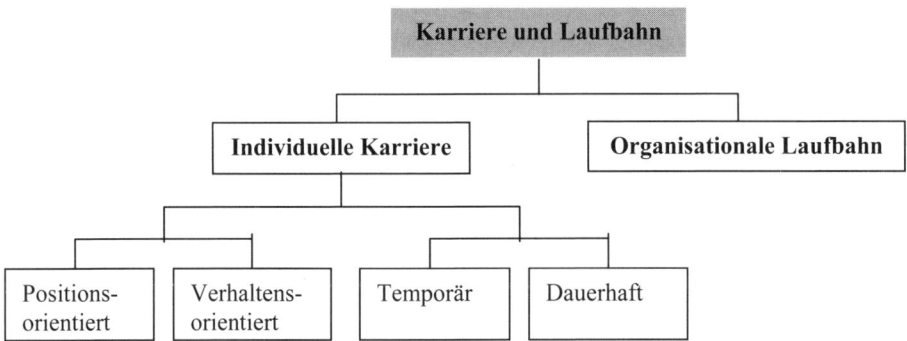

Abb. 5: Karriere und Laufbahn

Die subjektive Erlebnisdimension ist für das Verstehen und die Interpretation von Kar-
riereverläufen ebenso zentral wie die objektive Karriere. Beide Karrierekonzepte stellen
auf Erwerbsarbeit ab:[136]

- Die **positionsorientierte (objektive) Karriere** ist die Gesamtheit der von einer Person im Verlauf ihres Arbeitslebens innerhalb organisationaler Strukturgefüge bis zur
Gegenwart objektiv eingenommenen Positionen. Ein Positionswechsel besteht dabei
nicht nur aus Beförderungen und führt nicht stets zu einer hierarchisch höheren Position als die zuletzt eingenommene: Definitionsgemäß sind alle Karrierebewegungen
innerhalb und zwischen Organisationen bzw. Institutionen erfasst, nicht aber Zeiten,
die außerhalb eines Beschäftigungssystems verbracht werden, wie Arbeitslosigkeit,
Karenzierungen, Aus- und Weiterbildungen oder Sabbaticals.

- Das **verhaltensorientierte (subjektive) Karrierekonzept** versucht Verhaltensunter-
schiede zwischen ArbeitnehmerInnen durch individuell erfahrene Postitionsfolgen
(Karrieren) im Laufe des Arbeitslebens zu erklären. Personen unterliegen Einstel-
lungs- und Verhaltensveränderungen aufgrund von persönlichen Arbeitserfahrungen
und -aktivitäten. Hier wird also die entwicklungsorientierte Dimension individueller
Karrieren fokussiert. Da sich berufliche Situationen, Qualifikationen und das berufliche Selbstkonzept permanent verändern, können Richtung und Ausmaß des Karrier-
estrebens individuenspezifisch unterschiedliche Formen annehmen.

Die zweite Systematisierung von individuellen Karrieren betrifft den zeitlichen Horizont:[137]

- **Temporäre Karrieren** sind zeitlich befristet und vielfach in einen speziellen Kontext
eingebettet (z.B. einmalige Auslandsentsendungen, Übernahme von Projekten, Ma-
nagerInnen auf Zeit).

---

[135] vgl. Becker 2005, S. 391
[136] vgl. dazu und nachfolgend Schanz 1993, S. 400; Becker/Berthel 2007, S. 372; Berthel 2007, S. 135
[137] vgl. Becker 2005, S. 391

- **Dauerhafte Karrieren** sind langfristig angelegte Karrierekonzepte, die auch einen Wechsel zwischen verschiedenen Organisationen beinhalten können (z.B. internationale Karrieren,[138] Führungs- oder SpezialistInnenkarrieren).

Von individuellen Karrieren sollen nun die **organisationalen Laufbahnen** differenziert werden.[139] Laufbahnen sind:[140]

- die von Organisationen formalisiert festgelegten,

- personenbezogenen,

- aber subjektunabhängig für bestimmte MitarbeiterInnengruppen (bspw. für die Gruppe der VerkäuferInnen, Führungskräfte, Verwaltungspersonal)

- vorgegebenen, normierten Positionsfolgen,

- die zumeist aus stufenweise höher bewerteten Positionen bestehen.

Organisationale Laufbahnen begrenzen den Möglichkeitsraum für individuelle Karrieren. Die MitarbeiterInnen sollen idealerweise die vorgesehenen Positionsfolgen durchlaufen. Solche normativen Ordnungsrahmen wurden ursprünglich für das Militär entwickelt und später auf bürokratische Organisationen wie die öffentliche Verwaltung übertragen[141] (bspw. auf Universitäten, Ministerien, Gemeindebetriebe). Eine erfolgreiche Laufbahn wird hier traditionell mit einem hierarchischen Aufstieg innerhalb der Bürokratie gleichgesetzt;[142] erfolgreich insofern, als mit höheren Positionen nicht nur höheres Prestige, sondern meist auch ein höheres Einkommen verbunden ist. Explizit formulierte Laufbahnsysteme finden sich nicht nur in der öffentlichen Verwaltung, sondern auch in vielen Großbetrieben (bspw. in Versicherungen, Banken, bei den Österreichischen Bundesbahnen). Aber selbst wenn Laufbahnen nicht formell festgeschrieben sind, gibt es so gut wie in allen Unternehmen implizite Vorstellungen darüber, auf welcher „Bahn" die MitarbeiterInnen die Organisation „durchlaufen" sollen.

2.3.3 Gestaltung von organisationalen Laufbahnen

Wie können nun Organisationen ganz konkret ihre Laufbahnen gestalten? Grundsätzlich sind hier Festlegungen in sechs Merkmalsbereichen zu treffen, die sich dann in den bekannten Modellausprägungen Führungs-, Fach- und Projektlaufbahn wiederfinden.

---

[138] Zu Karriereorientierung, Karrierewegen, Auswirkungen auf Work-Life-Balance und Karrierecommitment von global managers vgl. u.a. Suutari 2003.

[139] Ein anderer, in Literatur und Praxis gebräuchlicher Ausdruck für Laufbahnen ist das Karrieresystem. Der leichteren Lesbarkeit halber soll aber nachfolgend nur der Begriff Laufbahn Verwendung finden.

[140] vgl. Gerpott 1988, S. 90; ähnlich spricht Berthel (1992, Sp. 1204) von Laufbahnen als einem festliegenden, normierten Werdegang

[141] vgl. Mayrhofer et al. 2005, S. 245

[142] vgl. Berthel 1992, Sp. 1204

2.3.3.1 Merkmale von Laufbahnsystemen

In der betrieblichen Praxis lassen sich die Ausprägungen von Laufbahnstrukturen in sechs Bereiche bündeln. Diese Ausprägungen entstehen in den Organisationen im Laufe der Zeit durch mehr oder weniger bewusste Entscheidungen:[143]

Merkmale von Laufbahnsystemen
Aktivitätsniveau
Bewegungsanlässe
Bewegungshäufigkeit(-geschwindigkeit)
Bewegungsraum
Bewegungsrichtungen
Bewegungsprofile

1. Aktivitätsniveau

Das Aktivitätsniveau ist die Gesamtheit der Gestaltungsmaßnahmen, mit denen auf die Ausprägungen der Merkmale des Laufbahnsystems Einfluss genommen wird. Es wird insbesondere von der Betriebsgröße (bspw. haben multinationale Unternehmen einen unvergleichbar größeren Spielraum als mittelständische Betriebe), rechtlichen Regelungen (bspw. besonderer Kündigungsschutz für karenzierte Mütter, Pragmatisierte, Behinderte), der Häufigkeit von Betriebsgrößenänderungen und dem Leistungsprogramm des Unternehmens bestimmt.

2. Bewegungsanlässe

Bewegungsanlässe entstehen im Allgemeinen durch neue oder frei werdende Stellen. Stellen werden frei, wenn MitarbeiterInnen in andere Abteilungen bzw. Bereiche versetzt werden, neue Aufgaben übernehmen, freiwillig oder unfreiwillig die Organisation verlassen, zeitlich befristete Verträge nicht verlängert werden oder MitarbeiterInnen versterben. Die Besetzungs- bzw. Versetzungspolitik kann entweder überwiegend mit bereits im Haus beschäftigten MitarbeiterInnen (interne Besetzung), mit überwiegend neuen MitarbeiterInnen (externe Besetzung) oder in einer ausgewogenen Kombination (interne und externe Besetzung) erfolgen.

3. Bewegungshäufigkeit(-geschwindigkeit)

Die Bewegungshäufigkeit gibt an, wie lange MitarbeiterInnen in einer Position beschäftigt sind bzw. wie oft sie diese wechseln. Der Idealtypus einer erfolgreichen Karriere, das Durchlaufen von Positionen innerhalb einer Organisation, wird aufgrund aktueller Entwicklungen eindeutig durch einen flexibleren Karrieretypus abgelöst. Während früher die lange Organisationszugehörigkeit als Indikator der Zuverlässigkeit geschätzt und belohnt wurde (Senioritätsprinzip), sind heutzutage häufigere Arbeitsplatzwechsel, Mehrfachbeschäftigungen und der Wegfall von lebenslangen, gesicherten Anstellungen die Norm (Flexibilitätsprinzip). Kürzere Beschäftigungen in ein und derselben Organisation oder

---

[143] vgl. Berthel 1992, Sp. 1206; Berthel/Becker 2007, S. 373ff.

Position bei den ArbeitnehmerInnen und ein Anstieg des Rekrutierungsaufwandes bei den Unternehmen sind die Folge.

4. Bewegungsraum

Der Bewegungsraum beinhaltet das Stellen- bzw. Positionsgefüge. Sogenannte Stellenpläne informieren über die im Unternehmen vorhandenen Stellen und ihre hierarchische Einordnung (Über- und Unterordnung). Das Stellengefüge wird also von der formalen Organisationsstruktur geprägt und gibt den Rahmen für Besetzungs- und Versetzungsmöglichkeiten vor. Versetzungen können erfolgen:

- mit oder ohne Wechsel von Hierarchiestufen (vgl. Punkt 5. Bewegungsrichtungen);
- mit oder ohne Funktionswechsel (vgl. Punkt 6. Bewegungsprofile);
- mit oder ohne Berufswechsel;
- mit oder ohne Wechsel des Arbeitsortes (bspw. Versetzung von einer Bankfiliale in eine andere);
- mit oder ohne Wechsel des Wohnortes (bspw. bei Auslandskarrieren).

5. Bewegungsrichtungen

Nach Schein kann eine Karrierebewegung innerhalb einer Organisation vertikal, horizontal oder zentripetal erfolgen.[144]

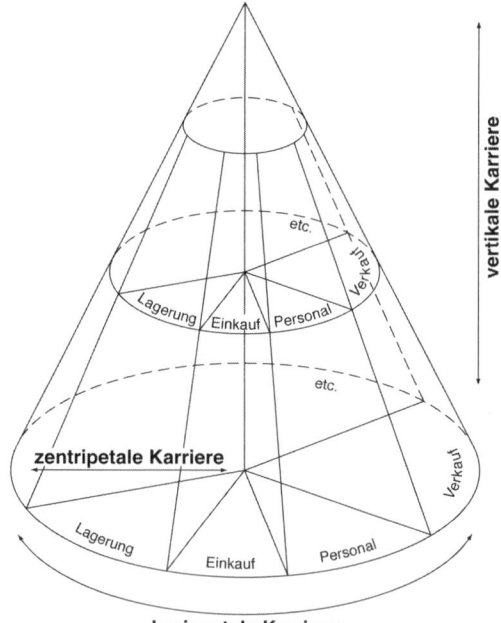

Abb. 6: Karrierekegel[145]

---

[144] vgl. Schein 1971, S. 403ff; Schein 1994, S. 19ff.
[145] eigene Darstellung; vgl. Schein 1971, S. 404

Eine vertikale Versetzung kann entweder einen hierarchischen Aufstieg oder einen Abstieg, also eine Rückversetzung beinhalten (**vertikal-hierarchische Karriere**). Der Erfolg bzw. Misserfolg misst sich hier am Erreichen oder Überspringen bestimmter Hierarchieebenen (Rang) und ist mit Kompetenzzuwachs bzw. -verringerung verbunden. Dem hierarchischen Abstieg kommt aufgrund des raschen ökonomischen und technischen Wandels eine wachsende Bedeutung zu. In der Praxis kommen offizielle Rückversetzungen allerdings selten vor. Als Hauptursachen können Nichterkennen von Fehlbesetzungen durch fehlende Qualifikationsfeststellungen und Anforderungsprofile sowie die Vermeidung sozialer Konsequenzen (Verlust von Status, Einkommen, Motivation etc.) angeführt werden.[146] Die Wegbeförderung oder der Scheinaufstieg sind kostspielige Varianten, mit denen Unternehmen den Betroffenen das Gesicht wahren helfen.[147] Alternativ dazu verlassen „Abstiegsbedrohte" das Unternehmen.

Eine persönliche Entwicklung findet auch durch horizontales Überschreiten von Funktionsgrenzen, also durch Versetzung in andere Funktionsbereiche (bspw. aus der Finanzabteilung in die Personalabteilung) statt. Diese Bewegungsrichtung wird **horizontale** oder funktional-zirkuläre **Karriere** genannt. Der funktionsübergreifende Arbeitswechsel muss nicht zwangsläufig mit einem hierarchischen Aufstieg verbunden sein. Die horizontale Karriere eröffnet Erfahrungs- und Lernmöglichkeiten durch Übernahme neuer Tätigkeiten, Erwerb von interdisziplinärem Wissen, fachübergreifende Projektarbeiten und dergleichen mehr.

Als dritte Möglichkeit einer erfolgreichen Karriere beschreibt Schein den Erwerb von Einfluss und Macht, also die **Annäherung an ein Machtzentrum** (horizontal-radiale oder **zentripetale Karriere**). Auch diese Form kann, muss aber nicht mit einem hierarchischen Aufstieg verbunden sein. Der Erfolg misst sich an der Zugehörigkeit zu einer Führungs-, Berufs- oder sonstigen Gruppe und am Ausmaß der erlebten Einflussmöglichkeiten auf Entscheidungen abseits von hierarchischen Positionen. So kann sich bspw. jemand auf einer niedrigen hierarchischen Position befinden, aber durch persönliche Beziehungen, Insider- oder Spezialistenwissen eine zentrale Funktion (z.B. als informelle Führungskraft) einnehmen.

In der Praxis können sich die Bewegungs- bzw. Entwicklungsrichtungen überlagern. So können beispielsweise „horizontale Bewegungen gleichzeitig zu einer stärkeren Zentralität führen", was wiederum „eine gute Voraussetzung für einen hierarchischen Aufstieg"[148] sein kann.

6. Bewegungsprofile

Bewegungsprofile sind charakteristische Positionsfolgen, die über längere Zeit gleich bleiben. Entstehen sie durch bewusste Gestaltungsentscheidungen, bezeichnet man sie als Laufbahnpfade. Ihre Etablierung ist nur in Organisationen mit ausreichend vielen und gleichartigen Stellen möglich. In kleineren Organisationen sind dagegen individuell unterschiedliche Karriereverläufe üblich. Bewegungsprofile sind gekennzeichnet durch die Anzahl der zu durchlaufenden Positionen, deren Aufeinanderfolge und die höchste er-

---

[146] vgl. auch Berthel 1979, S. 161
[147] vgl. Schanz 1993, S. 402
[148] vgl. Schanz 1993, S. 403

reichbare Position. Laufbahnpfade legen einen Versetzungsmodus fest, der nur in Ausnahmefällen Abweichungen zulassen soll. In der betrieblichen Praxis ist aber die Einhaltung von vorgegebenen Laufbahnen keineswegs eine Selbstverständlichkeit. Beispielsweise erfordern umfassende Personalabbaumaßnahmen, Betriebs(größen)änderungen oder freiwillig ausscheidende MitarbeiterInnen Abweichungen oder gar Änderungen von Laufbahnen. Im nächsten Abschnitt werden drei idealtypische Ausprägungen von Laufbahnmodellen ausführlicher beschrieben.

2.3.3.2 Laufbahnmodelle

Der organisatorische Wandel bewirkt, dass klassische Führungsfunktionen durch einen Mehrbedarf an SpezialistInnen und ProjektmitarbeiterInnen abgelöst werden. Insgesamt verlieren vertikale Karrieren innerhalb hierarchischer Organisationsstrukturen an Bedeutung. Dem eigentlich hohen Bedarf an Führungspositionen steht ein verhältnismäßig geringes quantitatives Angebot gegenüber. Organisationen müssen jene MitarbeiterInnen, die nicht für Führungspositionen in Frage kommen, anderweitig fördern und befördern. Sonst laufen sie Gefahr, dass diese ihre Motivation und Leistungsbereitschaft verlieren. In Abhängigkeit von der Bewegungsrichtung werden daher in der Praxis neben der vertikalen Beförderung zunehmend auch horizontale Karriereschritte in Betracht gezogen, wobei Versetzungen innerhalb eines Unternehmens (z.B. auch grenzüberschreitend in ausländische Niederlassungen) mit oder ohne Kompetenzzuwachs erfolgen können.[149]

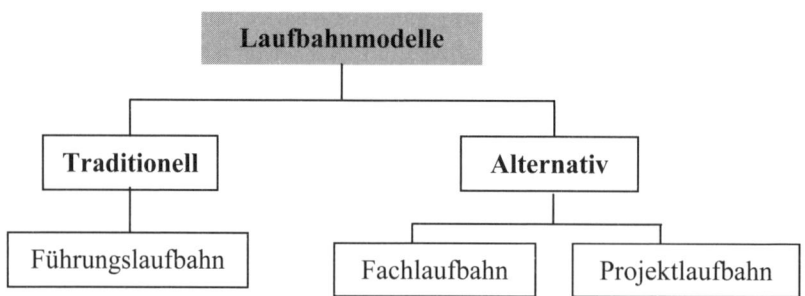

Abb. 7: Laufbahnmodelle

1. Führungslaufbahn

Die Führungslaufbahn beschreibt den vertikalen Aufstieg in der Hierarchie und wird auch als Linien-, Leitungs- und Managementlaufbahn bezeichnet und kommt nahezu in allen Unternehmen vor.[150] Die Hierarchie des Unternehmens gibt das Bewegungsprofil der Laufbahnen vor. Dies schafft Planungssicherheit, da man weiß, welche Positionen zur Verfügung stehen und die eindeutigen Unter- und Überordnungsverhältnisse fördern die Transparenz.

---

[149] vgl. Meier/Schindler 2005, Sp. 1053
[150] vgl. Domsch 1994, S. 7; vgl. dazu und nachfolgend auch Berthel/Becker 2007, S. 377f.; Krämer 2007, S. 31ff.; Holtbrügge 2007, S. 128; Stock-Homburg 2008, S. 201

Solche Laufbahnen **eignen sich gut**, um MitarbeiterInnen gezielt auf vakante Positionen hin zu entwickeln (Nachwuchsförderung). Führungspositionen bringen im Allgemeinen einen Zuwachs an (Führungs-)Aufgaben, Personal- und Sachverantwortung, Qualifikationen, Einkommen, Status und nicht zuletzt institutioneller Macht.[151] Der vertikale Aufstieg wird daher als wesentlicher Faktor der Motivationspolitik betrachtet. Die MitarbeiterInnen sollen ihre persönlichen Ziele erreichen und ihre Bedürfnisse befriedigen können. Man erhofft sich so eine erhöhte Bereitschaft zur Verfolgung betrieblicher Ziele und Loyalität gegenüber dem Unternehmen. Immerhin werden in Österreich 56,3% aller offenen Führungspositionen intern besetzt.[152]

Den Vorteilen einer Führungslaufbahn stehen aber auch **Nachteile** gegenüber:

- Ein Aufstieg wird automatisch mit einer Zunahme an Fähigkeiten und Führungskompetenz gleichgesetzt, was zur Überforderung führen kann.

- Es gibt MitarbeiterInnen, die zwar kein Interesse an einer Führungslaufbahn haben, aber Beförderungsangebote nicht ablehnen, da sie andernfalls ein vorzeitiges Ende der Karriere im Unternehmen befürchten.[153]

- Die Wahrscheinlichkeit der Karriere in ein und demselben Unternehmen, an einem einzigen geografischen Ort und in einem spezifischen Beruf hat deutlich abgenommen. Gleichzeitig erhöht sich die individuelle Planungsunsicherheit. Als Konsequenz sinkt die Bindung an Unternehmen und damit die Motivation, langfristige Verpflichtungen mit aufwendigen Hierarchien einzugehen.

- Organisationen wählen Führungskräfte nicht nur leistungs- und kompetenzbezogen aus. Vielmehr gibt es auch soziale Gründe für (Nicht-)Beförderung. So differenzieren Unternehmen bei Besetzungen nach der Zugehörigkeit zu bestimmten Belegschaftssegmenten. Sichere Vollzeitarbeitsplätze sind im Allgemeinen mit größeren Chancen auf eine Führungskarriere verbunden als Teilzeitarbeitsplätze, geringfügige Beschäftigungsverhältnisse, freie Dienstverhältnisse oder gar Leiharbeitsverhältnisse. Da Frauen überdurchschnittlich weniger oft unbefristete Vollzeitarbeitsplätze haben, ist ihre Chance auf eine Führungsposition ungleich geringer als bei Männern. Diskriminierungen beim hierarchischen Aufstieg finden sich auch hinsichtlich des Alters, der nationalen und religiösen Zugehörigkeit, sexueller Präferenzen (Homophobie), Herkunft u.a.m.[154]

- Führungslaufbahnen sind **strukturelle Grenzen** gesetzt. Führungspositionen stehen nur einer beschränkten Anzahl an MitarbeiterInnen zur Verfügung.[155] Zudem hat die vielfach praktizierte Strategie der Reduzierung von Hierarchiestufen das Angebot an

---

[151] vgl. Meer/Schindler 2005, Sp. 1055; Berthel/Becker 2007, S. 378
[152] o.V. Cranet – der Bericht, 19.1.2006, S. 51f. Dieses Ergebnis wurde im Rahmen des weltweiten Forschungsverbunds (Cranet-G – Cranfield Network on Global Human Resource Management) erhoben. Seit 1990 werden regelmäßig Informationen über die Personalarbeit im öffentlichen und privaten Bereich erforscht. Österreich nahm erstmals 1993 teil.
[153] vgl. Mentzel 2005, S. 146
[154] vgl. Riedl 2000
[155] vgl. Domsch 1994, S. 7; Berthel/Becker 2007, S. 8

(mittleren) Führungspositionen verringert.[156] Strukturelle Karriereplateaus, verstanden als ein Punkt in der Karriere, „wo die Wahrscheinlichkeit einer zusätzlichen hierarchischen Beförderung gering ist"[157], sind daher unvermeidbar.

2. Fachlaufbahn

Die Grundidee von Fachlaufbahnen ist die Schaffung einer zweiten Hierarchie mit speziellen Titeln, Aufgaben, Rängen und Statussymbolen (wie etwa Größe und Ausstattung des Büros, Firmenauto, Laptop).[158] Als Leistungsanreize finden sich Weiterbildungsmöglichkeiten, Erweiterungen des Handlungs- und Entscheidungsspielraumes, Überantwortung von Budgets und ein auf den jeweiligen Rang abgestuftes Entgeltsystem. Die Fachlaufbahn ist charakterisiert durch einen hohen Anteil an Fachaufgaben, beinhaltet aber keine oder nur einen geringen Umfang an Führungsfunktionen wie Personal- und Ressourcenverantwortung.[159] Die Versetzung erfolgt primär aufgrund der fachlich nachgewiesenen Kompetenz. Für Fachlaufbahnen eignen sich bspw. FachreferentInnen-Positionen in Stabs- und Funktionsbereichen (Controlling, Personal, Verkauf etc.) oder Positionen in der Kunden- und Produktbetreuung.

Man unterscheidet vertikale und horizontale Fachlaufbahnen. Die **vertikale Fachlaufbahn** eröffnet hierarchische Aufstiegsmöglichkeiten auf Grund ausgewiesener Fachkompetenz.[160] Im Englischen bezeichnet man sie als Dual Ladder (Y-Achse)[161] und Expert Ladder, im Deutschen u.a. als Duallaufbahn, SpezialistInnenlaufbahn und Parallelhierarchie.[162] Die gebräuchlichste grafische Darstellung ist die Y-Achse.

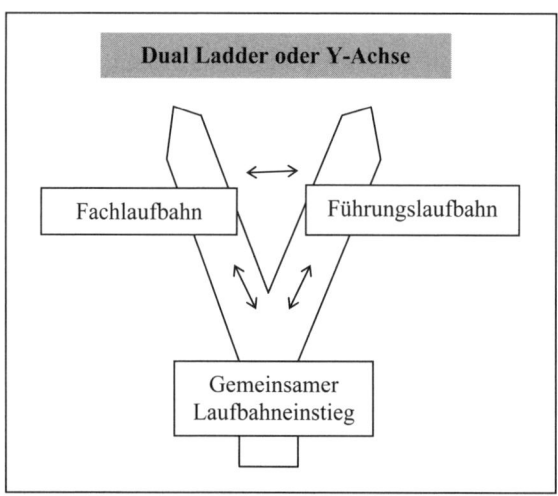

Abb. 8: Dual Ladder oder Y-Achse

---

[156] vgl. Berthel 1992, Sp. 1204; Schanz 1993, S. 403; Berthel/Becker 2007, S. 294, 372
[157] Ference et al. 1977, S. 602
[158] vgl. dazu und nachfolgend Berthel/Becker 2007, S. 378; Krämer 2007, S. 32f.
[159] vgl. Berthel 1992, Sp. 1205; Domsch 1994, S. 9; Becker 2005, S. 387; Holtbrügge 2007; S. 128
[160] vgl. Meier/Schindler 2005, Sp. 1056
[161] vgl. Hämmerle 1991
[162] vgl. Scholz 1994, S. 889; Berthel/Becker 2007, S. 378

In Unternehmen können Fach- und Führungslaufbahnen nebeneinander bestehen. Der Einstieg kann entweder für beide Laufbahnen gleich (z.B. über ein gemeinsames Traineeprogramm oder eine GeneralistInnenausbildung) oder aber getrennt erfolgen. Jedenfalls ist eine Entscheidung für eine der beiden Laufbahnwege zu treffen. Ein Wechsel zwischen der Fach- und der Führungslaufbahn sollte aber auch danach noch grundsätzlich möglich sein. Disziplinarisch ist die Fachkraft jeweils dem/r Nächsthöheren in der Führungshierarchie unterstellt, fachlich ist sie jedoch selbständig. Das Konzept der Y-Achse führt damit zu einer zusätzlichen (vertikalen) Hierarchie. Dies steht dem Trend zu schlanken, möglichst flexiblen Organisationsstrukturen entgegen. Dies mag einer der Gründe sein, warum Unternehmen auf die Chancen dieser zusätzlichen Laufbahn verzichten und stattdessen die Fachkräfte in die herkömmliche Linienorganisation eingliedern (**horizontale Fachlaufbahn**).[163]

Fachlaufbahnen sind für qualifizierte SpezialistInnen vorgesehen, für die keine Führungspositionen frei sind, die für Führungsaufgaben nicht geeignet erscheinen oder die Übernahme solcher Aufgaben ablehnen, deren Fachkompetenz man aber im Unternehmen dringend benötigt. Durch die Fachlaufbahn bzw. Heraushebung als „SpezialistIn" will man sie fördern, anerkennen, belohnen, an das Unternehmen binden und einer Aufgabenstagnation über neue, herausfordernde und abwechslungsreiche Aufgaben entgegenwirken.[164] Die Nutzung und Sicherung eines internen SpezialistInnenpools wird umso wichtiger, je schwieriger es ist, externe Fachkräfte zu rekrutieren.

3. Projektlaufbahn

Eine Projektlaufbahn kann als horizontale Karriere bezeichnet werden.[165] Die Besetzung von Projektgruppen erfolgt durch Abordnung bzw. Entsendung von MitarbeiterInnen.[166] Je nach Projektaufgabe arbeiten MitarbeiterInnen gleicher oder unterschiedlicher Unternehmensbereiche in verschiedenen Projekten mit, und zwar oft neben ihrer eigentlichen Tätigkeit in der Linie. Die Projektlaufbahn schafft durch die Übernahme unterschiedlicher Projektfunktionen und die Mitarbeit in unterschiedlichen Projekten eine eigene Hierarchie neben der Führungslaufbahn. Den MitarbeiterInnen fließt so ohne vertikalen Aufstieg Organisationsmacht zu. Die Funktion der Projektleitung weist Parallelen zur Führungsposition auf. Die Projektorganisation wird meist in Ergänzung zur hierarchischen Organisationsstruktur etabliert.

Die Arbeit in Projekten erfordert neben fachlichen und methodischen Fähigkeiten (wie bspw. Bewältigung komplexer Problemstellungen) insbesondere soziale Kompetenzen (wie bspw. Team-, Kommunikations- und Konfliktfähigkeit). Die Teilnahme an und die Leitung von Projekten ist häufig Voraussetzung für die Übernahme von Führungspositionen. Führungspotenziale können so erkannt und gefördert, unternehmerische Fähigkeiten entwickelt werden. Gleichzeitig besteht die Möglichkeit, für eine beschränkte Zeit

---

[163] vgl. Hämmerle 1991
[164] vgl. Mentzel 2005, S. 146; Stock-Homburg 2008, S. 201
[165] Manche subsumieren die Projektlaufbahn unter die Fachlaufbahn (vgl. u.a. Domsch 1994, S. 6f.), andere dagegen sehen sie als eigenständige Laufbahn (vgl. Berthel/Becker 2007, S. 378ff.). Letzterem Verständnis soll hier gefolgt werden.
[166] vgl. nachfolgend Krämer 2007, S. 33f.

eine neue und komplexe Aufgabe zu übernehmen und neues Wissen und Erfahrungen zu sammeln.[167]

(International zusammengesetzte) Projektteams sind in der heutigen Arbeitswelt Standard geworden. Projektlaufbahnen werden daher zu einer immer wichtigeren Karrierealternative. Trotz der vielen Vorteile und der großen Bedeutung für die betriebliche Praxis werden Projektlaufbahnen selten im gleichen Umfang wie Führungslaufbahnen als Karriere erlebt. Neben der häufig zusätzlichen Arbeitsbelastung fehlt bei Projektlaufbahnen die eindeutige Positionsbestimmung. Daraus können Unsicherheiten bezüglich der zu übernehmenden Position nach der Rückkehr in die Linie erwachsen. Zudem können reine Projektkarrieren die Pflege spezifischen Funktionsbereichswissens sowie den Aufbau klassischer Führungskompetenzen behindern. Aus unternehmerischer Sicht kann sich die Trennung von fachlicher und disziplinarischer Unterstellung bei der Personalführung als schwierig erweisen.[168] Um die Attraktivität von Projektlaufbahnen zu erhöhen, sind transparente Karriereplanungen und gute Abstimmungen zwischen den Tätigkeitsfeldern und den daraus resultierenden Fortbildungsmaßnahmen notwendig.

2.3.4 Individuelles Karrieremanagement

Die vorangegangenen Ausführungen haben gezeigt, welche Spielräume Organisationen bei der Gestaltung von Laufbahnen haben und wie stark diese die individuelle Karriere beeinflussen und begrenzen. Gleichzeitig ist es evident, dass die Menschen, die sich in diesem Rahmen bewegen, auch aktiv ihre Karriere mitgestalten – mit eben all den strukturellen, kulturellen und individuellen Möglichkeiten und Begrenzungen. So ist es *„der Einzelne, der sich persönlich verantwortlich für seine Karriere fühlt und auch entsprechend verantwortlich gemacht wird.“*[169]

Diese aktive Mitgestaltung des eigenen Karriereweges nimmt an Bedeutung zu, seit lebenslange Beschäftigungsverhältnisse in ein und derselben Organisation deutlich zurückgegangen sind und vermehrt Seitwärtsbewegungen, wie die Übernahme von Positionen auf der gleichen Hierarchieebene, zugenommen haben.[170] Die früher vorherrschende Ansicht, dass man Karriereentscheidungen schon sehr früh im Leben zu treffen hat und diese dann maßgeblich die weitere Berufslaufbahn präjudizieren, weicht zunehmend der Erfahrung, dass die eigene Karriere eine Reihe von Entscheidungen im Rahmen von mehr oder minder freiwilligen Karriereübergängen beinhaltet. So zeigt sich auch empirisch, dass die ersten 13 Berufsjahre der Karrieren der 1990er Jahre in Hinblick auf eine große Anzahl von Aspekten bei weitem komplexer und weniger planbar waren als die in den 1970er Jahren.[171]

Die individuelle Karriereplanung erfolgt in Organisationen entweder gemeinsam mit der direkten Führungskraft vor dem Hintergrund der betrieblichen Laufbahn- und Nachfolgeplanung (kooperative Karriereplanung) oder unabhängig vom derzeitigen Arbeit-

---

[167] vgl. Stock-Homburg 2008, S. 201
[168] vgl. Berthel 1979, S. 167; Berthel/Becker 2007, S. 379; Meier/Schindler 2005, Sp. 1058
[169] ebenda, S. 245
[170] vgl. Krämer 2007, S. 33
[171] vgl. ebenda, S. 273ff.

geber (bspw. dann, wenn Wechsel- und Veränderungsabsichten noch nicht mitgeteilt werden sollen). Karriere wird, neben der Planung der beruflichen Weiterentwicklung, zunehmend auch als Kompetenzentwicklung begriffen, bei der die individuelle Karriereplanung klären hilft, was man ausgehend von der bisherigen (Lebens-)Biografie als persönliche Kompetenzen weiterentwickeln will.[172]

Die Komplexität und Einzigartigkeit der Situation jedes Menschen ist einer der Gründe, dass es in der Karriereforschung bisher nicht gelungen ist, eine einzige, logische und widerspruchsfreie Gesamttheorie zur individuellen beruflichen Entwicklung abzuleiten. Allerdings gibt es in der Forschung mittlerweile eine Vielzahl empirischer Erkenntnisse und Partialtheorien zu Karriereentscheidungen und Berufsverläufen.[173]

In der älteren Forschung finden sich die Karrieremuster von Super 1957.[174] Er analysiert Persönlichkeitsfaktoren und individuelles Verhalten als Bestimmungsfaktoren für Karriereverläufe. Seine Einteilungen sind prinzipell nach wie vor aktuell, wenngleich instabile Karrieremuster und Karrieremuster der multiplen Veränderung die früher bevorzugten stabilen, linearen Karriereverläufe längst abgelöst haben. Anstelle von langfristigen Lebenszyklen treten kurzfristige Lernzyklen, die das gesamte Berufsleben umfassen, der Erfolgsdruck bleibt bis in die späte Karrierephase bestehen.[175] Multiple „**Patchwork-Karrieren**" sind das Ergebnis dieser flexibilisierten Personalpolitiken. Arthur/Rousseau (1996) sprechen in diesem Zusammenhang von „**boundaryless careers**".[176] Bei der individuellen Karriereplanung wird damit ein verstärktes Selbstmanagement von Karriereunterbrechungen und -übergängen und eine intensive Orientierungsleistung über multi-optionale Karriereplanungen erforderlich.

Schein (1978) berücksichtigt bei seinen Forschungen bisher am stärksten die berufliche Entwicklung in der Organisation. Bekannt wurde er mit der Identifizierung von sog. Karriereankern. Karriereanker sind die karrierebezogenen Vorstellungen bzw. Einschätzungen über sich selbst, ein „Selbstkonzept, das jemand keinesfalls aufzugeben gewillt ist, auch nicht angesichts schwieriger Entscheidungen."[177] Schein identifiziert acht verschiedene, empirisch abgesicherte Karriereanker. Er wählt dafür Bezeichnungen, die entweder auf organisatorische Kompetenzanforderungen (Managementkompetenz, technisch-funktionale Kompetenz), ein vorherrschendes Bedürfnis (wie Sicherheit) oder auf ein Motivbündel (wie Selbständigkeit/Unabhängigkeit, Kreativität) hinweisen. Schein unterscheidet damit auch als Erster nach dem zeitlichen Verlauf der Karriere in Organisationen.

Andere Autoren greifen dieses Konzept der Karrierephasen auf und stellen diese in einen Zusammenhang zu Lebenssphären und Maßnahmen der Personalentwicklung.[178] Da Phasenmodelle eine idealtypische Karriereentwicklung bei ununterbrochener und regulärer Berufstätigkeit erfassen, sind sie wie alle Kategorisierungen verallgemeinernd und

---

[172] vgl. Walger 2004, Sp. 990
[173] vgl. Burchard 2000, S. 42
[174] vgl. Burchard 2000, S. 49
[175] vgl. Mayrhofer et al. 2002; Krämer 2007, S. 35ff.
[176] vgl. Arthur/Rousseau 1996
[177] Schein 1994, S. 25
[178] vgl. Schein 1978, S. 36; Berthel/Koch 1985, S. 30; Scholz 1994, S. 892ff.; Becker 2005, S. 146f.;
      Berthel/Becker 2007, S. 384ff.

werden den individuellen Lebenslagen von Menschen nur bedingt gerecht. So können in der Praxis erhebliche Abweichungen von den einzelnen Phasen auftreten.

Und nicht zuletzt beschäftigt sich ein Teil der Karriereforschung auch damit, welche Determinanten den beruflichen Erfolg beeinflussen und was allgemein als Karriereerfolg betrachtet wird. Zusammengefasst gibt es drei Faktorenbündeln von Karrieredeterminanten:[179]

- **individuelle** Determinanten (wie Karrieremotive und -erwartungen, Werte und Einstellungen, Einschätzung eigener Fähigkeiten und Fertigkeiten, aber auch demografische Variablen wie Alter und Geschlecht),

- **soziale** Determinanten (wie Herkunft, Kultur und Epoche, Bildungsniveau, Kolleg-Innen-, Freundes- und Bekanntenkreis) und

- **ökonomische** Determinanten (wie allgemeine Wirtschaftslage, politische Situation, Berufsstrukturen, Arbeitsmarkt- und Einkommenssituation).

Der Karriereerfolg selbst wird mittlerweile nach einem subjektiven und objektiven Erfolgsverständnis unterschieden: [180]

- Der **subjektive Karriereerfolg** umfasst jene Dimensionen, die Personen als wesentlich für ihre ganz persönliche Karrierezufriedenheit angeben.

- Der **objektive Karriereerfolg** beinhaltet Erfolgskriterien, die auch Außenstehende bei der Beurteilung des Karriereerfolgs in Bezug auf diese Personen anwenden würden bzw. nachvollziehen können. Dazu gehören in unserer Gesellschaft neben der Geschwindigkeit des hierarchischen Aufstiegs besonders auch das Einkommen, der Positionsstatus, die Anzahl der zu führenden MitarbeiterInnen oder die Höhe des zu verantwortenden Budgets.

In einer aktuellen **Karrierestudie über WirtschaftsabsolventInnen** von Mayrhofer/ Meyer/Steyrer (2005)[181] zeigte sich (einmal mehr), dass das, was als erfolgreiche Karriere gesehen wird, einem sozialen Bewertungsprozess unterliegt (und nicht einfach objektiv feststellbar ist) . U.a. untersuchte das Forschungsteam, inwieweit das Geschlecht, der sozioökonomische Hintergrund, zentrale Persönlichkeitsmerkmale, Karriereorientierungen und der Studienerfolg auf das jeweilige Verhältnis von subjektivem und objektivem Karriereerfolg einen signifikanten Einfluss ausüben. Exemplarisch sollen hier einige der Ergebnisse herausgegriffen werden:

- Die Befragten **differenzieren** zwischen **objektiven und subjektiven Aspekten des Karriereerfolgs** (beides läuft nicht parallel). Rund ein Drittel der Befragten (33,3%) schätzen sich als objektiv und subjektiv wenig erfolgreich ein, was nach Interpretation

---

[179] vgl. Burchard 2000, S. 42 ff., insbesondere auch S. 52–55. Für internationalen Karrieren zeigen bspw. Tams/Arthur (2007) auf, wie Karrierenmöglichkeiten und Erfolge durch ökonomische, politische, soziale und umweltbezogene Veränderungen bedingt werden.

[180] vgl. Mayrhofer et al. 2005, S. 27ff.; Berthel 2007, S. 135

[181] vgl. Mayrhofer et al. 2005. Ein zweijähriges Forschungsprojekt an der Wirtschaftsuniversität Wien untersuchte jene Faktoren, die Karriereerfolg maßgeblich beeinflussen. Es wurden über 1000 AbsolventInnen verschiedener „Generationen" mit den Abschlussjahren 1970, 1990 und 2000 hinsichtlich ihrer Karriereverläufe untersucht.

der Autoren die in den vergangenen 15 Jahren schlechter gewordenen Berufsmöglichkeiten widerspiegeln könnte. 29,6% sind zwar subjektiv relativ zufrieden, räumen allerdings ein, dass sie mit objektiven Erfolgsmaßen wie Zahl der unterstellten MitarbeiterInnen und Jahresverdienst unzufrieden sind. Jede fünfte Person (20,4%), obwohl an objektiven Kriterien gemessen erfolgreich, sieht sich als subjektiv wenig erfolgreich und unzufrieden. Nur 16,7% sehen sich als objektiv und subjektiv erfolgreich an.

- **Frauen** sind objektiv weniger erfolgreich als **Männer**, aber haben subjektiv einen höheren Karriereerfolg, Männer sind dagegen besonders häufig objektiv erfolgreich, schätzen sich subjektiv aber weniger erfolgreich ein. So schätzen sich mehr als drei Viertel aller Frauen (76,5%) hinsichtlich objektiver Erfolgsstandards als wenig erfolgreich ein, während dieser Wert bei den Männern bei rund 50% liegt. Umgekehrt ist die Reihenfolge bei Männern. Der größte Unterschied zwischen Frauen und Männern liegt aber in der Gruppe „subjektiv erfolgreich, aber nicht objektiv" – sie enthält anteilig fast doppelt so viele Frauen wie Männer.

- Was den Einfluss der Persönlichkeit auf den Karriereerfolg anbelangt, so ist das **Geschlecht bedeutender als bestimmte Persönlichkeitsmerkmale.** Zwar fördert eine hohe Führungsmotivation sowohl den objektiven als auch den subjektiven Karriereerfolg. Dabei wird aber auch deutlich, dass die Bedeutung der Führungsmotivation bei Frauen ungleich höher ist als bei Männern. Nur durch eine extrem hohe Führungsmotivation können Frauen in Bezug auf die Anzahl der unterstellten MitarbeiterInnen in etwa so erfolgreich sein wie ein „durchschnittlicher" Mann. Ist diese nicht extrem hoch ausgeprägt, dann stehen die Chancen, Führungskraft zu werden, für Frauen schlecht. Bei Männern genügt bereits eine leicht überdurchschnittliche Motivation, um Frauen in Bezug auf die übertragene Führungsverantwortung zu überholen. Auffallend ist zudem, dass die Gruppe der Top-25% hohe Werte in der „emotionalen Stabilität" aufweist; emotionale Stabilität fördert hier allerdings nur den subjektiven Erfolg.

- **Karrierebestrebungen** haben keinen Einfluss auf das Verhältnis von objektivem und subjektivem Karriereerfolg.

- Hinsichtlich der **Work-Life-Balance** zeigt sich, dass Karriereunterbrechungen den hierarchischen Aufstieg und monetären Erfolg behindern, und zwar bei Männern deutlicher als bei Frauen. Die „Musterkarriere" ist durchgängig und kennt keine Pausen. Wer nach den üblichen Kriterien erfolgreich sein will, muss dem Job einen hohen Stellenwert im Leben geben.

2.3.5 Integratives Karrieremanagement

Während in der älteren betriebswirtschaftlichen Literatur die individuelle Karriereplanung noch maßgeblich als Teil der Personalplanung betrachtet wird, bei der die individuellen Belange der MitarbeiterInnen auch einbezogen werden, plädiert die neuere Literatur dafür, dass im Rahmen des betrieblichen Karrieremanagements die persönlichen Karriereorientierungen nicht nur mit den unternehmerischen Interessen abzustimmen seien,[182] sondern

---

[182] vgl. Meier/Schindler 2005, Sp. 1061

dass hier auch Unterstützung bei der persönlichen Karriereplanung (als Teil der Personal-entwicklungsaufgabe) zu leisten sei.[183]

Karrieremanagement soll demnach von der Organisation und dem/der MitarbeiterIn als Teamarbeit betrieben werden. Teamarbeit bedeutet, dass unter Berücksichtigung des organisationalen Kontextes, des Bedarfs und der individuellen Fähigkeiten und Entwick-lungsbedürfnisse des Mitarbeiters/der Mitarbeiterin die berufliche Entwicklung gemein-sam festgelegt bzw. geplant wird.[184] Dieser Ansatz basiert auf dem **Gedanken der koo-perativen Führung**.[185] Dieser Ausgleich ist nicht nur empfehlenswert, sondern auch not-wendig, wenn individuelle Karriereabsichten und das betriebliche Laufbahnsystem aus-einandergehen.

Die bisherigen Ausführungen haben verdeutlicht, dass bereits ein betriebliches Kar-rieremanagement in mehrfacher Hinsicht ein komplexes Gebilde ist, noch komplexer wird es, wenn dieses mit den individuellen Karrierewünschen der MitarbeiterInnen in Einklang gebracht werden soll. Dennoch sind an ein Karrieremanagement, das der Komplexität und dem Ziel des Ausgleichs von individuellen und unternehmerischen Interessen gerecht wird, mehrere grundsätzliche **Anforderungen** zu stellen:[186]

1. Im Rahmen des betrieblichen Laufbahnsystems müssen flexible Möglichkeiten zur Be-förderung bestehen.

Bei standardisierten Laufbahnsystemen, wie sie insbesondere in größeren Organisationen zu finden sind, ist eine Anpassung an einen unvorhergesehenen Personalbedarf weniger gut möglich als bei individualisierten, flexiblen Karrieresystemen. Außerdem sind bei starren Systemen Karriereplateaus unvermeidbar. Diese resultieren, insbesondere wenn die einzige Perspektive das Verbleiben im selben Job oder in der Ausführung derselben Aufgabe bis zum Ende des Arbeitslebens besteht, in Arbeitsunzufriedenheit, sinkender Leistung und geringem Commitment.[187] Flexible Systeme sind daher standardisierten vor-zuziehen. Eine Flexibilisierung von Laufbahnen lässt sich durch das gleichzeitige Anbie-ten von Führungs-, Fach- und Projektkarrieren erreichen.

2. Vorgesetzte dürfen keine unerfüllbaren Erwartungen wecken.

In Bezug auf Karriere sind Chancen, nicht aber Anrechte einzuräumen.[188] Dieser Grund-satz ist bei Organisationen, die in einer turbulenten Umwelt agieren, von besonderer Be-deutung. Insgesamt hat man sich auf kürzere Laufbahnzyklen, eine kürzere Verweildauer in einer Organisation und flexiblere Lebensarbeitszeiten einzustellen. Es wäre daher un-seriös, MitarbeiterInnen bereits viele Jahre im Voraus mit expliziten oder impliziten Kar-riereversprechen zu binden, ohne zu wissen, ob man diese Versprechen einlösen kann. Zwar können Karriereversprechen in der Gegenwart kurzfristig motivierend wirken, spä-testens dann, wenn sich diese als nicht realisierbar erweisen, ist mit Arbeitsunzufriedenheit

---

[183] vgl. Walger 2004, Sp. 990f.; Krämer 2007, S. 34
[184] vgl. Oechsler 1997, S. 448; Becker 2005, S. 390f., Baruch 2004, S. 5
[185] vgl. dazu und nachfolgend auch Berthel/Becker 2007, S. 380ff.
[186] vgl. Nachbagauer/Riedl 2000
[187] vgl. Eckardstein/Elšik/Nachbagauer 1997
[188] vgl. Berthel/Becker 2007, S. 382

zu rechnen. Wenn möglich, sollte der Grundsatz des Vorrangs aus den eigenen Reihen (interne Personalbesetzung) gelten.[189]

3. Es sind Kompensationseffekte zwischen Aufstieg und Arbeitsinhalten zu berücksichtigen.

Ein weiterer Merkpunkt ist die Beachtung von Kompensationseffekten: Bei starken Flexibilitäts- und Varitätsanforderungen in der Arbeit bekommt die formale Stabilität bzw. Vorhersehbarkeit des Karriereweges für ArbeitnehmerInnen eine große Bedeutung. Sowohl Arbeitsinhalte als auch Karriereperspektiven flexibel zu halten, wirkt sich negativ auf Leistung, Arbeitszufriedenheit und Commitment aus.[190] Die Karriere muss von ArbeitnehmerInnen als planbar und beeinflussbar wahrgenommen werden.

4. Es ist zwischen vergangenheitsorientierter Beurteilung von Leistungen und zukunftsorientierter Förderung von Arbeitnehmern zu unterscheiden.

Das Leistungsprinzip soll bei Beförderungen zwar erkennbar sein, dennoch ist grundsätzlich zwischen vergangenheitsorientierter Leistungsbeurteilung und zukunftsorientierter Personalförderung zu trennen. Personal-, Nachfolge- und Laufbahnplanungsinstrumente beruhen auf vergangenheitsorientierten Daten und Erfahrungen. Eine vorausschauende Karrierepolitik hat dagegen die zukünftig erwartete Leistung zu berücksichtigen.[191] Dies lässt sich über die herkömmlichen Personalmanagementinstrumente wie Karrieregespräche, Potenzialbeurteilungen und vorausschauende Qualifizierungen für die unterschiedlichen Karrieremodelle realisieren.

2.4 Personalabbau

Wie in der Einleitung angesprochen, umfasst die Begleitung und Förderung von Personal im Rahmen eines erweiterten Begriffs der Personalentwicklung nicht nur den Beginn eines Beschäftigungsverhältnisses, die Weiterbildung im Unternehmen, Maßnahmen der Laufbahn- und individuellen Karrieregestaltung, sondern auch die Beendigung eines Beschäftigungsverhältnisses.

Für Unternehmen, die eine flexible Beschäftigungspolitik verfolgen, also entsprechend ihrer Auftragslage Personal mehr oder weniger flexibel auf- oder abbauen (Hire-and-Fire-Politik), gehört die Beendigung von Beschäftigungsverhältnissen zum täglichen Geschäft. Für Unternehmen, die auf den langfristigen Erhalt ihres (Stamm-)Personals abzielen, stellen außerplanmäßige Trennungen von MitarbeiterInnen oder gar der Abbau größerer Belegschaftsteile eine außergewöhnliche Belastung dar. In diesem Kapitel soll, nicht nur aufgrund der aktuellen Finanzkrise, die viele Unternehmen überraschend und ungeplant zu umfangreicheren Personalfreisetzungsmaßnahmen zwingt bzw. gezwungen hat, auf den Personalabbau als spezifischem Aufgabenfeld des HRM und hier besonders der Personalentwicklung fokussiert werden. Der Personalabbau nimmt in der deutschsprachigen Personalfachliteratur vergleichsweise wenig Raum ein und auch Personalfachleute in der Praxis beschäftigen sich verständlicherweise im Allgemeinen lieber

---

[189] vgl. Mentzel 2005, S.135
[190] vgl. Eckardstein/Elšik/Nachbagauer 1997
[191] vgl. Berthel/Becker 2007, S. 382f.

mit Personal(entwicklungs-)aufgaben, die dem Aufbau und dem Erhalt des Personals dienen. Dabei ist das Aufgabenfeld des Personalabbaus ein besonders komplexes und heikles. So können beispielsweise rechtlich und formal nicht korrekt abgewickelte Kündigungen bzw. Entlassungen teuer werden, Führungskräfte wollen bei ihren Entscheidungen begleitet, die vielschichtigen Emotionen bei der Verabschiedung von MitarbeiterInnen wollen bewältigt werden usw. Zudem erfordert es neben rechtlichen Kenntnissen auch ein General-Management-Wissen, da Personalabbau in verschiedene Tätigkeitsfelder wie Arbeitszeitgestaltung und Arbeitsorganisation eingreift und nicht zuletzt auch Personalentwicklungstools erfordert.

In diesem Kapitel kann nur ein kurzer Abriss zum Thema gegeben werden. Zuerst wird der Begriff geschärft und zwischen einem engeren und weiteren Verständnis von Personalfreisetzung unterschieden. Mit dieser Präzisierung ist eine genauere Betrachtung dessen, wo Personalentwicklungsaktivitäten im Rahmen eines Personalabbaus erforderlich sind und wo es Überschneidungen zu anderen personalwirtschaftlichen Aufgabenfeldern gibt, möglich. Danach werden potenzielle Auswirkungen von Personalabbau auf gekündigte und verbleibende MitarbeiterInnen und personalwirtschaftliche Bewältigungsstrategien aufgezeigt. Das Kapitel runden drei zentrale Personalentwicklungstools ab, die im Zuge von Personalabbau eingesetzt werden: Outplacement, Coaching und Austrittsgespräche.

2.4.1 Zum Begriff Trennung, Abbau und Freisetzung

Personalfreisetzung im engeren Sinn beinhaltet die quantitative Reduzierung der Belegschaft und wird üblicherweise in zwei Bereiche untergliedert:[192]

1. **Trennung (quantitative Freisetzung)**: Darunter versteht man die übliche Beendigung von Beschäftigungsverhältnissen im täglichen Betriebsablauf, z.B. durch Arbeitnehmer- oder Arbeitgeberkündigung (bedingt durch bspw. reduzierte Leistungsfähigkeit oder -unfähigkeit, mangelnde Leistungsbereitschaft oder vereinbarungswidriges Verhalten auf Seiten des Arbeitnehmers/der Arbeitnehmerin).

2. **Personalabbau (quantitative Freisetzung)**: Dieser ist eine absichtsvolle, planmäßig koordinierte Beendigung von Beschäftigungsverhältnissen oder deren inhaltliche Umgestaltung in Krisensituationen und bei temporären oder dauerhaften Absatzrückgängen durch gesamtwirtschaftliche, branchen- und unternehmensspezifische Faktoren) oder aufgrund von betrieblichen Strukturveränderungen (technischen und/oder organisatorischen Rationalisierungen).
   Die quantitative Reduzierung des Personalbestandes erfolgt in solchen Fällen durch Kündigung und (Massen-)Entlassung. Sie kann aber auch über Einstellungssperren (Nutzung der natürlichen Fluktuation), Nicht-Verlängerung von befristeten Arbeitsverträgen und Leiharbeit, durch gezielte Frühpensionierungsmodelle, Aufhebungsverträge (freiwillige Abfindungen, Outplacement) und dauerhafte Personalvermittlung bzw. Arbeitskräfteüberlassung umgesetzt werden. All diese Maßnahmen unterliegen spezifischen rechtlichen bzw. vertraglichen Regelungen (z.B. Arbeitsverfassungsgesetz).

---

[192] vgl. Bröckermann 2003, S 455ff.; Bröckermann et al. 2005, S. 1

Darüber hinaus werden in solchen Change-Situationen **alternative und/oder ergänzende Maßnahmen zum quantitativen Personalabbau** gesetzt, die als Personalfreisetzung im weiteren Sinn zu verstehen sind[193] und auf die Erhaltung des Bestands oder Teile des Bestands abzielen.[194]

3. **Reduzierung der Arbeitszeit (zeitliche Personalfreisetzung):** Die Reduzierung der Arbeitszeit in einem solchen Rahmen umfasst Kurzarbeitsmodelle, den Abbau von Überstunden und Sonderschichten, Überstundensperren, Annäherungen an den Urlaub (Vorverlegung oder Verlängerung von Urlauben, unbezahlter Urlaub etc.) oder Arbeitszeitreduzierung (z.B. Altersteilzeit). Diese Freisetzungsmaßnahme ist originär dem personalwirtschaftlichen Tätigkeitsfeld der Arbeitszeitgestaltung zuzuordnen. Das bekannteste Beispiel einer Arbeitszeitverkürzung im Rahmen einer umfassenden organisatorischen Rationalisierung ist Volkswagen. 1994 führte Volkswagen die Vier-Tage-Woche im Rahmen des „Firmen-Tarifvertrags zur Beschäftigungssicherung"[195] ein. Dabei wurde die betriebsübliche Arbeitszeit von 36 auf 28,8 Wochenstunden reduziert.

4. **Veränderung des Arbeitsortes (örtliche Personalfreisetzung):** Hier sind Versetzungen innerhalb einer Organisation (regional, überregional, international) subsumiert. Beispiel: Ein Baustoffhändler schließt aufgrund seiner Umsatzrückgänge alle Filialen bis auf das Stammhaus. Mit dem Top-Verkäufer, bisher für Großkundenbetreuung in einer der zu schließenden Filialen zuständig, kommt man überein, dass er künftig den gesamten Verkaufsbereich des Stammhauses leitet. Damit verändert sich neben seiner Position (siehe nachstehenden Punkt qualitative Personalfreisetzung) auch sein künftiger Arbeitsort, der nun 30 km weiter entfernt ist. Diese Aktivitäten im Rahmen eines Freisetzungsprogramms betreffen neben dem betrieblichen Karrieremanagement auch die Gestaltung der Arbeitsorganisation.

5. **Veränderung der Tätigkeit/Position (qualitative Personalfreisetzung):** Im Zuge von Rationalisierungen und Personalabbaumaßnahmen kommt es nicht selten auch zu karrieremäßigen Veränderungen von verbleibenden MitarbeiterInnen, sei es, dass sie hierarchisch auf- oder absteigen oder erweiterte Aufgabengebiete und neue Projekte zu betreuen haben. Beispiel: In einer Großbank kommt es durch Filialschließungen in der Zentrale zu einem Überhang an PersonalentwicklerInnen bei gleichzeitigem Defizit an PersonalverrechnerInnen (da die abgebauten FilialmitarbeiterInnen in zusätzlichen Sonderschichten abgerechnet werden müssen etc.). Da die PersonalentwicklerInnen unkündbar sind, vereinbart man, sie – nach entsprechender Einschulung – bis auf weiteres in der Personalverrechnung zu beschäftigen. Auch abseits dieses Beispiels werden qualitative Personalfreisetzungsaktivitäten häufig von Anpassungsfortbildungen, Umschulungen oder Förderung von Mehrfachqualifikationen begleitet.

---

[193] vgl. Park 1999, S. 10ff.
[194] vgl. Bröckermann 2003, S. 483ff.
[195] Volkswagen Standortpresse, 1995

2.4.2 Auswirkungen und Bewältigung

Bei einem Personalabbau im obigen Begriffsverständnis sind nicht nur die Gekündigten davon betroffen, sondern auch die verbleibenden MitarbeiterInnen und selbstverständlich auch alle Fach- und Führungskräfte, die mit dem Personalabbau aufgabenmäßig betraut sind.

Für die **Gekündigten** stellt sich die Aufgabe, einen neuen Arbeitsplatz zu finden, mit den potenziellen Schwierigkeiten des Findens und des beruflichen Wiedereinstiegs. Finanzielle Einbußen, psychische und gesundheitliche Beeinträchtigungen und soziale Probleme (in privaten und familiären Beziehungen) sind weitere mögliche negative Begleiterscheinungen eines Arbeitsplatzverlustes. Hier kann das Personalmanagement (in Kooperation mit den Linienverantwortlichen und ArbeitnehmerInnen-Vertretungen) insbesondere durch sorgsame und schnelle Kommunikation (auch im Rahmen von Austrittsgesprächen), aber auch entsprechend der Situation durch spezielle Maßnahmen wie Sozialpläne, Arbeitsstiftungen, Coachings und Outplacementmaßnahmen unterstützen (Coaching und Outplacement siehe nächstes Kapitel).

Bei den **verbleibenden MitarbeiterInnen** hat die Forschung ein Problem identifiziert, das sie als das Survivor-Syndrom bezeichnet.[196] Dies ist geprägt durch Zukunftsangst, Verunsicherung (Angst, als Nächster gekündigt zu werden), Ohnmachtsgefühle und Trauer über den Verlust von KollegInnen und gleichzeitigen Schuldgefühlen. Begleitet sind solche Befindlichkeiten verhaltensseitig u.a. durch Demotivation, Leistungszurückhaltung, ungewollte Fluktuation (Key Player verlassen das Unternehmen), sinkende Produktivitäten und/oder Personalkonflikte (z.B. aufgrund von Profilierungskämpfen). In solchen Fällen ist jedenfalls eine intensivere öffentliche und auch individuelle Kommunikation vonnöten, welche insbesondere die getroffenen Maßnahmen in einen Rahmen stellt, der (individuelle) Zukunftsperspektiven aufzeigt und erklärt, warum gekündigt werden musste. Bewährt haben sich auch Einzel- und Gruppencoachings, eine wertschätzende Haltung gegenüber den gekündigten bzw. zu kündigenden KollegInnen und ein kooperativer Führungsstil.

Eine besondere Gruppe stellen auch die Führungskräfte dar, welche als **Linienverantwortliche** die Kündigung ihren MitarbeiterInnen mitzuteilen und die verbleibenden weiter (möglichst leistungsmotivierend) zu führen haben. Dazu ein jüngstes Beispiel aus der Praxis: Ein Produktionsleiter in einem mittelständischen Industriebetrieb in einer ländlichen Region bekommt am frühen Morgen durch die Personalchefin mitgeteilt, dass mit Ende des Monats ein Viertel seiner Produktionsmitarbeiter gekündigt wird. Die betriebswirtschaftlich korrekte Entscheidung ist am Vortag durch die Geschäftsführung getroffen und am Abend der Personalchefin mit dem Auftrag der Bekanntgabe an den Produktionsleiter übermittelt worden. Der Produktionsleiter kennt alle zu kündigenden Mitarbeiter persönlich. Fünf von ihnen waren noch am Vorabend bei ihm zu Hause auf Besuch. Dazu der Produktionsleiter mit nach Fassung ringender Stimme: „Meine Frau hat ihnen gestern noch Kuchen serviert. Er hat ihnen gut geschmeckt. Wie soll ich es ihnen nur sagen ...". Dieses Beispiel verdeutlicht die Wichtigkeit der direkten und unmittelbaren Unterstützung

---

[196] vgl. Bashford 2004, S. 43ff.

durch die Linie, hier der Entscheidungsträger. In einem solchen Fall kann auch ein Coaching zur Aufarbeitung der Emotionen hilfreich sein.

Das Beispiel zeigt auch, dass der **Personalabteilung** eine schwierige Rolle zukommt. Einerseits soll sie – häufig unter Zeitdruck und mit bestimmten finanziellen Restriktionen und speziellen Managementvorgaben – die Kündigungen bzw. Entlassungen unter Berücksichtigung umfangreicher arbeitsrechtlicher und sonstiger Regelungen professionell durchführen. Andererseits soll sie eine neutrale und gleichzeitig hilfreiche, begleitende und beratende Position im Spannungsfeld der unterschiedlichen Interessenpositionen (verbleibende und zu kündigende MitarbeiterInnen, Führungskräfte, Top Management, Arbeitnehmervertretung, eventuell auch Arbeitsmarktservice) einnehmen. Mitglieder der Personalabteilung haben wie die Führungskräfte auch mit verstärkten negativen Emotionen seitens der gekündigten Mitarbeiter zu rechnen. Manche distanzieren sich folglich innerlich vom Geschehen. Zudem liegt ein hoher psychischer Druck auf jenen Personen, die trotz des Wissens über bevorstehende Kündigungen diese den MitarbeiterInnen verschweigen müssen. MitarbeiterInnen, die schon Erfahrung mit Restrukturierung hatten, waren weniger vom Stress bedroht.[197]

Als professionelle Unterstützung für alle Agenten des Personalabbaus (Personalabteilung und Führungskräfte) haben sich formale Ablaufpläne und Prozeduren bewährt.[198] Beispielsweise schlagen Mathys/Burack (1993) vor, im Personalabbauplan auch einen „Termination Plan", einen „Survivor Support Plan" und einen „Communication Plan" zu integrieren. Der Personalabbauplan wird als strategischer Rahmen gesehen, wo die Anforderungen, der Zeitplan und andere generelle Vorgaben festgelegt werden. Im „Termination Plan" werden insbesondere das Training von Führungskräften für die Handhabung der Entlassungsmaßnahmen und die technischen Parameter (Ausgleichszahlungen, Kündigungsfristen etc.) der zu Kündigenden festgehalten. Sie empfehlen weiters einen detaillierten „Communication Plan", um – wie oben angesprochen – die Informationsflüsse innerhalb und außerhalb des Unternehmens (z.B. gegenüber der Presse) steuern zu können.[199]

2.4.3 Outplacement, Coaching und Austrittsgespräche

Als begleitende Maßnahmen der Personalentwicklung sind im Rahmen des Personalabbaus insbesondere drei Instrumente hervorzuheben: Das Outplacement, Coaching und Austrittsgespräche.

1. Outplacement

Outplacement ist eine von Unternehmen finanzierte Dienstleistung für ausscheidende MitarbeiterInnen, die als professionelle Hilfe zur beruflichen Neuorientierung angeboten wird. Es ist ein Unterstützungs- und Beratungskonzept, das meist von spezialisierten Dienstleistern durchgeführt wird. Outplacement ist mittlerweile – trotz zusätzlicher Kosten – nicht nur mehr auf Führungskräfte beschränkt, sondern kommt auch bei Frühpen-

---

[197] vgl. Clair/Dufresne 2004, S. 1604–1617
[198] vgl. Clair/Dufresne 2004, S. 1620
[199] vgl. Mathys/Burack 1993, S. 80ff.

sionierungen, als Kompensation zu geringerer Abfertigung und/oder im Rahmen von betrieblichen Sozialplänen bei größeren Personalabbaumaßnahmen zum Einsatz.

Die Outplacementberatung soll dazu beitragen, die Beteiligten in ihrer Auseinandersetzung mit den Folgen einer Trennung zu unterstützen, ein gutes Einvernehmen zwischen den Beteiligten herzustellen und so die negativen Auswirkungen zu vermeiden bzw. zu mildern. Die Programme enthalten bspw. Potenzialanalysen, Aktualisierungen der Entscheidung über den weiteren Berufsweg (Berufs- und Branchenentscheidung, Umschulung, Weiterbildung, Existenzgründung), Laufbahnplanungen und Unterstützungen oder Vermittlungen bei der Stellensuche. Manchmal werden auch eigene Job-Center gegründet, wo Beratung zur Verfügung gestellt, Schulungs- und Trainingsmaßnahmen gesetzt, Auffang- oder Transfergesellschaften gebildet werden, die Personal übernehmen können, oder die Existenzgründungen fördern.

2. Coaching

Ein Element, das zunehmend für die Phase der Eingliederung und Integration, in der Karriereberatung, aber auch im Zuge von Personalabbau bzw. eines Personalaustritts Verwendung findet, ist Coaching.[200] Im Coachingprozess werden primär berufsbedingte Frage- und Problemstellungen thematisiert, wenngleich Verbindungsstränge zum privaten Bereich existieren. Betrachtet man Coaching einerseits als sehr individuelles Instrument der Personalentwicklung und andererseits als Instrument zur Bearbeitung von Krisenerscheinungen in der beruflichen Tätigkeit wie dies bei Trennungen bzw. Personalabbau der Fall ist, so sind die zentralen Zielsetzungen bereits umrissen:

- Unterstützung zur verbesserten Bewältigung der Arbeitssituation oder einer Krisensituation

- Beratung in der beruflichen Weiterentwicklung

- Bearbeitung von Konfliktfällen

- Begleitung in Veränderungsprozessen aufgrund von „Umbrüchen" innerhalb und im Umfeld der Organisation, also berufliche Veränderung im Unternehmen oder aus dem Unternehmen hinaus.

Das Instrument Coaching kann Konfliktpotenzial reduzieren und Krisen vorbeugen: Der Übergang einer Person in eine neue zentrale Arbeitsrolle hinein bzw. auch wieder hinaus kann durch Coaching vorbereitet und/oder begleitet werden. Dabei ist zu reflektieren, welche Kompetenzen aufzubauen sind und wie dies am besten geschieht.[201] Die Entwicklung eines eigenen Führungsstils – gekoppelt mit entsprechendem Verhaltenstraining – kann dabei ebenso Gegenstand des Coachings sein wie die Gestaltung der Kommunikations- und Kooperationsformen zu den ehemaligen KollegInnen. Beim Einstieg oder Wechsel

---

[200] vgl. Schreyögg/Schmidt-Lellek 2007. Der Begriff Coaching hat seinen Ursprung im sportlichen Bereich: der Coach als Trainer und Betreuer eines Sportlers oder einer Sportmannschaft. Seit Ende der 80er Jahre verwendet man diesen Begriff geradezu inflationär für sehr unterschiedliche und vielfältige Angebote zur Unterstützung beziehungsweise Beratung, wobei die Abgrenzung zu Supervision oder Einzelberatung etc. fließend ist.

[201] Erpenbeck 2008, S. 53ff.

einer Person in eine neue Organisation kann Coaching helfen, die Komplexität aufgrund unterschiedlicher kultureller Handlungslogiken innerhalb oder zwischen Organisationen (z.B. fachlich-inhaltliches Engagement für die Arbeit im basisorientierten Verein und strategisch-politische Handlungsausrichtung gegenüber den finanzierenden Auftraggebern) besser zu bewältigen. Und im Rahmen des Personalabbaus können besonders belastete Personen oder zentrale Agenten des Personalabbaus ihre Tätigkeiten reflektieren und versuchen, einen entlastenden Umgang mit ihren Emotionen bzw. den Emotionen der anderen zu finden.

3. Austrittsgespräche

Austrittsgespräche sind geplante und gezielt vorbereitete Gespräche mit jenen Personen, von denen sich das Unternehmen trennt bzw. die sich vom Unternehmen trennen wollen. Austrittsgespräche werden von den direkten Linienvorgesetzten geführt, zusätzlich aber auch von MitarbeiterInnen der Personalabteilung. Bei schwierigen Gesprächen ziehen PersonalistInnen in der Praxis auch BetriebsrätInnen, BetriebsärztInnen und/oder psychologisch geschulte Personen unterstützend bei.

Inhalte dieser Gespräche können vielfältig sein: Austrittsformalitäten und -bedingungen (finanziell, zeitlich, Rückgabe von Berechtigungen und Firmeneigentum wie Handy, Laptop, Auto etc., personelle, zeitliche und inhaltliche Übergabe von Aufgaben und Projekten), Rückschau auf und Dank für die erbrachten Leistungen des Mitarbeiters/der Mitarbeiterin, Rückmeldung des ausscheidenden Mitarbeiters/der ausscheidenden Mitarbeiterin zur Organisation (Positives, Negatives, Verbesserungspotenziale) und eigener Rückblick, Aussprechen von Emotionen und Befindlichkeiten im Zuge der Trennung, Ausblick auf eine etwaige Neuorientierung, mögliche Unterstützungen für den Übergang und dergleichen mehr. Die vielen Aspekte zeigen auf, wie nützlich ein solches Austrittsgespräch, für das entsprechend Zeit einzuräumen ist, für beide Seiten sein kann. Im Rahmen des Personalabbaus kann es zudem als Ventil fungieren, um den ersten emotionalen Druck wegzunehmen, formale Dinge zu klären, aber auch um individuelle Unterstützung für den Austritt und die Übergangsphase eingehender besprechen zu können.

3. Abschließende Bemerkungen

Qualifiziertes und motiviertes Personal ist eine zentrale unternehmerische Ressource im dynamischen Wettbewerb. MitarbeiterInnen mit hohem Potenzial, die nicht gefördert und in ihrer Leistung wertgeschätzt werden, verlassen früher oder später das Unternehmen oder nehmen ihre Leistung zurück. Dies führt nicht nur zu Know-how-Verlust sowie Kosten der Neubesetzung und der Personaleinführung, sondern beinhaltet auch ein nicht zu unterschätzendes internes Konfliktpotenzial.

Der Personalentwicklung kommt neben einer planerischen, gestalterischen Rolle auch eine informierende und beratende Rolle zu. Dazu steht eine große Anzahl geeigneter Instrumente bzw. Möglichkeiten zur Verfügung: zielgruppenspezifische Einführungsprogramme bzw. -maßnahmen, transparente Kompetenzprofile, Förder- und Karrieregespräche, Karrierepläne und -vereinbarungen, Coaching und Supervision, Qualifizierungsprogramme und einiges mehr.

Eine professionelle Personalentwicklung, die sich gleichermaßen an den Zielen des Unternehmens und der MitarbeiterInnen orientiert, kann helfen, qualifiziertes, motiviertes und leistungsbereites Personal zu fördern und zu erhalten, Illusionen auf Seiten des Mitarbeiters/der Mitarbeiterin zu vermeiden, gemeinsam realistische Erwartungen im Hinblick auf mögliche Förderungen und Beförderungen zu entwickeln und insgesamt die unternehmerischen Ziele besser zu verwirklichen.

Personalbeurteilung

Wolfgang Elšik

Inhalt

1. Einleitung

In sozialen Situationen findet laufend Beurteilung statt. Egal ob wir jemanden Fremden auf der Straße beobachten oder über einen längeren Zeitraum mit jemandem Vertrauten zusammenarbeiten, bilden wir uns ein Urteil über diese andere Person. Wer schon einmal ein gruppendynamisches Seminar oder ein Kommunikationstraining mitgemacht hat, weiß aus eigener Erfahrung, wie schwer uns eine reine Beschreibung des Verhaltens anderer fällt, und wie scheinbar mühelos und quasi-automatisch wir das Verhalten und zumeist auch die persönlichen Merkmale der anderen bewerten. Da Unternehmen und andere Organisationen soziale Veranstaltungen sind, trifft dies auch für sie zu, d.h. es werden laufend, wenn auch nicht notwendigerweise bewusst oder systematisch, Urteile über die Organisationsmitglieder gefällt. So gesehen gibt es keine beurteilungsfreien Räume in Organisationen, und in der Tat finden sich in der Organisationstheorie Hinweise darauf, dass Sanktion und Legitimation, d.h. der Vergleich des Verhaltens mit Normen und die Belohnung und Bestrafung für normgemäßes bzw. normabweichendes Handeln (neben Kommunikation und Machtausübung) konstitutive Merkmale sozialer Interaktion sind (Giddens 1992).

Das folgende Kapitel behandelt aber nicht diese ‚naturwüchsigen' Beurteilungsprozesse. Nachdem sich Organisationen von anderen Sozialgebilden u.a. durch ihre Formalität unterscheiden, spielt dieses Merkmal auch hier eine bedeutende Rolle. Unter Personalbeurteilung in Organisationen wird hier verstanden

- „die systematische und formalisierte Bewertung von Organisationsmitgliedern (= Personal, Beurteilte),
- im Hinblick auf Kriterien, die für den Erfolg der Organisation als wichtig erachtet werden,
- durch von der Organisation dazu explizit beauftragte Personen (= Beurteiler),
- auf Basis sozialer Wahrnehmungsprozesse im Arbeitsalltag" (Domsch/Gerpott 2004, S. 1432).

In einer erweiterten Perspektive können drei Ebenen der Personalbeurteilung unterschieden werden (vgl. Abbildung 1). Day-to-day-Feedback findet wie oben beschrieben ungeplant und unmittelbar im täglichen Arbeitsablauf statt. Es kommt nicht nur von anderen Personen, sondern auch aus der Arbeit selbst, bspw. in Form von gelungenen oder misslungenen Bemühungen. Daher stammt auch ihr Potenzial zum Lernen und zur Selbststeuerung. Regelbeurteilung ist Gegenstand dieses Kapitels. Sie ist jene formalisierte Bewertung von Organisationsmitgliedern, in der das Verhalten bzw. die Verhaltensergebnisse mit den Stellenanforderungen verglichen werden. Daher wird diese Form der Personalbeurteilung auch Leistungsbeurteilung genannt (Becker 1994, S. 143f.). Im Gegensatz zur vergangenheitsorientierten Regelbeurteilung geht es bei der Potenzialbeurteilung (so wie bei der Personalauswahl) um die Prognose, wie die Beurteilten künftige Anforderungen bewältigen werden. Hier liegt der Fokus auf Persönlichkeitsmerkmalen, denen hinreichende Stabilität unterstellt wird, sodass zukunftsbezogene Aussagen getroffen werden können. Eine typische Methode der Potenzialbeurteilung ist das Assessment Center, das keineswegs zufällig auch als Instrument der Personalauswahl zum Einsatz kommt (Schuler 2004).

	Day-to-day-Feedback	Regel-beurteilung	Potenzial-analyse
Verhaltenssteuerung	++	+	
Selbststeuerung	+	+	+
Abbildung typischer Leistungen		+	+
Abbildung konkreter Leistungsaspekte		+	+
Verhaltensbezug	++	+	
Eigenschaftsbezug			+
Ergebnisbezug		+	
Zielorientierung			
kurzfristig	++		
mittelfristig		++	
langfristig			++
Anforderungsbezug	+	++	+
Verhaltenslernen	++	+	
Underachiever erkennen			+
Overachiever erkennen			+
Entwicklungsfähigkeit erkennen		+	++
‚Zweite Meinung' einholen			+
Personalentwicklung			
kurzfristig	+		
mittelfristig		++	
langfristig			
Personalentscheidungen		+	+
Entgeltfindung		+	
Entscheidung Berufswege			++

Abb. 1: Ebenen der Beurteilung in Organisationen (Schuler 2004, S. 27)

Personalbeurteilung wird betrieben, um bestimmte Ziele zu erreichen. Üblicherweise wird zwischen personalpolitischen und führungspolitischen Zielen unterschieden (Domsch/Gerpott 2004, S. 1432f.). Bei den personalpolitischen Zielen geht es darum, diejenigen Informationen zu generieren,

• die für die Planung von individuellen und/oder kollektiven Personalentscheidungen erforderlich sind bzw. deren Qualität verbessern helfen (Personaleinsatz, Personalentwicklung, Entgeltdifferenzierung) und

• die für die Kontrolle und Evaluierung von Personalentscheidungen (Personalbeschaffung und -auswahl, Personalplatzierung, Weiterbildung) benötigt werden.

Zu den führungspolitischen Zielsetzungen zählen Feedback (Anerkennung, Bestätigung, Kritik) hinsichtlich der erbrachten Leistungen, Festlegung von Fördermaßnahmen, Vereinbarung von Leistungszielen und sonstigen Erwartungen für die Zukunft sowie Verbesserung und Intensivierung der Beziehung zwischen Vorgesetzten und Mitarbeitern. Wichtig ist in diesem Zusammenhang zu beachten, die Personalbeurteilung nicht mit einem „eierlegenden Wollmilchschwein" (Neuberger 1980, S. 27) zu verwechseln, d.h. die Erwartung zu hegen, mit einem Beurteilungsverfahren sämtliche Ziele erreichen zu können.

Der Grund dafür liegt darin, dass zwischen manchen dieser Zielsetzungen Spannungs-verhältnisse oder gar Gegensätzlichkeit bestehen (Steinmann/Schreyögg 2005, S. 794f.). Eines dieser Spannungsfelder ist ‚Fördern vs. Selektieren‘. Soll die Personalbeurteilung die Grundlagen für Beförderungsentscheidungen oder Entgeltdifferenzierung liefern, so geht es dabei um das Sichtbarmachen von Unterschieden zwischen den Beurteilten, die es rechtfertigen, knappe Ressourcen wie Beförderungen oder monetäre Anreize (Prämien, Boni) ungleich zu verteilen. Sofern die Beurteilten diese Ressourcen als Anreize wahr-nehmen, d.h. gerne befördert werden oder einen höheren variablen Lohnanteil erhalten möchten, werden sie versuchen, ihre Stärken zu präsentieren und ihre Schwächen zu ver-bergen. Aufgabe der Beurteiler ist es dann, die Beurteilten vergleichbar zu machen, um auf Basis dieses Vergleiches eine Auswahlentscheidung vornehmen zu können, wer nun befördert oder belohnt werden soll. Diese Situation ist unvereinbar mit dem Ziel der För-derung der Mitarbeiter. Um hier erfolgreich zu sein, bedarf es der genau entgegengesetzten Verhaltensweisen der Beteiligten, d.h. die Beurteilten müssten möglichst offen ihre Stär-ken und Schwächen präsentieren, um gezielte Fördermaßnahmen angeboten zu bekom-men, und die Beurteiler müssten mehr an den individuellen Besonderheiten anstatt der kollektiven Vergleichbarkeit interessiert sein, um gezielte Fördermaßnahmen anbieten oder vorschlagen zu können.

Ein zweites Spannungsfeld liegt zwischen organisationalen und individuellen Zielen der Personalbeurteilung. Die oben genannten Ziele sind Ziele der Organisation, denen Ziele der Beurteilten gegenüberstehen (Lueger 1992, S. 24):

- Leistungsziele: klare Kommunikation der Leistungsanforderungen, Würdigung der erbrachten Leistung
- Kooperationsziele: verbesserte Zusammenarbeit mit dem Vorgesetzten, erhöhte Par-tizipationschancen (Führung durch Zielvereinbarung statt Zielvorgabe)
- Karriereziele: Klärung von Karrierewünschen und Förderangeboten
- Einkommensziele: gerechte Vergütung, transparente Entlohnungsentscheidungen
- Informations- und Beratungsziele: Feedback, Hinweise auf Verbesserungsmöglich-keiten, Unterstützung bei Problemen

Neben diesen offiziellen Zielen (manifeste Funktionen) können von der Personalbeurtei-lung aber auch noch andere, nicht offizielle und nicht immer unbeabsichtigte (Neben)Wir-kungen ausgehen. Abbildung 2 präsentiert Beispiele für solche latenten Funktionen der Personalbeurteilung. Im Kern geht es dabei um die Steigerung der Leistung der Beschäf-tigten und um Ausübung und Absicherung von Herrschaft (Breisig 2005, S. 61ff.). Diese mikropolitische Seite von Personalbeurteilung wird unten in Abschnitt 6.3 aufgegriffen und vertieft.

Die Empirie zu den Effekten der Personalbeurteilung zeigt ein ziemlich stimmiges Bild. Die zentralen Variablen sind Partizipation und Gerechtigkeit. Positive Wirkungen werden dann erreicht, wenn die Beurteilten das System als gerecht wahrnehmen und es ihnen auch die Möglichkeit der Mitwirkung und nicht nur der Rolle der Urteilsempfänger einräumt (Levy/Williams 2004; Pettijohn et al. 2001). Außerdem müssen die Beurteilten das System als stimmig mit der Unternehmenskultur ansehen (Behery/Paton 2008). Die Zufriedenheit mit der Beurteilung macht positive Folgeeffekte wie höhere Arbeitszufrie-denheit, stärkere Bindung an die Organisation oder geringere Fluktuationsneigung wahr-scheinlicher. Neben Gerechtigkeit und Partizipationsmöglichkeiten fördern auch noch ein erkennbarer Bezug zu den Stellenanforderungen und Hinweise zu Ansatzpunkten für Leistungsverbesserungen die Zufriedenheit mit der Beurteilung (Jawahr 2006).

Zufriedenheit mit der Beurteilung hat jedoch kaum direkte Auswirkungen auf die Leistung, gute Personalbeurteilung scheint eher auf Arbeitseinstellungen als auf Arbeitsleistung zu wirken (Kuvaas 2006). Dabei spielt auch die grundsätzliche Gefühlslage („Affektivität') der Beurteilten eine Rolle. In einer Längsschnittuntersuchung konnte gezeigt werden, dass gute Beurteilungen zunächst fast immer zu höherer Zufriedenheit, Commitment, wahrgenommener Gerechtigkeit und geringerer Fluktuationsneigung führen. Bei Beurteilten mit hoher negativer Affektivität (das ist die Neigung zum Erleben von negativen emotionalen Zuständen wie Ärger, Ekel, Verachtung, Schuldgefühle, Ängstlichkeit oder Depression) sanken diese Werte relativ bald auf das Ausgangsniveau zurück, während sie bei Beurteilten mit schwacher negativer Affektivität auf dem erhöhten Niveau blieben. Schlechte Beurteilungen führten zu keiner Veränderung der Arbeitseinstellungen, unabhängig vom Grad an negativer Affektivität (Lam/Yik/Schaubroeck 2002).

1. Partikularistische Abgrenzung von Aufgaben- und Zuständigkeitsbereichen (aus Absicherungstendenzen)
2. Beunruhigung der Mitarbeiter
– Angst vor Vergleichen; sich unter Druck gesetzt fühlen
– Misstrauen im Hinblick auf die tatsächliche Verwendung der Pb-Informationen (Distanzierung, Reserviertheit)
– Wecken falscher Hoffnungen und/oder Befürchtungen; Erwartung unmittelbarer Konsequenzen; Enttäuschungen
– Wecken von Rivalität und Neid zwischen den Mitarbeitern; Minderung der spontanen Kooperation
– Kritik führt zur Herabsetzung des Selbstvertrauens und des Leistungseinsatzes bzw. zu Trotzverhalten, Spannungen, Rechthaberei
3. Motivationsverschiebung
– Die Mitarbeiter konzentrieren sich darauf, einen guten *Eindruck* zu machen, dem Vorgesetzten zu gefallen; Kritik und selbständiges Handeln werden reduziert; es kommt zu einer „Uniformierung" der Mitarbeiter
– Aufbau persönlicher Abhängigkeiten (statt funktioneller Zusammenarbeit mit dem Vorgesetzten)
4. Belastung des Vorgesetzten
– Erheblicher Zeitaufwand, Tendenz zum „Papierkrieg". bloße Serviceleistung für die Personalabteilung
– Notwendigkeit engerer Überwachung; Aufzeichnung von Vorkommnissen, um Bewertungen später begründen zu können

– Spannungen im Verhältnis zu den Mitarbeitern (bei Kritik bzw. bei fehlenden Ressourcen zur Belohnung guter Mitarbeiter)
– Druck auf den Vorgesetzten (in den Kategorien, in denen er die Mitarbeiter beurteilt, wird er auch von ihnen beurteilt)
– Versachlichung und Formalisierung des Verhältnisses zu den Mitarbeitern (formelle Noten-Vergabe, Richter- oder Lehrer-Rolle; Distanzierung, Ent-Persönlichung)
5. Stärkung der Vorgesetzten-Position
– Demonstration seiner Macht (Beurteilung „von oben nach unten")
– Beurteilungsfunktion als Status-Symbol
– Zusätzliche Möglichkeiten zur Disziplinierung der Mitarbeiter
6. Stärkung der Personalabteilung
– Aktivitätennachweis der Personalabteilung, Bedeutungsverleihung
– Zentralisierung von „Herrschaftswissen" über die Mitarbeiter
– Instrument zur Kontrolle auch der Vorgesetzten
– Möglichkeit der nachträglichen Rechtfertigung von Entscheidungen, die im Grunde anders motiviert sind
7. Falsche Schlüsse bei der Informationsverarbeitung
– Missbrauch der Zahlen, die ein Eigenleben zu führen beginnen (Mittelwerte, Quoten, Normen, Abzüge usw.)
– Unklare, mehrdeutige Formulierungen wegen Aktenkundigkeit, Eröffnung und Begründungspflicht der Urteile
– Fehlentscheidungen wegen mangelnder Vergleichbarkeit, fehlender Maßstäbe, unterschiedlicher Normen usw.

Abb. 2: Latente Funktionen der Personalbeurteilung (Neuberger 1980, S. 29)

In Österreich werden in 57% der Unternehmen die Führungskräfte, in ca. 50% der Unternehmen die Angestellten und in ca. 34% der Unternehmen die Facharbeiter mithilfe eines formalisierten Beurteilungssystems bewertet, das sind deutlich weniger als in anderen europäischen Ländern. Differenziert man nach den Beschäftigtengruppen, so werden 82% der Führungskräfte, 68% der Angestellten und 64% der Facharbeiter einer formalen Beurteilung unterworfen. Auch diese Werte liegen deutlich unter dem europäischen Durchschnitt (Erten-Buch et al. 2006, S. 73f.). In Österreich dient die Personalbeurteilung in erster Linie der Identifikation von Qualifikationsbedarf und der Karriereentwicklung von Mitarbeitern (in jeweils 83% der befragten Unternehmen). 68% nutzen die Personalbeurteilung zur Entgeltdifferenzierung, ca. die Hälfte zur Arbeitsgestaltung und ca. 43% der Unternehmen als Grundlage für die Personalplanung (Erten-Buch et al. 2006, S. 74f.). Ein weiterer förderlicher Faktor ist die Größe der Organisation, d.h. formalisierte Personalbeurteilung findet häufiger in großen als in kleineren Organisationen statt (Brown/Heywood 2005).

2. Quellen der Personalbeurteilung

Quellen der Personalbeurteilung geben an, woher die Beurteilung kommt, d.h. wer beurteilt. Als Quellen der Beurteilung kommen in Betracht: die Vorgesetzten, die Untergebenen, die Kollegen oder Außenstehende (bspw. Kunden). In letzter Zeit wird die Kombination von mehreren Quellen in Form des 360°-Feedbacks intensiver diskutiert und propagiert (Domsch/Gerpott 2004, S. 1433ff.; Kiefer/Knebel 2004, S. 153ff.; Steinmann/Schreyögg 2005, S. 815ff.):

- Die Mitarbeiterbeurteilung (Abwärtsbeurteilung) ist die am weitesten verbreitete Form der Personalbeurteilung. Hier erfolgt die Beurteilung der Mitarbeiter durch den unmittelbaren Vorgesetzten. Häufig wird die Beurteilung durch den Vorgesetzten mit einer Selbsteinschätzung der Beurteilten verglichen und im obligaten Beurteilungsgespräch erörtert. Die Vorteile der Mitarbeiterbeurteilung liegen in der guten Informationsbasis, sofern die Kontrollspanne nicht zu groß ist. Der Vorgesetzte kennt die Mitarbeiter und deren Leistungen und kann dies auch in einen weiteren Kontext einordnen (Abteilungs- bzw. Unternehmensziele, interne und externe Einflussfaktoren auf die Leistung). Da es in sozialen Situationen eine ‚reine Diagnose' nicht gibt, sind Beurteilungen immer Interventionen, die Reaktionen auslösen, d.h. die Beurteilten wissen, dass sie beurteilt werden und versuchen in der Regel, einen möglichst guten Eindruck zu hinterlassen (Impression Management; Nikolaus-Effekt, s.u.). Zudem kann der Vorgesetzte in einen Rollenkonflikt geraten, wenn er Richter und Unterstützer sein soll, weil das Beurteilungssystem inkompatiblen Zielen dienen soll.
- Bei der Vorgesetztenbeurteilung (Aufwärtsbeurteilung) beurteilen Untergebene ihre Vorgesetzten. Diese Beurteilung erfolgt üblicherweise anonym, bspw. im Rahmen von Mitarbeiterbefragungen. Die Unterstellten sind meist besser in der Lage, das Führungsverhalten ihres Vorgesetzten einzuschätzen, als dessen Vorgesetzter. Mit der Vorgesetztenbeurteilung sollen die Führungskräfte Feedback zu ihrem Führungsverhalten bekommen und dabei auch von möglichen unbeabsichtigten Auswirkungen erfahren. Daran anknüpfend sind Maßnahmen des Management Development möglich. Außerdem kann es die Beziehung zwischen Vorgesetzten und Untergebenen verbessern, da die einseitige, hierarchieorientierte Top-down-Beurteilung in eine zweiseitige Beurteilung verwandelt wird. Ob dieser Effekt eintritt, hängt aber auch davon ab, ob bzw. welche Konsequenzen mit der Vorgesetztenbeurteilung verbunden sind. Im ungünstigen Fall entsteht der Eindruck einer Scheinpartizipation, die bei den Beurteilten schlechter ankommt, als wenn sie gar nicht gefragt worden wären.
- Bei der Gleichgestelltenbeurteilung (Seitwärtsbeurteilung) erfolgt die Beurteilung durch gleichrangige Kollegen. Diese Form der Beurteilung stößt in der Praxis auf relativ geringe Akzeptanz, weil sie die soziale Kontrolle in Arbeitsgruppen verschärft. Der Widerstand ist besonders groß, wenn die Verteilung knapper Ressourcen an das Ergebnis der Gleichgestelltenbeurteilung geknüpft ist.
- Wie oben bereits angeführt, werden Mitarbeiterbeurteilungen oft mit Selbstbeurteilungen kombiniert. Der Beurteilte schätzt sich anhand desselben Beurteilungsbogens ein, den auch der Beurteiler verwendet. Im Beurteilungsgespräch werden dann Übereinstimmungen, vor allem aber Abweichungen zwischen Selbst- und Fremdbeurteilung besprochen. Die Güte der Selbstbeurteilung hängt von einer Reihe von Faktoren

ab. „Die Selbstbeurteilungen sind valider, wenn eine Instruktion zu sozialem Vergleich gegeben wird, Anonymität gewährleistet ist, die Beurteiler Erfahrungen mit Selbstbeurteilungen haben, eine Validierung der Urteile angekündigt wird, dimensionsorientierte vs. globale Urteile erhoben werden, verhaltensorientierte im Unterschied zu merkmalsorientierten Dimensionen bei der Beurteilung Verwendung finden" (Moser 2004, 94).

In Österreich werden in 99% der Fälle die Vorgesetzten in die Beurteilung einbezogen, in ca. 62% die Beurteilten selbst, in 51% der nächsthöhere Vorgesetzte, in 15% die Unterstellten, in 5% die Kollegen und in 11% die Kunden (Erten-Buch et al. 2006, S. 74).

2.1 360-Grad-Feedback

„Ungefähr 70% der Führungskräfte glauben, dass sie in ihrer Profession leistungsmäßig zu den obersten 25% zählen" (Kets de Vries et al. 2007, S. 2). Dieses Auseinanderklaffen von Selbst- und Fremdbild wird u.a. auf mangelndes Feedback zurückgeführt. Das sog. 360°-Feedback (auch Rundum-Beurteilung oder Multi-Source-Feedback genannt) soll diesen Mangel beheben helfen. Wie die Metapher des Kreises (360°) suggeriert, werden hier mehrere Beurteilungsquellen kombiniert, um so zu einem Gesamtbild vom Beurteilten zu kommen.

Weitere Merkmale des 360°-Feedback sind (Scherm/Sarges 2002; Neuberger 2000):

- Die Beurteilten sind zumeist Führungskräfte oder Fachkräfte in Schlüsselpositionen.
- Die Beurteilung ist multiperspektivisch, d.h. es werden die Perspektiven mehrerer verschiedener Quellen genutzt. In der Regel sind es – neben der Selbsteinschätzung – Vorgesetzte, Kollegen und Unterstellte, manchmal auch Kunden oder Experten wie Personalfachleute oder Trainer.
- Gegenstand des Feedbacks sind persönliche Merkmale und Verhaltensmuster wie bspw. Führungsstile.
- Das Feedback erfolgt schriftlich anhand standardisierter Fragebögen.
- Das Feedback erfolgt zumeist anonym.
- Die Auswertung erfolgt durch externe Verfahrensspezialisten (Beratungsfirmen).
- Das Ergebnis sind quantitative Daten, die diversen Vergleichen unterzogen werden können (bspw. mit dem Durchschnitt der anderen Beurteilten oder mit Vergangenheitswerten).
- Meist ist das Feedback in ein System von Personalentwicklungsmaßnahmen eingebettet.

Das 360°-Feedback soll Funktionen auf individueller und organisationaler Ebene erfüllen. Hinsichtlich der individuellen Entwicklung soll es die knappe Ressource ‚Feedback‘ bereitstellen, die Kompetenz- und Karriereentwicklung fördern, die Selbstreflexion stimulieren, den Perspektivenwechsel trainieren, Entscheidungsprozesse verbessern helfen, das Vertrauen in die eigene Kompetenz erhöhen und den Wandel im Unternehmen vorantreiben. Auf organisationaler Ebene soll das 360°-Feedback eine Diagnosefunktion hinsichtlich der verfügbaren Qualifikationsstruktur übernehmen, die Kommunikation über Kompetenzanforderungen unterstützen, High Potentials durch gezielte Informationen über deren Stärken und Schwächen entwickeln, mit anderen Instrumenten des Personalmanagements (bspw. Nachfolgeplanung) vernetzt werden, systemisches Denken fördern, das Commitment des Managements in der Führungskräfteentwicklung erhöhen, sowie last not least einen Beitrag zum Wandel der Organisation und ihrer Kultur leisten (Scherm/Sarges 2002, S. 5ff.).

Die empfohlenen Prozessschritte zur Konzipierung und Implementierung des 360°-Feedbacks folgen den üblichen Regeln des rationalen Managens (Neuberger 2000, S. 46):

1. Initiative:
   - Anstoß (von innen oder außen)
   - Ideen-Marketing, Benchmarking; produktive Unruhe stiften
   - Gewinnung von Promotoren
   - Grundsatzentscheidung des Top Managements (‚Freigabe')
   - Zustimmung/Einbindung von Betriebsrat und Sprecherausschuss
   - Prozessverantwortliche bestimmen

2. Planung:
   - Ziele festlegen
   - Projektgruppe bilden
   - Verfahren sammeln, prüfen, auswählen, anpassen, neu gestalten
   - Dimensionen und Items festlegen – Pilotprojekte (durchführen, auswerten)
   - Beteiligte über das Vorhaben informieren; motivieren
   - Organisation der Vorgehensweise (Druck, Adressen, Verantwortliche)

3. Durchführung:
   - Versand, Verteilung, Datenerhebung inkl. Nachfassaktionen
   - Auswertung, Darstellung der Ergebnisse
   - Ergebnisrückmeldung an die Beurteilten und die BeurteilerInnen
   - Ergebnisanalysen (individuell, dyadisch mit BeraterIn, Gruppen-Workshops)
   - Ergebnisveröffentlichung (Betriebsversammlung, Werkszeitung, Intranet)

4. Umsetzung:
   - Entscheidung über Maßnahmen
   - Unterstützung, Realisierung
   - Kontrolle

5. Follow up (nächste Runde) oder Ende

Fasst man die empirischen Studien zum 360°-Feedback zusammen, so kommt man einerseits zu dem wenig überraschenden Ergebnis, dass die Reaktionen der Beurteilten auch auf negatives Feedback umso positiver ausfallen, je positiver ihre grundsätzliche Einstellung zu diesem Instrument ist. Außerdem zeigt sich, dass die Reaktionen auf negatives Feedback kein vorübergehender Gemütszustand sind, sondern zu längerfristigen Auswirkungen auf das weitere Verhalten der Feedbacknehmer führen (Atwater/Brett/Charles 2007, S. 303). Das bloße Feedback-Geben alleine reicht zumeist nicht aus, um Änderungen in der Selbstwahrnehmung und im Verhalten der Zielperson zu bewirken. Hingegen unterstützt die Kombination des 360°-Feedback mit systematischem Coaching die Feedback-Nehmer bei der konstruktiven Verarbeitung von negativem Feedback (Luthans/Peterson 2003).

Beim 360°-Feedback scheint es ähnlich zu sein wie bei so manchen anderen ‚modernen' Instrumenten des (Personal)Managements (wie bspw. Leistungslohnsysteme): Sie werden mehr besungen als realisiert, und das Ausmaß der Realisierung ist in den USA höher als bei uns. Außerdem sagt die Implementierung des Instruments noch nichts darüber aus, ob bzw. wie sehr die z.T. höchst ambitionierten Ziele erreicht wurden. Als Beispiel möge die Untersuchung von Morgan/Cannan/Cullinane (2005) dienen. Dort wurden die Folgen der Einführung des 360°-Feedbacks im britischen Patentamt untersucht (vgl. Abbildung 3). Als Ergebnis halten die Autoren fest, dass es auf operativer Ebene kaum Widerstand gegen das System gegeben hat, dass die Befragten aber teilweise wenig persönlichen Nutzen darin sahen, weil sie wenig Neues zu hören bekamen und davon enttäuscht waren, dass sie von der Organisation mit dem Feedback ‚alleingelassen' wurden, da keinerlei Personalentwicklungsangebote erfolgten. Das Feedback und seine möglichen Konsequenzen wurden als ‚Privatsache' eingestuft, die nicht mit Personalentwicklung oder Anreizgestaltung gekoppelt wurden. Zumindest in diesem Fall gab es zwar keinen Widerstand gegen das 360°-Feedback, die proklamierten Ziele ‚Verbesserung der Selbstwahrnehmung' und ‚Verbesserung der interpersonalen Kompetenzen' wurden jedoch auch nicht erreicht.

	Zustim-mung	Unent-schieden	Ablehnung
Das 360°-Feedback ist nützlich für meine persönliche und berufliche Entwicklung	13	5	3
Die Beurteilungskriterien waren valide und entsprachen meinen Anforderungen	16	2	3
Die Besprechung meines Feedbacks mit den externen Beratern half mir bei der Interpretation meines Feedbacks und meine Entwicklungsbedarfe in den Blick zu bekommen	14	2	5
Ich halte den Prozess des 360°-Feedbacks für nützlich für meine Entwicklung als Manager	14	6	1
Ich glaube, meine Leistung hat sich aufgrund des 360°-Feedbacks verbessert	10	5	8
Das erhaltene Feedback stimmt mit der Selbstbeurteilung meiner Stärken und Entwicklungsbedarfe überein	13	2	6
Durch das 360°-Feedback habe ich besseres Verständnis meiner Stärken und Entwicklungsbedarfe	14	3	4
Ich habe meine Arbeitsweise aufgrund des 360°-Feedbacks geändert	15	2	4

	Zustim-mung	Unent-schieden	Ablehnung
Ich habe das 360°-Feedback bei der Erstellung meines persönlichen Leistungsplans verwendet	4	4	13
Ich habe die Trainings- und Entwicklungs-maßnahmen ergriffen, die im 360°-Feedback als notwendig identifiziert wurden	7	6	8
Ich habe hinsichtlich der Entwicklungsmaß-nahmen im Anschluss an das Feedback Unter-stützung erhalten	8	7	6
Ich habe das Ergebnis meines 360°-Feedbacks mit meinem Vorgesetzten besprochen	10	1	10

Abb. 3: Ergebnisse einer Befragung zum 360°-Feedback (Morgan/Cannan/Cullinan 2005, S. 670ff.)

Während das 360°-Feedback vielfach als der bisherige Höhepunkt der Entwicklung der Personalbeurteilung gelobt und seine weitere Verbreitung als gesichert vorhergesagt wird, mischen sich auch kritische Stimmen in den Chor und weisen auf vielfältige Probleme hin: hohe Kosten, kognitiv verzerrte Urteile mit geringer Validität, willkürlich ausge-wählte Beurteilungskriterien und nicht zuletzt mikropolitische Anfälligkeit (s.u.). „Aus einer method(olog)ischen Perspektive bleibt das 360°-Feedback weit hinter den hoch ge-steckten Erwartungen zurück. Es teilt die Problematik aller strukturierten Beurteilungs-verfahren in Organisationen [...]. Dennoch muss man das 360°-Feedback nicht rundum ablehnen, weil es wichtige andere Funktionen erfüllt, die vorwiegend im politischen und symbolischen Bereich liegen [...]. Das 360°-Feedback ist ein Ritual. [...] Indem Unter-nehmen das Ritual 360°-Feedback exekutieren, geben sie den beurteilten Führungskräften eine motiventlastete Prozedur vor, die die Behandlung auch sensibler Belange ermöglicht und verlangt. [...] Dabei ist es – trotz des Stellenwertes, den diese Frage in der Literatur hat – relativ unwichtig, welche und wie viele Beurteilungsdimensionen und -merkmale vorgegeben werden, ob Ist- und Sollwerte erfasst werden, wie sophiziert die statistische Auswertung erfolgt u.ä." (Neuberger 2000, S. 40f.).

3. Beurteilungskriterien

Beurteilungskriterien sind die inhaltlichen Bezugspunkte von Personalbeurteilungen, sie geben an, was beurteilt wird. Beurteilungskriterien sind normativ gesetzt, durch sie wird deutlich, was und in welcher Ausprägung die Organisation von den Beurteilten erwartet. Mit ihrer Hilfe soll der Gegenstand der Beurteilung erfasst und bewertet werden (Becker 1994, S. 150). Abbildung 4 zeigt drei Arten von Beurteilungskriterien, die aus verschiedenen Phasen des Arbeitsprozesses abgeleitet sind. In diesem Sinne lassen sich eigenschafts- oder merkmalsorientierte Kriterien, tätigkeits- oder aufgabenorientierte Kriterien und ergebnisorientierte Kriterien unterscheiden, die jeweils Vor- und Nachteile aufweisen (Domsch/Gerpott 2004, S. 1436; Schuler 2004, S. 6ff.; Steinmann/Schreyögg 2005, S. 796ff.).

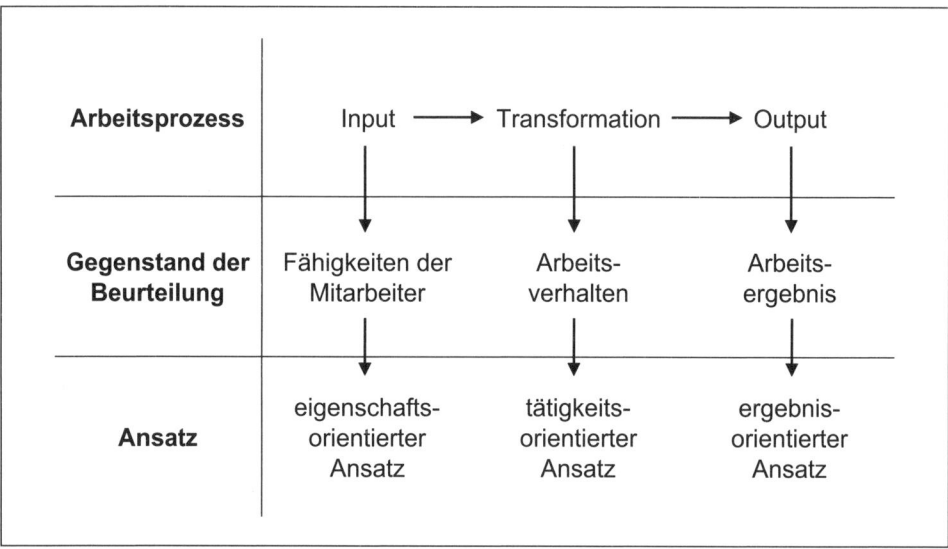

Abb. 4: Ansätze der Personalbeurteilung (Steinmann/Schreyögg 2005, S. 796)

Die höchste Objektivität weisen Leistungsergebnisse (bspw. Umsatz eines Verkäufers; Anzahl der Kundenreklamationen) auf. Wenn die Personalbeurteilung der Verteilung knapper Ressourcen dienen soll (bspw. als Grundlage des variablen Anteils eines Leistungslohns), so sind Ergebniskriterien sehr von Vorteil, da sie aufgrund ihrer objektiven Erfassbarkeit die wahrgenommene Gerechtigkeit der Belohnung steigern. Die ausschließliche Verwendung von Ergebniskriterien weist aber auch eine Reihe von Nachteilen auf. Nicht alles, was objektiv erfassbar ist, ist auch ein geeigneter Indikator für die Leistung der Beurteilten. So mag bspw. Pünktlichkeit objektiv erfassbar sein,[1] sie ist aber nicht auf allen Arbeitsplätzen ein sinnvoller Leistungsindikator. Zudem werden die Bedingungen

---

[1] Wenn hier von Objektivität gesprochen wird, so ist damit keine naturwissenschaftliche Messung gemeint. Beurteilungskriterien sind immer soziale Konstrukte, die auch anders ausfallen könnten. So zeigen bspw. interkulturelle Vergleiche, dass die Feststellung der Uhrzeit alleine noch nichts über Pünktlichkeit aussagt, sondern in Bezug zu kulturell bedingten Normen gesetzt werden muss.

nicht berücksichtigt, unter denen das Ergebnis zustande gekommen ist, so können bspw. Umsatzsteigerungen durch Konkurs eines Mitbewerbers und weniger durch Verkäuferverhalten ausgelöst worden sein. Ergebnisorientierte Beurteilung kann auch dazu verführen, Indikatoren zu verwenden, die leicht erfassbar sind, auch wenn deren inhaltliche Relevanz fraglich sein sollte. Sie können auch einen Anreiz für dysfunktionale Verhaltensweisen bieten, indem die Indikatoren zwar kurzfristig optimiert werden, mittel- bis langfristig durch dieses Verhalten jedoch Nachteile zu erwarten sind (bspw. Senkung des Personalstandes durch Outsourcing, das zu Qualitätseinbußen und höheren Gesamtkosten führt). Schließlich geben Leistungsergebnisse keinerlei Hinweise darauf, was in Zukunft getan werden sollte, um die Leistung zu verbessern. Aus diesem Grund werden ergebnisorientierte Beurteilungen in der Regel im Rahmen von zielorientierten Verfahren (s.u. Abschnitt 4) eingesetzt, bei denen nicht nur Zielerreichungsgrade gemessen, sondern auch Rahmenbedingungen und Entwicklungsmaßnahmen thematisiert werden.

Verhaltensorientierte Beurteilungskriterien geben an, welches aufgabenbezogene Arbeitsverhalten von den Beurteilten gewünscht wird. Sie sind umso sinnvoller, je klarer der Bezug zwischen einem bestimmten Verhalten und den erwünschten Ergebnissen ist und je besser sie für den Beurteiler beobachtbar sind. Verhaltenskriterien werden aus der Analyse der Tätigkeitsanforderungen gewonnen. Sie eignen sich gut für führungspolitische Zwecke (Personalentwicklung, Beratung). Manchmal handelt es sich jedoch nur um „sprachlich kaschierte Eigenschaftsbeurteilungen" (Schuler 2004, S. 8), wie bspw. ‚arbeitet engagiert'.

Eigenschaften (Persönlichkeitsmerkmale wie Engagement, Loyalität, Kreativität) finden als Beurteilungskriterien zwar breite Verwendung, da sie im Vergleich mit verhaltensbezogenen Kriterien einen deutlich geringeren Konstruktionsaufwand hervorrufen und durch ihren Allgemeinheitsgrad die Vergleichbarkeit von Beurteilten auf verschiedenen Arbeitsplätzen erleichtern. Sie setzen aber eine entsprechende Interpretationsleistung der Beurteiler voraus, denn Persönlichkeitsmerkmale können, im Unterschied zu Verhaltensweisen, nicht direkt beobachtet, sondern müssen erschlossen werden. Da dies von verschiedenen Beurteilern (auch nach Beurteilungstrainings) vermutlich in unterschiedlicher Weise vollzogen wird, verblasst der scheinbare Vorteil der höheren Vergleichbarkeit. Zudem stoßen eigenschaftsorientierte Urteile auf Akzeptanzbarrieren seitens der Beurteilten, denn wer mag sich schon sagen lassen, wie er ‚ist'? Diese Argumente führen zu der Forderung, auf Eigenschaften als Beurteilungskriterien bei der Leistungsbeurteilung zu verzichten. Dagegen können sie bei Potenzialbeurteilungen hilfreich sein, wenn in einem Feedbackgespräch für die Beurteilten nachvollziehbar wird, aufgrund welcher Beobachtungen und Interpretationen bestimmte Persönlichkeitsmerkmale erschlossen wurden.

4. Verfahren der Personalbeurteilung

Verfahren (Instrumente, Skalen) der Personalbeurteilung sind schriftliche Regeln, nach denen Beobachtungen in Bewertungen übersetzt werden. Das Ergebnis ist der Beurteilungsbogen. Dort ist festgelegt, welche Kriterien für die Beurteilung relevant sind und welche Werte (Ausprägungen) bei diesen Kriterien unterschieden werden sollen (Domsch/Gerpott 2004, S. 1437).

In der Literatur findet sich eine Vielzahl von Beurteilungsverfahren, in Abbildung 5 ist eine typische Übersicht wiedergegeben. Dem breiten Spektrum der möglichen Verfahren steht eine viel kleinere Zahl an tatsächlich in der Praxis eingesetzten Verfahren gegenüber. Dabei dominieren Einstufungs- und zielorientierte Verfahren. Im Folgenden werden die Verfahren der Personalbeurteilung hinsichtlich ihrer Merkmale, Vor- und Nachteile beschrieben (Becker 1994, S. 252ff.; Kiefer/Knebel 2004, S. 102ff.; Schettgen 1996, S. 235ff.; Schuler 2004, S. 10ff.; Steinmann/Schreyögg 2005, S. 797ff.).

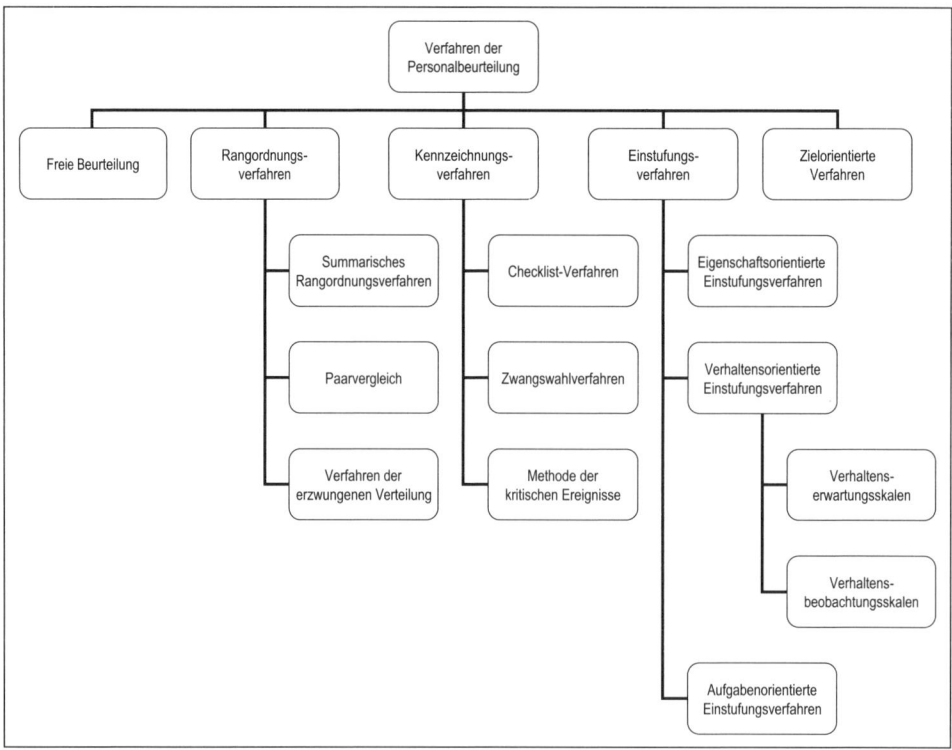

Abb. 5: Verfahren der Personalbeurteilung (Becker 1994, S. 252)

Freie Beurteilungen sind Verfahren ohne Merkmalsvorgabe. Der Beurteiler entscheidet selbst, welche Kriterien er anlegt und was er für beurteilungsrelevant hält. Das Ergebnis ist ein Gutachten, in dem der Beurteiler seine Eindrücke vom Beurteilten schildert. Der Vorteil dieses Verfahrens liegt in seiner Wirtschaftlichkeit, da kein Konstruktionsaufwand anfällt. Außerdem kann der Beurteiler individuell auf die spezifischen Besonderheiten der

Beurteilten eingehen. Der große Nachteil der freien Beurteilung ist ihre geringe Reliabilität und damit ihre mangelnde Vergleichbarkeit, da sie von der Aufmerksamkeit, dem Erinnerungsvermögen, der Formulierungsfähigkeit etc. des Beurteilers abhängt. In der Praxis werden freie Eindrucksschilderungen zur Beurteilung von Führungskräften verwendet sowie zum Zwecke des Feedbacks und der Förderung, da hier das Eingehen auf die situativen und individuellen Besonderheiten wichtiger ist als die Vergleichbarkeit mit anderen Beurteilungen.

Rangordnungsverfahren finden sich in drei Versionen. Bei der einfachen Rangreihenbildung werden die Beurteilten summarisch hinsichtlich ihrer Leistung in eine Rangreihe gebracht, indem zunächst der Beste und der Schlechteste definiert werden, dann der Zweitbeste und der Zweitschlechteste etc., bis die Rangreihe komplett ist. Bei der Methode des Paarvergleiches wird jeder mit jedem verglichen, entweder summarisch oder analytisch getrennt hinsichtlich unterschiedlicher Beurteilungsdimensionen. Bei jedem dieser Paarvergleiche bekommt der Bessere einen Punkt, der andere nicht. Am Ende werden die Punkte zusammengezählt (d.h. wie oft ein Beurteilter gegen einen anderen ‚gewonnen‘ hat) und ergeben eine Rangreihe. Das Verfahren der erzwungenen Verteilung gibt vor, wie viel Prozent der Beurteilten in einer Leistungsstufe fallen durch, also bspw. 10% sehr gut, 20% gut, 40% befriedigend, 20% genügend und 10% nicht genügend. Damit soll Beurteilungsfehlern (s.u.) vorgebeugt werden. Rangordnungsverfahren haben mit Akzeptanzproblemen zu kämpfen, da die Urteile zu grob sind, um daraus etwas lernen zu können und das Verfahren eine ‚Nullsummensituation‘ schafft (es gibt keine Gleichrangigkeit), die zu Rivalitäten führen kann.

Bei Kennzeichnungsverfahren werden dem Beurteiler Listen mit Aussagen vorgegeben, von denen er diejenigen kennzeichnen (‚ankreuzen‘) soll, die auf den Beurteilten zutreffen. Diese Aussagen können Eigenschaften oder Verhaltensweisen sein. Abbildung 6 und 7 zeigen Beispiele für solche Checklisten. Der Beurteiler kann selbst entscheiden, welche und wie viele Merkmale er für zutreffend hält.

Der Mitarbeiter ist	
☐ hilfsbereit	☐ übermütig
☐ zerstreut	☐ bescheiden
☐ frech	☐ distanziert
☐ reif	☐ kollegial
☐ unstet	☐ aufgeweckt
☐ höflich	☐ eifrig
☐ zurückhaltend	☐ ruhig

Abb. 6: Kennzeichnungsverfahren mit Eigenschaftswörtern (Schettgen 1996, S. 238)

Der Mitarbeiter
☐ hält jeden Termin ein
☐ hat Schwierigkeiten, verschiedene Aufgaben zu koordinieren
☐ reagiert empfindlich auf Kritik
☐ arbeitet mehr als verlangt
☐ findet in fremder Umgebung nicht leicht Kontakt

□ kommt zu Sitzungen manchmal zu spät
□ arbeitet auch unter Zeitdruck fehlerfrei
□ hat wichtige Unterlagen griffbereit
□ gerät leicht in Aufregung
□ hält auch sehr detaillierte Richtlinien ein
□ schreibt übersichtlich gegliederte Berichte

Abb. 7: Kennzeichnungsverfahren mit Verhaltensbeschreibungen (Schettgen 1996, S. 238)

Das ist beim Zwangswahlverfahren anders: Dort werden jeweils Aussagenpaare vorgegeben, bei denen nicht (gleich) ersichtlich ist, welche positiver oder negativer ist. Der Beurteiler wird nun gezwungen, sich für eine der beiden Aussagen zu entscheiden, also ob es für den Beurteilten eher zutrifft, dass er sehr konzentriert arbeitet oder dass er mehr arbeitet, als verlangt wird, ob er sich eher oft verrechnet oder ob er häufig unordentliche Kleidung trägt (vgl. Abbildung 8). Ausgewertet wird dann zentral (bspw. in der Personalabteilung). Auch hier geht es darum, die Urteilsverzerrungen durch den Beurteiler zu minimieren. Praktische Bedeutung haben Zwangswahlverfahren nicht, weil sie einen hohen Konstruktionsaufwand bedeuten und wegen ihrer Intransparenz auf Ablehnung seitens Beurteiler und Beurteiltem stoßen.

Der Mitarbeiter	
□ arbeitet sehr konzentriert	□ arbeitet mehr als verlangt
□ macht Verbesserungsvorschläge	□ hält Termine ein
□ hat manchmal Ärger mit Vorgesetzten	□ arbeitet lieber allein
□ schließt sich schnell einer Meinungsbildung an	□ handelt gern nach Richtlinien
□ zögert Entscheidungen hinaus	□ äußert Diskussionsbeiträge, die am Thema vorbeigehen
□ ist hilfsbereit zu Kollegen	□ nimmt auch unangenehme Arbeiten bereitwillig auf sich
□ verrechnet sich oft	□ trägt häufig unordentliche Kleidung

Abb. 8: Zwangswahlverfahren (Schettgen 1996, S. 238)

Die Methode der Kritischen Ereignisse kann als eigenständiges Beurteilungsverfahren oder als Methode zur Generierung von Beurteilungsdimensionen und Ausprägungsformen gesehen werden. Der Grundgedanke besteht darin, dass bestimmte Verhaltensweisen erfolgskritisch sind, d.h. dass sie wesentlichen Einfluss darauf haben, ob in einer Arbeitssituation Erfolg oder Misserfolg eintritt. Zunächst gilt es, durch Befragung und Beobachtung eine Liste solcher kritischer Verhaltensweisen für die jeweilige Position zu erstellen. Die Beurteiler sollen dann protokollieren, wie häufig diese Verhaltensweisen vom Beurteilten gezeigt werden. Die so entstehenden Häufigkeitsverteilungen bilden die Grundlage für die zusammenfassende Beurteilung. Es besteht jedoch auch die Möglichkeit, diese Verhaltensbeispiele für Checklisten oder andere Beurteilungsverfahren weiterzuverwenden. Der Vorteil der Methode der Kritischen Ereignisse liegt darin, dass die Beurteilung nicht an hypothetischen Konstrukten (Eigenschaften) festgemacht wird, sondern an konkreten, beobachtbaren Verhaltensweisen mit klarem Anforderungsbezug. Der Nachteil liegt im hohen Entwicklungsaufwand. Außerdem ist nicht gewährleistet, dass alle Beurteiler in der gleichen Art und Intensität beobachten und protokollieren. Nicht zuletzt kann durch diese Methode auch ein negatives Kontroll-Klima entstehen, wenn der Vorgesetzte laufend Eintragungen in seine ‚schwarzen‘(?) Listen macht.

Einstufungsverfahren sind in der Praxis der Personalbeurteilung am meisten verbreitet. Zu jedem Beurteilungskriterium wird eine Skala mit mehreren Ausprägungen vorgegeben (Likert-Skala) und der Beurteiler muss nun die beim Beurteiler beobachteten Merkmale einer der Stufen zuordnen. Dabei sollte berücksichtigt werden, dass bei der Beschreibung sozialer (Leistungs)Merkmale kaum mehr als drei bis fünf Merkmale (Urteilskriterien) auseinandergehalten werden können (Neuberger 1980, S. 34). Eine größere Zahl von Kriterien führt zu einer Scheindifferenziertheit, die Beurteiler orientieren sich dann an wenigen ‚Hintergrund‘-Dimensionen, manchmal gar nur an einer (‚gut vs. schlecht‘).

Die in der Regel drei- bis siebenstufigen Ausprägungen können numerisch oder verbal verankert sein (vgl. Abbildung 9 und 10). Abbildung 11 zeigt ein humoristisches Beispiel eines Einstufungsverfahrens, das zum Schmunzeln, aber nicht zum Einsatz in der betrieblichen Praxis einladen soll. Je nach den verwendeten Beurteilungskriterien unterscheidet man zwischen eigenschaftsorientierten und verhaltensorientierten Einstufungsskalen. Die in Abbildung 5 ebenfalls angeführten aufgabenorientierten Verfahren werden wegen ihrer geringen praktischen Bedeutung nicht näher erläutert.

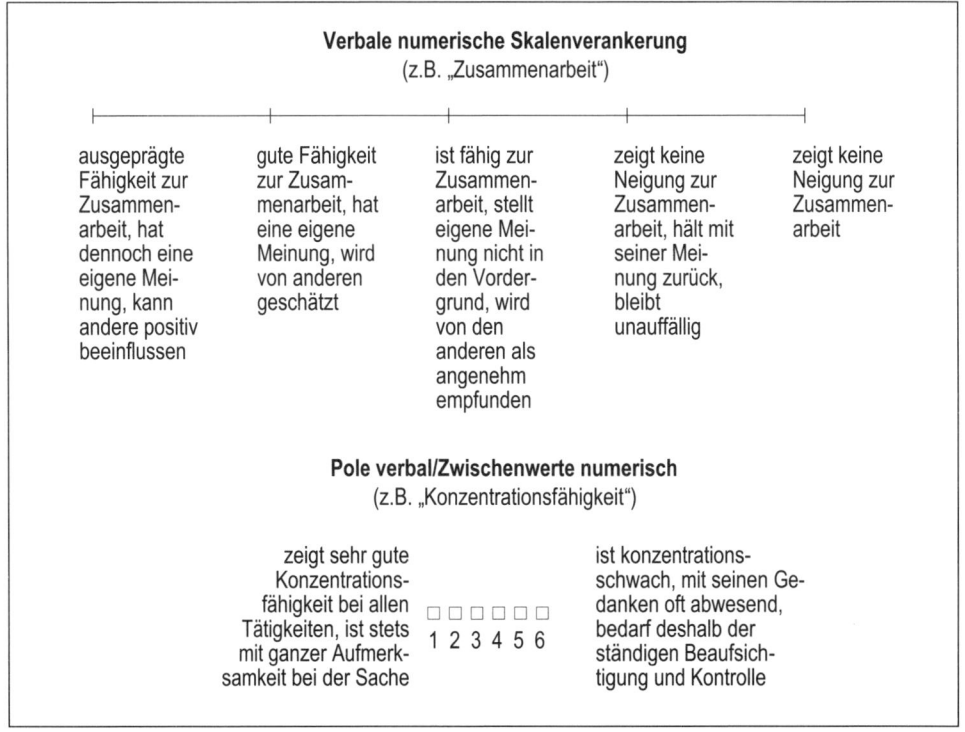

Abb. 9: Likert-Skalen in Einstufungsverfahren (Steinmann/Schreyögg 2005, S. 798)

Erfüllungsgrad	Führungskraft				Mitarbeiter			
1 sehr gut 2 gut 3 mittel 4 gering	1	2	3	4	1	2	3	4
nimmt seine Aufgaben und Ziele verantwortungsbewusst und eigenverantwortlich wahr	☐	☐	☐	☐	☐	☐	☐	☐
bringt Ideen und Vorschläge ein, erkennt Handlungsbedarf	☐	☐	☐	☐	☐	☐	☐	☐
geht auf Bedürfnisse von Kunden und Kollegen ein	☐	☐	☐	☐	☐	☐	☐	☐
ist bereit, schwierige, wenig attraktive oder zusätzlich Aufgaben bei Bedarf zu erfüllen	☐	☐	☐	☐	☐	☐	☐	☐
gibt zeitgerecht klares Feedback und lässt solches auch zu	☐	☐	☐	☐	☐	☐	☐	☐
ist offen und respektvoll anderen gegenüber	☐	☐	☐	☐	☐	☐	☐	☐
setzt sich für Teambedürfnisse und Teamziele ein	☐	☐	☐	☐	☐	☐	☐	☐
agiert vorausschauend und zukunftsorientiert	☐	☐	☐	☐	☐	☐	☐	☐
steht neuen Entwicklungen aufgeschlossen gegenüber	☐	☐	☐	☐	☐	☐	☐	☐

Abb. 10: Einstufungsverfahren (Bsp. Dienstleistungsunternehmen)

Prädikat: / Merkmal:	überragend	tritt hervor	befriedigend	entspricht im Wesentlichen den Anforderungen	entspricht nicht den Anforderungen
Arbeitsleistung	reißt Bäume aus	reißt sich ein Bein aus	reißt sich zusammen	reißt Kalenderblätter ab	reißt vor der Arbeit aus
Schnelligkeit	erreicht Lichtgeschwindigkeit	schnell wie ein Kugelblitz	schneller als Kegelkugel	schneller als Rumkugeln	schiebt eine ruhige Kugel
Durchsetzungsvermögen	durchbricht Stahlbeton	durchbricht Mauerwerk	durchbricht die Arbeit	bricht Bleistifte ab	bricht leicht zusammen
Belastbarkeit	erledigt alles gleichzeitig	erledigt jeden Widersacher	erledigt seine Arbeit sofort	ist sofort erledigt	erledigt sein Geschäft
Kommunikationsfähigkeit	spricht mit Gott und Ebenbürtigen	spricht mit sich selbst und Vorgesetzten	verspricht viel	verspricht sich oft	spricht guten Getränken zu
Geistige Fähigkeit	löst auf der Stelle jedes Problem	muss nachdenken, um Probleme zu lösen	hat mit Lösungen Probleme	löst Kreuzworträtsel	löst sich nur selten vom Fleck
Allgemeines und dienstliches Wissen	weiß alles am besten	weiß über alles Bescheid	weiß, was er falsch macht	weiß, wann Feierabend ist	weiß, wo gerade gefeiert wird
Führungsqualitäten	ist in allem führend	führt ein strenges Regiment	verführt zum Feiern	führt ein angenehmes Leben	braucht häufig Abführmittel
Verhalten gegenüber Vorgesetzten	macht Vorgesetzte überflüssig	öffnet Vorgesetzen die Tür	grüßt Vorgesetzte stets freundlich	fragt Vorgesetzte nach der Uhrzeit	parkt auf reserviertem Chef-Parkplatz
Verhalten gegenüber Kollegen	hat keine Kollegen	lässt Kollegen ins Messer laufen	grüßt Kollegen korrekt mit „Mahlzeit"	unterhält sich mit Kollegen im Dienst	hält Kollegen von der Arbeit ab

Abb. 11: Beurteilungskriterien einmal anders (Rückle 1987, S. 814)

Bei den verhaltensorientierten Verfahren kann zwischen Verhaltenserwartungs- und Verhaltensbeobachtungsskalen unterschieden werden. Letztere basieren auf tatsächlich beobachteten Verhaltensweisen, die durch die Methode der Kritischen Ereignisse gewonnen wurden. Die Beurteiler müssen dann angeben, wie häufig diese Verhaltensweisen beim Beurteilten beobachtbar waren. Bei der Entwicklung des Beurteilungsbogens wurden jene Verhaltensweisen gestrichen, von denen Experten meinten, sie würden von einem leistungsstarken Beurteilten sehr oft oder sehr selten gezeigt, da sie nicht genügend zwischen den Beurteilten zu unterscheiden erlaubten (vgl. Abbildung 12).

Verhaltenserwartungsskalen verwenden anstelle von numerischen oder einfachen verbalen Skalenverankerungen (‚immer – oft – manchmal – selten – nie') konkrete Verhaltensbeschreibungen. Darin wird zum Ausdruck gebracht, welches Verhalten von einem Beurteilten erwartet werden kann, der in einer bestimmten Ausprägung eingestuft wird (vgl. Abbildung 13). Die Generierung der Verhaltensbeispiele erfolgt nach der Methode der Kritischen Ereignisse unter Einbeziehung der Beurteiler und teilweise auch der Beurteilten. Dadurch soll sichergestellt werden, dass die Verhaltensbeschreibungen relevant und in der Sprache der handelnden Personen abgefasst sind.

Kommt pünktlich zur Arbeit
fast nie   1   2   3   4   5   fast immer

Sagt im Gespräch mit Gästen „bitte" und „danke"
fast nie   1   2   3   4   5   fast immer

Hält die Aschenbecher sauber
fast nie   1   2   3   4   5   fast immer

Vermeidet Klatsch über das Privatleben der Kollegen
fast nie   1   2   3   4   5   fast immer

Fragt die Gäste, ob sie mit allem zufrieden sind
fast nie   1   2   3   4   5   fast immer

Abb. 12: Verhaltensbeobachtungsskalen (Schuler 2004, S. 13)

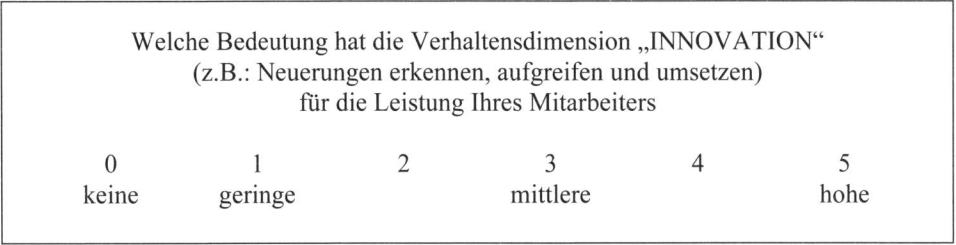

Welche Bedeutung hat die Verhaltensdimension „INNOVATION"
(z.B.: Neuerungen erkennen, aufgreifen und umsetzen)
für die Leistung Ihres Mitarbeiters

0	1	2	3	4	5
keine	geringe		mittlere		hohe

Bitte bewerten Sie anhand der Verhaltensbeispiele für „INNOVATION"
die Leistungen Ihres Mitarbeiters in dieser Dimension

Einschätzung
(bitte ankreuzen)

Verhaltensbeispiele

9
8
7
überdurch-
schnittliche
Leistung

- bringt selbst kreative Vorschläge und Beispiele aus verschiedenen Bereichen vor
- überträgt neue Inhalte aus Literatur und Vorträgen auf eigene Aufgaben
- findet sich sehr schnell in neuen Fachgebieten zurecht
- erkennt Vorteile und Nutzen von neuen Entwicklungen für seine Aufgaben

6
5
4
durch-
schnittliche
Leistung

- kann neue Inhalte vermitteln und anwenden
- ist Entwicklungen und Neuerungen gegenüber aufgeschlossen
- informiert sich laufend über neue Aspekte seiner Aufgaben
- ist an Neuerungen interessiert, spricht aber nur nach Aufforderung über diese Aspekte

3
2
1
unterdurch-
schnittliche
Leistung

- verwendet herkömmliche Lösungswege ohne Bereitschaft zur Neuerung
- beteiligt sich nicht an Fachgesprächen über Neuentwicklungen/Innovationen
- steht neuen Ideen reserviert gegenüber
- gibt bei ungewöhnlichen Lösungsansätzen schnell auf

Abb. 13: Verhaltenserwartungsskala (Schuler 2004, S. 12)

Zielorientierte Verfahren strukturieren nicht die Inhalte (es werden also keine Beurteilungskriterien vorgegeben), sondern den Prozess der Personalbeurteilung. Das bekannteste Verfahren ist Management by Objectives (MbO), das – je nach zugeschriebenem Partizipationsgrad – mit Führung durch Zielvorgabe oder Führung durch Zielvereinbarung übersetzt wird. Dadurch wird außerdem deutlich, dass MbO sich nicht auf den Bereich der Personalbeurteilung beschränkt, sondern ein umfassenderes Führungsinstrument darstellt. Der Ablauf ist in drei Schritte gegliedert. Im ersten Schritt werden die Leistungsziele für die kommende Beurteilungsperiode festgelegt (vereinbart oder verlautbart). Idealerweise stellt dies den letzten Schritt in einem Prozess dar, in dem – ausgehend von den obersten Organisationszielen – die Ziele schrittweise konkretisiert und operationalisiert werden (Sparten-, Bereichs-, Gruppenziele). Die Ziele für den einzelnen Mitarbeiter sollen zweierlei Anforderungen genügen: Sie müssen eindeutig formuliert sein, sodass keine Interpretationsschwierigkeiten und Missverständnisse entstehen können und sie müssen bezüglich ihres Schwierigkeitsgrades den Voraussetzungen der Beurteilten entsprechen, d.h. sie sollen weder frustrierend hohe noch langweilend niedrige Anforderungen stellen. Der zweite Schritt ist die Überprüfung des Zielerreichungsgrades am Ende der Beurteilungsperiode durch den Beurteiler und den Beurteilten. Der Abgleich der Selbst- und Fremdbeurteilung erfolgt im Beurteilungsgespräch (s.u.). Dort wird auch der dritte Schritt im MbO vollzogen, nämlich die Identifikation von Verbesserungsmöglichkeiten und die Festlegung neuer Ziele für die nächste Beurteilungsperiode.

5. Prozess der Personalbeurteilung

Im Folgenden werden Prozessaspekte der Personalbeurteilung beschrieben: Die Konstruktion und Implementierung eines Beurteilungssystems, der Prozess der Urteilsbildung, potenzielle Verzerrungen der Beurteilung, das Beurteilungsgespräch.

Der Prozess der Konzeption und Einführung eines Personalbeurteilungssystems besteht aus folgenden Schritten (Domsch/Gerpott 2004, S. 1439; Kiefer/Knebel 2004, S. 127ff.; Schuler 2004, S. 21):

- Problemerkennung: Projektstart; Bildung einer Projektgruppe mit Vertretern der relevanten Bezugsgruppen (Unternehmensleitung, Betriebsrat, Personalabteilung, Fachabteilungen)
- Vorbereitung: Analyse der vorhandenen Beurteilungsverfahren und die Randbedingungen (Bestandsaufnahme); zeitliche und inhaltliche Projektplanung; Festlegung der Zwecke (Funktionen) der Beurteilung unter Berücksichtigung ökonomischer (Kosten-Nutzen-Verhältnis) und sozialer Faktoren (Welche Effekte wirken sich auf das Betriebsklima etc. aus?)
- Konzeption: Definition der Zielgruppen (Beurteiler, Beurteilte), Analyse der wichtigen Tätigkeiten einer Klasse von Arbeitsplätzen sowie die daraus entstehenden Verhaltensanforderungen an die Stelleninhaber, Ableitung der Beurteilungskriterien, Konstruktion der Skala (bspw. mithilfe der Methode der Kritischen Ereignisse), Bestimmung der Empfänger der Beurteilungen
- Test: Probelauf bei einer begrenzten Gruppe und ggf. Modifikation (Verbesserung) des Systems
- Durchführung: Abschluss einer Betriebsvereinbarung; Training der Beurteiler, in dem sie über das Verfahren informiert und mit seiner Handhabung vertraut gemacht werden; Durchführung und Auswertung der Beurteilungen; Einleitung von Konsequenzen (Folgemaßnahmen)
- Evaluation: Erhebung und Auswertung der Erfahrungen mit dem neuen System (bspw. durch Mitarbeiterbefragung)

Beurteilen ist nicht einfach Messen, und auch für Messwerte gilt: Zahlen sind stumm. Das bedeutet, dass ein Messwert (bspw. die Höhe des erzielten Umsatzes eines Verkäufers) ohne Kenntnis des Kontextes (Wie hoch war der Umsatz im letzten Berichtszeitraum? Wie hoch ist der Umsatz der anderen Verkäufer? Wie viel Verkaufserfahrung hat der Beurteilte? etc.) keine Information über die Leistung zulässt. Weil Messen alleine nicht genügt (und das ist oft schon schwierig genug), braucht es auch noch einen Prozess der sozialen Urteilsbildung. Dieser Prozess wird von zahlreichen Faktoren beeinflusst. Wie aus Abbildung 14 ersichtlich ist, können diese Einflussfaktoren drei Ebenen zugeordnet werden: dem Verhalten, dem Eindruck und der Aussage. Welches Verhalten gezeigt und beobachtet wird, hängt von den personalen (bspw. Können, Wollen) und situativen (bspw. Aufgabe, Kollegen, Führungsstil) Merkmalen des Beurteilten ab. Das beobachtete Verhalten ist lediglich eine Stichprobe des relevanten Verhaltens, die von Beobachtungshäufigkeit und -repräsentativität abhängt. Auf dieser Basis kommt der Beurteiler zu einem Eindruck. Dieser hängt ab von kognitiven, motivationalen und emotionalen Eigenschaften des Beurteilers, seinen Vorerfahrungen mit dem Beurteilten, seinem Attributionsstil (sucht er den Grund für das beobachtete Verhalten eher in der Person des Beurteilten oder in den situativen Bedingungen?), seinem Selbstbild und seinen Stereotypen. Doch selbst der gleiche Eindruck kann bei zwei Beurteilern zu verschiedenen Aussagen führen. Je gebundener das Verfahren, desto geringer der Einfluss von Sprachverständnis und Wortgebrauch des Beurteilers. Ziele und Konsequenzen der Beurteilung können jedoch ebenso zu verschiedenen Urteilen führen wie Interessen und Strategien des Beurteilers (s.u. den Abschnitt ‚Mikropolitische Aspekte') (Bronner/Schwaab/Gold 2001; Schuler 2004c).

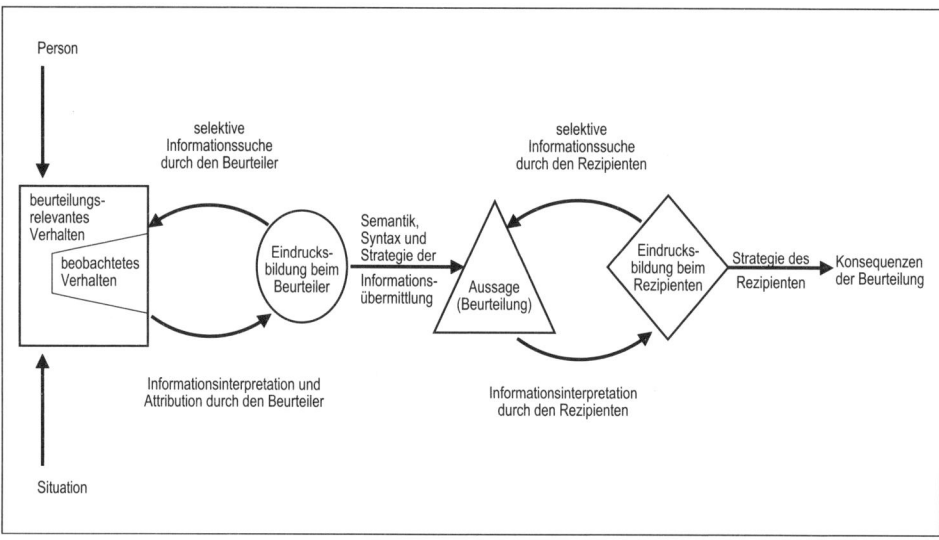

Abb. 14: Der Prozess der Personalbeurteilung (Schuler 1978, S. 165)

Beurteiler bewerten jedoch nicht nur Leistungsverhalten und -ergebnisse. Sie verfügen über ‚kognitive Landkarten', auf denen die Faktoren aufgeführt sind, die Einfluss auf die Beurteilung ausüben. Abbildung 15 zeigt das Ergebnis einer großzahligen Untersuchung von Borman et al. (1991), in dem direkte und indirekte Einflussfaktoren auf die Vorgesetztenbeurteilung dargestellt werden. Die Zahlenwerte zeigen die Richtung und Stärke des jeweiligen Zusammenhanges.

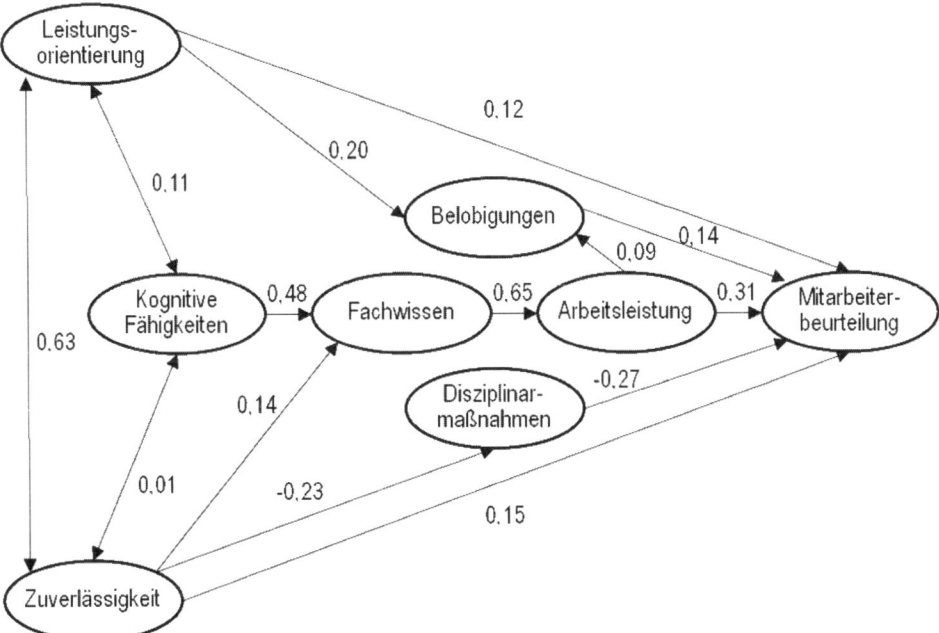

Abb. 15: Determinanten der Beurteilung durch Vorgesetzte (Borman et al. 1991, S. 870)

All diese Faktoren können dazu führen, dass im Beurteilungsverhalten bestimmte Tendenzen auftreten (Brandstätter 1970, S. 689 ff.). Diese Tendenzen werden auch als Beurteilungsfehler oder Urteilsverzerrungen bezeichnet. Dies ist insofern problematisch, weil es den Eindruck erweckt, es gäbe so etwas wie ein ‚wahres Urteil‘, und Abweichungen davon wären eben falsch oder verzerrt. Typische Urteilstendenzen sind

- Mittelwerttendenzen: Sie entstehen aus der Gewohnheit der Beurteiler, systematisch zu streng oder zu mild zu urteilen oder aus dem Einfluss von Sympathie/Antipathie gegenüber den Beurteilten;
- Streuungstendenzen: Verschiedene Beurteiler schöpfen die Skala unterschiedlich aus. Das Ergebnis kann die Tendenz zur Mitte (alle werden mit ‚3‘ beurteilt) oder die Tendenz zu den Extremen (mittlere Urteile werden vermieden, die Beurteilten sind entweder ‚4–5‘ oder ‚1–2‘);
- Korrelationstendenzen: Merkmale, die als unabhängig angenommen werden, korrelieren miteinander. Dies wird auch als Halo-Effekt bezeichnet, d.h. ein Merkmal strahlt auf die anderen aus (bspw. wer pünktlich ist, wird auch als loyal beurteilt).

In Abbildung 16 werden noch eine Reihe weiterer Urteilstendenzen angeführt.

Halo-Effekt: Ein (positives) Merkmal überstrahlt ein zweites unabhängiges Merkmal.

Mistgabel-Effekt: Ein negatives Merkmal überstrahlt ein zweites unabhängiges Merkmal.

Milde-Fehler (error of leniency): Verschiebung des Mittelwertes der Verteilung der Beurteilungswerte in Richtung positives Skalenende.

Strenge-Fehler (error of severity): Verschiebung des Mittelwertes der Verteilung in Richtung negatives Skalenende.

Tendenz zur Mitte (central tendency): Verschiebung der Streuung der Beurteilungswerte in Richtung Mittelwert (aber nicht unbedingt Skalenmitte).

Tendenz zu Extremen: Verschiebung der Streuung der Beurteilungswerte zu den Extremen.

Vorrang-Effekt/erster Eindruck (primacy-effect): Zeitlich früher gewonnene Informationen überlagern später hinzukommende Informationen.

Neuheits-Effekt (recency-effect): Kürzlich gewonnene Informationen werden bei der Eindrucksbildung stärker berücksichtigt.

Kontrast-Effekt: Eine Beurteilung einer durchschnittlichen Leistung fällt positiver aus, wenn eine negative Beurteilung vorausging und umgekehrt.

Pygmalion-Effekt (Andorra-Phänomen): Der Mitarbeiter wird tatsächlich so, wie es von ihm erwartet wird.

Kleber-Effekt: Ein längere Zeit nicht beförderter Mitarbeiter wird eher unterschätzt.

Hierarchie-Effekt: Hierarchisch höher eingestufte Mitarbeiter werden eher besser eingeschätzt.

Kontakt-Effekt: Beurteilungen fallen umso positiver aus, je häufiger der Beurteiler mit dem Beurteilten Kontakt hatte.

Nikolaus-Effekt: Der Mitarbeiter strengt sich vor dem Termin der Beurteilung besonders an.

Reue-Effekt: Fehler werden milder bewertet, wenn sie vom Mitarbeiter eingestanden werden.

Attributionsfehler: Die Ursachenzuschreibung für Verhalten oder Leistung durch den Beurteiler weicht von der tatsächlichen Ursache ab.

Maßstabfehler: Die Orientierung am eigenen Anspruchsniveau führt zu Verzerrungen.

Vorinformation: Die über einen später zu beurteilenden Mitarbeiter erhaltenen Vorinformationen verzerren die Beurteilung des tatsächlichen Leistungsverhaltens.

Vorurteile und Stereotype: Stereotype des Beurteilers beeinflussen verzerrend die Urteilsbildung.

Implizite Persönlichkeitstheorien: Grundlegende implizite Annahmen eines Beurteilers darüber „wie Menschen grundsätzlich sind", verzerren das Urteil.

Projektion: Eigene, dem Beurteiler unangenehme Eigenschaften werden auf den Beurteilten projiziert und bei diesem wahrgenommen.

„Wegloben": Tendenziell positive Beurteilung, um den Mitarbeiter loszuwerden.

„Schlechtmachen": Tendenziell negative Beurteilung, um den Mitarbeiter in der Abteilung des Beurteilers zu halten.

Abb. 16: Urteilstendenzen (Lueger 1992, S. 56f.)

Das Beurteilungsgespräch stellt typischerweise den Abschluss des Beurteilungsprozesses bzw. einer Beurteilungsepisode dar, ihm wird für den Erfolg der Beurteilung große Bedeutung zugeschrieben. Das Beurteilungsgespräch dient zweierlei Zielen. Zum einen geht es um die Bewertung vergangener Leistungen, zum anderen um die Festlegung von Leistungszielen und Unterstützungsmaßnahmen in der Zukunft (Kiefer/Knebel 2004, S. 125). Darüber hinaus bietet das Beurteilungsgespräch Beurteiler und Beurteiltem die Möglichkeit, ihre Beziehung zu klären und ggf. zu verbessern (Muck/Schuler 2004, S. 256).

In der Literatur finden sich zahlreiche Empfehlungen für die Vorbereitung, Durchführung und Nachbereitung des Beurteilungsgesprächs. Große Einigkeit herrscht darin, es als partizipativ gehandhabtes Führungsinstrument zu nutzen und nicht eine bloße Urteilsverkündung vorzunehmen. Dies scheint jedoch eher Wunsch als Wirklichkeit zu sein, kurzfristig anberaumte Fünf- bis Zehn-Minuten-Gespräche sind keine Seltenheit (Breisig 2005, S. 347).

- Dennoch (oder deswegen?) geben Nagel/Oswald/Wimmer (1999, S. 41ff.) acht Tipps für das Beurteilungsgespräch, die „samt und sonders aus der Praxis" (S. 41) stammen:
- Information der gesamten Gruppe über Ziele, Ablauf und Rahmenbedingungen des Beurteilungsgesprächs in einer Teamsitzung.
- Verabredung des konkreten Gesprächstermins mindestens eine Woche vorher, Reservierung eines Zeitfensters von zwei bis drei Stunden, tunlichst Vermeidung von Zeitdruck und Störungen.
- Einstimmung auf den Gesprächspartner, zunächst formlos und dann unter Zuhilfenahme eines Leitfadens.
- Durchführung des Gesprächs (Rückblick und Vorschau) mit dem Bemühen um eine positive Grundhaltung.
- Gemeinsame Erstellung eines Gesprächsprotokolls, das die wichtigsten Punkte und Aussagen enthält, und eines Ergebnisprotokolls, in dem die Entwicklungs- und Fördermaßnahmen für den Beurteilten festgehalten sind.
- Das Gesprächsprotokoll wird nicht weitergegeben, die vereinbarten Fördermaßnahmen werden an den nächsthöheren Vorgesetzten und an die Personalabteilung berichtet.
- In den Gesprächen können organisatorische Verbesserungsvorschläge zur Sprache kommen, die nach Durchführung aller Gespräche in einer Teamsitzung bewertet werden, wo auch Folgemaßnahmen beschlossen werden.
- Schließlich werden die Erfahrungen mit den Beurteilungsgesprächen im Team ausgewertet und Schlussfolgerungen für den Beurteilungsprozess in der Zukunft gezogen.

6. Spezifische Aspekte von Personalbeurteilung

In diesem Abschnitt werden drei Aspekte von Personalbeurteilung angesprochen, die ‚quer' zu den bisher behandelten Elementen (Ziele, Akteure, Verfahren, Prozesse) in dem Sinn liegen, dass sie bei allen Elementen eine Rolle spielen. Es handelt sich dabei um strategische Fragen, um Besonderheiten im internationalen Kontext und um mikropolitische Prozesse.

6.1 Strategische Aspekte der Personalbeurteilung

Wenn von strategischen Aspekten der Personalbeurteilung die Rede ist, kann damit zweierlei gemeint sein:[2] einerseits die strategischen Grundsatzentscheidungen bei der Gestaltung des Personalbeurteilungssystems und andererseits die Relevanz der Personalbeurteilung im Strategischen Management.

Bei der Gestaltung von Personalbeurteilungssystemen können und müssen die Entscheider immer zwischen verschiedenen Optionen wählen. Diese Entscheidungen sind werthaltig, d.h. sie bringen die Präferenzen und Überzeugungen der Entscheider zum Ausdruck. Dies gilt auch dann, wenn die Entscheider ihren Entscheidungsspielraum nicht sehen (wollen) und sich ‚Sachzwängen' gegenübersehen. Auch die Orientierung an sog. Best Practices im Rahmen eines Benchmarking-Prozesses sind Entscheidungen, die auch hätten anders ausfallen können (Elšik 2004, S. 1634ff.).

Wie die Ausführungen zu Zielen, Quellen, Kriterien, Verfahren etc. der Beurteilung deutlich gemacht haben (sollten), steht dafür jeweils mehr als nur eine Option zur Verfügung. So ist u.a. zu entscheiden, welche Ziele mit der Personalbeurteilung verfolgt werden sollen (bspw. Entwicklung oder Selektion), wie stark formalisiert das Beurteilungssystem ausgestaltet werden soll, in welcher Kombination Ergebnis-, Verhaltens- oder Eigenschaftskriterien Anwendung finden sollen, in welchen Intervallen beurteilt werden soll (bspw. regelmäßig oder im Anlassfall, wie etwa vor Beförderungen oder nach der Probezeit), wer beurteilen soll. Diese strategischen Entscheidungen[3] schließen die anderen Optionen (vorerst) aus, sie geben als Entscheidungsprämissen den Rahmen für operative Entscheidungen in der Personalbeurteilung vor (Anthony/Perrewé/Kacmar 1996).

Personalbeurteilung hat noch eine zweite strategische Dimension. Sie produziert personalbezogene Informationen für unternehmensstrategische Entscheidungen. In diesem Sinn hat sie drei Funktionen zu erfüllen (Devanna 1984; Elšik 1992, S. 145ff.):

- Informationsfunktion: Strategisch relevante, personalbezogene Daten werden für den Prozess der Formulierung von Unternehmens- und Wettbewerbsstrategie bereitge-

---

[2] Eine dritte Verständnisvariante findet sich bei Moser 2004. Eine nähere Betrachtung zeigt jedoch schnell, dass er unter ‚strategischen Elementen in Leistungsbeurteilungen' mikropolitisch motivierte Verzerrungen von Urteilen durch die Beurteiler meint. Dies ist u.a. Gegenstand von Abschnitt 6.3 in diesem Kapitel.

[3] Sie können auch als personalpolitische Entscheidungen bezeichnet werden, doch bedeutet ‚Politik' hier etwas anderes als im Abschnitt zur Mikropolitik, eben das Setzen von Entscheidungsprämissen für nachgeordnete Entscheidungen (wie auch bei Preispolitik oder Distributionspolitik) und nicht den Einsatz von Macht zur Realisierung eigener Interessen.

stellt, bspw. aggregierte Daten zur Qualifikationsstruktur der Belegschaft oder dem verfügbaren Potenzial an Management-Nachwuchs. Dadurch werden einerseits Engpässe sichtbar, andererseits können damit auch mögliche Wettbewerbsvorteile erkannt werden, die im Personal begründet liegen.

- Steuerungsfunktion: Werden mit der Personalbeurteilung Konsequenzen für die Beurteilten verknüpft, so gehen von ihr „verschlüsselte Botschaften" (Schreyögg 1987) aus, d.h. die Beurteilten ‚lesen' das Beurteilungssystem in dem Sinn, dass sie Hinweise suchen (und finden), was in der Organisation gewünscht und belohnt wird und was nicht, um ihr Arbeitsverhalten danach ausrichten zu können. Diese Botschaften stecken in den Beurteilungskriterien, die daher das Verhalten der Beurteilten steuern. Da die Umsetzung von Strategien letztlich im Arbeitshandeln der Beschäftigten erfolgt, sollte zunächst danach gefragt werden, welches Verhalten der Beschäftigten zur Strategieumsetzung benötigt wird, um danach die Beurteilungskriterien auszuwählen.

- Integrationsfunktion: Die Personalbeurteilung hat das Potenzial, die einzelnen Gestaltungsfelder (Rekrutierung, Anreizgestaltung, Personalentwicklung) im Personalmanagement aufeinander abzustimmen und sie in Richtung einer konsistenten Personalstrategie zu integrieren. Das Ausmaß des Integrationspotenzials ist abhängig von den verfolgten Zielen. Je mehr bei den verschiedenen Personalentscheidungen auf die Informationsbasis der Personalbeurteilung zurückgegriffen wird, desto eher gelingt die Integration. Sie wird daher bei personalpolitischen Zielen tendenziell höher sein als bei führungspolitischen Zielen.

6.2 Internationale Aspekte der Personalbeurteilung

In international tätigen Organisationen sind bei der Gestaltung und Anwendung von Personalbeurteilungssystemen einige Besonderheiten zu beachten, die ein einheitliches, standardisiertes Beurteilungssystem für alle Standorte unzweckmäßig erscheinen lassen (Harvey 1997):

- Die kulturelle Diversität der Beurteilten ist höher. Unterschiede in kulturell geprägten Werten, Normen und Einstellungen erfordern eine Berücksichtigung bei der Personalbeurteilung.
- Die Beurteilten arbeiten unter höchst unterschiedlichen ökonomischen, politischen und kulturellen Bedingungen.
- Die Beurteiler im Stammhaus können diese unterschiedlichen Leistungsbedingungen nicht alle gleich gut kennen wie jene im Stammland.
- Nicht nur die externen Umweltbedingungen können beträchtlich variieren, sondern auch die Strukturen, Strategien und Kulturen im Stammhaus und in den Niederlassungen.
- Die erhobenen Daten können unvergleichbar und/oder unvollständig sein.
- Unter Umständen große geografische und kulturelle Distanz zwischen Hauptquartier und Niederlassungen führen zu erhöhtem Zeitbedarf und lösen höhere Kosten der Beurteilung aus.
- Misserfolge bei Auslandsentsendungen und die zunehmenden Schwierigkeiten, zukünftige Expatriates zu rekrutieren, machen es erforderlich, die Personalbeurteilungen

dahingehend auszuwerten, wie zukünftige Expatriates besser entwickelt und in ihrer Leistung unterstützt werden können.

Dennoch verwenden laut einer Umfrage 76% der international tätigen U.S.-Firmen unternehmensweit standardisierte Beurteilungsverfahren, nur 14% passen sie für die Beurteilung von Expatriates an die lokalen Bedingungen an (Gregersen/Hite/Black 1996).

In dieser Liste ist immer von Expatriates die Rede, sie sind der geläufigste, wenn auch nicht einzige Fall von internationalem Personal (Dowling/Welch 2004, S. 249ff.). Die Beurteilung von sog. Inpatriates (d.s. Beschäftigte aus dem Gastland, die für einige Zeit im Hauptquartier eingesetzt werden) weist zwar viele Gemeinsamkeiten mit der Beurteilung von Expatriates auf – mit dem Unterschied, dass der Hauptzweck der Entsendung ins Hauptquartier in der Förderung und Entwicklung liegt, was sich auch in der Gestaltung des Personalbeurteilungssystems niederschlagen sollte (Vance/Paik 2006, S. 267).

Die besondere Arbeitssituation der Expatriates hat Konsequenzen für Beurteiler, Beurteilungskriterien, Beurteilungsverfahren und Beurteilungszeitpunkte. Expatriates sind in der Regel Diener zweier Herren, d.h. sie haben sowohl im Stammhaus als auch in der Niederlassung einen Vorgesetzten, die als Beurteiler in Frage kommen, und beide Varianten haben Vor- und Nachteile. Die Beurteiler vor Ort können zwar in deutlich höherem Umfang die Expatriates beobachten und bei ihrer Beurteilung auf eine breitere Informationsbasis zurückgreifen, allerdings werden sie diese Informationen vor dem Hintergrund ihres Kulturkreises und den davon geprägten Verhaltens- und Leistungserwartungen interpretieren. Sollten die Beurteilungen Konsequenzen für die weitere Karriere der Expatriates haben, so müssen sie ins Stammhaus geschickt werden, denn dort werden Karriereentscheidungen nach Abschluss des Auslandseinsatzes getroffen. Dies spräche dafür, Beurteiler aus dem Stammhaus zu nehmen. Diese sind jedoch (zumindest physisch) weit von den Expatriates entfernt und können sie kaum beobachten. Die Kommunikation zwischen ihnen und den Expatriates ist meist unregelmäßig und lückenhaft. Daher greifen sie gerne auf harte, quantitative Leistungsmaße wie Umsatz, Gewinn oder Marktanteile zurück und erfassen damit nur einen Teil des Leistungsspektrums der Expatriates. Erschwerend kommt hinzu, dass sie die Situation des Expatriates nicht genügend nachvollziehen können, wenn sie nicht über eigene Erfahrungen mit Auslandseinsätzen verfügen (Oddou/Mendenhall 2000, S. 214ff.).

Es liegt also nahe, mehrere Beurteiler einzusetzen, um so ein vollständigeres Bild zu erhalten. Eine Umfrage unter U.S.-Firmen ergab, dass 82% der Unternehmen dies tun, 43% setzen zwei, 21% drei und 21% drei und mehr Beurteiler ein. Dabei dominieren die Beurteiler vor Ort. 74% der Beurteiler sind die unmittelbaren Vorgesetzten in der Niederlassung, 39% stellen die Vorgesetzten im Stammhaus. In 39% der Fälle gaben die Expatriates auch eine Selbstbeurteilung ab. Auch Personalfachleute sind in die Beurteilung eingebunden, in 17% aus der Niederlassung und zu 12% aus dem Stammhaus (Gregersen/Hite/Black 1996). Eine skandinavische Studie kommt zu ähnlichen Ergebnissen. Auch dort sind die lokalen Beurteiler am stärksten vertreten, und in etwa je einem Drittel der Fälle fand Selbstbeurteilung und Beurteilung durch die Vorgesetzten im Stammhaus statt (Tahvanainen/Suutari 2005).

Oben wurden bereits die verwendeten Beurteilungskriterien angesprochen. Das Management im Stammhaus hat oft nur quantitative Daten über Leistungsergebnisse zur Verfügung. Damit bleiben sowohl die Leistungsbedingungen als auch die nicht sichtbaren Leistungen unberücksichtigt (Oddou/Mendenhall 2000). Typische Leistungsbedingungen sind: Merkmale des lokalen Arbeitsmarktes, Unterstützung und Ressourcen durch das Stammhaus, kulturelle Distanz zwischen Stamm- und Gastland, aber auch unerwartete Ereignisse wie Epidemien (BSE, SARS) oder politische Konflikte (z.B. Handelsboykott) (Vance/Paik 2006, S. 264f.). Daher wird empfohlen, die quantitativen (Finanz)Kriterien durch qualitative Kriterien zu ergänzen und dabei auch das Zustandekommen der Leistung der Expatriates zu erfassen (Janssens 1994). 34% der befragten Unternehmen verwendeten quantitative, 44 qualitative und 11% kontextbezogene Beurteilungskriterien. 20% der Unternehmen verwendeten nur quantitative Kriterien, 50% quantitative und qualitative Kriterien, 19% bezogen zusätzlich Kontextdaten in die Beurteilung mit ein (Gregersen/ Hite/Black 1996).

Ein einheitliches Beurteilungsintervall kann unpassend für Expatriates sein, wenn sie noch nicht lange genug in der Niederlassung tätig sind. Bedenkt man, dass es – je nach Aufgabenstellung und situativen Erschwernissen – von drei bis zwölf Monaten dauern kann, bis sie ihr Leistungsniveau im Stammhaus erreicht haben, dann sind einheitliche Beurteilungstermine eventuell zu früh gesetzt, um die Leistung von Expatriates fair beurteilen zu können (Oddou/Mendenhall 2000; Vance/Paik 2006, S. 265). Dennoch führen 82% der amerikanischen multinationalen Unternehmen einmal jährlich die Beurteilung sowohl im Stammhaus als auch in den Niederlassungen durch (Gregersen/Hite/Black 1996).

Die Effekte des 360°-Feedback sind kulturabhängig. Zwar konnten in einer vergleichenden Studie generell positive Lerneffekte hinsichtlich Selbstwahrnehmung und sozialer Kompetenz nachgewiesen werden, deren Ausmaß erwies sich jedoch als kulturell bedingt. Die stärkste positive Wirkung brachte das 360°-Feedback in Kulturen mit geringer Machtdistanz und individualistischer Orientierung (bspw. Irland) im Unterschied zu Kulturen mit hoher Machtdistanz und kollektivistischer Orientierung (bspw. Philippinen, Malaysia)[4] (Shipper/Hoffman/Rotondo 2007).

Vor dem Hintergrund dieser Probleme und Besonderheiten können Gestaltungsempfehlungen für die internationale Personalbeurteilung gegeben werden. Die Personalabteilung kann in einer systematischen Analyse den Schwierigkeitsgrad von Auslandseinsätzen ermitteln und dabei Kriterien wie Sprachbarrieren, kulturelle Distanz und andere Einflussfaktoren (bspw. Belegschaft in der Niederlassung, Wechselkurse) heranziehen. Das Ergebnis wäre ein Schwierigkeitsindex, der die ‚normale' Beurteilung korrigieren soll. Damit wären die Beurteiler auch davon befreit, selbst die Schwierigkeit des Auslandseinsatzes abschätzen zu müssen. Die Beurteilung sollte in Abstimmung der Vorgesetzten im Stammhaus und in der Niederlassung erfolgen, um mögliche kulturell begründete Interpretationsunterschiede von Leistungsverhalten und -ergebnissen zu minimieren. Hier wäre es sehr von Vorteil, wenn dem Beurteiler im Stammhaus jemand zur Seite stünde, der bereits von seinem Auslandseinsatz in diesem Gastland zurückgekehrt ist und auf Basis

---

[4] Machtdistanz bezeichnet das Ausmaß, in dem in einer Kultur eine ungleiche Verteilung von Macht akzeptiert und erwartet wird. Eine individualistische Orientierung bedeutet, dass die Menschen in einer Kultur primär als autonome Individuen gesehen werden, die ihre eigenen Ziele und Interessen verfolgen (bspw. Selbstverwirklichung). In Kulturen mit einer kollektivistischen Orientierung werden die Menschen primär als Mitglieder einer Bezugsgruppe gesehen, die ihre individuellen Ziele auf die Gruppenziele abzustimmen versuchen.

seiner Erfahrungen bei der Interpretation der Beurteilung durch den lokalen Vorgesetzten helfen kann. Schließlich sollten die Beurteilungskriterien an die lokalen Bedingungen angepasst werden. So wird bspw. die Fähigkeit, drohende Streiks abzuwenden, nicht in allen Ländern oder Regionen die gleiche Relevanz besitzen. Bei der Anpassung oder Ergänzung der Beurteilungskriterien sollten die Erfahrungen von Expatriates genutzt werden, die aus früheren oder aktuellen Auslandseinsätzen die lokalen Bedingungen kennen (Oddou/Mendenhall 2000, S. 219ff.).

6.3 Mikropolitische Aspekte der Personalbeurteilung

Die Personalbeurteilung wird gerne als „Schlüsselfunktion" (Klimecki/Gmür 2006) im Personalmanagement bezeichnet, wie dies u.a. auch im sog. Michigan-Ansatz des strategischen Personalmanagements zum Ausdruck kommt (Devanna 1984). Durch Personalbeurteilungen soll die Allokation von Ressourcen (Geld, Positionen) auf eine rationale (oder zumindest rationalisierte) Basis gestellt werden. Und wo es um knappe Ressourcen geht, steigt die Wahrscheinlichkeit, dass unterschiedliche Interessen (latente) Konflikte auslösen. Damit ist der Boden für politische Prozesse aufbereitet.

Zunächst sollen in komprimierter Weise die Grundgedanken von Mikropolitik dargelegt werden (Elšik 1999). Es handelt sich dabei um eine Gruppe von organisationstheoretischen Ansätzen, die sich einerseits vom Rationalmodell der Organisation abgrenzen und den Aufbau und Einsatz von Macht in den Mittelpunkt stellen. Die drei zentralen Variablen im Mikropolitik-Ansatz sind Akteure, Interessen und Macht(einsatz). Die (berufsbezogenen) Interessen der Akteure sind nicht aus einem gemeinsam geteilten Organisationsziel abgeleitet bzw. auf dieses ausgerichtet, sondern zumindest partiell widersprüchlich und konfliktär. Damit reicht ein konsistentes Ziel-Mittel-System (formale Strukturen), ergänzt durch Personalführung durch Vorgesetzte, nicht aus, die Koordination der Akteure und ihrer Handlungen zu gewährleisten. Die ‚Realverfassung' der Organisation beruht auch darauf, dass Akteure unter Ausnutzung ihrer wechselseitigen Abhängigkeiten Macht und Einfluss ausüben, um die formellen und insbesondere die informellen Regelungen und Arrangements auszuhandeln. Neuberger (1995, S. 19ff.) schlägt vor, Mikropolitik mithilfe von acht Merkmalen zu kennzeichnen. Neben der bereits erwähnten Akteurperspektive, Handlungsorientierung (d.h. Interessenbezogenheit des individuellen Handelns) und Macht (d.h. die Beeinflussung anderer im Sinne der eigenen Interessen) sind dies

- Intersubjektivität, d.h. die Eingebundenheit in soziale Beziehungen zu anderen Subjekten,
- Dialektik der Interdependenz, d.h. Umgang der Akteure mit ihrer wechselseitigen Abhängigkeit,
- Legitimation, d.h. Rechtfertigung von Handlungen und Ordnungen, die eben nicht natürlich, objektiv und alternativlos sind,
- Zeitlichkeit, d.h. Umgang mit Veränderungen im Zeitablauf, aber auch Timing im Erkennen von Gefahren und Nutzen von Chancen,
- Ambiguität, d.h. Mehrdeutigkeit und Intransparenz, die durch interessengeleitetes Handeln genutzt und produziert werden.

Wie stark Personalbeurteilung in einer Organisation ‚politisiert' ist, hängt von einer Reihe von Faktoren ab. Mikropolitik in der Personalbeurteilung ist umso eher zu erwarten,

- je weniger ernsthaft der Umgang mit der Personalbeurteilung ist (wenn bspw. die Urteile nicht überprüft sondern ‚schubladisiert' oder die Beurteiler nicht geschult werden);
- je geringer die Akzeptanz der Personalbeurteilung bei Beurteiler und/oder Beurteiltem ist (bspw. hinsichtlich der Vertraulichkeit der Informationen oder der Folgen[losigkeit] der Beurteilung für zukünftige Personalentscheidungen wie etwa Beförderungen);
- je interdependenter Beurteiler und Beurteilter in ihrer Aufgabenerfüllung sind (und damit die Beurteiler ein Stück weit ihre Leistung bewerten, wenn sie die Leistung der Beurteilten beurteilen);
- je stärker die Personalbeurteilung mit der Entgeltdifferenzierung verknüpft ist;
- je stärker die Personalbeurteilung widersprüchliche Funktionen erfüllen soll (bspw. Entgeltdifferenzierung und Förderung der Mitarbeiter);
- je stärker die Personalbeurteilung formalisiert und standardisiert ist (und damit den Beurteilern einen Anreiz bietet, sich durch mikropolitische Handhabung des sie einschränkenden Beurteilungssystems Freiräume [zurückzu]gewinnen);
- je stärker die Beurteilungsergebnisse zentralisiert und je länger sie archiviert werden (Lorson 1996, S. 58ff.).

Bei einer Befragung von Führungskräften in deutschen Unternehmen, ob bzw. in welchem Ausmaß sie mikropolitische Ziele mit der Personalbeurteilung verfolgten, wurden manche, aber nicht sämtliche dieser Erwartungen erfüllt. Allerdings ist bei solchen Befragungen zu bedenken, dass die Frage „Schwindeln Sie?" nicht immer zu ehrlichen Antworten führen wird. Die Befragten berichteten umso weniger von mikropolitischen Verzerrungen ihrer Urteile,

- je stärker die ‚Beurteilungskultur' in dem Unternehmen war, d.h. je höher die Bedeutung war, die der Personalbeurteilung beigemessen wurde,
- je stärker das Beurteilungssystem formalisiert war,
- je mehr Erfahrung sie als Beurteiler verfügten,
- je geringer ihre Kontrollspanne, d.h. die Zahl der Beurteilten war,
- je mehr ihre Abteilung mit anderen Abteilungen kooperierte (Moser/Zempel/Schultz-Amling 2000).

Je höherrangiger die Beurteilten sind, desto mehr ist ihre Beurteilung mit politischen Prozessen verbunden. Da die Tätigkeit von Führungskräften nur eingeschränkt operationalisierbar und auch laufenden Veränderungen unterworfen ist, fließen neben der zu beurteilenden Leistung auch andere Faktoren wie bspw. die Karrierepläne des Beurteilers in die Beurteilung ein. Dieser Beurteilungsspielraum ermöglicht es den Beurteilern, die Beurteilung als politisches Instrument einzusetzen (Gioia/Longenecker 1994, S. 50 ff.).

Bestimmte Merkmale von Personalbeurteilungssystemen ermöglichen es Beurteilern und(!) Beurteilten, sozialen Einfluss zur Realisierung ihrer jeweiligen Interessen auszuüben. Dazu gehören in ihrer Relevanz fragwürdige Beurteilungskriterien, deren Zusammenhang zu den Organisationszielen nicht erkennbar ist und die nicht eindeutig operationalisiert und überprüfbar sind (wie typischerweise beim eigenschaftsorientierten Ansatz), mangelndes Training der Beurteiler und zu lange Beurteilungsintervalle. Wenn am Ende mancher Beurteilungsbögen die Beurteiler ein Gesamturteil abgeben sollen, so ist dies als Zusammenfassung der analytischen Beurteilung gedacht. Häufig gehen jedoch viele Beurteiler ‚retrograd' vor, d.h. sie beginnen mit diesem Gesamturteil und leiten aus diesem ihre Bewertungen auf den einzelnen Dimensionen ab, um die Konsistenz ihrer Beurteilung zu gewährleisten. Der in der Praxis am weitest verbreitete Fall der Beurteilung von oben nach unten durch nur eine Person (den unmittelbaren Dienstvorgesetzten) erleichtert ein solches Vorgehen (Villanova/Bernardin 1991, S. 84 ff.).

Auch das aufwendige 360°-Feedback ist kein rein rationales, neutrales Diagnoseinstrument, sondern kann auch als eine mikropolitische Arena, als ein Instrument im Machtspiel zwischen den verschiedenen Akteuren betrachtet werden. Die Rundum-Beobachtung und Beurteilung versetzt die Beurteilten in eine vergleichbare Lage wie die Gefangenen im Bentham'schen Panoptikum:[5] sie müssen immer damit rechnen, von allen Seiten beobachtet und daraufhin beurteilt zu werden. Um die Kontrolle über den Prozess nicht zu verlieren (oder wiederzugewinnen), müssen sie auf Anonymität und Vertraulichkeit pochen, und damit die Sichtbarkeit der Urteile vermindern. Die unterschiedlichen Erwartungen, die von den Feedback-Gebern an die Beurteilten herangetragen werden, können von ihnen aufgrund der teilweise antagonistischen Gegensätzlichkeit gar nicht harmonisiert werden. In diesem Sinne stellt das 360°-Feedback eine Möglichkeit dar, Wissen über die Widersprüche und Lücken der Erwartungen zu erhalten um sie im eigenen Interesse nutzen zu können. Da es in Organisationen keine politikfreien Räume gibt, sind auch die anderen Akteure nicht interesselos, objektiv und neutral. Externe Verfahrensspezialisten bringen nicht nur ihre methodische Kompetenz ein, sondern sind (auch) an Erfolgszuschreibungen, Weiterempfehlungen und Folgeaufträgen interessiert. Moderatoren wollen nicht nur konstruktive Rückmeldungs- und Lernprozesse unterstützen, sondern auch dafür sorgen, dass alles ‚im Rahmen' bleibt. Es geht nicht um Selbstfindung oder Identitätsstiftung, sondern um produktiven Umgang mit zutage gebrachten Stärken und Schwächen (Neuberger 2000, S. 42ff.).

Eine mikropolitische Taktik von Beurteilern liegt darin, dass sie bewusst zu milde oder zu strenge Urteile abgeben, wobei es unerheblich und oft unmöglich ist, das ‚wahre' Urteil zu kennen. Wichtig ist, dass die Beurteiler aus ihrer Sicht Milde und Strenge walten lassen. Durch die intendierte Abweichung vom ‚wahren' Urteil werden eine Reihe unterschiedlicher Ziele angestrebt. Durch zu milde Urteile soll(en) die Beurteilten zur Leistungssteigerung angespornt, mit knappen Ressourcen (z.B. Gehaltserhöhung) versorgt, bei persönlichen Problemen geschont, öffentliche Schmutzwäsche vermieden (Schriftlichkeit der Beurteilung!), eine Konfrontation mit dem Beurteilten und Beschwerden vermieden,

---

5   Das Bentham'sche Panoptikum ist eine Bauform für Gefängnisse. „Das Prinzip ist bekannt: an der Peripherie ein ringförmiges Gebäude; in der Mitte ein Turm, der von breiten Fenstern durchbrochen ist, welche sich nach der Innenseite des Ringes öffnen; das Ringgebäude ist in Zellen unterteilt, von denen jede durch die gesamte Tiefe des Gebäudes reicht; sie haben jeweils zwei Fenster, eines nach innen, das auf die Fenster des Turms gerichtet ist, und eines nach außen, so daß die Zelle auf beiden Seiten von Licht durchdrungen wird. Es genügt demnach einen Aufseher im Turm aufzustellen [...] Vor dem Gegenlicht lassen sich vom Turm aus die kleinen Gefangenensilhouetten in den Zellen des Ringes genau ausnehmen" (Foucault 1994, S. 256 f.).

Beurteilte weggelobt, die Leistung des Beurteilers hervorgehoben, gegenüber dem Beurteilten eine Vorleistung erbracht oder die Sympathie des Beurteilten und damit eine gute Aufwärtsbeurteilung erreicht werden. Durch zu strenge Urteile soll den Beurteilten die Rute ins Fenster gestellt, eine Lektion erteilt, das eigene Sanktionspotenzial demonstriert („zeigen, wer der Herr im Haus ist"), belegbare Gründe für eine Kündigung gesammelt, ein Sündenbock für Abteilungsprobleme gefunden, die Beförderung geschätzter Mitarbeiter verhindert oder die (inoffizielle) Norm der Normalverteilung der Urteile erfüllt werden (Longenecker/Sims/Gioia 1987, S. 187ff.; Villanova/Bernardin 1989, S. 305ff.; Villanova/Bernardin 1991, S. 87ff.).

In einem Experiment wurde überprüft, wie sehr das Ausmaß der mikropolitischen Verzerrung der Beurteilungen vom Zweck (Funktion) der Beurteilung und von der Verantwortlichkeit der Beurteiler abhängt. In dem praktisch häufig vorkommenden Fall, dass sich die Beurteiler sich nur gegenüber den Beurteilten rechtfertigen mussten und die Beurteilung personalpolitischen Zwecken (Informationsbereitstellung für bzw. Kontrolle von Personalentscheidungen) diente, fielen die Urteile am mildesten aus. Die am wenigsten verzerrten Urteile wurden abgegeben, wenn die Beurteiler nur ihren Vorgesetzten gegenüber verantwortlich waren (Curtis/Harvey/Ravden 2005).

Politisches Handeln findet auch auf der Seite der Beurteilten statt. So hat sich bspw. gezeigt, dass die Betonung der fachlichen Kompetenz und die Demonstration von Leistungsbereitschaft und -erfolgen weniger stark zu besseren Beurteilungen führen als sympathieerhöhende Taktiken. In diesem Sinne ist es für die Beurteilten erfolgversprechender, sich beim Beurteiler einzuschmeicheln (bspw. indem sie sich an persönlichen Dingen im Leben des Vorgesetzten interessiert zeigen, ihm persönliche Gefallen erweisen, zusätzliche Hilfe und Unterstützung anbieten, seinen Ideen zustimmen), als eigene Leistungen herauszustreichen, allfällige Misserfolge herunterzuspielen, Gruppenerfolge für sich allein zu beanspruchen oder hohen Arbeitseinsatz durch lange Arbeitszeiten zu demonstrieren (Ferris et al. 1994). Je größer die wahrgenommene Ähnlichkeit zwischen Beurteiler und Beurteiltem, desto besser fällt die Beurteilung aus (Wayne/Graf/Ferris 1995). Der Verzicht auf einschmeichelndes Verhalten kostet den Beurteilten Sympathiewerte und drückt die Beurteilungen (Ferris/King 1992). Welcher mikropolitische Stil der Beurteilten einen positiven Einfluss auf ihre Beurteilung ausübt, hängt auch von ihrem Geschlecht ab. Bei Männern war sachliches, rationales Argumentieren am erfolgreichsten, bei Frauen Beziehungspflege und soziale Anschlussfähigkeit (Kipnis/Schmidt 1988, S. 536).

Das Ausmaß an Mikropolitik in der Personalbeurteilung hängt auch von persönlichen Merkmalen des Beurteilers ab. In einer Befragung von 248 Vorgesetzten erwiesen sich zwei Merkmale als besonders relevant: Selbstvertrauen in die eigene Beurteilungskompetenz und kalkulatives (oder kontinuierliches) Commitment. Letzteres besagt, dass der Verbleib in der Organisation auf dem Kalkül basiert, dass die ökonomischen und sozialen Kosten der Beendigung der Mitgliedschaft (bspw. Verlust von Senioritätsvorteilen, Erfahrungswissen, Beziehungsnetzwerk) höher wären als ihr Nutzen. Beurteiler mit geringem Selbstvertrauen in ihre Beurteilungskompetenz geben eher ,geschönte' Urteile ab, um damit allfälligen Konflikten wegen vermeintlich ,falschen' Beurteilungen aus dem Wege gehen. Auch Beurteiler mit einem starken kalkulativen Commitment urteilen interessegeleitet, da sie die Personalbeurteilung als eine (weitere) Möglichkeit sehen, ihr Anreiz-Beitrags-Verhältnis zu verbessern (Tziner 1999).

Die in der Praxis häufig verwendeten merkmalsorientierten Beurteilungsverfahren sind aus mehreren Gründen besonders ‚politikanfällig'. Da es sich in der Regel um nicht direkt beobachtbare Persönlichkeitsmerkmale handelt, sind auf Seiten des Beurteilers umfängliche Interpretationsleistungen zu erbringen, die naturgemäß interessegeleitet ausfallen können. Unter Initiative, Auffassungsgabe, Selbständigkeit, Belastbarkeit, Zuverlässigkeit etc. kann höchst Unterschiedliches verstanden werden. Je mehr Belegschaftssegmente und Hierarchieebenen mit ein und demselben Bogen beurteilt werden sollen, desto allgemeiner müssen die Kriterien formuliert sein. Der Rückgriff auf solche unscharfen Standardkriterien eröffnet beträchtlichen Interpretationsspielraum. Dieser wird durch mangelhafte Skalenverankerung noch verstärkt. So kann bspw. selten, manchmal, fallweise, häufig etc. höchst unterschiedlich ausgelegt werden. Schließlich berücksichtigen eigenschaftsorientierte Verfahren per definitionem die situativen Bedingungen der Leistungserstellung nicht, sondern halten die Eigenschaften der Beurteilten als hauptverantwortlich für die erbrachte Leistung. Aus dieser Vielfalt der mikropolitischen Verzerrungsmöglichkeiten kann der Schluss gezogen werden, dass es bei merkmalsorientierten Beurteilungsverfahren sehr unsicher ist, ob damit valide Beurteilungen[6] produziert werden. Damit mangelt es ihnen auch an Zuverlässigkeit hinsichtlich der Erfüllung der manifesten Funktionen der Personalbeurteilung. „Sinnvoll ist ihre Verwendung für das Unternehmen lediglich dann, wenn von der Unternehmensführung latente Funktionen mit der Leistungsbeurteilung verfolgt werden" (Lorson 1996, S. 155). Aber das ist ja auch nicht nichts.

---

[6]   Validität ist hier nicht im Sinne von ‚wahr' gemeint (wie wollte man diese auch feststellen?), es geht um die Übereinstimmung einer Beurteilung mit (a) der Selbstbeurteilung des Beurteilten, oder (b) durch Vergleich mit objektiven Daten wie bspw. Umsatz oder Beschwerden, oder (c) durch Übereinstimmung mit Zweitbeurteilungen (interindividueller Vergleich), wobei alle drei Formen nicht unproblematisch sind (Neuberger 1980, S. 37f.).

7. Ausblick

Theorie und Praxis der Personalbeurteilung klaffen ziemlich weit auseinander: Die Beurteilungssysteme sollen zu vielen Zwecken dienen, anstatt verhaltens- oder zielorientierter Verfahren kommen überwiegend eigenschaftsorientierte Verfahren zum Einsatz, Beurteilungsperioden und -zeitpunkte werden nicht den individuellen Erfordernissen angepasst, sondern auf zumeist ein Jahr vereinheitlicht. Diese scheinbaren Widersprüche werden leichter verstehbar, wenn anstatt einer normativen Theorie der rationalen Gestaltung von Beurteilungssystemen erklärende Theorien herangezogen werden, die das Vorgehen in der Praxis durchaus vernünftig erscheinen lassen, da sie die Legitimität von Personalentscheidungen erhöhen. So kann behauptet werden, dass ‚alle‘ Personalentscheidungen rational auf Basis der Personalbeurteilung getroffen und danach evaluiert werden, dass Leistungsunterschiede exakt quantitativ erfasst, honoriert und sanktioniert werden, dass alle gleich behandelt werden etc. (Fallgatter 1999).

Praxisorientierte Autoren prognostizieren folgende Trends in der Personalbeurteilung (Kiefer/Knebel 2004, S. 240ff.):

- Nicht die individuellen Persönlichkeitseigenschaften, sondern die Rollen- und Funktionserfüllung steht im Mittelpunkt.
- Der Fokus wechselt vom machtausübenden Beurteiler hin zum selbstgesteuerten, feedbacksuchenden Beurteilten.
- Die Bedeutung der Leistungsbewertung sinkt, die der Entwicklungsorientierung steigt.
- Die einseitige Top-down-Beurteilung wird von einer mehrseitigen Rundum-Beurteilung abgelöst.
- Statt einer standardisierten kommt es zur individuell angepassten Beurteilung.
- Die Beurteilung von Individuen weicht dem Feedback für Teams und auch größeren Organisationseinheiten.
- Der Fokus verschiebt sich von den oftmals aufgezwungenen Beurteilungen hin zur Entwicklung von Sensoren zur Wahrnehmung von Beurteilungen.

Ein solcher Katalog mutet angesichts der angesprochenen Kluft zwischen Beurteilungstheorie und -praxis utopisch an, die Verfasser selber sprechen von „Zukunftsmusik" (Kiefer/Knebel 2004, S. 250). Aber vielleicht geht es im Lichte der oben angestellten theoretischen Überlegungen dabei auch weniger um valide Prognosen, sondern um Legitimationsfassaden.

Materielle Anreize

Wolfgang Elšik, Andreas Nachbagauer

Inhalt

Extrinsisches Motivieren zerstört die intrinsische Motivation![1]

- Die Ökonomik unterstellt den Leuten, nur bei Bezahlung zu arbeiten. Tatsächlich ist jedoch die intrinsische Arbeitsmotivation von großer Bedeutung.

- Bezahlung und Befehl (Regulierung) führen unter bestimmten Bedingungen zu einer Verdrängung der intrinsischen Motivation.

- Psychologen haben die „Verborgenen Kosten der Belohnung" experimentell unter verschiedensten Bedingungen nachgewiesen.

- Intrinsisch motivierte Arbeit hat den Vorteil
  - höheren Wohlbefindens bei den Beschäftigten;
  - besserer Lernfähigkeit; und
  - geringerer Überwachungs- und Disziplinierungskosten.

- Die durch externe Eingriffe verursachten Veränderungen der intrinsischen Motivation können sich auf angrenzende Gebiete auswirken, die unter Umständen schwer extern beeinflussbar sind.

Leistungsorientierte Bezahlung motiviert doch![2]

- Variable Vergütungssysteme erhöhen die Arbeitsmotivation und damit den Unternehmenserfolg.

- Die motivationale Wirkung von Anreizsystemen hängt vor allem davon ab,
  - ob es akzeptabel ist, dass mehr Leistung auch zu höherem Verdienst führt;
  - wie der Vergleich mit dem Arbeitseinsatz und dem Einkommen mit Kollegen im eigenen Unternehmen ausfällt;
  - dass ein enger Zusammenhang besteht einerseits zwischen erzieltem Arbeitsergebnis und Vergütung;
  - wie der Vergleich mit „Kollegen" in den Konkurrenzunternehmen ausfällt.

- Weitere Einflussfaktoren auf die Motivationswirkung von Vergütungssystemen sind die jeweiligen Bedürfnisse, die Möglichkeiten zur Partizipation bei der Entwicklung und Pflege des Vergütungssystems sowie die Systemakzeptanz (nicht nur das Ergebnis, auch das Zustandekommen einer Leistungsvergütung zählt).

---

[1] vgl. Frey 1997
[2] vgl. Dressler 2000

0. Einleitung

Wir alle reagieren auf Anreize und richten unser Verhalten an den von uns wahrgenommenen Anreizen aus: Sei es, dass uns Ruhm, Schokolade oder die nähere Bekanntschaft zu einer attraktiven Person in Aussicht gestellt wird. Aus der Vielfalt möglicher Anreize, die unser Leben begleiten, ragen einige im betrieblichen Zusammenhang hervor: Es sind dies Anreize in Organisationen, die einerseits knapp und daher wertvoll sind und andererseits durch die Unternehmensleitung verfügbar und steuerbar sind.

Zunächst lassen sich materielle Anreize von nichtmateriellen Anreizen (wie: Arbeitsinhalt, Verantwortung, Karrierechancen, Anerkennung etc.) unterscheiden. Dabei handelt es sich jedoch um eine letztlich künstliche Trennung, da materielle und immaterielle Anreize oft sehr eng miteinander verschränkt sind (wie Aufstieg und Gehalt), noch öfter jedoch widersprüchlich sind (wie Anerkennung durch Untergebene oder anregender Arbeitsinhalt und betriebliche Ziele). Die materielle Entlohnung wiederum kann in monetäre Anreize (Vergütung, Teile der Sozialleistungen) und nicht-monetäre Anreize (vor allem Sozialleistungen) geteilt werden.

Als Vergütung oder Entlohnung wird jene monetäre Größe bezeichnet, die der Arbeitnehmer im Rahmen eines vertraglich geregelten Arbeitsverhältnisses im Austausch dafür erhält, dass er dem Arbeitgeber seine Arbeitskraft zur Verfügung stellt.[3] Von Lohn spricht man im Allgemeinen bei Arbeitern, bei Angestellten von Gehalt. Für den Lohn- und Gehaltsempfänger stellt die Geldzahlung meist die wesentliche Quelle seiner Existenzsicherung dar, entsprechend haben Arbeitnehmer ein Interesse an der Sicherheit, Regelmäßigkeit und Erwartbarkeit der Entgeltzahlung sowie an einer existenzsichernden Höhe. Aus der Sicht der Unternehmen stellen Entgelte und die damit einhergehenden Lohnnebenkosten (wie: Arbeitgeberbeiträge zur Sozialversicherung, Urlaubs- und Weihnachtsgelder, Lohnfortzahlung im Krankheitsfalle u.a.m.) vor allem Kosten dar. Sie sind daher an niedrigen Entgelten interessiert. Zugleich soll das Vergütungssystem der Verhaltensbeeinflussung der Arbeitnehmer dienen. Vorrangig ist dabei an das Leistungsverhalten und das Leistungsergebnis zu denken. Weiters sollen durch das Vergütungssystem beeinflusst werden: Entscheidung zum Beitritt und Verbleib in einem Unternehmen, Fluktuation und Absentismus; Qualifikation und Personalentwicklung, Innovationen und Verbesserungen u.v.m. Aus Sicht von Unternehmen ist das Entgelt daher idealerweise unmittelbar an die erwünschte Zielgröße des einzelnen Arbeitnehmers gebunden.[4]

---

[3] vgl. Böhrs 1980
[4] vgl. Berthel/Becker 2003, S. 426

1. Lohngerechtigkeit

Eine eindeutige Grundlage für die Gestaltung von Vergütungssystemen gibt es ebenso wenig wie unbestrittene Wirkungen bestimmter Anreizformen. Aus den in der Einleitung dargestellten Interessengegensätzen leiten sich für die Verteilung des Betriebsüberschusses zwei Problemkreise ab:

Die erste Frage betrifft die Verteilung der erwirtschafteten Erträge des Unternehmens auf die Produktionsfaktoren Arbeit und Kapital. Dieses Problem wird auch als **absolute Lohngerechtigkeit** bezeichnet. Die Beantwortung dieser Frage beruht auf volkswirtschaftlichen und ethischen Grundsätzen. Entsprechend spielen soziale, historische, politische und philosophische Momente eine große Rolle, ebenso die gesamtwirtschaftliche Entwicklung und die jeweils vorhandenen Produktivitätssteigerungen. Auf betrieblicher Ebene spielt bei der Lösung des Problems der absoluten Lohngerechtigkeit zudem der Vergleich mit relevanten Konkurrenten am Arbeitsmarkt eine große Rolle, beeinflusst doch die Lohnhöhe zu einem hohen Maße die Attraktivität von Unternehmen für potenzielle und vorhandene Arbeitnehmer. Praktisch wird die Frage der Gestaltung der absoluten Lohngerechtigkeit über politische Prozesse gelöst: Im Rahmen der Sozialpartnerschaft wird auf unterschiedlichen Ebenen versucht, einen Konsens über die Mindestlohnhöhe zu erzielen und damit eine untere Verteilungsgrenze einzuziehen. Hier spielen die relative Mächtigkeit von Gewerkschaften und Arbeitgeberverbänden sowie die jeweils eingeschlagene Strategie der Auseinandersetzung eine bedeutende Rolle. In neuerer Zeit wird wieder verstärkt gefordert, die Entgelte stärker an betriebliche Erfordernisse zu binden und damit die „Lösung" des Problems der absoluten Lohngerechtigkeit „dem Arbeitsmarkt" zu überlassen.

Das Personalmanagement konzentriert sich auf die **relative Lohngerechtigkeit**. Diese zielt auf die Frage, wie die Gesamtlohnsumme auf die einzelnen Arbeitnehmer verteilt werden soll. Auch hier spielen natürlich historische und soziale Faktoren über die Verteilungsgerechtigkeit und die Wertigkeit von Arbeit und Leistung eine Rolle. Die subjektiv empfundene Gerechtigkeit von Entgelten stellt einen wichtigen Faktor für die Motivation und Zufriedenheit von Arbeitnehmern dar. Im Rahmen der Bestimmung der relativen Lohngerechtigkeit müssen zwei Fragen geklärt werden:

1. Wahl des **Gerechtigkeitskriteriums**

2. Wahl der **Spanne zwischen geringstem und höchstem Lohn**

Folgende Gerechtigkeitskriterien können herangezogen werden:

- **Anforderungsgerechtigkeit:** Der Anteil an der betrieblichen Wertschöpfung soll der physischen und psychischen Anforderung an eine Person entsprechen. Ziel ist der Ausgleich des individuellen Substanzverlustes. Basis der anforderungsgerechten Entlohnung ist die **Arbeitsbewertung**. Hier werden in einem ersten Schritt die Arbeitsplätze eines Unternehmens im Rahmen eines einheitlichen Bezugssystemes relativ zueinander angeordnet und in einem zweiten Schritt der Arbeitswert je Arbeitsplatz einer Lohnhöhe zugewiesen. Die anforderungsorientierte **Lohnsatzdifferenzierung** dient zumeist als Basis für die Grundlohnbestimmung.

- **Leistungsgerechtigkeit:** Die Vergütungshöhe soll – ausgehend von einer erwarteten Normalleistung – den relativen Leistungsbeitrag des einzelnen Arbeitnehmers einer bestimmten Periode widerspiegeln. Hierbei kann auf die Leistung als Leistungsergebnis – z.B. auf Stückzahl im Rahmen der Akkordentlohnung oder Qualität beim Prämienlohn – oder auf Leistung als Leistungsverhalten wie bei der Leistungszulage auf Grund einer Leistungsbeurteilung abgestellt werden. Die Differenzierung der Leistungsgerechtigkeit findet ihren Niederschlag in unterschiedlichen **Lohnformen**. Wird Leistung als Beitrag des Einzelnen zur Gesamtzielerreichung des Unternehmens oder von Unternehmensteilen verstanden, bieten sich Instrumente wie **(Unternehmens-)Erfolgsbeteiligungen** an.

- **Marktgerechtigkeit:** Dieses Kriterium richtet die Höhe der eigenen Entgelte an der Höhe der Vergütung in anderen Unternehmen aus und bezieht damit Aspekte des Arbeitsmarktes mit ein. Das Entgelt eines Arbeitnehmers wird also durch den **Marktwert** seines Leistungspotenziales (Qualifikation) – und nicht der tatsächlichen erbrachten Leistung – bestimmt. Die regelmäßige Überzahlung der kollektivvertraglichen Mindestlöhne (=Istlöhne) wie auch beispielsweise die relativ hohe Bezahlung der am Arbeitsmarkt gerade knappen Qualifikationen sind Ausdruck von Marktgerechtigkeit. Die Marktgerechtigkeit spielt vor allem im nicht kollektiv geregelten Führungskräftebereich und bei professionalisierten Berufen eine Rolle. Hauptinstrument ist der **Lohnvergleich** im Rahmen der Arbeitsmarktforschung.

- **Sozialgerechtigkeit:** Mit dem Kriterium der Sozialgerechtigkeit soll der unterschiedliche Beitrag der Person zur Realisierung sozialpolitischer Ziele einer Gesellschaft honoriert sowie ein sozialer Ausgleich für außerbetriebliche Belastungen herbeigeführt werden. Instrumente sind im Wesentlichen **Sozialleistungen**. Zwar steht hier beim Unternehmen nicht der Aspekt unmittelbarer Leistungserbringung im Vordergrund, dennoch können Sozialleistungen zur positiven Beeinflussung von Anreiz- und Beitragsentscheidungen des Arbeitnehmers herangezogen werden.

- **Qualifikationsgerechtigkeit:** Dieses Kriterium stellt auf die vom einzelnen Arbeitnehmer angebotene (formale) Qualifikation als Bemessungsgrundlage der Entgelthöhe und ist vom nachgefragten Qualifikationserfordernis des Arbeitsplatzes selbst (relativ) unabhängig. Der Qualifikationsgerechtigkeit kann sowohl durch ein **Zulagen-** und ein **Prämienlohnsystem** wie durch die **qualifikationsorientierte Grundlohnbestimmung (Potenziallohn, Qualifikationslohn)** entsprochen werden. Die Qualifikationsorientierung zur Lohnbestimmung wird insbesondere bei Gruppenarbeit in der Form von Zulagensystemen eingesetzt.

Bei Entgeltsystemen finden wir regelmäßig eine Mischung der unterschiedlichen Gerechtigkeitskriterien. Zum einen sind Vergütungssysteme in ihrer konkreten Ausgestaltung immer Ergebnis betrieblicher und überbetrieblicher Aushandlungsprozesse, zum anderen werden die Gerechtigkeitskriterien selten explizit in die Überlegungen bei der Ausgestaltung von Entgeltsystemen einbezogen. Darüber hinaus bleibt manchmal offen, welche Lohnform welchem Gerechtigkeitskriterium entspricht: So kann Senioritätsentlohnung (automatischer Anstieg der Entlohnung mit dem Dienstalter) als leistungsgerecht empfunden werden, wenn vermutet wird, dass längere Verweildauer im Betrieb mit mehr Erfahrung und daher größerer Leistung einhergeht. Zum anderen kann die höhere Bezahlung länger dienender Arbeitnehmer auch als Ausdruck der sozialen Gesinnung gewertet werden. Allerdings kann hierbei die erwünschte (Sozial-)Gerechtigkeit sogar in ihr Gegenteil umschlagen: Die hohen Lohnkosten, die Ältere auf Grund der Senioritätsentlohnung verursachen, dienen zugleich als Argument, diese Arbeitnehmergruppe über Frühpensionierungen bevorzugt abzubauen. Eine dritte Interpretation sieht von Gerechtigkeitsüberlegungen überhaupt ab und begründet Senioritätsentlohnung mit der erwarteten höheren Bindung von Arbeitnehmern an den Betrieb. In ähnlicher Weise kann die oft hohe Bezahlung des oberen Managements als Ausdruck von Anforderung, von Leistung, der Übernahme von unternehmerischem Risiko oder von Marktmacht gedeutet werden.

Die Spanne zwischen dem geringsten und höchsten Lohn wird im Allgemeinen pragmatisch im Rahmen von Aushandlungsprozessen bestimmt. Gerade hier spielen sowohl die konkrete Marktmacht der unterschiedlichen Gruppen als auch kulturelle Unterschiede eine große Rolle, zum Beispiel, welche Einkommensunterschiede (noch) als gerecht empfunden werden. So werden in den USA im Hinblick auf Leistung weit höhere Einkommensdifferenzen akzeptiert als in Kontinentaleuropa, dagegen spielt das Dienstalter eine geringere Rolle.

2. Gestaltung von Entlohnungssystemen

2.1 Grundlohnbestimmung

Der Grundlohn ist jener Entgeltteil, der durch die Eingruppierung eines Arbeitsplatzes in eine betrieblich oder kollektivvertraglich definierte Lohngruppe bestimmt wird. Hierbei bleibt die tatsächliche Leistung des Arbeitnehmers oder seine Leistungsfähigkeit unberücksichtigt, diese werden erst durch die Anwendung unterschiedlicher Lohnformen auf Basis des Grundlohnes berücksichtigt. Die Einstufung in eine Lohngruppe bezieht sich bei der **anforderungsorientierten Grundlohndifferenzierung** zunächst nur auf die zu erfüllende Arbeitsaufgabe und den Arbeitsplatz, ohne Beachtung einer konkreten Person. Die Festlegung orientiert sich dabei an den Anforderungen sowie den zu erwartenden physischen und psychischen Belastungen, die potenzielle Arbeitnehmer zu gewärtigen haben. Qualifikationen, die der Arbeitnehmer über die vom Betrieb geforderten Anforderungen hinaus einbringt, werden nicht berücksichtigt. Bei der **qualifikationsorientierten Grundlohndifferenzierung** dagegen werden Arbeitnehmer auf der Grundlage ihrer mitgebrachten Qualifikation, unabhängig von konkreten Arbeitsplätzen und ihren Anforderungen, in eine Lohngruppe eingereiht.

2.1.1 Anforderungsorientierte Grundlohnbestimmung

Basis für die anforderungsorientierte Grundlohnbestimmung ist die Anforderung und die zu erwartende Belastung am Arbeitsplatz.[5] Drei Aufgaben müssen im Rahmen der **Arbeitsbewertung** gelöst werden:

1. Beschreibung der Tätigkeiten und Arbeitsanalyse;
2. Festlegung der Verhältnisse der Anforderungen und Belastungen der Arbeitsplätze untereinander (Bestimmung des Arbeitswertes);
3. Festlegung des Verhältnisses der Arbeitswerte zu monetären Größen (Bestimmung des Lohnsatzes; Eingruppierung in Lohn- und Gehaltsstufen).

Zur Bewältigung der ersten Aufgabe, der **Arbeitsanalyse**, ist es zunächst notwendig, eine sachlich richtige und vollständige Arbeitsbeschreibung anzufertigen. Je nach Arbeitsplatz finden der Umfang der Arbeitsaufgabe, der Arbeitsablauf, die verwendeten Werkzeuge und Hilfsmittel, die Arbeitsumgebung, die Fertigungsart und Zeitvorgaben besondere Beachtung. Für diese systematische Feststellung und Beschreibung des Ist-Zustandes der Teilaufgaben der Arbeitsplätze und ihrer Arbeitssituation stehen unterschiedliche Verfahren zur Verfügung. Die meisten Verfahren sind solche der ingenieurswissenschaftlichen **arbeitswissenschaftlichen Arbeitsanalyse**. Dazu zählt insbesondere das sehr verbreitete Verfahren nach REFA[6] und der jüngere arbeitswissenschaftliche Erhebungsbogen zur Tätigkeitsanalyse (AET). Die Verfahren der **psychologisch orientierten Arbeitsanalyse** beachten nicht nur die objektiv von außen wirkenden Faktoren, sondern beziehen auch die subjektiven Auswirkungen der Belastungen auf den Menschen ein. Aus der Fülle

---

[5] vgl. Schettgen 1996, S. 122ff.; für den angloamerikanische Raum z.B. Dressler 2008, S. 431
[6] vgl. REFA 1991a, S. 46ff. REFA = Reichsausschuß für Arbeitszeitermittlung, gegründet 1924, heute Verband für Arbeitsstudien und Betriebsorganisation-REFA e.V.

an Verfahren seien hier nur der sehr differenzierte Position Analysis Questionaire (PAQ), der Fragebogen zur Arbeitsanalyse (FAA) und das Tätigkeits-Analyse-Inventar (TAI) genannt.[7] Die neueren Verfahren werden zwar den gestiegenen geistigen Anforderungen gerechter und sind weitaus differenzierter. Ihre praktische Handhabbarkeit ist damit aber auch deutlich eingeschränkt. Das Ergebnis der Arbeitsanalyse sind Arbeitsbeschreibungen, die noch keine Wertungen enthalten sollen. Die Bewertung erfolgt in einem getrennten Schritt.

Die **Arbeitsbewertung** kann entweder summarisch oder analytisch vorgenommen werden. Beim summarischen Verfahren wird das Anforderungsbündel der Tätigkeit insgesamt betrachtet und einer Lohngruppe zugeordnet. Beim analytischen Verfahren wird der Gesamtarbeitsplatz in eine Reihe von Anforderungen und Belastungen zerlegt, die einzeln bewertet werden. Damit kann das unterschiedliche Ausmaß der Anforderungen bei verschiedenen Tätigkeiten besser berücksichtigt werden. Sowohl beim analytischen wie beim summarischen Verfahren können die Kriterien (Arbeitsplatz, einzelne Anforderungen und Belastungen) nach ihrem Schwierigkeitsgrad gereiht oder gestuft (in Klassen eingeordnet) werden (vgl. Tabelle 1).

Quantifizierung	Bewertung	
	Summarisch	Analytisch
Reihung	Rangfolgeverfahren	Rangreihenverfahren
Stufung	Lohngruppenverfahren	Stufenwertzahlverfahren

Tabelle 1: Verfahren der Arbeitsbewertung[8]

Die **Zuordnung** der Arbeitswerte **zu Lohn- oder Gehaltsgruppen** erfolgt in einem dritten Schritt. Neben der Berücksichtigung von Qualifikation, Verantwortung, Belastung und Umwelteinflüssen wird diese Zuordnung sehr stark durch den Verhandlungsprozess der Arbeitgeber(-verbände) und Arbeitnehmer(-verbände) bestimmt.

Summarische Verfahren der Arbeitsbewertung

Im Rahmen von summarischen Verfahren der Arbeitsbewertung wird für die gesamte Tätigkeit ein zusammenfassender Schwierigkeitsgrad ermittelt. Dieser umfasst dabei sowohl die Anforderungen z.B. hinsichtlich der Qualifikation wie auch die zu erwartenden Belastungen des Arbeitnehmers am Arbeitsplatz.[9]

Beim **Rangfolgeverfahren** werden in einem ersten Schritt alle in einem Betrieb vorkommenden Arbeiten beschrieben und aus diesen Arbeitsbeschreibungen eine Gesamtschwierigkeit für jeden Arbeitsplatz definiert. In einem zweiten Schritt werden an Hand dieser Gesamteinschätzungen alle Tätigkeiten paarweise miteinander verglichen. Zumeist werden so zunächst abteilungsweise, sodann gesamtbetrieblich die Tätigkeiten in eine Rangfolge nach dem Schwierigkeitsgrad gebracht. Diese Rangfolge wird nun in Lohn-

---

[7] vgl. Schettgen 1996, S. 152ff.; Dunckel 1999
[8] nach Wibbe 1966, S. 30
[9] vgl. REFA 1991a

oder Gehaltswerte umgelegt, wobei hier die unterschiedlichen Abstände zwischen den einzelnen Rangstufen – die ja aus der reinen Reihung nicht ersichtlich sind – berücksichtigt werden müssen. Meist hilft man sich mit der Definition von Lohn- und Gehaltsgruppen, in die ähnlich schwierige Tätigkeiten zusammengefasst werden. Eine exakte Bezugsgröße für die Umsetzung der Arbeitswerte in Lohn oder Gehalt fehlt jedoch.

Vorteile dieser Methode sind die einfache Handhabung und die leichte Verständlichkeit. Allerdings steigt der Arbeitsaufwand mit der Größe des Betriebes exponentiell an, da ja jeder Arbeitsplatz mit jedem verglichen werden muss. Zugleich muss der Bewerter alle Arbeitsplätze kennen und einschätzen können. Sinnvollerweise kommt die Rangfolgemethode daher nur in kleinen Betrieben oder in einzelnen Abteilungen zur Anwendung. Zugleich kann es auf Grund der unterschiedlichen Rangstufenabstände und der mangelnden Bezugsgröße für eine Umsetzung der Arbeitswerte in Lohngrößen leicht zu Fehlbewertungen kommen. Der Verbreitungsgrad dieser Methode ist entsprechend gering.

Sehr weit verbreitet ist dagegen das **Lohngruppenverfahren**. Dieses Verfahren wird häufig zur Lohnbestimmung in Kollektivverträgen und im öffentlichen Dienst herangezogen. Grundlage dieses Verfahrens ist ein abschließender **Lohngruppenkatalog**. In diesem Lohngruppenkatalog werden meist sechs bis vierzehn Gruppen von Tätigkeiten nach ihren Anforderungen und Belastungen beschrieben. Die beschriebenen Lohngruppen sind dabei nach dem Schwierigkeitsgrad gestuft. Häufig werden auch typische Richtbeispiele angeführt (vgl. Abbildung 1).

LG 2: Tätigkeiten unterschiedlicher Art, die nach Anweisung ausgeübt werden. Sie erfordern Kenntnisse, wie sie in der Regel durch eine einschlägige zweijährige Berufsausbildung mit Abschluss erworben werden, oder gleichwertige auf andere Weise erworbene Kenntnisse.

Tätigkeitsbeispiele:
1. Prüfen von Rechnungen
2. Ausführen von Werkstattschreibarbeiten
3. Führen und Auswerten verschiedenartig gegliederter Karteien
4. Geläufiges und formgerechtes Maschinschreiben nach Diktat oder Tonträger
5. Fakturieren nach vorbereiteten Unterlagen
6. Bedienen von Fernsprechanlagen
7. Erstellen von Stücklisten nach Vorlagen
8. Datenerfassung/-prüfung bei unterschiedlicher Belegstruktur

Abb. 1: Beispiel zur Lohngruppenbeschreibung

Die in einem Betrieb vorfindbaren Tätigkeiten werden nun entsprechend ihren Arbeitsbeschreibungen den einzelnen Lohngruppen zugeordnet. Im Lohngruppenkatalog wird jeder Lohngruppe ein Grundlohn, ausgedrückt durch einen Prozentsatz vom kollektiv ausgehandelten Ecklohn (=100%), zugewiesen (vgl. Tabelle 2). Damit ist die Beziehung zwischen Arbeitsschwere und Grundlohn festgelegt.

Gruppe	Beschreibung	Lohn-schlüssel
LG I	Arbeiten, die nach kurzfristiger Einarbeitungszeit und Unterweisung ausgeführt werden	85,0% des Ecklohns
LG V	Arbeiten, die umfassende Sach- und Arbeitskenntnis und Fertigkeiten voraussetzen, wie sie durch eine Sonderausbildung und entsprechende Erfahrung erreicht werden	90,5% des Ecklohns
LG VII	Facharbeiten, die ein Können voraussetzen, das durch eine fachentsprechende, ordnungsgemäß abgeschlossene Ausbildung erreicht wird, oder Arbeiten, deren Ausführung gleichwertige Spezialfähigkeiten und Spezialkenntnisse erfordern, auch wenn sie nicht durch eine fachentsprechende, ordnungsgemäß abgeschlossene Ausbildung erworben sind	100% (Ecklohn)
LG X	Hochwertigste Facharbeiten, die überragendes Können, völlige Selbständigkeit, Dispositionsvermögen, umfassendes Verantwortungsbewusstsein und entsprechende theoretische Kenntnisse voraussetzen	133% des Ecklohns

Tabelle 2: Beispiel zu Lohngruppen

Die Vorteile dieser Methode sind die einfache Handhabbarkeit und leichte Verständlichkeit des Verfahrens. Überdies muss die Lohngruppendefinition und die Zuweisung eines Lohnniveaus zu den Gruppen nicht im Betrieb ausgehandelt werden, da diese oft durch Kollektivverträge vorgegeben sind. Die Zuordnung der Arbeitstätigkeit zu den Lohngruppen selbst jedoch unterliegt einem gewissen Interpretationsspielraum, der Möglichkeiten zur Einflussnahme auf die Lohnhöhe durch die unterschiedlichen Interessengruppen im Betrieb erlaubt.

Dem steht allerdings die Gefahr der Inflexibilität (starren Anwendung, geringe Berücksichtigung arbeitsplatz- und betriebsspezifischer Differenzen) gegenüber. Ebenso führt die oft sehr allgemeine, interpretationsbedürftige Beschreibung und Abgrenzung der einzelnen Lohnstufen zu hohen Anforderungen an den Bewerter und potenziellen Konflikten um die Einordnung konkreter Arbeitsplätze in das Schema.

Analytische Verfahren der Arbeitsbewertung

Während die summarischen Verfahren der Arbeitsbewertung auf die Tätigkeit insgesamt abstellen, zerlegen die analytischen Verfahren der Arbeitsbewertung die Gesamtheit der Anforderungen und Belastungen in einzelne Anforderungs- und Belastungsarten, bewerten diese getrennt und summieren diese Teilarbeitswerte im Anschluss wieder zu einem Gesamtarbeitswert. Diesem Gesamtarbeitswert wird in einem letzten Schritt ein Lohn zugeordnet.[10]

Ausgangspunkt der Verfahren bilden detaillierte Arbeitsbeschreibungen. Zur näheren Bestimmung der Anforderungs- und Belastungsarten im Rahmen der analytischen Ar-

---

[10] vgl. REFA 1991b

beitsbewertung kommen verschiedene Schemata zur Anwendung, bei Arbeitern vor allem das Genfer Schema[11] der Arbeitsbewertung (vgl. Tabelle 3) und das Schema der Anforderungsarten nach REFA (vgl. Abbildung 2) zum Einsatz. Eine Reihe von Verbänden hat diese beiden Schemata für branchenspezifische Anwendungen weiterentwickelt. Für Angestellte kommt häufig das Hay-Verfahren zum Einsatz.

Hauptanforderungsarten	Operationalisierung (Bsp.)
Geistiges und körperliches KÖNNEN	Fachkenntnisse, Ausbildung, Erfahrung, Denkfähigkeit; Beherrschung von Körperbewegungen und -kräften
Geistige und körperliche BELASTUNG	Nachdenken, Geschicklichkeit, Muskelbelastung, Belastung der Sinne und Nerven
VERANTWORTUNG	Betriebsmittel und Produkte, Sicherheit und Gesundheit anderer, Arbeitsablauf
UMGEBUNGSEINFLÜSSE	Temperatur, Nässe, Schmutz, Gase, Lärm, Beleuchtung, Unfallgefahr, ...

Tabelle 3: Das Genfer Schema[12]

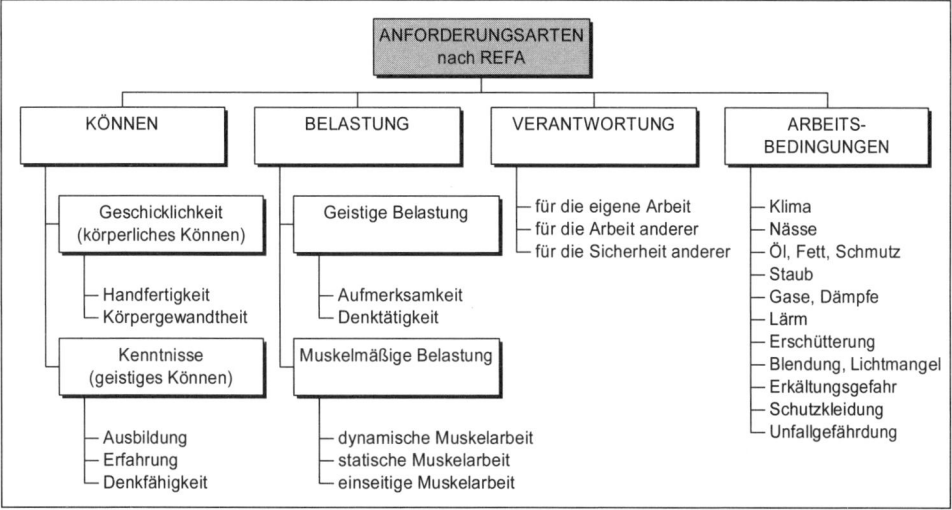

Abb. 2: Anforderungsarten nach REFA[13]

Die Bewertung der Anforderungs- und Belastungsarten erfolgt in einem nächsten Schritt. Zur Bestimmung der Teilarbeits- oder Punktwerte jeder Anforderung und Belastung auf jedem Arbeitsplatz können wieder zwei Möglichkeiten gewählt werden: Reihung (Rangreihenverfahren) und Stufung (Stufenwertzahlenverfahren).

[11]   entwickelt bei der internationalen Tagung für Arbeitsbewertung 1950 in Genf, vgl. Gehle 1950
[12]   in Anlehnung an Jung 1999, S. 567
[13]   vgl. REFA 1991a

Beim **Rangreihenverfahren** wird für jede Anforderungsart getrennt eine Reihung der Tätigkeiten vorgenommen. Den so gereihten Anforderungen werden Platznummern zwischen 0 (geringste Anforderung) und 100 (höchste Anforderung) zugewiesen. In der Praxis verwendet man dazu Vergleichsreihen oder Richtbeispiele. Die so ermittelten Platznummern werden allerdings nicht einfach zu einem Gesamtarbeitswert aufsummiert. Vielmehr wird den unterschiedlichen Anforderungsarten eine unterschiedliche Bedeutung beigemessen. Ausdruck der relativen Bedeutung jeder Anforderungsart ist der – meist in Kollektivverträgen vorgegebene – Wichtefaktor. So erhält beispielsweise die als wichtig eingeschätzte „fachliche Qualifikation" den Wichtefaktor 1,0, während die relativ unwichtige „Belastung durch Erschütterung" den Wichtefaktor 0,1 zugewiesen bekommt. Die Platznummern werden mit dem jeweiligen Wichtefaktor der Anforderung zu Teilarbeitswerten multipliziert. Erst dann werden die so entstandenen Teilarbeitswerte je Arbeitsplatz zu einem Gesamtarbeitswert addiert.[14] Als Formel lässt sich daher der Gesamtarbeitswert (GAW) ausdrücken als:

$$GAW = \sum_{i=1}^{n} Pn_i * Wf_i,$$

Pn = Platznummer
Wf = Wichtefaktor
i = Anforderungsarten $(i = 1,2,\ldots,n)$

Beim **Stufenwertzahlenverfahren** wird für jede Anforderungsart getrennt eine Einordnung in maximal fünf Belastungsstufen vorgenommen. Richtbeispiele erleichtern die Einordnung in die entsprechende Stufe (vgl. Tabelle 4).

Stufe	Beschreibung	Beispiel
0	Arbeiten ohne Beanspruchung	Bereitschaftsdienst
I	Leichte Arbeiten, wie Handhaben leichter Werkstücke und Werkzeuge, Bedienen leichtgehender Steuerhebel, Stehen oder Gehen ohne Last	Waschraumwärter, Werkzeugmacher, Gießkranfahrer, Elektrokarrenfahrer
II	Mittelschwere Arbeiten, wie Handhaben etwa 1 bis 3 kg schwerer Werkzeuge, Bedienen schwergehender Steuereinrichtungen, unbelastetes Begehen von Treppen und Leitern	Schlosser in der mechanischen Werkstatt, Reparaturschlosser am Hochofen, Großstückformer
III	Schwere Arbeiten, wie Tragen von etwa 20 bis 40 kg schweren Lasten in der Ebene oder Steigen unter mittelschweren Lasten, mittelschwere Arbeiten in angespannter Körperhaltung (z.B. in kniender oder liegender Stellung)	Schmelzer am Hochofen, Schmied in der Gesenkschmiede, Doppler im Feinblechwalzwerk
IV	Schwerste Arbeiten, wie Heben und Tragen von Lasten über 50 kg oder Steigen unter schwerer Last	Hebler im Hammerwerk, Masselträger am Hochofen, Schlackenlader am Hochofen

Tabelle 4: Arbeitsbewertung für „Arbeitsschwere"

---

[14]   vgl. REFA 1991b

Jeder Stufe ist ein Punktwert zugewiesen. Hier können auch – analog dem Rangreihenverfahren – Gewichtungen der Belastungsmerkmale vorgenommen werden. Bei manchen
Methoden des Stufenwertzahlenverfahrens werden weitere Kriterien wie die Dauer und
Art der Belastung berücksichtigt, hier können die Punktwerte aus vorgegebenen Tabellen
abgelesen werden (vgl. Tabelle 5).

Stufe	Dauer/h							
	1	2	3	4	5	6	7	8
0	0	0	0	0	0	0	0	0
I	0,1	0,2	0,3	0,4	0,5	0,6	0,8	1,0
II	0,3	0,6	0,9	1,2	1,5	1,8	2,2	2,7
III	0,6	1,2	1,8	2,4	3,1	3,8	4,6	–
IV	1,0	2,0	3,0	4,1	5,3	6,5	–	–

Tabelle 5: Bewertungstafel „Arbeitsschwere" – Punktwerte

Die Summe der nach der jeweiligen Methode ermittelten Punktwerte für alle Anforderungen bildet wiederum den **Gesamtarbeitswert** für jeden Arbeitsplatz.

In einem letzten Schritt erfolgt wiederum die **Zuweisung der** nach dem Rangreihenverfahren oder dem Stufenwertzahlenverfahren ermittelten **Gesamtarbeitswerte zu einer Lohnhöhe**. Hier können unterschiedliche Wege gewählt werden:

1. Die Gesamtarbeitswerte werden zu Gruppen zusammengefasst und direkt einer Lohngruppe und damit einer Lohnhöhe zugeordnet.

2. Die Gesamtarbeitswerte werden mit einem Geldfaktor multipliziert. Dieser Geldfaktor wird ermittelt, indem der niedrigste ermittelte Gesamtarbeitswert dem niedrigsten
   vorgesehenen Lohn entspricht und der höchste Gesamtarbeitswert dem höchsten vorgesehenen Lohn. Die dazwischen liegenden Gesamtarbeitswerte werden entsprechend
   ihrem Verhältnis zwischen dem höchsten und niedrigsten Lohn eingeordnet. Hierbei
   sind ein linearer, ein degressiver oder ein progressiver Zusammenhang zwischen Arbeitswert und Lohnhöhe denkbar.

Als Vorteil der analytischen Arbeitsbewertung gilt, dass diese einen recht genauen und
reproduzierbaren Maßstab zur Einstufung von Tätigkeiten und Löhnen bietet. Dabei wird
zur Objektivierung auf ein kompliziertes und nur durch Fachleute anwendbares Verfahren
gesetzt. Dies stellt zugleich einen der größten Nachteile dar, ist doch die Arbeitsbewertung
mit erheblichem Zeit- und Kostenaufwand verbunden. Daher eignet sich dieses Verfahren
auch nur dort, wo Arbeitstätigkeiten über die Zeit relativ stabil bleiben. Die erhöhte Komplexität des Verfahrens ist nicht leicht für jedermann verständlich, die Verbindung von
Anforderung und Lohn daher nicht immer nachvollziehbar. Dies kann – bei entsprechendem Misstrauen gegenüber „den Fachleuten" – zu Widerstand gegen die Einstufung führen.

Zugleich bleibt natürlich – bei allem Bemühen um Objektivität – ein Ermessensspiel-
raum des Bewerters bestehen, Beurteilungsverzerrungen können nicht ausgeschlossen
werden. Zudem kennt der Arbeitsbewerter in der Regel die Arbeitsplätze nicht, sondern
muss sich auf die Arbeitsbeschreibungen verlassen. Problematisch sind vor allem die Aus-

wahl und die Gewichtung der Anforderungsarten, hier ist eine wissenschaftliche Begründung für das jeweils gewählte Verhältnis nicht möglich. So kann die üblicherweise vorfindbare größere Gewichtung geistiger Anforderungen gegenüber körperlichen nur durch den gesellschaftlich höheren Stellenwert der Kopfarbeit gegenüber der Handarbeit begründet werden. Im Sinne der Aufrechterhaltung der innerbetrieblichen Hierarchie- und Machtverhältnisse werden die Bewertungen in der Regel der bisher gültigen Lohnhierarchie angepasst.

Nicht zuletzt stellen Arbeitsbewertungen auch implizite Lohnverhandlungen dar, entsprechende Versuche von Interessendurchsetzung sind daher zu erwarten. In der betrieblichen Praxis obliegt auf Grund der möglichen Brisanz daher auch die Stellen- und Arbeitsplatzbewertung regelmäßig einem aus Mitgliedern der Unternehmensleitung und des Betriebsrates zusammengesetzten Bewertungsgremium.

Arbeitsbewertung für Angestellte

Die bisher besprochenen Verfahren der Arbeitsbewertung sind zwar im Prinzip für alle Arbeitsplätze anwendbar, allerdings hat sich gezeigt, dass ihre Eignung für den Angestelltenbereich nur gering ist: Die summarischen Verfahren werden dem Umfang und der Vielseitigkeit der Angestelltentätigkeiten nicht gerecht, übliche Schemata der analytischen Verfahren wie das Genfer Schema legen ihr Schwergewicht auf körperliche Anforderung und belastende Umgebungseinflüsse. Die bestehenden Verfahren wurden von Unternehmen oder Beratern häufig in Richtung einer „Angestelltentauglichkeit" ausgebaut, soweit Unternehmen nicht überhaupt auf andere Methoden der Grundgehaltbestimmungen, wie Qualifikationsorientierung oder Marktwert ausweichen. Eine Methode der anforderungsorientierten Grundgehaltbestimmung, die speziell für Angestelltentätigkeit entwickelt wurde, ist das weit verbreitete Hay-Verfahren.[15]

Auch im Hay-Verfahren steht an erster Stelle die Erhebung der Stelleninhalte. Diese wird von einem Analytiker und dem Stelleninhaber gemeinsam durchgeführt. Ausgehend von der Auffassung, dass Stellen geschaffen werden, um Wertschöpfung für das Unternehmen zu erzielen, wird jede Stelle mit einem Input und einem Output verbunden. Unter Input wird vor allem Wissen, unter Output Verantwortung verstanden. Zur Umsetzung von Input in Output ist vor allem Denkleistung notwendig. Entsprechend werden im Hay-Schema drei Dimensionen unterschieden, die sich jeweils in weitere Kriterien aufgliedern lassen (vgl. Tabelle 6).

Bewertungsdimensionen	Kriterien
WISSEN	Sach- und Fachwissen Management-Anforderungen Umgang mit Menschen
DENKLEISTUNG	Denkrahmen Denkanforderung
VERANTWORTUNG	Handlungsfreiheit Art der Einflussnahme Geldgrößenordnungen des Endresultats

Tabelle 6: Das Hay-Schema[16]

---

[15]   vgl. Hay o.J.; vgl. auch Schettgen 1996, S. 126ff.

Die konkrete Stelle wird an Hand dieser Kriterien eingestuft, jedes dieser Kriterien wird in bis zu acht Stufen geteilt. Zur Bewertung existieren für die jeweilige Dimension komplexe Bewertungstafeln mit Anforderungsstufen auf Basis der Kriterien. Aus diesen Bewertungstafeln lassen sich die entsprechenden Punktzahlen für jede Dimension ablesen. Durch die Vorgabe der Punkte in den Bewertungstafeln werden die Anforderungen gewichtet. Die Summe der Punktwerte der Dimensionen ergeben den „Stellenwert", der die Grundlage der Gehaltseinstufung darstellt.

In seiner Grundstruktur stellt das Hay-Verfahren ein analytisches Arbeitsbewertungsverfahren dar, daher gelten hier die gleichen Vorteile und Nachteile. Als weiterer Nachteil werden beim Hay-Verfahren Bereiche vernachlässigt, die für die Angestelltentätigkeit eine hohe Bedeutung haben wie die Verantwortung für Personal (Personalführung).

2.1.2 Grundlohnbestimmung nach Qualifikation

Lange Zeit war die anforderungsorientierte Grundlohnbestimmung dominant. Die technologischen und arbeitsorganisatorischen Entwicklungen erfordern jedoch, dass die Arbeitnehmer den Veränderungen der Unternehmen entsprechend flexibel einsetzbar und entwicklungsorientiert sind. Zugleich verschwimmen die Grenzen zwischen Arbeitern und Angestellten.[17]

Ein Ausweg besteht darin, die Qualifikation der Arbeitnehmer in den Mittelpunkt der Lohnbestimmung zu stellen. Die entsprechenden Verfahren sehen vor, die von den Arbeitnehmern angebotene – und nicht die jeweils am konkreten Arbeitsplatz nachgefragte – betriebsrelevante Qualifikation zur Grundlohnbestimmung heranzuziehen. Bezahlt wird daher das auf Grund der Qualifikation zu erwartende Leistungspotenzial einer Person (Potenziallohn).[18]

In seiner einfachsten Form orientiert sich der **Qualifikationslohn** an der nachgewiesenen formalen Qualifikation (Schulabschluss, Berufsausbildung, abgeschlossenes Studium, Zusatzausbildung). Diese formale Qualifikation führt zur Einstufung in ein Entlohnungsschema. Ein Beispiel für diese Grundform der Entlohnung ist der öffentliche Dienst, wo Personen auf Grund ihrer Formalqualifikationen in ein bestimmtes Gehaltsschema eingeordnet werden (vgl. Tabelle 8). Die Entlohnung wird durch ein Zulagensystem und Vorrückungen (Gehaltsstufen) nach Tätigkeit und Seniorität weiter differenziert.

Gehaltsschema	Voraussetzung
A	Akademischer Abschluss
B	Reifeprüfung
C, D	Lehrabschluss, Angelernte Tätigkeit
E	Hilfsarbeit

Tabelle 7: Einstufung in das Gehaltsschema bei der Gemeinde Wien

---

[16]   nach Schettgen 1996, S. 128
[17]   vgl. Eckardstein 1986, S. 251ff.; Dressler 2008, S. 445ff.
[18]   vgl. Eckardstein/Greife u.a. 1988

Bei **flexibilitätsorientierten (skill-based-pay) Systemen** wird der Grundlohn durch die Beherrschung einer relativ einfachen Tätigkeit bestimmt. Darüber hinaus werden jedoch für die Beherrschung unterschiedlicher weiterer Tätigkeiten Zulagen bis zu einer Obergrenze gewährt, unabhängig von der tatsächlichen Ausübung dieser Tätigkeit. Ziel ist es, einen Anreiz zum Erwerb einer möglichst breiten Qualifikation zu bieten, um Arbeitskräfte als Generalisten einsetzen zu können. Diese Form des Qualifikationslohnes findet ihre Hauptanwendung bei Arbeitsgruppen, da hier tendenziell von der Bewertung der Einzelleistung abgesehen werden kann und zugleich der flexible Tausch der Arbeitstätigkeiten innerhalb der Gruppe gefördert wird.[19]

Im Gegensatz dazu werden bei den **wissensbasierten (knowledge-based-pay) Systemen** bis zu zehn zusätzliche Kenntnisse durch Zulagen entlohnt, die der Arbeitnehmer innerhalb seines angestammten Berufes als formale Qualifikation erwirbt. Ziel ist eine Vertiefung der Kenntnisse. Diese Lohnform wird vor allem bei Spezialisten und kreativen Tätigkeiten (CNC-Maschinen, Forschung & Entwicklung) angewandt.[20]

Nachteilig für das Unternehmen bei einem qualifikationsorientierten Lohn ist, dass der Arbeitgeber immer dann, wenn er die Arbeitnehmer unter ihrer Qualifikation einsetzt oder wenn er für eine Tätigkeit auch geringer eingestufte Arbeitnehmer einsetzen könnte, Leerkosten wegen bezahlter, aber nicht genutzter Qualifikation zu tragen hat. Das Kostenproblem kann zumindest teilweise dadurch entschärft werden, dass der Arbeitgeber Qualifikationsmaßnahmen gezielt nach Maßgabe des jeweiligen Qualifikationsbedarfs betreibt. Darüber hinaus sind Beschränkungen der Zulassung zu Qualifikationsprüfungen auf betrieblicher Ebene möglich, die die eigenständige Qualifizierung der Beschäftigten an den jeweiligen Qualifikationsbedarf binden. Zugleich muss durch die Personalauswahl- und -einsatzplanung sichergestellt werden, dass es zu einer ungefähren Entsprechung von Anforderung und angebotener Qualifikation kommt.

Der Vorteil der Entlohnung nach Qualifikation ist, dass die Beschäftigten zu Qualifizierungsaktivitäten angeregt werden. Damit wird auch der flexible Personaleinsatz gefördert. Qualifiziertes Personal kann auch dann, wenn zwischenzeitlich keine qualifikationsadäquate Beschäftigung vorhanden ist, durch die faktische Überzahlung gegenüber der tätigkeitsbezogenen Bezahlung längerfristig gebunden werden. Für die Arbeitnehmer besteht der Vorteil eines Grundlohns nach Qualifikation, dass sie einen erhöhten Grundlohn auch dann erzielen, wenn die augenblickliche Tätigkeit eine hohe Qualifikation nicht erfordert. Darüber hinaus haben Arbeitnehmer eine persönliche Absicherung gegenüber Lohnsatzsenkungen infolge möglicher Verringerung der tätigkeitsbezogenen Anforderungen. Zu Konflikten kann allerdings führen, dass an demselben Arbeitsplatz unterschiedlich eingestufte Arbeitnehmer nebeneinander arbeiten.[21]

2.2 Lohnformdifferenzierung

Die Grundlohnbestimmung nach Anforderung oder Qualifikation sieht von der Leistung des einzelnen Arbeitnehmers ab. Dies widerspricht dem Gerechtigkeitskriterium „Leistung", das eine enge und vor allem transparente Koppelung von individueller Leistung

---

[19]   vgl. Luthans/Fox 1989; Armstrong 2006, S. 718ff.
[20]   vgl. Luthans/Fox 1989
[21]   vgl. Eckardstein 1995, S. 25ff.

und Entlohnung vorsieht. Zugleich ist das Unternehmen ja nicht unmittelbar an den Arbeitsvoraussetzungen des Personals interessiert, sondern am Arbeitsverhalten des Arbeitnehmers und am Output des Arbeitsprozesses, also an der Leistung.[22] Das Unternehmen will darüber hinaus oft auch weitere mit der Arbeitstätigkeit oder der Person verbundene Kriterien wie Flexibilität oder teamorientiertes Verhalten mittels Entgelt belohnen. Zur Berücksichtung dieser Anforderung stehen unterschiedliche **Lohnformen** zur Verfügung (vgl. Abbildung 3).

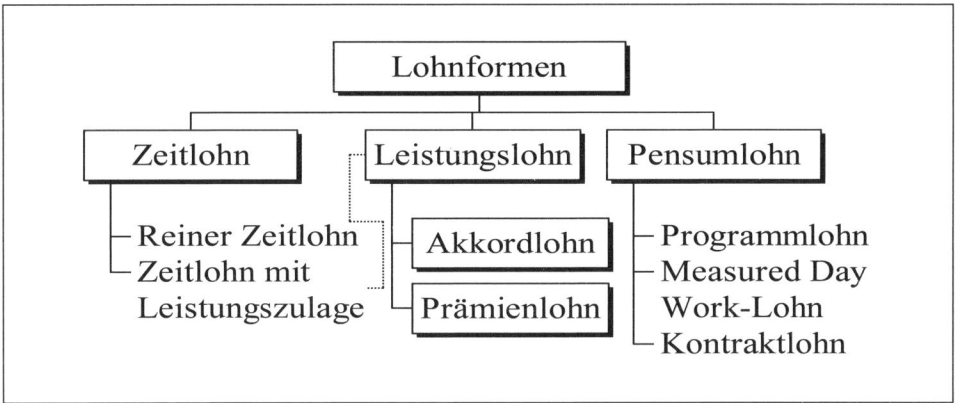

Abb. 3: Lohnformdifferenzierung[23]

2.2.1 Zeitlohn

Die einfachste Entlohnungsform stellt der reine **Zeitlohn** dar.[24] Hier wird – ausgehend vom Grundgehalt – pro Zeiteinheit eine vorbestimmte und unveränderliche Entlohnung ausbezahlt. Grundlage der Berechnung sind meist die Stunde (bei Arbeitern) oder der Monat (bei Angestellten und zunehmend Arbeitern). Für die Normalarbeitszeit wird dann ein fixes Entgelt gezahlt, der festgesetzte Grundlohn entspricht der erwarteten Normalleistung in der entsprechenden Zeiteinheit.[25] Die Differenzierung der Löhne und Gehälter findet nur durch die entsprechende Grundlohnbestimmung statt. Arbeitsplatzspezifische Anforderungen werden häufig durch ein Zulagensystem ausgeglichen, diese Zuschläge oder Zulagen sowie Vergütungen für Mehrarbeit werden gesondert berechnet.

Eine direkte Verbindung zwischen Entgelthöhe und (erwarteter) Leistung besteht nicht, wohl aber kann die Arbeitsdauer als Indiz für Leistung verstanden werden. Dies ist insbesondere dann der Fall, wenn der Arbeiter keinen Einfluss auf seine Arbeitsgeschwindigkeit hat wie bei einem fest getakteten Fließband. Ansonsten haben Leistungsschwankungen des Arbeitnehmers keinen Einfluss auf die Entgelthöhe, Arbeitnehmer und Arbeitgeber können mit fixen Höhen rechnen. Die tatsächliche Leistungsverausgabung des Arbeitnehmers muss durch technische oder bürokratische Vorkehrungen oder das Füh-

22   vgl. Nachbagauer/Riedl 1999, S. 149f.
23   in Anlehnung an REFA 1991b
24   vgl. Berthel/Becker 2003, S. 433
25   vgl. REFA 1991b

rungssystem gesichert werden, Motivation beruht hier auf Führungsinstrumenten wie Lob und Tadel, Mitarbeitergespräch oder Arbeitsinhalt.[26]

Allgemein verwendet man diese Entlohnungsform dort, wo Zeitstudien und die laufende Kontrolle der Arbeitsleistung unmöglich oder unwirtschaftlich sind. Dies wird regelmäßig dann der Fall sein, wenn Arbeiten zu vielgestalig und daher nicht voraussagbar sind oder wenn die Leistungsverausgabung nicht vom Arbeitnehmer abhängt (Arbeitsbereitschaft, fest getaktete Fließbandarbeit, schöpferische oder dispositive Tätigkeiten, Portier). Der Zeitlohn bietet sich auch dort an, wo bewusst auf Zeitdruck verzichtet werden soll, also bei Arbeiten, wo es vor allem auf Sorgfalt, Präzision und Schonung des Geräts ankommt, oder bei großer Unfallgefahr. Darüber hinaus ist die Berechnung des Zeitlohnes sehr einfach.

Der Zeitlohn ist vor allem im Angestellten- und Beamtenbereich verbreitet. Hier verbindet er sich oft mit einem ausgeprägten Zulagensystem, über das Differenzierungen der Anforderungen berücksichtigt werden sollen und einem Senioritätsprinzip, also einer automatischen höheren Bezahlung für Arbeitnehmer, die länger im Betrieb tätig sind. Übliche Zeitabstände für diese Vorrückungen im Gehaltsschema sind zwei Jahre (Biennalsprung), in jüngster Zeit werden die Zeiträume gestreckt, um so zu einer flacheren Lebenseinkommenskurve zu gelangen.

Der Nachteil der mangelnden Leistungsorientierung des Zeitlohns kann durch eine **Leistungszulage** abgemildert werden. Diese richtet sich im Allgemeinen nach einer persönlichen und regelmäßigen Leistungsbeurteilung[27] durch einen Beurteiler (meist den Vorgesetzten). Dabei muss die Beurteilung – eventuell differenziert nach verschiedenen Kriterien wie Qualität, Qualifikation, Führungs- und Verhaltensmerkmale – über einen Schlüssel in Entgeltzuschläge (meist als Prozentsatz des Grundlohns) umgelegt werden. Im Unterschied zum Prämienlohn, wo objektiv messbare Leistungskriterien vorliegen, liegen einer Personalbeurteilung nicht unmittelbar messbare Kriterien zu Grunde. Dennoch muss eine Quantifizierung der Beurteilung vorgenommen werden, um sie ihn Lohn umrechnen zu können. Die allgemeine Problematik der Leistungsbeurteilung wird verschärft, wenn sich an die Beurteilung Konsequenzen wie die Entgelthöhe unmittelbar anschließen. Daher beziehen in der Praxis viele Beurteiler Kriterien wie Dienstalter, soziale Faktoren oder Überlegungen zur Akzeptanz durch die Beurteilten und andere Mitarbeiter in ihre Beurteilungen mit ein, obwohl dies die Leistungsbeurteilungssysteme gar nicht vorsehen.[28]

2.2.2 Leistungslohn

Im Unterschied zum Zeitlohn mit Leistungszulage liegen den Leistungslöhnen kurzfristige und objektiv messbare Daten zu Grunde. Die wichtigsten und am weitesten verbreiteten Leistungslohnarten sind der der **Akkordlohn** und der **Prämienlohn**.

Akkordlohn

Der Akkordlohn dominierte lange Zeit die Entlohnung der industriellen Arbeiterschaft. Auch wenn die Bedeutung dieser Lohnform zurückgeht, so ist sie doch noch weit verbreitet und stellt die Grundlage für abgeleitete Lohnsysteme dar.

---

[26] vgl. Nachbagauer/Riedl 1999
[27] vgl. Elšik „Personalbeurteilung" in diesem Band
[28] vgl. Fallgatter 1999

Grundsatz der Akkordentlohnung ist die Bezahlung einer Arbeitskraft linear proportional zu ihrer Stückleistung.[29] Entsprechend findet diese Art der Entlohnung dort Anwendung, wo in großer Gleichförmigkeit und vorherbestimmter Erwartbarkeit immer wiederkehrende Arbeiten erledigt werden und die Stückleistung vom einzelnen Arbeitnehmer
durch eigene Anstrengung beeinflusst werden kann (**Akkordfähigkeit der Arbeit**). Dies
gilt beispielsweise nicht für computergesteuerte Maschinen und ähnliche automatisierte
Arbeiten. Als zweite Voraussetzung der Anwendung muss gelten, dass der Arbeitsplatz,
der Arbeitsablauf und der Arbeitsvorgang selbst so gestaltet sind, dass ein ausreichend
geeigneter und eingeübter Arbeiter die Arbeit störungsfrei durchführen kann (**Akkord-
reife der Arbeit**). Den Arbeitnehmern ist daher eine gewisse Einarbeitungszeit zu gewähren, während der nicht die erwartete Normalleistung die Grundlage der Lohnberech-
nung bildet, sondern ein entsprechend niedrigeres Niveau. Die Entlohnung in dieser Zeit
erfolgt häufig als Zeitlohn, später (je nach Arbeit bis zu sechs Monaten) wird die zur Berechnung herangezogene Leistungsgrundlage der erwarteten Normalleistung angepasst
(Lernerfahrung) und der Akkordlohn voll einsatzfähig.

Erste Grundlage der Akkordentlohnung sind **Vorgabezeiten** für die Stückleistung, die
durch Zeitstudien ermittelt werden. Die Vorgabezeit selbst kann in die **Rüstzeit**, also die
Arbeitsvor- und -nachbereitung, und die **Ausführungszeit** zerlegt werden. Beide Zeit-
arten setzen sich aus mehreren Komponenten zusammen:[30]

- **Grundzeiten** sind die Summe der Sollzeiten, die für die geplante Verrichtung notwendig sind. Eingeschlossen sind darin auch ablaufbedingte Unterbrechungen.

- **Erholungszeiten** sind die Summe der Zeiten, die der Erholung des Arbeitnehmers dienen.

- **Verteilzeiten** berücksichtigen störungs- und erholungsbedingte Unterbrechungen sowie zusätzlich notwendige Tätigkeiten.

Zur Ermittlung der **Grundzeiten** sind vor allem zwei Verfahren verbreitet: das RE-
FA-Verfahren und Systeme vorbestimmter Zeiten.[31]

Beim **REFA-Verfahren der Zeitermittlung** werden die Zeiten mittels Fremdauf-
schreibung durch einen Arbeitsstudienfachmann ermittelt. Hier werden die jeweils benötigten Zeiten für die Arbeitsschritte detailliert und unmittelbar bei der Arbeitsausführung
(zum Beispiel mit der Stoppuhr) gemessen. Ziel der Messung ist die Erhebung einer Normalleistung, also derjenigen Leistung, die von ausreichend geeigneten Arbeitnehmern bei
voller Übung und ausreichender Einarbeitung ohne Gesundheitsschädigung auf Dauer erreicht und erwartet werden kann. Regelmäßig wird der konkrete Arbeitnehmer von dieser
erwarteten Normalleistung abweichen, sei es, dass er sich nicht entsprechend verausgabt
oder noch nicht so gut eingearbeitet ist. Auch die Tatsache, dass gerade gemessen wird
– was dem Arbeitnehmer ja nicht verborgen bleibt – beeinflusst den individuellen Leistungsgrad. Daher muss der individuelle Leistungsgrad berücksichtigt werden. Der ermittelte Zeitwert wird durch den Arbeitsstudienfachmann durch Schätzungen, die auf Erfah-
rungswerten und der Beobachtung der Abläufe beruhen, korrigiert. Offensichtlich stellt
diese Schätzung ein Problem für die angestrebte Objektivität dar. Die so ermittelten Zeiten

---

[29]   vgl. im Folgenden REFA 1991b; für den angloamerikanischer Raum z.B. Armstrong 2006, S. 639ff.
[30]   vgl. Olfert/Steinbruch 1999, S. 356ff.
[31]   vgl. REFA 1992

der einzelnen Arbeitsschritte werden zu einer Sollzeit (Grundzeit) für eine bestimmte Tätigkeit addiert.

Systeme vorbestimmter Zeiten wie das MTM (Methods of Time Measurement)-Verfahren und das WF (Work Factor)-Verfahren beruhen auf breit angelegten Bewegungsstudien, die sich letztlich auf F. B. Gilbreth, einen Nachfolger F. W. Taylors, zurückführen lassen. Ausgangspunkt der Überlegungen ist, dass jeder noch so komplexe Bewegungsablauf in kleinste, standardisierte Bewegungselemente (wie „Hinlangen zu einem alleinstehenden Gegenstand, der sich an einem von Arbeitsgang zu Arbeitsgang veränderten Ort befindet"[32]) zerlegt werden kann. Für diese kleinsten Bewegungselemente werden auf der Basis von Zeit- und Filmaufnahmen sowie statistischer Analysen Standardzeiten ermittelt und in Tabellen zusammengefasst. Konkret vorfindbare Arbeitstätigkeiten werden nun in einer Ablaufanalyse genau und an Hand dieser Bewegungselemente beschrieben und weitere Einflussgrößen (wie Entfernungen, Gewichte, Orte der Gegenstände etc.) erhoben. Aus den entsprechenden Tabellen lassen sich dann die Sollzeiten für diese Bewegungselemente ablesen (bei unserem MTM-Beispiel bei 50 cm Entfernung und Ort „Werkbank": 18,4 Time Measurement Units [TMU], das entspricht, 0,6624 Sekunden). Durch die Addition der Zeiten aller notwendigen Bewegungselemente erhält man die Grundzeit. Als Vorteil dieser Methode gilt die exakte Bestimmung der Grundzeit. Zudem bietet die akribische Ablaufanalyse – ganz im Sinne Taylors wissenschaftlicher Betriebsführung – Möglichkeiten zur Rationalisierung der Arbeitsvorgänge, zur „Ausmerzung unnötiger Bewegungen". Allerdings ist diese Methode mit einem exorbitant hohen Erfassungsaufwand verbunden.

Im letzten Schritt werden Zuschläge für **Erholungs- und Verteilzeiten** bestimmt. Dazu stehen verschiedene Methoden wie die Multimomentaufnahme und analytische Verfahren zur Verfügung, auf die nicht näher eingegangen werden soll. Aus der Gesamtsumme der Zeiten – Grundzeit, Verteilzeit und Erholungszeit – ergibt sich die Vorgabezeit, diese dividiert durch die in dieser Zeit erstellten Menge ergibt die **Vorgabezeit je Mengeneinheit**.

Zweite Grundlage des Akkordlohnes ist der **Akkordrichtsatz**. Dies ist jener Geldbetrag pro Arbeitsstunde, der sich nach der entsprechenden Einstufung der Arbeit in eine Lohngruppe richtet (Stundenlohn). Häufig kommt dazu noch ein Akkordaufschlag (15 bis 20%), so dass der Akkordrichtsatz höher liegt als der entsprechende Stundenlohn. Weiters sehen Akkordsysteme im Allgemeinen vor, dass der Grundlohn (Mindestlohn) der entsprechenden Lohngruppe auch im Akkord nicht unterschritten werden kann.

Auf der Basis der Vorgabezeit je Mengeneinheit einerseits und des Akkordrichtsatzes andererseits kann der Akkordlohn mittels zweier Methoden bestimmt werden, die ineinander transformiert werden können: **Geldakkord** und **Zeitakkord**.

- **Geldakkord:** Akkordlohn = Menge x Geldsatz
  wobei der Geldsatz = (Akkordrichtsatz/60 min) x Vorgabezeit

- **Zeitakkord:** Akkordlohn = Menge x Vorgabezeit x Minutenfaktor,
  wobei der Minutenfaktor = Akkordrichtsatz/60 min

Beide Berechnungsarten führen zum gleichen Ergebnis. Gleichwohl ist der Zeitakkord weiter verbreitet, weil er sich bei Lohnänderungen leichter anpassen lässt: Hier muss nur

---

[32] Beispiel aus Schettgen 1996, S. 215ff.

der Minutenfaktor unabhängig von konkreten Tätigkeiten geändert werden, während beim Geldakkord der Geldsatz für jede Tätigkeit neu berechnet werden muss.

Vorteile des Akkordlohnes sind seine unmittelbar leistungssteigernde Wirkung, soweit Lohn als Motivation verstanden wird. Die Leistung wird direkt und kurzfristig beeinflusst. Sind tatsächlich die Voraussetzungen der Akkordfähigkeit gegeben, so entspricht der Akkordlohn der Leistungsgerechtigkeit.

Nachteilig ist die Gefahr des Verausgabens („**Akkordreißen**") des Arbeitnehmers, der durch einen höheren Lohn dazu verlockt wird, mehr zu arbeiten als langfristig gesund ist. Dieses Problem wird durch die häufig sehr kurzen Arbeitszyklen (oft unter 2 Minuten) an Akkordarbeitsplätzen verschärft. Daher kontrolliert man gerne den Leistungsgrad durch den Vergleich von Vorgabezeiten und tatsächlich verbrauchten Zeiten. Sind die tatsächlichen Zeiten sehr niedrig, so liegt entweder Überbeanspruchung vor und es müssen zusätzliche Erholungspausen eingebaut werden, oder die Vorgabezeit war zu hoch angesetzt. Hier müsste dann eine Anpassung der Zeiten vorgenommen werden. Allerdings kann dies zu demotivierenden Effekten führen, da nach der Anpassung der Vorgabezeit der Arbeitnehmer bei gleicher Leistung weniger verdient. Er wird also für seine – vielleicht tatsächlich über der Normalleistung liegende Verausgabung – langfristig bestraft. Daher ist im Akkord häufig eine Beschränkung der Leistungsverausgabung unter dem körperlich möglichen Niveau beobachtbar, wenn Arbeitnehmer eine Veränderung der Norm befürchten müssen und auch schon geringe Anstrengung einen relativ hohen Verdienst ermöglicht („**Quota restriction**"). Umgekehrt werden Arbeiter ihre Leistung dann zurückhalten, wenn durch eine extrem hohe Norm nur eine sehr hohe Anstrengung einen günstigen Mehrverdienst ermöglicht. Die erbrachte Leistung kann deutlich unter der Normalleistung liegen, insbesondere dann, wenn der Mindestlohn garantiert ist („**Goldbricking**").[33] Bei Leistungsspitzen wird vor allem darauf geachtet, dass die Vorgesetzten oder das Arbeitsbüro dies nicht erfährt, da sonst die Normalleistung hinaufgesetzt werden könnte. Auch führt das Interesse der Arbeitnehmer an einem zeitlich stabilen Einkommen dazu, die Einkommensspitzen dazu zu nutzen, um für schlechtere Zeiten Vorräte an Akkordscheinen (Abrechnungsbelege, die die Stückleistung belegen) anzulegen („**Vorderwasser**"). Die Einhaltung der informellen Leistungsgrenze, die sich die Arbeitsgruppe selbst gibt, wird häufig streng observiert und Abweicher werden bestraft (**Akkordverderber**).[34]

Bei Akkordentlohnung besteht die Gefahr, dass durch schnelleres Arbeiten geringere Sorgfalt angewandt wird. Dies kann zu höherem Materialverbrauch, mehr Maschinenverschleiß und größerem Ausschuss sowie zu geringerer Qualität der Produkte führen. Besonders aufwendig ist beim Akkordlohn die Erarbeitung der Vorgabezeiten, aber auch die laufende Leistungserfassung, -kontrolle und -abrechnung. Ebenso hohe Anforderungen werden an die Produktionsplanung gestellt, die eine gleichmäßige Ausführung der Arbeit ermöglichen muss.

Der Akkordlohn ist zunächst für den Einsatz an Einzelarbeitsplätzen gedacht, er fördert tendenziell die Konkurrenz zwischen den Arbeitnehmern. Er kann jedoch auch für Gruppen angewandt werden. Der **Gruppenakkord** wird wie der Einzelakkord berechnet und der gesamten Gruppe zugewiesen. Die interne Verteilung des Akkordverdienstes ist al-

---

[33] vgl. Whyte 1958, S. 29ff.
[34] vgl. Roethlisberger/Dickson 1939, S. 445f.

lerdings mit dem Problem der empfundenen Verteilungsgerechtigkeit verbunden. Häufig verwendet man Äquivalenzziffern. Dabei wird der Gruppenakkord im gleichen Verhältnis wie der Grundlohn zugeschlagen. Alternativ werden auch Arbeitswerte oder andere Größen als Verrechnungsbasis herangezogen. Allerdings sollte die Gruppe hinsichtlich Leistungsgrad und -anforderung homogen und klein sein, um möglichen Verteilungsproblemen vorzubeugen.

Prämienlohn

Mehr Gestaltungsspielraum als der Akkordlohn bietet der Prämienlohn. Er setzt sich aus einem Grundlohn und einer Prämie, die den leistungsbezogenen Teil der Entlohnung darstellt, zusammen.[35] Der Grundlohn wird meist als anforderungsbestimmter Zeitlohn gestaltet. Die Haupteinsatzgebiete der Prämienentlohnung sind Arbeiten, die zwar technisch vorgegeben sind, aber in Bezug auf unterschiedliche Kriterien wie Qualität oder Nutzungszeit von Maschinen dem Arbeitnehmer einen Handlungsspielraum überlassen. Ebenso können besondere betriebliche Ziele mittels Prämienentlohnung gefördert werden. Im Unterschied zur Leistungszulage müssen die Kriterien für die Prämiengewährung objektiv messbar sein.

Die Prämie kann sowohl ihrer **Höhe** als auch ihrem **Grund** nach variiert werden.

Für die Bestimmung der Höhe der Prämie muss zunächst die **prämienpflichtige Leistungsspanne** festgelegt werden. Ausgehend von der minimalen und maximalen erwarteten Leistungskennzahl werden der Beginn und das Ende der Prämie festgelegt. Ebenso muss die **Prämienspanne** bestimmt werden. Sie gibt in Prozent des Grundlohnes den minimalen und maximalen Geldbetrag an, der durch die Prämienzahlung erreicht werden kann. Im dritten Schritt muss der **Verlauf der Prämienlohnlinie** bestimmt werden, also die konkrete Verknüpfung von prämienpflichtiger Leistungsspanne und Prämienspanne. Hierbei sind lineare, degressive, progressive, s-förmige und gestufte Prämienverläufe möglich, die zudem noch proportional, über- oder unterproportional gestaltet sein können (vgl. Abbildung 4).

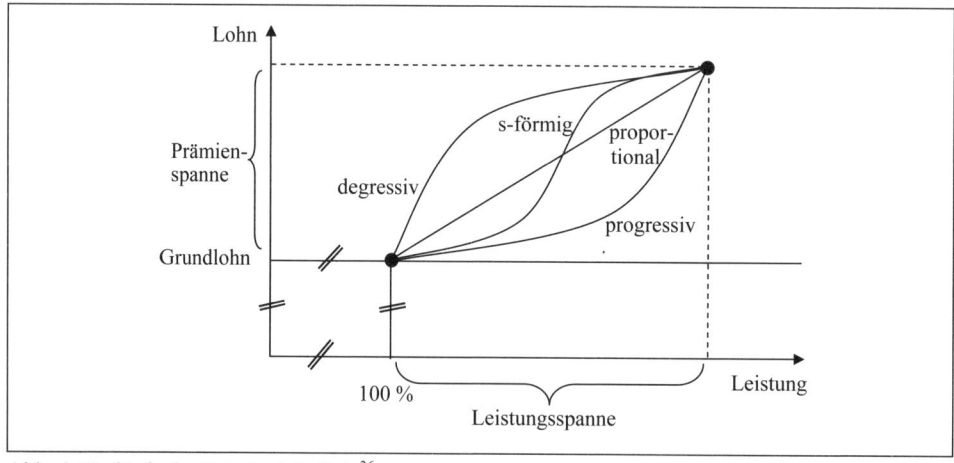

Abb. 4: Verläufe der Prämienlohnlinie[36]

---

[35] vgl. im Folgenden REFA 1991b; für den angloamerikanischen Raum z.B. Armstrong 2006, S. 639ff.

Je nach Verlauf der Prämienlinie sind unterschiedliche Wirkungen des Prämienlohnes zu erwarten:[37]

- **Proportional:** Entlohnung von Mehrleistung, bei proportionalem Anstieg auf Stückbasis Annäherung an Akkordentlohnung.

- **Degressiv:** Häufigster Verlauf. Möglichst viele Arbeitnehmer sollen höhere Prämien als im Proportionalverlauf bekommen. Der Leistungsanreiz sinkt aber ab einer darüber hinausgehenden Leistung, daher kommt es hier eher zur Schonung von Mensch und Maschine.

- **Progressiv:** Anreiz zur maximalen Leistung.

- **S-Förmig:** Angestrebt wird eine Leistung um den Wendepunkt der Prämienlinie, wesentlich davon abweichende Leistungen sind nicht erwünscht.

Als **Grundlage der Prämie** werden häufig herangezogen:[38]

- **Quantität (Leistungsmenge) – Mengenleistungsprämie.** Die Mengenleistung wird, wie bei der Akkordentlohnung, gemessen, eine Ermittlung der Vorgabezeit ist jedoch nicht vorgesehen.

- **Qualität (Ausschussmenge) – Qualitätsprämie:** Entlohnt wird die Qualität der Arbeitsergebnisse nach einem vorher vereinbarten Schema oder die Vermeidung von Ausschuss. Diese, oft progressive Prämie wird immer häufiger verwendet. Oft werden Qualitäts- und Mengenprämie kombiniert, um ein optimales Mengen-Qualitätsverhältnis zu erzielen.

- **Nutzungsgrad von Maschinen – Nutzungsprämie:** Durch die Einführung computergesteuerter Maschinen nimmt die Akkordfähigkeit (Beeinflussbarkeit der Mengenleistung) ab, dagegen wird die optimale Ausnutzung der oft teuren Betriebsmittel bedeutsamer. Die Haupteinflussgröße ist hier die Maschinenlaufzeit.

- **Ersparnis beim Ressourcen-Einsatz – Ersparnisprämie:** Hier soll das Einsparen von Produktionsfaktoren belohnt werden. Um Qualitätsminderungen hintanzuhalten, hat diese Prämie häufig einen degressiven Verlauf.

- **Flexibilität im Arbeitseinsatz – Flexibilitätsprämie:** Ähnlich wie bei der qualifikationsorientierten Entlohnung steht hier die möglichst breite Einsatzmöglichkeit und Beherrschung unterschiedlicher Fertigkeiten von Arbeitnehmern im Vordergrund. Diese Prämie ist daher vor allem bei Gruppenarbeit und rasch wechselnden Arbeitsanforderungen verbreitet.

In der Praxis sind Prämien auf einer Reihe weiterer Grundlagen je nach betrieblicher Erfordernis entwickelt worden. Der Gestaltungsphantasie sind dabei kaum Grenzen gesetzt. Ebenso häufig ist eine Kombination verschiedener Prämien anzutreffen, wobei hier einfache Summierungen der Prämien komplizierten Punktwertsystemen mit gewichteten Anteilen der Bezugsgrößen gegenüberstehen. Allerdings sinkt dabei die Durchschaubarkeit des Prämiensystems für Arbeitnehmer und damit die Motivationswirkung. Die mangelnde

---

[36]   nach Lang/Meine/Ohl 1990
[37]   nach Olfert/Steinbuch 1999, S. 369
[38]   vgl. Schettgen 1996, S. 303ff.

Transparenz führt bei der Einführung von Prämienlohnsystemen manchmal zur Zurückhaltung auf Arbeitnehmerseite. Ebenso ist zu bedenken, dass Prämien auch widersprüchliche Signale aussenden können (z.B. Quantität versus Qualität), die Optimierung des Verhältnisses bleibt dem Arbeitnehmer überlassen.

Zu den Vorteilen der Prämienentlohnung zählt die Motivationswirkung, die zudem auf die betrieblichen Erfordernisse abgestellt werden kann. So kann neben der Mengenleistung eine Reihe von weiteren Zielen auch in Kombination berücksichtigt werden. Der Prämienlohn wird oft zur Unterstützung strategischer Unternehmensziele (Qualitätsmanagement, Gruppenarbeit, Prozessmanagement, Lean Management) eingesetzt. Insbesondere können mit dem Prämienlohn auch nicht akkordfähige oder häufig wechselnde Arbeiten durch einen Leistungslohn unterstützt werden. Allerdings nimmt die Motivationswirkung bei Erreichen eines gewissen Standards ab, eine Rücknahme der Prämien(-höhe) ist nur schwer möglich. Als weiterer Nachteil gilt der größere Aufwand bei der Lohnabrechnung als bei reinem Zeit- oder Akkordlohn. Diese Probleme nehmen natürlich mit der Komplexität des verwendeten Systems und der Anzahl an Kriterien zu. Für den Arbeitnehmer ist der erzielbare Lohn in der Regel nach oben begrenzt, zugleich unterliegt er Verdienstschwankungen. Dennoch nimmt die Verbreitung und Bedeutung der Prämienentlohnung, auch in Verbindung mit Zulagensystemen, zu.

Die Prämie kann als **Einzel- oder Gruppenprämie** ausgestaltet sein. Mit Gruppenprämien kann vermehrte Flexibilität und Selbststeuerung der Gruppe gefördert werden. Ähnlich wie bei der Akkordentlohnung ist jedoch auch hier die Verteilung der Prämie auf die einzelnen Gruppenmitglieder heikel. Es stehen eine Reihe von Möglichkeiten – von der Gleichverteilung über das Äquivalenzzahlenprinzip bis zur Verteilung nach eigens erfassten Kriterien – zur Verfügung.

2.2.3 Pensumlohn

Der **Pensumlohn** setzt zum Unterschied zu den Leistungslohnformen nicht an der erbrachten Leistung, sondern an der zukünftig zu erwartenden Leistung an. Gemeinsam ist den verschiedenen Formen des Pensumlohnes, dass auf Basis eines anforderungsbezogenen Grundlohnes ein für eine Periode fixes Pensum angeboten wird. Das Pensum beruht auf Leistungskennzahlen wie Menge, Qualität, Ersparnis oder Betriebsmittelnutzung. Die Höhe dieses Pensums wird erst zeitverzögert an eine längerfristige Leistungsveränderung angepasst.[39] Damit liegt die Wirkung je nach Ausgestaltung zwischen einem variablen Leistungslohn und dem fixen Zeitlohn. Die Bindung an Vorgabezeiten und Sollmengen sowie eine Kontrolle der Leistungsergebnisse sind jedoch vorgesehen. Der Pensumlohn tritt in verschiedenen Varianten auf. Hier wird auf, den **Measured Day Work-Lohn**, den **Kontraktlohn** und den **Programmlohn** eingegangen.[40] Eine Zunahme dieser bislang seltenen Lohnformen kann beobachtet werden.

Der **Measured Day Work-Lohn** sieht einen festen Lohn auf der Basis einer geplanten Tagesleistung vor. Basis der Tagesleistung ist eine vorstrukturierte und gleichmäßige Arbeit, deren Normaltagesleistung (MDW-Basis) durch Zeiterfassung bestimmt ist. Abweichungen von der Normalleistung werden permanent (z.B. mittels EDV) überwacht und stehen dem Vorgesetzten als Führungsinstrument zur Verfügung, Minderleistungen wer-

---

[39] vgl. REFA 1991b
[40] vgl. Maier 1988, S. 139ff.; Schettgen 1996, S. 319 ff.; Hentze/Graf 2005, S. 104f.

den von der zukünftigen MDW-Basis in Abzug gebracht. Eine dauerhaft unter der Norm liegende Leistung führt zu Schulung, Mitarbeitergespräch und unter Umständen Kündigung. Der Arbeitnehmer erhält seinen garantierten Lohn, bekommt aber keinen unmittelbaren Leistungsanreiz. Die Lohnabrechnung ist sehr einfach, dafür sind die Schulung der Vorgesetzten und die Einrichtung der Sollzeiten sehr aufwendig.

Beim **Kontraktlohn** vereinbaren Vorgesetzter und Arbeitnehmer individuell für einen begrenzten Zeitraum (meist ein bis drei Monate) eine bestimmte Leistung (Vorgabezeiten, Leistungsgrad) und dafür einen festen Lohn. Nach Ablauf der Kontraktzeit wird auf Basis des mittleren Leistungsgrades ein neuer Kontrakt vereinbart. Ein unmittelbarer Bezug zwischen Leistung und Verdienst besteht nicht. Der Vorteil für den Arbeitnehmer ist ein gesicherter Verdienst über längere Perioden sowie eine Lohngarantie für noch zu erbringende Leistung. Auf individuelle Gegebenheiten kann besser eingegangen werden. Zwar ist eine Leistungsüberwachung notwendig, dafür ist die Abrechnung relativ einfach.

Der in der Einzelfertigung verbreitete **Programmlohn** ist mit den oben dargestellten Lohnformen verwandt, weicht jedoch in zentralen Elementen davon ab. Der Programmlohn sieht einen festen Lohn für eine bestimmte Zeiteinheit bei Erfüllung einer fest umrissenen Arbeitsaufgabe (Programm) vor. Bei Nichteinhaltung der Vorgaben kann der Lohn prozentual gekürzt werden, für ein Unterschreiten der Vorgabezeit wird keine besondere Vergütung ausgeschüttet. Die Vorteile dieses Lohnes sind ein gesicherter Verdienst für den Arbeitnehmer bei der Programmerfüllung. Durch die Verpflichtung zu einem bestimmten Programm unter Drohung von Lohneinbußen ist der Führungsbedarf durch den Vorgesetzten geringer. Vorteilhaft ist die leichte Änderung von Methoden und Verfahren. Nachteilig ist für den Arbeitnehmer das Verdienstrisiko bei Nichterfüllung des Programms sowie der Aufwand für die Ermittlung und Pflege der Sollzeiten.

3. Weitere Formen der materiellen Anreize

3.1 Betriebliche Sozialleistungen

Der Begriff „betriebliche Sozialleistungen" (Nebenleistungen, Zusatzleistungen) wird in der Literatur nicht einheitlich verwendet. Das Spektrum reicht von allen personalbezogenen Aufwendungen, die dem Unternehmen zusätzlich zum direkten Lohn entstehen bis zur Einschränkung auf diejenigen Zusatzleistungen, die nicht durch Gesetz oder Kollektivvertrag vorgeschrieben sind.[41] Wir verstehen unter betrieblichen Sozialleistungen alle Leistungen des Unternehmens an die Arbeitnehmer, die kein Arbeitsentgelt darstellen, da sie in keinem direkten Verhältnis zu den Anforderungen der Stelle und zur Arbeitsleistung aufweisen. Somit gehört die Erfolgsbeteiligung nicht zu den Sozialleistungen, da bei ihr ein indirekter Leistungsbezug über den Unternehmenserfolg gegeben ist.[42]

Sozialleistungen können nach verschiedenen Gesichtspunkten eingeteilt werden:[43]

- Grad der **Freiwilligkeit:** gesetzlich (bspw. Sozialversicherungsbeiträge des Arbeitgebers), kollektivvertraglich (bspw. Urlaubs- und Weihnachtsgeld), freiwillig (bspw. Betriebskindergarten)

- **Leistungsart:** Geldleistungen (bspw. Fahrtgeldzuschuss), Sachleistungen (bspw. Deputate), Nutzungsgewährung (bspw. Betriebssportanlage), Dienstleistungen (bspw. Finanzberatung)

- **Häufigkeit:** kontinuierlich (bspw. Kantine), periodisch (bspw. zusätzliche Gratifikation), einmalig (bspw. Jubiläumsgeschenke)

- **Empfängerkreis:** derzeitige Arbeitnehmer, ehemalige Arbeitnehmer, Familienangehörige

- **Bemessungsgrundlage:** pro Kopf (bspw. Kantine), persönliche Merkmale (bspw. Betriebspension in Abhängigkeit von Betriebszugehörigkeit), Vergütung (bspw. 13. und 14. Monatsgehalt)

Die Zahl der möglichen Sozialleistungen ist nahezu unbegrenzt und reicht von A wie Abschlussgratifikation bis zu Z wie Zwischenverpflegung.[44] Manche Auflistungen muten beeindruckend bis exotisch an.[45]

Aus Sicht des Unternehmens sind die freiwilligen Sozialleistungen von besonderem Interesse, da hier der Gestaltungsspielraum am größten ist. Zumindest prinzipiell – so kein Gewohnheitsrecht eingetreten ist – können diese Sozialleistungen bei Bedarf auch wieder verringert oder ganz zurückgenommen werden. Die rechtliche Basis der freiwilligen Sozialleistungen sind der Einzelvertrag (insbesondere bei leitenden Angestellten) und die Betriebsvereinbarung. Abbildung 5 gibt einen beispielhaften Überblick über gängige freiwillige Sozialleistungen.

---

[41] vgl. Zander 1990, S. 341
[42] vgl. v. Eckardstein/Schnellinger 1978, S. 207
[43] vgl. Hentze/Graf 2005, S. 212ff.; Kolb 2004, Sp. 1744
[44] vgl. Schettgen 1996, S. 354
[45] Leciejewski/Dahlems 1997

Geld-leistungen	Vorsorge-leistungen	Sach-leistungen	Qualitative ,Versorgungs'-Leistungen
• Erfolgsbeteiligung • Gratifikationen • Zuwendungen • Beihilfen • Urlaubsgeld • Fahrkosten-zuschuss	• Betriebliche Alterversorgung • Versicherungen aller Art • Kostenlose Vorsorge-untersuchung	• Zusätzlicher Urlaub • Firmenwagen • Deputate/ Eigenerzeugnisse • Kleidung • Aufwändig ausgestattete Führungs-kräftebüros	• Wohnungsbeihilfen/ Werkswohnungen etc. • Gesundheitsdienst • Betriebs-gastronomie • Sport-/ Freizeitanlagen • ,Wellness'-Programme • Relocation Services • Beratungs- und Betreuungsangebote • Betriebsnahe Kinderbetreuung

Abb. 5: Freiwillige betriebliche Sozialleistungen[46]

Vorsorgeleistungen dienen der zukunftsorientierten, sozialen Absicherung der Beschäftigten v.a. im Hinblick auf eine mögliche Erwerbsunfähigkeit. Neben Geldleistungen können auch Sachleistungen wie bspw. der begünstigte Bezug von Produkten oder Dienstleistungen des Unternehmens für die Beschäftigten gewährt werden. Hier erfreuen sich Firmenwägen besonderer Beliebtheit, weil sie nicht nur eine materielle Zuwendung, sondern auch ein weitgehend anerkanntes Statussymbol darstellen. Serviceleistungen (,Versorgung') ermöglichen die Nutzung von Angeboten, die auf spezifische Bedürfnisse (Wohnen, Essen, Freizeit, Betreuung) ausgerichtet sind.

Auf die Frage nach den Zielen und Motiven des Unternehmens, einen Teil der materiellen Anreize in Form von Sozialleistungen und nicht alles in Form des Direktlohns bzw. -gehalts auszuzahlen, können vier verschiedene Antworten gefunden werden:[47]

Paternalistische, sozialethisch begründete Für- und Vorsorge: Der Arbeitgeber stellt aus sozialethischen Motiven seinen bedürftigen Arbeitnehmern fürsorglich jene Leistungen (wie bspw. Wohnraum, Gesundheits- und Altersvorsorge) zur Verfügung, bei denen die Versorgung durch den Staat fehlt oder mangelhaft ist. Dieses Motiv dürfte in der Vergangenheit ein stärkeres Gewicht besessen haben als heutzutage.

Erhöhung des direkten Kompensationsnutzens: Durch die ,Auszahlung' eines Teils der Gesamtkompensation in Form von Sozialleistungen wird der Nutzen für die Arbeitnehmer erhöht. Die wird dadurch begründet, dass damit u.U. Steuervorteile erzielt werden können (bspw. bei der betrieblichen Altersvorsorge), dass das Unternehmen aufgrund seiner Nachfragemacht für bestimmte Leistungen (bspw. Nutzung von Sportanlagen) günstigere Konditionen erzielen kann, als die einzelnen Arbeitnehmer könnten, dass durch solche Bündelung der Nachfrage auch Produktionskostenvorteile entstehen können, in-

---

[46] Groth/Kammel 1993, S. 36
[47] Alewell 2004, Sp. 1777ff.

dem die ‚Stückkosten' gesenkt werden (bspw. bei Beratungs- oder Weiterbildungsleistungen), und dass die selektive Gewährung bestimmter Leistungen (bspw. Dienstwagen) zu Statusproduktion führen kann.

Steigerung der Leistungsbeiträge der Mitarbeiter: Sozialleistungen sollen das Verhalten der Mitarbeiter in eine vom Arbeitgeber gewünschte Richtung beeinflussen. Sie sollen als Leistungsanreiz zu Leistungssteigerungen führen (Motivationseffekte), sie sollen eine bessere Verfügbarkeit des Humankapitals bewirken, indem bspw. gesundheitsfördernde Maßnahmen die Fehlzeiten senken, sie sollen die Rekrutierung und Bindung von Arbeitnehmern mit spezifischen (Schlüssel)Qualifikationen erleichtern helfen, und sie sollen zu direkten Produktivitätseffekten über die Gestaltung von Arbeitsbedingungen führen, indem bspw. die Arbeitszeit von Führungskräften durch Dienstwägen mit Chauffeur ausgeweitet wird.

Erwünschte Intransparenz der Gesamtkompensation: Der empirisch erhobene mangelnde Informationsstand über das Angebot an Sozialleistungen im eigenen Unternehmen kann durchaus gewollt sein. Die Intransparenz der Gesamtkompensation führt dann dazu, dass sich einerseits einflussreiche Gruppen Kompensationsvorteile verschaffen können, die nicht (sofort) auffallen und in ihrer Höhe auch nicht (so leicht) nachvollziehbar sind, und dass andererseits die Reziprozitätsnorm bei den Arbeitnehmern aktiviert wird, die auf die Gewährung von Sozialleistungen, deren Wert sie nicht genau abschätzen können, mit Leistungssteigerungen reagieren.

Nach einer Untersuchung in Deutschland bieten 29% der Unternehmen, in denen allerdings 62% der Arbeitnehmer beschäftigt sind, betriebliche Altersversorgung an. Knapp zwei Drittel der Unternehmen zahlen Urlaubs- und Weihnachtsgeld, 60% gewähren vermögenswirksame Leistungen. Die Mehrheit der deutschen Unternehmen bietet ihren Mitarbeitern zwei bis vier Sozialleistungen an. Die stärkste Determinante des Angebots von Sozialleistungen ist die Unternehmensgröße. Die 10% kleinsten Unternehmen (mit 2% der Beschäftigten) gewähren keine Sozialleistungen, die 10% größten Unternehmen fünf bis sieben.[48]

Eine Möglichkeit des Managements der Sozialleistung liegt in der Anwendung eines sog. **Cafeteria-Systems**. In einer Cafeteria können sich die Arbeitnehmer aus den angebotenen Speisen und Getränken ihr individuelles Menü zusammenstellen. Übertragen auf den Bereich der Sozialleistungen liegt der Grundgedanke des Cafeteria-Systems darin, dass die einzelnen Arbeitnehmer aus einem mehr oder weniger breiten Angebot auswählen und sich gemäß ihrer Präferenzen ihr individuelles „Sozialleistungsmenü" zusammenstellen können. Den verschiedenen Varianten von Cafeteria-Systemen sind vier Merkmale gemeinsam.[49]

1. Die Arbeitnehmer verfügen über ein bestimmtes Wahlbudget, d.h. sie dürfen jeweils eine bestimmte Summe in der Cafeteria für ihr Sozialleistungsmenü ausgeben.

2. Es besteht ein periodisch wiederkehrender Wahlturnus, d.h. die Arbeitnehmer dürfen öfters und regelmäßig die Cafeteria besuchen und ein weiteres Sozialleistungsmenü wählen.

---

[48] Frick/Bellmann/Frick 2000, S. 85f.
[49] vgl. Grawert 1996, S. 25

3. Es besteht ein Wahlangebot, d.h. in der Cafeteria werden zwei oder mehrere Alternativen an Sozialleistungen bzw. Sozialleistungspaketen angeboten.

4. Das System ist für das Unternehmen kostenneutral, d.h. die Cafeteria darf für das Unternehmen nicht teurer sein als die Ausgabe eines „Einheitsmenüs".

Cafeteria-Systeme stammen ursprünglich aus den USA, wo sie seit den 60er Jahren praktiziert werden. 1992 hatten ca. 1400 amerikanische Großunternehmen Cafeteria-Systeme eingeführt.[50] In Österreich und Deutschland ist ihre Verbreitung aufgrund restriktiverer (Steuer-)Gesetzgebung und des vergleichsweise dichten Sozialnetzes deutlich geringer. Dennoch präsentieren Dycke/Schulte und Wagner/Grawert einige Beispiele realisierter Cafeteria-Systeme in deutschen Unternehmen.[51] Auch die betroffenen Arbeitnehmer zeigen eine im Wesentlichen positive Einstellung zu dieser Form des Managements der Sozialleistungen.[52]

Das Interesse des Unternehmens zur Einführung eines Cafeteria-Systems liegt in der Möglichkeit, durch Individualisierung und Partizipationsmöglichkeit die Treffsicherheit der Sozialleistungen zu erhöhen, ohne damit zusätzliche Kosten in Kauf nehmen zu müssen. Es soll die Motivation und Zufriedenheit der Arbeitnehmer gesteigert und die Attraktivität des Unternehmens auf dem Arbeitsmarkt erhöht werden.

Bei der Gestaltung eines Cafeteria-Systems sind Entscheidungen hinsichtlich folgender Aspekte zu treffen, bei denen jeweils mehrere Alternativen offenstehen:[53]

Austauschbare Leistungen: Hier geht es darum zu entscheiden, welche Sozialleistungen zur Menüerstellung für die Arbeitnehmer zur Auswahl stehen. Denkbar sind materielle Leistungen (Versicherungen, Dienstwagen, Arbeitgeberdarlehen, Mitarbeiterbeteiligung, betriebliche Altersversorgung, Barleistungen) und Zeitleistungen (zusätzlicher Urlaub, vorzeitiger Ruhestand, Sabbatical). In Deutschland (und wohl auch in Österreich) werden die Optionen Dienstwagen, Arbeitszeitmodelle, zusätzliche Altersversorgung, Versicherungsleistungen sowie Gewinn-/Kapitalbeteiligung am häufigsten gewählt.

Verrechnungsmodus: Damit wird festgelegt, wie die einzelnen Leistungen miteinander verrechnet werden (z.B. wie viel Dienstwagen entspricht eine Woche Zusatzurlaub?). Häufig werden Verrechnungspreise verwendet, die auf Kosten basieren, weil dies für die Arbeitnehmer transparent und damit akzeptabel, für das Unternehmen flexibel handhabbar ist.

Wahlmöglichkeiten: In Bezug auf die individuellen Wahlfreiheiten werden drei Varianten (Pläne) unterschieden.

• Beim Buffetplan (Auswahlplan) bestehen die größten Wahlmöglichkeiten, d.h. die Arbeitnehmer können aus der gesamten Palette der angebotenen Sozialleistungen im Rahmen ihres vorgegebenen Budgets frei wählen.

• Der Kernplan (Zusatzplan) besteht aus einem für alle verbindlichen Kern an Sozialleistungen im Sinne einer Mindestversorgung und aus einem Wahlblock mit frei wählbaren Leistungen.

---

[50] vgl. Grawert 1996, S. 25
[51] vgl. Dycke/Schulte 1986, S. 583ff. und Wagner/Grawert 1990
[52] vgl. Wagner/Langemeyer 1993
[53] vgl. Dycke/Schulte 1986, S. 579ff.; Föhr 1994

- Der alternative Menüplan (Paketplan) besteht aus einer Reihe von Sozialleistungspaketen, die nur insgesamt gewählt werden können. Die Zusammenstellung dieser Alternativmenüs richtet sich nach den (vermuteten) Bedürfnissen unterschiedlicher Arbeitnehmergruppen (bspw. über 50-jährige Seniormanager vs. Führungsnachwuchskräfte). Die damit realisierte Kosteneinsparung bei der Administration des Cafeteria-Systems wird mit dem weitgehenden Verzicht auf das Prinzip der Individualisierung erkauft.

Wahlturnus: Hier wird festgelegt, in welchen zeitlichen Abständen die Arbeitnehmer eine neue Wahl ihres Menüs treffen können. Dies wird mit den sich im Zeitablauf verändernden Bedürfnissen der Arbeitnehmer begründet. Aber auch das Unternehmen hat ein Interesse, von Zeit zu Zeit die Austauschrelationen zwischen den einzelnen Sozialleistungen anzupassen und bspw. auf veränderte Kostenverhältnisse zu reagieren. Üblicherweise wird ein Turnus zwischen einem und fünf Jahren gewählt. Bei manchen Leistungen (bspw. Altersvorsorge, Lebensversicherung) ist aus sachlichen Gründen eine längere Bindung durch die getroffene Entscheidung erforderlich.

Periodenfixierung: Damit wird entschieden, ob das für eine Periode zur Verfügung stehende Budget auch in dieser Periode voll ausgeschöpft werden muss, oder ob es (zum Teil) auf spätere Perioden übertragen (angespart) werden kann.

Restsummen/Zusatzbedarf: Falls die Arbeitnehmer nicht ihr gesamtes Budget in einer Periode verbrauchen, müssen Regelungen dafür gefunden werden, wie die Restsumme zu verwenden ist, ob sie bspw. übertragen oder auch bar abgelöst werden kann. Analog muss geklärt werden, ob ein zusätzlicher Budgetbedarf entstehen darf bzw. wie dieser finanziert wird (bspw. durch „Vorschuss" vom nächsten Budget).

Umfragen in Deutschland zeigen, dass Dienstwagen und Arbeitszeit (bspw. Sabbaticals) eine sehr hohe Akzeptanz besitzen. Auch Leistungen, die zu steuerlichen Vorteilen führen, finden großen Anklag (bspw. Altersvorsorge). Direktversicherung (Lebensversicherung) wird am häufigsten gewählt. Beteiligungsmodell erfordern hohen Informations- und Beratungsaufwand.[54]

3.2 Führungskräftevergütung

Die Vergütung von Spitzenmanagern hat sich in den letzten Jahren rasant entwickelt, absolute Höhe und Zuwachsraten haben sich zunehmend von der ‚normalen' Einkommensentwicklung abgekoppelt. Dieser Trend ist nicht nur in den USA beobachtbar, auch in Deutschland verdienen Vorstandsvorsitzende bis zu 300-mal so viel wie die Durchschnittsverdiener in ihrem Unternehmen. Dies hat – auch schon vor Ausbruch der Wirtschaftskrise – zu heftigen Diskussionen über die Gerechtigkeit solcher Unterschiede geführt.[55]

Die Führungskräftevergütung soll verschiedene **Funktionen** erfüllen, wobei die ersten beiden im Vordergrund stehen:[56]

---

[54] Wagner 2004, Sp. 637
[55] von Eckardstein/Konlechner 2008, S. 10ff.
[56] Becker/Kramarsch 2006, S. 11f.

- Motivationsfunktion: Förderung der Leistungsbereitschaft

- Steuerungsfunktion: Ausrichtung des Leistungsverhaltens auf die Unternehmensziele

- Informationsfunktion: Signale an die Führungskräfte, welches Leistungsverhalten (nicht) honoriert wird

- Kooperationsfunktion: Förderung der Kooperation mit anderen Unternehmensbereichen (bspw. durch bereichsübergreifende Leistungsindikatoren)

- Veränderungsfunktion: Verdeutlichung veränderter Anforderungen (bspw. aufgrund Strategiewechsel) durch veränderte Bemessungsgrundlagen der variablen Vergütung

- Selektionsfunktion: Förderung der Selbstselektion eines bestimmten Managertypus zum Eintritt bzw. Verbleib (bspw. ziehen geringes Grundgehalt und hoher variabler Anteil eher leistungsstarke, risikofreudige Führungskräfte an)

Das Vergütungssystem besteht aus fixen Elementen (Funktionsgehalt; Zusatzleistungen) und variablen Elementen (kurzfristige und langfristige variable Entgeltbestandteile). Dabei zeigt sich jedoch empirisch, dass kurzfristige Bonuszahlungen, „die doch eigentlich vom Firmenergebnis abhängen sollten, nicht sonderlich ‚variabel' [sind]."[57]

Das Funktionsgehalt stellt die fixe, anforderungsorientierte Grundvergütung dar. Beispiele für Sozial- und Zusatzleistungen (fringe benefits) sind Altersversorgung (in Form sog. deferred compensation), Firmenwagen, Gesundheitsvorsorge bis hin zu Mitgliedschaften in Clubs. Funktionsgehalt und Zusatzleistungen sind keiner besonderen Änderungsdynamik unterworfen und entwickeln sich analog zum Durchschnittseinkommen.[58]

Kurzfristige variable Vergütung soll das Erreichen kurzfristiger Ziele belohnen, die üblicherweise in Form von Kennzahlen dargestellt werden, bspw. Umsatz, EPS (earnings per share), ROCE (return on capital employed) oder EBIT (earnings before interest and taxes). Damit können Leistungsziele auf unterschiedlichen Ebenen (Gesamtunternehmen, Bereich, individuelle Ebene) definiert werden. Während die Wahl der Kennzahlen und Bemessungsebenen den Inhalt (das ‚Was') der Leistungserwartungen festlegt, geben sog. Performance Standards Auskunft über das Ausmaß der erwünschten Leistung. Zu diesen Leistungsstandards zählen[59]:

- Budget-Orientierung: Zielwerte (Soll) werden aus der Jahresplanung abgeleitet und mit den tatsächlichen Werten (Ist) verglichen. Diese Vorgehensweise findet sich in gut zwei Drittel aller Fälle.

- Zeitloser Standard: bspw. Return on Investment soll (mindestens) 10% betragen

- Wachstumsziele: bspw. Marktanteilzuwachs um 10%

- Kapitalkosten +: der Bonus wird von dem über den Kapitalkosten erwirtschafteten Gewinn ermittelt

- Peer-Group-Orientierung: bspw. Ziel ist der durchschnittliche EBIT einer Gruppe von Vergleichsunternehmen

---

[57] Dittmann 2009, S. 38
[58] Becker/Kramarsch 2006, S. 24ff.; Haunold/Havranek 2008, S. 22ff.
[59] Becker/Kramarsch 2006, S. 36f.

- Erwartungen der Investoren: kommunizierte Erwartungen von Investoren und Analysten

- Diskretionäre Entscheidungen des Managements: die übergeordnete Managementebene legt das Zielausmaß fest. Dies ist die zweithäufigste Vorgehensweise.

Die langfristigen Anreizelemente sind hauptverantwortlich für die Entwicklung der Vergütungshöhe für Spitzenmanager.[60] Dabei stehen Aktienmodelle eindeutig im Vordergrund. Zunächst ist zwischen Aktienplänen (Stock-Modelle) und Aktienoptionen (Stock-Option-Modelle) zu unterscheiden. Mit Aktienplänen wird den Führungskräften die Möglichkeit zum verbilligten Bezug von Aktien des eigenen Unternehmens geboten. Dies kann mit (mehrjährigen) Behaltefristen (restricted stocks) und/oder dem Erreichen bestimmter Erfolgsziele (performance stocks) kombiniert werden. Durch die Sperrfrist sollen die Bezieher an das Unternehmen gebunden werden. Bei Aktienoptionen wird den Bezugsberechtigten das Recht zum Erwerb von Aktien zu einem bestimmten Preis (Ausübungspreis) eingeräumt (Call-Option). Dies kann in Form von freien, gesperrten oder frei werdenden Aktienoptionen geschehen. Die freie Option kann zum Ausübungszeitpunkt ausgeübt werden, sie ist nicht an ein aufrechtes Dienstverhältnis zum Unternehmen gebunden und kann auch übertragen werden. Bei der gesperrten Option ist zur Ausübung ein aufrechtes Dienstverhältnis erforderlich und die Übertragungsmöglichkeit ist ausgeschlossen. Besonders häufig werden frei werdende Optionen gewährt. Hierbei ist die Ausübung für eine bestimmte Zeit (vesting period) an ein bestehendes Dienstverhältnis gebunden, darüber hinaus steht es dem Optionsberechtigten frei, den für ihn günstigsten Zeitpunkt zur Ausübung der Option zu wählen, zu dem auch kein aufrechtes Dienstverhältnis mehr bestehen braucht (exercise period).[61]

Sowohl Aktien als auch Aktienoptionen können auch virtuell als sog. Phantomaktien bzw. Phantomoptionen zur langfristigen variablen Vergütung herangezogen werden. Anwendungsfelder sind nicht börsennotierte Unternehmen (da gibt es keinen Aktienkurs und die Eigentümer sind oft nicht bereit, Aktien abzugeben) oder Aktien von börsennotierten Unternehmen, die sich nicht im Streubesitz befinden (was die Gefahr der Kursmanipulation mit einschließt). Bei Phantomaktien werden nicht tatsächliche Aktien angeboten, sondern ein fiktiver Aktienkurs ermittelt. Dazu wird der Unternehmenswert ermittelt und dann durch eine bestimmte Zahl an ‚Aktien' dividiert. Phantomoptionen stellen das Recht dar, die zum Ausübungszeitpunkt bestehende positive Differenz zwischen dem Aktienkurs und Ausübungspreis in Geld abgelöst zu bekommen (cash settlement). Dies führt zum gleichen finanziellen Effekt wie die Veräußerung von Aktien zum Ausübungszeitpunkt.[62]

3.3 Mitarbeiterbeteiligung

Mitarbeiterbeteiligung (MAB) ist ein System, durch das die Arbeitnehmer nach bestimmten festgelegten Regeln am Unternehmenserfolg beteiligt werden. Zielgruppe können alle Beschäftigten oder ein bestimmtes Belegschaftssegment (bspw. Führungskräfte) sein. Die

---

[60] Haunold/Havranek 2008, S. 24
[61] Becker/Kramarsch 2006, S. 43ff.; Haunold/Havranek 2008, S. 24ff.
[62] Becker/Kramarsch 2006, S. 50; Haunold/Havranek 2008, S. 25ff.

MAB wird zusätzlich zum normalen, individuellen Leistungsentgelt und den Sozialleistungen gewährt.[63]

Systeme der MAB können zwei grundsätzlichen Zielkategorien dienen, nämlich personalwirtschaftlichen Zielen wie bspw. Motivation, Loyalität, Partizipation, Fluktuation einerseits und finanzwirtschaftlichen Zielen wie bspw. Verbesserung der Liquidität oder der Kapitalausstattung andererseits. [64]

Eine EU-weite Befragung von Arbeitnehmern zum Stand der MAB brachte folgende Ergebnisse: Die Erfolgsbeteiligung ist stärker verbreitet als die Kapitalbeteiligung. Die Verbreitung von MAB ist deutlich geringer, als nach den früheren Befragungen von Unternehmen zu erwarten war. Nur 12% der europäischen Beschäftigten sind am Gewinn und nur 2,3% sind am Kapital der Unternehmen beteiligt. In sechs Ländern (Slowakei, Slowenien, Schweden, Niederlande, Finnland und Frankreich) werden mehr als 20% der Beschäftigten von einem Erfolgsbeteiligungssystem erfasst, in vier Ländern (Irland, Frankreich, Luxemburg und Belgien) halten mehr als 5% der Beschäftigten Anteile ihres Unternehmens. Trotz dieser geringen Werte ist der Verbreitungsgrad in den meisten EU-Ländern zwischen 2000 und 2005 gestiegen. Die Partizipation an MAB-Systemen ist ungleich verteilt. Führungskräfte sind eher beteiligt als Ausführungskräfte, Beschäftigte in großen Unternehmen eher als solche in kleinen Unternehmen, Männer eher als Frauen, Hochqualifizierte eher als geringer Qualifizierte, Vollzeitbeschäftigte eher als Teilzeitbeschäftigte.[65]

Eine Erhebung zum Verbreitungsgrad von Kapitalbeteiligung in Österreich zeigt, dass dieser in den letzten Jahren zwar gestiegen war, dennoch haben nur 9% der befragten Unternehmen ein Kapitalbeteiligungssystem. Auch in Österreich hängt die Kapitalbeteiligung von der Unternehmensgröße ab. Während nur 7% der Unternehmen mit weniger als 50 Arbeitnehmern eine Kapitalbeteiligung haben, sind es bei Unternehmen mit mehr als 250 Beschäftigten 22%. Bei den Branchen dominieren Banken (55%), Versicherungen (14%) und Information & Beratung (13%). In zwei Drittel der Fälle erfolgt die Beteiligung am Eigenkapital, in knapp 20% sind die Arbeitnehmer Fremdkapitalgeber.[66]

Als Erfolgsgrößen (Bemessungsgrundlage, Beteiligungsbasis), an denen die Arbeitnehmer beteiligt werden, kommen Leistung, Ertrag, Gewinn und Wertzuwachs in Betracht.[67] Relevante Leistungsgrößen sind Produktionsmenge, Produktivität und Kostenersparnis. Dabei geht es jedoch nicht um Individualleistungen (diese würden durch den Leistungslohn erfasst), sondern um die kollektive Leistung einer Abteilung, eines Werkes oder des ganzen Unternehmens. Der Nachteil von Leistungsgrößen ist ihre Marktunabhängigkeit, d.h. Arbeitnehmer erhalten bspw. auch dann eine Belohnung, wenn sie die dafür erforderliche Produktionsmenge erreichen, auch wenn diese Produkte nicht oder nur mit Verlust absetzbar sind. Ertragsgrößen wie Umsatz oder Wertschöpfung (Umsatz minus Vorleistungen) bilden sowohl unternehmensinterne als auch -externe Faktoren ab. Allerdings wird dabei die Kostenstruktur vernachlässigt. So werden Erfolgsanteile auch dann

---

[63] z.B. Eckardstein/Schnellinger 1978, S. 191f.
[64] vgl. Schneider 2004, Sp. 712f.
[65] Welz/Fernandéz-Macias 2008
[66] Vevera 2005
[67] vgl. zum Folgenden Berthel/Becker 2007, S. 466ff.

ausgeschüttet, wenn zwar der Umsatz gewachsen, aber gleichzeitig die Kosten überproportional gestiegen sind. Daher haben Gewinngrößen (Bilanz-, Ausschüttungs- oder Substanzgewinn) in der Praxis die weiteste Verbreitung gefunden.

In Abbildung 6 ist die Erfolgsbeteiligung am Gewinn schematisch dargestellt. Ihre Vorteile bestehen darin, dass eine Ausschüttung erst bei „schwarzen Zahlen" erfolgt, dass in ihnen sowohl Leistung als auch der Markterfolg berücksichtigt ist und dass die Verfahren zu ihrer Ermittlung im Vergleich zu Leistungs- und Ertragsgrößen relativ einfach und überschaubar sind.[68] Der Nachteil des Gewinns als Bemessungsgrundlage liegt in seiner kurzfristigen Orientierung und der damit meist einhergehenden Vernachlässigung strategischer Aspekte. Die Beteiligung an der Wertentwicklung des Unternehmens bzw. einzelner Unternehmensbereiche sollen insbesondere die Führungskräfte zu einem längerfristig, strategisch orientierten Handeln motivieren. Als wertbezogene Beteiligungsbasis bieten sich der Aktienkurs (Shareholder Value) oder (bei nicht börsennotierten Unternehmen) ein fiktiver Kaufpreis (Unternehmensbewertung) an.

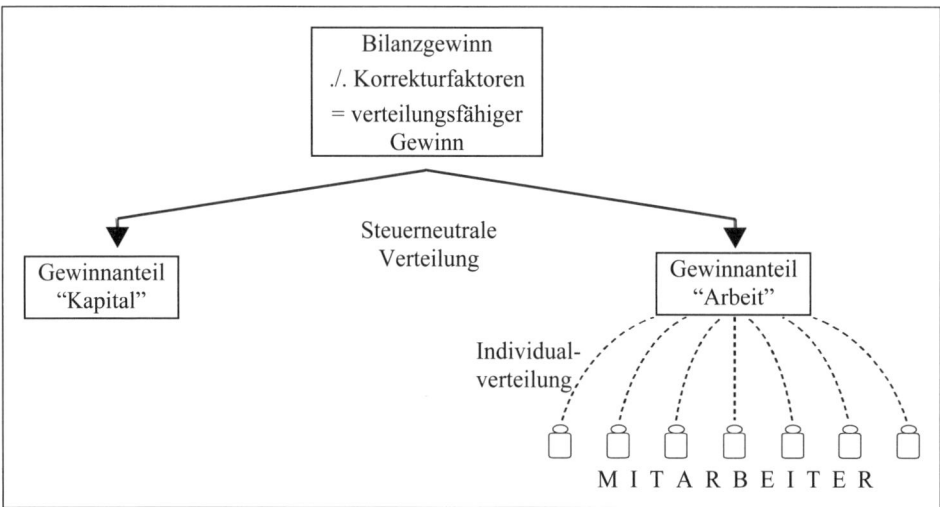

Abb. 6: Schematische Darstellung der Gewinnbeteiligung[69]

Wie aus Abbildung 6 ersichtlich, muss vor der Ermittlung der individuellen Erfolgsanteile der Arbeitnehmer das Verhältnis festgelegt werden, in dem der Gewinn auf die beiden Leistungsfaktoren Kapital und Arbeit aufgeteilt werden soll. Eine gerechte, nach dem Verursachungsprinzip vorgenommene Aufteilung würde voraussetzen, den Beitrag der Belegschaft und des eingesetzten Kapitals zum Unternehmensgewinn eindeutig identifizieren zu können. Da diese Zurechnungsfrage aufgrund der komplexen Wirkungsbeziehungen de facto unlösbar ist, ist die Verteilung ein unternehmenspolitischer Kompromiss, der die Akzeptanz aller Beteiligten erfordert und prinzipiell revidierbar bleibt.[70]

---

[68]   vgl. Zander 1990, S. 389
[69]   vgl. Zander 1990, S. 390
[70]   vgl. Schultz 1992, Sp. 821

Wenn die Quote des unter der Belegschaft zu verteilenden Gewinns feststeht, ist die Ermittlung der individuellen Erfolgsanteile vorzunehmen, wobei in der Regel eine Kombination von Gleichheits-, Leistungs- und Sozialprinzip angewendet wird. Nach dem Gleichheitsprinzip erfolgt die Verteilung nach Köpfen, alle erhalten gleich viel. Der größere Teil des „Kuchens" wird in der Praxis nach dem Leistungsprinzip verteilt, wobei sich auch hier wieder die Zurechnungsproblematik stellt. Anstelle einer nicht realisierbaren Verteilung gemäß der individuellen Beiträge zum Unternehmensgewinn wird die Höhe des (Leistungs-)Lohns als Indikator verwendet, d.h. die Arbeitnehmer erhalten den Prozentsatz des „Gewinnanteils Arbeit", den ihr individueller Jahreslohn an der Lohnsumme ausmacht. Ergänzend werden nach dem Sozialprinzip Kriterien wie Familienstand, Betriebszugehörigkeit und Alter bei der Verteilung des Erfolgsanteils berücksichtigt.[71]

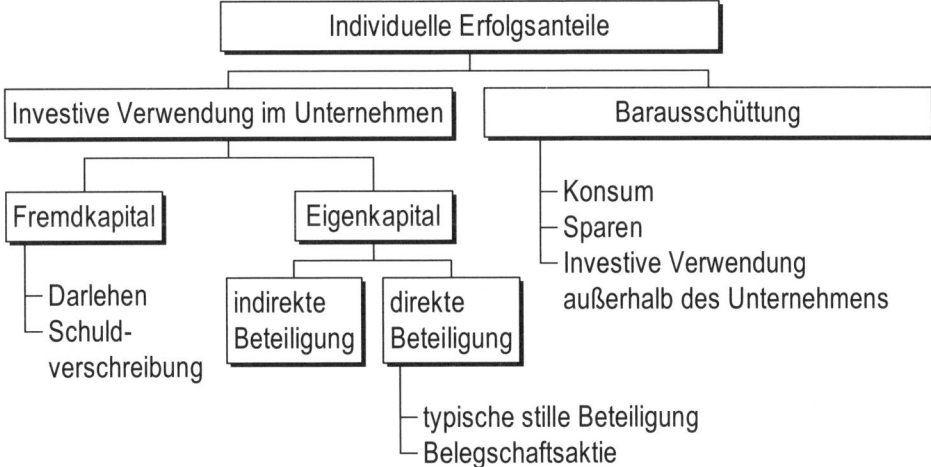

Abb. 7: Gestaltungsmöglichkeiten der Verwendung individueller Erfolgsanteile[72]

Sind die individuellen Erfolgsanteile einmal festgelegt, so stellt sich die Frage, wie diese verwendet werden sollen.[73] Dabei bestehen zwei Alternativen, die üblicherweise kombiniert werden (vgl. Abbildung 7). Der Erfolgsanteil kann entweder bar ausgeschüttet oder in das Unternehmen investiert werden (Kapitalbeteiligung). Im ersten Fall steht es den Arbeitnehmern frei, ob sie das Geld konsumieren, sparen, oder anderweitig investieren wollen. Für das Unternehmen besteht bei dieser Verwendungsform der Nachteil, dass sofort ein erheblicher Mittelabfluss stattfindet, der seine Liquidität verschlechtert. Im zweiten Fall kommt es zu einer Beteiligung der Arbeitnehmer am Kapital ihres Unternehmens. Dies kann in Form von Eigen- oder Fremdkapital erfolgen. Die Beteiligung am Eigenkapital des Unternehmens bringt eine engere Bindung mit sich, ändert aber auch die Eigentumsverhältnisse. Die Arbeitnehmer können sich direkt oder indirekt am Eigenkapital beteiligen. Bei der direkten Beteiligung am Eigenkapital erwerben die Arbeitnehmer Anteile

---

71   vgl. Berthel/Becker 2007, S. 471f.
72   vgl. Steinmann/Müller/Klaus 1982, S. 122
73   vgl. zum Folgenden Steinmann/Müller/Klaus 1982

an ihrem Unternehmen entweder in Form von Belegschaftsaktien (bei einer AG) oder als stille Teilhaber. Bei der indirekten Beteiligung am Eigenkapital wird zwischen die Arbeitnehmer und das Unternehmen eine Beteiligungsinstitution (bspw. eine Kapitalgesellschaft) geschaltet, die als Gesellschafter des Unternehmens auftritt und an der die Arbeitnehmer beteiligt sind. Der Vorteil dieser Lösung besteht darin, dass sich die Arbeitnehmer an ihrem Unternehmen beteiligen können, ohne das Risiko des Mitunternehmertums tragen zu müssen. Die Beteiligung am Fremdkapital hat den Nachteil, dass damit der Verschuldungsgrad des Unternehmens steigt, was u.U. seine Bonität bei weiteren Kreditaufnahmen schwächt. Hier hat das Darlehen der Arbeitnehmer an das eigene Unternehmen die größte Bedeutung. Daneben besteht noch die Möglichkeit zu Schuldverschreibungen (Obligationen), die jedoch für nicht emissionsfähige kleinere und mittlere Unternehmen nicht in Frage kommen und wegen ihrer schwerfälligen Handhabung in der Praxis auch nur wenig verbreitet sind.

Der Erfolg von MAB-Systemen muss differenziert beurteilt werden, die empirischen Befunde dazu sind nicht einheitlich.[74] Da sind zunächst die unrealistischen Erwartungen zu nennen. Die MAB ist kein „eierlegendes Wollmilchschwein", das zahlreiche und zum Teil höchst unterschiedliche Erwartungen erfüllen kann, und dies möglichst sofort. Als kurzfristig wirksamer materieller Anreiz ist sie diversen Leistungslohnformen eindeutig unterlegen. Auch das Ausmaß der Effekte sollte nicht überschätzt werden. Geduld und moderate Ergebniserwartungen stellen sicher bessere Einsatzbedingungen für die MAB dar. Zweitens ist nicht (immer) von einer direkten Wirkung der MAB auf diverse Zielgrößen auszugehen. In manchen Bereichen ist dies zwar zutreffend, so wird sich ein entsprechend ausgestaltetes System der Kapitalbeteiligung direkter auf die Eigenkapitalquote auswirken als auf die Veränderung der Unternehmenskultur in Richtung Intrapreneurship. Drittens hängen Zeitpunkt, Ausmaß und Richtung der Effekte auch von den Rahmenbedingungen für die MAB ab. Eine restriktive Ausgestaltung bspw. in Form von durch rechtliche Restriktionen oder unternehmenspolitische Vorgaben eingeschränkten Partizipationsmöglichkeiten erschwert naturgemäß die Erreichung von Zielen wie Identifikationssteigerung oder unternehmerisches Denken und Handeln. Viertens dürfen die Verbundwirkungen mit anderen Instrumenten des (Personal-)Managements nicht übersehen werden. Motivation, Commitment, Leistungssteigerung etc. werden nicht nur die die MAB hervorgerufen. Hier ist zu beachten, dass die einzelnen Instrumente sorgfältig im Sinne einer Personalstrategie aufeinander abgestimmt sind.[75]

---

[74] vgl. zum Folgenden Mayrhofer 1993 und Elšik 2007, S. 98f.
[75] Elšik 1999

4. Spezifische Aspekte der materiellen Anreize

4.1 Ökonomische Aspekte der materiellen Anreize

Variable, leistungsabhängige Vergütungen spielen eine zunehmend größere Rolle, auch im bislang vom Zeitlohn dominierten Angestelltensegment wird zunehmend mit erfolgsabhängigen Anteilen gearbeitet. Als theoretische Begründung variabler Vergütung wird dabei häufig der agenturtheoretische Ansatz herangezogen.

4.1.1 Entlohnung als Informationsproblem

Im Rahmen der Beziehung zwischen Agent und Prinzipal verspricht der Agent, sich entsprechend den Anweisungen und Interessen des Prinzipals zu verhalten, umgekehrt verspricht der Prinzipal die Zahlung einer Belohnung, um den Agenten zu bestimmten Handlungen zu motivieren.

Die Problematik der Motivationswirkung von Lohnsystemen aus Sicht der Ökonomie lässt sich an einem Spezifikum jedes Arbeitsverhältnisses festmachen: Handlungen bleiben, im Unterschied zu Gütern wie dem Lohn, immer an den Arbeitenden rückgebunden und sind nicht von ihm zu trennen.[76] Arbeitsverträge stellen so immer nur ein Versprechen des Agenten dar, das vom Prinzipal gekauft wird, und ermöglichen daher eigennütziges und gegen den Prinzipal gerichtetes Verhalten. Andererseits ist der Prinzipal für seinen eigenen Nutzen von den Handlungen des Agenten abhängig.

Diese Situation würde so lange kein Problem darstellen, als es dem Prinzipal möglich ist, den Agenten vollständig zu beobachten und seinerseits die Belohnung bis nach der Erbringung der Arbeit zurückzuhalten.[77] Dies ist aber in Organisationen regelmäßig nicht der Fall oder viel zu aufwendig. Der Agent könnte in dieser Situation versuchen, den Informationsvorsprung über seine wahre Anstrengung zu seinen Gunsten zu verwenden (hidden information) und für seine eigenen Zwecke durch entsprechendes Handeln (hidden action) auszunutzen.

Eine naheliegende Lösung des Problems wäre, schon im zu Grunde liegenden Vertrag alle möglichen Entwicklungen und Fallunterscheidungen zu berücksichtigen, explizite, beobachtbare Verhaltensnormen zu fixieren und jeweils Sanktionen festzulegen. Wie leicht einzusehen ist, taugt dieser Vertragstyp nur für einen sehr eingeschränkten Teil an Arbeitsverhältnissen. Im Allgemeinen sind Arbeitsverträge auf zu lange Dauer angelegt und umfassen ein zu weites Spektrum an Möglichkeiten, um alle weiteren Entwicklungen schon vorweg zu berücksichtigen.[78]

Eine zweite Lösung des Transaktionsproblems stellt der Versuch des Prinzipals dar, die Handlungen (das Verhalten) des Agenten möglichst genau zu kontrollieren und zu sanktionieren. Die Handlungen, so die Hoffnung, geben einen zuverlässigen Hinweis auf die Anstrengung des Agenten und führen zum erwünschten Leistungsergebnis.

Eine dritte Möglichkeit besteht darin, dass der Prinzipal die Beurteilung der erwünschten Ergebnisse zum Ausgangspunkt seiner Belohnung macht (Leistungsergebnis), denn es ist ja das Leistungsergebnis, an dem der Prinzipal vor allem interessiert ist.

---

[76] vgl. Williamson 1975, S. 66ff.
[77] vgl. Wagenhofer 1996, S. 157
[78] vgl. Alewell 1993, S. 34; Spremann 1996, S. 696f.

Wir werden hier nur die beiden letzteren Fälle, Verhalten und Ergebnis, weiter betrachten. Im Rahmen der Handlungstheorie werden diese Beurteilungsformen auch als
Input- und Outputkontrolle bezeichnet.[79] Beide Formen der Kontrolle können – in Abhängigkeit von der Art der Aufgabe – schwer oder leicht möglich sein.[80]

Für den Fall der einfach möglichen Verhaltenskontrolle wird ein Autoritätssystem
(Hierarchie) vorgeschlagen. Hier werden Anweisungen und allgemeine Regeln aufge-
stellt, die das Verhalten des Agenten steuern sollen. Unabhängig von allen anderen Größen
wird nur die Einhaltung dieser Regeln – der Gehorsam – kontrolliert und, unabhängig vom
tatsächlichen Wert der Leistung, sanktioniert.

Für den Fall einfach durchzuführender Ergebniskontrolle wird ein Anreizsystem vorgeschlagen: Hier werden die individuellen Leistungsbeiträge am Output geschätzt und der
Agent entsprechend diesen Outputgrößen belohnt, wobei gehofft wird, dass der Agent alleine schon aus egoistischen Motiven heraus versuchen wird, den Output entsprechend
einem (seinem!) Optimum zu gestalten.

Sind beide Kontrollformen möglich, so entscheidet die situative Günstigkeit, vor allem
die geringeren Kosten. Besondere Probleme entstehen, wenn weder Output noch Inputkontrolle einfach möglich erscheinen. Eine Möglichkeit in diesem Bereich besteht darin,
die Beziehung langfristig wechselseitig abhängig zu gestalten.

Besondere Anforderungen an ein Lohnsystem stellt Teamarbeit, bei der der individuelle Leistungsbeitrag nicht mehr einfach festgestellt werden kann.

4.1.2 Inputorientierte Belohnung

Im Rahmen der Verhaltens- oder Inputkontrolle wird versucht, das Leistungsverhalten
des Agenten zu kontrollieren. Die Gegenleistung des Arbeitgebers besteht typischerweise
nur in Geldlohn, weitere Versprechen sind unüblich. In seiner ausgeprägtesten Form ist
die inputorientierte Bezahlung ein reiner Zeitlohn. Reinen Zeitlohn finden wir an zwei
entgegengesetzten Polen von Anforderungen: sehr einfachen und hoch professionalisierten.

Arbeitsverträge,[81] die den ersten Bedingungen entsprechen, sind gekennzeichnet durch
eine genaue Definition der Leistung des Arbeitnehmers, die Kontrolle ist einfach und das
Verhalten leicht sanktionierbar – und sei es durch Entlassungen. Diese Verträge sind nicht
auf Dauer angelegt, sondern werden bei Bedarf immer wieder erneuert. Dies vermindert
vor allem die Gefahr der Nichtsanktionierbarkeit des Verhaltens des Agenten durch den
Prinzipal. Ein typischer Fall dieser Form von Arbeitsverhältnissen sind Taglöhner, die
jederzeit eingestellt und wieder entlassen werden können.

Dabei werden im Rahmen direkter Verhaltenssteuerung Verhaltensnormen vertraglich
geregelt, kontrolliert und sanktioniert. Versucht wird, dieses Modell im Rahmen eines
Steuerungsverständnisses der Organisation als Maschine mittels „Fließband" und „Handbuch" technisch und bürokratisch umzusetzen. Aufwendig gestaltet sich die Koordination
der Arbeitnehmer: Diese muss in hohem Maße standardisiert und formalisiert sein, zumeist ausgelagert in eigene Organisations- und Planungsabteilungen oder Arbeitsbüros.

---

[79] Coleman 1991, S. 195
[80] vgl. Vogt 1997, S. 99f.; vgl. auch Spremann 1990, S. 572; Alewell 1993, S. 107
[81] vgl. Föhr 1996, S. 114

Weder ist vorgesehen noch zu erwarten, dass der Agent sich selbsttätig engagiert oder gar unternehmensspezifische Qualifikationen erwirbt.

Grenzen der Inputsteuerung sind dann erreicht, wenn die Komplexität der Aufgabe zunimmt und selbständiges Handeln erforderlich wird. Die Planung der Tätigkeiten sowie die Generierung und Verarbeitung von Information über den Einzelnen wird zu umfangreich, letztlich wird der dadurch entstehende Overhead mehr kosten, als durch den Einsatz von Hierarchie an Nutzen erwartet werden kann.[82]

In den meisten Organisationen und bei den meisten Tätigkeiten in hochentwickelten Gesellschaften gelingt – abgesehen von ethischen und motivatorischen Fragen – eine reine Inputkontrolle von Agenten, insbesondere von Führungskräften, zu vertretbaren Kosten nicht.

4.1.3 Outputbasierte Belohnung

Im Rahmen der Ergebnis- oder Outputkontrolle werden die Arbeitsergebnisse vertraglich geregelt, kontrolliert und positiv wie negativ sanktioniert. Die Möglichkeit zur Lösung des Arbeitsvertragsproblems besteht darin, Anreize für die Erreichung von Zielen des Prinzipals zu setzen und damit die Ergebnisse des Agenten an die des Prinzipals zu binden.[83] Ziel ist eine Parallelisierung der Interessen zwischen Prinzipal und Agenten durch die Einführung von variablen Anreizen. Der Agent erhält vom Prinzipal zusätzlich zu seiner fixen Grundvergütung eine variable Vergütung, deren Höhe mit dem Erfolg variiert.

Anreize als Ergebnisbeteiligung umfassen zunächst und vor allem Geldleistungen, wie sie verschiedene Leistungslohnsysteme (siehe oben) vorsehen. Darüber hinaus zählen Erfolgsbeteiligungen zu den zunehmend häufiger verwendeten Instrumenten der Anreizgestaltung. Seine reinste Ausprägung findet dieses Steuerungsmodell in Marktbeziehungen.

Im einfachsten Fall ist der erwünschte Output zugleich die Messgröße, an der sich die Beurteilung bindet. Häufig jedoch ist der erwünschte Output nicht direkt und einfach feststellbar. Dann ist der Prinzipal auf Beurteilungsgrößen angewiesen, die den erwünschten Output möglichst gut repräsentieren.

Mangels einer „ungewöhnlich informativen" Beurteilungsgröße, die einen eindeutigen Schluss auf die Anstrengung des Agenten ermöglichen würde, stellt sich vor allem das Problem der Zurechnung des Erfolgs auf die Leistung des einzelnen Agenten versus Umweltfaktoren.[84] So kann beispielsweise der höhere Umsatz der Filiale A eines Einzelhandelsbetriebes verglichen mit dem höheren Umsatz der gleich großen Filiale B auf die Anstrengung des Personals oder auf den Standort oder beides oder ganz andere Faktoren zurückgeführt werden.

Wenn die Ursache des Ergebnisses – beispielsweise also des Umsatzes – für den Agenten unklar ist und unterstellt man dem Agenten Risikoaversion, so wird er versuchen, den Anteil des unsicheren Entgeltes zugunsten fester Bestandteile zu minimieren. Der Agent wird nicht bereit sein, auch das Verlustrisiko des Prinzipals – hier: der ungünstige

---

[82] vgl. Alchian/Demsetz 1972, S. 86f.

[83] Dabei wird nicht versucht, die Ziele des Agenten zu verändern (vgl. Kiener 1990, S. 29), wie dies bei Strategien betrieblicher Sozialisation im Vordergrund steht.

[84] vgl. z.B. Laux/Schenk-Mathes 1992, S. 1–18; Richter/Furubotn 1996, S. 201ff.; Laux/Liermann 1993, S. 563ff.; Wagenhofer 1996, S. 160ff.

Standort – zu übernehmen. Der Prinzipal muss also entweder eine Fixentlohung gewähren oder eine Risikoprämie zahlen und abwägen, ob die höhere Arbeitsleistung des Agenten, die durch diese Zahlung induziert wird, den Nachteil der Zahlung einer Risikoprämie an den Agenten übersteigt.[85]

Häufiger ist der Fall, dass ein Agent mehrere Tätigkeiten ausübt.[86] Unter diesen Bedingungen ist es rational, wenn sich ein Arbeitnehmer auf messbare und belohnte Aktionen konzentriert.

In komplexen Arbeitstätigkeiten lässt sich jedoch selten eindeutig unterscheiden, auf welche Komponenten der Arbeitstätigkeit des Agenten eine Leistung zurückzuführen ist. Steht dem Prinzipal nur eine Gesamtsicht zur Verfügung, kann der Prinzipal seine Beurteilung und Belohnung nur entlang dieser gestalten. Die einzelnen Beiträge können von ihm nur vermutet werden. Der Agent maximiert das Verhältnis der Arbeitsleistungen entlang seiner eigenen Vermutung über die Beiträge der beiden Aktionen. Diese Annahmen über die Verhältnisse der Beiträge können jedoch auseinanderfallen, aus Sicht des Prinzipals ergeben sich so falsche Anreize. Dieses Auseinanderfallen von Beurteilungsgrößen und Ergebnis gibt es in großer Zahl. Weitere Beispiele sind Arbeitseinsatz versus Sorgfalt und Qualität der Arbeitsausführung, ebenso das Abwägen zwischen kurz- und langfristiger Gewinnmaximierung.[87]

Noch deutlicher wird das Anreizproblem des Prinzipals im Fall, dass die Aktionen des Agenten nur insgesamt, in Kombination einen Beitrag zum Erfolg des Prinzipals liefern. Die beste Lösung für den Prinzipal ist hier, beide Teile relativ zu ihren Anteilen zu belohnen. Häufig jedoch ist dies mangels Erfassbarkeit oder wegen des großen Aufwandes nicht möglich. Der Agent wird seinerseits Vermutungen über die Beiträge der Komponenten zu seiner Belohnung anstellen und immer nur jene Aktionen wählen, die ihm den höchsten Nutzen verschafft. Der Prinzipal erzielt seinen Nutzen aber nur, wenn beide Komponenten erfüllt werden, kann dies aber nicht durch Anreize induzieren. Wenn es die Aufgabe eines Produktmanagers ist, Innovationen zu entwickeln und diese dann zu vermarkten, er sich aber nur auf die Innovation beschränkt, dann wird kein großer Deckungsbeitrag entstehen, aber dies wird erst langfristig sichtbar. In diesen Fällen ist es besser, überhaupt keine spezifischen Anreize zu setzen, sondern zu hoffen, dass eine allgemeine Entlohnung dazu führt, dass der Agent beide Komponenten erfüllen wird – und dies über andere personalwirtschaftliche Instrumente abzusichern.

Die gleiche Überlegung gilt auch bei mehreren bekannten Beurteilungsgrößen, die jedoch mit unterschiedlicher Unsicherheit oder unterschiedlicher Sichtbarkeit zum erwünschten Ergebnis führen (zum Beispiel sichtbare Anwesenheitszeit, wenig sichtbare Arbeitsintensität, Effektivität etc.): Dann wird der Agent jene – und zwar ausschließlich jene – Komponente maximieren, die ihm den höheren Nutzen verschafft. Das ist jene Komponente, die entweder deutlich sichtbar oder für die der Beitrag zum Gesamtertrag sicherer ist. Als Beispiel für letzten Fall soll ein Bereichsmanager dienen, der für den Verkauf von Produkten und für die Marktforschung zuständig ist.[88] Dabei sollen die Verkaufserlöse

---

[85] vgl. Laux/Liermann 1993, S. 583
[86] vgl. Holmström/Milgrom 1991
[87] vgl. Wagenhofer 1996, S. 159ff.
[88] vgl. Wagenhofer, 1996, S. 163

direkt messbar sein, der in der Zukunft liegende Erfolg der Marktforschung aber unsicher sein. Unter Risikominimierung des Agenten wird der Bereichsmanager sich nur mehr um den Verkauf kümmern.

Die beschriebenen Probleme sind in der Praxis häufig.[89] Aktionen sind oft alleine nicht gewinnbringend, ebenso sind die geforderten Handlungen mit unterschiedlicher Präzision messbar, ja, ein Teil kann höchstens implizit erschlossen werden. Gleichermaßen ist die Bemessung von Erfolgsanteilen oft schwierig und dem Prinzipal bleiben wenige Möglichkeiten, Anreize zu setzen.

Die Entwicklung und Einführung von Bewertungsstandards und -normen werden so zu einer zentralen Funktion des Managements. Im Fall des Anreizsystems muss der Prinzipal – will er das Verhalten des Agenten und damit das Ergebnis beeinflussen – dessen mögliche Handlungen auf der Grundlage der Motivationsstruktur des Agenten antizipieren und für (alle) erwünschten Ergebnisse des Agenten Anreize setzen. Dies gelingt insbesondere dann, wenn sowohl dem Prinzipal wie auch dem Agenten bekannt ist, welche Handlungen des Agenten mit welcher Wahrscheinlichkeit zu bestimmten beobachtbaren Ergebnissen führen.[90] Mindestvoraussetzung ist, dass entweder der Prinzipal oder der Agent über diesen Zusammenhang Bescheid weiß.

Das Festlegen von Leistungsanreizen setzt voraus, dass die Beurteilungsgröße gleich dem erwünschten Ergebnis ist oder dieses zumindest gut repräsentiert. Aber das ist nicht immer der Fall, vielmehr unterscheiden sich Output und Beurteilungsgröße im Allgemeinen deutlich. Beispielsweise gibt die Besuchshäufigkeit von Vertretern nur einen schwachen Hinweis auf den eingeworbenen Deckungsbeitrag. Eine gute Beurteilungsgröße ist dann geeignet, „wenn

1. sie messbar ist,

2. sie dem betreffenden Akteur hinreichend eindeutig zugeordnet werden kann und nicht zu stark von exogenen Einflüssen abhängt, und

3. durch diesen hinreichend stark beeinflusst werden kann.“[91]

Kopel[92] empfiehlt, sich im Zweifel für ein schwächeres Anreizmaß zu entscheiden, wenn es nur geeigneter erscheint, den Output unverzerrter abzubilden und unerwünschte Anreize zu vermeiden. Unter Umständen ist es hier sinnvoller, auf spezifische Anreize im Sinne der leistungsorientierten Bezahlung überhaupt zu verzichten.

Die genannten Kriterien erlauben, geeignete Belohnungselemente in Anreizsystemen zu selegieren. So muss die direkte Anreizwirkung von Erfolgsbeteiligungen auf Basis des Unternehmenswertes kritisch gesehen werden: Nur für die oberste Führungsetage ist eine Beeinflussung des Gesamtwertes in nennenswertem Umfang möglich, einfache Mitarbeiter werden diese Beeinflussbarkeit nicht sehen. Für die breite Menge an Arbeitnehmern stehen bei Erfolgsbeteiligungen daher Ziele wie die Bindung an das Unternehmen, Identifikation und Loyalität im Vordergrund.

---

[89] vgl. Müller 1995, S. 65
[90] Wenger/Terberger 1988, S. 510ff.
[91] Wolff/Lazear 2001, S. 235
[92] vgl. Kopel 1998, S. 548

4.1.4 Wechselseitig unsichere Anreize

Ein weiteres Problem, dem sich der Prinzipal üblicherweise gegenübersieht, beruht darauf, dass der Prinzipal eine Vorentscheidung getroffen und irreversible Investitionen getätigt hat (Aufwand für Einstellung, Einschulung, Kosten einer Kündigung). Die Gegenleistung des Agenten dagegen ist noch nicht erbracht und die Qualität der Ausführung der Arbeit des Agenten bis hin zur Frage, ob diese überhaupt ausgeführt wird, ist offen.[93]

Soweit der Anreiz monetär ist, stellt sich das Problem der Unsicherheit nur auf Seiten des Prinzipals. Geld ist, im Unterschied zum Arbeitsvermögen und Leistungsverhalten des Agenten, vom Geldgeber trennbar sowie eindeutig und beobachtbar, zumeist auch gut einklagbar.

Gelingt es dem Prinzipal jedoch, seinerseits Versprechungen zu machen, die er erst nach Erfüllung der Pflicht des Agenten einlösen muss, also ein Pfand zu erwerben, so wird der Prinzipal zugleich zum Agenten und umgekehrt, Arbeitsverträge werden zu wechselseitig unsicheren Leistungsversprechen.[94] So kann auch die Belohnung des Agenten zunächst zumindest zum Teil einbehalten oder es kann vom Agenten ein Pfand verlangt und die Auszahlung von der Einhaltung des Vertrages abhängig gemacht werden. Immer muss auch der Agent fürchten, Investitionen im Falle der Nichteinhaltung des Vertrages zu verlieren. Damit entsteht ein wechselseitiges Abhängigkeitsverhältnis, in dem beide zugleich als Prinzipal und Agent auftreten.

Dieses Pfand kann explizit und willentlich von den Parteien vereinbart werden. Im Rahmen des Arbeitsvertrages ist hier vor allem an Abfertigungs- und Pensionszusagen, die als vorenthaltene Lohnbestandteile betrachtet werden, und geringen Einstiegslohn bei überdurchschnittlichem Endlohn zu denken.[95] Häufiger ist jedoch die Entstehung des Pfandes aus unintendierten Nebenfolgen, aus unbemerkten und ungewollten kleineren Handlungen, die für sich genommen nicht relevant erscheinen.[96] Dies gilt für immaterielle Versprechungen des Prinzipals an den Agenten wie Karriereoptionen, gutes Arbeitsklima oder langfristige Arbeitsplatzsicherung. Ähnlichen Charakter können Regelungen der Urlaubsgewährung, Gestaltung von Arbeitsbedingungen, Arbeitszeit, Arbeitsräumen, Zuweisung von Arbeitsaufgaben und die Kontrollintensität annehmen. Häufig unbeachtet bleiben in der Diskussion generalisierte kulturelle Erwartungen, zum Beispiel über die Höhe der als „normal" empfundenen Wechselrate in der individuellen Biographie, die ein rasches Ausscheiden tendenziell verhindern, oder individuelle Anpassungen an eine Position, die eine andere Position unpassend oder mit zu hohen Umstellungsschwierigkeiten verbunden erscheinen lassen. Die Belohnungen sind dann von gleichzeitigen fremden Aktionen abhängig, die wiederum auf die eigenen Aktionen reagieren.[97]

Arbeitsverträge, die auf wechselseitig unsichere Anreize setzen, sind gekennzeichnet durch niedrige Eintrittsposition, interne Karriereverläufe, aufgaben- und unternehmensspezifische Kenntnisse der Mitarbeiter und häufig Teamarbeit. Sie sind im Allgemeinen von (langer) Dauer, zumindest sind sie langfristig angelegt, und weisen eine geringe Spe-

---

[93] vgl. Spremann 1996, S. 700; Leibenstein 1979, S. 16
[94] vgl. Spremann 1990, S. 580f.; Alewell 1993, S. 161; 1994, S. 63ff.
[95] vgl. Spremann 1990, S. 580f.; Alewell 1993, S. 165f.
[96] vgl. Becker 1960, S. 36; Nachbagauer 1995, S. 11f.
[97] vgl. Wilkesmann 1994; Holm 1995

zifität des Vertragsinhaltes auf. Auf der Seite des Arbeitnehmers treten als Leistungen neben Arbeit auch spezifische (Aus)Bildung, Loyalität und anderes mehr.[98] Die Dauerhaftigkeit erhöht auf beiden Seiten die unwiederbringlichen Investitionen und vermittelt damit eine längerfristige Kooperationsperspektive.

Wechselseitig unsichere Anreize in Verbindung mit reinem Zeitlohn finden wir auch dort, wo es komplexe, unstrukturierte oder innovative Aufgaben zu bewältigen gilt. In diesen Fällen sind weder Input- noch Outputkontrolle einfach möglich. Arbeitsplätze mit wechselseitig unsicheren Anreizen sind darüber hinaus häufig durch eine kulturelle Steuerung und professionalisierte Normen (Berufsstandards) gekennzeichnet.

Dabei muss für den Agenten der Zusammenhang von eigenem Verhalten und der deutlich späteren Belohnungsentscheidung für Gehorsam gegenüber dem Prinzipal eindeutig und klar sein: Jede unwiderrufliche Zusage wie Pragmatisierung oder automatische Vorrückung verstärkt die Position des Agenten. Ebenso verfehlt eine – in den Augen des Agenten – willkürliche Verteilung von Belohnungen an den Agenten die verhaltenssteuernde Wirkung. Hier genügt die Vermutung, dass der Prinzipal nicht regelgerecht vorgeht, sei es, weil der Agent zufällige Verteilungen bei anderen Agenten des Prinzipals beobachten konnte oder weil ihm dies von glaubwürdiger Seite hinterbracht worden ist.

4.1.5 Entlohnung bei Teamarbeit

„Two men jointly lift heavy cargo into trucks. Solely by observing the total weight load per day, it is impossible to determine each person's marginal productivity."[99] Mit diesem Beispiel stellen Alchian und Demsetz in ihrem inzwischen klassischen Aufsatz über die Firma die Problematik der Teamproduktion dar. Die grundsätzlichen Informationsprobleme werden hier verschärft durch das Vorhandensein mehrerer Agenten, deren Arbeit in Gruppen und nicht individuell organisiert ist.[100] Das Trittbrettfahrerproblem taucht unter folgenden Bedingungen auf:

- Es wird gemeinsam von der Gruppe ein Gut erzeugt, das als Ergebnis nur der Gruppe verantwortlich zugerechnet wird, weil entweder eine Individualzurechnung technisch oder organisatorisch unmöglich oder zu teuer ist.[101]

- Die Gruppe wird entsprechend ihrer Gesamtleistung – wie auch immer diese definiert ist – belohnt.

- Die Tätigkeiten der beteiligten Agenten sind austauschbar.

Unter der Voraussetzung der Teamproduktion stellt sich die Frage, welches Interesse ein rational handelnder Akteur hätte, einen Beitrag zur Gruppenleistung zu erbringen, wenn er vom kollektiven Nutzen nicht ausgeschlossen, seine Zurückhaltung aber nicht entdeckt werden kann.[102] Er wird versuchen, seinen Beitrag zur Gruppenleistung zu minimieren, die Gruppenleistung wird sinken.

---

[98] vgl. Föhr 1996, S. 114
[99] Alchian/Demsetz 1972, S. 77
[100] vgl. Hechter 1987; Hechter 1990
[101] vgl. Hechter 1987, S. 134
[102] vgl. Olson 1968

Alchian und Demsetz haben als eine der erste Lösung vorgeschlagen, dass eine Person sich auf die Überwachung der anderen spezialisiert, deren Verhalten beobachtet und sie individuell sanktioniert. Damit der Monitor seinerseits nicht seine Überwachungsleistung zurückhält oder das Fehlverhalten der Teammitglieder deckt, erhält er seine Entlohnung in Abhängigkeit vom Teamoutput. Damit übernimmt er die Rolle eines Managers in einer Organisation, die Teamproduktion wandelt sich zu einem Autoritätssystem. Dies setzt jedoch voraus, dass der Monitor einen besseren Überblick über die internen Vorgänge hat als der Prinzipal.[103]

Andere meinen, die Problematik durch die Setzung selektiver Anreize zu überwinden. Das Trittbrettfahrerproblem wäre gelöst, wenn die Zurechnung von Leistungen zu zugerechnetem Lohn oder Anreiz auch in Gruppen gilt, aber genau dies widerspricht der Definition von Teamarbeit. Auch bei unechter Teamarbeit wird – bei prinzipiell möglicher Zurechenbarkeit von Einzelleistungen – der Zugewinn durch die Überwachung für geringer gehalten als die Kosten der Überwachung sowie die durch die Einschränkung der Autonomie der Gruppe hervorgerufenen Dysfunktionalitäten.[104] Wilkesmann kommt in seiner Untersuchung zur Wirkung verschiedener (Gruppen-)Lohnformen zu dem Ergebnis, dass sowohl der Gruppenzeitlohn wie der Gruppenakkord nicht geeignet erscheinen, das Trittbrettfahrerproblem zu lösen, Ähnliches gilt für eine Gruppenzielerreichungsprämie. Gruppenbezogene Anreize vermögen nicht, das Trittbrettfahrerproblem zu lösen und leistungswirksam zu sein.[105]

Ein weiterer Vorschlag zur Lösung des Anreizproblems in Gruppen, das auf die genaue Messung und Zuordnung von Leistung verzichtet, jedoch von einer groben Einschätzbarkeit der Leistungen der Teammitglieder untereinander ausgeht, stellt die Entlohnung im Rahmen eines Rank-Order-Tournaments (Entlohnung nach Rangordnung) dar.[106] Holmström[107] stellt ein Modell vor, in dem Anreizmechanismen auf der Grundlage der Entlohnung nach Rangordnung wirksam sind. Lazaer[108] weist drauf hin, dass diese Form der Entlohnung die Zusammenarbeit behindert – und damit den Sinn der Teamproduktion verfehlt – und besonders anfällig für Sabotage oder Verschwörungen (Kollusion) der Agenten ist.

Coleman verwirft externe Anreize und schlägt einen Weg der Bewältigung des Kontrollproblems vor, der sich auf die Sanktionskapazität der Gruppe selbst und ihr gemeinsames Interesse am kollektiven Output stützt. Teamproduktion ist eine Situation, die das Bedürfnis nach wirksamen Normen hervorruft.[109] Dieses Bedürfnis entsteht immer dann, wenn Handlungen von Akteuren für andere Akteure ähnliche (negative) externe Effekte haben und die wirksame Existenz einer Norm eine Verbesserung der Situation der Gesamtheit der Nutznießer der Norm gegenüber dem unnormierten Zustand hervorbringt. Hoch kohäsive, kleine Gruppen sind besonders gut geeignet für Vertrauensbeziehungen

---

[103] vgl. Alchian/Demsetz 1972, S. 81ff.
[104] vgl. Wilkesmann 1994, S. 72 ff.; Dunn 1998, S. 157ff.
[105] vgl. Wilkesmann 1994, Kap. 8, insb. S. 111f.
[106] vgl. Lazaer/Rosen 1981
[107] vgl. Holmström 1982
[108] vgl. Lazaer 1989
[109] vgl. Coleman 1991, S. 311–388; vgl. auch Coleman 1990

und weisen darüber hinaus oft ein rigideres Statusgefüge auf. In diesen Gruppen sind Sanktionen kostengünstig und gut anwendbar, die sich auf einer verbalen Ebene ansiedeln und die den sozialen Status eines Gruppenmitgliedes betreffen wie die Verbreitung eines schlechten Rufes oder auf einem potenziellen Ausschluss aus der – prinzipiell erstrebenswerten – Gruppe gründen.[110]

Allerdings setzt sich bei Gruppennormen nicht notwendig die Leistungsvorgabe des Prinzipals als wirksame Norm durch. Vielmehr, und das zeigen eine Reihe von Untersuchungen im Anschluss an die Hawthorne-Studien, ist es die Norm der größten (mächtigsten) Clique in einer Arbeitsgruppe, die in der Form von sozialem Status und sozialer Anerkennung über ein eigenes Sanktions- und Anreizinstrumentarium verfügt. Der Standard wird regelmäßig zwischen auffälliger Minderleistung und Normvorgabe durch den Prinzipal liegen.[111] Nur in besonderen Ausnahmefällen ist kollektiver Übereifer zu erwarten.[112]

Wenn die Beziehungen zwischen den Agenten und dem Prinzipal lange genug andauern, kann durch den „Schatten der Zukunft"[113] das Trittbrettfahrerproblem gelöst werden. Hier verzichten die Agenten auf eine kurzfristige Belohnung zugunsten langfristiger Gewinne, die auf einer langfristigen Bindung beruhen.[114] Typische Fälle dieser Strategie langfristiger Belohnung sind Senioritätsentlohnung, interne Aufstiegshierarchien sowie insbesondere der interne Arbeitsmarkt.[115]

Die Wirksamkeit ist allerdings von einer Reihe von Bedingungen abhängig. Der Zusammenhang zwischen dem Verhalten des Agenten und der Belohnungsentscheidung des Prinzipals muss eindeutig und klar sein und darf keinem Automatismus folgen. Das Vertrauen des Agenten in die zukünftige Belohnung durch den Prinzipal, seine Reputation als gerechter und stabiler Verhandlungspartner soll intakt sein. Zugleich muss die langfristige positive Wirkung von allen Akteuren der Gruppe getragen werden.[116]

Auch muss verhindert werden, dass sich unkooperative Agenten einer Bestrafung entziehen können, indem sie rasch das Feld wieder verlassen (hit and run-Taktik).[117] Zumindest zum Teil hat der Prinzipal Mittel in der Hand, die Austrittsbarrieren zu erhöhen, sei es durch einen stärkeren Anteil vorenthaltenen Lohnes wie im Effizienzlohnmodell, der Verweigerung einer einvernehmlichen Kündigung (mit allen rechtlichen Folgewirkungen), der Ausstellung ungünstiger Arbeitszeugnisse (soweit diese rechtlich möglich ist), vor allem aber über den Aufbau sozial wirksamer Nebenfolgen.

Auch wenn die Forschung zur Wirksamkeit von Entlohnungs- und Anreizschemata für Gruppen boomt, so kann deren Ergebnis doch als entmutigend bezeichnet werden. Praktisch alle Arbeiten bekennen die begrenzte Wirksamkeit und schließen mit Hinweisen zu alternativen Instrumenten der Leistungssteuerung. Die Vorschläge zur Überwindung des Trittbrettfahrerproblems in der Teamproduktion zielen daher meist auf die Ausbildung

---

[110] vgl. Coleman 1991a, S. 368ff.; Olson 1968, S. 60ff.
[111] vgl. Wilkesmann 1994, S. 129
[112] vgl. Coleman 1991, S. 353ff.
[113] zuerst spieltheoretisch bei Axelrod 1987; vgl. auch Voss 1998, S. 124ff.
[114] vgl. Wilkesmann 1994, S. 106ff.
[115] vgl. Alewell 1993; Alewell 1994
[116] vgl. Jirjahn 1998, S. 38
[117] vgl. Jirjahn 1998, S. 38f.; Hackert 1999, S. 104ff.

von Normen,[118] die häufig mit der Bedeutung sozialer Anerkennung in Arbeitsgruppen verbunden werden.[119]

4.2 Mikropolitische Aspekte der materiellen Anreize

Mit Mikropolitik[120] wird eine Gruppe von organisationstheoretischen Ansätzen bezeichnet, die sich einerseits vom Rationalmodell der Organisation abgrenzen und den Aufbau und Einsatz von Macht in den Mittelpunkt stellen. Die drei zentralen Variablen im Mikropolitik-Ansatz sind Akteure, Interessen und Macht(-einsatz). Die (berufsbezogenen) Interessen der Akteure sind nicht aus einem gemeinsam geteilten Organisationsziel abgeleitet bzw. auf dieses ausgerichtet, sondern zumindest partiell widersprüchlich und konfliktär. Damit reicht ein konsistentes Ziel-Mittel-System (formale Strukturen), ergänzt durch Personalführung durch Vorgesetzte, nicht aus, die Koordination der Akteure und ihrer Handlungen zu gewährleisten. Die ‚Realverfassung' der Organisation beruht auch darauf, dass Akteure unter Ausnutzung ihrer wechselseitigen Abhängigkeiten Macht und Einfluss ausüben, um die formellen und insbesondere die informellen Regelungen und Arrangements auszuhandeln. Neuberger (1995, 19ff.) schlägt vor, Mikropolitik mithilfe von acht Merkmalen zu kennzeichnen. Neben der bereits erwähnten Akteurperspektive, Handlungsorientierung (d.h. Interessenbezogenheit des individuellen Handelns) und Macht (d.h. die Beeinflussung anderer im Sinne der eigenen Interessen) sind dies

- Intersubjektivität, d.h. die Eingebundenheit in soziale Beziehungen zu anderen Subjekten,

- Dialektik der Interdependenz, d.h. Umgang der Akteure mit ihrer wechselseitigen Abhängigkeit,

- Legitimation, d.h. Rechtfertigung von Handlungen und Ordnungen, die eben nicht natürlich, objektiv und alternativlos sind,

- Zeitlichkeit, d.h. Umgang mit Veränderungen im Zeitablauf, aber auch Timing im Erkennen von Gefahren und Nutzen von Chancen,

- Ambiguität, d.h. Mehrdeutigkeit und Intransparenz, die durch interessengeleitetes Handeln genutzt und produziert werden.

Der in empirischen Studien festgestellte mangelhafte Zusammenhang zwischen Topmanagement-Vergütung und Unternehmenserfolg kann in der Ausblendung mikropolitischer Aspekte begründet sein. Die politischen Aktivitäten des CEO innerhalb und außerhalb der Organisation (Repräsentationsfigur nach innen und außen, Verhandlungsführung und Lobbying bei wichtigen externen Stakeholdern) stellen neben rein ökonomischen Variablen wie Umsatz oder Gewinn wichtige Einflussfaktoren auf die Vergütung der CEO dar.[121]

---

[118] vgl. Coleman 1990; Wilkesmann 1994, S. 116ff.; Alewell 1993, S. 188ff.
[119] vgl. Olson 1968; Wilkesmann 1994, S. 137
[120] vgl. Elšik 1999 sowie die Ausführungen im Kapitel ‚Personalbeurteilung' in diesem Band
[121] Ungson/Steers 1984

Bebchuk und Fried haben der lebhaften Diskussion zur Vergütung von Spitzenmanagern in den USA einen neuen Impuls gegeben.[122] Sie verweisen auf eine Reihe von mikropolitischen Gründen, warum die Vergütung des CEO oft nicht mit den rational-ökonomischen Annahmen der Agenturtheorie konform geht und so zu „Pay without Performance"[123] werden kann: Die ‚Non Executive Directors' wollen wiederbestellt werden, sie werden oft vom CEO vorgeschlagen. Dieser kann ihnen verschiedene Vorteile verschaffen, bspw. die Höhe ihrer Remuneration festlegen oder Gegengeschäfte mit ihren Stammunternehmen anbieten. Freundschaft, Kollegialität, wahrgenommene Ähnlichkeit (die Directors sind in der Regel Executives in anderen Unternehmen) und vergleichsweise geringe persönliche Kosten (die Directors halten nur einen kleinen Teil an Aktien dieses Unternehmens) führen dazu, dass sie Vergütungsvereinbarungen für den CEO zustimmen, die für diesen vorteilhafter sind als für die Eigentümer. Wegen der Offenlegungspflicht von Managerbezügen in den USA werden diese zum Teil in nicht publikationspflichtige Formen gepackt, wie bspw. Pensionszusagen oder großzügige Abfindungen. Die Möglichkeiten des CEO zur Beeinflussung seiner Vergütung sind höher, wenn er auch Vorsitzender des Board ist, wenn die Mitglieder des Kompensationsausschusses im Board selbst nur geringe Aktienanteile halten, wenn es keine Großaktionäre und/oder institutionelle Anleger gibt, und wenn er darauf achtet, nicht durch allzu unverschämte Regelungen die Aufmerksamkeit auf sich zu ziehen und Empörung der Stakeholder nicht zu entfachen.[124]

Politische Prozesse sind jedoch nicht auf die Vergütung von Spitzenmanagern beschränkt. Dabei ist zwischen individueller und struktureller Ebene zu unterscheiden. Die individuelle Gehaltsfestsetzung kann vom Einzelnen durchaus beeinflusst werden. Vorgesetzte kommen einer Forderung nach einer Gehaltserhöhung eher nach, wenn der Mitarbeiter über gute Kontakte zu höheren Hierarchieebenen verfügt und dies seinem Vorgesetzten gegenüber auch überzeugend durchblicken lässt, unabhängig von seiner fachlichen Qualifikation. Dabei sollte jedoch der Bogen nicht überspannt werden, da als übertrieben empfundene Gehaltsforderungen oder zu offene Drohungen mit ‚Hierarchen' zu viel des Guten sein können.[125] Jene Mitarbeiter, die über Fachwissen verfügen, das der Vorgesetzte zwar benötigt, aber selbst nicht besitzt, werden vorsorglich besser bezahlt als andere, d.h. sie brauchen eine Gehaltssteigerung gar nicht fordern.[126]

Auf struktureller Ebene können Effekte beobachtet werden, die politische Prozesse vermuten lassen. So ist beispielsweise das Lohnniveau in ‚mächtigen' Abteilungen, die für die Organisation wesentliche Ressourcenflüsse kontrollieren, höher als in anderen Abteilungen.[127] In Organisationen mit einem höheren Durchschnittsalter ist das Senioritätsprinzip in Gehaltssystemen stärker verankert als bei jüngeren Belegschaften.[128]

Dies kann dadurch erklärt werden, dass die Konstruktion und Handhabung von Vergütungssystemen Ansatzpunkte für mikropolitischen Einfluss bieten, denn es verbleiben genügend Entscheidungsspielräume, die für unterschiedliche Interessen genutzt werden

---

[122] zur Verteidigung der kritisierten Vergütungspraktiken vgl. u.a. Kay/Van Putten 2007
[123] Bebchuk/Fried 2006
[124] Bebchuk/Fried 2006
[125] Ferris/Judge 1991, S. 468
[126] Bartol/Martin 1990
[127] Pfeffer/Davis-Blake 1987
[128] Pfeffer 1989, S. 390

können: die Stellenanforderungen sind zu konkretisieren und zu gewichten; die Mitglieder des Kompensationsausschusses, der die Stellenbewertung vornimmt, müssen nominiert werden; Gehaltsvergleichsstudien führen je nach Wahl der Stichprobe zu unterschiedlichen Ergebnissen; für den Umgang mit Unterschieden zwischen interner Stimmigkeit und externen Marktbedingungen liegen keine festen Regeln vor, ebenso wenig wie für die Frage, wann solche Vergleiche durchgeführt und allfällige Anpassungen vorgenommen werden sollen. Diese Einflussnahmen können nicht nur von den Systemgestaltern und -handhabern vorgenommen werden, sondern auch von den Betroffenen. Ähnlich wie Akkordarbeiter im Rahmen von Zeit- und Bewegungsstudien ihre Arbeitsabläufe verändern, so können auch Beschäftigte im Bürobereich anspruchsvolle, höherwertige Aufgaben betonen und weniger anspruchsvolle vernachlässigen, wenn sie sich beobachtet bzw. ihren Arbeitsplatz analysiert fühlen, um so zu einer höheren Arbeitsbewertung (und damit zu einem höheren Grundlohn) zu gelangen.[129]

Mikropolitik bei der Entlohnung bringt für den Einzelnen nicht nur Vorteile. Bei einer Befragung von über vierhundert Beschäftigten auf unterschiedlichen Hierarchieebenen zeigt sich, dass die Wahrnehmung von politischen Prozessen die Zufriedenheit mit der Entlohnung senkt. Diese negative Wirkung wird jedoch gemildert durch wahrgenommene Unterstützung durch die Organisation (organisational support), d.h. wenn die Mitarbeiter das Gefühl haben, dass die Organisation um ihr Wohlergehen bemüht ist und bei Entscheidungen (hier: Gestaltung und Handhabung des Lohnsystems) ihre Interessen mitberücksichtigt werden.[130]

4.3 Internationale Aspekte der materiellen Anreize

Materielle Anreize im internationalen Kontext sollen verschiedenen Zielen dienen. Wie bei allen Gestaltungsfeldern im Personalmanagement können auch hier Arbeitgeber- und Arbeitnehmerziele unterschieden werden. Aus Sicht der Organisation soll die internationale Vergütung so gestaltet sein, dass sie mit der Unternehmensstrategie abgestimmt ist und deren Umsetzung unterstützt, dass sie die Mitarbeiter zu Leistung und internationaler Mobilitätsbereitschaft motiviert, dass sie als transparent und fair wahrgenommen wird und last not least dass sie ökonomischen Kriterien folgt. Die Mitarbeiter einer international tätigen Organisation sind daran interessiert, dass sie bei Auslandseinsätzen finanziell abgesichert sind, dass sie dabei auch Chancen auf finanzielle Verbesserungen erhalten, und dass bei ihrer Entschädigung auch Fragen der Unterkunft, der Schulbildung der Kinder sowie Erholung und Freizeitgestaltung berücksichtigt werden.[131]

Bei der Gestaltung eines internationalen Systems materieller Anreize können zwei Formen bzw. Fokusse unterschieden werden. Zum einen geht es um die Kompensationspraktiken für alle Beschäftigten in den verschiedenen Standorten des multinationalen Unternehmens im Sinne eines globalen Vergütungssystems, zum anderen um spezifische Fragen der materiellen Anreize von Auslandsentsandten (Expatriates). Dabei sind jeweils unterschiedliche Probleme zu bewältigen.[132]

---

[129] Gupta/Jenkins 1996
[130] Harris/Harris/Harvey 2007, S. 642ff.
[131] Weber et al. 1998, S. 215 ff.; Dowling/Festing/Engle 2008, S. 161
[132] Briscoe/Schuler/Claus 2009, S. 237f.

Bei der globalen Vergütung sind zumindest vier Fragen zu beachten. Um zu einem gerechten System zu gelangen, müssen vergleichbare Stellen gleich bewertet werden. Diese Vergleichbarkeit von Stellen und Anforderungen an verschiedenen Standorten ist nicht immer leicht herzustellen. Dieselben Stellenbezeichnungen (z.B. ‚Manager') können in unterschiedlichen Ländern verschiedene Bedeutungen (und Bewertungen) haben.

Wie in vielen anderen Bereichen des internationalen Personalmanagement spielen unterschiedliche Rahmenbedingungen eine wichtige Rolle. Dies ist bei unterschiedlichen Steuergesetzen unmittelbar evident. Doch auch der jeweilige kulturelle Kontext übt einen starken Einfluss darauf aus, wie Vergütungspraktiken wahrgenommen werden. Legt man die häufig verwendeten Kulturdimensionen nach Hofstede zu Grunde, so erfordern Länder mit großer Machtdistanz auch große Differenzen zwischen den Gehältern auf verschiedenen Hierarchieebenen. In Ländern mit einem hohen Maß an Unsicherheitsvermeidung wird großer Wert auf einen hohen Anteil des fixen Grundlohns gelegt. Hingegen werden in Ländern mit hohem Individualismus individuelle, variable Leistungsanteile in der Entlohnung mehr geschätzt. Schließlich findet sich in Ländern mit hoher Maskulinität eine stärkere Diskriminierung von Frauen durch geringere Entlohnung als in Ländern mit stärkerer Femininität.[133]

Zwei weitere Probleme bei globalen Vergütungssystemen sind das Verhältnis von Gehalt und Zusatzleistungen sowie die Form der Darstellung und Kommunikation des Gehalts. Ersteres hängt wesentlich von steuerrechtlichen Bestimmungen ab, wie Gehalt und Zusatzleistungen unterschiedlich zu versteuern sind und so von ein und derselben Kombination in verschiedenen Ländern unterschiedliche finanzielle Anreize ausgehen können. Zweiteres bezieht sich darauf, ob von Brutto- oder Nettogehältern die Rede ist, von Monats- oder Jahresgehältern, und ob überhaupt über das Einkommen offen geredet wird.[134]

Das Hauptproblem bei der Remuneration von Expatriates ist die im Vergleich zu nationalen Vergütungssystemen höhere Komplexität. Sie entsteht durch größere Menge der zu beschaffenden Daten (Gehaltsniveaus, Sozialleistungspakete, behördliche Auflagen, Steuergesetze), staatliche Devisenbestimmungen (bspw. Ausfuhrbestimmungen), schwankende Wechselkurse, unterschiedliche Inflationsraten und die dadurch erhöhten Anforderungen an die Administration des Systems. Ein Sonderproblem stellen die sog. ‚Banditen' dar. Damit sind Expatriates gemeint, die über viele Jahre hinweg ihre ursprünglichen Zusatzanreize bewahrt haben, und eigentlich mittlerweile als ‚Locals' re-klassifiziert werden müssten. Schließlich besteht die Gefahr, dass es durch Benchmarking zur ‚Kodifizierung der Unwissenheit' kommt, denn die solcherart übernommenen Vergütungspraktiken anderer multinationaler Unternehmen sind weniger durch Anwendung gesicherten Wissens entstanden, sondern durch Experimentieren und Fortschreiben der bisherigen Vorgangsweise ohne Überprüfung, unter welchen Rahmenbedingungen diese und jene Praktiken vorteilhaft sind oder nicht.[135]

Neben individuellen Ad-hoc-Vereinbarungen stehen bei der Entschädigung für Auslandsentsandte zwei Modelle zur Auswahl, die marktorientierte Vergütung (going rate

---

[133] Sánchez Marin 2008, S. 13ff.
[134] Briscoe/Schuler/Claus 2009, 239f.
[135] Briscoe/Schuler 2004, S. 328ff.

oder market rate approach) und die Nettovergleichsrechnung (balance sheet approach). Bei der marktorientierten Vergütung wird das lokale Gehaltsniveau als Grundlage herangezogen, das durch Gehaltsvergleichsstudien ermittelt wird. Dabei ist zu entscheiden, wer als Vergleichsgruppe dienen soll: die Einheimischen im Gastland (host country nationals, HCN), die Expatriates der gleichen Nationalität (bspw. die österreichischen Auslandsentsandten in den verschiedenen Unternehmen), oder alle Expatriates, egal welcher Nationalität. Insbesondere im ersten Fall käme es in Niedriglohnländern zu wenig attraktiven Vergütungspaketen, die dann häufig durch Zusatzzahlungen aufgebessert werden müssen. Die Vorteile der marktorientierten Vergütung liegen darin, dass die Vergütung der Expatriates gleichwertig ist zur Vergütung der HCN (gleicher Lohn für gleiche Leistung), dass das System einfach und leicht verständlich ist, dass sich die Expatriates leichter mit dem Gastland identifizieren können und dass die Vergütung der Expatriates aus verschiedenen Herkunftsländern gerecht erfolgt. Als Nachteile sind zu nennen, dass ein und derselbe Expatriate für unterschiedliche Entsendungen unterschiedlich bezahlt wird, dass die Expatriates derselben Nationalität in unterschiedlichen Gastländern verschieden bezahlt werden und dass es zu Einkommenseinbußen bei der Rückkehr aus einem Hochlohnland kommt.[136]

Deshalb findet die Nettovergleichsrechnung auch häufiger Verwendung bei der Vergütung von Auslandsentsandten. Das grundlegende Ziel ist es, den gewohnten Lebensstandard zu halten und einen zusätzlichen finanziellen Anreiz für die Auslandsentsendung zu geben. Ausgangspunkt der Ermittlung der Vergütung ist daher das Gehalt und die Zusatzleistungen im Stammland. Dieses ‚Heimatpaket' wird angepasst, um die zusätzlichen Ausgaben im Gastland auszugleichen. Zusätzliche finanzielle Anreize sollen das Paket attraktiver gestalten (vgl. Abbildung 8). Als Elemente des Vergütungssystems kommen neben dem Grundgehalt eine Reihe von Zulagen und Zusatzleistungen in Betracht: Härteausgleich (abhängig von der tatsächlichen Härte, den steuerlichen Konsequenzen und der Dauer des Aufenthalts), Kaufkraftausgleich, Wohnzuschuss, Heimaturlaube, Schulgeld, Umzug, Unterstützung des Partners bei der Arbeitssuche, zusätzliche Pensions-, Kranken- oder sonstige Sozialversicherungen etc. Der Kreativität und Phantasie sind hier keine Grenzen gesetzt, und so kann flexibel auf unterschiedliche Bedingungen eingegangen werden.

---

[136] Dowling/Festing/Engle 2008, S. 165ff.

Einkommen-steuer		Einkommen-steuer im Heimat- und Gastland		Einkommen-steuer		Prämien und Anreize
						Einkommen-steuer
Wohnen		Wohnen		Wohnen		
						Wohnen
Güter und Dienst-leistungen		Güter und Dienst-leistungen		Güter und Dienst-leistungen		Güter und Dienst-leistungen
Reserven		Reserven		Reserven		Reserven

| *Gehalt im Heimatland* | *Kosten im Gastland* | *Kosten im Gast-land. bezahlt vom Unternehmen und vom Gehalt* | *Dem Heimatland äquivalente Kaufkraft* |

Abb. 8: Die Nettovergleichsrechnung (Weber et al. 1998, S. 222)

Die Vorteile der Nettovergleichsrechnung liegen in der höheren Gerechtigkeit der Vergütung bei verschiedenen Auslandseinsätzen und zwischen Expatriates derselben Nationalität, in der Unterstützung der Rückkehr der Expatriates (keine Einkommenseinbuße) und in der leichten Darstellbarkeit gegenüber den Mitarbeitern. Allerdings kann dieses Modell zu großen Unterschieden in der Entlohnung von Expatriates unterschiedlicher Nationalitäten sowie zwischen Expatriates und HCN führen, und die Umsetzung und Administration des Systems kann rasch an Komplexität zunehmen.[137]

---

[137] Dowling/Festing/Engle 2008, S. 166ff.; Weber et al. 1998, S. 221ff.

Über die Bedeutung von Gender- und Diversitätsmanagement in Organisationen

Regine Bendl und Edeltraud Hanappi-Egger

Inhalt

1. Zielsetzung und Aufbau des Beitrags

Fünf StudienkollegInnen einer Technischen Universität beschließen, eine Softwarefirma zu gründen. Nach den ersten erfolgreichen Jahren des Wachstums besteht das Unternehmen bereits aus zwanzig Personen. Aber schon kurz darauf gibt es ein interessantes Problem: Die sich verändernden Vorstellungen von „Work-Life-Balance" verursachen Diskussionen. Die meisten Personen kommen in die Phase der Familienplanung und sind nicht mehr wie bisher gewollt, übermäßig viele Überstunden zu machen und am Wochenende zu arbeiten. Die bisherigen Arbeitsbedingungen werden als belastend empfunden, einige überlegen, die Firma zu verlassen. Bei genauerer Analyse zeigt sich, dass die Belegschaft eine sehr homogene Gruppe ist, insbesondere was das Alter betrifft. Abgesehen davon, dass schon die Personen der Gründungsgruppe mit sehr ähnlichen Merkmalen ausgestattet waren, wurden in Folge „unbewusst" weiterhin sehr ähnliche Personen rekrutiert. Da nun ein Großteil in die Lebensphase der Familienplanung kommt und sich damit ein Vereinbarkeitsproblem stellt, kommt es in der Firma zu einem kritischen personellen Engpass.

Eine Firma organisiert die jährliche Weihnachtsfeier, zu der auch die Familienangehörigen der MitarbeiterInnen eingeladen sind. Dem Management fällt allerdings auf, dass schon mehrfach Personen dieser Feier fernbleiben. Dieser Beobachtung wird nachgegangen, und es stellt sich heraus, dass insbesondere die Personen, die keiner oder einer anderen Religionsgemeinschaft angehören, eine „Weihnachtsfeier" ablehnen. Außerdem gibt es einige MitarbeiterInnen in gleichgeschlechtlichen Lebensgemeinschaften, die der Feier nicht beiwohnten, weil sie stark verunsichert waren, ob sich die Einladung auch an ihre LebensgefährtInnen richtet und tendenziell eher annahmen, dass unter den KollegInnen von einer heterosexuellen Norm ausgegangen wird.

Dies sind nur zwei Beispiele von Themen, die sich in zunehmendem Maße in Organisationen stellen, weil sich das gesellschaftliche Umfeld von Unternehmen sehr stark verändert und weiter verändern wird. Es wird daher immer wichtiger, dass sich das Management darauf einstellt, dass bisherige Wertevorstellungen, Normen und „Gewohnheiten" in Frage gestellt werden. Insofern gewinnt das Managen von Unterschieden und Gemeinsamkeiten, also Diversitätsmanagement, an Bedeutung.

Ziel des Beitrags ist es in diesem Sinne, ausgewählte demografische und sozioökonomische Faktoren und daraus resultierende Fragestellungen für das Gender- und Diversitätsmanagement in Organisationen zu diskutieren und die Einführung entsprechender Maßnahmen zu begründen. Basierend auf den Diversitätsdimensionen Alter, Geschlecht, sexuelle Orientierung, ethnische Zugehörigkeit, religiöses Bekenntnis bzw. Weltanschauung, Hautfarbe sowie physische und psychische Fähigkeiten – welche in den Antidiskriminierungsrichtlinien der EU (RL 2000/78/EG, RL 2000/43/EG) und dem österreichischen Gleichbehandlungsgesetz (GlBG) gegen Diskriminierung geschützt sind – werden aktuelle organisationale Fragestellungen in den Mittelpunkt gestellt, um die zunehmende Wichtigkeit von Gender- und Diversitätskompetenzen für (Nachwuchs-)Führungskräfte herauszustreichen.

Nach der Definition von Gender- und Diversitätsmanagement und der Darstellung von Diversitätsdimensionen und Diversitätsparadigmen werden die rechtlichen Rahmenbedingungen und Beispiele für den betrieblichen Einsatz von Diversitätsmanagement präsentiert. Danach wird der Frage nachgegangen, über welche sozialen Mechanismen Ein- und Ausschließungsdynamiken in Organisationen initiiert und reproduziert werden. Dabei werden vor allem Analogien von Stereotypisierungen dargestellt und Übergänge zu Diskriminierungsformen problematisiert. Daten zu den einzelnen Diversitätsdimensionen und die Auswirkungen von Veränderungen in den einzelnen Dimensionen auf Organisationen werden aus Managementsicht präsentiert sowie das Phänomen von Mono- und Dominanzkulturen in Organisationen diskutiert. Der Beitrag endet mit der Darstellung von Gender- und Diversitätskompetenzen, welche für die Umsetzung von strategischem und operationalem diskriminierungsfreiem Management von Vorteil sind.

2. Zur Legitimation von Gender- und Diversitätsmanagement

Demografischer Wandel ist ein in letzter Zeit sehr häufig benutztes Schlagwort, wird doch damit viel Diskussions- und in der Folge Handlungsbedarf auf unterschiedlichen Ebenen geortet. Dabei wird vor allem auf folgende sozio-ökonomische Strömungen Bezug genommen:[1]

- „Ageing": Die sinkenden Geburtenraten einerseits und die steigenden Lebenserwartungen andererseits führen in Österreich und in der gesamten EU dazu, dass sich die Altersstruktur der Bevölkerung stark verändert. Die klassische Alterspyramide, die eine breite „junge" Basis hat und nach steigendem Alter immer spitzer wird, wird abgelöst von einer Struktur, die zunehmend in den oberen, also „älteren" Schichten breiter wird.
- Migration: Gerade z.B. in Wien wird prognostiziert, dass die demografische Alterung durch die Einwanderung vor allem junger Menschen abgeschwächt werden wird. Auch hier zeigt sich aus der Vergangenheit, dass aufgrund der höheren internationalen Migration Personengruppen aus unterschiedlichen Kulturkreisen zusammenleben und die Bevölkerung auch in Zukunft durch eine wachsende Vielfalt (Diversität) charakterisiert ist. Insbesondere die EU-Binnenwanderung gewinnt auch weiterhin an Bedeutung.
- Erwerbstätigkeit von Frauen: In den letzten Dekaden ist die Erwerbstätigkeit von Frauen stark gestiegen, einhergehend mit höheren Ausbildungsniveaus. Gleichzeitig ist erkennbar, dass die Erwerbstätigkeit von Frauen nach wie vor unter der der Männer liegt, lediglich Teilzeitarbeiten werden vor allem von Frauen nachgefragt, insbesondere in Zusammenhang mit Vereinbarkeit von Familie und Beruf, die noch immer vor allem Frauen trifft.
- Lebensstile: Es zeigt sich, dass traditionelle Verständnisse von Karrieren, Beziehungen und Lebensqualität sich verändern und eine Zunahme an verschiedenen Lebenskontexten zu verzeichnen ist. Single-Haushalte, Patchwork-Familien, gleichgeschlechtliche Lebensgemeinschaften, aber auch Brüche in den Ausbildungs- und Erwerbsverläufen usw. treten häufiger auf.

Diese demografischen und sozioökonomischen Veränderungen zeigen sich nicht nur auf der gesamtgesellschaftlichen Ebene, sondern haben massive Auswirkungen auf wirtschaftliches Handeln: Auf der Arbeitskräfteangebotsseite kommt es zu einer höheren Diversität, zu einem Anstieg von höher qualifizierten Personen, insbesondere von Frauen. Das bedeutet, dass sich auch das Personal in einem Unternehmen bzw. in einer Organisation gemäß den gesamtgesellschaftlichen Entwicklungen verändern wird. Auf der Seite der KonsumentInnen wird aufgrund der skizzierten Änderungen in Richtung steigende Heterogenität der Zielgruppen eine stärkere Differenzierung an Produkten und Dienstleistungen notwendig sein.

Aber nicht nur die generellen Entwicklungsdynamiken beeinflussen die aktuelle Diskussion über den Umgang mit Vielfalt, sondern auch konkrete politische und legistische Rahmenbedingungen rücken Gender- und Diversitätsfragen immer deutlicher in den Mittelpunkt: Anti-Diskriminierungs- und Gleichbehandlungsgesetze (siehe dazu auch Kapi-

---

[1] vgl. Hanappi-Egger, von Dippel et al. 2007; Statistik Austria 2003, S. 23

tel 4) widmen sich der Tatsache, dass Personen aufgrund von Sozialkategorien (wie z.B. Migrationshintergrund, Alter, Genusgruppenzugehörigkeit usw.) oft diskriminiert werden. Dabei muss es sich nicht unbedingt um direkte Diskriminierungen handeln, sehr oft sind es gerade indirekte, implizite oder strukturelle Rahmenbedingungen, die dazu führen, dass bestimmte Personen von Aktivitäten oder Maßnahmen ausgeschlossen werden (siehe dazu auch die Beispiele in der Einleitung). Dies bedeutet eine massive Ressourcenverschwendung, da sozialkategorischen Auswahlkriterien (unbewusst) gegenüber qualifikatorischen eine höhere Gewichtung gegeben wird.[2] Mit anderen Worten: Personalentscheidungen sind oft vorurteilsgeleitet, was aus Kosten-Nutzen-Sicht dazu führt, dass nicht unbedingt die besten Köpfe für eine Tätigkeit/Position ausgewählt werden, sondern solche, die besser in ein bestimmtes (Normen)Wertesystem passen. Auf die Bedeutung der Stereotypen im Sinne von Diskriminierung wird insbesondere in Kapitel 5 eingegangen.

Generell werden vor allem Kosten- und Nutzengründe angeführt, wenn es darum geht, die Einführung von Diversitätsmanagement zu rechtfertigen:[3]

- Statistiken zeigen, dass die bisher im Mittelpunkt stehende Gruppe der ArbeitnehmerInnen, nämlich weiße, gut gebildet mitteleuropäische Männer kleiner wird und an dessen Stelle vor allem Personen mit Migrationshintergrund und Frauen in den Arbeitsmarkt eintreten werden. Diversitätsmanagement im Sinne von bedürfnisorientiertem Management macht das Unternehmen für diese neuen Gruppen attraktiv (Argument aus Sicht des Personalmanagements und Personalmarketings).
- Unternehmensanalysen machen deutlich, dass der Mangel an einer angemessenen Organisationskultur und einer entsprechenden Unternehmenspolitik dazu führt, dass ArbeitnehmerInnen, die nicht der „dominanten" Gruppe angehören, demotiviert sind, vermehrt Fehlzeiten aufweisen oder aber das Unternehmen verlassen. Die dadurch verursachten Produktivitätskosten, oder aber auch Kosten, die durch Rechtsstreitigkeiten auftreten, legitimieren ebenfalls die „Investitionen" in ein gender- und diversitätsgerechtes Management (Argument der Kostenvorteile).
- Diversität wird vor allem in Arbeitskontexten, die Kreativität bzw. Innovationsfähigkeit voraussetzen, positiv bewertet. Durch die Vielfalt der beteiligten Personen wird „group-thinking" vermieden und die Qualität der Entscheidungen steigt (Argument der Qualitätsverbesserung von Entscheidungen und Argument der höheren Flexibilität und Innovationskraft).
- Aus Marketingsicht kann durch Vielfalt in der Belegschaft die Heterogenität der KonsumentInnen besser abgebildet werden und führt bei adäquaten Marketingstrategien zur Erschließung neuer Märkte (Marketingargument).

Diese Argumente greifen bereits. Mehrere Studien verweisen auf den positiven Zusammenhang zwischen betriebwirtschaftlichen Kenngrößen und Diversitätsmanagement:

- PROGNOS AG:[4] Diese Studie macht in einer Modellrechnung deutlich, dass Vorkehrungen zur Vereinbarkeit von Familie und Beruf sich betriebswirtschaftlich rechnen.

---

[2] Hanappi-Egger und Köllen (2007)
[3] vgl. Krell 1996
[4] vgl. Prognos 2003

Insbesondere wird gezeigt, dass sich Betriebskindergärten ab einer bestimmten Größe rechnen, weil MitarbeiterInnen sich Wegzeiten sparen und eine geringere Fluktuation aufweisen (da der Arbeitsplatzwechsel auch einen Wechsel des Kinderbetreuungsplatzes mit sich ziehen würde).

- Centre of Strategy & Evaluation Services:[5] Kosten-Nutzen-Relation von Vielfalt: Diese Studie bestätigt die Annahme, dass die Umsetzung von Diversitätsstrategien zu einer Verbesserung der Leistungskenngrößen führt. Insbesondere geben die befragten Unternehmen an, dass ihre Maßnahmen zu einer erhöhten Arbeitszufriedenheit, weniger Fehlzeiten, niedrigerer Fluktuation und höherer Produktivität geführt haben.
- NUTEK:[6] In einer quantitativen Studie wurde nachgewiesen, dass es einen positiven Zusammenhang zwischen Geschlechterausgewogenheit/Elternkarenz und Rentabilität gibt. Vor allem zeigt sich, dass die Produktivität geringer ist, je unausgewogener das Geschlechterverhältnis im Unternehmen ist.
- CATALYST:[7] Daten von Unternehmen aus den „Fortune 500" werden regelmäßig erhoben. Es konnte ein positiver Zusammenhang von Diversität (im Sinne von Frauenquoten im Management) und betriebswirtschaftlichen Kenngrößen (z.B. Profit) hergestellt werden. Dabei wurden insbesondere die Kenngrößen „return on equity" (ROE, Verhältnis Gewinn nach Steuer zu Ertrag per AnteilseignerInnen), „return on sales" (ROS, Gewinn vor Steuer dividiert durch Ertrag) und „return on invested capital" (ROIC, Kapitalertrag) herangezogen und gezeigt, dass sich die an der Börse notierten Unternehmen entsprechend dem jeweiligen Frauenanteil im Management im jeweiligen oberen bzw. unteren Drittel befinden.

Zusammenfassend kann also festgehalten werden, dass Gender- und Diversitätsmanagement aus betriebswirtschaftlichen Gründen an Bedeutung gewinnen wird. Die generellen demografischen und sozioökonomischen Veränderungen wirken sich auch auf Organisationen aus. Nicht nur, dass sich Märkte (Absatzmärkte und Beschaffungsmärkte) einer höheren Heterogenität erfreuen, Unternehmen stehen zunehmends im Zuge der Globalisierung unter Konkurrenzdruck. Daher müssen sich Betriebe fragen, ob sie bereits eine adäquate Strategie entwickelt haben oder diese noch zu spezifizieren ist. In diesem Zusammenhang spielen Personalpolitik, Marketing, aber auch interne Strukturen, Wertesysteme und die Organisationskultur eine wichtige Rolle. Die daraus resultierenden Fragestellungen werden in den weiteren Kapiteln behandelt und schlussendlich wird ein Ausblick darüber gegeben, welcher Kompetenzen und Qualifikationen es bedarf, um diesen neuen Herausforderungen Rechnung zu tragen.

---

[5] vgl. CSES 2003
[6] vgl. NUTEK 1999
[7] vgl. Catalyst 2004

3. Definition von Diversität und Diversitätsmanagement

Der gewollte, aktive und strategisch angeleitete Umgang mit Vielfalt (Diversität) – also mit Unterschieden und Gleichheiten[8] von Personen und Gruppen – in Unternehmen hat in den Vereinigten Staaten von Amerika seinen Ausgang genommen. Maßgeblich für die Entscheidung, Vielfalt in Unternehmen aktiv zu managen, waren die Forschungsergebnisse des ‚Workforce 2000‘-Berichts am Hudson-Institut, die prognostizierten, dass im Jahre 2055 75 % der US-Bevölkerung weiblich und nicht-weiß sein werden.[9] Seit den 1990er Jahren wird nun Diversitätsmanagement als Unternehmensstrategie in US-amerikanischen (globalisierten) Konzernen (z.B. Ford, Procter&Gamble, Chrysler etc.) eingesetzt und europäische Profit-Organisationen haben begonnen, Diversitätsmanagement umzusetzen (z.B. Shell, Bank Austria, Schering AG, KLM, Lufthansa u.a.m.).[10] In diesen Unternehmen wird die Vielfalt aller Menschen bzw. Stakeholder und die daraus entstehenden unterschiedlichen Werte, Meinungen, Denkweisen und Handlungen, die eine multikulturelle Gesellschaft mit sich bringt, sowie die Individualität und Einzigartigkeit jedes/jeder Einzelnen als Vorteil und Chance gesehen und bewusst in die Unternehmensstrategie integriert. Dadurch sollen Dominanzkulturen im Unternehmen abgebaut und damit betriebswirtschaftlicher Nutzen generiert werden.[11] Als Unternehmensstrategie wird Diversitätsmanagement in den meisten Fällen von der Konzernzentrale vorgegeben und entweder von eigens dafür eingesetzten DiversitätsmanagerInnen oder von PersonalmanagerInnen umsetzt. Bei der Umsetzung in den Niederlassungen werden dann die jeweiligen länderspezifischen rechtlichen Regelungen und kulturellen Normen berücksichtigt.

Aufgrund der mittlerweile intensiven Beschäftigung mit Diversitätsmanagement in wissenschaftlicher und betrieblicher Praxis mangelt es nicht an Definitionen des Begriffs.[12] Dass und Parker (1999, 68) stellen jedoch fest, dass „the best approach to diversity management is particular rather than universal. Because pressures for diversity can vary and even conflict, matches made within one organization may also differ, producing different initiatives on sexual orientation, gender, ethnicity, or other types of human differences [and similarities, R.B und E.H.]". Trotz dieser Kontextgebundenheit kann Diversitätsmanagement umfassend folgendermaßen definiert werden: *Diversitätsmanagement ist ein dem ökonomischen Primat dienender mehr-dimensionaler Managementansatz, welcher gezielt die Vielfalt (also Gleichheiten und Unterschiede) von MitarbeiterInnen und damit auch von Gruppen in Organisationen wahrnimmt, nutzt und fördert.* Weiters kann Diversitätsmanagement auch als eine personalwirtschaftliche und organisationale Orientierung des Managementhandelns verstanden werden, mit dem Ziel der Ent-

---

[8] Gleichheit kann nicht bestimmt werden ohne Verschiedenheit. Die Existenz von Verschiedenheit ist die Voraussetzung für das Feststellen von Gleichheit. Mehr zu den beiden Begriffen ‚Unterschied‘ und ‚Gleichheit‘ siehe Prengel 2006, S. 29ff.

[9] vgl. Johnston und Packard 1987

[10] Für einen historischen Abriss von Diversitätsmanagement siehe Engel 2007. Für eine Verortung des diskursiven Zusammenhangs zwischen Diversitätsmanagement und neoliberaler Wirtschaftspolitik siehe Bendl 2007.

[11] vgl. Wächter 2003, S. 20ff.

[12] siehe z.B. Koall 2001; Koall, Bruchhagen et al. 2002; Sepehri 2002; Stuber 2004; Bendl, Hanappi-Egger, Hofmann 2004a

wicklung und Nutzung der vorhandenen menschlichen Vielfalt für betriebswirtschaftliche Zwecke.[13] Die folgende Abbildung 1 zeigt den Umgang mit Vielfalt aus personaler und organisationaler Sicht und verweist auf den jeweiligen Bezug in diesem Beitrag:

	Personenorientierung	Organisationsorientierung
Sachebene	Phänomen Vielfalt Unterschiede/Gleichheiten der Menschen (,Diversität als Gegebenheit') (Diversitätsdimensionen Kapitel 3.1, Rechtliche Rahmenbedingungen Kapitel 4, 5)	*Diversitätsmanagement* i.e.S. Gezielte externe/interne Nutzung und Förderung von Vielfalt (,Managing Diversity') (Legitimation Kapitel 2)
Mentale und Handlungsebene	Geisteshaltung Offenheit Bewusstsein, Einstellung, Handlungen bezüglich Gleichheiten/Unterschiede (,Valuing Diversity') (Von Stereotypisierung und Diskriminierung zu Antidiskriminierung Kapitel 5)	Leitgedanke Positive Ausrichtung der Organisation auf Vielfalt und Individualität (,Diversität und Inklusion') (Diversitätsparadigmen Kapitel 3.2)

Abb. 1: Sichtweisen von Vielfalt[14]

Im Rahmen der **Personenorientierung** stehen Phänomene, die sich aufgrund von Unterschieden und Gleichheiten zwischen Menschen ergeben (Sachebene Person) und eine wertschätzende Auseinandersetzung damit (mentale und Handlungsebene Person) im Mittelpunkt. Ausgangspunkte sind hier die Beschäftigung mit Unterschieden und Gemeinsamkeiten und die Reflexion über das Zustandekommen von Diskriminierung und Stereotypisierung (siehe Kapitel 3.1, 4 und 5 in diesem Beitrag). Die **Organisationsorientierung** zielt auf die bewusste externe und interne Nutzung von Gleichheiten und Unterschieden zur Steigerung des Organisationserfolgs ab (Sachebene Organisation – Diversitätsmanagement i.e.S.). Bereits vorliegende Forschungsergbnisse zur Steigerung des betrieblichen Erfolgs können Verantwortlichen für die Umsetzung als Argumentation für die Einführung von Diversitätsmanagment dienen (siehe Kapitel 2 in diesem Beitrag). Den Leitgedanken der Inklusion von Vielfalt in der Organisation zu verankern, bedeutet das Erlernen und Umsetzen eines wertschätzenden Umgangs mit Vielfalt auf der organisationalen Ebene (mentale und Handlungsebene Organisation). Dies bedeutet, sich damit

---

[13] nach Koall 2003
[14] Stuber 2004

auseinanderzusetzen, wie die Gesamtorganisation zur Beschäftigung mit Diversität steht (siehe Kapitel 3.2. in diesem Beitrag). Wenn die Inklusion von Diversitäten als Leitgedanke verankert ist, dann haben Organisationen einen wertschätzenden Umgang mit Vielfalt gelernt.

3.1 Diversitätsdimensionen

Was nun die einzelnen Diversitätsdimensionen betrifft, so bietet die folgende Abbildung eine Übersicht unterschiedlicher Dimensionen von Gleichheit und Differenz. Dabei wird zwischen jenen Dimensionen differenziert, die in der *personalen* und *organisationalen* Umwelt der jeweiligen Person liegen.

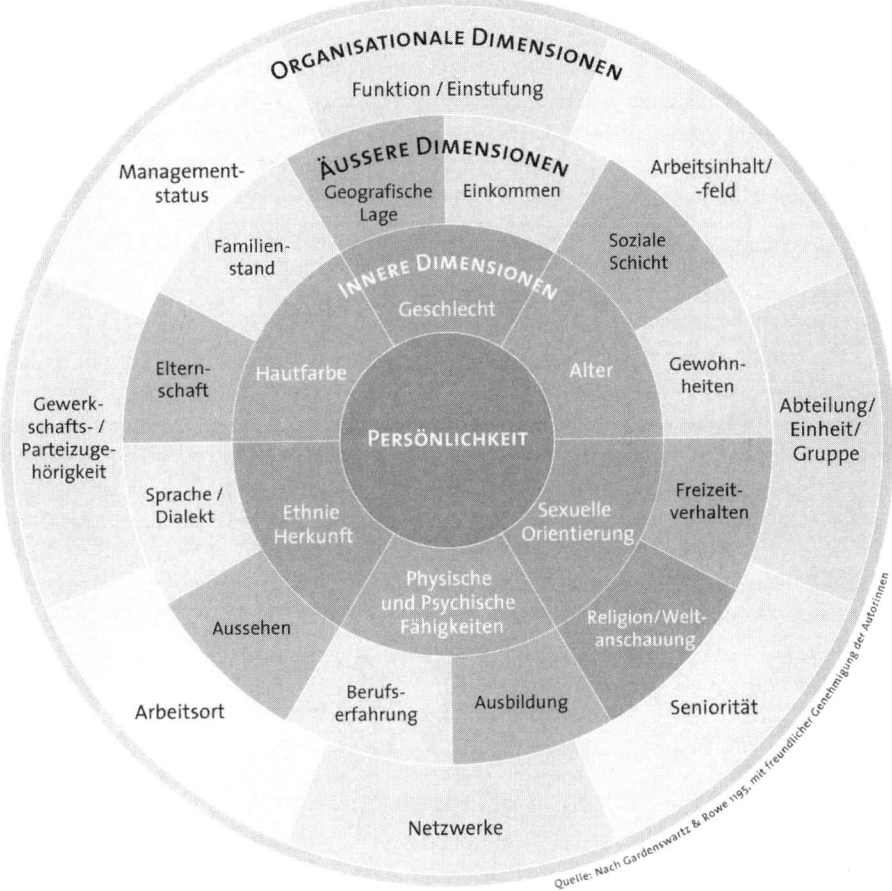

Abb. 2: Dimensionen von Unterschieden und Gleichheiten[15]

---

[15] ASD 2008

Gemäß der Abbildung handelt es sich bei den **inneren Dimensionen** um Geschlecht,[16] Alter, sexuelle Orientierung, psychische und physische Fähigkeiten, Ethnie/Herkunft und Hautfarbe. Im Vergleich zu den äußeren und organisationalen Diversitätsdimensionen können diese als eher stabil betrachtet werden. Doch sind auch Änderungen bei diesen inneren Dimensionen möglich wie z.B. Änderung der sexuellen Orientierung, der Hautfarbe, der psychischen und physischen Fähigkeiten. Ein sehr bekanntes Beispiel für die Veränderung der Hautfarbe ist der Sänger Michael Jackson. Ebenso können sich auch die sexuelle Orientierung und physische und psychische Fähigkeiten im Laufe des Lebens eines Menschen verändern.

Als **äußere** disponible **Dimensionen** zeigt die obige Abbildung Einkommen, soziale Schicht, Gewohnheiten, Freizeitverhalten, Religion/Weltanschauung, Ausbildung, Berufserfahrung, Aussehen, Sprache/Dialekt, Elternschaft, Familienstand, geografische Lage.

Neben den genannten inneren und äußeren Dimensionen bestimmen aber auch noch **organisationale Faktoren**, wie z.B. Funktion/Einstufung, Arbeitsinhalt/-feld, Abteilung/Einheit/Gruppe, Seniorität, Netzwerke, Arbeitsort, Gewerkschafts-/Parteizugehörigkeit und der Managementstatus die *direkt* und *indirekt* wahrnehmbaren Gleichheiten und Unterschiede zwischen Einzelpersonen und Personengruppen. Darüber hinaus gibt es z.B. auch noch folgende, in der Abbildung nicht genannte Diversitätsdimensionen, welche auf Unterschiede und Gleichheiten deuten lassen: lokales Wissen, persönlicher Stil, Vorlieben und Leidenschaften, Denkarten, Militärerfahrung, Berufs- und Lebenserfahrungen, Rauchen u.v.m. Diese Aufzählung lässt sich aufgrund der Kontextgebundenheit von Diversitätsdimensionen beliebig fortsetzen.

Grundsätzlich ist zu beachten, dass sich diese Diversitätsdimensionen auf unterschiedliche bzw. gemeinsame Aspekte von Personen beziehen. Zu bedenken ist allerdings dabei, dass es sich immer um sogenannte „soziale Konstruktionen" der Dimensionen handelt, die von der jeweiligen Situation, also vom Kontext abhängig sind. Das bedeutet, dass es nicht um objektive messbare Kriterien geht, sondern dass die jeweilige Bedeutung bestimmter Kategorien (z.B. „Mann" oder „alt" sein) sozial definiert ist. Dieses „gemeinsame" Verständnis über z.B. Alter, Religion, Geschlecht wird abhängig von den jeweiligen kulturellen Wertevorstellungen, aber auch Herrschaftssystemen gebildet und weitervermittelt. Dementsprechend können diese Verständnisse auch immer wieder hinterfragt, neu definiert oder aber auch abgelehnt werden.

Weiters ist zu beachten, dass diese Diversitätsdimensionen nicht allein für sich stehen, sondern immer im Verbund (Intersektionalität) wirken. Auch diese Verwobenheit ist kontextabhängig. Die einzelnen Dimensionen können sich wechselseitig abschwächen oder verstärken und unterliegen oftmals stereotypisierenden Hierarchisierungsprozessen. Um diese Hierarchien sichtbar zu machen, bedarf es anti-, intra- und interkategorialer Ansatzpunkte (McCall 2005). Im Rahmen der *anti-kategorialen* Auseinandersetzung geht es um die Hinterfragung von Identitätskonstruktionen zu Diversitätsdimensionen und damit einhergehenden Ausschlüssen (z.B. welche anderen männlichen Identitätskonstruktionen werden aufgrund einer hegemonialen [globalisierten] männlichen Identitätskonstruktion

---

16 Geschlecht wird in diesem Beitrag mit Gender gleichgesetzt. Doch ist sowohl im Englischen wie im Deutschen zwischen Sex und Gender/Geschlecht zu unterscheiden. Sex bezieht sich auf das biologische Geschlecht und Gender auf die soziale Konstruktion von Geschlechterrollen.

in den Hintergrund gedrängt?). Die *intra-kategoriale* Dimension beschäftigt sich vor allem mit der Differenz und Ungleichheit im Rahmen der jeweiligen Kategorie (z.B. Unterschiedlichkeiten unter den Frauen und daraus abzuleitende Maßnahmen für Work-life-Balance-Programme in Unternehmen). Bei der *inter-kategorialen* Analyse werden die Wechselwirkungen zwischen den einzelnen Diversitätsdimensionen beleuchtet (z.B. das situationsabhängige Zusammenspiel von Alter, Geschlecht und ethnischer Zugehörigkeit am Arbeitsplatz). Diese anti-, intra- und interkategorialen Sichtweisen machen den Umgang mit Diversitätsdimensionen anspruchsvoll, da dazu theoretisch, methodologisch und auch empirisch heterogenes Wissen zusammengeführt, verbunden und wieder abhängig vom Kontext interpretiert werden muss.

3.2 Diversitätsparadigmen

Die Haltung von Organisationen zu den unterschiedlichen Diversitätsdimensionen lässt sich anhand folgender *Diversitätsparadigmen* charakterisieren:[17]

- Im Rahmen der *Resistenzperspektive* werden unterschiedliche Diversitätsdimensionen weder als Problem noch als Herausforderung wahrgenommen. Vermeintlich wahrgenommene Homogenität sichert den Status von Dominanzgruppen und die Abwertung oder den Ausschluss von Personen, die den Merkmalen der Dominanzgruppen nicht entsprechen. Forderungen nach organisationalem Wandel werden von der Unternehmensführung abgelehnt (z.B. werden die Forderungen nach Chancengleichheit für Frauen und Männer im Betrieb immer wieder von der Unternehmensleitung abgelehnt und keine Schritte in diese Richtung gesetzt).
- Die *Fairness- und Antidiskriminierungsperspektive* zielt auf eine möglichst rasche Sichtbarmachung und Abschaffung von Diskriminierung in den einzelnen Diversitätsdimensionen ab, indem Problemfelder identifiziert, benannt und einer Konfliktbewältigung unterzogen werden. Als Basis können auch Gesetze dienen, z.B. Affirmative Action in den USA, die EU-Antidiskriminierungsrichtlinie in Europa, das Frauenförderungsgebot im Bundesdienst in Österreich (z.B. Einrichtung einer/s Gleichbehandlungsbeauftragten oder Beauftragung des Bereichs Personal, eine Analyse der bestehenden Belegschaft in Bezug auf die unterschiedlichen Diversitätsdimensionen vorzunehmen und eine diskriminierungsfreie Personalpolitik zu verfolgen).
- Die *Zutritts- und Legitimationsperspektive* basiert auf einer marktorientierten Sichtweise, welche soziodemografische Faktoren als Diversitätsdimensionen mit Märkten in Beziehung setzt. Die Eröffnung von neuen Zielgruppen und die Marktanteilssicherung erfolgt durch die Spiegelung der soziodemografischen Daten von Zielgruppen im Unternehmen. Mit anderen Worten: Der Kreis der MitarbeiterInnen spiegelt die Vielfalt der Zielgruppen des Unternehmens in der Organisation wider (gezielte Rekrutierung einer Versicherung von z.B. arabisch sprechenden VersicherungsvertreterInnen, deren Aufgabe es ist, den arabisch-sprechenden Markt in Österreich zu bearbeiten, um die Anzahl der VersicherungsnehmerInnen zu erhöhen).

---

[17] vgl. Dass/Parker 1999 und Belinszki, Hansen et al. 2003, S. 22–31

- Die *Lern- und Effektivitätsperspektive* zielt auf ganzheitliches organisationales Lernen ab. Eine Veränderung der Reduktion von Dominanzkulturen aufgrund von Wertschätzung von Unterschieden und Gleichheiten von Personen und Gruppen soll nicht nur durch Lernen auf individueller Ebene und Gruppenebene, sondern besonders durch Lernen auf organisationaler Ebene umgesetzt werden (z.B. Durchführung eines Organisationsentwicklungsprojekts in Bezug auf Diversität).

Diese unterschiedlichen Diversitätsparadigmen beziehen sich auf unterschiedliche Werthaltungen, die im Rahmen von Diversitätsmanagement erfasst werden. Grundsätzlich ist festzustellen, dass diese Paradigmen in einer Organisation auch parallel vorhanden sind. So kann z.B. von der Unternehmensleitung bereits strategisch auf die Verwirklichung der Lern- und Effektivitätsperspektive abgezielt werden, doch in einer Abteilung noch die Resistenzperspektive vorherrschen, oder Fairness und Antidiskriminierung werden verbunden mit der Zutritts- und Legitimationsperspektive bereits umgesetzt, doch auf der gesamtorganisationalen Ebene kommt es noch immer zu keiner Wertschätzung von Vielfalt.

4. Rechtliche Rahmenbedingungen und betrieblicher Einsatz von Diversitätsmanagement

Wie bereits erwähnt, ist nicht nur ökonomisches Kalkül der Grund für die aktive Beschäftigung mit unterschiedlichen Diversitätsdimensionen, sondern auch EU-weite und nationale Rahmenbedingungen erhöhen die Sensibilität für Diversitätsfragen. So war Österreich als Mitgliedsland der EU verpflichtet, die Antidiskriminierungsrichtlinien der EU (RL 2000/43/EG zur Anwendung des Gleichbehandlungsgrundsatzes ohne Unterschied der „Rasse"[18] oder der ethnischen Herkunft und die Rahmen-RL 2000/78/EG zur Festlegung eines allgemeinen Rahmens für die Verwirklichung der Gleichbehandlung in Beschäftigung und Beruf) in innerstaatliches Recht umzuwandeln. Während RL 2000/43/EG sich auf Diskriminierung im Bereich der Diversitätsdimensionen „Rasse" oder ethnische Minderheit konzentriert, beschäftigt sich RL 2000/78/EG mit Antidiskriminierung für die Diversitätsdimensionen Religion oder Weltanschauung, Behinderung, Alter, sexuelle Orientierung in Beschäftigung und Beruf.[19] Seit 1.1.2006 regeln in Österreich nun das Gleichbehandlungsgesetz (BGBl. I Nr. 66/2004) und das Bundes-Behindertengleichstellungsgesetz (BGBl. I Nr. 82/2005) den Schutz vor Diskriminierung in der Arbeitswelt aus Gründen der ethnischen Zugehörigkeit, der Religion oder Weltanschauung, des Alters, der sexuellen Orientierung, des Geschlechts und von Behinderung.[20] Sehen sich ArbeitnehmerInnen aufgrund dieser Diversitätsdimensionen diskriminiert, so können sie bei der Anwaltschaft für Gleichbehandlungsfragen Unterstützung suchen. Die Kompetenzen der Anwaltschaft für Gleichbehandlungsfragen beziehen sich auf Beratung und Unterstützung, Antrags- und Einleitungsrecht von rechtlichen Verfahren und Bewusstseinsarbeit und Öffentlichkeitsarbeit.[21]

Was die betriebliche Ebene betrifft, wird bereits in einigen Unternehmen auf diese unterschiedlichen Diversitätsdimensionen zielgruppenorientiert eingegangen. So hat z.B. die Deutsche Bank bereits festgelegt: *„Vielfalt ist eine zentrale Komponente unserer globalen Unternehmenskultur (...). Der Diversitätsbegriff der Deutschen Bank umfasst alles, was zum Menschen gehört – wie er auf was reagiert, wie er arbeitet, wie er mit anderen Menschen arbeitet, wie er handelt und wie er seinen Respekt gegenüber Andersartigkeit, besser Vielfalt zeigt"*.[22] Aufgrund externer Faktoren (Globalisierung, demografischer Wandel, Nachhaltigkeit und Ruf als guter Arbeitgeber) ist es Zielsetzung der Deutschen Bank, mit Hilfe von Diversitätsmanagement ein Arbeitsumfeld zu schaffen, welches allen MitarbeiterInnen die Möglichkeit bietet, ihr Potenzial zu entfalten. Diese Zielsetzung wurde als Vision formuliert, die allen weiteren Geschäftsstrategien zugrunde liegt und alle Geschäfts-

---

[18] Wir schreiben das Wort „Rasse" unter Anführungszeichen, um auf die Problematik des Begriffs in der Zeit des Nationalsozialismus hinzuweisen. Insoferne ist der englische Ausdruck ‚race' nicht so einfach mit Rasse zu übersetzen. Um auf den Zuschreibungsprozess im Rahmen „rassischer" Zugehörigkeit aufmerksam zu machen, wird auch oftmals von Rassisierung gesprochen.

[19] vgl. Gutschelhofer 2006, S. 44

[20] Zu den detaillierten Inhalten des Gleichbehandlungsgesetzes und den Aufgaben der Anwaltschaft für Gleichbehandlungsfragen siehe z.B. Gutschelhofer 2006.

[21] Für die Aufgabentrennung der beiden Ombudsstellen der Anwaltschaft für Gleichbehandlungsfragen siehe Teil II und Teil III des GlBG.

[22] Wolff 2006, S. 52 und S. 54 (im Original kursiv)

bereiche des Unternehmens erfasst: „*Diversity Management bedeutet für uns eine Arbeitsumgebung zu schaffen, die niemanden ausschließt und in der alle Mitarbeiter ihr volles Potential entfalten können. Vielfältige Teams sind Bestandteil einer glaubwürdigen, leistungsbasierten Personalpolitik, die den Shareholder Value stärkt und zu großer Profitabilität führt*".[23] Die Initiativen der Deutschen Bank sind auf verschiedene Diversitätsdimensionen gerichtet und die aktuellen Initiativen umfassen: Women's Initiatives, Ethnic Minorities Initiatives, Gay & Lesbian Initiatives, Age-related Initiatives. Was die einzelnen Programme betrifft, so bietet die Deutsche Bank Mentoring, MitarbeiterInnennetzwerke, Work-Life-Balance- und Trainingsprogramme.[24] Auch sieht die Deutsche Bank – neben dem Thema Gender und sexueller Orientierung – im Bereich Alter/Generationen aufgrund der demografischen Entwicklungen in Europa und den USA aktuellen und zukünftigen Handlungsbedarf.[25] Daher forciert die Deutsche Bank den Einsatz von Teams mit Personen aus unterschiedlichen Generationen und die Entwicklung zielgruppenspezifischer Produkte, um die Kontinuität der KundInnenbeziehungen zu fördern. Unternehmsintern sollen Maßnahmen lebenslanges Lernen, intergenerative Zusammenarbeit sowie den Erhalt von Leistung, Motivation und Gesundheit während des Berufslebens fördern.

Aber auch noch zahlreiche andere Beispiele der Einführung von Diversitätsmanagement in For-Profit- und Non-Profit-Organisationen zeugen davon, dass in der betrieblichen Praxis die Umsetzung von Diversitätsmanagement zunimmt. Als Beispiele können genannt werden: Schering AG, BA-CA, Microsoft Schweiz GmbH, MA 17 der Stadt Wien, Procter & Gamble.[26]

---

[23] Wolff 2006, S. 56 (im Original kursiv). Dieses Zitat stammt aus dem Geschäftsbericht der Deutschen Bank und es ist festzuhalten, dass in diesem noch keine geschlechtersensible Sprache verwendet wird. Insofern ist darauf zu achten, auf welcher Ebene Diversitätsmanagement in Organisationen bereits umgesetzt wird. Was die Ebene der Sprache betrifft, scheint Diversitätsmanagement bei der Deutschen Bank noch nicht angekommen zu sein.

[24] Für Details zu den einzelnen Initiativen und Programmen siehe Wolff 2006.

[25] Wolff 2006, S. 63

[26] siehe Engel und Hofmann 2004; Faber, Walther, Bendl 2004; Fuchs und Hanappi-Egger 2004; Struppe 2006; Trinkfass und Enders 2006

5. Von Stereotypisierung zu Diskriminierung

Im Rahmen der Implementierung und Evaluierung von Diversitätsmanagement ist darauf zu achten, keine Stereotypen beim Managen der Diversitätsdimensionen zu reproduzieren (siehe auch anti-, inter- und intra-kategoriale Sichtweisen von Diversitätsdimensionen), die sich in der Aufbau- bzw. Ablauforganisation und den sozialen Beziehungen der Organisationsmitglieder zeigen. In Zusammenhang mit Aspekten des Gender- und Diversitätsmanagements ist vor allem interessant, welche indirekten und impliziten Zugangsbarrieren existieren, die Personen mit bestimmten Sozialdimensionen (wie z.B. Frauen, Personen mit dunkler Hautfarbe, ältere Menschen, …) ausschließen. Dieser Frage kann sehr gut mit dem Ansatz der Organisationskultur nachgegangen werden, wobei darunter die in einer Organisation herrschenden Werte und Normen verstanden werden.[27] „Hiernach ist jede Organisation als ein eigenständiges kulturelles System zu betrachten und organisatorische Handlungen sind nur als kulturelle Verfasstheit des Systems zu begreifen."[28] Für den vorliegenden Beitrag ist also von Interesse, wie in der Organisationskultur angelegte Werte- und Normensysteme als Ein- und Ausschließungsmechanismen wirken und wie diese in weiterer Folge identifiziert und abgebaut werden können.

Wenngleich es in Organisationen immer auch Diversität gibt, kommt es meist vor, dass diese Vielfalt nicht wahrgenommen bzw. ignoriert wird. Es wird, wie bereits oben beschrieben, insbesondere auf eine bestimmte Dominanzgruppe fokussiert, diese als „Normgruppe" behandelt und dabei außer Acht gelassen, dass sich darunter nicht alle Personen subsumieren lassen. Dann wird von einer monokulturellen Organisation gesprochen.[29] Durch die Definition einer bestimmten Normgruppe wird aber ein Maß geschaffen, mit dem andere Gruppen verglichen werden und bei Abweichung als „abnormal", also nicht der Norm entsprechend, abqualifiziert werden. Ein wesentliches kognitives Instrument ist dabei die *Stereotypisierung*.

Unter Stereotypen werden gemeinsam geteilte Schemata über Merkmale und Verhaltensweisen sozialer Gruppen verstanden, die jede Form der Individualität außer Acht lassen (meist ist dann von etwas „Typischem" die Rede: also „typisch Mann", „typisch Deutsche" usw.).[30] Stereotypen erleichtern die Orientierung und dienen in sozialen Situationen der Reduktion von Komplexität, weil sie sinnstiftend sind.[31] Meist haben Stereotypen auch die Funktion des Selbstschutzes (negative Stereotypen von Fremdgruppen dienen der Erhöhung des Selbstwertgefühls) und der Rechtfertigung von Handlungen. Gerade Letzteres ist aus der Sicht von Gender- und Diversitätsmanagement sehr fragwürdig, da es zum Ausschluss von Personen führt: Teilt eine Person ein Gruppenmerkmal (z.B. „Frausein"), werden dieser Person die damit assoziierten Stereotypen zugeschrieben, ohne dabei zu reflektieren, ob dies für die bestimmte Person zulässig ist. Auf diesem einfachen (kognitiven und affektiven) Mechanismus beruhen in der Folge Diskriminierungen (im Sinne von handlungsanleitend) aufgrund von Genusgruppenzugehörigkeit, Alter, sexueller Orientierung, Hautfarbe, ethnischer Herkunft, Religionszugehörigkeit und Weltanschauung usw.

---

[27] vgl. Schein 1997
[28] Schreyögg 1999, S. 436
[29] vgl. Cox 1993; Krell 2004
[30] Werden diese Merkmale und Verhaltensweisen positiv oder negativ bewertet, wird von Vorurteilen gesprochen („… sind gute Menschen").
[31] vgl. Weick 2002

Starke Stereotype im organisationalen Kontext finden sich auch in den Werte- und Normensystemen, wie bereits oben erwähnt (Schein 1997). So existieren z.B. Vorstellungen darüber, wie ein Manager bzw. eine Managerin sein muss („flexibel, belastbar, stressresistent, führungswillig,…"). Diese Zuschreibungen sind meist männlich konnotiert, was dann dazu führt, dass Frauen ein Job im Management weniger zugetraut wird. Manifestieren sich solche Vorstellungen zusätzlich in strukturellen Rahmenbedingungen (wie z.B. zeitliche Verfügbarkeit, Erwartung an Bereitschaft zu Überstunden, keine Vereinbarkeitsmodelle usw.) führt dies zu einem strukturellen Ausschluss von Personen, denen man zuschreibt, dass sie diesen Erwartungen nicht gerecht werden können oder wollen (Selbstselektion). Damit läuft ein Unternehmen allerdings Gefahr, sehr fähige Personen zu verlieren bzw. für hochqualifizierte MitarbeiterInnen nicht interessant zu sein.

Hinsichtlich der in Tabelle 1 dargestellten Sozialkategorien lassen sich Analogien in den Diskriminierungsformen erkennen. Dabei sind vor allem aus betriebswirtschaftlicher Sicht solche von Interesse, die nicht bzw. schwer veränderbar sind (z.B. Hautfarbe, Alter, Genusgruppe, …), weil eine entsprechende Benachteiligung eine Verletzung der Antidiskriminierungsverordnung darstellt. Im Alltagsleben wird in diesem Zusammenhang auch gerne von den „-ismen" gesprochen – also Sexismus, Heterosexismus, Rassismus, Ageismus usw. Im Folgenden werden kurz die dabei zugrunde liegenden analogen Stereotypisierungen und daraus abgeleitete Diskriminierungen dargestellt.

-ismus	Bezugskategorie	„Norm"-Bezug
Sexismus	Genusgruppe	Mann (Frau)
Heterosexismus	Sexuelle Orientierung	Heterosexuelle Personen
Rassismus	Hautfarbe	Weiße
Ageismus	Alter	Junge
Ableismus	Behinderung	Ohne Behinderung
Islamophobismus	Religion/Weltanschauung	ChristInnen

Tabelle 1: Diskriminierungsformen mit Bezugskategorie und Normbezügen[32]

Wie Tabelle 1 darstellt, beziehen sich die sozialen (negativen bzw. ausschließenden) Zuschreibungen alle auf von der als „Norm" wahrgenommenen Referenzgruppe abweichende Personen. Generell werden also Klassen von Personen geformt, von denen sich andere unterscheiden, abgrenzen können („wir" – „ihr"-Gefühl). Gemeinsame Basis sind dabei, wie bereits erwähnt, soziale Konstruktionen und Zuschreibungen.

Im *Sexismus* wird auf der Basis der Genusgruppe zum einen ein dualistisches Zuordnungsschema konstruiert (bestehend aus den beiden Gruppen Mann, Frau), zum anderen wird meist auch eine Hierarchisierung etabliert, durch die „weibliche" Attributionen den männlichen untergeordnet werden.[33] Aus diesem sozialen Konstrukt leitet sich dann oft

---

[32] eigene Erstellung

[33] Dies zeigt sich z.B. im unterschiedlichen Status von Männer- bzw. Frauenberufe, oder aber durch das Phänomen der sogenannten „Feminisierung", also der gesellschaftlichen Abwertung von Berufsgruppen sobald eine hohe Anzahl von Frauen vorhanden ist.

die Rechtfertigung für Geschlechtssegregationen ab, die dazu führen können, dass z.B. Männern der Beruf des Kindergärtners nicht „zugetraut" wird oder aber Frauen an die „gläserne Decke" stoßen, also in ihren Aufstiegsmöglichkeiten eingeschränkt werden.

Im *Heterosexismus* wird die Vorherrschaft von Heterosexualität konstruiert, in dem alle anderen Spielarten von sexueller Orientierung als „nicht normal", also nicht der heterosexuellen Norm entsprechend gesehen werden. Daraus ergibt sich eine Fülle von Ordnungssystemen in Unternehmen, die homosexuelle Personen ausschließen. So wird z.B. oft bei Einladungen „mit Begleitung" tatsächlich davon ausgegangen, dass es sich dabei um eine jeweils andersgeschlechtliche Person handelt. Oder aber spezielle Firmenbegünstigungen (Versicherungen, Altersvorsorge,…) werden lediglich für Ehefrauen oder Ehemänner angeboten, was zu einer Bevorzugung von verheirateten, heterosexuellen Paaren und einer gleichzeitigen Ausschließung von Homosexuellen (die z.B. in Österreich noch nicht heiraten können) oder aber Lebensgemeinschaften führt.

Im *Rassismus* werden Personen aufgrund von Hautfarbe und/oder ethnischen Hintergründen Eigenschaften zugeschrieben und häufig wird ihnen mit Argwohn begegnet. Ähnlich verhält es sich mit *Islamophobismus*, indem Angehörigen der islamischen Weltanschauung ein Radikalismus zugeschrieben wird, was meist durch die Berichterstattung in den Medien verursacht wird.

Im *Ageismus* wird Altern mit Leistungseinbußen, Lernunwilligkeit und Lernunfähigkeit in Verbindung gebracht, was in Folge z.B. oft dazu führt, dass Personen ab einer bestimmten Altersklasse nicht mehr zu betrieblichen Weiterbildungen geschickt werden. Generell ist die Sozialkategorie „Alter" auch in Zusammenhang mit Selbstausschluss verbunden: Während in den anderen Stereotypisierungsklassen die betroffenen Personen sich meist selbst nicht mit den Zuschreibungen identifizieren, teilen ältere Menschen oft die gesellschaftlichen Einschätzungen.

Ableismus bezieht sich auf physische und psychische besondere Bedürfnisse von Personen, die oft sehr direkten Zugangsbarrieren ausgesetzt sind (z.B. durch bauliche Barrieren).

Zu allen diesen Aspekten gibt es bereits sehr viele und gute Beispiele, wie Unternehmen versuchen, nicht in die Stereotypisierungsfalle zu tappen, die dazu führt, ArbeitnehmerInnen zu demotivieren, zu verlieren oder aber gar nicht zu rekrutieren (z.B. BA-CA, Western Union, Equalizent). So werden z.B. Mentoring-Programme für Frauen gestartet, Netzwerke für Frauen oder für ethnische MitarbeiterInnen oder aber für homo-/bi-/transsexuelle Personen etabliert. Kantinenessen, das auf die religiösen oder weltanschaulichen Bedürfnisse von ArbeitnehmerInnen Rücksicht nimmt, zählt ebenso zu den Diversitätsmaßnahmen wie Vorsorgeuntersuchungen und Fitness-Programme. Oder aber es werden bewusst Personen eingestellt, die sich hauptsächlich gebärdensprachlich verständigen (Equalizent).

Wie anfänglich erwähnt, ist es aus organisationaler Sicht aus vielfachen Gründen notwendig, Phänomene der Stereotypisierung und Diskriminierung zu beseitigen bzw. dafür Sorge zu tragen, dass insbesondere indirekte und strukturelle Ausschließungsmechanismen identifiziert und eliminiert werden. Die Leistungsfähigkeit von Personen hängt in hohem Maße davon ab, ob sich ArbeitnehmerInnen wertgeschätzt und ihre speziellen Bedürfnisse, sofern vorhanden, berücksichtigt finden. Dazu bedarf es einer entsprechenden Diversitätsstrategie, also der Definition von Zielbereichen, Zielgrößen und Evaluierungsinstrumenten. Dies erfordert entsprechende Kompetenzen des Managements, worauf in der Folge eingegangen wird.

6. Diversitätswissen und Diversitätskompetenzen

Für die strategische Ausrichtung, Implementierung und Evaluierung von Diversitätsmanagement sind neben organisationalem Lernen auch Diversitätswissen und Diversitätskompetenzen der OrganisationsteilnehmerInnen notwendig. Dieses Diversitätswissen und diese Diversitätskompetenzen zielen darauf ab, die mit der Umsetzung von Diversitätsmanagement verbundenen Veränderungsprozesse in Organisationen anzustoßen, anzuleiten und zu evaluieren.

Diversitätswissen kann definiert werden als eine fließende Mischung aus strukturierten Erfahrungen, Wertvorstellungen und Kontextinformationen und Fachkenntnissen zu den unterschiedlichen Diversitätsdimensionen (also z.B. als Erfahrungen, Wertvorstellungen und Kontextinformationen in Bezug auf Alter, Geschlecht, sexuelle Orientierung, Weltanschauung etc.).[34] Diese Mischung bietet in ihrer Gesamtheit einen Rahmen zur Beurteilung und Eingliederung neuer Erfahrungen und Informationen. Auch das Wissen über die unterschiedlichen Diversitätsdimensionen ist immer sozial bedingt, von den erlebten Situationen abhängig und ruht in den Köpfen der OrganisationsteilnehmerInnen aufgrund ihrer Prägungen und Erfahrungen (z.B. Geschlecht, Herkunft, Hautfarbe). Ebenso unterliegt dieses Wissen der Unvorhersehbarkeit (z.B. Änderungen in der Parteienzugehörigkeit oder des religiösen Bekenntnisses, Veränderungen in der sexuellen Orientierung, Ein- oder Austritt bei der Gewerkschaft).

Grundsätzlich liegt das Wissen zu den einzelnen Diversitätsdimensionen als implizites und explizites Wissen vor. **Implizites Diversitätswissen** wurde von den OrganisationsteilnehmerInnen durch Imitieren und Kopieren erworben und bezieht sich auf Erfahrungen, Fertigkeiten und Einstellungen, die kaum formalisierbar und schwierig kommunizierbar sind (daher auch stillschweigendes Wissen). Um implizites Wissen handelt es sich z.B. bei Erfahrungen die ein/e österreichische/r StaatsbürgerIn als Angehörige/r einer ethnischen Minderheit am Arbeitsplatz macht. Im Gegensatz dazu beruht **explizites Diversitätswissen** zu den einzelnen Diversitätsdimensionen auf Rationalität. Die OrganisationsteilnehmerInnen haben dieses Wissen durch Studieren und Lesen erworben, welches kommunizierbar und auf verschiedenen Ebenen formalisierbar ist (daher auch kodiertes Wissen). So weiß z.B. der/die österreichische StaatsbürgerIn als Angehörige/r einer ethnischen Minderheit über die Geschichte und Rechte seiner/ihrer Ethnie Bescheid.

Grundsätzlich verhandeln Organisationen und OrganisationsteilnehmerInnen explizites und implizites Diversitätswissen immer gleichzeitig. So kann z.B. kann die Einrichtung eines Gebetsraums in einem Betrieb auf Ablehnung unter den Nicht-Religiösen stoßen (impliziter Aspekt), obwohl die Mehrheit der Beschäftigten einer Religion angehören (expliziter Aspekt). In einem solchen Fall sind mit der Unternehmensleitung oder dem/der Personalverantwortlichen, welche sich mit dem religiösen Bekenntnis und offiziellen Richtlinien und dem Arbeitsgesetz auseinandergesetzt haben, entsprechende Regelungen zu vereinbaren.

---

[34]   In Anlehnung an Kühner und König 2005, S. 22

Im Vergleich zum Begriff Diversitätswissen, welcher eher auf die passive Komponente abzielt, bezieht sich der Begriff **Diversitätskompetenz** auf aktives Handeln.[35] Diversitätskompetenz kann definiert werden als ein in wechselnden Situationen aktivierbares Handlungssystem basierend auf den persönlichen Ressourcen oder Wissen des Individuums in Bezug auf die unterschiedlichen Diversitätsdimensionen (z.B. welche Handlungen werden von OrganisationsteilnehmerInnen bei Fragen des Alters, der ethnischen Zugehörigkeit, der sexuellen Orientierung gesetzt). Wie Diversitätswissen ist auch die Anwendung von Diversitätskompetenzen immer nur im gesellschaftlichen Kontext und in der Auseinandersetzung mit der jeweiligen Situation zu sehen.

Diversitätsspezifische Kernkompetenzen stellen jene Fähigkeiten und Fertigkeiten dar, welche vom Individuum in Bezug auf die unterschiedlichen Diversitätsdimensionen besonders beherrscht und in unverwechselbarer Weise angewendet werden. Diese Kernkompetenzen stellen Kontinuität her und begründen fachliche Qualifikationen (z.B. jahrelange aktive Auseinandersetzung mit Frauendiskriminierung auf Basis von Literatur und politischem Engagement oder mit Diskriminierung von Schwulen, Lesben und Transgender-Personen).

Diversitätsspezifische Veränderungskompetenzen sind die Fähigkeiten des Individuums, auf wechselnde Anforderungen, die sich auf die Diversitätsdimensionen beziehen, einzugehen und in Alltagssituationen zu verarbeiten (z.B. Planung und Umsetzung der Integration von Chancengleichheit von Frauen in die strategische Unternehmensführung auf Basis oben genannter Kernkompetenz, nämlich der jahrelangen politischen Auseinandersetzung mit dem Thema oder die Einführung eines Lesbi-Schwulen-Transgender-Netzwerks in der Organisation).

Weiters unterscheidet die Literatur folgende Formen von Kompetenzen, die sich in Bezug auf Diversität folgendermaßen darstellen lassen:[36]

- *Diversitätsfachkompetenz:* bezieht sich einerseits auf die Fähigkeit, mit fachlichen diversitätsspezifischen Kenntnissen und Fertigkeiten Probleme, die sich aufgrund von Diversität ergeben, zu lösen. Andererseits ist es die Fähigkeit, diversitätsspezifisches Wissen sinnorientiert für die fachliche Bewältigung der Berufsaufgaben einzuordnen, zu bewerten und einzusetzen (z.B. theorie- und strategiebasiertes Wissen zu Diversitätsmanagement und den einzelnen Diversitätsdimensionen: Wissen über Geschlechter- und Diversitätshierarchien und deren Effekte und Einsatz dieses Wissens im Rahmen der Implementierung von Diversitätsmanagement als Unternehmensstrategie[37]).

- *Diversitätsmethodenkompetenz:* stellt die die Fähigkeit dar, Tätigkeiten, Aufgaben und Lösungen, die sich auf Diversitäten beziehen, methodisch kreativ zu gestalten und diversitätsorientierte Vorhaben zu strukturieren sowie diversitätsorientierte Konzepte zu entwickeln, steuern, umzusetzen und zu evaluieren (z.B. Anwendung von Instrumenten und Methoden des Gender- und Diversitätsmanagements – Gender- und Di-

---

[35] Wissen: althochdeutsch „wizzan", verwandt mit lateinisch „videre" [sehen], indogermanisch „uoida" bedeutet ich habe gesehen und somit auch ich weiß; Kompetenz: lateinisch „competere", bedeutet zusammentreffen, ausreichen, zu etwas fähig sein, zustehen.

[36] abgeleitet aus Schmidt 2005, S. 161 und Hofmann 2006, S. 16

[37] siehe u.a. Aretz und Hansen 2002; Becker und Seidl 2006

versitätsanalyse in Organisationen, 3 R-Methode, Diversity Impact Assessment, Gender- und Diversitätsorientierte Projektplanung[38]).

- *Diversitätssozialkompetenz:* die Fähigkeit, sich mit Personen, für die andere Diversitätsdimensionen als die eigenen identitätsbildend sind, auseinanderzusetzen, sich diesbezüglich gruppen- und beziehungsorientiert zu verhalten, um neue Pläne und Ziele in Bezug auf Diversitätsfragen zu entwickeln (z.b. Kommunikations- und Konfliktfähigkeit und Urteilsfähigkeit in Bezug auf Diversitätsfragen, Diversitätsreife[39]).
- *Diversitätsindividualkompetenz:* die Fähigkeit, sich selbst in Bezug auf die Wichtigkeit von unterschiedlichen Diversitätsdimensionen einzuschätzen, produktive antidiskriminierende Einstellungen, Werthaltungen, Motive und Selbstbilder zu schaffen und daraus abgeleitet Begabung, Motivation und Vorsätze zur Handhabung von Unterschieden und Gemeinsamkeiten zu entwickeln und sich dabei zu entfalten (z.b. Reflexionsfähigkeit, Rollenübernahme[40]).
- *Diversitätshandlungskompetenz:* bezieht sich auf die Fähigkeit, die beschriebenen Fach-, Methoden-, Sozial- und Individualkompetenzen zu integrieren und Handlungsfähigkeit in Bezug auf Diversität aufzubauen, steigern und erhalten (z.B. Entwicklung von personalen, strategischen, organisationalen Handlungen in Bezug auf unterschiedliche Diversitätsdimensionen).

Mit Bezug auf die bereits im Kapitel 3.2 beschriebenen Perspektiven von Diversitätsmanagement zeigen diese unterschiedlichen Diversitätskompetenzen folgende Ausprägungen:

	Fach-kompetenz	**Methoden-kompetenz**	**Sozial-kompetenz**	**Individual-kompetenz**
Resistenzperspektive	Erhebung der Situation und Strategieentwicklung, um Resistenz aufzubrechen und majorisierte und minorisierte Gruppen sichtbar zu machen	Einsatz von Analyseinstrumenten und Methoden zur Erkennung Verringerung des Widerstands in der Organisation in Bezug auf bestimmte Diversitätsdimensionen	Auseinandersetzung mit den eigenen Widerständen in Bezug auf unterschiedlichste Diversitätsdimensionen; Konfliktfähigkeit	Persönliche Ziele aus der Auseinandersetzung mit Widerständen und Konflikten ableiten

[38] siehe Bendl, Hanappi-Egger, Hofmann 2004b
[39] siehe z.B. Gardenswartz und Rowe 1994
[40] siehe Gardenswartz und Rowe 1994

Diskriminierungs und Fairnessperspektive	Strategieentwicklung zu Chancengleichheit unter Bezug auf organisationsrelevante Diversitätsdimensionen unter Bezug auf Antidiskriminierungsrichtlinie	Einsatz von Erhebungsinstrumenten, Daten und Methoden, um Diskriminierung und Bedürfnisse bei Diversitätsdimensionen sichtbar zu machen	Auseinandersetzung mit eigenem diskriminierendem und antidiskriminierendem Handeln	Persönliche Ziele aus der Auseinandersetzung mit diskriminierungsfreiem Handeln ableiten
Zugangs und Legitimationsperspektive	Strategieentwicklung zum Einsatz organisationsrelevanter Diversitätsdimensionen im Rahmen einzelner Funktionsbereiche (z.B. Personal, Marketing)	Einsatz von Daten und Methoden zur Unterstützung der Strategieentwicklung; Anwendung von bestehenden Instrumenten unter diversitätsspezifischem Blickwinkel	Auseinandersetzung mit der eigenen (Ziel)Gruppenzugehörigkeit	Persönliche Ziele aus der Strategieentwicklung für den Arbeitsplatz ableiten
Lernperspektive	Strategieentwicklung und -umsetzung mit dem Ziel, eine diversitätsorientierte Organisation zu erreichen	Einsatz von Daten und Methoden zur Unterstützung der diversitätsorientierten Strategieentwicklung im Sinne von lernenden Organisationen	Auseinandersetzung mit der eigenen Funktion/ Rolle im Rahmen diversitätsspezifischer Organisationsentwicklung	Persönliche Ziele im Rahmen der Strategieentwicklung ableiten

Tabelle 2: Diversitätskompetenzen im Zusammenspiel mit Diversitätsparadigmen[41]

Wie die Tabelle zeigt, bedarf es dem jeweiligen Diversitätsparadigma entsprechend relevanter Diversitätskompetenzen, deren Erwerb nicht nur durch Erfahrungslernen gesichert ist. Aus betriebswirtschaftlicher Perspektive handelt es sich bei Diversitätskompetenzen also um die Kopplung von Kompetenzen aus dem Bereich Gender und Diversität und dem Bereich Management im weitesten Sinne.

---

[41] eigene Erstellung

7. Zusammenfassung

Wie in dem Beitrag ausführlich dargestellt wurde, gewinnen Fragen des Gender- und Diversitätsmanagements zunehmend an Bedeutung. Dies ist vor allem auf den demografischen und sozioökonomischen Wandel zurückzuführen. Zudem verbietet die Antidiskriminierungsrichtlinie der EU eine Diskriminierung aufgrund des Geschlechts, des Alters, der Religionszugehörigkeit und der Weltanschauung, der sexuellen Orientierung, der ethischen Zugehörigkeit, der Hautfarbe und physischer wie auch psychischer Fähigkeiten.

Die veränderten Rahmenbedingungen wirtschaftlichen Handelns machen es für Organisationen notwendig, sich den Fragen von diskriminierungsfreien Strukturen und Praktiken zu widmen und innovative Managementstrategien in den Bereichen Gender und Diversität zu entwickeln. Die Implementierung, Etablierung und ständige Weiterentwicklung von Diversitätsmanagement erfordert ein hohes Maß an Wissen und Qualifikationen. Neben persönlichen Sozialkompetenzen sind es aber vor allem Fachkompetenzen, die Voraussetzung für ein erfolgreiches Diversitätsmanagement sind.

Aufgrund der allgemeinen gesellschaftlichen Veränderungen muss davon ausgegangen werden, dass es zu einer zunehmenden Heterogenität in Organisationen kommt. In diesem Sinne ist Diversität also prinzipiell gegeben. Es gilt gerade aus betriebswirtschaftlicher Sicht, diese Diversität zu „managen": Die unterschiedlichen Gruppen sich selbst zu überlassen, läuft Gefahr, dass es zu Diskriminierungen, Benachteiligungen und Ausschließung kommt und dadurch Kosten (durch Fehlzeiten, Demotivation, Klagen und Fluktuation) verursacht werden. Um sich Diversität zunutze zu machen, bedarf es eines entsprechenden Managementkonzepts, das auf die unterschiedlichen Bedürfnisse der Mitarbeiter und Mitarbeiterinnen Rücksicht nimmt, ein offenes und respektvolles Arbeitsklima schafft und den MitarbeiterInnen die Möglichkeit gibt, ihre Fähigkeiten zu entfalten. Diese Maßnahmen führen zu positiven Effekten, die wiederum in eine höhere Produktivität fließen.

Flexibilisierung – Herausforderungen und Chancen für Organisationen und deren Mitglieder

Angelika Schmidt

Inhalt

1. Flexibilisierung – modernes Zauberwort?

In den letzten Jahrzehnten findet sich in den Beschreibungen der Veränderungen immer öfter ein Schlüsselwort: Flexibilisierung. Wie wir später noch sehen werden, sind von diesem Begriff ganz verschiedene Bereiche betroffen – im Zusammenhang mit Wirtschaftsorganisationen wird er immer öfter in Verbindung mit dem Einsatz von Arbeit und Ressourcen genannt. Zum Teil wurde und wird Flexibilisierung als ein „Zauberwort" für die Reaktionen auf die Entwicklungen der verschiedenen Märkte genannt. Dabei ist der Begriff Flexibilisierung nicht vollkommen neu – im Rahmen der Auseinandersetzung mit der industriellen Produktion wurde im Laufe des letzten Jahrhunderts immer wieder „Zuflucht" z.B. in der Lockerung von Produktionsplänen gesucht, die eine stärkere Orientierung an den Absatz- und Qualitätskriterien der KundInnen mitberücksichtigten. Es geht also sehr stark um neue Definitionen von Qualität, einer anderen Form der Kundenorientierung bzw. generell um ein anderes Marktbewusstsein.[1] Richard Sennett bezeichnet diese Entwicklungen in seinem bekannten Werk „Der flexible Mensch" als „flexibler Kapitalismus" und hält dazu gleich zu Beginn fest, dass der flexible Kapitalismus als neues Regime neue Kontrollen schafft, statt die alten Regeln zu beseitigen – aber diese neuen Kontrollen seien schwerer zu durchschauen.[2] Aus dieser Aussage wird deutlich, dass eines der Fundamente wirtschaftlichen Handelns – der soziale Vertrag, der sich auf eine Balance und Integration von Interessen und Bedürfnissen von ArbeitgeberInnen, ArbeitnehmerInnen, aber auch der Gesellschaft, in die diese Arbeitsbeziehungen integriert sind, bezieht – weitere Risse bekommen hat.

Flexibilität wird im Duden definiert als Begriff für „1. Biegsamkeit 2. Fähigkeit des Menschen, sich wechselnden Situationen rasch anzupassen."[3] Diese rasche Anpassungsfähigkeit bzw. „Biegsamkeit" findet sich auch in der Bandbreite an Definitionen, die versuchen, Flexibilität im organisationalen Kontext zu fassen. Dabei reicht die Palette der Beschreibungen von Flexibilität als „Idee"[4] oder „gedanklichem Konstrukt"[5] bis hin zum Versuch der Entwicklung theoretischer Bezugsrahmen.[6] Gemeinsam ist ihnen, dass mit Flexibilität eine spezifische Eigenschaft von Systemen gemeint wird, sich ändernden Umweltbedingungen anpassen zu können, sowohl präventiv als auch reaktiv. Flexibilität hat den Charakter eines Potenzials, bei dem die Vergrößerung von Handlungsspielräumen und -möglichkeiten sowie die Erhöhung der Handlungsgeschwindigkeit als zentrale Dimensionen gesehen werden können. Da Flexibilität als Merkmal von Systemen definiert wird, kann sie sowohl Organisationen (in der Anforderung und Fähigkeit einer Organisation, sich dynamischen Bedingungen anpassen zu können) als auch Individuen (z.B. in der Forderung flexibler Qualifikationen) betreffen.

Die Diskussionen um eine Flexibilisierung im Erwerbsleben erstrecken sich schon lange nicht mehr nur auf eine Verkürzung der Arbeitszeit, sondern erfassen auch die Anpassungsfähigkeit der Arbeitskräfte hinsichtlich der Qualifikationen und der Inhalte der Tä-

---

[1]   Fincham/Rhodes 2005, S. 674f.
[2]   Sennett 1998, S. 11
[3]   Duden 2001, S. 317
[4]   z.B. Pollert 1991
[5]   z.B. Dombrowski 2000, S. 53
[6]   Wössner 1990, S. 69

tigkeiten. Mit der Weiterentwicklung der technologischen Möglichkeiten dehnen sich die Flexibilisierungsmöglichkeiten auch zunehmend auf räumliche Aspekte aus – eine Dimension, die beispielsweise Mitte der 1980er Jahre noch nicht relevant war.[7] In Anlehnung an Hochgerner können die Dimensionen von Flexibilisierung schematisch wie folgt zusammengefasst werden:[8]

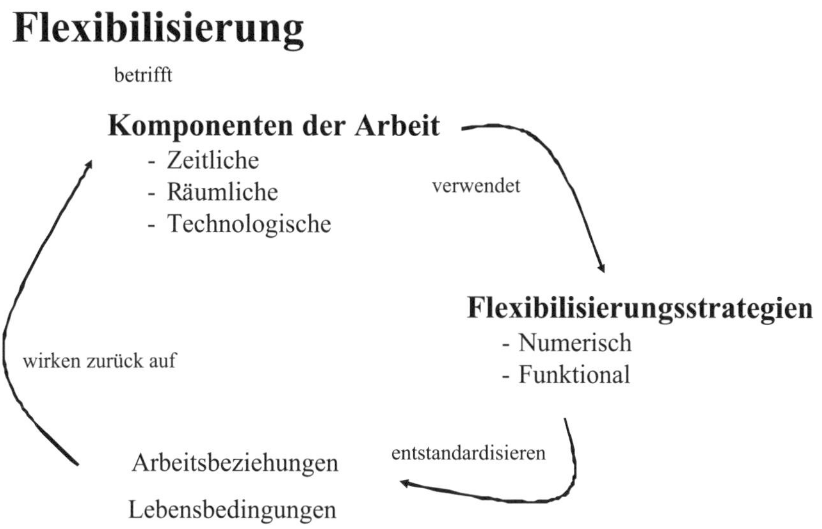

Flexibilisierung

betrifft

Komponenten der Arbeit
- Zeitliche
- Räumliche
- Technologische

verwendet

Flexibilisierungsstrategien
- Numerisch
- Funktional

wirken zurück auf

entstandardisieren

Arbeitsbeziehungen

Lebensbedingungen

Abb. 1: Dimensionen und Folgen von Flexibilisierung[9]

In dieser Abbildung finden sich die schon beschriebenen möglichen Komponenten der Arbeit, die von Flexibilisierung betroffen sein können. Diese Komponenten werden in der Folge in Kapitel 2 näher erläutert. Flexibilität begründet als Inhalt von Strategien Wettbewerbsvorteile, ihr Aufbau wird von den vorhandenen Qualifikationen beeinflusst. „Die Fähigkeit, Flexibilität systemimmanent zu organisieren, wird mehr und mehr zum entscheidenden Erfolgsfaktor unternehmerischen Handelns (...) Flexible Strukturen und flexible Abläufe betreffen alle Arbeitsbereiche eines Unternehmens."[10] Diese zentralen Flexibilisierungsstrategien und vor allem die Hintergründe für Flexibilisierungsentscheidungen in Organisationen stehen im Mittelpunkt des Kapitels 3. Welche Konsequenzen diese zu beobachtenden Flexibilisierungsstrategien auf die Arbeits- und in weiterer Folge auch auf die Lebensbedingungen haben, wird im abschließenden Kapitel 4 näher beleuchtet, wobei hier ein Schwerpunkt auf die Arbeitsbeziehungen gelegt wird.

---

[7] vgl. Hamel 1985, oder auch Anderer 1997, S. 286f.
[8] Hochgerner 1998, S. 176
[9] in Anlehnung an Heinrich/Schmidt 2004, S. 105
[10] Wössner 1990, S. 69

2. Von Flexibilisierung betroffene Komponenten der Arbeit

2.1 Zeitliche Dimension: Arbeitszeit und -dauer

Im Alltagssprachgebrauch wird unter Arbeitsflexibilisierung häufig „Arbeitszeitflexibilisierung"[11] verstanden. Das Konstrukt der Normalarbeitszeit von 42, später 40 und nunmehr 38,5 Stunden pro Woche verliert immer mehr an Bedeutung: Ende der 1990er Jahre ging in Österreich nur knapp ein Viertel der abhängig Beschäftigten einer Erwerbsarbeit im Rahmen einer Normalarbeitszeit nach.[12] In diesem Zusammenhang wird aufgezeigt, dass von Unternehmen mit Arbeitszeitflexibilisierung zwei Zielrichtungen verfolgt werden:[13] die Ausdehnung der Betriebszeiten und die Glättung von Beschäftigungsschwankungen. Hatte man in den 1970ern primär die Lage der Arbeitszeit (,Chronologie') variiert, in den 1980ern primär die Dauer (,Chronometrie'), werden seit den 1990ern Lage und Dauer variiert, und auch der Ort der Leistungserbringung kommt für immer mehr Beschäftigte als Flexibilitätspotenzial hinzu (,Vertrauensarbeitszeit', ,dynamische Modelle', siehe dazu Abbildung 2).

1970er →	1980er →	1990er
primär Lage ,Chronologie' z.B. ,echte' Gleitzeit Schichtarbeit Jahresarbeitszeit	primär Dauer ,Chronometrie' z.B. ,starre' Teilzeit Altersteilzeit Mehrarbeit	sowohl – als auch Lage und Dauer z.B. flexible Teilzeit ,variable' Gleitzeit Sabbaticals Vertrauensarbeitszeit ,dynamische' Modelle

Abb. 2: Entwicklung der Arbeitszeitmodelle im Überblick[14]

Veränderungen der chronologischen Dimension bringen Modelle wie Gleitzeit, Schichtarbeit, Zeitarbeit, Jahresarbeitszeitmodelle, KAPOVAZ[15], job sharing etc. hervor. Am weitesten verbreitet ist in diesem Zusammenhang die Gleitzeit,[16] bei der nicht die Dauer, sondern nur die Lage der Arbeitszeit – meist rund zwei Stunden um eine definierte Kernarbeitszeit herum – individuell so variiert wird, sodass innerhalb einer Abrechnungsperiode (Woche, Monat, Jahr) das Quantum an Normalarbeitszeit erreicht wird. Betriebszeit und Arbeitszeit driften auseinander. Die Vorteile für die Unternehmen liegen in höherer Motivation und Produktivität der Beschäftigten, da unproduktive Randzeiten vermieden werden. Die Vorteile für die Beschäftigten machen sich in besserer Anpassung der Ar-

---

[11] z.B. Günther 1990, S. 303ff.
[12] Wroblewski 2000
[13] Günther 1990, S. 324
[14] Heinrich/Schmidt 2002, S. 152
[15] **Kap**azititätsorientierte variable Arbeitszeit
[16] Statistik Austria 2005, S. 36

beitszeit an den individuellen Lebensrhythmus bemerkbar, die Erledigung privater Aufgaben kann leichter disponiert werden.[17]

Interessant in diesem Zusammenhang ist die unterschiedliche Verteilung dieser Arbeitszeitmodelle im internationalen Vergleich:[18] Bei einer 2004 durchgeführten Befragung von knapp 8.000 Unternehmen in 32 verschiedenen Ländern hat sich gezeigt, dass Schichtarbeitsmodelle vor allem noch in mediterranen Ländern (wie z.B. Spanien oder der Türkei) vertreten sind, jedoch in nordeuropäischen und asiatischen Ländern kaum mehr zu finden sind. In asiatischen Ländern wiederum gibt es nur einen sehr geringen Anteil an flexiblen Arbeitszeitmodellen wie z.B. Jahresarbeitszeit. Diese Modelle haben die weiteste Verbreitung in nord- und zentraleuropäischen Ländern.

Zu den Änderungen der Arbeitszeit trat in Form der Telearbeit schon bald die Möglichkeit hinzu, die Leistung an einem anderen Ort zu erbringen: Sie ist eine expandierende Form, dabei kann der Computer-Arbeitsplatz zu Hause oder in eigenen Centers außerhalb der Firma angesiedelt sein. Auch Mischformen[19] existieren.

Neben den idealtypischen Arbeitszeitmodellen[20] lässt sich in Theorie und Praxis mittlerweile eine beinahe unüberschaubare Vielfalt an variablen Mischformen beobachten: ‚Amorphe‘ (gestaltlose) Arbeitszeitmodelle finden sich vor allem in mittelständischen Unternehmen und zeichnen sich dadurch aus, dass nur das Volumen der geschuldeten Arbeitszeit festgelegt wird, nicht jedoch Lage, Dauer und Bezugszeitraum, der individuell – in einem bestimmten Rahmen – gewählt wird.[21] Auf Basis des Gesamtvolumens wird ein monatlicher Lohn bestimmt und trotz individueller Variation ausbezahlt. Die ArbeitnehmerInnen gleichen Belastungsspitzen und Leerzeiten selbstständig aus. In diesem Zusammenhang wird auch von „dynamischer Arbeitszeit"[22] gesprochen: Die Soll-Arbeitszeit wird von den Beschäftigten nach eigenen Bedürfnissen organisiert, jedoch immer mit Bedacht auf die funktionalen Kernzeiten oder kundenorientierte Ansprechzeiten.

Die Vertrauensarbeitszeit, ein Schlagwort, das noch immer einer eindeutigen Begriffsbestimmung harrt und in der Praxis auch nicht an eine bestimmte Form gebunden ist,[23] bedeutet im Kern die eigenverantwortliche Erfüllung der vereinbarten Arbeitszeit, ohne dass deren genaue Lage und Verteilung vorab vereinbart wird. Sie kann daher wieder zyklischer an individuelle Bedürfnisse und an jene der Tätigkeit angepasst werden. Mit ihr ist stets großer Handlungsspielraum verbunden, wobei der Leistungsmaßstab Arbeitszeit aber nicht angetastet wird. Sie ist gut geeignet bei hohen Auslastungsschwankungen; besonderes Augenmerk ist dem Management von Überlastungssituationen zu schenken.[24]

---

[17] Jurczyk/Voß 2000
[18] Hier wird auf Daten der Cranet-Datenbank (Cranfield University 2006, S. 35) zurückgegriffen. In diesem Netzwerk werden seit Ende der 1980er Jahre in mehrjährigen Abständen Befragungsrunden in mittlerweile mehr als 30 Ländern durchgeführt. 2004 bei der letzten Erhebungsrunde befanden sich mehr als 30.000 Unternehmen in dieser Datenbank (z.B. Brewster et al. 2004).
[19] Reichwald et al. 1998
[20] vgl. z.B. Marr 2001; Blum 1999; Garhammer 2001
[21] Streich 1994, S. 140f.
[22] Blum 1999, S. 39
[23] Hoff 2002, S. 120
[24] Hoff 2002, S. 15ff., S. 99

Die Entwicklung hin zu Arbeitszeit-Freiheit, bei der nur mehr die Leistung geschuldet wird, findet sich in erfolgsorientierten Vergütungsmodellen wieder. Dies stellt dann schon die Grenze einerseits zu Werkvertragsregelungen dar bzw. auch zu Akkordstücklöhnen[25] und kann innerbetriebliche Probleme aufwerfen, wenn etwa gegenseitige Unterstützungsleistungen gefragt sind.[26] Diese Entwicklungen führen auch zur Dekonstruktion von Arbeitszeit als Instrument der Leistungsbemessung – selbst wenn Arbeitszeit in den meisten Entlohnungsmodellen immer noch den zentralen Bezugspunkt bildet.

Für eine immer größere Anzahl an Beschäftigten gibt es für die Trennung zwischen Arbeit und Privatleben keine klaren Zeitmarker mehr. Bei dieser Entwicklung spielen moderne Kommunikationsmedien eine beträchtliche Rolle, denn sie vereinfachen die Verbindung von Zeit und Raum.[27]

2.2 Räumliche Dimension: Entgrenzung von Raum und erhöhte Mobilität

Lange Zeit war Raum in der Organisationsforschung nur ein implizites Anliegen:[28] Thema war Raum z.B. bei Max Weber,[29] der in seinen Arbeiten immer wieder auf die Trennung von öffentlichem und privatem Raum verwiesen hat. Raum wurde auch bei Goffman[30] wichtig, der festgehalten hat, dass sich die "nature of organization" in bestimmten Arenen definiert. An diesen Blickwinkel schließt sich die Diskussion der Bedeutung von Raum, der Symbolkraft der Gestaltung von Raum an.[31] Raum kann auch als Medium und Ergebnis von Handlungen gesehen werden. Dabei geht es zum einen um die Gestaltung, aber auch um die Grenzen von Räumen.[32]

Dass sich die Grenzen zwischen verschiedenen Räumen verändert haben, hängt auch mit den technologischen Entwicklungen der letzten Jahre zusammen. Neue Kommunikationstechnologien (Internet, E-Mails, Videokonferenzen, Mobiltelefone etc.) haben in den Alltag Einzug genommen – zu Hause, in der Arbeit, in der Schule, auf den Wegen zu den jeweiligen Destinationen. Gleichzeitig haben sich die Transportsysteme verbessert und das Reisen vereinfacht. Geschäftsreisen gehören mittlerweile in international agierenden Firmen zum Alltag und haben somit auch Einfluss auf den Arbeitsalltag und die Formen des Arbeitseinsatzes in Organisationen. Dies zeigt sich z.B. auch im internationalen Personaleinsatz: War in den letzten Jahrzehnten die zentrale Personalpraktik auf die langfristige Entsendung von MitarbeiterInnen und deren Familien (sog. Expatriates) in die ausländischen Niederlassungen gerichtet, finden sich heute verschiedene Alternativen dazu in der Unternehmenspraxis.[33]

---

[25] Siehe dazu Elšik/Nachbagauer „Materielle Anreize" in diesem Band
[26] Hoff 2002, S. 24f.
[27] Harvey 1989
[28] Kornberger/Clegg 2004, S. 1096
[29] Weber 1972
[30] Goffman 1959
[31] Siehe dazu z.B. die Unterscheidung zwischen Zelten und Palästen (Hedberg et al. 1976) oder von „front-" und „backstage" (Goffman 1959; Ross 2007)
[32] Rosen et al. 1960
[33] Siehe dazu Mayerhofer „Beschaffung und Auswahl von Mitarbeiterinnen und Mitarbeitern" in diesem Band und u.a. Mayerhofer et al. 2004; Brewster et al. 2004; Scullings et al. 2007

Mittel- und kurzzeitige Arbeitseinsätze z.B. bei Tochterunternehmen zählen ebenso dazu, wie vermehrter Einsatz global mobiler Arbeitskräfte, die den angestammten Arbeitsplatz behalten und die internationalen Aufgaben durch virtuelle Kooperation und Reisen wahrnehmen.[34] Diese Entwicklungen lassen sich auch mit empirischen Daten für Österreich illustrieren: So hat sich laut Österreichischem Statistischem Zentralamt[35] die Zahl der Personen, die kurzfristige Geschäftsreisen (short-term business travels – STBT) unternehmen, zwischen den Jahren 2000 und 2005 verdoppelt. Diese Zahl hat sich im Jahr 2006 weiter auf 1.224.900 erhöht (das sind 17,8 % aller ÖsterreicherInnen über 15 Jahre). Es ist auch festzustellen, dass für immer mehr Beschäftigte internationale Reisetätigkeit zum Aufgabenbereich dazu gehört: Waren es im Jahr 2000 noch 526.000 Personen, die insgesamt 3.397.200 Reisen absolvierten, unternahmen sechs Jahre später also mehr als doppelt so viele Personen – insgesamt 4.588.800 Geschäftsreisen. Gründe für diese Veränderungen auf Unternehmensseite sind vielfältig: Koordinations- und Kontrollaufgaben gehören ebenso dazu wie die Deckung von kurzfristig auftretendem Mangel an bestimmten Qualifikationen. Die Kosten sind in der Regel geringer und die Bereitschaft der MitarbeiterInnen höher, zeitlich befristete Aufgaben auch in weniger attraktiven Regionen zu übernehmen.[36]

Die erhöhte Mobilität lässt sich auch auf der Mikroebene – dem Alltagshandeln feststellen: Virilio betont in diesem Zusammenhang, dass die Telekommunikationstechnologien immer mehr eine Art „real-time" herstellen und damit die „present time" verdrängen, da diese „real-time" sich immer mehr vom hier und jetzt entfernt.[37] Durch mobile Technologien erhöht sich die Zahl der Orte, an denen die Arbeit verrichtet werden kann. Das immer weiter verbreitete mobile Arbeiten kreiert nicht nur neue Orte, sondern transformiert bis zu einem gewissen Grad auch verschiedenste Orte, wie z.B. öffentliche Transportmittel, Cafés, Freizeitplätze in Arbeitsplätze.[38] So werden durch ein Handygespräch mit einer/m KollegIn in einem Kaffeehaus zwei Räume kreiert: ein physischer Ort und ein virtueller Raum der Konversation. Räume sind somit nicht mehr eindeutig mit sozialen Funktionen markiert – eine Chance, wie die Möglichkeiten der Telearbeitsplätze zeigen, und gleichzeitig eine Entwicklung, die von dem/der Einzelnen neue Strukturierungsleistungen fordert.

2.3 Technische Veränderungen

Der Austausch von Informationen über Sprache, Texte und Bilder hat sich – wie schon erwähnt – in der Vergangenheit sehr stark gewandelt. Mit neuen Kommunikationsmedien sind zumeist Vereinfachungen und Zeitersparnis verbunden, weil durch die vermehrte Nutzung asynchroner und mobiler Kommunikationsmedien (wie z.B. E-Mail, Voice-Boxen etc.) die Erreichbarkeitsproblematik entschärft wird und zu einer höheren zeitlichen und räumlichen Flexibilität führt. Asynchrone Kommunikationsmedien überwinden

---

[34] u.a. Harzing/Ruyssevelt 2004; Harris et al. 2005; De Cieri/Dowling 2006
[35] Statistik Austria 2007
[36] Mayerhofer et al. 2004
[37] Virilio 1997, S. 10
[38] Towers et al. 2006, S. 597

Raum und Zeit, da keine zeitgleiche Anwesenheit von SenderIn und EmpfängerIn notwendig ist, wie es bei synchronen Medien der Fall ist. Dabei ist jedoch zu beachten, dass bei dieser Form der Medien die Aufmerksamkeit des/der EmpfängerIn nicht kontrolliert werden kann.

Die beschriebenen technologischen Gegebenheiten beeinflussen den Arbeitsalltag in den beiden schon beschriebenen Faktoren: zeitlich verändern sich Abfolgen von Kommunikationsakten und gleichzeitig kann von einer Art Ent-Räumlichung[39] gesprochen werden. Es ist aber noch ein weiterer Effekt mit diesen technologischen Veränderungen verbunden, denn die durch das Medium forcierte gesellschaftliche Integration räumlich entfernter Bereiche führt im gleichen Zuge zur Verminderung der Möglichkeiten, kulturelle, soziale und individuelle Spezifika wahrzunehmen. Dies kann im Rahmen interkultureller Verstehensprozesse zu einer Festschreibung der Stereotype vom anderen führen, da die eigenen Bilder und Phantasmen über die (...) Andersartigkeit des Fremden nicht gebrochen werden können.[40]

Durch diese Veränderungen von Kommunikationsformen verlieren bestimmte Regeln und Umgangsformen an Bedeutung und müssen erst wieder durch neue ersetzt werden. Dies zeigt sich beispielsweise daran, dass sich erst allmählich Regeln herauskristallisieren, wie in der Öffentlichkeit telefoniert wird. Ein anderes Beispiel für die Etablierung neuer Regeln ist der Umgang mit E-Mails.[41] Fest steht jedoch, dass auch das Nicht- bzw. das verspätete Beantworten einer E-Mail ein Signal sendet – ähnlich wie auf körpersprachlicher Ebene kann diese virtuelle Geste bedeuten: „Diese Nachricht ist es nicht wert, dass ich sie beantworte."[42] Auch die Bedingungen interpersonaler Kommunikation haben sich spezifiziert: Ebenso wie es in Face-to-Face-Situationen eine Vielfalt sozialer Regeln des Annäherns, Grüßens, Vorstellens etc. für die Kontaktaufnahmen, das Aufrechterhalten und das Beenden der Kommunikation gibt, so gibt es auch in Chats und MUDS[43] jeweils spezielle Normen und auch Zeichen (Emoticons), mittels derer das Manko der fehlenden non-verbalen Kommunikationselemente z.B. in Form der Körpersprache kompensiert werden soll.[44]

Im beruflichen Kontext führt die Schnelligkeit und zunehmende Einfachheit der Übertragung zu einer Flut an Informationen (Information-Overload), aus denen die/der Einzelne die für ihn bzw. sie wichtigen Informationen unter permanent steigendem Zeitaufwand herausfiltern muss. Gleichzeitig wird die Autonomie der Einzelnen erhöht, ob überhaupt und wenn ja welche der Informationen sie zu welchem Zeitpunkt in welcher Form bearbeiten.[45] Der Rückgang der Face-to-Face-Kontakte bringt auch mit sich, dass informelle Informationen verloren gehen und das Wir-Gefühl innerhalb von Gruppen, Abteilungen bzw. gesamten Organisationen in Mitleidenschaft gezogen wird.[46] Die Entstehung

---

[39] Berghaus 1999, S. 58; Döring 2000, S. 28
[40] Clases 1994, S. 5
[41] vgl. Krotz 1999, S. 358f.
[42] Busch/Götz 2000, S. 41
[43] **M**ulti **U**ser **D**ungeons: (Rollen)Spiele, die auf einem zentralen Server laufen und bei dem sich mehrere SpielerInnen gleichzeitig einloggen können.
[44] Heinrich/Schmidt 2002, S. 246
[45] Towers et al. 2006
[46] Niggl et al. 2000; Metz 2001

egozentrischer Strukturen wird durch diese Prozesse tendenziell begünstigt, die Fähigkeit zur konstruktiven Bearbeitung von Konflikten hingegen latent gefährdet. Diese beschriebenen Folgen sind gerade im Hinblick auf die steigende Virtualisierung im Arbeits-, aber auch privaten Kontext nicht außer Acht zu lassen.[47]

3. Gründe für Flexibilisierung

Das zwanzigste Jahrhundert war durch die Massenproduktionen und verschiedenen Kontrollmechanismen geprägt. Seit den 1970er Jahren wird für den englischsprachigen Raum, ein gutes Jahrzehnt später für den deutschsprachigen Raum, ein Bündel an wirtschaftlichen und gesellschaftlichen Veränderungen konstatiert. Einen interessanten Überblick dazu findet sich in den Arbeiten von Capelli.[48] Dabei stehen vor allem ökonomische Erklärungen im Blickfeld.[49] Ein zentraler Faktor ist demnach der durch den Wettbewerb erhöhte Druck auf die Profitabilität, mit dem ein Kostensenkungsdruck einhergeht, aber gleichzeitig auch der Druck auf eine verstärkte Flexibilisierung der Beschäftigungsverhältnisse. Diese Entwicklungen erschweren laut Capelli die interne Entwicklung von Qualifikationen immer mehr.[50] Dies ist auch heute nach wie vor aktuell, jedoch entwickeln sich immer mehr Alternativen, die auch durch Trends zu wissensintensiven Produkten und dem Bedarf an neuen Formen der Verantwortlichkeiten und Lernformen geprägt werden. Cressey et al.[51] haben die Veränderungen der Modelle industrieller Organisationen wie folgt dargelegt:

---

[47] Huber/Hirschfelder 2004
[48] 1997
[49] Alewell 1993; Capelli 1997; Osterman 2000
[50] Capelli 1997, 2005
[51] 2006, S. 12f.

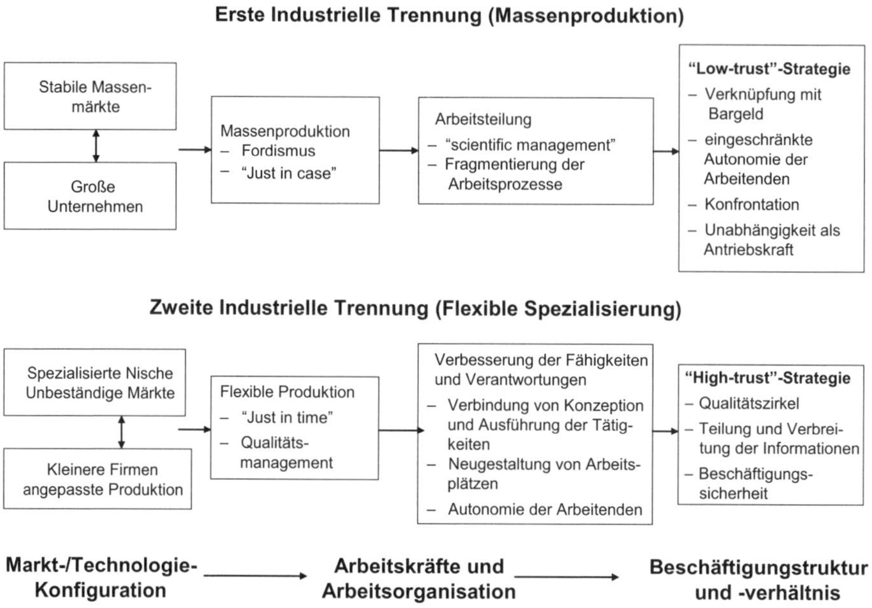

Erste Industrielle Trennung (Massenproduktion)

| Stabile Massen-märkte | Massenproduktion
– Fordismus
– "Just in case" | Arbeitsteilung
– "scientific management"
– Fragmentierung der Arbeitsprozesse | **"Low-trust"-Strategie**
– Verknüpfung mit Bargeld
– eingeschränkte Autonomie der Arbeitenden
– Konfrontation
– Unabhängigkeit als Antriebskraft |
| Große Unternehmen | | | |

Zweite Industrielle Trennung (Flexible Spezialisierung)

| Spezialisierte Nische Unbeständige Märkte | Flexible Produktion
– "Just in time"
– Qualitäts-management | Verbesserung der Fähigkeiten und Verantwortungen
– Verbindung von Konzeption und Ausführung der Tätig-keiten
– Neugestaltung von Arbeits-plätzen
– Autonomie der Arbeitenden | **"High-trust"-Strategie**
– Qualitätszirkel
– Teilung und Verbrei-tung der Informationen
– Beschäftigungs-sicherheit |
| Kleinere Firmen angepasste Produktion | | | |

Markt-/Technologie-Konfiguration ————→ **Arbeitskräfte und Arbeitsorganisation** ————→ **Beschäftigungstruktur und -verhältnis**

Abb. 3: Erste Industrielle „Trennung" (Massenproduktion) und zweite Industrielle „Trennung" (fle-xible Spezialisierung)[52]

Diese erste industrielle Trennung (Fordismus) ist durch eine stabile Massenproduktion und immer größer werdende Unternehmen gekennzeichnet. Dabei stehen „Just-in-Case-Aspekte" im Vordergrund. Die Arbeitsorganisation ist ganz der Optimierung der Arbeits-teilung (Scientific Management) verschrieben und im Bereich der Produktentwicklung steht die einfache Zusammensetzung bzw. Arbeitsteilung bei der Zusammensetzung der Produkte im Vordergrund. Die Arbeitsbeziehungen können als Arbeitsbeziehungen mit geringer Vertrauensbasis („low-trust-strategy": Verknüpfung mit Bargeld, Gewerk-schaften, Arbeitskämpfe, …) bezeichnet werden.[53]

Da diese Form der Arbeitsorganisation schon sehr bald an ihre Grenzen gestoßen ist, war eine Reaktion darauf die flexible Spezialisierung (oder auch zweite industrielle Tren-nung genannt). In dieser Form der Reaktion wurde versucht, die Defizite, die mit dem Fordismus einhergingen, zu kompensieren/eliminieren. Piore und Sabel[54] betonen in die-sem Zusammenhang, dass gerade die technologischen Errungenschaften diese Art der Ent-wicklung der Arbeitsorganisation sehr stark beeinflusst, wenn nicht sogar ermöglicht ha-ben. Spezialisierte, ausweitbare Märkte wurden gesucht und kleine Unternehmensgrößen gewählt. Im Vordergrund steht eine andere Art der Produktion, die auch als „artisanal pro-

---

[52] Cressey et al. 2006, S. 13
[53] Adler 2001
[54] 1984, S. 259

duction" bezeichnet wird. Darunter wird eine sehr flexible Produktionsart verstanden, die sich auch in den Grundgedanken der Just-in-time-Produktionsart wiederfindet, bei der aber gerade die Innovation und Qualitätskontrolle einen ganz neuen Stellenwert bekommt. Dieser neue Zugang der Organisation von Produktionsarten hat Upgradings im Bereich der Qualifikationen, aber auch der Verantwortlichkeiten mit sich gebracht und in vielen Bereichen zum Redesign von Jobs geführt bzw. auch die jeweils damit verbundene Autonomie erhöht. Diese inhaltliche Änderung im Bereich der Jobdesigns ging und geht Hand in Hand mit einer Veränderung der Arbeitsbeziehungen. So sind gerade die Arbeitsbeziehungen in solchen Produktionskontexten viel stärker von einer vertrauensintensiven Strategie geprägt (Qualitätszirkel, Informationsbeschaffung und die Stabilität von Beschäftigung).[55]

Diese Entwicklungen finden sich auch im *Konzept der flexible firm*[56] wieder. Hier wird ein Augenmerk auf das Set an Beschäftigungsformen und Arbeitsmarktpraktiken gelegt, die es Unternehmen ermöglichen, sehr schnell und kostengünstig auf ändernde Umweltbedingungen einzugehen. Flexibilisierungsstrategien zur optimalen Nutzung moderner, neuer Technologien können über die Zahl an Arbeitskräften oder über die Auflösung einzelner Berufsfelder und den multifunktionalen Einsatz mehrfach qualifizierter Arbeitskräfte beschrieben werden. Im ersten Fall spricht man von einer *numerischen* Strategie, die eher mit traditionellen, fordistischen Konzepten verwandt ist. Im zweiten Fall von einer *funktionalen* Strategie, die tendenziell die Höherqualifizierung der ArbeitnehmerInnen nahe legt. Die Technologien selbst sind weder an neo- noch an postfordistische Konzepte gebunden. Formen der beiden zentralen Ausprägungen der genannten Flexibilisierungsstrategien[57] werden in den folgenden Absätzen dargestellt:

Die *numerische Flexibilität* stellt jene Form der Reaktionsmöglichkeiten dar, die sehr stark durch den Arbeitsmarkt bestimmt ist. Diese Form bezieht sich auf die Reaktionsmöglichkeiten des/der Arbeitgebers/in, bestimmte Typen an Arbeitskräften je nach Marktgegebenheiten jederzeit abzubauen bzw. aufzunehmen. Dabei werden besonders Vertragsformen wie Teilzeit, befristete oder saisonale Beschäftigungen eingesetzt. Hier handelt es sich in den überwiegenden Fällen um sehr kurze Vertragsdauern. In dieses Segment fällt auch der Einsatz von Leiharbeitskräften, Freelancern und der Bereich der Heimarbeit bzw. der Arbeit auf Abruf. Haunschild[58] unterscheidet in diesem Zusammenhang zwischen drei Gruppen, die diese numerische Flexibilität gewährleisten:

- Die *erste* Gruppe bilden diejenigen, die Aufgaben mit routinierten, aber geringen Qualifikationsanforderungen ausführen, die aber doch eine firmeninterne Einschulung erfordern. Diese Gruppe ist auf Voll- oder Teilzeitbasis beschäftigt und macht den „zweiten internen Arbeitsmarkt" aus, wobei dieser Bereich anfällig für Marktveränderungen ist.

- Die *zweite* Gruppe umfasst Personen, die nur auf zeitlich befristeter Basis für die Organisation arbeiten, aber ganz spezialisierte Kenntnisse mitbringen und dementspre-

---

[55] Adler 2001
[56] Atkinson 1984, 1985
[57] Flecker 1998, S. 207f.; Fincham/Rhodes 2005, S. 679
[58] 2004, S. 96

chend auch hoch entlohnt werden. Diese Gruppe findet sich im sogenannten ersten externen Arbeitsmarkt wieder.

- Die *dritte* Gruppe wird dem zweiten externen Arbeitsmarkt zugerechnet und umfasst Personen mit sehr geringen Qualifikationen. Diese finden sich in den am wenigsten sozialrechtlich abgesicherten Beschäftigungsformen wieder, wie z.B. geringfügigen Beschäftigungsverhältnissen.

Wird hingegen auf *funktionale Flexibilität* gesetzt, liegt der Schwerpunkt auf der Gestaltung und Steuerung des Arbeitsprozesses. Dabei wird durch den optimierten Einsatz von Produktionstechnologien einerseits und der Einsetzbarkeit von Arbeitskräften in verschiedensten Bereichen aufgrund ihrer Fähigkeiten anderseits die Flexibilität gewährleistet bzw. erhöht. Bei dieser Form greift das Unternehmen nicht auf den externen Arbeitsmarkt zurück, sondern kann auf die geänderten Produktionsanforderungen durch Variation des Personaleinsatzes im Unternehmen selbst reagieren.

Beide Formen – *numerische und funktionale Flexibilisierungsformen* – werden im Rahmen der von Atkinson[59] kreierten „flexible firm" zusammengefasst, um somit Kontrolle und Effizienz eines Unternehmens zu steigern. Der Mix dieser beiden Formen und damit die Optimierung des Personaleinsatzes werden als eine „ideale Personaleinsatzstrategie" angesehen. Dem Prinzip liegt die schon ältere Idee der Teilung der Belegschaft zugrunde. Den Kern der Arbeitskräfte bilden gut ausgebildete und vielseitig einsetzbare Arbeitskräfte, die auch dementsprechend gut entlohnt werden und im Grunde von einem sicheren Arbeitsplatz ausgehen können. Sie bilden über weite Strecken die Hauptgruppe derer, die für die zentralen Aufgabenbereiche des Unternehmens notwendig, aber eben auch in verschiedenen Bereichen einsetzbar sind (funktionale Flexibilisierung). Die numerische Flexibilisierung wird im Segment der Randbelegschaft eingesetzt.

Zur numerischen Strategie, also einer Variierung des Arbeitskräfteangebotes, wird festgehalten, dass es sich bei diesen Anpassungsmaßnahmen nicht um die Strategie ‚hire and fire' handelt, sondern um die „zeitlich befristete Beschäftigung oder Nichtbeschäftigung eines ‚Stamms' von Arbeitskräften, die einer Dauerbeschäftigung in der flexibilitätsbedürftigen Unternehmung nicht nachgehen wollen, zu gelegentlichen eventuell auch regelmäßigen, kurz dauernden Tätigkeiten aber bereit sind."[60] Der Autor denkt dabei Mitte der 1980er Jahre an „Hausfrauen, Rentner und Studenten."[61] So zynisch diese Definition bzw. dieses Konzept auf den ersten Anschein klingt, die Entwicklung zeigt, dass eine große Anzahl an teilzeitbeschäftigten Männern und Frauen, aber auch die legistischen Regelungen rund um die Gestaltung von Arbeitsverträgen den Abschluss flexibler Kurzzeitverträge begünstigen (Stichwort: neue Selbstständige, LeiharbeiterInnen).

Der Ansatz der flexible firm wird in mehrerlei Hinsicht kritisch betrachtet. Ein Kritikpunkt in diesem Zusammenhang ist, dass immer wieder die fehlende empirische Evidenz für das Ziel dieses Modells bemängelt wurde.[62] Es wurde festgestellt, dass gerade in Phasen, in denen es in bestimmten Bereichen zu Konjunkturanpassungen gekommen

---

[59] 1984, 1985
[60] Hamel 1985, S. 297
[61] Hamel 1985, S. 297
[62] z.B. Pollert 1988, S. 285ff.; Legge 1995, S. 139ff.

ist, immer wieder auf die Flexibilisierung durch z.B. den Einsatz von Zeitarbeitskräften zurückgegriffen wurde.[63] Dabei wird weniger ein ausgewogener Mix der beiden Flexibilisierungsstrategien eingesetzt, sondern immer mehr auf die in vielen Branchen auf den ersten Blick leichter handhabbare numerische Strategie gesetzt,[64] obwohl gerade in der Entwicklung von Qualifikationen bzw. Entdeckung von weiteren nutzbaren Ressourcen ein zentraler Erfolgsfaktor für die Wettbewerbsfähigkeit von Unternehmen liegt.[65]

Die Frage, die sich in diesem Zusammenhang stellt, ist, in welchem Rahmen diese Qualifikationen weiterentwickelt werden und des Weiteren, von wem die Weiterqualifizierung finanziert wird. Befunde in diesem Zusammenhang zeigen, dass das Investment in Training in Richtung Multi-skilled-ArbeitnehmerInnen in sehr vielen Organisationen vernachlässigt wird.[66] Es ist zu beobachten, dass es zunehmend zu einer Externalisierung der Kosten für Aus- und Weiterbildung (bisweilen auch der Kosten für Arbeitsmittel) an Individuen, andere Betriebe oder an die Institutionen des Arbeitsmarktes kommt. Dies hat aber langfristig Folgen für den/die Einzelne/n. So stellen Marler et al.[67] fest, dass „temporaries have fewer opportunities and less incentive to invest in firm-specific skills, but without such skills they are less productive and earn lower wages."

Anzumerken ist zudem, dass dieses Modell auf der Unterscheidung von Kern- und Randbelegschaft und auf den Segmentierungen am Arbeitsmarkt aufbaut. Mit der Übernahme des Kern-/Peripheriemodells wird der Anschein einer sehr einfachen Unterscheidung innerhalb einer Belegschaft suggeriert. Es liegt die Vermutung nahe, dass es sich dabei um jeweils homogene interne Arbeitsmärkte handelt und es wird in keiner Weise näher beleuchtet, ob und welche Differenzierungsmerkmale sich innerhalb der Kernbelegschaft finden, denn beim Blick auf die Bezahlung, die Karrierechancen oder auch dem mit bestimmten Positionen verbundenen Status zeigen sich Unterschiede, die jedoch hier vernachlässigt werden.

Was diesem Modell auf alle Fälle zugeschrieben werden kann, ist die Verankerung von (numerisch und funktional) flexibler Belegschaft als Leitbild für eine als „fortschrittlich" einzustufende Personalpolitik und damit hat es zu einer Legitimierung der „neuen" Beschäftigungsformen mit beigetragen.[68] Haunschild[69] wirft in diesem Zusammenhang die Frage auf, inwieweit der im Modell der „flexible firm" optimale Mix der beiden Strategien nicht dahingehend zu kurz greift, als hier im Wesentlichen die Stabilität innerhalb der Organisation und das Wechselspiel von Kern und Peripherie bzw. mit Ausgleichsmaßnahmen über den externen Arbeitsmarkt gesucht wird. Er kritisiert, dass dabei die institutionelle (z.B. gesellschaftliche) Einbettung vernachlässigt wird und somit auch der (theoretische) Rahmen für die Einschätzung des Einflusses und der Spielräume von Beschäftigungsstrategien fehle.

Die Flexibilisierung im Hinblick auf verschiedene Beschäftigungsformen verstärkt somit nicht nur bereits vorhandene Segmentierungstendenzen zwischen Stamm- und Rand-

---

[63] z.B. Osterman 2000
[64] Fincham und Rhodes 2005, S. 680
[65] Volberda 1998
[66] z.B. Legge 1995
[67] 2002, S. 429
[68] Nienhüser/Baumhus 2002; Pfeffer 1998
[69] 2004, S. 100

belegschaften, sondern führt auch zu einer Individualisierung der Arbeitsbedingungen und wirkt damit auf individuelle Lebensbedingungen zurück. In der Folge bleiben die Arbeitsbedingungen im Blickpunkt und es wird der Frage nachgegangen, welche Konsequenzen in der Folge mit diesen Entwicklungen für Organisationen verbunden sind. Dabei stehen besonders drei Felder im Mittelpunkt. Zunächst werden die Auswirkungen auf die Führungs- und Leistungssteuerung beleuchtet. In weiterer Folge geht es um das Verhältnis von Individuum und Organisation und zuletzt wird eine mögliche Neuorientierung im Rahmen des Human Ressource Managements thematisiert.

4. Konsequenzen der Flexibilisierung

Jahrzehntelang war Zeit bzw. die Kontrolle von Arbeitszeit für die Organisation ein zentraler Kontroll- und Steuerungsmechanismus für die Leistungserbringung. Durch die Entwicklung, Ausdifferenzierung und Liberalisierung der verschiedensten flexiblen Arbeitszeitformen bis hin zur nur marginal regulierten Vertrauensarbeitszeit stellt sich die Frage, ob und inwieweit Zeit weiterhin als Kontroll- und Steuerungsmechanismus angesehen werden kann. Welche Chancen eröffnen sich mit der Flexibilisierung und damit Freigabe der Arbeitszeit bzw. des Arbeitsorts? Welche Anforderungen ergeben sich an organisationale *Führungs- und Leistungssteuerungssysteme*?

Die Arbeitskraft der Beschäftigten bestmöglich zu nutzen, ist unbestritten wesentliches Interesse von Unternehmen. „Das anvisierte Ideal ist, dass hoch motivierte Organisationsmitglieder aus freien Stücken das für die Organisation Bestmögliche tun."[70] Die Ansichten über den „best way" der Leistungssteuerung allerdings durchlaufen seit Beginn des vorigen Jahrhunderts eine rasante Entwicklung: War man noch Anfang des Jahrhunderts von den Vorteilen fortschreitender Arbeitsteilung und Kontrolle überzeugt – wie sie etwa F. W. Taylor im Amerika der 1920er Jahre propagierte und in seinen Prinzipien, bekannt geworden als Scientific Management,[71] darlegte –, so änderte sich dies angesichts der Ergebnisse der berühmten Hawthorne-Experimente, da hier besonders soziopsychische Voraussetzungen und Folgen der Führung berücksichtigt wurden.[72] Wesentlich für unsere Diskussion hier ist die Frage, welche Führungsprinzipien und -techniken angesichts der Vielfalt an zu konstatierenden Bedürfnissen und Motiven Erfolg verheißen. Parallel zu diesen Entwicklungen vollzog sich eine Entwicklung der Steuerung und Kontrolle von Menschen, die anhand der Dimensionen mittelbar–unmittelbar und persönlich–unpersönlich charakterisiert werden kann,[73] je nachdem ob Steuerung und Kontrolle in persönlichem Kontakt von Führenden und Geführten direkt ausgeübt wird. All diese Ansätze sind regelmäßig integraler Bestandteil der Steuerungs- und Kontrollstrategien in Organisationen. Es kommt zu immer umfassenderer und indirekterer, d.h. vom Einzelnen/von der Einzelnen immer schwerer wahrnehmbaren Steuerung und Kontrolle der Tätigkeiten. Diese Tendenz wird noch weiter verstärkt und mündet – Konzepte wie Ver-

---

[70]   Neuberger 2002, S. 587
[71]   vgl. Kieser 1999, S. 75f.
[72]   Walter-Busch 1989
[73]   Sandner 1988

trauensarbeitszeit deuten es an – nicht zuletzt in Vertrauen als übergeordnetem Steuerungsmechanismus, der Kontrollen ersetzt. All dies soll im Endeffekt eine Steigerung von Leistung und Zufriedenheit der ArbeitnehmerInnen bewirken. Ging man Anfang des 20. Jahrhunderts davon aus, dass Zufriedenheit Leistung hervorbringt, so sah man spätestens seit Anfang der 1960er Jahre z.B. im Rahmen der Human-Relations-Ansätze auch die Arbeitsleistung als Möglichkeit, daraus Befriedigung zu schöpfen und (Arbeits)Zufriedenheit zu erlangen.[74] Auch Arbeit kann zufrieden machen. Mit dieser Sichtweise wird das tayloristische „Kontrollparadoxon" modifiziert:

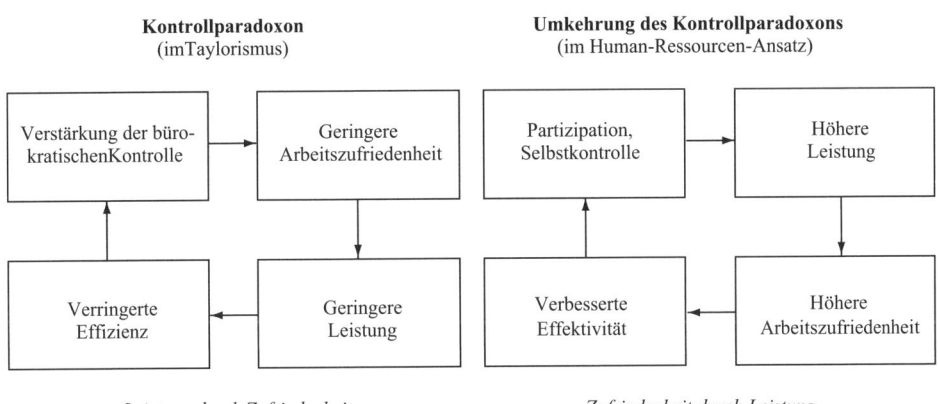

Abb. 4: Kontrollparadoxon[75]

Die Idee von Partizipation und Selbstkontrolle als wesentlichen Leistungskomponenten flossen Anfang der 1970er Jahre in das Konzept des Handlungsspielraums[76] ein, welches einen großen Handlungsspielraum als Ziel postuliert. Der Handlungsspielraum einer Tätigkeit ergibt sich aus dem Zusammenwirken von Tätigkeitsspielraum (welche und wie viele Tätigkeiten an einem Arbeitsplatz ausgeführt werden) und Entscheidungsspielraum (welche Entscheidungs- und Kontrollkompetenzen vorhanden sind). Ob eine Ausweitung des Handlungsspielraums tatsächlich als Bereicherung oder aber als Zumutung erfahren wird, hängt von der Stärke der individuell vorhandenen Wachstums- und Entfaltungsbedürfnisse ab und von den Zielsetzungen, die die Einzelnen verfolgen.

Die Fähigkeit, Bedürfnisse zu artikulieren, wird davon begleitet, dass physische und virtuelle Ebene dabei zunehmend auseinanderklaffen. Arbeitsleistung ist nicht länger an bestimmte physische Orte gebunden. Es gilt aber auch: „Abwesenheit ist verbunden mit dem Verlust an Möglichkeit zur Einflussnahme."[77] Und „Big Brother" ist in Form von Detektivprogrammen, die es ermöglichen, prinzipiell jede Bewegung der MitarbeiterInnen im virtuellen Raum zu überwachen, Realität geworden. Neueste technische Ent-

---

[74]   Kieser 1999
[75]   Frost et al. 2002, S. 171f.
[76]   Ulich 1972, zit. in Neuberger 2002, S. 77ff.
[77]   Götz/Lackner 1999, S. 57

wicklungen ermöglichen es den Aufenthaltsort der MitarbeiterInnen außerhalb der Organisation jederzeit festzustellen. Die verschiedenen Komponenten von flexibilisierten Arbeitsbedingungen führen u.a. auch dazu, dass sich die Leistungssteuerung immer weniger im direkten, persönlichen Kontakt zwischen Führungskraft und Geführten vollzieht.[78]

Die schon beschriebenen Veränderungen der Arbeitsbeziehungen beinflussen auch *das Verhältnis zwischen dem Individuum und der Organisation* und in weiterer Folge auch auf die Veränderungen von subjektiven und objektiven Karrierewegen in Organisationen. Dabei ist die Wirkung der „atypischen" Beschäftigungsformen mitzubedenken. Die Beschreibungen von Wegen und Karrieren stützen sich so immer weniger auf Logiken der Organisationen (z.B. Senioritätsprinzip, Loyalität), wie sie es über lange Zeiträume getan haben, sondern orientieren sich in manchen Segmenten immer stärker am Arbeitsmarkt. „Employability" steht im Gegensatz zu Beschäftigungssicherheit im Vordergrund[79] und dies zeigt sich auch in der Diskussion der Veränderungen der Inhalte der psychologischen Verträge, die in Abbildung 5 zusammengefasst wird. Psychologische Verträge ergänzen und überlagern formale, juristische Arbeitsverträge und formulieren wechselseitige, nicht notwendigerweise übereinstimmende Erwartungen zwischen Arbeitnehmenden und -gebenden.[80]

Traditioneller psychologischer Vertrag	Neuer psychologischer Vertrag
• Arbeitsplatzsicherheit • Lebenslange Beschäftigung • Gegenseitige Loyalität / Identifikation • Interner Aufstieg • Spezialisierung	• Akzeptanz von Unsicherheiten • Leistungsorientierung • Orientierung an eigenen Fähigkeiten • Eigenverantwortung für Beschäftigung • Eigenverantwortung für Entwicklung/Arbeitsmarktfähigkeit

Abb. 5: Veränderungen der psychologischen Verträge[81]

Die Eigenverantwortlichkeit für die Arbeitsmarktfähigkeit, die Identifikation mit den individuellen Fähigkeiten liegen bei dem/der Einzelnen – damit aber z.B. auch die Kosten für Weiterbildung, was diese „Neuen psychologischen Verträge" für die Betroffenen nur zum Teil akzeptabel macht. Wird doch bei der positiven Darstellung für den/die Einzelnen davon ausgegangen, dass für den/die Betroffenen Wahlfreiheit bzw. ein Handlungsspielraum besteht, was gerade bei atypischen Beschäftigungsformen, für bestimmte Gruppen nicht oder nur in eingeschränktem Maße gegeben ist.[82]

Dass es hier auch von Seiten der Organisationen zu einem Umdenken gekommen ist, zeigt eine in den letzten Jahren bei der Deutschen Telekom durchgeführte Studie, die auf-

---

[78] Dale 2005
[79] Vansina 1998
[80] Rousseau 1995
[81] Raeder/Grote 2004, S. 150
[82] Kaupa/Steiner 2002

gezeigt hat, dass auch Organisationen, denen ausgeprägte Traditionen gerade auch im Bezug auf die Gestaltung von Dienstverträgen (Stichwort – „Beamtenmodell") zugeschrieben wurden, sich mit der Flexibilisierung der Beschäftigungsverhältnisse in den letzten Jahren ein beachtliches Stück aus der Funktion zurückgezogen haben, für die Biographien ihrer Mitglieder Ressourcen, Orientierung und Sicherheit anzubieten.[83] Neu in diesem Zusammenhang ist die dabei zum Ausdruck kommende organisationelle Indifferenz gegenüber formalisierten Qualifikationen und institutionalisierten Berufswegen. Anders formuliert werden z.B. Rekrutierungskriterien oder Aufstiegswege immer mehr informalisiert und es kommt stärker auf Faktoren an, die an die Person und ihre mutmaßlichen persönlichen Eigenschaften gebunden sind. In diesem Zusammenhang hat Ulrich Beck[84] schon in den 1980er Jahren darauf aufmerksam gemacht, dass mit dem Bedeutungsverlust zertifizierter Qualifikationen „alte" soziale Ungleichheiten an Gewicht gewinnen. Diese „Individualisierung des Arbeitsmarktes" hat auch ihren Niederschlag in der Auseinandersetzung innerhalb der Karriereforschung gefunden. Hier sind im Laufe der Jahre verschiedenste Begrifflichkeiten geprägt worden wie z.B. „nomadic career"[85], „boundaryless career"[86] oder „protean career".[87] All diesen Konzepten gemein ist die Betonung von Dynamik, Veränderung und eben auch Flexibilität in der Betrachtung und Entwicklung von Karrieren. So wird in diesem Zusammenhang hervorgehoben, dass nicht mehr länger Erziehungsinstitutionen, berufliche Verbände und Wirtschaftsorganisationen die „Macher" der individuellen Karrieren sind, sondern vielmehr die Individuen selbst ihre Karrieren „fertigen".[88]

Wie eingangs erwähnt, hat sich in den letzten Jahrzehnten der seit dem Zweiten Weltkrieg recht stabile soziale Vertrag verschoben. Diese Verschiebung bringt damit neue Herausforderungen für alle Beteiligten mit sich. Dabei wird die Notwendigkeit betont, sich im HRM von personalen Ansätzen strategischen Ansätzen zuzuwenden.[89] Weiters wird eine klare Ausformulierung von „*professional norms*" als wichtiges Ziel genannt: „at a very minimum, HR professionals should hold each other accountable for enforcing legal standards and principles embodied in national legislation and the fundamental human rights at work recognized by the International Labor Organization."[90] Die Spannungsverhältnisse, in denen sich gerade HR-ManagerInnen befinden, könnten durch die Ausformulierung von solchen „professional norms" reduziert werden und somit als ein Ansatzpunkt einer neuen sozialen Legitimation dienen. Diese Standards gehen auch einher mit der Verschiebung und dem „Reframing" der Rolle der Strategie, bei der Gesamtstrategien von Unternehmen vor allem auch auf die Förderung von Beschäftigungsstrategien verweisen, die mit einem hohen Grad an organisationaler Performance verbunden sind.[91] Der Schwerpunkt liegt somit in vielen Bereichen darin, eine oft große Zahl an verschiedenen

---

[83]   Holtgrewe 2006, S. 270
[84]   1986
[85]   Cadin et al. 2000a; 2000b
[86]   Arthur/Rousseau 1996
[87]   Briscoe/Hall 2002; Hall 1996, 2002; Hall/Mirvis 1996
[88]   Inkson 2002, S. 101
[89]   Kochan 2007
[90]   Kochan 2007, S. 606
[91]   Huslid et al. 2005

Beschäftigungsverhältnissen zu managen und damit auch vielschichtigere und unterschiedliche Interessen, die damit verbunden sind, zum Ausgleich zu bringen. Bei der Betrachtung der Einzelleistungen wie z.B. Produktivität oder Qualität der Arbeit ist neben den organisationalen Rahmenbedingungen schon immer auch ein Augenmerk auf die Umweltbedingungen gelegt worden und diese sind auch angesichts der heute immer heterogeneren Zusammensetzung des Arbeitskräftepotenzials zu berücksichtigen. Dabei nehmen die immer stärkeren Interdependenzen von beruflichen und privaten Leben einen wichtigen Stellenwert ein (z.B. Entgrenzung der Arbeitsräume und -zeiten, Verschiebungen der Werte im Hinblick auf die Bedeutung des Privatlebens).

Letzlich sei in diesem Zusammenhang betont, dass heutige Arbeitssysteme und -prozesse zwei Ziele erreichen müssen: einen hohen Performancegrad am Arbeitsplatz und die Möglichkeit, persönliche und familiäre Bedürfnisse auch zu befriedigen.[92] Auch wenn es vielleicht auf den ersten Blick wie eine Ironie erscheinen mag, aber so ist ein weiterer Ansatzpunkt für eine zukünftige Positionierung des HRM eine Stärkung der Interessenvertretung, denn es ist unübersehbar, dass mit dem Verlust der Bedeutung der Gewerkschaften auch die Bedeutung ihrer Verhandlungspartner, der HR-Manager, z.T. geschmolzen ist – und doch braucht es für die Bündelung der Interessen der Betroffenen eine in weitestem Sinne institutionalisierte Form.

Es zeigt sich, dass die beobachtbaren Flexibilisierungstendenzen ganz unterschiedliche Ausprägungen annehmen und in weiterer Folge unterschiedliche Bedeutung für den/die Einzelne/n bzw. die Unternehmen einnimmt. Aus organisationaler Sicht ist mittlerweile fast unverzichtbar, sich durch Flexibilisierungsmaßnahmen im Ausmaß und in der Ausformung der Beschäftigungsverhältnisse (neue) Spielräume zu eröffnen. Für den/die Einzelnen liegen in der Diskontinuität der Beschäftigung Herausforderungen, neue Beschäftigungsfelder zu finden, neue Qualifikationen zu entwickeln, gleichzeitig bedeutet es aber auch, dass ein Planungsrisiko gerade im Hinblick auf Kalkulierbarkeit von Karriereplänen etc. mit diesen Formen einhergeht.

---

[92] Bailyn/Fletcher 2003

Literatur

Vorwort der 1. Auflage

BERTHEL, J., (1992): Personalmanagement, 3. Aufl., Stuttgart.

DRUMM, H.J., (1989): Personalwirtschaftslehre, Berlin, Heidelberg, New York.

ECKARDSTEIN, D. von/SCHNELLINGER, F., (1978): Betriebliche Personalpolitik, 3. Aufl., München.

FRESE, E., (1984): Grundlagen der Organisation, 2. Aufl., Wiesbaden.

GEBERT, D./ROSENSTIEL, L. von, (1981): Organisationspsychologie, Stuttgart.

GROCHLA, E., (1982): Grundlagen der organisatorischen Gestaltung, Stuttgart.

HOFMANN, M., (1991): Einführung in die Allgemeine Managementlehre, 6. Aufl., Wien.

HOFMANN, M./ROSENSTIEL, L. von (Hrsg.), (1988): Funktionale Managementlehre, Berlin, Heidelberg, New York.

KIESER, A./KUBICEK, H., (1978): Organisationstheorien, Band I, Stuttgart, Berlin, Köln, Mainz.

KIESER, A./KUBICEK, H., (1978): Organisationstheorien, Band II, Stuttgart, Berlin, Köln, Mainz.

KIESER, A./KUBICEK, H., (1983): Organisation, 2. Aufl., Berlin, New York.

NEUBERGER, O., (1990): Führen und geführt werden, 2. Aufl., Stuttgart.

OECHSLER, W.A., (1988): Personal und Arbeit: Einführung in die Personalwirtschaft, 3. Aufl., München.

ROSENSTIEL, L. von, (1992): Grundlagen der Organisationspsychologie, 3. Aufl., Stuttgart.

ROSENSTIEL, L. von/MOLT, W./RÜTTINGER, B., (1986): Organisationspsychologie, 6. Aufl., Stuttgart.

SCHANZ, G., (1978): Verhalten in Wirtschaftsorganisationen, München.

SCHERTLER, W., (1991): Unternehmensorganisation, 4. Aufl., München, Wien.

SCHOLZ, C., (1989): Personalmanagement, München.

STAEHLE, W., (1991): Management. Eine verhaltenswissenschaftliche Perspektive, 6. Aufl., München.

STEINMANN, H./SCHREYÖGG, G., (1991): Management. Grundlagen der Unternehmensführung, 2. Aufl., Wiesbaden.

WEBER, W., (1975): Personalplanung, Stuttgart.

WUNDERER, R./GRUNWALD, W., (1980): Führungslehre, Berlin, New York.

Kapitel „Theorie der Führung"

AYMAN, R./CHEMERS, M.M./FIEDLER, F., (1995): The Contingency Model of Leadership Effectiveness: Its Levels of Analysis, in: Leadership Quarterly, 6: 147–167.

ARTHUR, J.B., (1994): Effects of Human Resource System on Manufacturing Performance and Turnover, in: Academy of Management Journal, 37: 670–687.

BASS, B., (1998): Transformational leadership: Industrial, Military, and Educational Impact, Mahwah u.a.

BASS, B.H./STOGDILL, R.H., (1990): Bass & Stogdill's Handbook of Leadership. Theory, Research, & Managerial Applications, New York.

BASS, B.H./AVOLIO, B.J., (1990): Transformational Leadership Development. Manual for the Multifactor Leadership Questionnaire, Palo Alto.

BASS, B.M., (1985): Leadership and Performance Beyond Expectations, New York.

BASS, B.M., (1998): Transformational Leadership: Industrial, Military, and Educational Impact, Mahwah.

BAUER, T.N./GREEN, S.G., (1996): Development of Leader-Member Exchange: A Longitudinal Test, in: Academy of Management Journal, 21: 1538–1567.

BENNIS, W./NANUS, B. (2005): Leaders: Strategies for Taking Charge, New York.

BLAKE, R.R./McCANSE, A.A., (1995): Das GRID-Führungsmodell, Düsseldorf.

BLAKE, R.R./MOUTON, J.S., (1986): Verhaltenspsychologie im Betrieb. Der Schlüssel zur Spitzenleistung, Düsseldorf.

BLASS, T., (2000): The Milgram Paradigm after 35 Years: Some Things we Know Now about Obedience to Authority, in: BLASS, T., (Hrsg.); Obedience to Authority, Mahwah, S. 35–59.

BÖHNISCH, W., (1991): Führung und Führungskräftetraining nach dem Vroom/Yetton-Modell, Stuttgart.

BORKENAU, P./OSTENDORF, F., (1993): NEO-Fünf-Faktoren Inventar (NEO-FFI) nach Costa und McCrae, Handanweisung, Göttingen.

BRONNER, R., (2004): Entscheidungsprozesse in Organisationen, in: SCHREYÖGG, G./WERDER, A., (Hrsg.): Handwörterbuch Unternehmensführung und Organisation, Stuttgart, Sp. 229–239.

BRYMAN, A., (1996): Leadership in Organizations, in: CLEGG, S.R./HARDY, C./NORD, W.R., (Hrsg.): Handbook of Organization Studies, London u.a., S. 270–292.

BURNS, J.M., (1978): Leadership, New York.

CARLYLE, T., (1907): On Heroes, Hero-worship, and the Heroic in History, Boston.

CONGER, J.A./KANUNGO, R.N., (1987): Towards a Behavioral Theory of Charismatic Leadership in Organizational Settings, in: Academy of Management Review, Vol. 12, S. 637–647.

DAFT, R.L., (1999): Leadership: Theory and Practice, Orlando.

DEGROOT, T./SCOTT KIKER, D./CROSS T. C., (2000): A Meta-analysis to Review Organizational Outcomes Related to Charismatic Leadership, in: Canadian Journal of Administrative Sciences, 17(4): 356–371.

DENZ, H., (2001): Die Konfliktgesellschaft. Wertewandel in Österreich 1990–2000, Wien.

DORFMAN, P./HANGES, P.J./BRODBECK, F.C., (2004): Leadership and Cultural Variation, in: HOUSE, R.J./PAUL, J./JAVIDAN, H./DORHAN, P.W./GUPTA, V., (Hrsg.): Culture, Leadership, and Organizations, Thousand Oaks u.a., S. 669–719.

DUCHON, D./GREEN, G./TABER, T.D., (1986): Vertical Dyad Linkage: A Longitudinal Assessment of Antecedents, Measures, and Consequences, in: Journal of Applied Psychology, 66: 56–60.

DUMDUM, R.U./LOWE, K.B./AVOLIO, B., (2002): A Meta-analysis of Transformational and Transactional Leadership Correlates of Effectiveness and Satisfaction: An Update and Extension, in: AVOLIO, B./YAMMARINO, F.J., (Hrsg.): Transformational and Charismatic Leadership: the Road Ahead, Amsterdam u.a., S. 35–66.

ERDOGAN, B./LIDEN, R., (2002): Social Exchanges in the Workplace, in: NEIDER, L.L./ SCHRIESHEIM, C.A., (Hrsg.): Leadership, Charlotte, S. 65–114.

FIEDLER, F.E., (1967): A Theory of Leadership Effectiveness, New York.

FIEDLER, F.E., (1978): The Contingency Model and the Dynamics of the Leadership Process, in: BERKOWITZ, L., (Hrsg.): Advances in Experimental Social Psychology, New York.

FIEDLER, F.E., (1995): Reflections by an Accidental Theorist, in: Leadership Quarterly, 6: 453–461.

FIEDLER, F.E./CHEMERS, M.M./MAHAR, L., (1979): Der Weg zum Führungserfolg, Stuttgart.

FIELD, R.H.G./HOUSE, R.J., (1990): A Test of the Vroom/Yetton Model Using Manager and Subordinate Reports, in: Journal of Applied Psychology, 70: 362–366.

FITTKAU, G./FITTKAU-GARTHE, H., (1971): Fragebogen zur Vorgesetzten-Verhaltens-Beschreibung (FVVB), Göttingen.

FLEISHMAN, E.A., (1972): Manual for the Supervisory Behavior Description Questionnaire, Washington.

FLEISHMAN, E.A./HARRIS, E., (1962): Patterns of Leadership Behavior Related to Employee Grievances and Turnover, in: Personnel Psychology, 15: 43–56.

FRENCH, J.R.P./RAVEN, B., (1959): The Cases of Social Power, in: CARTWRIGHT, D., (Hrsg.): Studies in Social Power, Ann Arbor, S. 150–167.

FREUD, S., (1974): Warum Krieg, in: Fragen der Gesellschaft. Ursprünge der Religion. Freud Studienausgabe bei Fischer, Band 9, Frankfurt.

FREY, B.S./OSTERLOH, M., (Hrsg.) (2000): Managing Motivation, Wiesbaden.

FRIEDMAN, H. S./SCHUSTACK, M.W., (2004): Persönlichkeitspsychologie und Differentielle Psychologie, München.

FRIESL, C./HOFER, T./WIESER, R., (2009): Die Österreicher/-innen und die Politik, in: FRIESL C./POLAK, R./HAMACHERS-ZUBA, U., (Hrsg.): Die Österreicherinnen – Wertewandel 1990–2008, Wien, S. 207–294.

GEBERT, D./BOERNER, S., (1995): Manager im Dilemma. Abschied von der offenen Gesellschaft? Frankfurt, New York.

GEBERT, D./BOERNER, S./LAHNWEHR, R., (2001): Innovationsförderliche Öffnungsprozesse: Je mehr desto besser?, in: Die Betriebswirtschaft, 61: 204–222.

GERSTNER, C.R./DAY, D.V., (1997): Meta-Analytic Review of Leader-Member Exchange Theory: Correlates and Construct Issues, in: Journal of Applied Psychology, 77: 82–111.

GMÜR, M./SCHWERDT, B., (2006): Der Beitrag des Personalmanagements zum Unternehmenserfolg. Eine Metaanalyse nach 20 Jahren Erfolgsfaktorenforschung, in: Personalforschung, 19(3): 221–251.

GOLDBERG, L.R., (1990): An Alternative Description of Personality: The Big-five Factor Structure, in: Journal of Personality and Social Psychology, 59: 1216–1229.

HERSEY, B./BLANCHARD, K.H., (1977): Management of Organizational Behavior, 1. Aufl., Englewood Cliffs.

HERSEY, B./BLANCHARD, K.H., (1993): Management of Organizational Behavior, 6. Aufl., Englewood Cliffs.

HOFLING, C.K./BROTZMAN, E./DALRYMPLE, S./GRAVES, N./PIERCE, C.H., (1966): An Experimental Study in Nurse-Physician Relationships, in: Journal of Nervous and Mental Disease, 143: 132–148.

HOFSTEDE, G./HOFSTEDE, G.J., (2006): Cultures and Organizations, New York u.a.

HOGAN, J./HOLLAND, B., (2003): Using Theory to Evaluate Personality and Job-performance Relations: A Socioanalytic Perspective, in: Journal of Applied Psychology, 88(1): 100–112.

HOUSE, R J./ADITYA, R.N., (1997): The Social Scientific study of Leadership: Quo vadis?, in: Journal of Management, 23: 409–473.

HOUSE, R.J./HANGES, P.L./JAVIDAN, M./DORFMAN, P.W./GUPTA, V., (2004): Culture, Leadership, and Organizations, Thousand Oaks u.a.

HOUSE, R.J., (1971): A Path-Goal Theory of Leader Effectiveness, in: Administrative Science Quarterly, 16: 321–338.

HOUSE, R.J., (1996): Path-Goal Theory of Leadership: Lessons, Legacy, and a Reformulated Theory, in: Leadership Quarterly, 7: 323–352.

HOUSE, R.J./SHAMIR, B., (1995): Führungstheorien – Charismatische Führung, in: KIESER, A./REBER, G./WUNDERER, R., (Hrsg.): Handwörterbuch der Führung, Stuttgart, Sp. 878–897.

HOUSE, R.J./SPANGLER, W.D./WOYCKE, J., (1991): Personality and Charisma in the U.S. Presidency: A Psychological Theory of Leader Effectiveness, in: Administrative Science Quarterly, 36: 364–396.

HUEMER, P., (1990): Auschwitz als Idylle. Befehl und Gehorsam im Nationalsozialismus, in: HUEMER, P./SCHURZ, G., (Hrsg.): Unterwerfung. Über den destruktiven Gehorsam, Wien, Darmstadt, S. 21–38.

HUNT, J./CONGER, J.A., (1999): From Where We Sit: An Assessment of Transformational and Charismatic Leadership Research, in: The Leadership Quarterly, 10: 335–344.

JACOBS, R.L./McCLELLAND, D.C., (1994): Moving up the Corporate Ladder, in: Consulting Psychology Journal, 46: 32–41.

JAGO, A.G., (1995): Führungsforschung/Führung in Nordamerika, in: HOUSE, R.J., (Hrsg., 1971): A Path-Goal Theory of Leader Effectiveness, in: Administrative Science Quarterly, 16: 321–338.

JUDGE, T.A./BONO, J.E./ILIES, R./GERHARDT, M.W., (2002): Personality and Leadership: A qualitative and quantitative review, in: Journal of Applied Psychology, 37(4): 765–780.

JUDGE, T.A./PICCOLO, R.F./ILIES, R. (2004): The Forgotten Ones? The Validity of Consideration and Initiating Structure in Leadership Research, in: Journal of Applied Psychology, 89(1): 36–51.

KIRKPATRICK, S.A./LOCKE, E.A., (1991): Leadership: Do Traits Matter?, in: Academy of Management Executive, 5: 48–60.

KOSSBIEL, H., (1990): Personalbereitstellung und Personalführung, in: JACOB, H., (Hrsg.): Allgemeine Betriebswirtschaftslehre: Handbuch für Studium und Prüfung, 5. Aufl., Wiesbaden, S. 1045–1253.

KOTTER, J.P., (1989): Erfolgsfaktor Führung, Frankfurt am Main u.a.

KOUZES, J.M./POSNER, B.Z., (2003): The Leadership Challenge, San Francisco.

LEWIN, K./LIPPIT, R./WHITE, R.K., (1939): Patterns of Aggressive Behavior in Experimentally Created Social Climates, in: Journal of Social Psychology, 10: 271–299.

LIDEN, R./GRAEN, G., (1980): Generalizability of the Vertical Dyad Linkage Model of Leadership, in: Academy of Management Journal, 5: 451–465.

LORD, R.G./MAHER, K.J., (1991): Leadership and Information Processing. Linking Perceptions and Performance, London, Sydney, Wellington.

LUTHANS, F., (1985): Organizational Behavior, Tokio u.a.

LUTHANS, F., (1988): Successful vs. effective real managers, in: Academy of Management Executive, 2: 127–132.

LUTHANS, F./ROSENKRANTZ S.A., (1995): Führungstheorien – Soziale Lerntheorie, in: KIESER, A./REBER, G./WUNDERER, R., (Hrsg.): Handwörterbuch der Führung, 2. Aufl., Stuttgart, Sp. 1005–1021.

MANN, R.D., (1959): A Review of the Relationships between Personality and Performance in Small Groups, in: Psychological Bulletin, 56: 241–270.

Mc QUEEN, D., (2005): Grid Success Stories. What is Grid?, Austin.

McCLELLAND, D.C., (1970): The Two Faces of Power, in: Journal of International Affairs, 24: 29–47.

McCLELLAND, D.C., (1971): Assessing Human Motivation, Morristown.

McCLELLAND, D.C., (1985): Human Motivation, Glenview.

McCLELLAND, D.C./BOYATZIS, R.E., (1982): Leadership Motive Pattern and Long Term Success in Management, in: Journal of Applied Psychology, 67: 737–743.

McCLELLAND, D.C./KOESTNER, R./WEINBERGER, J., (1989): How Do Self-attributed and Implicit Motives Differ?, in: Psychological Review, 96: 690–702.

MCCRAE, R.R./COSTA, P.T., (1985): The NEO Personality Inventory, Odessa.

MILGRAM, S., (1974): Das Milgram-Experiment, Reinbek bei Hamburg.

MILLER, D./DRÖGE, C., (1986): Psychological and Traditional Determinants of Structure, in: Administrative Science Quarterly, 31: 349-560.

MILLER, K.I./MONGE, P.R., (1986): Participation, Satisfaction, and Productivity: A Meta-analytic Review, in: Academy of Management Journal, 29(4): 727–753.

MINTZBERG, H., (1973): The Nature of Managerial Work, New York.

MÜLLER, W.R., (1995): Führungsforschung – Führung in der Bundesrepublik Deutschland, in Österreich und in der Schweiz, in: KIESER, A./REBER, G./WUNDERER, R., (Hrsg.): Handwörterbuch der Führung, Stuttgart, Sp. 573–586.

MÜRI, P., (1984): Das Führungsstil-Etikett als Abwehrstrategie, in: Gruppendynamik, 15: 29–37.

NEUBERGER, O., (2002): Führen und führen lassen, 6. Aufl., Stuttgart.

NORTHOUSE, P.G., (2004): Leadership Theory and Practice, Thousand Oaks.

PARENT-THIRION, A./MACIS, E.F./HURLEY, J./VERMEYLEN, G., (2006): Fourth European Working Conditions Survey, Ireland.

PARSONS, T., (1964): Die jüngsten Entwicklungen in der strukturell-funktionalen Theorie, in: Kölner Zeitschrift für Soziologie und Sozialpsychologie, 16: 30–49.

PETERS, L.H./HARTKE, D.D./POHLMANN, J.T., (1985): Fiedler's Contingency Theory of Leadership: An Application of the Meta-analysis Procedures of Schmidt and Hunter, in: Psychological Bulletin, 97: 274–285.

PFEFFER, J., (1992): Power-Management, Wien.

PICOT, A./REICHWALD, R./WIGAND R.T., (2003): Die grenzenlose Unternehmung, 5. Aufl., Wiesbaden.

PLATON, (1963): Politeia, Reinbek bei Hamburg.

PODSAKOFF, P.M./MACKENZIE, S.B./PODSAKOFF, N.P., (2003): Common Method Biases in Behavioural Research: A Critical Review of the Literature and Recommended Remedies, in: Journal of Applied Psychology, 88(5): 879–903.

POPPER, K.R., (1989): Die offene Gesellschaft und ihre Feinde, 6. Aufl., Tübingen.

REBER, G./JAGO, A./AUER-RIZZI, W./SZABO, E., (2000): Führungsstile in sieben Ländern Europas – Ein interkultureller Vergleich, in: REGENT, E./HOFMANN, L.M., (Hrsg.): Personalmanagement in Europa, Göttingen, S. 154–173.

ROBERTS, N.C./BRADELY, R.T., (1988): Limits of Charisma, in: CONGER, J.A./ KANUNGO, R.N., (Hrsg.): Charismatic Leadership, San Francisco, S. 253–275.

ROBBINS, S.P., (2001): Organisation der Unternehmung, München.

RULE, N.O./AMBADY, N., (2008): The Face of Success: Inferences from Chief Executive Officers' Appearance Predict Company Profits, in: Psychological Science, 19: 109–111.

SCHIRMER, F., (2004): Managerrollen und Managerverhalten, in: SCHREYÖGG, G./ WERDER, A., (Hrsg.): Handwörterbuch Unternehmensführung und Organisation, Stuttgart, Sp. 813–820.

SCHREYÖGG, G./HÜBL, G., (1992): Manager in Aktion, in: Zeitschrift Führung + Organisation, 61(2): 82–89.

SCHRIESHEIM, C.A./COGLISER, C.C./NEIDER, L., (1995): A Multiple-Levels-of-Analysis Reexamination of an Ohio State Leadership Study, with Implications for Future Research, in: Leadership Quarterly, 6: 111–145.

SCHRIESHEIM, C.A./TEPPER, B.J./TETRAULT, L.A., (1994): Least Preferred Co-Worker Score, Situational Control, and Leadership Effectiveness: A Meta-Analysis of Contingency Model Performance Predictions, in: Journal of Applied Psychology, 74: 561–573.

SCHURZ, G., (1990): Destruktive Gehorsamsbereitschaft im psychologischen Experiment, in: HUEMER, P./SCHURZ, G., (Hrsg.): Unterwerfung. Über den destruktiven Gehorsam, Wien, Darmstadt, S. 39–64.

SHAMIR, B./HOUSE, R.J./ARTHUR, M.B., (1993): The Motivational Effects of Charismatic Leadership: A Self-Concept Based Theory, in: Organization Science, 4: 577–594.

SHAMIR, B./HOWELL, J.M., (1999): Organizational and Contextual Influences of the Emergence and Effectiveness of Charismatic Leadership, in: The Leadership Quarterly, 10: 257–284.

SHI, J.Q./COPAS, J., (2002): Publication Bias and Meta-analysis for 2×2 Tables: An Average Markov Chain Monte Carlo EM Algorithm, in: Journal of the Royal Statistical Society, Series B (Statistical Methodology), 64(2): 221–236.

SISTENICH, F., (1993): Charisma in Organisationen oder vom Regen in die Traufe?!, Darstellung, Analyse und Kritik eines Führungskonzeptes, München, Mering.

STAEHLE, W., (1999): Management, 8. Aufl., München.

STEYRER, J., (1991): Transformationale Führung. Ein neuer Approach in der Leadership-Forschung, in: Die Unternehmung, 45(5): 334–348.

STEYRER, J., (1995): Charisma in Organisationen. Sozial-kognitive und psychodynamisch-interaktive Aspekte von Führung, Frankfurt, New York.

STEYRER, J., (1999): Charisma in Organisationen – zum Stand der Theorienbildung und empirischen Forschung, in: SCHREYÖGG, G./SYDOW, J., (Hrsg.): Führung – neu gesehen, Berlin, New York, S. 143–197.

STEYRER, J./SCHIFFINGER, M./LANG, R., (2008): Organizational Commitment – A Missing Link Between Leadership Behavior and Organizational Performance?, in: Scandinavian Journal of Management (zur Publikation frei gegeben).

STOGDILL, R.M., (1948): Personal Factors, associated with Leadership: A Survey of the Literature, in: Journal of Psychology, 25: 35–71.

STOGDILL, R.M., (1972): Persönlichkeitsfaktoren und Führung. Ein Überblick über die Literatur, in: KUNCZIK, M., (Hrsg.): Führung, Theorien und Ergebnisse, Düsseldorf u.a., S. 86-123.

STOGDILL, R.M., (1974): Handbook of Leadership: A Survey of Theory and Research, New York, London.

STOGDILL, R.M./COONS, A.E., (1951): Leader Behavior (Research Monograph 88), Ohio State University.

STRUNK, G./STEYRER, J., (2005): Dem Tüchtigen ist die Welt nicht stumm – es ist alles eine Frage der Persönlichkeit, in: MAYRHOFER, W./MEYER, M./STEYRER, J., (Hrsg.): Macht? Erfolg? Reich? Glücklich?, Wien, S. 51–77.

TICHY, N.M./DEVANNA, M.A., (1995): Der Transformational-Leader, Stuttgart.

TÜRK, K., (1990): Von „Personalführung" zu „Politischer Arena"? Überlegungen angesichts neuer Entwicklungen in der Organisationsforschung, in: WIENDICK, G./WISWEDE, G., (Hrsg.): Führung im Wandel. Neue Perspektiven für Führungsforschung und Führungspraxis, Stuttgart, S. 42–78.

VROOM, V.H./YETTON, P.W., (1973): Leadership and Decision-Making, Pittsburgh.

WAGNER, D., (2004): Partizipation, in: SCHREYÖGG, G./WERDER, A., (Hrsg.): Handwörterbuch Unternehmensführung und Organisation, Stuttgart, Sp. 1117–1122.

WAYNE, S.J./SHORE, L.M./LIDEN, R.C., (1997): Perceived Organizational Support and Leader-Member Exchange: A Social Exchange Perspective, in: Academy of Management Journal, 22: 82–111.

WEBER, M., (1972): Wirtschaft und Gesellschaft, Tübingen.

WEIBLER, J., (1997): Unternehmenssteuerung durch charismatische Führungspersönlichkeiten?, in: Zeitschrift Führung + Organisation, 66: 27–32.

WEIBLER, J., (2001): Personalführung, München.

WEINERT, A.B., (2004): Organisations- und Personalpsychologie, Weinheim.

WHITE, R.K./LIPPIT, R., (1960): Autocracy and Democracy: An Experimental Inquiry, New York.

WOFFORD, J.C./LISKA, L.Z., (1993): Path-Goal Theories of Leadership: A Meta-Analysis, in: Journal of Management, 19: 857–876.

WUNDERER, R., (2003): Führung und Zusammenarbeit, Darmstadt.

WUNDERER, R., (1993): Führung, in: HAUSCHILDT, J./GRÜN, O., (Hrsg.): Ergebnisse empirischer betriebswirtschaftlicher Forschung. Zu einer Realtheorie der Unternehmung, Stuttgart, S. 633–672.

WUNDERER, R./GRUNWALD, W., (1980): Führungslehre. Grundlagen der Führung, Berlin, New York.

YUKL, G. (2006): Leadership in Organizations, 6. Aufl., Upper Saddle River NJ.

YUKL, G./VAN FLEET, D.D., (1992): Theory and Research on Leadership in Organizations, in: DUNNETTE, M.D./HOUGH, L.M., (Hrsg.): Handbook of Industrial and Organizational Psychology, Palo Alto, S. 147–197.

ZALEZNIK, A., (1990): Führen ist besser als managen, Freiburg im Breisgau.

ZACCARO, S.J./FOTI, R.J./KENNY, D.A., (1991): Self Monitoring and Traid Based Variance in Leadership, in: Journal of Applied Psychology, 76(2): 308–316.

Weiterführende Literatur (*):

*WEIBLER, J., (2001): Personalführung, München.

*YUKL, G.A., (1998): Leadership in Organizations, Englewood Cliffs.

*HUGHES, R.L./GINNETT, R.C./CURPHY, G.J., (1999): Leadership. Enhancing the Lessons of Experience, Boston u.a.

Kapitel „Motivation und Arbeitsverhalten"

ADAMS, J.S., (1979): Inequity in Social Exchange, in: STERRS, R./PORTER, L.W., (Eds.): Motivation and Work Behavior, Auckland u.a., S. 107–124.

AJILA, C.O., (1997): Maslow's Hierarchy of Needs Theory: Applicability to the Nigerian Industrial Setting, in: IFE Psychologia: An International Journal, 5: 162–174.

ATKINSON, J.W., (1981): Motivationale Determinanten des Verhaltens bei Risiko, in: ACKERMANN, K.F./REBER, G., (Eds.): Personalwirtschaft. Motivationale und kognitive Grundlagen, Stuttgart, S. 261–279.

BELL, B.S./WIECHMANN, D./RYAN, A.M., (2006): Consequences of Organizational Justice Expectations in a Selection System, in: Journal of Applied Psychology, 91(2): 455–466.

COMELLI, G./ROSENSTIEL, L. von, (2009): Führung durch Motivation: Mitarbeiter für Unternehmensziele gewinnen, 4. Aufl., München, Vahlen.

DECONICK, J., (2003): The Impact of a Corporate Code of Ethics and Organizational Justice on Sales Managers' Ethical Judgementes and Reaction to Unethical Behavior, in: Marketing Management Journal, 13(1): 23–31.

EDWARDS, J.R./SCULLY, J.A./BRTEK, M.D., (2000): The Nature and Outcomes of Work: A Replication and Extension of Interdisciplinary Work-Design Research, in: Journal of Applied Psychology, 85(6): 860–868.

FESTINGER, L., (1978): Theorie der kognitiven Dissonanz, Bern.

HACKMAN, J.R./OLDHAM, G.R., (1980): Work Redesign, Reading, Mass.

HERZBERG, F., (1966): Work and the Nature of Man, Cleveland.

HERZBERG, F., (1976): The Managerial Choice: To Be Efficient and To Be Human, Homewood, Ill.

HERZBERG, F./MAUSNER, B./SNYERMAN, B.B., (1959): The Motivation to Work, New York u.a.

HOUKES, I./JANSSEN, P.P.M./DE JONGE, J./NIJHUIS, F.J.N., (2001): Specific Relationships between Work Characteristics and Intrinsic Work Motivation, Burnout and Turnover Intention: A Multi-sample Analysis, in: European Journal of Work & Organizational Psychology, 10(1): 1–23.

JONAS, H., (1974): Philosophical Essays, Englewood Cliffs, New Jersey.

KATZELL, R.A./THOMPSON, D.E., (1990a): An Integrative Model of Work Attitudes, Motivation and Performance, in: Human Performance, 3(2): 63–85.

KATZELL, R.A./THOMPSON, D.E., (1990b): Work Motivation. Theory and Practice, in: American Psychologist, 45(2): 144–153.

KING, N., (1981): Analyse und Beurteilung der Dual-Faktoren-Theorie der Arbeitszufriedenheit, in: ACKERMANN, K.F./REBER, G., (Eds.): Personalwirtschaft: motivationale und kognitive Grundlagen, Stuttgart, S. 127–151.

KURMAN, J., (2001): Self-Enhancement: Is it Restricted to Individualistic Cultures?, in: Personality and Social Psychology Bulletin, 27(12): 1705–1716.

LORD, R.G./HANGES, P.J./GODFREY, E.G., (2003): Integrating Neural Networks into Decisionmaking and Motivational Theory: Rethinking VIE Theory, in: Canadian Psychology, 44: 21–38.

MARTIN, A., (2001): Personal – Theorie, Politik, Gestaltung, Stuttgart u.a.

MASLOW, A.H., (1954): Motivation and Personality, New York.

MASLOW, A.H., (1973): Psychologie des Seins, München.

MINER, J.B., (1980): Theories of Organizational Behavior, Hindsdale, Illinois.

MORGESON, F.P./CALPION, M.A., (2002): Minimizing Tradeoffs when Redesigning Work: Evidence from a Longitudinal Quasi-Experiment, in: Personnel Psychology, 55(3): 589–612.

NEUBERGER, O., (1974): Theorien der Arbeitszufriedenheit, Stuttgart u.a.

NEUBERGER, O., (1977): Motivation und Zufriedenheit, in: MAYER, A., (Hrsg.): Organisationspsychologie, Stuttgart, S. 201–235.

OLKKONEN, M.E./LIPPONEN, J., (2006): Relationships between Organizational Justice, Identification with Organization and Work Unit, and Group-related Outcomes, in: Organizational Behavior & Human Decision Processes, 100(2): 202–215.

PRITCHARD, R.D./PAQUIN, A.R./DECUIR, A.D./McCORMICK, M.J./BLY, P.R., (2002): Measuring and Improving Organizational Productivity: An Overview of ProMes, the Productivity Measure and Enhancement System, in: PRITCHARD, R.D./HOLLING, H./LAMMERS, F./CLARK, B.D., (Eds.): Improving Organizational Performance with the Productivity Measurement and Enhancement System: An International Collaboration, Huntington, New York, S. 3–50.

RHEINBERG, F., (2008): Motivation , 7. Aufl., Stuttgart.

ROE, R.A./ZINOVIEVA, I.L./DIEBES, E./TEN HORN, L.A., (2000): A Comparison of Work Motivation in Bulgaria, Hungary, and the Netherlands: Test of a Model, in: Applied Psychology, International Review, 49: 658–687.

RONEN, S., (2001): Self-actualization versus Collectualization: Implications for Motivation, in: EREZ, M./KLEINBECK, U./THIERRY, H., (Eds.): Work Motivation in the Context of a Globalizing Economy, Mahwah, New Jersey, S. 341–368.

SUE-CHAN, C./ONG, M., (2002): Goal Assignment and Performance: Assessing the Mediating Roles of Goal Commitment and Self-efficacy and the Moderating Role of Power Distance, in: Organizational Behavior and Human Decision Processes, 89(2): 1140–1161.

ROSENSTIEL, L. von, (1975): Die motivationalen Grundlagen des Verhaltens in Organisationen – Leistung und Zufriedenheit, Berlin.

ROSENSTIEL, L. von, (2007): Grundlagen der Organisationspsychologie, 6. Aufl., Stuttgart.

WICKER, F.W./BROWN, G./WIEHG, J.A./HAGEN, A.S./REED, J.L., (1993): On Reconsidering Maslow: An Examination of the Deprivation/Domination Proposition, in: Journal of Research in Personality, 27(2): 118–133.

Kapitel „Konfliktgestaltung und Kommunikation"

ALTMANN, G./FIEBINGER, H./MÜLLER, R., (1999): Mediation – Konfliktmanagement für moderne Unternehmen, Weinheim.

APELTAUER, E. (1997): Zur Bedeutung der Körpersprache für die interkulturelle Kommunikation, in: KNAPP-POTTHOFF, A./LIEDKE, M., (Hrsg.): Aspekte interkultureller Kommunikationsfähigkeit, München, S. 17–40.

ARGYLE, M., (1996): Körpersprache und Kommunikation, Paderborn.

AXELROD, R., (1984): The Evolution of Cooperation, New York.

BADURA, B., (1973): Sprachbarrieren. Zur Soziologie der Kommunikation, Stuttgart, Bad Cannstatt.

BALLREICH, R./GLASL, F., (2007): Mediation in Bewegung, Stuttgart.

BANDLER, R./GRINDER, J., (1988): Neue Wege der Kurzzeit-Therapie, Paderborn.

BATESON, G., (1981): Ökologie des Geistes, Frankfurt.

BAVELAS, A., (1950): Communication Patterns in Task-oriented Groups, in: The Journal of the Acoustical Society of America, 22(6): 725–730.

BERGHAUS, M., (1999): „Alte" Theorien über „neue" Medien, in: BERGHAUS, M., (Hrsg.): Interaktive Medien – interdisziplinär vernetzt, Opladen, S. 31–62.

BERKEL, K., (1990): Verhandlung und Konfliktlösung, in: SARGES, W., (Hrsg.): Management-Diagnostik. Göttingen, S. 329–334.

BERKEL, K., (1999): Konflikttraining, Heidelberg.

BERNE, E., (1967): Spiele der Erwachsenen, Reinbek bei Hamburg.

BUGENTALl D.E./KASWAN, J.W./LOVE, L.R., (1979): Die Wahrnehmung von Mitteilungen mit Widersprüchen zwischen verbalen und nichtverbalen Komponenten, in: SCHERER, K.R./WALLBOTT, H.G., (Hrsg.): Nonverbale Kommunikation: Forschungsberichte zum Interaktionsverhalten, Weinheim, Basel, S. 256–271.

BUSCH, F./GÖTZ, K., (2000): Aspekte der virtuellen Kommunikation, in: GÖTZ, K./MARTENS, J.U., (Hrsg.): Elektronische Medien als Managementinstrument, München, S. 41–70.

CLASES, C., (1994): Kommunikation in computervermittelten Tätigkeitszusammenhängen. Bilanzierung der Ergebnisse einer qualitativen Studie zur Nutzung und Bewertung elektronischer Postsysteme, http://www.ifap.bepr.ethz.ch/clases/daten/harburger_beitrag/inhalt.htm, [per 15.3.2000]

COHN, R.C., (1986): Von der Psychoanalyse zur themenzentrierten Interaktion, Stuttgart.

COVEY, S.R., (1992): Die sieben Wege zur Effektivität, 11., vollständig überarbeitete Auflage, Frankfurt.

DUSS-VON WERDT, J., (2008): Einführung in die Mediation, Heidelberg.

FEGER, H., (1979): Kooperation und Wettbewerb, in: HEIGL-EVERS, A., (Hrsg.): Die Psychologie des 20. Jahrhunderts, Band VIII, Zürich, S. 290–303.

FISHER, R./URY, W./PATTON, B., (1995): Das Havardkonzept: Sachgerecht verhandeln – erfolgreich verhandeln, Frankfurt am Main.

FRIEDRICHS, J., (1985): Methoden empirischer Sozialforschung, Opladen.

FOERSTER, H. von, (1988): Abbau und Aufbau, in: SIMON, F.B., (Hrsg.): Lebende Systeme. Wirklichkeitskonstruktionen in der systemischen Therapie, Berlin, S. 19–33.

FUCHS, P., (1992): Niklas Luhmann – beobachtet. Eine Einführung in die Systemtheorie, Opladen.

FUHRMANN, B./PACHLINGER, I., (2006): Aktives Zuhören, in: PACHLINGER, I., (Hrsg.): Grundlagen der Konfliktbearbeitung, unveröffentlichtes Skriptum, S. 20–25.

GEBERT, D./ROSENSTIEL, L. von, (1996): Organisationspsychologie, Stuttgart, Berlin, Köln, 4., überarbeitete und erweiterte Auflage.

GLASL, F., (2002): Selbsthilfe in Konflikten, Bern u.a., 2. Aufl.

GLASL, F., (2004): Konfliktmanagement. Ein Handbuch für Führungskräfte, Beraterinnen und Berater, Bern u.a., 8. aktualisierte und ergänzte Auflage.

GRAUMANN, C.F. (1972): Soziale Interaktion und Einstellung, in: GRAUMANN, C.F., (Hrsg.): Handbuch der Psychologie, 7. Band, Sozialpsychologie, Göttingen, S. 1109–1262.

HERZLIEB, H.J., (2006): Konflikte lösen. Konfliktpotenziale erkennen – In Konfliktsituationen souverän agieren, Berlin, 2. Aufl.

HÖHER, P./HÖHER, F., (2002): Konfliktmanagement. Konflikte kompetent erkennen und lösen, München, 2. Aufl.

KARGL, M., (2002): Von Menschen und Frauen. Einige Anmerkungen zu Sprache, Geschlecht und Armut, in: HEITZMANN, K./SCHMIDT, A., (Hrsg.): Frauenarmut, 2. Aufl., Frankfurt, S. 64–82.

KASPER, H., (1985): „Double-bind"-Theorie, in: DICHTL, E./ISSING, O., (Hrsg.): Wirtschaftswissenschaftliches Studium, 14(2): 75–76.

KASPER, H., (1990): Die Handhabung des Neuen in organisierten Sozialsystemen, Heidelberg.

KASPER, H./MAYRHOFER, W./MEYER, M., (1999): Management aus systemtheoretischer Perspektive – eine Standortbestimmung, in: ECKARDSTEIN, D. von/KASPER, H./MAYRHOFER, W., (Hrsg.): Theorien – Führung – Veränderung, Stuttgart, S. 161–210.

KEHRER, A., (1995): Verlierende Sieger – Über strategisch richtiges Verhalten in Nicht-Nullsummensituationen, in: KASPER, H., (Hrsg.): Post-Graduate-Management-Wissen: Schwerpunkte des Führungskräfteseminars an der Wirtschaftsuniversität Wien, Wien, S. 47–74.

KIESER, A., (1983a): Konflikte in Organisationen: Organisationsstruktur und Bedürfnisse des Individuums, in: WiSt, 8: 381–388.

KIESER, A., (1983b): Konflikte zwischen organisatorischen Einheiten, in: WiSt, 9: 381–388.

KLEBERT, K./SCHRADER, E./STRAUB, W.G., (1987): Kurzmoderation, Hamburg.

KOLODEJ, C., (2005): Mobbing. Psychoterror am Arbeitsplatz und seine Bewältigung, Wien.

KRAUSE, D., (2005): Luhmann-Lexikon, Stuttgart.

KREYENBERG, J., (2004): Handbuch Konfliktmanagement, Berlin.

LEAVITT, H.J., (1951): Some Effects of Certain Communication Patterns on Group Performance, in: Journal of Abnorm Psychology, 46(1): 38–50.

LEYMANN, H., (1993): Mobbing. Psychoterror am Arbeitsplatz und wie man sich dagegen wehren kann, Reinbek bei Hamburg.

LILGE, H.G., (1981): Zum Koordinationsproblem. Ansätze zu einem organisatorisch-strukturellen Bedingungsrahmen von Kooperation und Konkurrenz, in: GRUNWALD, W./LILGE, H.G., (Hrsg.): Kooperation und Konkurrenz in Organisationen, Bern, Stuttgart, S. 212–240.

LINDSKOLD, S., (1981): Die Entwicklung von Vertrauen, der GRIT-Ansatz und die Wirkung von konziliantem Handeln auf Konflikt und Kooperation, in: GRUN-WALD, W./LILGE, H.G., (Hrsg.): Kooperation und Konkurrenz in Organisationen, Stuttgart, S. 241–250.

LUHMANN, N., (1984): Soziale Systeme, Frankfurt.

LUHMANN, N., (1986): Systeme verstehen Systeme, in: LUHMANN, N., (Hrsg.): Zwischen Intransparenz und Verstehen – Fragen an die Pädagogik, Frankfurt, S. 72–117.

LUHMANN, N., (1989): Vertrauen. Ein Mechanismus der Reduktion sozialer Komplexität, Stuttgart.

LUHMANN, N., (1991): Soziale Systeme. Grundriss einer allgemeinen Theorie, Frankfurt.

MARR, R., (1992): Kooperationsmanagement, in: GAUGLER, E./WEBER, W., (Hrsg.): Handwörterbuch des Personalwesens, Stuttgart, Sp. 1154–1164.

METZ, T., (2001): Telearbeit – technologische Träume und organisationstheoretische Perspektiven, in: Zeitschrift Führung + Organisation, 70(2): 93–98.

METZGER, T., (2004): Gemeinwesenmediation. Von der Analyse der Justizkrise zur modernen Mediation, in: ROSCHGER-STADLMAYR, B./STEINACHER, W., (Hrsg.): Perspektive Mediation. Beiträge zur Konfliktkultur. (Konfliktanalyse: Modelle, Konzepte, Methoden), Heft 1, Wien, S. 37–41.

MIKL-HORKE, G., (1982): Interaktion und Kommunikation – Grundlagen sozialen Handelns, Studien zur Soziologie aus Forschung und Praxis, Nr. 29, Wien.

MILGRAM, S., (1990): Das Milgram-Experiment. Zur Gehorsamsbereitschaft gegenüber Autorität, Reinbek bei Hamburg.

NEUBERGER, O., (1985): Im Reden verzaubern wir uns selbst, in: Psychologie heute, 11: 32–35.

NEUBERGER, O., (1988): Miteinander arbeiten – miteinander reden!, München.

NEUMANN, P., (1991): Das Mitarbeitergespräch, in: ROSENSTIEL, L. von/REGNET, E./DOMSCH, M., (Hrsg.): Führung von Mitarbeitern, Stuttgart, S. 173–187.

NIEDL, K., (1995): Mobbing/Bullying am Arbeitsplatz. Eine empirische Analyse zum Phänomen sowie zu personalwirtschaftlich relevanten Effekten von systematischen Feindseligkeiten, München, Mering.

NIGGL, M./EDFELDER, D./KRAUPA, M., (2000): Telearbeit bei der BMW Group: Steigerung der Wettbewerbsfähigkeit durch flexibles Arbeiten, Berlin.

OFFERMANNS, M., (1990): Bürokratie und Vertrauen: die Institution Vertrauen in der Ökonomischen Theorie der Bürokratie, Köln.

OPP, K.D., (1972): Verhaltenstheoretische Soziologie, Reinbek.

PATTERSON, K./GRENNY, J./MCMILLAN, R./SWITZLER, A., (2006a): Heilsame Konflikte. Beziehungen verbessern, Konflikte lösen, Wien.

PATTERSON, K./GRENNY, J./MCMILLAN, R./SWITZLER, A., (2006b): Heikle Gespräche. Worauf es ankommt, wenn viel auf dem Spiel steht, Wien.

RAHIM, A.M., (2001): Managing Organizational Conflict. Challenges for Organization Development and Change, in: GOLEMBIEWSKI, R.T., (Hrsg.): Handbook of Organizational Behavior. New York, Basel, 2nd edition, S. 365–387.

RAHIM A.M., (2002): Toward a Theory of Managing Organizational Conflict, in: The International Journal of Conflict Management, 13(3): 206–235.

REGNET, E., (2001): Konflikte in Organisationen, 2. Aufl., Göttingen.

REILLY, B.J./DIANGELO, J.A., (1989): Communication: A Cultural System of Meaning and Value, in: JABLIN, F.M./PUTNAM, L./ROBERTS, K., (Hrsg.): Handbook of Organizational Communication. An Interdisciplinary Perspective, Newbury Park, S. 129–140.

REINMANN-ROTHMEIER, G./VOHLE, F., (2001): Was Schiedsrichter, Manager und Rotkäppchen gemeinsam haben. Mit Geschichten Wissen managen, in: Zeitschrift Führung + Organisation, 70(5): 293–300.

ROSEMANN, B./KERRES, M., (1986): Interpersonales Wahrnehmen und Verstehen, Bern.

ROSENBERG, M.B., (2005): Gewaltfreie Kommunikation. Eine Sprache des Lebens, 6. Aufl., Paderborn.

ROSENSTIEL, L. von, (1987): Grundlagen der Organisationspsychologie, Stuttgart.

RÜTTINGER, R., (1985): Transaktions-Analyse, Heidelberg.

RÜTTINGER, B./SAUER, J., (2000): Konflikt und Konfliktlösen, Leonberg.

SAUERWEIN, S., (1994): Nonverbale Kommunikation – Eine Aufarbeitung theoretischer Aspekte und ihre Anwendung auf ausgewählte betriebswirtschaftliche Bereiche, Wien.

SCHEI, V./ROGNES, J.K., (2003): Knowing me, Knowing you: Own Orientation and Information about the Opponents Orientation in Negotiation, in: The International Journal of Conflict Management, 14(1): 43–49.

SCHERER, K.R./WALLBOTT, H.G., (Hrsg. 1979): Nonverbale Kommunikation: Forschungsberichte zum Interaktionsverhalten, Weinheim, Basel.

SCHLIPPE, A. von/SCHWEITZER, J., (1997): Lehrbuch der systemischen Therapie und Beratung, Göttingen.

SCHMIDT, G., (2000): Konzepte und Definitionen für systemische Beratung, Heidelberg, unveröffentlichtes Manuskript.

SCHMIDT, G., (2001): Hypno-systemische Teamentwicklung. Auf dem Weg zum Dream Team, in: Lernende Organisation, 7/8: 6–17.

SCHULZ VON THUN, F., (1989): Miteinander reden 2 – Stile, Werte und Persönlichkeitsentwicklung, Reinbek bei Hamburg.

SCHULZ VON THUN, F., (1991): Miteinander reden 1 – Störungen und Klärungen, Reinbek bei Hamburg.

SCHWARZ, G., (2003): Konfliktmanagement. Konflikte erkennen, analysieren, lösen, 6. Aufl., Wiesbaden.

SELVINI PALAZZOLI, M./ANOLLI, L./DI BLASIO, P./GIOSSI, L./PISANO, J./RICCI, C./SACCHI, M./UGAZIO, V., (1984): Hinter den Kulissen der Organisation, Stuttgart.

SIMON, F.B., (1995): Kommunikation. Kurs Systemische Beratung, unveröffentlichtes Arbeitspapier, Heidelberg.

SLOCUM, J.W./HELLRIEGEL, D., (2007): Fundamentals of Organizational Behavior, Mason.

STEWART, I./JOINES, V., (2008): Die Transaktionsanalyse, 8. Auflage der Taschenbuchausgabe, 22. Auflage der Gesamtauflage, Freiburg im Breisgau.

THEIS, A.M., (1994): Organisationskommunikation: theoretische Grundlagen und empirische Forschungen, Opladen.

TITSCHER, S., (1987): Kommunikation als Führungsinstrument, in: KIESER, A./ REBER, G./WUNDERER, R., (Hrsg.): Handwörterbuch der Führung, Stuttgart, Sp. 1205–1210.

TITSCHER, S., (1995): Konflikte als Führungsproblem, in: KIESER, A./REBER, G./ WUNDERER, R., (Hrsg.): Handwörterbuch der Führung, 2. Aufl., Stuttgart, Sp. 1329–1337.

VARGA VON KIBÈD, M./SPARRER, I., (2005): Ganz im Gegenteil. Tetralemmaarbeit und andere Grundformen Systemischer Strukturaufstellungen – für Querdenker und solche, die es werden wollen, 5., überarbeitete Auflage, Heidelberg.

WAHREN, H.K.E., (1987): Zwischenmenschliche Kommunikation und Interaktion in Unternehmen, Berlin, New York.

WATZLAWICK, P., (1992): Anleitung zum Unglücklichsein, München.

WATZLAWICK, P./BEAVIN, J.H./JACKSON, D.D., (1969/1990): Menschliche Kommunikation, Bern.

WATZLAWICK, P., (1990): Kommunikation sprengt „zementierte" Grenzen, in: gdi impuls, 3, S.48–52.

WEICK, K., (1989): Theorizing About Organizational Communication, in: JABLIN, F.M./PUTNAM, L.L./ROBERTS, K., (Eds.): Handbook of Organizational Communication. An Interdisciplinary Perspective, Newbury Park, S. 97–122.

WILPERT, B., (1995): Organisation und Umwelt, in: SCHULER, H., (Hrsg.): Lehrbuch der Organisationspsychologie, Bern, S. 495–511.

WODAK, R./FEISTRITZER, G./MOOSMÜLLER, S./DOLESCHAL, U., (1987): Sprachliche Gleichbehandlung von Frau und Mann, Schriftenreihe zur sozialen und beruflichen Stellung der Frau, Band 16, Wien.

Weiterführende Literatur (*):

Theoretisch sehr fundiert:

*GLASL, F., (2004): Konfliktmanagement. Ein Handbuch für Führungskräfte, Beraterinnen und Berater.

Für praktisches Ausprobieren des Konfliktmanagements (enthält viele Übungen):

*GLASL, F., (2002): Selbsthilfe in Konflikten, 2. Aufl., Bern u.a.

Für organisationale Kontexte (mit Checklists):

*KREYENBERG, J., (2004): Handbuch Konfliktmanagement, Berlin.

Für Idealistische:

*ROSENBERG, M.B., (2005): Gewaltfreie Kommunikation. Eine Sprache des Lebens, 6. Aufl., Paderborn.

Für Eilige:

*HERZLIEB, H.J., (2006): Konflikte lösen. Konfliktpotenziale erkennen – In Konfliktsituationen souverän agieren, 2. Aufl., Berlin.

Kapitel „Gruppen und Teams in Organisationen"

ALDAG, R.J./FULLER, S.R., (1993): Beyond Fiasco: A Reappraisal of the Groupthink Phenomenon and a New Model of Group Decision Making Processes, in: Psychological Bulletin, 113: 533–552.

ALLEN, N.J./HECHT, T.D., (2004): The 'Romance of Teams': Toward an Understanding of its Psychological Underpinnings and Implications, in: Journal of Occupational and Organizational Psychology, 77(4): 439–461.

ARONSON, E./WILSON, T.D./AKERT, R.M., (2004): Sozialpsychologie, München u.a.

ASCH, S.E., (1956): Studies of Independence and Conformity: A Minority of One against an Unanimous Majority, in: Psychological Monographs, 70(9): Whole Number.

AVERMAET, E. van, (2003): Soziale Gruppen, in: STROBE, W./JONAS, K./HEWSTONE, M., (Hrsg.): Sozialpsychologie. Eine Einführung, Berlin u.a.

BALES, R.F., (1965): The Equilibrium Problem in Small Groups, in: HARE, P.A./BORGOTTA, E.F./BALES, R.F., (Hrsg.): Small Groups: Studies in Social Interaction, New York.

BENDER, S., (2002): Teamentwicklung. Der effektive Weg zum „Wir", München.

BREISIG, T., (1990): It's Team Time. Kleingruppenkonzepte in Unternehmen, Köln.

BRODBECK, F.C./FREY, D., (1999): Gruppenprozesse, in: HOYOS, C.G./FREY, D., (Hrsg.): Arbeits- und Organisationspsychologie, Weinheim, S. 358–372.

CAPELLI, P./NEUMARK, D., (2001): Do 'High Performance' Work Practices Improve Establishment-level Outcomes?, in: Industrial and Labour Relations Review, 54: 737–775.

CARPENTER, M.A., (2002): The Implications of Strategy and Social Context for the Relationship between Top Management Team Heterogenity and Firm Performance, in: Strategic Management Journal, 23: 275–284.

CERTO, S./TREVIS, L./DALTON R.H./DALTON, C.M./DALTON, D.R., (2006): Top Management Teams, Strategy and Financial Performance: A Meta-Analytic Examination, in: Journal of Management Studies, 43(4): 813–839.

EARLEY, P.C./GARDNER, H.K., (2007): Internal Dynamics and Cultural Intelligence in Multinational Teams, in: SHAPIRO, D.L./GLINOW, M.A. von/CHENG, J.L.C, (Hrsg.): Managing Multinational Teams: Global Perspectives, Amsterdam u.a., S. 1–32.

EDWARDS, A./WILSON, J.R., (2004): Implementing Virtual Teams, Aldershot.

EMERSON, R.M., (1985): Abweichendes Verhalten und Ablehnung – eine experimentelle Gegenprobe, in: BROCHER, T./KUTTER, P., (Hrsg.): Entwicklung der Gruppendynamik, Darmstadt, S. 185–1999.

FLOOD, P.C./MacCAIN, S./WEST, M.A., (2001): Effective Top Management Teams: An International Perspective, Dublin.

HACKMAN, J.R./MORRIS, C.G., (1975): Group Tasks, Group Interaction Process, and Group Performance Effectiveness: A Review and Proposed Integration, in: BERKOWITZ, L. (Eds.): Advances in Experimental Social Psychology, New York, S. 45–99.

HANGES, P.J./LYON, J.S./DORFMAN, P.W., (2007): Managing Multinational Teams: Lessons From Project Globe, in: SHAPIRO, D.L./GLINOW, M.A. von/CHENG, J.L.C, (Eds.): Managing Multinational Teams: Global Perspectives, Amsterdam u.a., S. 337–360.

HEINRICH, M., (2002): Gruppenarbeit: Theoretische Hintergründe und praktische Anwendungen, in: KASPER, H./MAYRHOFER, W., (Hrsg.): Personalmanagement, Führung, Organisation, Wien, S. 289–335.

JANIS, I.L., (1972): Victims of Groupthink, Boston.

JANIS, I.L., (1982): Groupthink, Boston.

JELINEK, M./WILSON, J., (2007): Macro Influences on Multicultural Teams: A Multilevel view, in: SHAPIRO, D.L./GLINOW, M.A. von/CHENG, J.L.C, (Hrsg.): Managing Multinational Teams: Global Perspectives, Amsterdam u.a., S. 209–231.

KATZENBACH, J.R./SMITH, D.K., (1993): The Wisdom of Teams: Creating the High-Performance Organization, Boston.

KAUER, D./PRINZESSIN ZU WALDECK, T.C./SCHÄFFER, U., (2007): Effects of Top Management Team Characteristics on Strategic Decision Making. Shifting Attention to Team Member Personalities and Mediating Processes, in: Management Decision, 45(6): 942–967.

KELLER, R.T., (2001): Cross-functional Project Groups in Research and new Product Development: Diversity, Communications, Job stress, and Outcomes, in: Academy of Management Journal, 44(3): 547–555.

KIRKMAN, B.L./SHAPIRO, D.L., (2007): The Impact of Cultural Value Diversity on Multicultural Team Performance, in: SHAPIRO, D.L./GLINOW, M.A. von/ CHENG, J.L.C, (Hrsg.): Managing Multinational Teams: Global Perspectives, Amsterdam u.a., S. 33–68.

KOR, Y.Y., (2006): Direct and Interaction Effects of Top Management Team and Board Compositions on R&D Investment Strategy, in: Strategic Management Journal, 27(11): 1081–1099.

KUNTZ, F., (2007): Der Weg zum Irak-Krieg. Groupthink und die Entscheidungsprozesse der Bush-Regierung, Wiesbaden.

LAWLER, E.E./MOHRMAN, S.A., (1985): Quality Circles after the Fad, in: Harvard Business Review, 63(1): 65–71.

LIPNACK, J./STAMPS, J., (2000): Virtual Teams. People Working Across Boundaries with Technology, New York.

MALIK, F., (1999): Der Mythos vom Team, in: Psychologie heute, 8: 32–39.

MARKS, M.A./MATHIEU, J.E./ZACCARO, S J., (2001): A Temporally Based Framework and Taxonomy of Team Processes, in: Academy of Management Review, 26(3): 356–376.

MATIASKE, W./WELLER, I., (2003): Extra-Rollenverhalten, in: MARTIN, A., (Hrsg.): Organizational Behaviour – Verhalten in Organisationen, Stuttgart, S. 95–113.

MAYRHOFER, W., (2003): Teamentwicklung, in: MARTIN, A., (Hrsg.): Organizational Behaviour – Verhalten in Organisationen, Stuttgart, S. 211–226.

MOSCOVICI, S., (1980): Towards a Theory of Conversion Behaviour, in: BERKOWITZ, L., (Eds.): Advances in Experimental Social Psychology, New York, S. 208–239.

MOSCOVICI, S./LAGE, E./NAFFRECHOUX, M., (1969): Influence of a Consistent Minority on the Responses of a Majority in a Colour Perception Task, in: Sociometry, 32: 365–380.

MULLEN, B./JOHNSON, C./SALAS, E., (1991): Productivity Loss in Brainstorming Groups: A Meta-analytic Integration, in: Basic and Applied Social Psychology, 12: 3–23.

PARK, S.J., (1991): Estimating Success Rates of Quality Circle Programs: Public, in: Public Administration Quarterly, 15(1): 133–147.

PEARSON, C.A.L., (1992): Autonomous Workgroups: An Evaluation at an Industrial Site, in: Human Relations, 45(9): 905–937.

PEREIRA, G.M./OSBOURN, H.G., (2007): Effects of Participation in Decision Making on Performance and Employee Attitudes: A Quality Circles Meta-analysis, in: Journal of Business Psychology, 22: 145–153.

ROBBINS, H./FINLEY, M., (2000): The New Why Teams Don't Work: What goes wrong and how to make it right, San Francisco, California.

SCHACHTER, S./ELLERTON, N./McBRIDE, D./GREGORY, D., (1951): An Experimental Study of Cohesiveness and Productivity, in: Human Relations, 4: 229–238.

SCHINDLER, R., (1957): Grundprinzipien der Psychodynamik in der Gruppe, in: Psyche, 11(5): 308–314.

SCHNEIDHOFER, T.M./MEYER, M., (2008): Worauf kommt's an? Erwartungen an Kompetenzen von JobeinsteigerInnen im höheren Bildungssegement. Project Report, Wirtschaftsuniversität Wien, Zentrum für Berufsplanung.

SCHUMAN, S.P., (1965): Editor's Note to the Special Issue on Group Development, in: Psychological Bulletin, 63(6): 384–399.

SHAPIRO, D.L./GLINOW, M.A. von/CHENG, J.L.C., (2007): Managing Multinational Teams: Global Perspectives, Amsterdam u.a.

SMITH, G.F., (2000): Too many Types of Quality Problems, in: Quality Progress, 33(4): 43–50.

SULZBACHER, M., (2003): Virtuelle Teams. Eine Möglichkeit, komplexe Aufgaben über Raum, Zeit und Organisationsgrenzen hinweg effektiv zu meistern?, Marburg.

TITSCHER, S./STAMM, M., (2006): Erfolgreiche Teams. Teams richtig einsetzen, fördern und führen, Wien.

TSCHEUSCHNER, M./WAGNER, H., (2008): TMS – Der Weg zum Hochleistungsteam. Praxisleitfaden zum Team Management System nach Charles Margerison und Dick McCann, Offenbach.

TUCKMAN, B., (1965): Developmental Sequence in Small Groups, in: Psychological Bulletin, 63: 384–399.

TUCKMAN, B./JENSEN, M.A.C., (1977): Stages of Small Group Development Revisited, in: Group and Organization Studies, 2: 419–427.

TUDOR, T. R./TRUMBLE, R.R./DIAZ, J.J., (1996): Work-Teams: Why do they often fail?, in: S.A.M. Advanced Management Journal, 61: 31–40.

VASILAKI, A./O'REGAN, N., (2008): Enhancing Post-acquisition Organisational Performance: The Role of the Top Management Team, in: Team Performance Management: An International Journal, 14(3/4): 134–145.

WALL, T.D./KEMP, N.J./JACKSON, P.R./CLEGG, C.W.A., (1986): Outcomes of Autonomous Workgropus: A long-term field experiment, in: Academy of Management Journal, 29(2): 280–304.

WHYTE, G., (1998): Recasting Janis's Groupthink Model: The Key Role of Collective Efficacy in Decision Fiascos, in: Organization Behavior and Human Decision Processes, 73(2/3): 185–209.

WIENDIECK, G., (2004): Gruppenverhalten und Gruppendenken, in: SCHREYÖGG, G./ WERDER, A. von, (Hrsg.): Handwörterbuch der Unternehmensführung und Organisation, Stuttgart, S. 388–398.

Kapitel „Strukturen und klassische Organisationsformen"

ABBOTT, A., (2007): The System of Professions – An Essay on the Division of Expert Labor, 7. Aufl., Chicago, Illinois u.a.

ALDRICH, H.E., (1979): Organizations and Environments, Englewood Cliffs.

AMBURGEY, T.L./DACIN, T., (1994): As the Left Foot Follows the Right? The Dynamics of Strategic and Structural Change, in: Academy of Management Journal, 37: 1427–1452.

BEA, F.X./GÖBEL, E., (2006): Organisation. Theorie und Gestaltung. 3. Aufl., Stuttgart.

BEA, F.X./SCHEURER, S./HESSELMANN, S., (2008): Projektmanagement, Stuttgart.

BEER, S., (1972): Brain of the firm: The Managerial Cybernetics of Organization, London.

BLAU, P.M./SCHOENHERR, R.A., (1971): The Structure of Organizations, New York.

BOURGEOIS, L.J., (1981): On the Measurement of Organizational Slack, in: Academy of Management. The Academy of Management Review, 6: 29–39.

BRUNSSON, N./JACOBSSON, B., (2002): A World of Standards, Repr. Aufl., Oxford u.a.

BURNS, T./STALKER, G.M., (1961): The Management of Innovation, London.

BURTON, R.M./LAURIDSEN, J./BORGE, O., (2002): Return on Asset Loss from Situational and Contingency Misfits, in: Management Science, 48: 1461–1485.

CHANDLER, A.D. jr., (1962): Strategy and Structure: Chapters in the History of Industrial Enterprise, Boston.

CHILD, J., (1972a): Organization Structure and Strategies of Control: A Replication of the Aston Study. In: Administrative Science Quarterly, 17: 163–177.

CHILD, J., (1972b): Organizational Structure, Environment and Performance: The Role of Strategic Choice, in: Sociology, 6: 1–22.

COLEMAN, J.S., (1979): Macht und Gesellschaftsstruktur, Tübingen.

COLEMAN, J.S., (1986): Die asymmetrische Gesellschaft, Weinheim, Basel.

CYERT, R.M./MARCH, J.G., (1963): A Behavioral Theory of the Firm. Englewood Cliffs.

DECI, E.L./KOESTNER, R./RYAN, R.M., (1999): A Meta-analytic Review of Experiments Examining the Effects of Extrinsic Rewards, in: Psychological Bulletin, 125: 627–668.

DiMAGGIO, P.J./POWELL, W.W., (1991): The New Instutionalism in Organizational Analysis, Chicago.

DRORI, G.S./MEYER, J.W./HWANG, K., (2006): Globalization and Organization – World Society and Organizational Change, 1st edition, Oxford u.a.

DRUCKER, P.F., (1967): The Effective Executive, London.

DRUMM, H.J., (1996): Das Paradigma der Neuen Dezentralisation, in: Die Betriebswirtschaft, 56: 7–20.

DYAS, G.P./THANHEISER, H.T., (1976): The Emerging European Enterprise. Strategy and Structure in French and German Industry, London.

EUROPEAN COMMISSION, (2008): Employment in Europe 2008, Brussels, Luxembourg, Office for Official Publications of the European Communities.

EVETTS, J., (2003): The construction of Professionalism in New and Existing Occupational Contexts: Promoting and Facilitating Occupational Change, in: The International Journal of Sociology and Social Policy, 223: 22–35.

FOUCAULT, M., (1975): Surveiller et Punir. Naissance de la Prison, Paris.

FOUCAULT, M., (1976): Überwachen und Strafen: die Geburt des Gefängnisses, Frankfurt.

FREIDSON, E., (2001): Professionalism – The Third Logic, Chicago.

FREY, B.S./OSTERLOH, M., (2002): Managing Motivation: Wie Sie die neue Motivationsforschung für Ihr Unternehmen nutzen können, Wiesbaden.

GLASL, F./LIEVEGOED, B., (1993): Dynamische Unternehmensentwicklung. Wie Pionierbetriebe und Bürokratien zu schlanken Unternehmen werden, Bern.

GREINER, L., (1972): Evolution and Revolution as Organizations grow, in: Harvard Business Review, 50: 37–46.

GRÜN, O., (1992): Projektorganisation, in: FRESE, E., (Hrsg.): Handwörterbuch der Organisation, 3. Aufl., Stuttgart, Sp. 2102–2116.

GÜTTEL, W.H./KONLECHNER, S.W., (2009): Continuously Hanging by a Thread: Managing Contextually Ambidextrous Organizations, in: Schmalenbach Business Review, 7: 150–172.

HAMEL, G./PRAHALAD, C.K., (1994): Competing for the Future, Boston.

HAMILTON, E., (2007): An Exploration of the Relationsship between Loss of Legitimacy and Sudden Death of Organizations, in: Group & Organization Management, 31: 327–357.

HAMMER, M./CHAMPY, J., (1993): Re-Engineering the Corporation. A Manifesto for Business Revolution, London.

HARBISON, F.H./MYERS, C.A., (1959): Management in the Industrial World, New York.

HARE, A.P., (2003): Roles, Relationships, and Groups in Organizations: Some Conclusions and Recommendations, in: Small Group Research, 34: 123–154.

HEITGER, B., (1996): Von der Weiterbildung zum Wissensmanagement, in: Neuwaldegg, Beratergruppe, (Hrsg.): Personalmanagement bye bye?, Wien, S. 117–146.

HICKSON, D.J./PUGH, D.S./PHESEY, D.C., (1969): Operations Technology and Structure: An Empirical Reappraisal, in: Administrative Science Quarterly, 14: 378–397.

JANIS, I.L., (1982): Groupthink, 2. Aufl., Dallas u.a.

JANSEN, D., (2006): Einführung in die Netzwerkanalyse. Grundlagen, Methoden, Forschungsbeispiele, 3. Aufl., Wiesbaden.

KASPER, H./HEIMERL, P./MÜHLBACHER, J., (2002): Strukturale und prozessorientierte Organisationsformen, in: KASPER, H./MAYRHOFER, W., (Hrsg.): Personalmanagement, Führung, Organisation, Wien, S. 19–93.

KASPER, H./MAYRHOFER, W./MEYER, M., (1998): Managerhandeln – nach der systemtheoretisch-konstruktivistischen Wende, in: Die Betriebswirtschaft, 58: 603–621.

KASPER, H./MAYRHOFER, W./MEYER, M., (1999): Management aus systemtheoretischer Perspektive – eine Standortbestimmung, in: ECKARDSTEIN, D. von/ KASPER, H./MAYRHOFER, W., (Hrsg.): Management, Stuttgart.

KIESER, A., (1993): Der Situative Ansatz, in: KIESER, A., (Hrsg.): Organisationstheorien, Stuttgart u.a., S. 161–191.

KIESER, A., (1996): Moden & Mythen des Organisierens, in: Die Betriebswirtschaft, 56: 21–39.

KIESER, A., (2006): Organisationstheorien, 6. Aufl., Stuttgart.

KIESER, A./WALGENBACH, P., (2007): Organisation, 5. Aufl., Stuttgart.

KOLODNY, H.F., (1979): Evolution to a Matrix Structure, in: Academy of Management Review, 4: 543–553.

KOSIOL, E., (1972): Die Unternehmung als wirtschaftliches Aktionszentrum, Reinbek.

KÜPPER, W./ORTMANN, G., (1988): Mikropolitik, Opladen.

LAWLER, E.E., (1997): Rethinking Organization Size, in: Organizational Dynamics, 26: 24–35.

LAWRENCE, P./LORSCH, J.W., (1967): Organization and Environment, Boston.

LEITNER, J./MAIER, F./MEYER, M./MILLNER, R., (2008): Managerialismus in Non-profit Organisationen: Zur Untersuchung von Wirkungen und unerwünschten Nebenwirkungen, in: SCHAUER, R./HELMIG, B./PURTSCHERT, R./WITT, D., (Hrsg.): Steuerung und Kontrolle in Nonprofit-Organisationen, Linz, S. 89–112.

LEUMANN, P., (1979): Die Matrix-Organisation: Unternehmensführung in einer mehrdimensionalen Struktur – theoretische Darstellung und praktische Anwendung, Bern.

LIEVEGOED, B., (1974): Organisationen im Wandel, Bern.

LIKERT, R., (1961): New Patterns of Management, New York.

LUHMANN, N., (1973): Zweckbegriff und Systemrationalität, Frankfurt.

LUHMANN, N., (1984): Soziale Systeme, Frankfurt am Main.

LUHMANN, N., (1988): Organisation, in: KÜPPER, W./ORTMANN, G., (Hrsg.): Mikropolitik, Opladen, S.165–185.

LUHMANN, N., (2000): Organisation und Entscheidung, Opladen, Wiesbaden.

LUTZ, B., (1976): Bildungssystem und Beschäftigungsstruktur in Deutschland und Frankreich, in: IFS, (Hrsg.): Betrieb-Arbeitsmarkt-Qualifikation 1, Frankfurt am Main, S. 83–151.

MARCH, J.G./OLSEN, J.P., (1976): Ambiguity and Choice in Organizations, Bergen.

MARR, R./STEINER, K., (2004): Projektmanagement, in: SCHREYÖGG, G./WERDER, A. von, (Hrsg.): Handwörterbuch Unternehmensführung und Organisation, Stuttgart, Sp. 1196–1208.

MATIASKE, W./WELLER, I., (2003): Extra-Rollenverhalten, in: MARTIN, A., (Hrsg.): Organizational Behaviour – Verhalten in Organisationen, Stuttgart, S. 95–114.

MAYERHOFER, H./MEYER, M., (2007): Projekte und Projektmanagement in NPOs, in: BADELT, C./MEYER, M./SIMSA, R., (Hrsg.): Handbuch der Nonprofit Organisation, 4. Aufl., Stuttgart, S. 401–425.

MEIJAARD, J./BRAND, M.J./MOSSELMAN, M., (2005): Organizational Structure and Performance in Dutch Small Firms, in: Small Business Economics, 25: 83–96.

MEYER, A.D./TSUI, A.S./HININGS, C.R., (1993): Configurational Approaches to Organizational Analysis, in: Academy of Management Journal, 36: 1175–1195.

MEYER, J.W., (2006): Weltkultur. Wie die westlichen Prinzipien die Welt durchdringen, Frankfurt.

MEYER, J.W./ROWAN, B., (1977): Institutionalized Organizations: Formal Structure as Myth and Ceremony, in: American Journal of Sociology, 83: 340–363.

MEYER, M., (2007): Wieviel Wettbewerb vertragen NPO? Befunde zum Nutzen und Schaden von Wettbewerb im Dritten Sektor, in: HELMIG, B./PURTSCHERT, R./SCHAUER, R./WITT, D., (Hrsg.): Nonprofit-Organisationen und Märkte, Wiesbaden, S. 59–77.

MILES, R.E./SNOW C.C., (1978): Organizational Strategy, Structure, and Process, New York.

MILLIGAN, M.J., (2003): Loss of Site: Organizational Site Moves as Organizational Deaths, in: The International Journal of Sociology and Social Policy, 23: 115–152.

MINTZBERG, H., (1979): The Structuring of Organizations: A Synthesis of the Research, Englewood Cliffs.

MINTZBERG, H., (1983): Structure in Fives: Designing Effective Organizations, Englewood Cliffs.

MORGAN, G., (1989): Images of Organization, Thousand Oaks u.a.

MORGAN, G., (1997): Bilder der Organisation, Stuttgart.

MORRISON, E.W., (1994): Role Definitions and Organizational Citizenship Behavior, in: Academy of Management Journal, 37: 1543–1567.

NEUBERGER, O., (1995): Mikropolitik. Der alltägliche Aufbau und Einsatz von Macht in Organisationen, Stuttgart.

NOHRIA, N./GULATI, R., (1996): Is Slack Good or Bad for Innovation?, in: Academy of Management Journal, 39: 1245–1254.

NOHRIA, N./GULATI, R., (1997): What is the Optimum Amount of Organizational Slack? A Study of the Relationship between Slack and Innovation in Multinational Firms, in: European Management Journal, 15: 603–611.

ORGAN D.W., (1988): Organizational Citizenship Behavior: The Good Soldier Syndrome, Lexington.

ORTON, J.D./WEICK, K.E., (1990): Loosely Coupled Systems: A Reconceptualization, in: Academy of Management Review, 15: 203–223.

OSTERLOH, M./FROST, J., (1996): Prozessmanagement als Kernkompetenz: Wie Sie Business Reengineering strategisch nutzen können, Wiesbaden.

PFEFFER, J., (1995): Power-Management. Endlich wieder wirkungsvoll führen, Wien.

PFEFFER, J./SALANCIK, G.R., (1978): The External Control of Organizations – A Resource Dependence Perspective, New York

PFEFFER, J./SUTTON, R.I., (2006): Hard Facts, Dangerous Half-truths, and Total Nonsense, Profiting from Evidence-based Management, Boston, Mass.

PORTER, M.E., (1980): Competitive Strategy: Techniques for Analyzing Industries and Competitors, New York.

POWER, M., (1994): The Audit Explosion, London.

POWER, M., (1997): The Audit Society: Rituals of Verification, Oxford.

PROBST, G.J.B., (1987): Selbst-Organisation. Ordnungsprozesse in sozialen Systemen aus ganzheitlicher Sicht, Berlin, Hamburg.

PUGH, D.S., (1985): Organization Theory. Selected Readings, Harmondsworth u.a.

PUGH, D.S./HICKSON, D.J., (1969): The Context of Organization Structures, in: Administrative Science Quarterly, 14: 91–114.

ROUSSEAU, D.M., (1990): New hire perceptions of their own and their Employer's Obligations: A study of Psychological Contracts, in: Journal of Organizational Behavior, 11: 389–400.

ROUSSEAU, D.M., (1995): Psychological Contracts in Organizations: Understanding Written and Unwritten Agreements, Thousand Oaks.

RUIGROK, W./PETTIGREW, A./PECK, S.I./WHITTINGTON, R., (1999): Corporate Restructuring and New Forms of Organizing: Evidence from Europe, in: Management International Review, Special Issue, 41–64.

SÁNCHEZ-BALLESTA, J.P./GARCIÁ-MECA, E., (2007): A Meta-Analytic Vision of the Effect of Ownership Structure on Firm Performance, in: Corporate Governance: An International Review, 15: 879–893.

SENGE, P., (1990): The Fifth Discipline, New York.

SENGE, P., (2004): Das Fieldbook zur fünften Disziplin, 5.Aufl., Stuttgart.

SINE, W.D./MITSUHASHI, H./KIRSCH, D.A., (2006): Revisiting Burns and Stalker: Formal Structure and New Venture Performance in Emerging Economic Sectors, in: Academy of Management Journal, 49: 121–132.

SMITH, C.A./ORGAN, D.W./NEAR, J.P., (1983): Organizational Citizenship Behaviour: Its Nature and Antecedents, in: Journal of Applied Psychology, 68: 653–663.

STAEHLE, W.H., (1991): Redundanz, Slack und lose Kopplung in Organisationen: Eine Verschwendung von Ressourcen?, in: STAEHLE, W.H./SYDOW, J., (Hrsg.): Managementforschung 1, Berlin, New York, S. 313–345.

STAEHLE, W.H., (1999): Management, 8. Aufl., München.

SUTTON, R.I., (1987): The Process of Organizational Death: Disbanding and Reconnecting, in: Administrative Science Quarterly, 32: 542–569.

SY, T./COTE, S., (2004): Emotional Intelligence: A Key Ability to Succeed in a Matrix Organization, in: The Journal of Management Development, 23: 437–455.

SYDOW, J., (1992): Strategische Netzwerke. Evolution und Organisation, Wiesbaden.

SYDOW, J./WINDELER, A., (2000): Steuerung von und in Netzwerken – Perspektiven, Konzepte, vor allem aber offene Fragen, in: SYDOW, J./WINDELER, A., (Hrsg.): Steuerung von Netzwerken, Opladen, Wiesbaden.

THOMSEN, S./PEDERSEN, T., (2000): Ownership Structure and Economic Performance in the Largest European Companies, in: Strategic Management Journal, 21: 689–705.

TUSHMAN, M./ANDERSON, P., (1997): Managing Strategic Innovation and Change: A Collection of Readings, New York.

WALGENBACH, P./KIESER, A., (1995): Mittlere Manager in Deutschland und Großbritannien, in: SCHREYÖGG, G./SYDOW, J., (Hrsg.): Managementforschung 5, Berlin, S. 259–310.

WEBER, M., (1972): Wirtschaft und Gesellschaft. Grundriss der verstehenden Soziologie, Tübingen.

WEICK, K.E., (1976): Educational Organizations as Loosely Coupled Systems, in: Administrative Science Quarterly, 21: 1–19.

WEICK, K.E., (1985): Der Prozeß des Organisierens, Frankfurt.

WEICK, K.E., (1995): Sensemaking in Organizations, Thousand Oaks, California u.a.

WHITTINGTON, R./PETTIGREW, A./PECK, S./FENTON, E./CONYON, M., (1998): New Forms of Organization in Europe: Complementarities and Performance, in: Submitted to Organization Science.

WHITTINGTON, R./MAYER, M., (2000): The European Corporation, Oxford.

WHITTINGTON, R./PETTIGREW, A./PECK, S./FENTON, E./CONYON, M., (1999): Change and Complementarities in the New Competitive Landscape: A European Panel Study, in: Organization Science, 10: 583–600.

Weiterführende Literatur (*):

*BEA, F.X./GÖBEL, E., (2006): Organisation. Theorie und Gestaltung, 3. Aufl., Stuttgart.

*KIESER, A., (Hrsg.) (2006): Organisationstheorien, 6. Aufl., Stuttgart.

*KIESER, A./WALGENBACH, P., (2007): Organisation, 5. Aufl., Stuttgart.

Kapitel „Strategiemodelle und neue Organisationsformen"

ARNOLD, O./FAISST, W./HÄRTLING, M./SIEBER, P., (1995): Virtuelle Unternehmen als Unternehmenstyp der Zukunft?, in: Handbuch der modernen Datenverarbeitung, 32(185): 8–23.

BAECKER, D., (1998): Zum Problem des Wissens in Organisationen, in: Organisationsentwicklung, 16(3): 4–21.

BRISCOE, J.P./HALL, D.T., (1999): Grooming and Picking Leaders Using Competency Frameworks: Do They Work? An Alternative Approach and New Guidelines for Practice, in: Organizational Dynamics, 28(2): 37–51.

BROWN, S.L./EISENHARDT, K.M., (1998): Competing on the Edge: Strategy as Structured Chaos, Harvard.

CHANDLER, A.D. Jr., (1962): Strategy and Structure. Chapters in the History of Industrial Enterprise, Cambridge.

COHEN, W.L./LEVINTHAL, D.M., (1990): Absorptive Capacity: A New Perspective on Learning and innovation, in: Administrative Science Quarterly, 35(2): 128–152.

CONNER, K.R./PRAHALAD, C.K., (1996): A Resource-based Theory of the Firm: Knowledge Versus Opportunism, in: Organization Science, 7(5): 477–501.

DAFT, R.L., (2001): Organization Theory and Design, Cincinnati.

DRUCKER, P.F., (1994): The Theory of the Business, in: Harvard Business Review, 74(5): 95–104.

EISENHARDT, K. M./GALUNIC, D. C., (2000): Coevolving. At Last, a Way to Make Synergies Work, in: Harvard Business Review, 80(1): 91–101.

FINK, D., (2009): Strategische Unternehmensberatung, München.

FROST, J./OSTERLOH, M., (2004): Prozessorganisation. Die Koordinations-, Orientierungs- und Motivationsaufgabe organisatorischer Gestaltung am Beispiel des Catering-Unternehmens Gate Gourmet, in: KASPER, H., (Hrsg.): Strategien realisieren – Organisationen mobilisieren. Das neueste Managementwissen aus dem PGM MBA, Wien.

GROTH, L., (1999): Future Organizational Design. The Scope for the IT-based Enterprise, Chichester.

GU, X., (1999): Konfuzius zur Einführung, Hamburg.

HAMMER, M./CHAMPY, J., (1996): Business Reengineering. Die Radikalkur für das Unternehmen, Frankfurt am Main.

HEUSKEL, D., (1999): Wettbewerb jenseits von Industriegrenzen: Aufbruch zu neuen Wachstumsstrategien, Frankfurt am Main.

HODGETTS, R.M./LUTHANS, F./SLOCUM, J.W Jr., (1999): Strategy and HRM Initiatives for the '00s Environment. Redefining Roles and Boundaries, Linking Competencies and Resources, in: Organizational Dynamics, 28(2): 7–20.

KOCHANSKI, J.T./RUSE, D.H., (1996): Designing a Competency-Based Human Resource Organization, in: Human Resource Management, 35(1): 19–33.

KROGH, G. von/ROOS, J., (1995): A Perspective on Knowledge, Competence and Strategy, in: Personnel Review, 24(3): 56–76.

LEONARD-BARTON, D., (1992): Core Capabilities and Core Rigidities: A Paradox in Managing New Product Development, in: Strategic Management Journal, S. 111–125.

LEVITT, B./MARCH, J. B., (1988): Organizational Learning, in: Annual Review of Sociology, 14(1): 319–340.

LEWIS, M.A., (2003): Analysing Organisational Competence: Implications for the Management of Operations, in: International Journal of Operations and Production Management, 23(7): 731–756.

MINTZBERG, H., (1999): Strategie Safari: eine Reise durch die Wildnis des strategischen Managements, Wien.

OSTERLOH, M./FROST, J., (2000): Prozeßmanagement als Kernkompetenz. Wie Sie Business Reengineering strategisch nutzen können, Wiesbaden.

PAWLOWSKY, P., (1998): Integratives Wissensmanagement, in: PAWLOWSKY, P., (Hrsg.): Wissensmanagement – Erfahrungen und Perspektiven, Wiesbaden, S. 9–45.

PAWLOWSKY, P./SEIFERT, M./REINHARDT, R., (1998): Interorganisationales Lern- und Wissensmanagement: Perspektiven und Praxisansätze für Klein- und Mittelständische Unternehmen, in: PAWLOWSKY, P., (Hrsg.): Wissensmanagement – Erfahrungen und Perspektiven, Wiesbaden, S. 9–45.

PIBER, M., (2000): Die integrierte Organisation. Ein dreidimensionales Modell zum Management kooperativer Unternehmensnetzwerke, Frankfurt/Main.

PORTER, M. E., (1980): Competitive Strategy – Techniques for Analyzing Industries and Competitors, New York.

PORTER, M. E., (1998): How Competitive Forces Shape Strategy, in: PORTER, M.E., (Hrsg.): On Competition, Harvard, S. 21–38.

PRAHALAD, C.K./HAMEL, G., (1990): The Core Competence of the Corporation, in: Harvard Business Review, 68(3): 79–91.

RIEKHOF, H.C., (2002): Vorwort zur 5. Auflage, in: RIEKHOF, H.C., (Hrsg.): Strategien der Personalentwicklung, 5. Aufl., Wiesbaden, S. V–VII.

SCHERTLER, W., (1996): Unternehmensorganisation, 6. Aufl., München und Wien.

SCHERTLER, W., (1998): Unternehmensorganisation, 7. Aufl., München.

SCHERTLER, W., (2004): Werttreiber und Wertsteigerungsstrategien von Unternehmen, in: KASPER, H., (Hrsg.): Strategien realisieren – Organisationen mobilisieren. Das neueste Managementwissen aus dem PGM MBA, Wien.

SCHOLZ, C., (2000): Strategische Organisation. Multiperspektive und Virtualität, 2. Aufl., Landsberg am Lech.

SCHRADER, S., (1990): Zwischenbetrieblicher Informationstransfer. Eine empirische Analyse kooperativen Verhaltens, in: Betriebswirtschaftliche Forschungsergebnisse, Band 96, Berlin.

SCHREYÖGG, G., (1999): Organisation, 3. Aufl., Wiesbaden.

SIEBER, P., (1999): Die Internet-Unterstützung Virtueller Unternehmen, in SYDOW, J., (Hrsg.): Management von Netzwerkorganisationen, Wiesbaden, S. 179–214.

SYDOW, J., (1995): Strategische Netzwerke. Evolution und Organisation, Wiesbaden.

SYDOW, J., (2006): Über Netzwerke, Verbünde, Kooperationen und Konstellationen, in SYDOW, J., (Hrsg.): Management von Netzwerkorganisationen, 4. Aufl., Wiesbaden, S. 1–5.

TEECE, D.J./PISANO, G./SHUEN, A. (1997): Dynamic Capabilities and Strategic Management, in: Strategic Management Journal, 18(7): 509–533.

VAHS, D., (2007): Organisation. Einführung in die Organisationstheorie und -praxis, 6. Aufl., Stuttgart.

VEDDER, J.N., (1992): How Much Can We Learn From Success?, in: Academy of Management Executives, 6(1): 56–66.

Weiterführende Literatur (*):

*DAFT, R.L., (2001): Organization Theory and Design, Cincinnati.

*OSTERLOH, M./FROST, J., (2000): Prozeßmanagement als Kernkompetenz. Wie Sie Business Reengineering strategisch nutzen können, Wiesbaden.

*SCHERTLER, W., (1998): Unternehmensorganisation, 7. Aufl., München.

*SYDOW, J., (1995): Strategische Netzwerke. Evolution und Organisation, Wiesbaden.

Kapitel „Organisationskultur und lernende Organisation"

ALLABAUER, H., (1986): Lernfeld Unternehmenskultur: Soziale Angstabwehr oder Entwicklung zur Autonomie?, Schriftliche Fassung des Vortrages beim „Europäischen Forum in Alpbach" im Rahmen der Arbeitsgemeinschaft „Unternehmensstruktur, Unternehmensstrategien, Unternehmenskultur", Manuskript.

ALVESSON, M., (2002): Understanding Organizational Culture, London, Thousand Oaks, New Delhi.

ARGYRIS, C., (1976): Single-loop and Double-loop Models in Research on Decision Making, in: Administrative Science Quarterly, 21(3): 363–375.

ARGYRIS, C./SCHÖN, D.A., (1978): Organizational Learning: A Theory of Action Perspective, Reading.

BARLEY, S.R., (1986): Technology as an Occasion for Structuring: Evidence from Observations of CT Scanners and the Social Order of Radiology Departments, in: Administrative Science Quarterly, 31(1): 78–108.

BATESON, G., (1983): Ökologie des Geistes, Anthropologische, psychologische, biologische und epistemologische Perspektiven, Frankfurt am Main.

BAUMARD, P., (1999) Tacit Knowledge in Organizations, London, Thousand Oaks, New Delhi.

BLUEDORN, A.C., (2000): Time and Organizational Culture, in: ASHKANASY, N.M./WILDEROM, C.P.M./PETERSON, M.F., (Eds.): Handbook of Organizational Culture and Climate, Thousand Oaks, S. 117–128.

BREISIG, T., (1990): Betriebliche Sozialtechniken. Handbuch für Betriebsrat und Personalwesen, Neuwied.

BROOKING, A., (1997): The Management of Intellectual Capital, in: Long Range Planning, 30(3): 364–365.

BURSTEIN, F./HOLSAPPLE, C.W., (2008): Decision Support Systems in Context, in: Information Systems and e-Business Management, 6: 221–223.

CLEVERLEY, G., (1973): Managers and Magic, Harmondsworth.

CROSS, R./BAIRD, L., (2000): Technology is not enough: Improving Performance by Building Organizational Memory, in: Sloan Management Review, 41(3): 69–78.

DEAL, T.E./KENNEDY, A.A., (1984): Corporate Culture: The Rites and Rituals of Corporate Life, Reading, Mass.

DENISON, D.R., (1997): Corporate Culture and Organizational Effectiveness, Ann Arbor.

DENISON, D.R., (2001): Organizational Culture: Can it be a Key Lever for driving Organizational Change?, in: COOPER, C.L./CARTWRIGHT/EARLY, P.C., (Eds.): The Handbook of Organizational Culture and Climate, Chichester, New York, Weinheim, Brisbane, Singapore, Toronto, S. 347–372.

DERSCHKA, P./GOTTSCHALL, D., (1984): Metaplan. Das Geheimnis der Wolke, in: Management Wissen,12: 17–33.

FELDMANN, S.P., (1990): Stories as Cultural Creativity: On the Relation between Symbolism and Politics in Organizational Change, in: Human Relations, 43: 809–828.

FEY, C.F./DENISON, D.R., (2003): Organizational Culture and Effectiveness: Can American Theory be Applied in Russia?, in: Organization Science, 14(6): 686–706.

FISCHER, G., (1955): Partnerschaft im Betrieb, Heidelberg.

DAVENPORT, T.H./PRUSAK, L., (1998): Working Knowledge. How Organizations Manage What They Know, Boston.

DE GEUS, A., (1988): Planning as Learning, in: Harvard Business Review, 66(2): 70–74.

DRUCKER, P.F., (1969): The Age of Discontinuity. Guidelines to Our Changing Society, London.

GEERTZ, C., (1966): Person, Time, and Conduct in Bali: An Essay in Cultural Analysis, Culture Series Number 14, Yale: Southeast Asia Program.

HARRISON, R., (1972): Understanding your Organization's Character, in: Harvard Business Review, 50(3): 119-128.

HATCH, M.J., (1997): Organization Theory, New York.

HAVEL, V., (1991): Anatomie des Gag, in: HAVEL, V., (1991): Das Gartenfest/Die Benachrichtigung, Reinbek, S. 182–200.

HEIDELOFF, F./BAITSCH, C., (1998): Wenn Wissen Wissen generiert: Erläuterungen rund um ein Fallbeispiel, in: PAWLOSKY, P., (Hrsg.): Wissensmanagement – Erfahrungen und Perspektiven, Gabler, S. 67–83.

HEINEN, E., (1987): Unternehmenskultur. Perspektiven für Wissenschaft und Praxis, München, Wien.

HOLZMÜLLER, H./KASPER, H./WILKE, C., (2005): Unternehmenskulturelle Voraussetzungen der Kooperation, in: ZENTES, J./SWOBODA, B./MORSCHETT, D., (Hrsg.): Kooperationen, Allianzen und Netzwerke – Grundlagen, Ansätze, Perspektiven, 2. Aufl., Wiesbaden, S. 849–871.

INKPEN, A.C., (1998): Learning and Knowledge Acquisition through International Strategic Alliances, in: The Academy of Management Executive, 12(4): 69–80.

INKPEN, A.C./TSANG, E.W.K., (2005): Social Capital, Networks, and Knowledge Transfer, in: Academy of Management Review, 30(1): 146–165.

KASPER, H., (1987): Organisationskultur. Über den Stand der Forschung, Wien.

KASPER, H., (1990): Die Handhabung des Neuen in organisierten Sozialsystemen, Wien, Berlin.

KASPER, H., (1992): Betriebliche Sozialisation, in: GAUGLER E./WEBER, W., (Hrsg.): Handwörterbuch des Personalwesens, Stuttgart.

KASPER, H./MÜHLBACHER, J., (2002): Von Organisationskulturen zu lernenden Organisationen, in: KASPER, H./MAYRHOFER, W., (Hrsg.): Personalmanagement – Führung – Organisation, 3., völlig neu bearbeitete Auflage, Wien, S. 95–156.

KEYTON, J. (2005): Communicational and Organizational Culture, Thousand Oaks u.a.

KIM, D.H., (1993): The Link between Individual and Organizational Lerarning, Sloan Management Review, 35(1): 37–50.

KLEIN, S., (1991): Der Einfluss von Werten auf die Gestaltung von Organisationen, Berlin.

KREBSBACH-GNATH, C., (1996): Organisationslernen – Theorie und Praxis der Veränderung, Wiesbaden.

KRELL, G., (1991): Organisationskultur – Renaissance der Betriebsgemeinschaft?, in: DÜLFER, E., (Hrsg.): Organisationskultur, Stuttgart.

KRELL, G., (1994): Vergemeinschaftende Personalpolitik, München, Mering.

KROGH, G. von/KÖHNE, M., (1998): Der Wissenstransfer in Unternehmen: Phasen des Wissenstransfers und wichtige Einflussfaktoren, in: Die Unternehmung, 52(5/6): 235–252.

KUHN, T., (1976): Die Struktur wissenschaftlicher Revolutionen, 2. Aufl., Frankfurt am Main.

LAM, A., (2000): Tacit Knowledge, Organizational Learning and Societal Institutions: An Integrated Framework, in: Organization Studies, 21(3): 487–513.

LEWIS, S., (2001): Restructuring Workplace Cultures: The Ultimate Work-family Challenge?, in: Women in Management Review, 16(1): 21–29.

LEZIUS, M., (1984): Menschen machen Wirtschaft. Materielle und immaterielle Elemente betrieblicher Partnerschaft, Spardorf.

LIPP, W., (1979): Kulturtypen, kulturelle Symbole, Handlungswelt. Zur Plurivalenz von Kultur, in: Kölner Zeitschrift für Soziologie und Sozialpsychologie, 31(3): 450–484.

LOISCH, U.C., (2007): Organisationskultur als Einflussgröße der Exportperformance. Eine empirische Analyse im Kontext von Klein- und Mittelunternehmen, Wiesbaden.

LOUIS, M. R., (1985): An Investigator's Guide to Workplace Culture, in: FROST, P./MOORE, L./LOUIS, M.R./LUNDBERG, C./MARTIN, J., (Eds.): Organizational Culture, Beverly Hills, S. 73–94.

MAANEN, J. van/BARLEY, S., (1985): Cultural Organization: Fragments of a Theory, in: FROST, P./MOORE, L./LOUIS, M.R./LUNDBERG, C./MARTIN, J., (Eds.): Organizational Culture, Beverly Hills, S. 31–54.

MARCH, J.G./OLSEN, J.P., (1975): The Uncertainty of the Past: Organizational Learning under Ambiguity, in: European Journal of Political Research, 3: 147–171.

MARTIN, J./SIEHL, C., (1983): Organizational Culture and Counter-Culture: An Uneasy Symbiosis, in: Organizational Dynamics, Autumn, 12: 52–64.

MARTIN, J./FROST, P./ O'NEILL, O., (2008): Organizational culture: Beyond Struggles of Intellectual Dominance, in: CLEGG, S./HARDY, C./LAWRENCE, T./NORD, W., (Eds.): The Sage Handbook of Organization Studies, London, New Delhi, S. 725–753.

MARTIN, J., (2002): Organizational Culture: Mapping the Terrain, Thousand Oaks, London, New Delhi.

MATENAAR, D., (1983): Organisationskultur und organisatorische Gestaltung. Die Gestaltungsrelevanz der Kultur des Organisationssystems der Unternehmung, Berlin.

MCGREGOR, D., (1960): The Human Side of Enterprise, New York.

MEYERSON, D./MARTIN, J., (1987): Cultural Change: An integration of Three Different Views, in: Journal of Management Studies, 24(6): 623–647.

MOSER, H., (1977): Methoden der Aktionsforschung. Eine Einführung, München.

NEUBERGER, O., (1985): Unternehmenskultur und Führung, Augsburg.

NEUBERGER, O./KOMPA, A., (1986): Mit Zauberformeln die Leistung steigern. Serie Firmenkultur II, in: Psychologie heute, 7: 58–65.

NEUBERGER, O./KOMPA, A., (1987): Wir, die Firma. Der Kult um die Unternehmenskultur, Basel.

NICKLISCH, H., (1922): Wirtschaftliche Betriebslehre, Stuttgart.

NICKLISCH, H., (1932): Die Betriebswirtschaft, Stuttgart.

NONAKA, I./KONNO, N., (1998): The Concept of „Ba": Building a Foundation for Knowledge Creation, in: California Management Review, 40(3): 40–54.

NONAKA, I./TAKEUCHI, H., (1995) The Knowledge-Creating Company. How Japanese Companies Create the Dyamics of Innovation, New York, Oxford.

NONAKA, I./TAKEUCHI, H., (1997) Die Organisation des Wissens: wie japanische Unternehmen eine brachliegende Ressource nutzbar machen, Frankfurt am Main, New York.

OCHSENBAUER, C./KLOFAT, B., (1987): Überlegungen zur paradigmatischen Dimension der aktuellen Unternehmenskulturdiskussion in der Betriebswirtschaftslehre, in: HEINEN, E., (Hrsg.): Unternehmenskultur. Perspektiven für Wissenschaft und Praxis, München, Wien, S. 68–106.

OUCHI, W.G., (1981): Theory Z, Reading, Menlo Park, London, Amsterdam, Don Mills, Sydney.

PASCALE, R.T./ATHOS, A.G., (1982): Geheimnis und Kunst des japanischen Managements, München.

PETERS, T.J./WATERMAN, R.H., (1982): In Search of Excellence, New York.

PETERS, T.J./WATERMAN, R.H. jr., (1984): Auf der Suche nach Spitzenleistungen. Was man von den bestgeführten US-Unternehmen lernen kann, Landsberg am Lech.

POLANYI, M., (1985): Implizites Wissen, Frankfurt am Main.

POPITZ, H. (2006): Soziale Normen, 1. Aufl., Frankfurt am Main.

PRANGE, C., (2002): Organisationales Lernen und Wissensmanagement. Fallbeispiele aus der Unternehmenspraxis, Wiesbaden.

PROBST, G.J.B./DEUSSEN, A./EPPLER, M./RAUB, S., (2000): Kompetenz-Management. Wie Individuen und Organisationen Kompetenz entwickeln, Wiesbaden.

PROBST, G.J.B./RAUB, S./ROMHARDT, K., (1997): Wissen managen. Wie Unternehmen ihre wertvollste Ressource optimal nutzen, Frankfurt am Main: Frankfurter Allgemeine, Zeitung für Deutschland, Wiesbaden.

PROBST, G.J B./RAUB, S./ROMHARDT, K., (2006): Wissen managen. Wie Unternehmen ihre wertvollste Ressource optimal nutzen, 5., überarbeitete Auflage, Wiesbaden.

REHBERG, K.S., (2001): Kultur, in: JOAS, H., (Hrsg.): Lehrbuch der Soziologie. Frankfurt am Main u.a., S. 63–92.

REINHARDT, R., (1998): Das Management von Wissenskapitel, in: PAWLOSKY, P., (Hrsg.): Wissensmanagement – Erfahrungen und Perspektiven, Wiesbaden, S. 145–176.

ROSENSTIEL, L. von/MOLT, W./RÜTTINGER, B., (1979): Organisationspsychologie, Stuttgart.

ROUSSEAU, D.M., (1990): Assessing Organizational Culture: The Case for Multiple Methods, in: SCHNEIDER B., (Ed.): Organizational Climate and Culture, San Francisco, S. 153–192.

RÜTTINGER, R., (1986): Unternehmenskultur. Erfolge durch Vision und Wandel, Düsseldorf, Wien.

SACKMANN, S., (1983): Organisationskultur: Die unsichtbare Einflußgröße, in: Gruppendynamik, 14(4): 393–406.

SACKMANN, S., (1990): Möglichkeiten der Gestaltung von Unternehmenskultur. in: LATTMANN C., (Hrsg.): Die Unternehmenskultur, Heidelberg, S. 153–188.

SCHEIN, E., (1984a): Coming to a New Awareness of Organizational Culture, in: Sloan Management Review, 25: 3–16.

SCHEIN, E., (1984b): Soll und kann man eine Organisations-Kultur verändern?, in: gdi impuls, 2(84): 31–43.

SCHEIN, E., (1985): Organizational Culture and Leadership, San Francisco.

SCHEIN, E., (1999): The Corporate Culture Survival Guide, San Francisco.

SCHEIN, E., (2004): Organizational Culture and Leadership, San Francisco.

SCHOLL-SCHAAF, M., (1975): Werthaltung und Wertsystem, Bonn.

SCHREYÖGG, G./GEIGER, D., (2004): Kann implizites Wissen Wissen sein? Vorschläge zur Neuorientierung im Wissensmanagement, in: WYSSUSEK B., (Hrsg.): Wissensmanagement komplex. Perspektiven und soziale Praxis, Berlin, S. 43–54.

SCHREYÖGG, G./KOCH, J., (2007): Grundlagen des Managements. Basiswissen für Studium und Praxis, 1. Aufl., Wiesbaden.

SCHREYÖGG, G., (1999): Organisation: Grundlagen moderner Organisationsgestaltung, 3. Aufl., Wiesbaden.

SCHULTZ, M., (1995): On Studying Organizational Cultures, Berlin.

SELVINI PALAZZOLI, M./ANOLLI, L./DIBLASIO, P., (1984): Hinter den Kulissen der Organisation, Stuttgart.

SENGE, P., (1990): The Fifth Discipline: The Art and Practice of the Learning Organization, New York.

STAEHLE, W.H., (1999): Management, 8. Aufl., München.

STATA, R., (1990): Organizational Learning: The Key to Management Innovation, in: Sloan Management Review, 30(3): 63–74.

SWAN, J./NEWELL, S./SCARBROUGH, H./HISLOP, D., (1999): Knowledge Management and Innovation: Networks and Networking, in: Journal of Knowledge Management, 3(4): 262–275.

SYDOW, J./WELL, B. van, (2006): Wissensintensiv durch Netzwerkorganisation – Strukturationstheoretische Analyse eines wissensintensiven Netzwerkes, in: SYDOW, J., (Hrsg.): Management von Netzwerkorganisationen. Beiträge aus der „Managementforschung", 4., aktualisierte und erweiterte Auflage, Wiesbaden, S. 143–186.

TRICE, H.M./BEYER, J.M., (1984): Studying Organizational Cultures through Rites and Ceremonials, in: Academy of Management Review, 19(4): 633–669.

TRICE, H.M./BEYER, J.M., (1993): The Culture of Work Organizations, Englewood Cliffs.

VEDDER, J.N., (1992): How Much Can We Learn From Success?, in: Academy of Management Executives, 6(1): 56–66.

WALDRON, M., (2008): Developing an Information Management Strategy. The Foundation Stone for an EDRMS, Business Information Review, 25(2): 101–104.

WALSH, J.P./UNGSON, G.R., (1991): Organizational Memory, in: Academy of Management Review, 16(1): 57–91.

WENGER, E./MCDERMOTT, R./SNYDER, W.M., (2002): Cultivation Communities of Practice: A Guide to Managing Knowledge, Boston.

WESTERLUND, G./SJÖSTRAND, S.E., (1981): Organisationsmythen, Stuttgart.

WILLKE, H., (2004): Einführung in das systemische Wissensmanagement, Heidelberg.

WOLLNIK, M., (1988): Das Verhältnis von Organisationsstruktur und Organisationskultur, in: DÜLFER, E., (Hrsg.): Organisationskultur, Phänomen – Philosophie – Technologie, Stuttgart, S. 49–76.

ZELLMER-BRUHN, M.E./GIBSON, C.B./ALDAG, R.J., (2001): Time Flies Like an Arrow: Tracing Antecedents and Consequences of Temporal Elements of Organizational Culture, in: COOPER, C.L./CARTWRIGHT, S./EARLEY, P.C., (Eds.): Organizational Culture and Climate, Chichester, S. 21–52.

Weiterführende Literatur (*):

*SEGAL, L., (1988): Das 18. Kamel oder Die Welt als Erfindung. Zum Konstruktivismus Heinz von Foersters, München.

*WEICK, K.E., (1985): Der Prozeß des Organisierens, Frankfurt am Main.

*WEICK, K.E. (1995): Sensemaking in Organizations, Thousand Oaks.

Kapitel „Beschaffung und Auswahl von Mitarbeiterinnen und Mitarbeitern"

BARRICK, M.R./MOUNT, M.K./JUDGE, T.A., (2001): Personality and Performance at the Beginning of the New Millennium: What Do We Know and Where Do We Go Next?, in: International Journal of Selection and Assessment, 9(1,2): 9–30.

BECKER, M., (2005): Systematische Personalentwicklung. Planung, Steuerung und Kontrolle im Funktionszyklus, Stuttgart.

BEDNARCZUK, P./WENDENBURG, N., (2008): Talentmanagement, in: MEIFERT, M., (Hrsg.): Strategische Personalentwicklung, Berlin, Heidelberg, S. 199–218.

BEER, M./SPECTOR, B./LAWRENCE, P.R./MILLS, D.Q./WALTON, R.E., (1984): Managing Human Assets, New York.

BERTHEL, J./BECKER, F.G., (2007): Personalmanagement, Stuttgart.

BERTHEL, J., (2000): Personalmanagement, Stuttgart.

BÖCK, R., (2002): Personalmanagement, München, Wien.

BÖCKER, M., (2008): Avatare sind out – Glaubwürdigkeit ist in, in: Personalwirtschaft, 3: 21–26.

BOHLEN, F.N., (2002): Das Bewerber-Auswahl-Gespräch, Leonberg.

BREAUGH, J.A./STARKE, M., (2000): Research on Employee Recruitment: So Many Studies, So Many Remaining Questions, in: Journal of Management, 26(3): 405–434.

BREISIG, T., (2005): Personal. Eine Einführung aus arbeitspolitischer Perspektive, Herne, Berlin.

BRÖCKERMANN R./PEPELS, W., (2002): Personalmarketing, Akquisition – Bindung – Freistellung, Stuttgart.

CABLE, D.M./DeRUE, D.S., (2002): The Convergent and Discriminant Validity of Subjective Fit Perceptions, Journal of Applied Psychology, 90: 875–884.

CASCIO, W.F./AGUINIS, H., (2008): Staffing Twenty-first-century Organizations, in: The Academy of Management Annals, 2(1): 133–165.

DÄUBLER, W., (1998): Das Arbeitsrecht 2, Reinbek.

ECKARDSTEIN, D. von/SCHNELLINGER, F., (1973): Betriebliche Personalpolitik, München.

ECKARDSTEIN, D. von/LUEGER, G./NIEDL, K./SCHUSTER, B., (1995): Psychische Befindensbeeinträchtigungen und Gesundheit im Betrieb. München.

EDWARDS, J.R., (2008): Person-Environment Fit in Organiszations: An Assessment of Theoretical Progress, in: The Academy of Management Annals, 2(1): 167–230.

EGGER, J., (1982): Rechtsprobleme bei der Anbahnung von Arbeitsverhältnissen, in: Das Recht der Arbeit, 32(2): 89–101.

ERTEN-BUCH, C./MAYRHOFER, W./SEEBACHER, U./STRUNK G., (2006): Personalmanagement und Führungskräfteentwicklung, Zahlen – Fakten – Praktische Konsequenzen, Wien.

FRÖHLICH, W./HOLLÄNDER, K., (2004): Personalbeschaffung und -akquisition, in: GAUGLER, E./OECHSLER, W.A./WEBER, W., (Hrsg.): Handwörterbuch des Personalwesens, Stuttgart, Sp. 1403–1419.

GATEWOOD, R./FEILD, H., (1999): Human Resource Selection, Fort Worth.

GAUGLER, E./OECHSLER, W.A./WEBER, W., (Hrsg.) (2004): Handwörterbuch des Personalwesens, Stuttgart, Sp. 1608–1619.

GUTHRIDGE, M./KOMM, A.B./LAWSON, E., (2008): Making Talent a Strategic Priority, in The McKinsey Quarterly, 1/2008, S. 49–59.

HADERMUS, S., (2007): Qualität in der berufsbezogenen Eignungsdiagnostik – Möglichkeiten der Anwendung der DIN 33430, Berlin.

HALTMAYER, B./LUEGER, G., (2002): Beschaffung und Auswahl von Mitarbeitern, in: KASPER, H./MAYRHOFER, W., (Hrsg.): Personalmanagement – Führung – Organisation, Wien, S. 405–445.

HARRIS, H./BREWSTER, C./ERTEN-BUCH, C., (2005): Auslandseinsatz, aber wie? Klassisch oder alternative Formen: neueste empirische Erkenntnisse aus Europa und den USA, in: STAHL, G.K./MAYRHOFER, W./KÜHLMANN, T. M., (Hrsg.): Internationales Personalmanagement. Neue Aufgaben, neue Lösungen, München, S. 275–292.

HAUNSCHILD, A., (2000): Personalbeschaffung über das Internet aus informationsökonomischer Perspektive, in: Wirtschaftswissenschaftliches Studium, 6: 314–318.

HAUSER, R.M., (2007): Will Practioners Benefit from Meta-Analysis?, in: Journal of Management Perspectives, 21(3): 24–28.

HENNIGER, A./PAPOUSCHEK, U., (2007): Entgrenzte Erwerbsarbeit als Chance oder Risiko?, in: Berliner Journal für Soziologie, 2: 189–209.

HENTZE, J., (2001): Personalwirtschaftslehre 1, Bern.

HERTWIG, S., (2002): Bewerbungstipps aus der Chefetage: 50 Personalchefs verraten ihre Auswahlkriterien, München.

HESSE, J./SCHRADER, H.C., (2001): Testtraining 2000, Frankfurt am Main.

HIGGINS, C.A./JUDGE, T.A., (2004): The Effect of Applicant Influence Tactics on Recruiter Perceptions of Fit and Hiring Recommendations: A Field Study, in: Journal of Applied Psychology, 89: 622–632.

HOSSIEP, R./PASCHEN, M./MÜHLHAUS, O., (2000): Persönlichkeitstests im Personalmanagement, Göttingen.

HUESMANN, M., (2008): Arbeitszeugnisse aus personalpolitischer Perspektive. Gestaltung, Einsatz und Wahrnehmungen, Wiesbaden.

KANNING, P., (2004): Standards der Personaldiagnostik, Göttingen.

KANNING, P./PÖTTKER, J./KLINGE, K., (2008): Personalauswahl. Leitfaden für die Praxis, Stuttgart.

KAY, R., (2008): Gewinnung und Auswahl von MitarbeiterInnen, in: KRELL, G., (Hrsg.): Chancengleichheit durch Personalpolitik, Gleichstellung von Frauen und Männern in Unternehmen und Verwaltungen, Rechtliche Regelungen – Problemanalysen – Lösungen, Wiesbaden, S. 175–194.

KIRBACH, C./MONTEL, C./OENNING, S./WOTTAWA, H., (2004): Recruiting und Assessment im Internet, Göttingen.

KLIMECKI, R./GMÜR, M., (2005): Personalmanagement, Stuttgart

KÖHLER, K./JÜDE, P., (2000): Electronic Recruiting, in: Personal, 3: 152–155.

KOMPA, A., (1989): Personalbeschaffung und Personalauswahl, Stuttgart.

KRISTOF-BROWN, A./BARRICK, M.R./FRANKE, M., (2002): Applicant Impression Management: Dispositional Influences and Consequences for Recruiter Perceptions of Fit and Similarity, in: Journal of Management, 1: 27–46.

LE, H./OH, I.S./SHAFFER, J./SCHMIDT, F., (2007): Implications of Methodological Advances for the Practice of Personnel Selection: How Practitioners Benefit from Meta-analysis, in: Journal of Management Perspectives, 21(3): 6–15.

LEPAK, D.P./SNELL, S.A., (1999): The Human Resource Architecture: Toward a Theory of Human Capital Allocation and Development, in: Academy of Management Review, 24(1): 31–48.

LEPAK, D.P./SNELL, S.A., (2002): Examing the Human Resource Architecture: The Relationships Among Human Capital, Employment, and Human Resource Configurations, in: Journal of Management, 28(4): 517–543.

McFARLAND, L.A./RYAN, A.M./KRISKA, S.D., (2003): Impression Management Use and Effectiveness Across Assessment Methods, in: Journal of Management, 29: 641–661.

MEHRMANN, E., (1999): Personal- und Karriereberatung, München.

MEIFERT, M.T., (2008): Retentionmanagement, in: MEIFERT, M.T., (Hrsg.): Strategische Personalentwicklung, Berlin, Heidelberg, S. 267–288.

MICHAELS, E./HANDFIELD-JONES, H./AXELROD, B., (2001): The War for Talent, Boston: Harvard Business School Press.

MILKOVICH, G.T./BOUDREAU, J.W., (1997): Human Resource Management, Chicago.

MILLARD, E., (2008): Facebook, LinkedIn: Meet Human Resources, in: Baseline, 7: 14–15.

MOSER, K./ZEMPEL, J., (2001): Personalmarketing, in: SCHULER, H., (Hrsg.): Lehrbuch der Personalpsychologie, Göttingen.

NICOLAI, C., (2006): Personalmanagement, Stuttgart.

OBERMANN, C., (2000): Qualitätsstandards und Entwicklungstrends von Assessment Centern, in: SARGES, W., (Hrsg.): Management-Diagnostik, Göttingen, S. 739–747.

OECHSLER, W., (2000): Personal und Arbeit, Grundlagen des Human Resource Management und der Arbeitgeber-Arbeitnehmer-Beziehungen, München, Wien.

OECHSLER, W./KLARMANN, P., (2008): Implikationen des Allgemeinen Gleichbehandlungsgesetzes (AGG) für das Personalmanagement: Wie diskriminierungsfrei sind die personalpolitischen Instrumente?, in: KRELL, G., (Hrsg.): Chancengleichheit durch Personalpolitik, Gleichstellung von Frauen und Männern in Unternehmen und Verwaltungen, Rechtliche Regelungen – Problemanalysen – Lösungen, Wiesbaden, S. 23–38.

OLESCH, G., (2000): Personalmarketing zur Gewinnung und Bindung von Ingenieuren, in: Personal, 6: 285–289.

PFEFFER, J./SALANCIK, G.R., (1978): The External Control of Organizations: A Resource Dependence Perspective, New York.

PLOYHART, R.E., (2006): Staffing in the 21st Century: New Challenges and Strategic Opportunities, in: Journal of Management, 32(6): 868–897.

RUDMANN, L.A., (1998): Self-Promotion as a Risk Factor for Women: The Costs and Benefits of Countersterotypical Impression Management, in: Journal of Personality and Social Psychology, 74: 629–645.

RYAN, A.M./PLOYHART, R.E., (2000): Applicants' Perceptions of Selection Procedures and Decisions: A Critical Review and Agenda for the Future, in: Journal of Management, 26(3): 565–606.

SARGES, W., (2001): Die Assessment Center-Methode – Herkunft, Kritik und Weiterentwicklungen, in: SARGES, W., (2001): Weiterentwicklung der Assessment Center-Methode, Göttingen, S. VII–XXXII.

SCHIEK, D., (2008): Was Personalverantwortliche über das Verbot der mittelbaren Diskriminierung wissen sollten, in: KRELL, G., (Hrsg.): Chancengleichheit durch Personalpolitik, Gleichstellung von Frauen und Männern in Unternehmen und Verwaltungen, Rechtliche Regelungen – Problemanalysen – Lösungen, Wiesbaden, S. 39–80.

SCHLENKER, B.R., (1980): Impression Management: The Self-concept, Social Identity, and Interpersonal Relations, Monterey.

SCHMITT, N., (2007): The Value of Personnel Selection: Reflections on Some Remarkable Claims, in: Journal of Management Perspectives, 21(3): 19–23.

SCHNEIDER, B., (1995): Personalbeschaffung, Frankfurt.

SCHUHMACHER, F./GESCHWILL, R., (2009): Employer Branding. Human Resources Management für die Unternehmensführung, Wiesbaden.

SCHULER, H., (2007): Assessment Center zur Potenzialanalyse, Göttingen.

SCHULER, H., (2000): Psychologische Personalauswahl, Göttingen.

SCHULER, H., (2004): Der Prozess der Eindrucksbildung und die Qualität der Beurteilungen, in: SCHULER, H., (Hrsg.): Beurteilung und Förderung beruflicher Leistung, Göttingen u.a., S. 33–60.

SCHULER, H., (2004): Personalauswahl, in: GAUGLER, E./OECHSLER, W.A./WEBER, W., (Hrsg.): Handwörterbuch des Personalwesens, Stuttgart, Sp. 1366–1379.

SCHULER, H., (2006): Stand und Perspektiven der Personalpsychologie, in: Zeitschrift für Arbeits- und Organisationspsychologie, 50(4): 176–188.

SCHULER, H./HELL, B./TRAPMANN, S./SCHAAR, H./BORAMIR, I., (2007): Die Nutzung psychologischer Verfahren der externen Personalauswahl in deutschen Unternehmen. Ein Vergleich über 20 Jahre, in: Zeitschrift für Personalpsychologie, 6(2): 60–70.

SCHULER, H./HÖFT, S., (2006): Konstruktorientierte Verfahren der Personalauswahl, in: SCHULER, H., (Hrsg.): Lehrbuch der Personalpsychologie, Göttingen, S. 101–144.

SCHULER, H./FRIER, D./KAUFMANN, H., (1993): Personalauswahl im europäischen Vergleich, Göttingen.

SCULLION, H./COLLINGS, D., (2006): Alternative Forms of International Assignments, in: SCULLION, H./COLLINGS, D., (Eds.): Global Staffing, London, New York, S. 159–177.

SHIPMAN, D., (2006): Can we learn a few things from Google?, in: Nursing Management, 8: 10–12.

STEVENS, C.D./ASH, R.A., (20001): Selecting Employees For Fit: Personality and Preferred Managerial Style, in: Journal of Managerial Issues, 13(4): 500–517.

TOMANDL, T., (1999): Arbeitsrecht 2, Wien.

TROST, A., (2008): Die klare Botschaft fehlt, in: Personalwirtschaft, 2: 34–36.

VAN VIANEN, A.E., (2000): Person-organization Fit: The Match between Newcomers' and Recruiters' Preferences for Organizational Cultures, in: Personnel Psychology, 53(1): 113–149.

WEINERT, A., (2004): Organisations- und Personalpsychologie, Weinheim, Basel.

WUNDERER, R./DICK, P., (2001): Personalmanagement – Quo vadis?, Neuwied, Kriftel.

ZIMMER, D./BRAKE, J., (1993): Ganzheitliche Personalauswahl, Grundüberlegungen, Instrumente und praktische Hinweise für Führungskräfte, Bamberg.

Kapitel „Personalentwicklung"

AUER, M., (2000): Vereinbarungskarrieren : eine karrieretheoretische Analyse des Verhältnisses von Erwerbsarbeit und Elternschaft, München, Mering.

ARTHUR, W./BENNETT, W./EDENS, P.S./BELL, S.T., (2003) : Effectiveness of training in Organizations : A Meta-analysis of Design and Evaluation Features, in : Journal of Applied Psychology, 88(2): 234–245.

ARTHUR, M.B./ROUSSEAU, D.B., (Hrsg.) (1996): The Boundaryless Career. A New Employment for a New Organizational Era, New York.

BASHFORD, S., (2004): The Survivor Syndrome, in: Human Resources, London, S. 43–44.

BAETHGE, M./BAETHGE-KINSKY, V., (2004): Der ungleiche Kampf um das lebenslange Lernen, Münster.

BARUCH, Y., (2004): Managing Careers, Theory and Practice, Harlow.

BAITSCH, C./FREI, F., (1980): Qualifizierung in der Arbeitstätigkeit, Bern, Stuttgart, Wien.

BARDWICK, J.M., (1986): The Plateauing Trap, New York.

BARTSCHER, T., (2004): Personaleinsatz, in: GAUGLER, E./OECHSLER, W.A./WEBER, W., (Hrsg.): Handwörterbuch des Personalwesens, Stuttgart, Sp. 1455–1469.

BECKER, M., (2005): Systematische Personalentwicklung. Planung, Steuerung und Kontrolle im Funktionszyklus, Stuttgart.

BECKER, M., (2005): Personalentwicklung. Bildung, Förderung und Organisationsentwicklung in Theorie und Praxis, 4. Aufl., Stuttgart.

BECKER, M., (2007): Lexikon der Personalentwicklung, Stuttgart.

BEISHEIM, M., (1997): Anforderungsprofile in Banken und neue Curricula, Forschungsbericht an der Wirtschaftsuniversität Wien.

BERTHEL, J., (1979): Personal-Management: Grundzüge für Konzeptionen betriebliche Personalarbeit, Stuttgart.

BERTHEL, J., (1992): Laufbahn- und Nachfolgeplanung, in: GAUGLER, E./WEBER, W., (Hrsg.): Handwörterbuch des Personalwesens, 2. Aufl., Stuttgart.

BERTHEL, J./BECKER, F.G., (2007): Personal-Management, Stuttgart.

BERTHEL, J./KOCH, H.E., (1985): Karriereplanung und Mitarbeiterförderung, Sindelfingen.

BLICKLE, G., (2000): Mentor-Protégé-Beziehungen in Organisationen, in: Zeitschrift für Arbeits- und Organisationspsychologie, 4: 168–178.

BÖHEIM, R./SCHNEEWEIS, N., (2007): Renditen betrieblicher Weiterbildung in Österreich, Endbericht, Institut für Volkswirtschaft an der Johannes Kepler Universität Linz. http://lexikon.inqa.de/Inqa/Redaktion/TIKs/Lebenslanges-Lernen/PDF/2008-02-18-arbeiterkammer-weiterbildung,property=pdf,bereich=inqa,sprache=de,rwb= true.pdf

BRAUN, S., (1997): Weiterbildung und Selbstbestimmung von Frauen im Zeichen betrieblicher Umbrüche, Münster u.a.

BREMER, C., (1999): Integration verschiedener Lehr- und Lernmethoden in Online-Veranstaltungen, in: Information Management & Consulting, 1: 49–57.

BRÖCKERMANN, R., (2003).: Personalwirtschaft, 3. Aufl., Stuttgart.

BRÖCKERMANN, R./PEPELS, W., (2005): Die Personalfreisetzung: betriebswirtschaftlich, gesellschaftspolitisch, menschlich, Renningen.

BRUCH, H., (1999): Wissens- und Kompetenzorientiertes Management in virtuellen Strukturen: Konzepte – Spannungsfelder – neue Wege, in: SATTELBERGER, T., (Hrsg.): Wissenskapitalisten oder Söldner? Personalarbeit in Unternehmensnetzwerken des 21. Jahrhunderts, Wiesbaden, S. 97–148.

BURCHARD, U., (2000): Managerkarrieren: eine empirische Untersuchung des Karriereerfolges in mittleren Führungsebenen deutscher Großunternehmen, Frankfurt am Main u.a.

CONRADI, W., (1983): Personalentwicklung, Stuttgart.

CLAIR, J.A / DUFRESNE, R.L., (2004): Playing the Grim Reaper: How Employees Experience Carrying Out a Downsizing, in: Human Relations, 57(12): 1597–1625.

CLARK, R.C., (2008): Developing Technical Training: A structured Approach for Developing Classroom and Computer-Based Instructional Materials, San Francisco.

CRANET (o.V.) (2005): Cranet, der Bericht, 19.1.2006, S. 1–125.

DEARDEN, L./REED, H./REENEN, J. van, (2006): The Impact of Training on Productivity and Wages: Evidence from British Panel Data, Oxford Bulletin of Economics and Statistics, 68(4): 397–421.

DOWLING, P.J./FESTING, M./ENGLE, A.D., (2008): International Human Resource Management, London.

DOMSCH, M.E., (1994). Fachlaufbahn – ein Beitrag zur Flexibilisierung und Mitarbeiterorientierung der Personalentwicklung, in: DOMSCH, M.E./SIEMERS, S.H., (Hrsg.): Fachlaufbahnen, Heidelberg, in: Physica: 3–21.

DUDEN, (1963): Etymologie, Band 7, Mannheim u.a.

ECKARDSTEIN, D. von, (1997): Entwickelt sich Co-Management zu einem tragfähigen Kooperationsmuster in den betrieblichen Arbeitsbeziehungen?, in: KLIMECKI, F./REMER, A., (Hrsg.): Personal als Strategie, Neuwied u.a., S. 244–256.

ECKARDSTEIN, D. von/JANES, A./PRAMMER, K./WILDNER, T., (1997): Muster betrieblicher Kooperation zwischen Management und Betriebsrat, München, Mering.

ECKARDSTEIN, D. von/ELŠIK, W./NACHBAGAUER, A., (1997): Formen und Effekte von Karriereplateaus. Eine theoretische und empirische Analyse, München, Mering.

ECKARDSTEIN, D. von/SCHNELLINGER, F., (1973): Betriebliche Personalpolitik, München.

ECKARDSTEIN, D. von/FREDECKER, I./GREIFE, W./JANISCH, R./ZINGSHEIM, G., (1988): Die Qualifikation der Arbeitnehmer in neuen Entlohnungsmodellen, Frankfurt am Main u.a.

EINSIEDLER, H. E./RAU, S./ROSENSTIEL, L. von, (1987): Karrieremotivation bei Führungskräften, in: DBW, 47: 177–183.

ENNEN, K./GÜNTHER, U., (1996): Personalentwicklungsveranstaltungen deutscher Großunternehmen, in: Zeitschrift für Personalforschung, 1: 33–47.

ERPENBECK, J., (2008): Kompetenzentwicklung: Die brüchige Brücke, in: MÜHLBACHER, J./SCHEER, P./SCHMIDT, A./ROSENSTIEL, L. von, (Hrsg.): Management Development. Wandel der Anforderungen an Führungskräfte, Wien, S. 49–70.

ERPENBECK, J./ROSENSTIEL, L. von, (2007): Handbuch Kompetenzmessung, Stuttgart.

ERTEN-BUCH, C./MAYRHOFER, W./SEEBACHER, U./STRUNK G., (2006): Personalmanagement und Führungskräfteentwicklung, Zahlen – Fakten – Praktische Konsequenzen, Wien.

FERENCE, T./STONER, J.A./WARREN, E.K., (1977): Managing the Career Plateau. Academy of Management Review, 2(10): 602–612.

FESTINER, L., (1978): Theorie der kognitiven Dissonanz, Bern u.a.

FOUAD, N.A., (2007): Work and Vocational Psychology: Theory, Research, and Applications, in: Annual Review of Psychology, 58: 543–564.

FREI, F./HUGENTOBLER, M./ALIOTH, A./DUELLI, W./RUCH, L., (1993): Die kompetente Organisation: Qualifizierende Arbeitsgestaltung – die europäische Alternative, Stuttgart, Zürich.

GERPOTT, T J., (1988): Karriereentwicklung von Industrieforschern, Berlin u.a.

GMÜR, M./SCHWERDT, B., (2005): Der Beitrag des Personalmanagements zum Unternehmenserfolg. Eine Metaanalyse nach 20 Jahren Erfolgsfaktorenforschung, in: Zeitschrift für Personalforschung, 19: 221–251.

GNAHS, D., (2007): Kompetenzen – Erwerb, Erfassung, Instrumente, Bielefeld.

GÜLDENBERG, S., (1999): Wissensmanagement, in: ECKARDSTEIN, D. von/KASPER, H./MAYRHOFER, W., (Hrsg.): Management Theorien – Führung – Veränderung, Stuttgart, S. 521–547.

HAVERILA, M./BARKHI, R., (2009): The Influence of Experience, Ability and Interest on e-learning Effectiveness, in: European Journal of Open, Distance and E-Learning, 2009/II, http://www.eurodl.org/index.php?p=current, [pa 10.08.2009].

HÄMMERLE, M., (1991): Karrierevariante für Fachkräfte. Personalerhaltung durch Organisationsentwicklung, Beiträge zur Betriebswirtschaftslehre, Heft 1, Innsbruck.

HEIDACK, C., (2004): CBT/WBT: Mulitmediale Qualifizierung durch computer- und webunterstütztes Training, in: GAUGLER, E./OECHSLER, W.A./WEBER, W., (Hrsg.): Handwörterbuch des Personalwesens, Stuttgart, Sp. 639–651.

HERNSTEINER (o.V.) (2007): Lernformen für Manager, 6/2007.

HEYSE, V., (1997): Kundenbetreuung im Banken- und Finanzwesen: Praxisbeiträge zur Kompetenzentwicklung, Münster u.a.

HOLTBRÜGGE, D., (2007): Personalmanagement, Berlin u.a.

HÖLLING, H./LIEPMANN, D., (2007): Personalentwicklung, in: SCHULER, H., (Hrsg.): Lehrbuch der Organisationspsychologie, Bern, S. 345–383.

HUBER, K.H., (1992): Einführungsprogramme für neue Mitarbeiter, in: GAUGLER, E./WEBER, W., (Hrsg.): Handbuch des Personalwesens, Stuttgart, Sp. 763–773.

JUNG, H., (2006): Personalwirtschaft, Oldenbourg.

KABST, R./GIARDINI, A., (2009): Die Deutsche CRANET-Erhebung 2005: Empirische Befunde und Ergebnisbericht, in: KABST, R./GIARDINI, A./WEHNER, M.C., (Hrsg.): Internationales komparatives Personalmanagement, München, Mering, S. 11–58.

KAILER, N., (1998): Entwicklungstendenzen in der Personalentwicklung, in: BIEHAL, F./ KAILER, N./SCHREMS, B., (Hrsg.): Personalentwicklung in Praxisfällen, Wien, S. 29–46.

KAILER, N., (2008): Einführung neuer MitarbeiterInnen in KMU, http://www.netzwerk-hr.at/1218_DEU_HTML.php, [pa 6.4.2008].

KAILER, N./STEINRINGER, J., (2000): Personalentwicklung in Klein- und Mittelbetrieben. Bedarfe und Trends in einer dynamisierten Wirtschaft, herausgegeben vom Arbeitsmarktservice Österreich, Wien.

KAILER, N./STOCKINGER, A., (2007): Betriebliche Kompetenzentwicklung in Kleinbetrieben, Ergebnisse einer Unternehmensbefragung in Oberösterreich, IUG-Arbeitsbericht 2007/2.

KAUFFELD, S./BATES, R./HOLTON III, E.F./MÜLLER, A.C., (2008): Das deutsche Lerntransfer-System-Inventar (GLTSI): Psychometrische Überprüfung der deutschsprachigen Version, in: Zeitschrift für Psychoanalyse, 7(2): 50–69.

KIESER, A., (1990): Die Einführung neuer Mitarbeiter in das Unternehmen, Frankfurt.

KIRKPATRICK, D.L., (1967 und 1994): Evaluating Training Programmes, San Francisco.

KLIMECKI, R./GMÜR, M., (2005): Personalmanagement, Stuttgart.

KRÄMER, M., (2007): Grundlagen und Praxis der Personalentwicklung, Göttingen.

KRAEMER, W., (1999): Education Brokerage, in: Information Management & Consulting, 1: 17–26.

KRÜGER, H., (1988): Organisation und extrafunktionale Qualifikationen, Frankfurt am Main.

LEE HECHT HARRISON, (2006): Please Come and Stay: Integration von neuen Mitarbeitern in ein Unternehmen, http://hr.monster.de/8695_de_pf.asp Monster, [pa 6.4.2008].

MAISBERGER, P., (1996): Weiterbildung im Wandel, in: Zeitschrift für Personalwirtschaft, 10: 1–20.

MATHYS, N.J./BURACK, E.H., (1993): Strategic Downsizing: Human Resource Planning Approaches, in: Human Resource Planning, 16(1): 71–85.

MAYERHOFER, H., (1996): Einführung neuer Mitarbeiterinnen und Mitarbeiter im Krankenhaus, in: MÜLLER, M., (Hrsg.): Personal-Management im Unternehmen Krankenhaus, Wien, S. 94–113.

MAYERHOFER, H., (1999): Qualifikationsmanagement., in: ECKARDSTEIN, D. von/ KASPER, H./MAYRHOFER, W., (Hrsg.): Management Theorien – Führung – Veränderung, Stuttgart, S. 489–520.

MAYERHOFER, H./HARTMANN, L., (2009): Personalmanagement und Krise, unveröffentlichtes Manuskript, Wirtschaftsuniversität Wien.

MAYERHOFER, H./HARTMANN, L./MICHELITSCH-RIEDL, G./KOLLINGER, I., (2004): Flexpatriate Assignments: A Neglected Issue in Global Staffing, in: International Journal of Human Resource Management, 15(8): 1371–1389.

MAYRHOFER, W., (1989): Trennung von der Organisation, Wiesbaden.

MAYRHOFER, W., (1999): Personalpolitiken und -strategien im internationalen Vergleich, in: ELŠIK, W./MAYRHOFER, W., (Hrsg.): Strategische Personalpolitik, München, Mering, S. 27–46.

MAYRHOFER, W., (2002): Einmal gut, immer gut? Einflussfaktoren auf Karrieren in „neuen" Karrierefeldern, in: Zeitschrift für Personalforschung, 16(3): 392–414.

MAYRHOFER, W./MEYER, M./STEYRER, J., (2005): Spieglein, Spieglein an der Wand ... Zum Verhältnis von objektivem und subjektivem Karriereerfolg, in: MAYRHOFER, W./MEYER, M./STEYRER, J., (Hrsg.): Macht? Erfolg? Reich? Glücklich?, Einflussfaktoren auf Karrieren, Wien, S. 25–50.

MAYRHOFER, W./REICHEL, A., (2008): Blowing in the Wind? Management Development und Unternehmenserfolg, in: MÜHLBACHER, J./SCHEER, P./SCHMIDT, A./ROSENSTIEL, L. von, (Hrsg.): Management Development. Wandel der Anforderungen an Führungskräfte, Wien, S. 125–146.

MEIER, H., (2001): Integrierte Führungskräfteentwicklung, in: FB/IE – Zeitschrift für Unternehmensentwicklung und Industrial Engineering, 50(1): 33–35.

MEIER, H./SCHINDLER, U., (2005): Laufbahn- und Nachfolgeplanung von Fach- und Führungskräften, in: Handwörterbuch des Personalwesens, 3. Aufl., Stuttgart, Sp. 1053–1063.

MENTZEL, W., (2005): Personalentwicklung: Erfolgreich motivieren, fördern und weiterbilden, München.

MERTENS, D., (1974): Schlüsselqualifikationen, Thesen zur Schulung für eine moderne Gesellschaft, in: Mitteilungen aus der Arbeitsmarkt- und Berufsforschung, 1: 36–43.

METZ, T., (1995): Status, Funktion und Organisation der Personalabteilung, München, Mering.

MÜHLBACHER, J., (2007): Kompetenzmanagement als Grundlage strategischer Wettbewerbsvorteile, Wien.

NACHBAGAUER, A./RIEDL, G., (2000): Between Past and Future. Effects of Different Concepts of Career Plateaus on Performance, Work Satisfaction and Commitment, in: KOSLOWSKY, S., (Ed.): Work Values and Organizational Behavior. Toward the New Millenium, Proceedings of the 7th ISSWOV Conference, Jerusalem: ISAS, S. 521–530.

NEUBERGER, O., (1994): Personalentwicklung, Stuttgart.

NICOLAI, C., (2006): Personalmanagement, Stuttgart.

OECHSLER, W., (1997): Personal und Arbeit, München.

ÖIBF (Österreichisches Institut für Berufsbildungsforschung), (1991): Berufliche Weiterbildung als Problem der Arbeitnehmervertretung im Betrieb, Wien.

o.V. (1995): Volkswagen Standortpresse.

PARK, Y.K., (1999): Personalfreisetzungsstrategien und Personalfreisetzungsalternativen. Eine transaktionskostentheoretische Untersuchung, München, Mering.

PAWLOWSKY, P./BÄUMER, J., (1996): Betriebliche Weiterbildung, Management von Qualifikation und Wissen, München.

PRICE WATERHOUSE COOPERS (2005): Geodesy Understanding and Avoiding the Barriers to International Mobility.

PROBST, G./BÜCHEL, B., (1994): Organisationales Lernen, Wettbewerbsvorteil der Zukunft, Wiesbaden.

REHN, M.L., (1990): Die Eingliederung neuer Mitarbeiter. Eine Längsschnittstudie zur Anpassung an Normen und Werte der Arbeitsgruppe, München, Mering.

REINHARDT, R., (2000): Die europäische Personalentwicklung im Wandel: Selbstverständnis und Praktiken in lernorientierten Unternehmen, in: Zeitschrift für Personalforschung, München, Mering, 3: 209–241.

REMDISCH, S./HEIMBECK, D./KOLVENBACH, T., (2000): Computer-Based Training als innovative Form betrieblichen Lernens: Ein Vergleich verschiedener Lernformen in der Praxis, in: Zeitschrift für Arbeits- und Organisationspsychologie, 4: 202–208.

RICHTER, G., (1999): Telelearning als Erfolgsfaktor, in: Information Management & Consulting, 1: 7–10.

RIEDL, G., (2000): Eine kritische Bestandsaufnahme aktueller personalwirtschaftlicher Flexibilisierungsstrategien, in: NAIRZ-WIRTH, E./MICHALITSCH, G., (Hrsg.): FrauenArbeitsLos, Schriftenreihe: Frauen, Forschung und Wirtschaft, Band 10, Frankfurt am Main, S. 57–79.

ROSENSTIEL, L. von, (2009): Weiterbildung von Führungskräften in: TIPPELT, R./ HIPPEL, A. von, (Hrsg.) Handbuch Erwachsenenbildung/Weiterbildung, S. 955–972.

ROSENSTIEL, L. von/NERDINGER, F.W./SPIESS, E., (1998): Von der Hochschule in den Beruf, Göttingen, Bern.

ROSENSTIEL, L. von/NERDINGER, F.W./SPIESS, E./STENGEL, M., (1989): Führungsnachwuchs im Unternehmen, Wertkonflikte zwischen Individuum und Organisation, München.

ROSSETT, A./DOUGLIS, F./FRAZEE, R.V., (2003): Strategies for Building Blended Learning, http://www.learningcircuits.org/2003/jul2003/rossett.htm, [pa 10.8.2009].

ROUSSEAU, D. M., (1995): Psychological Contracts in Organizations, Understanding Written and Unwritten Agreements, Sage, Thousand Oaks, Californien.

RUMP, J./EILERS, S., (2006): Managing Employability, in: SATTELBERGER, T./FISCHER, H., (Hrsg.): Employability Management. Grundlagen, Konzepte, Perspektiven, Wiesbaden.

RUMP, J./SATTELBERGER, T./FISCHER, H., (2006): Employability Management. Grundlagen, Konzepte, Perspektiven, Wiesbaden.

SATTELBERGER, T., (1999): Wissenskapitalisten oder Söldner? Personalarbeit in Unternehmensnetzwerken des 21. Jahrhunderts, Wiesbaden.

SCHANZ, G., (1993): Personalwirtschaftslehre: Lebendige Arbeit in verhaltenswissenschaftlicher Perspektive, 2. Aufl., München.

SCHEIN, E.H., (1971): The Individual, the Organization, and the Career: A Conceptual Scheme, in: Journal of Applied Behavioral Science, 7: 401–426.

SCHEIN, E.H., (1978): Career Dynamics – Matching Individual and Organizational needs, Reading, Mass. u.a.

SCHEIN, E.H., (1994): Karriereanker. Die verborgenen Muster in ihrer beruflichen Entwicklung. 3. Aufl., Darmstadt.

SCHOLZ, C., (1994): Personalmanagement: informationsorientierte und verhaltenstheoretische Grundlagen, 4. Aufl., München.

SCHÖPF, N., (2007): Vintage und Weiterbildung – Defizitmodelle oder bildungsbiografische Unterschiede als Referenzpunkte der Personalentwicklung?, in: SCHÖPF, N./GELDERMANN, B., (Hrsg.): Demografischer Wandel und Weiterbildung, Bielefeld, S. 9–25.

SCHORP, S.C./HEUER, S., (2008): Führungskräfteentwicklung in der Praxis, in: MEIFERT, M.T., (Hrsg.): Strategische Personalentwicklung, Berlin, Heidelberg, S. 419–456.

SCHREYÖGG, A., (2002): Konfliktcoaching: Anleitung für den Coach, Frankfurt am Main.

SCHREYÖGG, A./SCHMIDT-LELLEK, C.J., (2007): Konzepte des Coaching, Wiesbaden.

SERVATIUS, H.G., (1999): Telelearning in der beweglichen Organisation, in: Information Management & Consulting, 1: 11–16.

SIMOLEIT, J./FELDHOFF, J./JACKE, N., (1991): Schlüsselqualifikationen – betriebliche Berufsausbildung und neue Produktionskonzepte, in: BRACZYK, H.J., (Hrsg.): Qualifikation und Qualifizierung – Notwendigkeit, Chance oder Selbstzweck?, Berlin, S. 43–66.

SKEATES, J., (1991): Successful Induction. How to get the most from your Employees, London.

SPRENGER, R., (2000): Führung und Kooperation in der globalisierten Wirtschaft, in: Personalführung 12: 18–24.

STAEHLE, W.H., (1994): Management. Eine verhaltenswissenschaftliche Perspektive, überarbeitet von CONRAD, P./SYDOW, J., München.

STOCK-HOMBURG, R., (2008): Personalmanagement, Theorien – Konzepte – Instrumente, Wiesbaden.

STRUNK, G., (2005): Karrieren zwischen Chaos und Ordnung, in: MAYRHOFER, W./MEYER, M./STEYRER, J., (Hrsg.): Macht? Erfolg? Reich? Glücklich?, Einflussfaktoren auf Karrieren, Wien, S. 243–277.

SUPER, D.E., (1957): The Psychology of Careers: An Introduction to Vocational Development, 1st edition, New York.

SUUTARI, V., (2003): Global Managers: Career Orientation, Career Tracks, Life-style Implications and Career Commitment, in: Journal of Managerial Psychology, 18(3): 185–207.

TAMS, S./ARTHUR, M. B., (2007): Studying Careers Across Cultures. Distinguishing International, Cross-cultural, and Globalization Perspectives, in: Career Development International, 12(1): 86–98.

THOM, N., (2006): Trends in der Personalentwicklung, in: THOM, N./ZAUG, S., (Hrsg.): Moderne Personalentwicklung, Wiesbaden, S. 5–18.

WALGER, G., (2004): Individuelle Karriereplanung, in: Handwörterbuch des Personalwesens, 3. Aufl., Stuttgart, Sp. 989–996.

WEBER, W., (1985): Betriebliche Weiterbildung – empirische Analyse betrieblicher und individueller Entscheidungen über Weiterbildung, Stuttgart.

WEBER, W./MAYRHOFER, W./NIENHÜSER, W./RODEHUTH, M./RÜHTER, B., (1994): Betriebliche Bildungsentscheidungen, Entscheidungsverläufe und Entscheidungsergebnisse, München, Mering.

WEBER, W./KABST, R./GRAMLEY, C., (1998): Human Resource Policies in European Organizations – Country vs. Company-Specific Antecedents. Proceedings of the 6th Annual Conference on International HRM, Paderborn.

WEBSTER's NEW ENCYCLOPEDIC DICTIONARY, (1996), Köln.

WEITBRECHT, H., (1992): Individuelle Karriereplanung, in: GAUGLER, E./WEBER, W., (Hrsg.): Handwörterbuch des Personalwesens, 2. Auflage, Stuttgart.

WINDOLF, P., (1981): Berufliche Sozialisation. Zur Produktion des beruflichen Habitus, Stuttgart.

WUNDERER, R./MITTMANN, J., (1995): Identifikationspolitik: Einbindung des Mitarbeiters in den unternehmerischen Wertschöpfungsprozeß, Stuttgart.

ZARA, C.E., (2008): Assessment and Evaluation of Learning, Training and Development, in: WILSON, J.P., (Hrsg.): Human Resource Development, Learning and Training for Individuals & Organizations, London, Philadelphia, S. 407–422.

Kapitel „Personalbeurteilung"

ANTHONY, W.P./PERREWÉ, P. L./KACMAR, K.M., (1996): Strategic Human Resource Management, 2nd edition, Fort Worth.

ATWATER, L.E./BRETT, J.F./CHARLES, A.C., (2007): Multiscore Feedback: Lessons Learned and Implications for Practice, in: Human Resource Management, 46(2): 285–307.

BECKER, F.G., (1994): Grundlagen betrieblicher Leistungsbeurteilungen, 2. Aufl., Stuttgart.

BEHERY, M.H./PATON, R. A., (2008): Performance Appraisal-Cultural fit and Organizational Outcomes within the U.A.E., in: Journal of American Academy of Business, 13(1): 166–176.

BRANDSTÄTTER, H., (1970): Die Beurteilung von Mitarbeitern, in: MAYER, A./HERWIG, B., (Hrsg.): Handbuch der Psychologie, Band 9: Betriebspsychologie, 2. Aufl., Göttingen, S. 668–734.

BREISIG, T., (2005): Personalbeurteilung – Mitarbeitergespräche und Zielvereinbarungen regeln und gestalten, 3. Aufl., Frankfurt am Main.

BRONNER, R./SCHWAAB, C./GOLD, N., (2001): Verzerrungen bei der Mitarbeiter-Beurteilung – Konsequenzen für die Personalarbeit, in: Personal, 53(1): 40–45.

BROWN, M./HEYWOOD, J.S., (2005): Performance Appraisal Systems: Determinants and Change, in: British Journal of Industrial Relations, 43(4): 659–679.

CLAUSEN, T.S./JONES, K.T./RICH, J.S., (2008): Appraising Employee Performance Evaluation Systems, in: The CPA Journal, 72(2): 64–67.

CURTIS, A.B./HARVEY, R.D./RAVDEN, D., (2005): Sources of Political Distortions in Performance Appraisals, in: Group and Organization Management, 30(1): 42–60.

DEVANNA, M.A., (1984): The Executive Appraisal, in: FOMBRUN, C.J./TICHY, N./DEVANNA, M.A., (Hrsg.): Strategic Human Resource Management, New York u.a, S. 101–109.

DOMSCH, M./GERPOTT, T.J., (2004): Personalbeurteilung, in: GAUGLER, E./OECHSLER, W.A./WEBER, W., (Hrsg.): Handwörterbuch des Personalwesens, 3. Aufl., Stuttgart, S. 1431–1441.

DOWLING, P.J./WELCH, D.E., (2004): International Human Resource Management, 4th edition, London.

ELŠIK, W., (1992): Strategisches Personalmanagement. Konzeptionen und Konsequenzen, Müchen, Mering.

ELŠIK, W., (1999): Politik in Organisationen, in: ECKARDSTEIN, D. von/KASPER, H./MAYRHOFER, W., (Hrsg.): Management. Theorien – Führung – Veränderung, Stuttgart, S. 75–106.

ELŠIK, W., (2004): Personalpolitisches Instrumentarium, in: GAUGLER, E./OECHSLER, W.A./WEBER, W., (Hrsg.): Handwörterbuch des Personalwesens, 3. Aufl., Stuttgart, S. 1630–1640.

ERTEN-BUCH, C./MAYRHOFER, W./SEEBACHER, U./STRUNK, G., (2006): Personalmanagement und Führungskräfteentwicklung, Wien.

FALLGATTER, M.J., (1999): Leistungsbeurteilungstheorie und -praxis: Zur Rationalität der Ignorierung theoretischer Empfehlungen, in: Zeitschrift für Personalforschung, 13(1): 82–100.

FERRIS, G.R./JUDGE, T.A./ROWLAND, K.M./FITZGIBBONS, D.E., (1994): Subordinate Influence and the Performance Evaluation Process: Test of a Model, in: Organizational Behavior and Human Decision Processes, 58(1): 101–135.

FERRIS, G.R./KING, T.R., (1992): The Politics of Age Discrimination in Organizations, in: Journal of Business Ethics, 11: 341–350.

FOUCAULT, M., (1994): Überwachen und Strafen. Die Geburt des Gefängnisses, Frankfurt am Main.

GIDDENS, A., (1992): Die Konstitution der Gesellschaft. Grundzüge einer Theorie der Strukturierung, Frankfurt/M.

GIOIA, D.A./LONGENCKER, C.O., (1994): Delving into the Dark Side: The Politics of Executive Appraisal, in: Organizational Dynamics, 23: 47–58.

GREGERSEN, H.B./HITE, J.M./BLACK, J.S., (1996): Expatriate Performance Appraisal in U.S. Multinational Firms, in: Journal of International Business Studies, 27(4):
711–738.

HARVEY, M., (1997): Focusing the International Personnel Performance Appraisal Process, in: Human Resource Development Quarterly, 8(1): 41–62.

JAWAHAR, I.M., (2006): An Investigation of Potential Consequences of Satisfaction
with Appraisal Feedback, in: Journal of Leadership and Organizational Studies,
13(2): 14–28.

KETS DE VRIES, M.F.R./VRIGNAUD, P./FLORENT-TREACY, E./KOROTOV, K.,
(2007): INSEAD Global Leadership Centre – 360-degree Feedback Instruments: An
Overview, Faculty & Research Working Paper, Fontainebleau.

KIEFER, B.U./KNEBEL, H., (2004): Taschenbuch Personalbeurteilung. Feedback in
Organisationen, 11. Aufl., Heidelberg.

KIPNIS, D./SCHMIDT, S.M., (1988): Upward-Influence Styles: Relationship with Performance Evaluations, Salary, and Stress, in: Administrative Science Quarterly, 33:
528–542.

KLIMECKI, R./GMÜR, M., (2006): Personalbeurteilung auf dem Prüfstand – Kritische
Fragen zur erfolgreichen Ausrichtung einer ‚Schlüsselfunktion' im Personalmanagement, Manuskript (erschienen in: MATIASKE, W./HOLTMANN, D., [Hrsg.]: Leistungsvergütung im Öffentlichen Dienst, München und Mering, S. 41–59).

KUVAAS, B., (2006): Performance Appraisal Satisfaction and Employee Outcomes:
Mediating and Moderating Roles of Work Motivation, in: International Journal of
Human Resource Management, 17(3): 504–522.

LAM, S.S.K./YIK, M.S.M./SCHAUBROEK, J., (2002): Responses to Formal Performance Appraisal Feedback: The Role of Negative Affectivity, in: Journal of Applied
Psychology, 87(1): 192–201.

LEVY, P.E./WILLIAMS, J.R., (2004): The Social Context of Performance Appraisal:
A Review and Framework for the Future, in: Journal of Management, 30(6): 881–905.

LONGENECKER, C.O./SIMS, H.P./GIOIA, D.A., (1987): Behind the Mask: The Politics of Employee Appraisal, in: Academy of Management Executive, 1(3): 183–193.

LORSON, H.N., (1996): Mikropolitik und Leistungsbeurteilung, Bergisch Gladbach.

LUCHT, T., (2007): Strategisches Human Resource Management. Ein Beitrag zur Revi-
sion des Michigan-Ansatzes unter besonderer Berücksichtigung der Leistungsbeurteilung, München, Mering.

LUEGER, G., (1992): Die Bedeutung der Wahrnehmung bei der Personalbeurteilung.
Zur psychischen Konstruktion von Urteilen über Mitarbeiter, München, Mering.

LUTHANS, F./PETERSON, S.J., (2003): 360-degree Feedback with Systematic Coaching: Empirical Analysis Suggests a Winning Combination, in: Human Resource
Management, 42(3): 243–256.

MORGAN, A./CANNAN, K./CULLINANE, J., (2005): 360-degree feedback: a critical
enquiry, in: Personnel Review, 34(6): 663–680.

MOSER, K., (2004): Selbstbeurteilung, in: SCHULER, H., (Hrsg.): Beurteilung und
Förderung beruflicher Leistung, 2. Aufl., Göttingen, S. 83–99.

MOSER, K./ZEMPEL, J./SCHULTZ-AMLING, D., (2000): Strategische Elemente in
Leistungsbeurteilungen, in: Zeitschrift Führung + Organisation, 69(4): 218–225.

MUCK, P.M./SCHULER, H., (2004): Beurteilungsgespräch, Zielsetzung und Feedback, in: SCHULER, H., (Hrsg.): Beurteilung und Förderung beruflicher Leistung, 2. Aufl., Göttingen, S. 255–289.

NAGEL, R./OSWALD, M./WIMMER, R., (2002): Das Mitarbeitergespräch als Führungsinstrument, 3. Aufl., Stuttgart.

NEUBERGER, O., (1980): Rituelle (Selbst-)Täuschung. Kritik der irrationalen Praxis der Personalbeurteilung, in: Die Betriebswirtschaft, 40(1): 27–43.

NEUBERGER, O., (1995): Mikropolitik, Stuttgart.

NEUBERGER, O., (2000): Das 360-degree Feedback. Alles fragen? Alles sehen? Alles sagen? München, Mering.

ODDOU, G./MENDENHALL, M., (2000): Expatriate Performance Appraisal: Problems and Solutions, in: MENDENHALL, M./ODDOU, G., (Eds.): Readings and Cases in International Human Resource Management, 3th edition, Cincinnati, S. 213–223.

PETTIJOHN, C./PETTIJOHN, L.S./TAYLOR, A.J./KEILLOR, B.D., (2001): Are Performance Appraisals a Bureaucratic Exercise or Can They Be Used to Enhance Sales-Force Satisfaction and Commitment?, in: Psychology and Marketing, 18(4): 337–363.

RÜCKLE, H., (1987): Der Dialog mit den Mitarbeitern, in: Personalführung, 20(11/12): 812–814.

SCHERM, M./SARGES, W., (2002): 360-degree Feedback, Göttingen.

SCHETTGEN, P., (1996): Arbeit, Leistung, Lohn: Analyse- und Bewertungsmethoden aus sozioökonomischer Perspektive, Stuttgart.

SCHREYVÖGG, G., (1987): Verschlüsselte Botschaften. Neue Perspektiven einer strategischen Personalführung, in: Zeitschrift Führung + Organisation, 56(3): 151–158.

SCHULER, H., (1978): Leistungsbeurteilung in Organisationen, in: MAYER, A., (Hrsg.): Organisationspsychologie, Stuttgart, S. 137–169.

SCHULER, H., (2004a): Leistungsbeurteilung – Gegenstand, Funktionen und Formen, in: SCHULER, H., (Hrsg.): Beurteilung und Förderung beruflicher Leistung, 2. Aufl., Göttingen, S. 1–23.

SCHULER, H., (2004b): Drei Ebenen der Leistungsbeurteilung – Day-to-day-Feedback, Regelbeurteilung und Potenzialanalyse, in: SCHULER, H., (Hrsg.): Beurteilung und Förderung beruflicher Leistung, 2. Aufl., Göttingen, S. 25–31.

SCHULER, H., (2004c): Der Prozess der Urteilsbildung und die Qualität der Beurteilung, in: SCHULER, H., (Hrsg.): Beurteilung und Förderung beruflicher Leistung, 2. Aufl., Göttingen, S. 33–60.

SHIPPER, F./HOFFMAN, R.S./ROTONDO, D.M., (2007): Does the 360-degree Feedback Process Create Actionable Knowledge Across Cultures? in: Academy of Management Learning and Education, 6(1): 33–50.

STEINMANN, H./SCHREYÖGG, G., (2005): Management, Grundlagen der Unternehmensführung, 6. Aufl., Wiesbaden.

TAHVANAINEN, M./SUUTARI, V., (2005): Expatriate Performance Management in MNCs, in: SCULLION, H./LINEHAN, M., (Eds.): International Human Resource Management, Houndmills, S. 91–113.

TZINER, A., (1999): The Relationship Between Distal and Proximal Factors and the Use of Political Considerations in Performance Appraisal, in: Journal of Business and Psychology, 14(1): 217–231.

VANCE, C.M./PAIK, Y., (2006): Managing a Global Workforce, Armonk.

VILLANOVA, P./BERNARDIN, H.J., (1989): Impression Management in the Context of Performance Appraisal, in: GIACALONE, R.A./ROSENFELD, P., (Eds.): Impression Management in the Organization, Hillsdale, S. 299–313.

VILLANOVA, P./BERNARDIN H.J., (1991): Performance Appraisal. The Means, Motive, and Opportunity to Manage Impressions, in: GIACALONE, R.A./ROSENFELD, P., (Eds.): Applied Impression Management, Newbury Park, S. 81–96.

WAYNE, S.J./GRAF, I.K./FERRIS, G.R., (1995): The Role of Employee Influence Tactics in Human Resources Decisions, in: MOORE, D.P., (Ed.): Best Papers Proceedings of the 55th Annual Meeting of the Academy of Management, Vancouver, S. 156–160.

Kapitel „Materielle Anreize"

ALCHIAN, A.A./DEMSETZ, H., (1972): Production, Information Costs, and Economic Organization (reprint), in: BUCKLEY, M., (Hrsg.): Firms, Organizations and Contracts, Oxford 1996, S. 75–102.

ALEWELL D., (1984): Informationsasymetrien in Arbeitsverhältnissen. Ein Überblick über Anwendungsmöglichkeiten der Informationsökonomie in der Personalwirtschaftslehre, in: Zeitschrift für Betriebswirtschaft, 1: 57–79.

ALEWELL D., (1993): Interne Arbeitsmärkte. Eine informationsökonomische Analyse, Hamburg.

ALEWELL, D., (2004): Betriebliche Sozialpolitik, in: GAUGLER, E./OECHSLER, W./WEBER, W., (Hrsg.): Handwörterbuch des Personalwesens, 3. Aufl., Stuttgart Sp. 1774–1789.

ARMSTRONG, M., (2006): A Handbook of Human Resource Management Practice, London, Philadelphia.

AXELROD, R., (1987): Die Evolution der Kooperation, München.

BARTOL, K./MARTIN, D., (1990): When Politics Pay: Factors Influencing Managerial Compensation Decisions, in: Personnel Psychology, 43(3): 599–614.

BEBCHUK, L./FRIED, J., (2006): Pay without Performance: Overview of the Issues, in: Academy of Management Perspectives, 20(1): 5–24.

BECKER, F./KRAMARSCH, M., (2006): Leistungs- und erfolgsorientierte Vergütung für Führungskräfte, Göttingen.

BECKER, H.S., (1960): Notes on the Concept of Commitment, in: American Journal of Sociology 66: 32–42.

BERTHEL, J./BECKER, F., (2003): Personal-Management. Grundzüge und Konzeptionen betrieblicher Personalarbeit, Stuttgart.

BERTHEL, J./BECKER, F., (2007): Personal-Management, 8. Aufl., Stuttgart.

BÖHRS, H., (1980): Leistungslohngestaltung mit Arbeitsbewertung, Persönlicher Bewertung, Akkordlohn, Prämienlohn, Wiesbaden.

BRISCOE, D./SCHULER, R., (2004): International Human Resource Management, 2nd edition, London.

BRISCOE, D./SCHULER, R./CLAUS, L., (2009): International Human Resource Management, 3rd edition, London.

COLEMAN, J.S., (1990): The Emergence of Norms, in: HECHTER, H./OPP, U.D., (Hrsg.): Social Insitutions, Berlin, New York, S. 35–59.

COLEMAN, J.S., (1991): Grundlagen der Sozialtheorie, Band 1: Handlungen und Handlungssysteme, München, Wien.

DITTMANN, I., (2009): Struktur und Höhe der Vorstandsvergütung in börsennotierten Unternehmen, in: ROSEN, R. von, (Hrsg.): Die Ökonomie der Aktie, in: Studien des Deutschen Aktieninstituts, 44: 37–53.

DOWLING, P./FESTING, M./ENGLE, A., (2008): International Human Resource Management, 5th edition, London.

DRESSLER, G., (2008): Human Resource Management, Upper Saddle River.

DRESSLER, M., (2000): Variable Anreizsysteme motivieren, in: Personalwirtschaft, Sonderheft 9: 40–46.

DUNCKEL, H., (1999): Handbuch psychologischer Arbeitsanalyseverfahren, Zürich.

DUNN, M.H., (1998): Die Unternehmung als ein soziales System. Ein sozialwissenschaftlicher Beitrag zur Neueren Mikroökonomie, Berlin.

DYCKE, A./SCHULTE, C., (1986): Cafeteria-Systeme. Ziele, Gestaltungsformen, Beispiele und Aspekte der Implementierung, in: Die Betriebswirtschaft, 5: 577–589.

ECKARDSTEIN, D. von, (1986): Entlohnung im Wandel. Zur veränderten Rolle industrieller Entlohnung in personalpolitischen Strategien, in: Zeitschrift für betriebswirtschaftliche Forschung, 4: 247–269.

ECKARDSTEIN, D. von, (1995): Zur Modernisierung betrieblicher Entlohnungssysteme in industriellen Unternehmen, in: ECKARDSTEIN, D. von/JANES, A., (Hrsg.): Neue Wege der Lohnfindung für die Industrie, Wien, S. 15–39.

ECKARDSTEIN, D. von/GREIFE, W./FREDSCHER, I./GREIFE, W./JANISCH, R./ ZINGSHEIM, G., (1988): Die Qualifikation der Arbeitnehmer in neuen Entlohnungsmodellen, Frankfurt am Main.

ECKARDSTEIN, D. von/SCHNELLINGER, F., (1978): Betriebliche Personalpolitik, 3. Aufl., München.

ECKARDSTEIN, D. von/KONLECHNER, S., (2008): Vorstandsvergütung und gesellschaftliche Verantwortung der Unternehmen, München, Mering.

ELŠIK, W., (1999): Strategien im Personalmanagement, in: ELŠIK, W./MAYRHOFER, W., (Hrsg.): Strategische Personalpolitik, München, Mering, S. 1–27.

ELŠIK, W., (2007): Die Mitarbeiterbeteiligung aus personalpolitischer Sicht, in: KRONBERGER, R./LEITSMÜLLER, H./RAUNER, A., (Hrsg.): Mitarbeiterbeteiligung in Österreich, Wien, S. 91–102.

FALLGATTER, M.J., (1999): Leistungsbeurteilungstheorie und -praxis: Zur „Rationalität" der Ignorierung theoretischer Empfehlungen, in: Zeitschrift für Personalforschung 1: 82–100.

FERRIS, G./JUDGE, T., (1991): Personnel/Human Resource Management: A Political Influence Pespective, in: Journal of Management, 17: 447–488.

FÖHR, S., (1996): Organisation und Gleichgewicht – über Möglichkeiten und Grenzen einer strukturalistisch fundierten Organisationstheorie, Würzburg.

FÖHR, S., (1994): Zur Vorteilhaftigkeit von Cafeteria-Systemen, in: Zeitschrift für Personalforschung 1: 58–86.

FREY, B.S., (1997): Markt und Motivation. Wie ökonomische Anreize die (Arbeits-) Moral verdrängen, München.

FRICK, B./BELLMANN, L./FRICK, J., (2000): Betriebliche Zusatzleistungen in der Bundesrepublik Deutschland: Verbreitung und Effizienfolgen, in: Zeitschrift Führung + Organisation, 69(2): 83–91.

GEHLE, F., (1950): Internationale Tagung über Arbeitsbewertung in Genf, in: REFA-Nachrichten 3: 33.

GRAWERT, A., (1996): Cafeteria-Systeme, kein kalter Kaffee, in: Personalwirtschaft, Special: 25–26.

GROTH, U./KAMMEL, A., (1993): Betriebliches Sozialleistungsmanagement, in: Personalwirtschaft, 9: 35–36.

GUPTA, N./JENKINS, G., (1996): The Politics of Pay, in: Compensation and Benefits Review, 28(2): 23–30.

HACKERT, B., (1999): Kooperation in Arbeitsgruppen. Bausteine einer ökonomischen Analyse, Berlin u.a.

HARRIS, R./HARRIS, K./HARVEY, P., (2007): A Test of Competing Models of the Relationships among Perceptions of Organizational Politics, Perceived Organizational Support, and Individual Outcomes, in: The Journal of Social Psychology, 147(6): 631–655.

HAUNOLD, P./HAVRANEK, C., (2008): Zielsetzungen, Funktionen und Qualitätserfordernisse der Executive Compensation, in: SCHUSTER, G./GRÖHS, B./HAVRANEK, C., (Hrsg.): Executive Compensation, Wien, S. 15–32.

HAY MANAGEMENT CONSULTANTS (o.J.): Handbuch der Stellenbewertung, Frankfurt am Main.

HECHTER, M., (1987): Principles of Group Solidarity, Berkeley u.a.

HECHTER, M., (1990): The Emergence of Cooperative Social Insitutions, in: HECHTER, M./OPP, K.D./WIPPLER, R., (Hrsg.): Social Institutions, Berlin, New York, S. 13–33.

HENTZE, J./GRAF, A., (2003): Personalwirtschaftslehre 2, Bern, Stuttgart, Wien.

HENTZE, J./GRAF, A., (2005): Personalwirtschaftslehre 2, 7. Aufl., Bern.

HOLM, H.J., (1995): The Prisoners' Dilemma or the Jury's Dilemma? A Popular Story With a Dubious Name, in: JITE, 4: 699–702.

HOLMSTRÖM, B./MILGROM, P., (1991): Multitask Principal-Agent Analyses: Incentives Contracts, asset Ownership, and Job Design, in: Journal of Law, Economics and Organization, 7: 24–52.

HOLMSTRÖM, B., (1992): Moral Hazards in Teams, in: Bell Journal of Economics, 10: 324–340.

JIRJAHN, U., (1998): Effizienzwirkung von Erfolgsbeteiligung und Partizipation. Eine mikroökonomische Analyse, Frankfurt am Main, New York.

JUNG, H., (1999): Personalwirtschaft, München, Wien.

KAY, I./PUTTEN, S. van, (2007): Myths and Realities of Executive Pay, Cambridge.

KIENER, S., (1990): Die Principal-Agent-Theorien aus informationsökonomischer Sicht, Heidelberg.

KOLB, M., (2004): Betriebliche Sozialleistungen und Sozialeinrichtungen, in: GAUGLER, E./OECHSLER, W./WEBER, W., (Hrsg.): Handwörterbuch des Personalwesens, 3. Aufl., Stuttgart, Sp. 1741–1753.

KOPEL, M., (1998): Zur verzerrten Performancemessung in Agency-Modellen, in: Zeitschrift für betriebswirtschaftliche Forschung, 6: 531–550.

LANG, K./MEINE, H./OHL, K., (1990): Arbeit – Entgelt – Leistung. Handbuch Tarifarbeit im Betrieb, Köln.

LAUX, H./LIERMANN, F., (1993): Grundlagen der Organisation. Die Steuerung von Entscheidungen als Grundproblem der Betriebswirtschaftslehre, Berlin u.a.

LAUX, H./SCHENK-MATHES, H.Y., (1992): Lineare und nichtlineare Anreizsysteme. Ein Vergleich möglicher Konsequenzen, Heidelberg.

LAZAER, E. P., (1989): Pay Equality and Industrial Politics, in: Journal of Political Economy: 561–580.

LAZAER, E.P./ROSEN, S., (1998): Rank-Order-Tournaments as Optimum Labour Contracts, in: Journal of Political Economy: 841–864.

LECIEJWSKI, K./DAHLEMS, R., (1997): Fringe Benefits, Wien.

LEIBENSTEIN, H., (1979): X-Efficiency: From Concept to Theory, in: Challenge, 9/10: 13–23.

LUTHANS, F./FOX, M.L., (1989): Update on Skill-Bases-Pay, in: Personnel, 3: 26–31.

MAIER, W., (1988): Arbeitsanalyse und Lohngestaltung, Stuttgart.

MAYRHOFER, W., (1993): Kapitalbeteiligung für Mitarbeiter – eine betriebswirtschaftliche Analyse, in: HOFMANN, I./KRAUS, A., (Hrsg.): Arbeitnehmer als Eigentümer. Ist Mitarbeiterbeteiligung ein gangbarer Weg? Wien, S. 205–234.

MÜLLER, C., (1995): Agency-Theorie und Informationsgehalt. Der Beitrag des normativen Prinzipal-Agent-Ansatzes zum Erkenntnisfortschritt der Betriebswirtschaftslehre, in: Die Betriebswirtschaft 1: 61–76.

NACHBAGAUER, A., (1995): Organizational Commitment. Zur Kritik eines Konzepts, Wien.

NACHBAGAUER, A., (1997): Leistung in Organisationen. Zur Reichweite von Rational Choice und systemtheoretischen Erklärungen, in: Journal für Betriebswirtschaft, 2: 68–87.

NACHBAGAUER, A./RIEDL, G., (1999): Leistung, Lohn und Beurteilung als personalpolitische Gestaltungsfelder, in: ELŠIK, W./MAYRHOFER, W., (Hrsg.): Strategische Personalpolitik, München, Mehring, S. 149–172.

OLFERT, K./STEINBUCH, P.A., (1999): Personalwirtschaft, Ludwigshafen.

OLSON, M. jr., (1968): The Logic of Collective Action. Public Goods and the Theory of Groups, Cambridge u.a.

PFEFFER, J., (1989): A Political Perspective on Careers: Interests, Networks, and Environments, in: ARTHUR, M./HALL, D./LAWRENCE, B., (Hrsg.): Handbook of Career Theory, Cambridge, S. 380–396.

PFEFFER, J./DAVIS-BLAKE, A., (1987): Understanding Organizational Wage-Structures: A Resource Dependence Approach, in: Academy of Management Journal, 30(3): 437–455.

REFA, Reichsverband für Arbeitsstudien und Betriebsorganisation, (1991a): Methodenlehre des Arbeitsstudiums, Teil 4: Anforderungsermittlung, München.

REFA, Reichsverband für Arbeitsstudien und Betriebsorganisation, (1991b): Methodenlehre des Arbeitsstudiums, Teil 5: Entgeltdifferenzierung, München.

REFA, Reichsverband für Arbeitsstudien und Betriebsorganisation, (1992): Methodenlehre des Arbeitsstudiums, Teil 2: Datenermittlung, München.

RICHTER, R./FURUBOTN, E., (1996): Neue Institutionenökonomik. Eine Einführung und kritische Würdigung, Tübingen.

ROETHLISBERGER, F.J./DICKSON, W.J., (1939): Management and the Worker, Cambridge.

SÁNCHEZ-MARIN, G., (2008): The Influence of Institutionale and Cultural Compensation Practices around the World, in: GOMEZ-MEJIA, L./WERNER, S., (Eds.): Global Compensation, London, S. 3–17.

SCHETTGEN, P., (1996): Arbeit, Leistung, Lohn: Analyse- und Bewertungsmethoden aus sozioökonomischer Perspektive, Stuttgart.

SCHNEIDER, H., (2004): Erfolgsbeteiligugn der Arbeitnehmer, in: GAUGLER, E./OECHSLER, W./WEBER, W., (Hrsg.): Handwörterbuch des Personalwesens, 3. Aufl., Stuttgart, Sp. 712–723.

SCHULTZ, R., (1992): Erfolgsbeteiligung der Arbeitnehmer, in: GAUGLER, E./WEBER, W., (Hrsg.): Handwörterbuch des Personalwesens, 2. Aufl., Stuttgart, Sp. 818–828.

SPREMANN, K., (1990): Asymetrische Information, in: Zeitschrift für Betriebswirtschaft, 5(6): 561–586.

SPREMANN, K., (1996): Wirtschaft, Investition und Finanzierung, München, Wien.

STEINMANN, H./MÜLLER, H./KLAUS, H., (1982): Arbeitnehmer-Beteiligungsmodelle, in: Die Betriebswirtschaft, 1: 117–134.

Über Verbreitung, Motive und Anforderungen von Arbeitnehmern und Arbeitgebern, Ergebnisbericht der Studie, Wiener Neustadt 2005.

UNGSON, G./STEERS, R., (1984): Motivation and Politics in Executive Compensation, in: Academy of Management Review, 9(2): 313–323.

VEVERA, D., (2005): Mitarbeiterbeteiligung am Kapital im EU-Mitgliedstaat Österreich – umfassende Erhebung.

VOGT, J., (1997): Vertrauen und Kontrolle in Transaktionen. Eine institutionenökonomische Analyse, Wiesbaden.

VOSS, T., (1998): Strategische Rationalität und die Realisierung sozialer Normen, in: MÜLLER, H.P./SCHMID, H., (Hrsg.): Norm, Herrschaft und Vertrauen, Opladen, S. 117–135.

WAGENHOFER, A., (1996): Anreizsysteme in Agency-Modellen mit mehreren Aktionen, in: Die Betriebswirtschaft, 2: 155–165.

WAGNER, D., (2004): Cafeteria-Systeme, in: GAUGLER, E./OECHSLER, W./WEBER, W., (Hrsg.): Handwörterbuch des Personalwesens, 3. Aufl., Stuttgart, Sp. 631–639.

WAGNER, D./GRAWERT, A., (1990): Erfahrungen mit Cafeteria-Modellen, in: Personalwirtschaft, 10: 23–29.

WAGNER, D./LANGEMEYER, H., (1993): Cafeteria-Modelle in der Praxis, in: Personalwirtschaft, 3: 53–56.

WEBER, W./FESTING, M./DOWLING, P./SCHULER, R., (1998): Internationales Personalmanagement, Wiesbaden.

WELZ, C./FERNÁNDEZ-MACIAS, E., (2008): Financial Participation of Employees in the European Union: Much Ado about Nothing?, in: European Journal of Industrial Relations, 14(4): 479–497.

WENGER, E./TERBERGER, E., (1988): Die Beziehung zwischen Agent und Prinzipal als Baustein einer ökonomischen Theorie der Organisation, in: WiSt, 10: 506–514.

WHYTE, W.F., (1958): Lohn und Leistung. Eine soziologische Analyse industrieller Akkord- und Prämiensysteme, Darmstadt.

WIBBE, J., (1996): Arbeitsbewertung, München.

WILKESMANN, U., (1994): Zur Logik des Handelns in betrieblichen Arbeitsgruppen. Möglichkeiten und Grenzen einer Rational-Choice-Theorie der Anreizsysteme bei Gruppenarbeit, Opladen.

WILLIAMSON, O.E., (1975): Market and Hierarchies: Analysis and Antitrust Implications, New York.

WOLFF, B./LAZAER, E.P., (2001): Einführung in die Personalökonomik, Stuttgart.

ZANDER, E., (1990): Handbuch der Gehaltsfestsetzung, 5. Aufl., München.

Kapitel „Über die Bedeutung von Gender- und Diversitätsmanagement in Organisationen"

ARETZ, H.J./HANSEN, K., (2002): Diversity und Diversity Management im Unternehmen. Eine Analyse aus systemtheoretischer Sicht, Münster.

AUSTRIAN SOCIETY FOR DIVERSITY, (2008): Dimensionen von Diversität, Wien.

BECKER, M./SEIDL, A., (2006, Hrsg.): Diversity Management. Unternehmens- und Personalpolitik der Vielfalt, Stuttgart.

BELINSZKI, E./HANSEN, K./MÜLLER, U., (2003): Diversity Management. Best Practices im internationalen Feld, Hamburg.

BENDL, R., (2007): Betriebliches Diversitätsmanagement und neoliberale Wirtschaftspolitik – Verortung eines diskursiven Zusammenhangs, in: KOALL, I./BRUCHHAGEN, V./HÖHER, F., (Hrsg.): Diversity Outlooks. Managing Diversity zwischen Ethik, Profit und Antidiskriminierung, Hamburg, S. 10–28.

BENDL, R./HANAPPI-EGGER, E./HOFMANN, R., (2004): Interdisziplinäres Diversitätsmanagement. Einführung in Theorie und Praxis, Wien.

BENDL, R./HANAPPI-EGGER, E./HOFMANN, R., (2004): Spezielle Methoden der Organisationsstudien. Interdisziplinäres Diversitätsmanagement, in: BENDL, R./HANAPPI-EGGER, E./HOFMANN, R., (Hrsg.): Interdisziplinäres Diversitätsmanagement. Einführung in Theorie und Praxis, Wien, S. 73–101.

CATALYST, (2004): „The Bottom Line: Connecting Performance and Gender Diversity".

COX, T., (1993): Cultural Diversity in Organizations. Theory, Research and Practice, San Franciso.

CSES, (2003): A Study on Methods and Indicators to Measure the Cost Effectiveness of Diversity Policies in Entreprises.

DASS, P./PARKER, B., (1999): „Strategies for Managing Human Resource Diversity: From Resistance to Learning", Academy of Management Executive, 13(2): 68–80.

ENGEL, R./HOFMANN, R., (2004): Chancengleichheit – gestern – heute – morgen am Beispiel der Schering AG, in: BENDL, R./HANAPPI-EGGER, E./HOFMANN, R., (Hrsg.): Interdisziplinäres Diversitätsmanagement. Einführung in Theorie und Praxis, Wien, S. 247–252.

ENGEL, R., (2007): Die Vielfalt der Diversity-Ansätze – Geschichte, praktische Anwendungen in Organisationen und zukünftige Herausforderungen in Europa, in: KOALL, I./BRUCHHAGEN, V./HÖHER F., (Hrsg.): Diversity Outlooks. Managing Diversity zwischen Ethik, Profit und Antidiskriminierung, Hamburg, S. 97–110.

FABER, L./WALTHER, I. et al., (2004): Gender- und Diversitätsmanagement in der Bank Austria Creditanstalt – von der Frauenförderung zu Diversitätsmanagement, in: BENDL, R./HANAPPI-EGGER, E./HOFMANN, R., (Hrsg.): Interdisziplinäres Gender- und Diversitätsmanagement. Einführung in Theorie und Praxis, Wien, S. 253–262.

FUCHS, B./HANAPPI-EGGER, E., (2004): Gender- und Diversitätsmanagement bei Microsoft – eine globale Strategie mit lokalspefischen Ausprägungen am Beispiel der Schweizer Tochtergesellschaft Microsoft Schweiz BmbH (tbd), in: BENDL, R./HANAPPI-EGGER, E./HOFMANN, R., (Hrsg.): Interdisziplinäres Gender- Diversitätsmanagement. Einführung in Theorie und Praxis, Wien, S. 263–270.

GARDENSWARTZ, L./ROWE, A., (1994): The Managing Diversity Survival Guide. A Complete Collection of Checklists, Activities and Tips, New York-Boston.

GUTSCHELHOFER, B., (2006): Rechtliche Rahmenbedingungen für Diversitätsmanagement – Erste Erfahrungen mit dem neuen Gleichbehandlungsgesetz in Österreich, in: BENDL, R./HANAPPI-EGGER, E./HOFMANN, R., (Hrsg.): Agenda Diversität: Gender- und Diversitätsmanagement in Wissenschaft und Praxis, München, Mering, S. 44–51.

HANAPPI-EGGER, E./KÖLLEN, T., (2007): Modellierung von Kosten-Nutzen-Effekten von gendersensiblen Maßnahmen auf betrieblicher Ebene. Forschungsbericht FFG, Wien.

HANAPPI-EGGER, E./DIPPEL, A. von/EBERHERR, H./WIRRER, G./WIDHALM, A./SCHWEDLITZ, P., (2007): Ageing Societey – Altern in der Stadt: Aktuelle Trends und deren Bedeutung für die strategische Stadtentwicklung. 1. Zwischenbericht. Wien, Forschungsinstitut Gender and Diversity in Organizations und Institut für Handel und Marketing.

HOFMANN, R., (2006): Lernen, Wissen und Kompetenz im Gender- und Diversitätsmanagement, in: BENDL, R./HANAPPI-EGGER, E./HOFMANN, R., (Hrsg.): Agenda Diversitäts: Gender- und Diversitätsmanagement in Wissenschaft und Praxis, München, Mering, S. 10–24.

JOHNSTON, W.B./PACKARD, A.H., (1987): Workforce 2000. Work and Workers for the 21st Century, Indianapolis.

KOALL, I., (2001): Managing Gender & Diversity. Von der Homogenität zur Heterogenität in der Organisation der Unternehmung, Hamburg.

KOALL, I., (2003): Vortragsunterlagen des Ausbildungslehrgangs „Managing Gender and Diversity" der VHS Ottakring, Universität Dortmund.

KOALL, I./BRUCHHAGEN, V./HÖHER, F., (2002): Vielfalt statt Lei(d)tkultur. Managing Gender and Diversity, Hamburg.

KRELL, G., (1996): „Mono- oder multikulturelle Organisationen? Managing Diversity auf dem Prüfstand." Industrielle Beziehungen, in: Zeitschrift für Arbeit, Organisation und Management, 3(4): 334–350.

KRELL, G., (2004, Hrsg.): Chancengleichheit durch Personalpolitik. Gleichstellung von Frauen und Männern in Unternehmen und Verwaltungen. Rechtliche Regelungen – Problemanalysen – Lösungen, Wiesbaden.

KÜHNER, O./KÖNIG, B., (2005): Mehr Wert durch Wissen – Wissensmanagement praxisorientiert, Stuttgart.

McCALL, L., (2005): Managing the Complexity of Intersectionality, in: Signs (30)3: 1771–1800.

NUTEK (o.V.), (1999): Gender and Profit. European Project on Equal Pay, Download: www.equalpay.nu/docs/en/genderandprofit, pdf, Swedisch Business Development Agency.

PROGNOS (o.V.), (2003): Betriebswirtschaftliche Effekte familienfreundlicher Maßnahmen, Bundesministerium für Familie, Senioren, Frauen und Jugend. Download: www.bmfsfj.de.

SCHMIDT, S., (2005): Lernen, Wissen, Kompetenz, Kultur. Vorschläge zur Bestimmung von vier Unbekannten, Heidelberg.

SCHREYÖGG, G., (1999): Organisation. Grundlagen moderner Organisationsgestaltung, Wiesbaden.

SEPEHRI, P., (2002): Diversity und Managing Diversity in internationalen Organisationen. Wahrnehmungen zum Verständnis und ökonomischer Relevanz, München, Mering.

STATISTIK AUSTRIA (2003): Bevölkerung Österreichs im 21. Jahrhundert, Wien.

STRUPPE, U., (2006): Vielfalt fördern, Zusammenhalt stärken – Diversity Management am Beispiel der MA 17 der Stadt Wien, in: BENDL, R./HANAPPI-EGGER, E./ HOFMANN, R., (Hrsg.): Agenda Diversität: Gender- und Diversitätsmanagement in Wissenschaft und Praxis, München, Mering, S. 83–94.

STUBER, M., (2004): Diversity. Das Potenzial von Vielfalt nutzen – den Erfolg von Offenheit steigern, Köln.

TRINKFASS, B./ENDRS, M., (2006): Procter & Gamble, in: BENDL, R./HANAPPI-EGGER, E./HOFMANN, R., (Hrsg.): Agenda Diversität: Gender- und Diversitätsmanagement in Wissenschaft und Praxis, München, Mering, S. 109–116.

WÄCHTER, H., (2003): Personelle Vielfalt in Organisationen. München, Mering.

WEICK, K. E., (2002): Der Prozeß des Organisierens, Frankfurt am Main.

WOLFF, C., (2006): Deutsche Bank, in: BENDL, R./HANAPPI-EGGER, E./HOFMANN, R., (Hrsg.): Agenda Diversität: Gender- und Diversitätsmanagement in Wissenschaft und Praxis, in: München, Mering, S.52–63.

Weiterführende Literatur (*):

*FROHNEN, A., (2005): Diversity in Action, Bielefeld.

*GARDENSWARTZ, L./ROWE, A., (1994): The Managing Diversity Survival Guide. A Complete Collection of Checklists, Activities and Tips, New York, Boston.

*HUBBARD, E.E., (2004): The Diversity Scorecard: Evaluating the Impact of Diversity on Organizational Performance, Amsterdam, Boston, Heidelberg, London, New York, Oxford, Paris, San Francisco.

*KOALL, I./BRUCHHAGEN, V./HÖHER, F., (2007): Diversity Outlooks. Managing Diversity zwischen Ethik, Profit und Antidiskriminierung, Hamburg.

*KONRAD, A./PUSHKALA, P./PRINGLE, J., (2006.): Handbook of Workplace Diversity, Thousand Oaks.

*ÖZBILGIN, M./TATLI, A., (2008): Gobal Diversity Management. An Evidence-Based Approach, Hampshire, New York.

Kapitel „Flexibilisierung"

ADLER, P., (2001): Market, Hierarchy and Trust: The Knowledge Economy and the Future of Capitalism, in: Organizational Science, 12(2): 217–234.

ALEWELL, D., (1993): Interne Arbeitsmärkte, Hamburg.

ANDERER, G., (1997): Führung und Controlling als Erfolgsfaktoren für die Dezentralisierung der Arbeit, in: GUTMANN, J., (Hrsg.): Flexibilisierung der Arbeit: Chancen und Modelle für eine Mobilisierung der Arbeitsgesellschaft, Stuttgart, S. 275–288.

ARTHUR, M.B./ROUSSEAU, D.M., (1996): Introduction: The Boundaryless Career as a New Employment Principle, in: ARTHUR, M.B./ROUSSEAU, D.M., (Eds.): The Boundaryless Career, New York, S. 3–20.

ATKINSON, J., (1984): Manpower Strategies for Flexible Organizations, in: Personnel Management, 8: 28–31.

ATKINSON, J., (1985): Flexibility: Planing for an Uncertain Future, in: Manpower, Policy and Practice, 1: 26–29.

BAILYN, L./FLETCHER, J.K., (2003): The Equity Imperative: Reaching Effectiveness through Dual Agenda. CGO Insights, Simmons Graduate School of Management.

BECK, U., (1986): Risikogesellschaft. Auf dem Weg in eine andere Moderne, Frankfurt.

BERGHAUS, M., (1999): Interaktive Medien – interdisziplinär vernetzt, Opladen.

BLUM, A., (1999): Integriertes Arbeitszeitmanagement. Ausgewählte personalwirtschaftliche Massnahmen zur Entwicklung und Umsetzung flexibler Arbeitszeitsysteme, Bern.

BREWSTER, C./MAYRHOFER, W./MORLEY, M., (2004): Human Resource Management in Europe. Evidence of convergence?, Oxford.

BUSCH, F./GÖTZ, K., (2000): Aspekte der virtuellen Kommunikation, in: GÖTZ, K./MARTENS, J.U., (Hrsg.): Elektronische Medien als Managementinstrument, München, S. 41–70.

CADIN, L./BENDER, A.F./SAINT-GINIEZ, V./PRINGLE, J., (2000a): Carrières Nomades et Contextes Nationaux, in : Revue de Gestion des Ressources Humaines, S. 76–96.

CADIN, L./BAILLY, F./DE SAINT-GINIEZ, F., (2000b): An Empirical Test of Boundaryless Careers in the French Context, in: PAIPERL, M.A., (Hrsg.): Career Frontiers. New Conceptions of Working Lives, Oxford. S. 228–255.

CAPELLI, P., (1997): Change at Work, Oxford.

CAPELLI, P., (2005): Will There Really Be a Labour Shortage?, in: Human Resource Management, 44(2): 143–149.

CLASES, C., (1994): Kommunikation in computervermittelten Tätigkeitszusammenhängen. Bilanzierung der Ergebnisse einer qualitativen Studie zur Nutzung und Bewertung elektronischer Postsysteme (E-mail), in: Harburger Beiträge zur Psychologie und Soziologie der Arbeit, 8, Hamburg.

COLLINGS, D.G./SCULLION, H./MORLEY M.J., (2007): Changing Patterns of Global Staffing in the Multinational Enterprise: Challenges to the Conventional Expatriate Assignment and Emerging Alternatives, in: Journal of World Business, 42: 198–213.

CRANFIELD UNIVERSITY, (2006): Cranet Survey on Comparative Human Resource Management. International Executive Report 2005, Bedford.

CRESSEY, P./BOUD, D./DOCHERTY, P., (2006): The emergence of productive reflection, in: BOUD, D./CRESSEY, P./DOCHERTY, P., (Hrsg.): Productive Reflection at Work. Learning for Changing Organizations, New York, S. 11–26.

DALE, K., (2005): Building a Social Materiality: Spatial and Embodied Politics in Organizational Control, in: Organization, 12(5): 649–678.

DECIERI, H./DOWLING, P.J., (2006): Strategic International Human Resource Management in Multinational Enterprises: Developments and Directions, in: STAHL, G.K./BJÖRKMAN, I., (Hrsg.): Handbook of Research in International Human Resource Managemen, Glos, Massachusetts, S. 15–35.

DÖRING, N., (2000): Mediale Kommunikation in Arbeitsbeziehungen: Wie lassen sich soziale Defizite vermeiden?, in: BOOS, M./JONAS, K.J./SASSENBERG, K., (Hrsg.): Computervermittelte Kommunikation in Organisationen, Göttingen, S. 27–40.

DOMORADZKI, L./HASPINGER, E./PÖDER, E./UNTERHOLZER, C., (1995): Ich nehme mir die Zeit ... und hole mir die Anerkennung, Innsbruck.

DOMBROWSKI, T.; (2000): Gruppenarbeit und Entgeltsysteme: ein Beitrag zur Untersuchung der Wirkung von Entgeltsystemen auf die Personaleinsatzflexibilität – eine Fallstudienuntersuchung, München.

DUDEN (2001): Das Fremdwörterbuch, Mannheim.

FLECKER, J., (1998): Not-Wendigkeit? Zum Zusammenhang von flexiblen Unternehmensformen, Qualifikationsanforderungen und Arbeitsmarktregulierung, in: ZILIAN, H.G./FLECKER, J., (Hrsg.), Flexibilisierung – Problem oder Lösung?, Berlin, S. 207–222.

FINCHAM R./RHODES, P., (2005): Principles of Organizational Behaviour, 4th edition, Oxford.

FROST, J./OSTERLOH, M., (2002): Motivation und Organisationsstrukturen, in: OSTERLOH, M./FREY, B., (Hrsg.): Managing Motivation. Wie Sie die neue Motivationsforschung für Ihr Unternehmen nutzen können, 2., aktualisierte und erweiterte Auflage, Wiesbaden, S. 166–192.

GARHAMMER, M., (2001): Wie Europäer ihre Zeit nutzen. Zeitstrukturen und Zeitkulturen im Zeichen der Globalisierung, Berlin.

GOFFMAN, E., (1959): The Presentation of Self in Everyday Life, London.

GÖTZ, K./LACKNER, C., (1999): „Zeit" und Führung – „Zeit" und Organisation, in: GÖTZ, K., (Hrsg.): Führungskultur, München, S. 53–74.

GÜNTHER, H.O., (1990): Personalkapazitätsplanung und Arbeitszeitflexibilisierung. in: ADAM, D./BACKHAUS, K./MEFFERT, H./WAGNER, H., (Hrsg.): Integration und Flexibilität: eine Herausforderung für die allgemeine Betriebswirtschaftslehre, Wiesbaden, S. 303–334.

HALL, D.T., (1996): The Career is Dead – Long Live the Career. A Relational Approach to Careers, San Francisco.

HALL, D.T., (2002): Careers In and Out of Organizations, Thousand Oaks.

HALL, D.T./MIRVIS, P., (1996): The New Protean Career: Psychological Success and the Path with a Heart, in: HALL, D.T., (Hrsg.): The Career is Dead – Long Live the Career, San Franciso, S. 1–12.

HAMEL, W., (1985): Betriebliche Aspekte einer Flexibilität der Arbeit, in: WISU (das Wirtschaftsstudium), 14(6): 296–300.

HARRIS, H./BREWSTER, C./ERTEN-BUCH, C., (2005): Auslandseinsatz, aber wie? Klassisch oder alternative Formen: neueste empirische Erkenntnisse aus Europa und den USA, in: STAHL, G./MAYRHOFER, W./KÜHLMANN, T.M., (Hrsg.): Internationales Personalmanagement. Neue Aufgaben, neue Lösungen, München, S. 275–292.

HARVEY, D., (1989): The Condition of Postmodernity, Cambridge.

HAUNSCHILD, A., (2004): Flexible Beschäftigungsverhältnisse – Effizienz, Institutionelle Voraussetzungen und organisationale Konsequenzen, Hamburg, Habilitationsschrift.

HARZING, A.W./RUYSSEVELDT J., (2004): International Human Resource Management, London.

HEDBERG, B./BYSTROM, P.C./STARBUCK, W.H., (1976): Camping on Seesaws: Prescriptions for a Self-Designing Organization, in: Administrative Science Quarterly, 21(1): 41–65.

HEINRICH, M./SCHMIDT, A., (2002): Organisationale Steuerungsmöglichkeiten und individuelle Grenzziehung in dynamischen Arbeitszeitmodellen – eine theoretische Analyse, in: KRAMER, C., (Hrsg.): FREI-Räume und FREI-Zeiten: Raum-Nutzung und Zeit-Verwendung im Geschlechterverhältnis, Heidelberg, S. 149–164.

HEINRICH, M./SCHMIDT, A., (2004): Zeit und Management, in: KASPER, H., (Hrsg.): Strategien realisieren – Organisationen mobilisieren, Wien, S. 111–126.

HOCHGERNER, J., (1998): Flexibilisierung durch Telearbeit, in: ZILIAN, H.G., (Hrsg.): Flexibilisierung – Problem oder Lösung?, Berlin, S. 175–192.

HOFF, A., (2002): Vertrauensarbeitszeit: einfach flexibel arbeiten, Wiesbaden.

HOLTGREWE, U., (2006): Flexible Menschen in flexiblen Organisationen, Wien.

HUBER, B./HIRSCHFELDER, G., (2004): Neue Medien und Arbeitswelt – eine Einführung, in: HIRSCHFELDER, G., (Hrsg.): Die Virtualisierung der Arbeit, Frankfurt, S. 11–26.

HUSELID, M.A./BEATTY, R.W./BECKER, B.E., (2005): A Players or Positions? The Strategic Logic of Workforce Management, in: Harvard Business Review, December, S. 110-117.

INKSON, K., (2002): Career Metaphors and their Application in Theory and Counseling Practice, in: Journal of Employment Counselling, 39: 98-108.

JURCZYK, K./VOSS, G.G., (2000): Entgrenzte Arbeitszeit – Reflexive Alltagszeit, in: HILDEBRANDT, E., (Hrsg.): Reflexive Lebensführung, Berlin, S. 151–205.

KAUPA, I./STEINER K., (2002): Atypische Beschäftigung: Notlösung, Übergangsstadium oder freie Wahl?, in: EICHMANN, H./KAUPA, I./STEINER, K., (Hrsg.): Game over? Neue Selbständigkeit und New Economy nach dem Hype, S. 121–140, Wien.

KIESER, A., (1999): Management und Taylorismus, in: KIESER, A., (Hrsg.): Organisationstheorien, Stuttgart, S. 65–100.

KOCHAN, T.A., (2007): Social Legitimacy of HRM Profession: A US Perspective, in: BOXALL, P./PURCELL, J./WRIGHT, P., (Hrsg.): The Oxford Handbook of Human Resource Management, Oxford, S. 599–620.

KORNBERGER, M./CLEGG, S.R., (2004): Bringing Space Back in Organizing the Generative Building, in: Organization Studies, 25(7): 1095–1114.

KROTZ, F., (1999): Individualisierungsthese und Internet, in: LATZER, M./MAIER-RABLER, U./SIEGERT, G./STEINMAURER, Th., (Hrsg.): Die Zukunft der Kommunikation: Phänomene und Trends in der Informationsgesellschaft, Innsbruck, S. 347–365.

LEGGE, K., (1995): Rhetoric Reality and Hidden Agendas, in: STOREY, J,. (Hrsg.): Human Resource Management: A Critical Text, London, S. 33–59.

MARLER, J.H./WOODARD BARRINGER, M./MILKOWICH, G.T., (2002): Boundaryless and Traditional Contingent Employees: Worlds Apart, in: Journal of Organizational Behavior, 23(4): 425–453.

MARR, R., (2001): Arbeitszeitmanagement: Grundlagen und Perspektiven flexibler Arbeitszeitsysteme, Berlin.

MAYERHOFER, H./HARTMANN L./MICHELITSCH-RIEDL, G./KOLLINGER, I., (2004): Flexpatriate Assignments: A Neglected Issue in Global Staffing, in: International Journal of Human Resource Management, 15(8): 1371–1389.

METZ, T., (2001): Telearbeit – technologische Träume und organisationstheoretische Perspektiven, in: Zeitschrift Führung + Organisation, 70(2): 93–98.

NEUBERGER, O., (2002): Führen und führen lassen. Ansätze, Ergebnisse und Kritik der Führungsforschung, 6., völlig neu bearbeitete und erweiterte Auflage, Stuttgart.

NIENHÜSER, W./BAUMHUS, W., (2002): Fremd im Betrieb: Der Einsatz von Fremdfirmenpersonal als Arbeitskräftestrategie, in: MARTIN, A./NIENHÜSER, W., (Hrsg.): Neue Formen der Beschäftigung – neue Personalpolitik, München, Mering, S. 61–120.

NIGGL, M./EDFELDER D./KRAUPA, M., (2000): Telearbeit bei der BMW Group: Steigerung der Wettbewerbsfähigkeit durch flexibles Arbeiten, Berlin.

OSTERMAN, P., (2000): Work Reorganisation in an Era of Restructuring: Trends in Diffusion and Effects on Employee Welfare, in: Industrial and Labor Relations Review, 53: 179–196.

PFEFFER, J., (1998): The Human Equation, Boston.

PIORE, M.J./SABEL, C.F., (1984): The Second Industrial Devide, New York.

POLLERT, A., (1988): The Flexible Firm: Fixation or Fact, in: Work, Employment and Society, 2(3): 281–316.

POLLERT, A., (1991): Flexibilität – eine fixe Idee?, in: FLECKER, J./SCHEINSTOCK, G., (Hrsg.): Flexibilisierung, Deregulierung und Globalisierung. Interne und externe Restrukturierung betrieblicher Organisation, München, Mering, S. 11–36.

RAEDER, S./GROTE, G., (2004): Fairness als Voraussetzung für die Tragfähigkeit psychologischer Verträge, in: SCHREYÖGG, G./CONRAD, P., (Hrsg.): Gerechtigkeit und Management, Managementforschung 14, Wiesbaden, S. 139–174.

REICHWALD, R./MÖSLEIN, K./SACHENBACHER, H./ENGELBERGER, H./OLDENBURG, S., (1998): Telekooperation – Verteilte Arbeits- und Organisationsformen, Berlin.

ROSEN, M./ORLIKOWSKI, W.J./SCHMAHMANN, K.S., (1990): Building Buildings and Living Lives: A Critique of Bureaucracy, Ideology and Concrete Artifacts, in: GAGLIARDI, P., (Hrsg.): Symbols and Artifacts: Views of the Corporate Landscape, Berlin, S. 69–84.

ROSS, D., (2007): Backstage with the Knowledge Boys and Girls: Goffman and Distributed Agency in an Organic Online Community, in: Organization Studies, 28(3): 307–325.

ROUSSEAU, D.M., (1995): Psychological Contracts in Organizations, Thousand Oaks.

SANDNER, K., (1988): Struktur der Führung von Mitarbeitern. Steuerung und Kontrolle beruflicher Arbeit, in: HOFMANN, M./ROSENSTIEL, L. von, (Hrsg.): Funktionale Managementlehre, Berlin, S. 28–58.

SENNETT, R., (1998): Der flexible Mensch. Die Kultur des neuen Kapitalismus, Berlin.

SCULLION, H./COLLINGS, D.G., (2006): Global staffing, London.

SCULLION, H./COLLINGS, D.G./GUNNIGLE, P., (2007): International Human Resource Management in the 21st Century: Emerging Themes and Contemporary Debates, in: Human Resource Management Journal, 17(4): 309–319.

STATISTIK AUSTRIA (2005): Arbeitsorganisation und Arbeitszeitgestaltung 2004. Modul der 2. Arbeitskräfteerhebung 2. Quartal 2004, Wien.

STATISTIK AUSTRIA (2007): Urlaubs- und Geschäftsreisen Kalenderjahr 2006. Ergebnisse aus den vierteljährlichen Haushaltsbefragungen. Schnellbericht, Wien.

STREICH, R., (1994): Managerleben. Im Spannungsfeld von Arbeit, Freizeit und Familie, München.

TOWERS, I./DUXBURY, L./HIGGENS, C./THOMAS, J., (2006): Time Thieves and Space Invaders: Technology, Work and the Organization, in: Journal of Organizational Change Management, 19(5): 593–618.

VANSINA, L.S., (1998): The Individual in Organizations: Rediscovered or Lost Forever?, in: European Journal of Work and Organizational Psychology, 7(3): 265–282.

VOLBERDA, H.W., (1998): Building the Flexible Firm. How to Remain Competitive, Oxford.

VOSS, G.G., (1998): Die Entgrenzung von Arbeit und Arbeitsleben. Eines subjektorientierte Interpretation des Wandels der Arbeit, in: Mitteilungen aus der Arbeitsmarkt- und Berufsforschung, 31: 473–487.

WALTER-BUSCH, E., (1989): Das Auge der Firma. Mayos Howthorne-Experimente und die Harvard Business School, 1900-1960, Stuttgart.

WEBER, M., (1972): Wirtschaft und Gesellschaft, Tübingen.

WROBLEWSKI, A., (2000): Flexible Arbeitszeiten und Segregation. Empirische Befunde zu flexiblen Arbeitszeiten in Frauen- und Männerberufen, unveröffentlichtes Paper, Wien.

WÖSSNER, M., (1990): Integration und Flexibilität – Unternehmensführung in unserer Zeit, in: ADAM, D./BACKHAUS, K./MEFFERT, H./WAGNER, H. (Hrsg.): Integration und Flexibilität: eine Herausforderung für die allgemeine Betriebswirtschaftslehre, Wiesbaden, S. 61–78.

VIRILIO, P., (1997): Open Sky, London.

Weiterführende Literatur (*):

*HUSLID, M.A./BECKER, B.E./BEATTY, R.W., (2005): The Workforce Scorecard. Managing Human Capital to Execute Strategy, Boston.

*HOLTGREWE, U., (2006): Flexible Menschen in flexiblen Organisationen, Wien.

*MARTIN, A./NIENHÜSER, W., (2002): Neue Formen der Beschäftigung – neue Personalpolitik, München, Mering.

Stichwortverzeichnis

Verzeichnis der Abbildungen und Tabellen

Kapitel „Strategiemodelle und neue Organisationsformen"

Kapitel „Organisationskultur und lernende Organisation"

Kapitel „Beschaffung und Auswahl von Mitarbeiterinnen und Mitarbeitern"

Kapitel „Personalentwicklung"

Kapitel „Personalbeurteilung"

Autorinnen und Autoren

Regine Bendl, ao. Univ.-Prof[in]. Mag[a]. Dr[in] rer. soc. oec.: Studium der Handelswissenschaft an der Wirtschaftsuniversität Wien, 1992–2002 Universitätsassistentin an der Abteilung Handel und Marketing der WU Wien, 2002–2004 Assistenzprofessorin an der Abteilung „Gender and Diversity in Organizations" an der WU Wien, WS 2003/04 Aigner-Rollett-Gastprofessur für Frauen- und Geschlechterforschung, seit 2004 außerordentliche Universitätsprofessorin an der Abteilung „Gender and Diversity in Organizations". Forschungsauslandsaufenthalte an der Vrije Universiteit Amsterdam und der University of Oxford. Publikationen in den Themenbereichen: Gender- und Diversitätsmanagement in Organisationen, Gender Subtext in Organisationstheorien, Feministische Epistemologie und Gendertheorie.

Wolfgang Elšik, ao. Univ.-Prof. Mag. Dr. rer. soc. oec.: Studium der Betriebswirtschaftslehre an der WU Wien, seit 1982 wissenschaftlicher Assistent, seit 1998 außerordentlicher Universitätsprofessor am Institut für Personalmanagement, 1994 Visiting Scholar am Institut of Labor and Industrial Relations der University of Illinois at Urbana-Champaign, Lehrtätigkeit an verschiedenen Universitätslehrgängen, 1996–1997 Vertretung am Lehrstuhl für Betriebswirtschaftslehre, insbesondere Personalwirtschaft, an der Otto-Friedrich-Universität Bamberg, seit 2006 Vorstand des Instituts für Personalmanagement. Forschungsschwerpunkte: Organisationstheoretische Grundlagen der Personalwirtschaftslehre, Politik in Organisationen, organisationale Karriereverläufe (Karriereplateaus) und strategisches Personalmanagement.

Edeltraud Hanappi-Egger, Univ.-Prof[in]. Dipl.Ing[in]. Dr[in]. techn.: Studium der Informatik an der TU Wien, Doktorat an der TU Wien und Universität Stockholm, 1991–1996 Universitätsassistentin an der TU Wien, 1993–1996 Auszeichnung mit dem APART-Stipendium der Österreichischen Akademie der Wissenschaften, 1996 Habilitation für Angewandte Informatik und ao. Univ.-Prof. an der TU Wien, 2002–2004 Gastprofessorin und seit 2004 Universitätsprofessorin für „Gender and Diversity in Organizations" an der WU Wien. Forschungsschwerpunkte: Diversitätsmanagement, Organisationsforschung und Gender, Gender und Technik.

Monika Heinrich, Mag[a]. Dr[in]. rer. soc. oec.: Studium der Wirtschaftspädagogik an der Wirtschaftsuniversität Wien, bis 2002 Vertrags- und Universitätsassistentin und seither Universitätslektorin am Institut für Change Management und Management Development sowie im Bereich Soziale Kompetenz, Department für Management der WU Wien. Arbeits- und Forschungsschwerpunkte: Konflikte, Kooperation, Kommunikation und Zeit in Organisationen, geschlechtstypische Aspekte.

Helmut Kasper, Univ.-Prof. Mag. Dr. rer. soc. oec: Studium der Handelswissenschaften und Doktoratsstudium an der WU Wien, seit 2005 Vorstand des Department für Management, seit 1990 Institutsvorstand des Instituts für Change Management und Management Development der WU Wien, Wissenschaftlicher Leiter des „Post Graduate Management"

(PGM) Universitätslehrganges und des „Advanced Post Graduate Management MBA"-Programmes für Executives. Forschungsschwerpunkte: Change Management, Wissensmanagement, Management in Emerging Markets mit Schwerpunkt China, Managementweiterbildung von Executives, Neuere Systemtheorie. Zahlreiche Publikationen in in- und ausländischen Fachzeitschriften, Autor und Herausgeber von Büchern, wie „Leadership und soziale Kompetenz" gemeinsam mit Univ.-Prof. Dr. Peter J. Scheer, das 2010 im Linde Verlag erscheint.

Ursula Christine Loisch, Mag^a. Dr^in. rer. soc. oec.: Studium der Betriebswirtschaftslehre an der WU Wien, Lektorin am Institut für Change Management und Management Development, Department für Management, 2003–2006 betreute sie den Universitätslehrgang „Advanced Post Graduate Management Master of Business Administration" MBA. Forschungsschwerpunkte: Organisationskulturforschung, Empowerment und Commitment in Unternehmen, organisationale Kreativität. Für ihre wissenschaftliche Arbeit erhielt sie bislang den Rudolf-Sallinger-Preis sowie eine Förderung der Österreichischen Forschungsgemeinschaft (Dissertation) und den Dr. Maria Schaumayer-Preis (Diplomarbeit).

Helene Mayerhofer, Mag^a. Dr^in. rer. soc. oec.: Studium der Wirtschaftspädagogik an der WU Wien. Universitätsassistentin, seit 2005 Assistenzprofessorin am Institut für Personalwirtschaft, Visiting Scholar u.a. am Institut of Management an der University of Tulsa, U.S. (1999), Nottingham University Business School (2008). Arbeits- und Forschungsschwerpunkte in Wissenschaft und Praxis: International Human Resource Management in Unternehmen und Nonprofit-Organisationen, Personalentwicklung, Internationale Arbeitstätigkeit und Alternative Assignments, geschlechtsspezifische Aspekte der Erwerbstätigkeit, Mergers & Acquisitions und Integrationsmanagement, Innovative Betriebskonzepte u.a. im Pflegemanagement.

Wolfgang Mayrhofer, Univ.-Prof. Mag. Dr. rer. soc. oec.: Studium der Betriebswirtschaftslehre an der Wirtschaftsuniversität Wien, Vertragsassistent an der Wirtschaftsuniversität Wien 1982–1985, wissenschaftlicher Angestellter bzw. Hochschulassistent an der Universität-GH-Paderborn 1985–1990, Vertrags- bzw. Universitätsassistent an der Wirtschaftsuniversität Wien 1990–1993, 1993–1997 Lehrstuhlvertretung bzw. Ordinarius für Betriebswirtschaftslehre, insbesondere Personalwirtschaft, an der Fakultät Wirtschaftswissenschaften der Technischen Universität Dresden, seit 1997 Ordinarius an der Interdisziplinären Abteilung für Verhaltenswissenschaftlich Orientiertes Management der WU Wien. Forschungsschwerpunkte: Internationale Personal- und Unternehmensführung, Karriere- und Laufbahnforschung, Neuere Systemtheorie und Betriebswirtschaftslehre. Regelmäßige Trainings- und Beratungsarbeit im For- und Nonprofit-Bereich; Outdoortraining im Bereich Segeln (s. www.championships.at)

Michael Meyer, Univ.-Prof. Mag. Dr. rer. soc. oec.: Studium der Betriebswirtschaftslehre an der WU Wien, Universitätsprofessor für Betriebswirtschaftslehre und Leiter der Abteilung für Nonprofit-Management und des Forschungsinstituts für NPO an der WU Wien. Nach seinem Studium der Betriebswirtschaftslehre lehrte und forschte er an der WU Wien, der Musikuniversität und der Universität Wien. Er absolvierte eine Ausbildung zum sys-

temischen Organisationsberater. Forschungs- und Arbeitsschwerpunkte: Organisations-
analyse, Managerialismus, Karrieren, Neuere Systemtheorie, Zivilgesellschaft und die
Funktionen von Nonprofit-Organisationen; dazu liegen zahlreiche englisch- und deutsch-
sprachige Fachpublikationen vor.

Gabriela Michelitsch-Riedl, Mag^a. rer. soc. oec.: Studium der Betriebswirtschaftslehre
an der Wirtschaftsuniversität Wien, 1992–2002 Vertrags- bzw. Universitätsassistentin am
Institut für Personalmanagement der WU Wien, seit 2002 u.a. Lehrbeauftragte an der WU
Wien, der Donauuniversität Krems und der FH-Eisenstadt, seit 2002 Trainerin, Beraterin
und Coach, 2005 Mitgründerin von teamneubau, Institut für integrative Personal- und Or-
ganisationsberatung. Arbeitsschwerpunkte: Beratung von Führungskräften und HR-Spe-
zialistInnen, Führungskräfte-, Team- und Persönlichkeitsentwicklung, Karrierecoaching,
Leitung der HR-Akademie Wien – Lehrgänge für Human Resource Management.

Jürgen Mühlbacher, ao. Univ.-Prof. Mag. Dr. rer. soc. oec.: Studium der Betriebswirtschaftslehre an der Wirtschaftsuniversität Wien, seit 1998 Forschungs- und Universitätsassistent, seit 2006 außerordentlicher Universitätsprofessor und stellvertretender Ins-
titutsleiter des Instituts für Change Management und Management Development, stellvertretender Leiter des „Post Graduate Management" (PGM) Universitätslehrganges der
WU Wien, Conference Co-Chair der Global Business and Technology Association (GBA-
TA), Festo Fellow 2007. Forschungsschwerpunkte: Strategisches Wissens- und Kompetenzmanagement und Management in Emerging Markets.

Barbara Müller, Mag^a. Dr^{in}. rer. soc. oec.: Studium der Betriebswirtschaftslehre an der
WU Wien, seit 2004 Projektmitarbeiterin und wissenschaftliche Mitarbeiterin am Institut
für Change Management und Management Development, Department für Management
der WU Wien. 2004–2007 Betreuung einzelner Lehrgänge des Advanced Post Graduate
Management Master of Business Administration MBA. Forschungsschwerpunkte: Wissensmanagement und lernende Organisationen, strategisches Management, Theorie sozialer Systeme.

Andreas Nachbagauer, MMag. rer. soc. oec.: Studium der Betriebswirtschaft an der
Wirtschaftsuniversität Wien und Studium der Soziologie an der Universität Wien, 1992–
2002 Assistent an der Wirtschaftsuniversität Wien, 2002–2006 freiberufliche Forschungs-
tätigkeit, seit 2007 Projektleiter bei OGM Österreichische Gesellschaft für Marketing.
Lehrtätigkeit an der Wirtschaftsuniversität Wien und an der FH St. Pölten. Arbeitsschwerpunkte: Sozialwissenschaftliche Analysen, Personalforschung und Mitarbeiterzufriedenheit, Management in Nonprofit-Organisationen, Organisationstheorien.

Angelika Schmidt, Mag^a. Dr^{in}. rer. soc. oec.: Studium der Wirtschaftspädagogik und
Volkswirtschaft an der WU Wien, Vertragsassistentin am Institut für Change Management
und Management Development, Department für Management der WU Wien. Forschungs-
und Interessenschwerpunkte: Schnittstellen in Organisationen (z.B. Feld Beruf/Privat,
Geschlechter, Generationen), neue Beschäftigungsformen und deren Konsequenzen und
Analyse von organisationalem Diskurs.

Thomas M. Schneidhofer, Mag. Dr. rer. soc. oec.: Studium der Handelswissenschaft an der WU Wien, seit 2005 Research Assistant, seit 2008 Universitätsassistent (Assistant Professor) an der interdisziplinären Abteilung für Verhaltenswissenschaftlich Orientiertes Management und drittmittelfinanzierter Forschungsassistent des zbp Career Centers der WU Wien, Lehrtätigkeit (Graduates) für den PMBA und ULG Health Care Management, sowie an der WU Wien (Undergraduates, Young Faculty Award für exzellente Lehre) und in der Privatwirtschaft (Netzwerktrainer bei Kick-off Management Consulting), Ausbildung zum Psychotherapeuten (Propädeutikum) und systemisch-konstruktivistisch/phänomenologischer Coach und Trainer. Forschungsschwerpunkte: Karrieren (Sexualität der Karriere, Karriereerfolg und Kopplung) und deren Analyse mittels der Theorie Pierre Bourdieus, die Verbindung von Kompetenzen(-management) und organisationalen Karrierelogiken sowie Analysen zur Rationalität im Management (Auswirkungen radikalen Performance- und Valuemanagements).

Johannes Steyrer, ao. Univ.-Prof. Dr. rer. soc. oec.: Studium der Soziologie und Betriebswirtschaftslehre, ao. Univ.-Prof. an der Interdisziplinären Abteilung für Verhaltenswissenschaftlich Orientiertes Management der WU Wien, langjährige Lehr- und Beratertätigkeit auf den Fachgebieten Strategie- und Unternehmensentwicklung sowie Führungs- und Kommunikationspsychologie. Seit 2005 Leiter des MBA-Studiums für Health Care Management und seit 2007 Leiter des Forschungsinstituts für Gesundheitsmanagement und -ökonomie. Forschungsschwerpunkte: Führung und Prozesse der Beeinflussung in Organisationen und spezieller Berücksichtigung von Gesundheitsorganisationen sowie Karriereforschung.